따라하며 익히는 기계설비

BIM(Revit)

저자 **이진천**

저자 소개

● 이 진 천

(주)디씨에스 대표이사, 저술가, 대림대학교 겸임교수, 생활스포츠지도사
일본 다이쿄컴퓨터시스템 CAD 기획실
대한설비공학회 공조부하계산위원 및 편집위원
가천대학교, 서울과학기술대, 신한대학교, 수원과학대학, 폴리텍대학 외래교수
신기술교육 강사, 서울시공무원교육원 CAD 강사
BIM(Revit MEP) 강사

저서

건축기계설비를 위한 AutoCAD R14/2000/2002/2006/2009(도서출판 건기원)
소방설비를 위한 AutoCAD2006(도서출판 건기원)
배관 CAD(도서출판 건기원)
컴퓨터 준비운동(기한재)
AutoCAD 2007/2009/2010 그대로 따라하기(혜지원)
AutoCAD2012/2013/2015/2017(혜지원)
플랜트 배관 도면(혜지원)
따라하며 배우는 ZWCAD(뉴웨이브)
눈으로 보며 익히는 SketchUp(도서출판 건기원)
스마트한 바보들(진한엠엔비)
대박나는 전단지 작성법(혜지원)
너희가 진정 족구를 아느냐?(도서출판 건기원)
족구 도전하기(디씨에스)
생생 살아있는 인터넷 일본어(혜지원)
싫어도 일본으로부터 배우는 불황탈출, 나도 성공할 수 있다.(도서출판 건기원)
21세기 신문화의 리더, 오타쿠(디씨에스)
일본을 알면 비즈니스가 보인다(피시스북)
가성비 좋은 도쿄 테마 여행(가나북스)
지금 바로 도쿄(혜지원)
AutoCAD2019/2021/2023(혜지원)
따라하며 배우는 Revit MEP 2010/2011(디씨에스)
따라하며 익히는 Revit 패밀리(혜지원)
따라하며 익히는 설비 BIM(뉴웨이브)

일본어

模写しながら10日で学べる、Revitファミリ

번역서

AutoCAD ADS 입문(성안당)
첨단기술 성공의 이유(도서출판 건기원)

개발 소프트웨어

건축기계설비 CAD시스템 '꼬메(CO–ME)'
건축소방설비 CAD시스템 '화이어(Fire)'
건물냉난방부하계산, 건물에너지평가 소프트웨어
기계설비용 BIM 툴 KMBIM 등 다수

머 리 말

산업 전 분야에 걸쳐 3차원 시대가 도래하였습니다. 3D 모델링뿐 아니라 3D 스캐너, 3D 프린터 산업이 각광을 받은 지 오래되었습니다. 3차원에 대한 인식도 일반인뿐 아니라 엔지니어들도 당연하게 받아들여지고 있습니다. 이전부터 3차원 설계를 진행해온 기계 분야는 꾸준히 진행되어 오고 있었습니다. 건설 분야는 3차원 설계에 대한 인식이 뒤쳐진 느낌이었으나 BIM(Building Information Modeling) 설계가 본격화되면서 3차원 설계의 필요성을 느끼고 많은 회사나 엔지니어가 시도하고 있습니다. 2010년 전후부터 시작하여 꾸준히 발전해오면서 공부하는 학생과 엔지니어가 늘어나고 있습니다.

BIM설계 도구인 Revit은 국내외에서 가장 많이 활용하고 있는 도구입니다. 이 책은 3차원 모델링 도구인 Revit을 이용하여 기계설비 BIM 설계를 배우고자 하는 학생과 엔지니어를 대상으로 활용하는 방법을 설명하고 있습니다. Revit의 기본 조작 방법과 함께 설비에 필요한 건축 모델링 방법, 작성된 건축 모델을 토대로 공조 덕트와 위생 배관, 소방 배관 모델링 방법을 따라 하면서 공부할 수 있도록 설명합니다. 또, 모델링의 기본 요소가 되는 라이브러리인 패밀리(Family)의 작성법에 대해 예제를 통해 설명합니다. Revit의 단위 기능에 대한 자세한 설명은 매뉴얼이나 도움말을 참조하면 되기 때문에 이 책에서는 실무 중심의 모델링 기법을 소개하고 있습니다.

이 책을 통해 기계설비를 전공하는 학생과 관련된 엔지니어가 Revit의 기본 기능을 익히고 기초 모델링 기법을 이해하는 참고서가 되었으면 합니다. 필자는 소프트웨어 엔지니어로서 기계설비 엔지니어가 아니다 보니 기계설비 전문가 입장에서 보면 부족한 부분이 있으리라 생각됩니다. 혹시 미흡한 부분이 발견되더라도 설계 전문서가 아닌 모델링을 위한 기법을 소개하는 가이드북으로 이해하시기 바랍니다. 이 책이 나오기까지 자료를 준비해주고 도와준 ㈜디씨에스의 임직원과 항상 곁에서 뜨개질을 하며 따뜻한 차를 준비해준 아내와 힘이 되어주는 가족 모두에게 감사의 뜻을 전합니다.

저자 **이진천**

다운로드 사이트: www.dcs.co.kr - 책 자료실 - 따라하며 익히는 기계설비 BIM(Revit)

CONTENTS

PART_1
Revit 기초 다지기

BIM(Building Information Modeling)에 대한 기본적인 내용에 대해 알아보고, BIM 저작 도구인 Revit의 화면 구성과 맛보기 조작을 통해 Revit이 어떤 소프트웨어이며 어떤 특징이 있는지 살펴보겠습니다.
주요 용어, 조작 패턴 및 파일의 종류에 대해 알아보겠습니다.

1 _ BIM과 Revit

BIM에 대한 기본적인 내용에 대해 알아보고 이 책에서 학습할 Revit이 어떤 소프트웨어인지 알아보겠습니다.

01. BIM(Building Information Modeling) 이란?

BIM(Building Information Modeling)은 설계, 시공, 유지관리를 포함한 건물의 라이프사이클 전체를 아우르는 기법이라 할 수 있습니다. 기존의 평면적인 CAD의 2D를 통한 건설, 토목 프로젝트의 의사소통 수단을 비주얼화 된 3D 모델에 다양한 정보를 입력하고 관리하여 사용하고자 하는 것입니다. 단순한 3D 모델링에 한정하지 않고 각 객체의 특성에 따른 정보를 담고 있는 도면을 생성하고 활용하는 모델을 말합니다.

건물에 관련된 다양한 정보를 관리하는 개념으로 벽이나 덕트, 파이프, 장비 및 위생기기 등의 부재별로 특성 정보를 붙여 건물 전체를 3D 모델로 표현합니다. 의장, 구조, 설비 등 각 설계 단위별 도면 정보를 비롯해 적산수량 정보, 부재 · 설비의 내용연수 정보, 자산관리 정보 등 건물의 라이프사이클에 관련된 모든 정보를 관리하고 각 도면 사이의 정합성이나 작업의 효율화를 통해 코스트 삭감을 실현하고자 하는 것입니다. 간단히 정리하면 'BIM은 건축물의 설계, 시공, 유지관리 단계의 생애주기 동안에 생성되고 관리되는 모든 정보를 담고 있는 디지털 모델'을 말합니다. 국토교통부에서 발표한 BIM적용 가이드에서는 '건축, 토목, 플랜트를 포함한 건설 전 분야에서 시설물 객체의 물리적 혹은 기능적 특성에 의하여 시설물 수명 주기 동안 의사결정을 하는데 신뢰할 수 있는 근거를 제공하는 디지털 모델과 그의 작성을 위한 업무절차를 포함하여 지칭한다.'라고 정의하고 있습니다.

기존의 2D CAD 도면은 하나의 프로젝트를 수행하는데 수 많은 도면이 모여 하나의 건물이 완성되는데 반해 BIM 설계에서는 하나의 3D 모델로부터 프로젝트에 필요한 다양한 도면 및 문서를 생성할 수 있게 됩니다. 해당 프로젝트 건물의 3D 모델이 만들어지면 이 3D 모델로부터 필요로 하는 2D 도면은 물론 벽체나 유리 등 건물을 구성하는 객체들의 재질과 같은 특성과 수량을 추출할 수 있습니다. 설비에서는 덕트의 풍량, 배관의 유량을 비롯해 정압, 사이즈 등 각종 엔지니어링 데이터를 토대로 엔지니어링 계산이 가능하고, 이와 관련된 데이터를 열람하고 추출할 수 있습니다. 또, 시공을 위한 샵 도면과 물량을 산출할 수 있고 궁극적으로는 건물이 완성된 후 유지보수 등 시설관리를 위한 데이터로도 활용할 수 있습니다.

BIM은 단순히 도면이나 모델을 작성하는 것이 아니라 작성된 모델과 정보를 활용하는데 초점이 맞춰져 있어 모델의 작성보다 활용에 비중을 두어야 합니다. 따라서 모델을 작성할 때도 어떻게 활용할 것인가에 초점을 맞춰 작업을 수행해야 합니다.

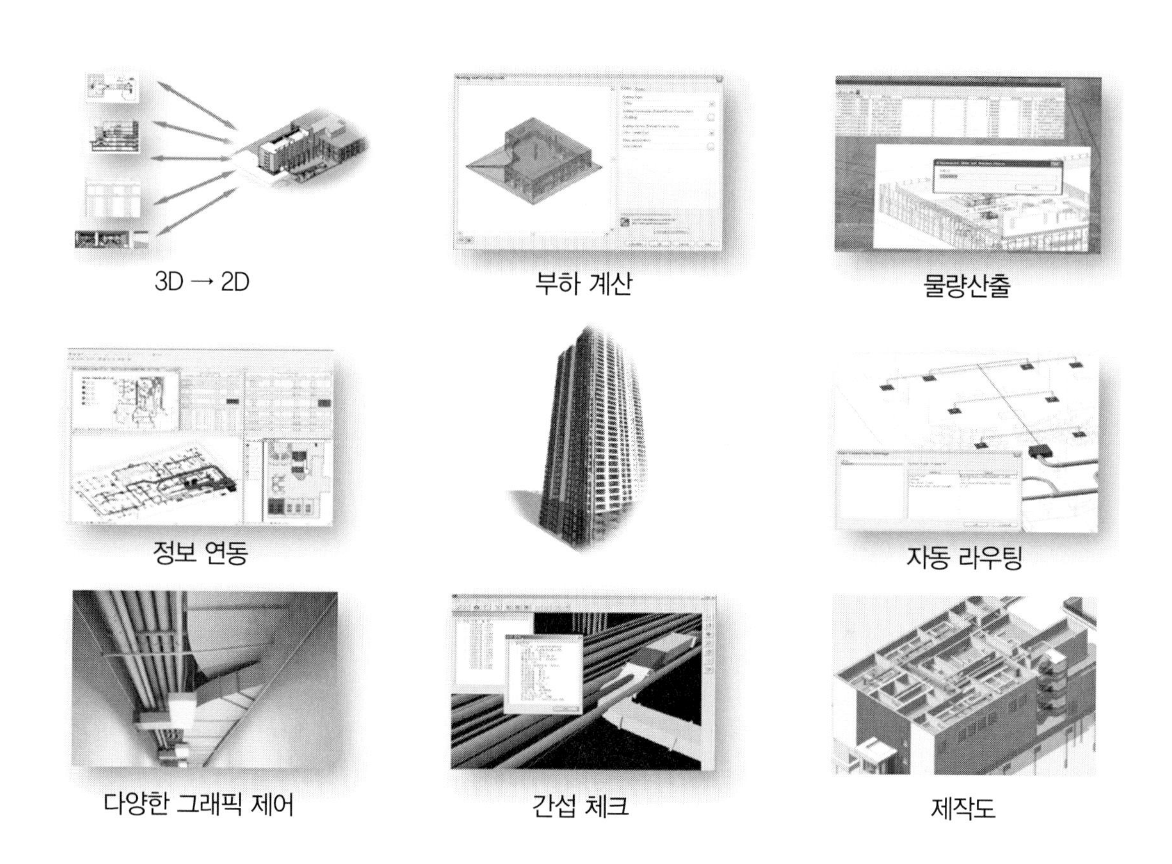

02. BIM 설계용 소프트웨어

단순한 도면 작성을 목적으로 한 범용 CAD 소프트웨어는 AutoCAD를 비롯하여 셀 수 없이 많습니다. 그러나 BIM 설계용 소프트웨어(BIM 저작 도구)는 3차원 데이터를 기본으로 하여 각 분야별 전문 엔지니어링 정보를 담아야 하고 관리해야 하므로 보다 복잡한 구조를 가지고 있어야 합니다. 전문적인 엔지니어링 설계 절차를 수행하며 방대한 정보를 관리하므로 소프트웨어 종류도 범용 CAD 소프트웨어에 비해 많지 않습니다. 세계적으로 다양한 BIM 저작 소프트웨어가 있습니다만 현재 국내의 MEP(Mechanical, Electrical, Plumbing)분야에서 상용화되어 판매되고 있는 소프트웨어는 다음이 주를 이룹니다.

(1) 벤틀리(Bentley)사의 마이크로스테이션(MicroStation)

처음부터 3차원 엔지니어링 개념을 도입하여 20년 넘게 엔지니어링 전반을 지원해 온 시스템으로 가장 안정된 시스템입니다. 각 설계분야에 따라 제품 모듈이 구분됩니다. 우리나라에서는 한국전력과 관련 설계분야에서 사용하고 있습니다. 설비 분야는 빌딩 모듈에 속하며 기계분야는 'Bentley Building Mechanical Systems', 전기분야는 'Bentley Building Electrical Systems'를 제공하고 있습니다.

(2) 그라피소프트(Graphisoft)사의 아키캐드(ArchiCAD)

초기에는 국내 교육기관을 중심으로 사용되다가 국내 건설업계에서 본격적으로 BIM을 도입되면서 건축을 중심으로 많이 사용되고 있는 소프트웨어입니다. BIM개념을 개발 초창기부터 도입한 시스템입니다. 80대초부터 '스마트 오브젝트(Smart Object)'라 불리는 풍부한 파라메트릭 오브젝트로 구성되어 당시에 다른 CAD소프트웨어와는 달리 벽, 지붕, 가구 등 각 구성 요소를 조합하는 형식으로 도면을 작성하는데, 지금은 다른 BIM소프트웨어에서도 이 방식을 채택하고 있습니다. 타 시스템에 비해 모델링이 쉽고 가볍다는 특징이 있습니다. 개발사인 그라피소프트는 현재 독일의 네마첵(Nemetschek)이 인수했습니다. 설비분야는 'MEP 모델러'를 별도로 제공하고 있습니다만 건축에 비해 조금 부족한 느낌이 있습니다.

(3) 오토데스크(Autodesk)사의 레빗(Revit)

국내 설비 BIM 실무에서 가장 많이 사용하고 있는 BIM 설계용 저작 도구라 할 수 있습니다. 시장 점유율이 가장 높은 범용 CAD인 AutoCAD로 잘 알려진 Autodesk사의 제품으로 기존의 막강한 시장 지배력을 바탕으로 사용자를 넓혀가고 있습니다. 초기에는 건축의 Revit Architecture, 구조의 Revit Structure, 기계, 전기 설비의 RevitMEP로 나누어져 있었는데 최신 버전은 모두 통합되어 하나의 패키지로 구성되어 있습니다. 이와 함께 Revit의 데이터를 이용하여 간섭체크 및 공정을 관리할 수 있는 Navisworks, 에너지 시뮬레이션 등 다양한 소프트웨어와의 연계를 통해 Revit의 활용 폭을 넓히고 있습니다.

다쏘시스템의 카티아(CATIA)는 기계 분야에서 강력한 3D 시스템으로 현대·기아자동차의 설계에도 사용되고 있는데 건설 분야의 BIM 설계에도 진출하고 있다.

03. Revit(레빗)은?

Revit 은 미국 오토데스크(Autodesk)사에서 개발한 BIM 설계용 저작 도구로 건축, 구조, 기계 및 전기 설비를 위한 CAD 소프트웨어입니다. 건축 설계를 위한 벽, 지붕, 슬라브, 창, 문 등 건축 기능을 비롯하여 구조 설계, 기계 설비를 위한 덕트 및 배관, 전기 설비를 위한 트레이, 전선관 등 설비용 기능을 포함하고 있습니다.

파라메트릭(Parametric) 기법에 의한 설계방식으로 3차원 모델링은 물론 냉난방부하계산, 덕트 및 배관의 사이즈 계산, 시스템 체크와 같은 엔지니어링 기능을 갖추고 있으며 스케줄 및 물량산출, 범례 작성, 다양한 시트의 작성 등 작성된 모델을 이용하여 다양한 결과물을 산출할 수 있는 소프트웨어입니다. Revit 은 건축물의 설계, 시공, 유지관리 단계의 생애주기 동안에 생성되고 관리되는 모든 정보를 담고 있는 디지털 모델을 작성하기 위한 다양한 기능을 갖춘 BIM 설계용 소프트웨어입니다.

BIM 설계가 활성화되어 가면서 AutoCAD에 버금가는 사용자를 확보해나가고 있는 소프트웨어입니다. 특히, 국내의 건설 분야 BIM 설계에서는 압도적인 시장 점유율을 자랑하고 있습니다.

◎ Revit의 특징

범용CAD와 가장 다른 점은 시스템 정보를 포함하여 다양한 정보를 담을 수 있으며 3차원 모델링을 손쉽게 할 수 있는 BIM설계용 도구입니다. 단순히 3차원 모델링 수준의 CAD 시스템이 아닌 다양한 정보를 작성하고 관리하는 소프트웨어입니다.

주요 특징을 정리해보면,

(1) **파라메트릭 기법의 설계** : 각 객체(요소) 및 데이터를 파라메트릭(매개변수)에 의해 관리하기 때문에 다양한 형상 데이터를 표현하기 용이하고 하나의 요소가 바뀌면 관련된 매개변수를 가진 요소가 함께 수정됩니다. 예를 들어, 평면 뷰에서 요소를 수정하면 입면뷰, 단면뷰, 3D 뷰에서도 모두 반영됩니다.

(2) **협업이 가능** : 건축, 기계설비, 전기설비 각 공종별로 작업을 동시에 진행할 수 있도록 작업 세트(Work-set) 기능을 이용하여 협업이 가능합니다. 각 공종의 작업자 별로 권한을 설정하여 중앙 파일에 접근하여 작업이 가능합니다.

(3) **AutoCAD의 인터페이스와 유 사** : 일반적으로 사용자가 새로운 소프트웨어를 접할 때 표시되는 화면의 상태(UI; 사용자 인터페이스)에 따라 접근성이 달라집니다. Revit은 AutoCAD와 메뉴 구조 및 화면 구성이 비슷합니다. 따라서, 기존의 AutoCAD 사용자들이 쉽게 접근할 수 있는 것이 특징입니다.

UI뿐 아니라 기능이나 조작에 있어서도 공통적인 부분이 많습니다. 예를 들어, 줌(Zoom) 기능은 AutoCAD의 기능과 동일하거나 유사하여 사용자들이 쉽게 접근할 수 있습니다.

(4) **직관적 환경의 인터페이스 및 조작** : 각 기능이 아이콘 컨트롤의 클릭에 의한 조작, 장비의 Inlet과 Outlet 또는 기존 파이프를 클릭하여 파이프나 덕트를 작도하는 등 엔지니어가 직관적으로 조작할 수 있도록 직관적인 사용자 인터페이스(UI)와 조작 방법을 갖추고 있습니다. 따라서 초보자도 쉽게 조작할 수 있으며 학습도 용이합니다. 실무를 하는 전문가는 더욱 직관적으로 접근할 수 있습니다.

(5) **엔지니어링 기능** : Revit은 단순한 3차원 모델링 도구가 아니라 엔지니어링 설계를 위한 설계 도구라 할 수 있습니다. 냉난방부하계산, 덕트나 파이프 루트의 선정, 사이즈 계산, 작성된 시스템의 체크 등 다양한 엔지니어링 설계를 위한 기능을 갖추고 있습니다.

(6) **다양한 종류의 도면 및 보고서 출력** : 기존 CAD는 여러 장의 도면으로 하나의 프로젝트가 만들어지는 데 반해 Revit은 하나의 모델이 완성되면 모델 데이터로부터 범례를 비롯하여 평면도, 단면도, 입체도, 조립도와 같은 설계 도면은 물론 부하계산서, 수량산출서, 간섭체크 보고서 등 다양한 보고서를 출력할 수 있습니다.

(7) **도움말과 튜토리얼** : 각 기능에 대한 상세한 도움말과 전체 흐름을 파악하고 학습을 위한 따라하기 방식의 튜토리얼을 제공하고 있습니다. 텍스트 도움말과 함께 동영상 도움말을 제공하고 있습니다.

04. Revit 3rd 파트 프로그램

앞에서도 설명했듯이 Revit은 BIM 설계를 위한 저작도구입니다. 같은 연장이라도 사람마다 사용하는 방법이 다르고 용도도 다를 수 있습니다. Revit에서 제공하는 기능도 편리한 사람이 있지만 불편하게 생각하는 사람도 있을 수 있습니다. Revit에서 제공하는 기계설비 기능이 모든 국가나 단체, 회사 및 개인에게 적합할 수는 없습니다. 국가나 단체에 따라 기준이 다를 수 있고, 같은 기능이라도 사용자에 따라 편리할 수도 있고 불편할 수도 있습니다.

이러한 문제를 보완할 수 있도록 사용자가 프로그램을 개발할 수 있는 방법을 제공하고 있습니다. Autodesk사에서는 Revit의 기본 기능에 3rd 파트 프로그램 개발을 위해 API(Application Programming Interface)를 제공하고 있습니다. Revit에서 배관을 모델링하면 사용자가 지정한 길이만큼 배관이 모델링 됩니다. 하지만 현실적으로는 1본의 배관의 길이는 제한되어 있습니다. 이때 3rd 파트 프로그램으로 각 배관을 6m단위로 절단하고 절단된 배관과 배관 사이에 피팅류를 자동 삽입하는 기능을 구현할 수 있습니다.

(사)대한기계설비건설협회에서 개발한 KMBIM은 기계설비용 3rd 파트 프로그램으로 난방코일, 행거, 슬리브, 간섭회피, 소방배관 등 기계설비 모델링 및 데이터 관리를 위한 다양한 기능을 제공하고 있습니다.

[KMBIM 메뉴의 예]

다음은 KMBIM 기능으로 작성된 가대입니다. 배관을 선택한 후 설치할 레벨, 고정 유형(유볼트, 가이드슈)를 지정하고 위치를 지정하면 자동으로 설치됩니다. 선택한 배관의 크기에 맞춰 지정한 위치에 설치됩니다. Revit기능만으로 설치하려면 패밀리 작업에서부터 여러 단계의 과정을 거쳐야 하지만 KMBIM으로 작업하게 되면 손쉽게 모델링이 가능합니다.

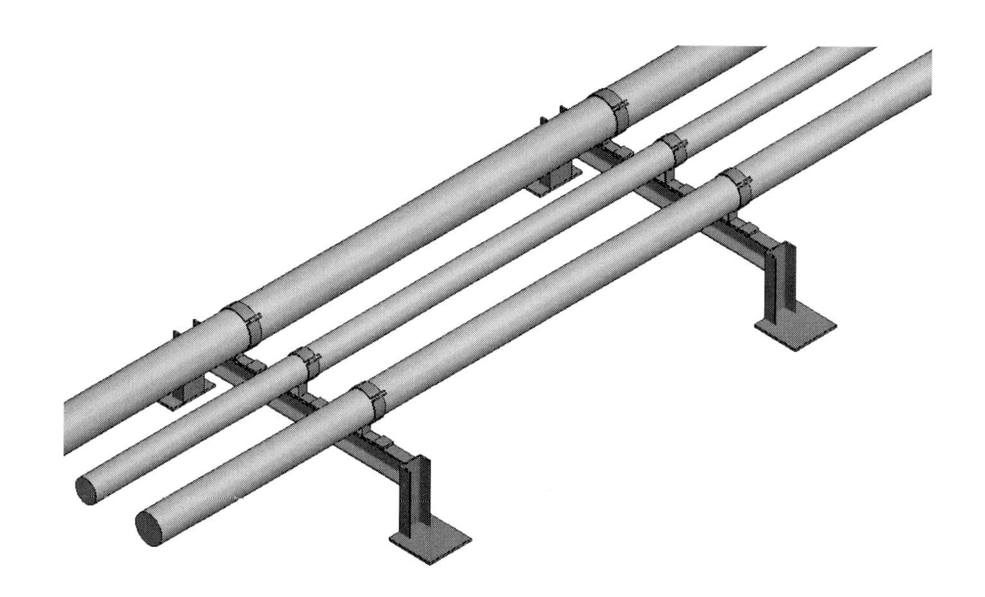

2. 화면 구성

Revit 을 실행하면 다음과 같은 초기화면이 펼쳐집니다. 크게 '모델'과 '패밀리'로 구분됩니다. 모델은 프로젝트 파일을 모델링하고 편집하는 공간입니다. 이전 버전에는 모델이라는 표현 대신 '프로젝트'라는 용어를 사용했습니다.

모델과 패밀리에는 기존 도면을 여는 '열기..'와 새로운 도면을 시작하는 '새로 작성..'이 있으며, 메뉴 오른쪽에는 이전에 작업했던 파일 리스트가 타일 형식의 프리뷰(미리보기)로 표시됩니다.

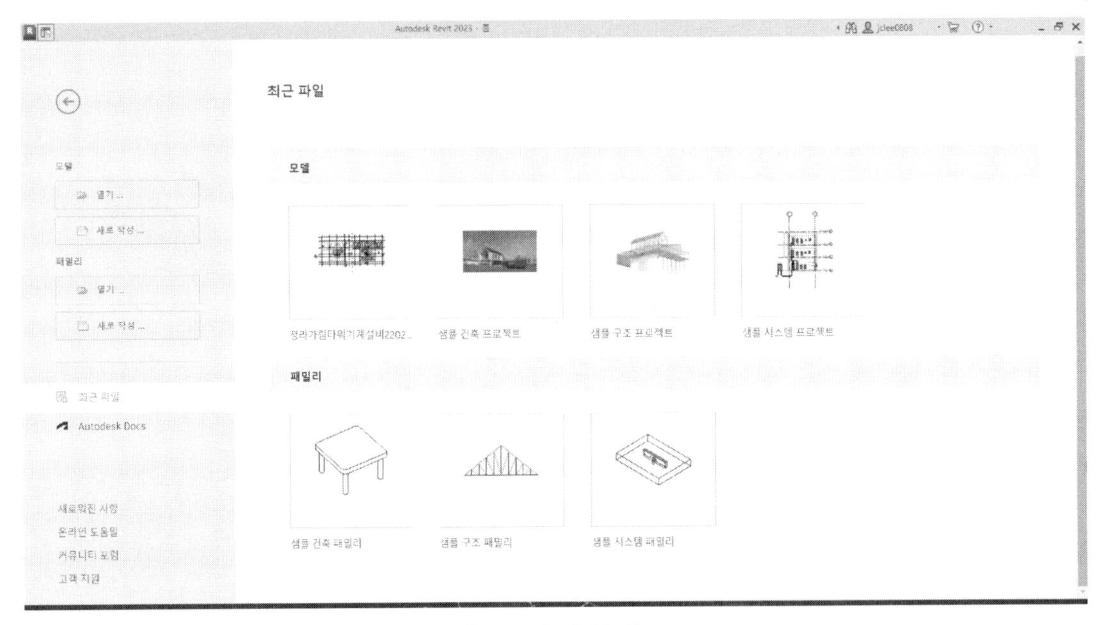

[Revit 초기 화면]

(1) **모델** : 모델(프로젝트) 작업을 수행하기 위한 메뉴입니다.

① 열기 : 기존 모델(프로젝트) 도면을 엽니다.

② 새로 작성 : 새로운 모델(프로젝트)을 시작합니다. 새로 작성 시 각 작업(건축, 구조, 기계, 시공 등)에 맞는 템플릿을 제공합니다.

(2) **패밀리** : 패밀리(라이브러리) 작업을 수행하기 위한 메뉴입니다.

① 열기 : 기존 패밀리를 엽니다.

② 새로 작성 : 새로운 패밀리를 작성합니다.

(3) **기타 리소스** : 새로워진 사항, 온라인 도움말, 커뮤니티, 고객 지원 등 Revit 작업에 도움이 되는 각종 콘텐츠 및 도움을 제공하기 위한 메뉴가 있습니다.

'모델'의 '열기' 또는 '새로 작성'을 클릭하면 다음과 같은 모델(프로젝트) 편집기 화면이 나타납니다.

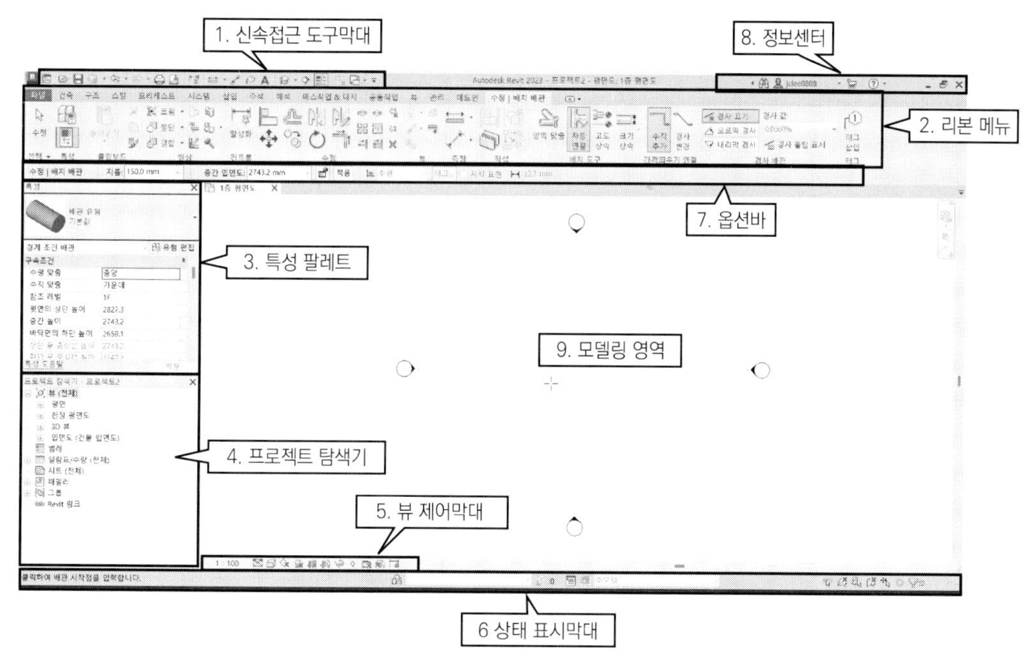

[Revit 모델(프로젝트) 화면]

01. 신속접근 도구막대

화면의 최상단에 배치된 명령 컨트롤 아이콘으로 열기, 저장, 출력 등 자주 사용하는 명령 컨트롤을 빠르게 접근할 수 있습니다. 사용자의 정의에 의해 기능을 추가할 수도 있고 제거할 수도 있습니다.

[신속접근 도구막대]

참고 **신속접근 도구막대의 편집**

신속접근 도구막대의 순서를 바꾸거나 구분선을 넣거나 제거를 하고자 할 때는 다음과 같이 조작합니다.

(1) 신속접근 도구막대의 오른쪽 끝에 있는 역삼각형을 클릭하여 '신속접근 도구막대 사용자화'를 클릭합니다.

(2) 다음 그림과 같이 '빠른 실행 도구모음 사용자 지정' 대화상자가 표시됩니다. 편집하고자 하는 기능 컨트롤을 클릭한 후 왼쪽에 있는 위쪽 화살표, 아래쪽 화살표, 구분선, 제거 아이콘을 이용하여 편집합니다.

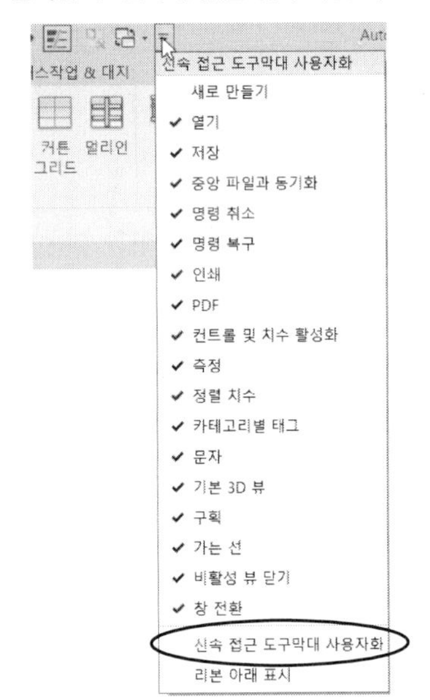

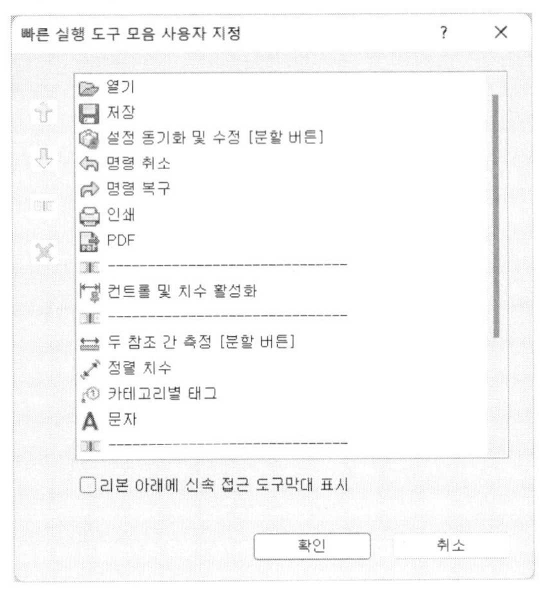

02. 리본 메뉴

화면의 상단에 펼쳐진 아이콘 목록으로 각 기능을 아이콘과 문자로 표현한 컨트롤의 집합입니다. 리본 메뉴는 프로젝트에서 각 기능을 수행할 도구를 제공합니다. 표시 위치를 변경하거나 사용자가 필요한 툴을 임의로 변경할 수 있습니다.

[리본 메뉴]

리본은 탭과 패널로 구성되어 있습니다.

(1) **탭** : 리본의 상단에 나열된 메뉴로 대분류에 해당됩니다. 주요 탭은 다음과 같은 내용의 기능을 가진 컨트롤을 가지고 있습니다.

메뉴 명칭	내 용
Architecture(건축)	벽체, 바닥, 지붕 등 건축 모델링을 위한 도구
Structure(구조)	보, 기둥, 트러스, 가세, 보 등 구조 설계를 위한 도구
Systems(시스템)	건축기계(덕트 및 파이프) 및 전기설비 작업을 위한 도구
Insert(삽입)	파일의 링크, 패밀리의 삽입, 래스터이미지 및 CAD파일 등 2차적인 항목을 추가 및 관리하는 도구
Annotate(주석)	태그, 문자, 치수 등 2D정보를 설계에 추가하기 위해 사용하는 도구
Analyze(해석)	열부하 계산, 스케줄, 시스템 점검 등 해석 및 점검을 위한 도구
Massing& Site (매스작업& 대지)	매스 및 대지를 모델링하기 위한 도구
Collaborate(공동작업)	사내 또는 외부의 프로젝트 팀 멤버와 공동작업을 위한 도구
View(뷰)	가시성 및 그래픽 제어, 단면, 3D뷰 등 뷰를 관리하고 수정하거나 뷰를 바꾸고자 할 때 사용하는 도구
Manage(관리)	디자인 옵션, 재질, 프로젝트 매개변수, 시스템 매개변수 등 프로젝트의 환경 및 관리를 위한 도구
Modify(수정)	복사, 자르기 및 연장 등 기존의 요소, 데이터 및 시스템을 편집하기 위한 도구

(2) **패널** : 탭 메뉴의 하위 메뉴로 각 작업 단위로 묶여진 컨트롤의 집합입니다. 설비를 위한 '시스템' 탭에는 HVAC, 제작, P&ID 공동 작업, 기계, 위생기구 및 배관, 전기, 모델, 작업 기준면 패널이 있습니다. 각 패널에는 분류에 따른 기능 컨트롤이 배치되어 있습니다.

[HVAC, 제작, P&ID 공동 작업, 기계, 기계, 위생기구 및 배관 패널의 예]

확장 패널 : 패널 아래에 표시된 드롭다운 화살표는 추가로 컨트롤을 표시하기 위해 확장됩니다. 기본적으로 다른 패널을 클릭하면 사라지지만 압정 표시를 클릭하여 고정하면 항상 펼쳐져 있습니다.

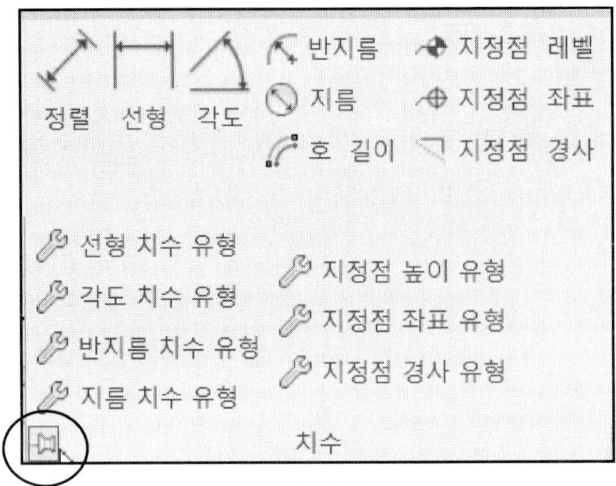

[확장 패널]

설정 대화상자 컨트롤 : 패널 중에는 패널 명칭 옆에 비스듬한 화살표(↘)가 배치되어 있습니다. 이 화살표를 클릭하면 작업 환경 및 조건을 설정하는 대화상자가 표시됩니다.

각 기능에 따른 서브 탭 : 컨트롤(아이콘)을 클릭하여 기능을 실행하거나 요소를 선택하면 해당 기능 또는 요소에 따라 서브 탭이 표시됩니다. 이 탭에는 조작 가능한 기능 컨트롤이나 요소를 조작하기 위한 컨트롤이 표시됩니다. 예를 들어, '시스템' 탭의 '위생기구 및 배관' 패널에서 '위생기구' 컨트롤을 클릭하면 다음과 같이 오른쪽 끝에 '수정|배치 위생기구' 서브 탭이 표시됩니다. 작업을 마치면 서브 탭은 사라집니다.

참고 툴팁의 제어

리본의 컨트롤이나 응용 프로그램 메뉴의 항목에 마우스를 두고 기다리면 해당 컨트롤이나 메뉴에 대한 간단한 기능 설명이 나타나고 조금 더 기다리면 도움말이 나타납니다. 이것을 툴팁(Tool Tip)이라 합니다. 이때, 해당 컨트롤에 대한 보다 구체적인 도움말을 보려면 〈F1〉키를 누릅니다.

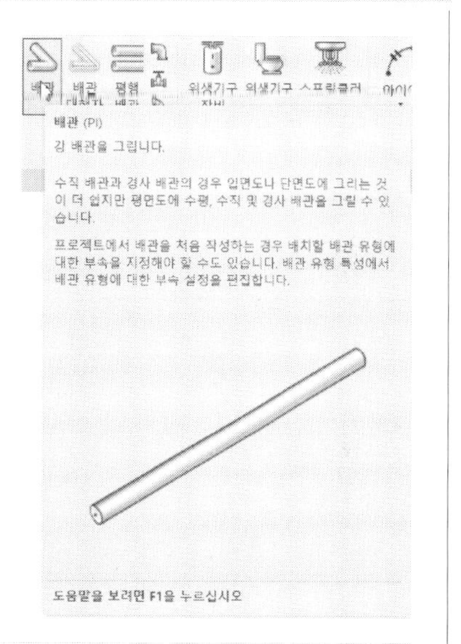

이 툴팁의 설정을 제어하려면 메뉴 탐색기의 하단에 있는 [옵션] 버튼을 클릭합니다. 다음과 같은 옵션 대화상자에서 '사용자 인터페이스'–'구성'의 '툴팁 지원(T)' 항목에서 지정합니다.

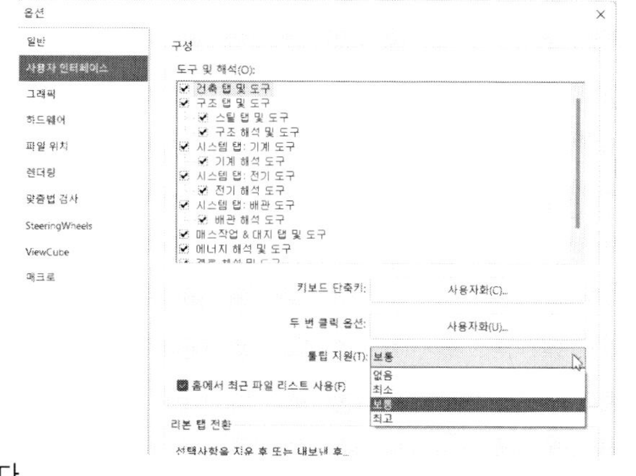

(1) 없음 : 툴팁을 표시하지 않도록 끕니다.

(2) 최소 : 툴팁에 의해 제공된 간단한 설명만 표시하고 추가 정보는 표시하지 않습니다.

(3) 보통 : 도구 위에 커서를 이동하면 간단한 설명을 표시하고 조금 시간이 지나면 상세한 정보가 표시됩니다. Normal(보통)이 디폴트입니다.

(4) 최고 : 도구에 대한 간단한 설명과 상세한 설명이 동시에 빨리 표시됩니다

03. 특성 팔레트

작성 또는 편집할 요소의 특성(Properties)을 관리하는 팔레트입니다. 상단에는 모델에 필요한 유형을 선택하는 유형 선택기가 있으며 하단에는 작성 또는 편집할 요소의 특성 정보가 표시됩니다.

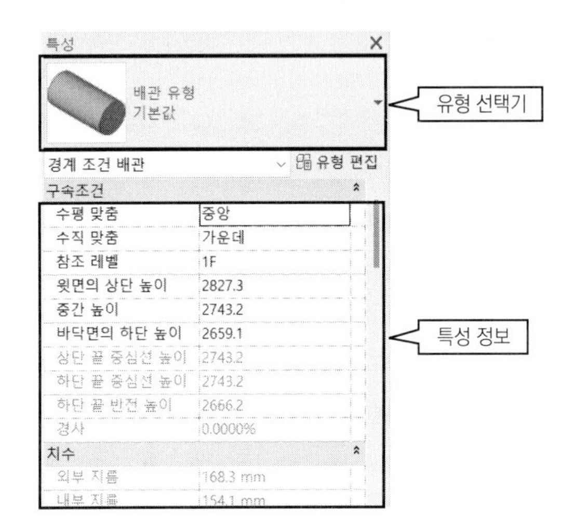

유형 선택기(Type Selector) : 현재 선택한 기능이나 요소에 의해 선택해야 할 유형이 나열되고 사용자가 원하는 유형을 선택합니다.
예를 들어, '시스템–위생기구 및 배관–배관'을 클릭하면 유형 선택기의 배관의 유형 목록이 나열됩니다. 필요한 유형을 목록에서 선택합니다. 또, 기계장비나 위생기기 등 해당 카테고리의 패밀리가 없을 경우에는 필요한 패밀리를 로드해야 합니다.

04. 프로젝트 탐색기

프로젝트 탐색기는 트리 구조로 표시되며 프로젝트의 모든 자원을 관리하는 탐색기입니다. 프로젝트의 뷰, 집계표, 시트, 패밀리, 그룹 및 링크된 Revit 모델 등 현재 프로젝트와 관련된 모든 자원을 표시하고 조작할 수 있습니다.

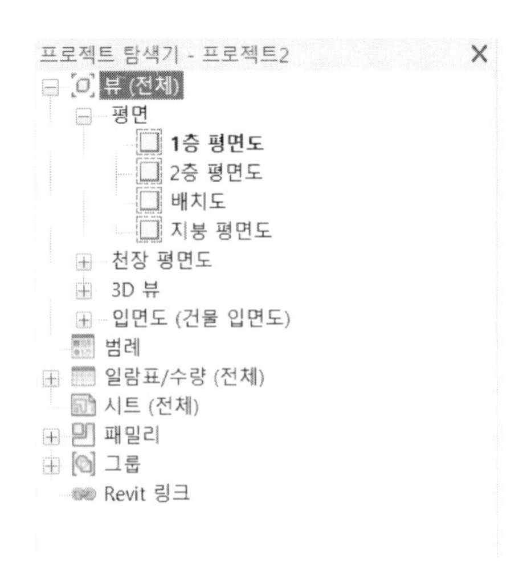

참고 특성 팔레트, 프로젝트 탐색기의 표시 및 비표시 제어

프로젝트 탐색기의 표시 및 비표시 제어는 '뷰'탭–'윈도우'패널에서 '사용자 인터페이스' 드롭다운 리스트를 펼쳐 '특성' 또는 '프로젝트 탐색기'의 체크 여부에 의해 표시됩니다.

05. 뷰 제어 막대

상태막대의 바로 위에 위치한 뷰 제어 막대는 뷰와 관련된 스케일, 상세 정도, 표시 형식(비주얼스타일), 그림자 등의 기능 컨트롤로 구성되어 있습니다.

1 : 100

뷰 제어 막대에 대한 자세한 내용은 '화면의 제어'에서 다루겠습니다.

06. 상태막대

상태막대는 화면 최하단에 표시됩니다. 도구를 사용하면 상태막대 왼쪽에는 조작에 대한 메시지가 표시되고 요소나 컴포넌트(구성 요소)를 선택하면 상태막대에는 패밀리와 유형 이름이 표시됩니다.

배관 :0 주모델 편집 전용 :1

파일을 열거나 줌 명령 등으로 화면을 재 표시할 때는 진행 상황을 표시합니다.

참고 상태막대의 표시 및 비표시

상태막대의 표시 및 비표시 제어는 '뷰'탭-'윈도우'패널의 '사용자 인터페이스' 드롭다운 리스트에서 '상태막대'의 체크 여부에 의해 표시/ 비표시를 제어합니다.

07. 옵션 바

옵션 바는 작도 영역과 리본 사이에 있는 막대로 현재 사용하는 도구의 종류에 따라 설정해야 할 항목이 표시됩니다.

'시스템-위생기구 및 배관-배관'를 클릭하면 다음과 같은 옵션 바가 나타납니다. 설정하고자 하는 항목의 값을 설정합니다.

08. 정보 센터

화면 상단 오른쪽에 있는 정보센터는 키워드를 입력하여 정보를 검색하거나 Subscription센터의 접근, 프로그램의 업데이트 정보를 제공하는 커뮤니케이션 센터의 접근, 즐겨 찾기에 접근과 도움말 기능을 제공합니다.

09. 작도 영역

모델링 작업을 실시하는 영역입니다. 작도 영역 오른쪽에는 네비게이션 바가 배치되어 있습니다.

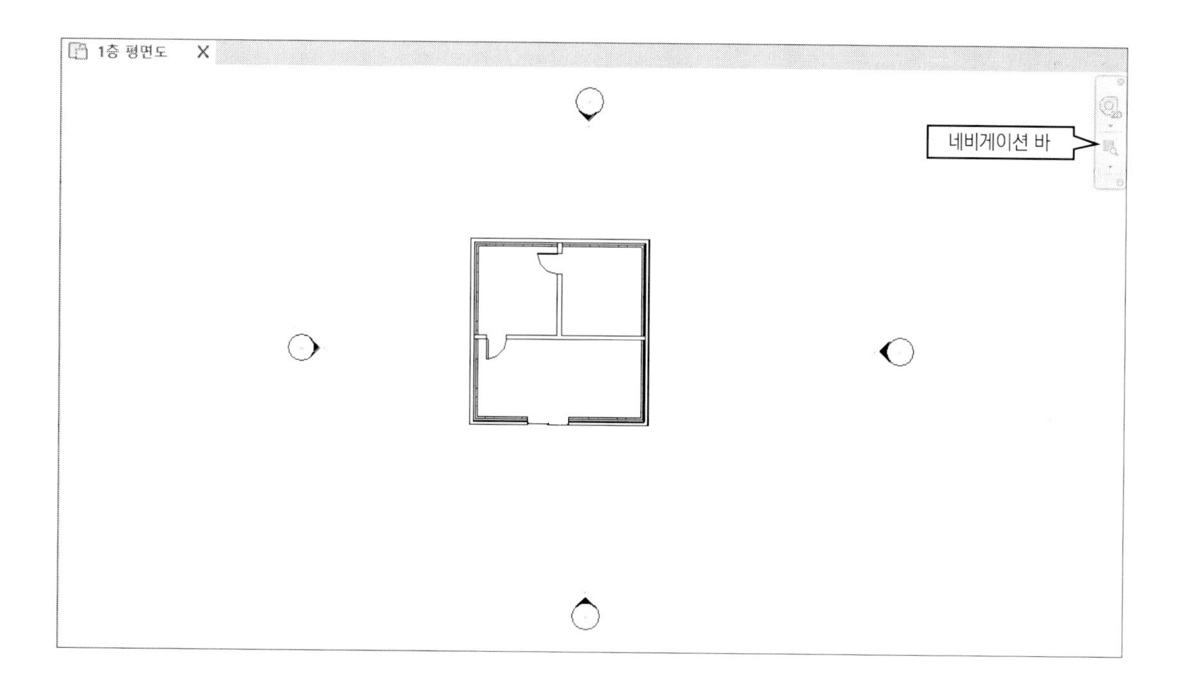

참고 신속접근 도구막대의 편집

사용자가 자주 사용하는 기능은 신속접근 도구막대에 배치해놓으면 빠르게 접근할 수 있어 모델링 작업의 효율성을 도모할 수 있습니다. '시스템–위생기구 및 배관–배관'를 신속접근 도구막대에 추가해보겠습니다.

(1) 추가하고자 하는 기능 컨트롤(Pipe)에 마우스를 대고 오른쪽 버튼을 클릭합니다.

(2) '신속접근 도구막대에 추가'메뉴가 나타납니다. 이때 클릭합니다. 다음 그림과 같이 신속접근 도구막대에 '배관' 컨트롤이 추가되었습니다.

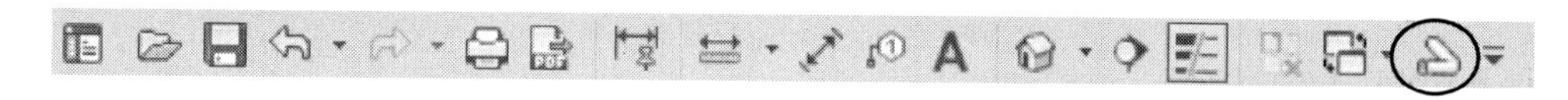

3. 맛보기 모델링

다음과 같은 건물 모델을 작성하면서 Revit을 어떻게 조작하고 동작하는지 이해하도록 합니다. 구체적인 내용이 이해되지 않더라도 그대로 따라 해보시기 바랍니다.

01. 새 모델(프로젝트)의 시작

초기 화면에서 '모델–새로 작성..'을 클릭합니다. 다음과 같은 새 프로젝트 대화상자의 템플릿 파일 목록에서 '건축 템플릿'을 선택합니다.

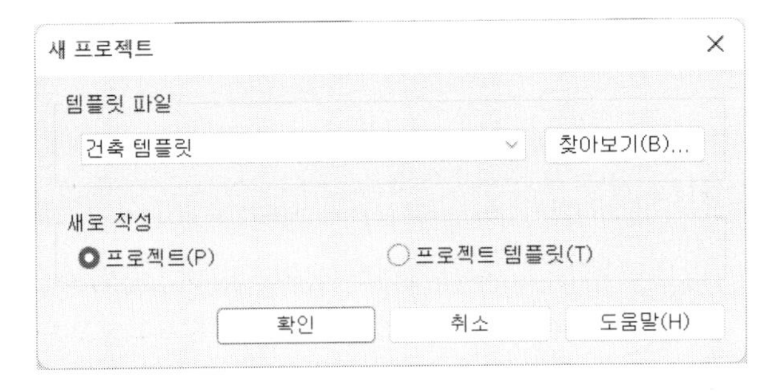

02. 레벨 확인 및 수정

레벨을 확인하고 수정하겠습니다. Revit에서 레벨은 반드시 층을 의미하는 것이 아니고 뷰의 기준이 되는 요소입니다.

(1) 프로젝트 탐색기에서 [뷰(모두)]–[입면도(건물 입면도)]–[남측면도]를 더블클릭합니다.

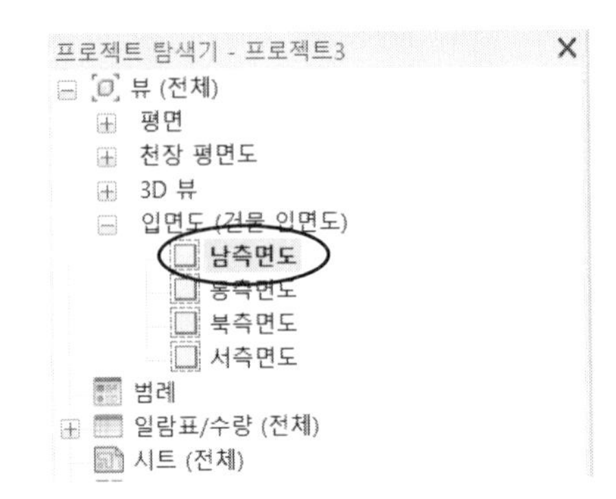

다음과 같이 남측면도가 펼쳐집니다.

단층의 건물을 모델링하기 때문에 불필요한 '지붕' 레벨을 지우겠습니다. 지우고자 하는 레벨(지붕)을 선택한 후 마우스 오른쪽 버튼을 눌러 바로가기 메뉴에서 '삭제(D)'를 클릭하거나 키보드에서 [Del]키를 누릅니다.

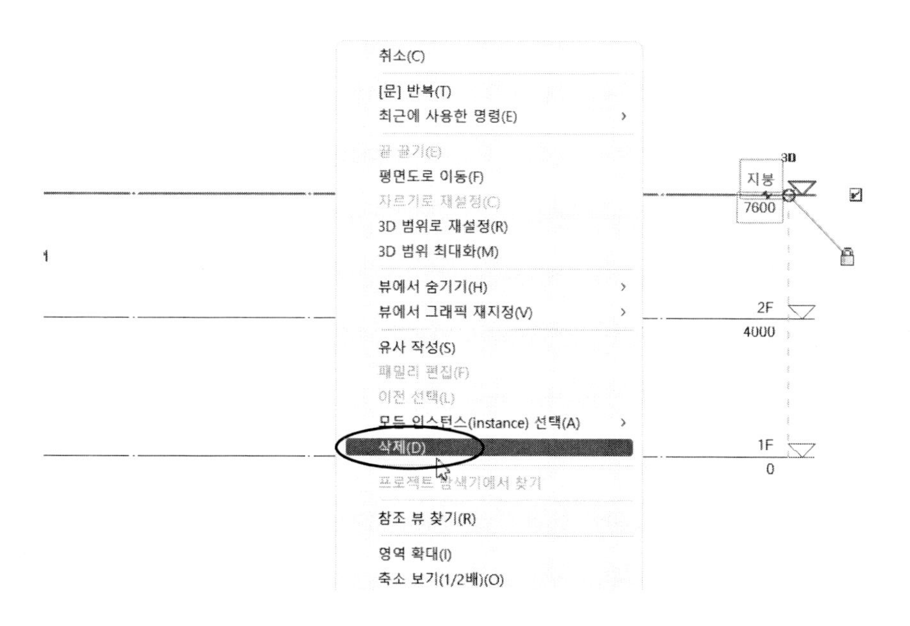

다음과 같이 뷰가 삭제된다는 경고가 나옵니다. 이때 [확인(O)]을 클릭합니다.

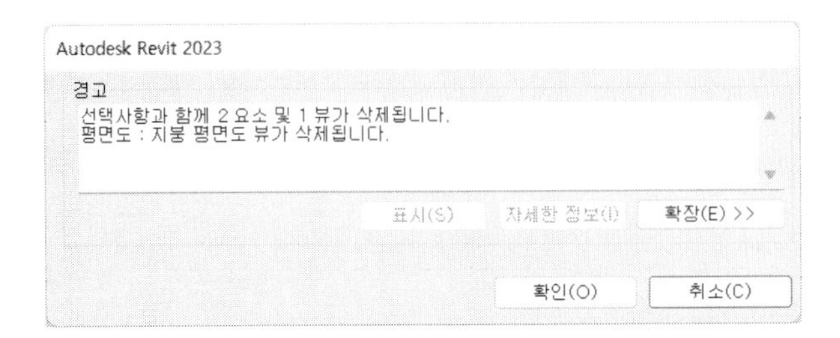

다음과 같이 레벨이 지워진 것을 확인할 수 있습니다.

03. 벽체 모델링

벽체를 모델링하겠습니다. 일반적으로 그리드를 작성한 후 벽체를 모델링합니다만 여기에서는 벽체만 모델링하겠습니다.

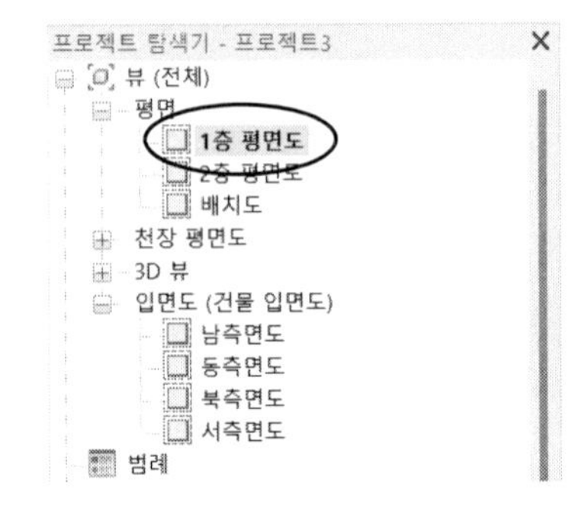

(1) 1층 평면도를 펼칩니다. 프로젝트 탐색기에서 [뷰(모두)]-[평면]-[1층 평면도]를 더블클릭합니다.

(2) '**건축-빌드-벽** : 건축(Wall) '을 클릭합니다. 옵션바의 '높이'를 '2F'로 지정하고 '위치선'은 '마감면: 벽 중심선', '체인'은 체크합니다. 유형 선택기에서 '외벽-스틸 스터드 벽돌벽'을 선택합니다.

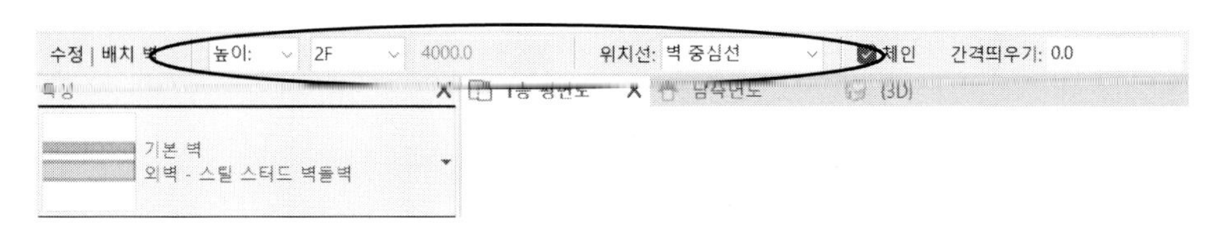

(3) 임의의 시작점을 지정한 후 오른쪽 방향(3시 방향)으로 맞춘 후 '12000'을 입력하거나 '12000'이 되도록 커서를 움직여서 클릭합니다.

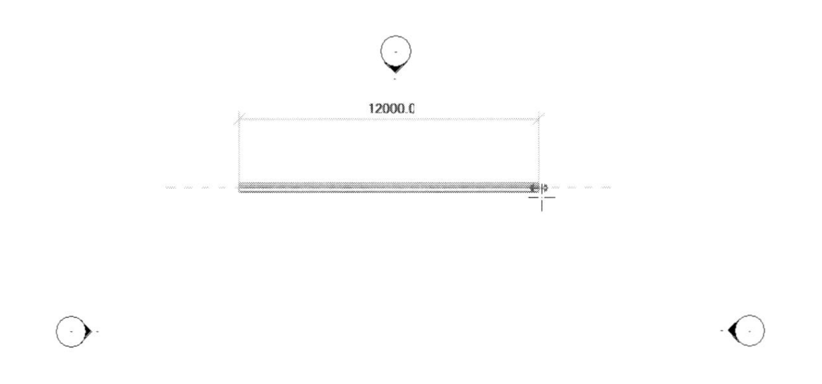

아래(6시) 방향으로 맞춘 후 '6000'을 입력합니다.

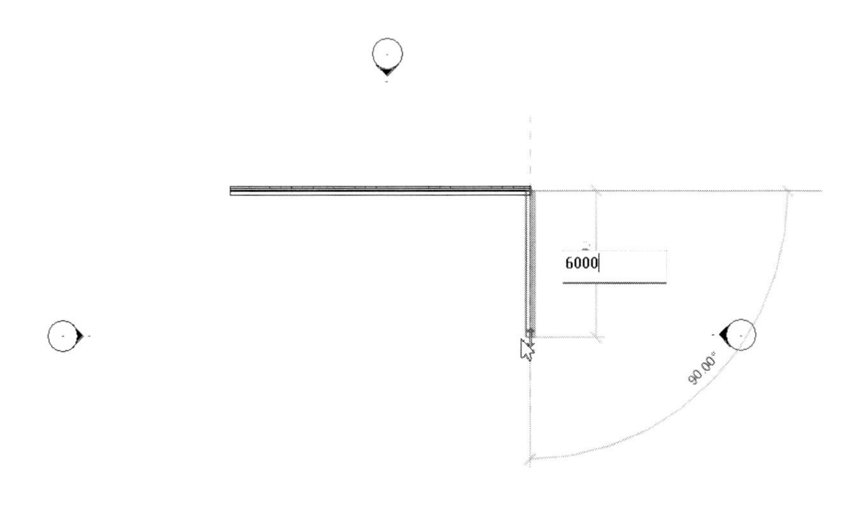

왼쪽(9시) 방향으로 맞춘 후 '5000'을 입력합니다.

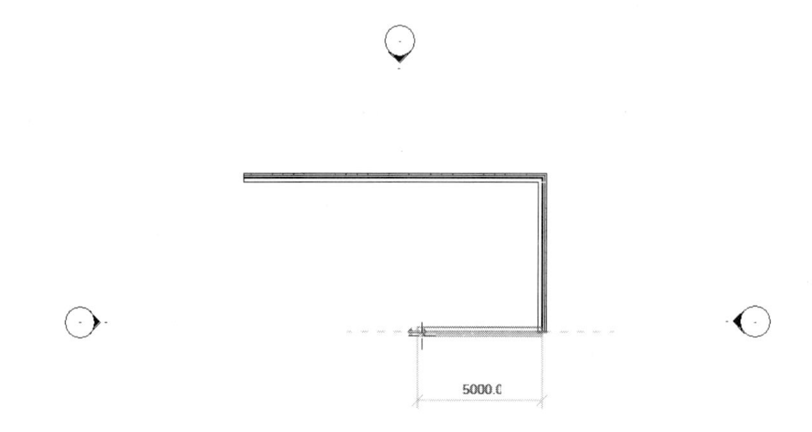

다시 아래(6시) 방향으로 맞춘 후 '6000'을 입력합니다.

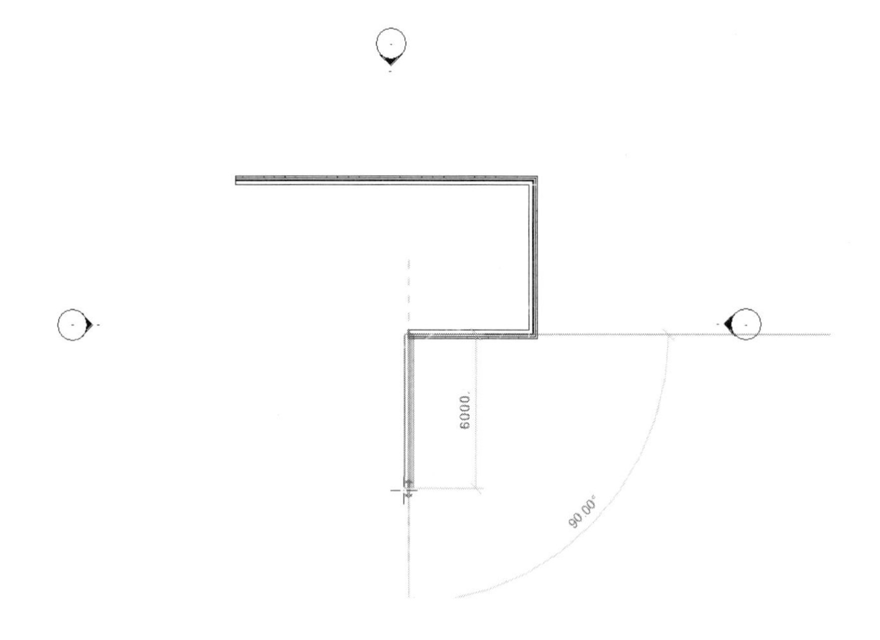

이번에는 마우스 커서를 왼쪽 방향으로 움직이면 처음 시작했던 점과 일치하는 점선(추적선)이 나타납니다. 이때 클릭합니다.

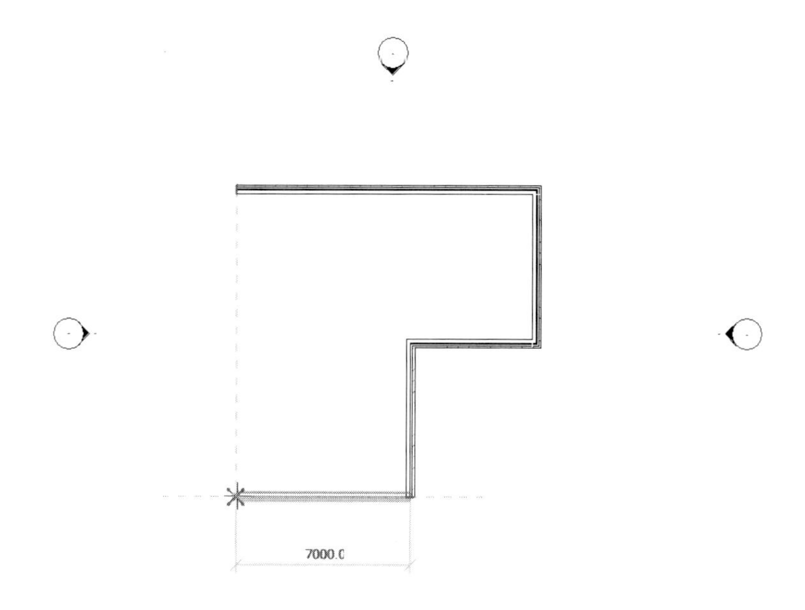

커서를 맨 처음 시작했던 시작점에 맞춰 클릭합니다. 다음과 같이 폐쇄 공간의 벽체가 모델링됩니다. 〈ESC〉 키를 두 번 누르거나 리본 메뉴 왼쪽의 [수정]을 눌러 종료합니다.

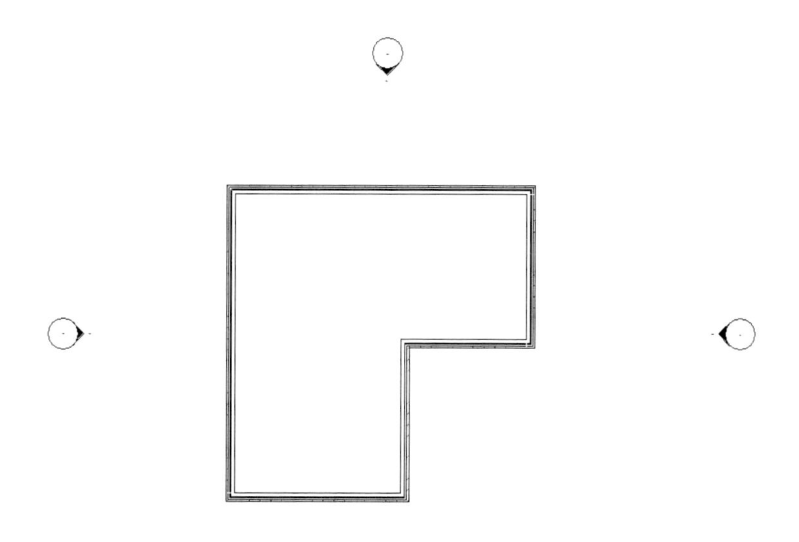

3D 뷰로 펼치면 다음과 같이 벽체가 작성된 것을 알 수 있습니다. 프로젝트 탐색기에서 [뷰(모두)]-[3D 뷰]-[{3D}]를 더블클릭합니다.

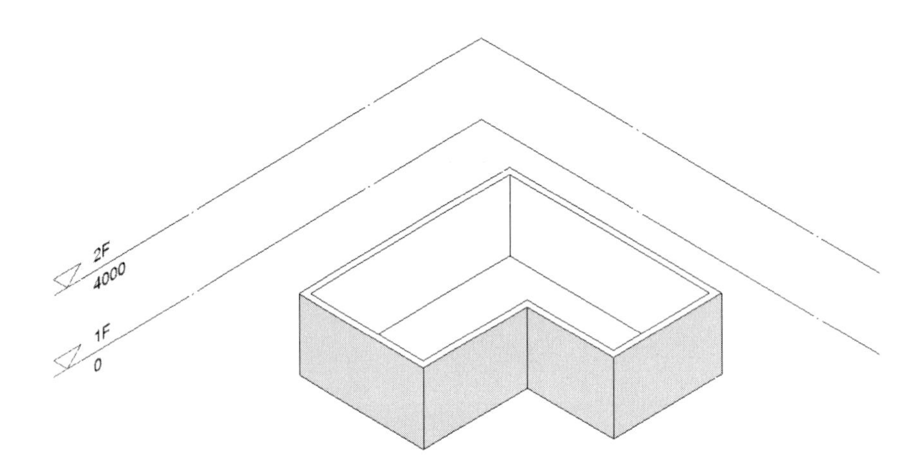

(4) 이번에는 내부의 간벽(파티션)을 모델링하겠습니다. 다시 평면도를 펼칩니다.

'건축-빌드-벽: 건축(Wall) '을 클릭합니다. 옵션바의 '높이'를 '2F'로 지정하고 '위치선'은 '마감면: 벽 중심선', '체인'은 체크합니다. 유형 선택기에서 '일반 - 200mm'을 선택합니다.

중간에 꺾어지는 부분을 클릭한 후 왼쪽(9시) 방향의 벽체로 가져가 클릭합니다.

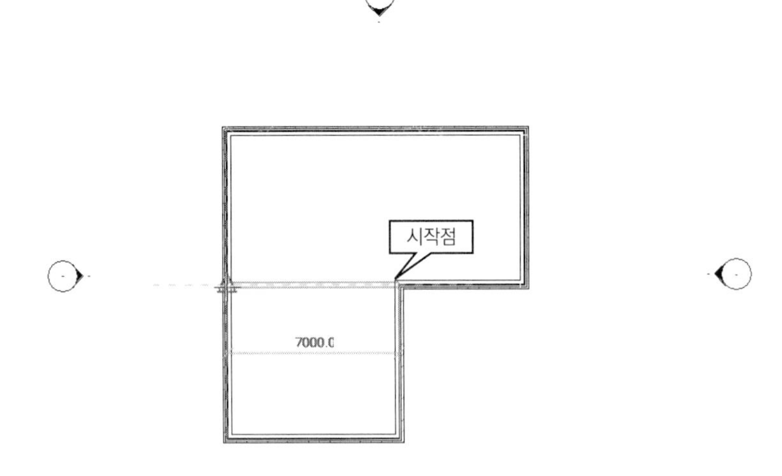

다시 꺾어지는 부분에 맞춘 후 클릭한 후 위쪽(12시) 방향의 벽체로 가져가 클릭합니다. 〈ESC〉 키를 두 번 누르거나 리본 메뉴 왼쪽의 [수정]을 눌러 종료합니다.

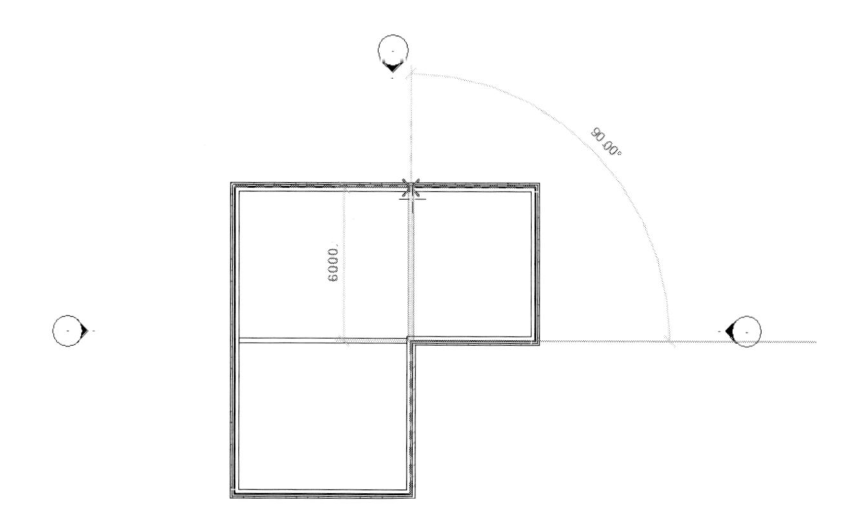

3D 뷰로 보면 다음과 같이 벽체가 모델링 된 것을 확인할 수 있습니다.

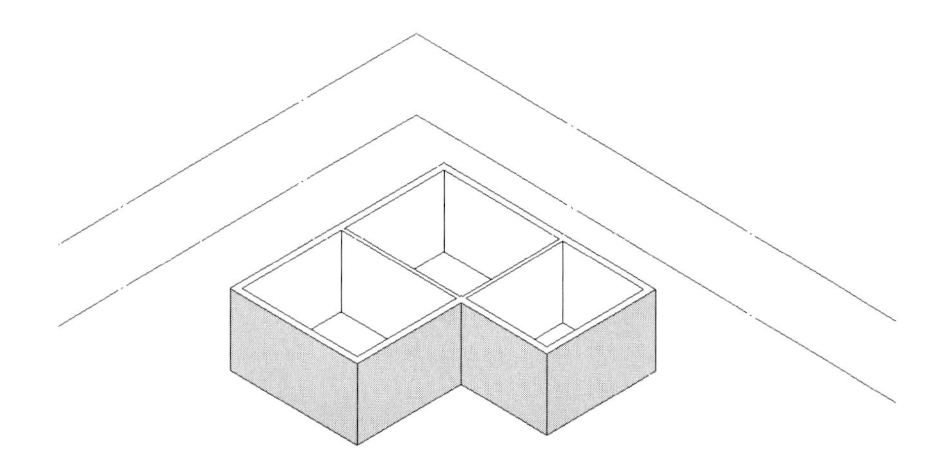

비주얼 스타일을 바꿔보겠습니다. 화면 하단의 뷰 제어막대의 두 번째 아이콘을 클릭하여 목록에서 '음영처리( )'를 클릭합니다.

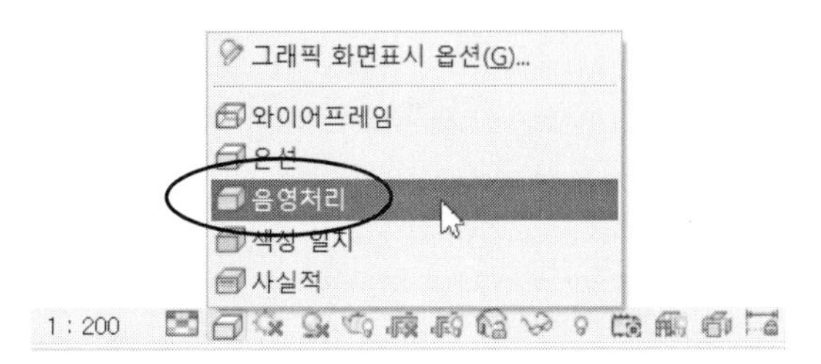

다음과 같이 벽체가 표현됩니다.

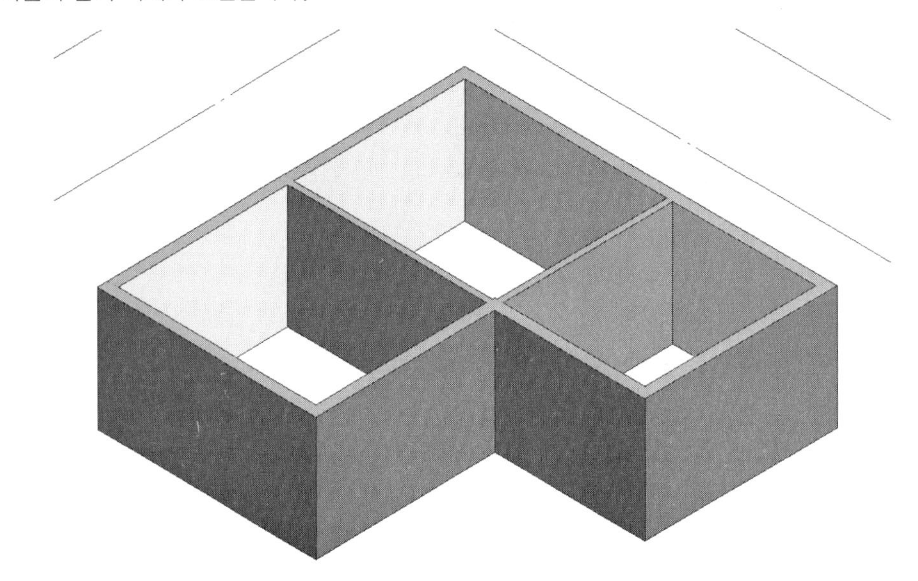

04. 문과 창의 배치

(1) 이번에는 문과 창을 배치하겠습니다. 다시 평면도를 펼칩니다.

'건축-빌드-문(Door) '을 클릭합니다. 유형 선택기에서 '미닫이-2 패널'의 '1830x2032mm'를 선택합니다.

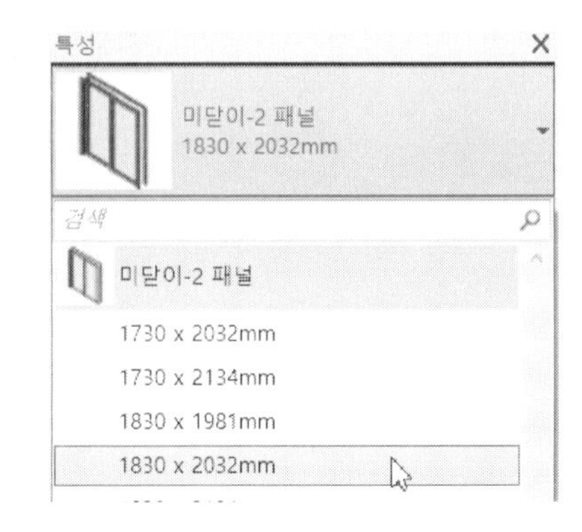

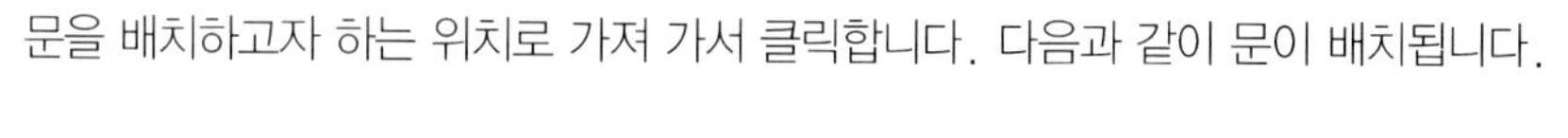

문을 배치하고자 하는 위치로 가져 가서 클릭합니다. 다음과 같이 문이 배치됩니다.

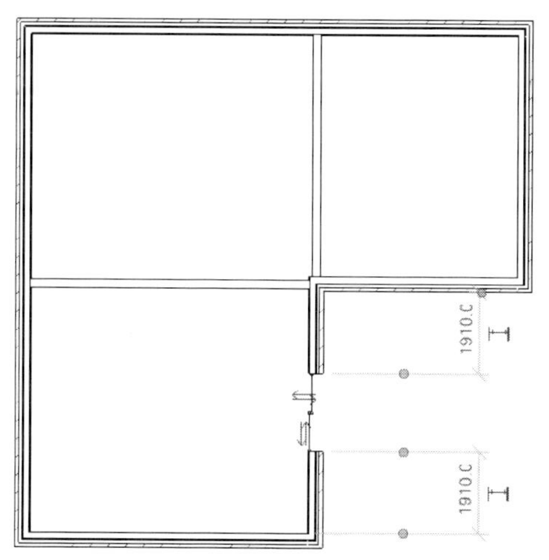

다음은 내부 벽에 문을 배치하겠습니다. 유형 선택기에서 '목재 외여닫이문'의 '0900×2100mm'를 선택한 후 배치하고자 하는 위치를 지정합니다. 다음과 같이 문이 배치됩니다.

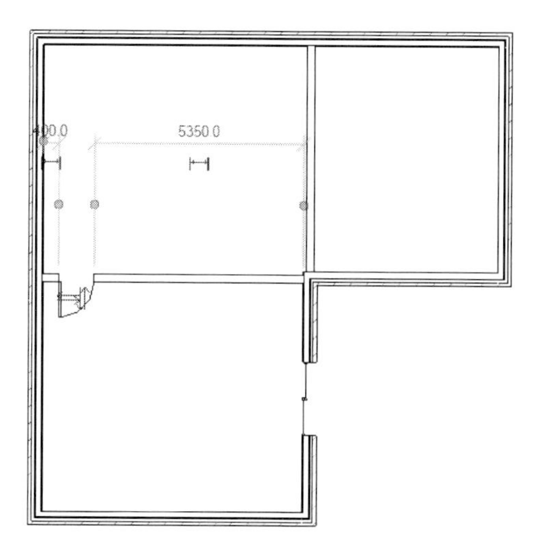

같은 유형의 문을 배치하려면 다시 배치할 위치를 지정합니다.

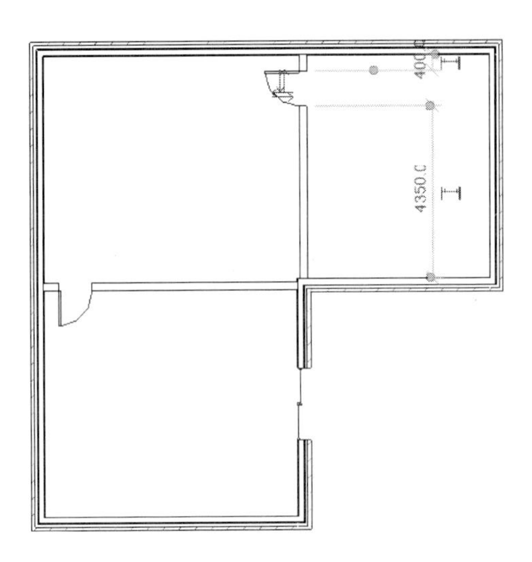

3D 뷰로 보면 다음과 같이 문이 배치된 것을 확인할 수 있습니다.

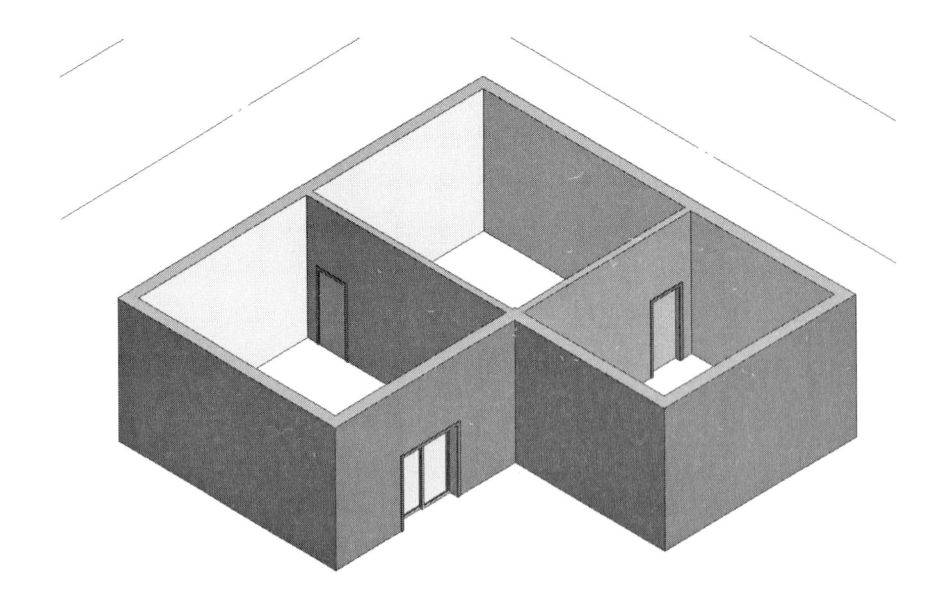

(2) 이번에는 창을 배치하겠습니다. 다시 평면도를 펼칩니다.

'건축-빌드-창(Window) '을 클릭합니다. 유형 선택기에서 '미닫이'의 '1000×1200mm'를 선택합니다.

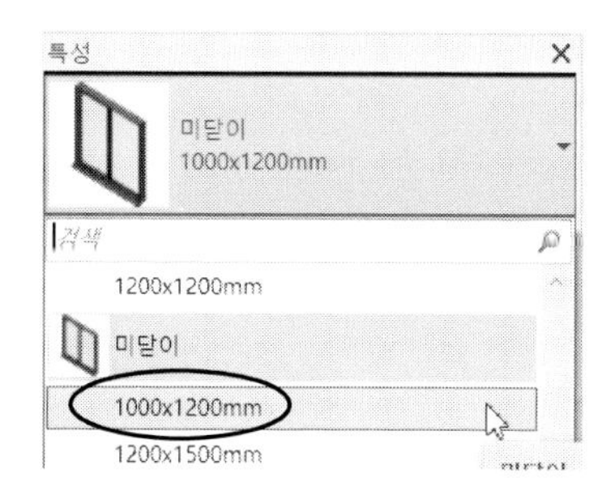

창을 배치하고자 하는 위치(문의 양쪽 옆)로 가져 가서 클릭합니다. 다음과 같이 창이 배치됩니다.

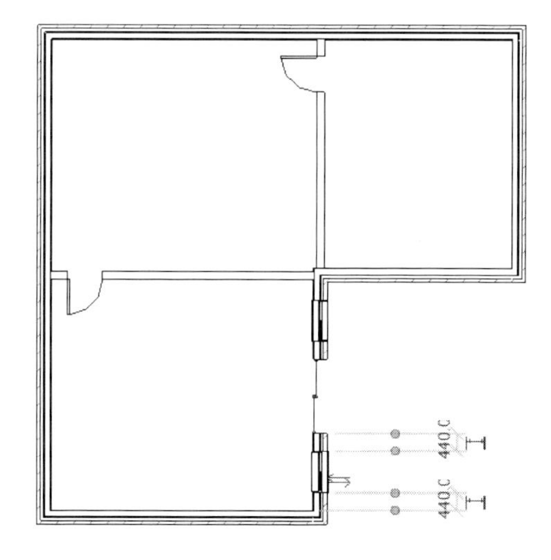

유형 선택기에서 '3짝 창'을 선택한 후 특성 팔레트에서 '씰 높이'에 '1200'을 입력합니다.

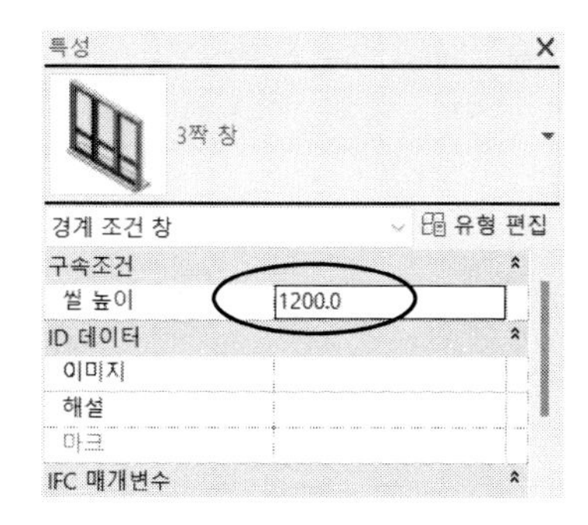

다음과 같이 각 벽체에 창을 배치할 위치를 지정합니다.

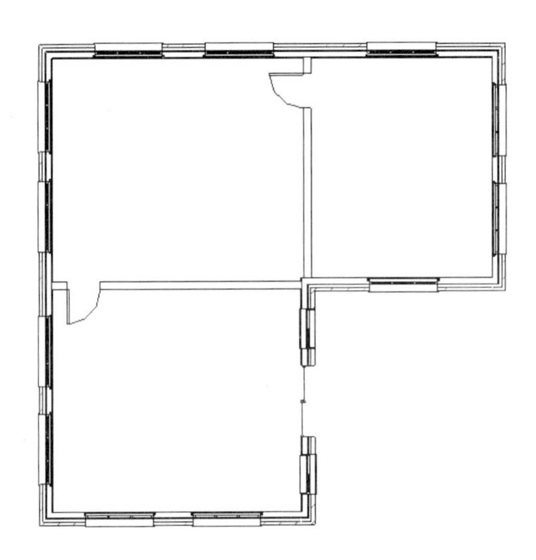

3D 뷰로 보면 다음과 같이 창이 배치된 것을 확인할 수 있습니다.

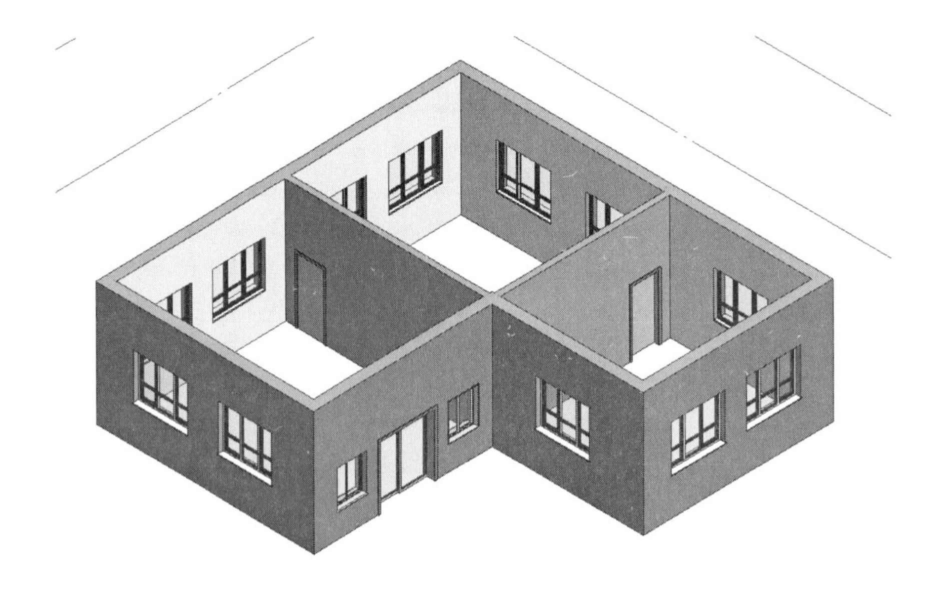

05. 가구 배치

실내에 가구를 배치합니다. 가구는 구성요소(Component)로

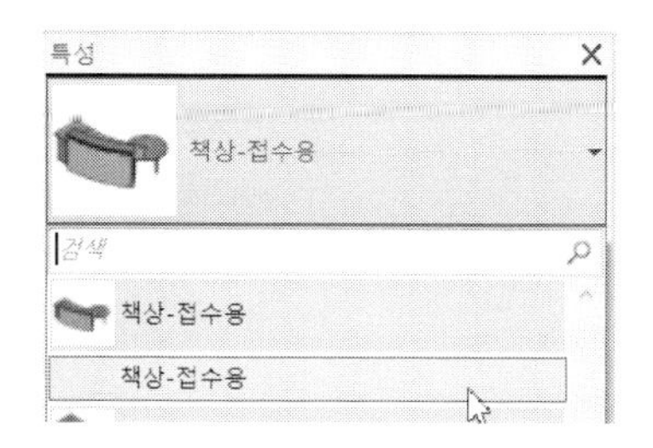

(1) '건축-빌드-구성요소(Component) '를 클릭합니다. 유형 선택기에서 '책상 접수용'을 선택합니다.

〈스페이스 바〉를 눌러 가구를 회전합니다. 배치하고자 하는 위치를 지정합니다. 다음과 같이 접수용 책상이 배치됩니다.

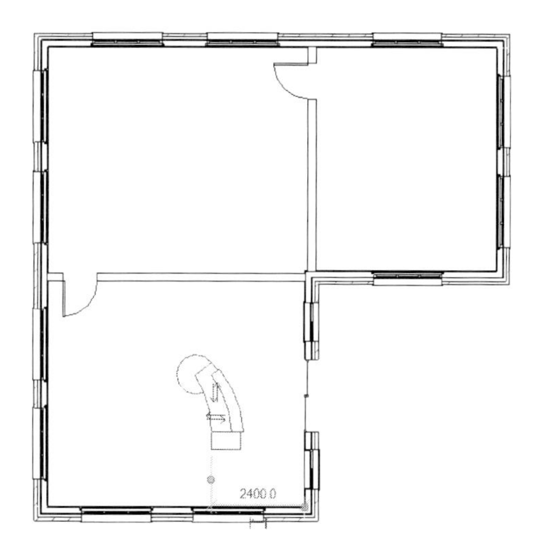

(2) 회의용 테이블을 배치합니다. 유형 선택기에서 '회의용테이블2 의자포함'의 '1200x3050mm'를 선택합니다. 배치하고자 하는 위치를 지정합니다.

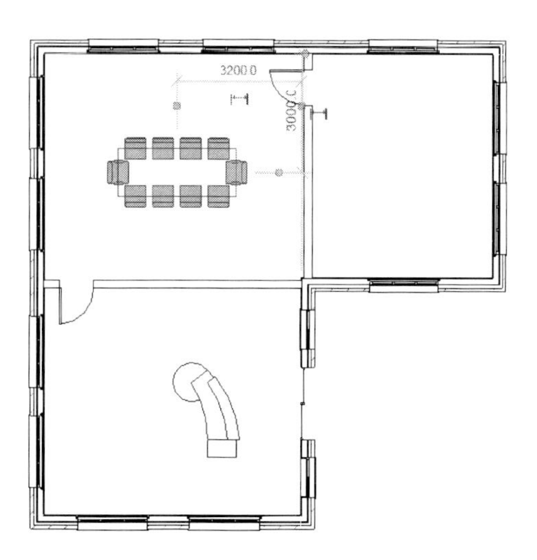

다른 가구도 동일한 방법으로 배치합니다. 다음과 같이 가구가 배치된 것을 확인할 수 있습니다.

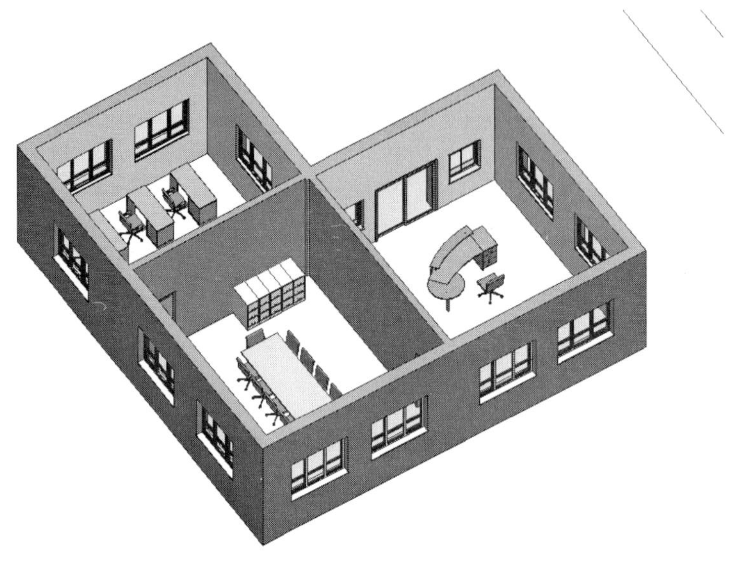

06. 지붕 모델링

벽체의 외곽선을 따라 지붕을 모델링하겠습니다.

(1) '건축-빌드-지붕-외곽 설정으로 지붕만들기 '를 클릭합니다. 다음과 같은 메뉴(수정|지붕 외곽설정 작성)가 나타납니다. 옵션바의 '내물림'을 '700'으로 설정합니다.

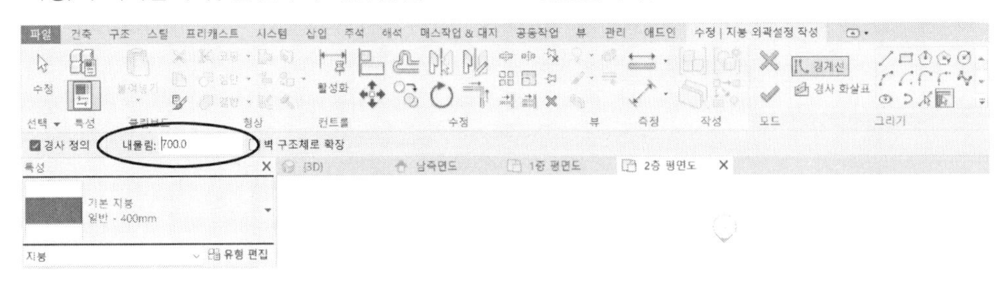

커서를 벽체 근처에 가져가면 다음과 같이 점선(파선)이 나타납니다. 이때 클릭합니다.

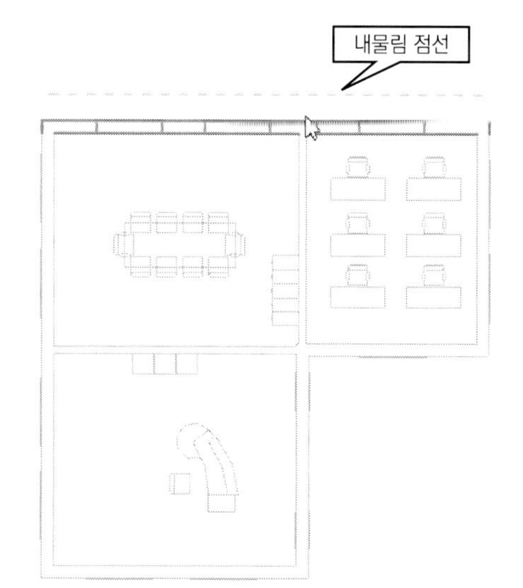

반복해서 벽체를 차례로 선택합니다. 다음과 같이 지붕의 테두리가 선홍색으로 표시됩니다.

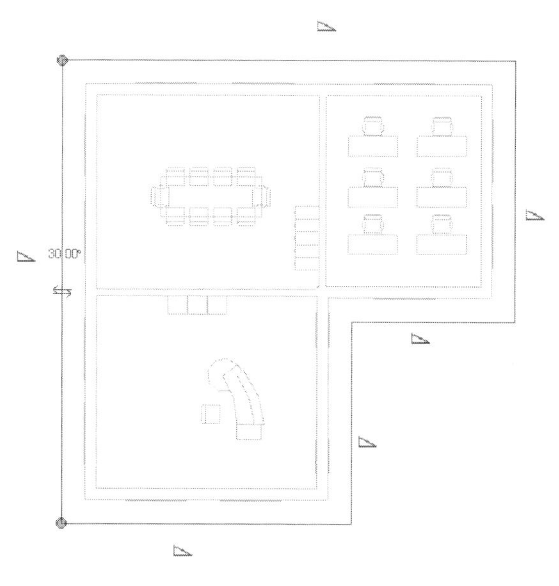

(2) 테두리 정의가 끝났으면 완료합니다. '수정|지붕 외곽설정 작성'메뉴의 '모드'패널에서 '편집모드 완료 ✔'를 클릭합니다.

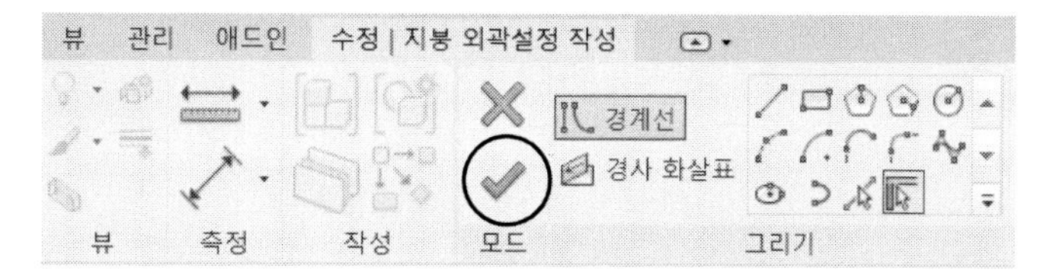

3D 뷰로 보면 다음과 같이 지붕이 모델링된 것을 확인할 수 있습니다.

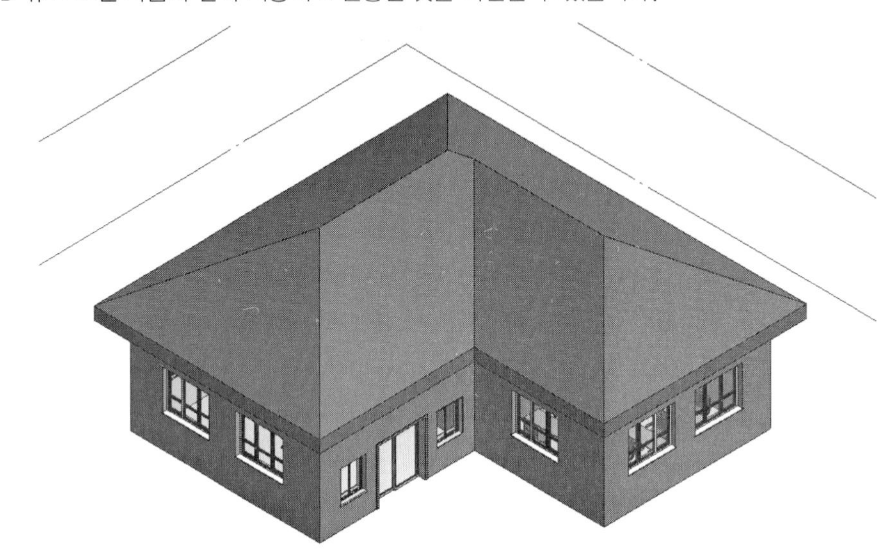

4. 기능의 실행 및 취소

Revit에서 제공된 기능을 실행하여 모델링을 하거나 정보를 입력, 수정 및 삭제를 수행합니다. 또, 실행한 기능을 취소할 수 있고 되돌릴 수도 있습니다. Revit 기능의 실행 및 취소 방법에 대해 알아보겠습니다.

01. 기능 컨트롤 클릭으로 실행

리본의 기능 컨트롤(아이콘)을 클릭하여 실행합니다. '탭' 메뉴 아래에 여러 개의 '패널'이 있고 패널에는 하나 이상의 기능 컨트롤이 배치되어 있습니다. 덕트를 모델링하는 경우를 예로 설명하겠습니다.

(1) '기계 템플릿'을 클릭하여 Revit을 실행합니다.

(2) '시스템'탭의 'HVAC' 패널에서 '덕트'를 클릭합니다.

다음 그림과 같이 탭 메뉴 끝부분에 '수정|배치 덕트'탭 메뉴가 나타납니다.

일반적으로 Revit에서는 하나의 기능(덕트)을 실행하면 기능에 해당하는 서브 탭 '수정|배치 덕트'메뉴가 나타납니다.

리본 메뉴 아래에는 덕트의 사이즈나 중간 입면도(간격 띄우기) 값을 입력할 수 있는 옵션바가 나타납니다.

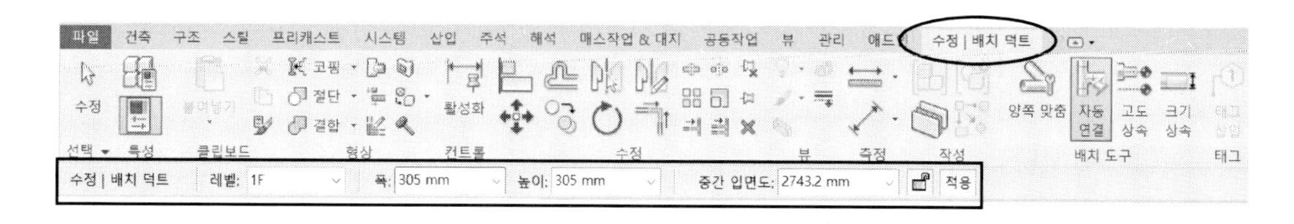

(3) 특성 팔레트의 유형 선택기에서 작도하고자 하는 덕트의 유형(예: 직사각형 덕트 굽힘 엘보/탭)을 선택합니다. 옵션바에서 '넓이'를 '600', '높이'를 '400', '중간 입면도'를 '3000'으로 지정합니다.

유형 선택기는 작성하고자 하는 파이프나 덕트의 유형 또는 배치하고자 하는 장비를 선택할 수 있도록 선택 가능한 유형을 제공합니다. 별도로 지정하지 않으면 상단에 표시된 디폴트 유형이 선택됩니다.

다음 그림과 같이 덕트의 위치(P1, P2, P3)를 차례로 지정합니다.

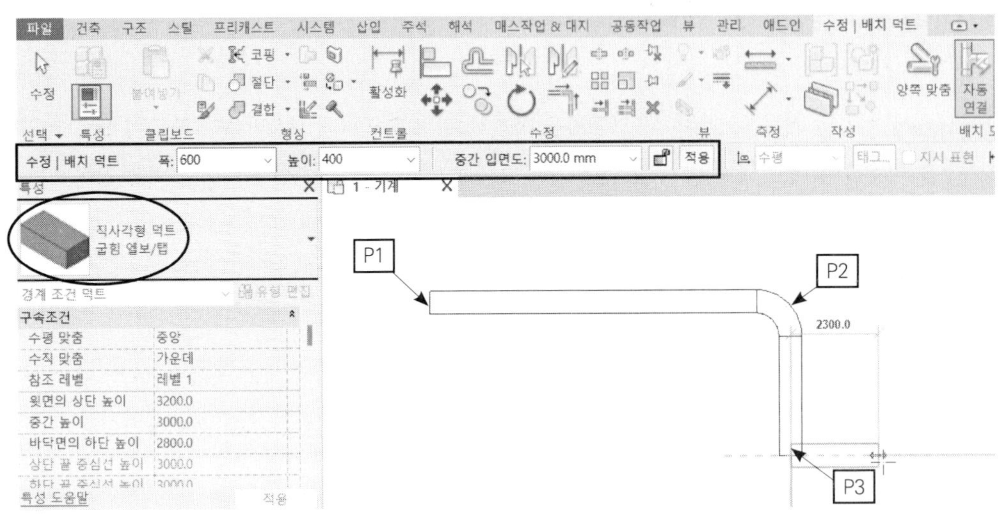

(4) 작업(기능)를 끝내고자 할 때는 리본 메뉴 앞쪽에 있는 '수정'을 클릭하거나 〈ESC〉키를 두 번 누릅니다.

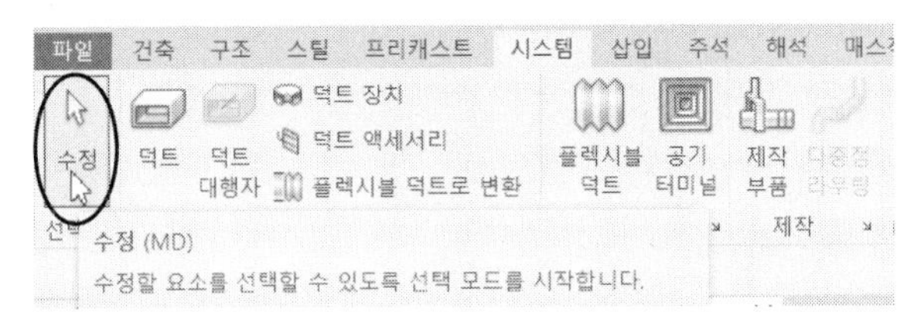

실행한 명령을 종료하려면 리본 메뉴 앞에 있는 '수정'을 클릭하거나 〈ESC〉키를 두 번 누릅니다.

(5) 다음 그림과 같이 덕트가 모델링됩니다.

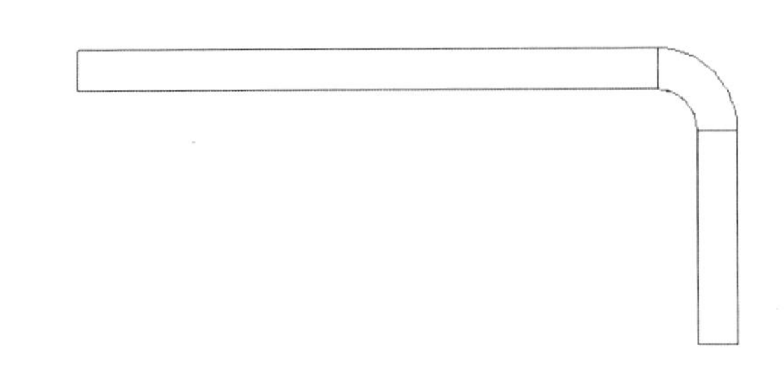

02. 단축키의 사용

키보드에서 해당 기능의 단축키를 입력하여 실행할 수 있습니다. Revit을 처음 접하는 초보자는 이미지로 표현된 아이콘(이미지 컨트롤)이 이해하기 쉽습니다. 그러나 어느 정도 숙달된 단계에서는 각 탭 메뉴와 패널을 옮겨 다니는 것보다 단축키를 입력하여 실행하는 방법이 빠릅니다.

AutoCAD 조작 경험이 많은 사람들은 단축키를 유용하게 사용하고 있습니다. Revit에서도 주요 기능에는 단축키를 제공합니다. 앞에서 실행한 덕트 작도는 'DT'가 단축키입니다. 마우스 포커스가 작도 영역에 있는 상태에서 'DT'를 입력합니다. 그러면 앞에서와 같이 '수정|배치 덕트'탭 메뉴가 나타납니다.

AutoCAD와 달리 단축키를 입력('DT')한 후 〈엔터〉나 〈Space〉를 누를 필요가 없습니다. 단축키만 입력하면 바로 실행됩니다.

단축키를 알아보려면 해당 기능 컨트롤에 마우스를 대고 있으면 기능 명칭과 함께 괄호 안에 단축키를 표시합니다. 덕트 작도의 경우는 덕트 아이콘에 마우스 커서를 가져가면 다음과 같이 '덕트(DT)'가 나타납니다. 이때 괄호 안의 'DT'가 단축키입니다. 배관은 'PI'입니다.

리본 메뉴에서 단축키를 확인하려면 〈Alt〉 키를 이용합니다. 〈Alt〉 키를 한 번 누르면 신속접근 도구막대 및 탭 메뉴의 단축키가 표시되고, 탭 메뉴를 선택한 후 다시 〈Alt〉 키를 누르면 리본 메뉴에 있는 각 기능의 단축키를 표시합니다.

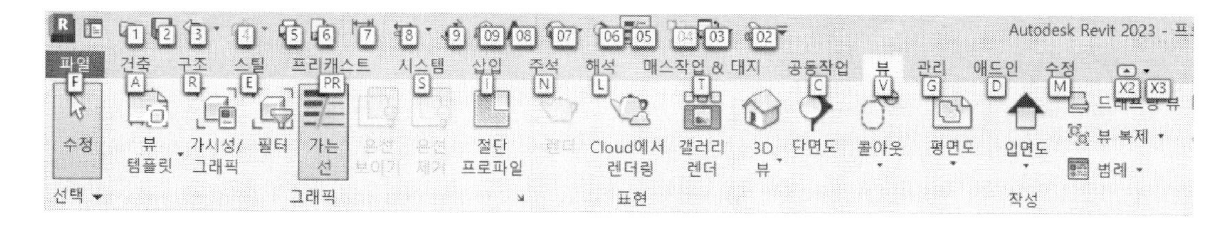

다음 예는 〈Alt〉 키를 한 번 누른 후 'S'를 입력하면 다음과 같이 '시스템' 탭에 있는 기능에 대한 단축키를 표시합니다. 여기에서 'S'는 '시스템(System)'의 첫 문자입니다. 건축은 'A'입니다.

참고 단축키의 사용자화

단축키는 사용자가 임의로 지정할 수 있습니다. '뷰' 탭 - '창'패널에서 '사용자 인터페이스'드롭다운 리스트를 눌러 최하단의 Keyboard Shortcuts(키보드 단축키)을 클릭합니다.

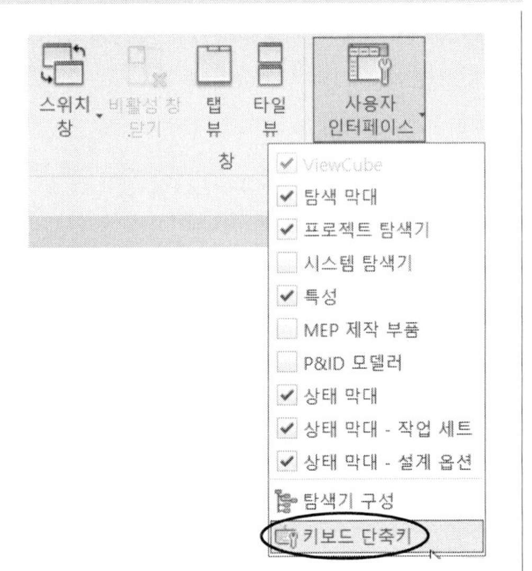

다음의 대화상자에서 단축키를 정의합니다. 정의하고자 하는 기능을 클릭한 후 하단의 '새 키 입력(K)'에 단축키를 입력합니다.

다른 컴퓨터에서 동일한 단축키를 사용하고자 하려면 [내보내기(E)..]를 이용하여 *.XML 형식으로 내보내기를 할 수 있습니다. 반대로 다른 컴퓨터에서 사용하던 단축키를 불러들여 사용하고자 하면 [가져오기(I)..]를 클릭하여 불러들입니다.

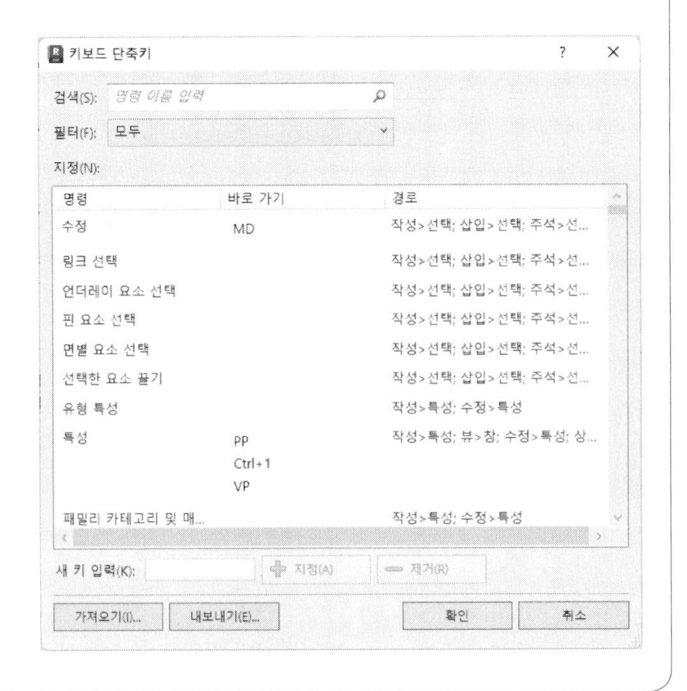

03. 바로가기 메뉴에 의한 실행

바로가기 메뉴는 마우스 오른쪽 버튼을 눌렀을 때 나타나는 메뉴를 말합니다. 교재나 매뉴얼에 따라서 '단축 메뉴', '숏컷(Short Cut) 메뉴', '컨텍스트(Context) 메뉴'라고 부르기도 합니다. 이 책에서는 '바로가기 메뉴'로 통일하겠습니다.

바로가기 메뉴는 상황에 따라 다르게 나타납니다. 아무것도 선택되지 않은 빈 공간에서 마우스 오른쪽 버튼을 눌러 바로가기 메뉴를 펼치면 주로 줌(Zoom)관련 메뉴가 나타납니다. 덕트의 연결구(Connector)를 클릭한 후, 바로가기 메뉴를 펼치면 다음과 같은 바로가기 메뉴가 나타납니다. 즉, 요소의 선택 여부와 선택된 요소에 따라 메뉴의 내용이 다르게 나타납니다.

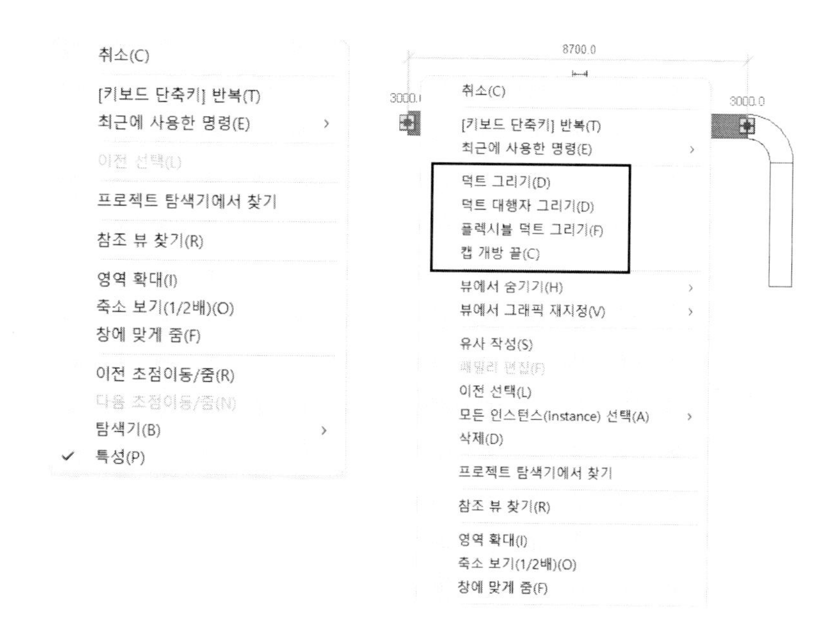

바로가기 메뉴에서는 기본적으로 이전 기능의 재실행(Repeat) 기능과 줌(Zoom) 기능을 포함하고 있으며 선택된 요소에 따라 조작 메뉴가 나타납니다.

04. 명령의 취소 및 명령 복구

Revit에서는 기능을 실행한 후 취소(Undo) 기능과 재실행(Redo) 기능이 있습니다. 상단의 신속접근 도구막대에서 명령 취소(Undo) 아이콘( )을 클릭합니다. 다음 그림과 같이 작도된 덕트 요소가 지워집니다.

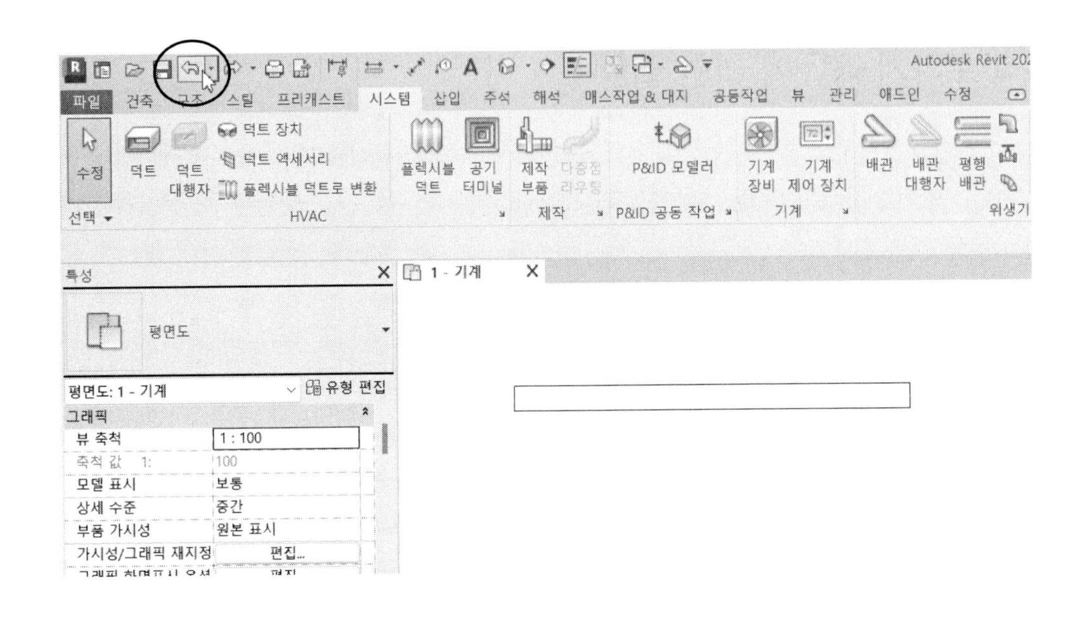

취소했던 기능을 되살리기 위해서는 다음 그림과 같이 신속접근 도구막대에서 명령 복구(Redo) 아이콘()을 클릭합니다. 다음과 같이 앞에서 취소했던 명령이 복구되어 덕트가 다시 원래대로 복구됩니다.

> **TIP** 명령 취소(Undo) 와 명령 복구(Redo) 기능의 단축키는 윈도우 계열의 소프트웨어에서 사용하는 취소 및 재실행 단축키와 동일한 〈Ctrl〉+Z(취소)와 〈Ctrl〉+Y(복구)입니다.

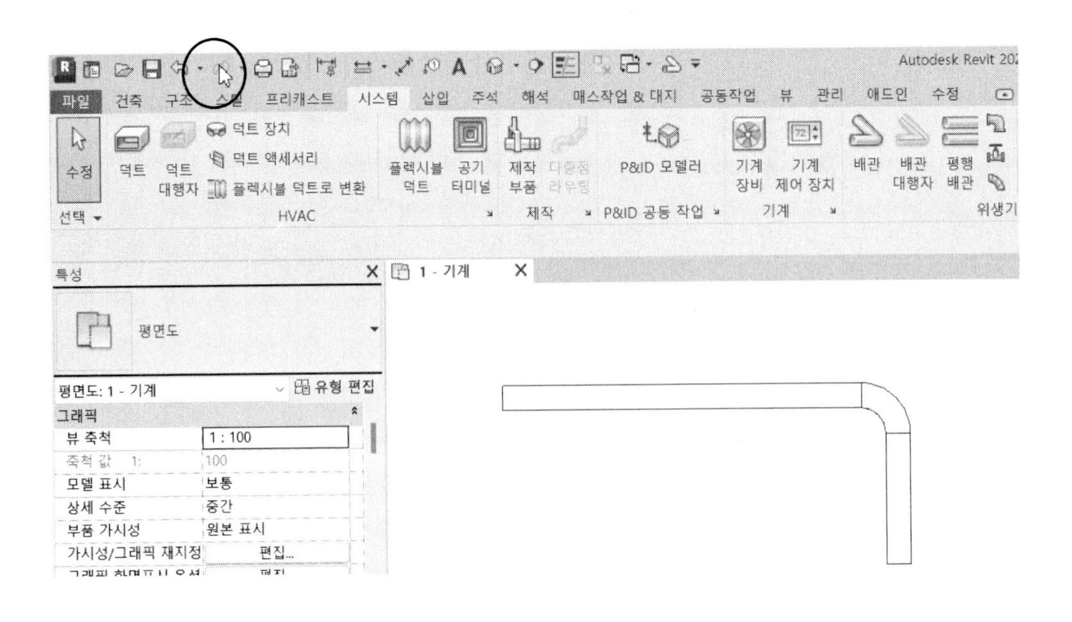

참고 취소 및 복구 이력

취소(Undo)를 위해 실행했던 기능을 하나씩 뒤로 취소할 수 있지만 동시에 여러 기능을 취소할 수 있습니다. Undo(취소) 아이콘 옆의 역삼각형(▼)을 누르면 다음 그림과 같이 조작했던 기능 목록이 표시됩니다. 목록에서 취소하고자 하는 기능을 선택합니다.

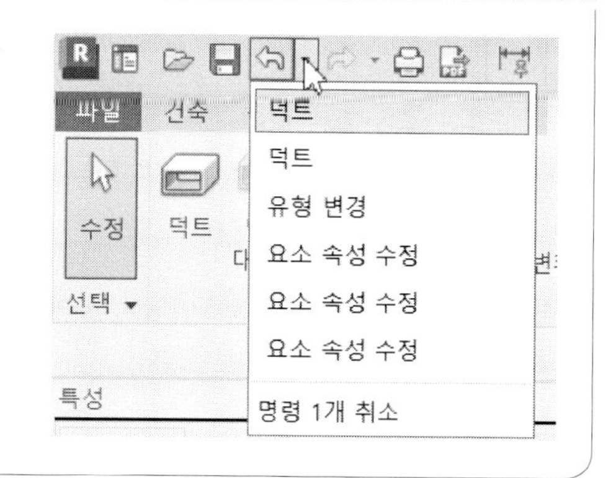

05. 마우스의 조작

마우스는 컴퓨터 조작에 가장 많이 사용하는 입력 도구이며 Revit을 조작할 때도 필수적인 도구입니다. Revit에서 마우스의 주요 용도를 살펴보면,

- **명령(기능)의 실행** : 명령(기능)의 실행을 위해 기능 컨트롤을 선택합니다.
- **대화상자의 항목 선택 및 슬라이드 바 조정** : 대화상자에서 각종 버튼과 목록을 선택하거나 슬라이드 바를 조정합니다.
- **좌표의 지정** : 작도 영역에서 마우스에 의해 좌표 또는 방향을 지정합니다.
- **줌 및 초점 이동** : 화면의 표시를 제어하기 위해 줌의 확대 및 축소, 초점 이동을 합니다.
- **요소의 선택** : 복사, 회전, 지우기 등 편집을 위한 요소를 선택합니다.

[휠 마우스]

일반적으로 사용하는 휠 마우스의 각 버튼의 기능은

(1) **왼쪽 버튼** : 명령(기능) 컨트롤의 선택, 좌표의 지시와 요소를 선택합니다.

(2) **휠** : 휠을 돌려서 화면의 확대 또는 축소를 하거나 휠을 누른 채로 이동하면 초점을 이동할 수 있습니다. 〈Ctrl〉 또는 〈Shift〉 키와 함께 다양하게 뷰를 제어할 수 있습니다. '화면의 제어'에서 자세히 다루겠습니다.

(3) **오른쪽 버튼** : 바로가기 메뉴(마우스 오른쪽 메뉴)를 표시합니다.

06. 도움말 기능의 사용

모델링 중에 기능에 대한 의문점이나 오류 및 경고가 표시되었을 때 해결책을 찾고자 할 때는 도움말 기능을 이용하게 됩니다. 기능키 〈F1〉을 누르거나 화면 오른쪽 상단의 정보센터의 '?'표 마크를 클릭합니다.

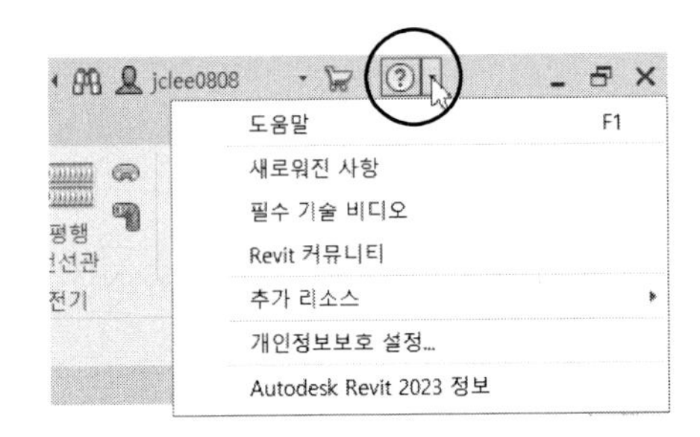

특정 기능에 대해 도움말을 보고자 할 때는 기능 컨트롤(아이콘)에 마우스를 올려놓고 〈F1〉키를 클릭합니다.

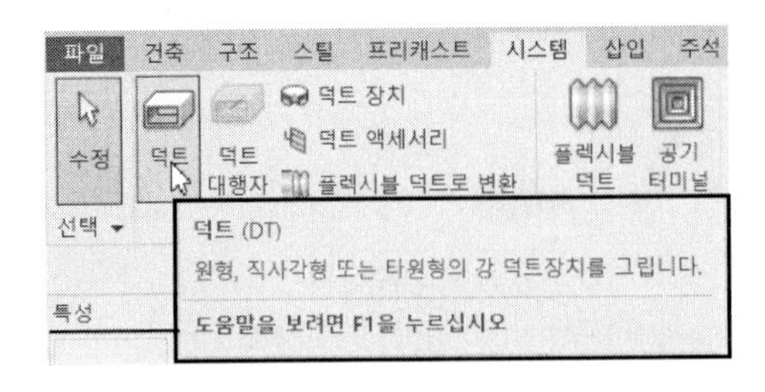

해당 기능의 도움말 페이지가 펼쳐집니다.

5. 주요 용어 및 개념

새로운 도구(소프트웨어)를 학습하는데 있어 중요한 것 중 하나가 용어에 대한 이해입니다. 사용하고자 하는 도구가 어떤 성격을 가지고 어떤 기능을 하는지 파악하게 위해서는 용어의 이해가 전제되어야 합니다. 이번에는 Revit를 학습하는데 있어 자주 사용하는 용어에 대해 알아보겠습니다.

01. 프로젝트(Project), 모델(Model)

Revit에서 모델링한다고 하는 것은 프로젝트 파일을 만드는 작업입니다. '프로젝트(Project)'는 설계의 모든 정보를 갖고 있는 하나의 데이터베이스입니다. 프로젝트 파일은 눈에 보이는 가시적인 모델의 정보에서부터 그 도면을 구성하는 다양한 매개변수 정보에 이르기까지 모든 정보를 가지고 있습니다. 즉, 모델의 디자인에 사용되는 컴포넌트, 다양한 시각적 효과를 나타내는 프로젝트 뷰, 각종 주석 정보 등이 포함됩니다. 모든 정보를 하나의 파일로 관리하기 때문에 관리가 용이합니다.

하나의 프로젝트인 모델을 작성하면 평면도, 입면도, 등각투상도, 단면도 등 다양한 뷰를 생성할 수 있으며 범례, 스케줄, 간섭 보고서 등의 보고서를 작성할 수 있습니다. 생성된 모델의 일부를 수정하면 뷰의 갱신은 물론 모델과 연관된 모든 요소 전체에 영향을 미칩니다. 예를 들어, 평면도에서 파이프의 일부를 수정하면 단면도, 입면도, 수량표에 반영됩니다.

02. 패밀리(Family)

패밀리는 Revit 프로젝트를 구성하는 부품입니다. AutoCAD의 블록(Block) 유사한 부분도 있습니다만 그 사용 방법과 구성은 블록과 전혀 다릅니다. Revit에서 모델링한다고 하는 것은 "여러 패밀리를 조합한다"고 할 수 있습니다. 이는 레고 블록을 조립하는 원리와 같습니다. 레고의 부품에 해당하는 것이 패밀리입니다.

패밀리는 매개변수(Parameter)라 불리는 공통의 특성(속성) 세트 및 관련된 그래픽 표현을 가진 요소 그룹으로 동일한 사용 방법 및 유사한 그래픽 표현에 의해 요소를 그룹화한 것입니다. 하나의 패밀리에 속한 서로 다른 요소가 일부 또는 모든 매개변수에 대해 다른 값을 가질 수 있습니다. 패밀리 내의 이러한 종류를 패밀리 유형 또는 유형이라 부릅니다. 예를 들어, 스프링클러 카테고리에는 건식 또는 습식 스프링클러 시스템을 작성하기 위해 사용할 패밀리와 패밀리 유형이 포함되어 있습니다. 패밀리 내의 각 유형은 관련 그래픽 표현을 가지고 패밀리 매개변수라 불리는 동일 매개변수 세트를 가지고 있습니다.

다음 모델의 파이프, 위생기기, 엘보, 티는 모두 패밀리입니다.

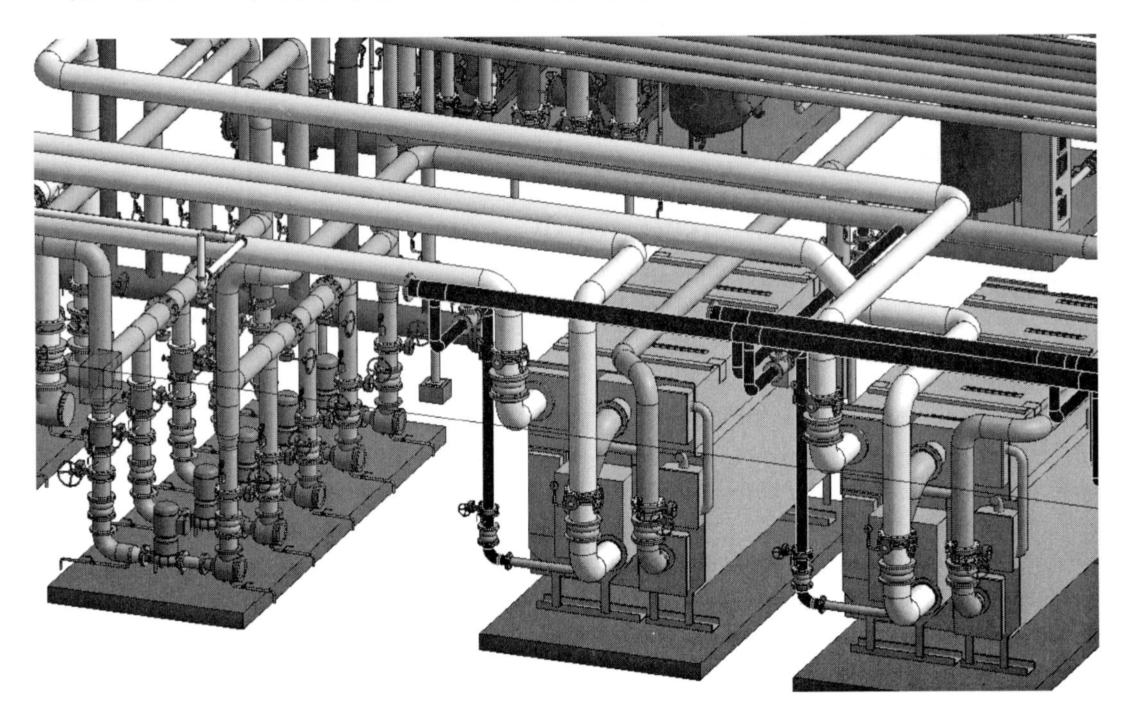

패밀리는 패밀리 에디터에 의해 작성 및 수정을 할 수 있습니다. 패밀리는 다음의 세 종류가 있습니다.

(1) **로드 가능한 패밀리** : 일반적으로 사용자가 패밀리 에디터에서 작성하는 라이브러리에 해당됩니다. 프로젝트에서 자유롭게 로드하여 사용할 수 있는 패밀리입니다.

(2) **시스템 패밀리** : 표준 건축, 구조 및 설비에 근간이 되는 패밀리입니다. 벽, 천장, 바닥, 지붕, 덕트, 파이프, 배선이 있습니다. 프로젝트 환경에 영향을 끼치고 레벨, 중심선, 도면 시트 및 뷰 포트의 유형이 포함되어 있는 시스템 설정도 시스템 패밀리입니다. 시스템 패밀리는 사용자가 유형은 정의할 수 있지만 새롭게 작성할 수 없습니다.

(3) **내부 편집(In-Place) 패밀리** : 내부 편집 패밀리는 현재 프로젝트에 고유의 컨포넌트를 작성할 필요가 있는 경우에 프로젝트 내에서 작성하는 커스텀(사용자) 패밀리입니다. 사용할 프로젝트에서 재사용을 상정하지 않은 독특한 형상이 필요할 때 사용합니다. 프로젝트 내에서 복수의 내부 편집 패밀리를 작성할 수 있고, 프로젝트 내에 같은 내부 편집 요소를 복사할 수 있습니다. 단, 시스템 패밀리나 로드 가능한 패밀리와는 달리 내부 편집 패밀리 유형을 복사해서 복수의 유형을 만들 수 없습니다.

03. 요소(Element)

Revit프로젝트에서 최소 단위가 요소(Element)이며, 이 요소를 사용하여 모델을 작성합니다. 요소는 AutoCAD의 개체(Object)로 이해하면 됩니다. 덕트, 파이프, 전선, 부품이 각각의 요소이며, 대부분의 요소는 요소의 외관과 동작을 제어하는 특성(속성)를 갖고 있습니다. 요소는 다음의 세 가지 종류가 있습니다.

(1) **모델 요소** : 건물이나 설비 요소와 같이 3차원 지오메트리 요소입니다. 벽, 창과 문, 지붕, 덕트, 파이프 등입니다.

(2) **데이텀 요소** : 프로젝트를 정의하는데 필요한 요소입니다. 레벨과 그리드, 참조평면이 이에 속합니다.

(3) **뷰 특성 요소** : 모델링된 건물이나 설비를 설명하고 문서화하는데 사용되는 요소입니다. 치수, 태그, 2D 상세 등입니다.

요소에는 모양과 동작을 제어하는 두 가지 특성이 있습니다. 유형(Type) 특성과 인스턴스(Instance) 특성입니다.

모든 요소는 각각의 유형 특성을 갖고 있습니다. 동일한 유형을 갖고 있는 패밀리는 같은 값을 갖습니다. 예를 들어, 책상의 폭이 유형 특성으로 정의된 경우 폭(길이)의 값을 바꾸면 동일한 유형의 모든 책상이 같은 값으로 바뀝니다.

반면 인스턴스 특성은 각 요소가 개별적으로 갖는 특성입니다. 값을 바꾸면 해당 요소의 값만 바뀌게 됩니다. 책상 폭이 유형 특성이라면 책상의 위치는 인스턴스 특성입니다.

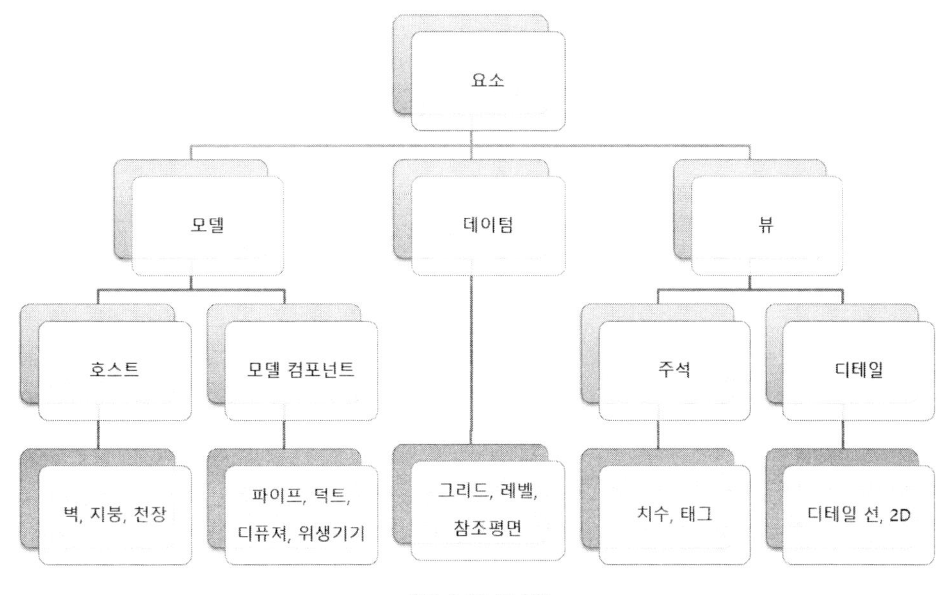

[요소의 구성]

04. 뷰(View)

모델을 표시하고 조작하는 공간입니다. 모델을 작업하는데 가장 많이 사용하는 공간입니다. 예를 들어, 평면뷰, 천장평면뷰, 단면뷰, 입면뷰, 3D 뷰 등 원하는 뷰에서 펼쳐볼 수 있으며 수정할 수 있습니다. 수정된 요소는 다른 뷰에도 그대로 반영됩니다. 모든 뷰는 해당 프로젝트에서 관리하고 있으며 얼마든지 만들고 삭제할 수 있습니다.

05. 카테고리(Category)

프로젝트에서의 모델링 작업은 여러 패밀리의 조합이라 할 수 있습니다. 이 패밀리는 특정 목적을 위해 여러 요소를 모아 만든 요소의 집합입니다. 각 패밀리는 특정 카테고리에 속해 있습니다. 예를 들어, 파이프에 들어가는 밸브는 Pipe Accessory(배관 부속류) 카테고리에 속합니다. 카테고리는 설계를 모델화 또는 문서화 하는데 사용하는 요소의 그룹입니다. 해당 카테고리에는 카테고리 특성에 맞는 매개변수가 존재합니다. 패밀리를 제작할 때는 가장 먼저 작성하고자 하는 패밀리가 속할 카테고리를 선택합니다.

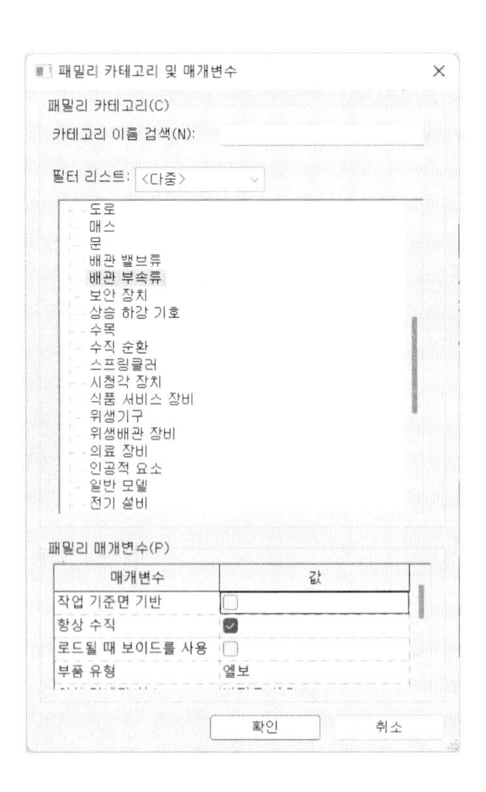

06. 유형(Type)

Revit에서는 유형 매개변수, 유형 특성이라는 용어를 자주 사용합니다. 패밀리는 각각 서로 다른 유형을 지정할 수 있습니다. 나음의 예를 보면 각형 덕트 패밀리가 있고 각형 덕트에서는 각 사이즈별 유형을 정의합니다. 패밀리에서는 복수의 유형을 지정할 수 있습니다.

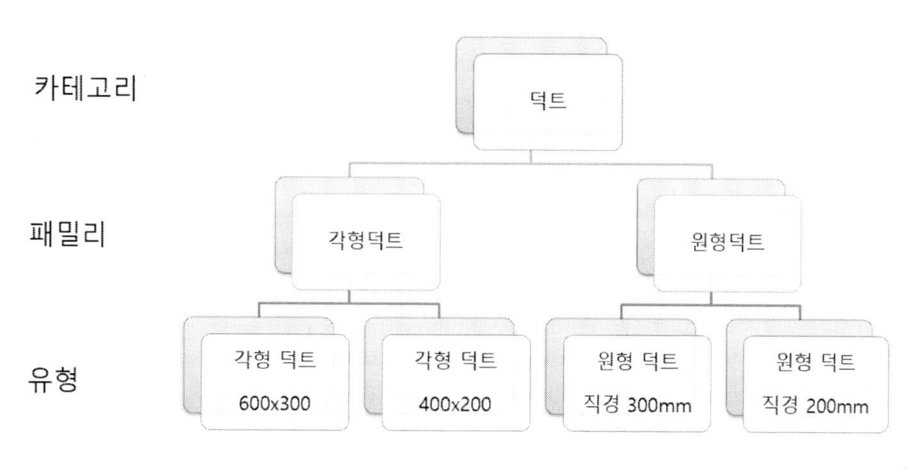

[카테고리, 패밀리, 유형 개념도]

07. 인스턴스(Instance)

인스턴스는 프로젝트에 배치되어 모델 또는 도면 시트(주석 인스턴스) 상에 특정의 장소를 가진 개별적인 요소입니다. 각 인스턴스는 패밀리에 속하고 그 패밀리 안에서는 특정 유형에 속합니다. 작용하는 범위로 보면 유형보다 좁다고 할 수 있습니다.

08. 레벨(Level)

건물 내에서 수직 방향의 높이나 면을 말합니다. 레벨은 유한의 수평면으로 지붕, 바닥, 천장 등의 레벨에 호스트된 요소의 참조면입니다. 각 층의 레벨을 작성하거나 건물의 다른 필요한 기준(1층, 벽의 상단, 기초의 하단 등)을 작성합니다. 주의해야 할 것은 레벨을 건물의 층으로 생각해서는 안됩니다. 레벨은 하나의 작업 기준면으로 생각하는 것이 좋습니다. 레벨을 추가하면 해당 레벨의 평면도를 작성할 수 있습니다. 즉, 뷰를 생성할 수 있습니다.

크기를 변경할 수 있으며 특정 뷰에서 표시되지 않도록 할 수 있습니다. 레벨의 추가는 단면 뷰 또는 입면 뷰에서 실행해야 합니다.

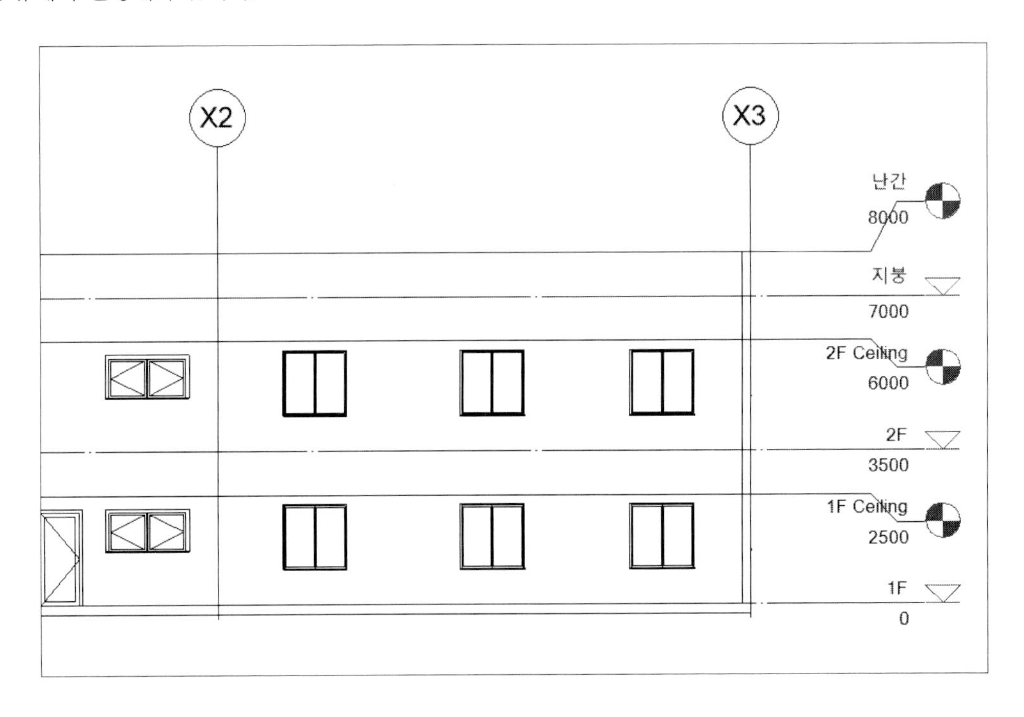

09. LOD(Level of Detail)

LOD는 도면(모델)의 상세 정도를 말합니다. 각 설계 단계(컨셉, 기본, 상세 등)별로 요구되는 도면의 상세 정도로 필요로 하는 모델의 상세 및 정보의 상세 레벨을 규정한 것입니다. 예를 들어 컨셉 설계에서는 전체적인 윤곽을 파악할 정도의 수준이라면 기본 설계, 상세 설계로 진행할수록 보다 정밀한 표현과 정보를 필요로 하기 때문에 이에 맞는 수준의 표현과 정보를 정의하고 있습니다.

미국 건축가협회(AIA)에서는 각 요소의 LOD를 기술하기 위해 '모델 요소 테이블'을 채택하고 있습니다. 모델 요소 테이블은 각 단계별로 요소의 LOD를 표현하도록 되어 있습니다.

단계	LOD					
	기획설계	기본설계	실시설계	상세설계	시공	유지관리
벽	100	200	350	400	500	500
바닥	100	200	350	400	500	500
기초	100	100	200	300	400	400
급배수	100	100	100	200	300	400

LOD 200

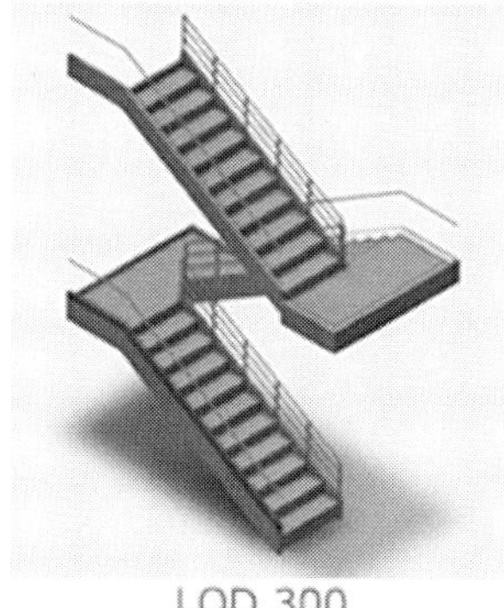
LOD 300

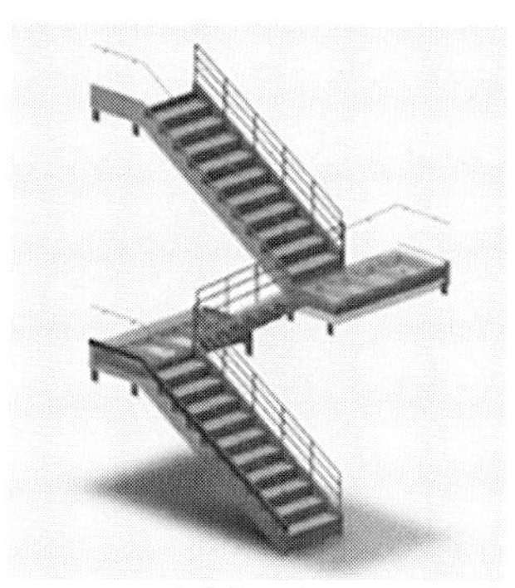
LOD 400

[LOD별 형상의 표현 정도]

LOD를 숫자로 표현하는데 다음과 같이 분류한다.

(1) LOD100 : 개념 설계 수준으로 단순한 외형을 표현하는 정도

(2) LOD200 : 간섭 체크가 가능한 정도의 형상, 개략적인 수량을 산출할 정도

(3) LOD300 : 외부 및 내부 형상을 표현하며 실시 설계 수준이며 간섭 및 수량을 산출할 수 있을 정도

(4) LOD400 : 현장 샵드로잉에 준하는 상세한 모델링 수준이며 시공이 가능할 정도

(5) LOD500 : 시공이 가능할 모든 객체를 상세하게 표현하며 유지관리가 가능할 정도의 상세도와 정보를 보유할 정도

10. 파라메트릭(Parametric)이란?

Revit은 파라메트릭 기법의 설계 도구입니다. 파라메트릭(Parametric)은 모든 설계 요소 사이의 관계를 나타냅니다. 요소 사이의 관계 설정은 소프트웨어에서 자동으로 작성되거나 사용자가 작업 중에 작성할 수 있습니다. 수학이나 기계 계열의 CAD에서는 이러한 관계를 정의하는 수치나 특성을 '매개변수(Parameter)'라 부릅니다. 이 기능에 의해 연계 능력이 높은 생산성(프로젝트 내의 어디에서 언제, 무엇을 변경해도 그것이 자동으로 프로젝트 전체에서 조정됨)을 얻을 수 있습니다.

예를 들어, 벽에 문이나 창이 배치된 경우, 벽의 위치를 이동시키면 여기에 부속된 문이나 창문도 따라 이동하게 됩니다. 기계설비 요소의 경우도 파이프를 이동하면 파이프에 연결된 엘보도 함께 이동됩니다. 이렇게 각 요소가 서로 연관성을 가지고 연동되어 움직이는 것은 파라메트릭 기법을 도입했기 때문입니다.

6. 파일의 종류와 관리

내부분의 소프트웨어는 작업을 수행한 후 작업 내용을 저장하는 데이터 파일을 가지고 있습니다. 작업한 결과를 저장하는 데이터베이스를 파일 형식으로 저장하는 것입니다. Revit도 도면의 성격에 따라 여러 종류의 파일로 관리합니다. 이번에는 Revit의 파일 종류와 관리에 대해 알아보겠습니다.

01. 프로젝트 파일

파일 형식은 '*.rvt'입니다. 프로젝트 데이터를 관리하는 파일입니다. 프로젝트 파일 안에는 각종 건축 및 설비의 모델링 데이터를 포함하여 모든 특성 정보가 담겨 있습니다. 이 정보는 모델의 디자인에서 사용한 컴포넌트, 프로젝트 뷰, 도면이 포함됩니다.

Revit에서는 단일 프로젝트 파일을 사용함으로써 디자인의 변경이 용이하고 하나의 요소 변경에 따라 관련된 모든 뷰 및 시트에 반영할 수 있습니다. 하나의 파일로 관리하기 때문에 관리가 용이합니다. 설계를 하면서 평면, 단면, 입면, 3D 뷰를 쉽게 작성하고 볼 수 있으며 하나의 뷰에서 편집을 수행하면 이와 관련된 다른 전체 뷰에 반영됩니다. 뷰 외에도 집계표나 도면과 연동되어 변경된 내용으로 갱신됩니다.

02. 패밀리 파일

파일 형식은 '*.rfa'입니다. 패밀리(라이브러리) 컴포넌트 데이터를 관리하는 파일입니다. Revit에서 프로젝트 작업은 패밀리 요소들을 조합하는 과정이라 할 수 있습니다. 패밀리 파일은 Revit의 가장 기초적이며 근본적인 데이터라 할 수 있습니다. 따라서, 패밀리 파일은 단독으로 사용되기보다는 프로젝트에서 로드하여 개별 컴포넌트로서 역할을 합니다.

패밀리 파일은 패밀리 에디터를 통해 작성됩니다. 이 파일에는 형상 정보는 물론 각종 매개변수 및 매개변수에 속한 특성을 가지고 있습니다. 프로젝트 파일에 로드된 패밀리 파일은 모델의 형상의 표현과 함께 각종 매개변수가 가진 데이터를 활용할 수 있습니다. 이런 이유로 패밀리 파일을 만들 때는 실제 프로젝트에서의 용도나 결과물을 고려하여 신중하게 작성해야 합니다.

03. 템플릿 파일

프로젝트 및 패밀리의 작성을 위한 템플릿 파일입니다. 프로젝트에서 사용할 템플릿 파일 형식은 '*.rfe'이며, 패밀리 파일 작성을 위한 템플릿 파일은 '*.rft'입니다.

프로젝트 템플릿 파일(*.rfe)에는 프로젝트에 필요한 기초 데이터를 담을 수 있습니다. 프로젝트에서 사용할 패밀리(컴포넌트), 평면, 입면, 단면 등의 뷰, 계산 및 도면 작성에 필요한 스타일 설정, 각종 집계표 등의 시트를 템플릿 파일로 저장해놓을 수 있습니다. 프로젝트를 수행하기 위한 각종 환경을 템플릿에 담아놓습니다. 프로젝트를 수행할 때마다 동일한 작업을 반복하지 않기 위해서 프로젝트 템플릿 파일을 만들어 사용해야 합니다.

패밀리 템플릿 파일(*.rft)은 패밀리의 작성을 어떤 베이스(벽, 지붕, 바닥, 선, 천장, 면 등)로 작업할 것이냐에 따라 구분됩니다. 예를 들어, 벽걸이 소변기를 작성한다고 한다면 벽을 베이스로 한 'Metric Generic Model wall based.rft' 템플릿 파일을 열어 작업하게 됩니다. 사용자에 따라 매개변수나 기본 참조면 등 패밀리의 작성 환경을 미리 설정해놓고 템플릿 파일로 만들어 사용할 수 있습니다.

04. 데이터 파일

패밀리에서 데이터를 참조할 때 사용하는 데이터 파일입니다. 대표적으로 유형 카타로그(Type Catalog) 방식과 조회 테이블(Lookup Table) 방식이 있습니다. 유형 카타로그 데이터 파일 형식은 '*.txt'이며, 룩업 테이블 데이터 파일 형식은 '*.csv'입니다. 이 파일에는 패밀리에서 참조할 데이터가 각 유형별로 CSV형식으로 저장되어 있습니다. 프로젝트에서 패밀리를 로드하여 특정 부위의 길이, 반경 또는 엔지니어링에 필요한 값을 참조하고자 할 때, 이 데이터 파일로부터 참조합니다. 이 파일은 패밀리를 제작할 때 어떤 방식으로 참조하느냐에 따라 파일의 종류가 달라집니다.

	A	B	C	D	E	F	G	H	I
1		ND##length#	D##lengtl	PD##lengt	A##lengtl	Z##lengtl	F##length##millimeters		
2	35	35	66	42	53.5	27	21		
3	40	40	75	48	54	27	22		
4	50	50	89	60	64	33	23		
5	75	75	124	89	95	48	28		
6	100	100	150	114	120	62	33		
7	125	125	180	140	141.5	72	37		
8									
9									
10									

[조회 테이블의 예]

05. 파일 열기 및 저장

Revit은 다른 소프트웨어에서 작성한 파일을 활용할 수 있는 기능을 제공하고 있고, 작성된 데이터를 Revit 이외의 소프트웨어에서 활용할 수 있는 형식을 제공하고 있습니다.

(1) Open(열기) : 메뉴를 클릭하면 프로젝트 파일(*.rvt), 패밀리 파일(*.rfa), 모든 Revit 파일(rvt, rfa, rfe, rft, adsk), Autodesk의 Inventor에서 작성된 빌딩 컴포넌트 파일(*.adsk)과 함께 IFC 파일을 열 수 있습니다.

*.Adsk 파일은 Autodesk Package파일로 복수의 Autodesk 제품에서 3차원 데이터를 취급하기 위한 파일 형식입니다. 예를 들어, Inventor에서 작성한 부품 파일이나 어셈블리 파일을 Revit에서 읽어와 사용할 수 있습니다. 외형, 접속점(커넥터) 및 식별 정보와 같은 컴포넌트와 관련된 정보를 저장합니다.

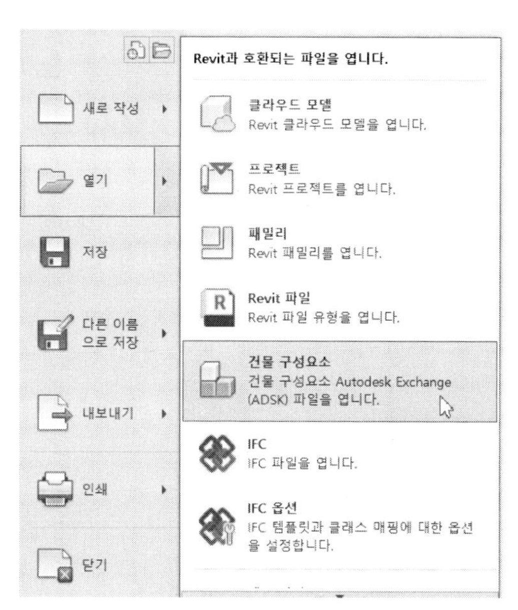

[Open(열기) 메뉴]

(2) Insert(삽입) : 리본 메뉴의 '삽입' 탭을 클릭하면 외부 파일의 링크 및 가져오기, 이미지 파일을 삽입할 수 있는 기능이 있습니다.

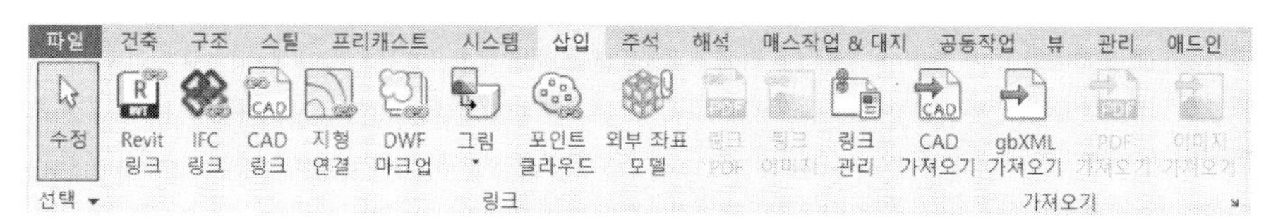

[Insert(삽입) 탭]

① Link(링크) : Revit(*.rvt), IFC, AutoCAD 도면(*.dwg) 파일을 연결합니다. 링크는 Autodesk의 참조(Reference) 기능과 유사합니다. 설비 모델링을 수행하기 위해서는 건축 모델이 필요한데 이때 Revit의 건축 모델을 열어서 사용하지 않고 링크하여 사용하는 것이 효율적입니다. 건축 모델이 없고 AutoCAD 도면만 있을 경우는 AutoCAD 도면을 링크하여 이를 바탕 도면으로 하여 모델링을 수행합니다.

② Import(가져오기) : CAD 파일이나 gbXML, PDF, 이미지 파일(*.jpg, *.png, *.bmp, *.tif)을 가져올 수 있습니다.

(3) Export(내보내기) : Revit에서 작업한 파일을 다른 파일 형식으로 내보냅니다. 내보낼 수 있는 파일 형식은 CAD(*.dwg, *.dgn, *.sat), Autodesk 도면 파일의 웹 형식인 *.dwf, *.dwfx, 빌딩 컴포넌트 파일인 *.adsk, fbx파일, gbXML 파일, IFC 형식, ODBC 데이터 베이스 파일, 이미지 및 애니메이션 파일, 리포트나 스케줄 파일을 *.html 파일 형식으로 내보낼 수 있습니다.

[Export(내보내기) 메뉴]

(4) Save(저장) : 클라우드에 모델을 저장하거나 프로젝트 및 패밀리 파일을 저장합니다. 환경 설정 및 리소스가 저장된 파일을 템플릿 파일(*.rfe, *.rft)로 저장할 수 있습니다. 라이브러리는 패밀리, 그룹, 뷰를 별도로 저장할 수 있습니다.

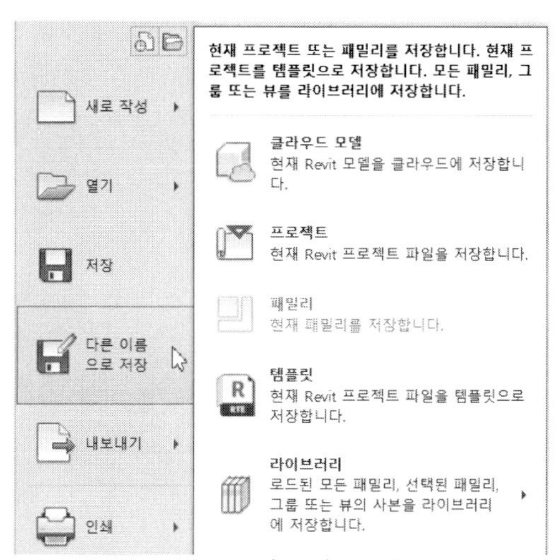

[SAVE(저장) 메뉴]

PART_2
Revit 기본 조작

이번 파트에서는 Revit의 기본 조작 방법에 대해 알아보겠습니다.
프로젝트의 시작과 작업환경의 설정, 모델을 바라보는 시점 및
뷰 관리, 편집을 위한 요소의 선택 방법에 대해 학습하겠습니다.

1. 프로젝트의 시작

프로젝트를 시작하는 방법에 대해 알아봅니다. 새로 시작하는 방법과 기존 도면을 열어서 작업하는 방법이 있습니다. 새로 시작하는 방법은 일반적으로 작업환경이 설정된 템플릿 파일을 이용하여 시작합니다.

01. 새로 작성

새로운 프로젝트를 시작하는 방법입니다. Revit 모델링 작업은 템플릿 파일을 열어서 처음부터 시작하는 방법과 기존에 작업했던 프로젝트 파일을 열어서 진행하는 방법이 있습니다. 프로젝트 템플릿 파일에는 프로젝트에서 사용할 단위, 건축의 레벨, 표준 뷰, 사용할 패밀리를 미리 설정하여 기동함으로써 작업을 빠르고 쉽게 진행할 수 있습니다. 템플릿은 Revit에서 제공된 템플릿 파일을 이용할 수 있고 사용자가 작업 환경에 맞는 프로젝트 템플릿 파일을 만들어 사용할 수도 있습니다.

템플릿 파일에는 설계자가 자주 사용하는 패밀리, 시트, 뷰 등을 미리 설정한 환경을 저장해놓거나 뷰, 매개변수, 보고서 양식을 미리 설정할 수 있습니다. 이러한 기본적인 환경을 설정해놓으면 작업할 때마다 매번 수행해야 하는 설정 과정을 생략할 수 있어 작업의 효율을 기할 수 있습니다.

(1) 초기화면에서 '프로젝트'의 '새로 작성'을 클릭하여 새로운 프로젝트를 시작하거나 표시된 템플릿 파일을 선택하여 시작합니다.

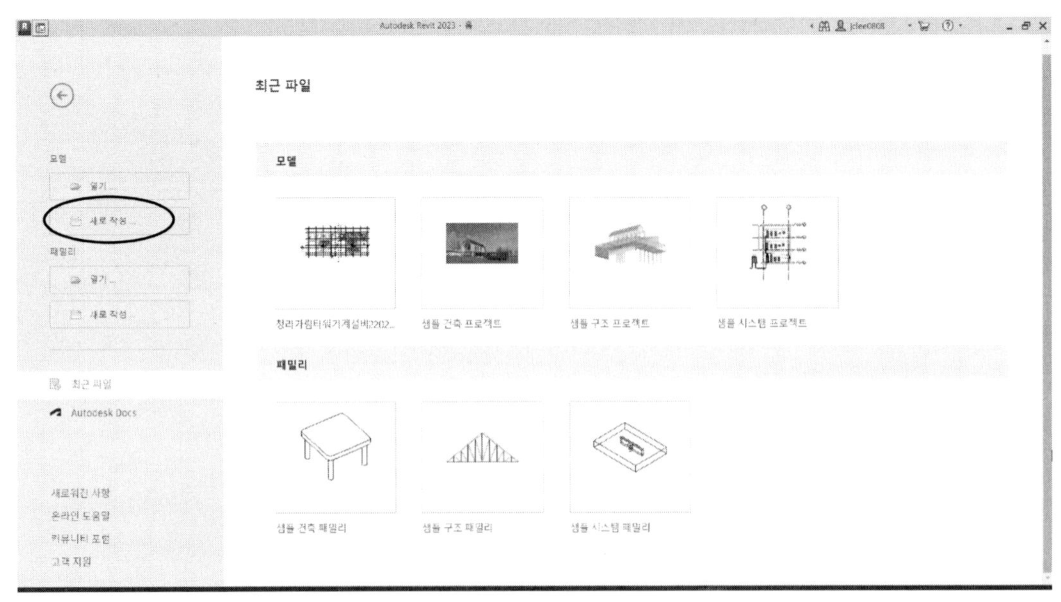

(2) 다음과 같은 '새 프로젝트' 대화상자가 나타납니다. 이 대화상자에서 템플릿 파일을 선택합니다. 제공된 템플릿 파일 '기계 템플릿'을 선택합니다.

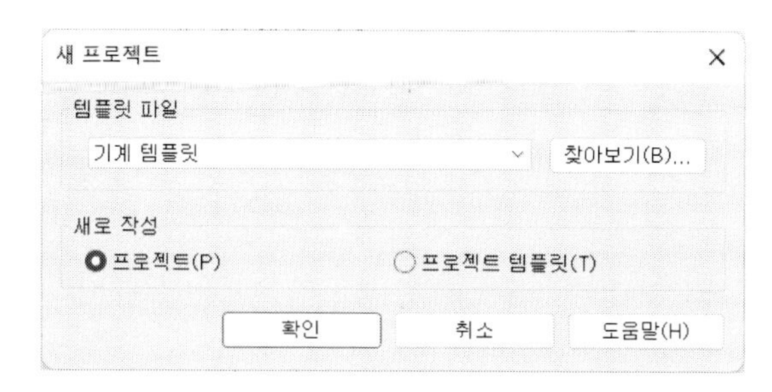

(3) 다음 그림과 같이 템플릿 파일이 열립니다.

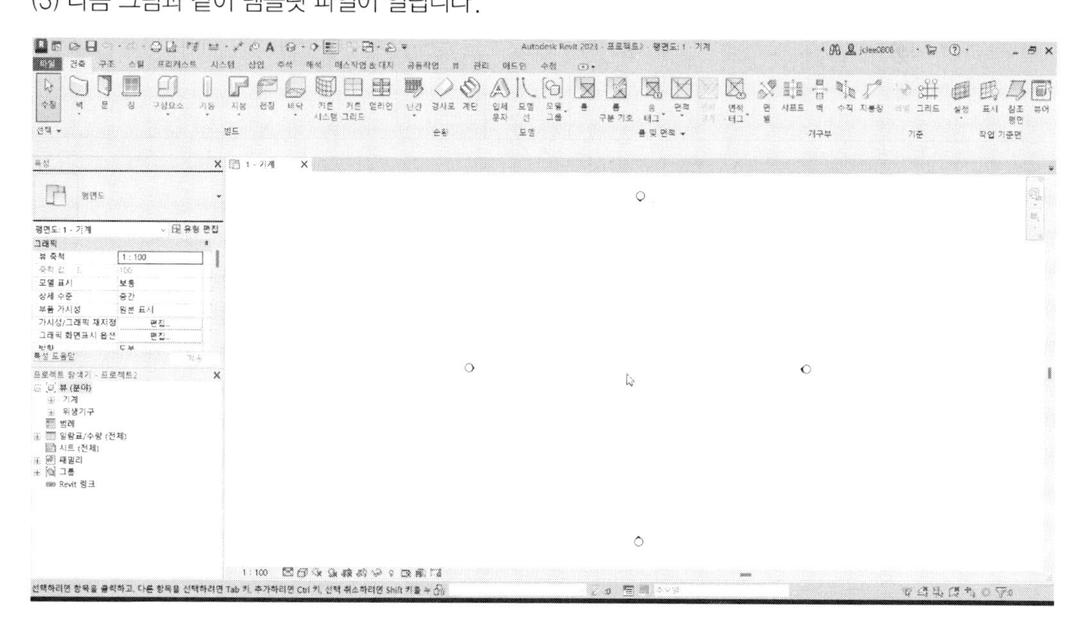

참고 파일 탭 메뉴에서 시작하기

프로젝트 모델 화면에서도 '새로 시작하기'로 프로젝트의 실행이 가능합니다. '파일' 탭 메뉴를 클릭하여 New(새로 만들기)를 클릭합니다. 다음과 같은 메뉴가 나타나면 '프로젝트'를 클릭합니다.

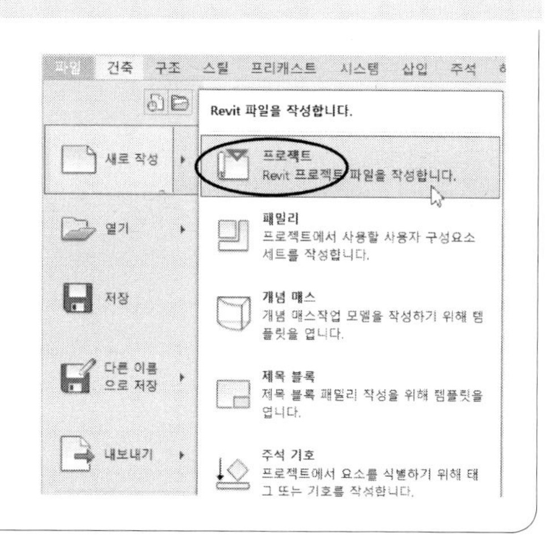

02. 기존 프로젝트 열기

한 번 이상 모델링을 수행했던 모델을 열어 작업을 수행합니다. 초기 화면에서 '열기'를 클릭하여 대화상자에서 열고자 하는 파일을 선택합니다. 또는 화면 오른쪽에 이전에 작업을 수행했던 모델 데이터의 프리뷰(미리보기)로 표시됩니다. 프리뷰 목록에서 열고자 하는 파일을 선택하면 프로젝트가 열립니다.

참고 파일 위치

프로젝트 및 패밀리 템플릿 파일, 라이브러리 파일, 프로젝트 파일 등 Revit 모델링에 사용할 파일의 위치를 지정할 수 있습니다.

응용 프로그램 메뉴 R를 클릭하여 하단에 [옵션]을 클릭합니다. '파일 위치'를 클릭하면 다음 그림과 같이 파일 위치를 표시하고 지정할 수 있는 화면이 나타납니다.

참고 파일 위치

프로젝트 및 패밀리 템플릿 파일, 라이브러리 파일, 프로젝트 파일 등 Revit 모델링에 사용할 파일의 위치를 지정할 수 있습니다.

응용 프로그램 메뉴 R를 클릭하여 하단에 [옵션]을 클릭합니다. '파일 위치'를 클릭하면 다음 그림과 같이 파일 위치를 표시하고 지정할 수 있는 화면이 나타납니다.

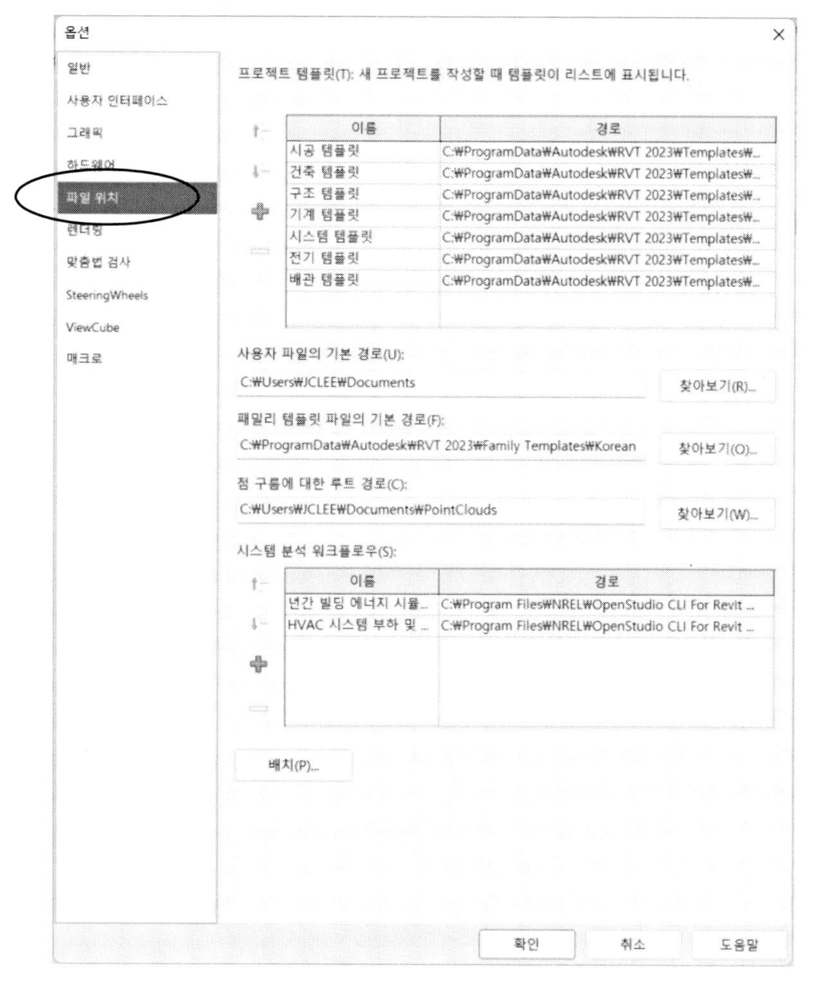

(1) 프로젝트 템플릿 파일 : 프로젝트 템플릿 파일의 위치를 지정합니다. 템플릿 파일을 추가하고자 할 때는 왼쪽의 '+'를 클릭하여 대화상자에서 템플릿 파일을 지정합니다. 위의 대화상자에서는 '설비협회_템플릿_ver01.rte'을 지정한 예입니다.

(2) 사용자 파일의 기본 경로(U) : 사용자가 사용할 파일의 디폴트 위치를 지정합니다.

(3) 패밀리 템플릿 파일의 기본 경로(F) : 패밀리 템플릿 파일의 디폴트 위치를 지정합니다.

(4) 점 구름에 대한 루트 경로(C) : 포인트 클라우드 파일을 위한 루트 경로를 지정합니다.

(5) 배치(P) : 라이브러리 위치를 지정합니다. 다음과 같은 대화상자가 나타납니다.

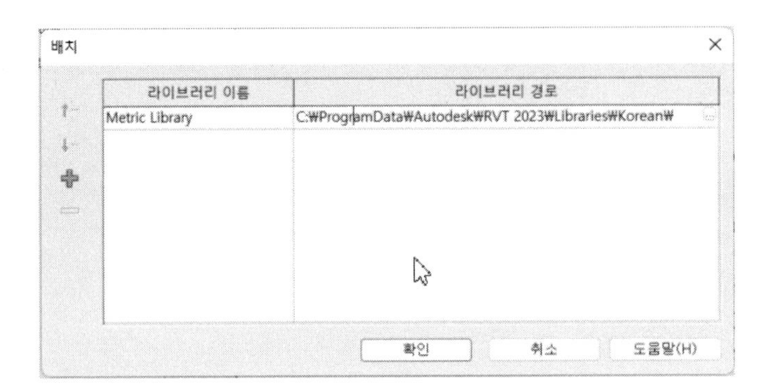

① Metric Library(메트릭 라이브러리) : 라이브러리(패밀리)의 위치를 지정합니다.

② Metric Detail Library(메트릭 상세 라이브러리) : 상세 라이브러리의 위치를 지정합니다.

2. 화면의 제어

모델링 작업 중 가장 많이 하는 조작이 화면 조작입니다. 전체 모델을 보거나 측면으로 회전하기도 하고 상세한 모델링을 위해 줌 기능으로 확대하기도 합니다. 또, 파이프를 단선으로 표현하기도 하고 복선으로 표현하기도 합니다. Revit은 다양한 표현을 위한 기능을 제공하고 있습니다. 이번에는 화면을 조작하는 방법에 대해 알아보겠습니다.

01. 줌과 초점 이동

하나의 뷰만 설정해놓고 작업을 하는 경우는 없습니다. 필요에 따라 지정한 부분을 확대하거나 축소합니다. 또는 초점을 이동하기도 합니다. 앞에서 맛보기로 모델링한 건물(주택)을 이용하여 학습하겠습니다.

1. 화면의 확대 및 축소

가장 많이 활용하는 기능이 화면의 확대 및 축소입니다. 줌을 확대하고 축소하는 기능에 대해 알아보겠습니다.

(1) 열기(OPEN) 기능으로 '맛보기 모델링' 단원에서 모델링한 주택을 엽니다. 다음과 같은 도면이 펼쳐집니다.

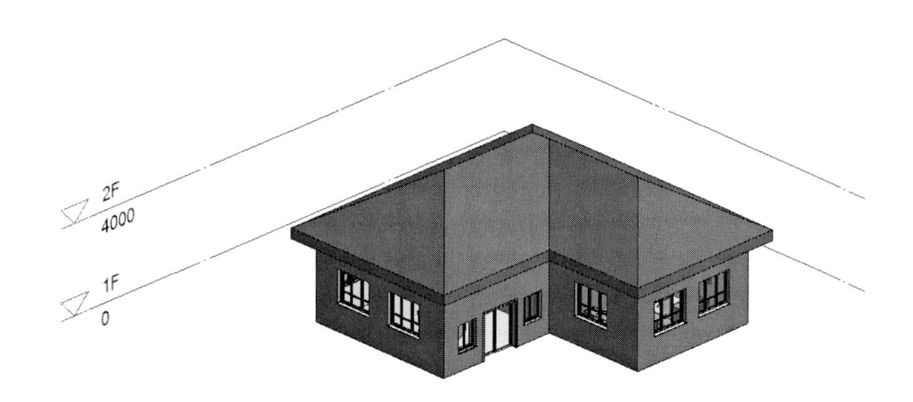

(2) 프로젝트 탐색기에서 [뷰(전체)]-[평면]-[1층 평면도]를 더블클릭합니다. 다음 그림과 같이 평면도가 펼쳐집니다.

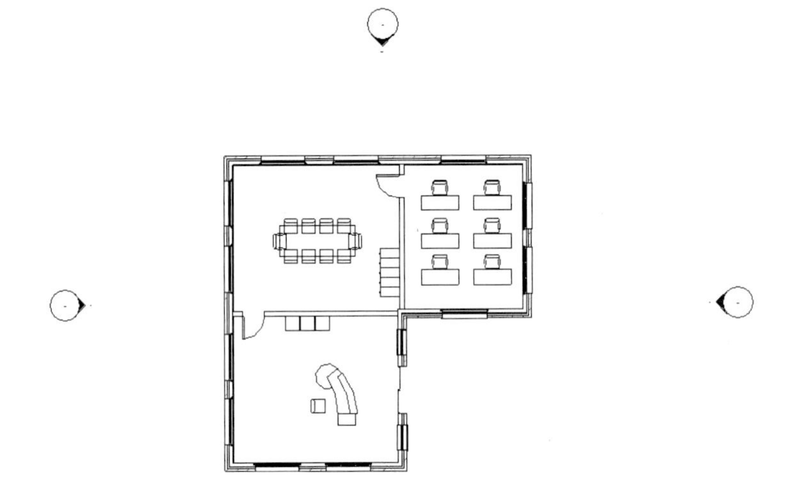

(3) 일부를 확대해보겠습니다. 단축키 'ZR'을 입력하거나 오른쪽의 네비게이션 바에서 'Zoom in Region (영역 확대)'를 지정합니다.

참고 **네비게이션 바**

작도 영역의 오른쪽에 화면을 제어하는 네이게이션 바가 있습니다. 이 네비게이션 바는 줌의 조작기능과 스티어링 휠이 있어 화면을 제어하는데 쉽고 빠르게 접근할 수 있습니다. 돋보기 하단의 역삼각형(▼)을 누르면 다음과 같이 줌 메뉴가 펼쳐집니다.

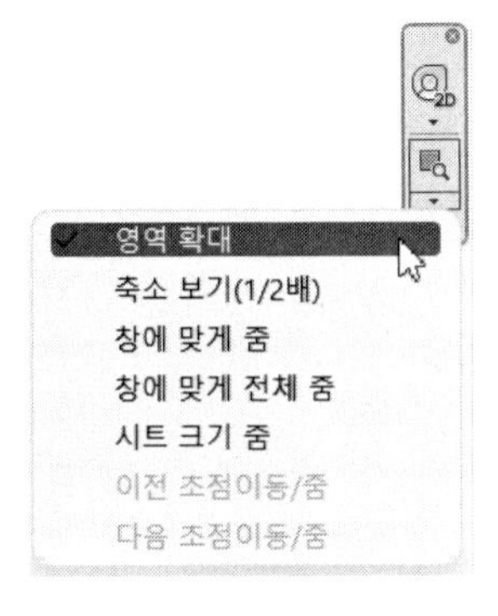

확대하고자 하는 범위의 두 점을 지정합니다. 다음 그림과 같이 지정한 범위가 확대됩니다.

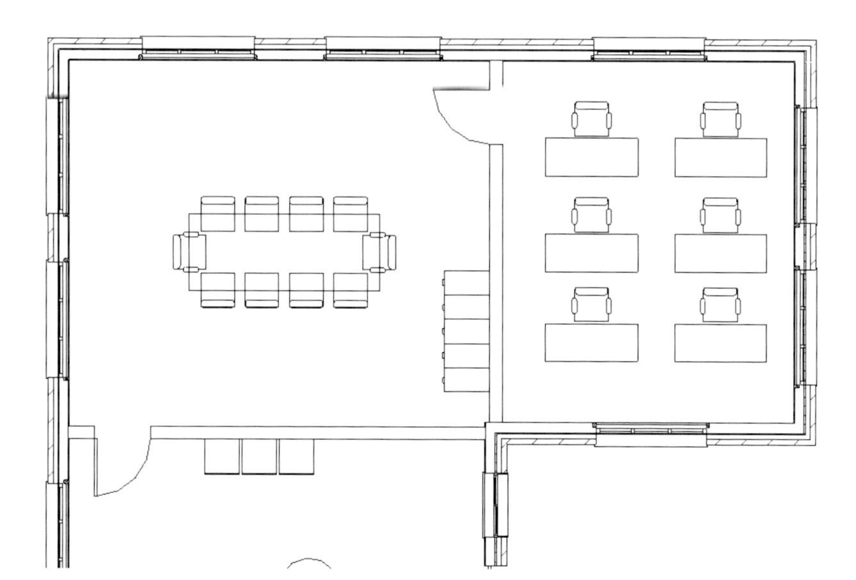

참고 **바로가기 메뉴에서의 줌의 조작**

줌의 조작 기능은 바로가기 메뉴에서도 제공하고 있습니다. 화면 빈 공간에 마우스를 대고 오른쪽 버튼을 클릭합니다. 다음과 같은 바로가기 메뉴가 나타나면 조작하고자 하는 항목을 선택하여 클릭합니다.

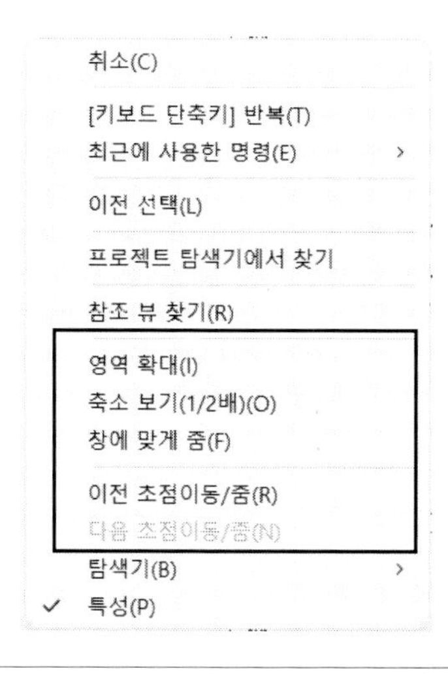

(4) 줌을 창에 맞게 펼치겠습니다. 'ZF'를 입력하거나 줌 컨트롤의 'Zoom to Fit(줌 맞춤) '을 클릭합니다. 다음 그림과 같이 화면 가득 맞춰집니다.

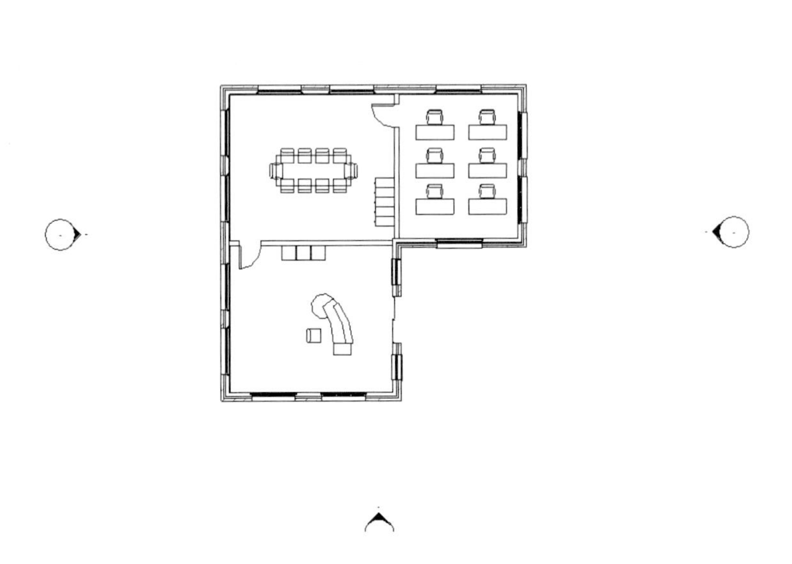

(5) 다음은 줌을 0.5배 축소하겠습니다. 'ZO'를 입력하거나 뷰 컨트롤에서 'Zoom Out(2x)(줌 아웃) '을 클릭합니다. 그러면 화면이 1/2축소되어 표현됩니다.

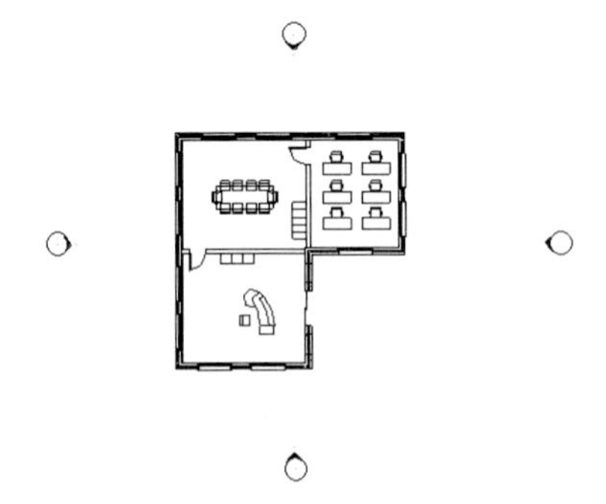

(6) 이전 화면으로 되돌립니다. 'ZP'를 입력하거나 뷰 컨트롤에서 'Previous Pan/Zoom(이전 초점/줌)'을 클릭합니다.

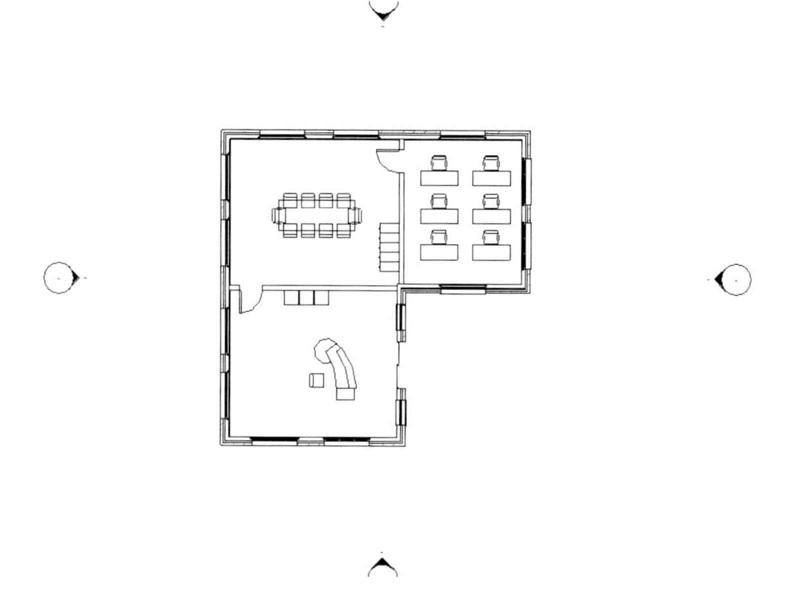

참고 **줌 기능 및 단축키**

줌 기능은 AutoCAD의 기능과 동일한 단축키를 사용할 수 있습니다. 줌 기능의 단축키 및 대응하는 AutoCAD의 줌 기능은 다음 표와 같습니다.

기 능	단축키	AutoCAD 기능
Zoom in Region(줌 확대)	ZR	ZOOM Windows
Zoom to Fit(줌 맞춤)	ZF	ZOOM Extents
Zoom Out(2x)(줌 축소)	ZO	ZOOM 0.5X
Zoom Sheet Size(시트 맞춤)	ZS	
Zoom All to Fit(창 전체 맞춤)	ZA	ZOOM All
Previous Pan/Zoom(줌 이전)	ZP	ZOOM Previous

'Zoom All to Fit(창 전체 맞춤)'은 현재 열린 모든 창의 줌을 화면 가득 맞춰줍니다.

2. 초점 이동

모델에서 초점을 이동합니다. AutoCAD의 Pan(초점 이동) 기능입니다.

(1) 마우스의 휠을 누른 채로 드래그합니다. 그러면 다음 그림과 같이 마우스 포인터 위치에 네 방향 화살표가 나타납니다. 이 마크가 초점 이동 마크입니다. 이동하고자 하는 위치로 초점을 이동합니다.

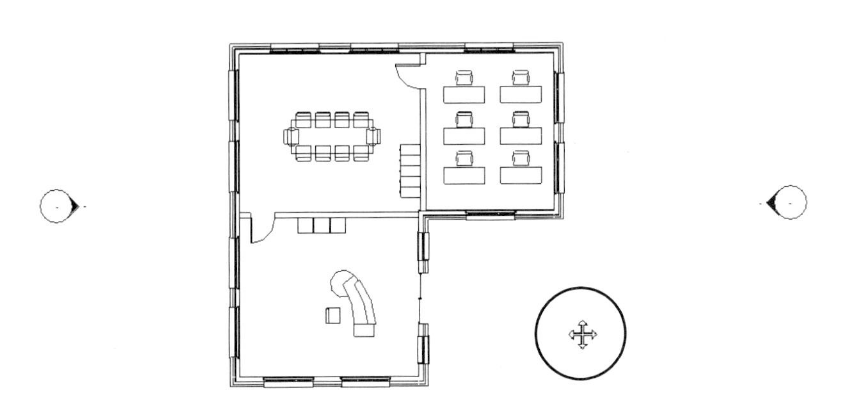

(2) 다음 그림과 같이 줌 배율은 바뀌지 않고 화면의 초점이 이동됩니다.

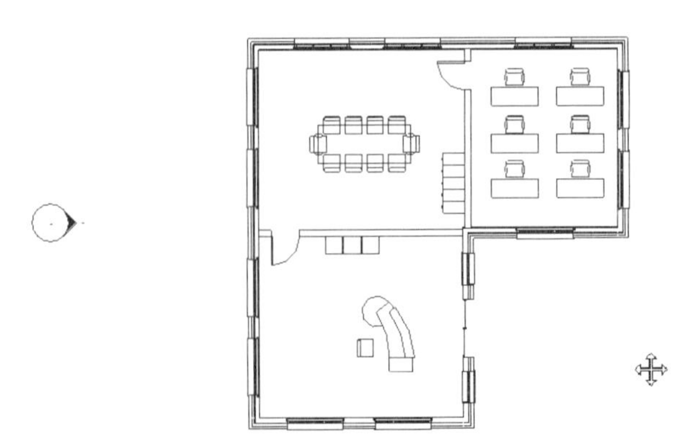

02. 뷰 큐브와 스티어링 휠

Revit은 뷰를 제어할 수 있는 다양한 도구를 제공하고 있습니다. 특히, 3차원 모델을 직관적으로 관측하기 위한 뷰 큐브(View Cube), 스티어링 휠(Steering Wheel)을 제공합니다.

1. 뷰 큐브(View Cube)

육면체의 큐브(Cube)를 이용하여 3차원 뷰에서 화면을 제어합니다.

(1) 프로젝트 탐색기에서 [뷰(전체)]-[3D 뷰]-[{3D}]를 더블클릭합니다.
다음 그림과 같이 3차원 뷰가 펼쳐집니다.

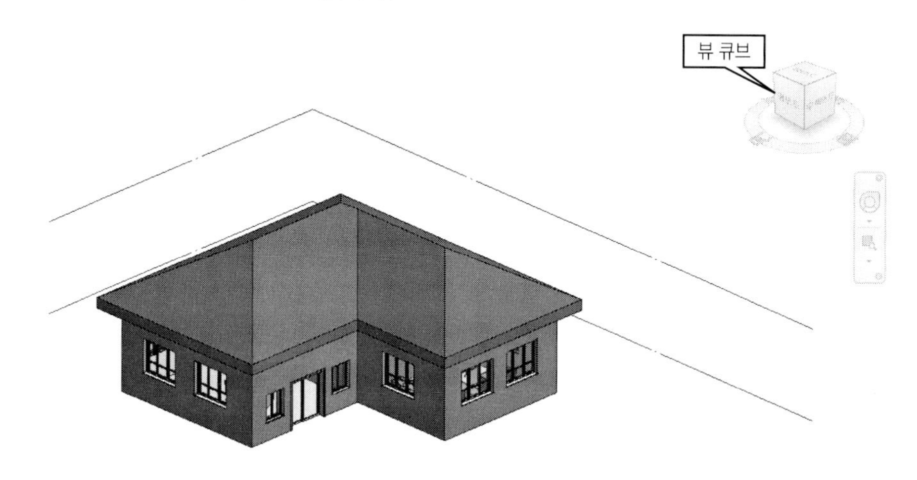

(2) 오른쪽 상단에 뷰 큐브(View Cube)가 나타납니다. 다음 그림과 같이 마우스 커서를 뷰 큐브의 '정면도(FRONT)' 부분에 맞춘 후 클릭합니다.

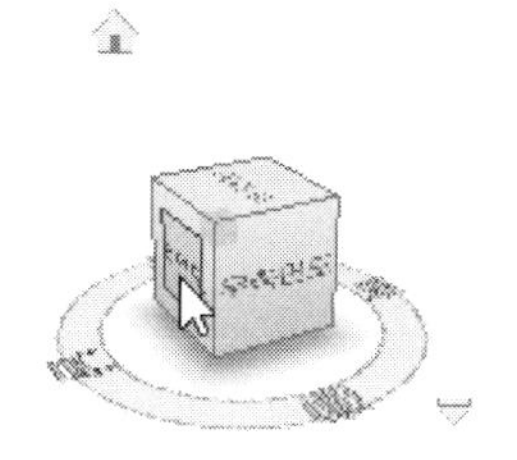

(3) 다음 그림과 같이 정면도가 펼쳐집니다. 3차원 뷰 상태에서 관측하고자 하는 위치를 뷰 큐브에서 지정하여 펼칠 수 있습니다.

(4) 다음 그림과 같이 뷰 큐브의 모서리 끝점을 지정합니다.

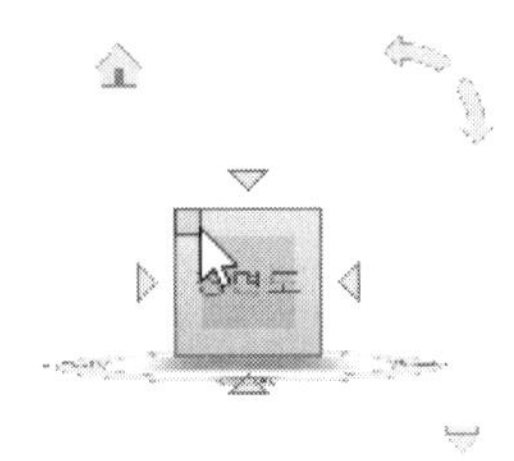

(5) 다음 그림과 같이 등각투영 뷰가 펼쳐집니다.

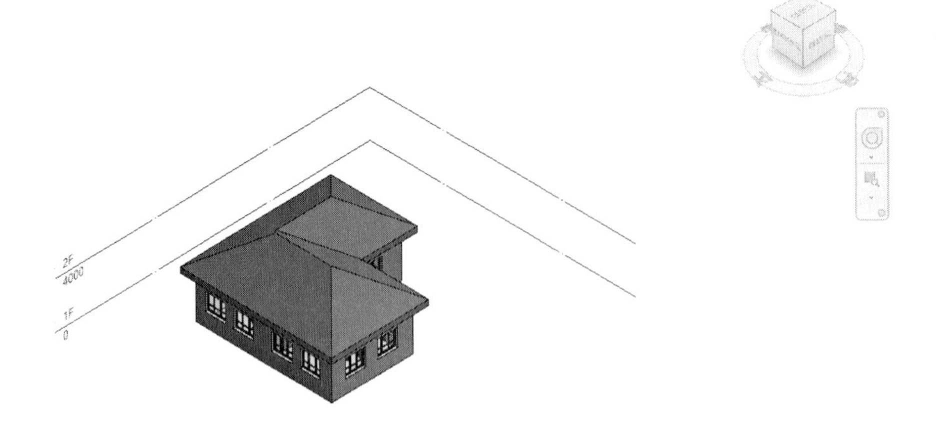

참고 뷰 큐브(View Cube)

3차원 뷰를 표현하는 유용한 도구 중 하나가 뷰 큐브(View Cube)입니다. 뷰 큐브 위에 커서를 놓으면 뷰 큐브가 활성화됩니다. 사용자가 직관적으로 느낄 수 있어 3차원 뷰를 표현하는데 용이합니다

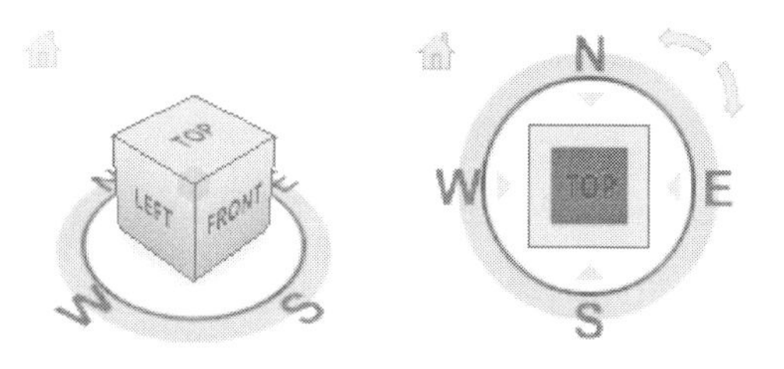

뷰 큐브의 모양의 변경이나 표시/비표시의 제어도 가능합니다. 뷰 큐브의 설정은 '파일' 탭 메뉴를 펼쳐 최하단의 [옵션] 버튼을 클릭합니다. 대화상자에서 'ViewCube'를 클릭합니다.

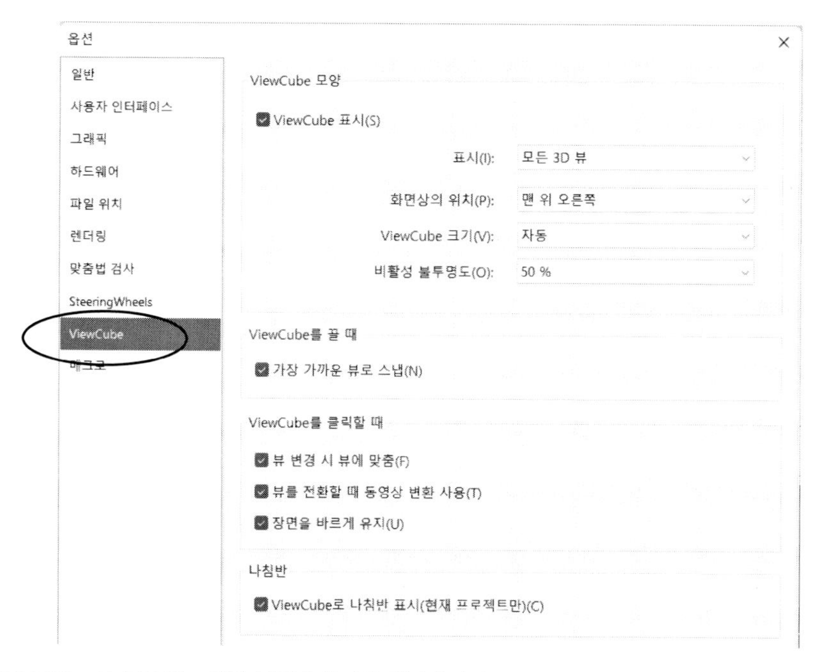

(1) 뷰 큐브 모양 : 뷰 큐브의 표시와 관련된 환경을 설정합니다.

① 뷰 큐브 표시(S) : 뷰 큐브의 표시를 설정합니다.

- 표시 : 어떤 뷰에서 표시할 것인가를 지정합니다.
- 화면상의 위치(P) : 뷰 큐브의 표시 위치를 지정합니다.
- ViewCube 크기(V) : 뷰 큐브의 크기를 지정합니다.
- 비활성 불투명도(O) : 뷰 큐브의 투명도를 지정합니다.

참고 신속접근 도구막대의 편집

(2) 뷰 큐브를 끌 때 : 뷰 큐브를 드래깅(끌기)할 때의 설정을 지정합니다.

– 가장 가까운 뷰로 스냅(N) : 체크하면 마우스와 가장 가까운 뷰 큐브 방향을 설정합니다.

(3) 뷰 큐브를 클릭할 때 : 뷰 큐브를 클릭할 때의 환경을 설정합니다.

– 뷰 변경시 뷰에 맞춤(P) : 뷰 변경 후에 모형을 현재 뷰포트에 맞출지 여부를 지정합니다.

– 뷰를 전환할 때 동영상 변환 사용(T) : 뷰 사이를 전환할 때 부드러운 뷰 변환 사용을 조정합니다.

– 장면을 위로 유지(U) : 모형의 관측점을 위아래로 뒤집을 수 있는지 여부를 지정합니다.

(4) 나침판 : 뷰 큐브 아래에 둥근 모양의 나침반을 표시할지 여부를 조정합니다.

(5) 기본값 복원 : 뷰 큐브 환경 설정을 초기(기본)값으로 복원합니다.

2. 스티어링 휠(Steering Wheel)

휠 모양의 도구를 이용하여 다양한 뷰를 표현합니다.

(1) 프로젝트 탐색기에서 [뷰(전체)]–[평면]–[1층 평면도]를 더블클릭합니다. 다음 그림과 같이 주택 모델이 펼쳐집니다.

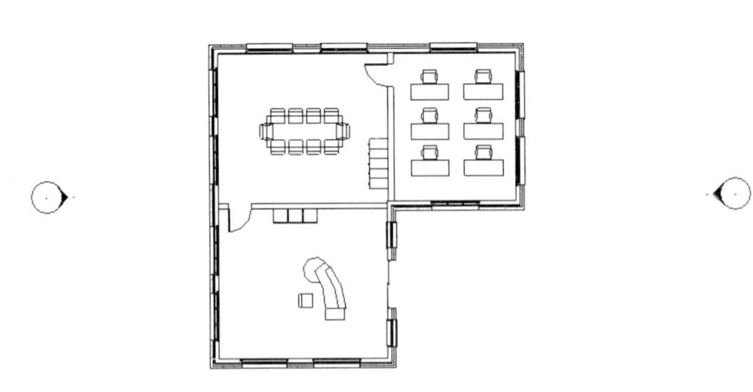

(2) 화면 오른쪽에 있는 스티어링 휠을 클릭합니다.

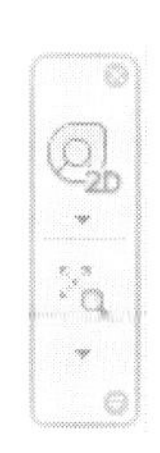

다음과 같은 휠이 나타나 마우스를 움직이면 마우스의 움직임에 따라 이동됩니다.

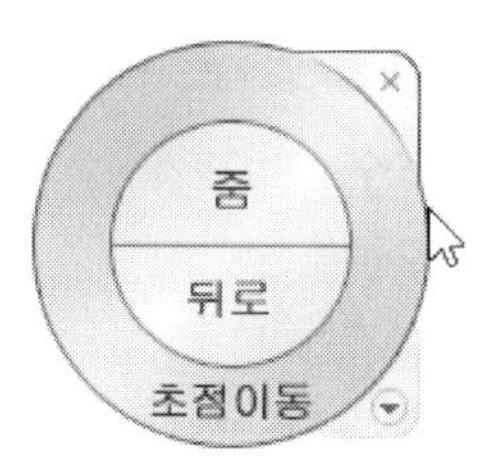

(3) '줌'에 마우스를 맞춰 클릭한 채로 움직이면 줌을 할 수 있는 도구가 나타나 화면을 확대 또는 축소할 수 있습니다.

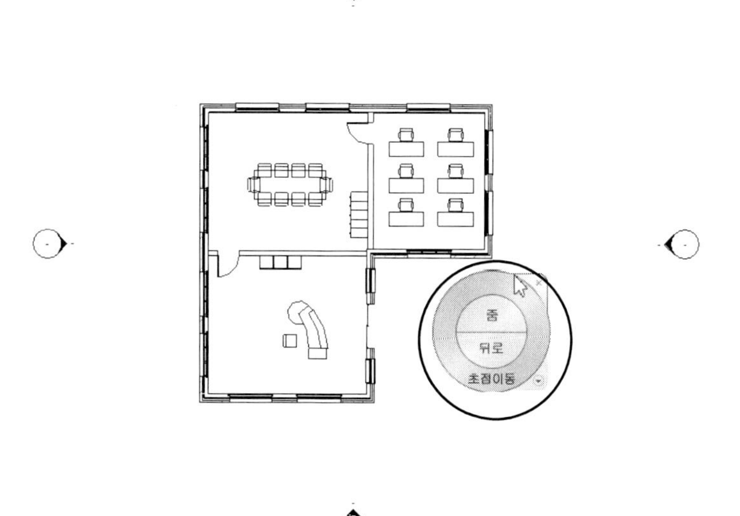

(4) 마우스 버튼을 놓으면 다시 휠이 나타납니다. 이때 '뒤로'를 누르면 다음 그림과 같이 필름 모양의 뷰가 나타납니다. 이때, 표시하고자 하는 뷰를 선택하여 클릭합니다.

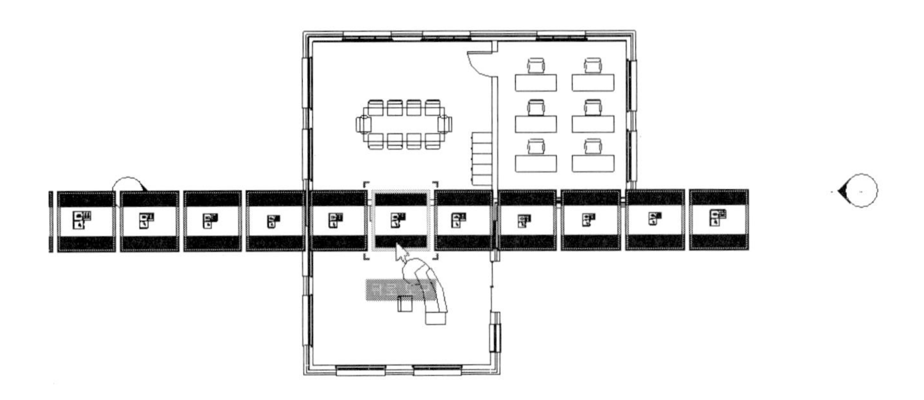

(5) 다시 휠이 나타나면 하단의 작은 역삼각형을 클릭합니다. 다음 그림과 같이 바로가기 메뉴가 나타납니다. 메뉴에서 수행하고자 하는 기능 '윈도우에 맞춤(W)', '도움말(H)', '옵션(O)', '휠 닫기'을 선택하여 클릭합니다.

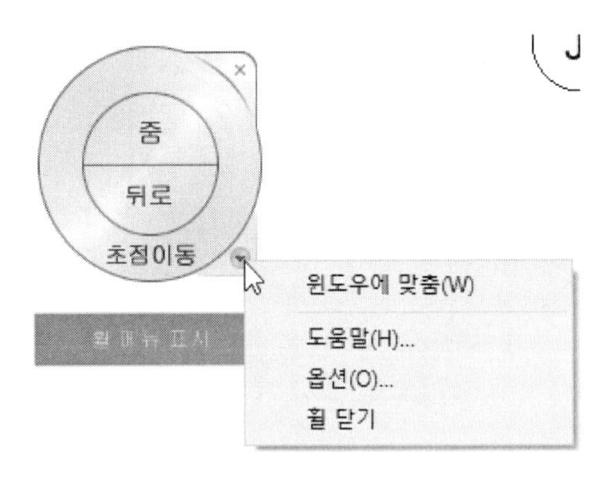

(6) 이번에는 3차원 뷰에서 스티어링 휠을 조작하겠습니다. 프로젝트 탐색기에서 [뷰(전체)]-[3D 뷰]-[{3D}]를 더블클릭합니다. 다음 그림과 같이 3차원 뷰가 펼쳐집니다.

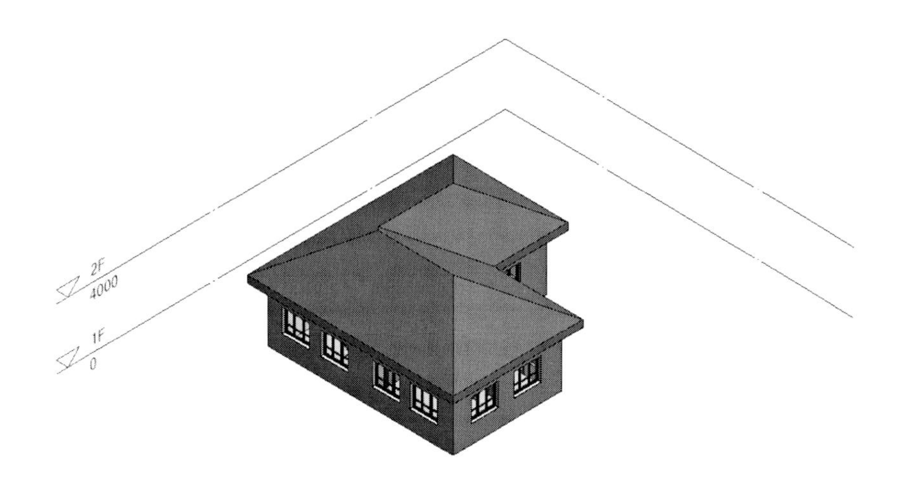

(7) 3D 뷰의 오른쪽의 네비게이션 바의 휠 아래쪽에 있는 역삼각형을 누릅니다. 바로가기 메뉴가 나타나면 '전체 탐색 휠(작은 크기)'을 클릭합니다.

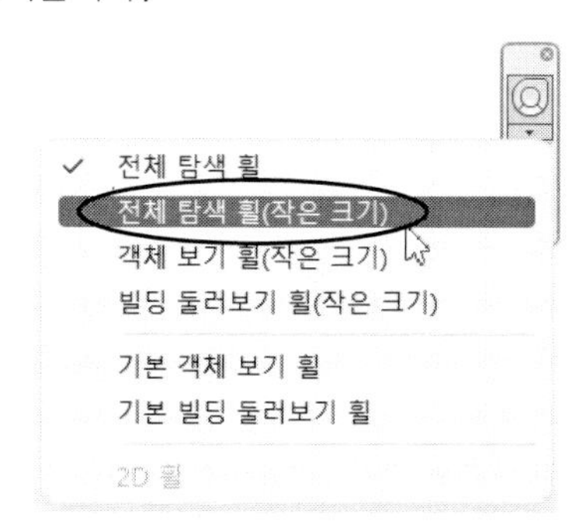

다음 그림과 같은 미니 휠이 나타납니다. 마우스를 움직이면 마우스의 위치에 따라 색상이 바뀌면서 메뉴가 바뀝니다.

(8) '줌' 상태에서 클릭한 채로 앞뒤로 움직이면 줌 도구가 나타나 화면의 줌을 조절합니다. 미니 휠의 메뉴의 선택에 따라 다양한 화면 조작이 가능합니다.

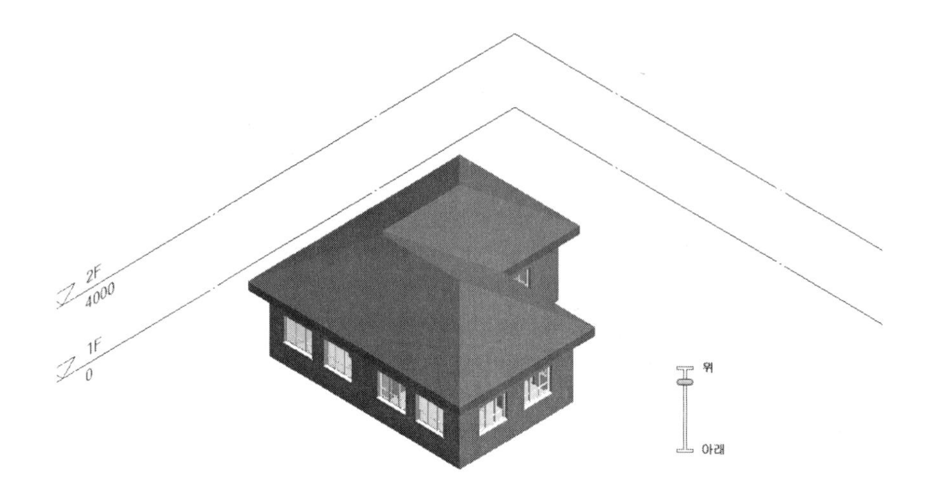

(9) 다시 오른쪽에 버튼(역삼각형)을 눌러 'Full Navigation Wheel(전체 탐색 휠)'을 클릭합니다.

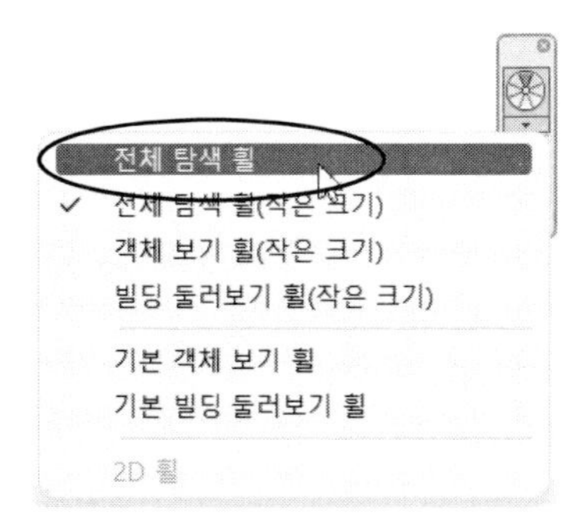

다음과 같은 휠이 나타납니다. 원하는 뷰 조작 메뉴를 선택하여 뷰를 조작합니다.

참고 휠의 종류

다음과 같은 종류의 휠을 제공합니다. 휠은 '전체 휠'과 '미니 휠'로 나뉩니다.

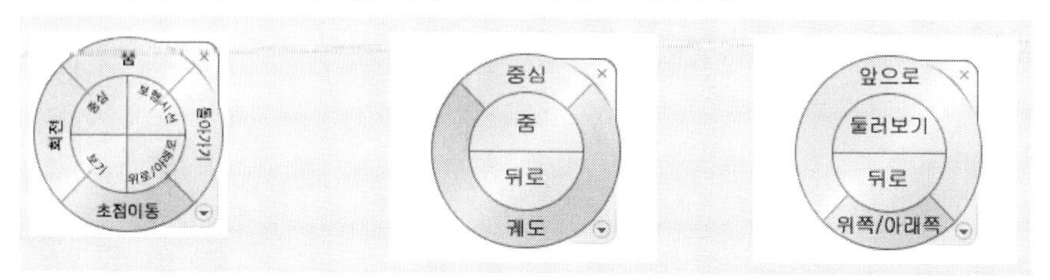

[전체 탐색 휠] [기본 객체 보기 휠] [기본 빌딩 둘러보기 휠]

(1) 전체 탐색 휠 : '줌, 궤도, 초점이동, 뒤로, 중심, 둘러보기, 상/하, 보행' 등 8개의 탐색 도구를 제공합니다.

(2) 기본 객체 보기 휠 : '궤도, 중심, 줌, 뒤로' 등 4개의 탐색 도구를 제공합니다.

(3) 기본 빌딩 둘러보기 휠 : '앞으로, 위/아래, 둘러보기, 뒤로' 등 4개의 탐색 도구를 제공합니다.

다음은 작은 휠의 종류입니다.

[객체보기 휠] [빌딩 둘러보기 휠] [전체 탐색 휠]

(4) 객체보기 휠 : '줌, 궤도, 초점이동, 뒤로' 등 4개의 탐색도구를 갖는 미니 휠을 제공합니다.

(5) 빌딩 둘러보기 휠 : '보행시선, 둘러보기, 위/아래, 뒤로' 등 4개의 탐색도구를 갖는 미니 휠을 제공합니다.

(6) 전체 탐색 휠 : '줌, 중심, 궤도, 둘러보기, 초점이동, 위쪽/아래쪽, 뒤로, 보행시선' 등 8개의 탐색도구를 갖는 미니 휠을 제공합니다.

참고 스티어링 휠 설정 대화상자

스티어링 휠의 환경을 설정하려면 앞의 바로가기 메뉴에서 '옵션'을 클릭하든가, 파일 탭 메뉴의 최하단에 있는 [옵션] 버튼을 클릭한 후 대화상자에서 'Steering Wheels'을 클릭합니다.

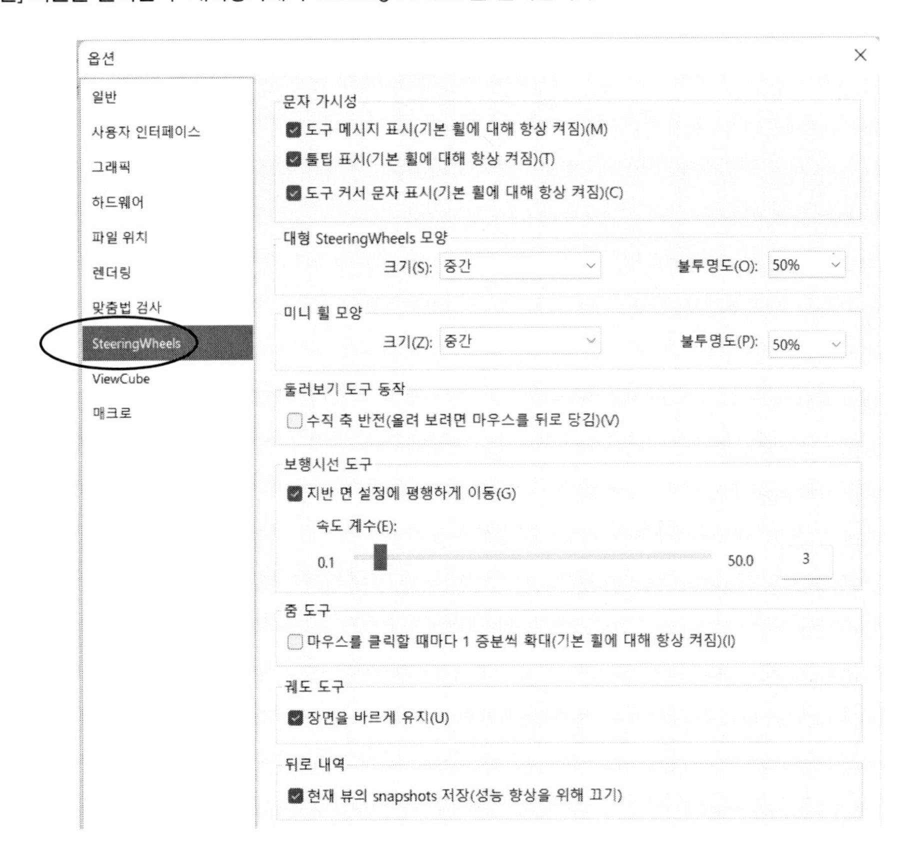

(1) 문자 가시성 : 문자 표시와 관련된 환경을 설정합니다.

- 도구 메시지 표시 : 활성 도구에 대한 메시지 표시여부를 지정합니다.
- 툴팁 표시 : 휠의 쐐기 및 버튼에 툴팁 표시여부를 지정합니다.
- 도구 커서 문자 표시 : 도구가 활성화 되었을 때, 커서 문자의 표시여부를 지정합니다.

(2) 대형 Steering Wheels 모양 : 큰 휠의 '크기'와 '불투명도'를 지정합니다.

(3) 미니 휠 모양 : 미니 휠의 '크기'와 '불투명도'를 지정합니다.

(4) 둘러보기 도구 동작 : '수직축에 반전'을 체크하면 둘러보기 도구를 사용할 때 수직축을 반전합니다.

(5) 보행시선 도구 : 보행시선 도구를 제어합니다.

- 지면도에 평행하게 이동 : 보행시선을 사용할 경우 이 옵션을 선택하면 이동각도를 지면으로 제한할 수 있습니다. 현재의 뷰가 지면에 평행하게 이동하는 동안 자유롭게 둘러 볼 수 있습니다.
- 속도 계수: 슬라이드 바를 이용하여 보행시선 도구의 이동 속도를 설정합니다.

(6) 줌 도구 : '마우스를 클릭할 때마다 1증분씩 확대'의 체크하면 전체 탐색 휠에서 줌 도구를 한 번 클릭할 때 현재 뷰가 25퍼센트씩 확대되도록 설정합니다.

(7) 궤도 도구 : '장면을 바르게 유지'를 체크하면 궤도 도구를 사용할 때 모형의 관측점을 위아 아래로 뒤집을 수 있습니다.

(8) [기본값 복원(R)] : 스티어링 휠 환경 설정을 초기(기본)값으로 복원합니다.

03. 창의 제어

모델링 작업을 하다 보면 평면도는 물론 3D 뷰, 측면도, 단면도 등 여러 뷰를 보면서 작업해야 할 경우가 있습니다. 또, 여러 뷰를 넘나들며 작업을 수행해야 합니다. Revit은 한 화면에 여러 뷰를 관리할 수 있도록 창을 관리하는 기능을 제공하고 있습니다.

1. 뷰 열기

프로젝트 탐색기를 통해 다양한 뷰에 접근할 수 있습니다.

(1) 실습을 위해 '열기' 기능으로 '맛보기 모델링' 단원에서 모델링한 주택을 엽니다. 다음과 같은 도면이 펼쳐집니다.

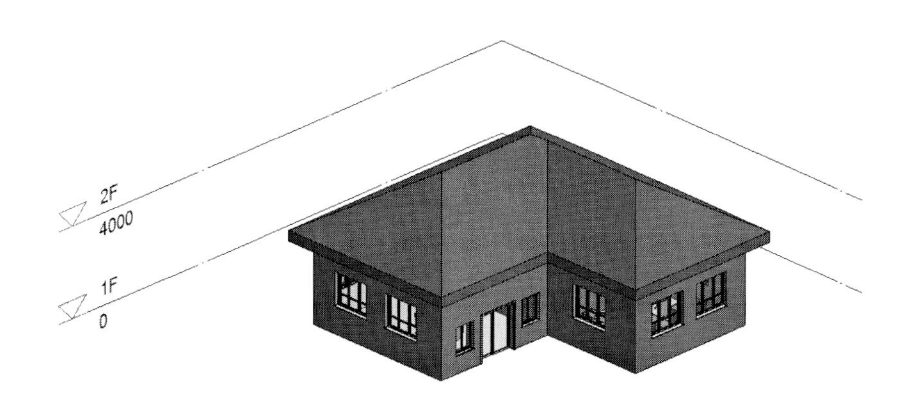

(2) 프로젝트 탐색기에서 [뷰(전체)]-[평면]-[1층 평면도]를 더블클릭합니다. 다음 그림과 같이 평면도가 펼쳐집니다.

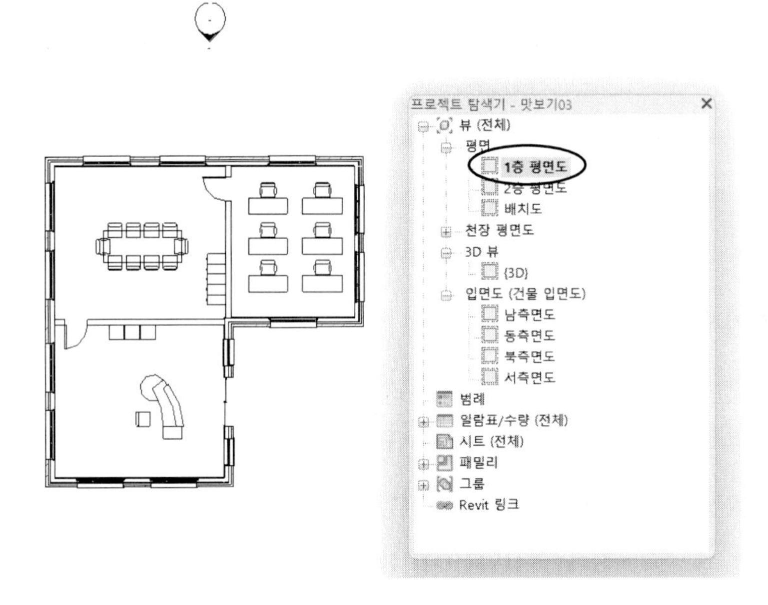

(3) 이번에는 입면도를 펼치겠습니다. [뷰(전체)]-[입면도(건물 입면도)]-[남측면도]를 더블클릭합니다. 다음과 같이 입면도 뷰가 펼쳐집니다.

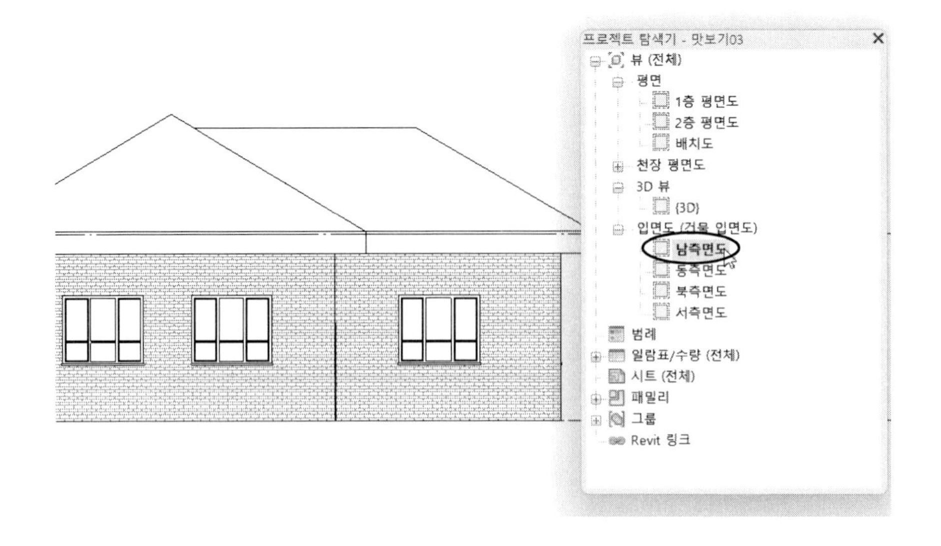

(4) 지금까지는 하나의 뷰만 펼쳤는데 이번에는 여러 뷰를 창으로 나누어 표시하겠습니다. '뷰-창-타일 뷰(Tile) 🗏'를 클릭합니다. 또는 단축키 'WT'를 입력합니다.

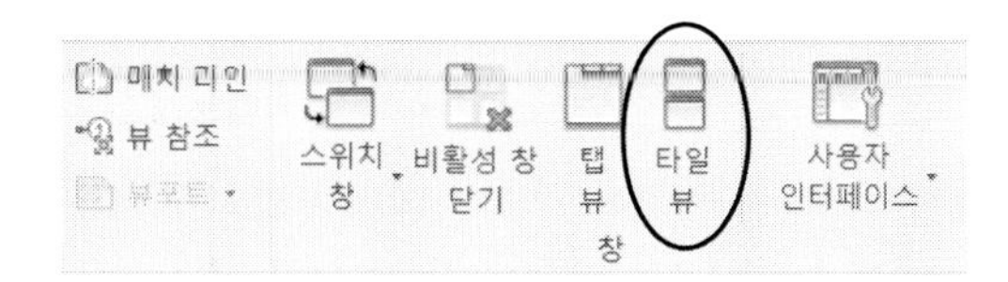

다음과 같이 지금까지 펼친 뷰가 타일 형식으로 표시됩니다.

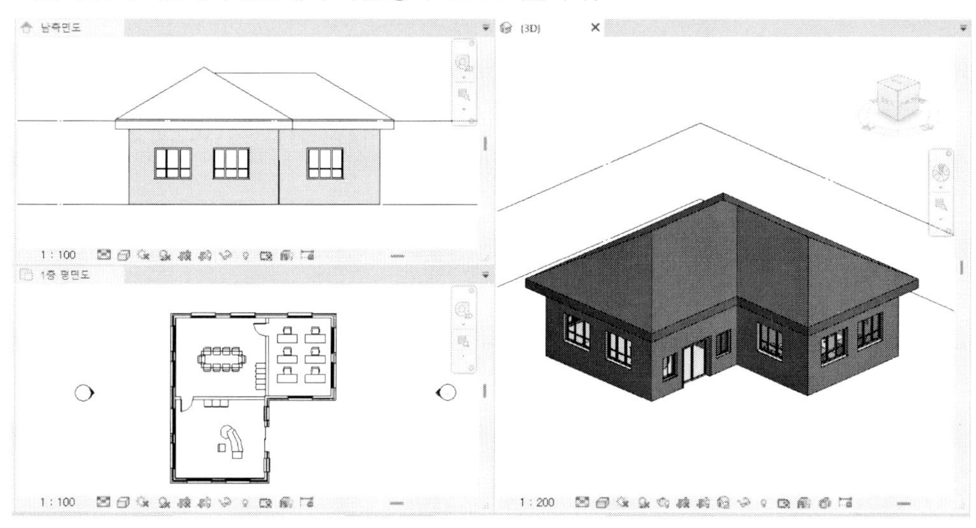

(5) 이번에는 동측면도를 펼치겠습니다. 프로젝트 탐색기에서 [뷰(전체)]-[입면도(건물 입면도)]-[동측면도]를 더블클릭합니다. 다음과 같이 현재 활성화된 창에 동측면도 뷰가 펼쳐집니다.

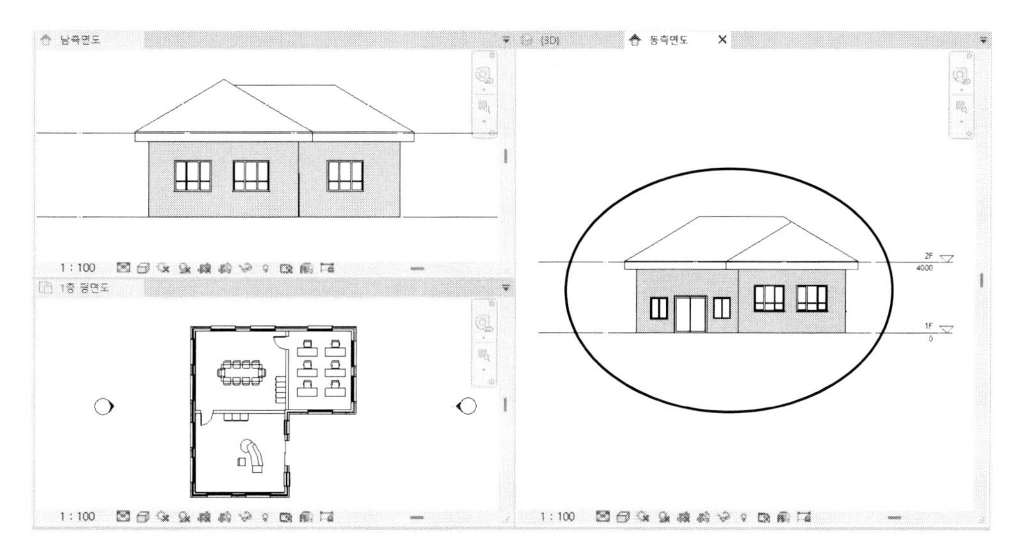

(6) '뷰-창-타일 뷰(Tile)'를 클릭합니다. 네 개의 창이 타일 형식으로 배치됩니다.

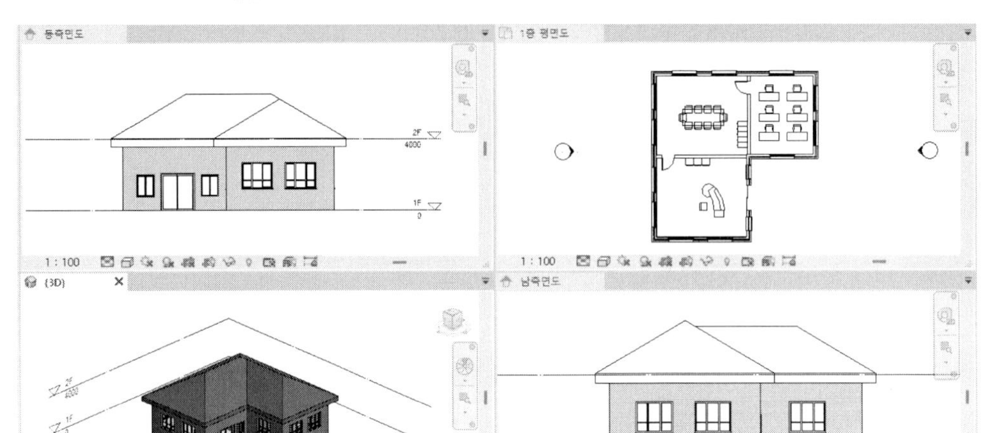

(7) 이번에는 하나의 창으로 표시하겠습니다. '뷰-창-탭 뷰(Tab)'를 클릭합니다. 또는 단축키 'TW'를 입력합니다. 상단에는 지금까지 펼친 뷰가 탭으로 표시됩니다.

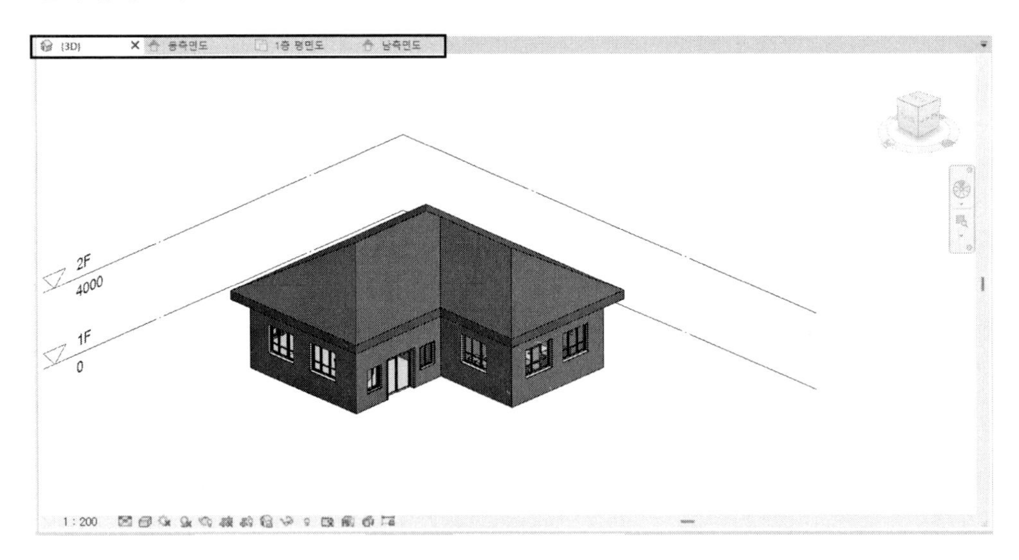

(8) 다른 뷰를 펼치고자 할 때는 표시하고자 하는 뷰 탭을 클릭하거나 프로젝트 탐색기에서 해당 뷰를 더블 클릭합니다. 예를 들어, 1층 평면도를 펼치려면 상단에 있는 뷰 탭중에서 '1층 평면도'를 클릭합니다. 다음과 같이 1층 평면도가 펼쳐집니다.

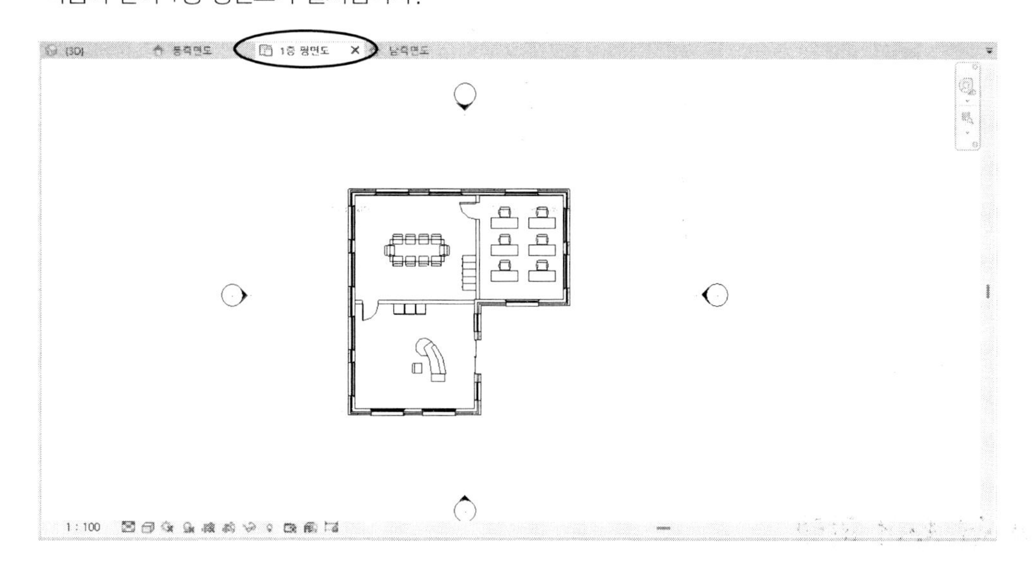

TIP 뷰를 바꾸는 또 하나의 방법은 '스위치 창' 기능입니다. '뷰–창–스위치 창'을 클릭하면 뷰 목록이 표시됩니다. 목록에서 표시하고자 하는 뷰를 선택하여 클릭합니다.

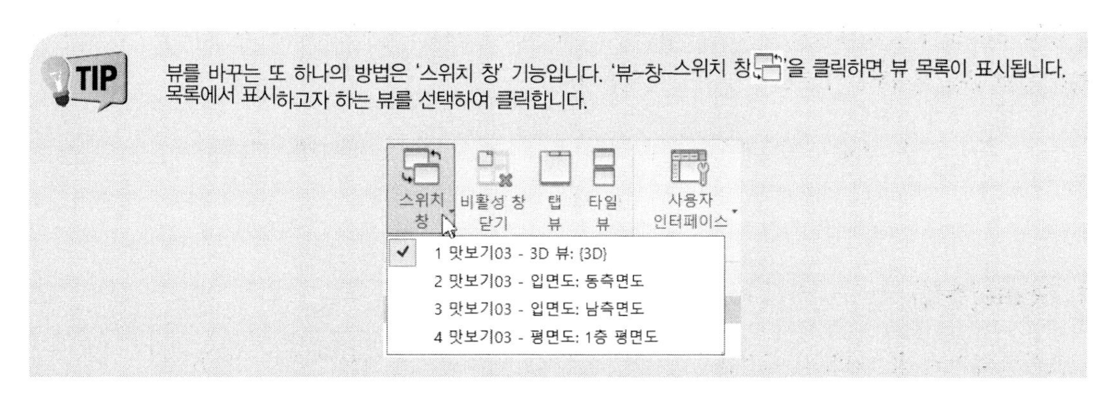

(9) 뷰가 많이 펼쳐져 있을 때 현재 활성화된 뷰 이외의 뷰를 모두 닫을 수 있습니다. 신속접근 도구막대 또는 '뷰–창–비활성 창 닫기'를 클릭합니다. 다음과 같이 열려있는 뷰(1층 평면도)를 제외한 모든 뷰가 닫힙니다.

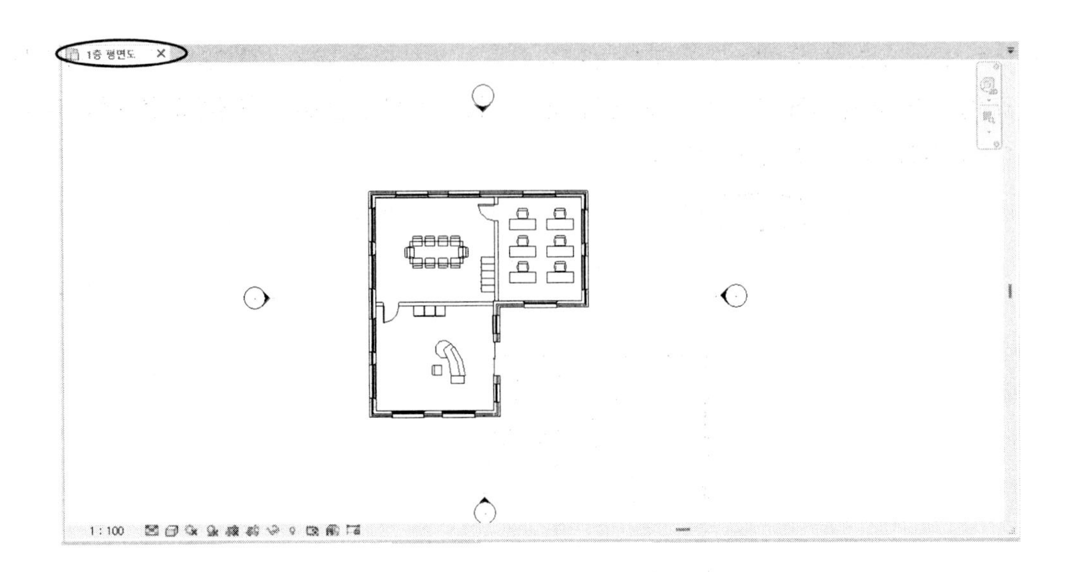

04. 뷰 제어 막대

작도 영역의 하단, 상태막대의 바로 위에 위치한 뷰 제어 막대는 스케일(축척)의 지정, 표시 정도, 표시 형식 등의 뷰를 제어하는 컨트롤로 구성되어 있습니다.

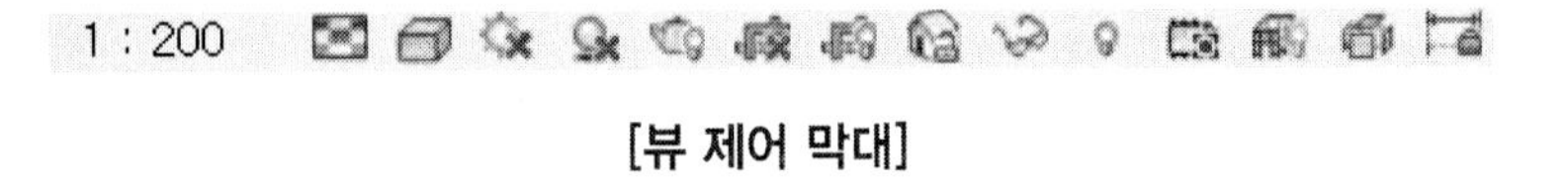

[뷰 제어 막대]

1. Scale(축척)

표시된 뷰의 축척(스케일)을 지정합니다. 뷰에서 지정한 축척은 시트에서 그대로 삽입됩니다.

(1) 뷰 제어 막대에서 스케일 값을 클릭하면 다음 그림과 같이 축척 목록이 나타납니다. 이때 표시하고자 하는 축척 값을 선택합니다.

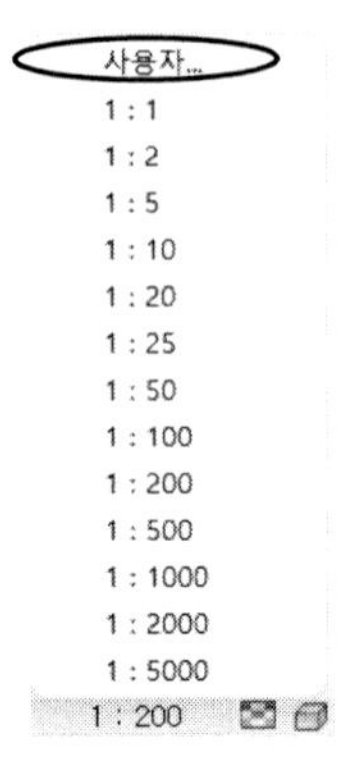

(2) 목록에 표시하고자 하는 축척 값이 목록에 없다면 스케일 목록에서 '사용자…'를 클릭합니다. 그러면 다음과 같은 '사용자 축척'을 대화상자가 나타납니다. 이때, '비율'에 새로운 축척 값을 입력합니다.

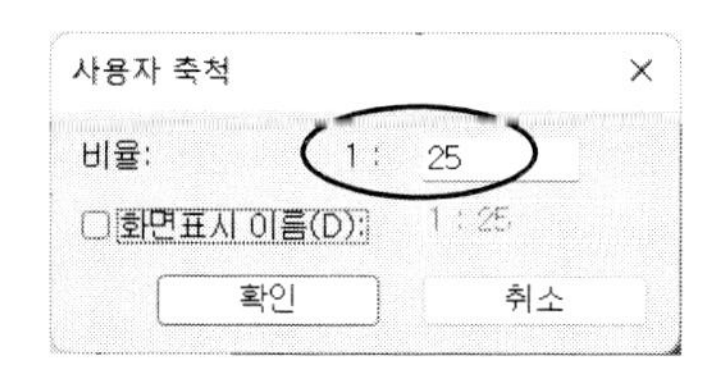

축척을 지정하는 또 하나의 방법은 뷰 특성에서 지정할 수 있습니다. 다음과 같은 뷰 특성 팔레트의 '뷰 축척' 목록에서 지정하고자 하는 축척을 선택합니다.

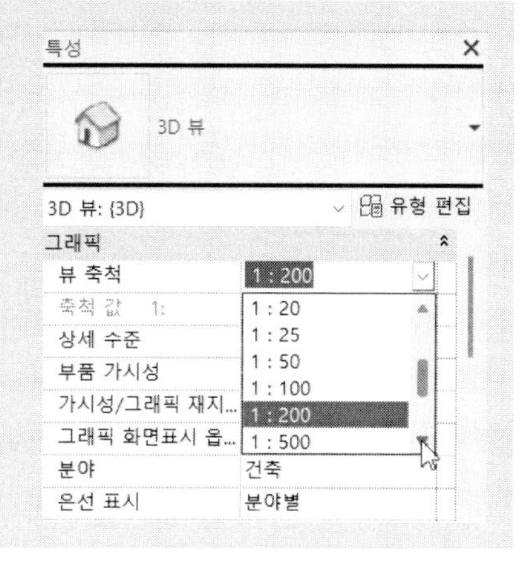

참고 축척

Revit에서 모델을 작도할 때는 실 크기로 모델링합니다. 실 치수로 작성한 모델을 출력할 때는 해당 용지에 맞춰 몇 분의 1로 축소해서 출력하게 됩니다. 문제는 크기를 가지고 있지 않은 치수와 같은 문자, 주석, 기호와 같은 경우입니다. 예를 들어, 출력 시 3mm의 문자를 작성하고자 한다면 1/100도면에서는 300mm로 설정해야 합니다. 즉, 문자 높이를 3mm로 설정하면 뷰나 시트에서는 300mm로 표시되고 출력 시에는 3mm로 출력됩니다. 표현하고자 하는 높이에 축척 값의 분모를 곱한 값(3 x 100)이 뷰나 시트에서의 크기가 됩니다. 1/50도면에서는 150mm가 됩니다.

2. Detail Level(상세 수준)

현재 표시되는 뷰의 상세의 정도를 지정합니다. 'Coarse(낮음)', 'Medium(중간)', 'Fine(높음)' 중에서 지정합니다. '상세 수준' 버튼을 클릭하면 다음과 같은 상세 수준의 종류가 나타납니다. 이때, 지정하고자 하는 상세 수준을 선택합니다.

다음 그림과 같은 파이프를 표현할 때 상세 수준이 '높음'인 경우와 '낮음'인 경우입니다. '높음'은 더블라인으로 표현되고, '낮음'은 싱글라인으로 표현됩니다.

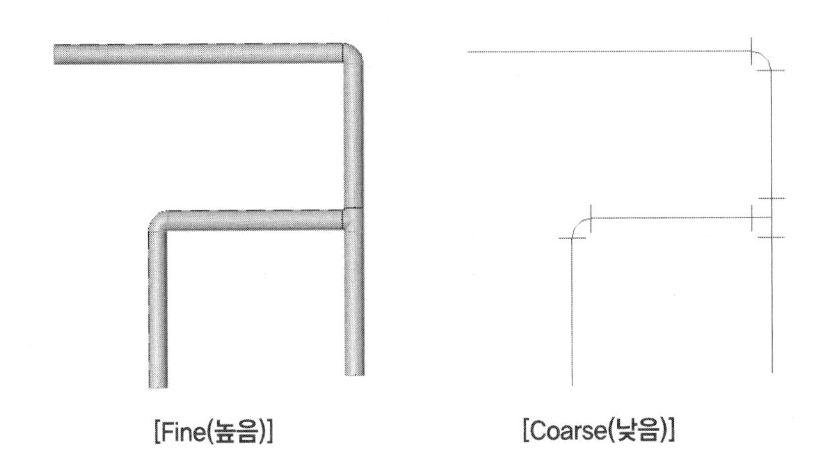

[Fine(높음)]　　[Coarse(낮음)]

참고　패밀리 편집기에서의 상세 수준의 설정

프로젝트에서 상세 수준에 따라 표현 방식이 다른 것은 패밀리를 작성할 때 상세 수준을 지정해놓기 때문입니다. 상세 수준을 지정해놓으면 지정한 수준에 따라 프로젝트에서 표현됩니다. 패밀리 편집기에서 형상을 모델링한 후 '가시성 설정' 기능을 이용하여 상세 수준을 설정합니다. 다음과 같은 대화상자에서 '상세 수준'에서 버튼의 체크여부로 설정합니다.

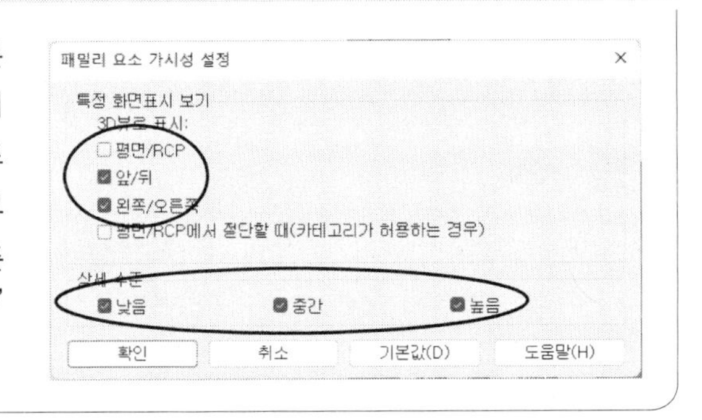

3. Visual Style(비주얼 스타일)

모델의 비주얼 스타일(표현 종류)을 지정합니다. 모델 비주얼 스타일 버튼을 눌러 표현하고자 하는 스타일을 지정합니다.

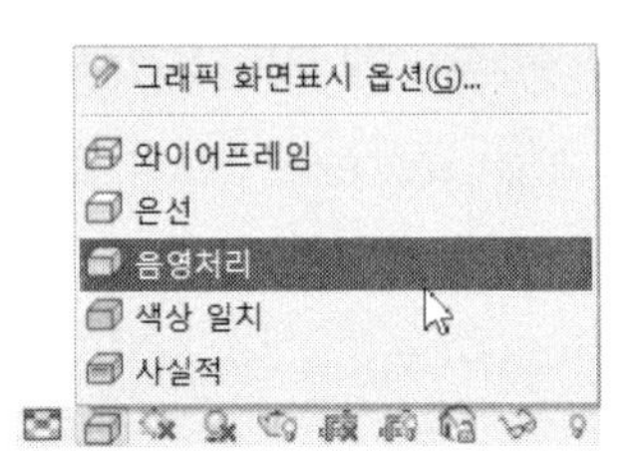

다음과 같이 다양한 종류의 그래픽 스타일로 표현할 수 있습니다. 6종류의 스타일을 지정할 수 있습니다.

(1) Wireframe(와이어 프레임) : 모델의 모든 외형선을 모두 표시하고 면을 표현하지 않습니다

(2) Hidden Line(은선) : 현재 시점으로부터 표면으로 가려진 부분은 표현하지 않고 직접 보이는 외형선을 표현합니다.

(3) Shaded(음영 처리) : 모델을 음영 처리하여 표현합니다.

(4) Consistent Colors(색상 일치) : 재료 색상 설정에 따라 음영처리 색상을 유지하여 광원의 방향과 관계없이 항상 같은 색상으로 재료를 표현합니다.

(5) Realistic(사실적) : 재료를 포함하여 사실적으로 표현합니다. 모델을 회전하면 조명 조건에 따라 사실적으로 표현됩니다.

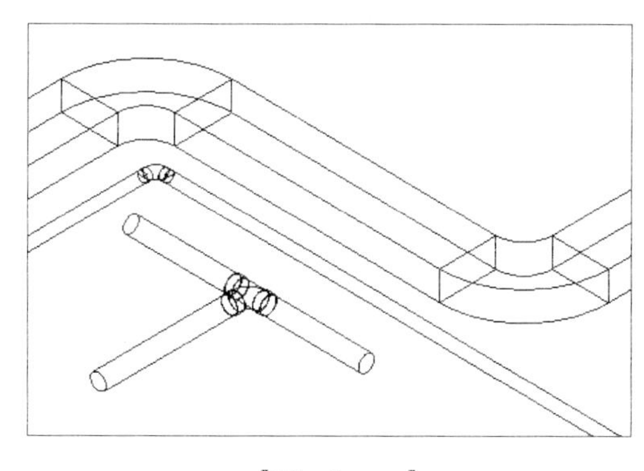
[Wireframe]

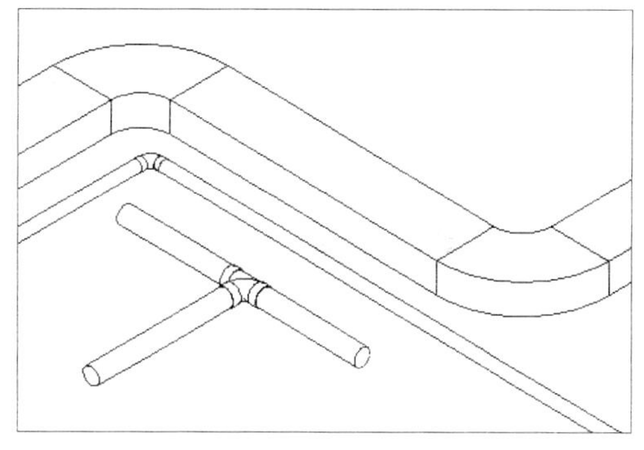
[Hidden Line]

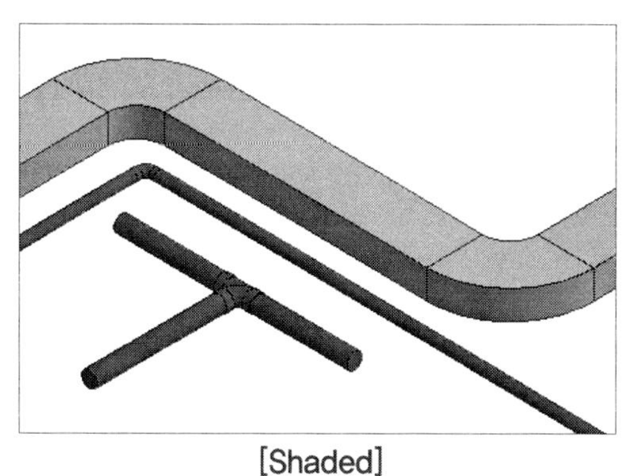
[Shaded]

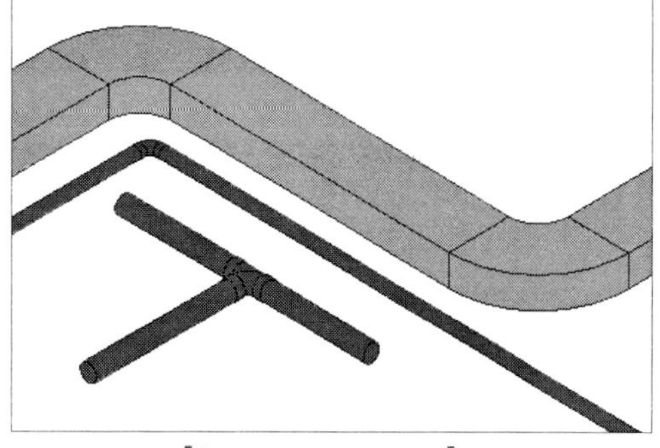
[Consistent Colors]

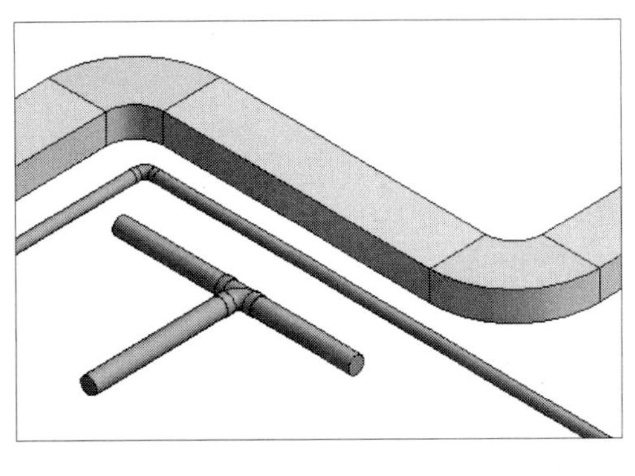

[Realistic]

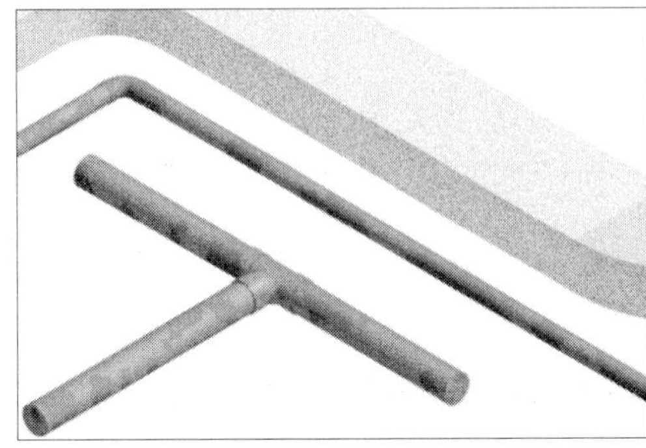

[Ray Trace]

4. Sun Path(태양 경로 켜기/끄기)

건물과 대지에서 조명과 그림자의 효과를 보려면 3D 뷰에서 태양 경로와 그림자 화면표시를 모두 켭니다.

(1) 뷰 제어 막대에서 Sun Path(태양 경로)를 클릭하여 On/Off를 지정합니다.

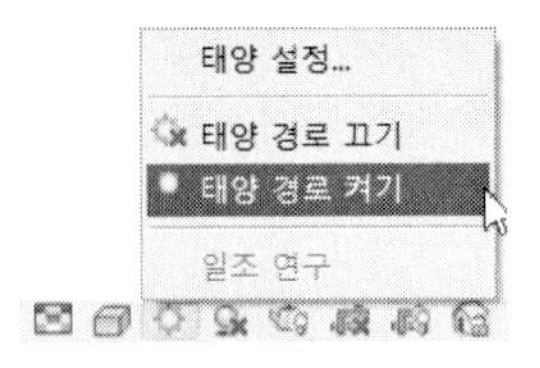

태양 경로를 켜면 다음 그림과 같이 태양 경로가 나타납니다.

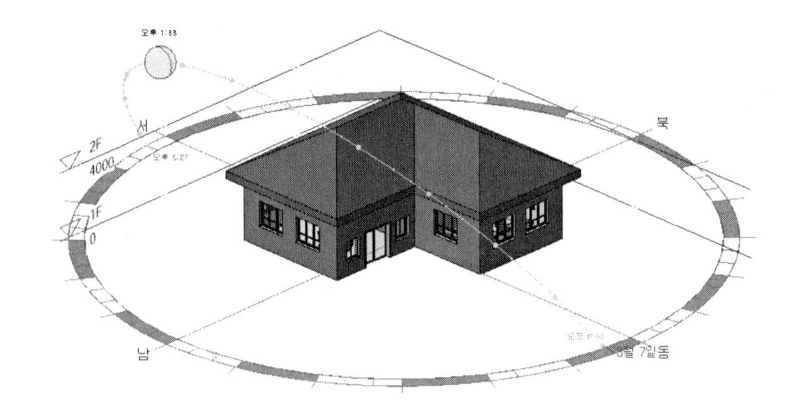

(2) 태양 경로에 대한 환경을 설정하려면 뷰 제어 막대에서 태양 경로를 클릭한 후 Sun Settings(태양 설정)을 클릭합니다. Sun Settings(태양 설정) 대화상자에서 환경을 설정합니다.

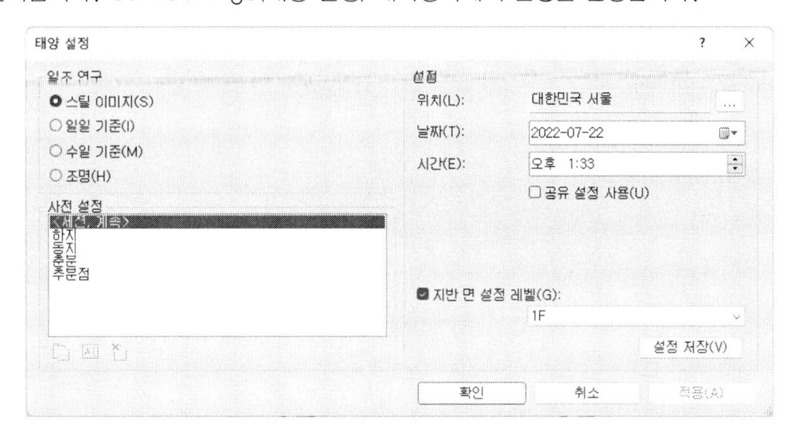

설정한 환경에 따라 태양의 위치가 달라집니다.

5. Shadows On/Off(그림자 켜기/끄기)

모델의 그림자 표현 여부를 지정합니다. '그림자 켜기 '을 지정하면 다음과 같이 그림자가 나타납니다.

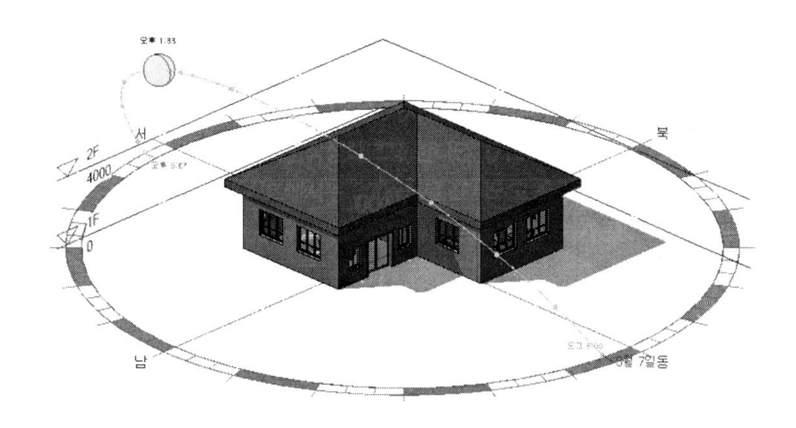

비주얼 스타일이 '와이어프레임 '상태에서는 '그림자 켜기 '을 지정할 수 없습니다.

6. Show Rendering Dialog(표시 렌더링 대화상자)

이 기능은 3D 뷰 상태일 때만 유효합니다. 따라서 2D 뷰에서는 이 아이콘이 나타나지 않습니다.

(1) 을 눌러 렌더링 대화상자를 엽니다. 다음과 같은 대화상자가 나타납니다.

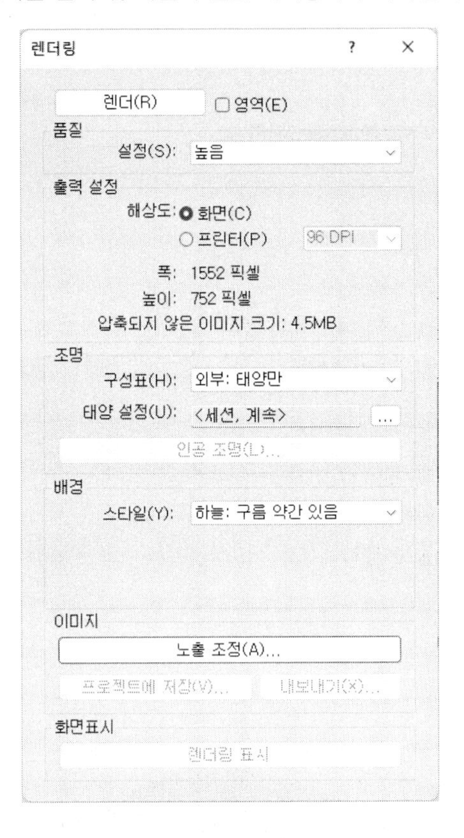

대화상자

(1) [렌더(R)] : 이 버튼을 눌러 렌더링을 실행합니다.

(2) **영역** : 이 버튼을 체크하면 다음 그림과 같이 영역이 빨간색 테두리로 표시됩니다. 테두리를 클릭하면 파란색 점(그립)이 나타나는데 이때 이 그립을 클릭하여 범위를 지정합니다. 이 테두리 영역을 렌더링합니다.

(3) **품질** : 일반적으로 렌더링을 하고자 할 때 고품질일수록 화질이 좋습니다만 고품질이 될수록 시간이 많이 소요되고 용량도 증가하게 됩니다. 따라서, 용도에 따라 적절히 조절해야 합니다. 렌더링 속도의 순서는 초안부터 최고까지 다양합니다. 렌더링 품질은 처리속도와 반비례합니다. '편집'은 대화상자를 통해 사용자의 설정에 의해 조정할 수 있습니다.

(4) **출력 설정** : 출력 환경을 설정합니다.
'해상도'에서 화면 표시용 렌더링을 하고자 할 때는 '화면'을 선택하고 프린터 출력용 이미지를 생성하고자 할 때는 '프린터'를 지정합니다.

(5) **조명** : 렌더링 조명을 설정합니다.
① 구성표 : 조명의 종류를 선택합니다. 내부(Interior)와 외부(Exterior), 태양(Sun)과 인공조명(Artificial Lights)의 조합에서 선택할 수 있습니다.
②태양 설정 : 태양 광원이 선택된 경우, 태양의 위치를 지정합니다.
③인공 조명 : 구성표에서 '인공 조명'을 선택한 경우에 '조명 그룹'을 선택하여 렌더링 이미지에서 인공 조명을 설정합니다.

조명 구성표를 '내부: 태양만' 또는 '내부: 태양 및 인공 조명'을 선택한 경우는 외부 광선의 설정여부를 고려해야 합니다.

(6) **배경** : 렌더링 이미지의 배경을 지정합니다.
① 스타일 : 배경 스타일을 지정합니다. 하늘의 날씨 상태를 지정하거나 색상을 지정할 수 있습니다. 색상을 선택한 경우는 색상표가 나타납니다.

(7) **이미지** : 렌더링 이미지를 작성합니다.
① 노출 조정 : 다음의 대화상자를 통해 노출의 정도를 조정합니다. 노출 값, 하이라이트, 중간 톤, 그림자, 화이트 포인트, 포화율을 지정할 수 있습니다.
② 프로젝트 저장 : 이미지를 렌더링 한 후에 프로젝트 뷰로써 이미지를 저장할 수 있습니다.
③ 내보내기 : 렌더링 이미지를 내보내기 합니다. 내보내기 파일 형식은 BMP, JPEG, JPG, PNG, TIFF 등이 있습니다.

(8) **화면 표시** : [렌더링 표시] 버튼을 누르면 렌더링 이미지를 보여줍니다.

(2) 렌더링 환경과 렌더링 범위를 지정한 후 [렌더(R)] 버튼을 눌러 렌더링을 실행합니다. 다음 그림과 같이 지정한 범위가 렌더링됩니다.

7. Crop Region On/Off(자르기 영역 켜기/끄기)

뷰 자르기는 뷰를 시트에 삽입할 때 표현하고자 하는 부위만을 자를 때 유용하게 사용할 수 있습니다. 이 기능은 자르기 영역을 감추거나 표시하는 기능입니다.

(1) 입면도를 펼치겠습니다. [뷰(전체)]-[입면도(건물 입면도)]-[남측면도]를 더블클릭합니다. 다음과 같이 입면도 뷰가 펼쳐집니다.

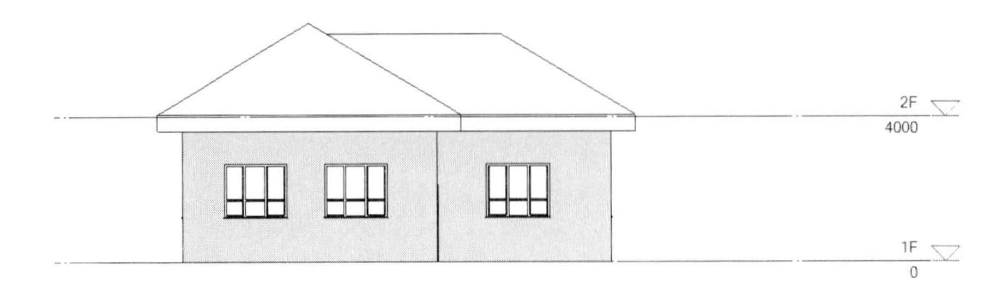

(2) 특성 팔레트에서 '자르기 영역 보기'를 체크합니다. 다음과 같이 뷰에 자르기 영역이 표시됩니다.

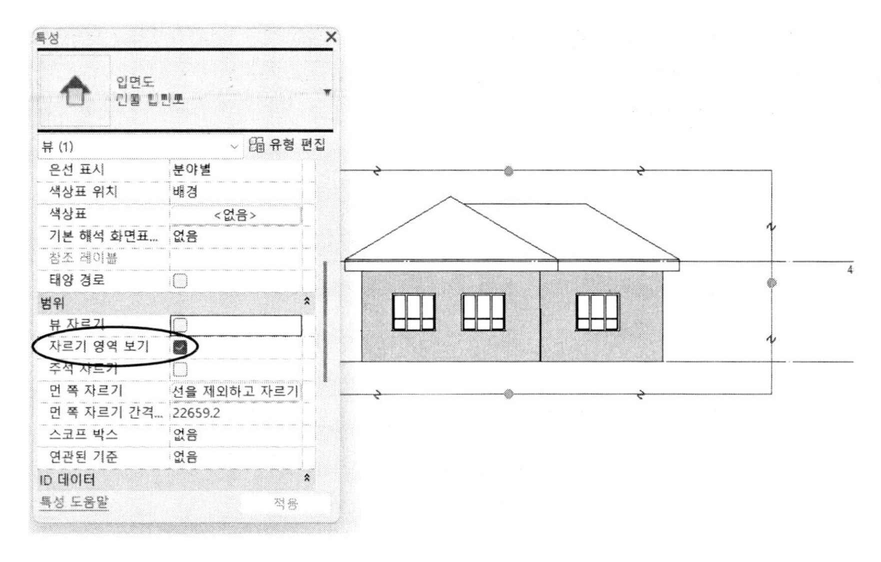

(3) 자르기 영역의 그립(맞물림)을 움직여 다음과 같이 일부가 가려지도록 설정합니다.

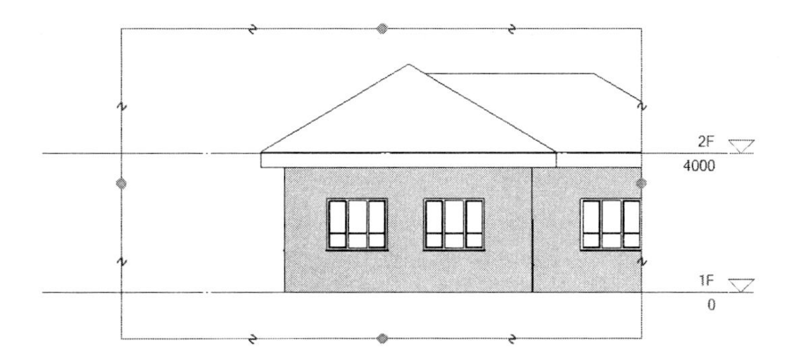

참고 **자르기 영역의 조정**

자르기 영역의 그립을 이용하여 영역을 손쉽게 확장 또는 축소할 수 있습니다. 자르기 영역의 테두리를 클릭하면 테두리를 조절하는 파란색의 컨트롤(그립)이 나타납니다. 테두리의 중간에 있는 원을 상하좌우로 드래그하여 확장 또는 축소하고자 하는 범위를 지정합니다.

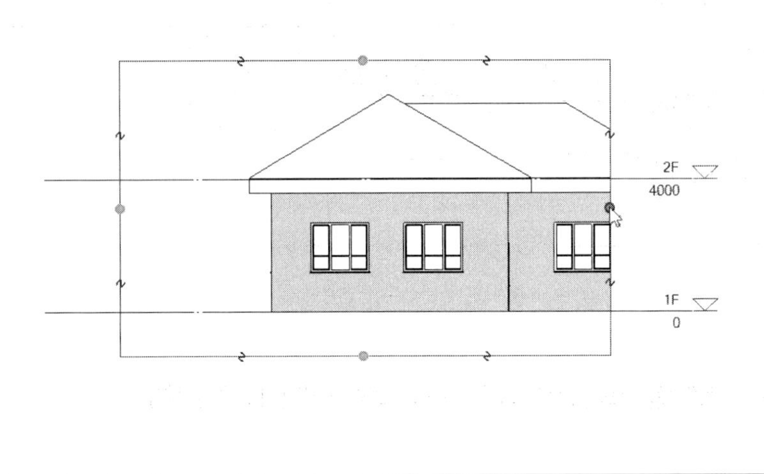

(4) 하단의 뷰 제어 막대에서 '뷰를 자르지 않음'를 클릭합니다. 다음과 같이 자르기 영역으로 가려졌던 부분이 표시됩니다.

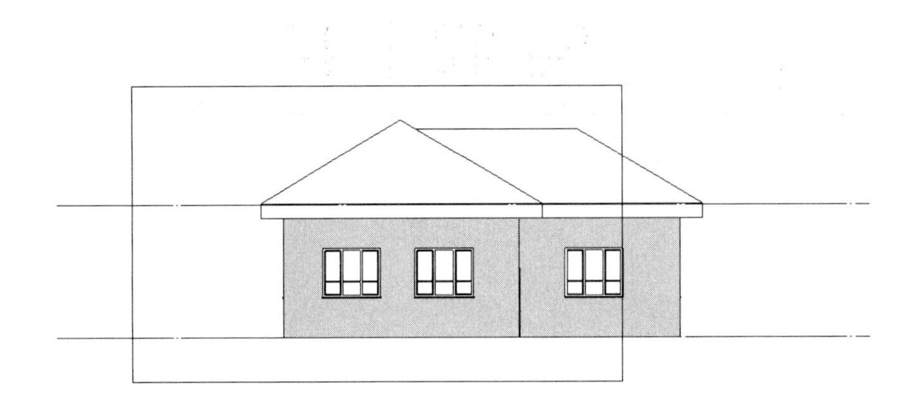

(3) 다시 하단의 뷰 제어 막대에서 '뷰 자르기 '를 클릭합니다. 자르기 영역만 표시되고 영역의 바깥쪽은 표시되지 않습니다.

특성 팔레트 '범위'의 '뷰 자르기'의 체크 여부와 연동된 기능입니다.

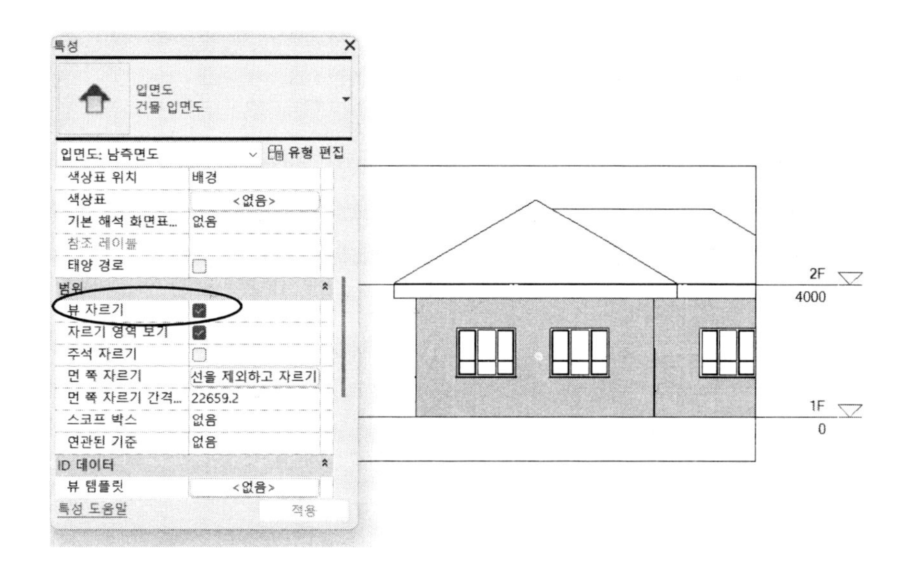

8. Show/Hide Crop Region(자르기 영역 표시/비표시)

자르기 영역을 표시 또는 숨기기를 합니다.

(1) 앞에서 실습한 도면이 펼쳐진 상태에서 '자르기 영역 숨기기 '를 클릭합니다. 다음 그림과 같이 자르기 영역의 테두리가 표시되지 않습니다.

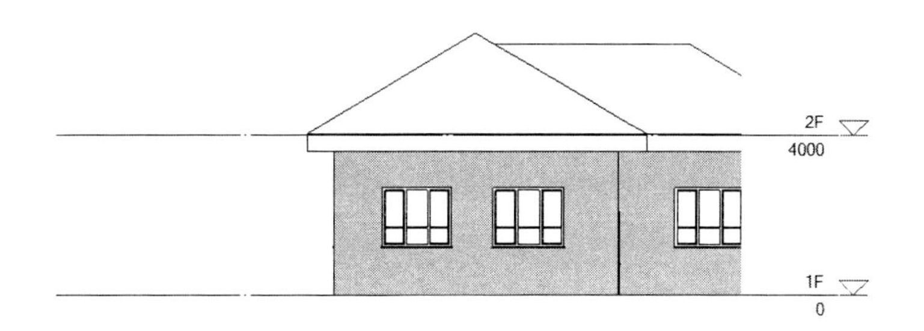

(2) 다시 뷰 제어 막대에서 '자르기 영역 표시'를 클릭합니다. 자르기 영역의 테두리가 표시됩니다.

특성 팔레트 '범위'의 '자르기 영역 보기'의 체크 여부와 연동된 기능입니다.

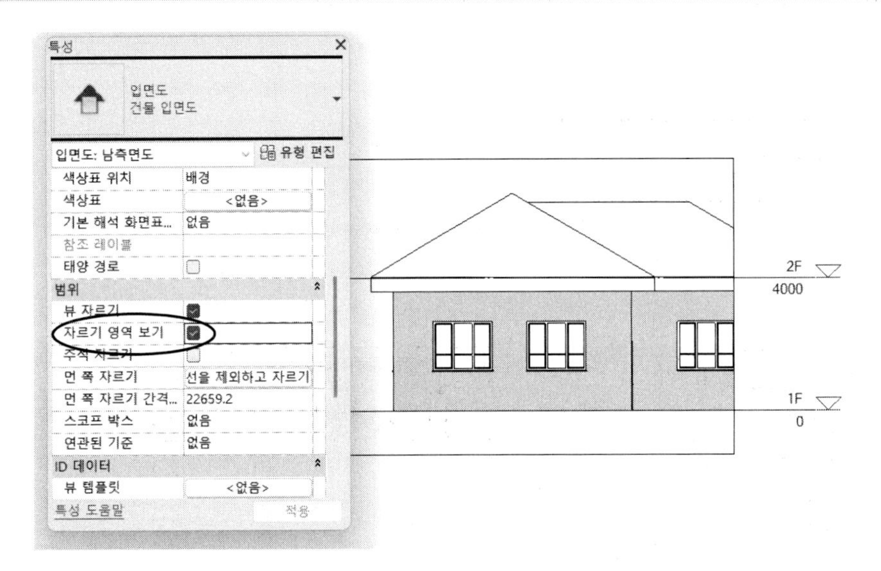

9. Temporary Hide/Isolate(임시 숨기기/분리)

이 기능은 뷰에서 특정 요소나 특정 카테고리의 일부 요소만을 표시하거나 감출 수 있습니다. Hide(숨기기) 도구를 실행하면 선택한 요소만 숨기거나 선택한 요소만 표시하고 나머지 요소는 감출 수도 있습니다. 이 기능은 활성화된 뷰에만 적용됩니다.

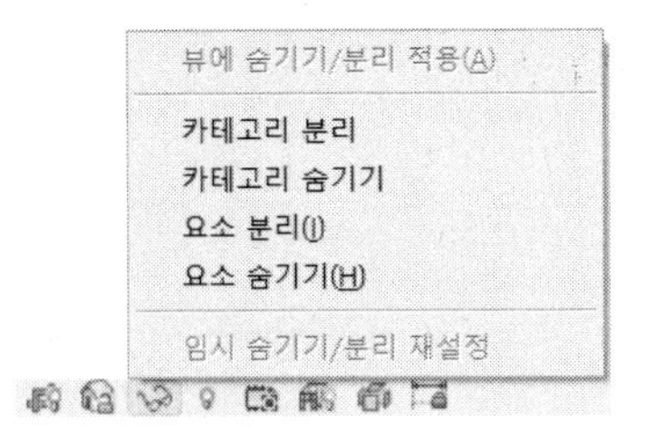

프로젝트를 닫으면 요소의 임시 숨기기/분리(Temporary Hide/Isolate)와 관련된 설정은 원래의 상태로 돌아갑니다.
'임시 숨기기/분리'는 인쇄에는 영향을 끼치지 않습니다.

(1) 프로젝트 탐색기에서 [뷰(전체)]-[3D 뷰]-[{3D}]를 더블클릭합니다. 다음 그림과 같이 3차원 뷰가 펼쳐집니다.

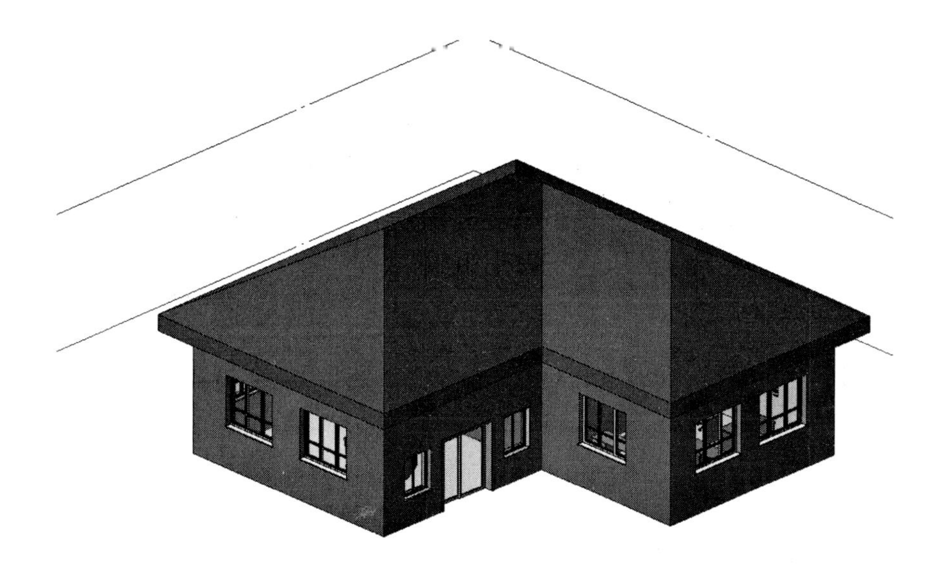

(2) 창을 클릭(선택)한 후 '임시 숨기기/분리' 버튼을 누릅니다. 메뉴에서 '카테고리 분리'를 클릭합니다.

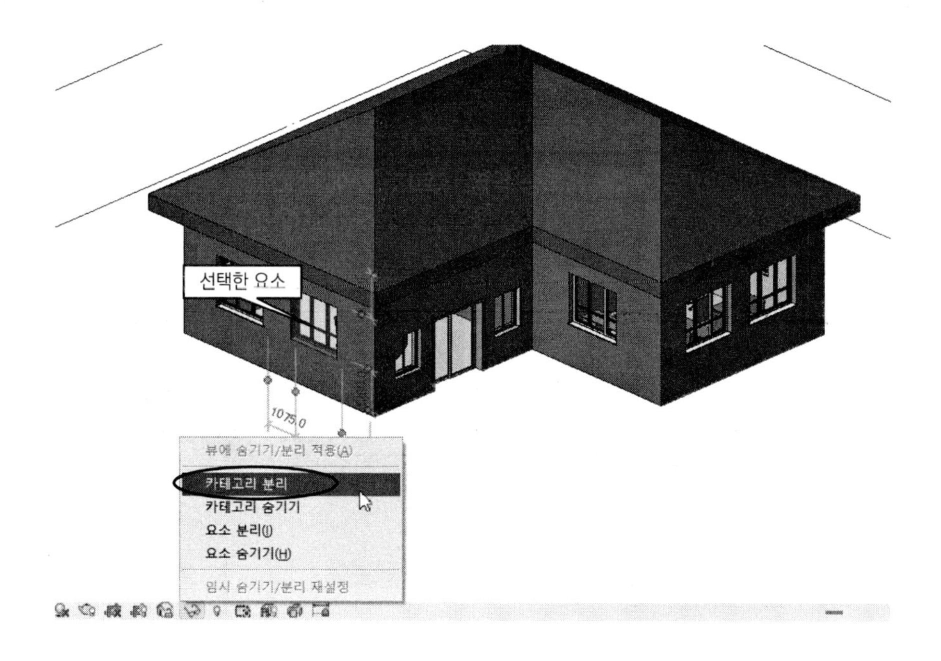

(3) 다음 그림과 같이 해당 카테고리(창)만 분리되어 남고 다른 카테고리의 요소는 뷰에서 사라집니다. 즉, 선택한 요소와 동일한 카테고리만 표시되고 나머지 요소는 숨겨집니다.

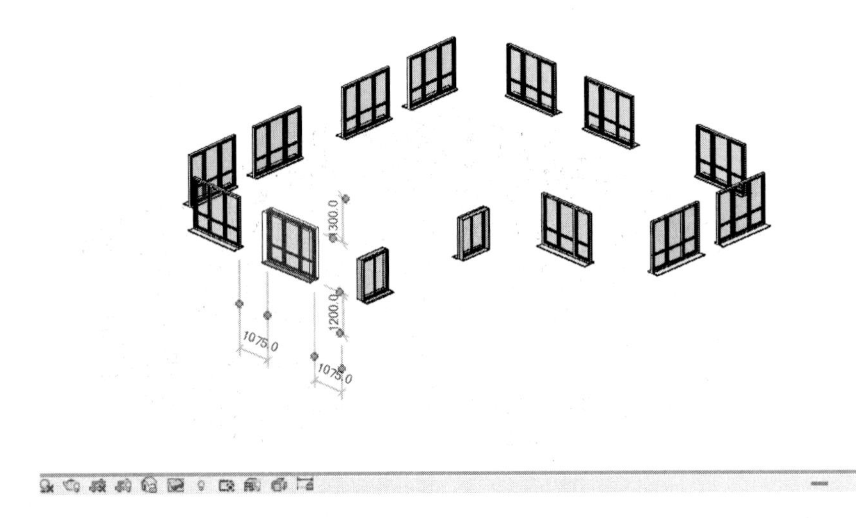

(4) '임시 숨기기/분리' 버튼을 눌러 메뉴에서 '임시 숨기기/분리 재설정'을 클릭하면 숨겨진 요소가 다시 표시됩니다. 이번에는 지붕을 선택하고 '임시 숨기기/분리' 버튼을 눌러 메뉴에서 '요소 숨기기(H)'를 클릭합니다.

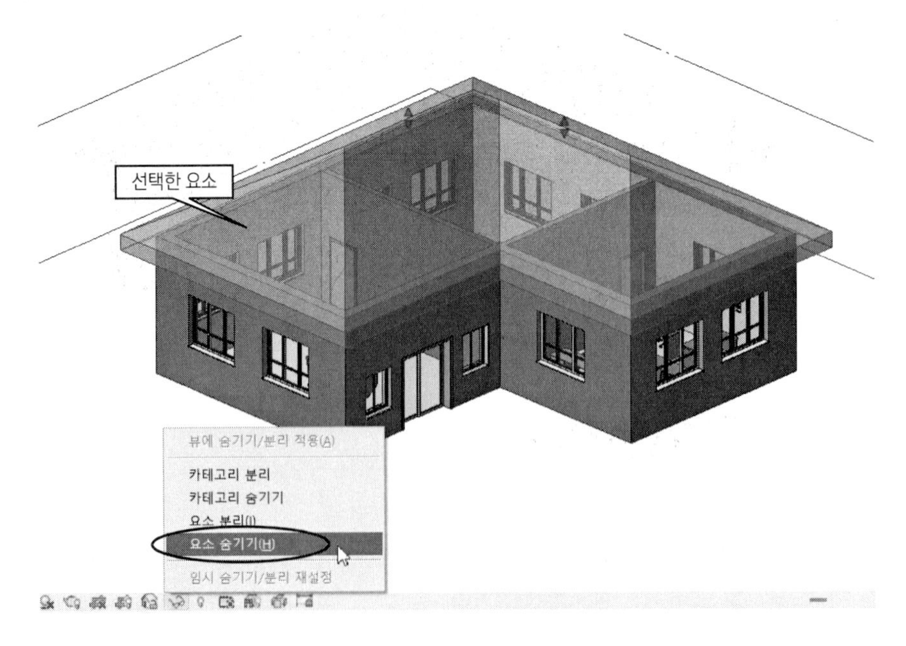

(5) 다음 그림과 같이 선택한 요소(지붕)만 뷰에서 사라집니다.

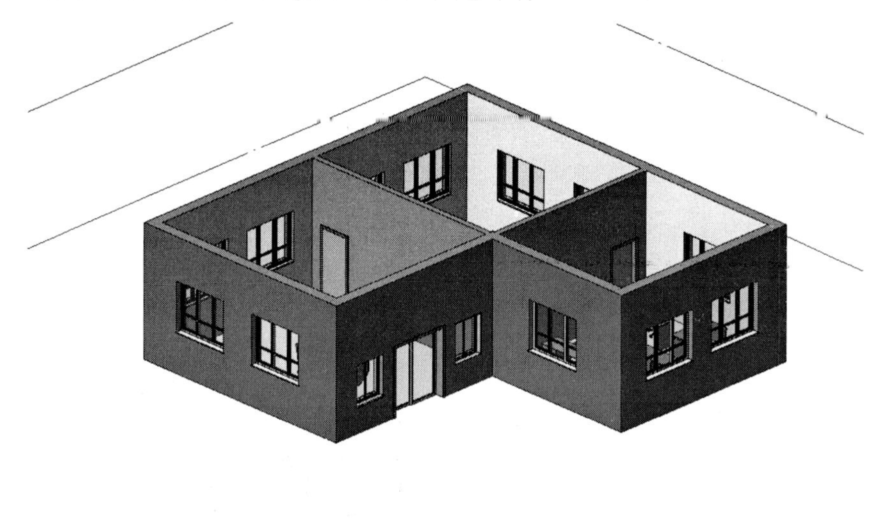

이처럼 임시 숨기기/분리 기능은 뷰에서 특정 요소 또는 카테고리를 분리하거나 숨기기를 합니다. '임시 숨기기/분리'를 실행하면 뷰 제어 막대에 아이콘이 으로 바뀌고 뷰 영역에 하늘색의 두꺼운 테두리 선이 표시됩니다.

참고 영구적으로 숨기기

'뷰에 숨기기/분리 적용'을 클릭하면 일시적으로 숨기기 한 요소를 종료하고 영구적으로 표시하지 않습니다.

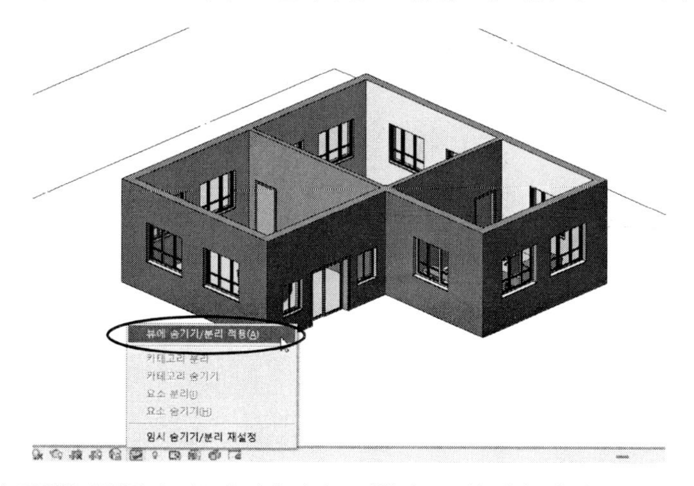

'뷰에 숨기기/분리 적용'을 실행하면 필요에 따라 다시 표시할 수도 있습니다. 이 기능을 실행하면 하늘색 테두리 선이 사라집니다. 숨겨진 요소를 표시하는 방법은 다음의 '숨겨진 요소 표시'에서 설명합니다.

10. Reveal Hidden Elements(숨겨진 요소 표시)

숨겨진 요소를 표시합니다.

(1) 앞의 실습에 이어서 실습하겠습니다. 다음과 같이 지붕이 숨기기(Hide)로 설정되어 있어 뷰에서 보이지 않습니다.

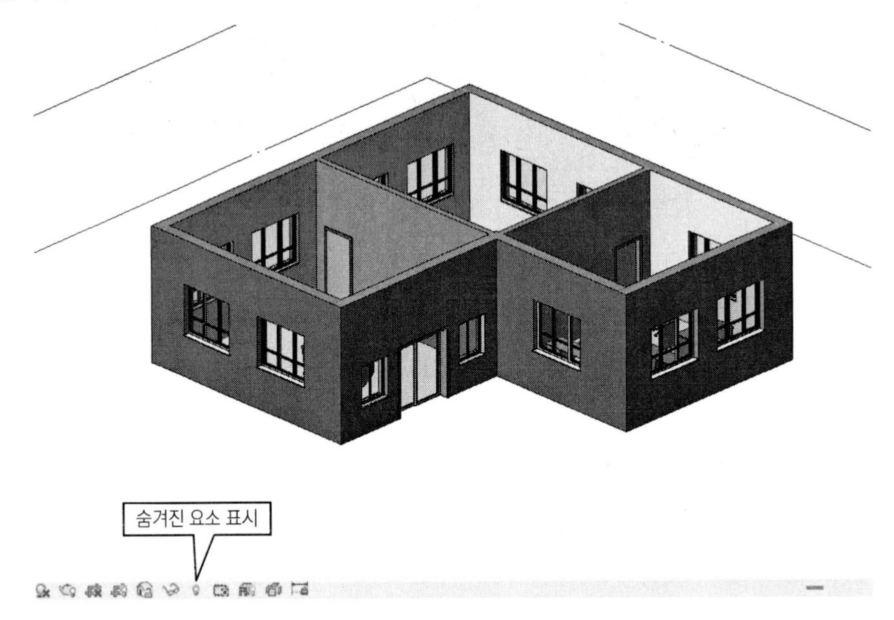

(2) 뷰 제어 막대에서 '숨겨진 요소 표시 '를 클릭합니다. 다음 그림과 같이 선홍색 테두리가 나타나면서 숨겨진 요소(또는 해당 카테고리의 요소)가 진하게 나타납니다. 숨겨졌던 지붕이 표시됩니다. '숨겨진 요소 표시 ' 전등 마크도 선홍색으로 바뀝니다.

'숨겨진 요소 표시 '를 한 번 클릭하면 숨겨진 요소를 표시하고 표시된 상태에서 다시 한 번 누르면 숨겨진 상태로 되돌아갑니다. 즉, 한 번 누를 때마다 켜고/끄기가 반복됩니다.

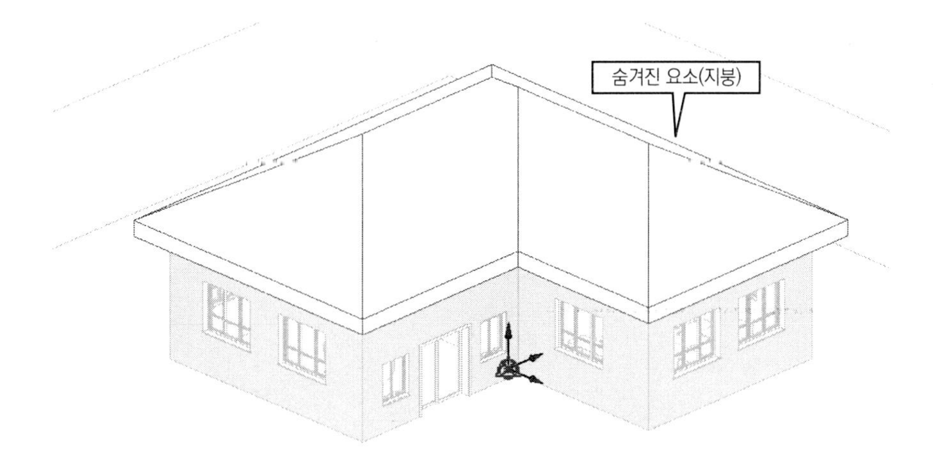

(3) 숨겨진 요소를 뷰에 표시하겠습니다. 숨겨진 요소(지붕)를 선택한 후 마우스 오른쪽 버튼을 누릅니다. 다음과 같은 바로가기 메뉴에서 '뷰에서 숨김 해제(U)'를 클릭한 후 '요소(E)'를 클릭합니다.

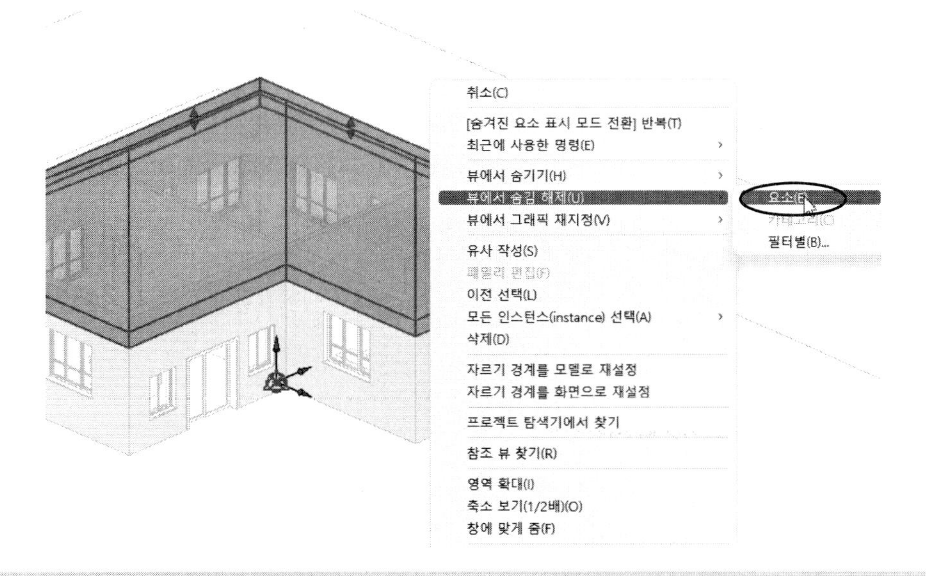

TIP 요소를 다시 표시하기 위한 기능은 바로가기 메뉴 외에 리본 메뉴에서도 제공하고 있습니다. 요소를 선택한 후 상단의 리본 메뉴 가장 오른쪽에 '숨겨진 요소 표시' 패널에서 '요소 숨김 해제' 를 클릭합니다.

(4) 다음 그림과 같이 해당 요소(또는 카테고리)의 색상이 희미하게 변합니다.

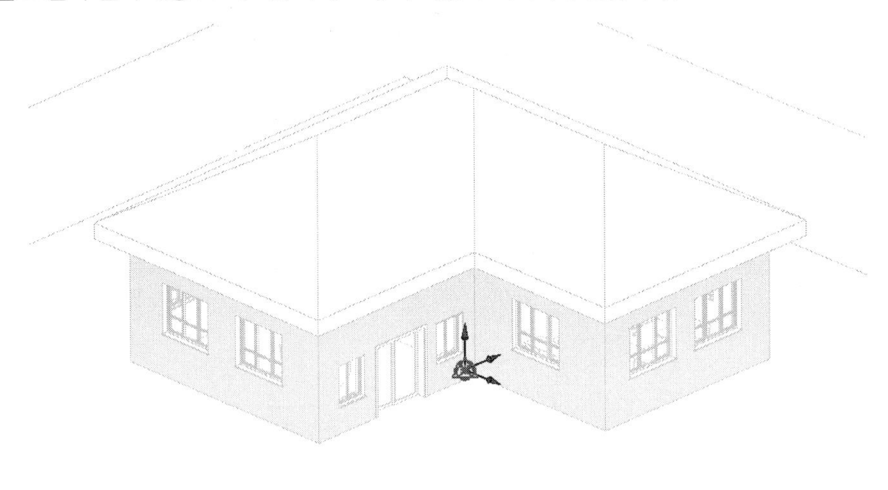

(5) 뷰 제어 막대에서 '숨겨진 요소 표시 💡'를 클릭합니다. 원래의 뷰로 되돌아 가면서 숨겨졌던 요소(지붕)가 표시됩니다.

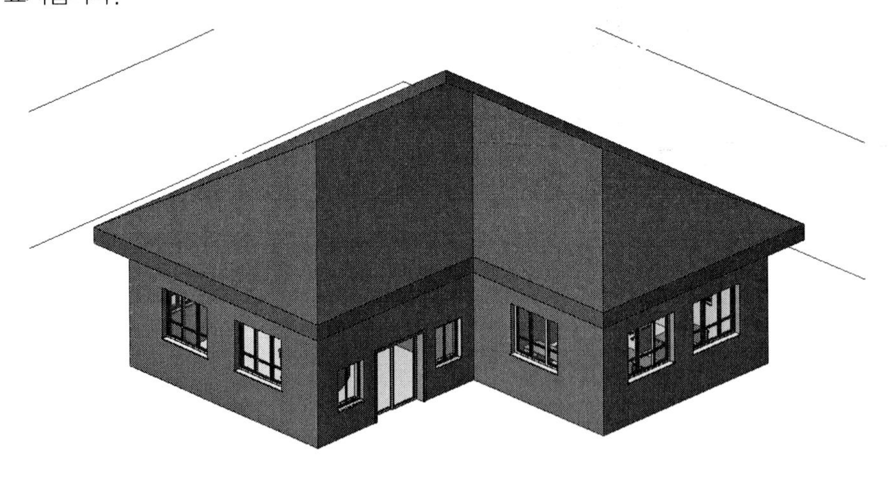

11. Temporary View Properties(임시 뷰 특성)

Revit은 뷰 템플릿을 지정하여 뷰 환경을 적용하여 표현합니다. 뷰 템플릿의 변경 내용은 해당 템플릿이 지정된 뷰에 영향을 미칩니다. 템플릿을 뷰에 영구적으로 지정하지 않고 임시로 뷰에 적용할 수도 있습니다. 현재의 뷰에 뷰 템플릿 특성을 일시적으로 적용합니다.

(1) 앞의 실습에 이어서 실습하겠습니다. 뷰 제어 막대에서 '임시 뷰 특성'을 클릭하여 메뉴 중에서 '템플릿 특성 임시 적용..'을 선택합니다.

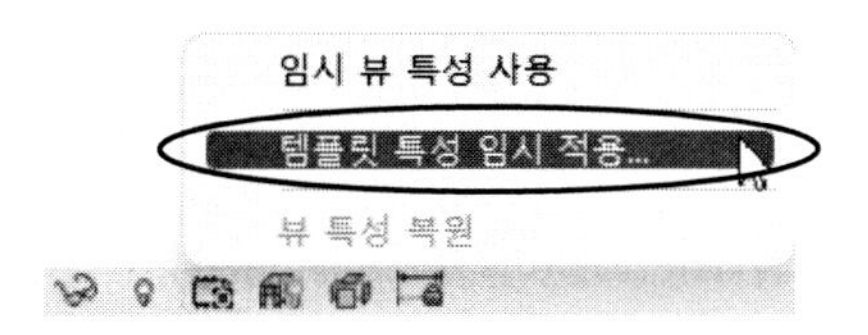

(2) 다음과 같은 대화상자가 나타납니다. '뷰 유형 필터'에서 <모두>를 선택합니다. '뷰 특성'에서 뷰 템플릿 환경을 설정할 수 있고, 적용하고자 하는 뷰의 이름을 지정할 수 있습니다. 대화상자의 '뷰 템플릿'의 '이름'에서 '건축 평면도'를 선택한 후 [확인]을 클릭합니다. 현재 3D 뷰의 표현인데 '건축 평면도' 뷰 환경을 적용하겠다는 의미입니다.

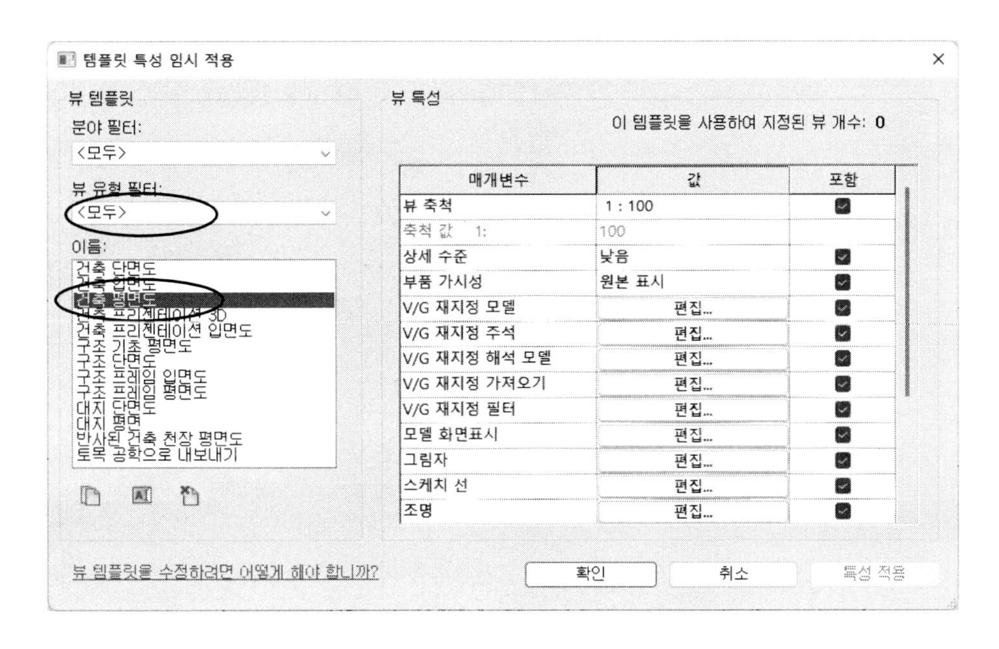

(3) 다음과 같이 굵은 선의 테두리와 함께 뷰 템플릿 '건축 평면도' 환경에 맞춰 뷰가 표시됩니다.

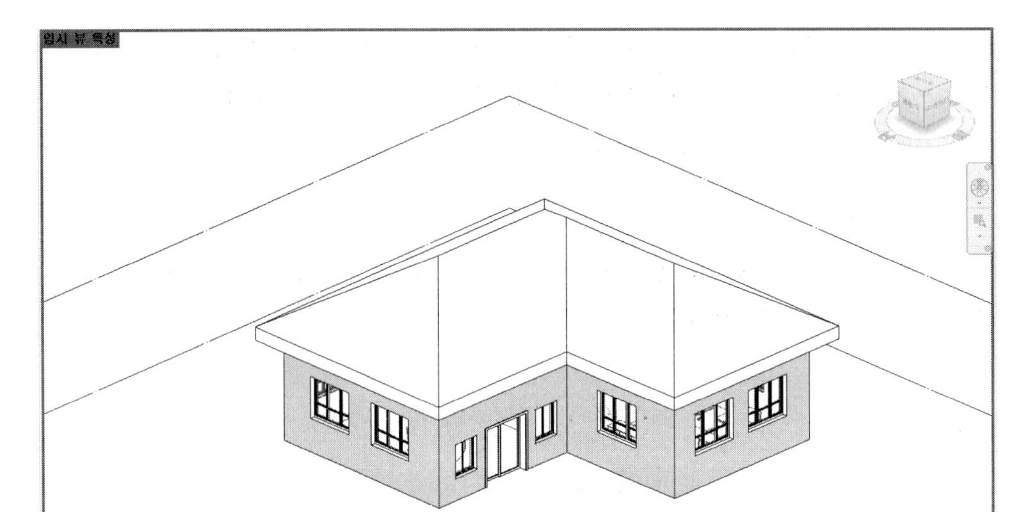

(4) 뷰 제어 막대에서 '임시 뷰 특성'을 클릭하여 메뉴 중에서 '뷰 특성 복원'을 클릭합니다.

원래의 뷰로 되돌아갑니다.

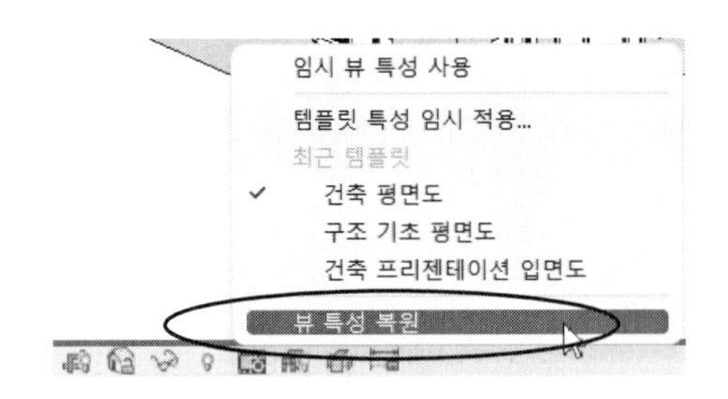

12. Unlocked 3D View(잠금 해제된 3D 뷰)

3D 뷰에서는 태그를 붙이기 위해서는 3D 뷰가 잠긴 상태에서만 가능합니다. 3D 뷰에서 요소에 태그를 지정하고 뷰에 키노트를 추가하기 위해 3D 뷰를 잠그는 기능입니다. 이 기능은 기본적으로 3D 뷰에 적용됩니다.

(1) 프로젝트 탐색기에서 3D 뷰를 펼칩니다.

'주석-태그-카테고리별 태그①'를 클릭합니다.

다음 그림과 같이 3D 뷰가 잠기지 않은 상태에서는 태그나 키노트를 삽입할 수 없다는 메시지가 표시됩니다.

(2) 뷰 제어 막대에서 '잠금해제된3D 뷰'를 클릭하여 메뉴 중에서 '방향 저장 및 뷰 잠금'을 클릭하여 3D를 잠급니다. 뷰 이름을 지정하는 대화상자가 나타나면 이름을 입력합니다.

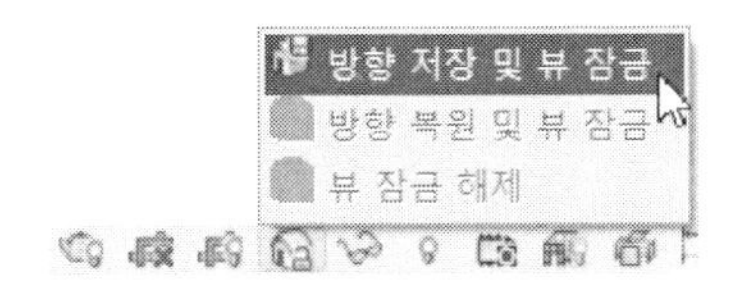

(3) 다시 '주석-태그-카테고리별 태그①'를 클릭합니다. 태그를 붙이고자 하는 요소(문)를 선택한 후 태그의 위치를 지정합니다. 다음 그림과 같이 태그가 작성되었습니다.

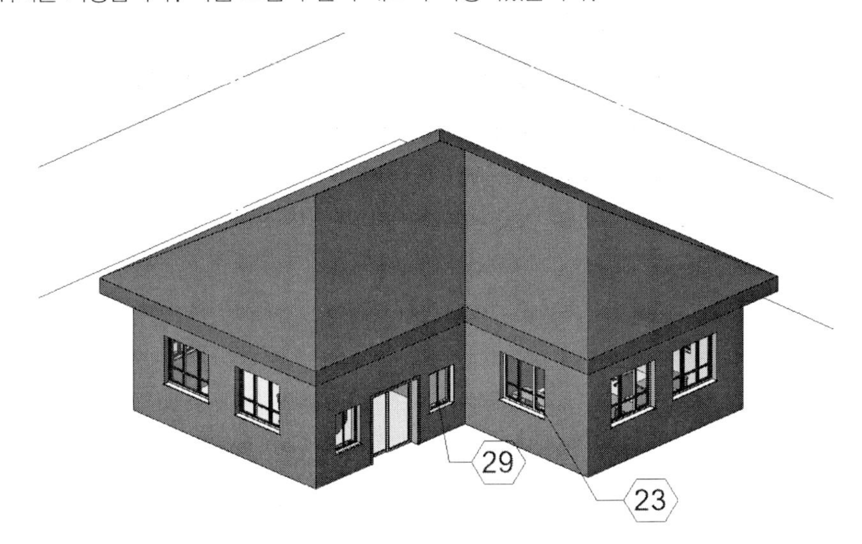

(4) 뷰 제어 막대에서 '잠긴 3D 뷰 '를 클릭하여 메뉴 중에서 '뷰 잠금 해제'를 클릭하여 잠금을 해제합니다. 그러면 다시 잠금이 해제됨과 동시에 태그가 사라지면서 다음과 같은 메시지가 표시됩니다.

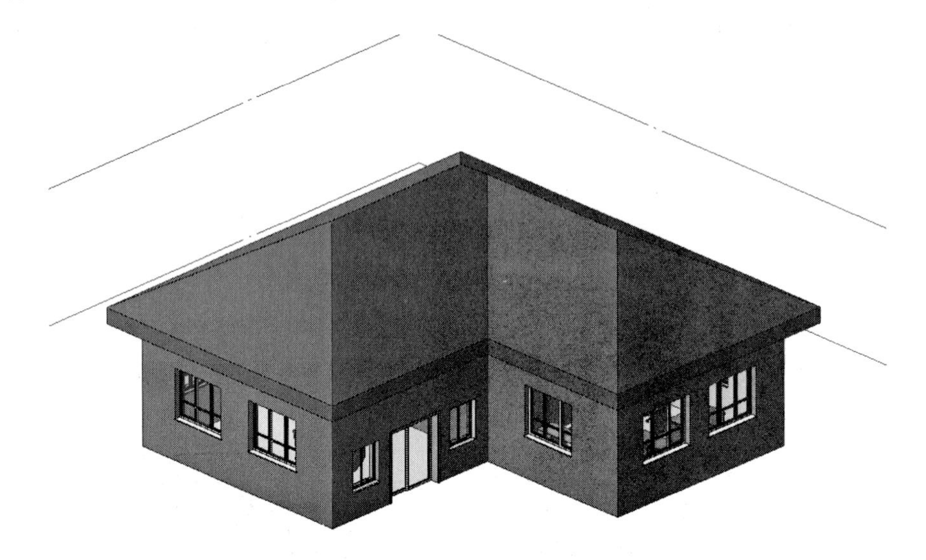

메뉴에서 'Restore Orientation and Lock View(방향 복원 및 뷰 잠금)'를 선택하면 잠김과 동시에 태그도 표시됩니다.

참고 **3D 뷰 잠금/해제 메뉴**

(1) 방향 저장 및 뷰 잠금: 현재 방향에서 뷰를 잠급니다. 뷰가 잠긴 상태에서는 뷰의 방향을 바꿀 수 없습니다.

(2) 방향 복원 및 뷰 잠금: 뷰를 잠근 후 저장한 뷰를 해제하였을 경우, 다시 뷰를 잠근 상태로 다시 복원합니다. 이때, 저장 당시의 방향도 함께 복원됩니다. 즉, 이전에 잠금했던 뷰를 다시 복원합니다.

(3) 뷰 잠금 해제: 잠긴 뷰를 해제합니다.

05. 가는 선 표시(TL; Thin Lines)

모델을 작은 축척의 뷰에서 보면 두꺼운 선으로 표시됩니다. 이때 선을 가늘게 표현하는 방법입니다.

(1) 프로젝트 탐색기에서 1층 평면도를 펼칩니다. 다음 그림과 같이 벽체선이 두껍게 표현됩니다.

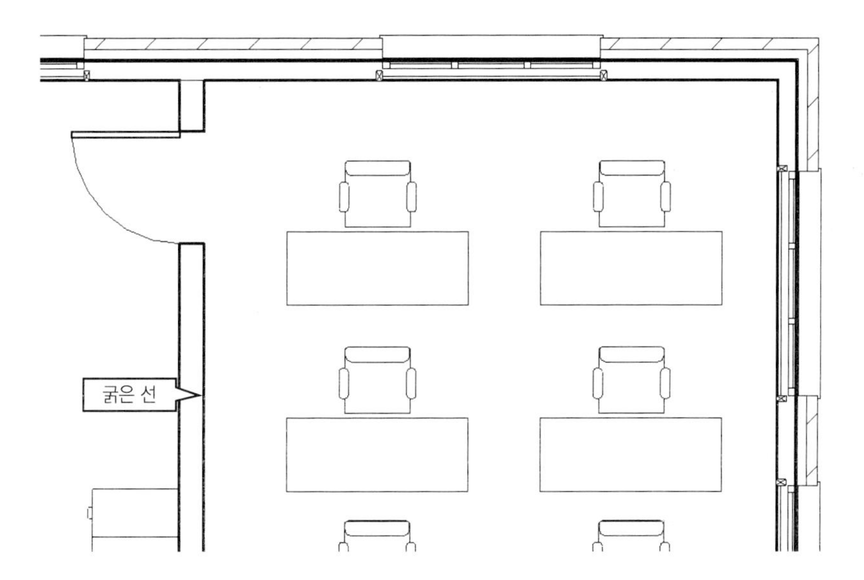

(2) 신속접근 도구막대에서 을 클릭합니다. 또는 '뷰 - 그래픽-가는 선 '을 클릭하거나 단축키 'TL'을 입력합니다. 다음 그림과 같이 가는 선으로 표현됩니다.

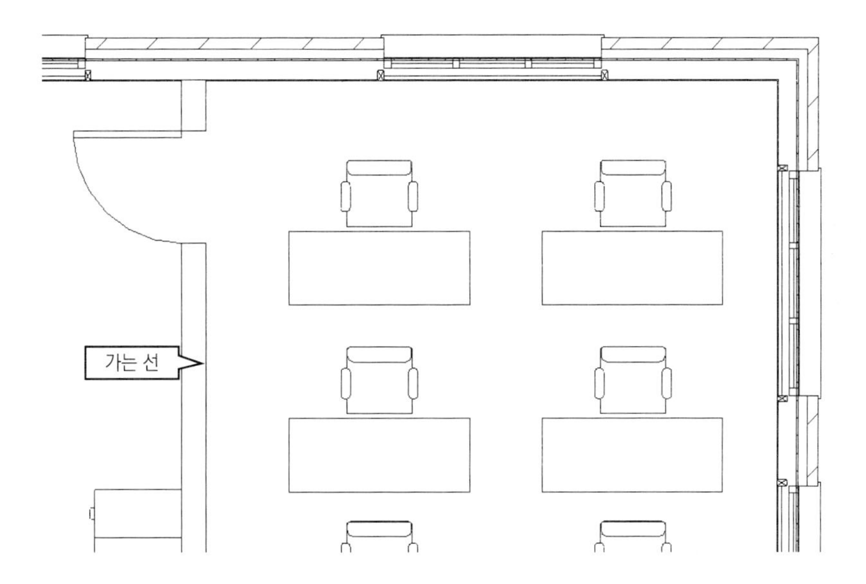

여기에서 다시 한 번 누르면 다시 굵은 선으로 표현됩니다. 한 번 실행할 때마다 가는 선과 굵은 선이 반복되며 표시됩니다.

가는 선을 표현하면 모든 뷰에 적용되지만 인쇄에는 영향을 끼치지 않습니다.

06. 가시성/그래픽 설정(VV, VG; Visibility / Graphics)

요소의 가시성 및 그래픽 화면표시에 대한 특성(환경)을 설정합니다. 요소의 표시 여부와 표시 방법을 지정합니다.

'객체 스타일'에서 각 카테고리별(덕트, 파이프, 파이프 피팅 등)로 가시성 환경을 지정하지만 각 뷰에 따라 가시성 환경을 재지정하려면 '가시성/그래픽' 기능으로 지정합니다.

(1) 앞에서 맛보기로 작성한 도면을 이용하여 설명하겠습니다. 'VV' 또는 'VG'를 입력합니다.
다음과 같은 대화상자가 나타납니다. 지붕을 표시하지 않게 하려면 '지붕'의 체크를 끕니다.

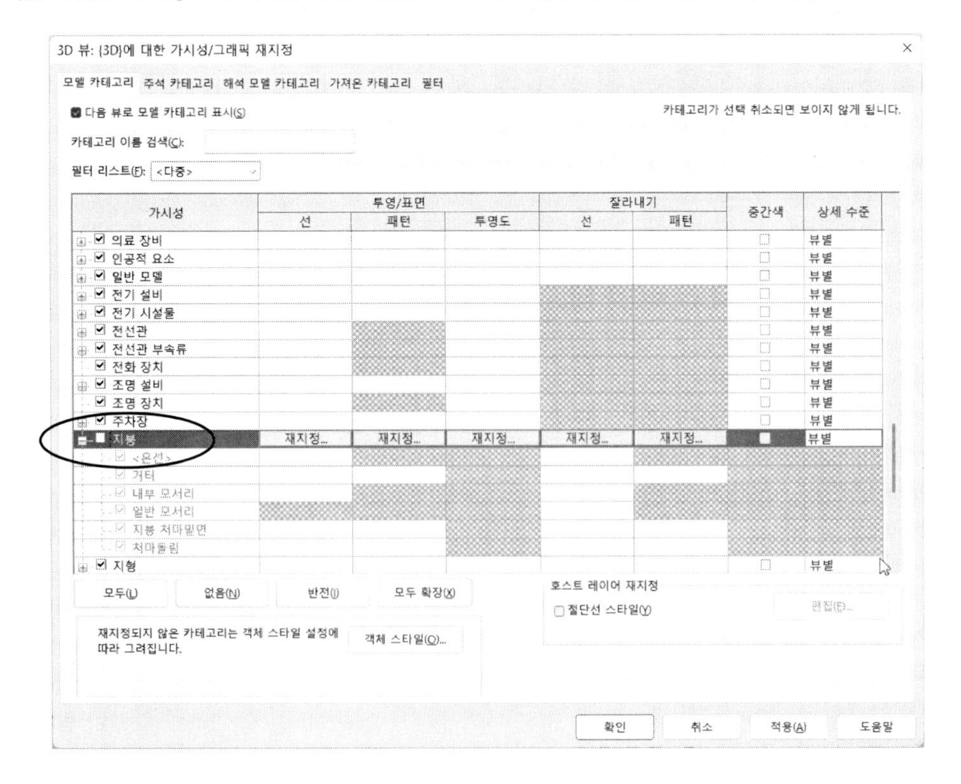

다음 그림과 같이 지붕이 표시되지 않습니다.

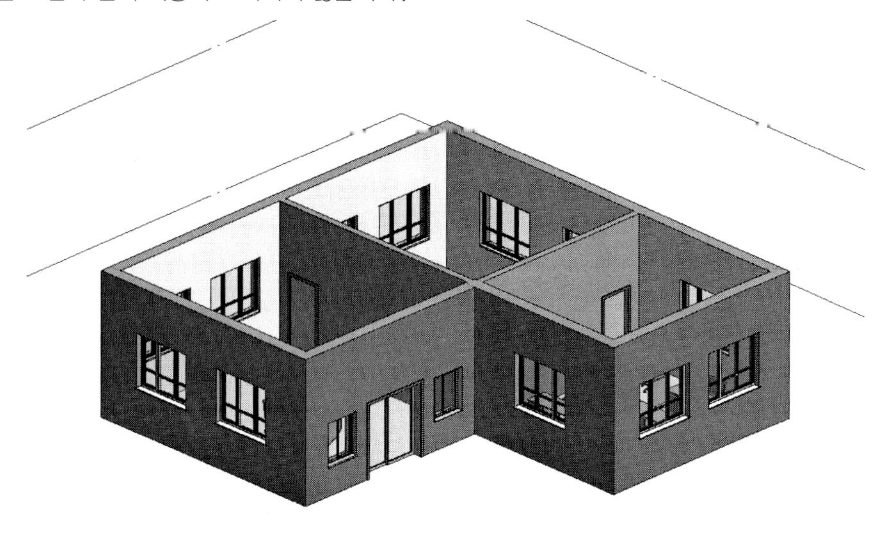

(2) 이번에는 벽체의 '잘라내기'와 '상세 수준'을 바꿔보도록 하겠습니다. 먼저, 1층 평면뷰를 펼칩니다.

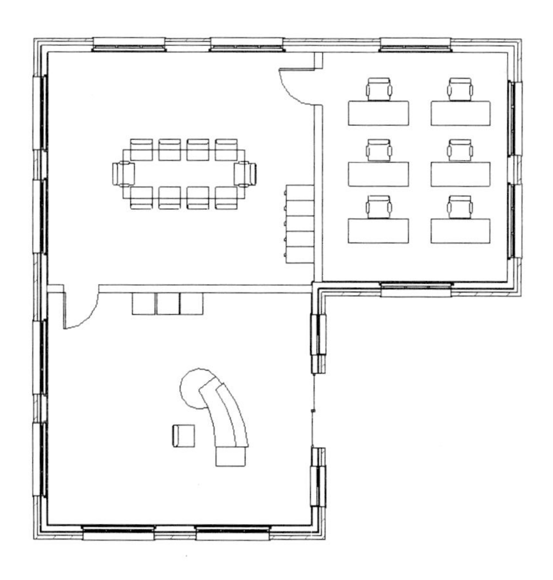

(3) 'VV' 또는 'VG'를 입력하여 가시성/그래픽 기능을 실행합니다. 대화상자에서 '벽'의 '잘라내기'를 '솔리드 채우기'로, '상세 수준'을 '낮음'으로 지정합니다.

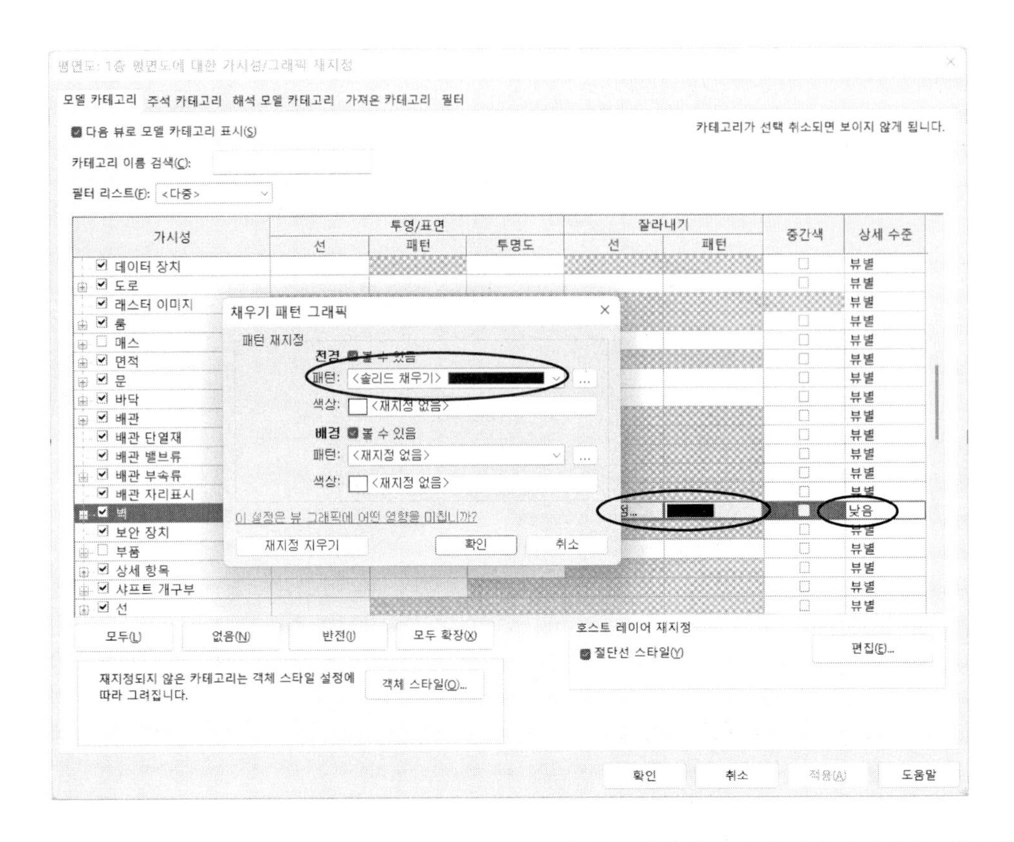

다음 그림과 같이 벽체가 솔리드 채우기로 검정색으로 바뀌고 벽체의 표현이 단순화됩니다. 이처럼 카테고리별로 요소의 색상과 패턴, 투명도를 지정할 수 있고 절단 표현의 색상이나 패턴을 지정할 수도 있으며 필요에 따라 희미한 선(Halftone)으로 표현할 수도 있습니다.

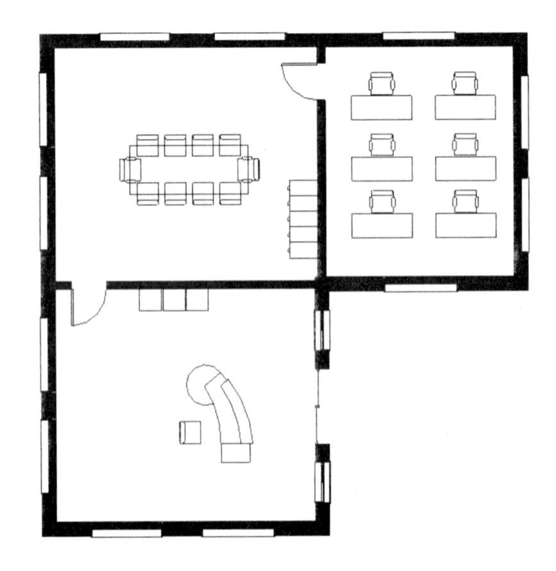

대화상자

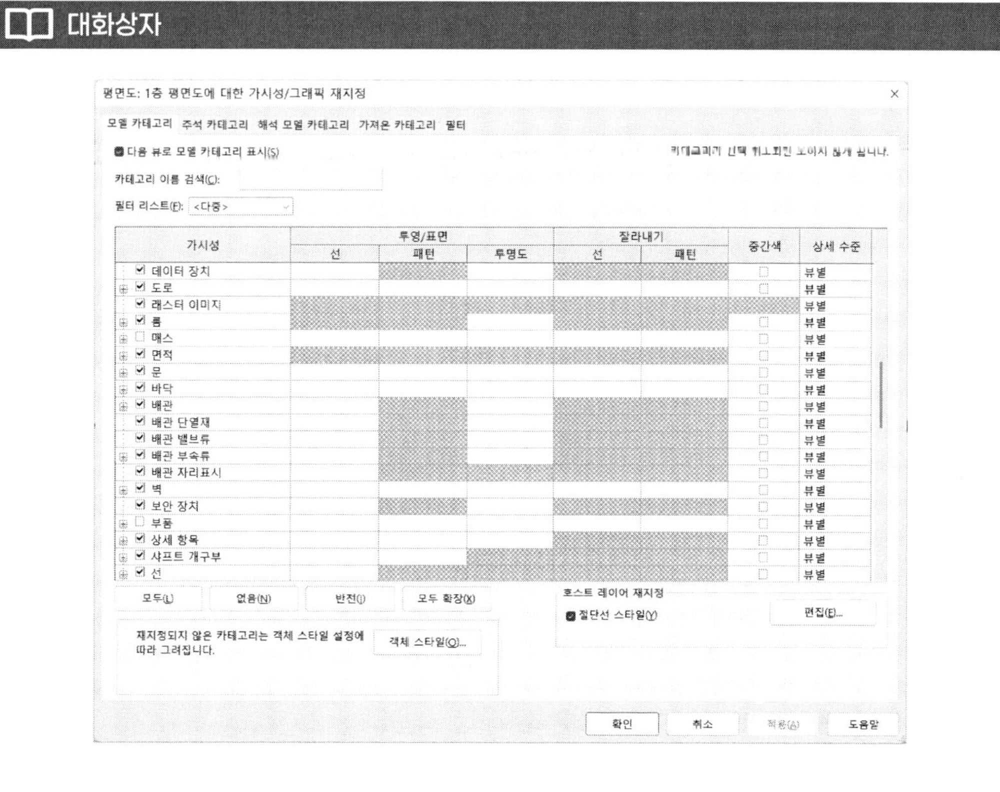

1. 모델 카테고리(Model Categories) 탭

모델 요소의 카테고리별로 가시성 및 그래픽 표현을 제어합니다.

(1) **다음 뷰로 모델 카테고리 표시** : 현재 뷰의 모델 카테고리를 표시합니다.

(2) **가시성** : 각 카테고리와 하위 표시 항목이 나열됩니다. 표시여부를 체크합니다.

(3) **투영/표면** : 투영과 면에 대한 가시성 및 그래픽 표현을 제어합니다. 흰색 공간을 클릭하면 [재지정(Override)] 버튼이 나타납니다. 이때 클릭하면 다음과 같은 그래픽 표현을 설정하는 대화상자가 나타납니다. 설정하고자 항목의 값을 지정합니다.

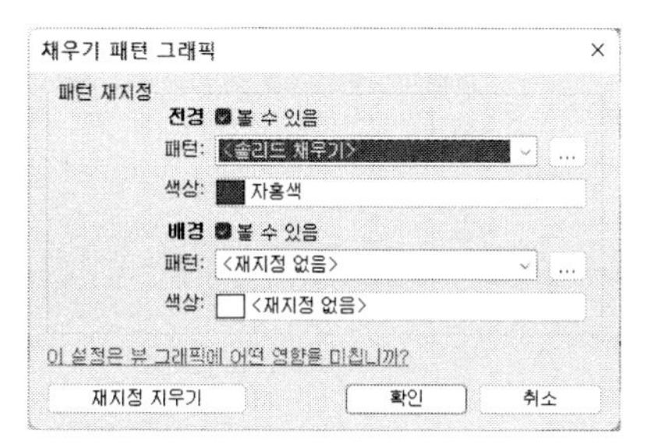

(4) **잘라내기** : 단면에 대한 가시성 및 그래픽 표현을 제어합니다.

(5) **중간색** : 요소의 선 색상과 배경색을 혼합한 하프 톤(중간색)으로 표현할 것인가를 체크 버튼으로 지정합니다.

(6) **상세 수준** : 상세 수준(낮음, 중간, 높음)을 지정합니다. 해당 뷰의 설정 상태를 따르는 경우는 '뷰별'를 지정합니다.

(7) **모두(L)** : 모든 카테고리의 항목을 선택합니다.

(8) **없음(N)** : 모든 카테고리의 항목의 선택을 해제합니다.

(9) **반전(I)** : 현재 선택된 카테고리의 항목을 반전합니다. 즉, 선택된 항목은 해제, 해제된 항목을 선택으로 뒤바꿉니다.

(10) **모두 확장(X)** : 각 항목의 모든 하위 항목을 펼칩니다. 즉, 트리 구조의 모든 하위 항목을 표시합니다.

(11) **호스트 레이어 재지정** : 재지정을 사용하여 평면뷰와 단면뷰의 호스트 레이어에서 잘려진 모서리의 가시성을 제어할 수 있습니다. 재지정을 적용할 수 있는 호스트는 벽, 지붕, 바닥 및 천장입니다. 절단선 스타일(Y)을 체크하여 [편집..]을 클릭하여 대화상자에서 선 가중치, 색상, 선 패턴을 지정합니다.

(12) **객체 스타일(O)** : 프로젝트의 모델 객체, 주석 객체 및 가져온 객체의 다른 카테고리 및 하위 카테고리에 대한 선 두께, 선 색상, 선 패턴 및 재료를 지정합니다.

2. 주석 카테고리(Annotation Categories) 탭

주석 요소의 카테고리별로 가시성 및 그래픽 표현을 제어합니다.

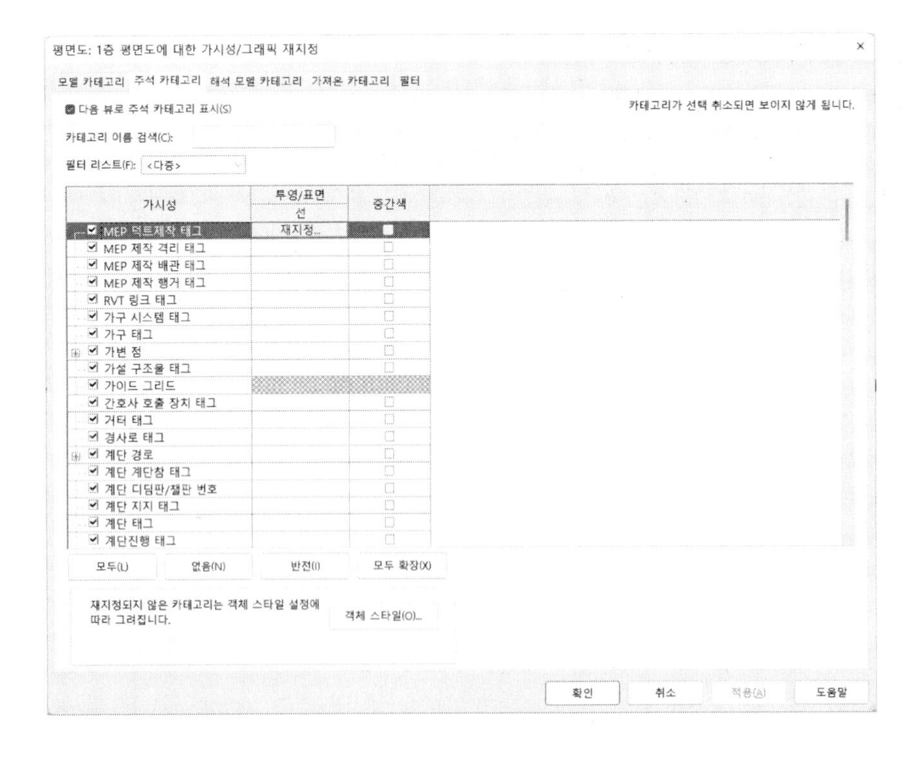

주석 카테고리는 태그, 범례, 치수, 색상, 그리드, 레벨, 매치라인, 참조선, 참조면, 구름형 수정기호, 단면, 스코프 박스, 타이틀 블록, 뷰 레퍼런스, 뷰 타이틀, 문자 노트 등의 가시성 및 그래픽 표시를 설정합니다. 각 항목의 내용은 모델 카테고리를 참조합니다.

예를 들어, 단면 상자를 보이지 않게 하려면 '단면 상자'의 체크를 끕니다.

3. 가져온 카테고리 탭

외부에서 가져온 카테고리(레이어)의 가시성을 제어합니다. 각 항목의 내용은 모델 카테고리를 참조합니다.

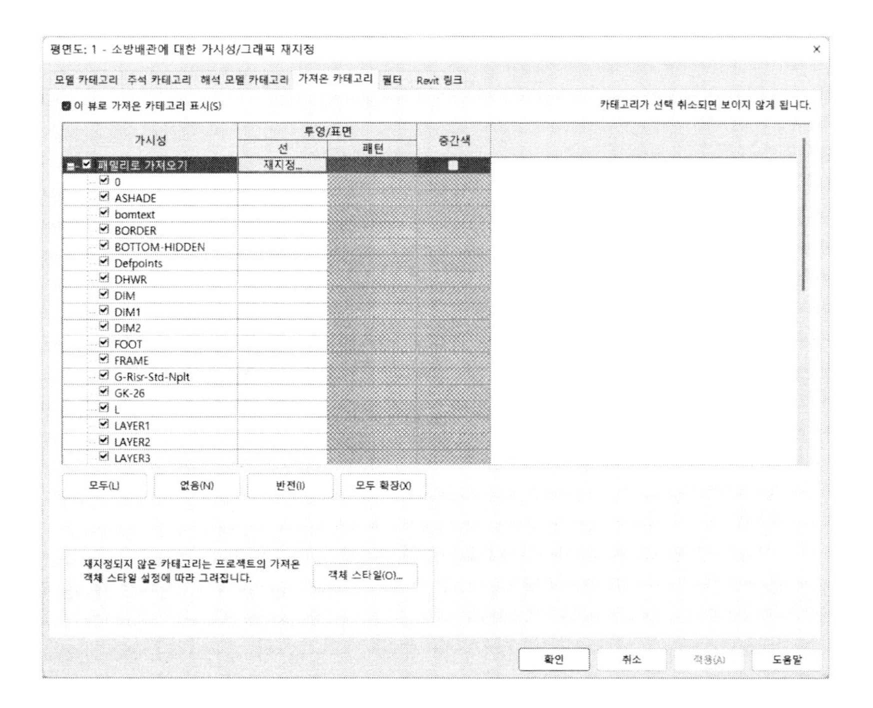

4. 필터 탭

필터 탭에서는 사용자의 기준에 의해 필터링을 하여 가시성 및 그래픽 효과를 제어합니다. 예를 들어, 덕트의 급기(Supply)와 환기(Return)의 색상을 달리하고자 할 때, 매개변수에 유체 종류에 따라 값을 부여하고 이를 필터 기준으로 하여 색상을 제어합니다. 자세한 내용은 '덕트 모델링'에서 실습을 통해 확인하시기 바랍니다.

07. 뷰 특성(View Properties)

프로젝트 화면에서 아무런 객체를 선택하지 않은 상태에서 특성 팔레트에는 다음과 같은 뷰 특성(View Properties)이 나타납니다. 뷰 특성 팔레트에서는 축척을 비롯하여 현재 뷰의 표현을 위한 다양한 환경을 설정합니다.

(1) 맛보기 건축 도면을 펼칩니다. 특성 팔레트에는 뷰 특성이 나타납니다. 특성 팔레트에는 현재 뷰의 설정(척척, 상세 수준 등)을 보여주고 있습니다.

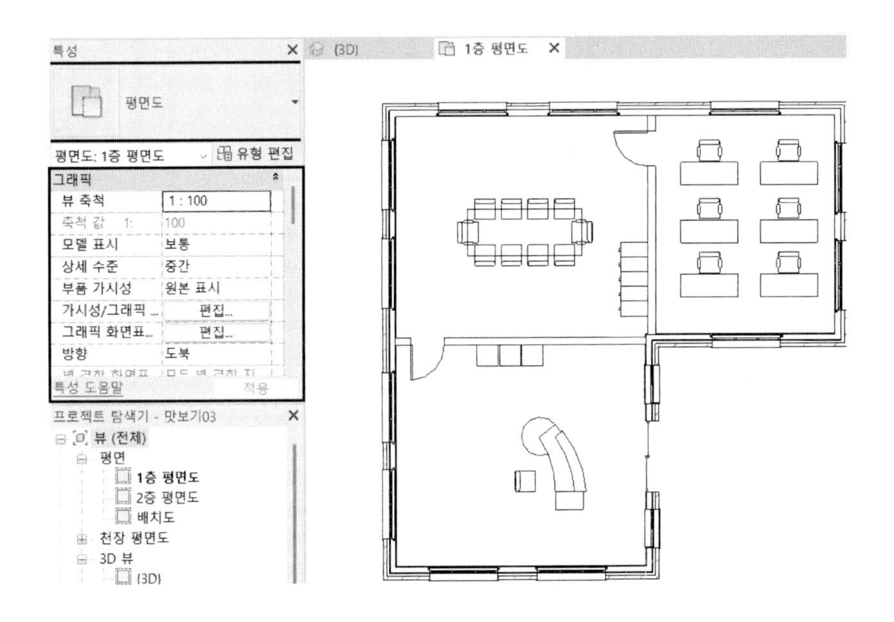

(2) 몇 가지 특성을 조작을 해보도록 하겠습니다. 뷰 특성 팔레트에서 '모델 표시'을 '중간색'으로 지정한 후 [적용]을 클릭합니다. 다음과 같이 요소가 희미하게 표시됩니다.

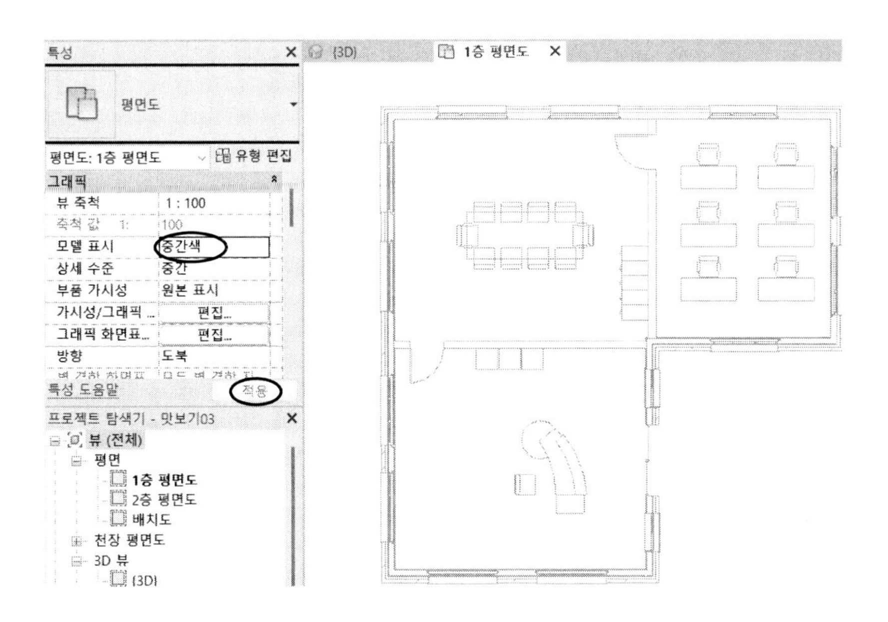

(3) 다시 '모델 표시'을 '보통'으로 지정한 후 [적용]을 클릭합니다. 이번에는 그래픽 표시 옵션을 이용하여 표현을 바꾸겠습니다. '그래픽 화면표시 옵션'의 [편집..]을 클릭합니다. 대화상자에서 '스타일'을 '사실적'으로 지정하고 [적용]을 클릭합니다.

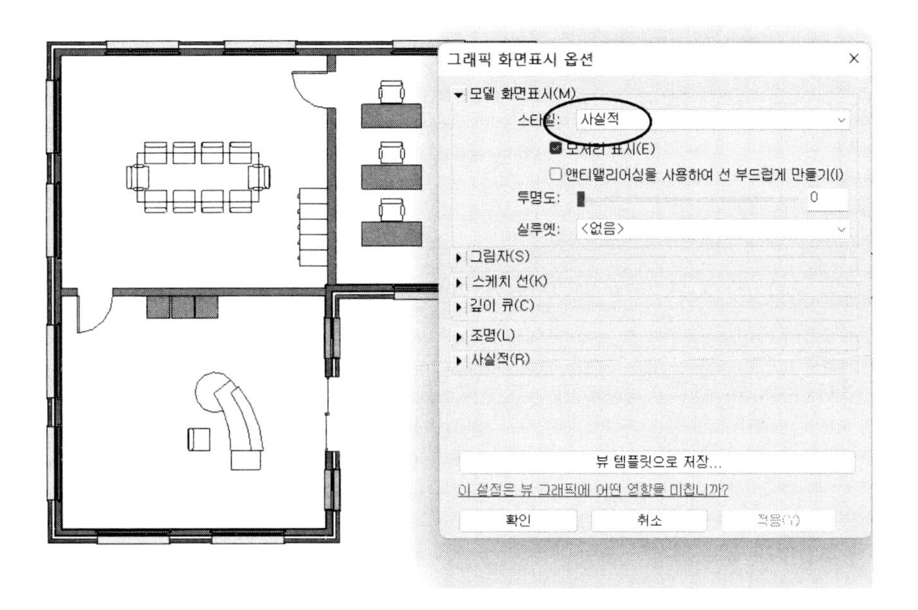

이렇게 뷰 특성 팔레트를 통해 뷰를 다양하게 조작할 수 있습니다. 특히, 표현하는 뷰의 범위를 지정하는 '뷰 범위(View Range)'는 정확하게 이해하시기 바랍니다.

대화상자

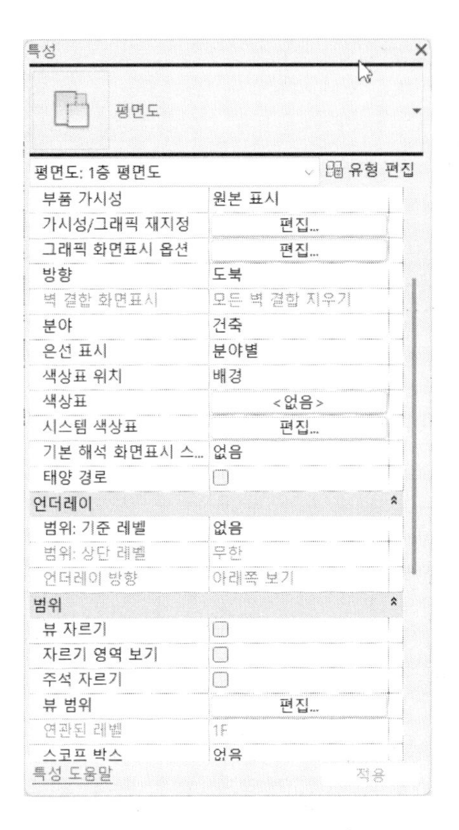

1. Graphics(그래픽) 카테고리

(1) **뷰 축척** : 도면 시트에 표시되는 뷰의 축척을 지정합니다. 리스트에서 축척 값을 선택합니다. '사용자'를 클릭하여 사용자가 직접 지정할 수도 있습니다.

(2) **축척 값** : 뷰 축척에서 Custom(사용자)을 선택한 경우 사용자가 축척 값을 입력합니다.

(3) **모델 표시** : 상세 뷰에서 모델의 표시 여부를 설정합니다.

① 보통 : 모든 요소를 정상적으로 표시합니다.

② 중간색 : 모델 요소는 흐리게 표시됩니다.

③ 표시하지 않음 : 상세 뷰의 특정 요소(선, 영역, 치수, 문자 및 기호)만 표시합니다. 모델 요소는 표시하지 않습니다.

(4) **상세 수준** : 표시되는 상세도의 수준을 설정합니다. 낮음(Coarse), 중간(Medium), 높음(Fine) 중에서 선택합니다. 패밀리 편집기에서 상세 수준을 설정할 수 있습니다.

(5) **부품 가시성** : 부품 및 부품의 원래 요소가 모두 뷰에 표시되는지 여부를 지정합니다.

(6) **가시성/그래픽 재지정** : 가시성 및 그래픽을 설정합니다. 자세한 내용은 '가시성/그래픽 설정'을 참조합니다.

(7) **그래픽 화면표시 옵션** : 모델의 그림자의 농도 및 실루엣 스타일 등을 지정합니다. [편집..]을 클릭하여 그래픽 화면표시 옵션 대화상자를 통해 설정합니다.

(8) **방향** : 뷰에서 프로젝트의 방향을 '도북(Project North)'과 '진북(True North)'을 전환합니다.

(9) **벽 결합 화면표시** : 벽 결합 지우기의 기본 동작을 설정합니다. 이 특성을 모든 벽 결합 지우기로 설정할 경우, 자동으로 모든 벽 결합을 지웁니다. 이 특성을 동일한 유형의 벽 결합 지우기로 설정할 경우 Revit은 동일한 벽 유형의 벽 결합만 지웁니다. 서로 다른 벽 유형을 결합할 경우는 이들 유형을 지우지 않습니다.

(10) **분야** : 뷰의 전문 분야(건축, 구조, 기계, 전기, 위생기구, 좌표)를 지정합니다. 지정된 분야에 따라 프로젝트 탐색기의 뷰 구성이 결정됩니다. 기본적으로 전문 분야는 사용자가 추가할 수 없습니다.

(11) **은선 표시** : 은선의 표시 여부를 지정합니다. '분야별'은 분야별 설정에 따라 표시하며, '없음'은 은선을 표시하지 않으며 '모두'는 모든 은선을 표시합니다.

(12) **색상표 위치** : '전경'과 '배경'중에서 선택합니다. 평면뷰 또는 단면뷰에서 배경을 선택하여 뷰의 배경(평면도의 바닥 또는 단면의 배경벽)에 색상 스킴을 적용합니다.

(13) **색상표** : 색상표 편집 대화상자를 통해 평면뷰 또는 단면뷰에서 Room(룸), Area(면적), Space(공간), Zone(존), Duct(덕트), Pipe(파이프)에 사용할 색상표를 설정합니다.

(14) **시스템 색상표** : [편집..]을 눌러 시스템 색상표를 편집합니다.

(15) **기본 해석 화면표시 스타일** : 뷰에 대한 기본 해석 화면표시 스타일을 선택합니다.

(16) **태양 경로** : 태양 경로의 표시여부를 지정합니다.

2. Underlay(언더레이)

(1) **범위** : 기준 레벨 – 언더레이의 기준 범위의 하단에 사용할 레벨을 지정합니다.

(2) **범위** : 상단 레벨 – 언 더레이의 기준 범위의 상단에 사용할 레벨을 지정합니다. 디폴트 값은 기본 레벨의 위쪽 레벨입니다.

(3) **언더레이 방향** : 언더레이의 방향(아래쪽, 위쪽)을 제어합니다. '아래쪽 보기'로 설정되면 평면뷰와 같이 위에서 보는 것처럼 표시됩니다. '위쪽 보기'로 설정되면 언더레이는 반사된 천장 평면도와 같이 아래에서 위를 보는 것처럼 표시됩니다.

3. Extents(범위)

(1) **뷰 자르기** : 체크를 하면 모델 주위에 자르기 경계가 설정됩니다. 경계를 선택하고 드래그 컨트롤을 사용하여 크기를 조정할 수 있습니다. 경계 크기를 조정함에 따라 모델뷰 자르기의 가시성도 변경됩니다. 경계를 해제하고 자르기를 유지 보수하려면 '자르기 영역 보기'의 체크를 해제합니다.

(2) **자르기 영역 보기** : 자르기 영역을 표시하거나 숨깁니다.

(3) **주석 자르기** : 프로젝트 뷰에서 자르기 영역이 표시될 때 주석 자르기를 표시하거나 숨깁니다.

(4) **뷰 범위** : [편집…] 버튼을 클릭하여 대화상자를 통해 평면뷰의 범위를 설정합니다. 각 뷰의 경계를 정의하는 특정 형상 기준면을 제어할 수 있습니다. 이 설정에 의해 동일한 평면뷰라 하더라도 표시되는 내용이 달라집니다.

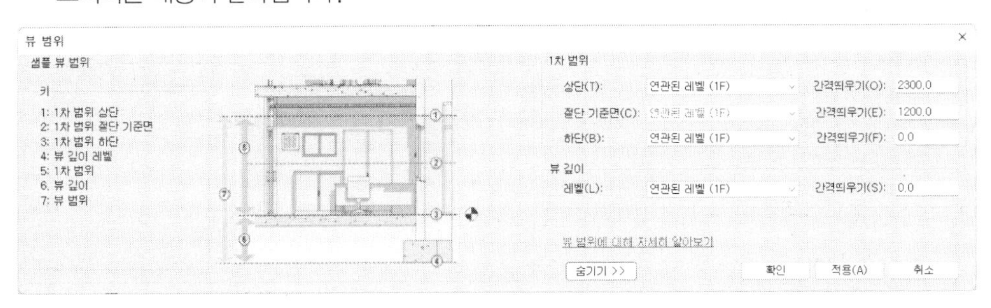

1) 1차 범위

① 상단(T) : 1차 범위의 가장 위쪽 경계입니다. 이는 레벨과 해당 레벨에서의 '간격 띄우기(O)' 값으로 지정합니다. 요소는 Object Style(객체 스타일)에서 지정한 환경으로 표시됩니다. '간격 띄우기(O)' 값 이상에 있는 요소는 표시되지 않습니다.

② 절단 기준면(C) : 뷰에서 특정 요소가 절단되어 표시되는 높이를 결정합니다. 절단 기준면 아래 요소는 투영으로 표시되고 절단면과 교차하는 요소는 절단으로 표시되는 높이를 지정합니다.

③ 하단(B) : 아래쪽 경계 레벨을 지정합니다. '간격 띄우기(O)' 값을 지정하여 하단 경계의 범위를 지정합니다.

2) 뷰 깊이

레벨(L) : 1차 범위 밖의 추가 기준면입니다. 뷰 깊이의 레벨을 설정하여 요소를 하단 자르기 기준면 아래에 표시할 수 있습니다. 이 값의 디폴트는 하단(B)과 일치합니다. 이 값은 '하단(B)'보다 아래쪽으로 지정되어야 합니다.

참고 뷰 범위의 예

샘플 도면을 통해 뷰 범위에 대해 알아보겠습니다.

다음과 같은 위생배관 도면이 있다고 가정하겠습니다.

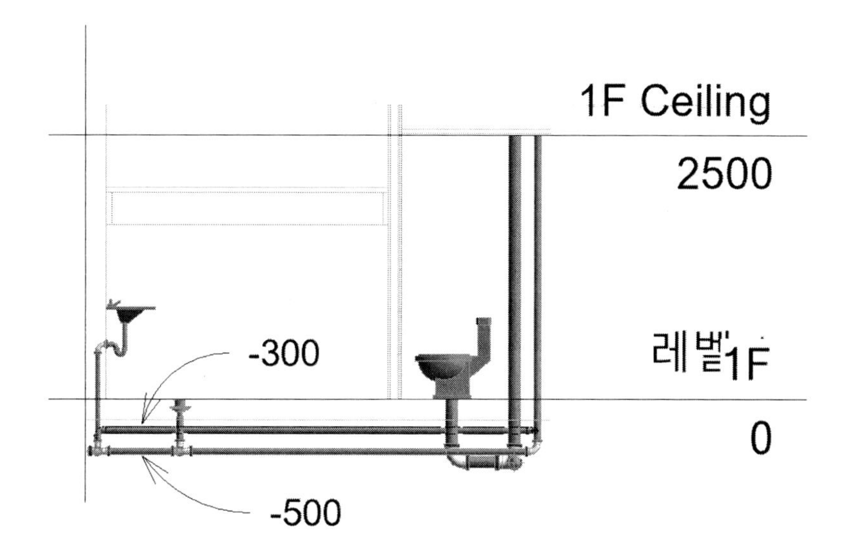

다음의 예는 '절단 기준면'을 '1200', '상단'을 '4000', '하단'을 '−1000', '뷰 깊이'를 '−1000'으로 설정한 예입니다. 모든 배관을 표시합니다.

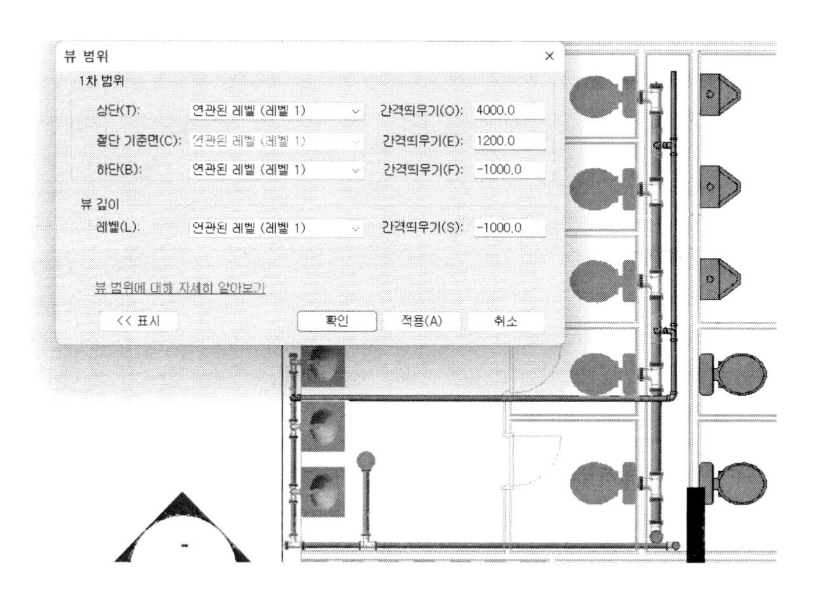

다음의 예는 '절단 기준면'을 '1200', '상단'을 '4000', '하단'을 '-400', '뷰 깊이'를 '-400'으로 설정한 예입니다. '레벨 1'의 '-400'아래쪽에 있는 배수관(-500)과 오수관(-600)이 표시되지 않습니다.

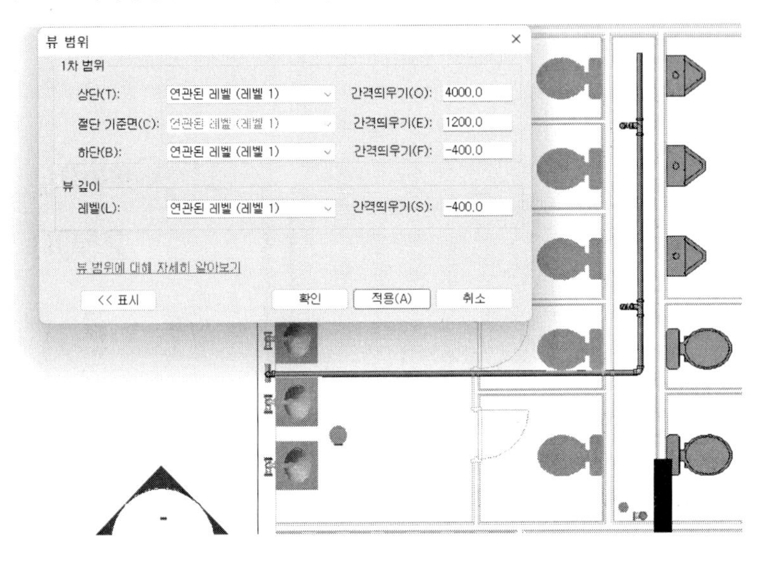

이번에는 뷰 깊이에 대해 알아보겠습니다.

하단(B)과 뷰 깊이를 구분하기 위해 신속접근 도구막대에서 '가는 선 표시) '를 클릭하여 해제하여 굵은 선으로 표시합니다. 앞의 조건을 그대로 두고 '뷰 깊이'의 '간격 띄우기(S)'를 '-800'으로 설정합니다. 그러면 배수관(-500)과 오수관(-600)이 모두 표시됩니다.

자세히 살펴보면 '하단'과 '뷰 깊이'까지 요소가 모두 표시되지만 '하단' 아래쪽 배관(배수관, 오수관)은 희미하게 표시됩니다. 즉, 하단(B) 아래부터 '뷰 깊이' 사이의 요소는 희미하게 표시됩니다.

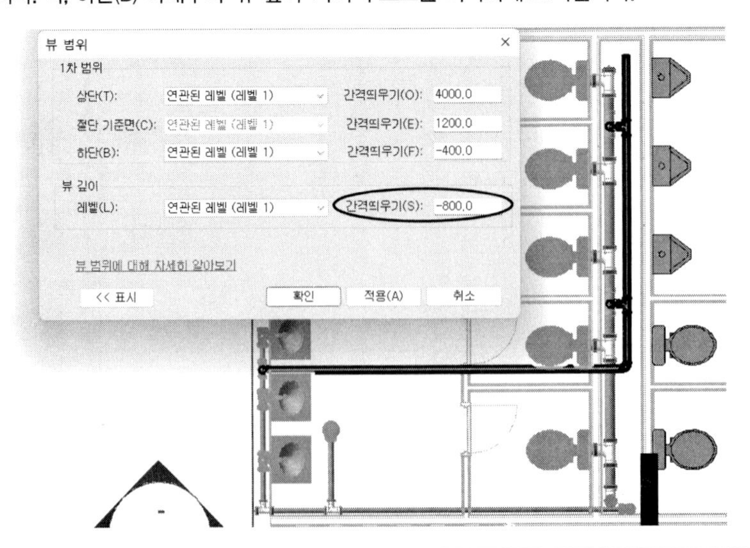

(5) **연관된 레벨** : 평면뷰와 연관된 레벨입니다. 평면뷰의 기준 레벨이며 읽기 전용입니다.

(6) **스코프 박스** : 뷰에 스코프 박스를 그리는 경우 뷰의 자르기 영역을 해당 스코프 박스와 연관시킬 수 있습니다. 그러면 자르기 영역이 표시되며 스코프 박스 범위와 일치하게 됩니다. 이 특성은 평면뷰, 입면뷰 및 단면뷰에서 사용할 수 있습니다. 이 특성에 대한 스코프 박스 값을 선택할 때 자르기 영역 및 자르기 영역 보기 특성은 읽기 전용이 됩니다.

(7) **깊게 자르기** : 대화상자를 통해 자르기를 할 때 기준면 또는 기준면 위에 표시되는 방법을 지정합니다.

4. ID Data(식별 정보)

(1) **뷰 템플릿** : 적용할 뷰 템플릿을 지정합니다.

(2) **뷰 이름** : 현재 뷰의 이름입니다. 뷰 이름은 프로젝트 탐색기와 뷰의 제목 막대에 나타납니다. 또한 시트의 제목 매개변수 값을 정의하지 않은 경우에는 뷰포트 이름으로 시트에 표시됩니다.

(3) **시트 제목** : 시트에 표시되는 뷰의 이름입니다. 뷰 이름 특성의 값을 재지정합니다. 이 매개변수는 시트 뷰에는 사용할 수 없습니다.

(4) **참조 시트** : 참조 시트를 표시합니다.

(5) **참조 상세** : 이 값은 시트에 배치된 참조 뷰에서 제공됩니다. 예를 들어 평면뷰에 단면을 작성합니다.

5. Phasing(공정) 카테고리

(1) **공정 필터** : 뷰에 적용되는 특정 공정 필터링을 지정합니다.

(2) **공정** : 뷰의 특정 공정입니다. 공정 필터와 함께 어떤 모델 구성요소가 뷰에서 볼 수 있는지, 그리고 그래픽으로 어떻게 나타나는지를 결정합니다. 뷰에서 모델 구성요소를 새로 작성할 때 이들 구성요소는 뷰 공정을 작성 공정으로 가정합니다.

3. 요소의 선택

모델링 작업은 요소(객체)를 작성하고 편집하는 작업입니다. 빈 공간에 새로운 요소를 작성하는 작업도 있지만 기존 요소를 선택하여 편집하는 경우가 더 많습니다. 편집하거나 정보를 확인할 때는 요소(모델)를 선택해야 합니다. Revit에서는 요소 선택 방법을 다양하게 제공하고 있습니다. 요소의 선택에 대해 알아보겠습니다.

01. 개별 선택

마우스로 지정하여 요소를 하나씩 선택합니다.

(1) 맛보기 실습을 통해 작성한 주택 모델을 열어 프로젝트 탐색기에서 '1층 평면도'를 펼칩니다. 마우스로 선택하고자 하는 요소를 선택합니다. Revit에서는 복사, 회전, 이동 등 요소를 편집하려면 요소를 먼저 선택해야 합니다. 요소(문)를 선택하면 다음과 같이 편집(수정)할 수 있는 탭 메뉴가 표시됩니다.

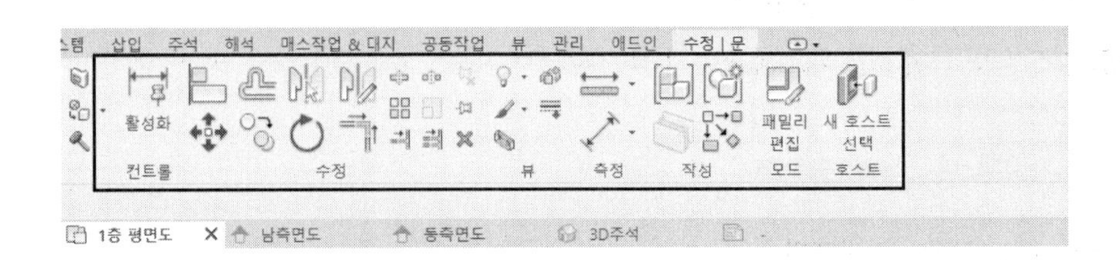

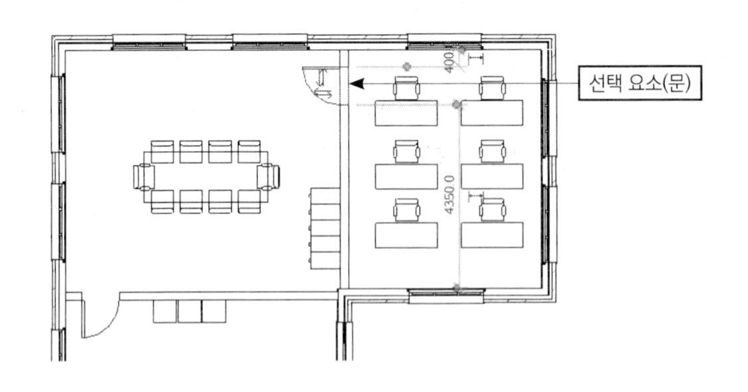

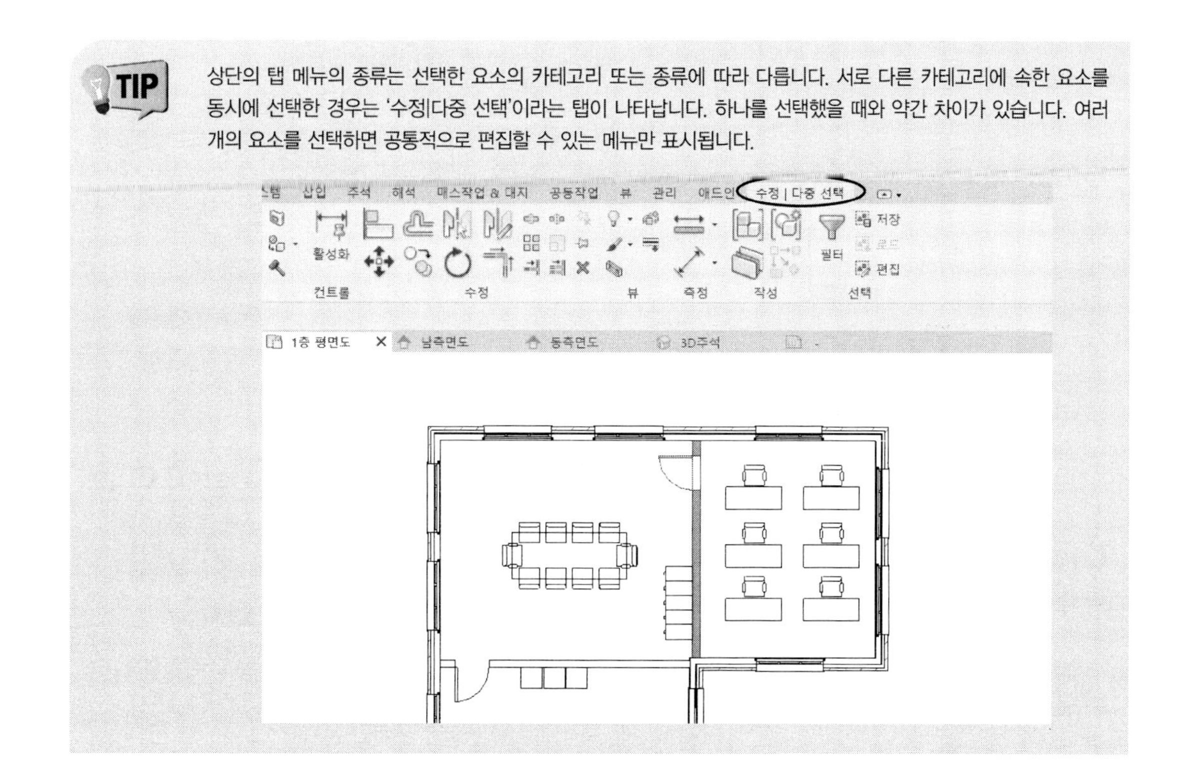

02. 범위 안의 요소 선택(윈도우 선택)

지정한 범위 안에 있는 요소만 선택합니다.

(2) 마우스를 왼쪽에서 오른쪽 방향으로 지정하면 범위 안에 완전히 감싸진 요소만 선택됩니다. AutoCAD의 '윈도우(Window)' 선택 방법과 같습니다.
다음 그림과 같이 마우스를 이용하여 왼쪽 상단을 지정한 후 오른쪽 하단을 지정합니다.

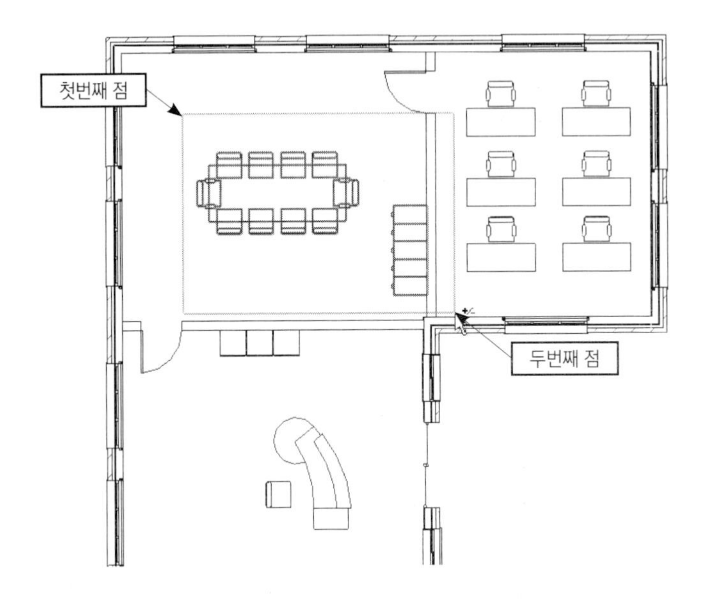

두 번째 점에서 마우스 버튼을 놓으면 다음 그림과 같이 범위 안에 포함된 요소(회의용 테이블, 캐비닛)만이 선택되었다는 것을 알 수 있습니다.

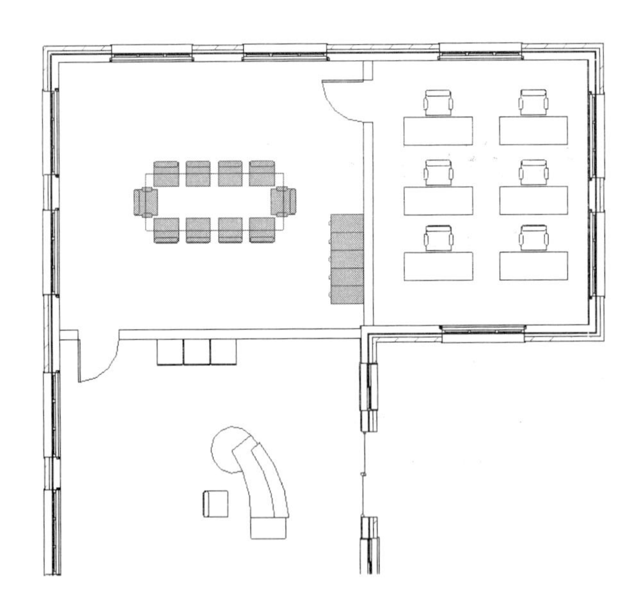

03. 걸친 요소 선택(크로싱 선택)

범위를 지정하여 범위 내부에 포함된 요소와 걸친 요소를 선택할 수 있습니다.

(3) 마우스를 오른쪽에서 왼쪽 방향으로 지정하면 범위 안에 들어있는 요소뿐 아니라 걸쳐있는 요소도 선택됩니다. AutoCAD의 '크로싱(Crossing)' 선택 방법과 같습니다.
다음 그림과 같이 마우스를 이용하여 오른쪽 하단을 지정한 후 왼쪽 상단을 지정합니다.

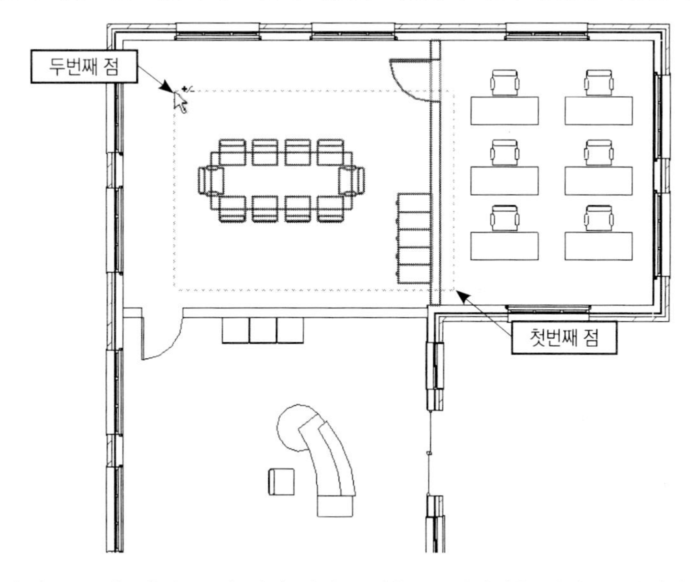

두 번째 점에서 마우스 버튼을 놓으면 범위 안에 들어온 요소(회의용 테이블, 캐비닛)뿐 아니라 걸쳐있는 요소(벽체, 문)까지 선택되었다는 것을 알 수 있습니다.

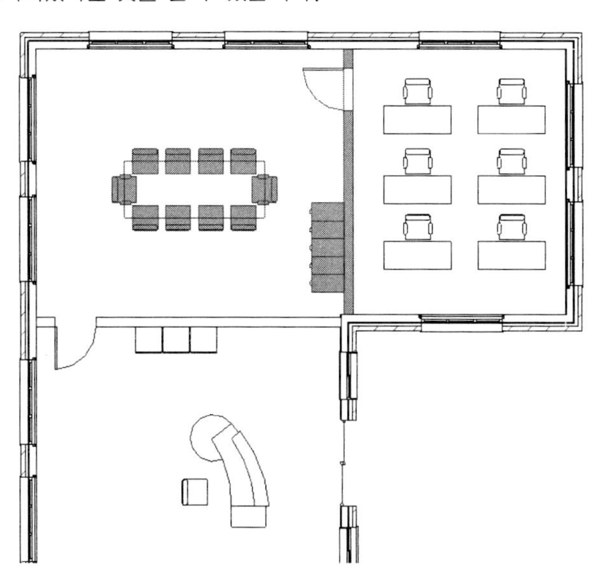

AutoCAD와 마찬가지로 왼쪽에서 오른쪽으로 선택(윈도우 선택) 시에는 선택 범위 창이 실선으로 표시되고, 오른쪽에서 왼쪽으로 선택(크로싱 선택)할 때는 선택 범위 창이 파선으로 표시됩니다.

04. <Tab> 키를 이용한 계통의 선택

덕트, 배관 및 전선의 경우는 하나의 요소만 작성되는 것이 아니라 피팅류 등 여러 요소로 연결되어 계통을 이루고 있습니다. 벽체는 창과 문 등 여러 요소로 연결되어 있습니다. Revit은 이러한 계통을 선택할 수 있는 기능을 제공하고 있습니다.

(4) 이 요소들의 연결 계통을 선택하려면 〈Tab〉 키를 이용하여 선택합니다. 다음과 같이 선택하고자 하는 창 위에 마우스를 올려 놓습니다.

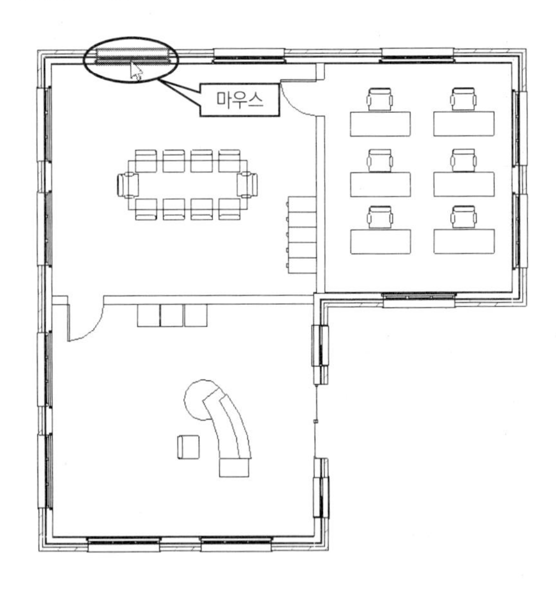

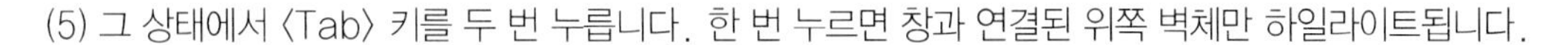

(5) 그 상태에서 〈Tab〉 키를 두 번 누릅니다. 한 번 누르면 창과 연결된 위쪽 벽체만 하일라이트됩니다.

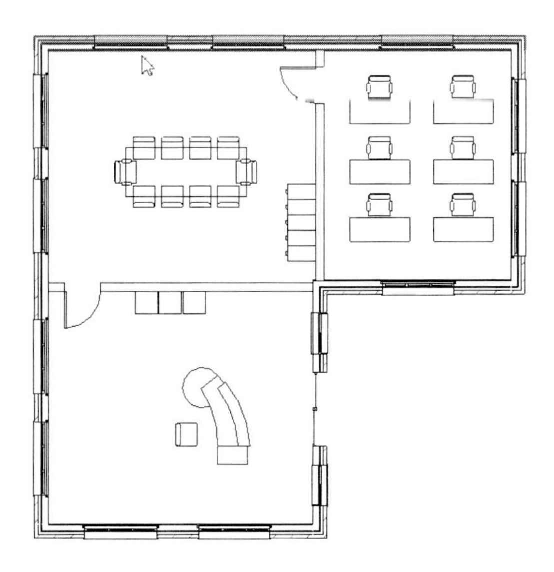

다시 〈Tab〉 키를 누르면 연결된 벽체 전체가 하일라이트됩니다.

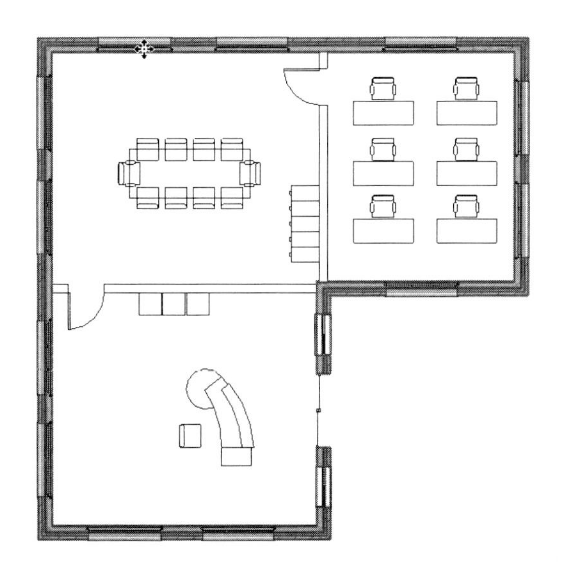

이때 클릭하여 선택을 확정합니다. 클릭과 함께 하일라이트된 요소 전체가 선택됩니다.
이렇게 〈Tab〉 키를 누르면 계통을 따라 차례로 선택됩니다. 계속해서 〈Tab〉 키를 누르면 선택이 해제되었다가 다시 선택되는 순서로 순환됩니다.

(6) 이번에는 일정 구간(시작과 끝)를 지정하여 선택하겠습니다. 먼저 시작 위치의 요소(창)를 클릭합니다. 끝 부분 요소에 마우스를 올려놓습니다.

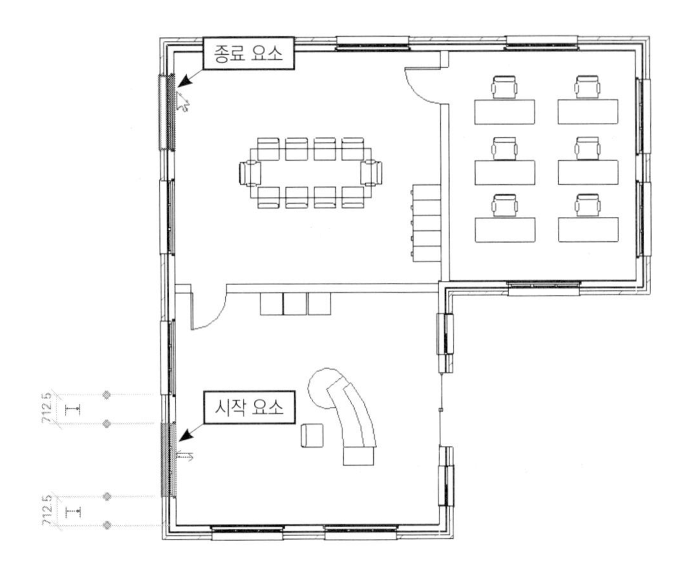

선택하고자 구간의 마지막 요소에 마우스 커서를 대고 〈Tab〉키를 누르면 시작에서 끝까지의 경로가 하일라이트됩니다. 이때, 클릭하면 해당 범위 내의 요소가 선택됩니다.

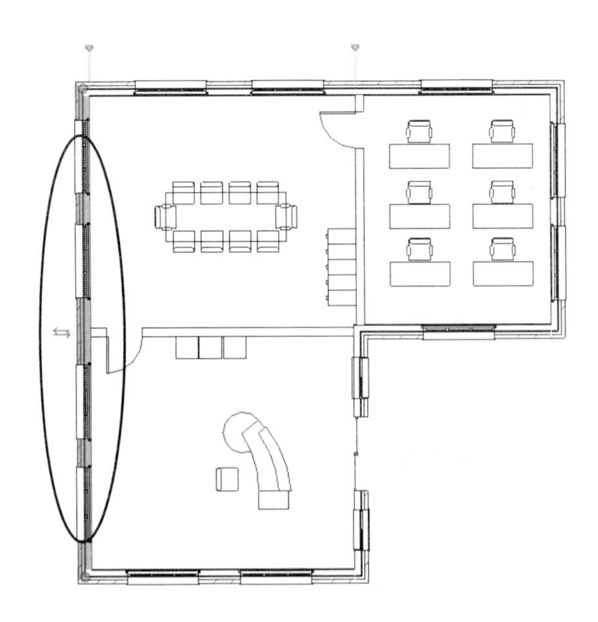

05. 필터를 이용한 선택

필터를 이용하여 필터링된 요소만을 선택합니다. 여러 요소들이 교차하는 복잡한 도면에서 특정 카테고리의 요소만을 선택할 때 유용합니다.

(7) 다음 그림과 같이 범위를 지정하여 요소를 선택합니다.

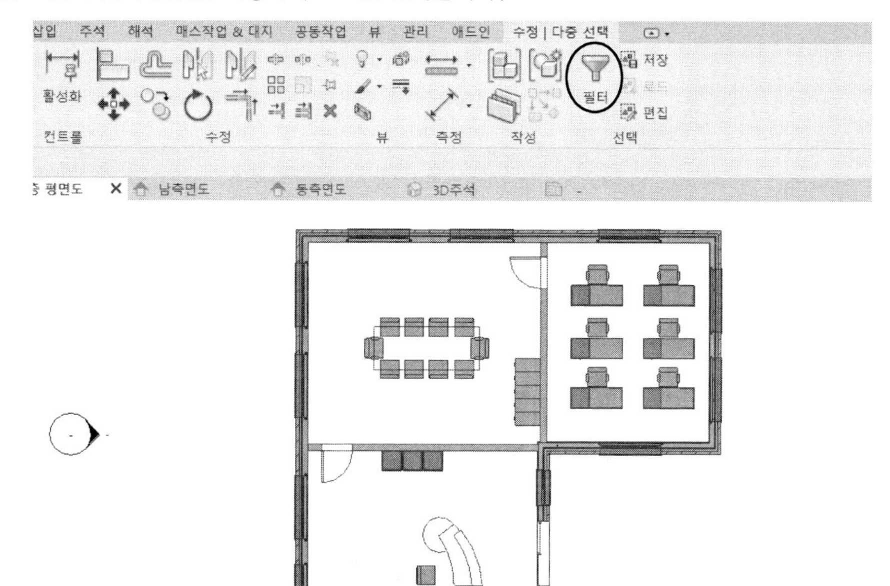

'수정|다중 선택–선택–필터'를 클릭하거나 상태바에 있는 '필터 마크( )'를 클릭합니다.

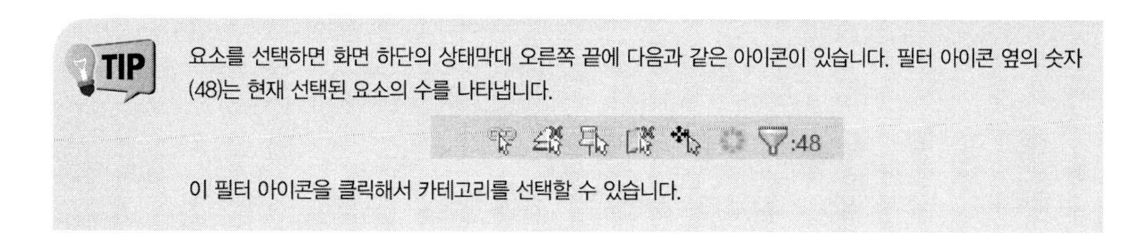

요소를 선택하면 화면 하단의 상태막대 오른쪽 끝에 다음과 같은 아이콘이 있습니다. 필터 아이콘 옆의 숫자 (48)는 현재 선택된 요소의 수를 나타냅니다.

이 필터 아이콘을 클릭해서 카테고리를 선택할 수 있습니다.

필터 대화상자에서 '가구'만 체크합니다.

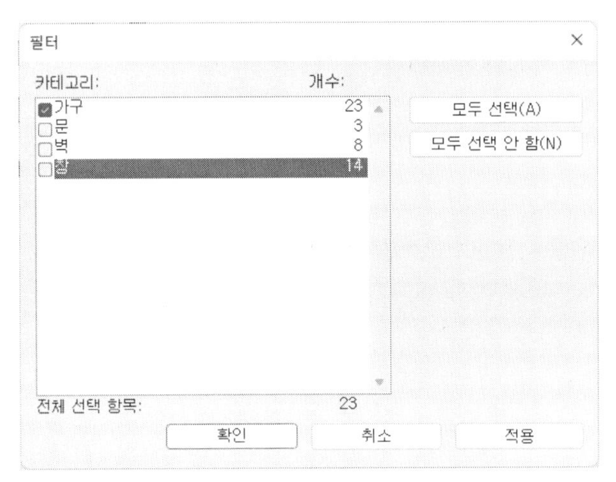

선택하고자 하는 카테고리를 체크하고 [확인]를 누르면 다음 그림과 같이 필터링된 요소(가구)만 선택됩니다.

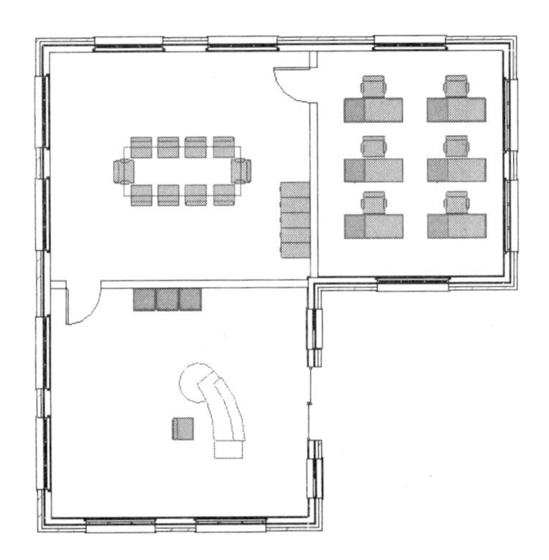

참고 선택 세트의 추가 및 제거

이미 선택된 요소 세트에 새로운 요소를 추가하려면 〈Ctrl〉키를 누르면서 새로운 요소를 선택합니다. 반대로 선택 세트에 있는 요소를 제거하려면 〈Shift〉키를 누르면서 제거하고자 하는 요소를 선택합니다.

06. 특정 인스턴스의 선택

하나의 요소를 지정한 후 현재 보이는 뷰 또는 프로젝트에서 동일한 인스턴스(요소)를 모두 선택하는 기능입니다. '3짝 창'만을 선택해보겠습니다.

(8) 3D 뷰를 펼칩니다. 3짝 창을 클릭하여 선택한 후 마우스 오른쪽 버튼을 눌러 바로가기 메뉴를 펼칩니다. 바로가기 메뉴에서 '모든 인스턴스(Instance) 선택(A)'를 클릭한 후 '표시된 뷰에서 (V)'을 클릭합니다.

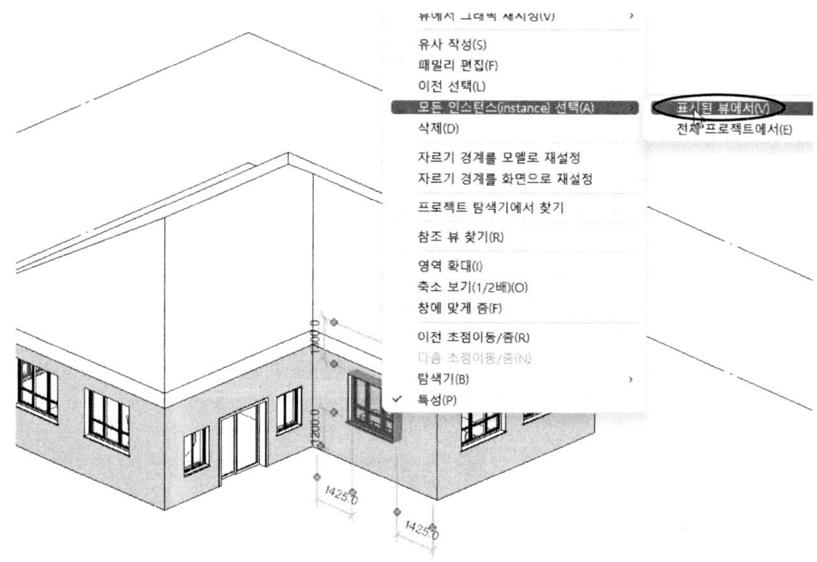

다음과 같이 선택한 패밀리와 동일한 인스턴스(3짝 창)가 모두 선택됩니다.

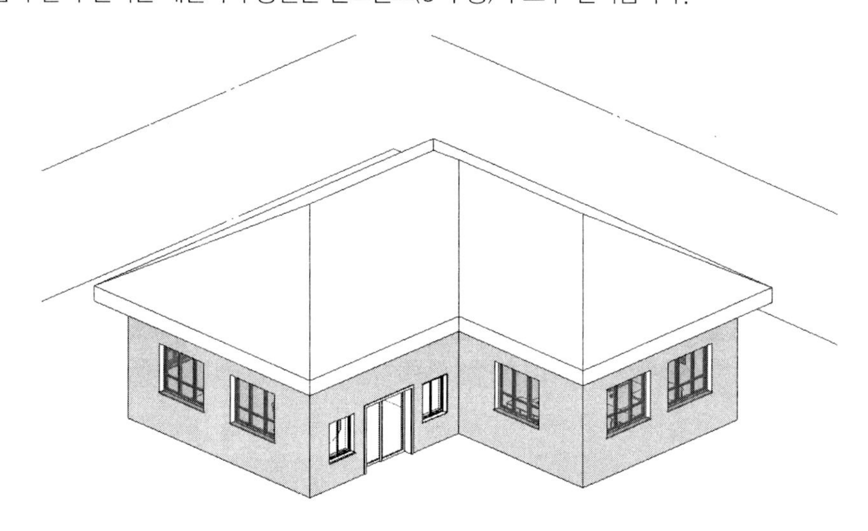

4. 수정(편집) 및 측정

모델링 작업을 하다 보면 모델링된 요소를 복사, 이동, 삭제 등 다양한 수정(편집) 작업을 하게 됩니다. Revit은 이러한 수정 작업을 위한 다양한 수정 기능을 제공하고 있습니다. 요소를 선택하지 않아도 '수정' 탭을 제공하지만 특정 요소를 선택하면 '수정'탭이 표시됩니다.

01. 클립 복사와 붙여넣기

선택한 요소를 클립보드에 복사하여 붙여 넣습니다.

(1) '맛보기 모델링' 단원에서 모델링한 주택 모델을 이용해 실습하겠습니다. 열기(OPEN) 기능으로 '맛보기 모델링' 단원에서 모델링한 주택을 엽니다. 지붕을 선택한 후 [Del] 키를 눌러 지붕을 지웁니다.

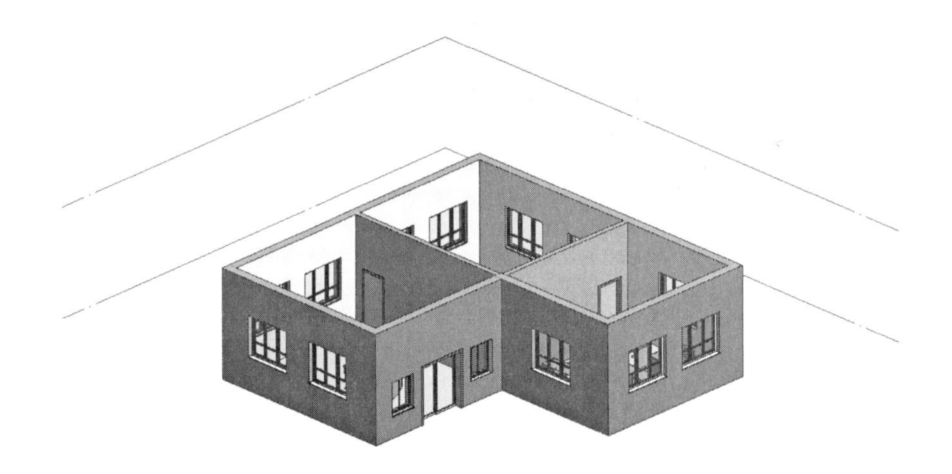

(2) 건축도가 감싸지도록 범위를 지정합니다. 모델이 선택되면서 '수정|다중 선택' 탭이 나타납니다.

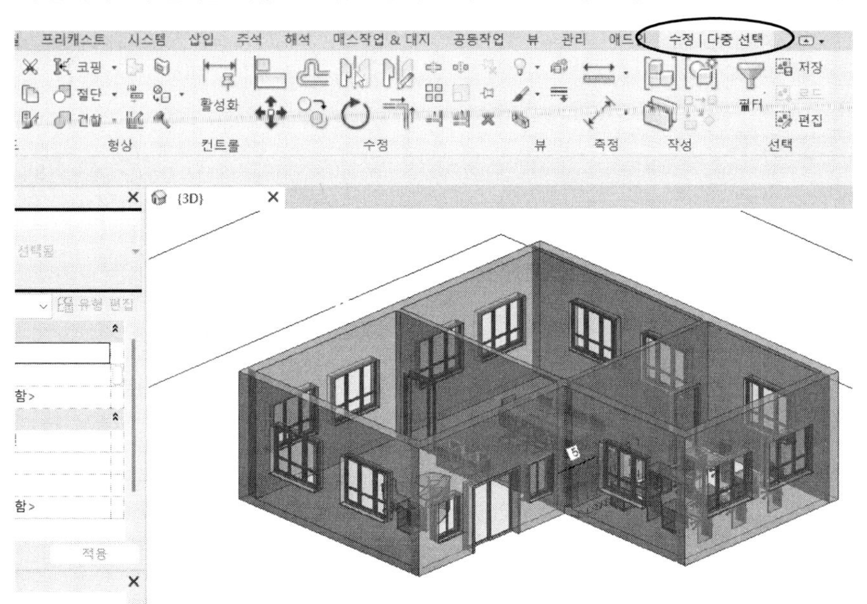

'필터 '를 클릭합니다. 필터 대화상자에서 '문', '벽', '창'을 체크합니다. 그러면 문, 벽, 창만 선택됩니다.

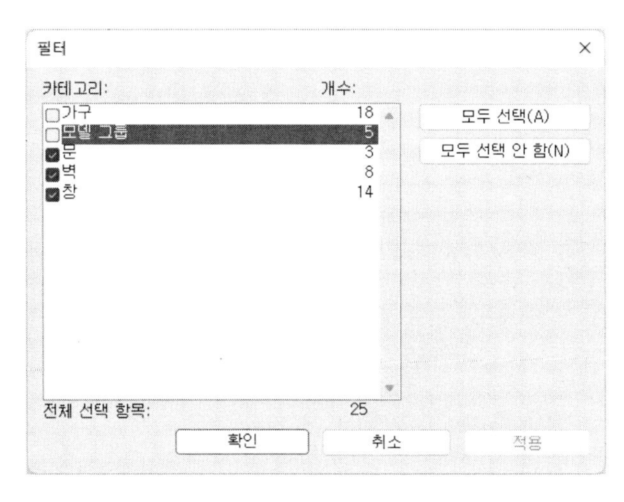

(3) '클립보드' 패널의 '클립보드로 복사 '를 클릭하거나 〈Ctrl〉 키를 누른 채 'C'를 누릅니다.

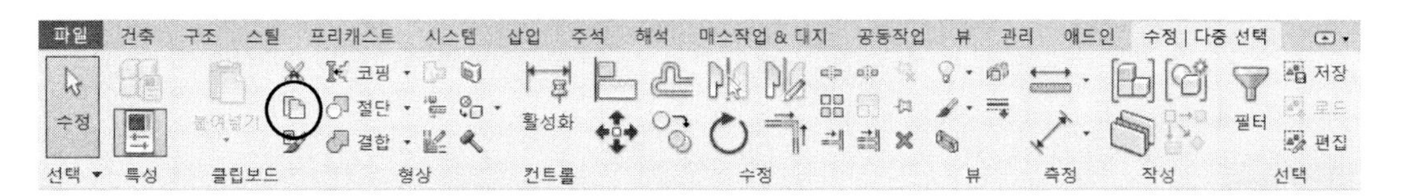

(4) '수정|창-클립보드-붙여넣기 '드롭다운 리스트에서 '선택한 레벨에 정렬'을 클릭합니다.

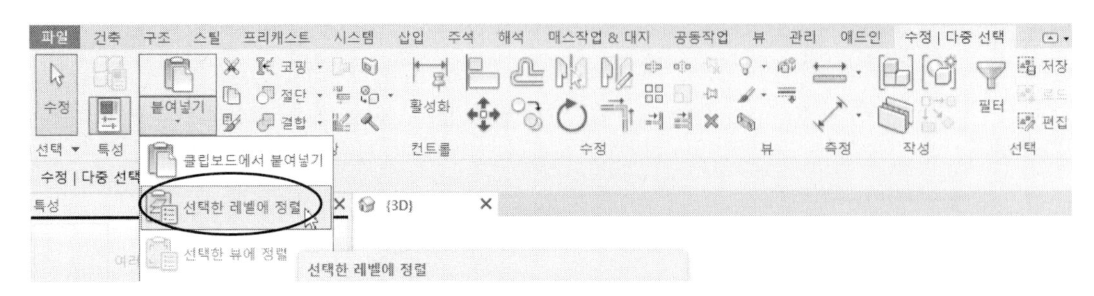

레벨 선택 대화상자에서 '2F'를 선택하고 [확인]을 클릭합니다. 선택된 창이 레벨 '2F'에 복사됩니다.

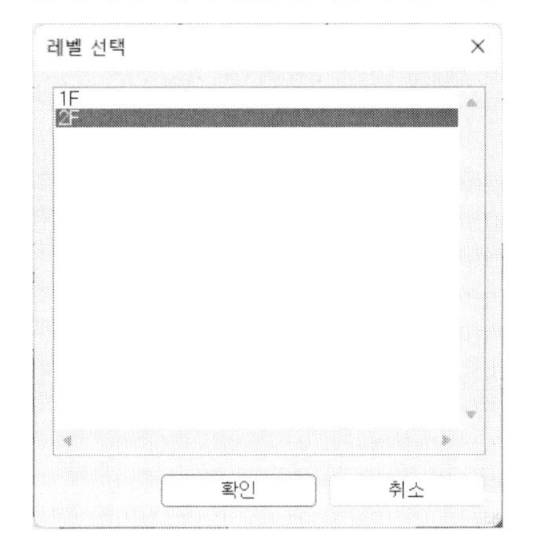

3D뷰로 보면(프로젝트 탐색기에서 [3D 뷰] - [3D]) 다음과 같이 1층이 복사되어 2층에 붙여 넣기가 되었음을 확인할 수 있습니다.

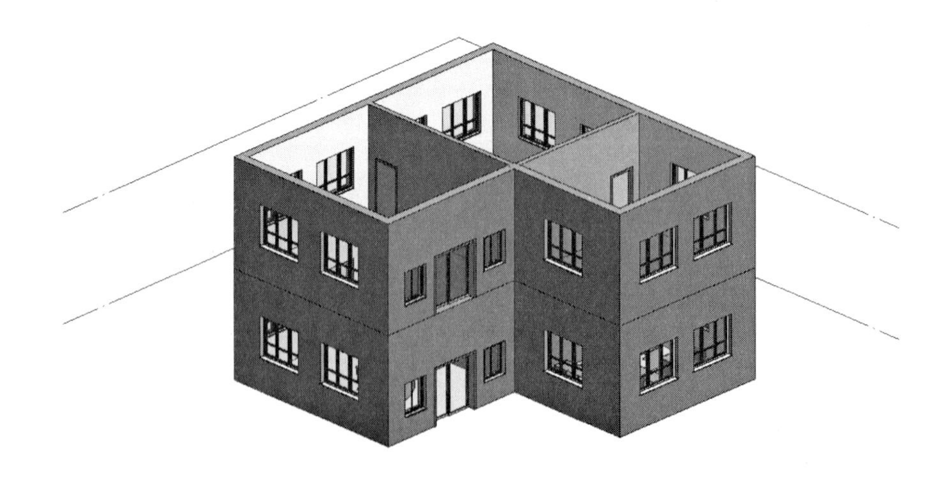

참고 붙여넣기 방법

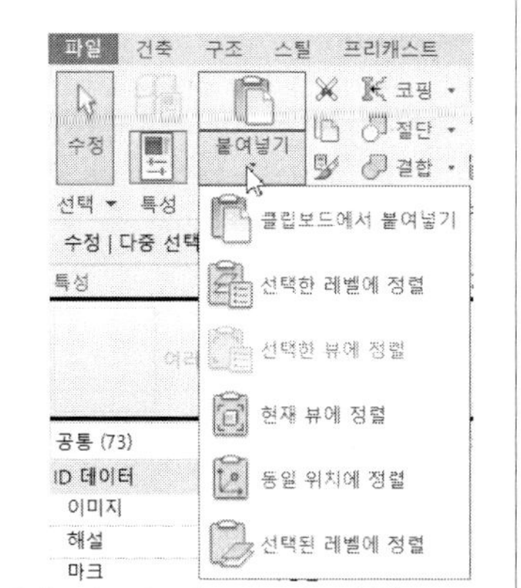

'붙여넣기' 드롭다운 리스트에서 다음의 종류 중 하나를 선택하여 붙여넣기를 할 수 있습니다.

(1) 클립보드에서 붙여넣기 : 현재 뷰에 붙여 넣습니다.

(2) 선택한 레벨에 정렬 : 레벨 선택 대화상자에서 붙여 넣을 레벨의 이름을 선택하여 붙여 넣습니다. 모두 복사하는 경우는 하나 이상의 레벨에 붙여 넣을 수 있습니다.

(3) 선택한 뷰에 정렬 : 뷰 특정 요소(예 : 치수) 또는 모델과 뷰의 특정 요소를 복사하는 경우 유사한 뷰 유형에 붙여 넣을 수 있습니다.

(4) 현재 뷰에 정렬 : 요소를 현재의 뷰에 붙여 넣습니다. 예를 들어, 요소를 평면도 뷰로부터 Callout(콜아웃) 뷰로 붙여넣기를 할 수 있습니다.

(5) 동일 위치에 정렬 : 요소를 잘라내기 또는 복사를 했던 장소와 같은 장소에 붙여 넣습니다. 이 기능은 워크셋 또는 디자인 옵션 사이에서 붙여넣기를 하면 편리합니다. 또, 공유좌표를 사용하고 있는 두 개의 파일 사이에 붙여넣기를 할 때도 사용할 수 있습니다.

(6) 선택된 레벨에 정렬 : 레벨을 선택하여 붙여 넣습니다. 따라서, 입면뷰 상태에서 붙여 넣습니다.

02. 다양한 편집 기능

요소를 지정한 위치에 맞추거나 일정 간격으로 띄우기, 이동 및 복사 등 다양한 편집기능을 제공합니다. AutoCAD의 편집과 유사한 편집 기능입니다. 요소를 선택하면 '수정| 다중 선택' 또는 '수정|(요소 카테고리 이름)' 탭 메뉴에서 조작합니다.

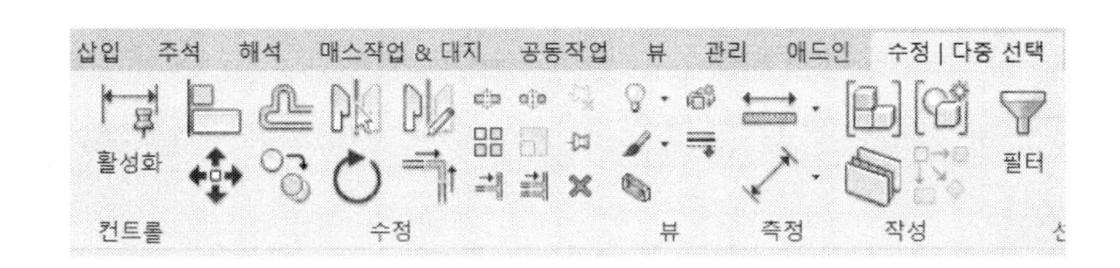

정렬(AL; Align)

선택한 요소를 지정한 위치에 정렬합니다.

- **다중 정렬** : 한 번에 여러 요소를 선택하여 정렬합니다.
- **선호** : 벽을 선택했을 때 선택할 요소의 우선도가 높은 요소를 지정합니다. 벽 면, 벽 중심선, 구조체 면, 구조체 중심선 중에서 선택할 수 있습니다.

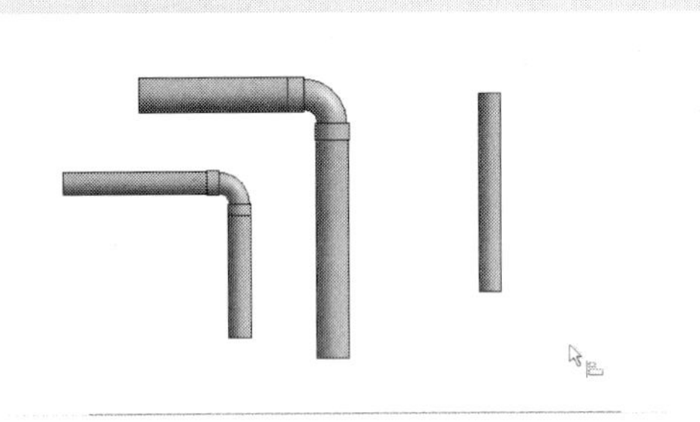

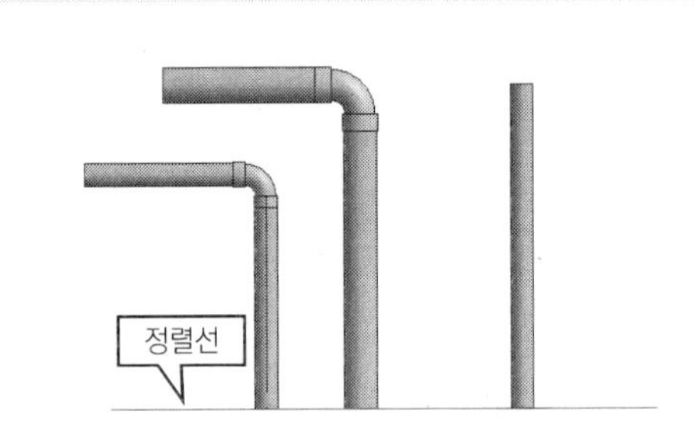

간격띄우기(OF; Offset)

선택한 요소를 지정한 간격으로 띄웁니다.

- **그래픽** : 띄울 요소를 화면에서 지정합니다.
- **숫자** : 띄울 간격을 숫자로 입력하여 지정합니다.
- **간격 띄우기** : '숫자'를 선택한 경우, 띄울 간격을 입력합니다.
- **복사** : 체크를 하면 원본 객체를 남겨두고 간격 띄우기가 되고, 체크를 해제하면 원본 객체를 이동시킵니다.

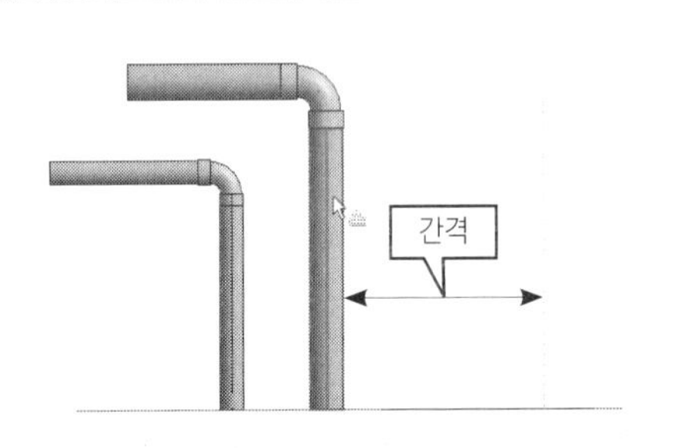

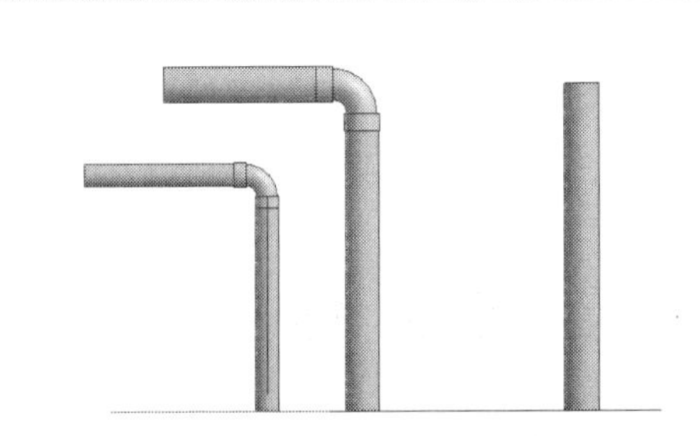

대칭(MI; Mirror)

선택한 요소를 축을 기준으로 대칭으로 복사 또는 이동합니다.
축을 선택하는 방법과 축을 그리는 방법이 있습니다.

- **복사** : 체크를 하면 원본 객체를 남겨두고 대칭 복사가 되고, 체크를 해제하면 원본 객체를 지우고 반대편으로 대칭 복사됩니다.

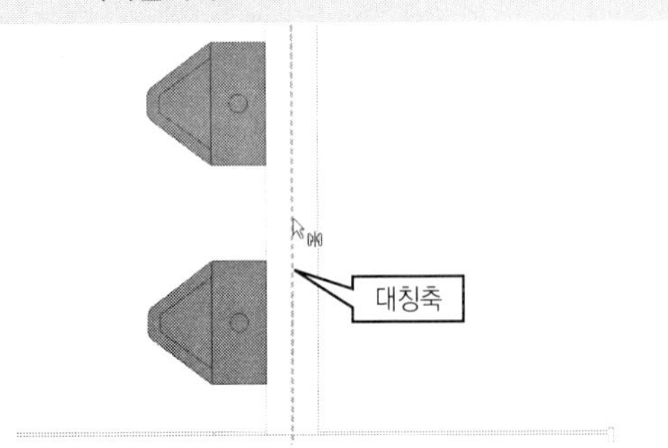

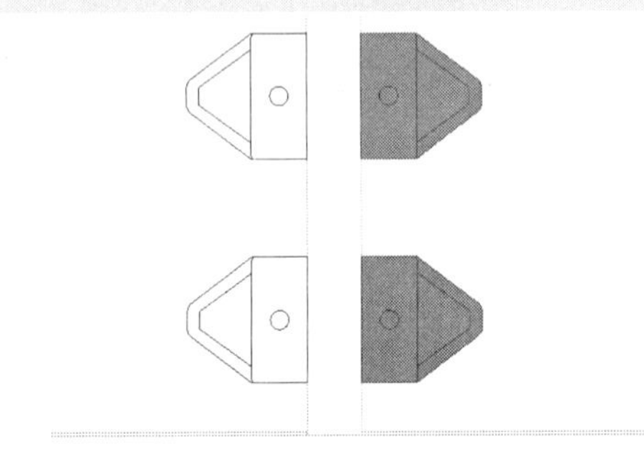

요소 분할(SL; Split)

선택한 요소(시스템 패밀리)를 분할합니다. 파이프나 덕트는 분할되면 자동으로 조인트(유니온)을 삽입합니다.

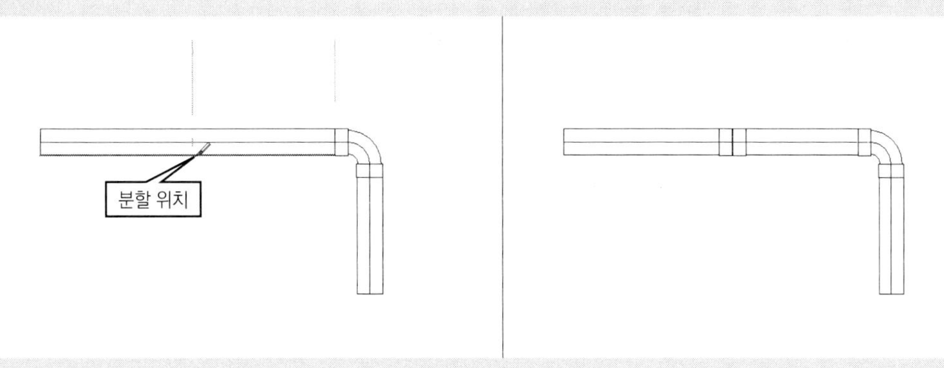

간격으로 분할

선택한 벽을 간격을 두어 두 개로 분할합니다.

- **조인트 간격** : 끊을 간격을 지정합니다.

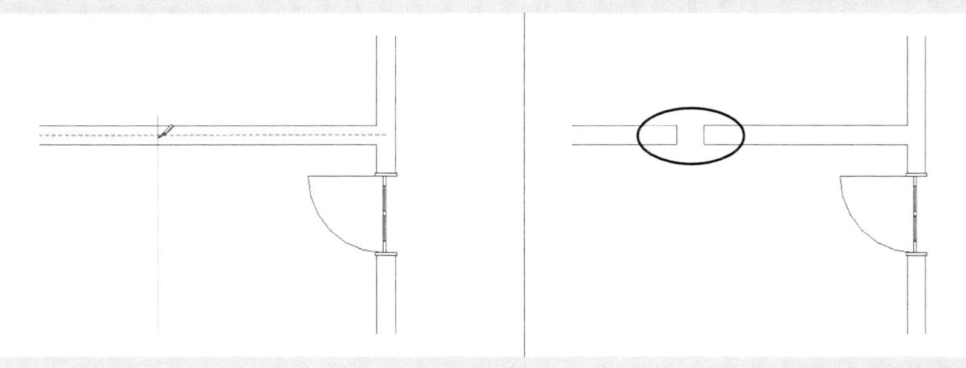

이동(MV; Move)

선택한 요소를 이동합니다.

- **구속** : 수직, 수평으로 구속하여 복사합니다.
- **분리** : 이동할 요소를 연결된 요소와 분리합니다. 벽을 이동하면 벽에 연결된 다른 벽은 이동되지 않습니다.

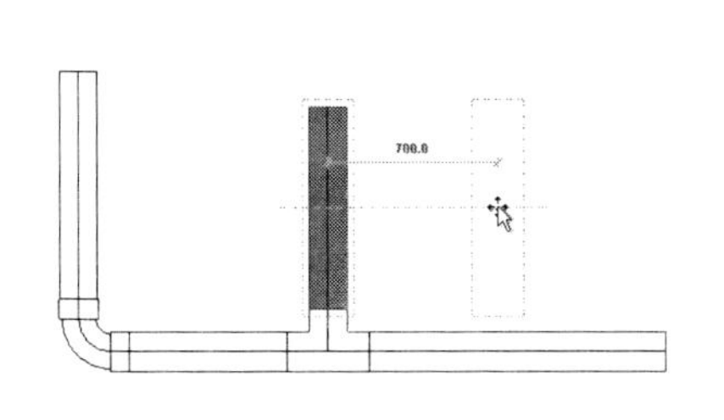

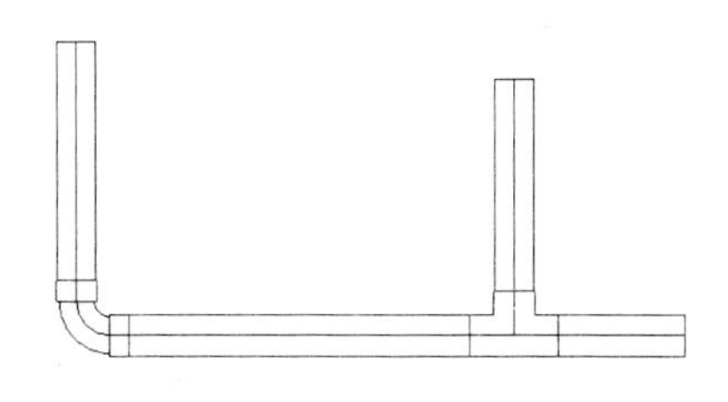

복사(CO; Copy)

선택한 요소를 복사합니다.

- **구속** : 수직, 수평으로 구속하여 복사합니다.
- **다중** : 여러 개 복사합니다.

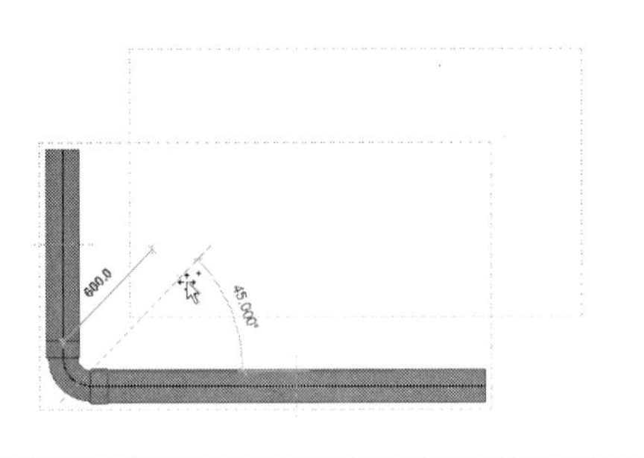

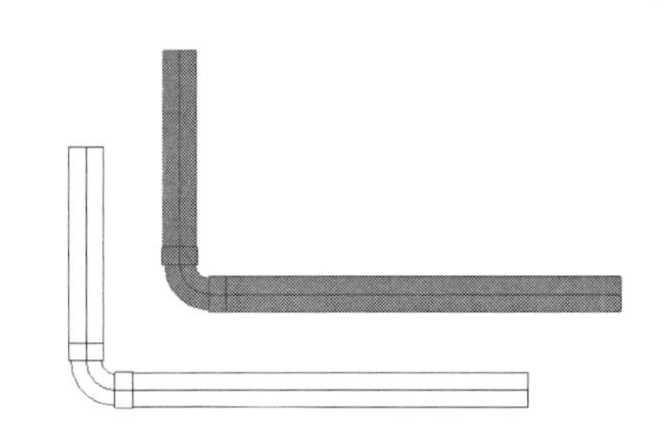

회전(RO: Rotate)

선택한 요소를 지정한 각도로 회전합니다.

- **분리** : 연결된 요소와 분리하여 회전합니다.
- **복사** : 원래의 요소를 복사하여 회전합니다.
- **각도** : 회전 각도를 지정합니다.
- **회전의 중심** : 회전의 중심점을 지정합니다.

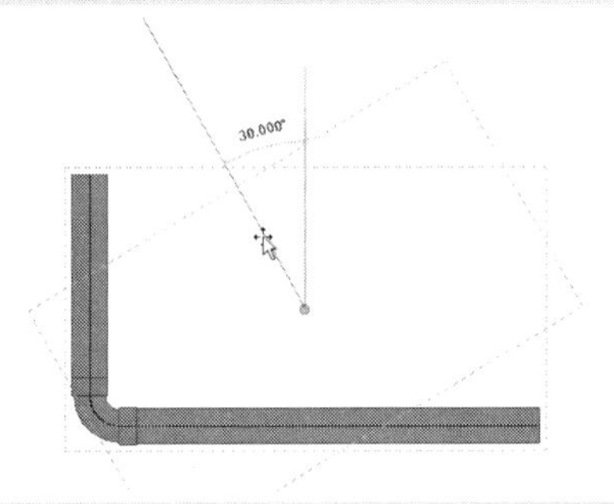

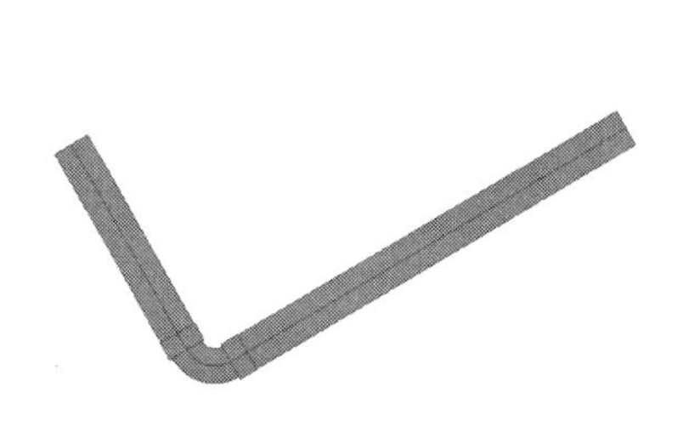

코너로 자르기/연장(TR; Trim / Extend to Corner)

선택한 요소를 지정한 경계까지 자르기 또는 연장하여 코너 부분을 연결합니다.
요소가 짧은 경우는 연장하고 긴 경우는 자르기 하여 연결합니다.

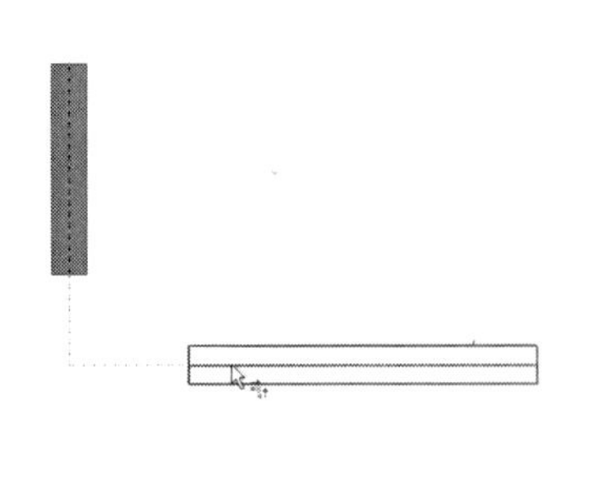

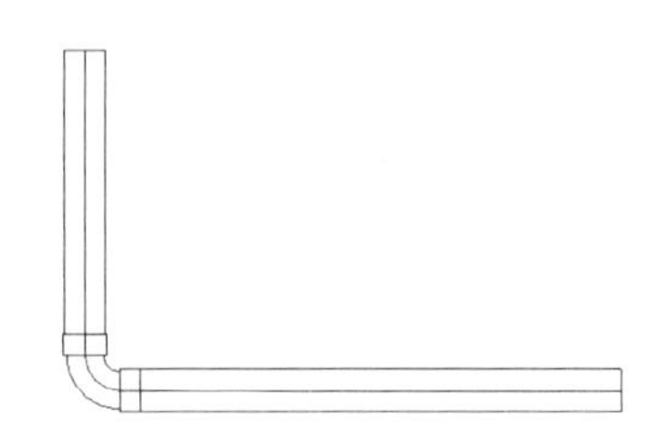

단일 요소 자르기/연장(Trim / Extend Single Element)

선택한 하나의 요소를 지정한 경계까지 자르기 또는 연장합니다.

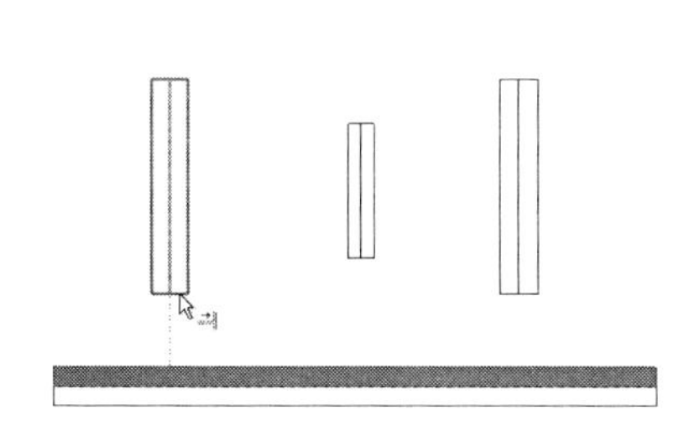

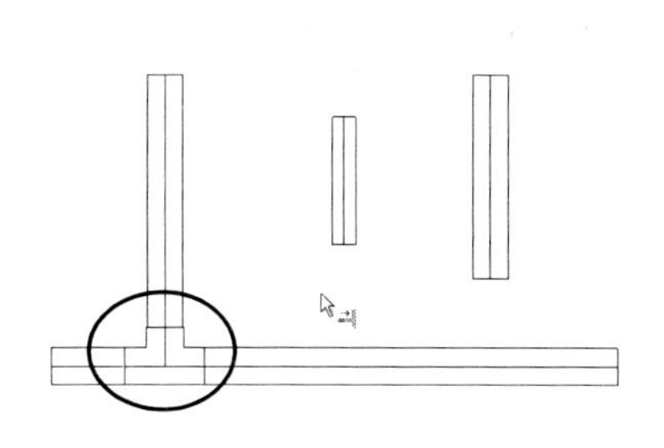

다중 요소 자르기/연장(Trim / Extend Multiple Elements)

선택한 여러 개의 요소를 지정한 경계까지 연장 또는 자르기 합니다.

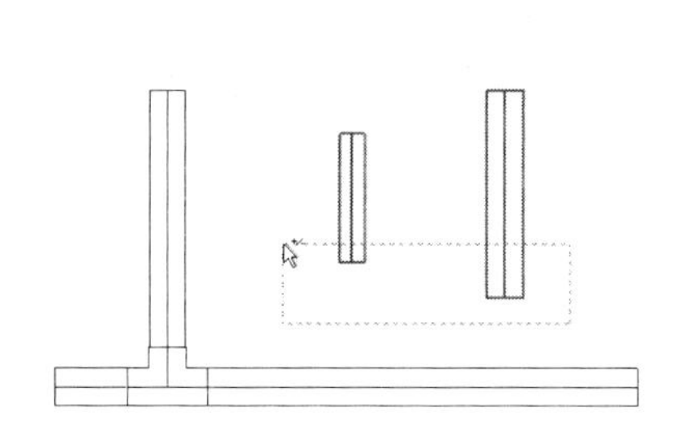

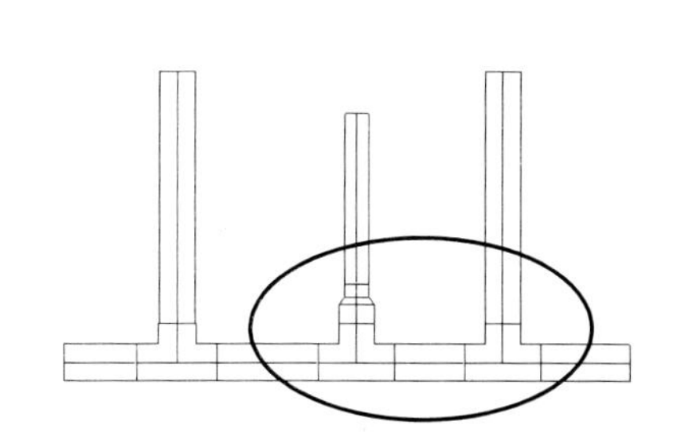

배열(AR; Array)선형

선택한 요소를 가로, 세로 방향으로 배열합니다.

☑ 그룹 및 연관　항목 수: 2　이동 지정: ◉ 두 번째　○ 마지막　☐ 구속

- **그룹화 및 연관** : 체크하면 배열 요소를 하나의 그룹으로 묶습니다.
- **항목 수** : 배열의 수를 지정합니다.
- **두 번째** : 요소와 요소 사이의 간격을 지정하는 옵션입니다.
- **마지막** : 시작점과 끝점을 지정하여 두 점 사이에 항목의 수만큼 배열하는 옵션입니다.

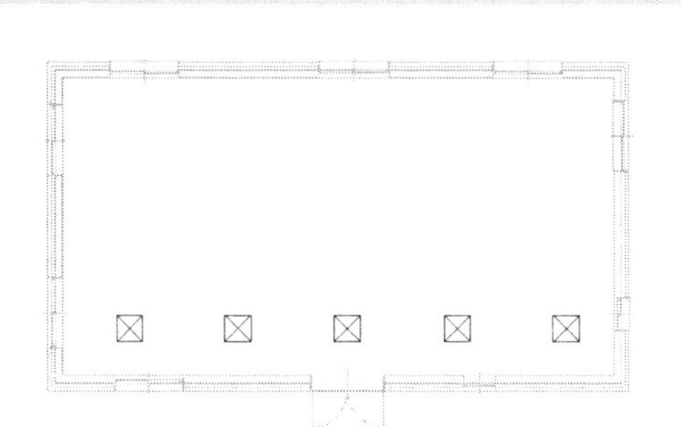

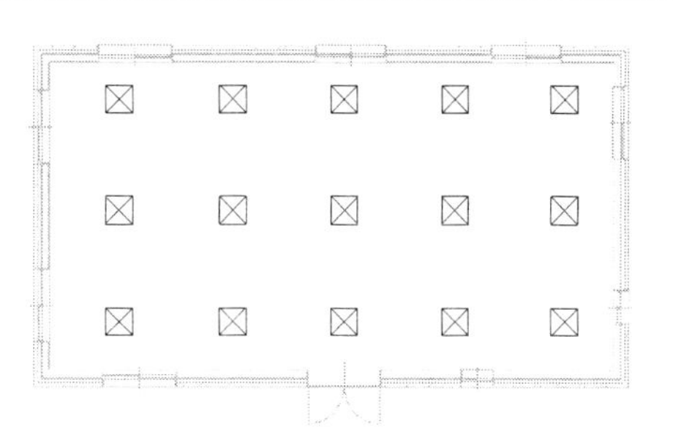

배열(AR; Array) 방사형

선택한 요소를 원형으로 배열합니다.

그룹 및 연관 항목 수: 5 이동 지정: 두 번째 마지막 각도: 회전의 중심: 장소 기본값

- **각도** : 배열할 각도를 지정합니다.
- **회전 중심** : 회전의 기준이 되는 중심점을 지정합니다.

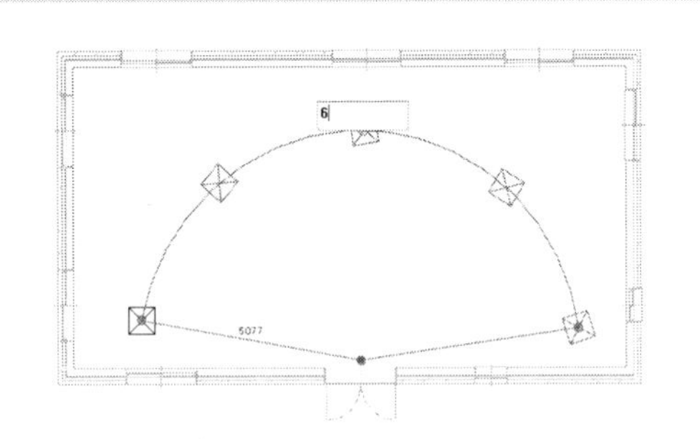

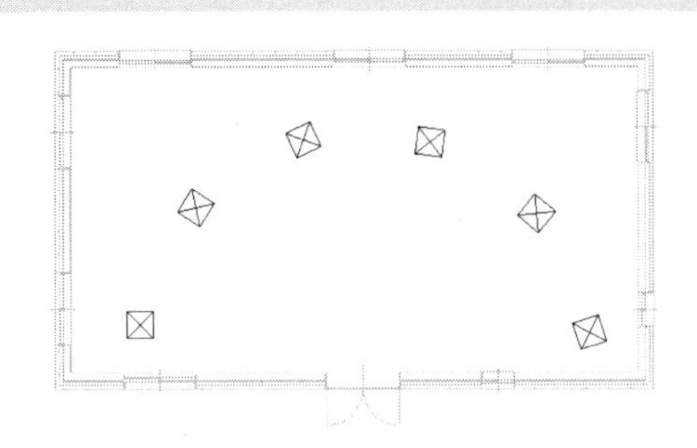

고정(PIN), 고정 해제(UP;UnPin)

선택한 요소를 고정시킵니다. 또, 고정된 요소를 고정 해제합니다. 고정된 요소를 선택하면 핀 아이콘이 표시됩니다.

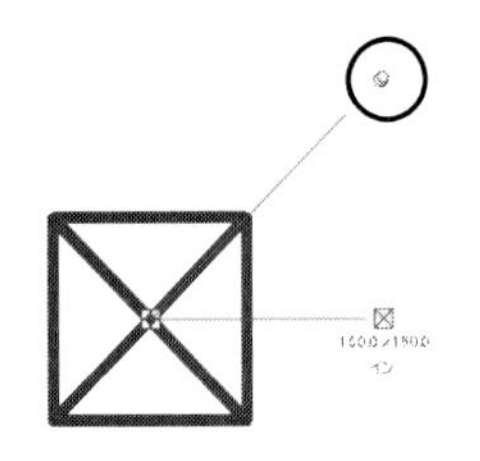

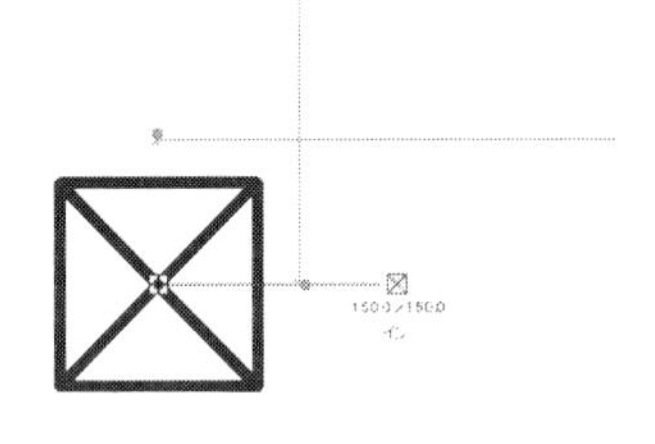

삭제(DE;Delete)

선택한 요소를 삭제합니다.

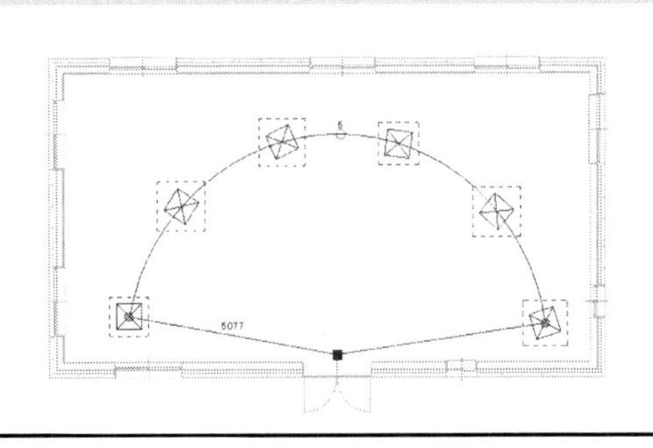

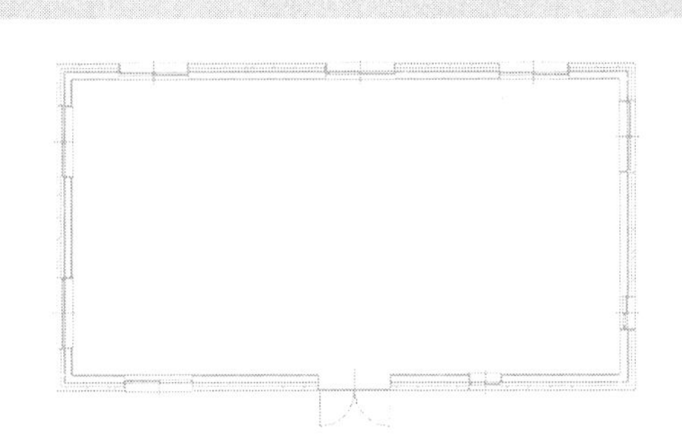

03. 측정

평면뷰에서 선택한 개개의 벽 또는 선분의 길이(각도)의 측정과 일시적으로 표시합니다. AutoCAD의 '거리(DIST)' 명령과 유사한 기능입니다. 이 도구를 입면뷰에서 사용하면 뷰의 방향에 대해 수식인 벽의 양 끝만 선택되어 벽의 높이가 표시됩니다. 길이는 옵션바에 길이의 합계 값이 '총 길이'에 표시됩니다.

◎ 두 참조간 측정

두 점을 지정하여 두 점 사이의 길이를 측정합니다. '체인'을 체크하면 지정한 위치를 연결하여 측정합니다.

◎ 요소를 따라 측정

요소를 선택하여 선택된 요소의 길이를 측정합니다.

(1) 측정 명령을 실행합니다. '수정–측정–측정' 드롭다운 리스트에서 '두 점 사이를 측정'을 클릭합니다. 옵션바에서 '체인'을 체크한 후 측정하고자 하는 점을 차례로 지정합니다.

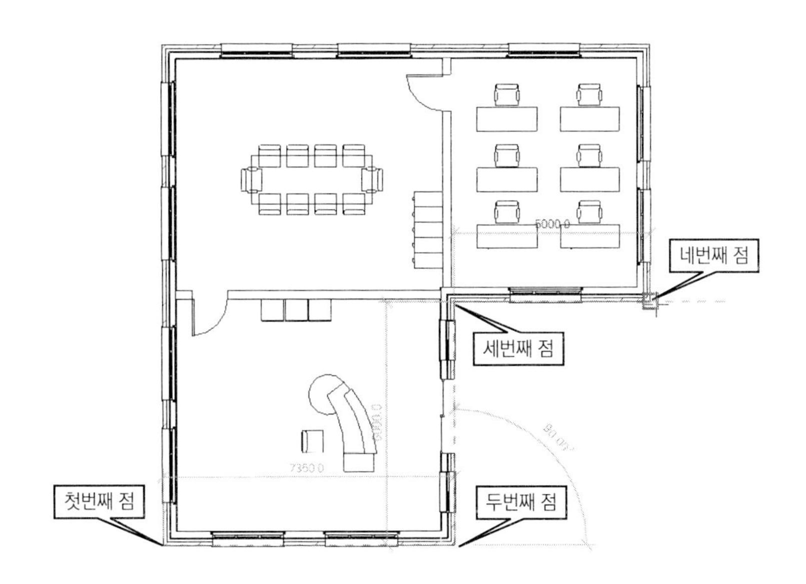

옵션바에는 다음과 같이 지정한 점 사이의 길이 합계 값이 표시됩니다.

(2) '수정-측정-측정' 드롭다운 리스트에서 '요소를 따라 측정 '을 클릭합니다. 측정하고자 하는 요소를 선택합니다. 다음 그림과 같이 선택한 요소의 길이가 나타나고 '총 길이'에 길이가 표시됩니다.

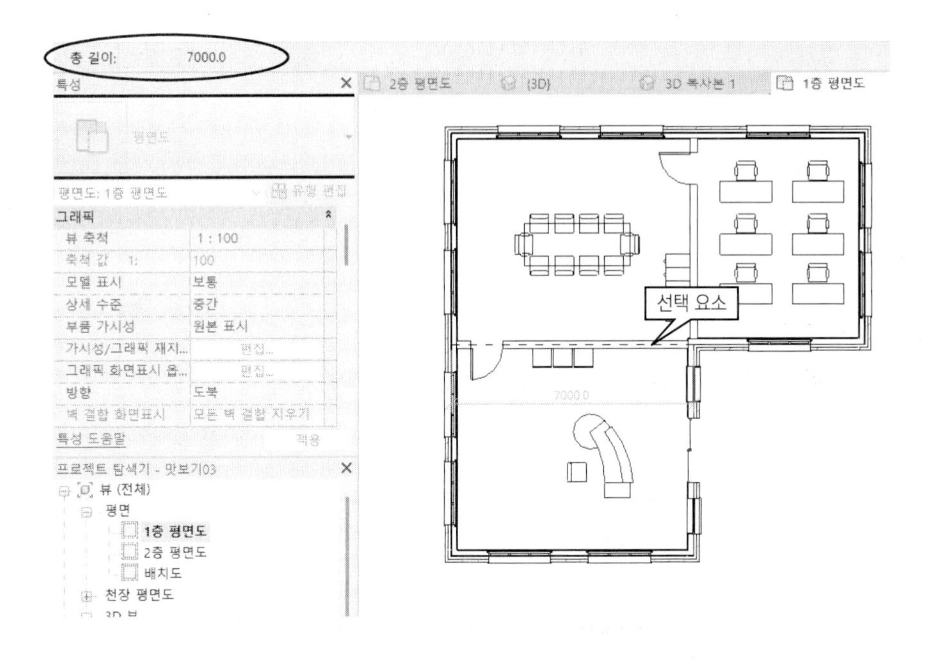

옵션바

- **총 길이** : 측정한 길이의 합계 값을 표시합니다. 읽기 전용입니다.
- **체인** : 체크를 하면 연속해서 길이를 측정할 위치를 지정합니다.

5. 컴포넌트의 배치

기계실비의 모델링을 수행하는데 있어 자주 사용하는 기능은 주요 장비 및 기기의 배치입니다. 위생설비는 위생기기를 배치한 후 파이프를 모델링하고, 공조 덕트는 공조기 및 디퓨져를 배치하고 덕트를 모델링합니다. 기계실의 경우도 공조기, 펌프, 냉동기, 열교환기 등을 배치한 후 이들 사이를 연결하는 덕트나 파이프를 모델링합니다. 장비 및 기기와 같은 컴포넌트(구성요소)의 배치 방법에 대해 학습하겠습니다.

01. 패밀리 로드

패밀리는 Revit 모델링의 가장 기본적인 요소입니다. 디퓨져나 스프링클러도 패밀리이며 밸브나 스위치도 하나의 패밀리이며 위생기기나 공조기, 냉동기, 펌프 등 기계장비도 하나의 패밀리입니다. 프로젝트에서 장비나 기기를 배치하기 위해서는 먼저 관련 패밀리가 로드되어 있어야 합니다.

(1) 장비나 기기의 패밀리가 로드되어 있지 않으면 로드된 패밀리가 없다는 메시지가 표시됩니다. 예를 들어, 위생기구를 배치하고자 한다면 '시스템-위생기구 및 배관-위생기구'를 클릭합니다. 다음의 대화상자에서 [예(Y)]를 클릭합니다.

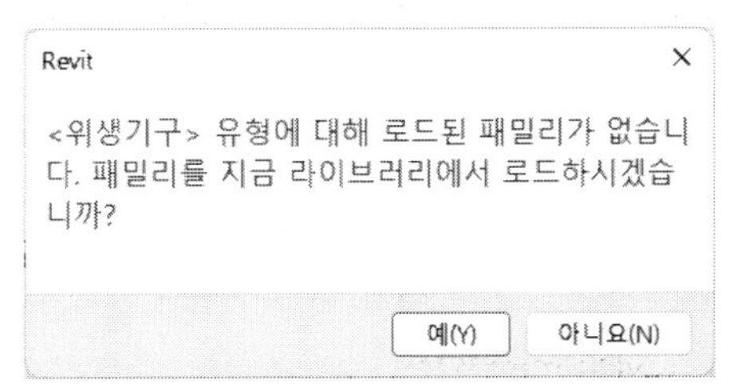

위생기구 패밀리가 로드되어 있다고 하더라도 원하는 패밀리가 로드되어 있지 않아 추가로 로드하고자 하려면 '수정|배치 위생기구-모드-패밀리 로드(Load Family)'를 클릭합니다.

카테고리에 관계없이 패밀리를 로드하려면 구성요소(컴포넌트)를 로드합니다. '건축-빌드-구성요소-구성요소 배치'를 클릭합니다.

(2) 다음과 같이 패밀리를 로드하기 위한 대화상자가 나타납니다. 대화상자에서 로드하고자 하는 패밀리의 경로를 찾아 선택합니다.

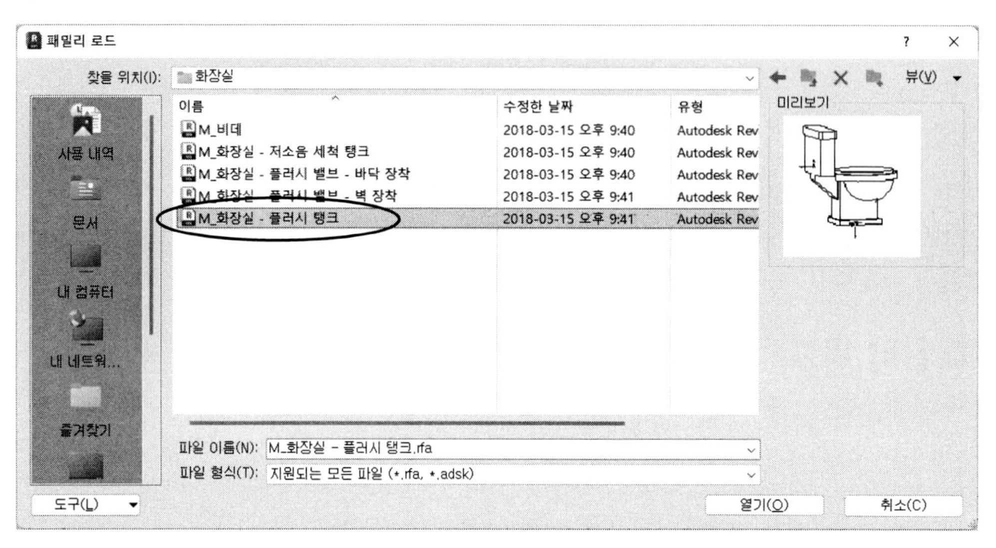

참고 라이브러리(패밀리) 기본 위치

라이브러리(패밀리)의 위치를 지정해놓으면 패밀리를 로드할 때 바로 접근할 수 있어 편리합니다. 패밀리의 기본(디폴트) 위치를 지정하려면 파일 메뉴 하단의 [옵션]을 클릭합니다. 대화상자에서 '파일 위치'를 클릭한 후 [배치(P)…]버튼을 클릭하면 라이브러리 위치를 지정하는 대화상자가 나타납니다. 이때 위치를 지정해두면 빠르게 접근할 수 있습니다.

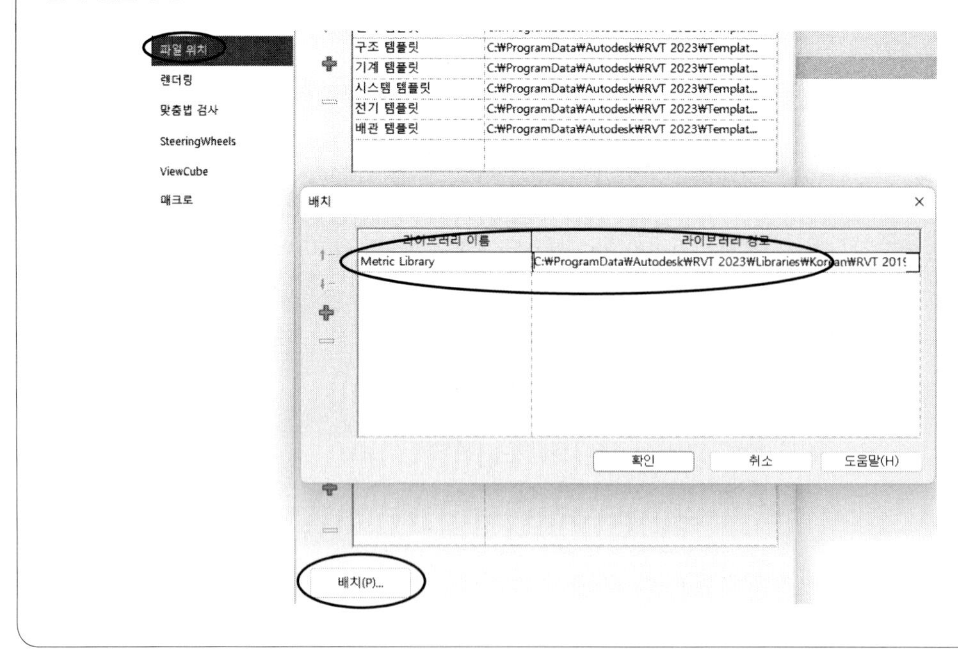

(3) 로드하고자 하는 패밀리를 선택한 후 [열기(O)]를 클릭합니다. 정상적으로 로드되면 특성 팔레트의 유형 선택기를 눌러 보면 로드된 패밀리가 표시됩니다.

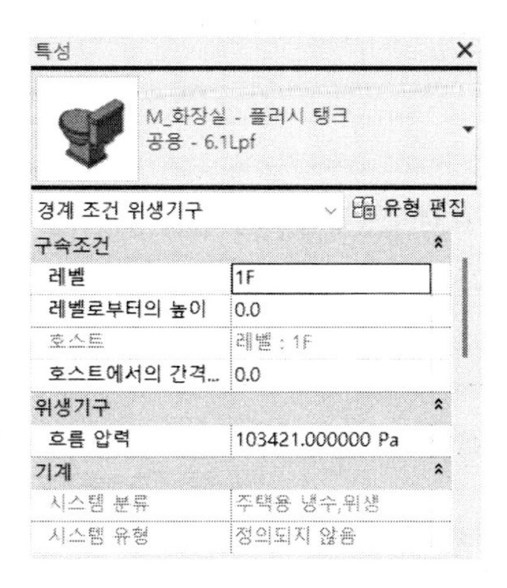

유형 선택기에서 배치하고자 하는 유형을 선택한 후 위치를 지정하여 배치합니다.

참고 프로젝트 탐색기에서 로드

일반적으로 사용하는 패밀리는 프로젝트 템플릿 파일에 미리 로드해놓고 사용하는 것이 효율적입니다. 현재의 프로젝트에 로드된 패밀리를 확인하려면 프로젝트 탐색기의 [패밀리]를 클릭하여 해당 카테고리를 선택하면 로드되어 있는 패밀리를 확인할 수 있습니다. 예를 들어, 어떤 위생기구 가 로드되어 있는지 확인하고자 한다면 [패밀리]-[위생기구]를 클릭합니다. 또, 로드된 패밀리의 유형을 확인하고자 한다면 패밀리 명칭(예: M_화장실_플러시 탬크)을 클릭하여 유형을 선택합니다. 특성 팔레트에 선택한 패밀리의 정보(특성)가 표시됩니다.

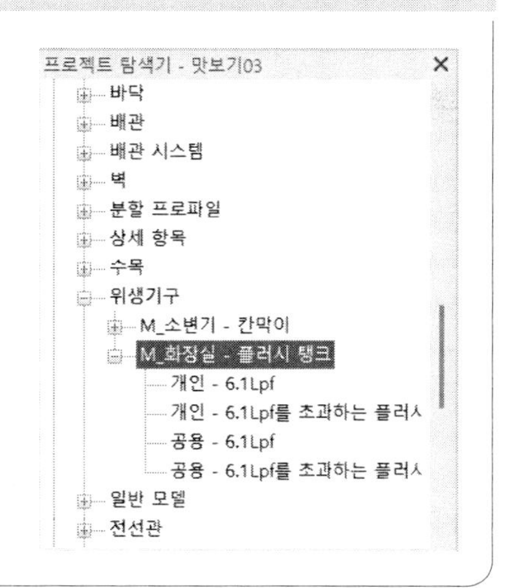

02. 배치

패밀리가 로드되었으면 장비 및 기기를 배치합니다. 여기에서는 로드한 위생기구를 배치한다고 가정하겠습니다.

(1) '시스템-위생기구 및 배관-위생기구'를 클릭합니다. 특성 팔레트의 유형 선택기에서 배치하고자 하는 위생기구를 선택합니다. 위생기구의 종류를 선택한 후 배치하고자 하는 위생기구의 용량을 선택합니다.

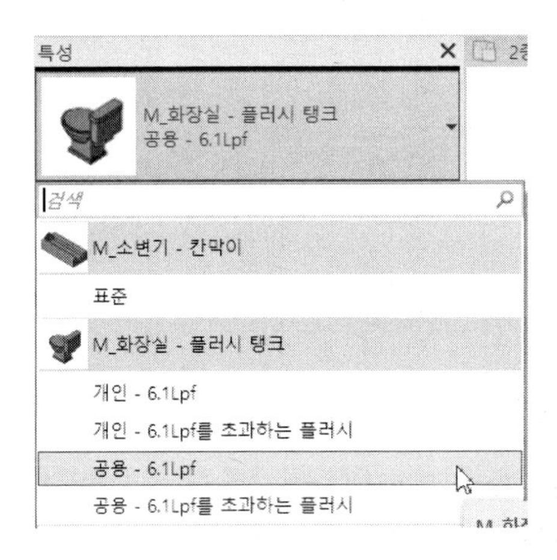

(2) 다음과 같이 선택한 위생기구가 나타납니다. 방향을 바꾸고자 할 때는 〈Space〉 바를 누릅니다. 한 번 누를 때마다 90도씩 회전합니다. 위생기구의 방향과 배치하고자 하는 위치를 클릭합니다. 여러 개를 배치하려면 반복해서 위치를 지정하여 배치합니다.

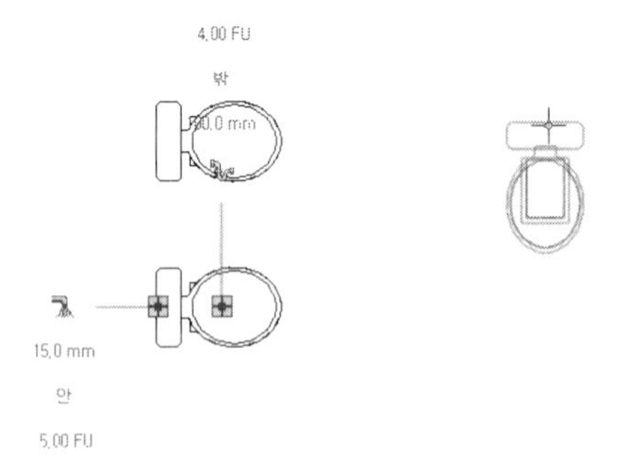

(3) 종료하려면 '수정(Modify)'를 클릭하거나 〈ESC〉 키를 두 번 누릅니다. 3D 뷰로 보면 다음과 같이 배치됩니다.

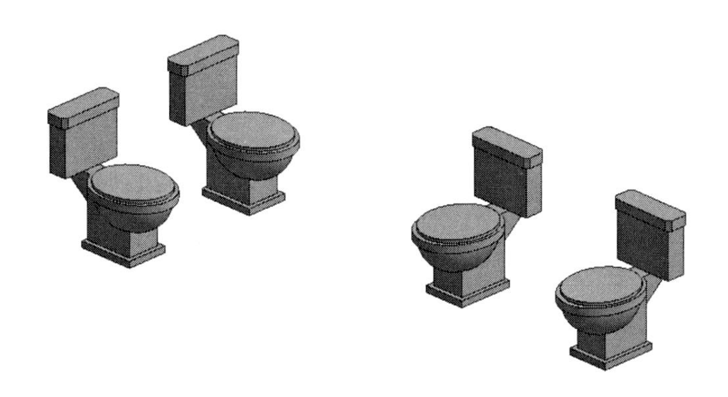

03. 특성

이번에는 배치된 장비 및 기기의 특성을 수정하는 방법에 대해 알아보겠습니다.

(1) 수정하고자 하는 요소(위생기구)를 클릭합니다. 특성 팔레트에 선택한 패밀리의 특성(레벨, 흐름 압력 등)이 표시됩니다. 해당 특성 매개변수의 값을 수정합니다. 특성 팔레트에서 수정하는 값은 현재 선택된 요소(위생기구)의 값만 수정됩니다. 이를 '인스턴스 매개변수'라 합니다.

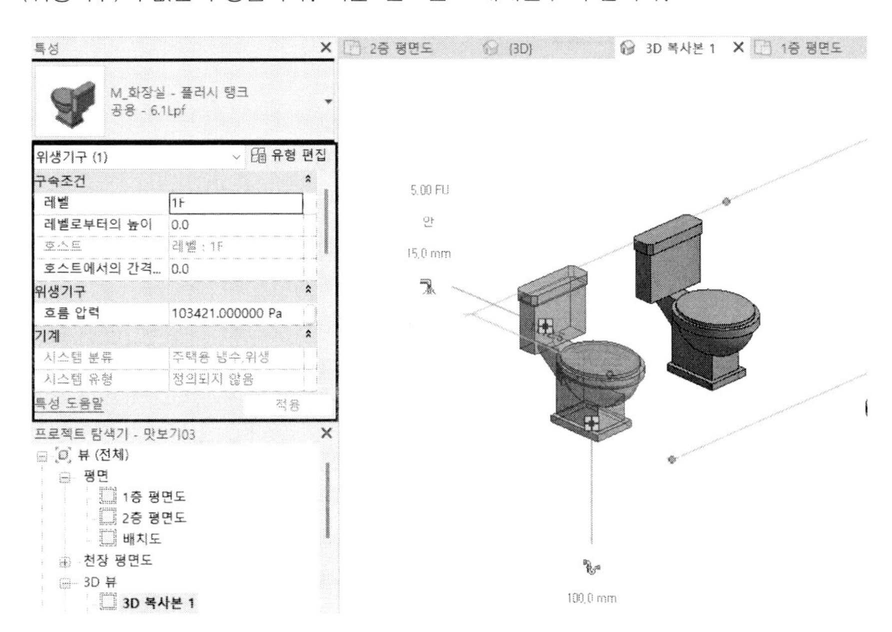

(2) 유형 매개변수를 수정하려면 [유형 편집]을 클릭합니다. 다음과 같이 '유형 특성' 대화상자가 나타납니다. 수정하고자하는 매개변수의 값을 수정합니다.

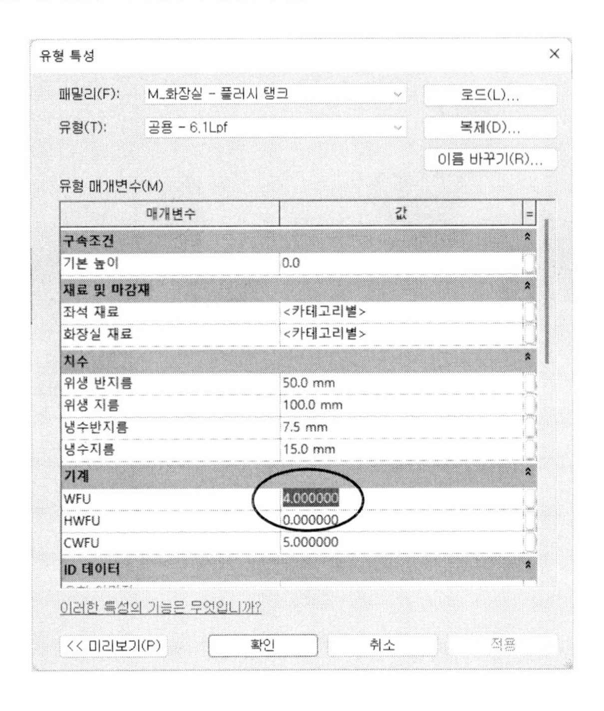

상황에 따라 배치된 장비나 기기를 이동, 복사, 삭제하는 등의 편집 작업을 수행합니다.

6. 작업환경 설정

건축 모델이 준비되있으면 설비 모델링을 위한 환경을 설정합니다. 설비 모델링을 위한 환경 설정에 대해 알아보겠습니다. 환경에 따라 생략해도 되는 경우도 있습니다. 또, 템플릿 파일에 설정해놓으면 생략 가능합니다.

01. 프로젝트 정보

동일 프로젝트를 수행하는 그룹 또는 조직(회사)의 표준을 유지하고 반복 작업을 줄이기 위해 프로젝트에서 공통으로 사용하는 환경을 설정합니다. 프로젝트 정보는 프로젝트 번호 및 명칭, 클라이언트 등 기본적인 정보를 포함하여 에너지 설계를 위한 건물의 위치나 용도, 프로젝트 관리를 위한 각종 매개변수의 값을 정의합니다.

(1) 프로젝트 정보를 수정하겠습니다. '관리-설정-프로젝트 정보'를 클릭합니다.
프로젝트 특성 대화상자가 나타납니다.

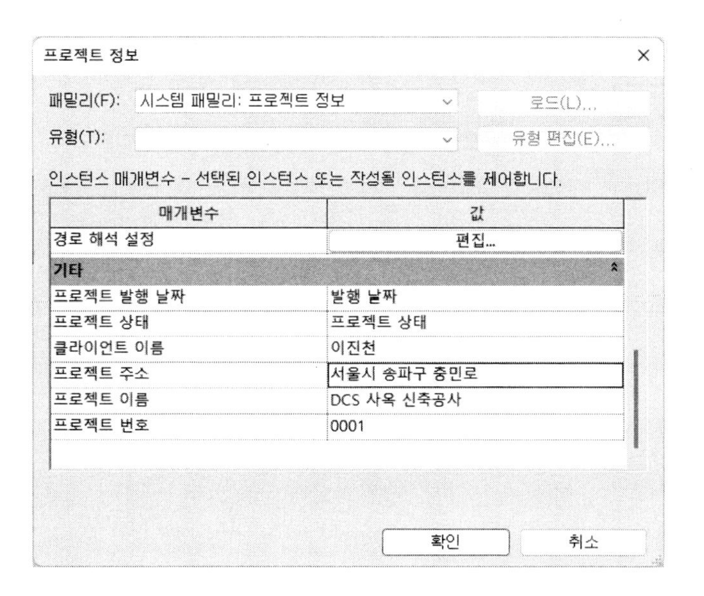

(2) '경로 해석 설정'의 [편집..]을 클릭합니다. 경로 해석 설정 대화상자가 나타납니다. 경로 해석 시에 장애물로 인식하지 않게 할 카테고리를 선택합니다. 즉, 장애물에서 제외할 카테고리를 지정합니다. 경로 해석관련 작업을 수행하지 않는 경우라면 경로 해석 설정은 필요하지 않습니다.

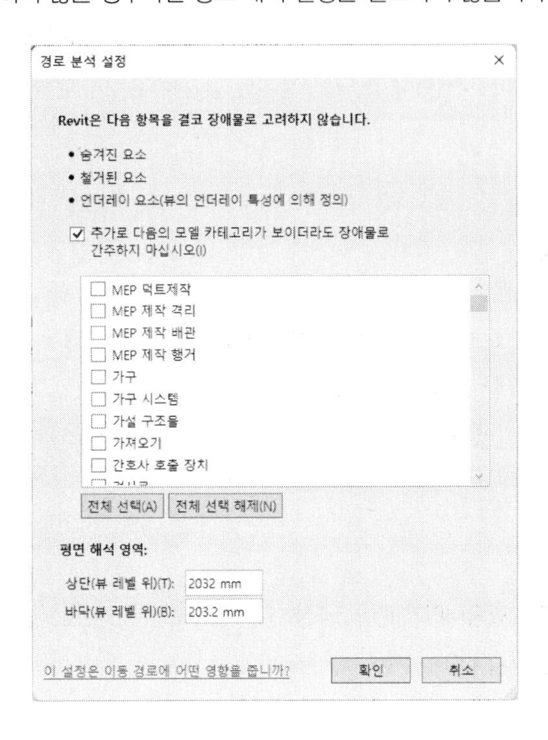

02. 단위 설정

프로젝트에서 사용할 단위를 설정합니다. 전문분야와 단위를 선택하여 프로젝트 내에서 단위의 표시에 필요한 올림 자릿수와 기호를 설정합니다. 여기에서는 공조 덕트의 풍량 단위를 CMH로 설정한다는 가정하에 실습해보겠습니다.

단위 설정도 프로젝트 템플릿 파일에서 미리 설정해놓으면 매번 설정할 필요가 없습니다.

(1) '관리－설정－프로젝트 단위 '를 클릭합니다.

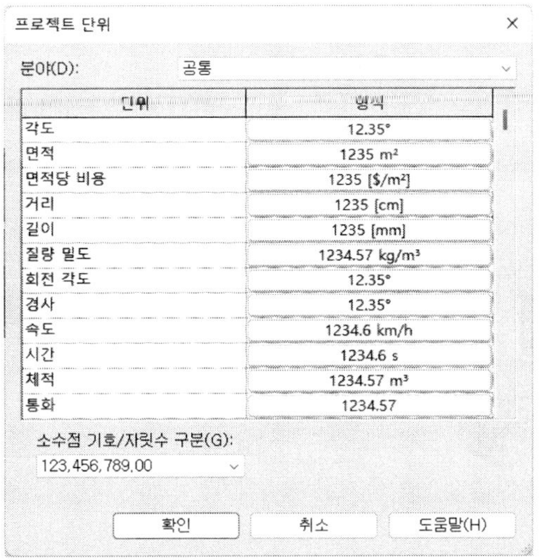

대화상자

(1) 분야(D) : 전문 분야를 선택합니다.

(2) 단위 : 설정하고자 하는 단위입니다.

(3) 형식 : 단위의 형식을 나타납니다. 클릭하면 다음과 같은 대화상자가 나타납니다.

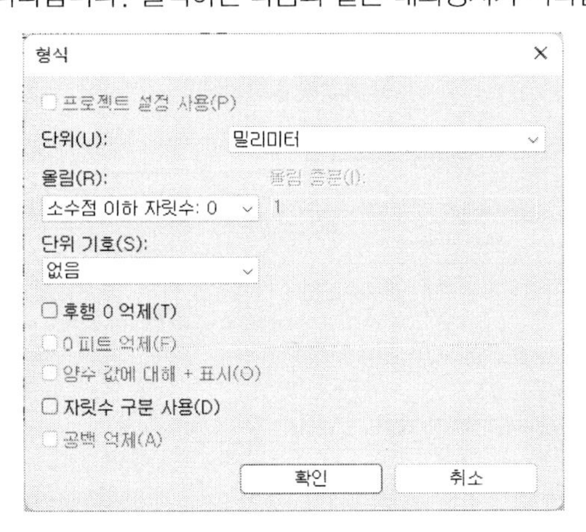

① 단위(U) : 사용하고자 하는 단위를 목록에서 선택합니다.

② 올림(R) : 반올림 자릿수를 지정합니다.

③ 단위 기호(S) : 단위의 기호를 지정합니다.

④ 후행 0억제(T) : 체크하면 소수점 아래에 나오는 '0'을 억제합니다.

⑤ 자릿수 구분 사용(D) : 체크를 하면 지정한 '소수점 기호/자릿수 구분' 옵션이 단위 값에 적용됩니다

(2) '분야'를 'HVAC'로 선택합니다. '단위'의 '공기 흐름'을 클릭합니다. 다음 그림과 같이 대화상자가 나타납니다. 형식 대화상자에서 '단위'를 '시간당 세제곱 미터', '단위 기호'를 'CMH'로 지정합니다.

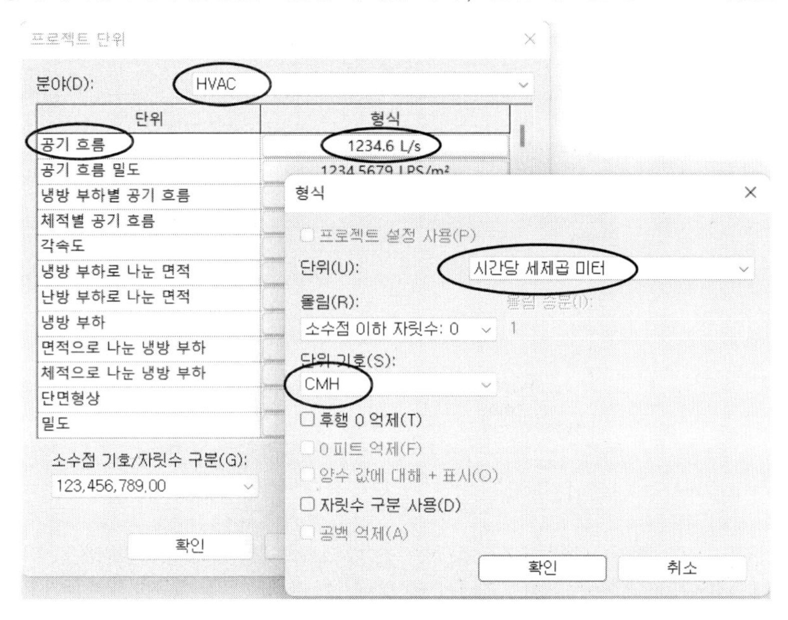

(3) [확인]을 클릭하면 다음 그림과 같이 '공기 흐름'의 단위가 'CMH'로 바뀐 것을 알 수 있습니다. 이와 같은 방법으로 작업환경에 맞춰 단위를 설정합니다.

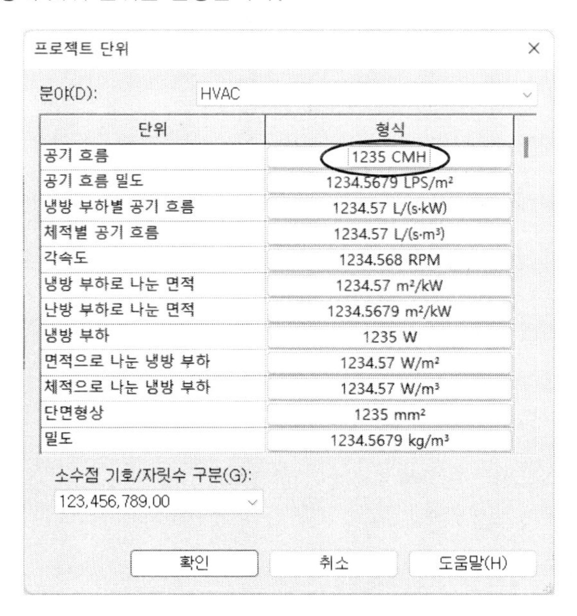

03. 프로젝트 매개변수

프로젝트 매개변수는 해당 프로젝트 고유의 매개변수로 프로젝트에서 정의한 복수의 요소 카테고리에 추가할 매개변수입니다. 해당 프로젝트에서 카테고리에 관계없이 사용할 수 있는 매개변수입니다. 다른 프로젝트와 공유할 수 없습니다.

프로젝트 매개변수는 해당 프로젝트에서만 사용하는 매개변수고, 공유(Shared) 매개변수는 외부의 *.txt 파일 형식으로 다른 프로젝트에서도 공유할 수 있는 매개변수입니다.

(1) 프로젝트 매개변수를 설정하겠습니다. '관리-설정-프로젝트 매개변수'를 클릭합니다.
프로젝트 매개변수 대화상자가 나타납니다. 새로운 매개변수를 작성해보겠습니다. '새 매개변수 '를 클릭합니다.

(2) 매개변수 특성 대화상자가 나타납니다. 현재 설정된 상태에서 '이름(N)'을 '유체종류', 분야(D)를 '공통', 매개변수 유형(T)를 '문자', 그룹 매개변수(G)를 '문자'로 지정하고 '인스턴스(Instance)(I)'로 지정합니다. '카테고리(C)'에서 [모두 선택(A)]를 클릭하여 모든 카테고리를 지정합니다.
구체적으로 설명하면, '유체종류'라는 이름의 매개변수는 '공통'으로 사용하는 매개변수로 유형은 '문자'이며 카테고리는 모든 카테고리에 해당하는 프로젝트 매개변수를 정의한 것입니다.

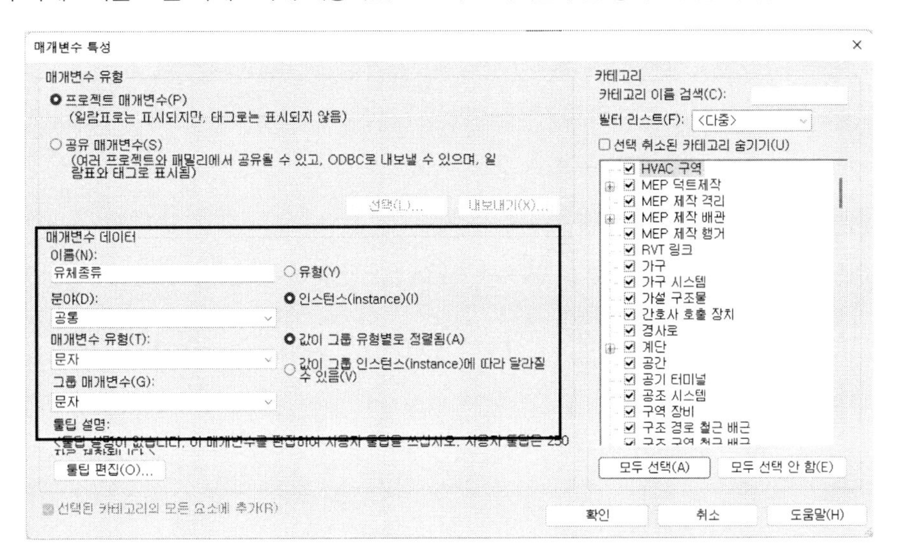

대화상자

(1) 매개변수 유형 : 매개변수의 종류를 프로젝트 매개변수인지, 공유 매개변수인지 구분합니다.

(2) 매개변수 데이터 : 매개변수의 이름, 데이터 형식, 적용 범위 등을 지정합니다.

① 이름 : 매개변수의 명칭을 입력합니다.

② 분야 : 분야(공통, 구조, HVAC, 전기, 배관, 인프라, 에너지)를 지정합니다.

③ 매개변수 유형 : 매개변수의 데이터 형식을 지정합니다. 다음과 같은 형식이 있습니다.

매개변수 유형	설 명
Text(문자)	텍스트로 입력한 값입니다. 이 유형은 사용자가 어떤 값이라도 입력할 수 있습니다.
Integer(정수)	정수
Number(번호)	숫자(실수 포함)
Length(길이)	요소 또는 하위 컴포넌트의 길이
Area(면적)	요소 또는 하위 컴포넌트의 면적
Volume(체적)	요소 또는 하위 컴포넌트의 체적
Angle(각도)	요소 또는 하위 컴포넌트의 각도
Slope(경사)	경사를 정의하는 매개변수
Currency(통화)	통화를 정의하는 매개변수
URL	웹의 연결을 위한 URL
매스 밀도	매스의 밀도를 정의
Material(재료)	재질(재료)을 정의
Image(이미지)	이미지를 정의
Yes/No(예/아니오)	'예/아니오'로 정의하는 매개변수로 인스턴스 특성에서 가장 많이 사용됨.
MTEXT(여러 줄 문자)	여러 줄 문자를 정의

④ 매개변수 그룹 : 매개변수 그룹을 목록에서 선택합니다.

⑤ 매개변수 유형 : Instance(인스턴스), Type(유형) 중 선택합니다.

(3) 카테고리 : 해당 매개변수가 적용될 카테고리를 지정합니다.

(3) [확인]을 클릭하면 다음과 같이 직전에 만든 '유체종류'라는 이름의 프로젝트 매개변수가 작성된 것을 확인할 수 있습니다. [확인]을 클릭하여 종료합니다.

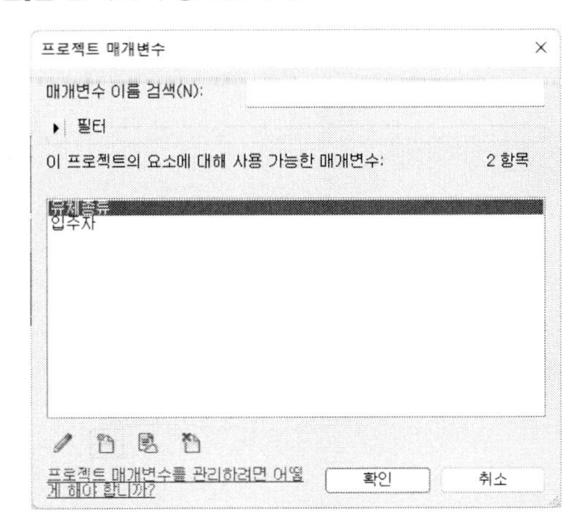

04. 탐색기 관리

프로젝트 탐색기에는 프로젝트에 포함된 모든 뷰, 패밀리, 시트 및 그룹 등 프로젝트에서 사용하고 관리할 리소스가 담겨있으며 이를 논리적 계층 구조로 표시합니다. 프로젝트 탐색기 내의 프로젝트 뷰 및 시트의 구성은 사용자가 작업에 편리하도록 수정하여 폴더를 그룹화 할 수 있습니다. 필터를 설정하여 표시되는 뷰와 시트의 수를 결정할 수 있습니다. 또, 뷰와 시트가 프로젝트 탐색기 내에서 표시되는 순서를 지정할 수 있습니다.

(1) '표시-윈도우-사용자 인터페이스' 드롭다운 리스트를 클릭하여 '탐색기 구성'을 클릭합니다. 또는 프로젝트 탐색기의 [뷰(분야)]에 마우스를 대고 오른쪽 버튼을 클릭합니다. 바로가기 메뉴에서 '탐색기 구성(B)]를 클릭합니다.

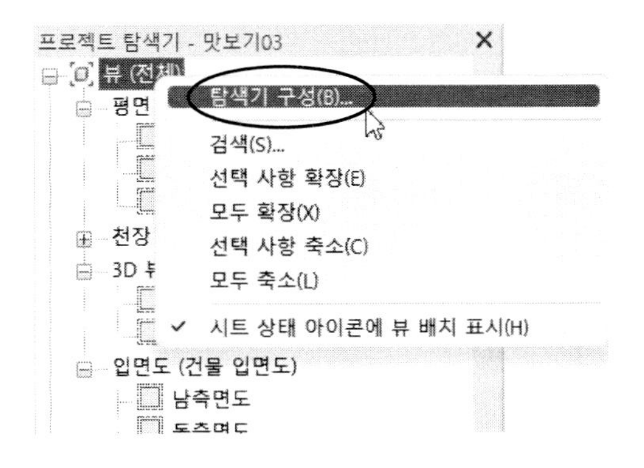

다음과 같은 대화상자가 나타납니다. 탐색기 구성 대화상자에서 '뷰' 탭에서 '분야'를 선택하고 [편집(E)..]를 클릭합니다.

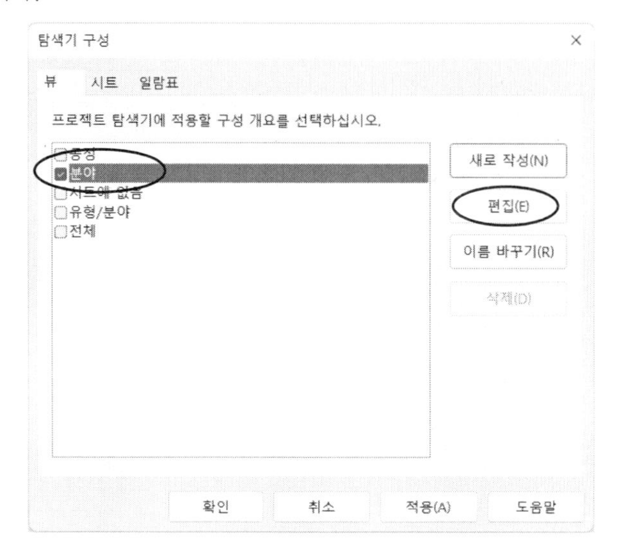

(2) 템플릿에서 미리 설정한 내용을 확인하시기 바랍니다. '그룹과 정렬' 탭을 클릭합니다. '그룹화 기준(G)'은 매개변수 '분야'로 지정하고 '다음 기준(T)'은 '연관된 레벨'로 지정합니다.
'정렬 기준(O)'은 '뷰 이름'을 '오름차순(C)'으로 정렬하였습니다.

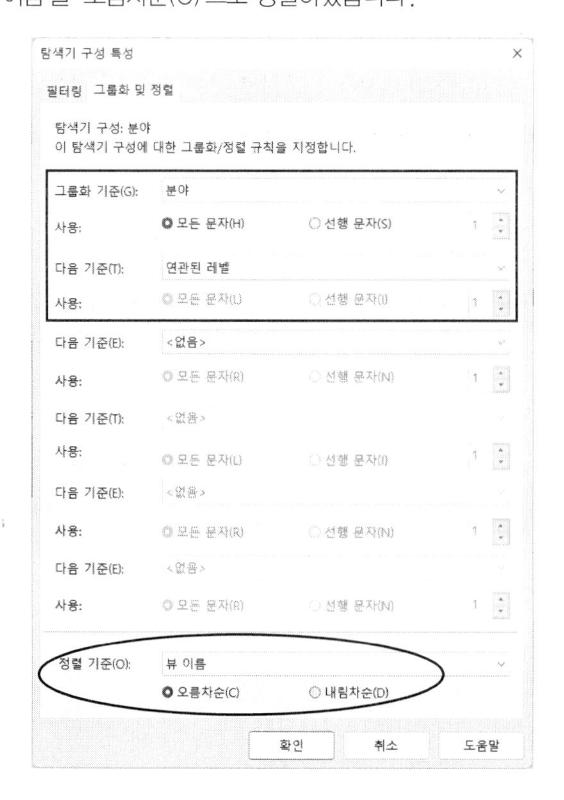

(3) [확인]을 눌러 탐색기 구성 대화상자로 돌아갑니다. 상단의 '시트' 탭을 클릭합니다. '발행 날짜'를 체크한 후 [편집(E)]를 클릭합니다.

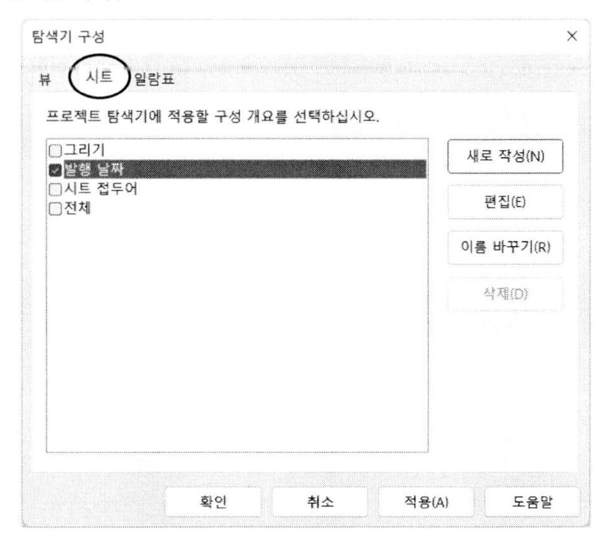

(4) '그룹과 정렬' 탭을 클릭합니다. '그룹과 정렬' 탭을 클릭합니다. '그룹화 기준(G)'은 매개변수 '시트 발행 날짜'로 지정하고 '다음 기준(T)'은 '시트 이름'으로 지정합니다. '정렬 기준(O)'은 '시트 번호'를 '오름차순(C)'으로 정렬하였습니다.

(5) [확인]을 눌러 탐색기 구성 대화상자를 종료합니다. 탐색기 구성에서 정의한 환경에 맞춰 구성되었다는 것을 알 수 있습니다.

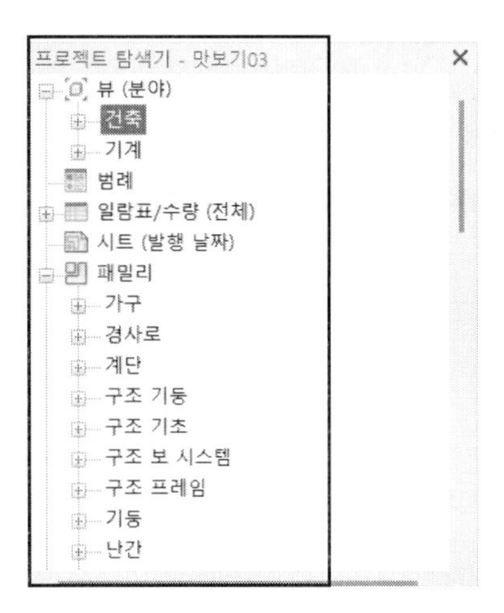

프로젝트 탐색기는 사용자가 별도의 매개변수를 만들어 구성할 수도 있습니다. 사용자의 작업환경에 맞춰 구성한 후 템플릿 파일로 저장해놓으면 프로젝트마다 반복적으로 작업할 필요가 없습니다.

PART_3
건축 모델링

설비(배관, 덕트)를 모델링하기 위해 기본적으로 건축 모델이 필요합니다.
건축설계사무소에서 작성한 건축 모델이 있는 경우는 링크해서 사용할 수 있지만
2D 도면만 있는 경우는 기계설비에 필요한 건축(기둥, 벽체, 문, 창 등) 모델을
작성해야 합니다. 이 파트에서는 설비 모델링을 위한 건축을 모델링으로 구조
기둥이나 슬라브는 생략하겠습니다. 다음과 같은 모델을 작성하겠습니다.

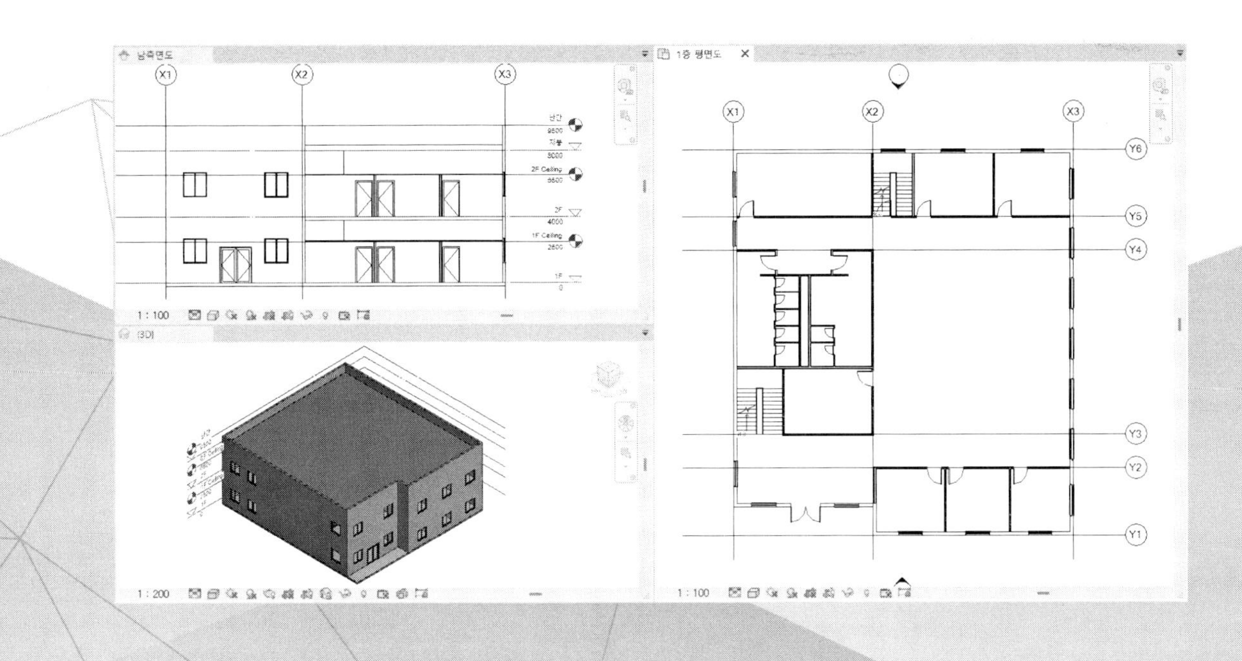

1. 작도 환경 설정

프로젝트를 시작하여 사용할 단위 설정과 건물의 윤곽이 되는 레벨과 그리드를 작성하는 방법에 대해 알아봅니다.

01. 템플릿 지정과 기본 환경 설정

템플릿 파일은 모델링을 위한 기본 환경을 설정해놓은 파일입니다. 기본 템플릿 파일을 지정하여 시작한 후 프로젝트 정보 및 단위를 설정합니다.

(1) 프로젝트를 시작합니다. 시작 화면에서 '프로젝트'의 '건축 템플릿'을 클릭합니다.

참고 템플릿

프로젝트 템플릿 파일(*.rfe)은 프로젝트 작업에 필요한 기초 데이터를 갖고 있는 파일입니다. 프로젝트에서 사용할 패밀리(컴포넌트), 평면, 입면, 단면 등의 뷰, 계산 및 도면 작성에 필요한 스타일 설정, 각종 집계표 양식과 시트를 템플릿 파일에 저장합니다. 프로젝트를 수행하기 위한 각종 환경을 템플릿에 담아놓습니다. 프로젝트를 수행할 때마다 동일한 작업을 반복하지 않기 위해서 설계회사 또는 설계사에 맞는 프로젝트 템플릿 파일을 만들어 사용해야 합니다.

다음과 같은 모델링 영역이 펼쳐집니다.

(2) 프로젝트 정보를 입력합니다. '관리-설정-프로젝트 정보(Project Information)'를 클릭합니다. 프로젝트 발행 날짜, 프로젝트 상태, 클라이언트 이름, 프로젝트 주소, 프로젝트 이름 등 프로젝트에 대한 정보를 입력합니다.

프로젝트 정보

패밀리(F): 시스템 패밀리: 프로젝트 정보 로드(L)...

유형(T): 유형 편집(E)...

인스턴스 매개변수 - 선택된 인스턴스 또는 작성될 인스턴스를 제어합니다.

매개변수	값
건물 이름	DCS 사옥
작성자	이진천
IFC 매개변수	
IfcSite GUID	
IfcBuilding GUID	
IfcProject GUID	
경로 해석	
경로 해석 설정	편집...
기타	
프로젝트 발행 날짜	발행 날짜
프로젝트 상태	프로젝트 상태
클라이언트 이름	이진천
프로젝트 주소	서울시 송파구 중민로 0000
프로젝트 이름	DCS 사옥 신축공사

확인 취소

(3) 단위를 설정합니다. '관리-설정-프로젝트 단위(Project Units)'를 클릭합니다. '길이'의 형식을 클릭하면 '형식' 대화상자가 나타납니다. '올림(N)'을 '소수점 이하 자릿수:0'으로 설정합니다.

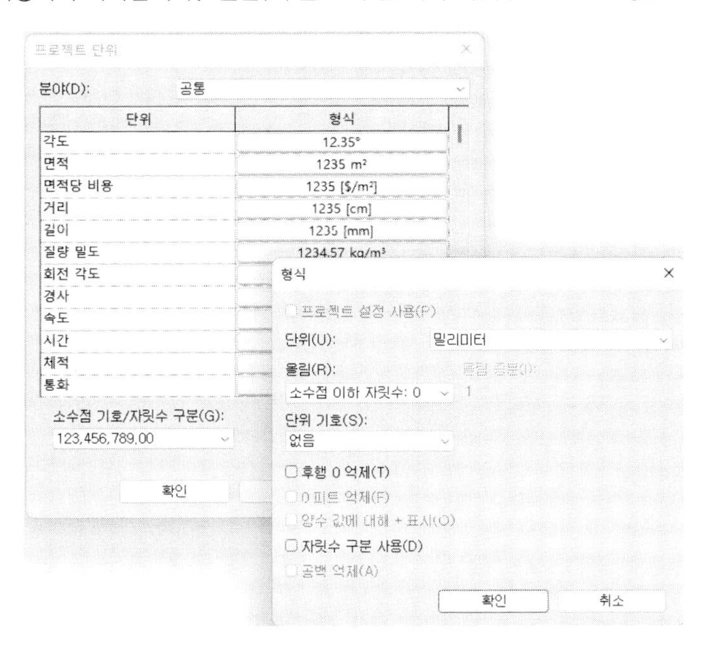

이 밖에도 프로젝트에 필요한 단위를 설정합니다. 공통 단위 외에도 구조, HVAC, 전기, 배관, 에너지, 인프라 분야와 관련된 단위를 설정할 수 있습니다. 예를 들어, 배관의 기울기를 백분율(%)로 할 것인지, 분수로 할 것인지 설정할 수 있습니다.

(4) 상하좌우에 배치된 입면 뷰 기호를 바깥쪽으로 이동하여 작업 공간을 넓게 설정합니다. 뷰를 선택한 후 이동(MOVE) 기능으로 이동합니다.

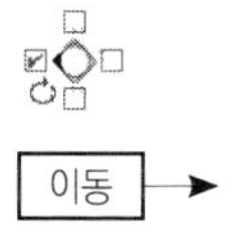

TIP

입면 뷰 기호를 클릭하면 다음과 같이 이동(MOVE) 기호가 나타납니다. 이때 드래그하여 원하는 위치로 이동합니다.

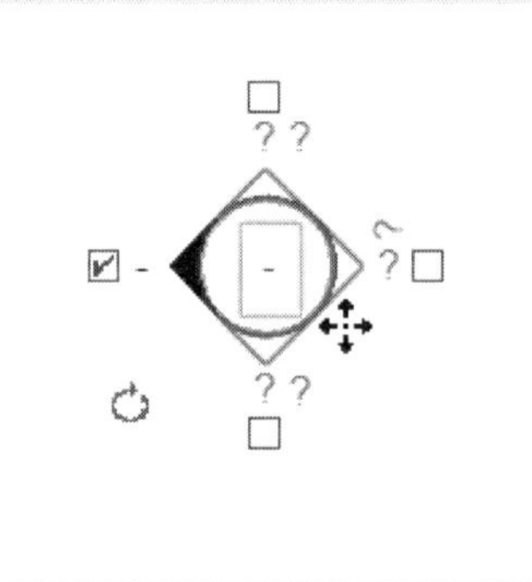

02. 레벨 수정 및 작성

세로 축(높이)의 기준인 레벨를 작성합니다. 레벨은 층을 나누기도 하지만 반드시 층(Floor)을 의미하지는 않습니다. 레벨은 평면 뷰를 생성하는 기준이 되는 작업 기준면이라 할 수 있습니다. 모델링에서 필수적인 요소입니다.

(1) 프로젝트 탐색기에서 –[입면도(건물 입면도)]–[남측면도]를 더블클릭합니다.

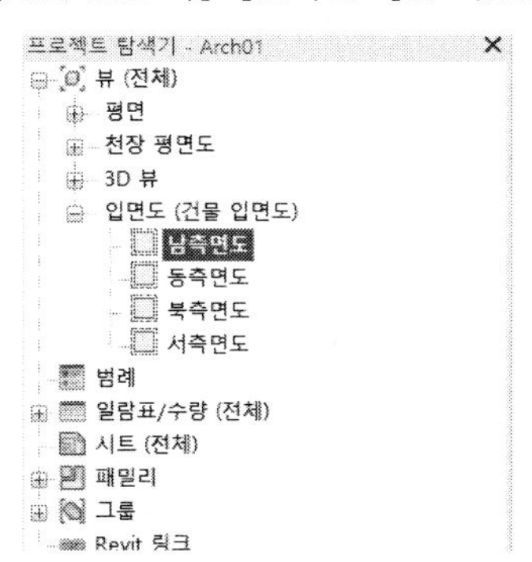

다음과 같이 템플릿에서 제공되는 레벨이 표시됩니다. 제공하는 템플릿 파일에는 세 개의 레벨이 있습니다.

(2) 레벨의 높이를 수정하겠습니다. 수정하고자 하는 레벨을 선택하면 파란색으로 임시 치수가 나타납니다. 이때 치수 문자를 클릭합니다. 편집 모드로 바뀌면 수정하고자 하는 레벨 높이(예: 4000)를 입력합니다.

레벨의 높이를 수정하는 또 다른 방법으로 레벨 기호 옆에 위치한 레벨 높이 숫자를 클릭한 후 레벨 높이(예: 8000)를 입력합니다. 이때 숫자는 전체 높이 값을 말합니다.

(3) 레벨을 추가하겠습니다. '건축-기준-레벨(Level) '을 클릭합니다. '수정|배치 레벨' 탭의 '그리기' 패널에서 '선 선택( )'을 클릭한 후 옵션바에서 '간격띄우기' 값을 '1500'을 지정합니다.

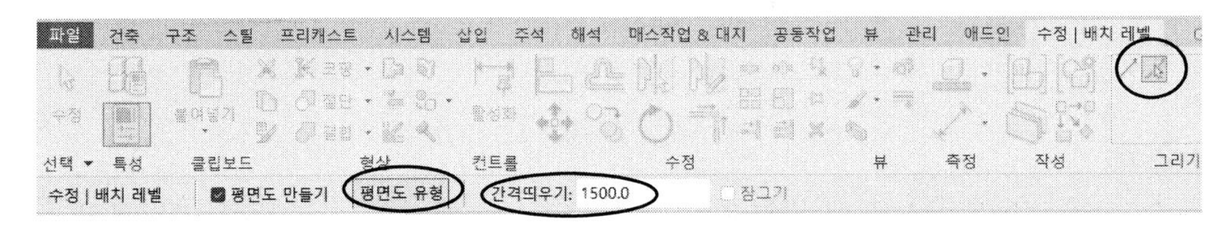

옵션바에서 '평면도 만들기'가 체크(V)되어 있는 것을 확인하고 [평면도 유형]을 클릭합니다. 다음과 같이 '평면도 유형' 대화상자가 나타납니다. 이때 '평면도'를 선택한 후 [확인]을 클릭합니다.

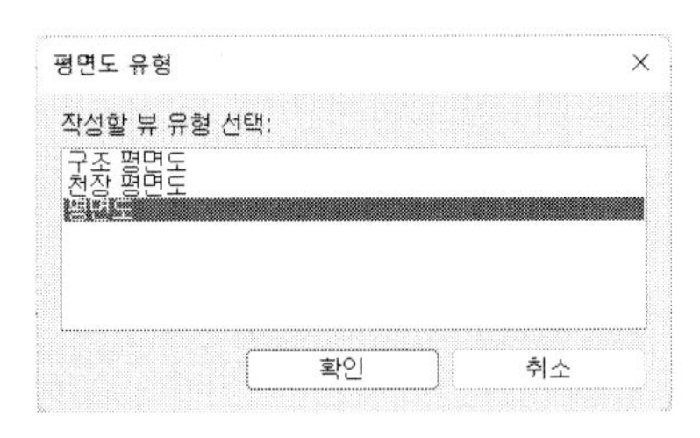

참고 **평면도 유형**

평면도 유형은 레벨을 추가하면서 평면뷰를 만드는데 어떤 뷰를 만들 것인지 선택합니다. 필요한 뷰를 선택합니다. '평면도 만들기' 체크를 끄면 레벨만 만들어지고 뷰는 만들어지지 않습니다.

마우스로 '지붕' 레벨의 위쪽으로 가져가면 점선이 표시됩니다. 이때 클릭합니다. 다음과 같이 지붕 위에 레벨(2G)이 하나 생성되었습니다.

참고 레벨 이름

레벨의 이름은 레벨 추가 시 자동으로 부여됩니다. 숫자 또는 알파벳의 순서대로 부여됩니다. 'F1'으로 시작하면 'F2', 'F3'로 부여되고 '1F'로 시작하면 '1G', '1H'가 부여됩니다. 실습에서는 레벨 이름이 '2F'이기 때문에 '2G'가 부여되었습니다.

(4) 레벨의 이름이 '2G'로 되어 있습니다. 이를 '난간'으로 바꾸겠습니다. 레벨 이름을 클릭하면 편집 모드로 바뀝니다. 이때 이름(예: 난간)을 입력하고 〈엔터〉를 치면 다음과 같이 '해당 뷰의 이름을 바꾸시겠습니까?'라는 대화상자가 나타납니다. [예(Y)]를 클릭하면 프로젝트 탐색기의 뷰 이름도 동시에 바뀝니다.

(5) 이번에는 천장 레벨을 작성하겠습니다. 레벨 작성( ) 기능이 실행된 상태에서 [평면도 유형]을 클릭합니다. 목록에서 '천장 평면도'를 선택한 후 [확인]을 클릭합니다.

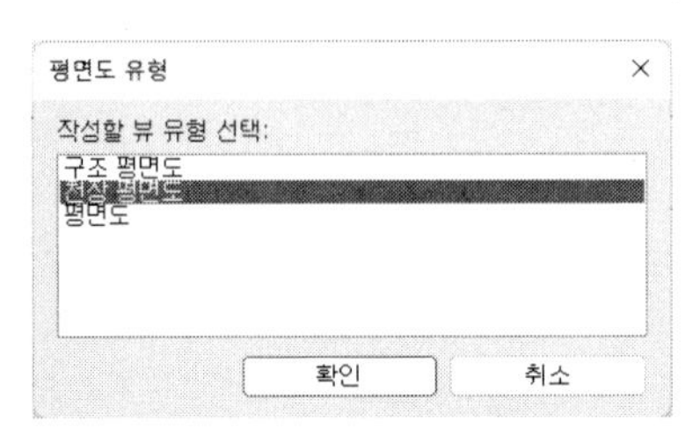

마우스로 '2F' 레벨의 아래쪽과 '지붕' 레벨 아래쪽을 지정합니다. 다음과 같이 선택한 레벨 아래쪽에 높이가 '1500'인 '2H', '2I'레벨이 작성됩니다.

앞에서 학습한 방법으로 레벨 이름을 '1F Ceiling', '2F Ceiling'으로 바꿉니다.

프로젝트 탐색기를 보면 다음과 같이 평면뷰와 천장 평면뷰가 생성되었습니다.

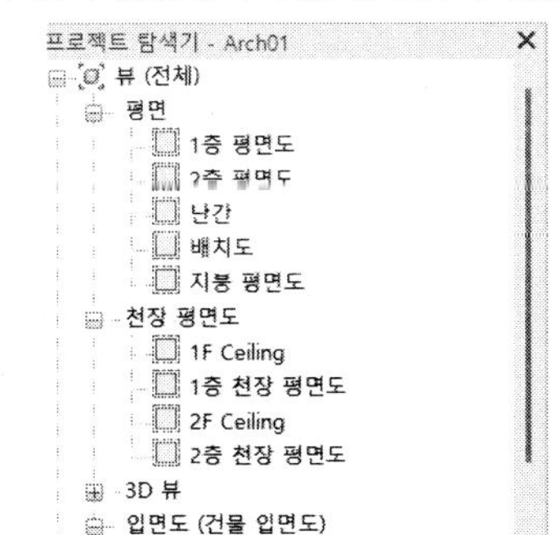

(6) 불필요한 레벨을 지우겠습니다. '평면'에서 '배치도'와 '천장 평면도'에서 '1층 천장 평면도', '2층 천장 평면도'를 지웁니다. 지우고자 하는 뷰를 클릭한 후 마우스 오른쪽 버튼을 눌러 바로가기 메뉴에서 '삭제(D)'를 클릭합니다.

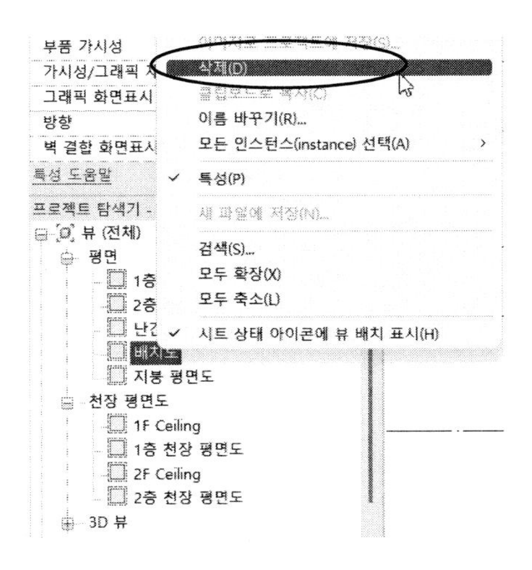

다음과 같이 프로젝트 탐색기가 정리됩니다.

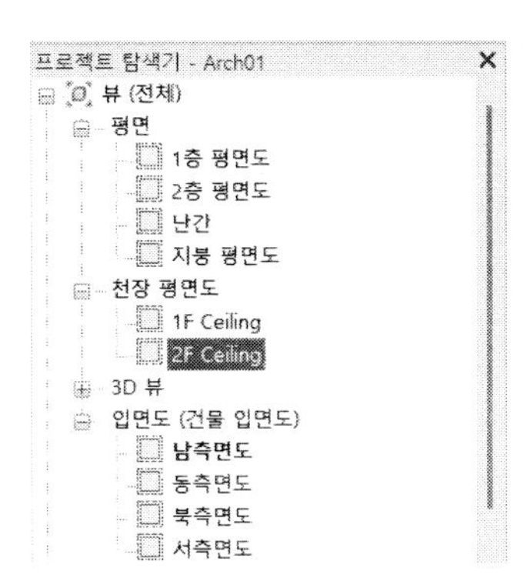

03. 그리드 작성(:#:)

가로, 세로 방향의 기준선인 그리드를 작성합니다. 기둥이나 벽체의 기준이 됩니다. 그리드는 평면뷰에서 작성할 수 있습니다.

(1) 평면뷰를 펼칩니다. 프로젝트 탐색기에서 [뷰(전체)]-[평면]-[1층 평면도]를 더블클릭합니다. '그리드' 기능을 실행합니다. '건축-기준-그리드(Grid):#:'를 클릭합니다. 그리드의 시작점을 클릭한 후 끝점을 지정합니다.

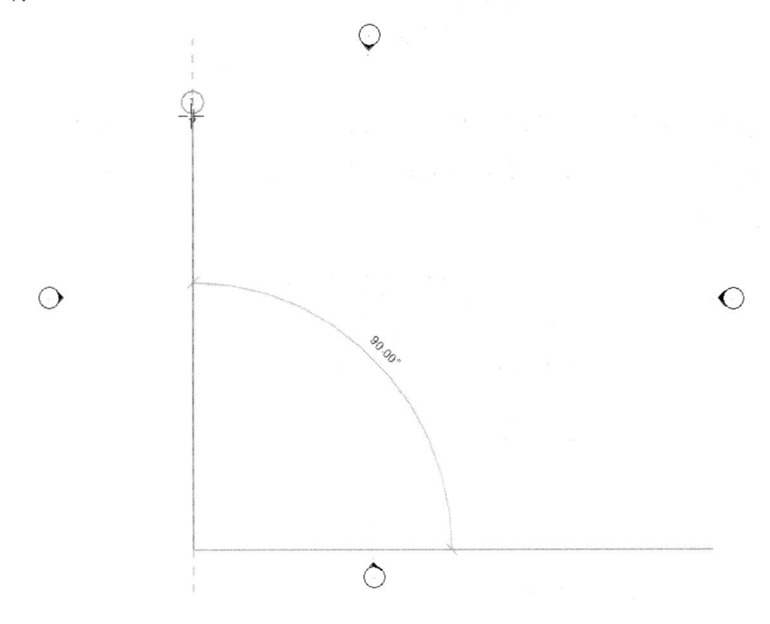

(2) 그리드 명령이 실행된 상태에서 '그리기' 패널에서 '선 선택'을 선택하고 옵션바에서 '간격띄우기' 값을 '8500'으로 설정합니다.

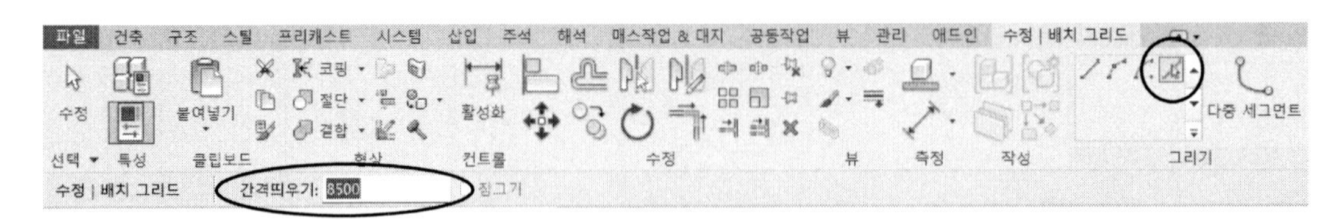

첫 번째 작성한 그리드 오른쪽 옆으로 가져가면 점선이 나타납니다. 이때 클릭합니다. 다음과 같이 그리드가 작성됩니다.

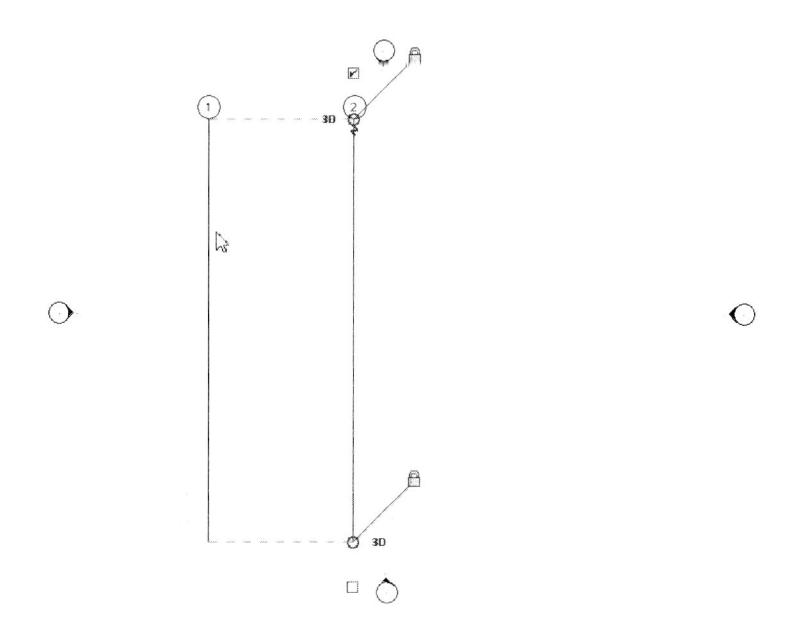

(3) 옵션바의 '간격띄우기' 값을 '12500'으로 설정한 후 직전에 작성한 그리드의 오른쪽을 지정합니다.

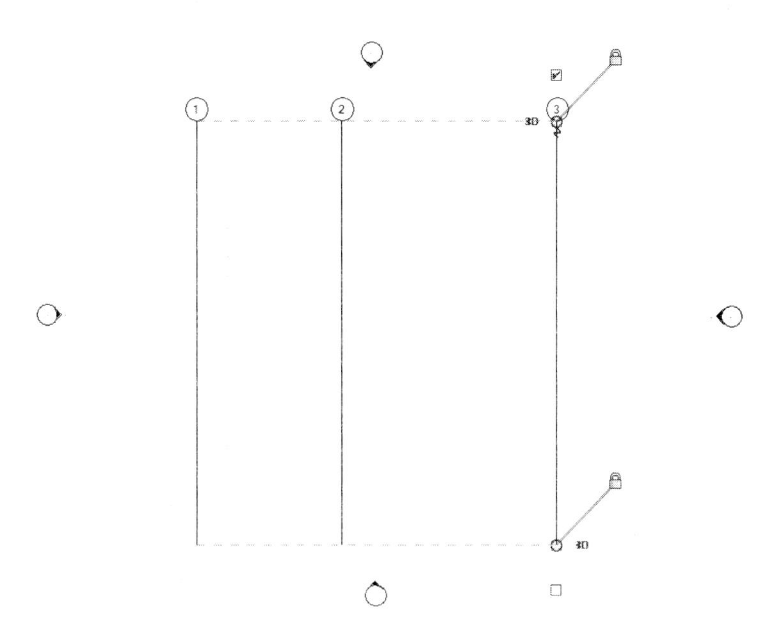

(4) 그리드 명령이 실행된 상태에서 '그리기'패널에서 '선 '을 선택한 후 '간격띄우기' 값을 '0'으로 설정합니다. 다음과 같이 가로 방향의 두 점을 지정합니다.

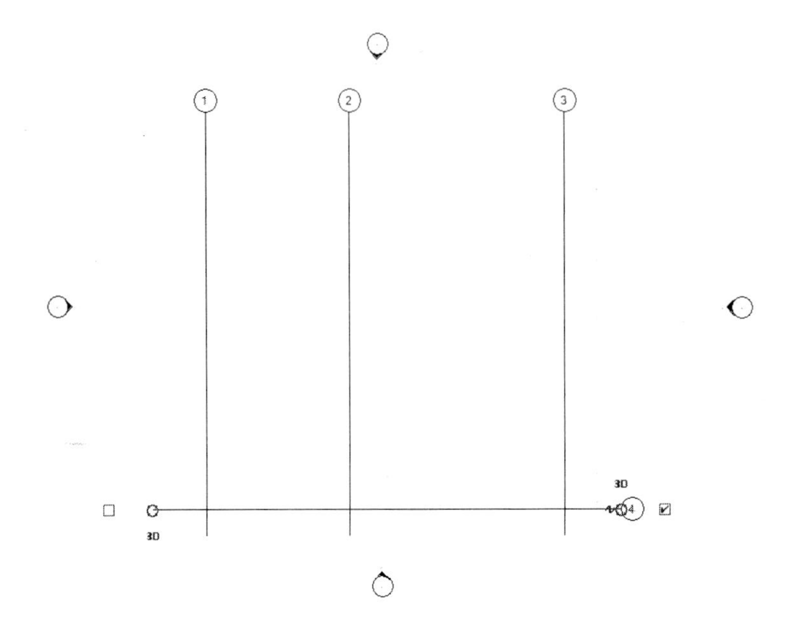

(5) 그리드 명령이 실행된 상태에서 '그리기' 패널에서 '선 선택 '을 선택하고 옵션바에서 '간격띄우기' 값을 '4000'으로 설정합니다. 마우스를 직전에 작성한 가로 방향의 그리드의 위쪽으로 가져가면 점선이 나타납니다. 이때 클릭합니다.

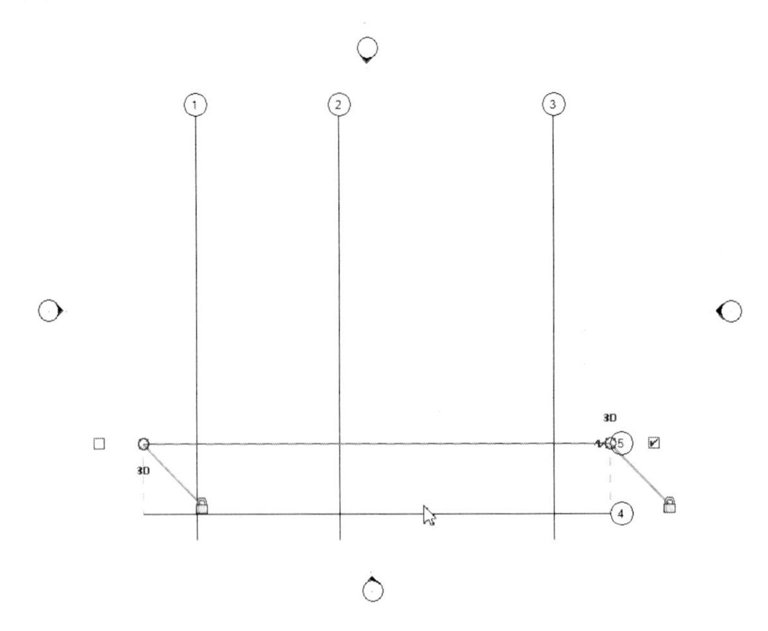

(6) 이와 같은 방법으로 차례로 '2000', '11000', '2000', '4000'을 지정하여 그리드를 작성합니다. 다음 과 같이 작성됩니다. 치수는 설명을 위해 표기한 것이므로 실제는 표시되지 않습니다.

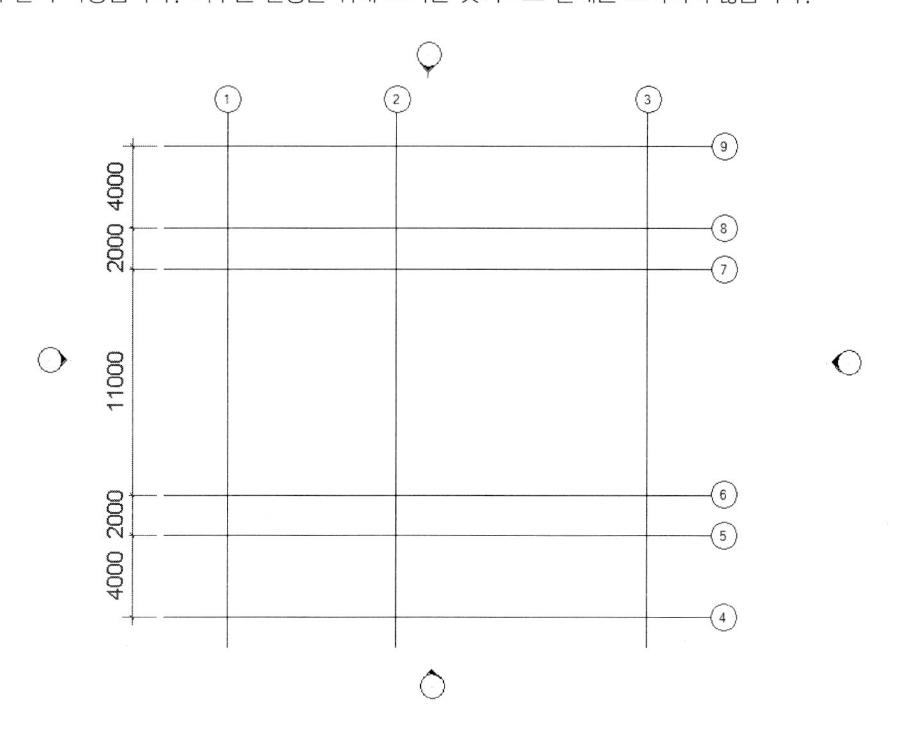

참고 그리드 길이의 수정

그리드 길이를 수정하려면 수정하고자 하는 그리드를 선택합니다. 그러면 양쪽 끝단에 파란색 원이 나타납니다. 이 원을 드래그하여 길이를 조정합니다. 클릭을 했을 때 다음과 같이 원 아래에 파란색 원이 나타나고 바로 옆에 '3D'라는 문자가 표시됩니다. 이 '3D'문자를 클릭하면 '2D'로 바뀝니다. '3D'는 모든 뷰(평면, 입면, 단면)에서 그리드의 길이가 수정되지만 '2D'가 표시된 상태에서는 조정하면 현재 뷰의 선택된 그리드만 수정됩니다.

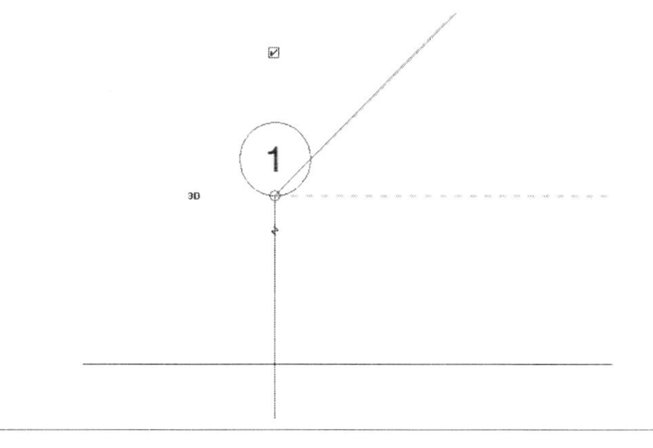

(7) 그리드 번호를 수정해보겠습니다. 수정하고자하는 그리드 번호를 더블클릭합니다. 편집 모드로 바뀌면 그리드 번호(예: X1)를 입력합니다. 이와 같은 방법으로 차례로 그리드 번호를 수정합니다. 다음과 같이 수정됩니다.

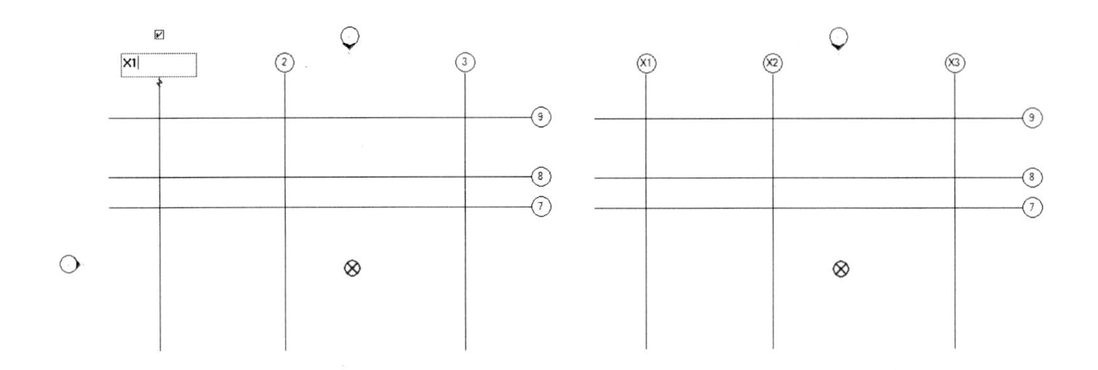

TIP 그리드를 작성할 때 첫 그리드 번호를 'X1'으로 설정한 후 그리드를 작성하면 자동으로 'X2', 'X3'로 번호가 자동으로 부여됩니다.

(8) 이와 같은 방법으로 세로열 번호도 'Y1', 'Y2' 형식으로 바꿉니다. 다음과 같이 그리드가 작성됩니다.

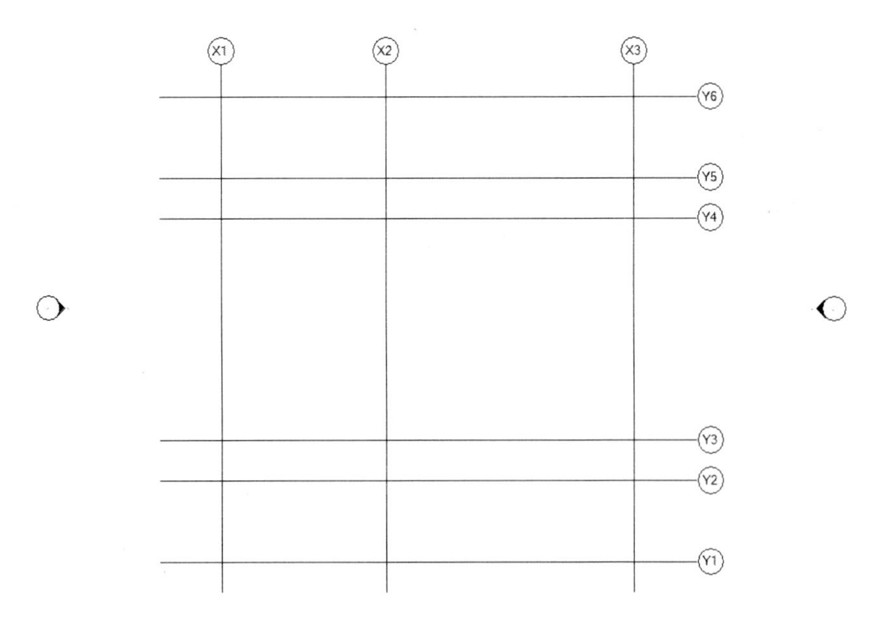

2. 바닥 및 벽체 모델링

그리드를 바탕으로 바닥과 벽체를 모델링합니다.

01. 바닥 슬라브

(1) 그리드를 바탕으로 바닥 슬라브를 모델링하겠습니다. '1층 평면도'를 펼칩니다. '건축-빌드-바닥(Floor)'을 클릭합니다. 유형 선택기에서 '바닥 일반 150mm'를 선택합니다.

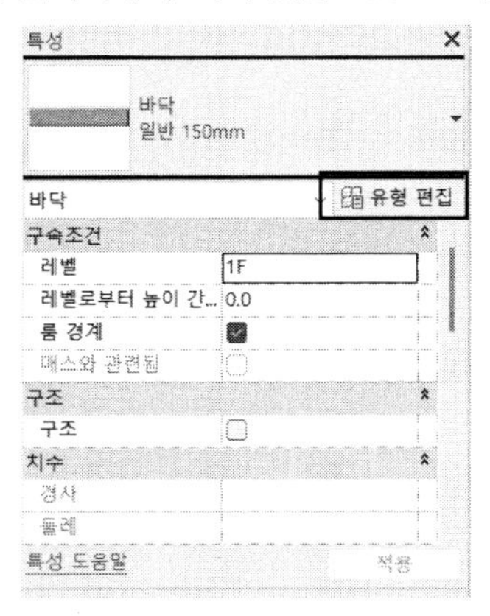

(2) 선택한 유형을 복제하여 새로운 유형을 만들겠습니다. '유형 편집'을 클릭합니다. [복제(D)]를 클릭한 후 '이름' 대화상자에서 '일반 200mm'를 입력합니다.

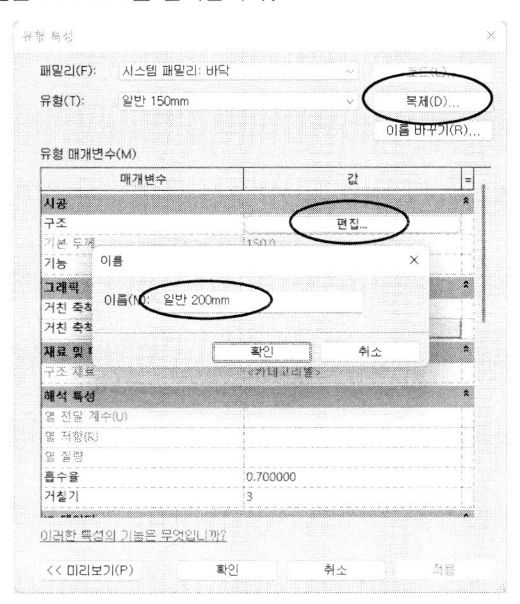

(3) '구조'의 [편집] 버튼을 클릭합니다. 다음의 대화상자에서 구조 두께를 '200'으로 수정한 후 [확인]을 클릭합니다. 그러면 '일반 200mm'라는 새로운 유형이 만들어집니다.

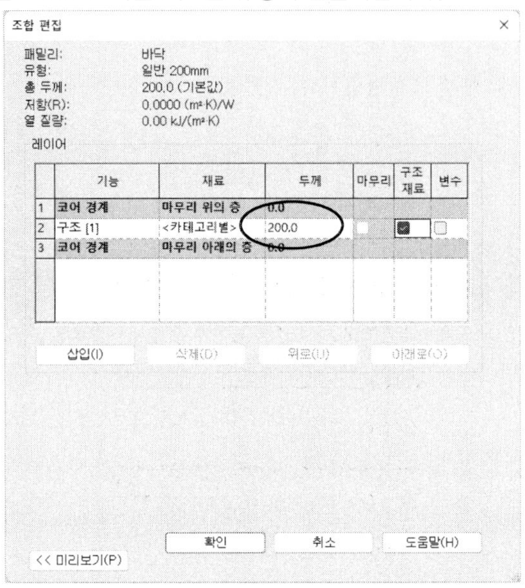

(4) 유형 선택기에 '바닥 일반 200mm'가 선택된 것을 확인한 후 '그리기' 패널에서 '직사각형'을 선택합니다.

바닥 슬라브를 작성할 두 점을 지정한 후 '편집 모드 완료✔'를 클릭합니다.

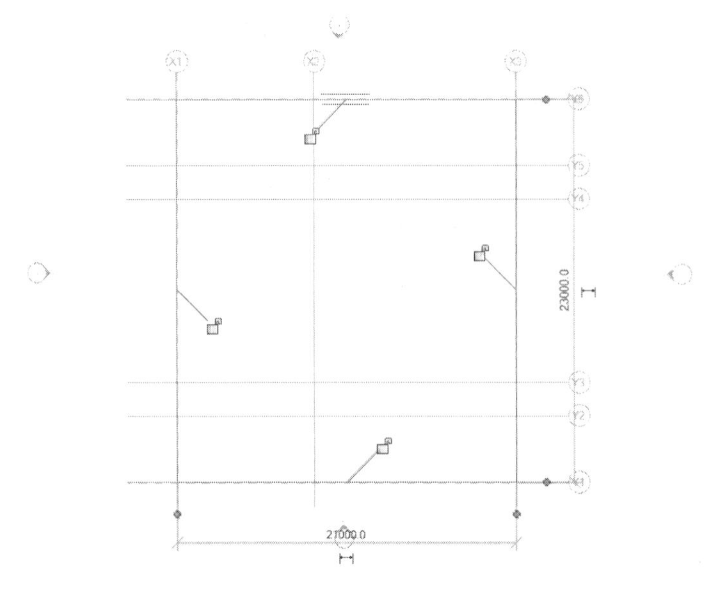

(5) 다음과 같이 바닥 슬라브가 작성됩니다.

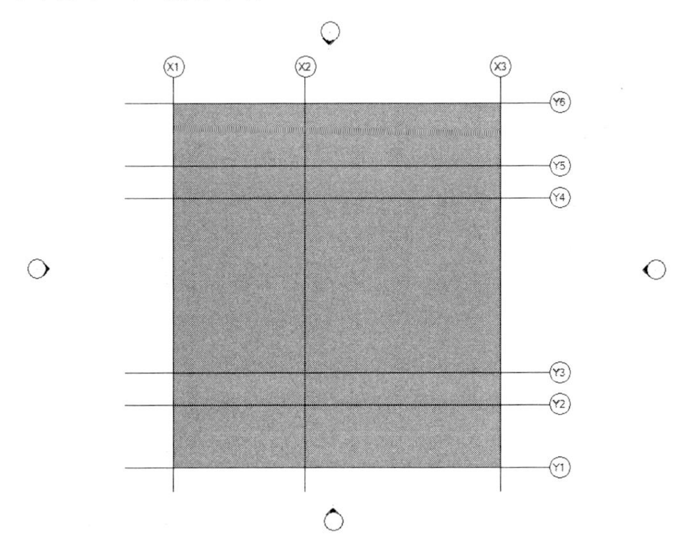

02. 벽체

벽체를 모델링합니다.

(1) '건축-빌드-벽: 건축(Wall) '을 클릭합니다. 옵션바의 '높이'를 '2F'로 지정하고 '위치선'은 '마감면: 외부', '체인'은 체크합니다. 유형 선택기에서 '기본 벽 일반 200mm'를 선택합니다.

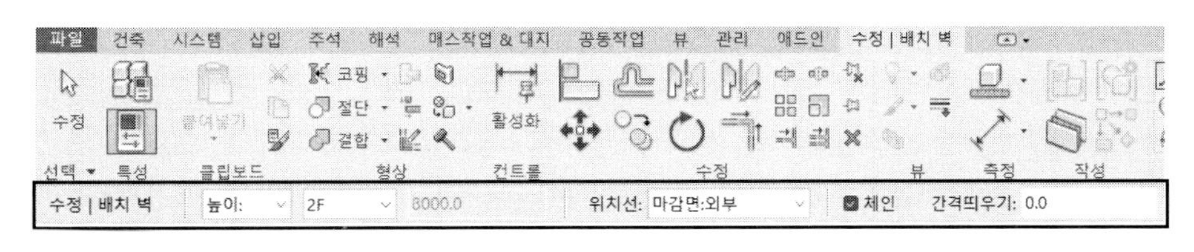

참고 벽 그리기 옵션

(1) 높이/깊이 : 베이스 구속조건과 함께 사용하여 벽을 지정된 레벨 위로 또는 아래로 그릴지 여부를 지정합니다.

(2) 상단 기준 : 벽의 상단이 어느 레벨의 높이까지 모델링할지 지정합니다. '미연결'은 별도의 값을 입력하여 지정합니다.

(3) 위치선 : 커서에 정렬하거나 도면 영역에서 선택할 선 또는 면에 정렬할 벽의 수직 기준면을 선택합니다.

(4) 체인 : 클릭한 끝점에서 계속 이어 작도하려면 체크(∨)합니다. 체크하지 않으면 벽체의 시작점과 끝점을 반복해서 지정해야 합니다.

(5) 간격띄우기 : 현재 위치로부터 지정한 간격에 벽이 모델링됩니다.

(2) 벽체를 모델링할 그리드 교차점을 차례로(P1~P5) 지정합니다. 다음과 같이 지정한 위치에 벽체가 모델링됩니다.

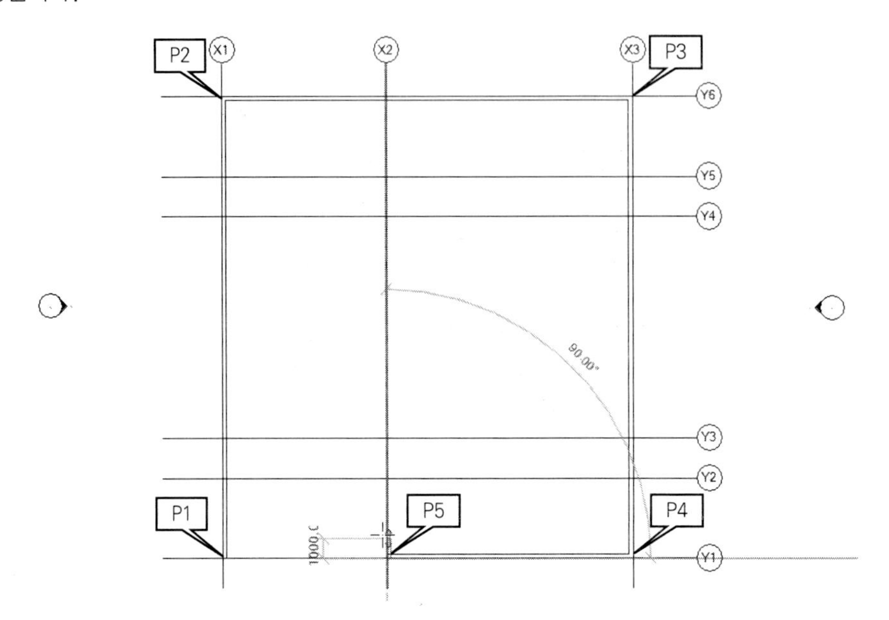

(3) P5점에서 커서를 위쪽으로 맞추고 숫자 '1500'을 입력한 후 〈엔터〉를 누릅니다. 그러면 위쪽으로 '1500'만큼 벽체가 모델링됩니다.

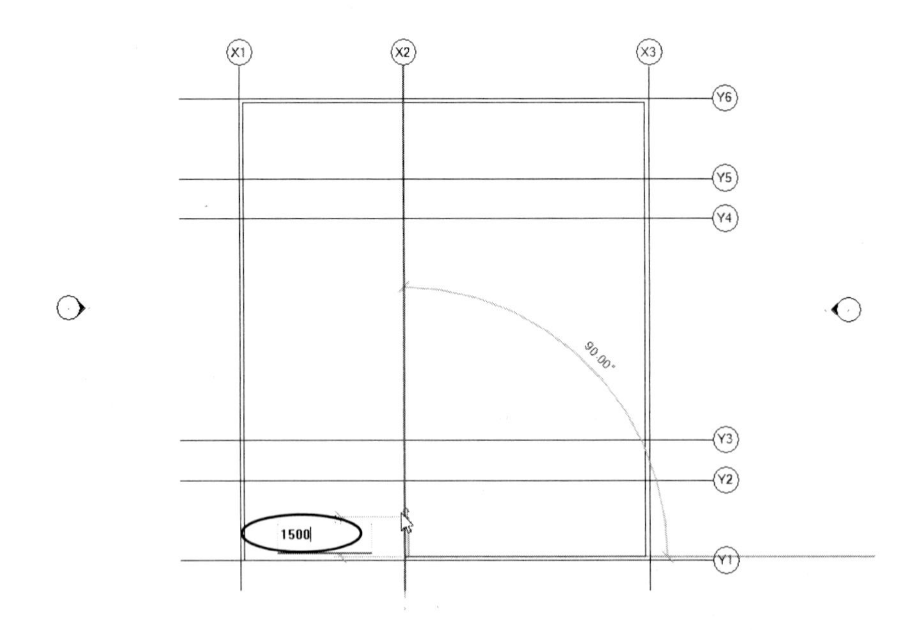

(4) 왼쪽 방향으로 적당한 위치를 클릭한 후 벽 작도 기능을 종료합니다. 다음과 같이 모델링됩니다.

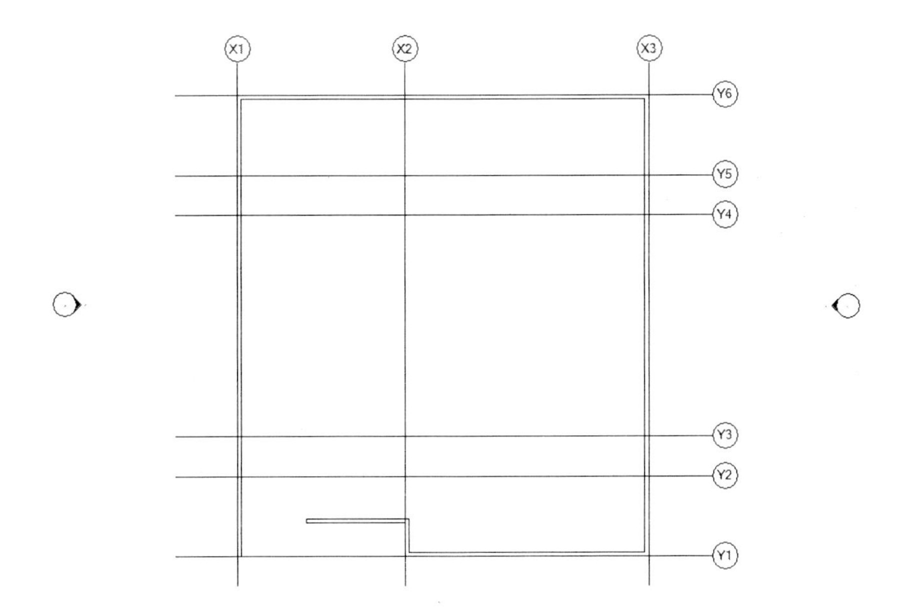

(5) 편집 기능을 이용하여 벽체를 연결합니다. '수정-수정-코너로 자르기/연장(Trim/Extend to Corner) '을 클릭합니다. 연결하고자 하는 두 벽체를 선택합니다.

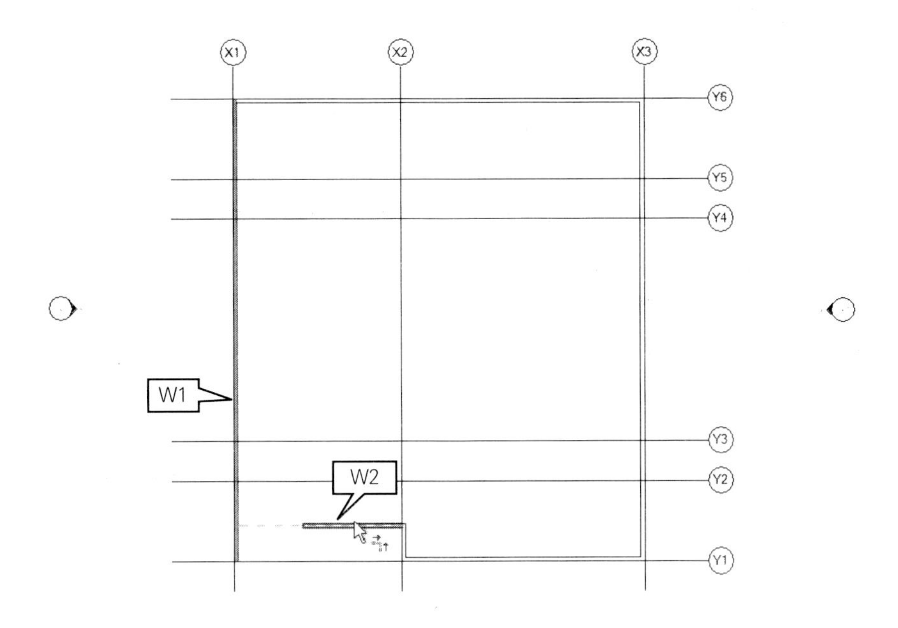

다음과 같이 연결되어 외벽이 완성됩니다.

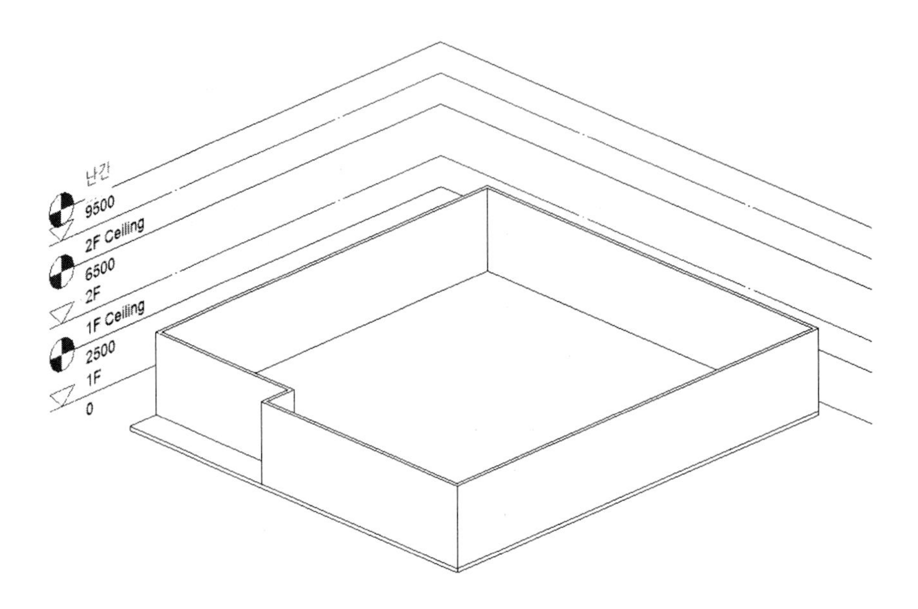

(6) 내벽을 모델링하겠습니다. '건축-빌드-벽: 건축(Wall)'을 클릭합니다. 옵션바의 '높이'를 '1F Ceiling'으로 지정하고 '위치선'은 '벽 중심선', '체인'을 체크합니다. 유형 선택기에서 '기본벽 실내 135mm 칸막이(2시간)'을 선택합니다.

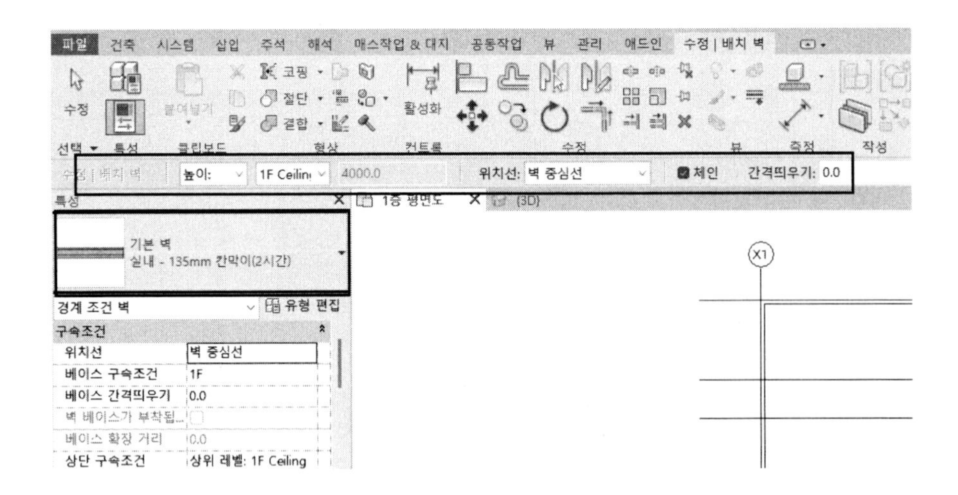

(7) 시작점은 Y5와 X3의 교차점(P1)을 지정한 후 Y5와 X2의 교차점(P2)을 지정한 후 Y6와 X2의 교차점 (P3)을 지정합니다.

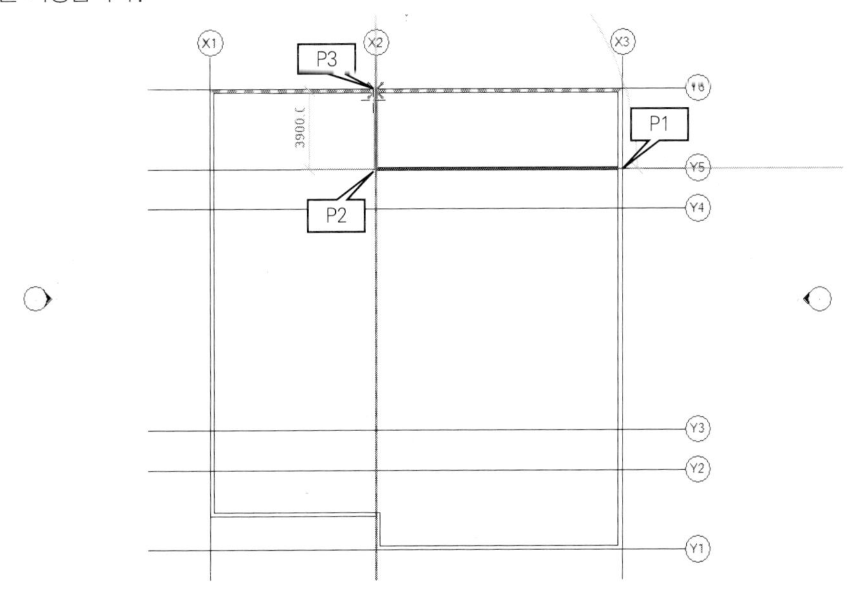

(8) 이어서 다음과 같은 길이로 벽체(파티션)를 모델링합니다. 이때 왼쪽 벽체를 선택한 후 '2500','5000', '5000' 간격으로 복사합니다.

적당한 위치에 벽체(파티션)를 모델링한 후, 치수를 기입하여 간격을 조정합니다.

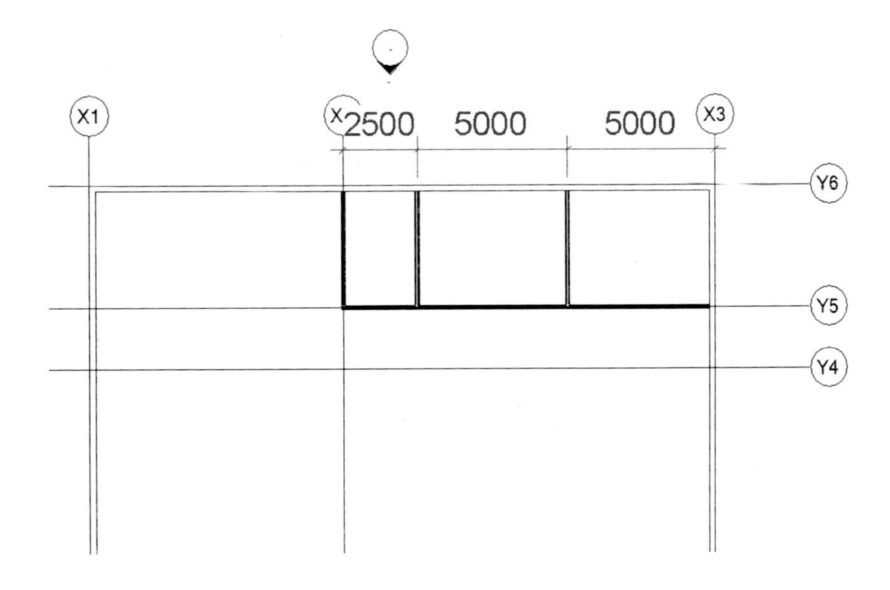

X1까지 벽체를 모델링합니다. 다음과 같이 모델링됩니다.

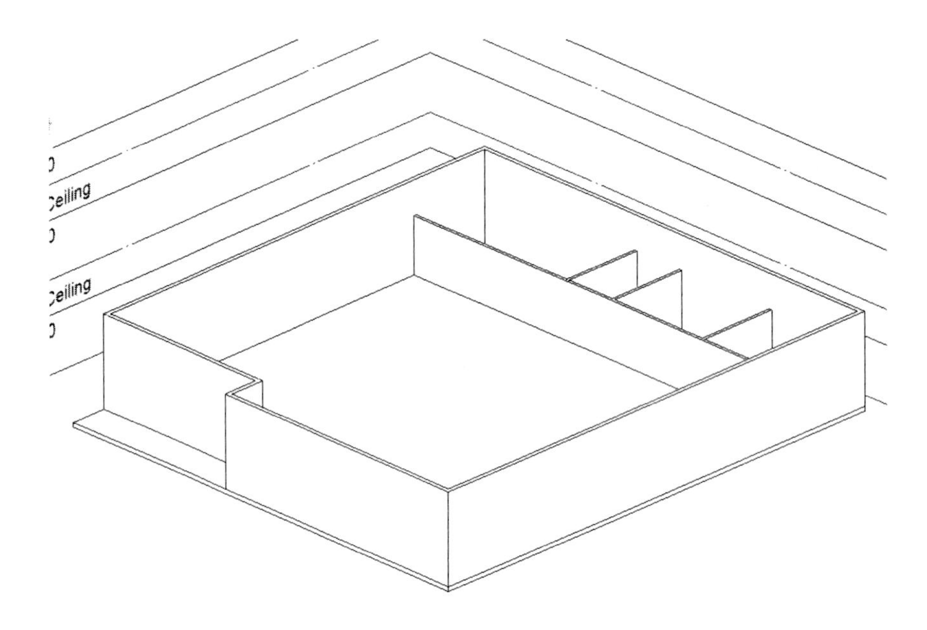

(9) 아래쪽은 다음과 같은 치수로 벽(파티션)을 모델링합니다.

TIP 외벽과 내벽을 일치하려면 '수정-수정-정렬' 기능을 이용하여 내벽을 일직선으로 일치시킵니다.

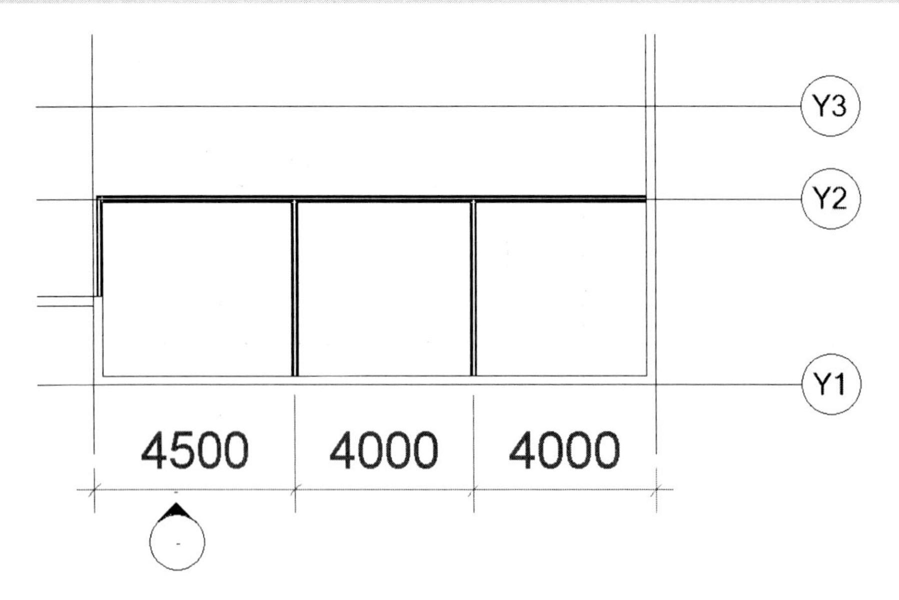

3D 뷰로 보면 다음과 같이 모델링됩니다.

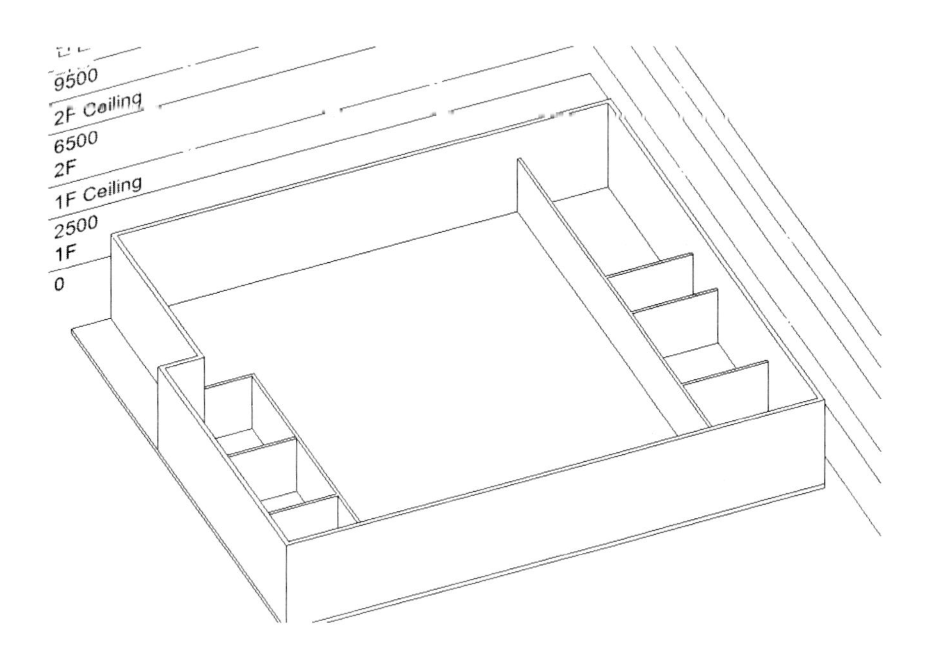

(10) 가운데 화장실과 계단실을 모델링합니다. 다음의 치수로 모델링합니다.

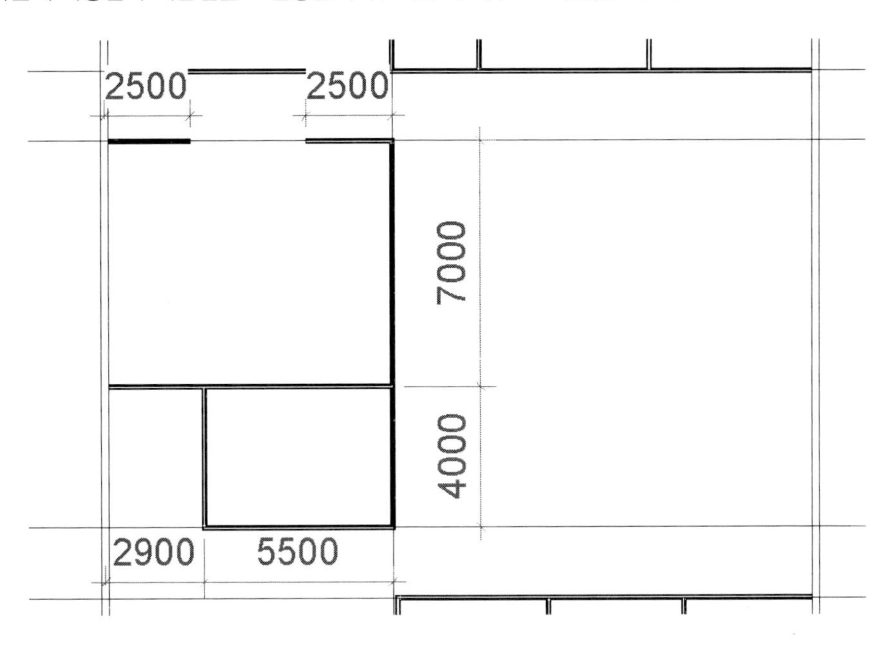

(11) 다음의 치수로 화장실 입구의 파티션을 모델링합니다.

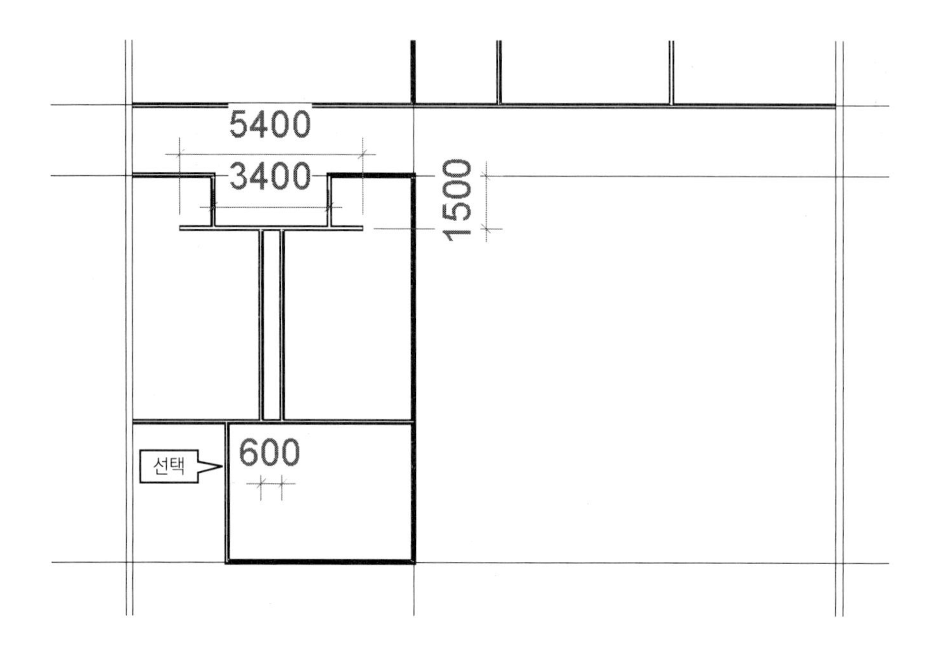

(12) 다음은 파티션 중 내력벽에 해당되는 벽을 2층 슬라브에 연결(연장)하겠습니다. 연장하고자 하는 벽을 선택한 후 특성 팔레트에서 '상단 구속조건'을 '상위 레벨: 2F'를 지정합니다.

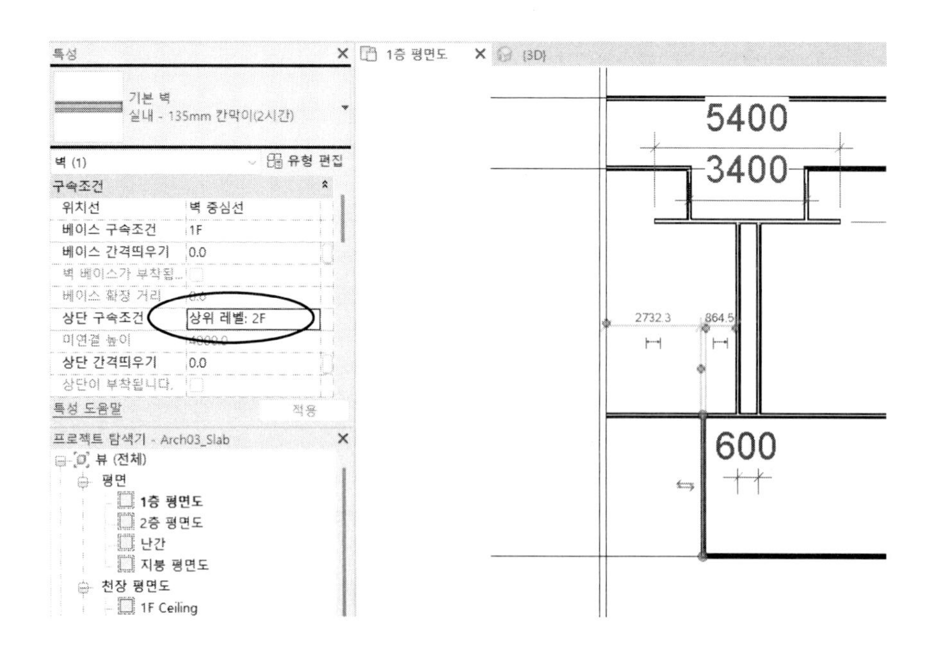

다음과 같이 벽체가 2층 슬라브까지 연장됩니다.

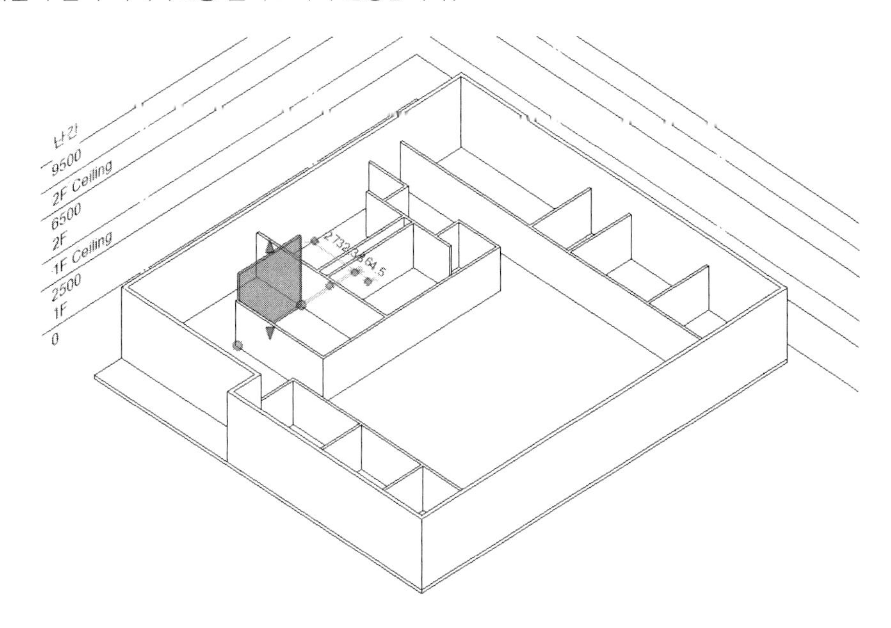

(13) 연결된 벽체 중 일부를 연장하려면 중간을 끊어야 합니다. '수정-수정-요소 분할(SPLIT) '을 클릭합니다. 칼자루 아이콘이 나타나면 절단하고자 하는 벽체를 선택합니다.

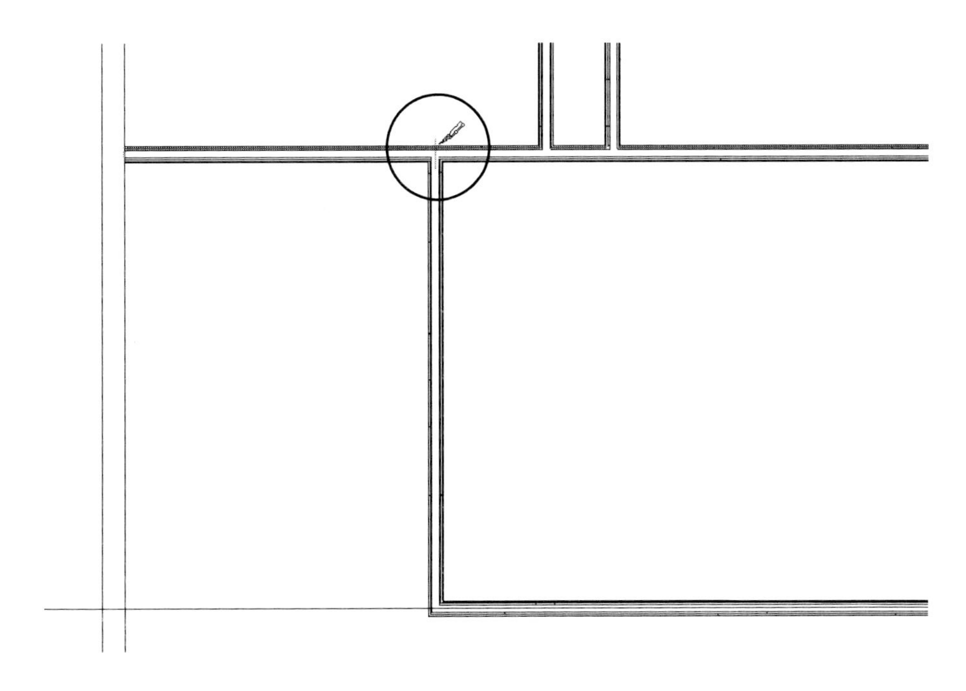

다음과 같이 벽이 잘렸습니다.

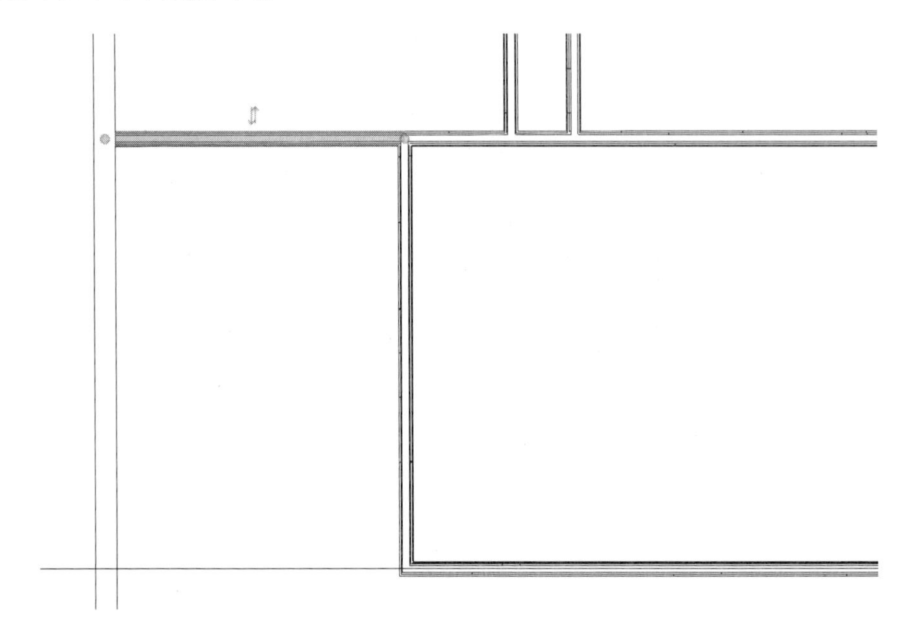

(14) 기계실, 계단실 벽체를 '상위 레벨: 2F'까지 연장합니다. 분할한 벽체를 선택한 후 특성 팔레트에서 '상단 구속조건'을 '상위 레벨: 2F'를 지정합니다. 계단실도 동일한 방법으로 위쪽으로 연장합니다.

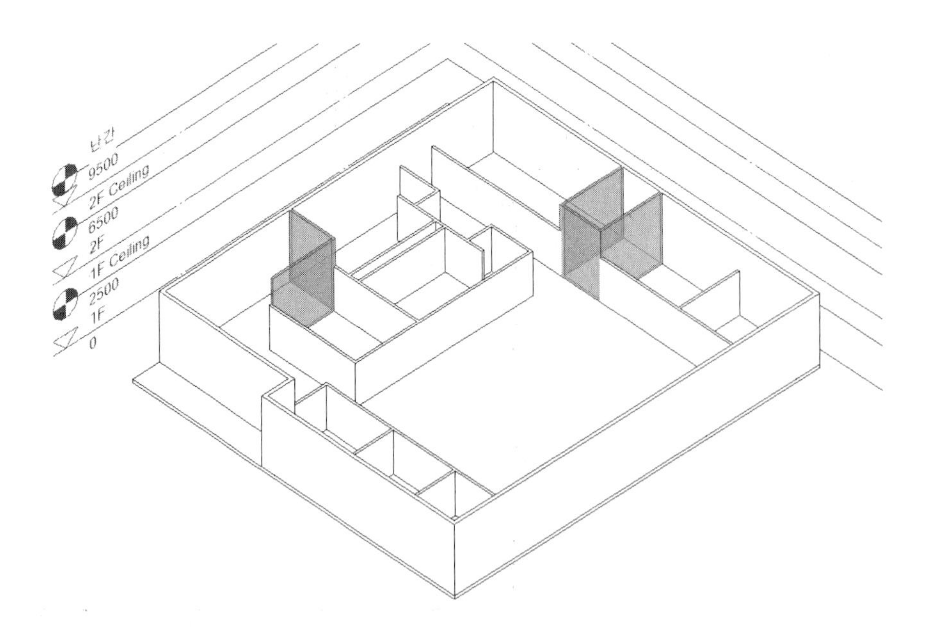

(15) 화장실의 내부 파티션을 모델링합니다. 벽의 유형은 '실내 79mm 칸막이(1시간)'을 선택합니다.

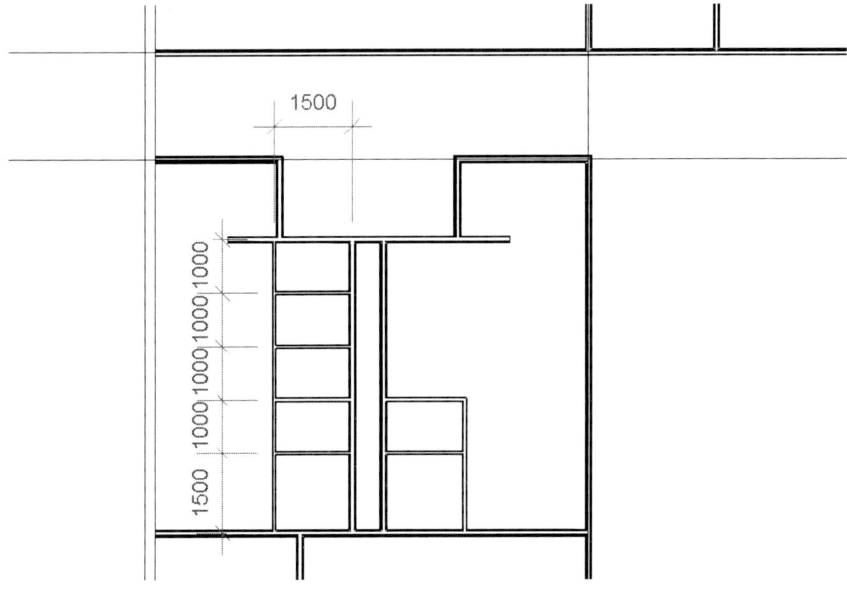

다음과 같이 모델링됩니다.

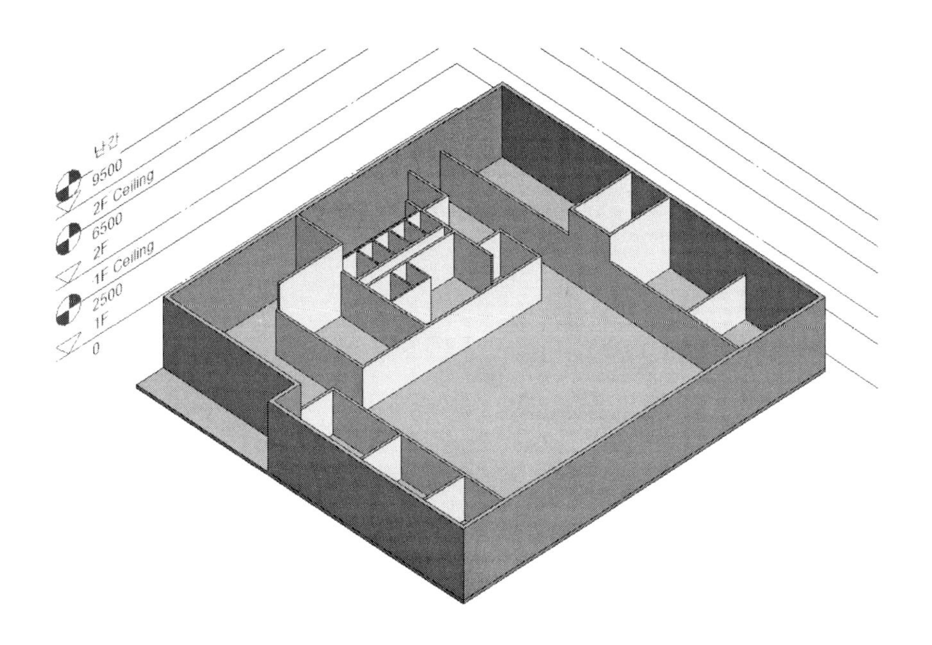

3. 문과 창호 모델링

벽체를 기준으로 문과 창호를 모델링합니다.

01. 문

이번에는 벽체에 문을 배치하겠습니다.

(1) '건축-빌드-문(Door)'을 클릭합니다. 유형 선택기에서 '목재 외여닫이문 900 x 2100mm'를 선택합니다. 문을 배치하고자 하는 위치를 지정합니다. 다음과 같이 벽으로부터 '150'만큼 떨어진 위치를 지정합니다.

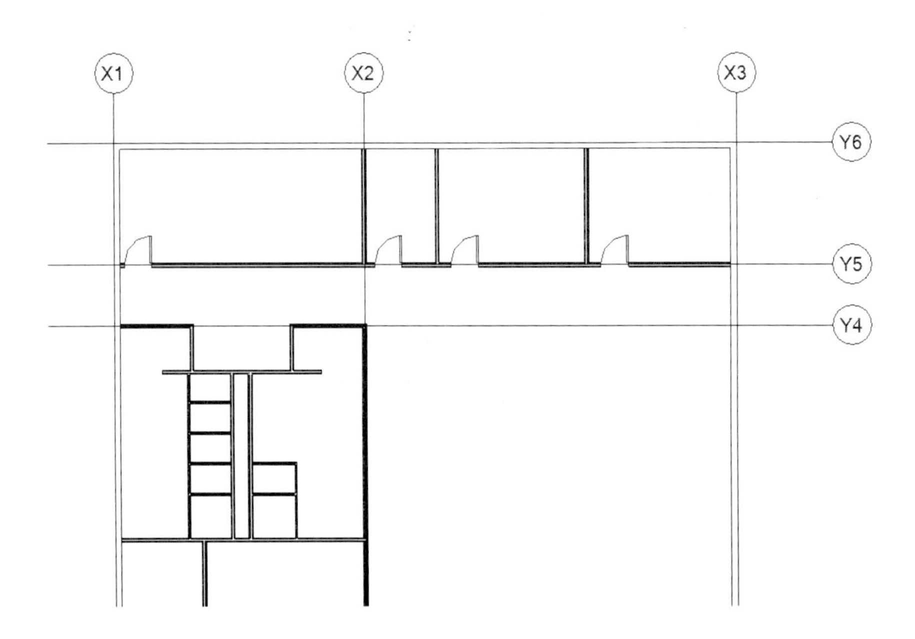

참고 문의 배치 위치 수정

문을 배치한 후 벽체로부터 간격을 조정하려면 먼저 배치한 문을 선택합니다. 선택한 문을 중심으로 임시 치수가 나타납니다. 조정하고자 하는 부위의 치수를 입력(예: 150)합니다.

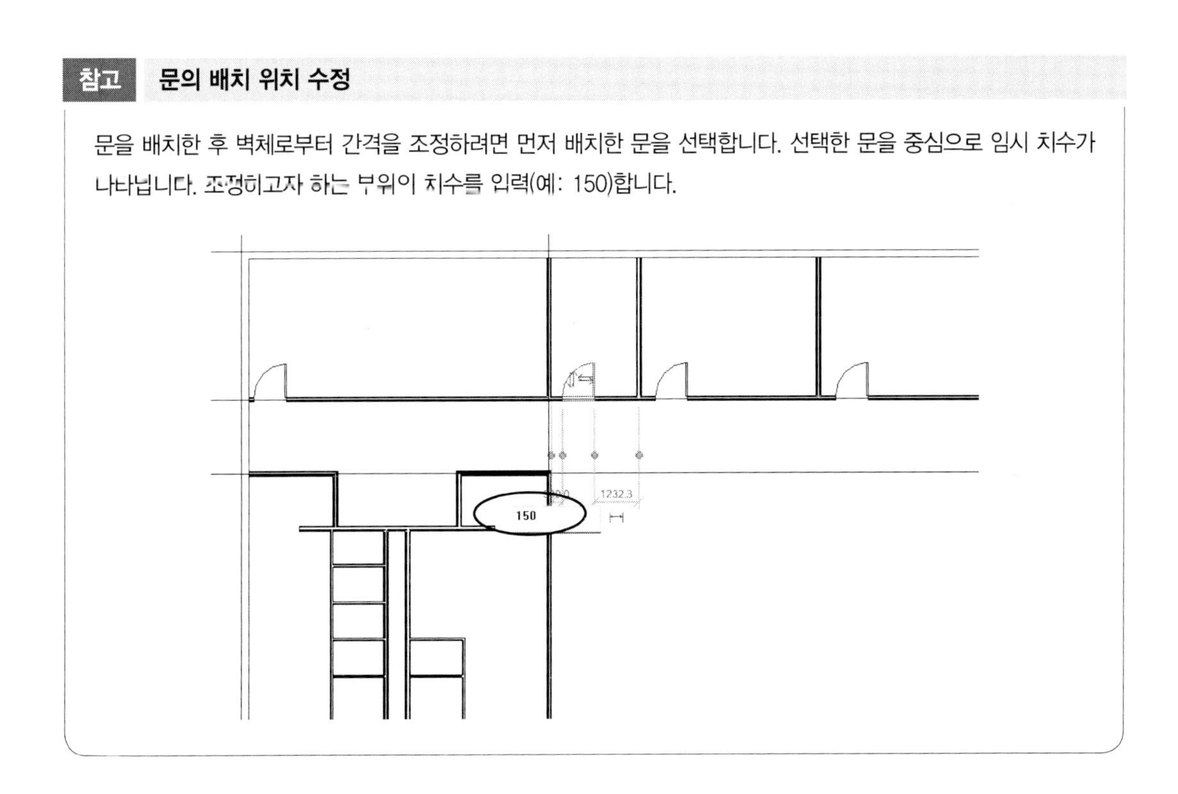

(2) 이와 같은 방법으로 다음과 같이 문을 배치합니다.

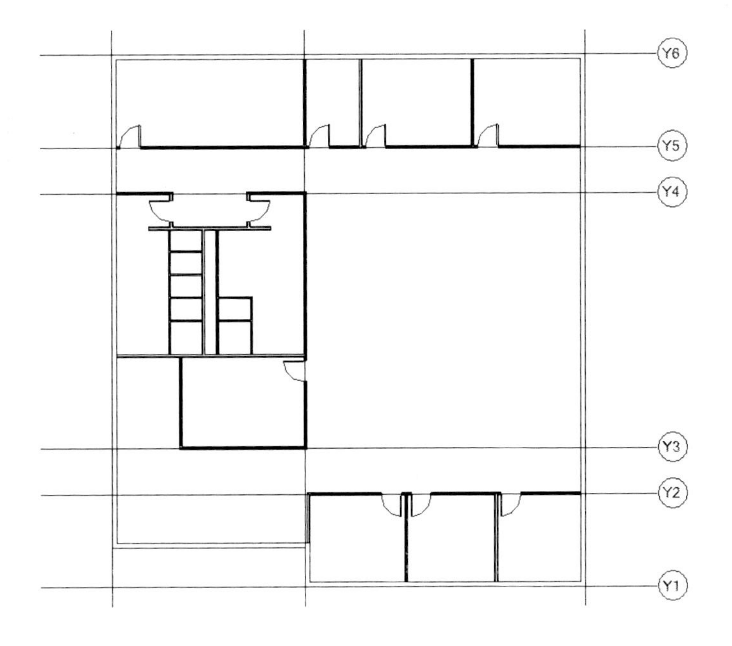

(3) 다음은 현관 문을 배치하겠습니다. 현재 프로젝트 파일에 로드되어 있지 않은 문을 배치하려면 문 패밀리를 로드해야 합니다. '건축-빌드-문(Door) '을 클릭한 후 '수정|배치 문 - 모드-패밀리 로드(Load Family) '를 클릭합니다.

패밀리 로드 대화상자에서 '이중-유리 1.rfa'를 선택한 후 [열기(O)]를 클릭합니다.

참고 패밀리 다운로드 위치

Revit을 설치하게 되면 기본 라이브러리가 제공되는데 정상적으로 설치되지 않았을 경우는 패밀리 로드 대화상자에서 〈F1〉키를 눌러 도움말 페이지에서 컨텐츠 다운로드 페이지를 클릭하여 다운로드합니다.

패밀리 로드

프로젝트에 패밀리를 로드하는 경우 기본적으로 Revit 패밀리 라이브러리에 액세스됩니다.

이 라이브러리는 %ALLUSERSPROFILE%\Autodesk\RVT 2023 Release₩Libraries에 있습니다.

사무실에서 다른 위치에 있는 다른 컨텐츠 라이브러리를 사용하는 경우 시스템에서 기본적으로 이 라이브러리에 액세스할 수 있습니다.

주: 응용프로그램 설치 중에 컨텐츠는 설치되지 않습니다. 컨텐츠 다운로드 페이지에서 컨텐츠를 다운로드하고 설치합니다.

패밀리를 로드하려면

1. 삽입 탭 ▸ 라이브러리에서 로드 패널 ▸ (패밀리 로드)를 클릭합니다.
2. 패밀리 로드 대화상자에서 로드할 패밀리의 카테고리를 두 번 클릭합니다.
3. 카테고리에서 패밀리(RFA)를 미리 봅니다.

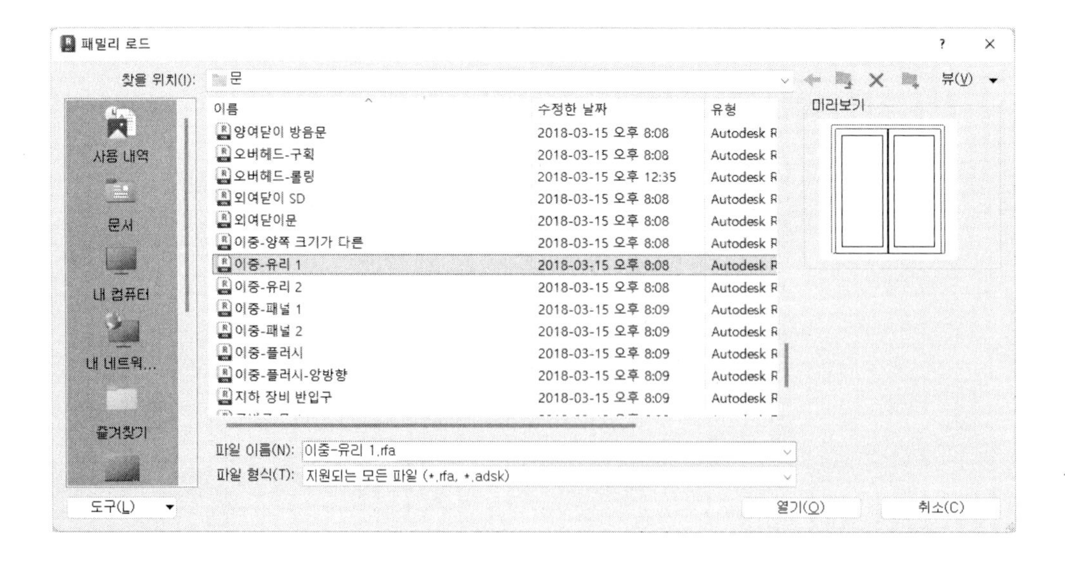

(4) 유형 선택기에서 '1830 x 2134mm'를 선택합니다. 현관 중앙에 배치합니다.

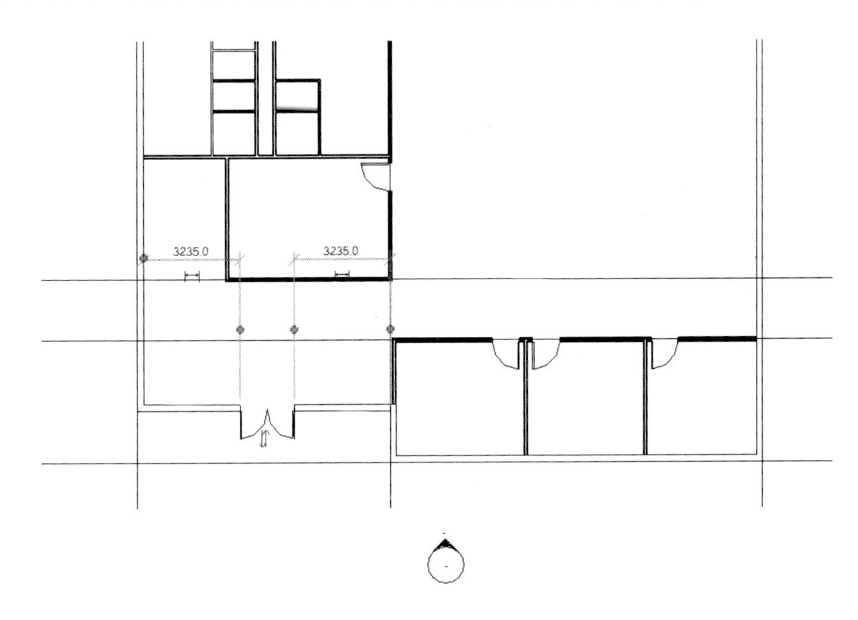

(5) 이와 같은 방법으로 화장실의 문도 배치합니다. 문의 크기를 조정하려면 '유형 편집' 기능을 이용하여 문의 폭과 높이를 조정합니다.

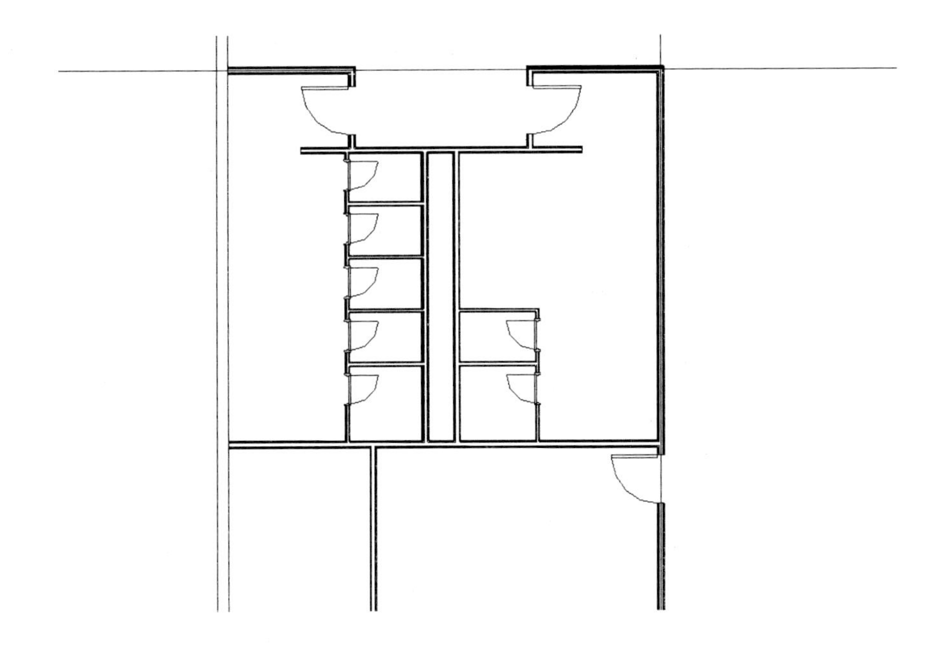

3D 뷰로 보면 다음과 같이 문이 배치됩니다.

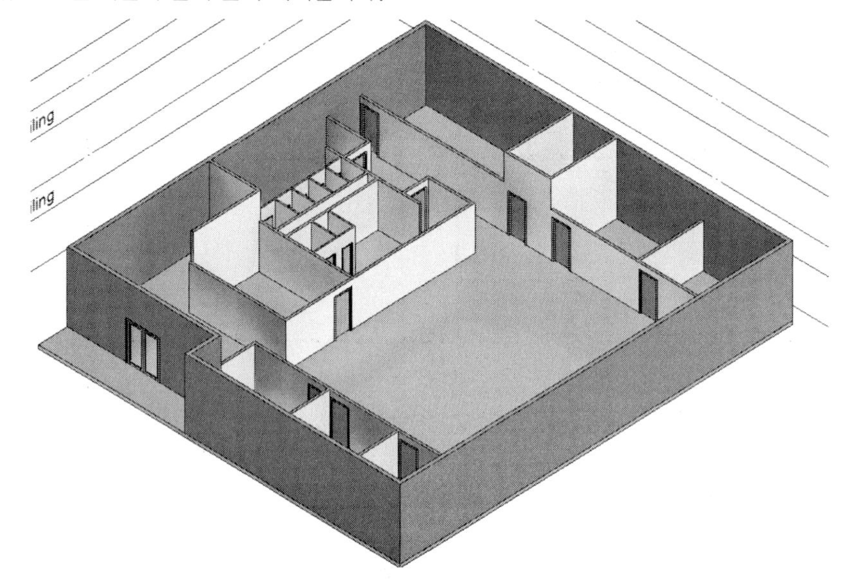

02. 창호

외벽에 창을 배치합니다.

(1) '건축–빌드–창(Window)'을 클릭합니다. 유형 선택기에서 '미닫이 1500 x 1500mm'를 선택합니다. 위쪽과 아래쪽 사무실을 지정하여 창을 배치합니다.

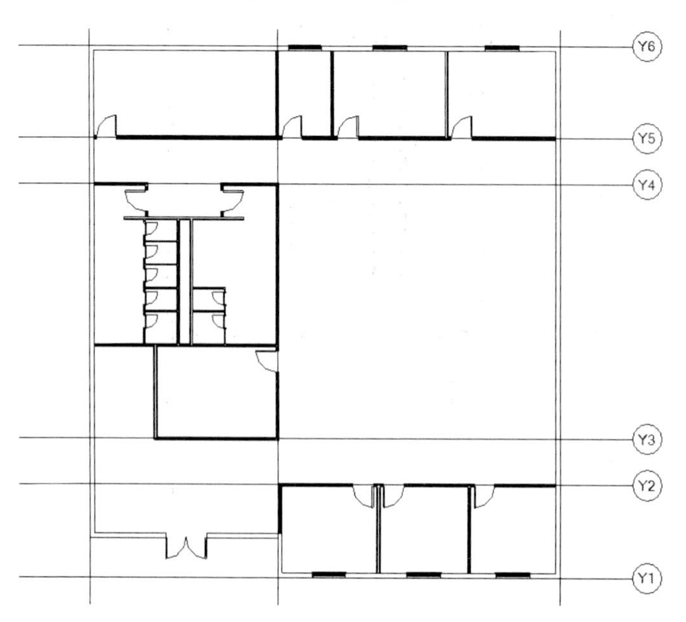

(2) 유형 선택기에서 '3짝 창'을 선택하고 특성 팔레트에서 '씰 높이'를 '1200'으로 설정합니다. 위쪽 사무실(Y5-Y6)과 아래쪽 사무실(Y1-Y2) 벽의 중간 위치를 지정합니다.
3D 뷰로 보면 다음과 같이 창이 배치됩니다.

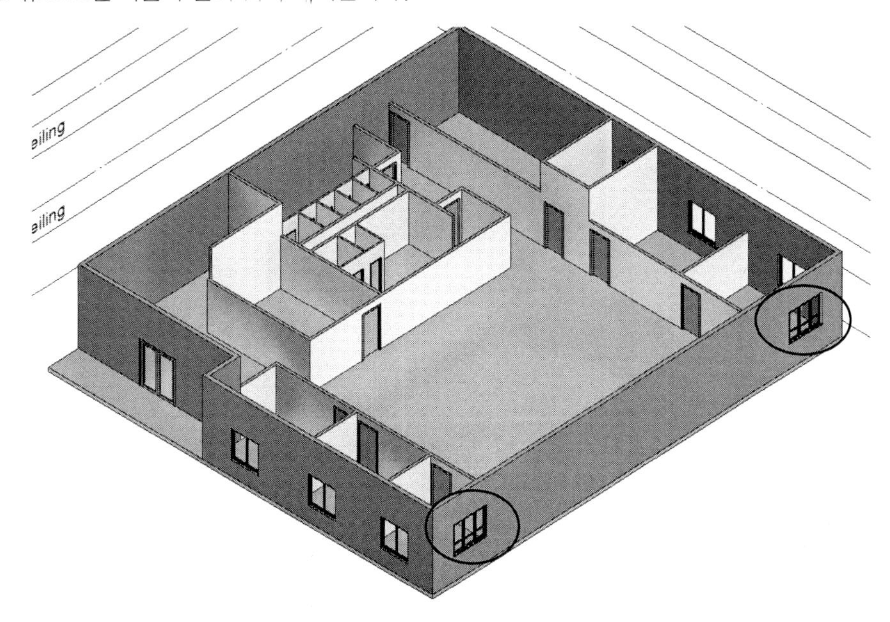

(3) 이번에는 배열(ARRAY) 기능으로 배치하겠습니다. 3짝 창을 Y2와 Y3사이의 벽을 지정하여 배치합니다. 그리드 Y2로부터 위쪽으로 '500'만큼 떨어진 위치에 배치합니다. 적당히 창을 복사한 후 선택하여 임시 치수를 클릭하여 '500'을 입력합니다.

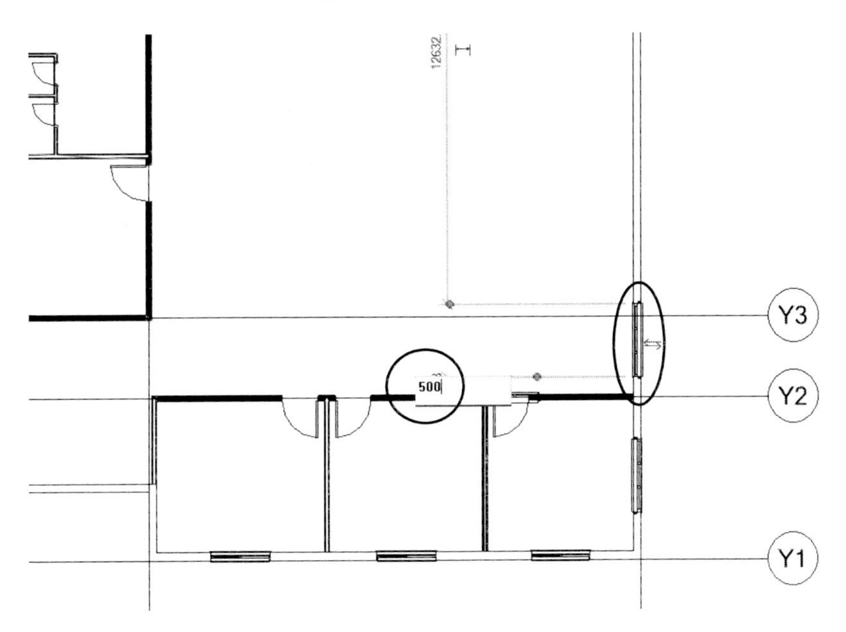

(4) 배치한 창을 선택한 후 '수정|창-수정-배열(ARRAY) ⊞'를 클릭합니다. 옵션바에서 '그룹 및 연관'의 체크를 해제하고 '항목 수'를 '5', '이동위치'를 '두 번째'를 선택합니다. 임의의 한 점을 지정한 후 마우스 커서를 위쪽(배열) 방향으로 맞춘 후 '3000'을 입력한 후 〈엔터〉를 누릅니다.

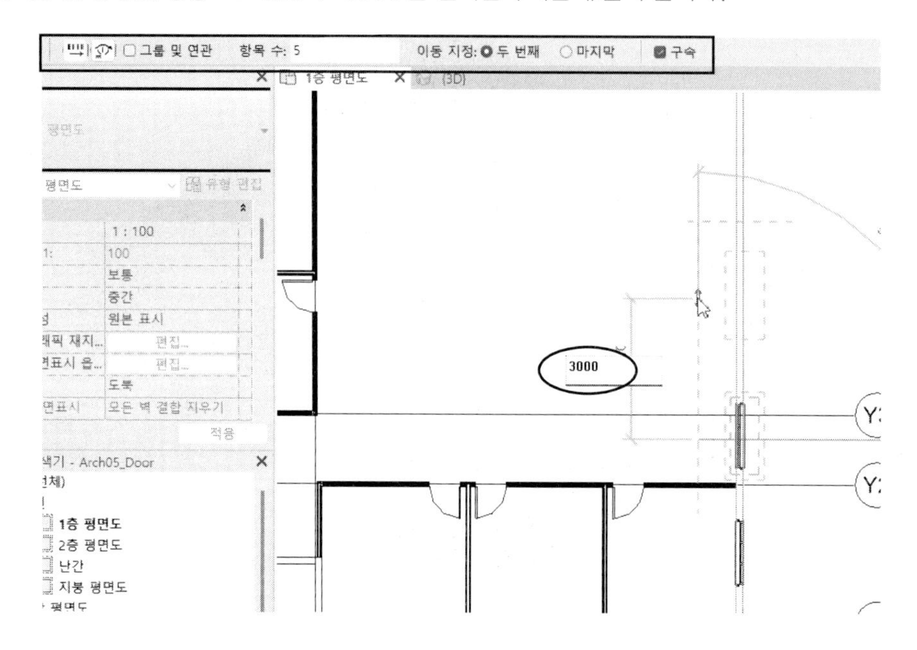

다음과 같이 창이 배열됩니다.

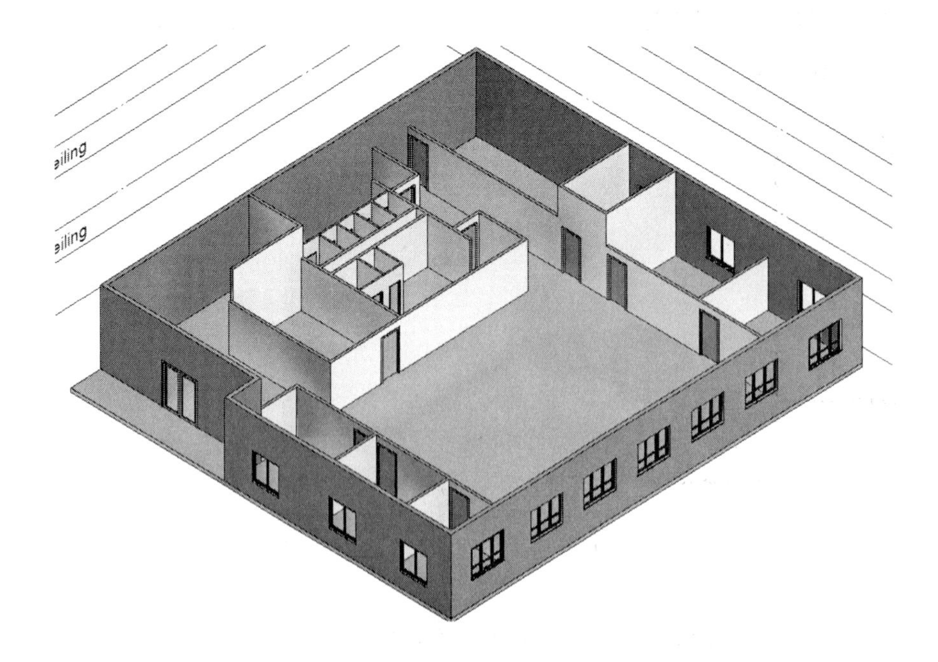

(5) 현관문 양쪽을 비롯해 필요한 위치에 창을 배치합니다. 3D 뷰로 보면 다음과 같이 표시됩니다.

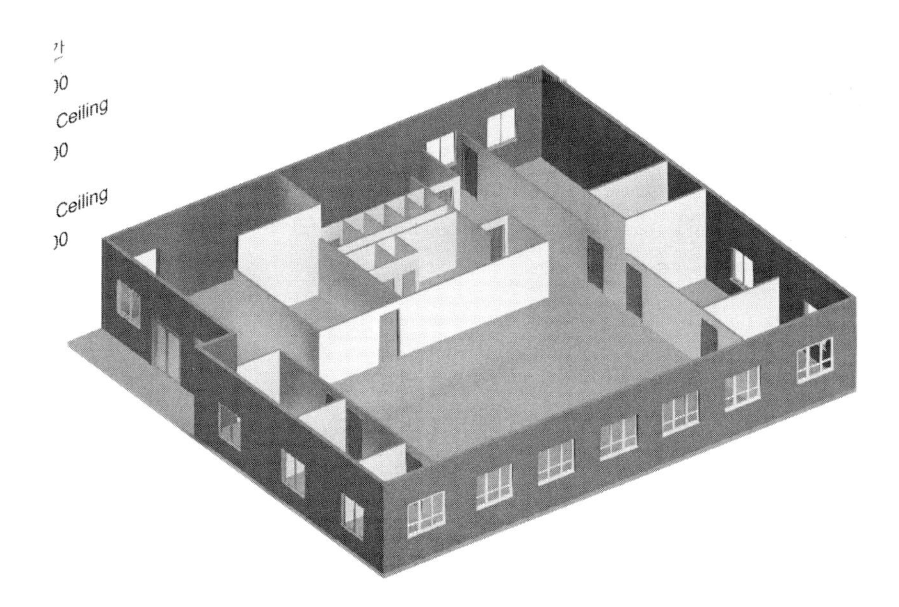

4. 계단 모델링

계단을 모델링합니다.

계단의 환경을 설정하여 모델링합니다.

(1) '건축-빌드-계단(Stair)'을 클릭합니다. 유형 선택기에서 '조합된 계단 190mm 최대 챌판 250mm 진행'을 선택한 후 '상단 레벨'을 '2F'로 설정합니다. [유형 편집]을 클릭합니다.

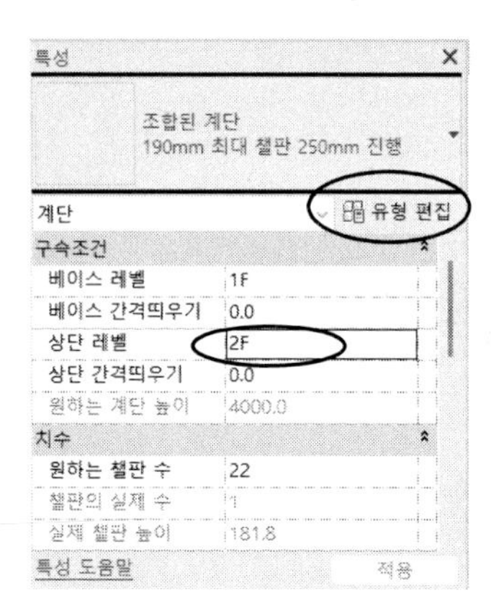

(2) [복제(D)]를 클릭한 후 이름을 지정합니다. 여기에서는 '사무실 계단'으로 지정합니다. '최대 챌판 높이'를 '180'으로 지정하고 '지지'의 '오른쪽 지지'와 '왼쪽 지지' 모두 '캐리지(열림)'으로 지정한 후 [확인]을 클릭합니다.

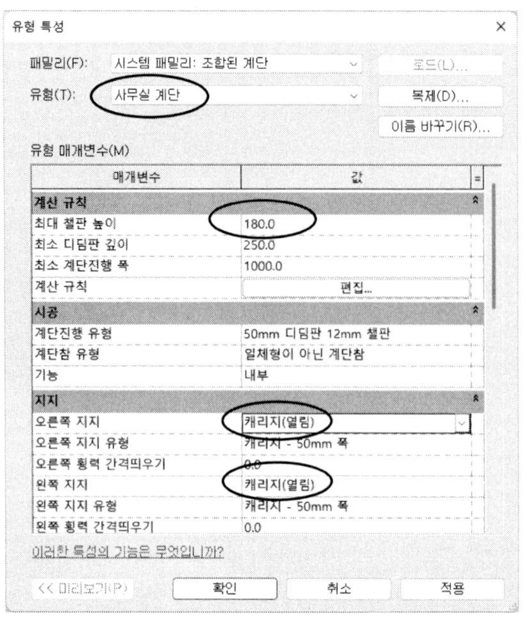

(3) 특성 팔레트에서 '상단 레벨'을 '2F', '원하는 챌판 수'를 '24'로 설정하고, 옵션바에서 '위치선'을 '계단 진행: 왼쪽', '간격띄우기'를 '0', '실제 계단 폭'을 '1200', '자동 계단참'을 체크합니다.

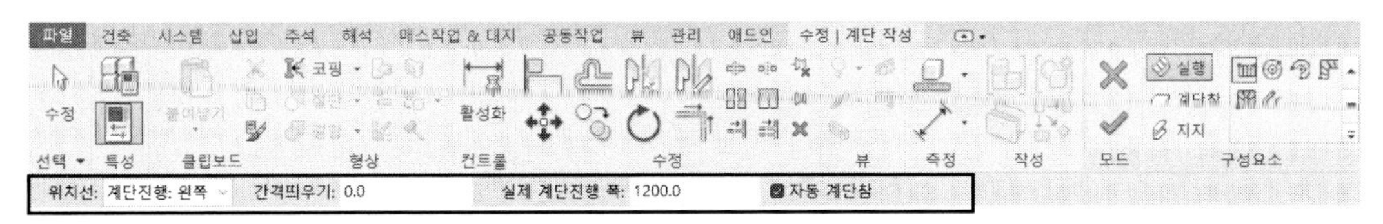

리본 메뉴 맨 끝에 있는 '난간'을 클릭합니다. 다음의 대화상자에서 앞에서 정의한 난간을 선택합니다.

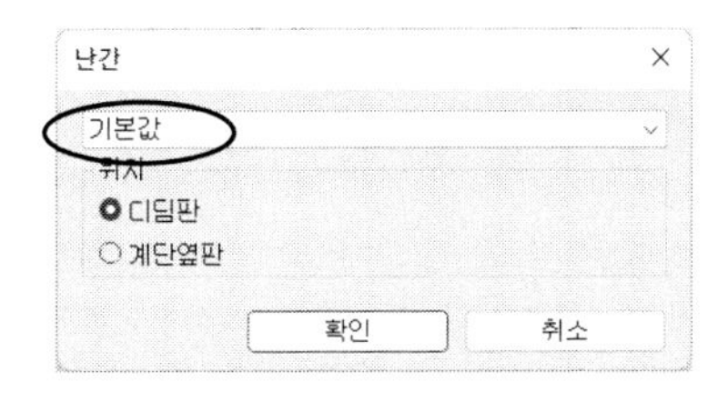

(4) 계단의 시작점을 지정한 후 마우스 커서를 계단의 진행 방향으로 가져가면 희미한 글씨로 '12개의 챌판이 작성됨. 12개 남음'이 나타날 때 클릭합니다. 오른쪽 방향의 직각이 되는 부분을 지정합니다.

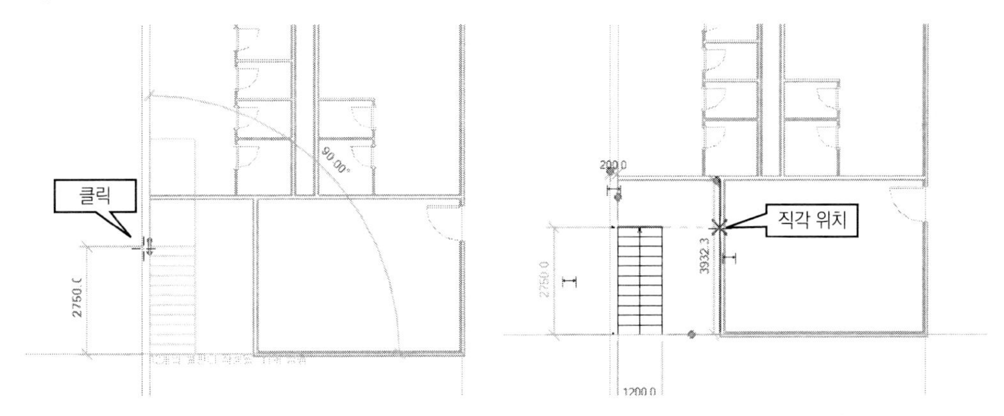

(5) 다음과 같이 계단이 작성됩니다. 계단 참이 벽체에 면하지 않는 경우는 벽체는 그립을 드래그하여 벽체에 맞춥니다. 벽쪽의 난간을 선택하여 삭제합니다.

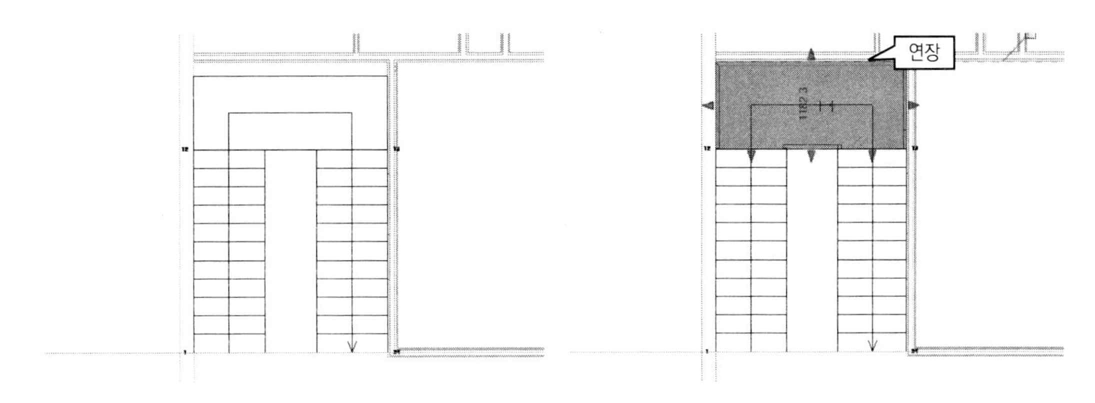

(6) '편집 모드 완료✔'를 클릭하면 다음과 같이 계단과 난간이 모델링됩니다.

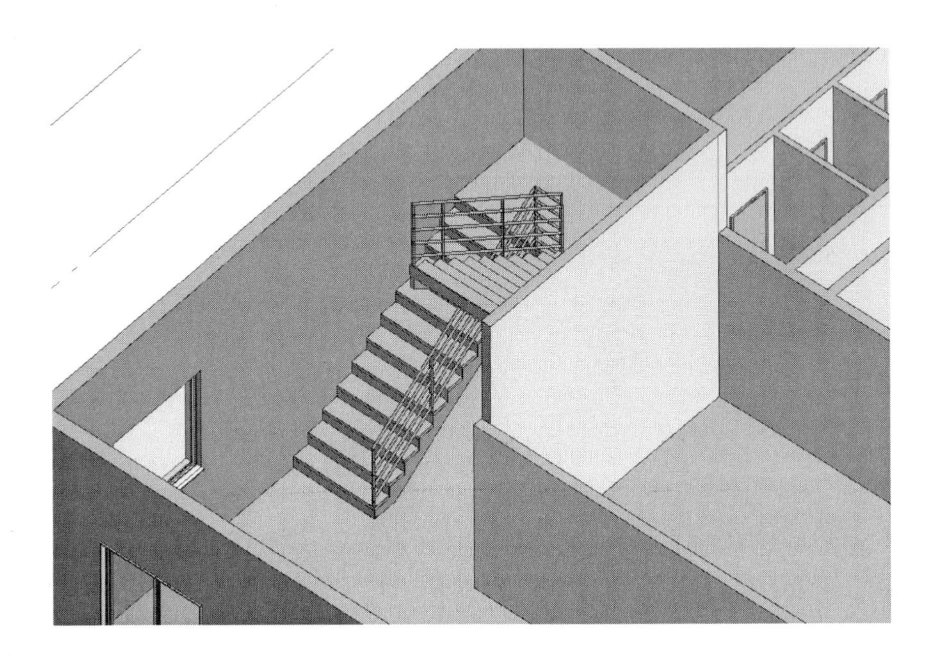

(7) 이와 같은 방법으로 반대편 계단도 모델링합니다.

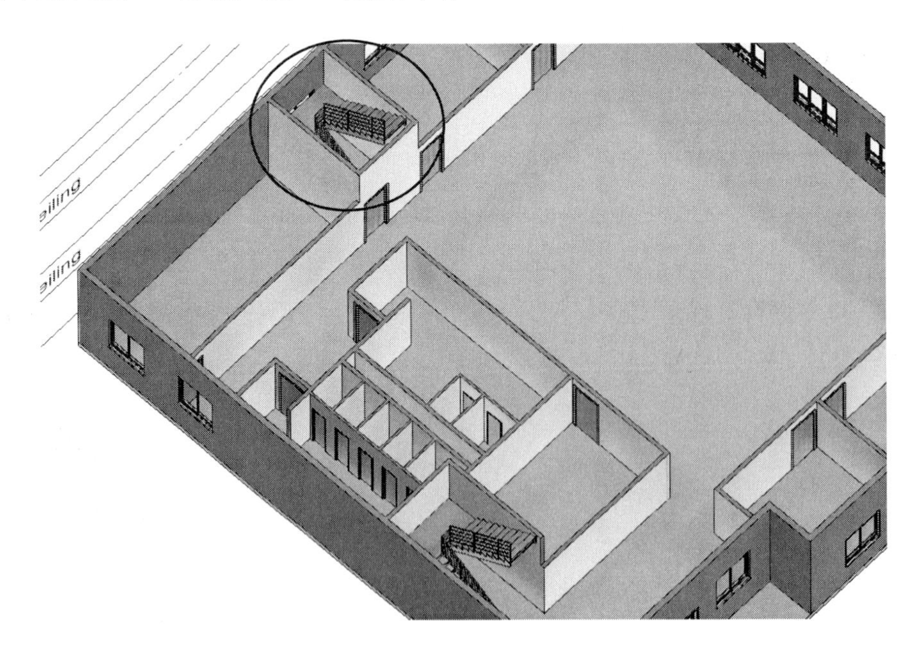

5. 2층 외벽과 슬라브

2층 외벽과 슬라브를 모델링합니다.

01. 2층 외벽

1층의 외벽을 연장하여 2층 외벽을 모델링하겠습니다.

(1) 외벽을 모두 선택합니다. 〈Ctrl〉 키를 누르면서 외벽을 선택합니다. 또는 벽 한 곳에 마우스를 대고 〈Tab〉 키를 눌러 외벽을 선택합니다.

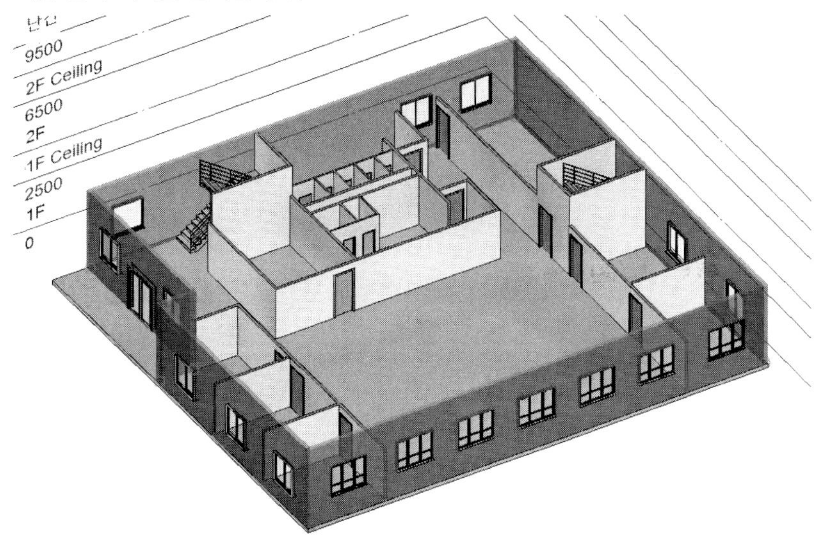

(2) 특성 팔레트에서 '상단 구속조건'을 '상위 레벨: 난간'을 선택합니다. 즉, 벽의 끝 지점을 난간으로 지정합니다.

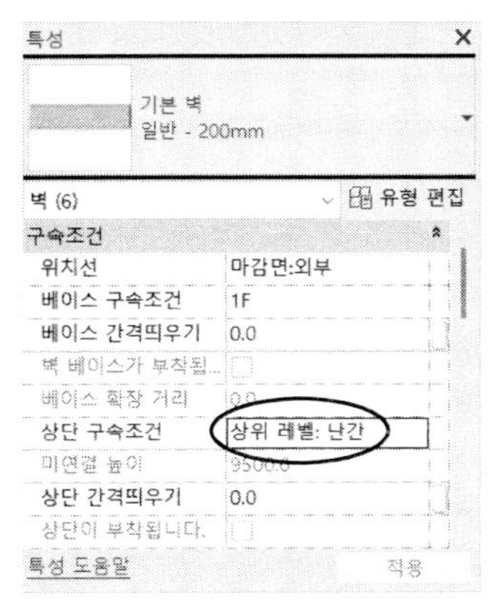

다음과 같이 외벽이 연장됩니다.

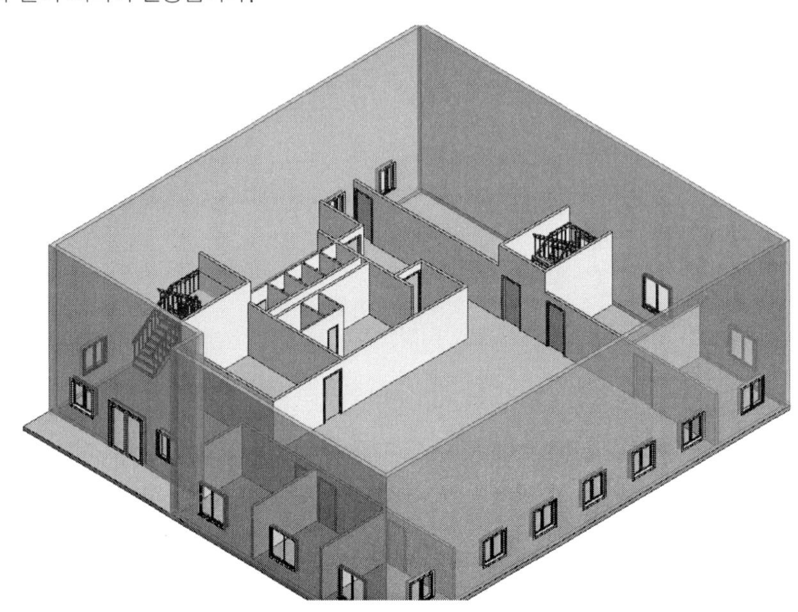

02. 바닥 슬라브

1층과 2층 사이의 바닥 슬라브를 모델링하겠습니다.

(1) 프로젝트 탐색기에서 2층 평면도를 펼칩니다.

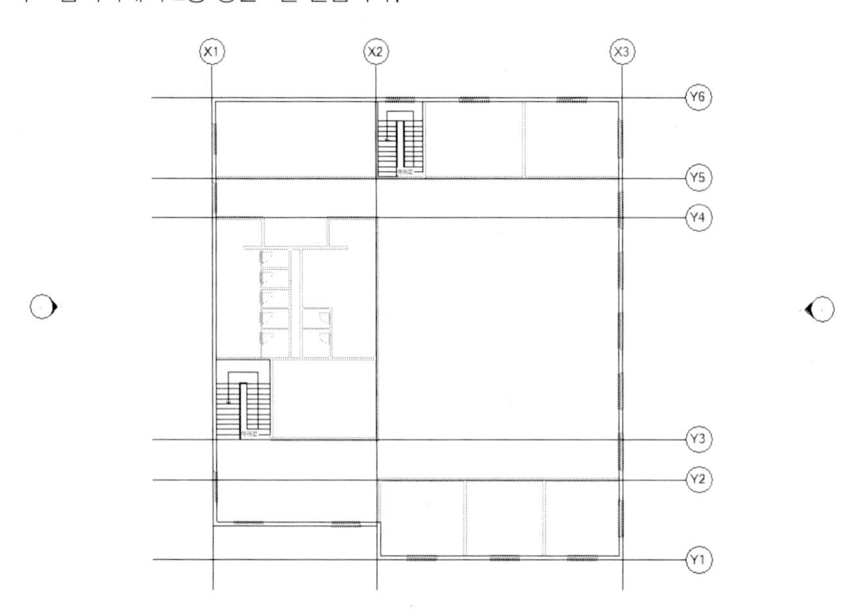

(2) '건축-빌드-바닥(Floor) '을 클릭합니다. 타입 선택기에서 '바닥 일반 200mm'를 선택합니다. '수정|바닥 경계 작성-그리기-벽 선택 '을 클릭한 후 다음과 같이 바닥의 경계(2층 외벽)를 지정합니다. 선택한 경계가 분홍색으로 표시됩니다. 경계는 폐쇄공간이 되어야 합니다.

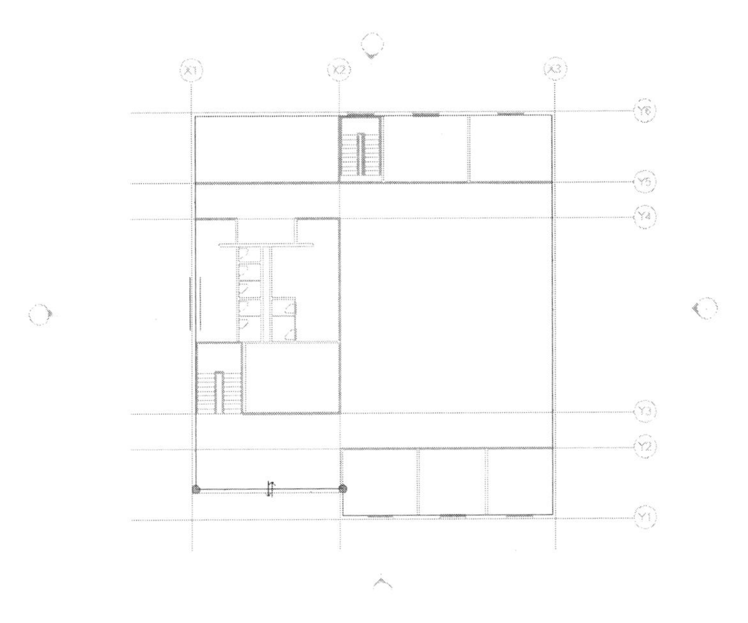

(3) '편집 모드 완료'를 클릭하면 다음과 같이 바닥과 벽을 부착하겠느냐고 묻는 대화상자가 나타납니다. [아니오(N)]를 클릭합니다.

벽의 상단과 바닥이 만날 때 벽과 바닥의 관계를 규정하기 위한 메시지입니다. [예(Y)]를 누르면 벽이 바닥 밑의 레벨로 변경됩니다.

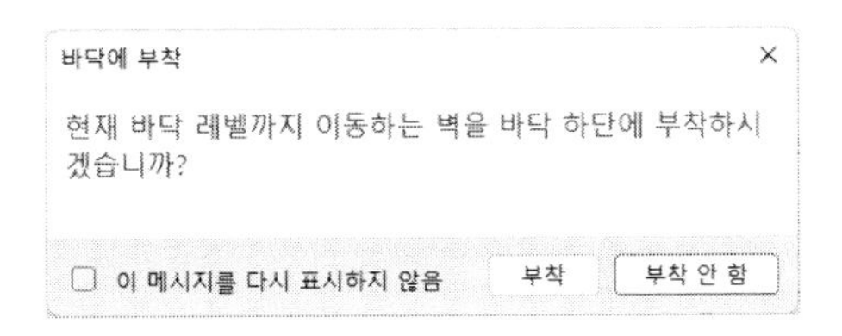

다시 대화상자가 나타나면서 형상을 결합하고 겹치는 체적을 벽에서 절단하겠냐는 메시지가 나타납니다. 여기에서도 [아니오(N)]를 클릭합니다. [예(Y)]를 클릭하면 벽체 중간이 잘리면서 바닥이 작성됩니다.

다음과 같이 2층 바닥이 작성됩니다.

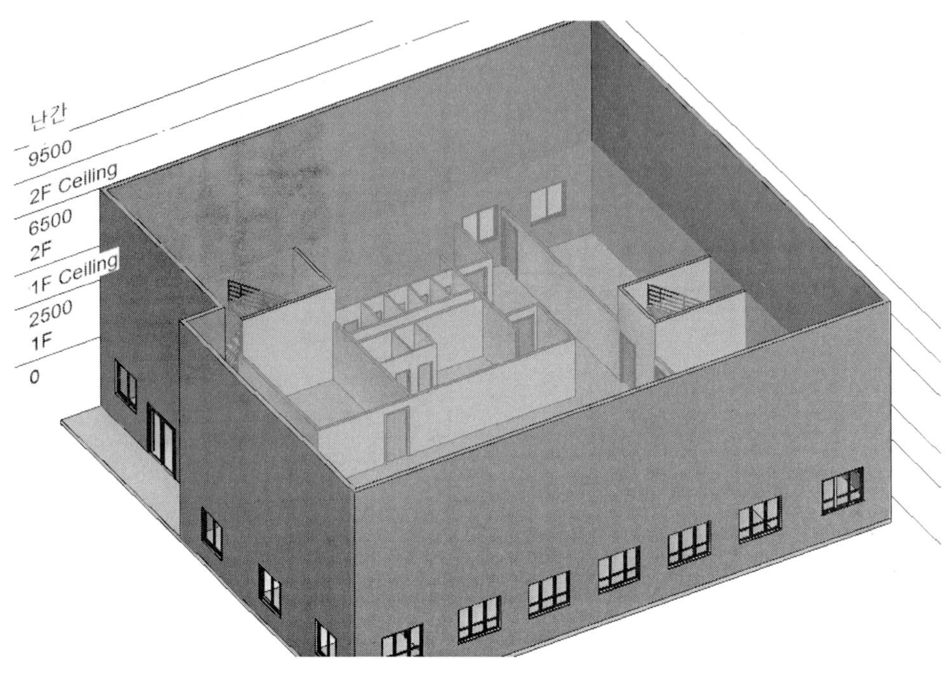

03. 개구부 및 샤프트 작성

1층과 2층의 통로인 계단 부분을 뚫겠습니다.

(1) 프로젝트 탐색기에서 2층 평면도를 펼칩니다. '건축–개구부–수직(Vertical) '을 클릭합니다. 직전에 작성했던 바닥 슬라브를 선택합니다. 그러면 '수정|개구부 경계 작성' 탭이 나타납니다.

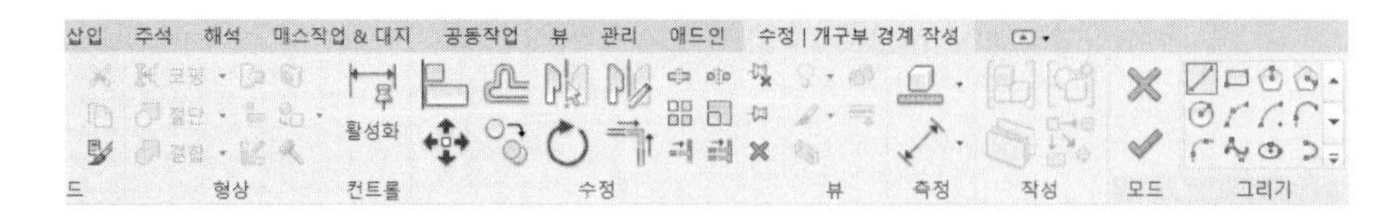

(2) '수정|개구부 경계 작성' 탭의 '그리기' 패널에서 '직사각형'을 클릭합니다. 개구부를 작성할 계단 공간 (두 곳)을 지정합니다.

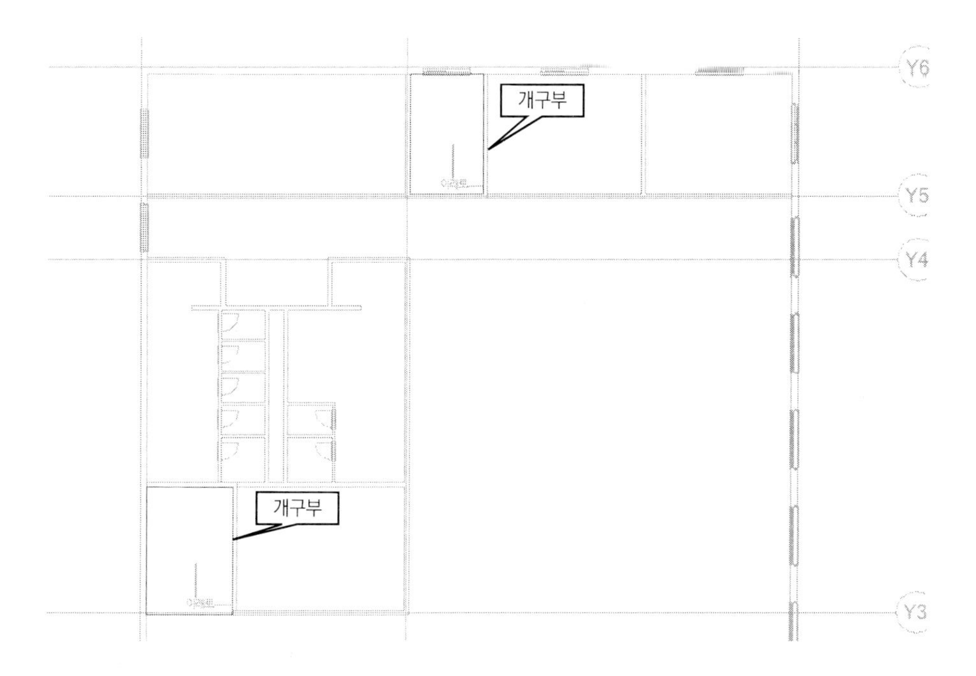

(3) '편집 모드 완료'를 클릭하면 다음과 같이 지정한 위치가 뚫립니다.

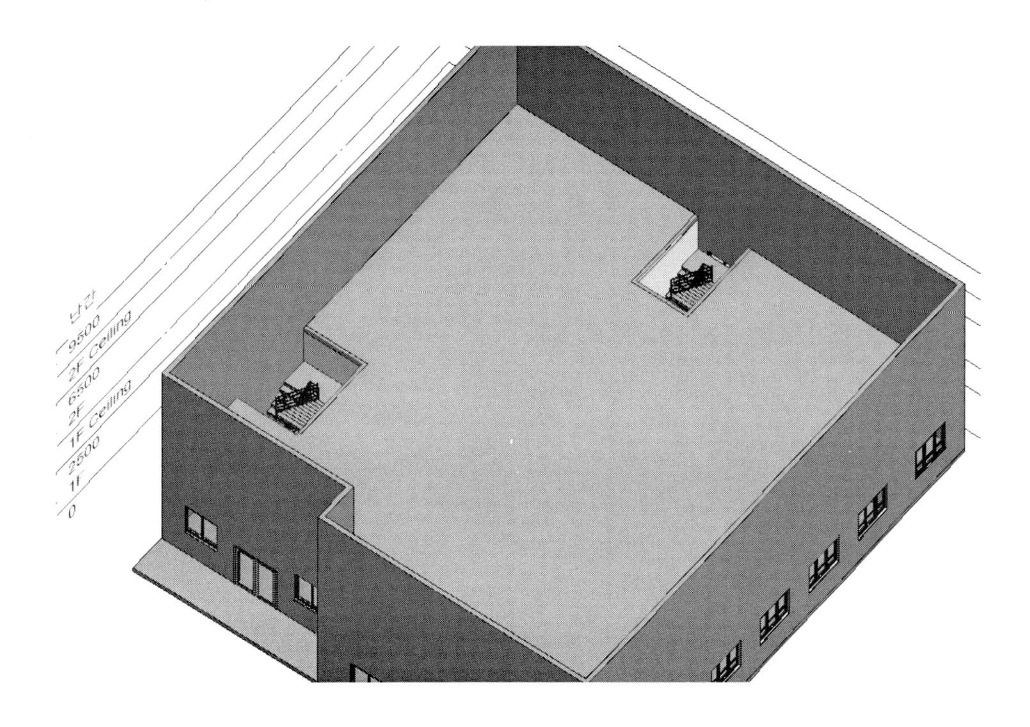

(4) 다음은 샤프트 공간을 작성하겠습니다. 프로젝트 탐색기에서 2층 평면도를 펼칩니다. '건축-개구부-샤프트(Shaft)'를 클릭합니다. 특성 팔레트에서 '베이스 구속조건'= '2F', '베이스 간격띄우기'= '-200', '상단 구속조건'= '상위 레벨: 지붕', '상단 간격띄우기'= '-200'으로 설정합니다.

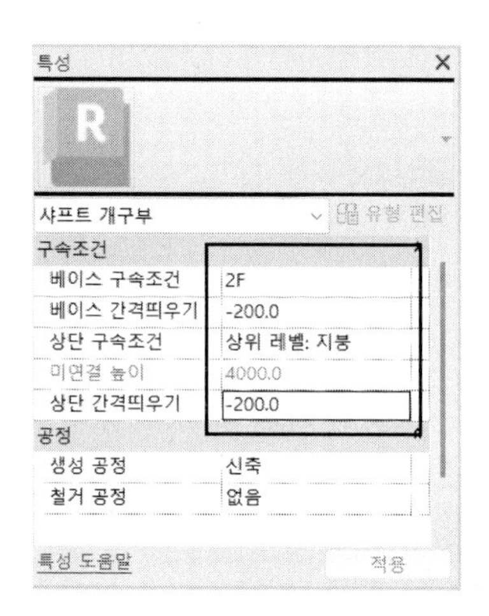

'수정|샤프트 개구부 스케치 작성' 탭의 '그리기' 패널에서 '직사각형'을 클릭한 후 다음과 같이 샤프트를 작성할 공간을 지정합니다. 크기는 '2000x1700'입니다. 크기는 필요에 따라 조정합니다.

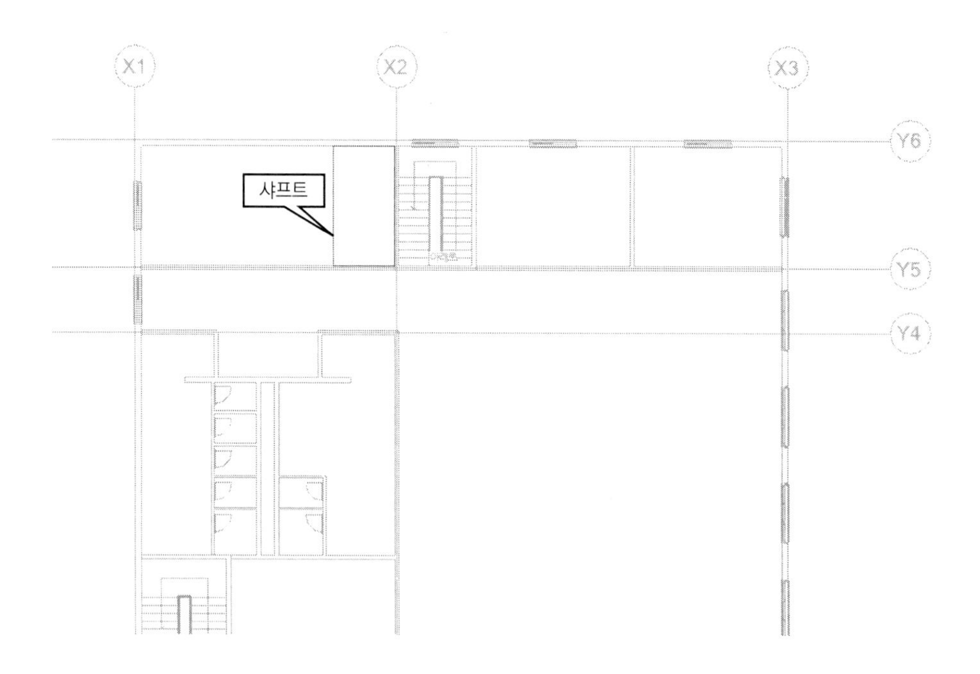

(5) '편집 모드 완료✔'를 클릭하면 다음과 같이 지정한 위치에 샤프트 공간이 작성됩니다.

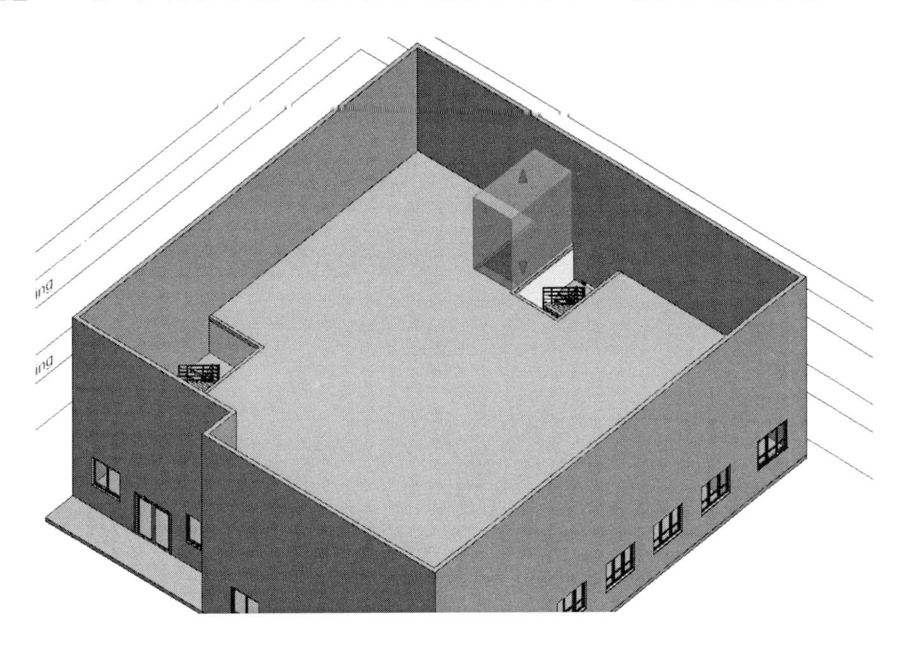

(6) 다시 샤프트 기능을 실행합니다. 특성 팔레트에서 '베이스 구속조건'= '1F', '베이스 간격띄우기'= '0', '상단 구속조건'= '상위 레벨: 지붕', '상단 간격띄우기'= '-200'으로 설정합니다.

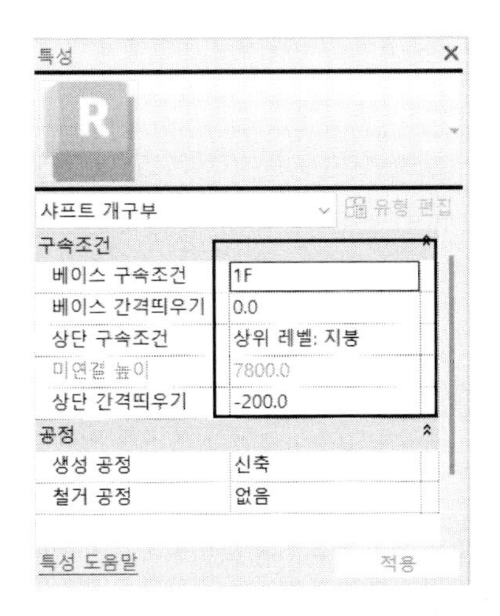

'수정|샤프트 개구부 스케치 작성' 탭의 '그리기' 패널에서 '직사각형'을 클릭한 후 다음과 같이 남녀 화장실 사이의 공간을 지정합니다.

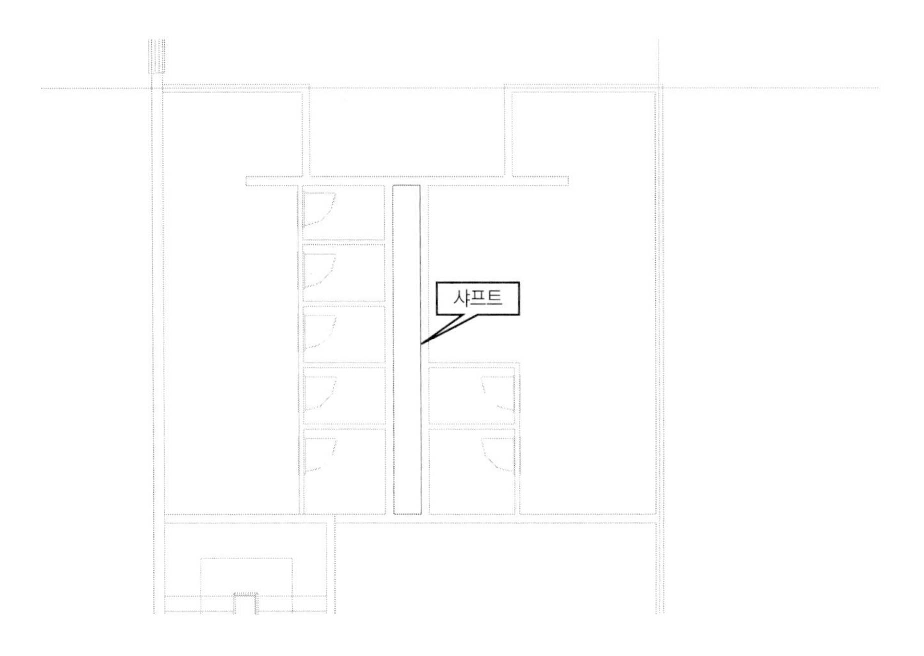

(7) '편집 모드 완료'를 클릭하면 다음과 같이 지정한 위치에 샤프트 공간이 작성됩니다.

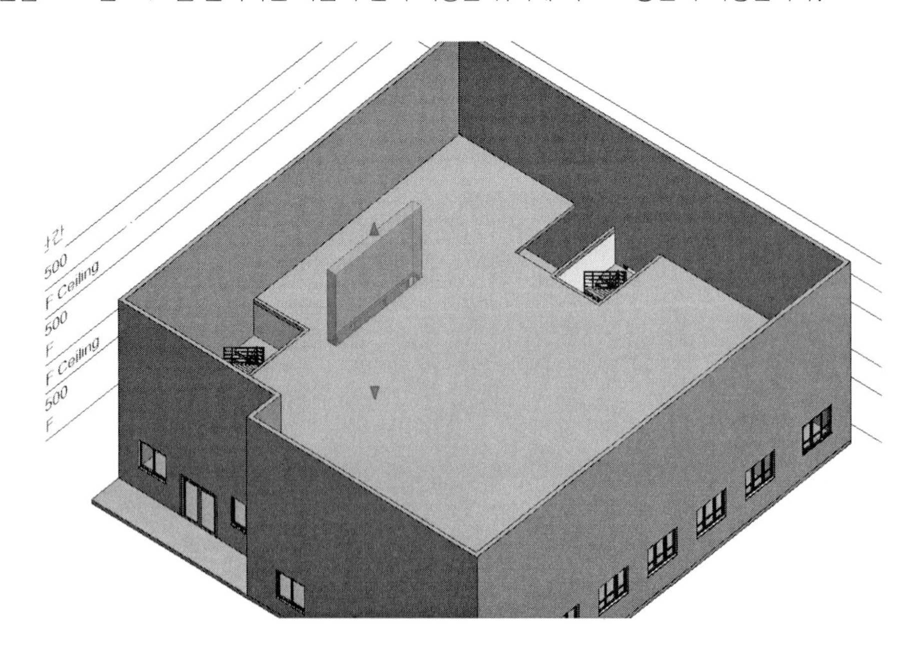

6. 2층 내벽과 창호 모델링

2층 외벽이 완성되었기 때문에 2층의 창과 문을 배치하고 내부 파티션을 모델링합니다.

01. 2층 파티션

1층의 파티션을 기초로 하여 2층 파티션(내벽)을 모델링하겠습니다. 1층의 파티션과 문을 복사하여 2층에 붙여넣기 하는 방법으로 모델링하겠습니다.

(1) 먼저 평면 언더레이를 끕니다.(OFF) 프로젝트 탐색기에서 2층 평면도를 펼칩니다. 특성 팔레트의 '언더레이'의 '범위: 기준 레벨' 값을 '없음'으로 설정합니다. 다음과 같이 2층 바닥과 개구부와 샤프트만 표시됩니다.

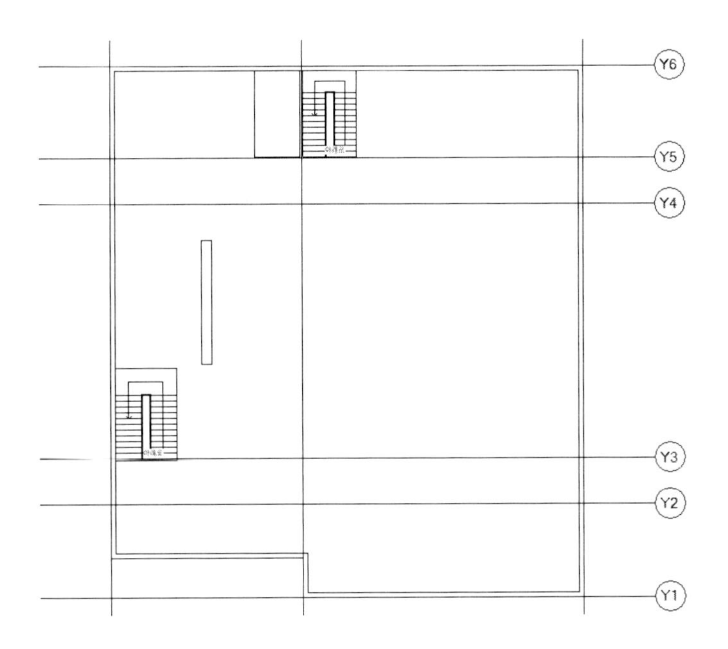

(2) 프로젝트 탐색기에서 1층 평면도를 펼칩니다. 먼저 오른쪽 아래 부분의 점(P1)을 지정한 후 드래그하여 왼쪽 윗 부분의 한 점(P2)를 지정합니다. 이때 현관 문과 벽은 선택되지 않도록 합니다.

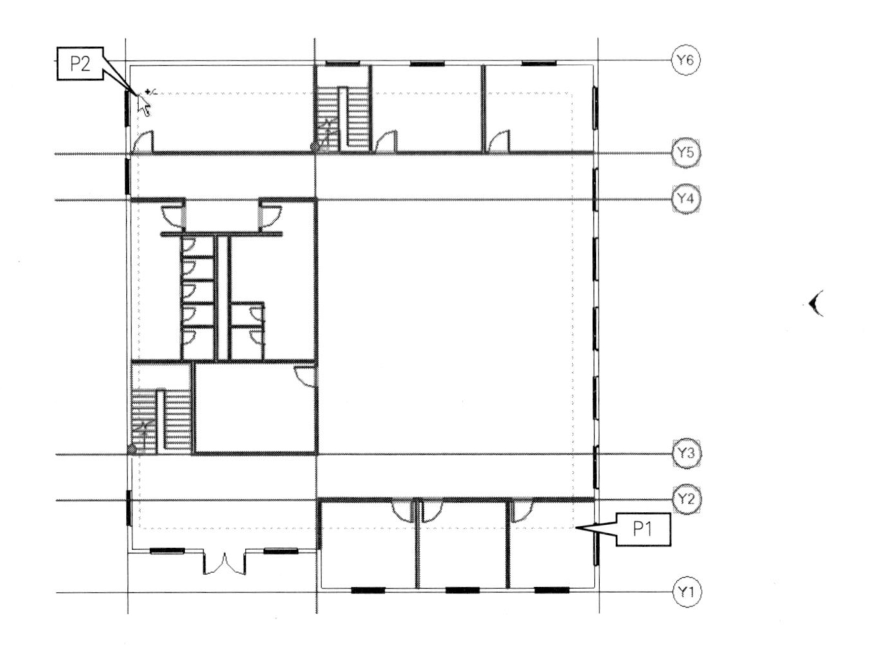

(3) '수정|다중 선택-선택-필터'를 클릭합니다. 또는 하단의 상태 바의 오른쪽 아래에 있는 '필터'를 클릭합니다.

필터 대화상자에서 선택하고자 하는 카테고리(문, 벽, 창)를 체크합니다.

여기에서 '모델 그룹'이 나타날 수 있습니다. 이는 화장실 파티션이나 창문 배치 시에 배열을 할 때 '연관'이 체크된 경우 모델 그룹으로 나타납니다. 연관이 되어있지 않다면 그룹이 생기지 않아 '모델 그룹'카테고리가 나타나지 않습니다.

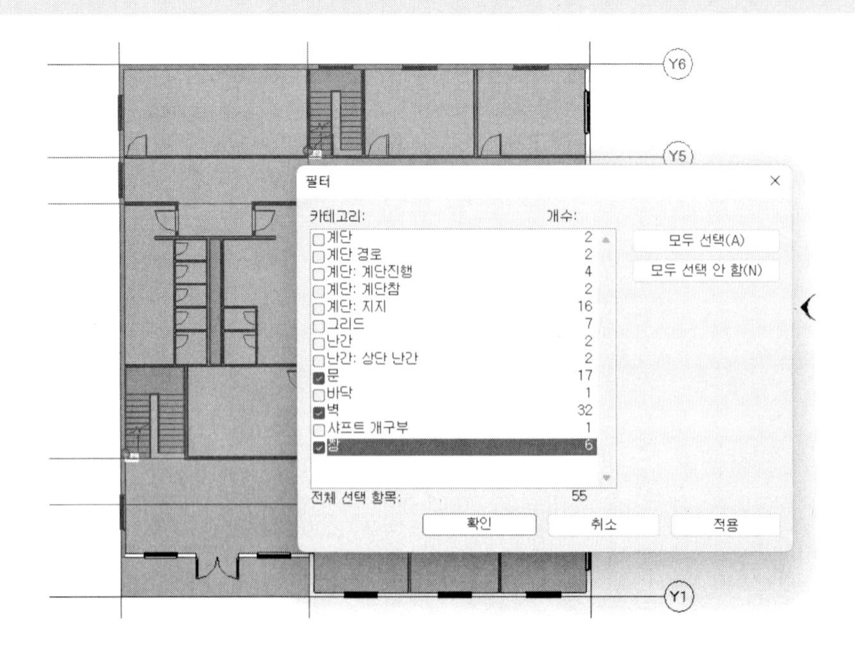

[확인]을 클릭하면 다음과 같이 모델이 선택됩니다.

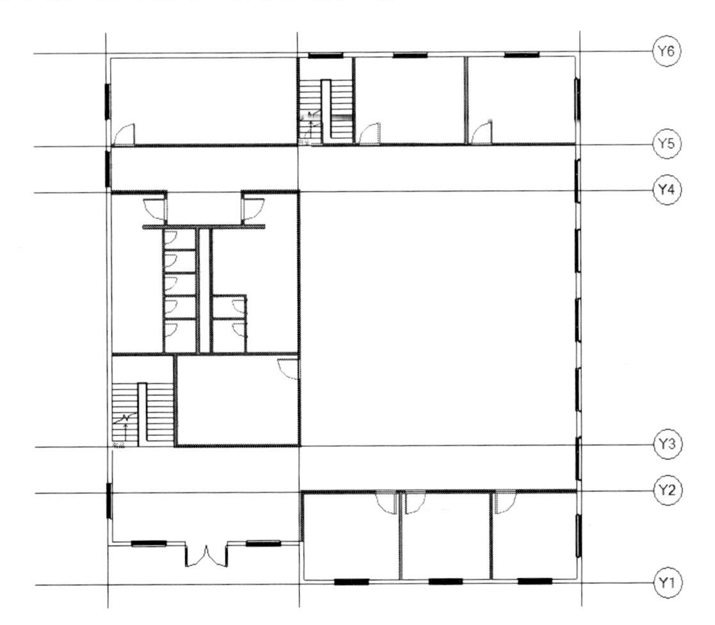

(4) 〈Ctrl〉 + 'C'를 누르거나 '수정|다중 선택-클립보드-클립보드로 복사 '를 클릭합니다. 복사된 내용을 붙여넣기를 하겠습니다. '수정|다중 선택-클립보드-선택한 레벨에 정렬 '을 클릭합니다.

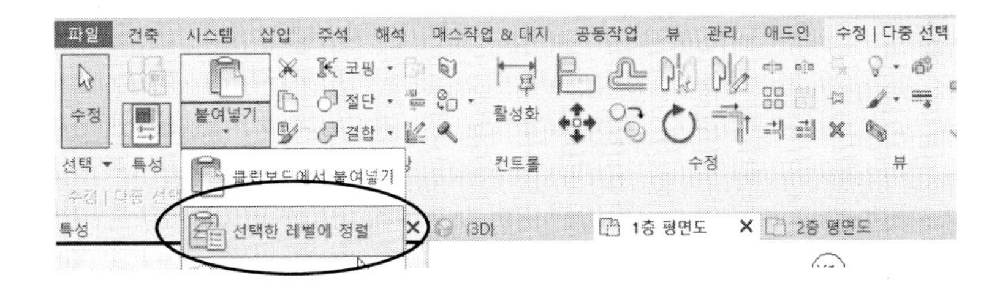

다음과 같이 붙여넣을 레벨을 선택할 수 있는 대화상자가 나타납니다. '2F'를 선택합니다.

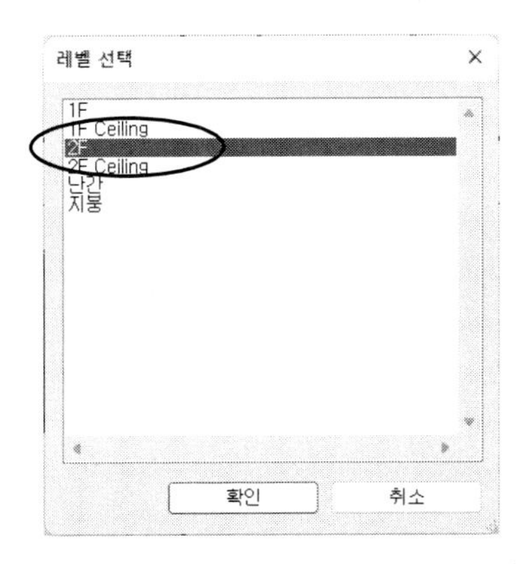

다음과 같이 1층의 파티션과 문 등이 '2F' 레벨로 복사됩니다.

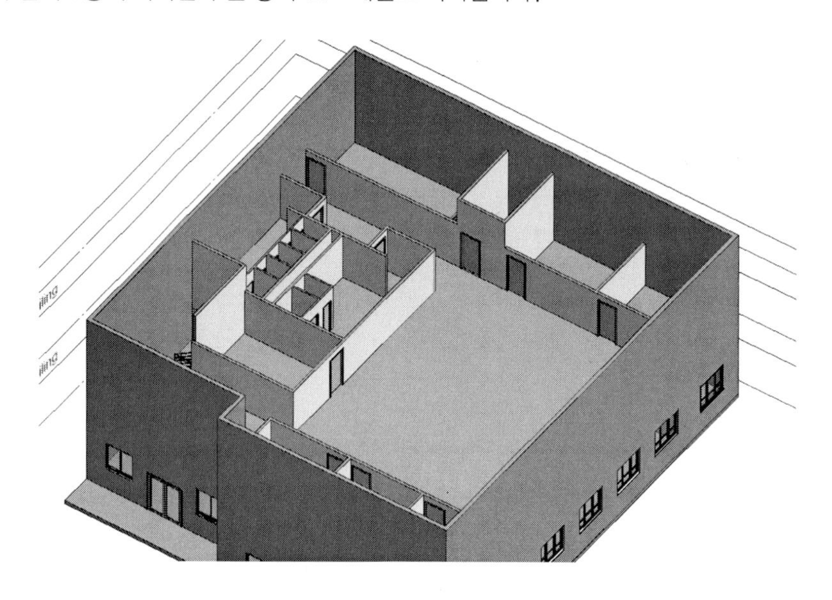

02. 외벽 창

2층 외벽의 창을 모델링합니다. 1층의 창문을 그대로 복사하여 붙여넣기 하겠습니다.

(1) 프로젝트 탐색기에서 1층 평면도를 펼친 후 범위를 지정하여 외벽을 포함하여 모두 선택합니다. 수정|다중 선택-선택-필터 '를 클릭합니다. 필터 대화상자에서 [모두 선택 안 함(N)]을 클릭한 후 '창'카테고리만 체크합니다.

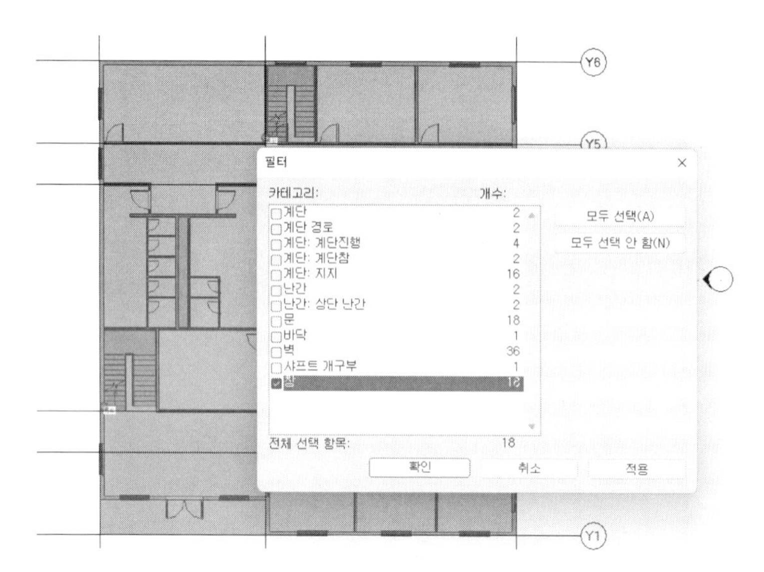

(2) 〈Ctrl〉 + 'C'를 누르거나 '수정|다중 선택-클립보드-클립보드로 복사 '를 클릭한 후 '수정|다중 선택-클립보드-선택한 레벨에 정렬 '을 클릭합니다. 레벨 선택 대화상자에서 '2F'를 선택합니다. 다음과 같이 1층 창이 2층에 배치됩니다.

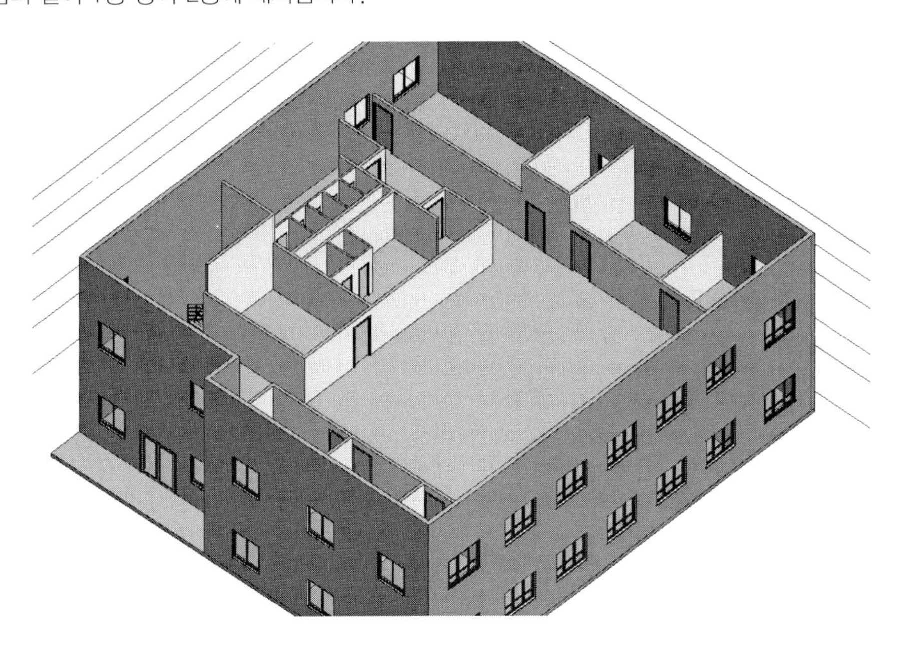

03. 계단 난간

1층에서 올라온 계단의 난간과 연결되는 난간을 모델링합니다.

(1) 프로젝트 탐색기에서 2층 평면도를 펼칩니다. '건축-순환-난간(Railing) '을 클릭합니다. 유형 선택기에서 앞에서 정의한 난간 유형인 '난간 1000mm 1'을 선택합니다. '수정|난간 경로 작성-그리기-선 '을 클릭한 후 난간의 시작점(P1)과 끝점(P2)을 지정합니다.

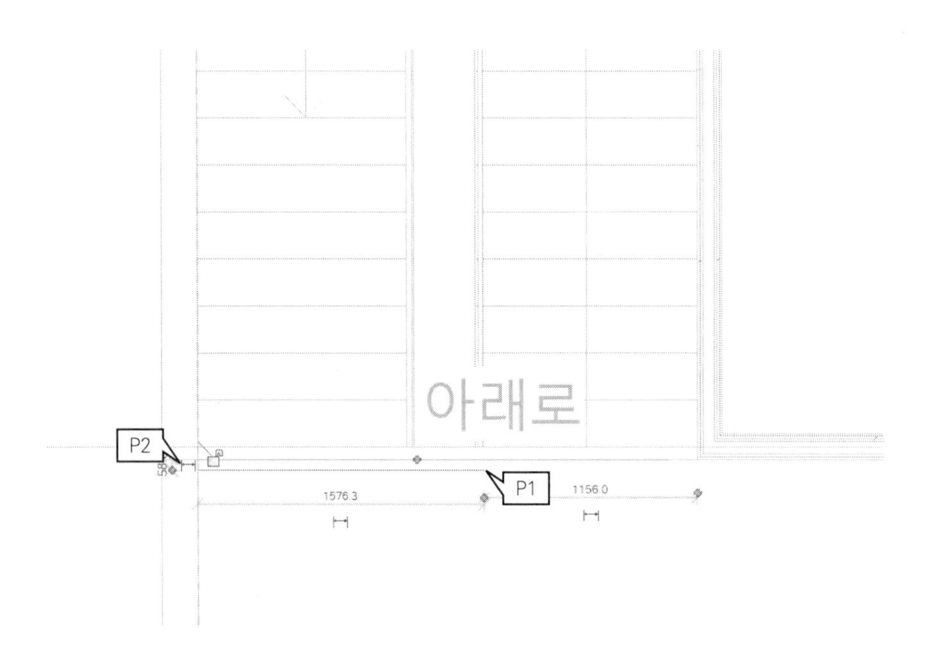

(2) '편집 모드 완료✔'를 클릭하면 다음과 같이 지정한 경로에 난간이 모델링됩니다.

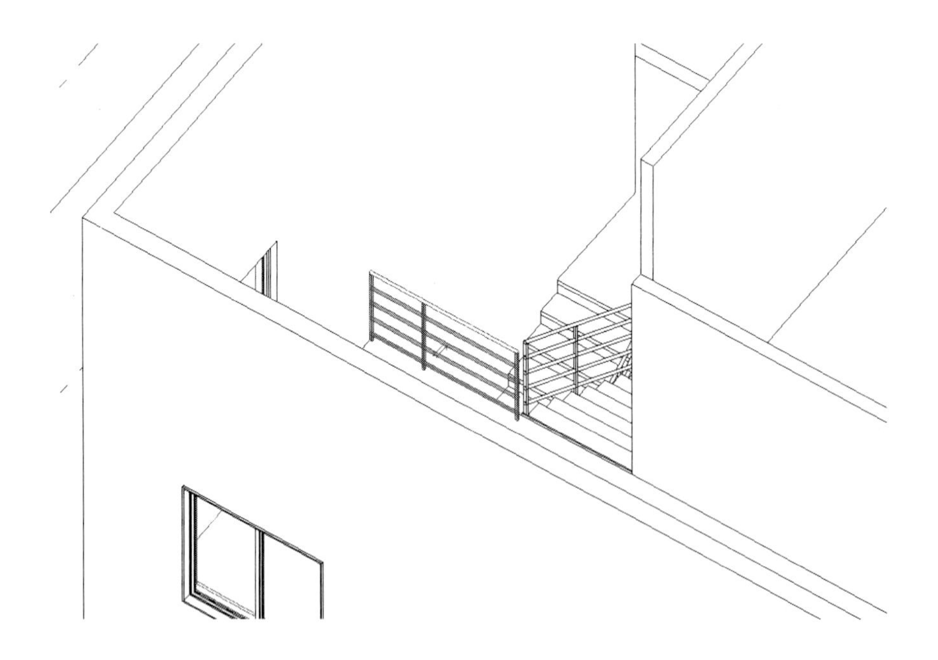

옥상으로 올라가는 계단이나 기타 건축 요소가 필요하지만 여기에서는 설비를 모델링하기 위한 건축 모델이므로 여기까지만 설명합니다. 사용자의 필요에 따라 추가 모델링 작업을 수행합니다.

7. 천장과 지붕 모델링

각 층의 천장과 지붕을 모델링합니다.

01. 천장

1층과 2층 천장을 모델링하겠습니다. 기계실과 계단실을 제외한 구역에 천장을 모델링합니다.

(1) 먼저 1층 천장뷰(1F Ceiling)를 펼칩니다. 다음과 같이 표시됩니다. 이렇게 나타나는 현상은 뷰의 범위 문제입니다.

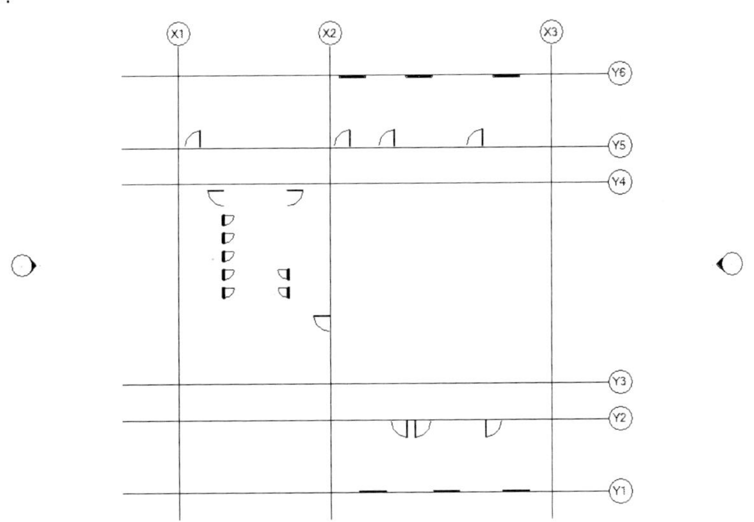

(2) 특성 팔레트에서 '범위-뷰 범위'의 [편집..]을 클릭합니다.

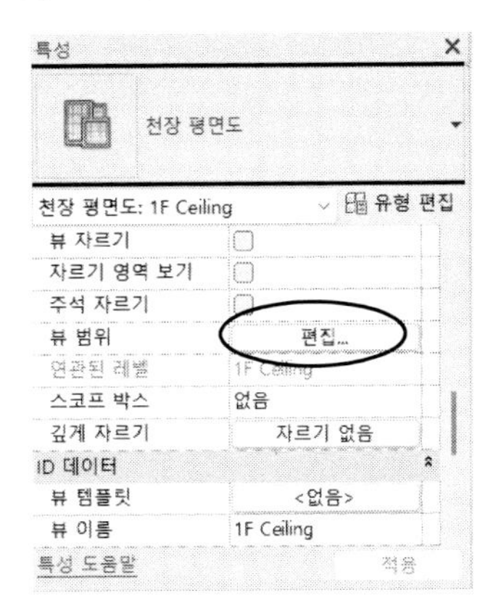

다음과 같은 뷰 범위 대화상자가 나타납니다. '절단 기준면(C)'의 '간격띄우기(E)'를 '0'으로 설정합니다. 현재 시점을 '1F Ceiling' 레벨에서 '2F' 레벨까지 표시합니다.

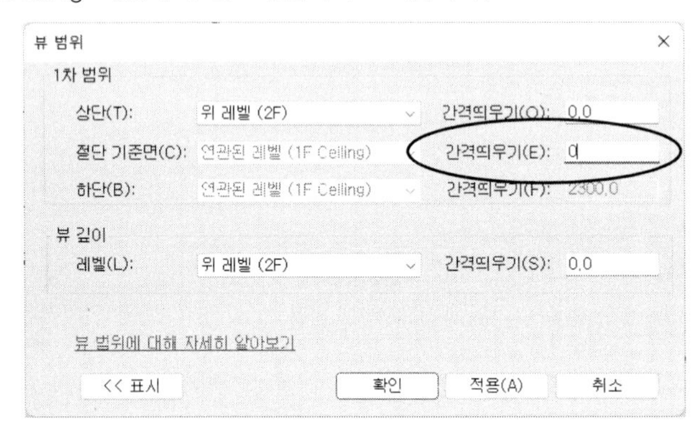

[확인]을 클릭하면다음과 같이 뷰가 표시됩니다.

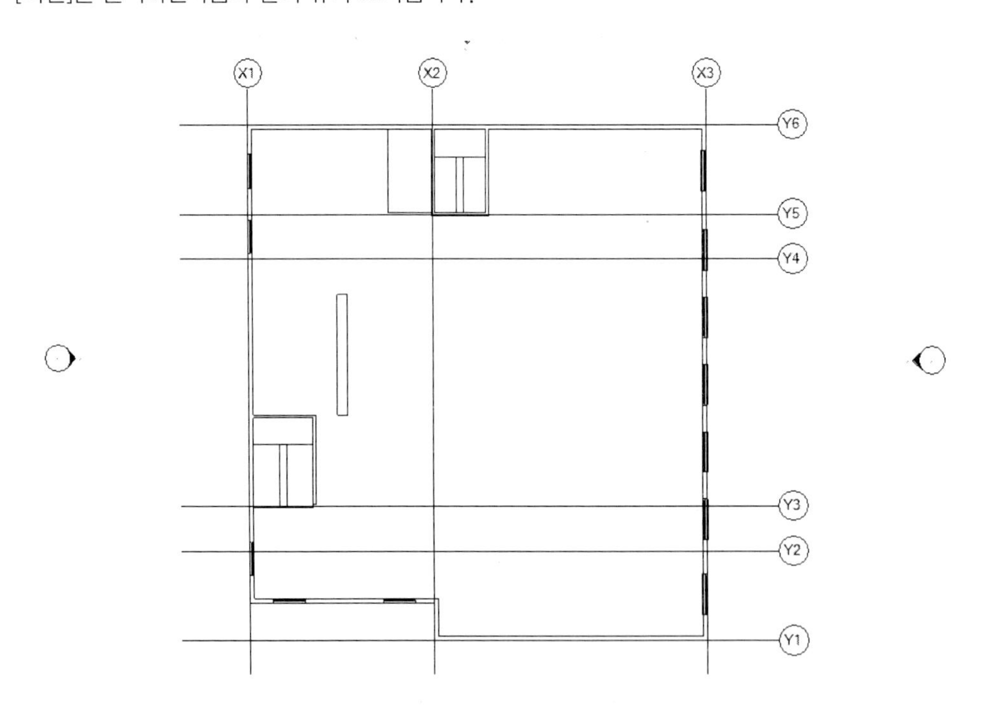

참고 뷰 범위

뷰 범위는 평면 또는 천장 평면에서 표시되는 뷰의 범위를 설정합니다. 천장 평면도는 현재 시점에서 위쪽(천장)을 바라보는 뷰입니다. 현재의 시점(절단 기준면)으로부터 위쪽(상단, Top)으로 어디까지, 아래쪽(하단, Bottom)으로 어디까지 볼 것인지 지정합니다.

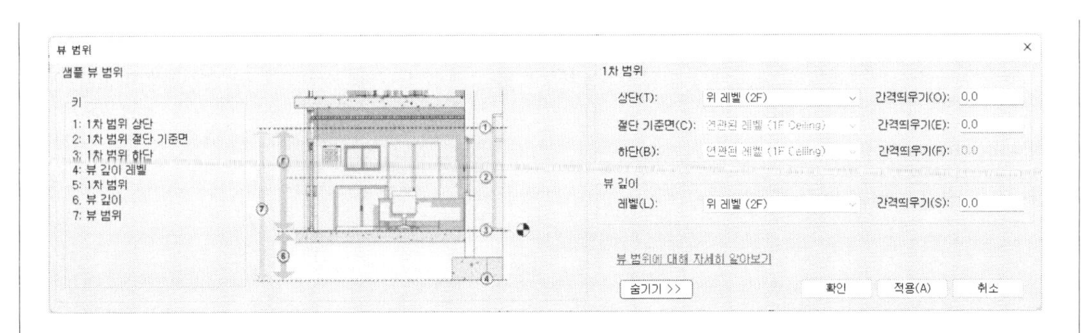

'뷰 깊이'는 '하단(B)'보다 아래 값이어야 합니다. 반대로 '하단(B)'값은 '뷰 깊이'의 '레벨(L)'보다 위쪽(절단 기준면에 가까운) 값이어야 합니다.

(3) 작업 기준면을 설정합니다. '건축-작업 기준면-설정(Set)'을 클릭합니다. '새 작업 기준면 지정'에서 '이름(N)'을 선택한 후 '레벨: 1F Ceiling'를 선택합니다.

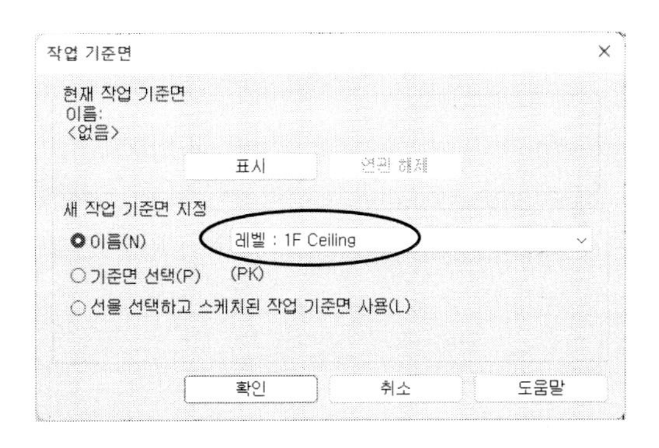

(4) '건축-빌드-천장(Ceiling)'을 클릭합니다. 유형 선택기에서 '복합 천장 600mm x 600mm 그리드'를 선택합니다. 특성 팔레트의 '구속조건-레벨'의 값을 '1F Ceiling', '레벨로부터 높이'를 '0.0'으로 설정합니다.

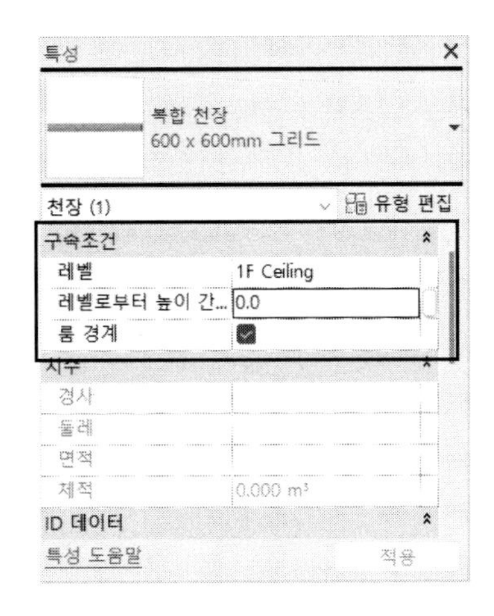

(5) '천장 스케치'를 클릭합니다. '수정|천장 경계 작성-그리기-선'을 클릭한 후 천장이 되는 경계를 그립니다. 여기에서는 기계실과 계단실을 제외한 영역을 지정합니다. 영역은 폐쇄 공간이 되어야 합니다.

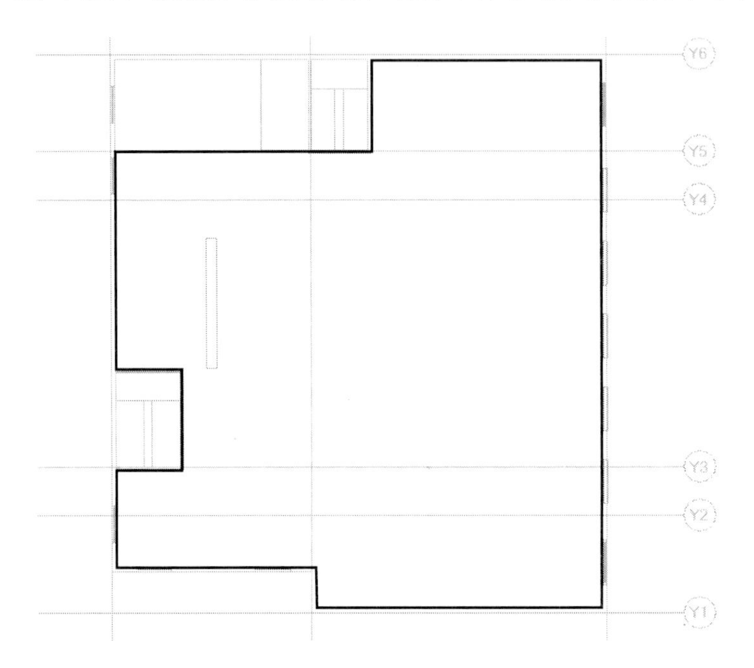

'편집 모드 완료✔'를 클릭하면 다음과 같이 지정한 영역에 천장이 모델링됩니다.

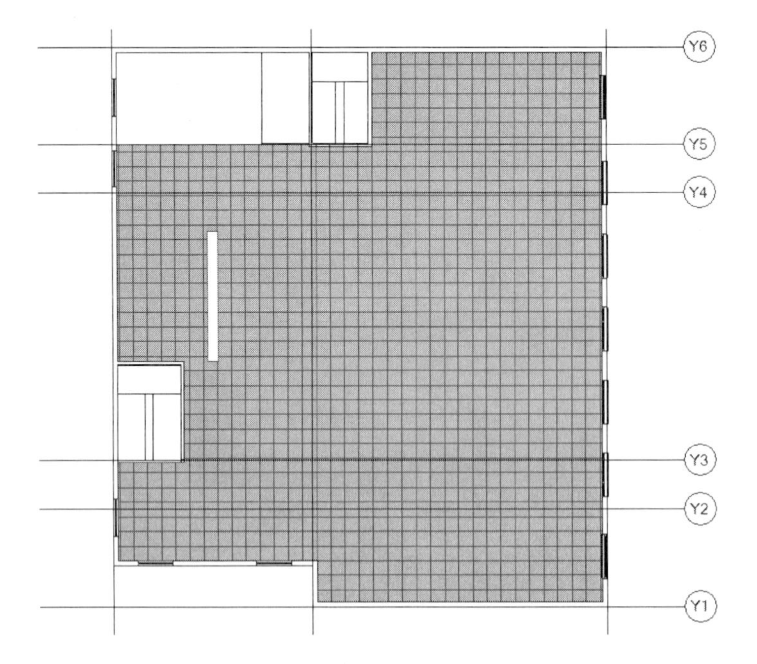

(6) 2층 천장(2F Ceiling)도 동일한 방법으로 모델링합니다.

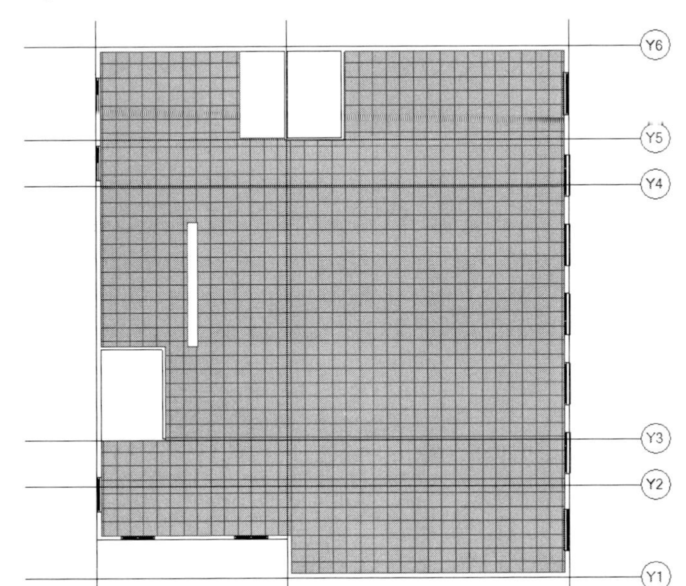

02. 지붕

옥상에 해당하는 지붕을 모델링합니다.

(1) 프로젝트 탐색기에서 '지붕 평면도'를 펼칩니다. 특성 팔레트에서 '뷰 범위'를 편집합니다. 뷰 범위 대화 상자에서 '하단(B)'을 '하단 레벨(2F Ceiling)', '뷰 깊이(L)'를 '하단 레벨(2F Ceiling)'로 설정합니다.

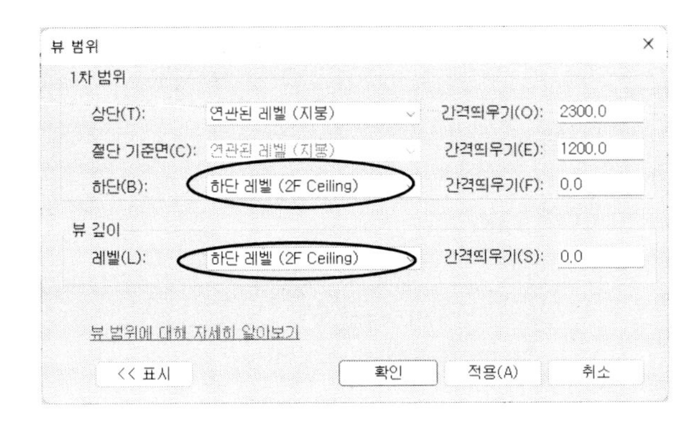

다음과 같이 2층의 내벽(파티션)이 표시됩니다.

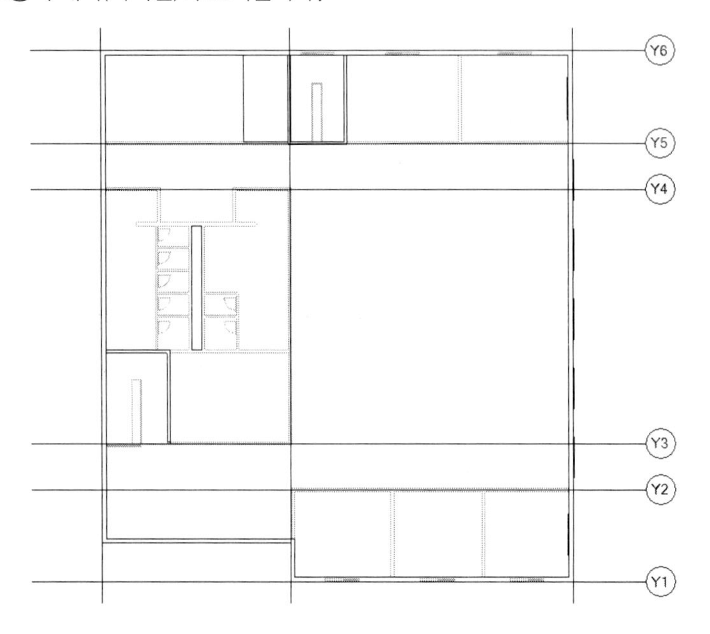

(2) 지붕을 작성합니다. '건축-빌드-지붕(Roof)'을 클릭합니다. 새로운 지붕 유형을 만들겠습니다. 유형 선택기에서 '지붕 일반 - 400mm'를 선택한 후 '유형 편집'을 클릭합니다. 유형 특성 대화상자에서 [복제(D)]를 클릭합니다. 이름을 '일반 - 300mm'로 지정합니다.

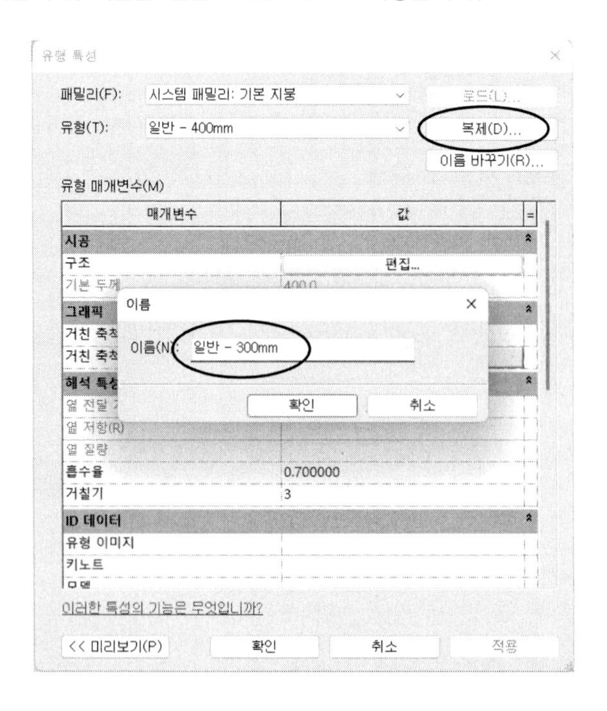

'구조'의 [편집..]을 클릭합니다. '구조[1]'의 두께를 '300'으로 설정합니다.

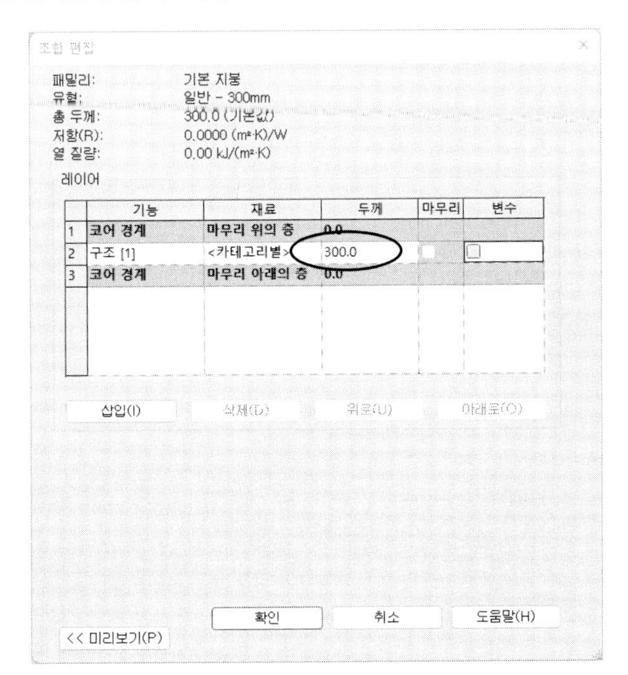

(3) 옵션바에서 '경사 정의' 체크를 끄고, 특성 팔레트에서 '레벨로부터 베이스 간격띄우기' 값을 '0'을 지정합니다.

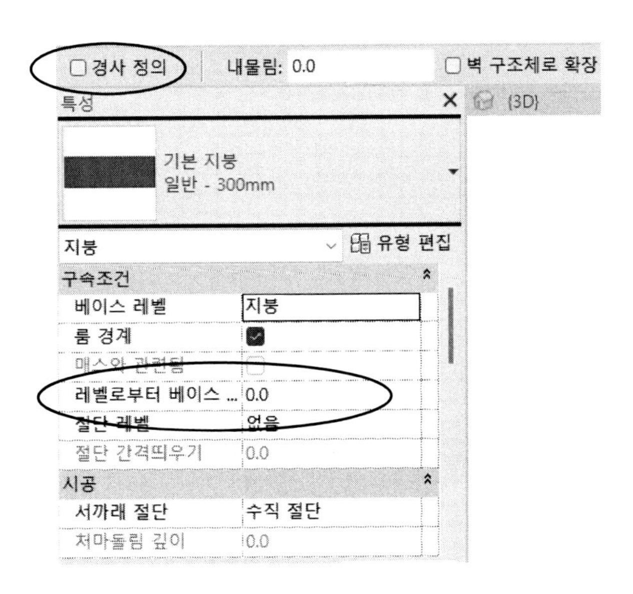

(4) '수정|지붕 외곽설정 작성-그리기-선 '을 클릭하여 지붕의 경계를 작도합니다.

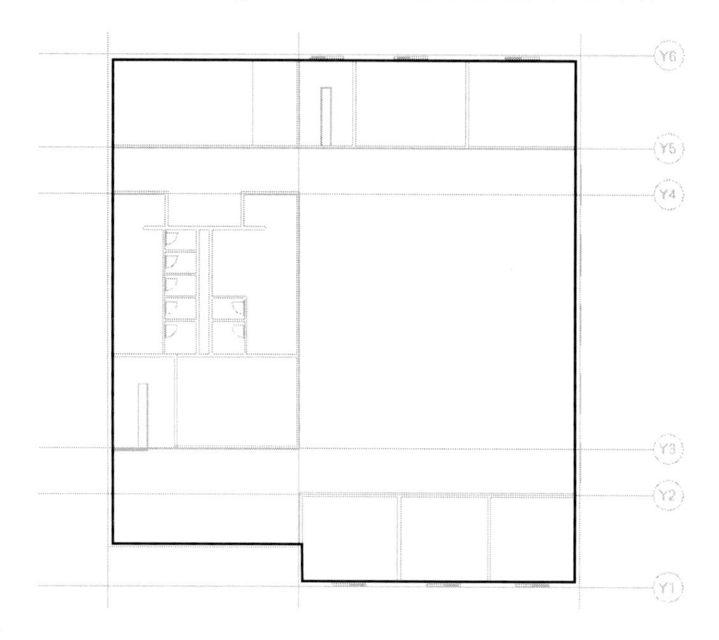

(5) '편집 모드 완료 '를 클릭하면 다음과 같이 지정한 영역이 지붕으로 모델링됩니다.

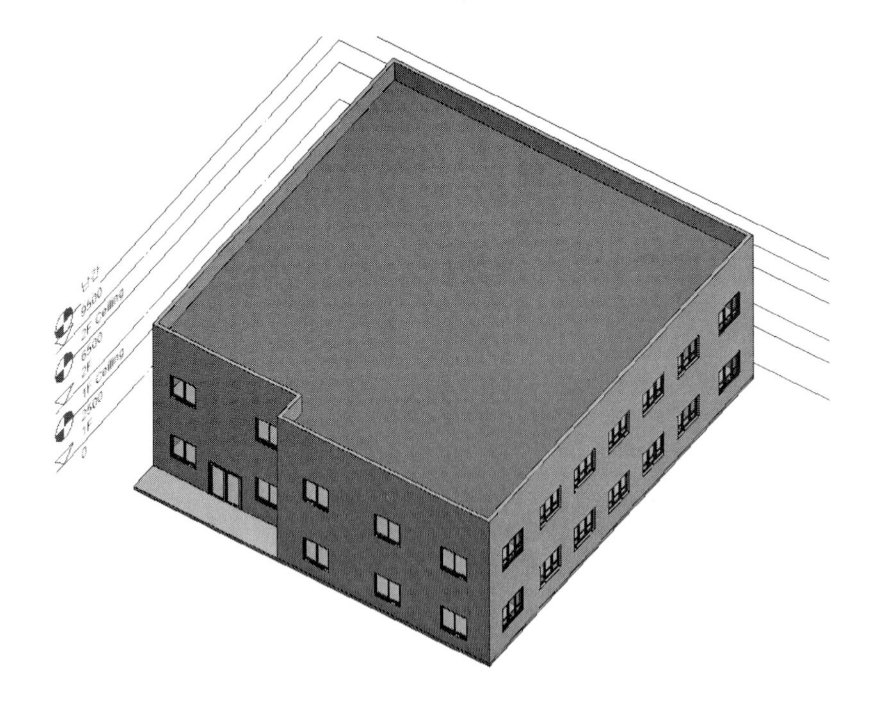

8. 뷰 작성

지금까지는 평면도, 입면도 등 작성된 뷰를 펼쳐보는 실습이었다면 이번에는 뷰를 작성하는 방법에 대해 학습하겠습니다. 3D 뷰, 카메라 뷰, 보행시선 뷰의 작성에 대해 알아보겠습니다.

01. 3D 뷰

기본 3D 뷰에 대해 알아보고 특정 범위 또는 레벨의 3D 뷰를 작성하는 방법에 대해 알아봅니다.

(1) 신속접근 도구막대 또는 '뷰-작성'에서 '🏠'을 클릭합니다. 프로젝트 탐색기에 {3D} 뷰가 작성되거나 기존 {3D} 뷰가 펼쳐집니다.

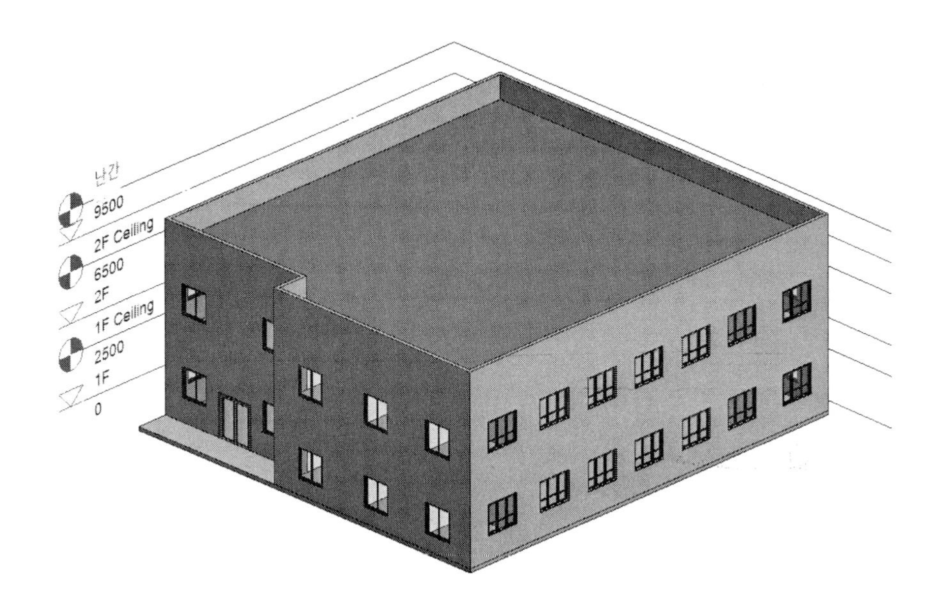

(2) 3D 뷰의 범위를 조정하고자 할 때는 특성 팔레트의 '단면 상자'체크박스에 체크를 합니다. 다음과 같이 단면 상자가 나타납니다.

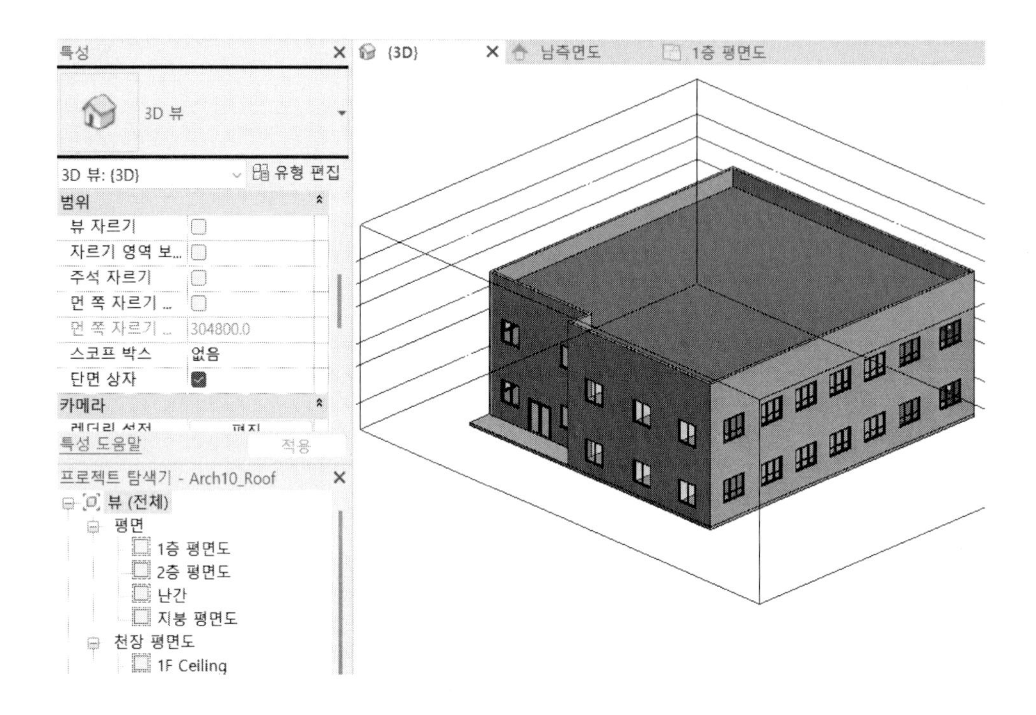

(3) 뷰의 범위를 조정하려면 단면 상자를 클릭한 후 그립 컨트롤(▲▼)을 클릭하여 범위를 조정합니다.

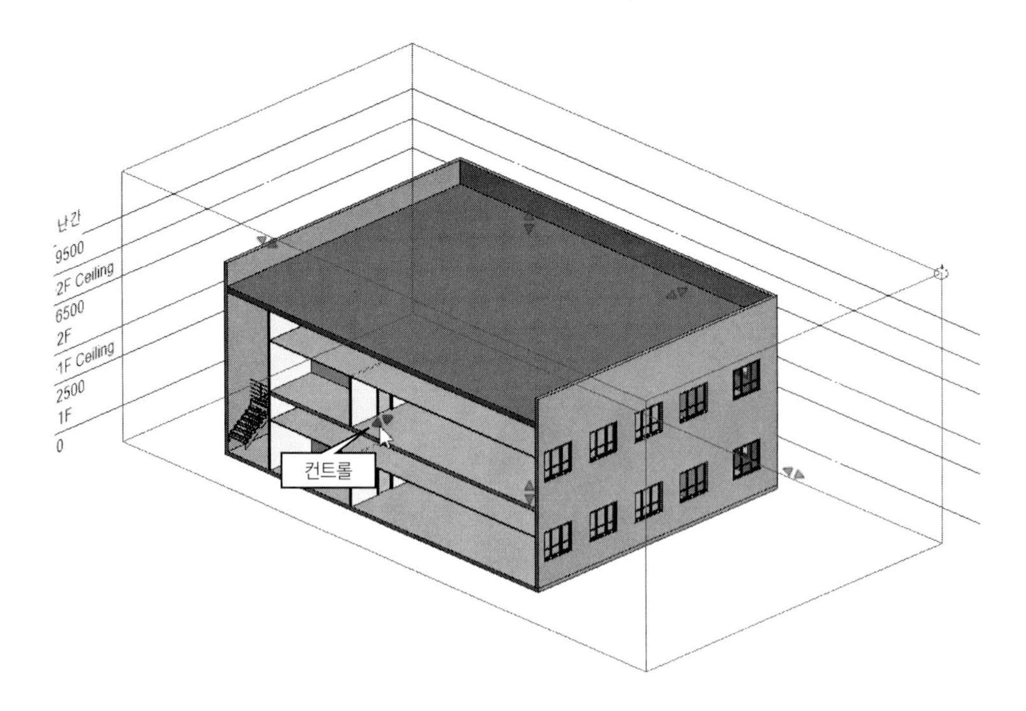

TIP 단면 상자가 보이지 않을 경우는 '가시성/그래픽 설정'단축키인 'VV' 또는 'VG'를 실행하여 '주석 카테고리'의'단면 상자'의 체크하여 켭니다.

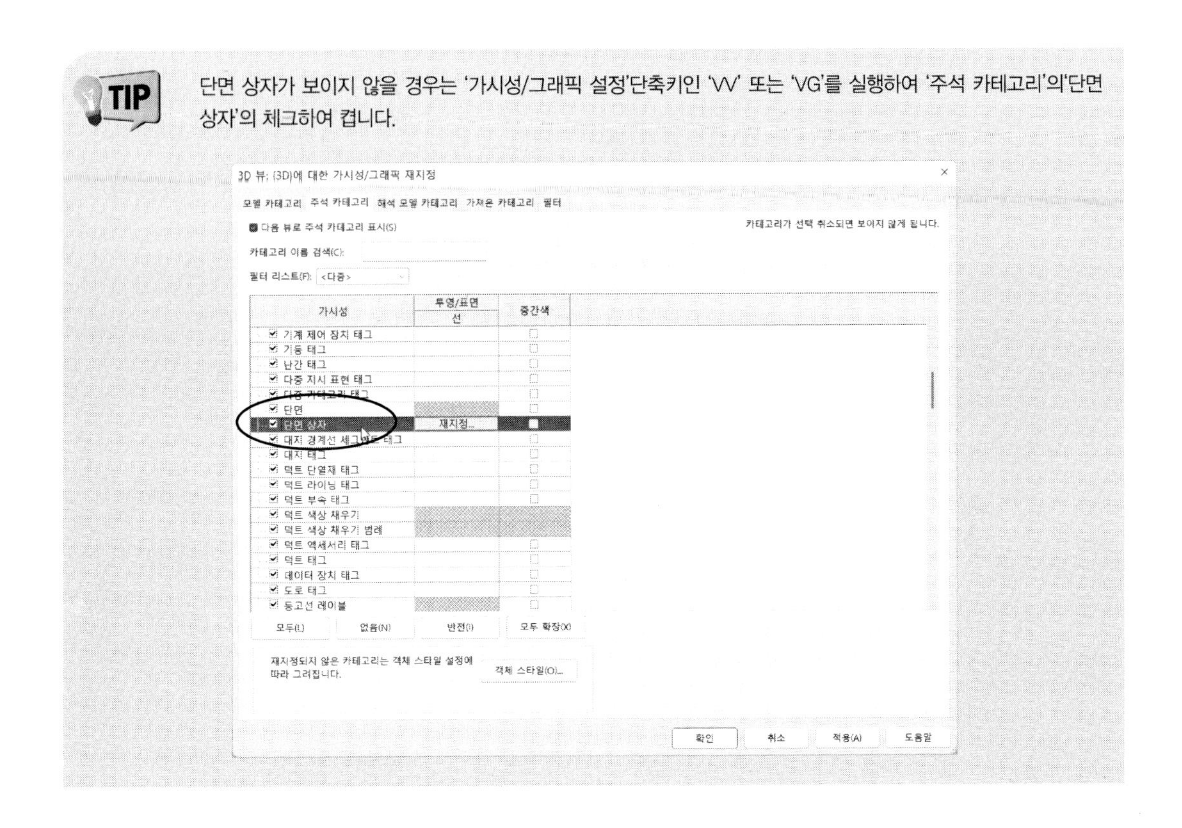

(4) 1층만을 3D 뷰로 표시하겠습니다. 오른쪽 상단에 있는 뷰큐브에 마우스를 대고 오른쪽 버튼을 클릭한 후 '뷰로 조정(V)-평면-평면도: 1층 평면도'를 클릭합니다.

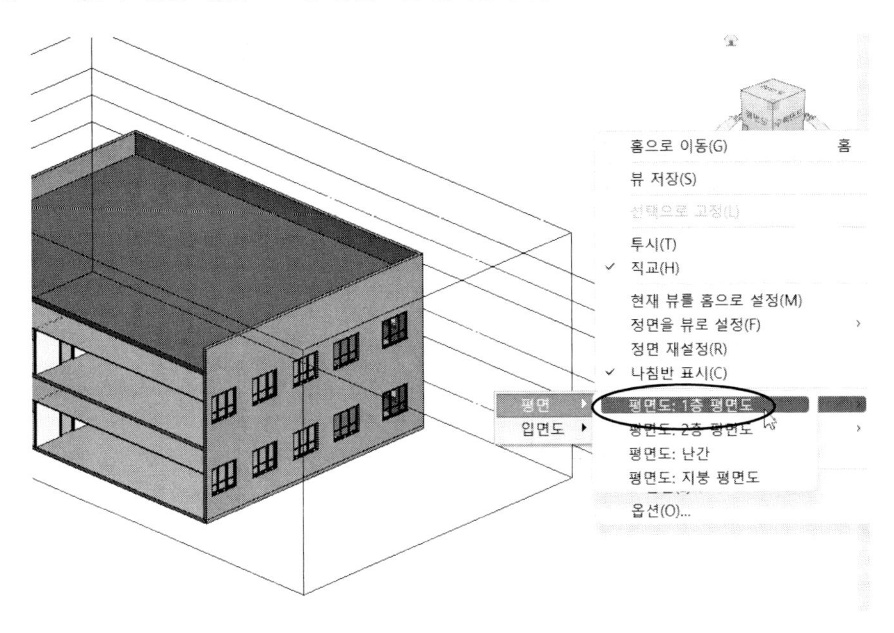

뷰큐브를 조정해보면 다음과 같이 1층 3D뷰가 표시됩니다.

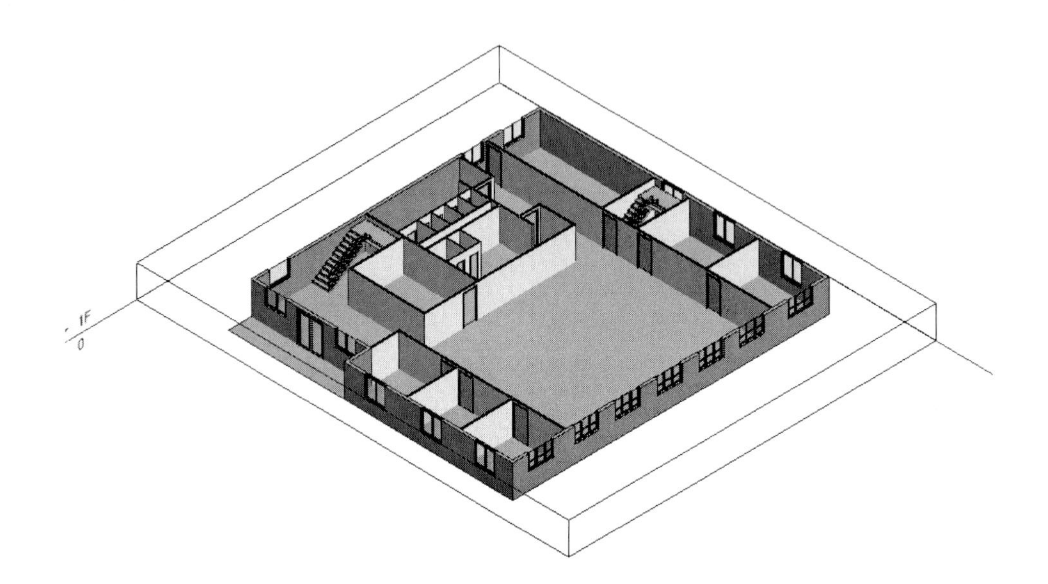

(5) 이번에는 콜아웃 뷰를 3D 뷰로 전환해보겠습니다. 다음과 같이 콜아웃 뷰를 작성합니다.

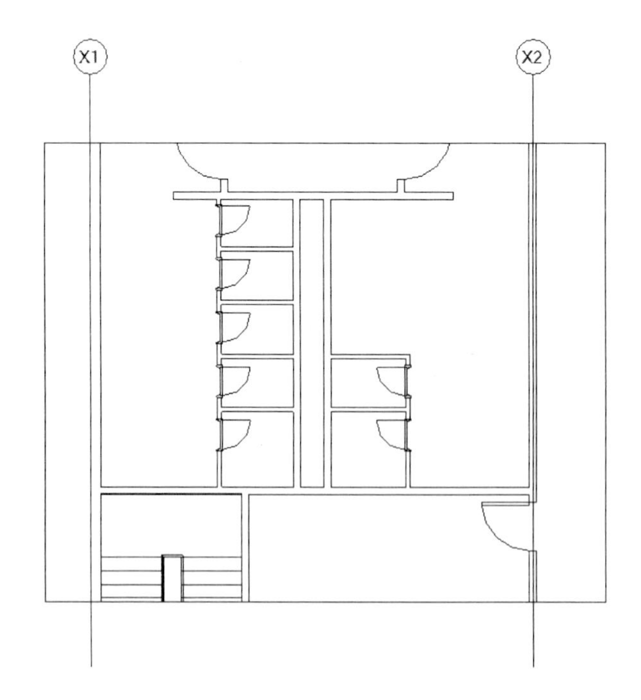

(6) 오른쪽 상단에 있는 뷰큐브에 마우스를 대고 오른쪽 버튼을 클릭한 후 '뷰로 조정(V)-평면-'평면도: 1층 평면도: 콜아웃 1'을 클릭합니다.

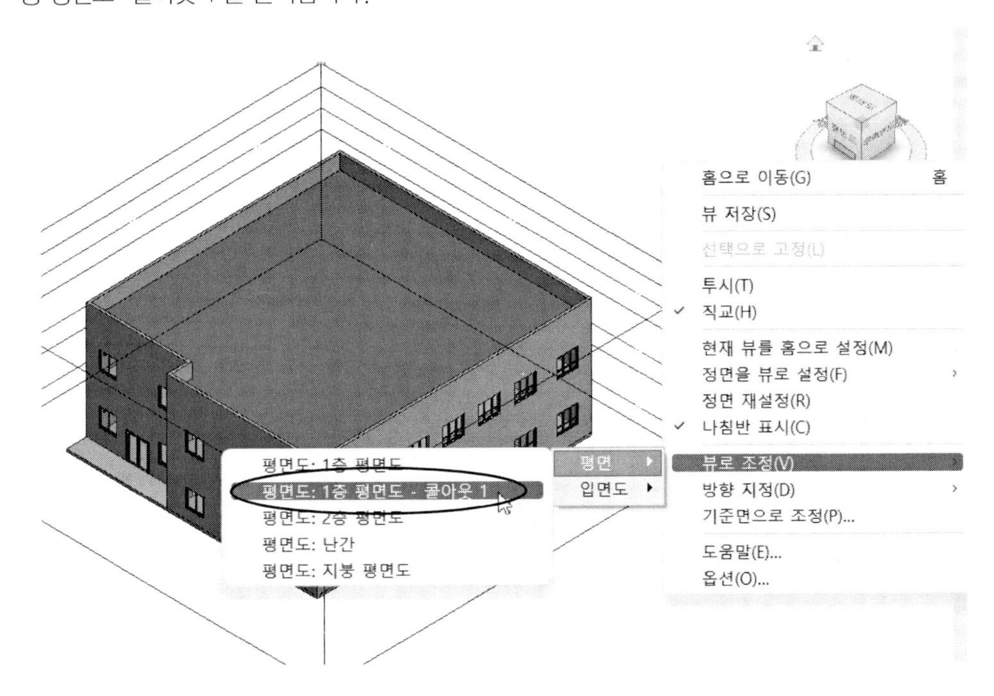

다음과 같이 콜아웃 뷰로 지정된 영역이 3D 뷰로 표시됩니다.

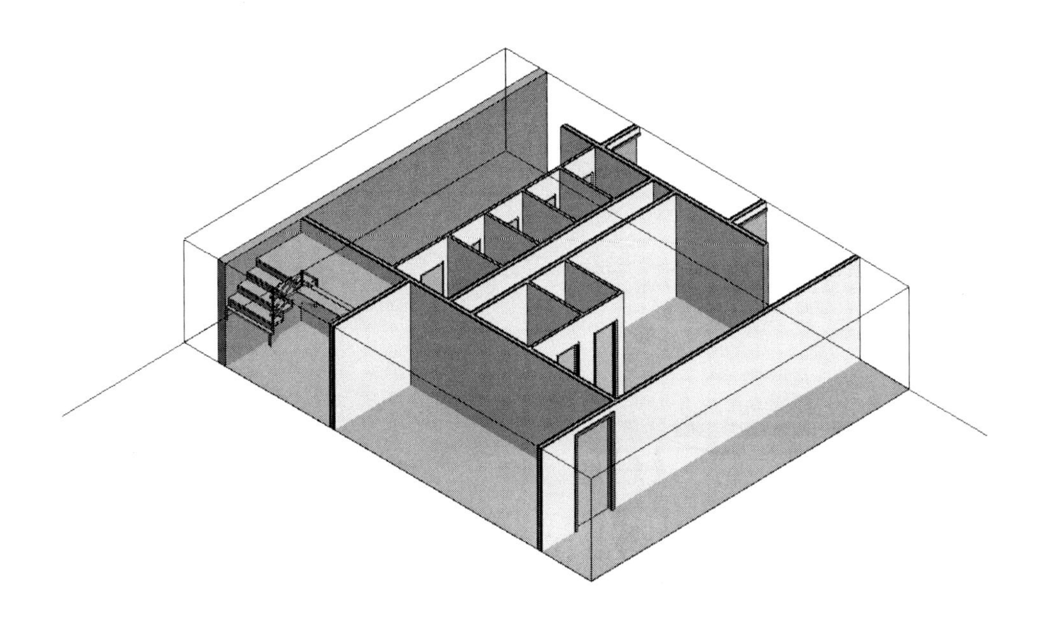

02. 카메라 뷰(투시도)

특정 위치에서 카메라의 높이와 방향으로 작성되는 투시도 뷰에 대해 알아보겠습니다.

(1) 1층 평면도를 펼친 후 신속접근 도구막대 또는 '뷰-작성-3D 뷰 드롭다운 리스트'를 펼쳐 '카메라'를 클릭합니다.

카메라 아이콘이 나타나면 옵션바에서 축척, 간격 띄우기, 기준 위치를 지정합니다. 카메라 위치를 지정하고 카메라가 비출 방향을 지정합니다.

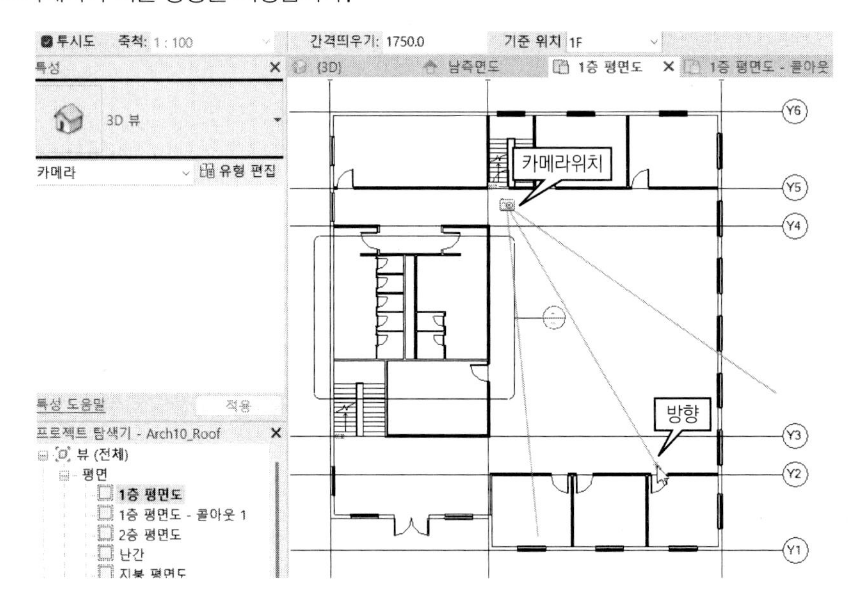

다음과 같이 지정한 위치와 방향에 맞춰 투시도가 표시됩니다.

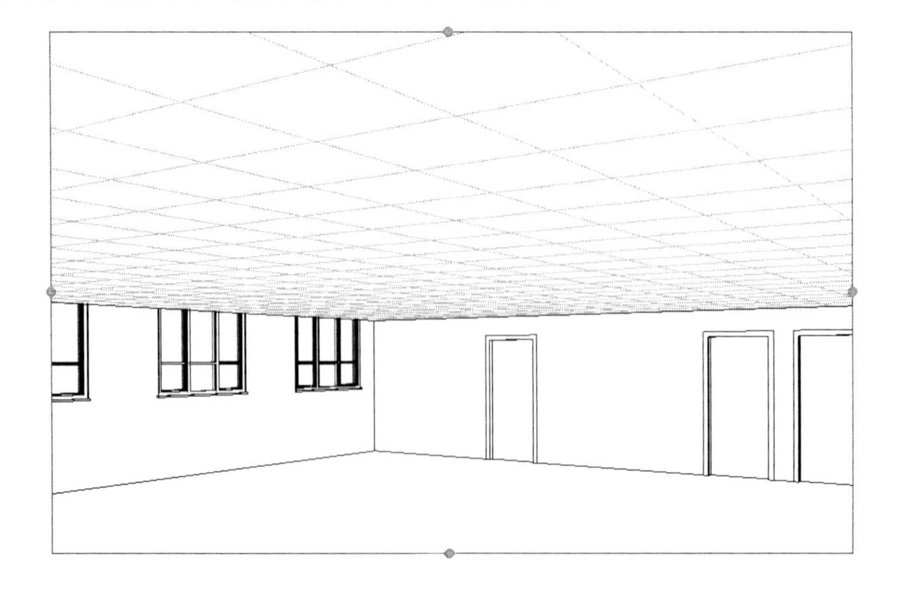

(2) 뷰의 범위를 조정하려면 테두리의 그립 컨트롤을 드래그하여 범위를 조정합니다. 다음은 뷰 범위를 왼쪽으로 늘리고 비주얼 스타일을 '사실적'으로 표현한 경우입니다. 투시도 뷰는 필요에 따라 몇 개이든지 만들수 있습니다.

03. 보행시선 뷰(동영상)

지정한 보행 경로를 따라 작성되는 동영상 작성에 대해 알아보겠습니다.

(1) 1층 평면도를 펼친 후, 신속접근 도구막대 또는 '뷰-작성-3D 뷰 드롭다운 리스트'를 펼쳐 '보행시선👣'를 클릭합니다.
옵션바에서 축척, 간격 띄우기, 기준 위치를 지정합니다. 보행 시선의 시작 위치를 지정하고 보행 경로를 따라 차례로 지정합니다.

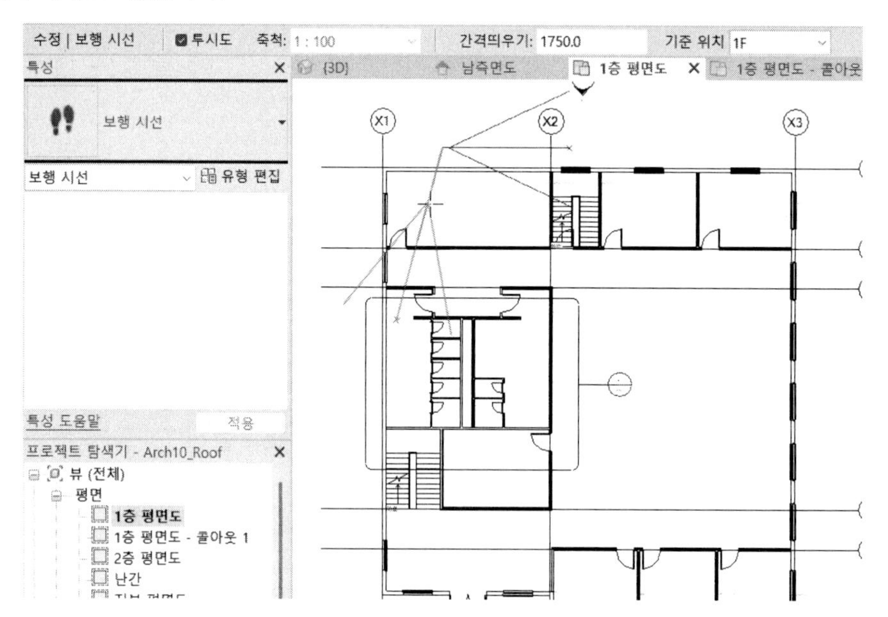

(2) 보행 경로의 지정이 끝나면 '보행 시선 완료✔'를 클릭합니다.

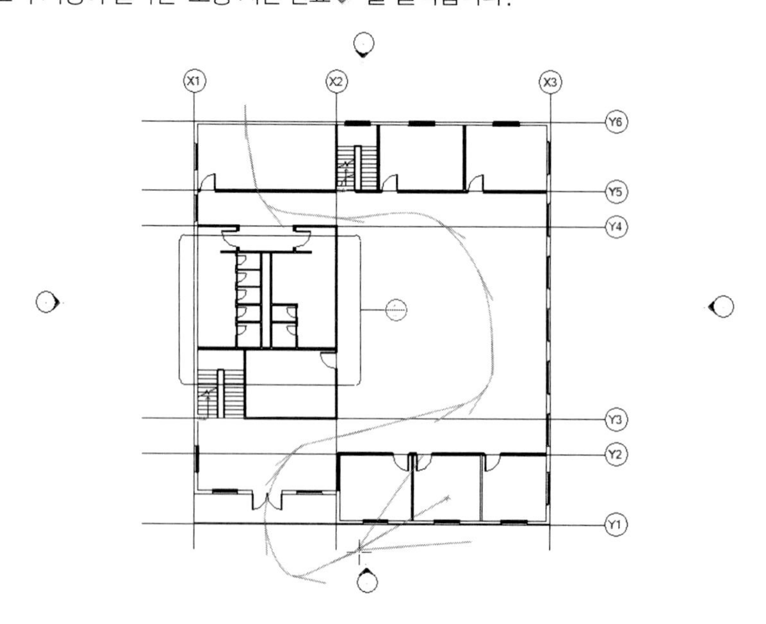

(3) 다음과 같이 보행 경로가 표시됩니다. '수정|카메라-보행 시선-보행 시선 편집'을 클릭합니다.

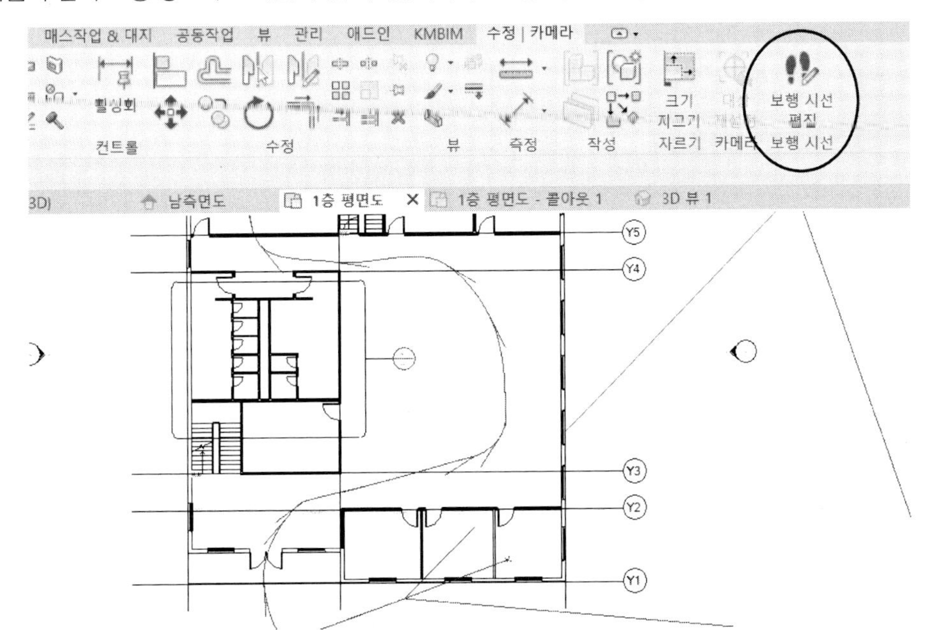

(4) 옵션 바에서 '프레임'을 '1'로 설정합니다. [300]은 '300' 프레임을 의미합니다. 즉, 300 프레임 중 첫 번째 프레임을 가리킵니다. 탭 메뉴에서 '보행 시선 편집'을 클릭하면 다음과 같은 메뉴가 펼쳐집니다. '재생 ▷' 버튼을 클릭하면 경로를 따라 카메라가 움직이는 것을 확인할 수 있습니다.

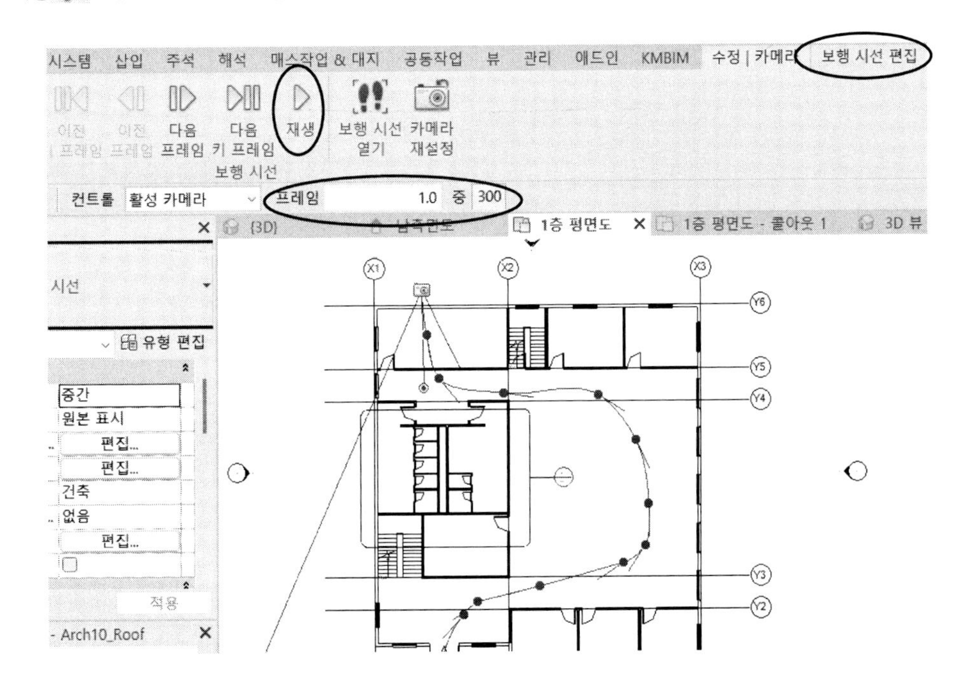

(5) '보행 시선 열기 ' 를 클릭합니다. '보행 시선 편집' 탭에서 '재생 ' 버튼을 클릭하면 경로를 따라 뷰가 동적(동영상)으로 표시됩니다.

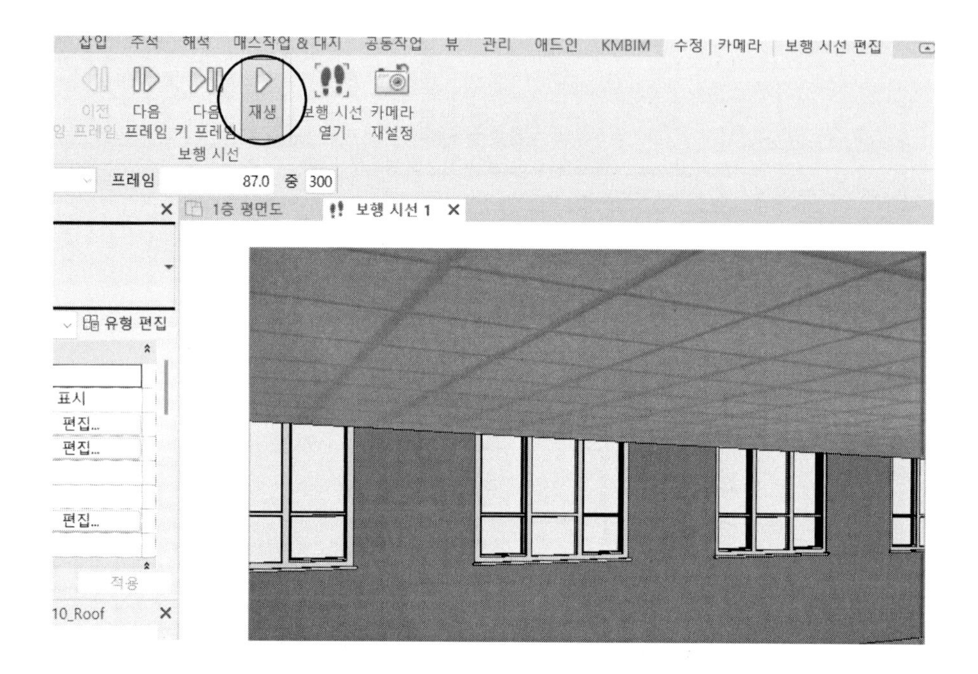

(6) 이렇게 작성된 보행 시선 뷰는 외부 파일로 저장할 수 있습니다. '파일-내보내기-이미지 및 동영상-보행 시선'을 클릭하여 파일 이름을 지정하여 저장합니다.

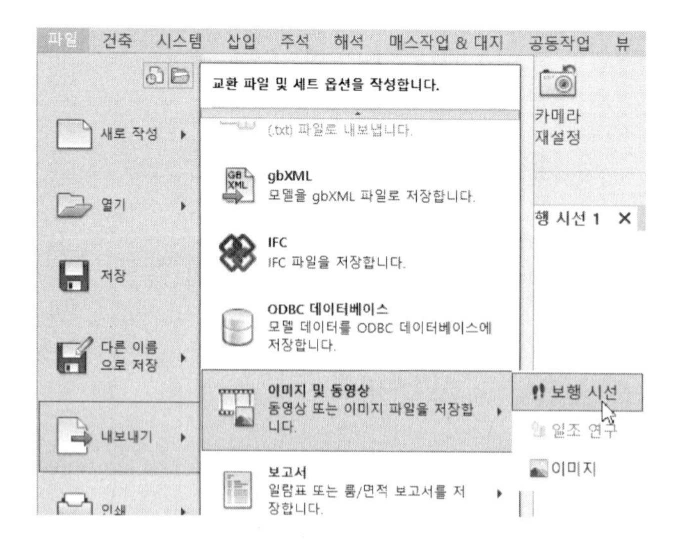

PART_4
설비 모델링 단위 기능

덕트와 배관 모델링에 앞서 모델링의 순서와 절차를 알아보고
각 단위 기능에 대해 설명합니다.

1. 모델링 순서 및 절차

모델링 순서는 조직의 업무 프로세스와 설계자의 작업방법 및 패턴에 따라 차이가 있습니다. 프로젝트의 환경과 목적에 따라 다릅니다. 그러나 전체적인 흐름은 같습니다. 모델링의 기본적인 순서에 대해 설명하겠습니다. 다음 흐름은 일반적인 모델링의 흐름으로 조직 및 작업자에 의해 앞뒤가 바뀌거나 생략 할 수 있습니다. 예를 들어, 프로젝트에 필요한 패밀리의 작성은 미리 만들어놓고 할 수도 있고 모델링 중 패밀리가 필요할 때 만들 수도 있습니다.

01. 도서 및 건축, 설비도면 파악

모델링에 앞서 업무를 파악하는 단계입니다. 입찰 안내서, 시방서를 비롯하여 부하계산서, 건축의 2D 도면 및 3D 모델링 데이터를 파악합니다. 기계설비설계 자체를 BIM으로 수행하는 경우는 해당되지 않지만 대부분의 모델링은 2차원 기계설비설계 CAD도면을 토대로 모델링하기 때문에 2차원 기계설비도면도 비교, 검토해야 합니다.

- 기본적으로 입찰 안내서나 시방서를 통해 발주처의 요구사항을 파악하고 시공 방법, 해당 공사에 사용할 재질 및 규격 등을 파악합니다.
- 기계설비설계 내용을 검토합니다. 입찰 안내서나 시방서대로 설계되었는지, 설계도면의 치수와 계산서의 계산 치수와 일치하는지 파악합니다.
- 건축 BIM 모델링 파일(*.rvt)을 열어 2차원 기계설비설계도면과 비교해야 합니다. 건축 BIM 모델링과 2차원 기계설비도면이 다른 경우가 종종 발생하기 때문입니다. 건축도면이 설계변경되었는데도 불구하고 2차원 기계설비도면에는 반영되지 않아 차이가 발생하기도 합니다. 그 반대의 경우도 있을 수 있습니다. 이때는 건축설계 담당자 및 기계설비설계 담당자와 연락을 취해 가장 최근에 수정한 도면과 계산서를 받아야 합니다.
- 건축 BIM 모델링 도면이 없는 경우는 기계설비 모델링에 필요한 건축 BIM 모델을 작성해야 합니다. 드문 경우이겠지만 건축 모델링가 없는 상태에서 기준층 또는 기계실만 모델링하는 경우는 기계설비 모델링에 필요한 건축 데이터를 모델링해야 합니다.

이러한 과정을 통해 추가로 필요한 패밀리가 어떤 것이 있고, 출력물을 산출하기 위해 어떤 매개변수가 필요한지 정리해야 합니다.

02. 패밀리 작성

해당 프로젝트에서 사용할 BIM 패밀리(라이브러리)를 작성합니다. 전문 모델러나 BIM 모델링을 수행하는 회사는 기본적으로 자주 사용하는 라이브러리가 구축되어 있으며, 템플릿 파일에 기본 라이브러리가 포함되어 있습니다. 규격화된 부품이나 장비는 반복해서 사용하지만 항상 동일한 라이브러리를 사용하지 않습니다. 발주처의 요구에 의한 기기나 부품, 현장에 맞춰 제작되는 공기조화기(AHU)와 같은 장비류는 새롭게 제작해야 합니다. 또, 프로젝트 성격에 따라 새롭게 작성하거나 필요로 하는 데이터가 발생하는 경우 매개변수의 추가 등 새로운 작업이 필요합니다.

패밀리 작성 시에는 발주처의 요구에 부응하기 위한 매개변수를 생성해야 합니다. 예를 들어, 물량산출에 필요한 매개변수, 제조사 정보, 가격 정보, 장비의 위치 정보 등입니다. 기존에 구축된 라이브러리를 사용하더라도 발주처의 요구에 부응하기 위해서 추가로 필요한 매개변수가 있으므로 기존 라이브러리를 열어서 수정해야 합니다.

패밀리가 효율적으로 작성되어야 모델링 과정에서 불필요한 시간을 절약할 수 있으므로 신중하게 설계하여 작성해야 합니다.

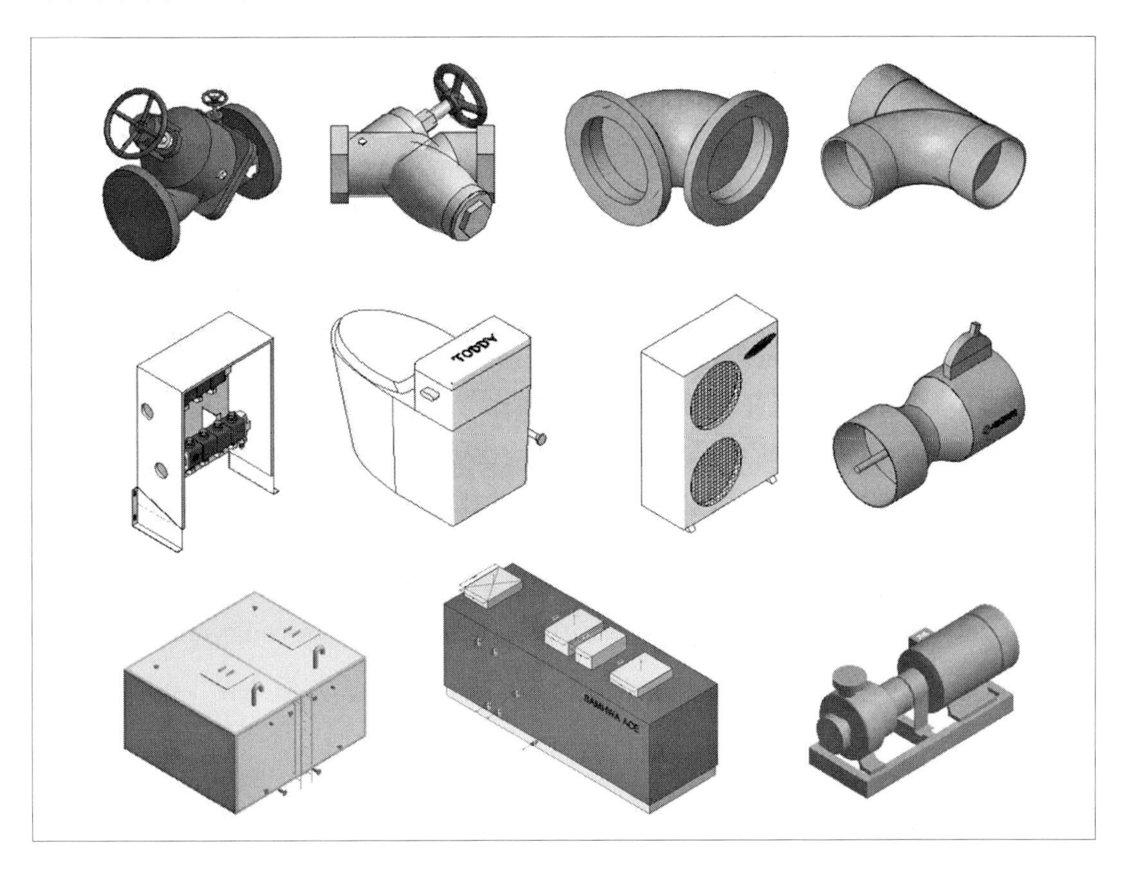

03. 환경 설정

모델링을 위한 환경을 설정합니다. 템플릿 파일을 열면 기본적인 환경이 설정되어 있지만 프로젝트 성격에 따라 필요한 환경을 설정합니다. 설정할 환경으로는 다음과 같은 것이 있습니다.

1. 단위 설정

프로젝트에서 사용할 단위를 설정합니다. 단위는 국가 및 조직에 따라 다르고, 발주처의 요구에 의해 단위를 설정해야 합니다. 프로젝트의 단위에 의해 패밀리를 수정해야 할 경우도 있습니다. 예를 들어, 덕트의 풍량을 CMH(Cubic Meters per Hour), 배관의 유량을 LPS(제공되는 단위에 LPM은 없음), 경사(구배)를 %로 표기하고자 할 때는 이에 맞춰 단위를 수정합니다.

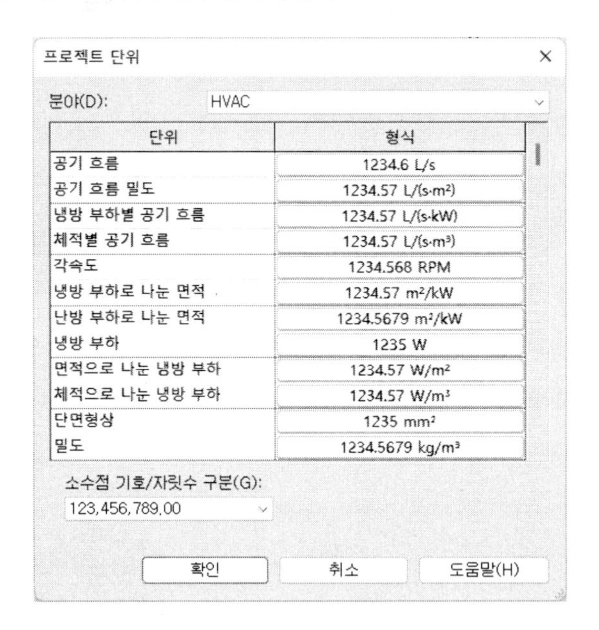

2. MEP(덕트, 배관) 설정

덕트 및 배관 환경을 설정합니다. 은선 처리의 환경, 크기(사이즈)의 표기 방법 및 문자 형식, 계산과 모델링에 사용하는 덕트 및 배관의 크기(사이즈) 목록을 정리합니다. 배관의 경우 각 재질별 내경과 외경의 크기, 경사(구배)의 환경을 설정합니다.

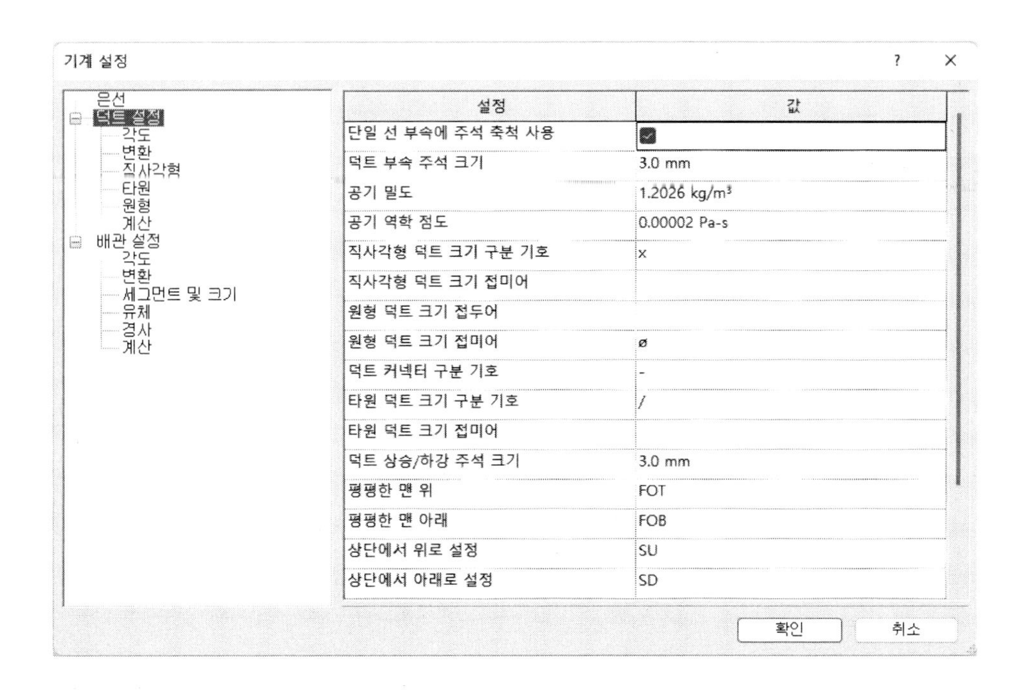

3. 매개변수 정의

이 단계에서는 프로젝트 매개변수 및 공유 매개변수를 작성합니다. 공종(공조 덕트, 공조 배관,위생 배관, 소방 배관)을 구분하기 위한 프로젝트 매개변수를 설정하기도 하고 도면의 표제란에 들어갈 작성일자, 작성자 등 프로젝트에 필요한 프로젝트 매개변수 및 공유 매개변수를 설정합니다. 필터링 조건을 만들 때는 여기에서 작성된 프로젝트 매개변수를 이용하여 필터링 조건을 지정합니다.

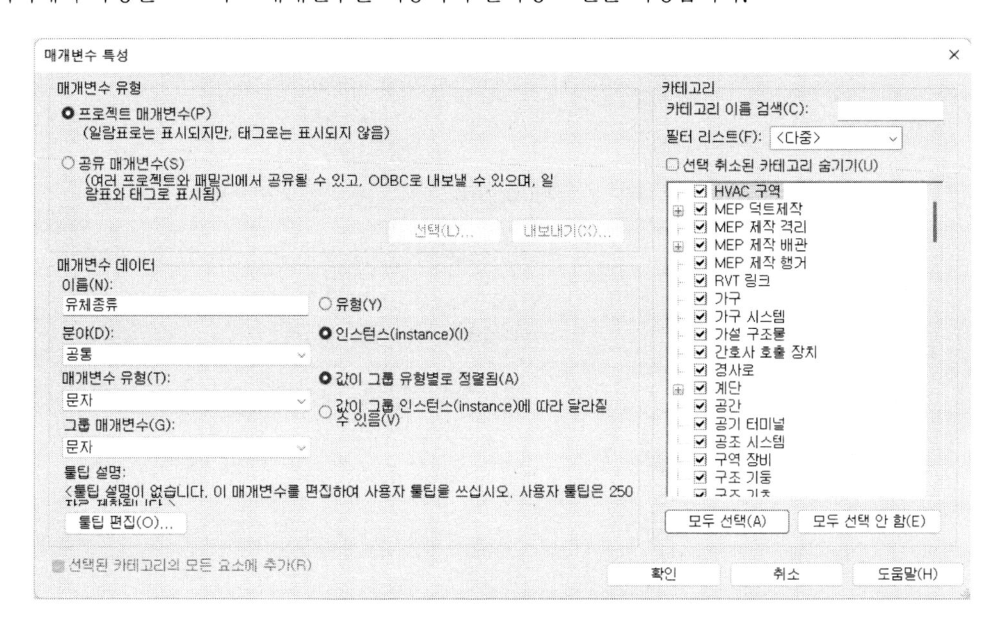

4. 덕트 및 배관 유형(타입) 설정

덕트 및 배관 모델링을 위한 유형을 작성합니다. 이 유형은 재질별로 구분할 수도 있고 공종별로 구분할 수도 있습니다. 배관의 경우는 공종을 더 세분화하여 유체 종류별로 유형을 만들어 모델링할 수도 있습니다.

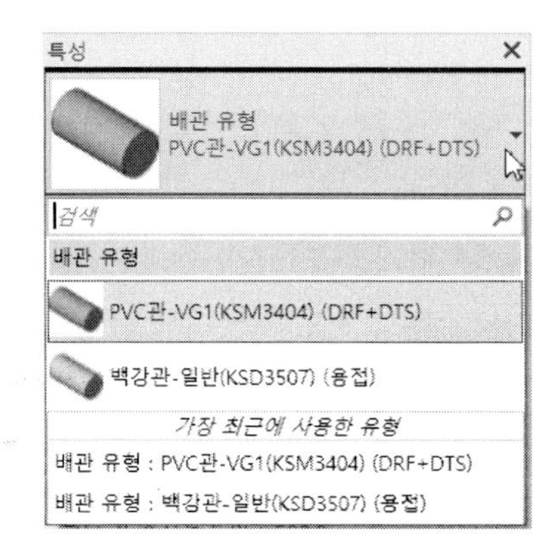

다음으로 각 유형별로 덕트나 배관의 피팅류의 환경을 설정합니다. 분기부에 티(Tee)로 할 것인지, 탭(Tap)으로 할 것인지 지정하고 피팅류에 사용할 부품은 어떤 것(패밀리)을 적용할 것인지 지정합니다. 이때 필요한 부속류 패밀리가 로드되어 있지 않으면 로드합니다.

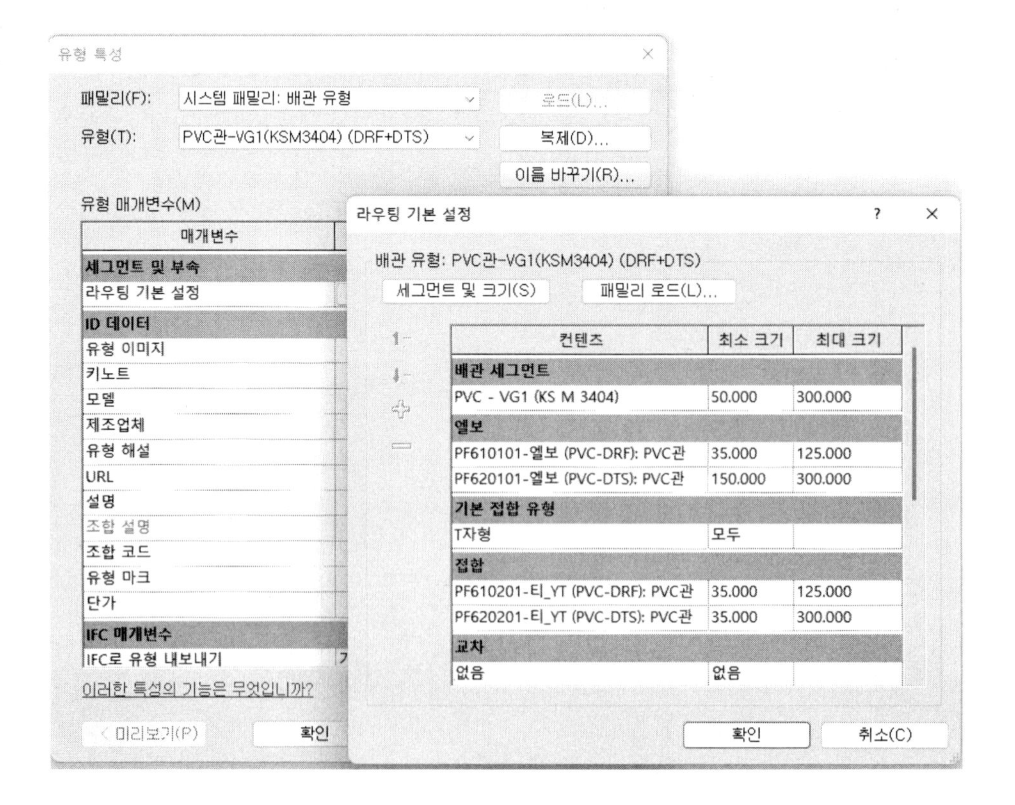

04. 필터 및 뷰 템플릿 작성

필터를 생성하고 뷰 템플릿 환경을 설정합니다. 필터는 특정 조건(필터링)에 의해 장비, 덕트나 배관을 구분하는 방법입니다. 설계자에 의도에 따라 다양한 기준으로 구분될 수 있으며 이렇게 작성된 필터를 이용하여 도면의 표시 환경을 설정할 수 있습니다. 예를 들어, 위생배관에 있어 급수, 급탕 및 환탕, 통기, 오수, 배수 배관을 필터로 구분하여 색상을 달리 표현하여 도면을 보는 사람들이 쉽게 이해할 수 있도록 합니다.

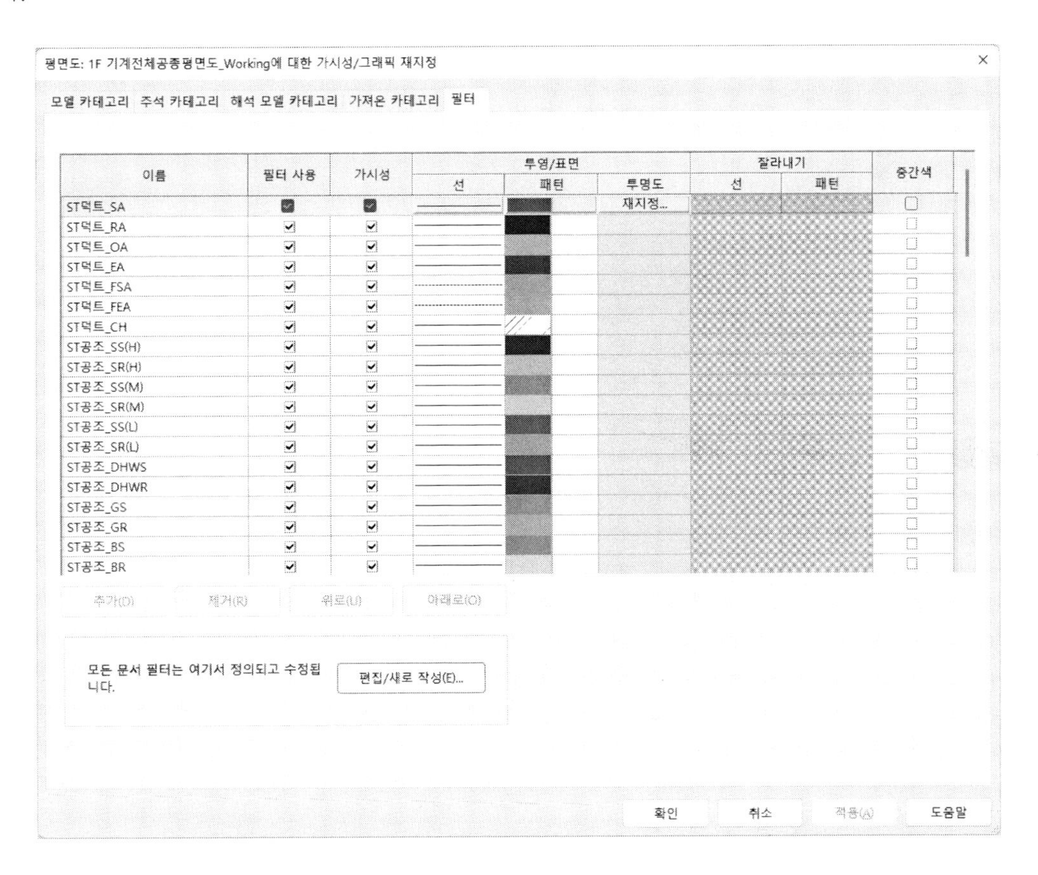

뷰 템플릿(View Template)은 뷰 축척, 분야, 상세 수준, 가시성 설정, 필터링 등 뷰 환경(특성)이 설정된 그룹입니다. 뷰의 성격에 맞춰 표현하고자 하는 뷰 템플릿을 설정한 후 적용하고자 하는 뷰에 적용합니다.

05. 패밀리 로드

프로젝트에 사용할 패밀리(라이브러리)를 로드합니다. 기본적으로 사용되는 패밀리는 템플릿 파일에 저장되어 있습니다다만 발주처의 요구 및 프로젝트의 성격에 따라 새롭게 구축한 패밀리를 로드합니다.

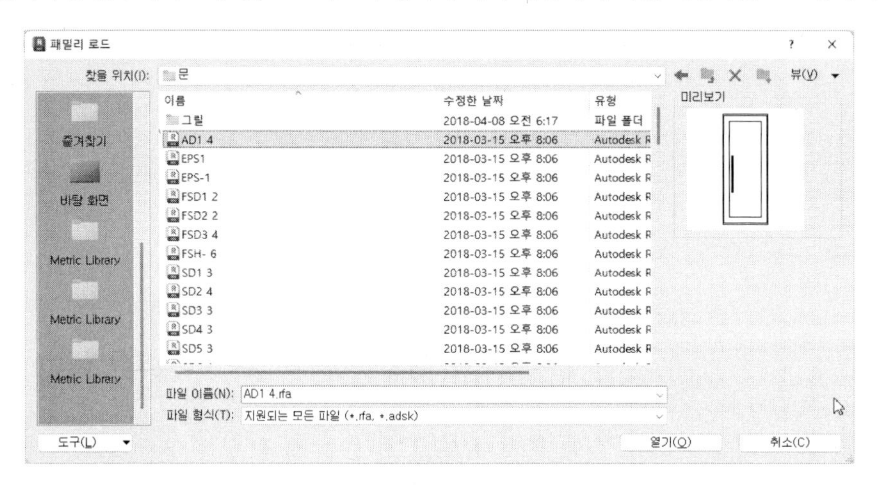

06. 건축 파일 링크

기계설비 모델링을 하기 위해서는 기본적으로 건축 모델이 있어야 합니다. Revit에서는 건축 모델을 열어서(Open) 모델링을 하는 것이 아니라 링크하여 작업을 수행합니다. 링크는 AutoCAD의 참조(Reference)와 유사한 기능입니다. 공유 좌표(Shared Coodinates)가 있을 경우는 좌표로 링크하고 그렇지 않은 경우는 원점(Orgin to Orgin)으로 링크합니다. 일반적으로는 원점으로 링크합니다. 건축 모델을 링크한 후 모델링 시에 움직이지 않도록 하기 위해 반드시 핀(Pin) 기능으로 고정합니다.

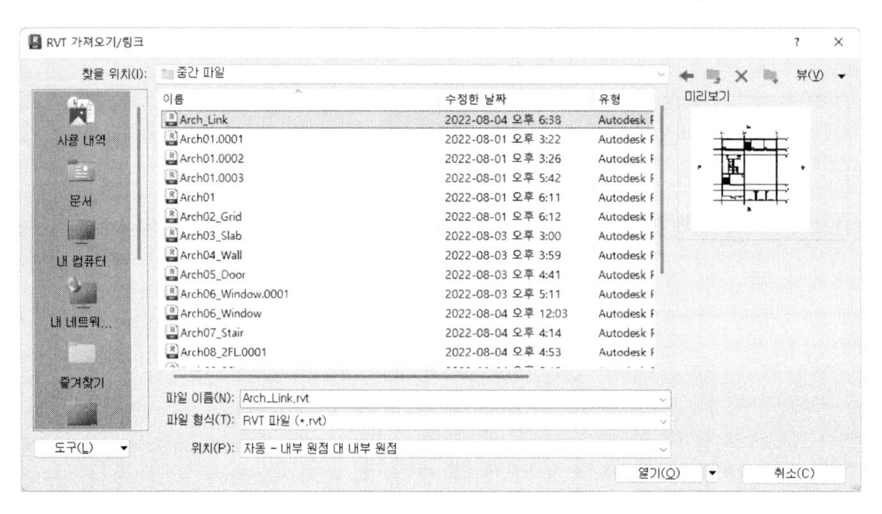

07. 레벨 및 뷰 작성

레벨은 층이 아니라 작업면이 됩니다. 즉, 모델링을 위한 기준면입니다. 건축 모델이 링크되었으면 건축의 레벨을 기준으로 기계설비용 레벨을 작성합니다. 건축에는 레벨이 없더라도 기계설비 모델을 위해 필요한 레벨이 있으므로 추가해야 합니다. 예를 들어, 건축에는 천장 레벨이 없는 경우가 많지만 기계설비 모델링에서는 필요한 경우가 많으므로 작성해야 할 경우가 있습니다.

레벨이 작성된 후 레벨별 뷰를 작성합니다. 뷰는 단면뷰와 같이 작업 중간에도 필요할 때 언제든 작성할 수 있지만 기본적으로 각 레벨별로 기본 뷰를 작성해두는 것이 좋습니다.

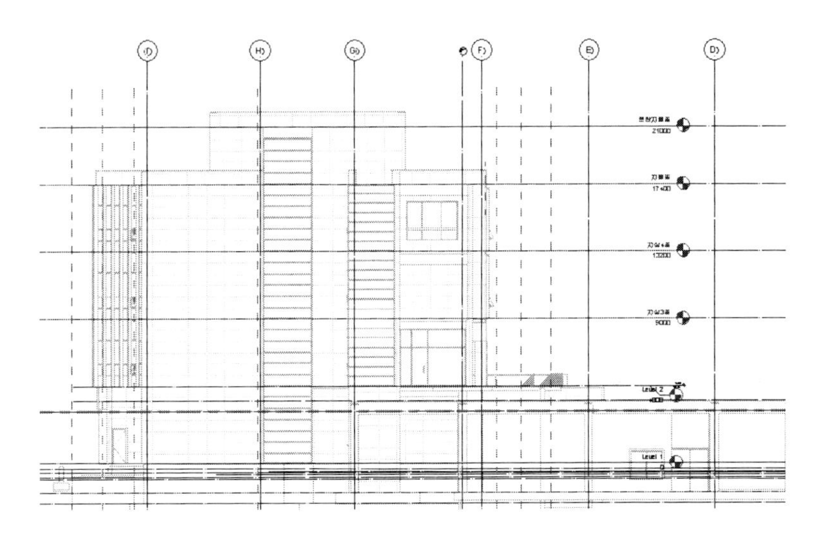

08. 작업 세트(Work Set) 설정

작업 세트를 설정하고 중앙 파일을 저장합니다. 작업 세트는 여러 명이 하나의 프로젝트를 공동으로 작업하기 위한 도구입니다만 응용하기에 따라서는 작업의 종류(공종)로 구분할 수도 있고 작업 구역별로 구분하여 할당할 수도 있습니다. 또, 하나의 프로젝트를 여러 명이 아닌 혼자서 모든 모델링을 할 때도 활용할 수 있습니다. 예를 들어, 공종별로 구분하여 뷰를 표시하거나 숨길 때 유용합니다.

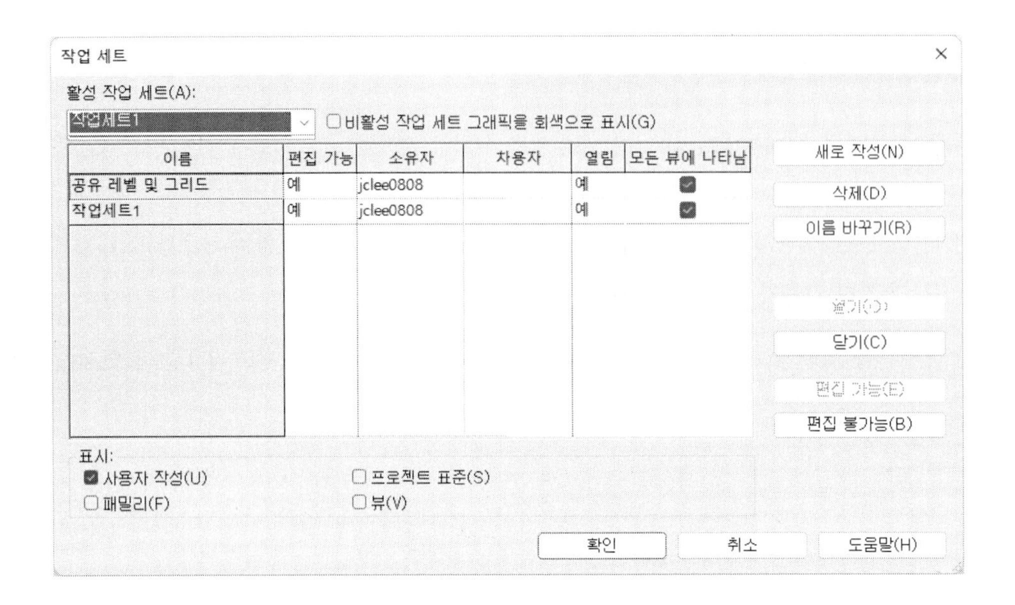

09. 모델링

각 설계자는 중앙 파일에 접근하여 로컬 파일을 생성한 후 모델링 작업을 수행합니다. 각 로컬의 구분은 모델링 구역(예: 층)으로 나눌 수도 있고 공종별로 나눠서 작업을 할 수도 있습니다. 수시로 간섭 여부를 확인하면서 모델링을 진행합니다. 모델링이 끝난 후에 간섭을 체크하면 수정하는데 많은 일손이 필요하기 때문입니다. 실무에서는 주로 나비스웍스(NavisWorks) 프로그램을 활용하여 간섭여부를 체크합니다.

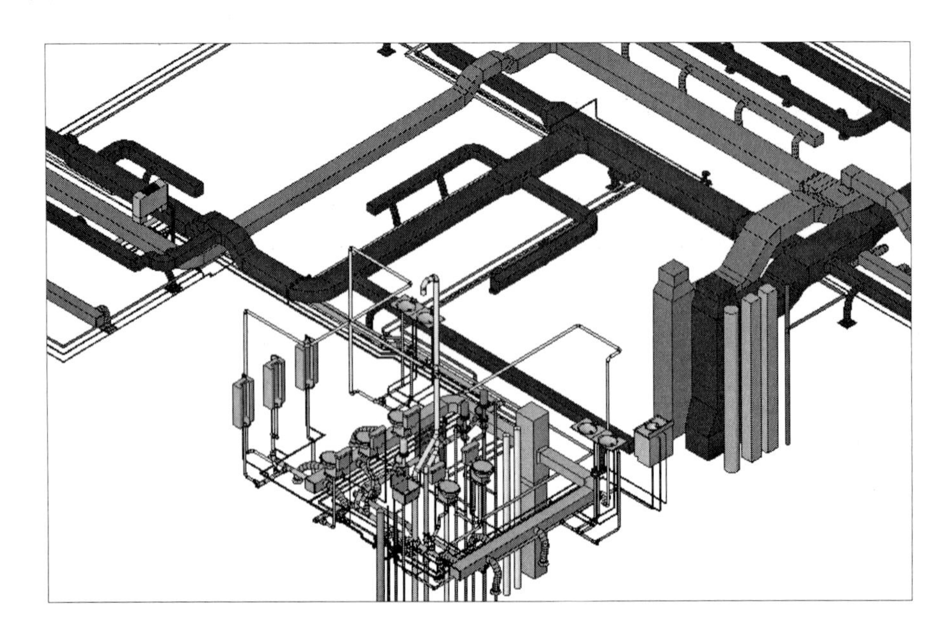

10. 일람표(수량표) 작성

작성된 모델로부터 수량 일람표를 작성합니다. 발주처에서 요구한 물량 외에도 프로젝트에서 필요한 물량을 산출합니다.

◪ 디퓨저 일람표 [AHU-04]

SA : 6,500CMH
RA : 5,900CMH

실번호	실명	수량	풍량(CMH)	N.D (mm,Φ)	종 류
⟨1⟩	투자자교육 체험관-1	16	SA : 119	-	FLOOR DIFFUSER
		12	SA : 200	-	PERIMETER FAN
⟨3⟩	복도	8	SA : 119	-	FLOOR DIFFUSER
		4	SA : 250	-	PERIMETER FAN
⟨4⟩	ELEV.홀	2	SA : 119	-	FLOOR DIFFUSER
		5	RA : 1,180	1.4m² 이상확보 [건축공사]	

◪ 디퓨저 일람표 [AHU-05]

SA : 7,000CMH
RA : 6,400CMH

실번호	실명	수량	풍량(CMH)	N.D (mm,Φ)	종 류
⟨2⟩	투자자교육 체험관-2	28	SA : 100	-	FLOOR DIFFUSER
		21	SA : 200	-	PERIMETER FAN
		4	RA : 1,600	1.5m² 이상확보 [건축공사]	
⟨5⟩	화장실	1	EA : 600	1,950Lx150W [건축공사] 2,150Lx300Hx200W [설비공사]	
		1	OA : 600	DOOR GRILLE : 0.06㎡ 이상 확보	
		1	EA : 600	2,750Lx150W [건축공사] 2,950Lx300Hx200W [설비공사]	
		1	OA : 600	DOOR GRILLE : 0.06㎡ 이상 확보	

11. 프로젝트 탐색기 및 뷰 정리

모델링이 끝나면 도면화 작업입니다. 이 작업의 대부분은 뷰의 관리입니다. 모델링하기 위해 작성한 임시 뷰(예: 단면도)를 삭제하고 필요한 뷰만 남깁니다. 특히, 발주처 또는 협력업체에서 요구한 뷰가 있으면 작성합니다.

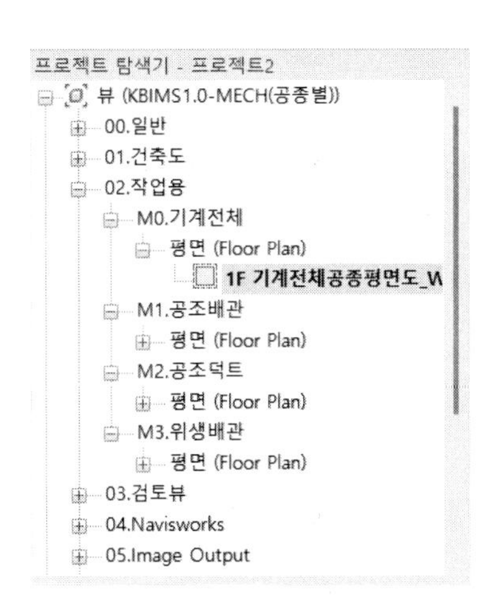

12. 보고서 작성

최종 보고서를 작성합니다. 지금까지 작성된 모델 뷰, 범례, 일람, 수량표 등을 출력 시트에 배치하여 최종 산출물을 만듭니다. 또, 필요에 따라 렌더링 이미지, 동영상 파일을 추출하고 다른 소프트웨어에서 활용할 포맷 파일을 작성합니다.

2. 덕트 모델링

덕트 모델링 실습을 하겠습니다. 디퓨져, 기기 및 장비의 위치에 맞춰 덕트 경로를 제공하고 자동으로 모델링하는 자동 라우팅 방법이 있습니다만 여기에서는 덕트의 크기와 위치를 지정하여 모델링하는 수동 모델링 방법에 대해 알아봅니다.

01. 덕트 모델링 환경

덕트 모델링을 위한 메뉴 구성과 환경에 대해 알아보겠습니다.

1. 메뉴 구성

덕트 모델링을 위해 표시되는 메뉴 구성과 각 기능에 대해 알아봅니다.

'시스템' 탭을 누르면 다음과 같은 메뉴가 나타납니다.

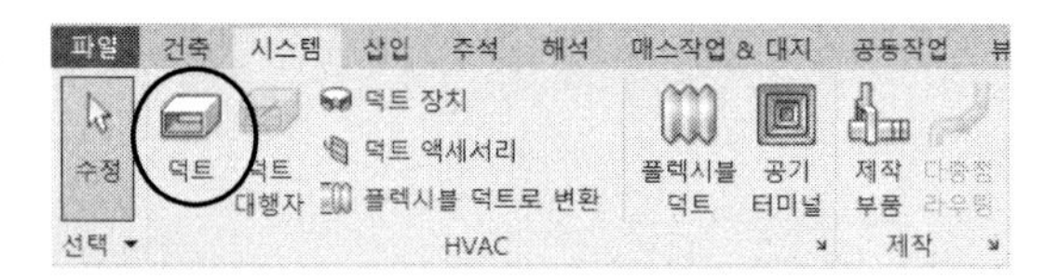

덕트를 모델링 하기 위해 'HVAC' 패널의 '덕트'를 클릭합니다.

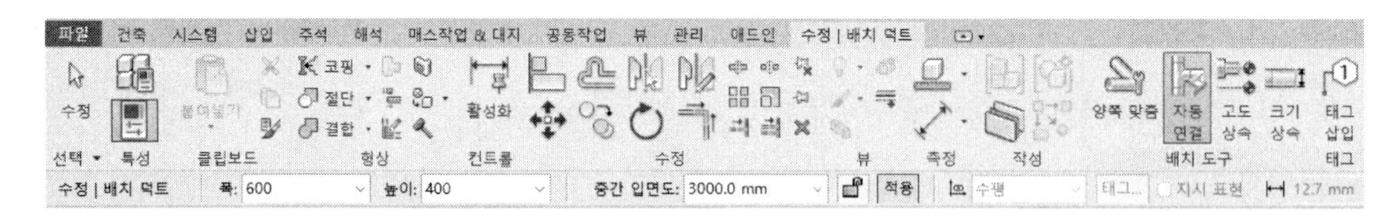

(1) **폭, 높이** : 덕트의 크기를 나타내는 폭과 높이 값, 원형 덕트의 경우는 지름을 지정합니다.

(2) **중간 입면도** : 덕트의 설치 높이(Elevation)를 지정합니다. 현재 덕트를 작성할 고도 값을 지정합니다.

(3) , : 지정한 간격 띄우기(중간 입면도) 값(Elevation)을 고정 또는 고정 해제를 지정합니다.

(4) **[적용]** : 지정한 간격 띄우기 값을 적용합니다. 수직 덕트를 모델링할 때 적용합니다.

(5) : 태그 삽입 시, 태그의 방향(수평, 수직)을 지정합니다.

(6) [태그...] : 태그 패밀리를 지정합니다.

(7) **지시선** : 지시선(인출선) 작성 여부와 지시선의 길이를 지정합니다.

(8) **양쪽 맞춤** : 덕트를 모델링할 때의 기준 위치를 지정합니다. 대화상자에서 수평 방향의 기준위치와 간격 띄우기, 수직방향의 기준 위치를 지정합니다.

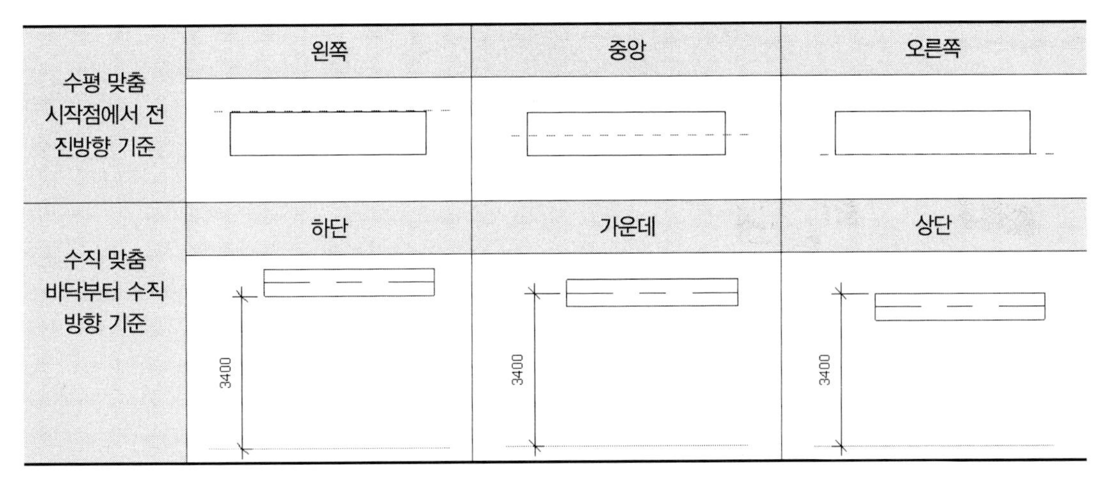

'수평 맞춤'에서 '왼쪽' 또는 '오른쪽'으로 설정하고 레듀셔를 모델링하면 편심 레듀셔가 됩니다. 또 '수직 맞춤'을 '하단' 또는 '상단'으로 설정하고 레듀셔를 모델링하면 편심 레듀셔가 됩니다.

(9) **자동 연결** : 이 기능을 켜면(ON) 덕트가 교차하는 경우에 자동으로 덕트와 덕트를 연결합니다. 자동 연결을 끄면(OFF) 덕트가 교차하더라도 연결하지 않습니다. 덕트의 높이(고도)만 다르고 같은 경로를 따라 덕트를 모델링할 경우, 자동 연결을 끄고 작업하는 것이 의도하지 않은 연결을 방지할 수 있습니다.

(10) **고도 상속** : 지정한 덕트의 고도를 상속합니다. 체크하면 선택한 덕트의 간격 띄우기 값과 동일한 높이로 모델링합니다. 옵션바의 간격 띄우기(중간 입면도) 값은 무시됩니다.

(11) **크기 상속** : 지정한 덕트의 크기를 상속합니다. 체크하면 선택한 덕트의 크기와 동일한 크기로 모델링 합니다.

(12) **태그 삽입** : 덕트를 모델링할 때 주석 태그의 배치 여부를 결정합니다. 켜면 덕트가 모델링될 때마다 태그를 배치합니다. 즉, 치수를 기입합니다.

2. 기계 설정

덕트를 모델링하기 위해 환경을 설정합니다.

(1) '관리-프로젝트 설정-MEP설정'의 드롭다운 목록에서 '기계 설정'을 클릭합니다.

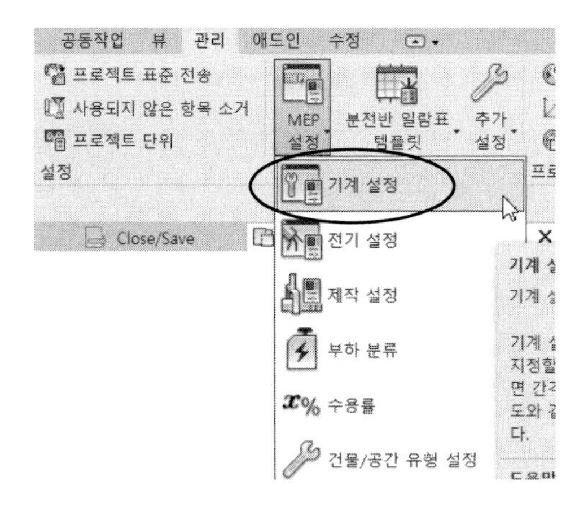

또는 '시스템-HVAC, 기계, 위생기구 및 배관' 패널 중 하나의 오른쪽 하단에 있는 비스듬한 화살표 ↘ 을 클릭합니다. 다음과 같은 대화상자가 나타납니다.

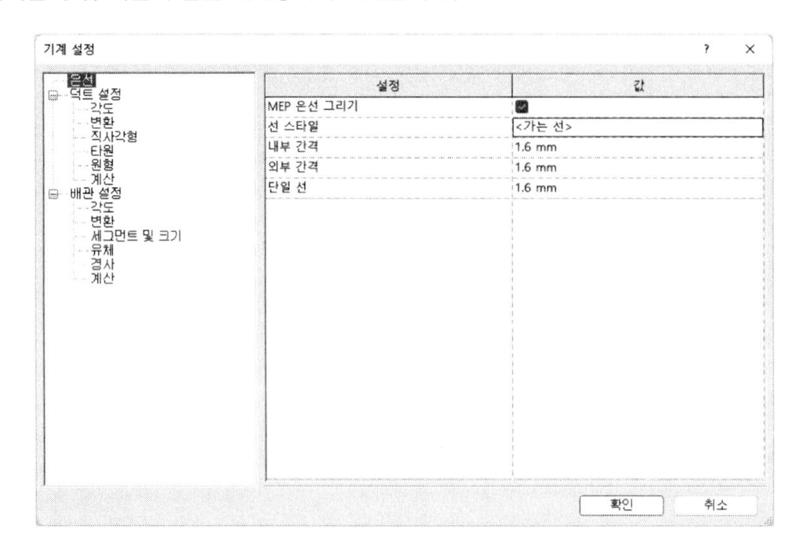

① **MEP 은선 그리기** : 은선의 작도여부를 체크합니다.

② **선 스타일** : 은선의 선 종류를 목록에서 선택하여 지정합니다.

③ **내부 간격** : 교차되는 부분의 은선 처리시 내부에 나타나는 선 간격을 지정합니다. 가는 선으로 지정되면 선은 표시되지 않습니다.

④ **외부 간격** : 교차되는 부분의 은선 처리시 외부의 선 간격을 지정합니다. 가는 선으로 지정되면 은선은 표시되지 않습니다.

⑤ **단일 선** : 단일 선(싱글 라인)에 대한 간격을 지정할 수 있습니다.

(2) **덕트 설정** : 덕트의 공통적인 설정 항목입니다.

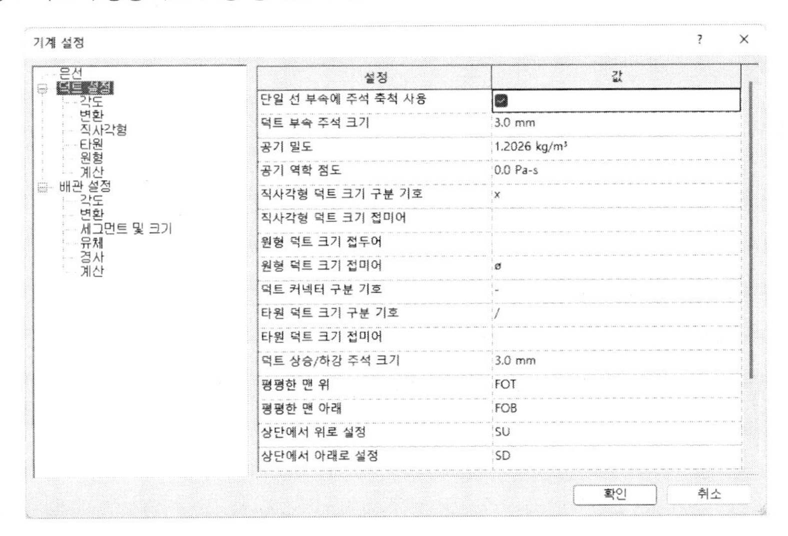

① **단일 선 부속에 주석 축척 사용** : '덕트 부속 주석 크기' 매개변수에 의해 지정된 크기의 주석 축적의 사용 여부를 지정합니다. 이 설정을 변경해도 이미 프로젝트에 배치된 컴포넌트의 인쇄 크기는 변경되지 않습니다.

② **덕트 부속 주석 크기** : 단선 뷰에서 삭도된 피팅류 및 부속류의 주석 크기를 지정합니다. 이 크기는 작도의 축척에 관계없이 유지됩니다.

③ **공기 밀도** : 덕트 크기를 결정할 때 사용하는 공기 밀도입니다.

④ **공기 역학 점도** : 덕트 크기를 결정할 때 사용하는 공기 점도입니다.

⑤ **직사각형 덕트 크기 구분 기호** : 직사각형 덕트 크기를 표기할 때 가로와 세로 사이의 구분 기호입니다.

⑥ **직사각형 덕트 크기 접미어** : 직사각형 덕트 크기를 표기할 때 뒤에 들어갈 문자나 기호입니다.

⑦ **원형 덕트 크기 접두어** : 원형 덕트 크기를 표기할 때 앞에 들어갈 문자나 기호입니다.

⑧ **원형 덕트 크기 접미어** : 원형 덕트 크기를 표기할 때 뒤에 들어갈 문자나 기호입니다.

⑨ **덕트 커넥터 구분 기호** : 두 개의 서로 다른 커넥터 사이의 정보를 구분하기 위해 사용되는 기호입니다.

⑩ **타원 덕트 크기 구분 기호** : 타원형 덕트의 크기를 표기하기 위한 구분 기호를 지정합니다.

⑪ **타원 덕트 크기 접미어** : 타원형 덕트의 크기 뒤에 들어갈 문자나 기호를 지정합니다.

⑫ **덕트 상승/하강 주석 크기** : 입상/입하 주석의 크기를 지정합니다. 이 크기는 도면 축척에 관계없이 유지됩니다.

⑬ **평평한 맨 위/ 맨 아래** : 부품 부속 태그에서 사용되는 기호를 지정하여 현재 뷰에서 보이지 않는 평면에서 해당 편심 간격띄우기를 나타냅니다. 이 값은 뷰 평면과 가장 가까운 면에 의해 결정됩니다.

⑭ **상단에서 위로 설정/아래로 설정** : 부품 부속 태그에서 사용되는 기호를 지정하여 현재 뷰에서 보이지 않는 평면에서 해당 편심 간격띄우기를 나타냅니다. 이 값은 뷰 평면과 가장 가까운 면에 의해 결정됩니다. 위(아래)로 설정 다음에는 간격띄우기 길이가 표시됩니다.

⑮ **하단에서 위로 설정/아래로 설정** : 부품 부속 태그에서 사용되는 기호를 지정하여 현재 뷰에서 보이지 않는 평면에서 해당 편심 간격띄우기를 나타냅니다. 이 값은 뷰 평면과 가장 가까운 면에 의해 결정됩니다. 위(아래)로 설정 다음에는 간격띄우기 길이가 표시됩니다.

⑯ **중심선** : 부품 부속 태그에서 사용되는 기호를 지정하여 현재 뷰에서 보이지 않는 평면에서 해당 편심 간격띄우기를 나타냅니다. 이 값은 뷰 평면과 가장 가까운 면에 의해 결정됩니다. 흐름은 부품의 1차 커넥터에서 2차 커넥터로 이동하는 것으로 간주합니다.

(3) **각도** : 덕트를 모델링할 때 꺾어지는 각도를 설정합니다. '각도 증분 설정'은 지정한 각도의 증분으로 덕트를 모델링합니다. 특정 각도를 지정하면 지정한 각도 단위로 꺾어집니다.

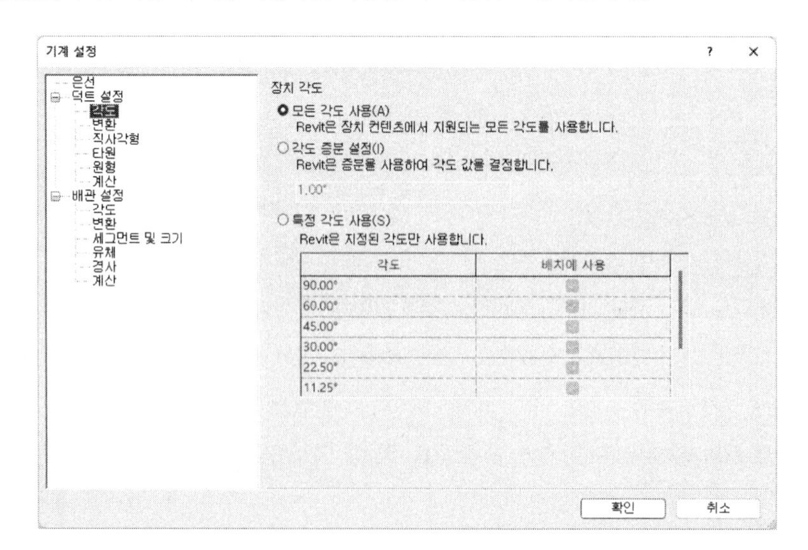

(4) **변환** : 덕트 자동 라우팅 시에 사용할 덕트의 유형과 간격띄우기를 설정합니다. 메인(주) 덕트와 가지 덕트를 각각 설정합니다.

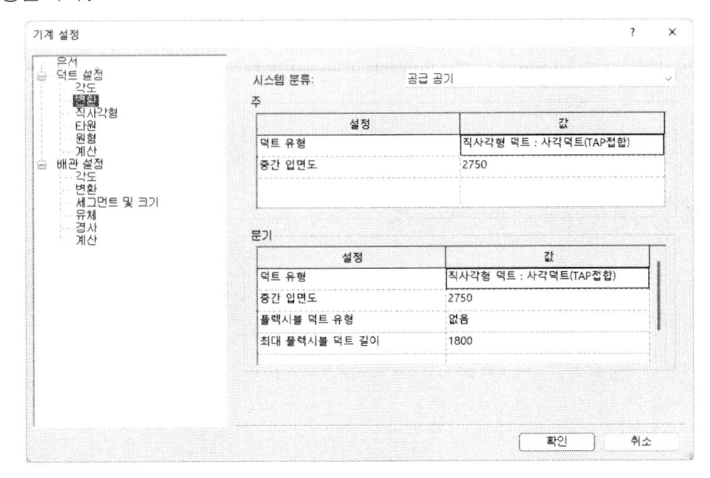

1) **주** : 메인 덕트에 대한 다음의 매개변수를 지정합니다.

① **덕트 유형** : 적용할 덕트의 유형을 지정합니다.

② **중간입면도(간격 띄우기)** : 덕트의 높이를 지정합니다.

2) **분기** : 가지 덕트에 대한 다음의 매개변수를 지정합니다.

① **덕트 유형** : 적용할 덕트의 유형을 지정합니다.

② **중간입면도(간격 띄우기)** : 덕트의 높이를 지정합니다.

③ **플렉시블 덕트 유형** : 플렉시블 덕트의 유형을 지정합니다.

④ **최대 플렉시블 덕트 길이** : 플렉시블 덕트의 최대 길이를 지정합니다.

(5) **직사각형, 타원, 원형** : 덕트 작도 시에 리스트와 사이즈 설정 시 사용할 덕트 크기(사이즈) 리스트입니다. 체크를 켜면 리스트에 나타나고 끄면 리스트에서 표시되지 않습니다. 직사각형, 타원, 원형 덕트도 동일한 방법으로 설정합니다. 새로운 크기가 필요하면 [새 크기(N)..]를 눌러 작성합니다.

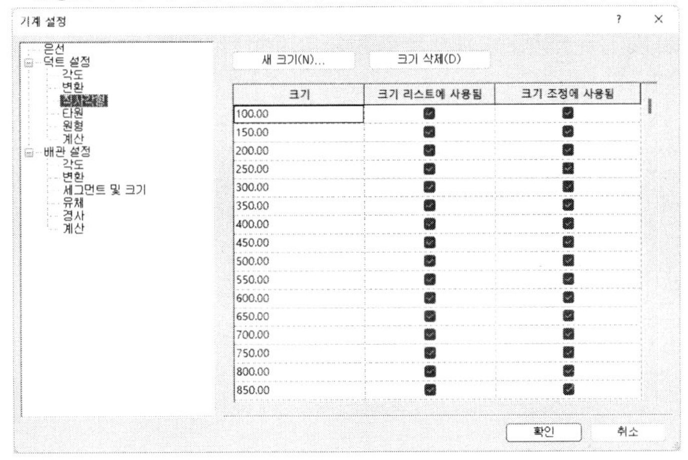

① **크기 리스트에 사용됨** : 각 덕트 크기에 대해 체크를 하면 덕트 레이아웃 편집기, 덕트 수정 편집기, 플렉시블 덕트 및 플렉시블 덕트 수정 편집기를 포함한 Revit 전체 목록에 크기가 표시됩니다. 이를 끄면 목록에서 크기가 표시되지 않습니다.

② **크기 조정에 사용됨** : 각 덕트 크기에 대해 체크를 하면 Revit에 의해 시스템 풍량 계산에 덕트 크기가 결정됩니다.

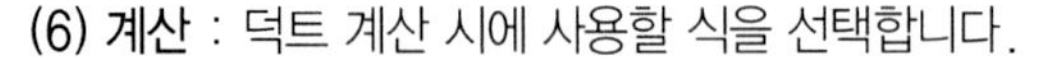

(6) **계산** : 덕트 계산 시에 사용할 식을 선택합니다.

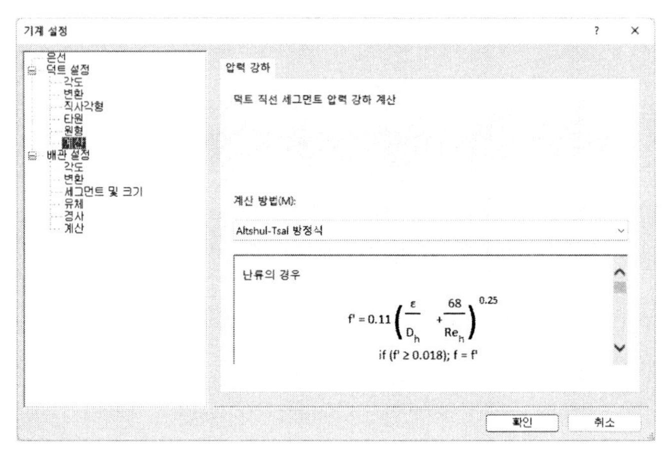

02. 덕트 모델링 실습

이제부터 각형 덕트를 모델링하겠습니다.

(1) 덕트를 모델링하기 위해 '기계 템플릿'으로 시작합니다.

(2) 덕트 기능을 실행합니다. '시스템-HVAC-덕트'를 클릭합니다.

유형 선택기에서 '직사각덕트 덕트 굽힘 엘보/탭'을 선택합니다. 폭을 '600', 높이를 '400', 중간 입면도를 '2000'으로 설정합니다.

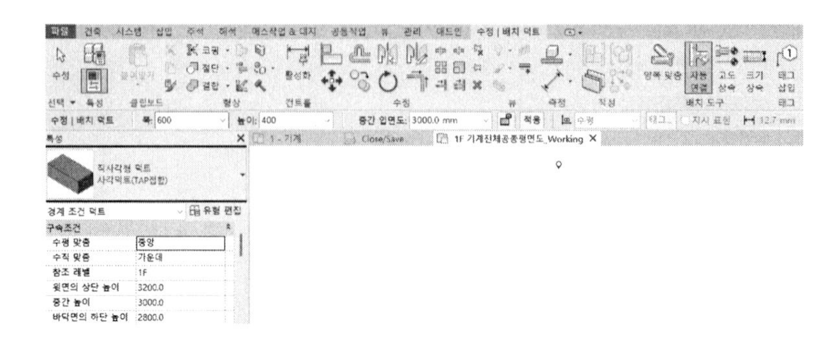

(3) 덕트의 시작점을 지정한 후 마우스를 오른쪽 방향으로 맞춘 후 '7000'을 입력합니다. 그러면 마우스 방향으로 '7000'길이의 덕트가 작도됩니다.

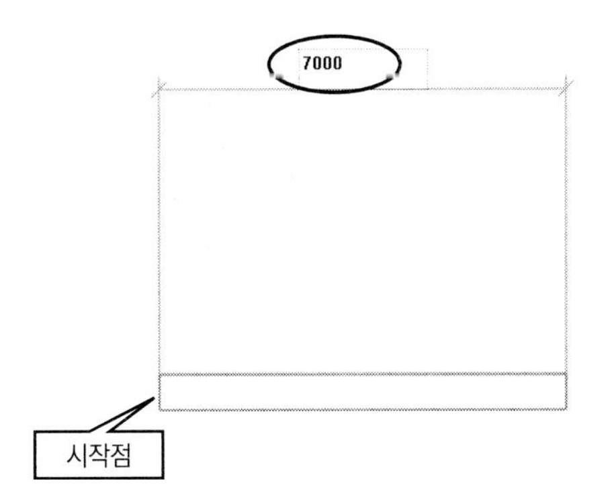

이번에는 45도 방향으로 방향으로 맞춘 후 '3000'을 입력합니다.

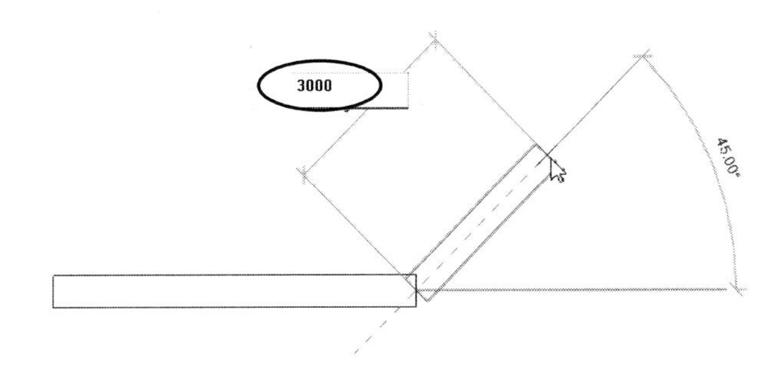

다시 왼쪽 방향을 맞춘 후 '3000'을 입력합니다. 종료하려면 〈ESC〉 키를 두 번 누르거나 리본 메뉴 왼쪽의 '수정'을 클릭합니다. 다음 그림과 같이 덕트가 모델링됩니다.

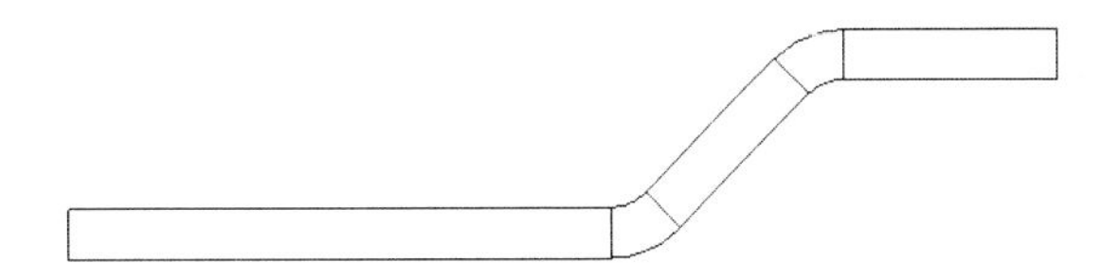

(4) 모델링된 덕트의 끝 부분에서 덕트를 연결하겠습니다. 덕트를 클릭한 후 연결하고자 하는 덕트의 끝부분의 연결구(Connector)에 마우스를 대고 오른쪽 버튼을 클릭합니다. 바로가기 메뉴에서 '덕트 그리기(D)'를 클릭합니다.

연결구(커넥터; Connector)는 건축이나 구조와 다른 특징으로 설비 시스템의 고유 요소입니다. 덕트 및 배관의 말단, 엘보나 티와 같은 조인트, 밸브나 유니온 등 각종 부속류의 연결구 역할을 합니다.

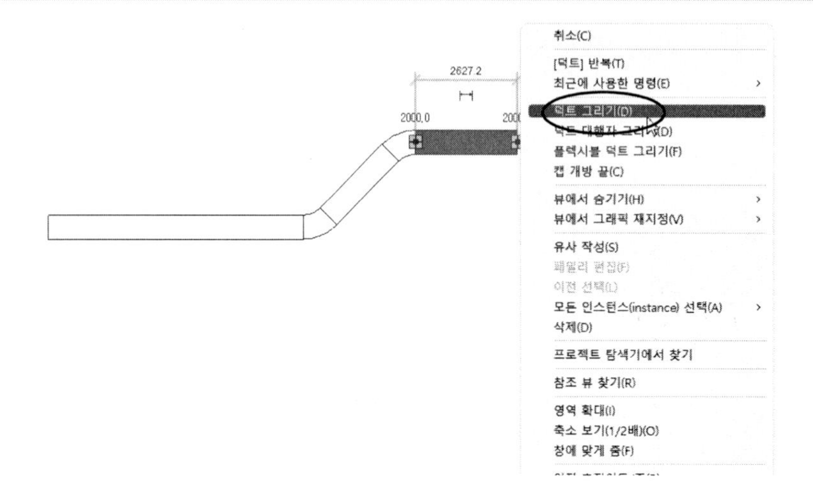

덕트 작도 모드로 바뀌면 오른쪽 방향으로 맞추고 '2000'을 입력합니다.

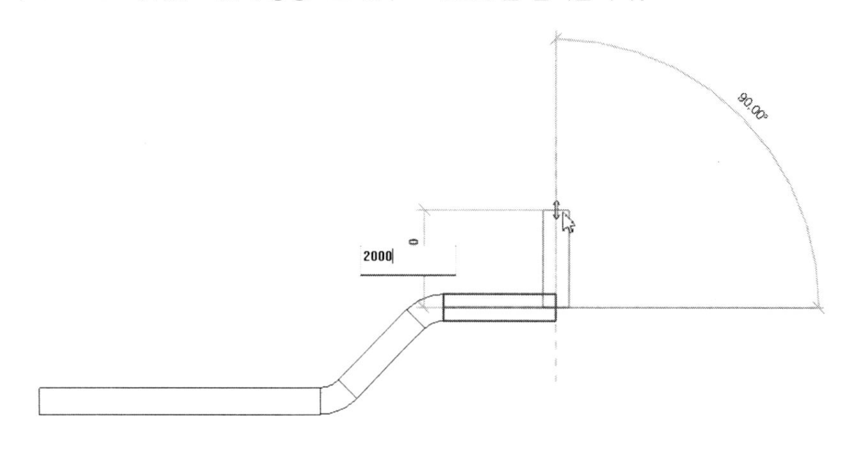

다음과 같이 모델링됩니다.

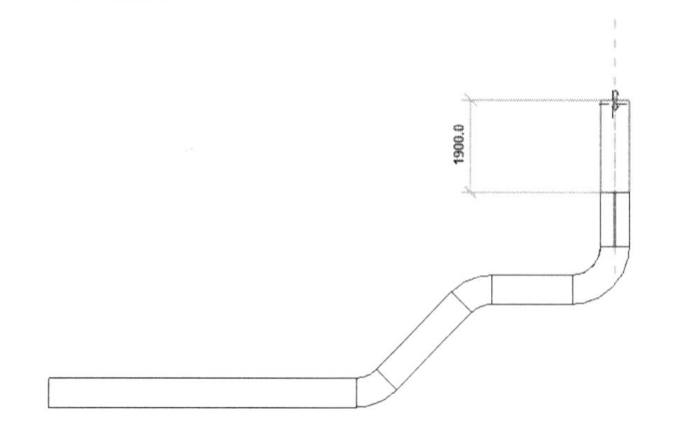

(5) 덕트의 크기를 변경합니다. 옵션바에서 덕트의 폭을 '450', 높이를 '300'으로 설정한 후 위쪽 방향으로 맞춘 후 '3000'을 입력합니다. 다음과 같이 크기가 바뀐 부분에 레듀셔가 삽입됩니다. 〈ESC〉 키를 두 번 누르거나 리본 메뉴 왼쪽의 '수정'을 클릭합니다.

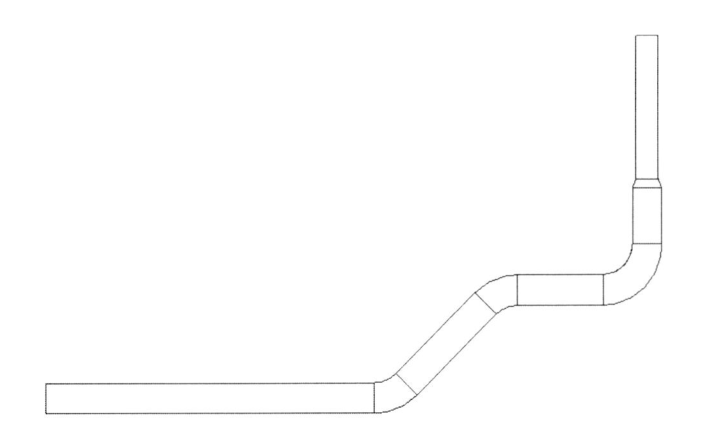

(6) 이번에는 모델링된 덕트의 중간부로부터 분기를 해보겠습니다. '덕트' 기능을 실행한 후 커서를 기존 덕트의 중간을 클릭합니다. 크기는 450x300으로 설정합니다.

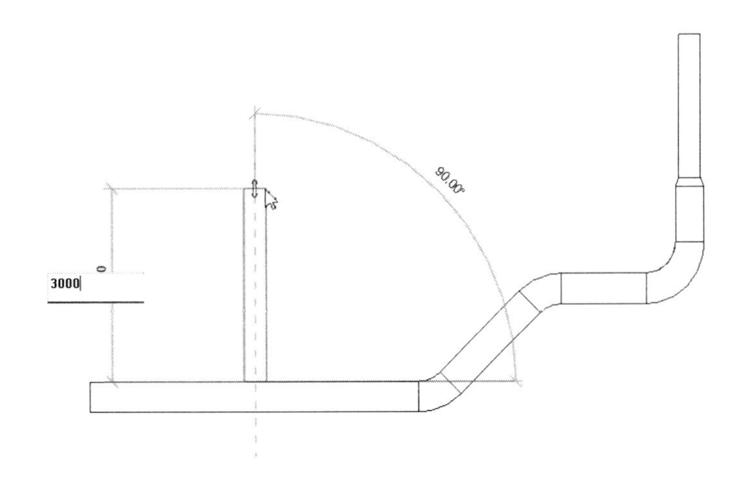

(7) 위쪽으로 '3000', 왼쪽으로 '3000' 위치를 지정합니다. 다음과 같이 기존 덕트로부터 분기되어 모델링 됩니다.

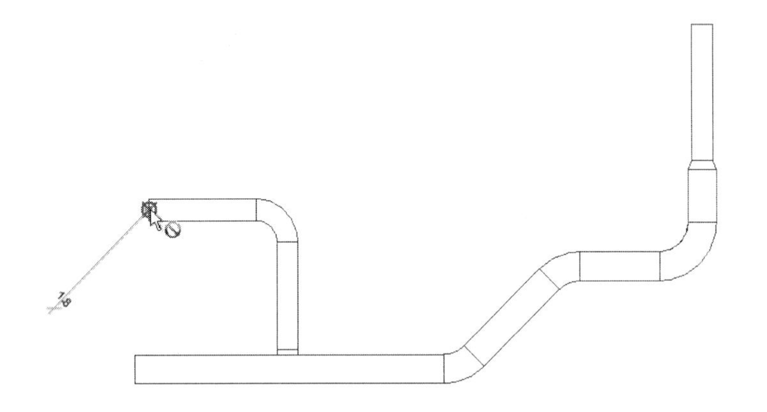

(8) 입상(입하) 덕트를 작도하겠습니다. '중간 입면도'를 '3500'으로 설정한 후 [적용] 버튼을 클릭합니다. 다음과 같이 입상 기호가 표시됩니다. 〈ESC〉 키를 두 번 눌러 종료합니다.

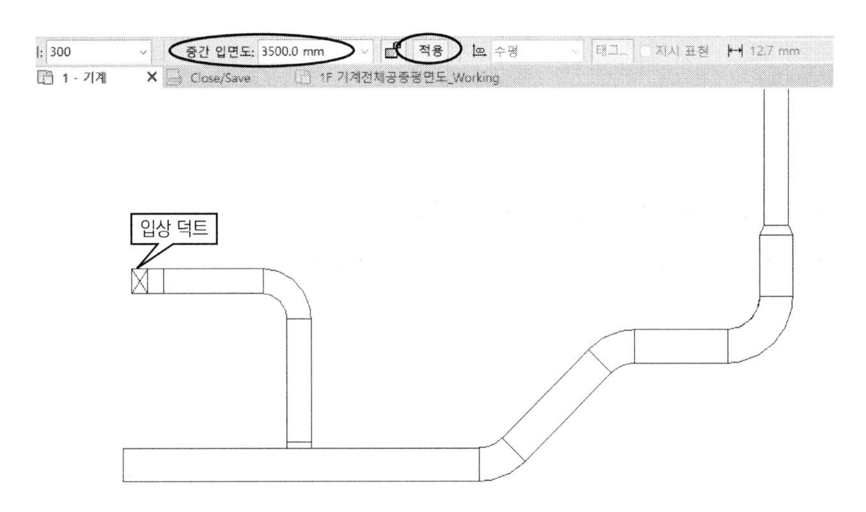

3D 뷰로 보면 다음과 같이 덕트가 '2000'에서 '3500'으로 올라간 것을 알 수 있습니다.

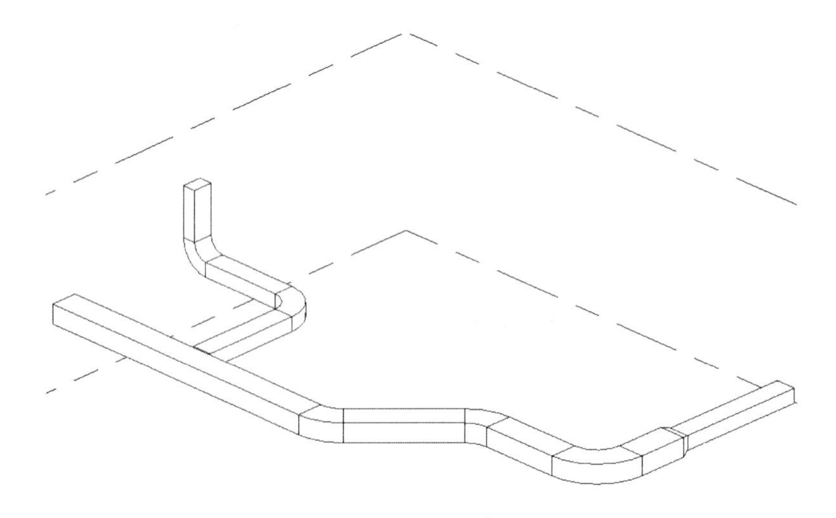

참고 **원형 덕트 및 타원 덕트**

원형 또는 타원 덕트의 작도 방법도 각형 덕트와 동일합니다. 원형 덕트의 경우 '덕트' 기능을 실행한 후 유형 선택기에서 '원형 덕트 탭'을 선택하고 지름과 중간 입면도(간격 띄우기) 값을 지정합니다. 다음에 덕트 길이만큼 마우스 커서로 지정하든가 숫자를 입력하여 모델링합니다.

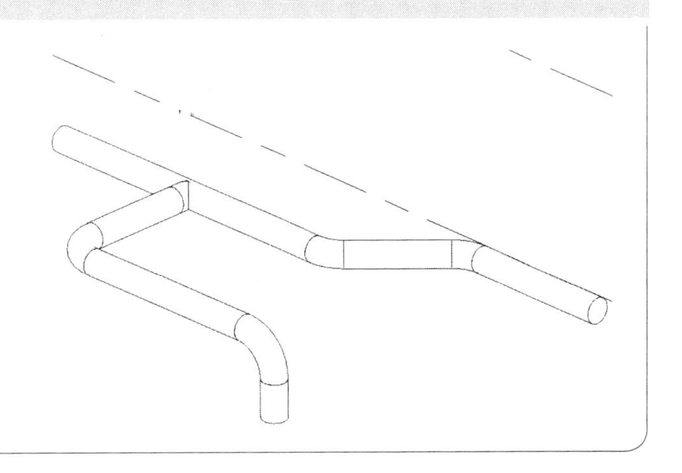

03. 플렉시블 덕트

이번에는 플렉시블 덕트를 모델링하겠습니다. 디퓨저를 배치한 후 플렉시블 덕트를 연결하겠습니다.

(1) 플렉시블 덕트 작도를 위해 디퓨저를 배치하겠습니다. '시스템-HVAC-공기 터미널'을 클릭합니다. 유형 선택기에서 'M_공급 디퓨저 600x600 면 300x300'을 선택합니다. 특성 팔레트에서 '레벨로부터 높이'를 '2000'으로 설정합니다. 배치하고자 하는 위치를 지정합니다.

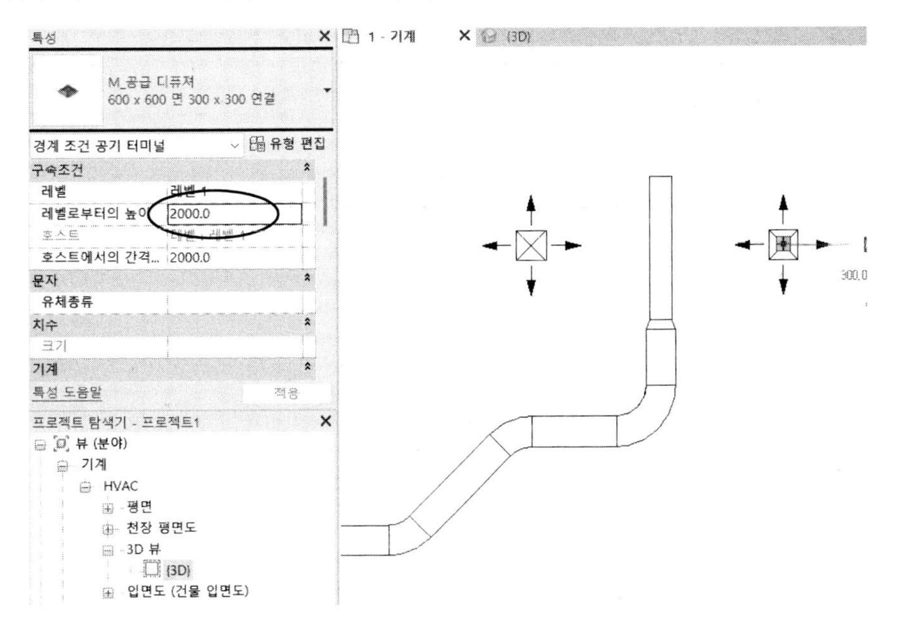

(2) 플렉시블 덕트 기능을 실행합니다. '시스템-HVAC-플렉시블 덕트'를 클릭합니다.
접합 유형을 탭으로 지정하겠습니다. [유형 편집]을 클릭합니다. 유형 특성 대화상자에서 '기본 접합 유형'을 '탭'으로 지정한 후 [확인]을 클릭합니다.

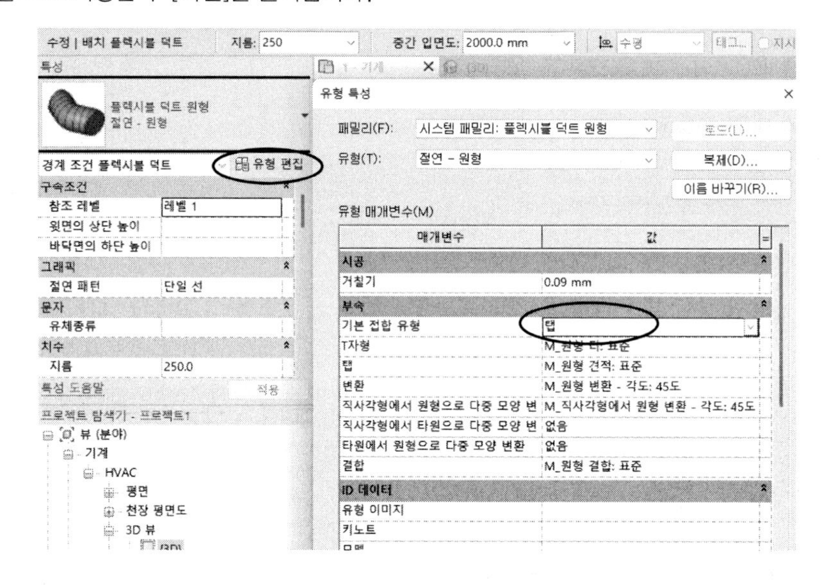

옵션바에서 '지름'을 '250', '중간 입면도'를 '2000'으로 설정합니다.
먼저 디퓨저의 커넥터(연결구)를 클릭한 후 덕트를 선택합니다. 계속해서 반대편 디퓨저와 덕트를 연결합니다.

플렉시블을 연결할 때 연결할 '중간 입면도' 값은 덕트의 높이(중간 입면도) 값을 지정해야 합니다. 그렇게 하지 않으면 덕트의 옆면이 아니라 윗면 또는 아랫면에 붙게 됩니다. 따라서 연결하고자 하는 덕트의 높이를 확인한 후 '중간 입면도' 값을 지정합니다.

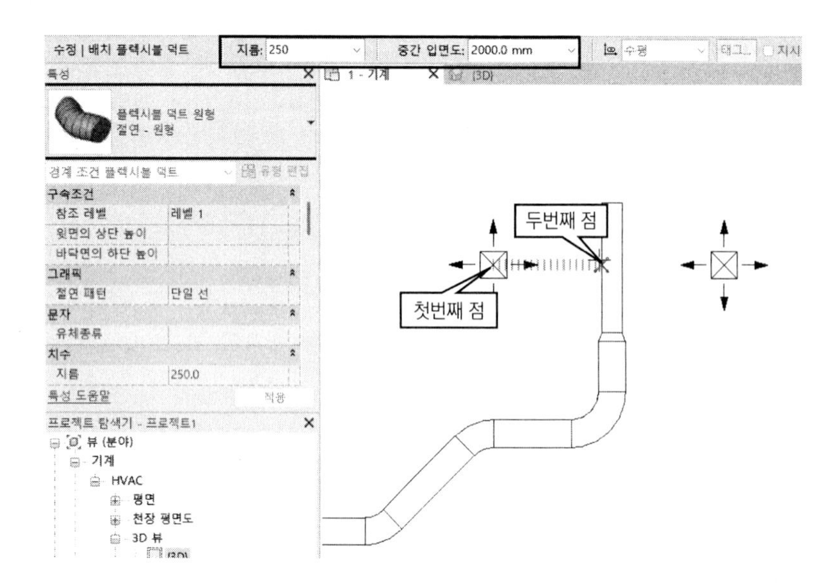

다음과 같이 디퓨저와 덕트가 플렉시블로 연결됩니다.

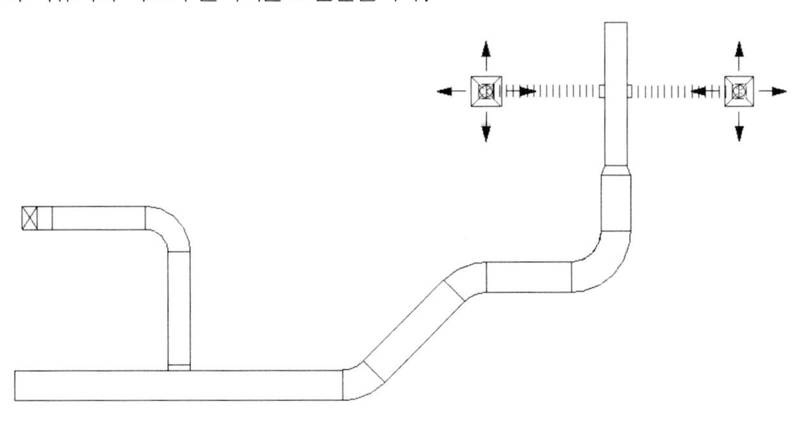

3D 뷰로 보면 다음과 같이 모델링됩니다.

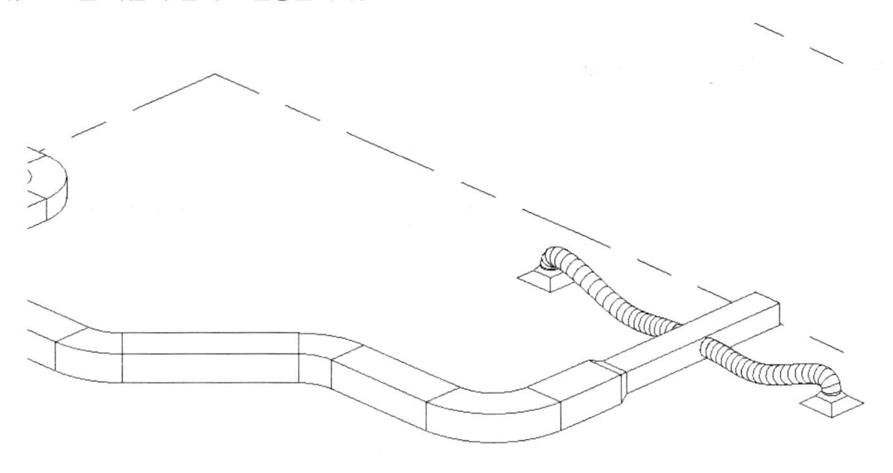

참고 **Tee와 Tap**

덕트나 배관 모델링 시에 연결부를 정의할 때, 티(Tee)와 탭(Tap)으로 나누는데 그림으로 보면 다음과 같은 차이가 있습니다. 티는 중간에 별도의 부품이 삽입된 형상이고 탭은 본래의 요소에 붙은 형상입니다. 유형을 바꾸려면 플렉시블 덕트의 [유형 편집]에서 설정합니다.

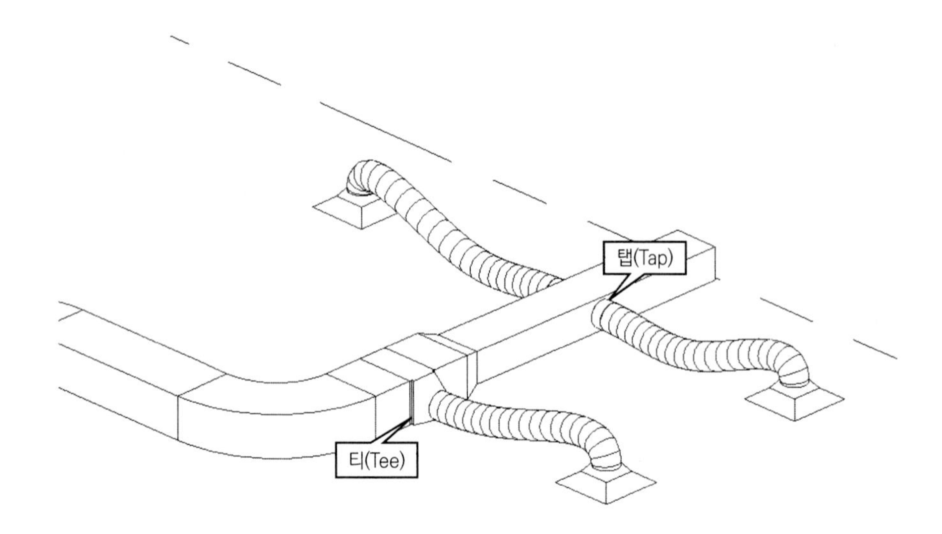

04. 플렉시블 덕트로 변환

각형 덕트 또는 원형 덕트를 플렉시블 덕트로 변환합니다.

(1) 디퓨져를 배치한 후 디퓨져를 클릭한 후 마우스 오른쪽 버튼을 눌러 '덕트 그리기(D)'를 선택하여 다음과 같이 덕트를 모델링합니다. 이때도 '중간 입면도(간격띄우기)' 값은 연결할 덕트의 높이으로 설정합니다.

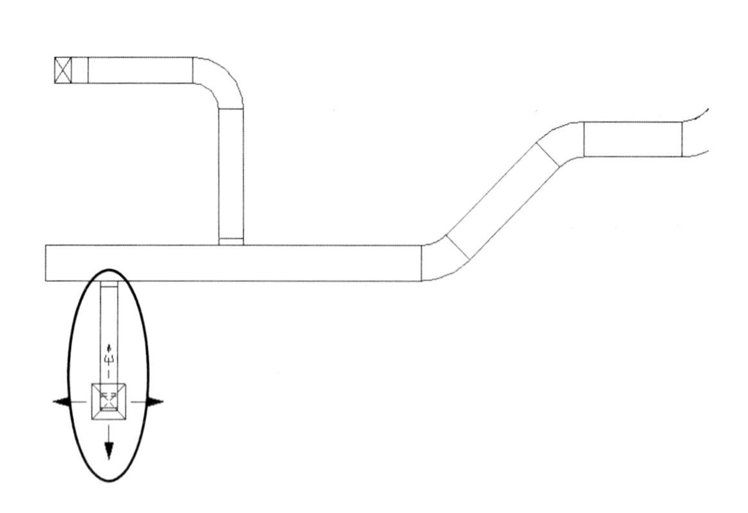

(2) '시스템-HVAC-플렉시블 덕트로 변환'을 클릭합니다. 옵션바에서 '최대 길이' 값을 '1200'을 입력한 후 변환하고자 하는 덕트를 선택합니다. 다음과 같이 지정한 길이만큼 플렉시블 덕트로 변환됩니다.

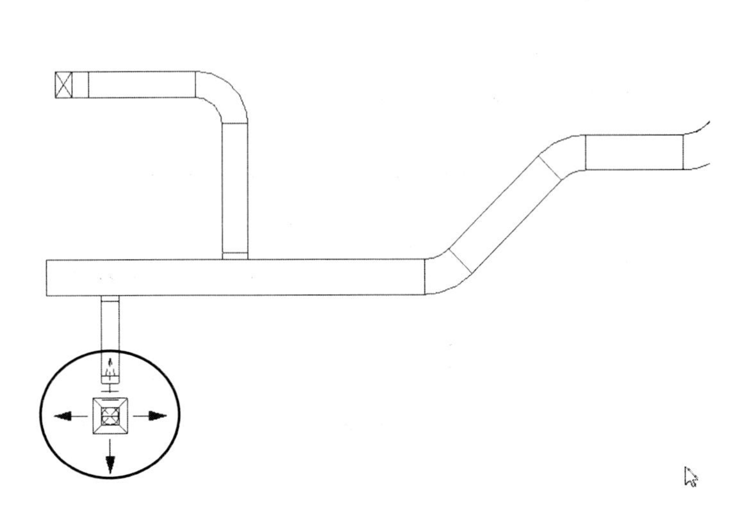

3D뷰로 보면 다음과 같이 표시됩니다.

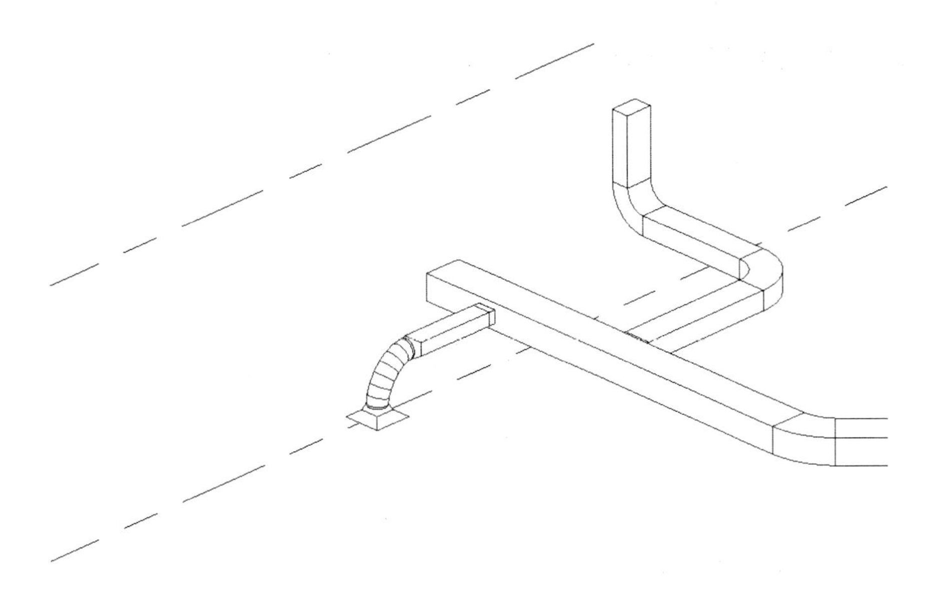

05. 부속류(덕트 액세서리, 덕트 장치) 배치

덕트가 모델링된 이후 덕트에 포함되는 댐퍼, 소음기 등의 부품을 삽입합니다. 댐퍼를 삽입해보겠습니다.

(1) '시스템-HVAC-덕트 엑세서리 '를 클릭합니다. 유형 선택기에서 삽입하고자 하는 부품(덕트 엑세서리)을 선택합니다. 로드되어 있는 'M_방화댐퍼 - 직사각형 - 단순 표준'을 선택합니다.

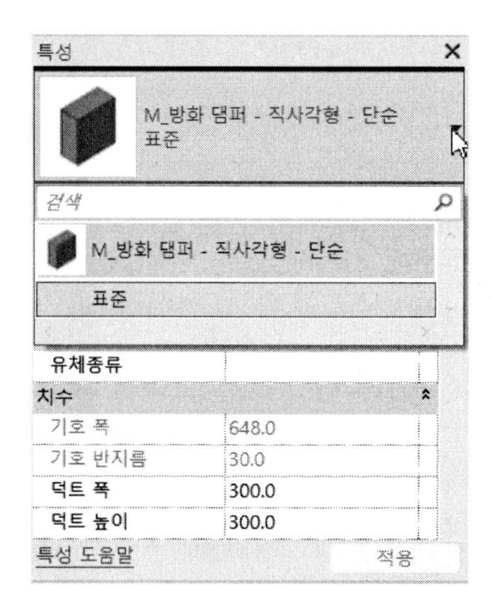

(2) 삽입하고자 하는 위치를 지정합니다. 다음과 같이 댐퍼가 삽입됩니다.

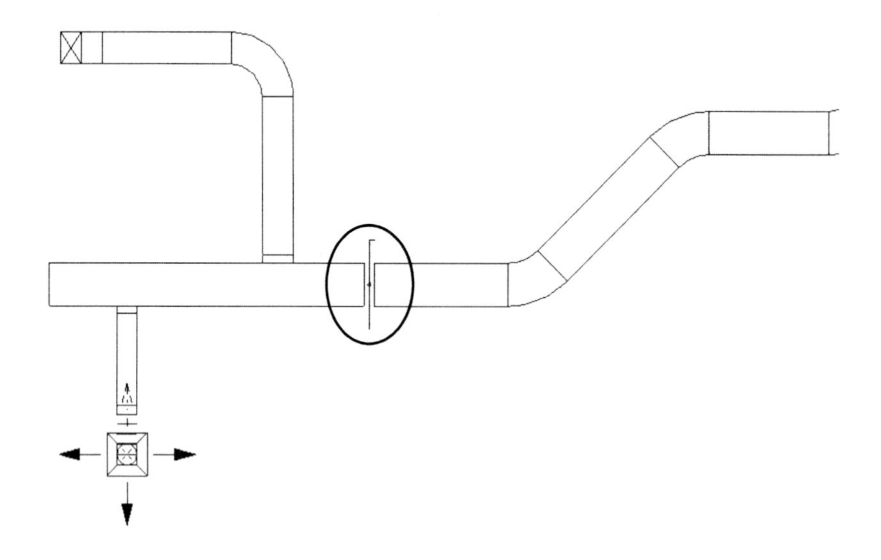

(3) 이번에는 덕트 장치를 삽입하겠습니다. 덕트 장치는 덕트의 접속부에 해당하는 엘보, 티를 포함하여 말단부의 마개 등입니다. '시스템-HVAC-덕트 장치'를 클릭합니다. 유형 선택기에서 삽입하고자 하는 유형(M_직사각형 끝마감)을 선택합니다.

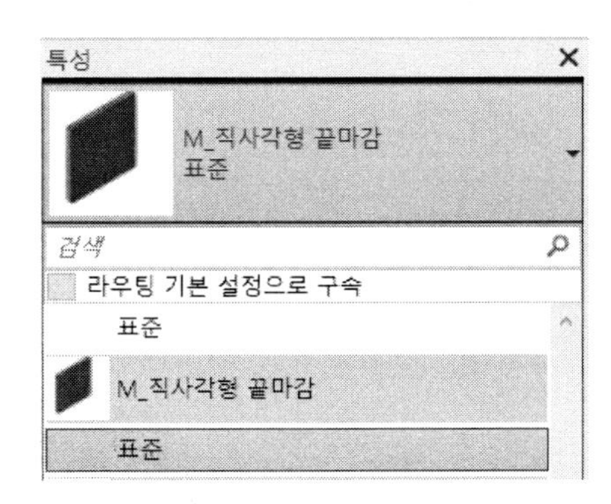

(4) 삽입하고자 하는 위치(덕트 말단)를 지정합니다. 다음과 같이 덕트 끝에 장치가 부착됩니다.

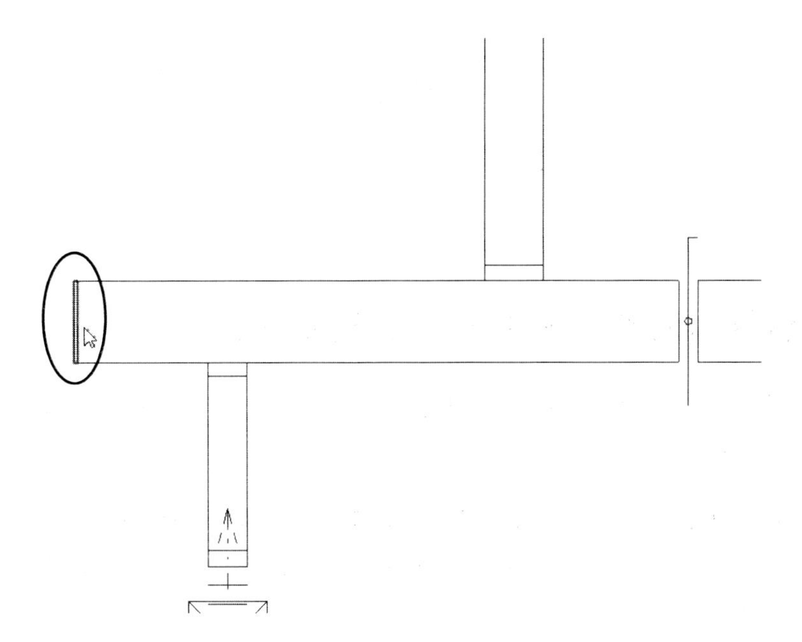

참고 **말단부 캡**

덕트 말단부에 개방이 된 모든 곳에 한 번에 캡을 부착하여 막을 때는 '캡 말단부-개방'기능을 이용합니다. 덕트를 선택한 후 '수정|다중 선택-편집-캡 개방 끝'을 클릭합니다. 그러면 말단부에 캡이 부착됩니다.

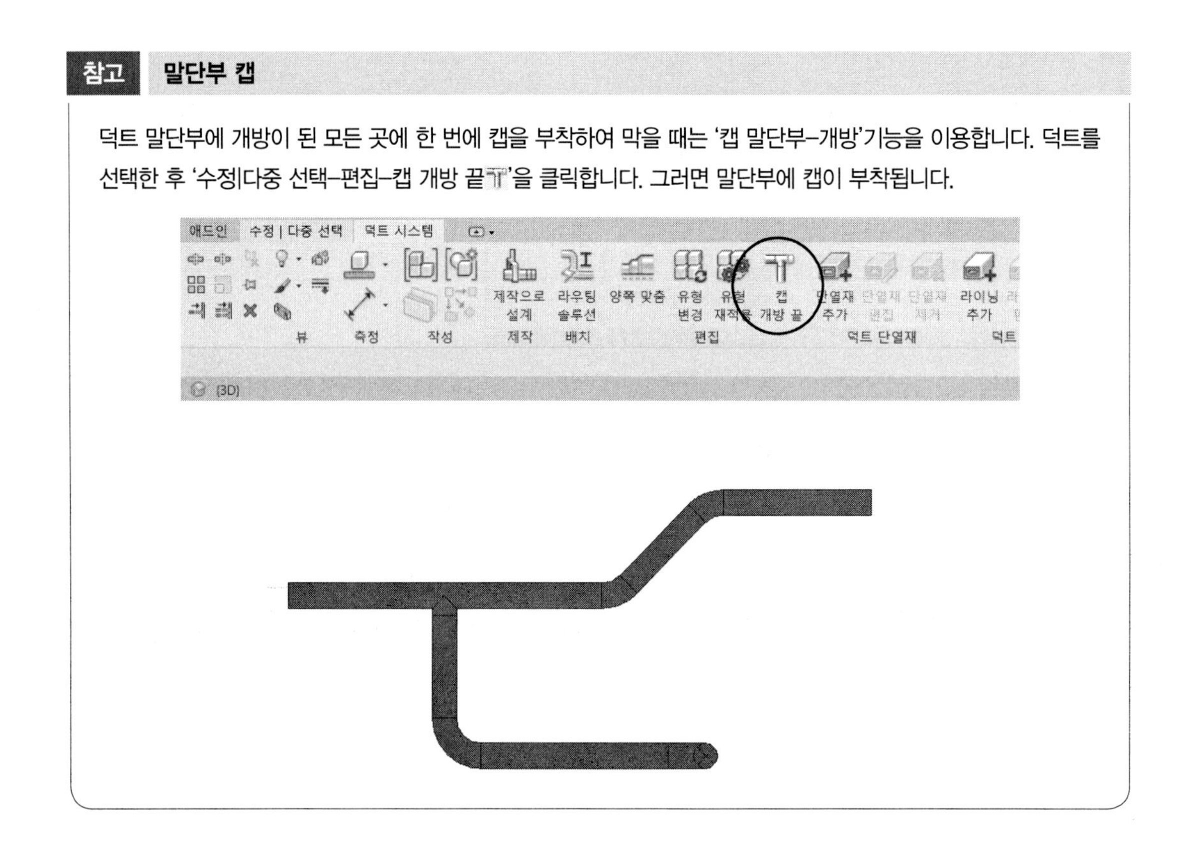

06. 단선 덕트의 작도, 더블라인 덕트 변환

단선(싱글라인) 덕트를 작도하여 이를 더블라인 덕트로 변환합니다. 단선으로 그리지만 속성은 일반 덕트와 동일합니다.

(1) '시스템-HVAC-덕트 대행자'를 클릭합니다. 유형 선택기에서 덕트의 유형을 선택하고 옵션바에서 덕트의 크기(600x400) 및 중간 입면도(2500) 값을 설정합니다. 다음과 같이 덕트의 경로를 따라 위치를 지정합니다.

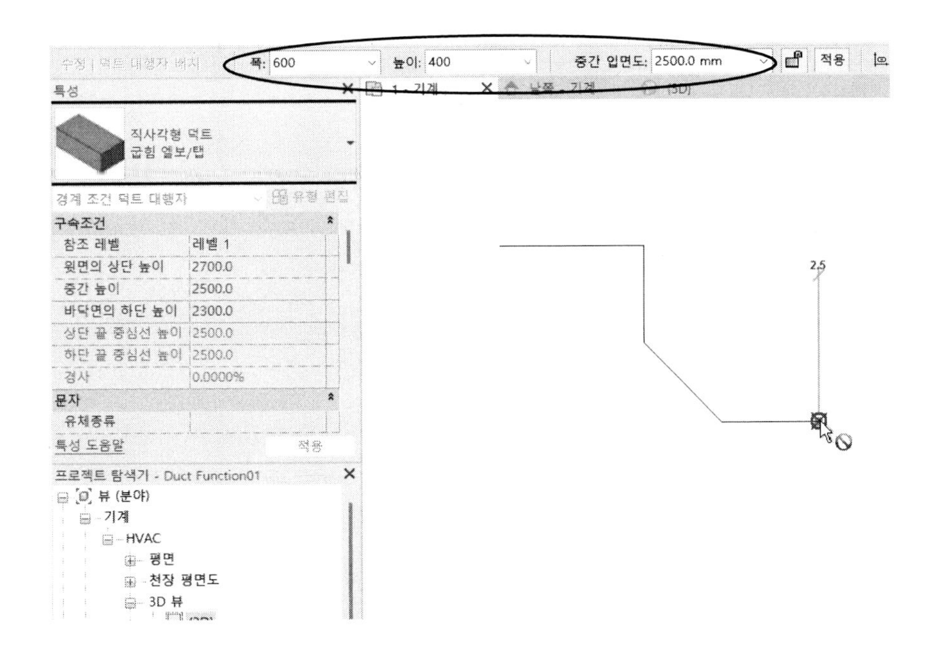

(2) 옵션바에서 폭과 높이(500x300)를 지정합니다. 다시 덕트의 위치를 지정합니다. 다음과 같이 크기가 변하는 레듀셔 위치에 레듀셔 마크가 삽입됩니다.

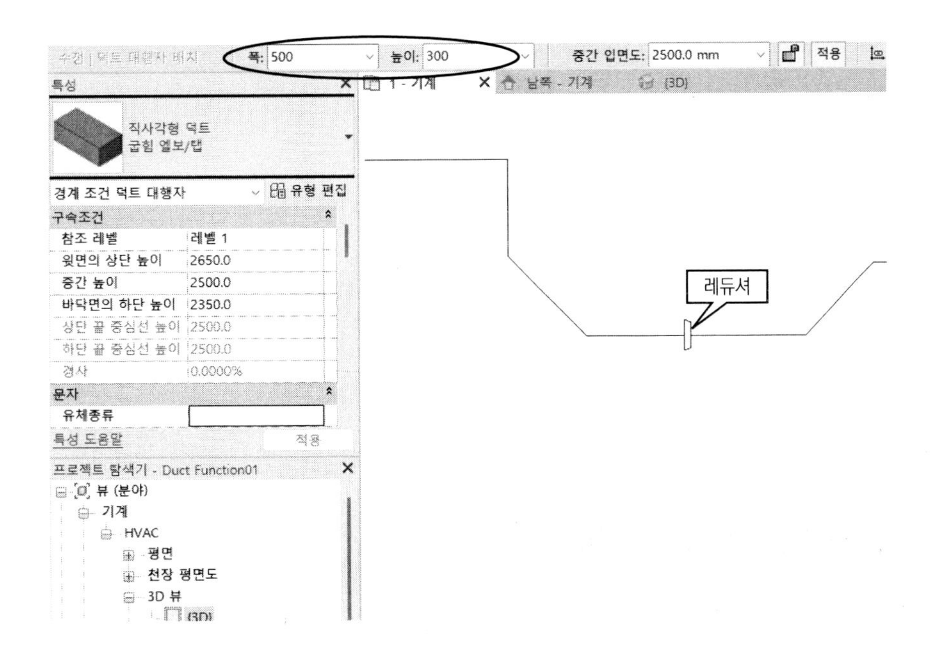

(3) 단선 덕트를 더블라인 덕트로 변환합니다. 단선에 커서를 대고 〈Tab〉 키를 누릅니다. 단선 덕트가 선택되어 하일라이트되면 클릭합니다. 다음과 같이 탭 메뉴가 바뀝니다.

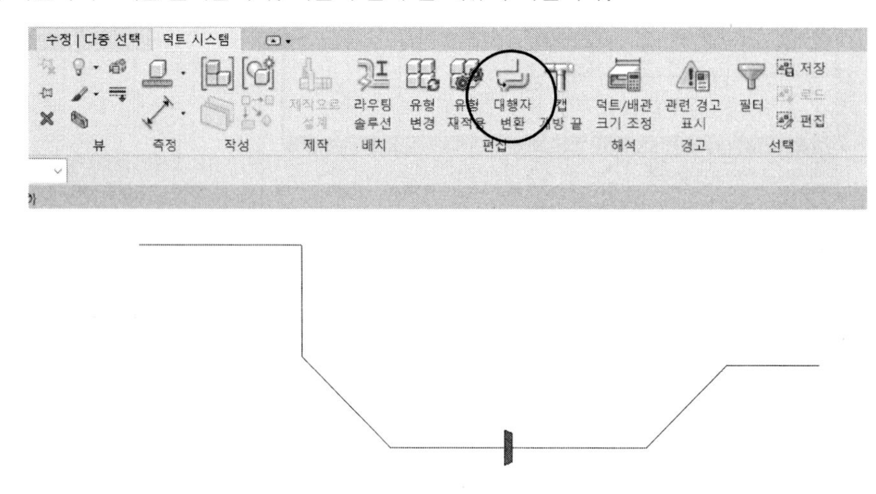

(4) '수정| 다중 선택-편집-대행자 변환'을 클릭합니다. 다음과 같이 단선 덕트가 더블라인으로 변환됩니다.

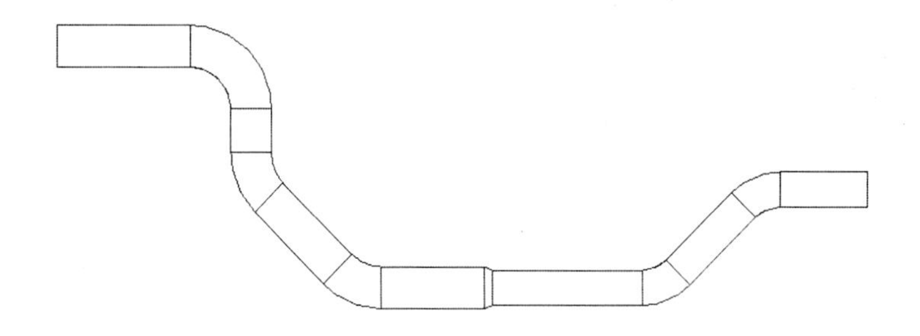

07. 단열재 및 라이닝 추가/삭제

모델링된 덕트에 단열재(보온재) 및 라이닝을 추가하거나 제거합니다.

(1) 모델링된 덕트에 커서를 대고 〈Tab〉 키를 눌러 덕트를 선택합니다. 다음과 같이 덕트가 선택되고 탭 메뉴가 나타납니다.

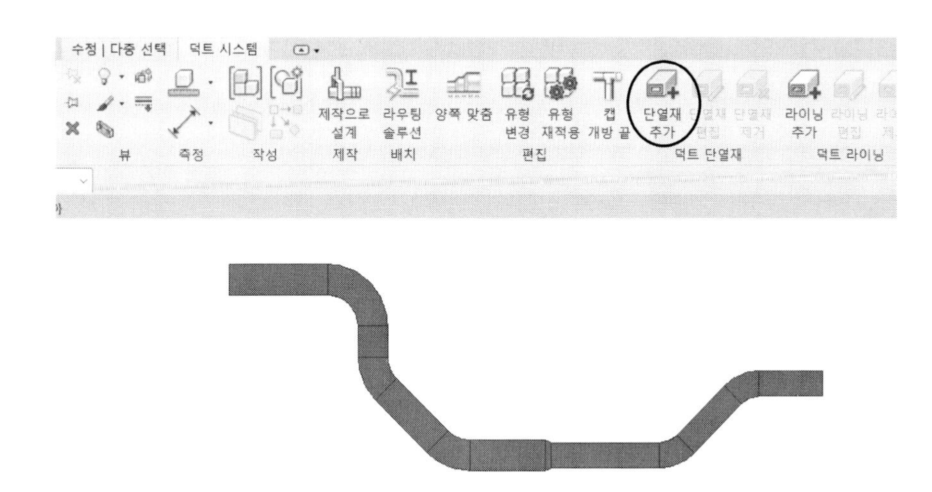

(2) '수정| 다중 선택–편집–단열재 추가'를 클릭합니다. 다음의 대화상자에서 단열재의 유형과 두께를 지정합니다.

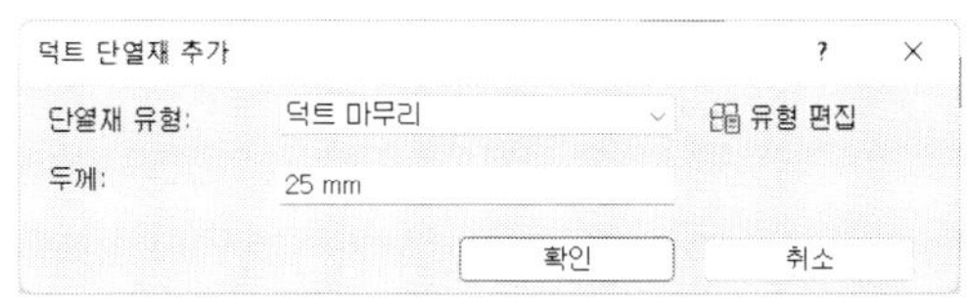

(3) [확인]을 클릭하면 다음과 같이 덕트에 단열재가 추가된 것을 알 수 있습니다.

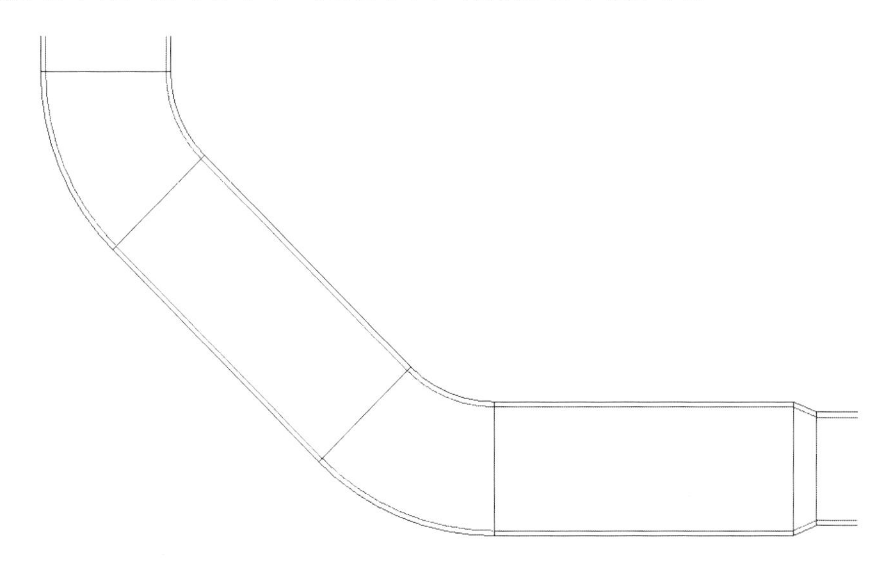

(4) 라이닝( )도 단열재와 동일한 방법으로 추가합니다. 다음과 같이 덕트 안쪽에 라이닝이 추가됩니다.

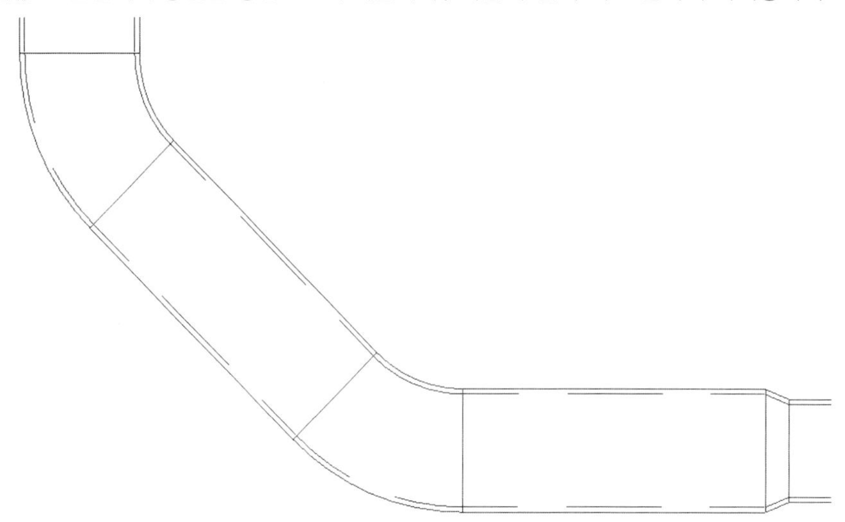

(5) 단열재를 제거합니다. 덕트를 선택하면 다음과 같이 리본 메뉴가 표시됩니다. 메뉴에서 '단열재 제거 '를 클릭합니다.

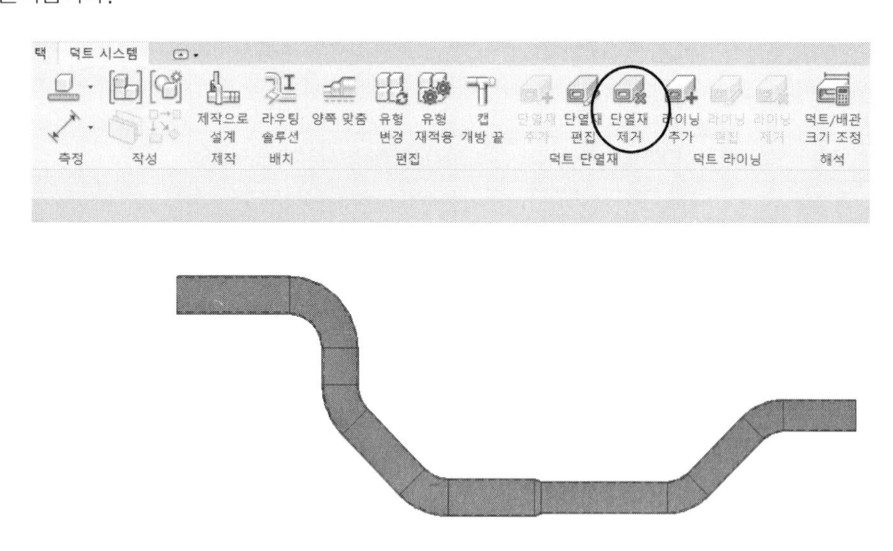

(6) '덕트 단열재를 제거하시겠습니까?'라는 메시지가 표시되면 [예(Y)]를 누르면 단열재가 제거됩니다. 라이닝( ) 제거도 단열재와 동일한 방법으로 제거합니다.

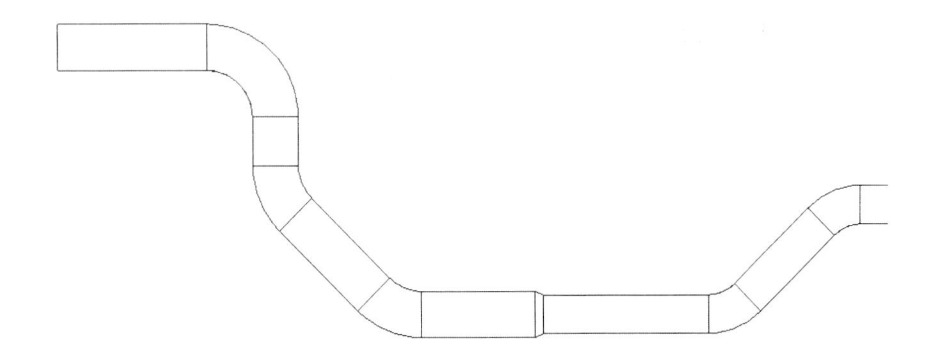

08. 덕트 유형 변경

모델링된 덕트의 유형을 변경합니다. 예를 들어, 각형 덕트를 원형 덕트나 타원 덕트로 변환합니다.

먼저 변경하고자 하는 덕트를 선택합니다. '수정 | 다중 선택-편집-유형 변경'을 클릭합니다. 다음과 같이 유형 선택기에 현재 덕트의 유형이 표시됩니다. 유형 선택기에서 변환하고자 하는 유형(예: 원형 덕트-탭/소곡)을 선택합니다.

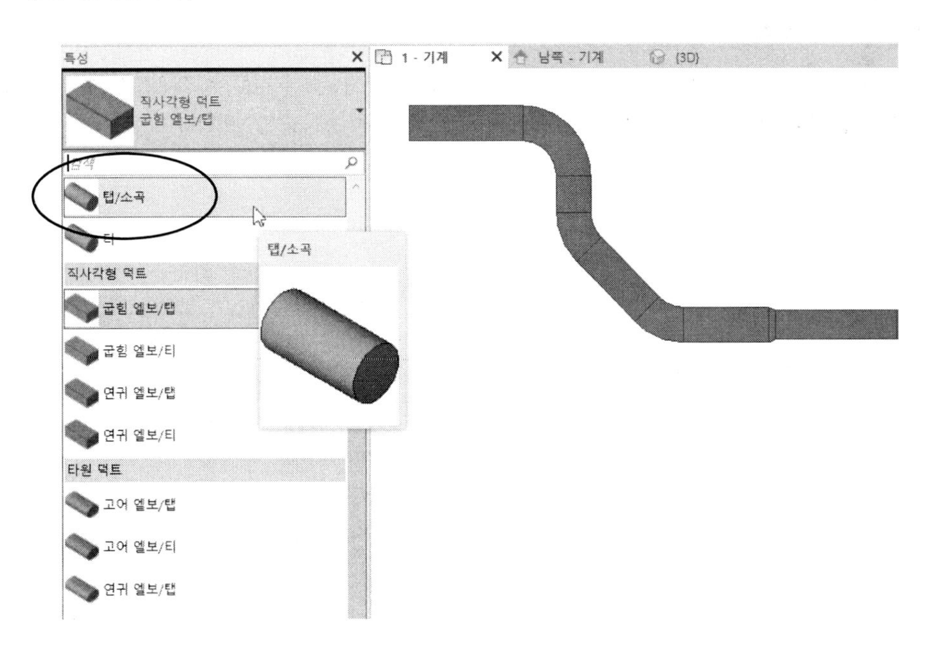

다음과 같이 원형 덕트로 변환됩니다.

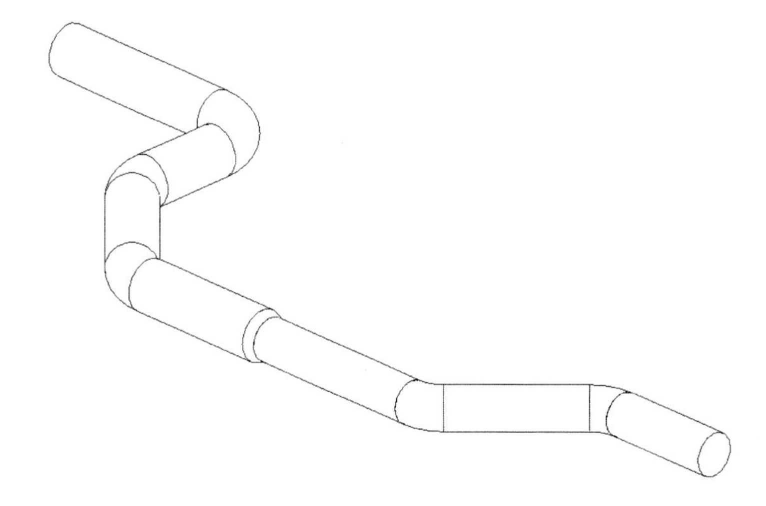

참고 유형 재적용

덕트가 모델링된 상태에서 라우팅 기본 설정을 변경한 경우, 변경한 설정을 이미 모델링된 덕트에 적용하고자 할 때 '유형 재적용'을 실행합니다. 예를 들어, 기본 접합 유형이 '탭'으로 되어 있는 덕트를 'T자형'으로 변환하는 경우입니다.

(1) 특정 유형으로 덕트를 모델링합니다.

(2) 프로젝트 탐색기에서 [패밀리]-[덕트]-[직사각형 덕트]의 유형 종류를 선택한 후 마우스 오른쪽 버튼을 눌러 '유형 특성(P)'을 클릭합니다. '라우팅 기본 설정'의 [편집..]을 눌러 설정을 변경합니다.

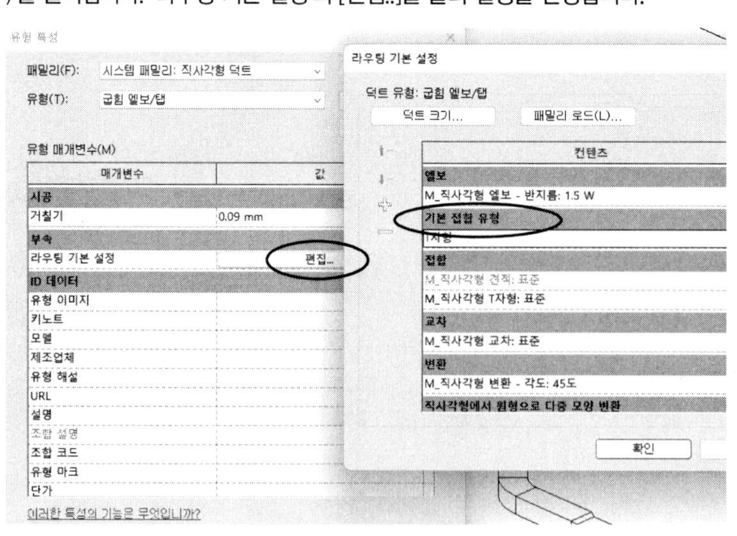

(3) 적용하고자 하는 덕트를 선택한 후 '수정|다중 선택-편집-유형 재적용'을 클릭합니다. 그러면 수정한 덕트 유형으로 변경됩니다.

09. 레듀셔 종류 변경

레듀셔의 종류를 변경합니다. 동심 레듀셔를 편심 레듀셔로 편심 레듀셔를 동심 레듀셔로 변경합니다.

(1) 변경하고자 하는 레듀셔가 있는 덕트를 선택합니다. '수정|다중 선택-편집-양쪽 맞춤'을 클릭합니다.

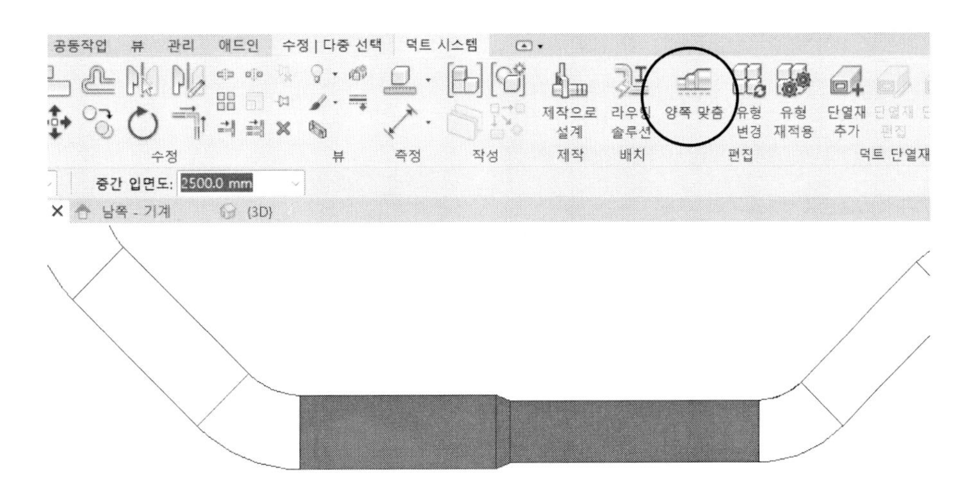

(2) 다음과 같은 '맞춤 편집기' 탭 메뉴가 나타나면서 덕트의 가운데 화살표(정렬선)가 표시됩니다.

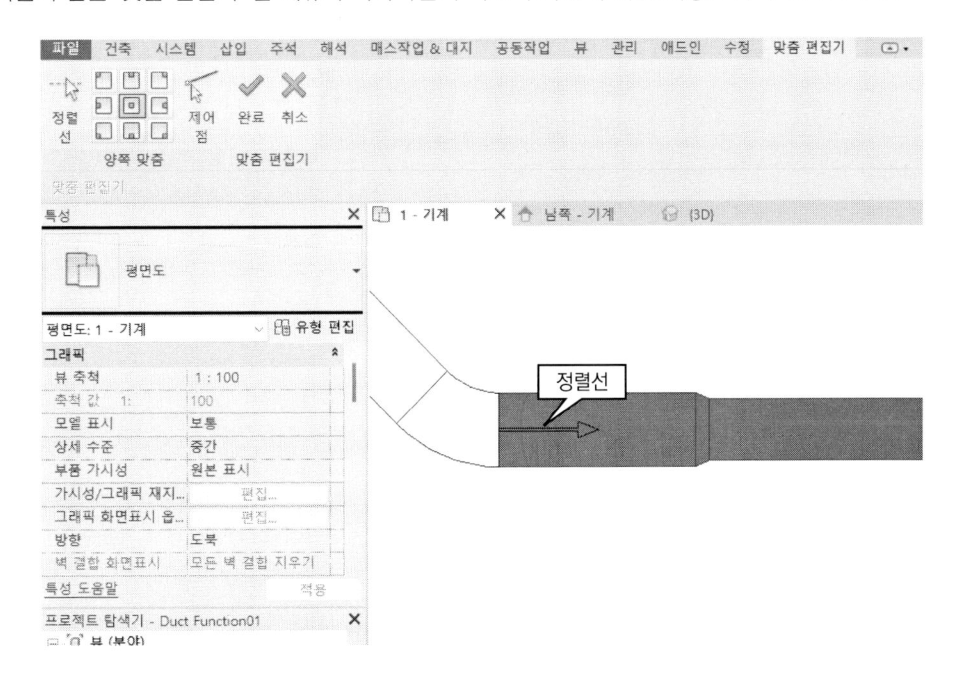

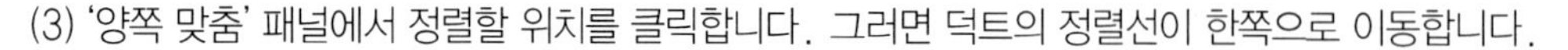

(3) '양쪽 맞춤' 패널에서 정렬할 위치를 클릭합니다. 그러면 덕트의 정렬선이 한쪽으로 이동합니다.

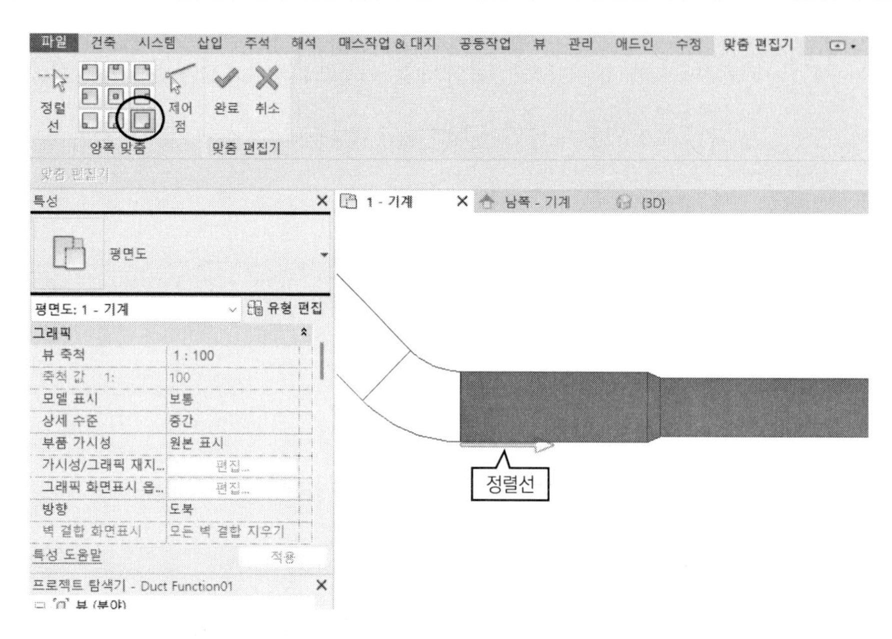

(4) '완료✔'를 클릭하면 다음과 같이 편심 레듀셔로 변환됩니다.

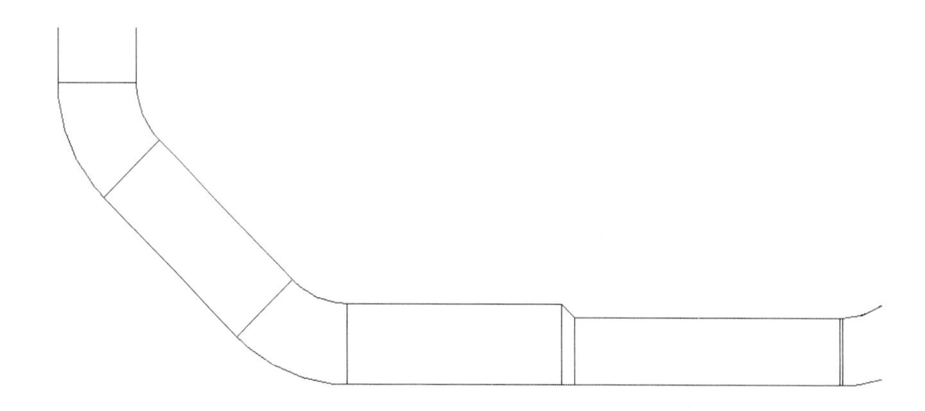

(5) 동심 레듀셔를 편심 레듀셔로 바꾸는 또 다른 방법을 소개합니다. 먼저 레듀셔를 지웁니다. '수정-수정-정렬'을 클릭하여 다음과 같이 편심의 기준이 되는 선으로 정렬합니다.

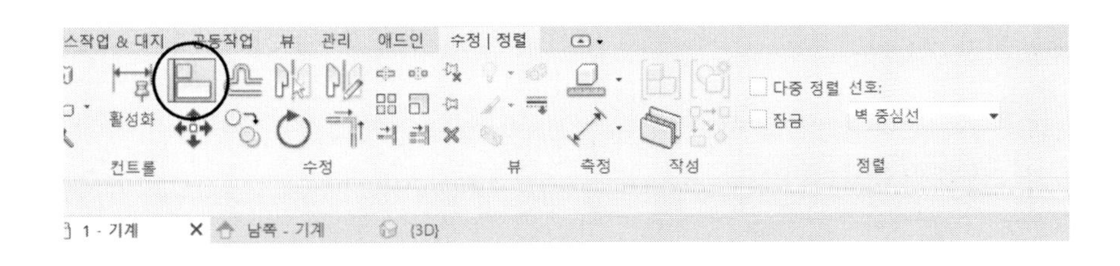

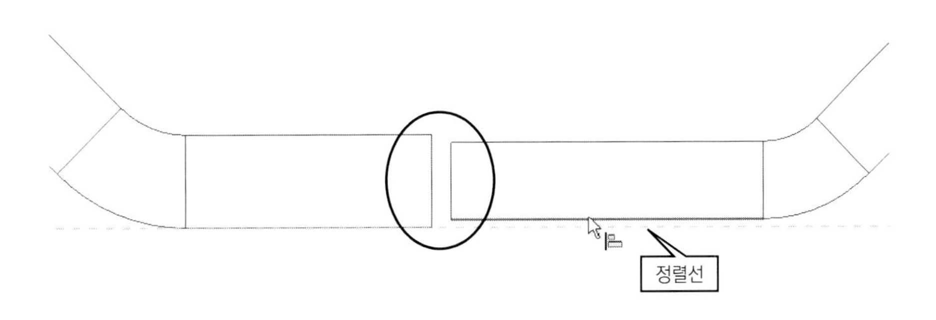

(6) 작은 쪽 덕트의 커넥터를 선택한 후 드래그하여 큰 쪽의 덕트 면에 맞춥니다. 이때 큰 쪽의 덕트 면이 굵게 바뀌면 손을 뗍니다.

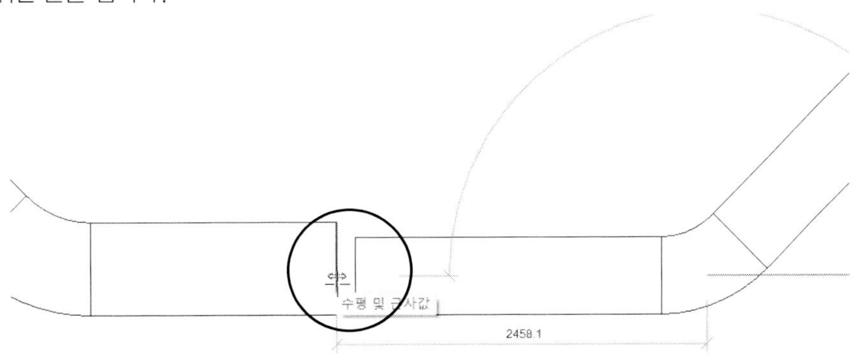

다음과 같이 편심 레듀셔가 모델링됩니다.

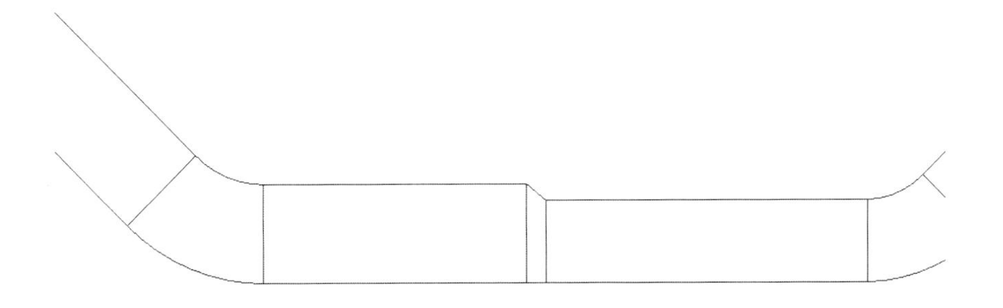

참고 **덕트 편집 컨트롤**

1. 덕트 : 덕트를 클릭하면 편집할 수 있는 컨트롤이 나타나는데, 이 컨트롤을 사용하여 덕트의 크기, 길이, 고도 및 경사를 조정할 수 있습니다.

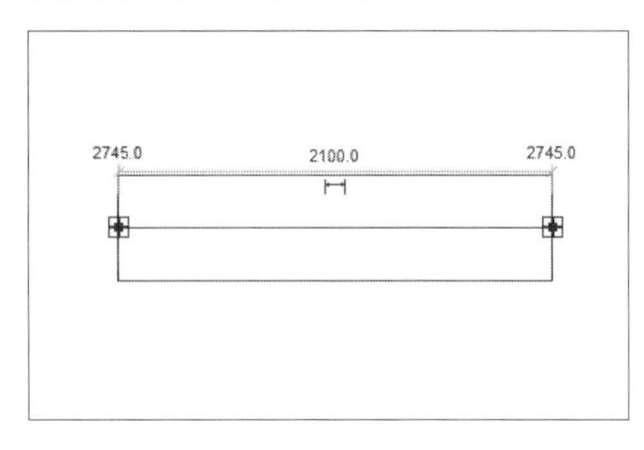

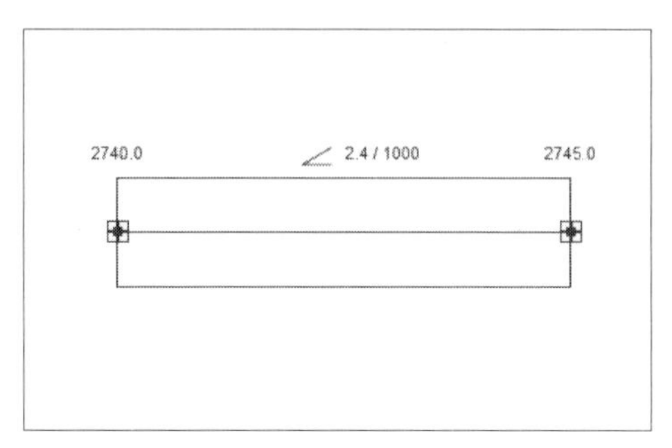

(1) ⊢⊣ : 임시 치수로 누르면 치수가 기입되고, 숫자를 바꾸면 덕트의 길이를 바꿀 수 있습니다.

(2) ⊞ : 길이를 조절하거나 바로가기 메뉴를 펼쳐 덕트 또는 플렉시블 덕트 작도, 마개 부착 등 다양한 조작을 할 수 있습니다.

(3) ∠ : 덕트의 경사를 나타냅니다. 양쪽 끝단의 높이가 다른 경우, 경사 표시를 합니다.

2. 덕트 피팅류 : 덕트 피팅류를 클릭하여 피팅의 종류를 수정합니다.

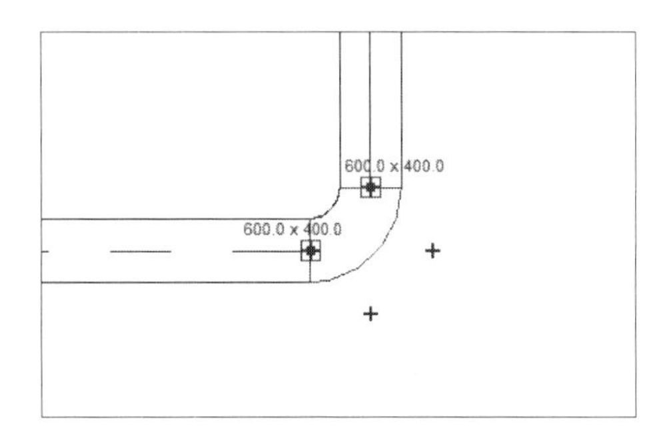

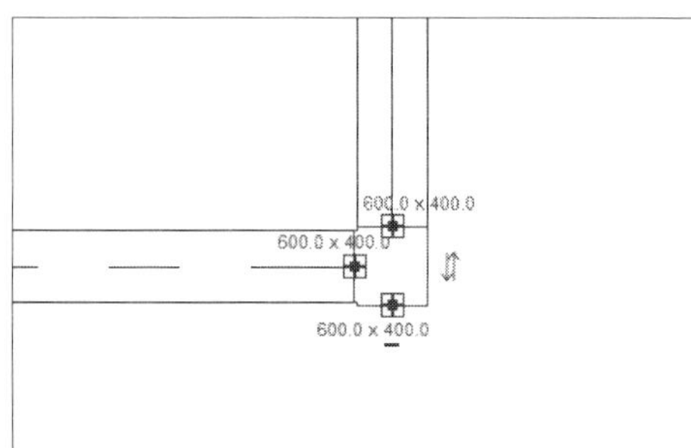

(1) **+** : 분기를 추가합니다. 엘보의 경우는 티로, 티는 크로스로 변경합니다.

(2) **−** : 분기를 제거합니다. 티에서 이 컨트롤을 클릭하면 엘보로 변경됩니다.

(3) ⇅ : 방향을 전환합니다.

예제 모델링

지금까지 학습한 기능을 이용하여 다음의 덕트를 모델링하겠습니다. 이 예제는 덕트 단위 기능을 실습하기 위한 예제로 실제 설계와는 차이가 있습니다.

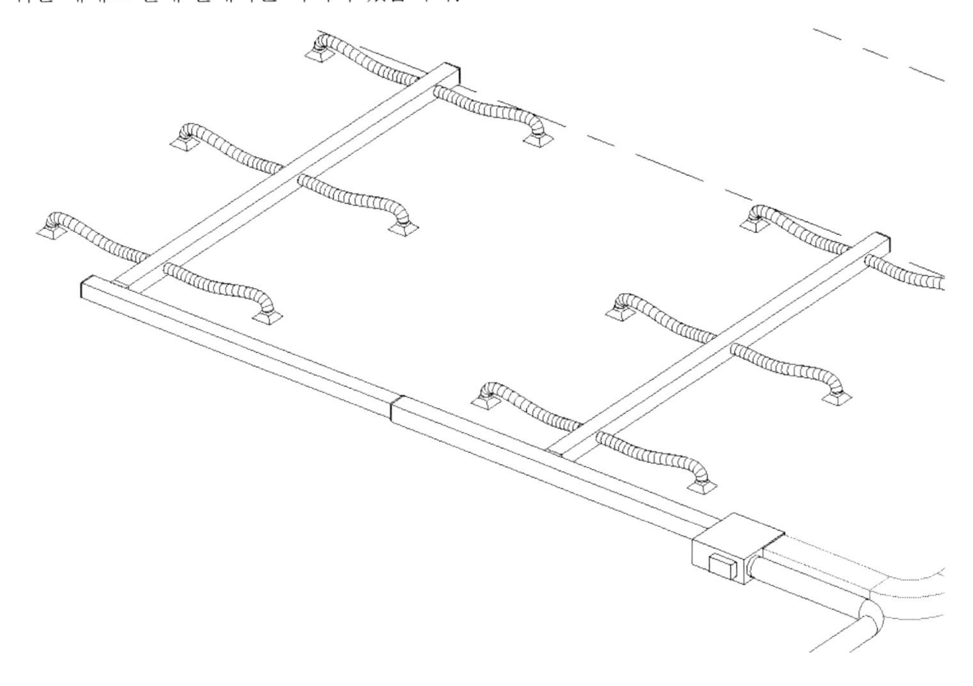

(1) 새로운 프로젝트를 '기계 템플릿'으로 시작합니다.

(2) 다음과 같이 디퓨저를 배치합니다. 디퓨저는 'M_공급 디퓨저 600x600 면 300x300연결', 높이는 '3000'입니다.

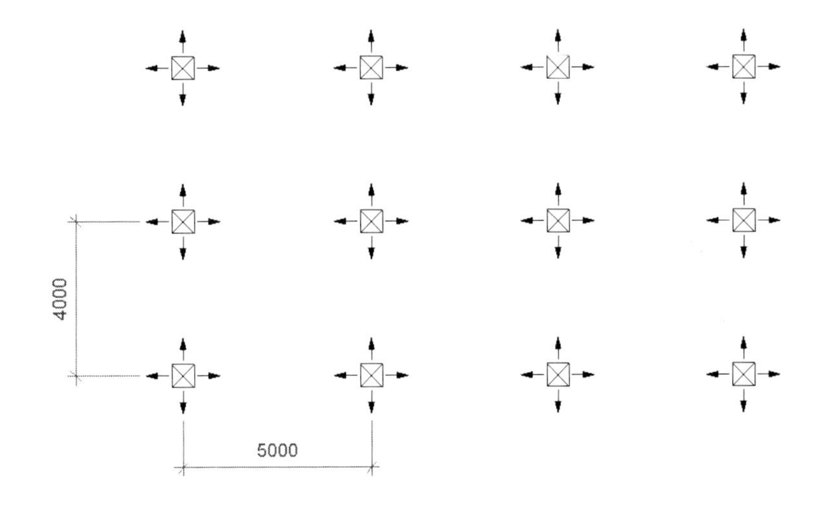

(3) 디퓨져의 제원을 변경하겠습니다. 디퓨져를 선택한 후 특성 팔레트에서 [유형 편집]을 클릭합니다. 유형 특성 대화상자에서 '덕트 폭'과 '덕트 높이'를 '200'으로 설정하고, '디퓨져 폭'과 '디퓨져 높이'를 '400'으로 설정합니다.

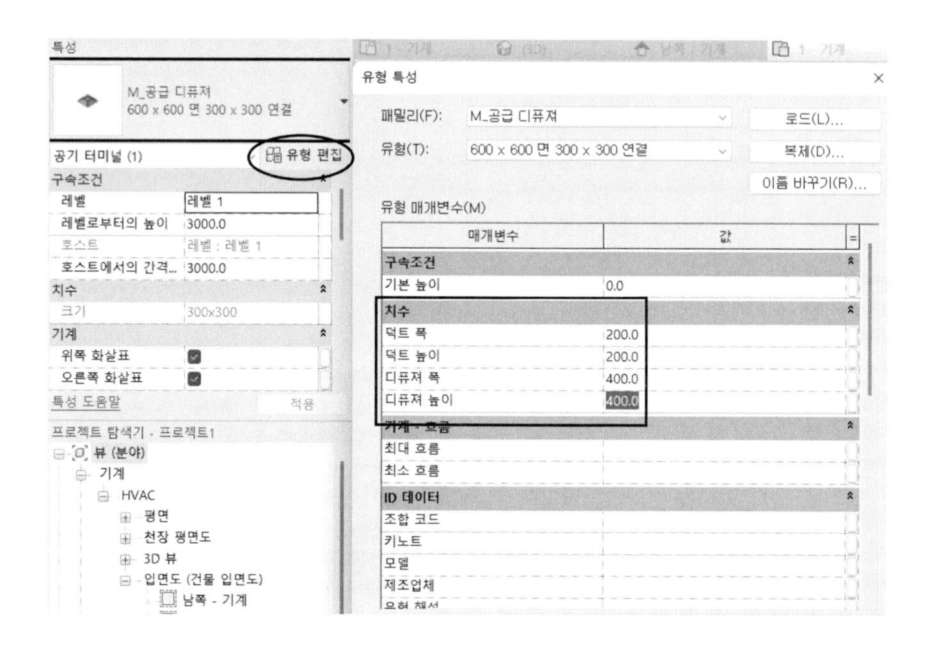

다음과 같이 배치된 디퓨져의 크기가 바뀝니다.

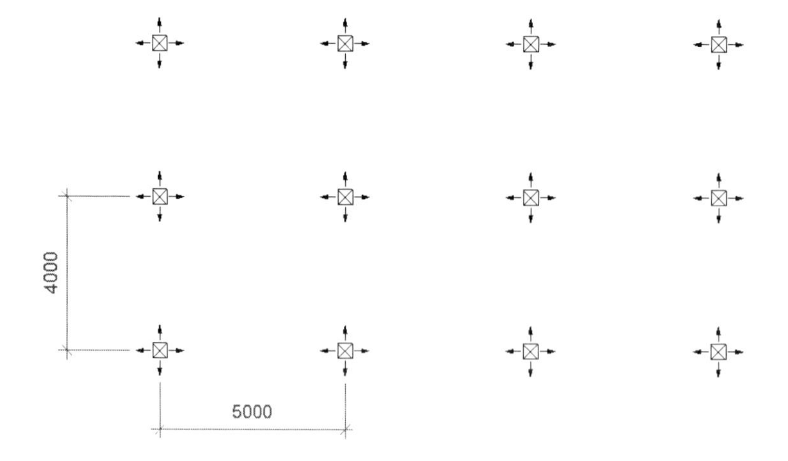

(4) VAV 유닛(M_VAV 유닛-평행 팬 전력식, 크기 6 - 400mm 유입구)을 배치합니다. 유닛의 높이(레벨로부터의 높이)는 '3200', 위치는 왼쪽 디퓨져로부터 1000x1500 위치에 배치합니다.

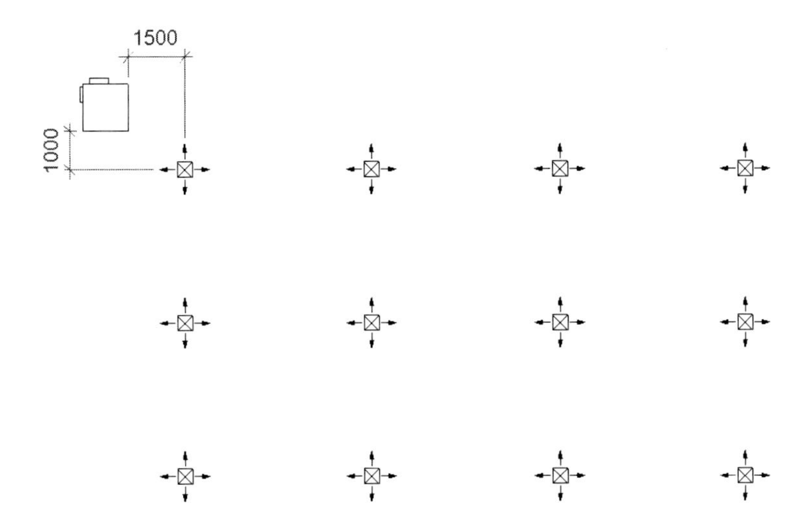

(5) VAV 유닛으로부터 덕트를 모델링하겠습니다. VAV유닛을 선택한 후 마우스 오른쪽 버튼을 눌러 바로가기 메뉴에서 '덕트 그리기(D)'를 클릭합니다.

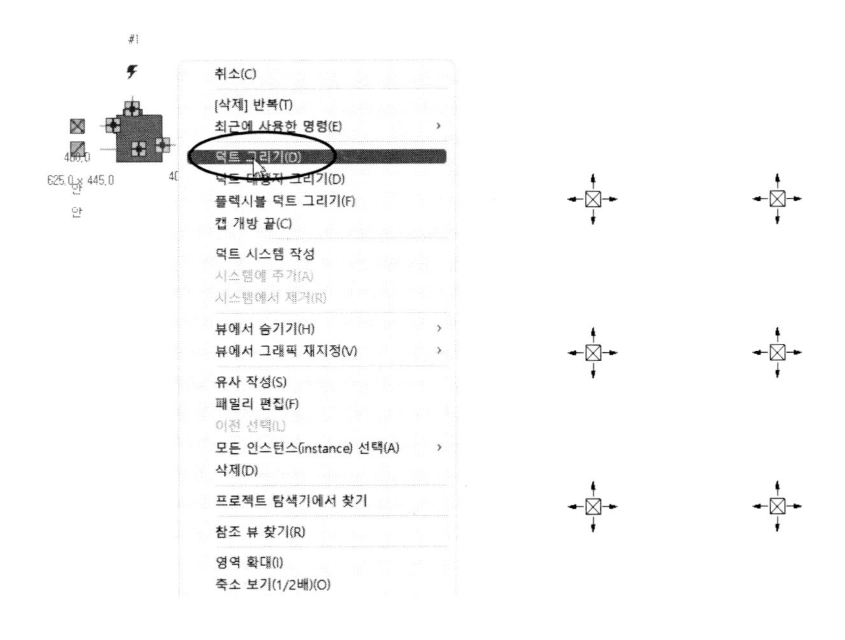

(6) 다음과 같이 덕트를 모델링합니다. 덕트의 크기는 400×350, 350×300입니다.

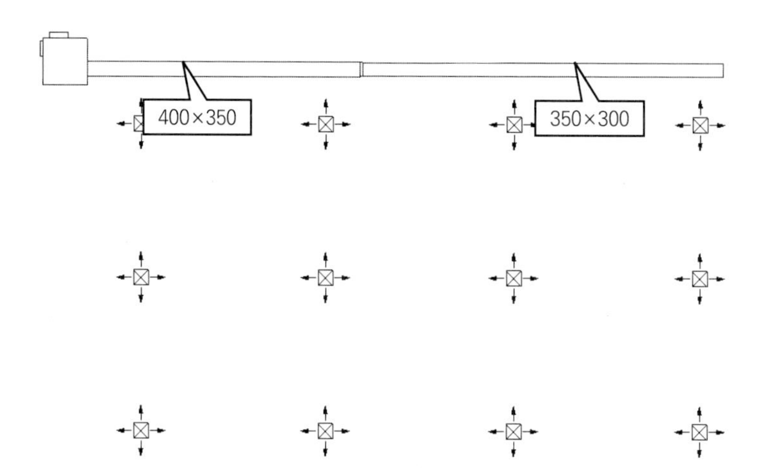

(7) 덕트 그리기(DT) 기능으로 다음과 같이 분기 덕트를 모델링합니다. 크기는 300×250입니다.

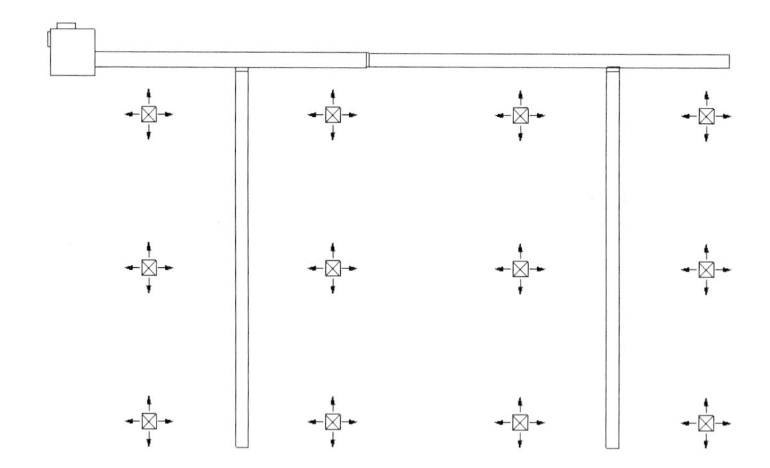

(8) 플렉시블 덕트(FD) 기능으로 디퓨저와 플렉시블 덕트를 연결합니다. 플렉시블 덕트의 직경은 '200'으로 설정합니다.

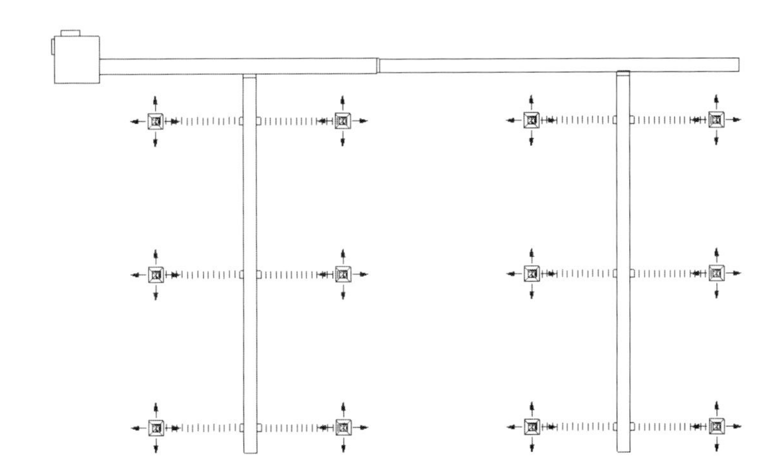

3D 뷰로 보면 다음과 같이 모델링됩니다.

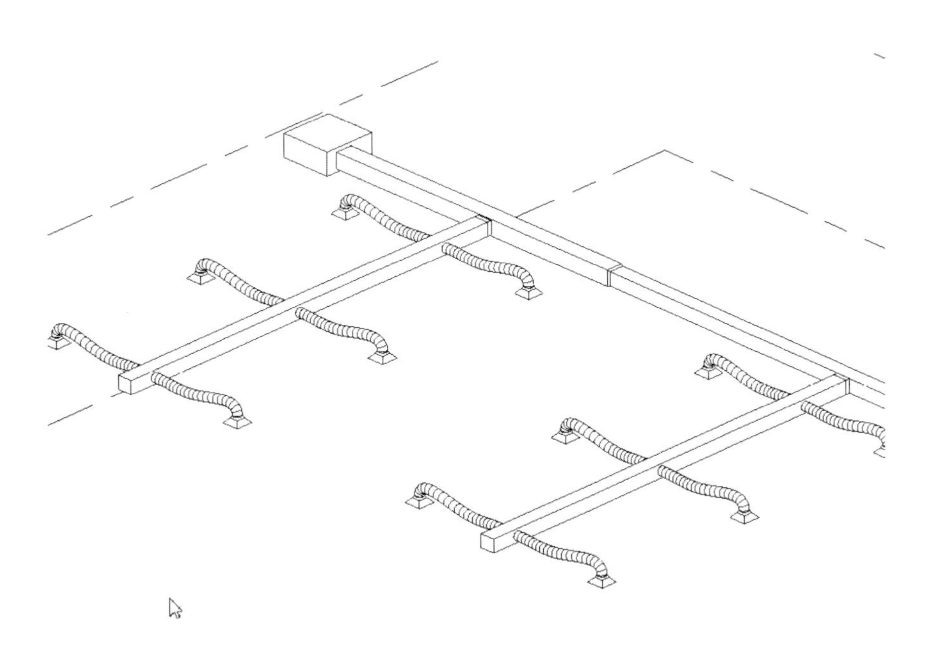

(9) VAV 유닛으로부터 다음과 같은 길이로 원형 덕트와 각형 덕트를 모델링합니다. 덕트의 크기는 VAV유닛에 설정된 크기로 모델링합니다.

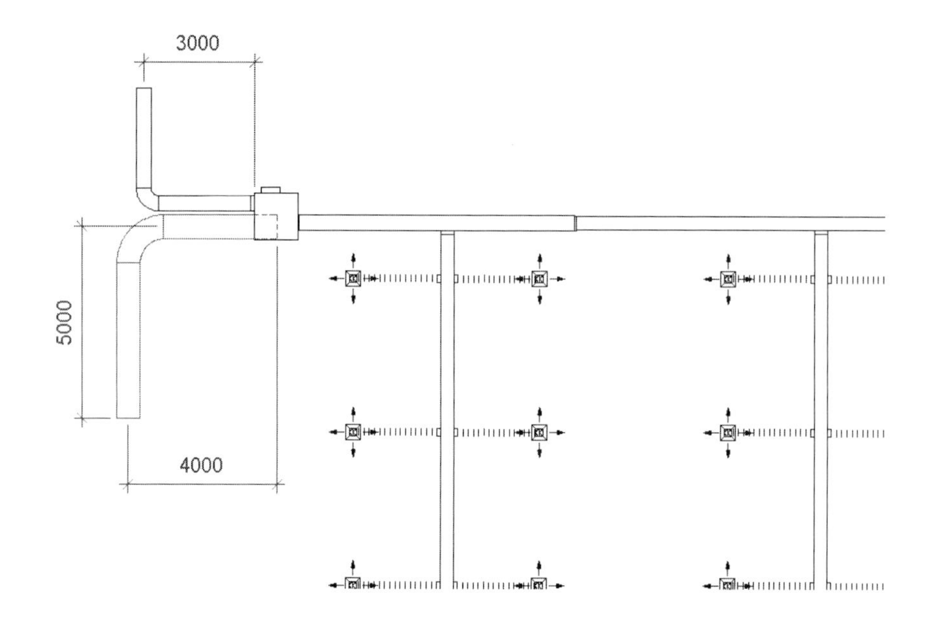

(10) 레듀셔를 편심 레듀셔로 변환합니다.

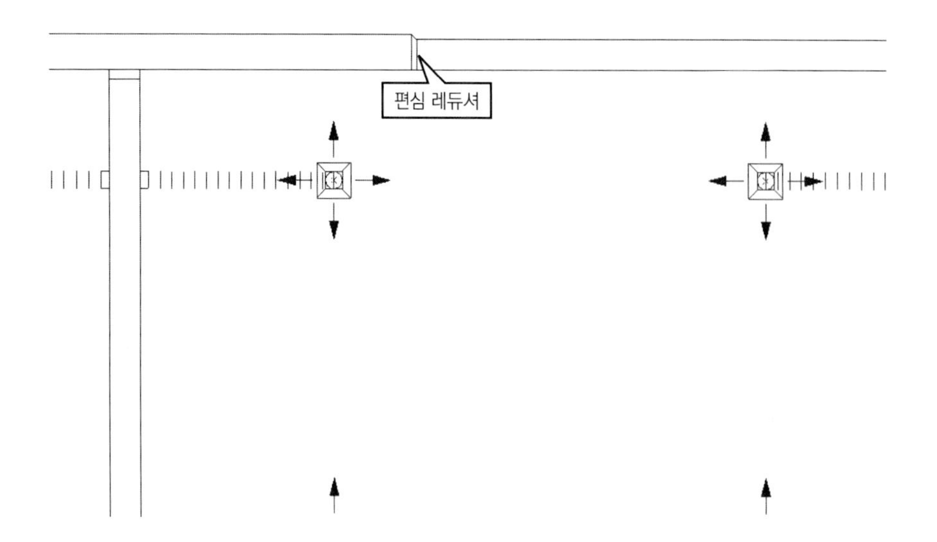

(11) 덕트 끝을 드래그하여 줄이고 개방된 덕트 끝을 마감 처리합니다. 분기 덕트의 끝부분도 마감 처리합니다.

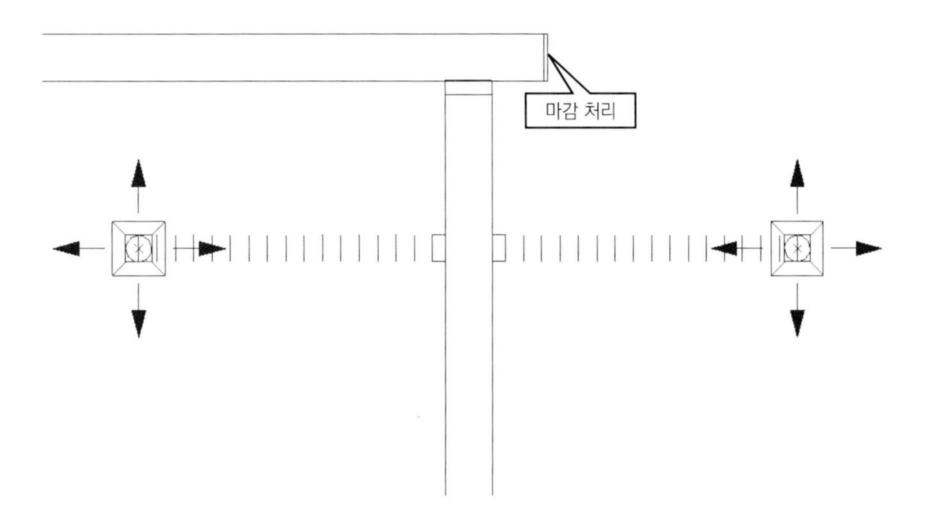

다음과 같이 완성됩니다.

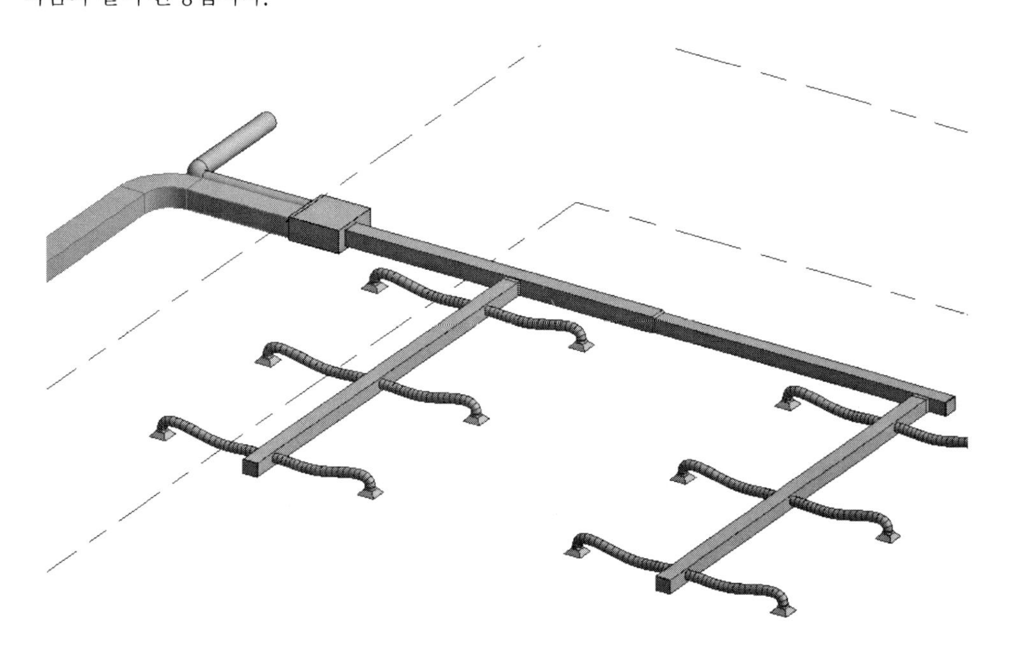

3. 배관(파이프) 모델링

건물에서 배관은 필수적인 요소입니다. 화장실의 위생배관, 사무실이나 주택의 냉난방, 소방설비 등 건축기계설비 전분야에 걸쳐 필수적으로 들어가는 요소입니다. 특히, 기계실에는 수 많은 배관이 설치되어 있습니다. 이번에는 유체의 이동 경로인 배관의 모델링에 대해 학습하겠습니다.

01. 배관 모델링 환경

배관 모델링을 위한 메뉴 구성과 환경에 대해 알아보겠습니다.

1. 메뉴 구성

배관 모델링을 위해 표시되는 메뉴 구성과 각 기능에 대해 알아봅니다. '시스템' 탭을 누르면 다음과 같은 메뉴가 나타납니다.

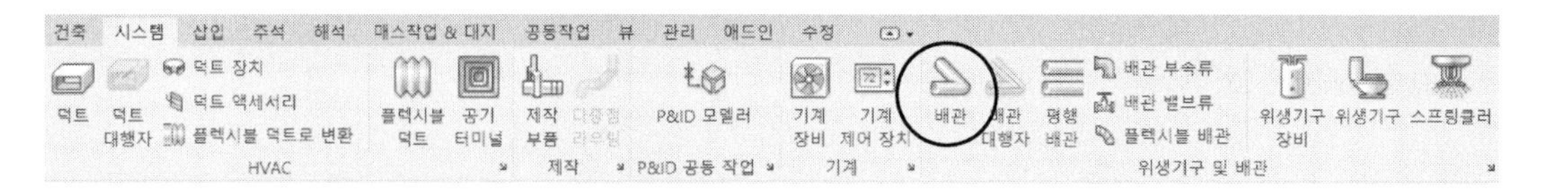

배관을 모델링 하기 위해 '위생기구 및 배관' 패널에서 '배관'을 클릭합니다.

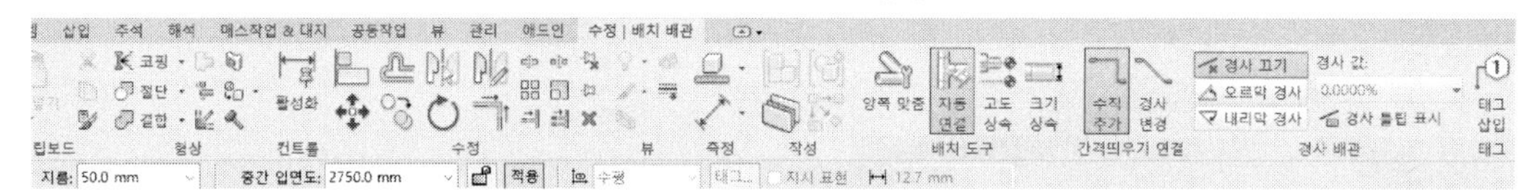

(1) **지름** : 배관의 크기를 나타내는 지름을 지정합니다.

(2) **중간 입면도** : 배관의 설치 높이(Elevation)를 지정합니다.

(3) / : 지정한 간격 띄우기 값(Elevation)을 고정 또는 고정 해제를 지정합니다.

(4) **[적용]** : 지정한 간격 띄우기 값을 적용합니다. 수직 배관을 모델링할 때 적용합니다.

(5) : 태그 삽입 시 태그의 방향(수평, 수직)을 지정합니다.

(6) 태그... : 태그 패밀리를 지정합니다.

(7) **지시선** : 지시선(인출선) 작성 여부와 지시선의 길이를 지정합니다.

(8) **양쪽 맞춤** : 배관을 모델링할 때의 기준 위치를 지정합니다. 다음의 대화상자에서 수평 방향의 기준과 간격 띄우기, 수직방향의 기준을 지정합니다.

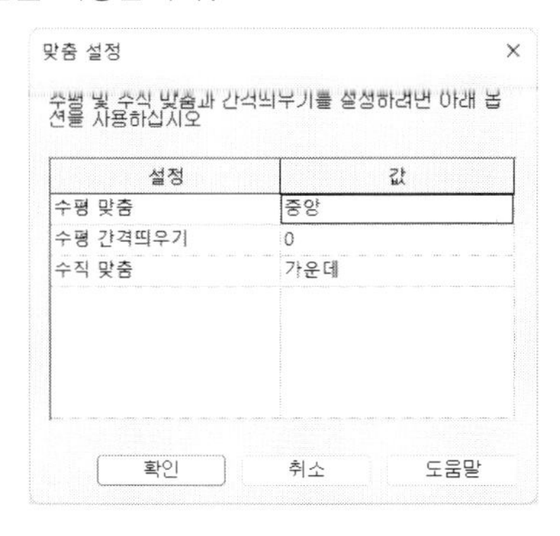

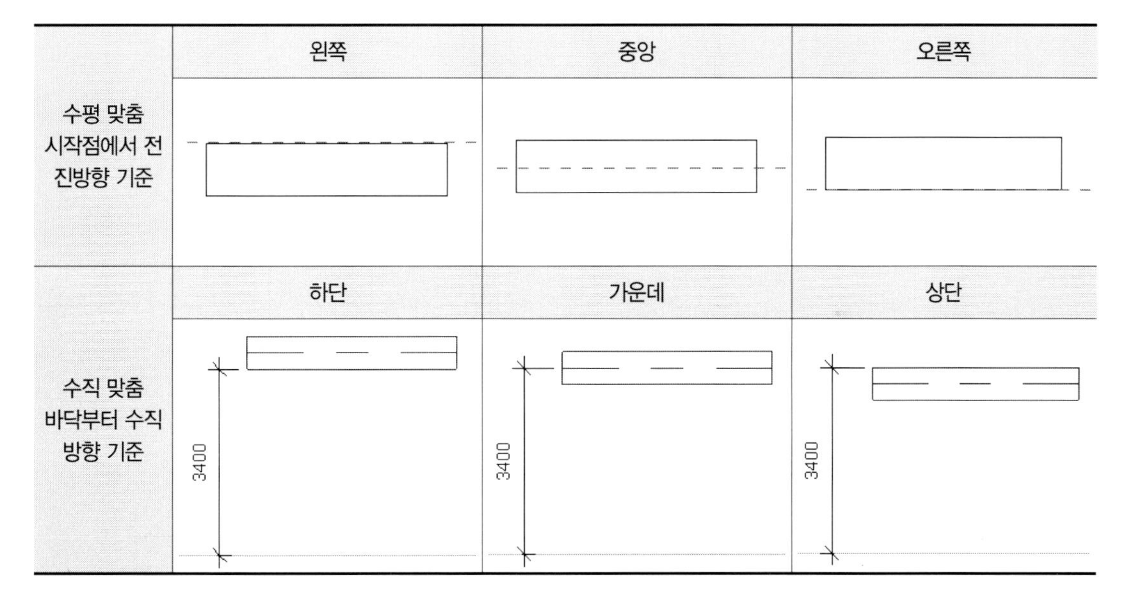

	왼쪽	중앙	오른쪽
수평 맞춤 시작점에서 전진방향 기준			
	하단	**가운데**	**상단**
수직 맞춤 바닥부터 수직 방향 기준	3400	3400	3400

'수평 맞춤'에서 '왼쪽' 또는 '오른쪽'으로 설정하고 레듀셔를 모델링하면 편심 레듀셔가 됩니다. 또 '수직 맞춤'을 '하단' 또는 '상단'으로 설정하고 레듀셔를 모델링하면 편심 레듀셔가 됩니다.

(9) **자동 연결** : 켜면(ON) 배관이 교차하는 지점에서 자동으로 연결됩니다. 배관의 높이(고도)만 다르고 같은 경로를 따라 배관을 모델링할 경우, 자동 연결을 끄고 작업하는 것이 의도하지 않은 연결을 방지할 수 있습니다. 왼쪽이 자동 연결을 켠(ON) 경우이고 오른쪽이 끈(OFF) 경우입니다.

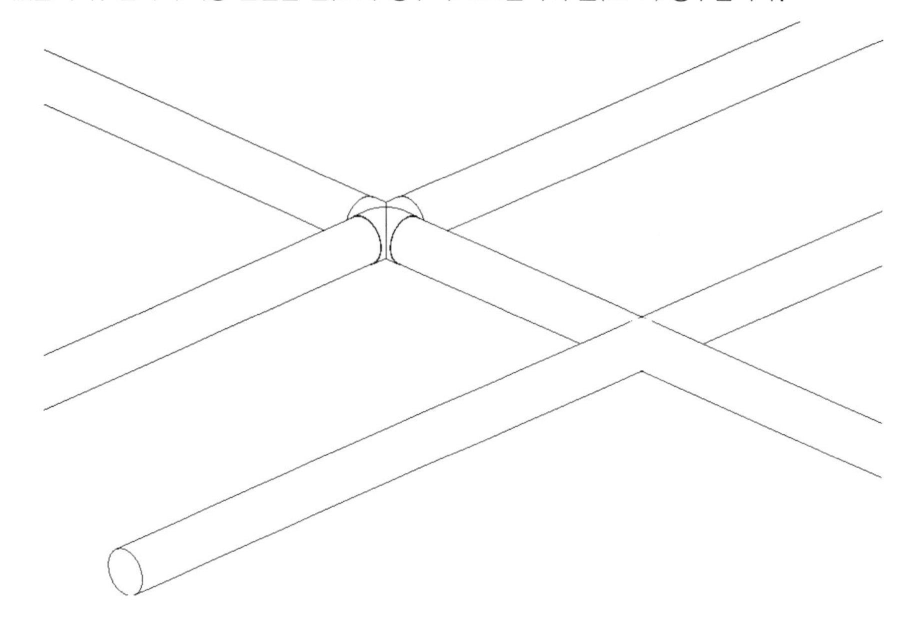

(10) **고도 상속** : 지정한 요소의 고도(간격띄우기)를 상속합니다. 옵션바의 간격 띄우기(중간 입면도) 값을 무시하고 선택한 배관의 높이 값에 맞춰 모델링합니다.

(11) **크기 상속** : 지정한 요소 크기를 상속합니다. 옵션바의 지름 값을 무시하고 선택한 배관의 지름과 동일한 크기로 모델링합니다.

(12) **수직 추가** : 현재 경사 값을 사용하여 배관을 연결합니다.

(13) **경사 변경** : 경사 값에 상관 없이 직접 연결합니다.

(14) **경사 끄기** : 경사가 없는 배관을 모델링합니다.

(15) **오르막 경사** : 오르막 경사의 배관을 모델링합니다.

(16) **내리막 경사** : 내리막 경사의 배관을 모델링합니다.

(17) **경사값** : 경사 값을 지정합니다.

(18) **경사 툴팁 표시** : 배관의 경사 정보를 표시합니다.

(19) **태그 삽입** : 배관을 모델링할 때 주석 태그의 배치 여부를 제어합니다.

2. 배관 설정

배관 모델링에 관련된 배관 크기, 각도, 경사(구배), 기본 형상 및 높이 등을 설정합니다.

(1) '관리-프로젝트 설정-MEP설정'의 드롭다운 목록에서 '기계 설정'을 클릭합니다.

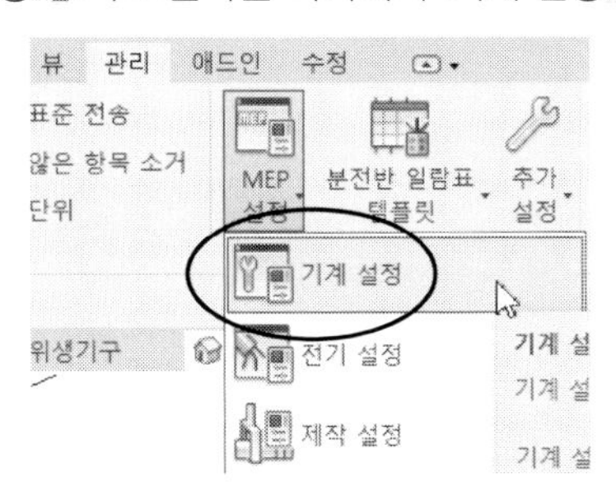

또는 '시스템-HVAC, 기계, 위생기구 및 배관' 패널 중 하나의 오른쪽 하단에 있는 비스듬한 화살표 ↘을 클릭합니다. 세 패널 모두 동일한 설정 대화상자이므로 어느 것을 클릭해도 마찬가지입니다. 기계 설정 대화상자가 나타납니다.

(2) **배관 설정** : 배관의 공통적인 설정 항목입니다.

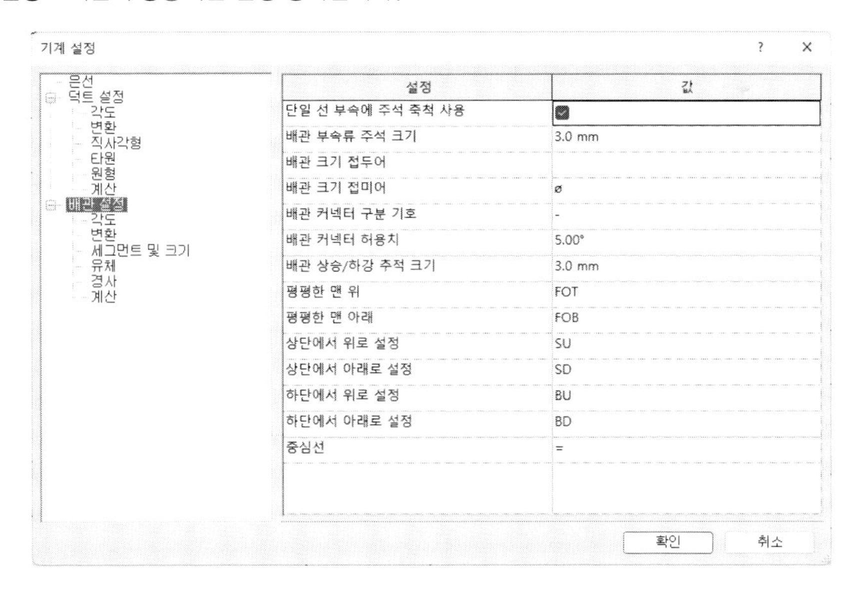

① **단일 선 부속에 주석 축척 사용** : 체크된 경우는 '배관 장치 주석 크기' 매개변수에 의해 지정된 치수를 배관 피팅류와 배관 부속품에 주석 축적을 적용합니다. 이 설정을 변경해도 기존의 프로젝트에 배치된 컴포넌트의 인쇄 크기는 변경되지 않습니다.

② **배관 부속류 주석 크기** : 단선 뷰에서 작도된 피팅류 및 부속품의 인쇄 크기를 지정합니다. 이 크기는 작도 축척에 관계없이 유지됩니다.

③ **배관 크기 접두어** : 배관 크기 문자 앞에 부가할 기호를 지정합니다.

④ **배관 크기 접미어** : 배관 크기 뒤에 부가할 기호를 지정합니다.

⑤ **배관 커넥터 구분기호** : 두 개의 서로 다른 크기의 커넥터를 사용할 경우, 정보를 구분하기 위해 사용되는 기호를 지정합니다.

⑥ **배관 커넥터 허용치** : 배관 커넥터의 접속할 허용 각도를 지정합니다. 기본값은 5도입니다.

⑦ **배관 상승/하강 주석 크기** : 단선 뷰에 그려진 입상/입하 주석의 심볼 크기를 지정합니다.

⑧ **평평한 맨 위/ 맨 아래** : 부품 부속 태그에서 사용되는 기호를 지정하여 현재 뷰에서 보이지 않는 평면에서 해당 편심 간격띄우기를 나타냅니다. 이 값은 뷰 평면과 가장 가까운 면에 의해 결정됩니다.

⑨ **위로 설정** : 부품 부속 태그에서 사용되는 기호를 지정하여 현재 뷰에서 보이지 않는 평면에서 해당 편심 간격띄우기를 나타냅니다. 이 값은 뷰 평면과 가장 가까운 면에 의해 결정됩니다. 위로 설정 다음에는 간격띄우기 길이가 표시됩니다.

⑩ **아래로 설정** : 부품 부속 태그에서 사용되는 기호를 지정하여 현재 뷰에서 보이지 않는 평면에서 해당 편심 간격띄우기를 나타냅니다. 이 값은 뷰 평면과 가장 가까운 면에 의해 결정됩니다. 아래로 설정 다음에는 간격띄우기 길이가 표시됩니다.

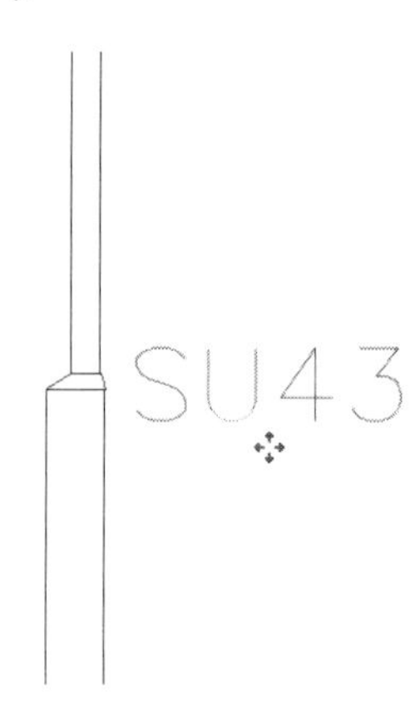

⑪ **중심선** : 부품 부속 태그에서 사용되는 기호를 지정하여 현재 뷰에서 보이지 않는 평면에서 해당 편심 간격띄우기를 나타냅니다. 이 값은 뷰 평면과 가장 가까운 면에 의해 결정됩니다. 흐름은 부품의 1차 커넥터에서 2차 커넥터로 이동하는 것으로 간주합니다.

(3) **각도** : 변환부의 각도를 지정합니다. 각도는 모든 시스템의 메인 및 분기에 적용됩니다. 엘보 각도 증분 값에 따라 라우팅 솔루션에서 변환부의 각도 값을 사용하는 방식이 결정됩니다. '특정 각도 사용(S)'를 지정하면 지정한 각도 단위로 배관을 모델링합니다.

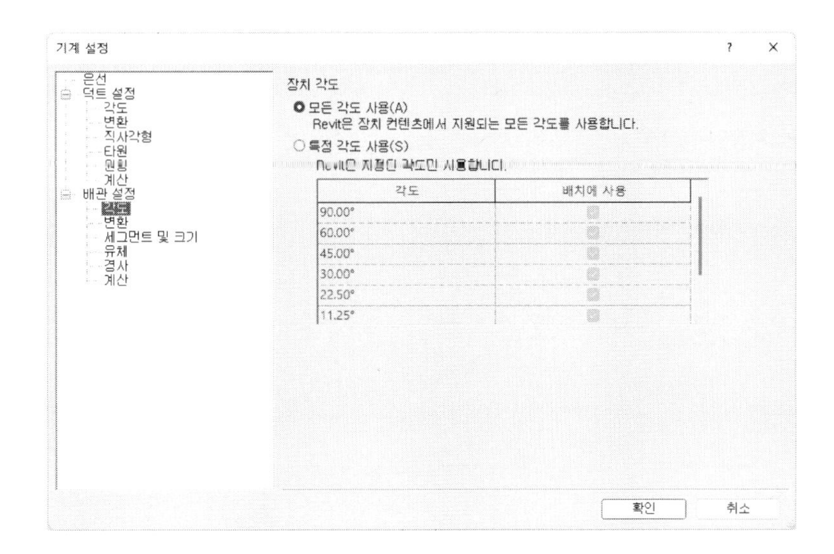

(4) **변환** : 메인 및 분기 배관 시스템에서 라우팅(경로) 솔루션에 의해 사용되는 매개변수를 지정할 수 있습니다. 자동 라우팅 기능 사용 시 유용합니다.

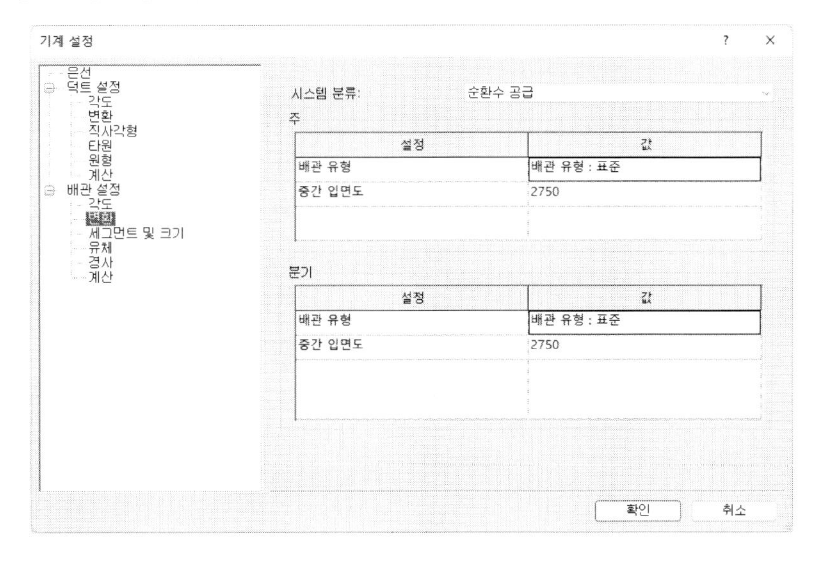

1) 주 : 각 시스템 유형(온수(급수, 환수), 위생, 주택용 온수, 주택용 냉수, 방화, 기타 시스템)의 메인 배관에 대해 다음의 매개변수를 지정합니다.

① 배관 유형 : 적용할 배관의 유형을 지정합니다.

② 중간 입면도 : 바닥으로부터 높이를 지정합니다. 중간 입면도 값을 입력하든가, 저장되어 있는 중간 입면도 값 목록으로부터 선택할 수 있습니다.

2) 분기 : 각 시스템 유형(온수(급수, 환수), 위생, 주택용 온수, 주택용 냉수, 방화, 기타 시스템)의 분기 배관에 대해 배관 유형과 중간 입면도 값을 지정합니다.

(5) **세그먼트 및 크기** : 프로젝트에서 사용할 배관 종류에 따른 크기 테이블이 표시됩니다. 이 테이블에는 세그먼트 종류에 따른 조도(거칠기)와 배관 크기를 지정할 수 있습니다. 새로운 재질의 배관 세그먼트를 작성할 때 여기에서 정의합니다.

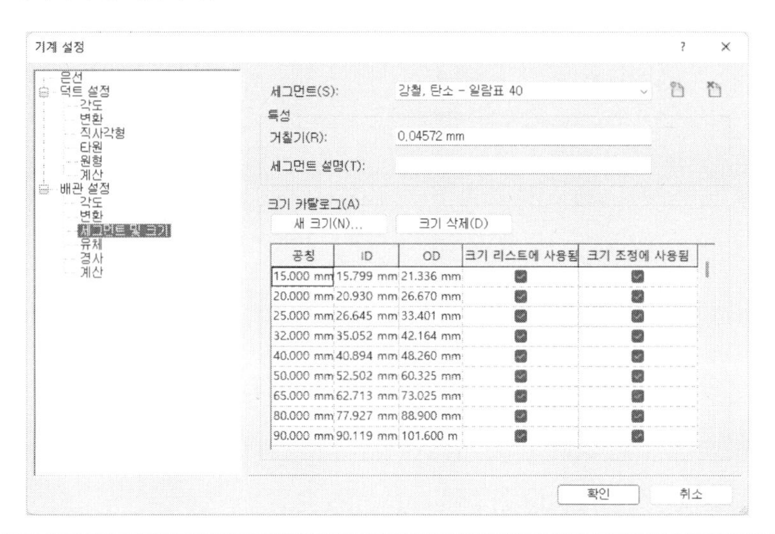

재질	내면 조도	접합부	집계표/유형
탄소강	0.00180'	나사, 용접, 플랜지	40, 80
SUS	0.00180'	용접, 플랜지	5S、10S
Copper	0.00010'	Solder、Brazing	K、L、M
플라스틱	0.00010'	나사, 소켓 유형	40, 80
닥타일	0.01020'	플랜지, 삽입 피팅류, 기계 피팅류	22, 30

다음의 옵션으로 특정 배관 크기를 사용할 것인가 지정할 수 있습니다. 테이블에서 특정 배관 크기를 다음 항목의 체크 버튼에 의해 선택할 수 있습니다.

① **크기 리스트에 사용됨** : 배관 레이아웃 편집기, 배관 수정 편집기 등에서 목록에서 선택된 크기를 표시합니다. 체크를 끄면 크기가 표시되지 않습니다.

② **크기 조정에 사용됨** : 배관 크기(사이즈)를 결정하기 위해 사용합니다. 체크를 끄면 배관 크기를 계산하는 알고리즘에서 사용하지 않습니다.

[새 크기(N)..]를 눌러 배관 크기를 추가하고, [크기 삭제(D)..]를 눌러 크기를 삭제할 수 있습니다.

(4) 유체(Fluids) : 온도, 밀도 등 유체의 특성 값을 지정합니다.

(5) 경사(Slopes) : 배관의 경사(구배) 값을 지정합니다. 기존 경사 값에 새로운 값을 지정할 수도 있고 기존 값을 삭제할 수 있습니다.

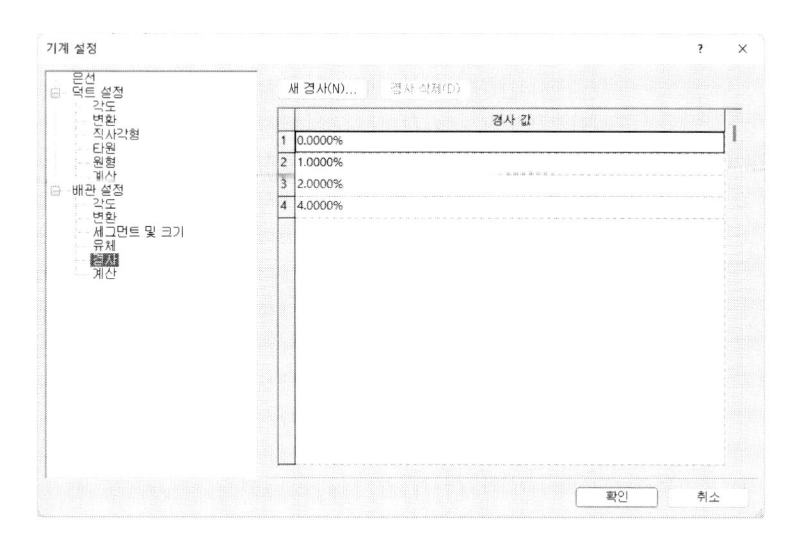

(6) 계산(Calculation) : 배관의 크기를 계산할 계산 방법 및 식을 표시합니다

3. 기타 표현 설정

배관 모델링을 위한 기타 모델링 환경을 설정합니다.

(1) 각 카테고리의 요소별로 선가중치(Line Weight), 선의 색상(Line Color), 패턴(Pattern), 재료(Material)을 정의하려면 '객체 스타일' 기능을 이용하여 설정합니다.

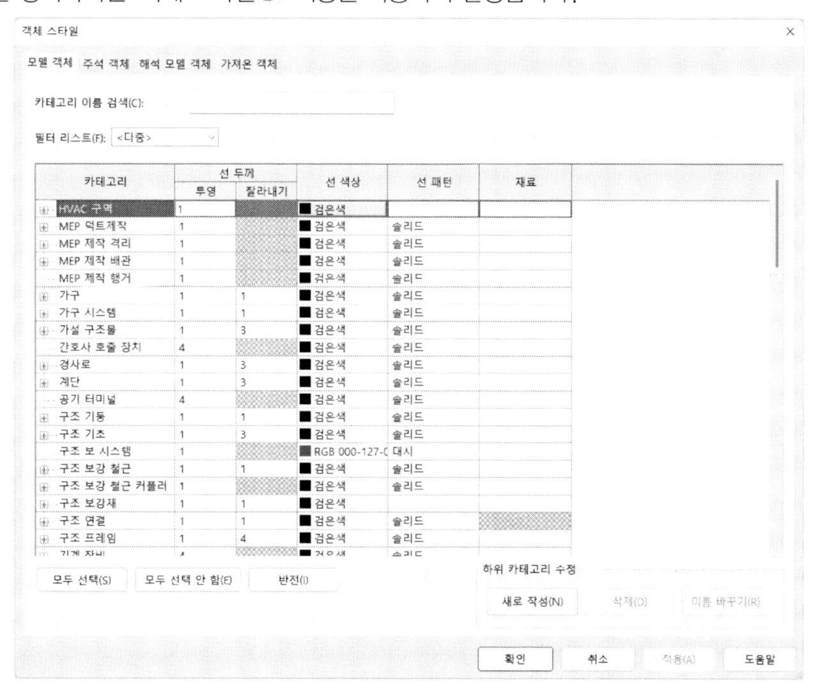

(2) 배관의 중심선의 표현 여부 등 가시성 및 그래픽을 설정하려면 '가시성/그래픽' 기능을 이용하여 설정합니다.

(3) 배관의 유체 종류(급수, 오수, 배수, 통기 등)별로 색상을 달리하고자 할 때는 필터링 기능을 이용하여 표현하고자 하는 환경을 설정합니다.

필터와 같이 모델링의 표현을 위한 환경 설정은 모델링이 끝난 후에 도면화하는 시점에서 설정할 수도 있습니다. 순서는 설계자의 편의에 따라 수행합니다.

02. 배관 모델링 실습

이제부터 배관을 모델링하겠습니다.

(1) 배관을 모델링하기 위해 '배관 템플릿'으로 시작합니다.

(2) 배관 기능을 실행합니다. '시스템-위생기구 및 배관-배관'을 클릭합니다.
유형 선택기에서 '배관 유형 PVC-DWV'를 선택합니다. 지름을 '100', 중간 입면도를 '2000'으로 설정합니다.

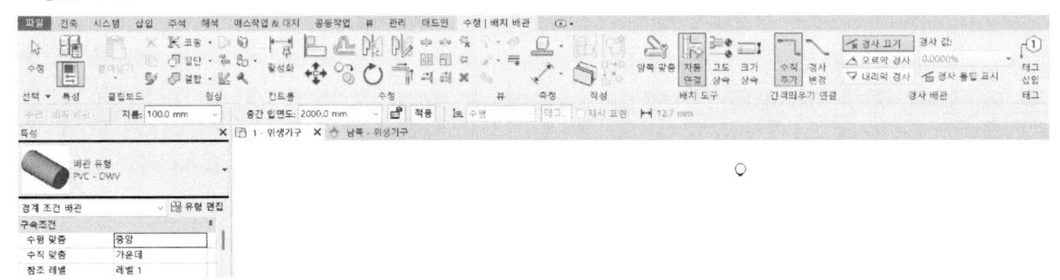

(3) 배관의 시작점을 지정한 후 마우스를 오른쪽 방향으로 맞춘 후 '2000'을 입력합니다. 그러면 마우스 방향으로 '2000'길이의 배관이 작도됩니다.

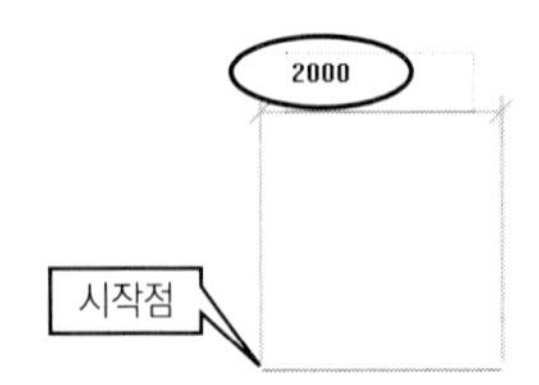

이번에는 아래쪽 방향으로 맞춘 후 '3000'을 입력합니다. 다시 오른쪽으로 맞춘 후 '2000'을 입력합니다.

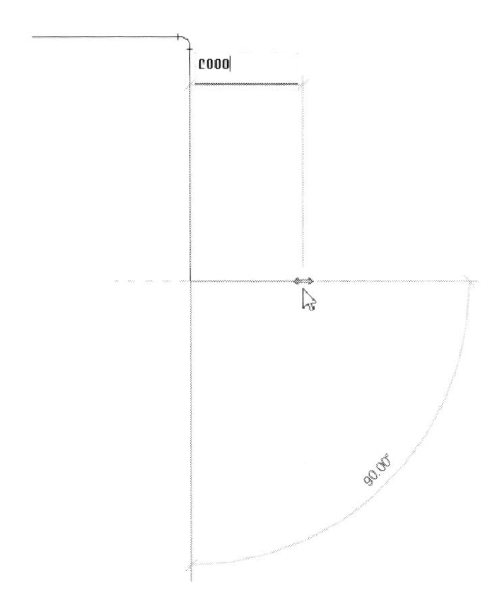

(4) 종료하려면 〈ESC〉 키를 두 번 누르거나 리본 메뉴 왼쪽의 '수정'을 클릭합니다. 뷰 제어막대의 '상세 수준'을 '높음 '으로 설정합니다. 싱글라인의 배관이 더블라인으로 표현됩니다. 다음 그림과 같이 배관이 모델링됩니다.

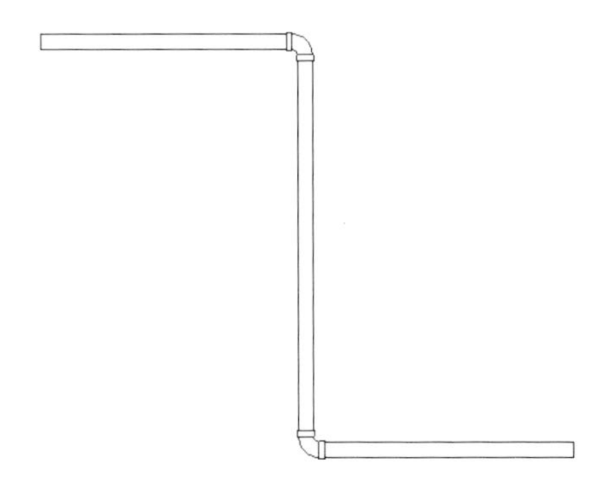

(5) 모델링된 배관의 끝 부분에서 배관을 연결하겠습니다. 배관을 클릭한 후 연결하고자 하는 배관의 끝부분의 연결구(Connector)에 마우스를 대고 오른쪽 버튼을 클릭합니다. 바로가기 메뉴에서 '배관 그리기(P)'를 클릭합니다.

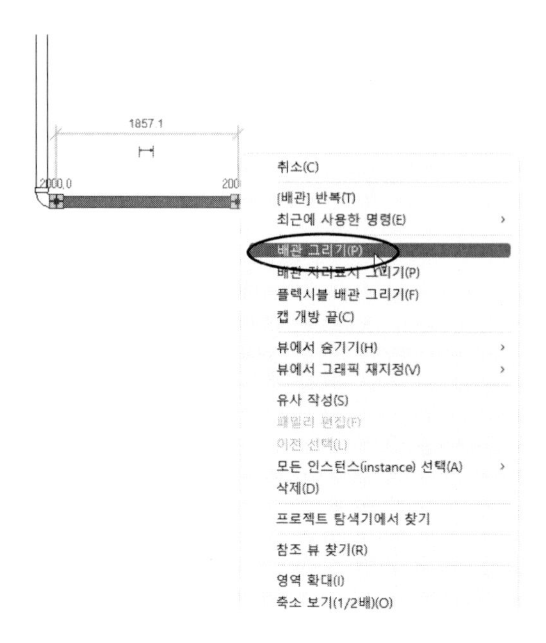

(6) 배관 작도 모드로 바뀌면 45도 방향으로 맞추고 '2000'을 입력합니다. 입상관을 모델링하겠습니다. 옵션바에서 '중간 입면도'를 '3500'으로 설정한 후 [적용]을 클릭합니다. 다음과 같이 입상 배관이 모델링 됩니다.

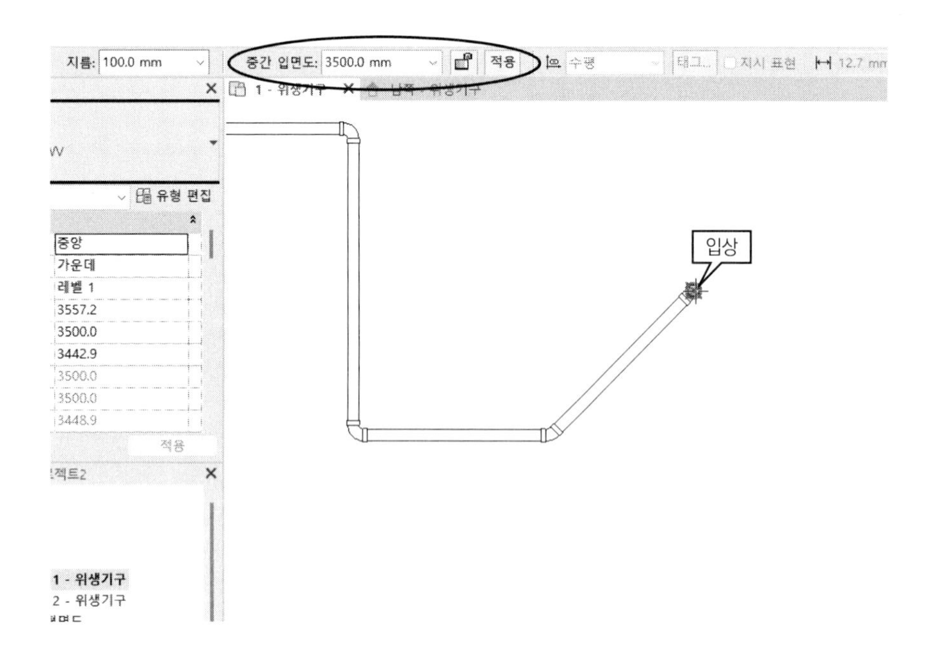

(7) 커서를 오른쪽으로 맞추고 '2000'을 입력합니다. 다음과 같이 모델링됩니다.

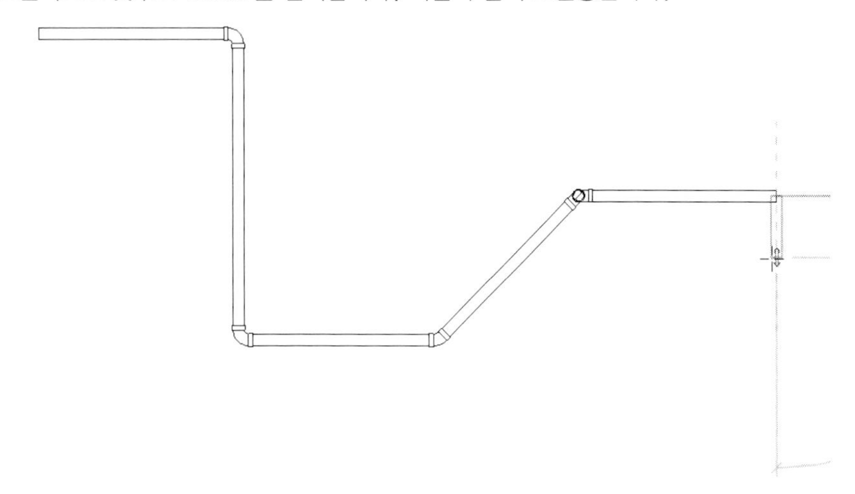

(8) 배관의 크기(직경)를 변경합니다. 옵션바에서 '지름'을 '50'으로 설정한 후 커서를 오른쪽으로 맞춘 후 '1000'을 입력합니다. 다음과 같이 크기가 바뀐 부분에 레듀셔가 삽입됩니다. ⟨ESC⟩ 키를 두 번 누르거나 리본 메뉴 왼쪽의 '수정'을 클릭합니다.

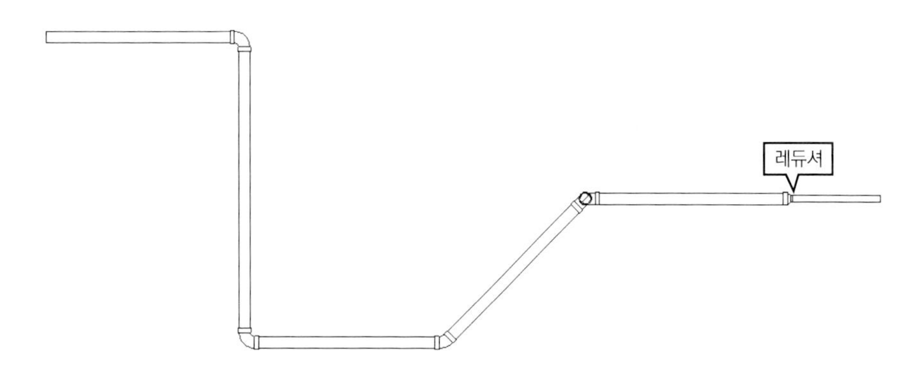

3D 뷰로 보면 다음과 같이 모델링됩니다.

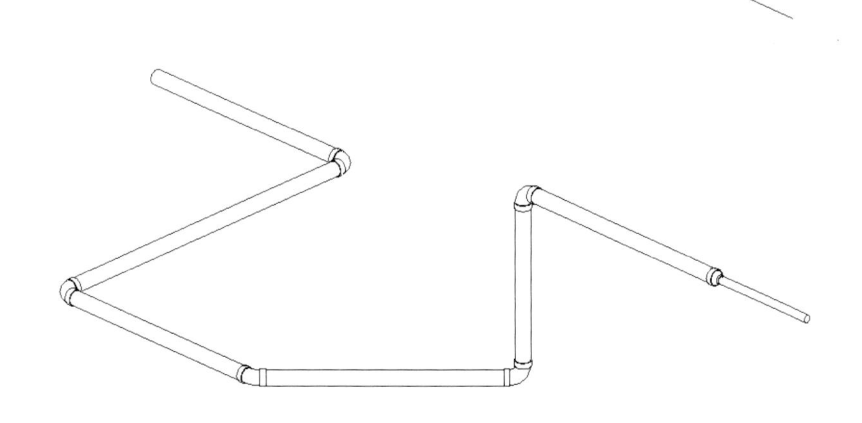

(9) 이번에는 모델링된 배관의 중간부로부터 분기하겠습니다. 평면 뷰로 바꾼 후 '배관 모델링 '기능을 실행한 후 옵션 바에서 지름을 '100', 중간 입면도를 '3500'으로 설정합니다. 마우스 커서를 기존 배관의 중간을 클릭한 후 위쪽으로 맞추고 '2000'을 입력합니다.

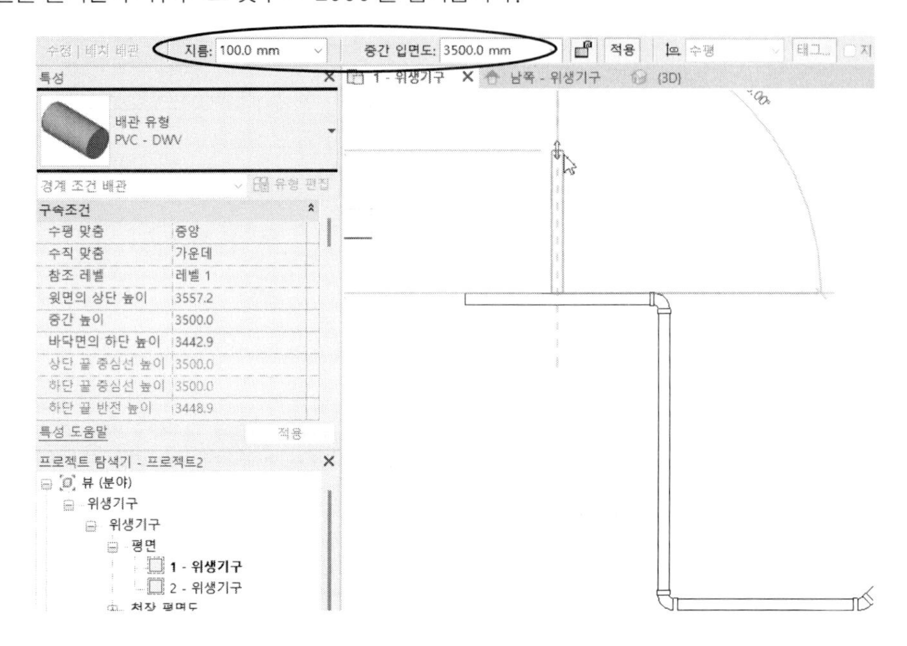

3D 뷰로 보면 다음과 같이 모델링됩니다. 기존 배관의 간격띄우기(높이) 값 '2000'인데 반해 모델링하고자 하는 배관은 '3500'이므로 단차만큼 입상 배관을 연결한 후 배관을 모델링합니다.

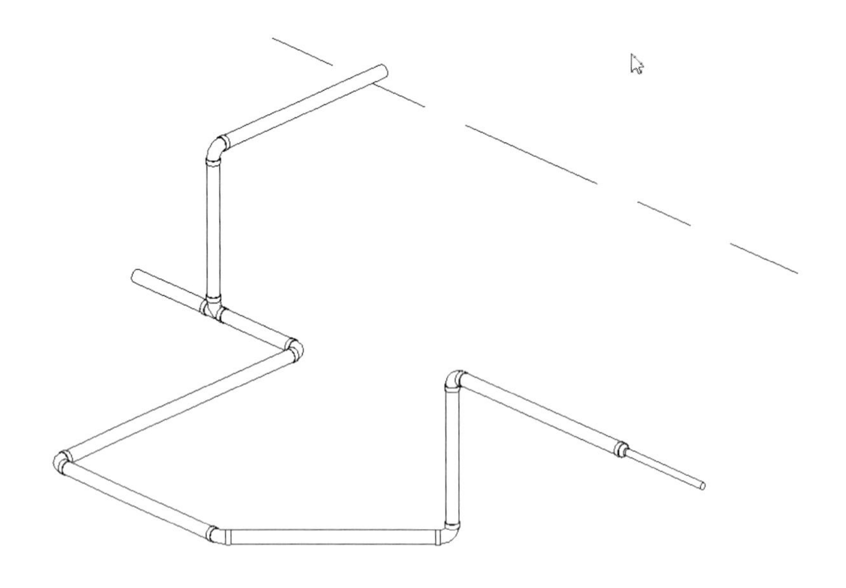

참고 배관 유형(종류)의 정의

배관은 재질, 크기(사이즈), 특성에 따라 다양한 종류가 있습니다. 사용하고자 하는 배관 종류를 선택하기 위해서는 미리 설정되어 있어야 유형 선택기에서 선택할 수 있습니다. 배관 종류를 설정하기 위해서는 다음과 같이 실행합니다.

(1) 특성 팔레트에서 [유형 편집]을 클릭하거나 프로젝트 탐색기에서 [패밀리]-[배관]-[배관 유형]에서 정의하고자 하는 유형(예: 표준)을 더블클릭합니다. 또는 바로가기 메뉴에서 '유형 특성(P)..' 을 클릭합니다. 다음과 같은 유형 특성 대화상자가 나타납니다. 새로운 유형을 만들려면 [복제(D)..]를 클릭한 후 '이름(N)'을 지정(예: 강관)합니다.

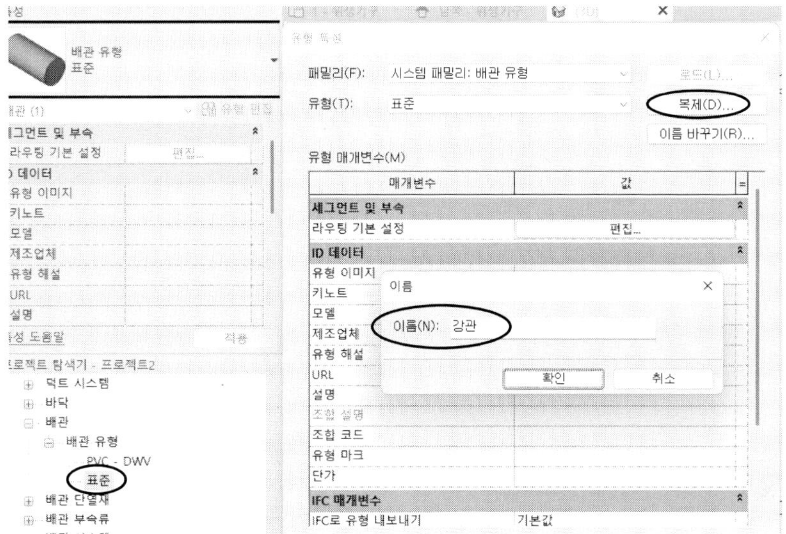

(2) 유형(예 강관)이 만들어지면 유형에 대해 정의(설정)가 이루어져야 합니다. '라우팅 기본 설정'의 [편집..]을 클릭합니다.

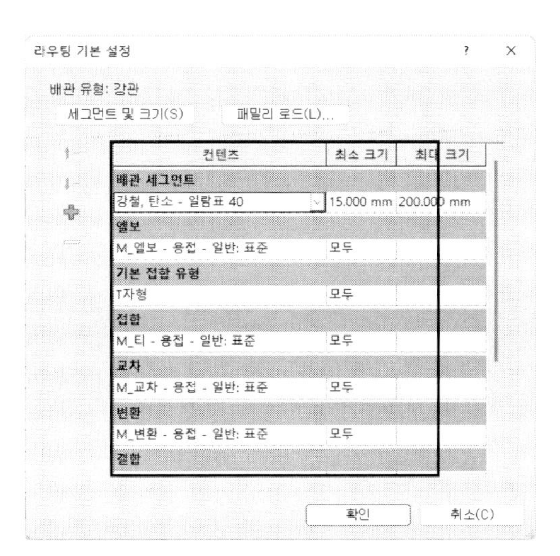

라우팅 기본 설정 대화상자에서 '배관 세그먼트'를 '강철 탄소 - 일람표40'으로 지정합니다. [패밀리 로드…]를 클릭하여 강관 부속(엘보, 티, 유니온 등)을 로드합니다. 차례로 엘보, 접합, 교차, 변환 등 각 항목에 사용할 패밀리를 지정합니다.

(3) 설정을 끝나면 [확인]을 클릭합니다. 배관의 유형 선택기를 펼쳐보면 다음과 같이 정의한 '강관'이 나타납니다. 프로젝트 탐색기에도 '강관'이 추가된 것을 확인할 수 있습니다. 이렇게 설정한 후 프로젝트에서 해당 유형의 배관을 모델링할 수 있습니다.

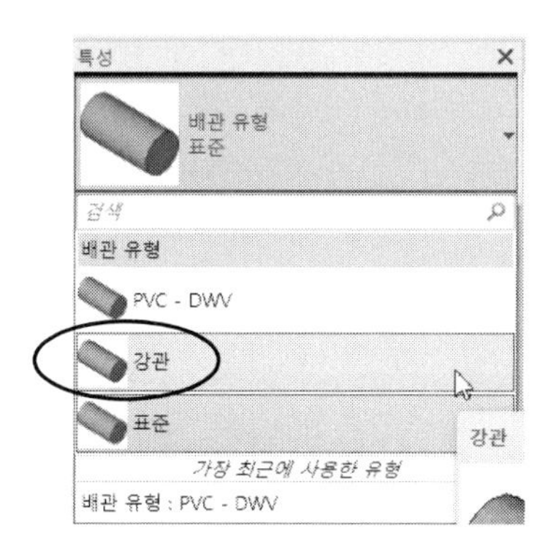

배관을 재질별로 정의할 수 있지만 유체 종류별(급수, 급탕, 오배수 등)로 정의하여 사용할 수도 있습니다. 설계자의 편의에 의해 유형을 정의하여 사용합니다.

03. 평행 배관

평행 배관은 이미 작성된 배관으로부터 지정한 수량과 간격으로 여러 줄의 배관을 모델링합니다.

(1) 평행 배관 기능을 실행합니다. '시스템- 위생기구 및 배관-평행 배관'를 클릭합니다. 옵션바에서 '수평 수'를 '3', '수평 간격띄우기'를 '200'으로 설정합니다.

(2) 모델링할 배관에 커서를 대고 〈Tab〉 키를 누릅니다. 모델링될 위치에 파선이 나타납니다.

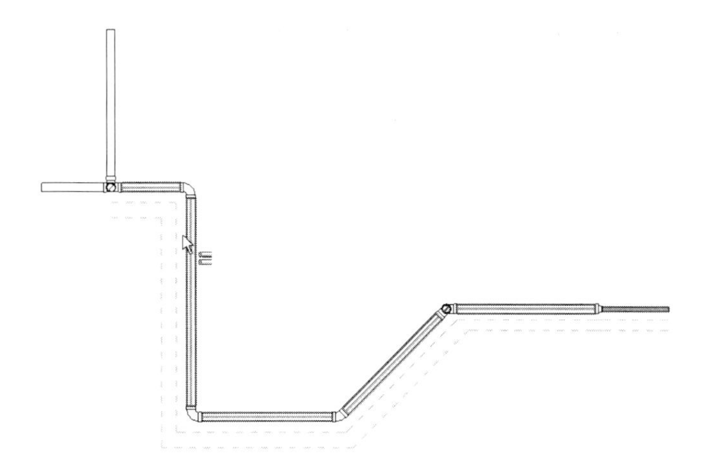

(3) 이때 클릭합니다. 다음과 같이 지정한 간격과 수량의 배관이 모델링됩니다.

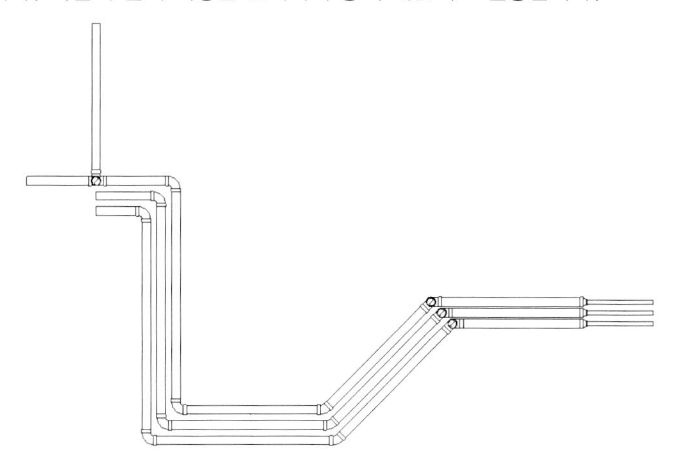

3D 뷰로 보면 다음과 같이 모델링됩니다.

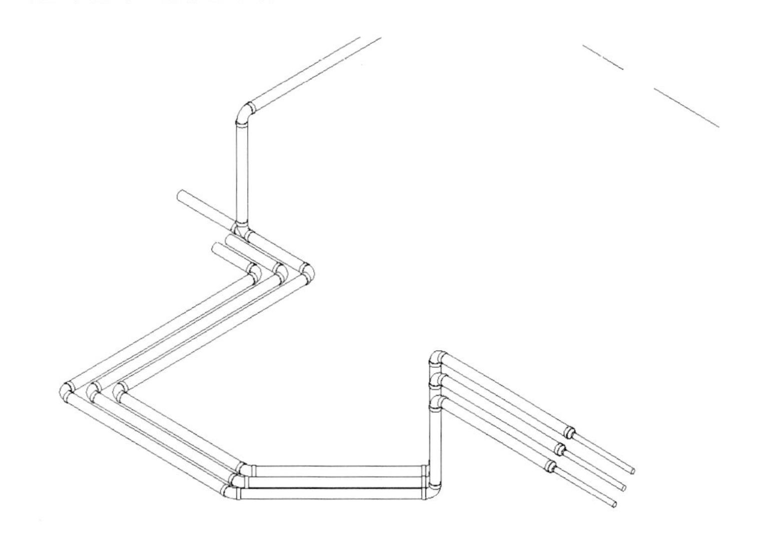

04. 단선 배관 작도 및 변환(배관 대행자)

단선(싱글라인) 배관을 작도하고 이를 더블라인 배관으로 변환합니다. 단선으로 그리지만 속성은 일반 배관과 동일합니다.

(1) 배관 대행자 기능을 실행합니다. '시스템-위생기구 및 배관-배관 대행자'를 클릭합니다. 유형 선택기에서 유형(배관 유형-표준)을 선택하고 옵션바에서 '지름'을 '100', '중간 입면도'를 '2000'으로 설정합니다.

배관의 시작점을 지정하고 오른쪽 방향으로 '3000', 45도 방향으로 '2000'을 지정합니다.

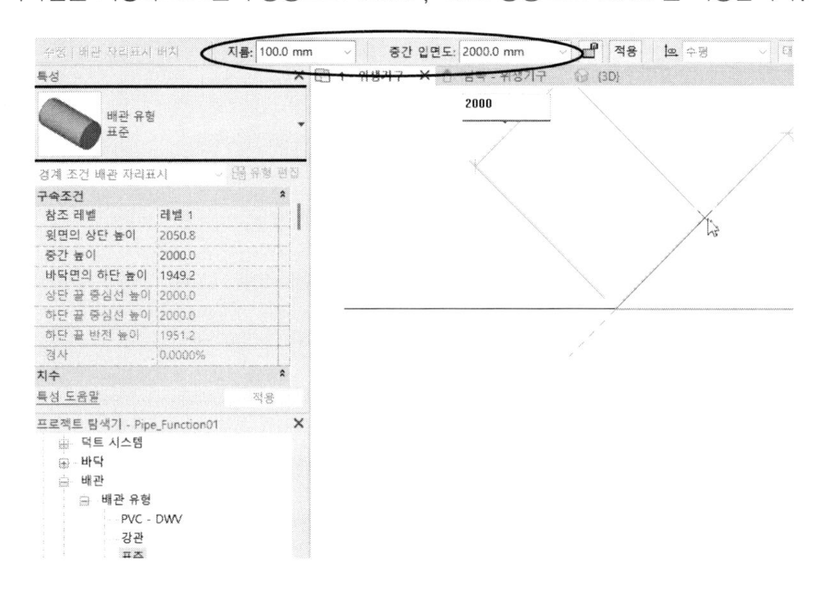

(2) 오른쪽 방향으로 '2000'을 지정하고 옵션바에서 '지름'을 '50'으로 지정한 후 다시 오른쪽 방향으로 '1000'을 지정합니다. 중간에 작은 레듀셔 마크가 표시됩니다.

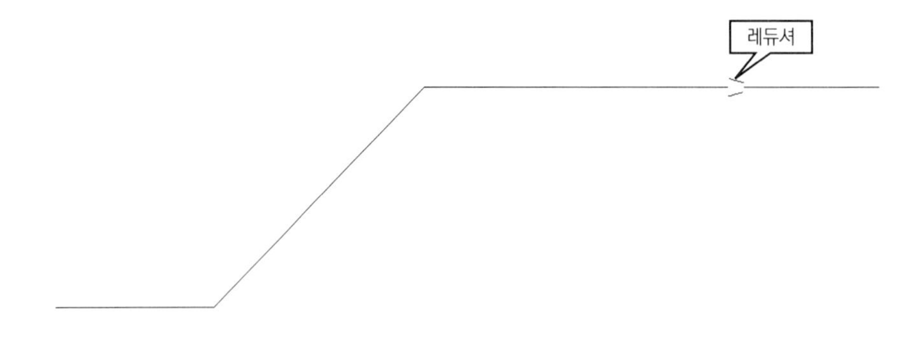

(3) 단선 배관을 더블라인 배관으로 변환합니다. 단선(싱글라인) 배관을 선택합니다. 배관의 한 부분에 마우스를 대고 〈Tab〉 키를 두 번 누른 후 클릭합니다. 다음과 같은 탭 메뉴가 나타납니다.

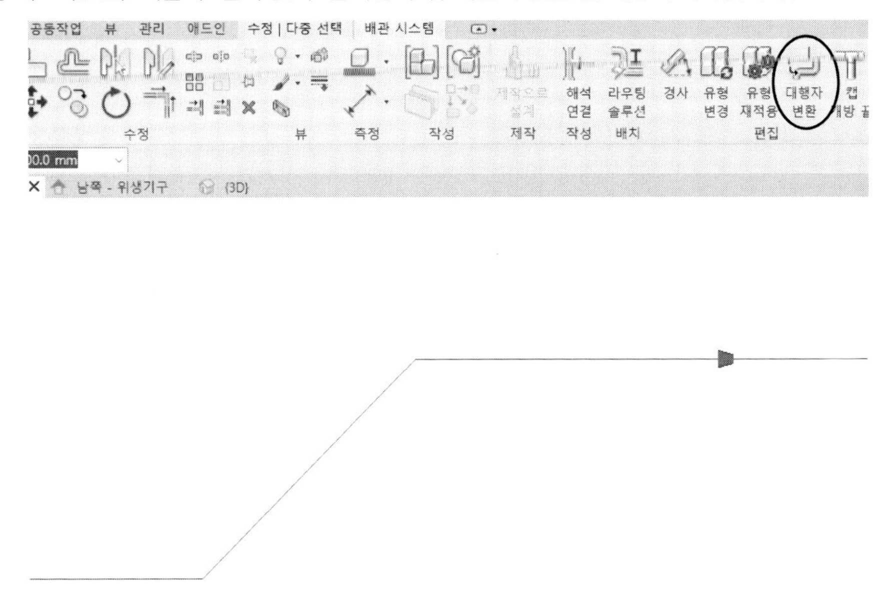

(4) '수정|다중 선택-편집' 패널에서 '대행자 변환'을 클릭합니다. 다음과 같이 싱글라인 배관이 더블라인 배관으로 변환됩니다.

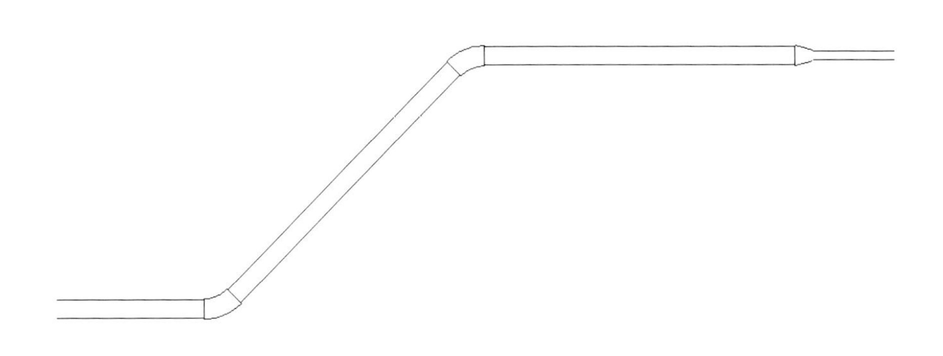

05. 밸브 및 부속류 삽입

모델링된 배관에 밸브 및 부속을 삽입합니다.

(1) 배관 밸브류 기능을 실행합니다. '시스템-위생기구 및 배관-배관 밸브류 '를 클릭합니다. 로드된 패밀리가 없는 경우 다음과 같은 메시지가 표시됩니다.

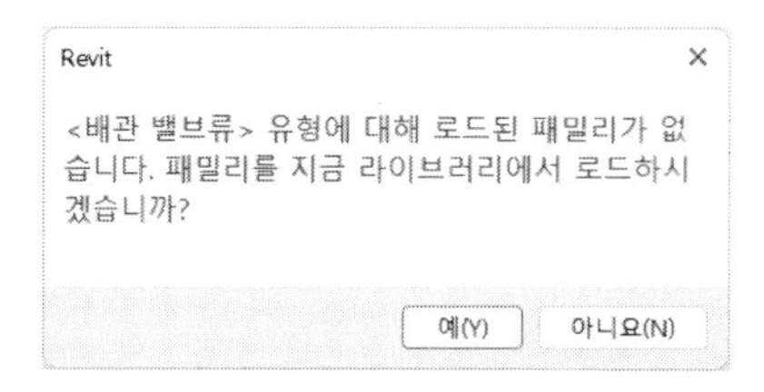

(2) 로드된 밸브가 있는 경우는 유형 선택기에서 삽입하고자 하는 밸브를 선택하고 로드된 밸브가 없는 경우는 [예(Y)]를 클릭합니다. 패밀리 로드 대화상자에서 삽입하고자 하는 밸브를 선택합니다. 'M_볼 밸브 - 50-150mm'를 선택합니다.

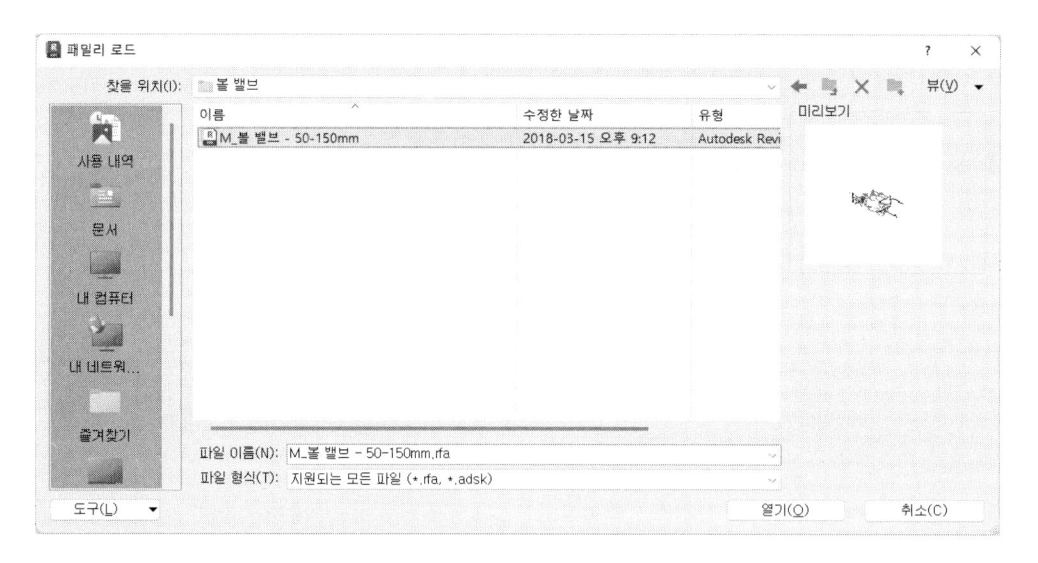

(3) 유형 선택기에서 삽입하고자 하는 규격(사이즈, 예: 100)을 선택한 후 삽입 위치를 지정합니다.

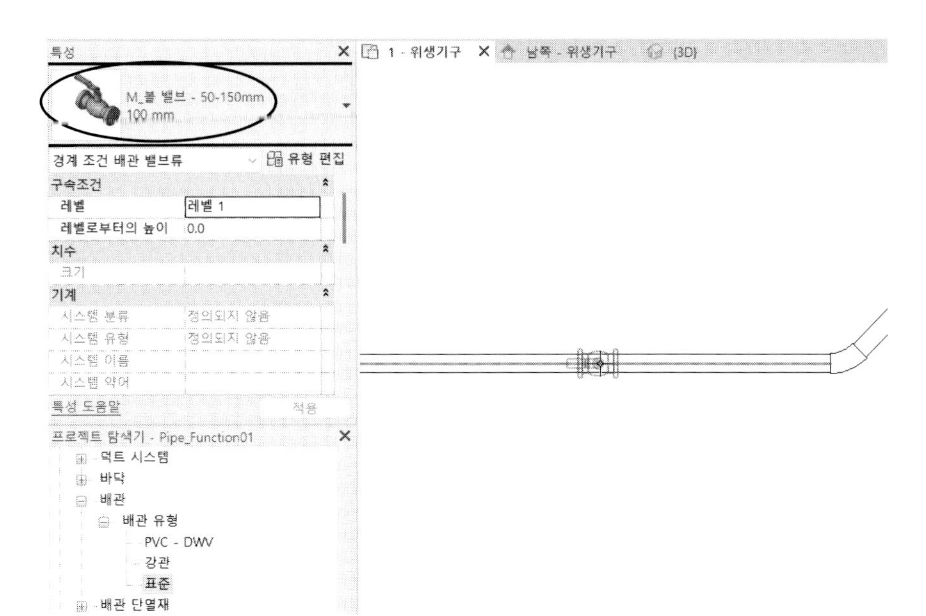

다음과 같이 밸브가 삽입됩니다.

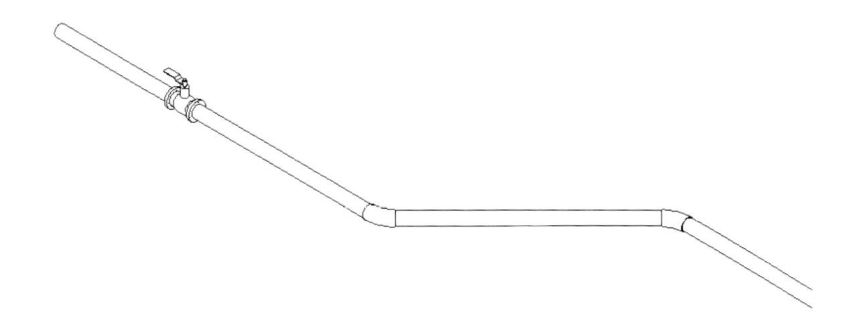

(4) 말단부 배관 부속류를 삽입해보겠습니다. '시스템-위생기구 및 배관-배관 부속류 '를 클릭합니다. 유형 선택기에서 삽입하고자 하는 배관 부속류(예: M_캡 일반)를 선택합니다.

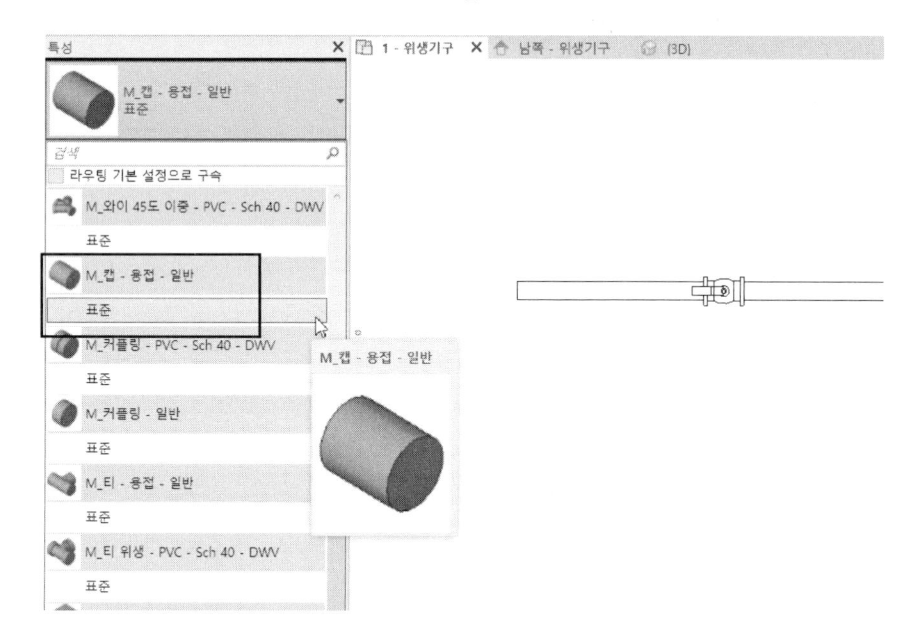

(5) 삽입하고자 하는 위치(배관 말단)을 지정합니다. 다음과 같이 배관 말단에 캡이 배치됩니다.

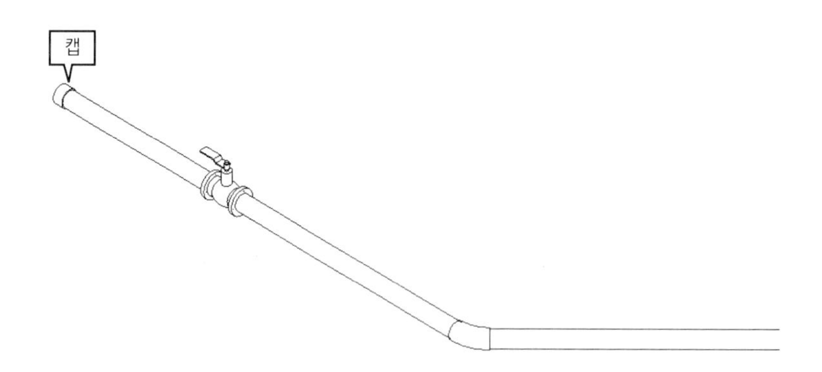

캡을 작성하는 또 하나의 방법은 배관을 선택한 후 '수정|배관' 탭에서 '캡 개방 끝 '을 선택하면 개방된 배관의 끝에 캡이 부착됩니다

참고 배관 및 부품 컨트롤

배관 및 배관에 삽입되는 부품을 클릭하면 편집 컨트롤이 나타납니다. 이 컨트롤의 기능을 살펴보겠습니다.

1. 배관 : 배관을 클릭하면 편집할 수 있는 컨트롤이 나타나는데 이 컨트롤을 사용하여 배관의 크기, 길이, 고도 및 경사를 조정할 수 있습니다.

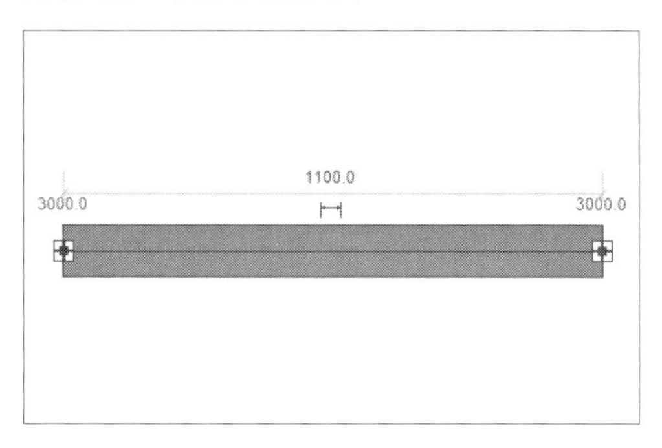

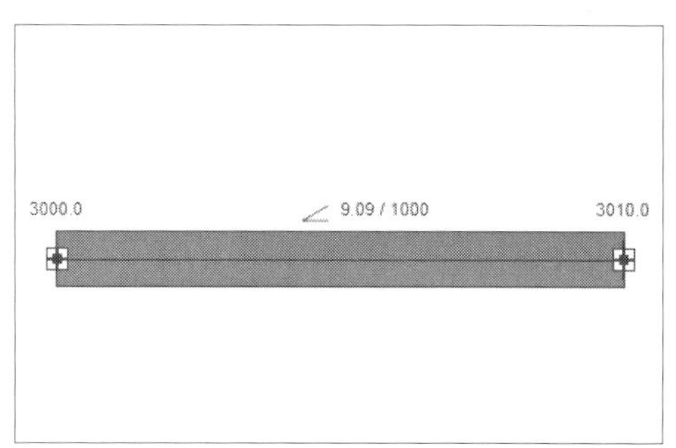

(1) ⊢⊣ : 나타난 숫자는 임시 치수이며 이 마크를 클릭하면 치수가 기입되고, 숫자를 바꾸면 배관의 길이를 바꿀 수 있습니다.

(2) ⊞ : 길이를 조절하거나 바로가기 메뉴를 펼쳐 배관 또는 플렉시블 배관 작도, 마개 부착, 편집 등 다양한 조작을 할 수 있습니다.

(3) ∠ : 배관의 경사를 나타냅니다. 양쪽 끝단의 높이가 다른 경우, 경사 표시를 합니다.

2. 배관 피팅류 : 배관 피팅류를 클릭하여 피팅의 종류를 수정합니다.

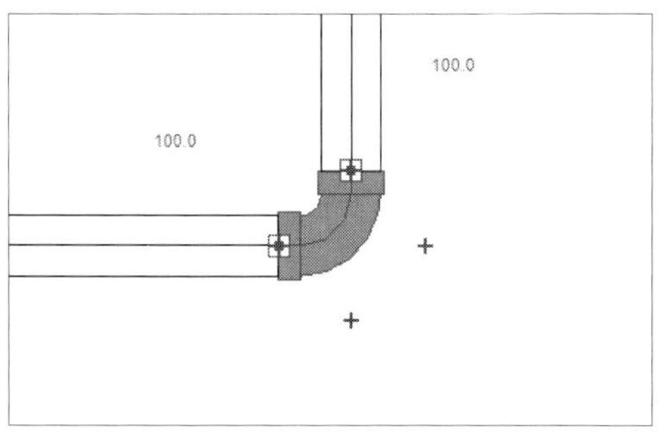

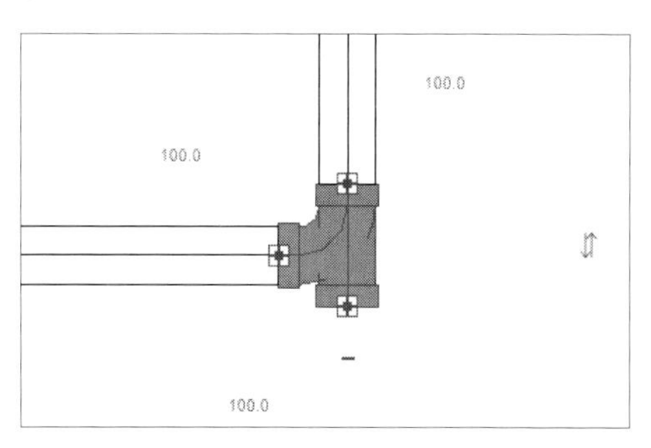

(1) + : 분기를 추가합니다. 엘보의 경우는 티로, 티는 크로스로 변경합니다.

(2) – : 분기를 제거합니다. 티에서 이 컨트롤을 클릭하면 엘보로 변경됩니다.

(3) ⇵ : 방향을 전환합니다.

3. 배관 액세사리 : 밸브와 같은 배관 액세사리를 선택하면 다음과 같은 컨트롤이 나타납니다.

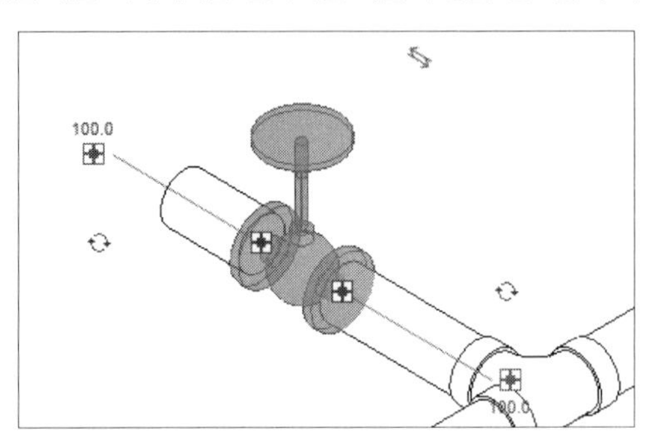

(1) 반전(⇅) : 선택한 요소의 방향을 반전합니다.

(2) 회전(⟲) : 선택한 요소를 회전합니다.

06. 플렉시블 배관

플렉시블 배관을 모델링합니다.

(1) 플렉시블 배관 기능을 실행합니다. '시스템-위생기구 및 배관-플렉시블 배관 '를 클릭합니다. 유형 선택기에서 배관 유형을 선택하고 옵션바에서 '지름'을 '50', '중간 입면도'를 '2000'으로 지정한 후 플렉시블 배관을 연결할 위치를 지정합니다.

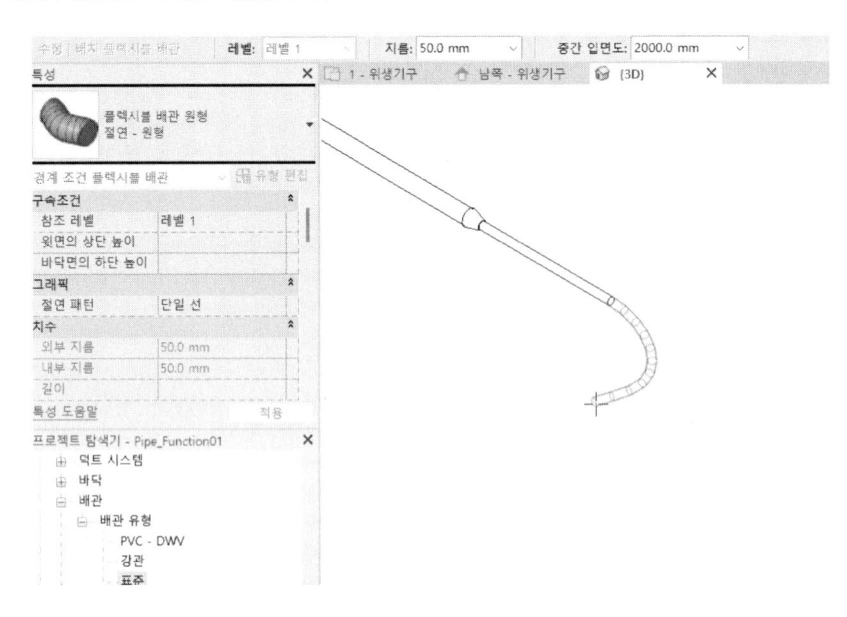

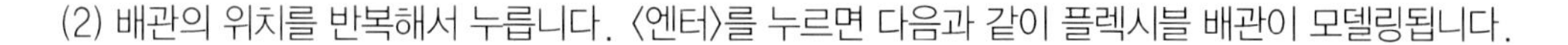

(2) 배관의 위치를 반복해서 누릅니다. 〈엔터〉를 누르면 다음과 같이 플렉시블 배관이 모델링됩니다.

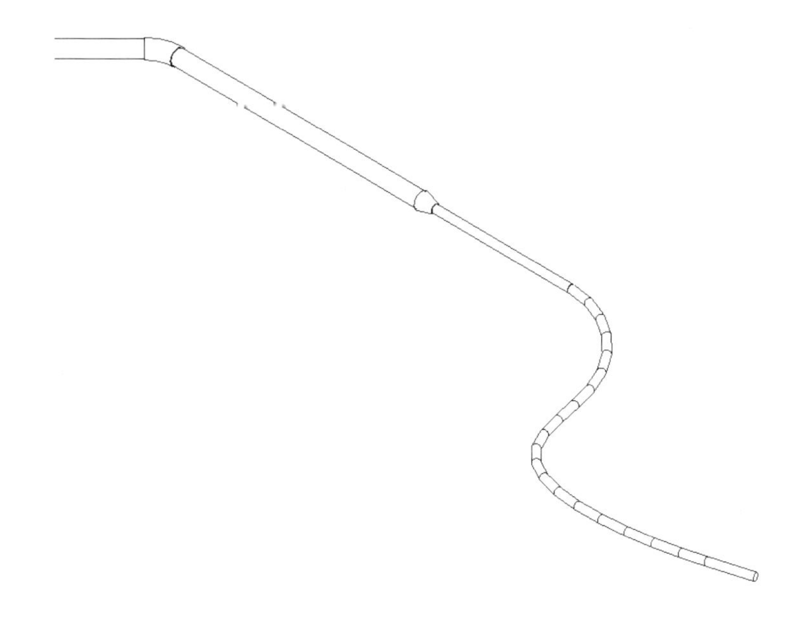

07. 배관 유형 변경 및 재설정

모델링된 배관의 유형을 변경합니다.

(1) 유형을 변경하고자 하는 배관을 선택합니다. 다음과 같은 탭 메뉴가 표시됩니다.

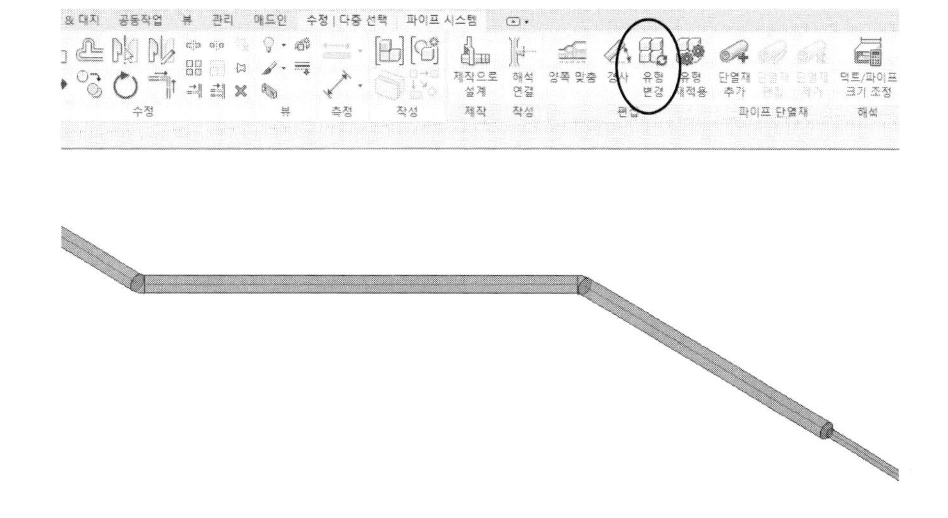

(2) '편집'의 '유형 변경'을 클릭합니다. 유형 선택기에서 '배관 유형-냉수'를 선택합니다. 다음과 같이 선택된 배관의 유형이 변경됩니다.

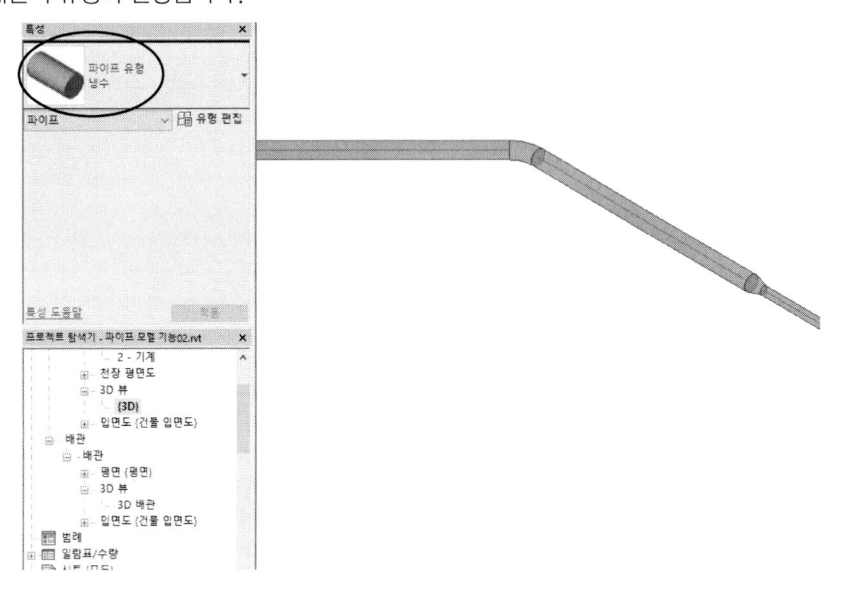

참고 유형 재적용

배관이 모델링된 상태에서 라우팅 기본 설정을 변경한 경우, 변경한 설정을 이미 모델링된 배관에 적용하고자 할 때 '유형 재적용'을 실행합니다.

(1) 특정 유형으로 배관을 모델링합니다.

(2) 프로젝트 탐색기에서 [패밀리]-[배관]-[배관 유형]의 유형 종류(예: 표준)를 선택한 후 마우스 오른쪽 버튼을 눌러 '유형 특성(P)'을 클릭합니다. '라우팅 기본 설정'의 [편집..]을 눌러 설정을 변경합니다.

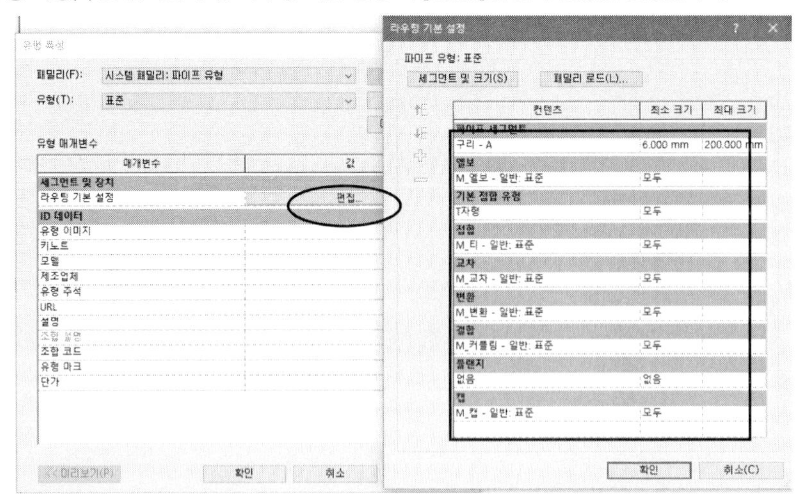

(3) 적용하고자 하는 배관을 선택한 후 '수정|다중 선택-편집-유형 재적용'을 클릭합니다. 그러면 수정한 유형으로 변경됩니다.

08. 양쪽 맞춤(레듀셔)

모델링된 배관의 레듀셔 유형(동심, 편심)을 변경합니다.

(1) 유형을 변경하고자 하는 배관을 선택합니다. 다음과 같은 탭 메뉴가 표시됩니다.

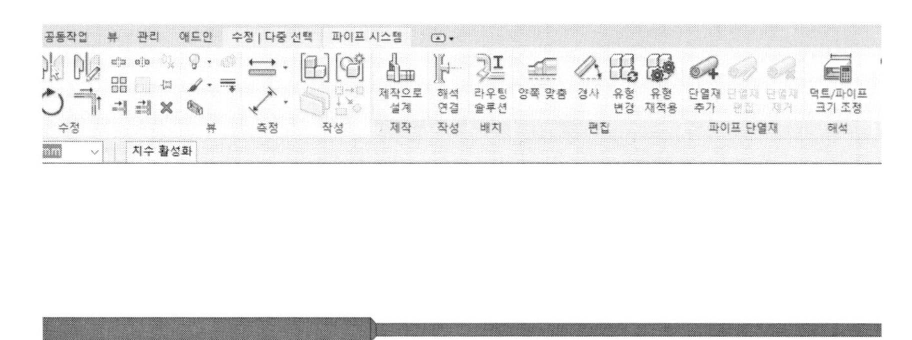

(2) 편집 패널에서 '양쪽 맞춤'을 클릭합니다. 배관 끝쪽에는 정렬선 화살표가 표시되고 '맞춤 편집기'탭이 나타납니다.

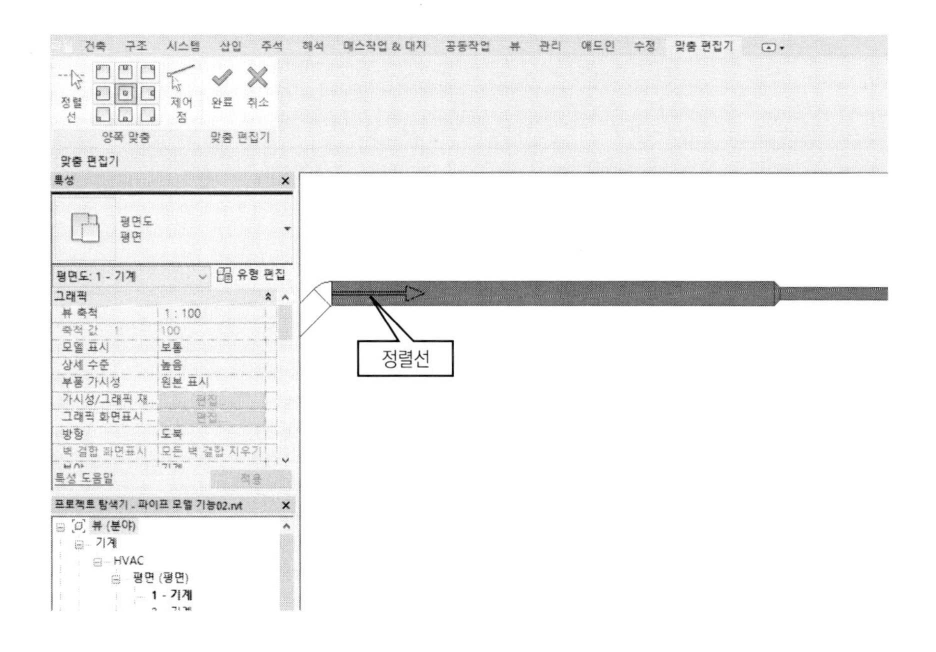

(3) '양쪽 맞춤' 패널에서 '왼쪽 중간'을 선택하면 다음과 같이 정렬선이 배관의 한쪽으로 치우쳐 표시됩니다.

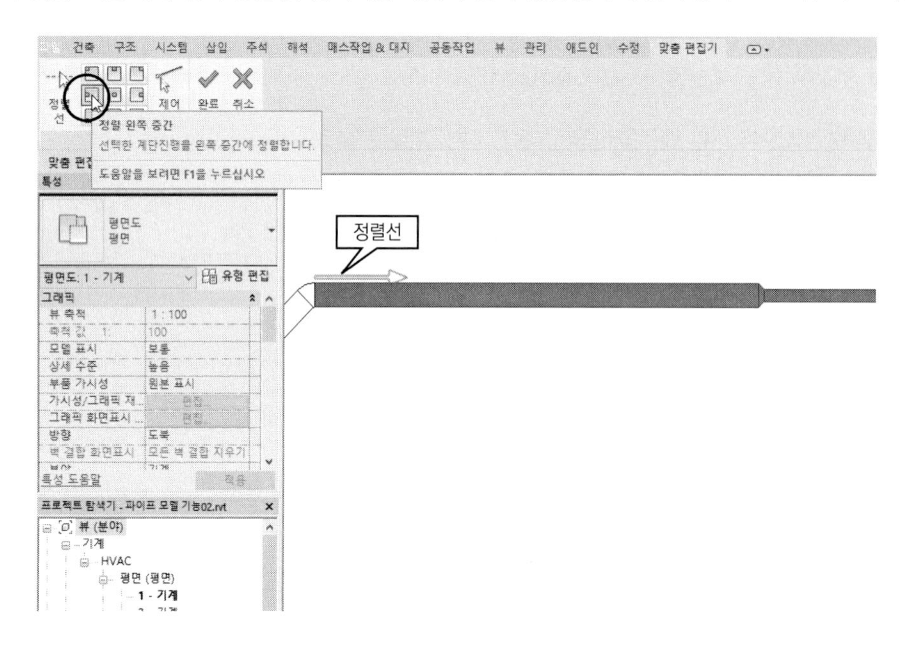

(4) '완료✔'를 클릭하면 다음과 같이 레듀셔가 편심 레듀셔로 바뀝니다.

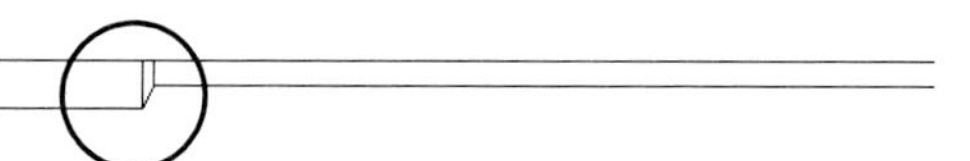

09. 단열재 추가/삭제

모델링된 배관에 단열재(보온재)를 추가 또는 삭제합니다.

(1) 단열재를 추가하고자 하는 배관을 선택합니다. 다음과 같은 탭 메뉴가 표시됩니다.

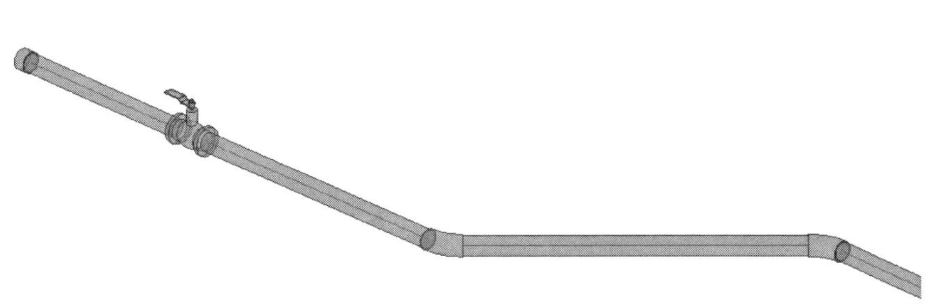

(2) '편집' 패널에서 '단열재 추가'를 클릭합니다. 대화상자에서 단열재 유형과 두께를 지정합니다.

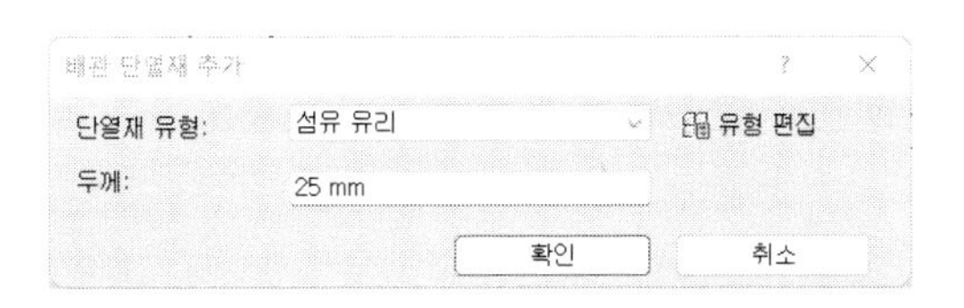

(3) [확인]을 클릭하면 다음과 같이 단열재가 추가됩니다. 단열재가 추가된 배관을 선택하면 다음과 같이 '단열재 제거' 메뉴가 나타납니다.

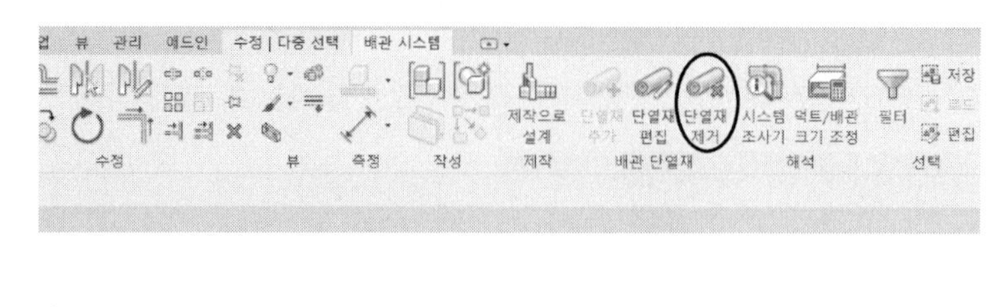

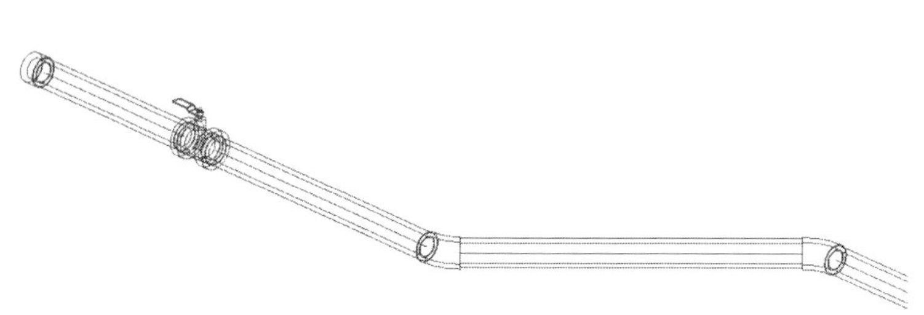

(4) '단열재 제거'를 클릭하면 다음과 같이 제거할 것인지를 확인하는 대화상자가 나타납니다. 이때, [예(Y)]를 클릭하면 단열재가 제거됩니다.

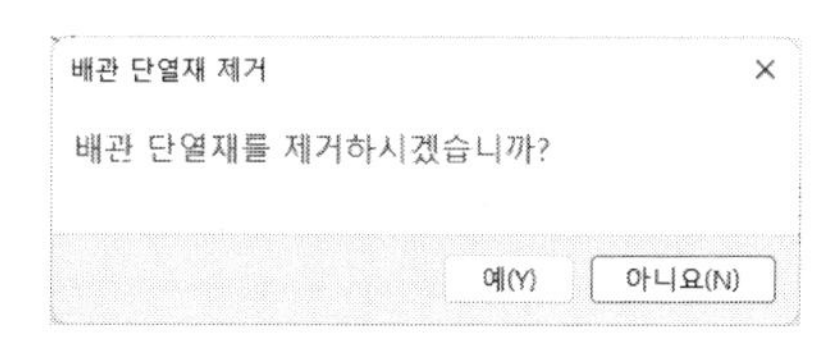

단열재의 종류(재질)나 두께를 수정하려면 배관이 선택된 상태에서 '단열재 편집'을 클릭하여 수정합합니다.

10. 경사 정의

모델링된 배관에 경사를 추가합니다.

(1) 경사를 주고자 하는 배관을 선택합니다. 다음과 같은 탭 메뉴가 표시됩니다.

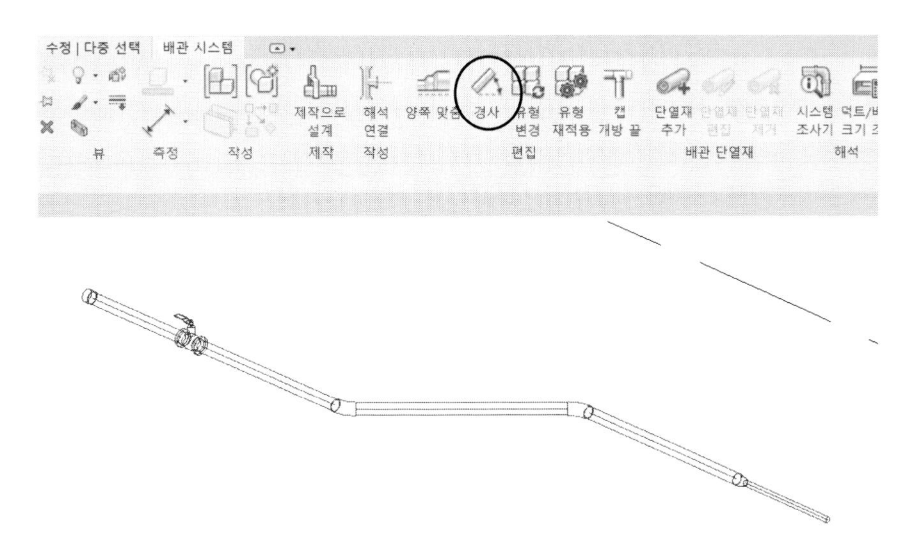

(2) '편집' 탭에서 '경사'를 클릭합니다. 다음과 같은 '경사 편집기' 탭이 나타납니다. 경사 값(예: 2.0000%)를 지정합니다. '경사 제어점'을 누르면 경사의 방향이 바뀝니다. 경사 제어점을 클릭하여 경사 방향을 지정한 후 '완료'를 클릭합니다.

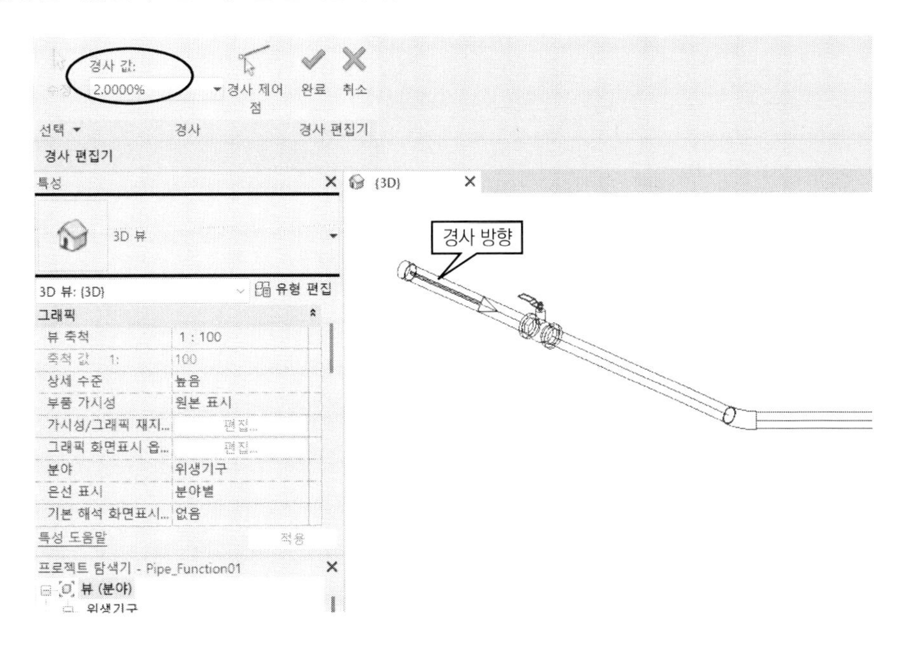

(3) 경사가 부여되었는지 확인하기 위해 입면도 또는 단면도 뷰를 펼칩니다. 다음과 같이 배관에 경사 값이 반영되어 비스듬하게 기울어진 것을 확인할 수 있습니다.

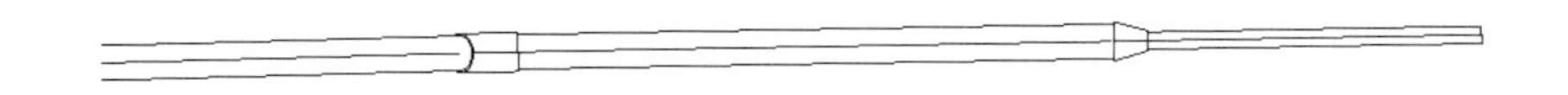

11. 연결 대상

배관 커넥터(연결구)와 연결 대상의 배관을 선택하여 연결합니다.

(1) 실습을 위해 다음과 같이 벽체를 그리고 위생기기(소변기)를 배치합니다. 그리고 높이 '3000'위치에 지름 '32'크기의 배관을 모델링합니다.

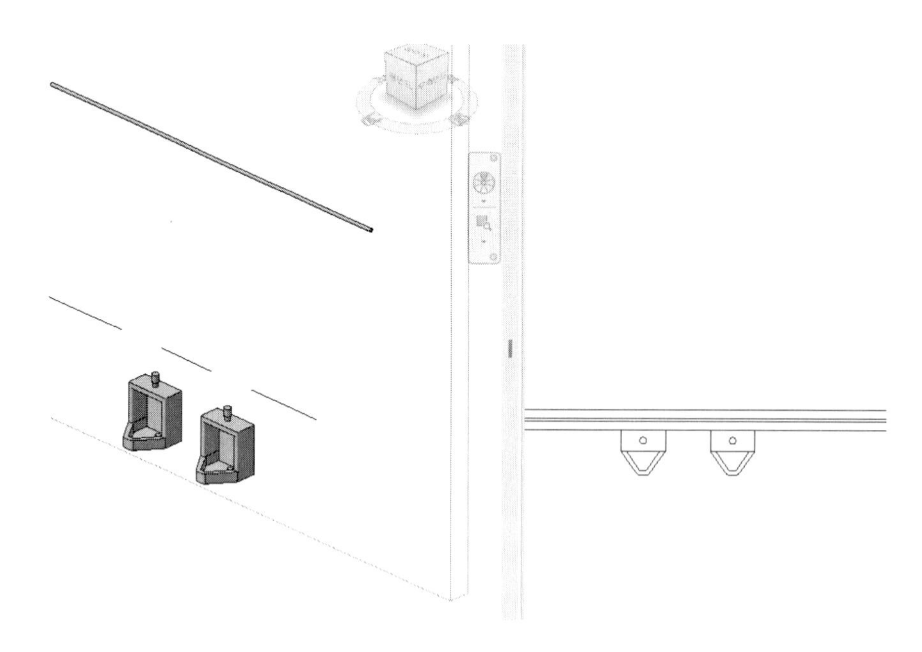

(2) 소변기를 선택하면 '수정|위생기구' 탭 메뉴가 나타납니다. 여기에서 '연결 대상'을 클릭합니다.

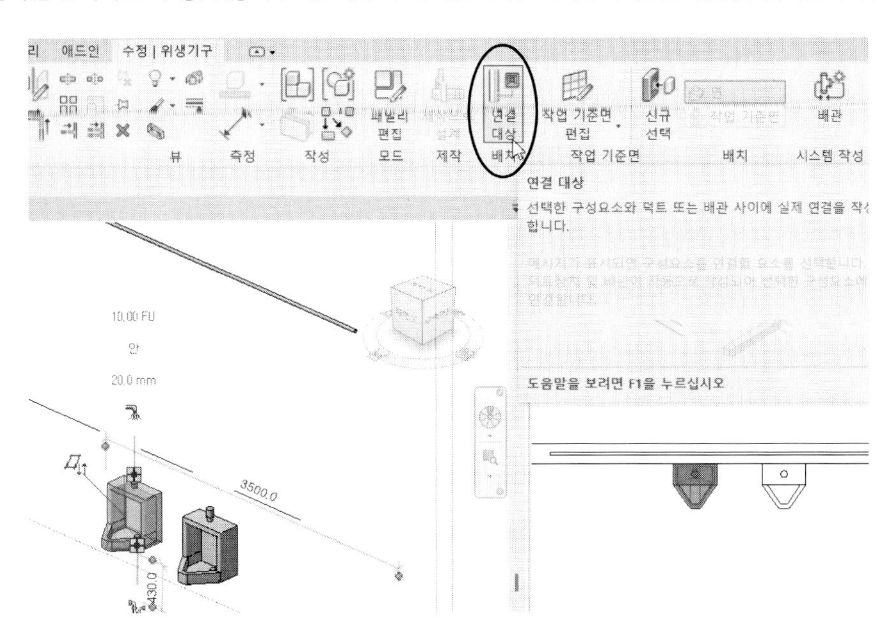

(3) 커넥터 선택 대화상자에서 '주택용 냉수 20mm'를 선택한 후 [확인]을 클릭합니다. 이 대화상자는 선택한 위생기기에 있는 배관의 커넥터 목록을 보여주고 연결할 커넥터를 선택하게 합니다. 이 대화상자는 커넥터가 두 개이상일 때 나타납니다.

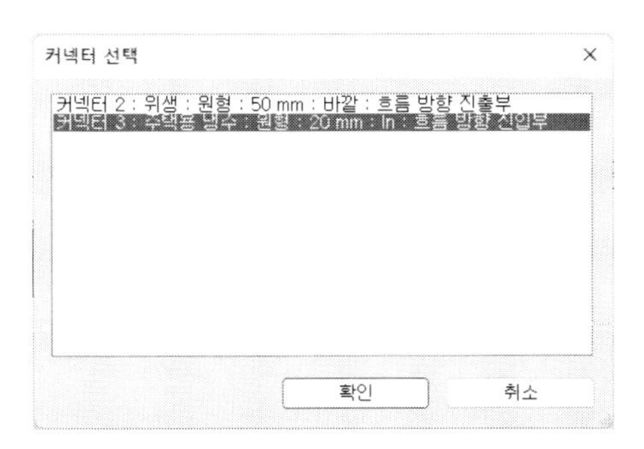

(4) 마우스 커서에 + 모양이 나타납니다. 이때 연결하고자 하는 배관을 선택합니다.

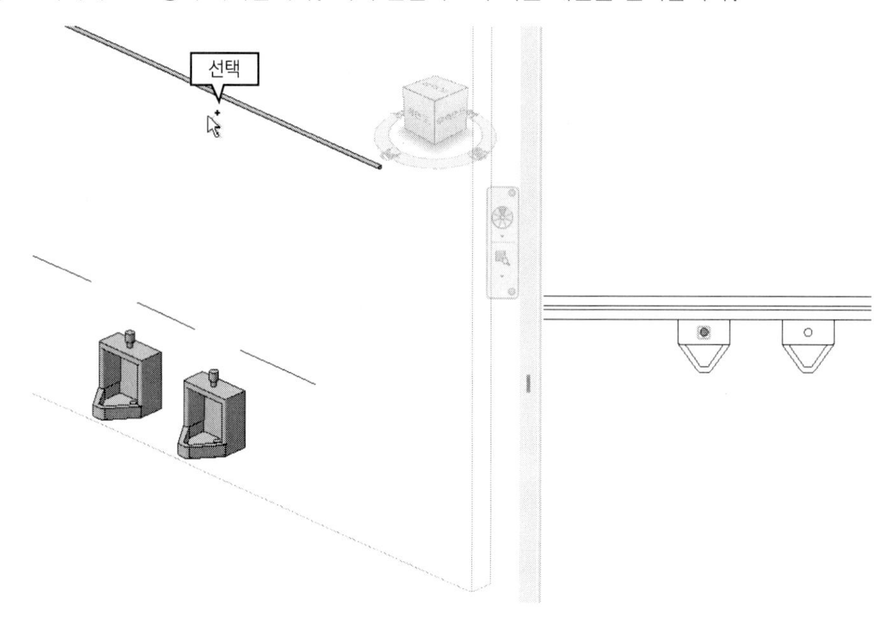

다음과 같이 위생기기의 커넥터와 선택한 배관을 연결합니다.

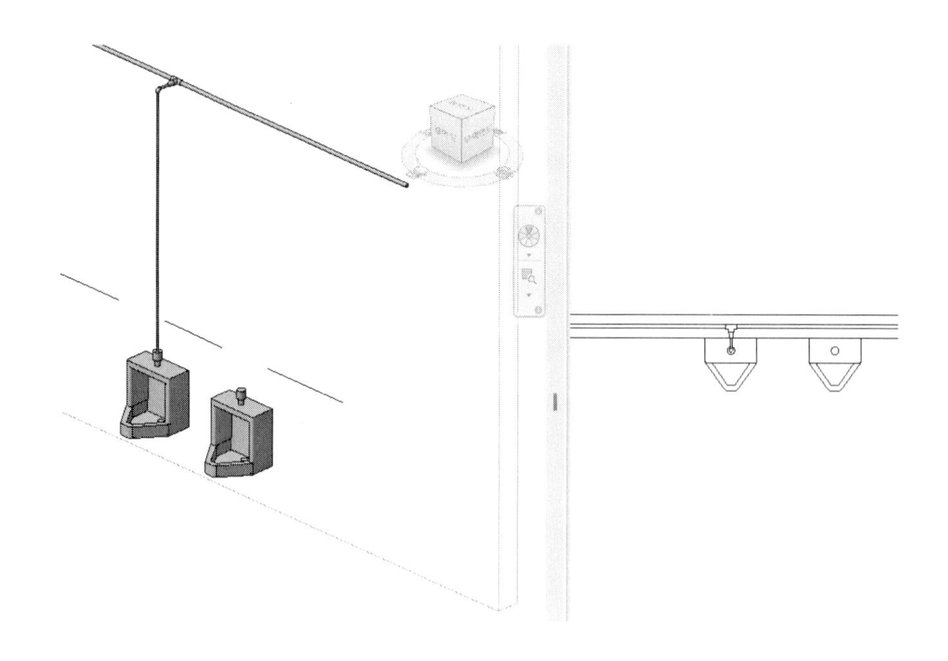

예제 모델링

다음과 같은 펌프 시스템을 모델링하겠습니다. 앞에서 학습한 배관 기능을 활용하여 모델링 해보겠습니다.

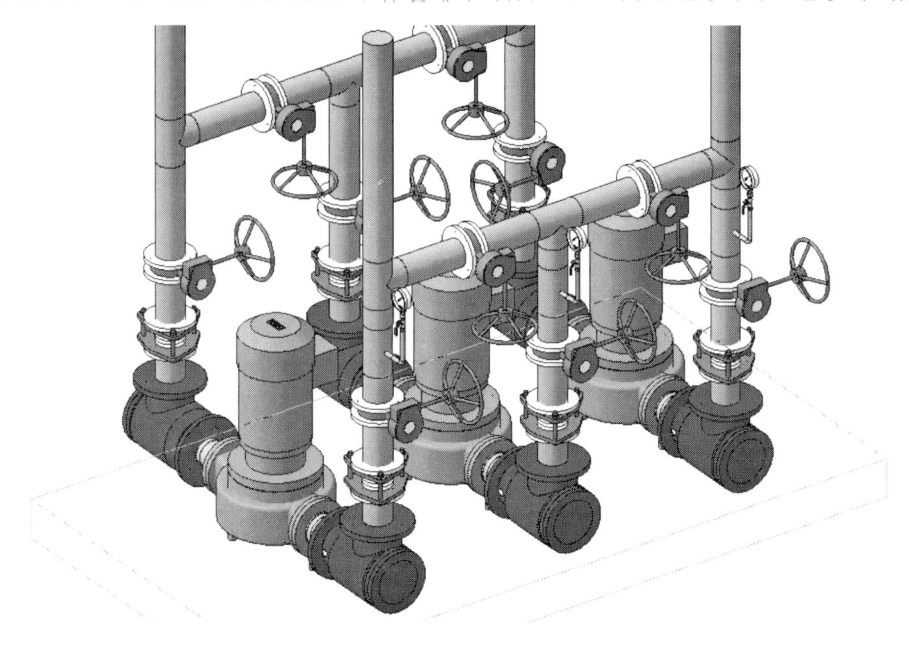

(1) '배관 템플릿'을 이용하여 프로젝트를 시작합니다.

(2) 바닥 패드(2000x3500x200)를 모델링합니다. 건축의 '바닥' 기능을 실행한 후 [유형 설정]을 클릭합니다. [복제(D)] 를 눌러 명칭을 '바닥 패드 200mm'로 설정한 후, '구조'를 클릭하여 두께를 '200'으로 설정합니다.

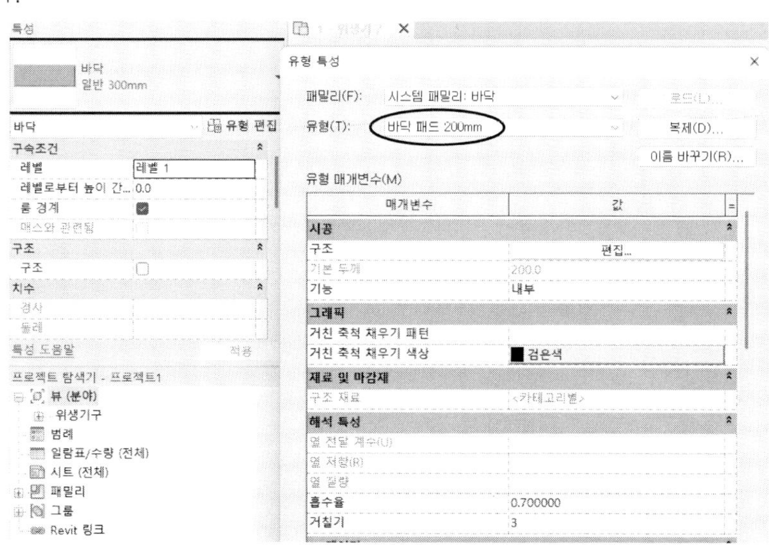

특성 팔레트에서 '레벨로부터 높이 간격 띄우기'를 '200'으로 설정한 후 '그리기' 패널에서 직사각형을 선택하여 '2000x3500'인 직사각형을 작성한 후 '편집 모드 완료✔'를 클릭하여 종료합니다.

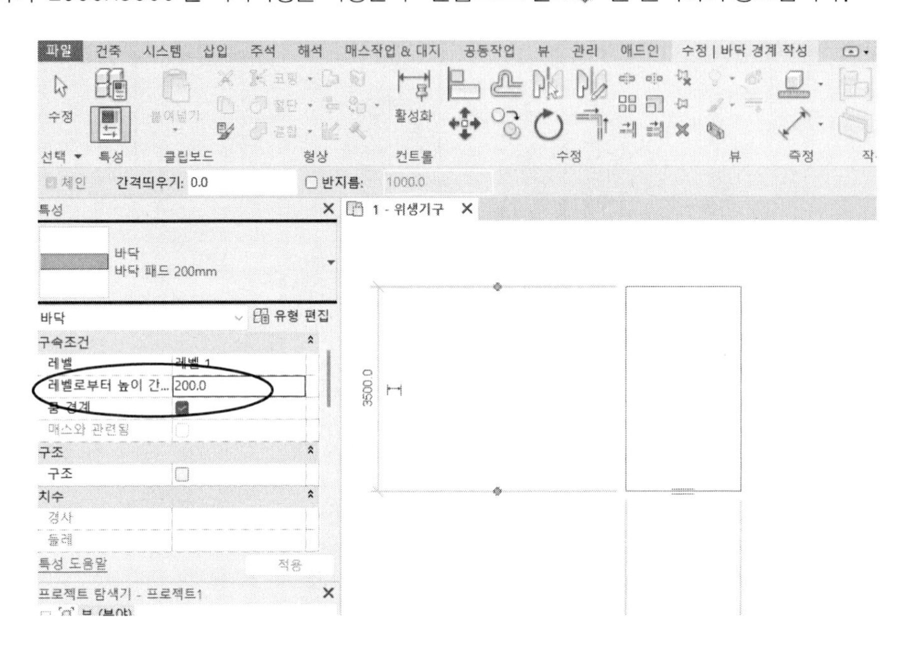

'바닥'기능으로 패드가 작성이 완료되면 희미한 색상으로 바뀝니다. 희미하게 표시되는 이유는 분야가 '위생기구'로 되어있기 때문입니다. 특성 팔레트에서 '분야'를 '건축', '구조' 또는 '좌표'를 지정하면 진하게 표시됩니다.

(3) 펌프를 배치합니다. '기계장비'를 실행하여 제공된 패밀리 중에 'Wilo_IL-Inline_4P Pump'를 로드한 후 특성 팔레트에서 '레벨로부터 높이 간격 띄우기'를 '200'으로 설정한 후 펌프를 배치합니다.

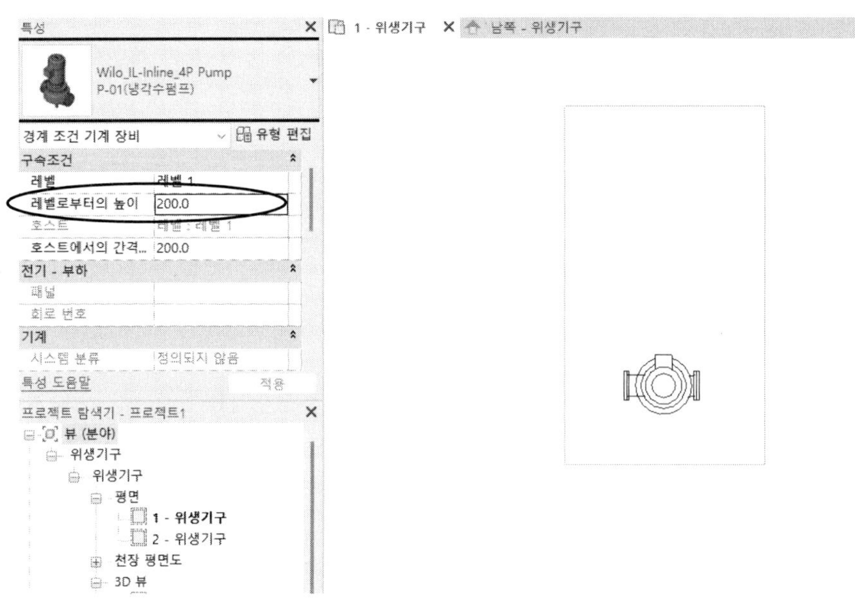

(4) 펌프의 위치를 조정합니다. 치수를 기입한 후 펌프를 클릭하여 임시 치수를 수정하는 방법으로 조정합니다.

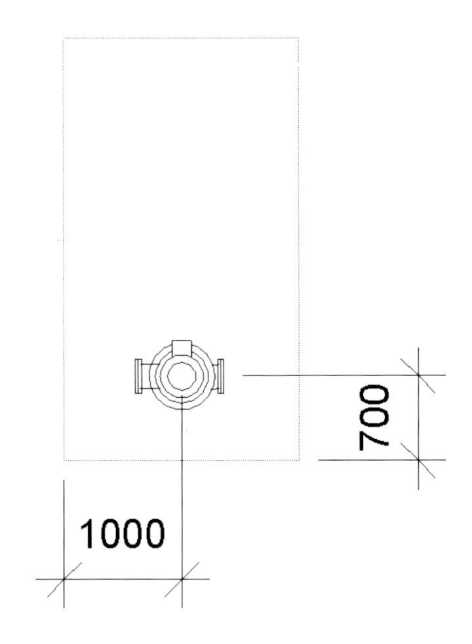

다음과 같이 펌프가 배치됩니다.

장비 배치 시 장비를 회전하고자 할 때는 〈Space〉 바를 누릅니다. 한 번 누를 때마다 90도씩 반시계 방향으로 회전합니다.

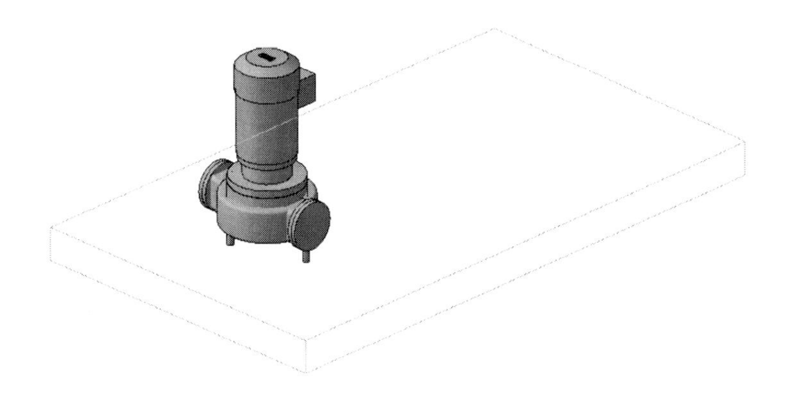

(5) 배관을 모델링하기에 앞서 배관의 유형을 정의하겠습니다. 프로젝트 탐색기에서 [패밀리]-[배관]-[배관 유형]-[표준]을 더블클릭합니다. [복제(D)] 를 클릭한 후 유형 유형 명칭을 'Pump'로 정의하고 '라우팅 기본 설정'의 [편집..]을 클릭합니다.

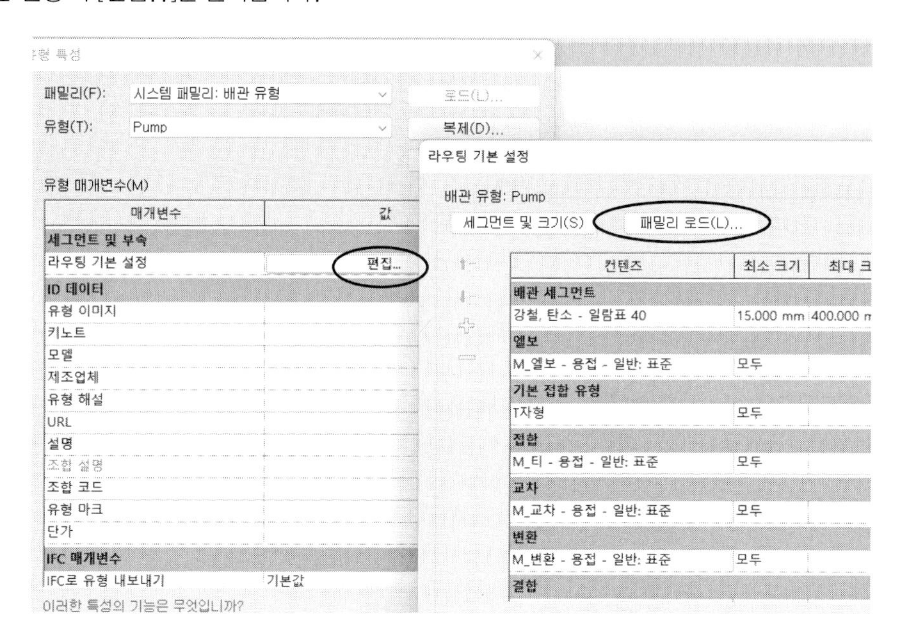

[패밀리 로드(L)]를 클릭하여 배관 유형에 정의할 패밀리(엘보, 티, 레듀셔, 캡 등)를 로드합니다.

배관 유형(Pump)에 해당하는 부속을 정의합니다. 여기에서는 세그먼트를 '강철 탄소 - 일람표40'으로 정의합니다.

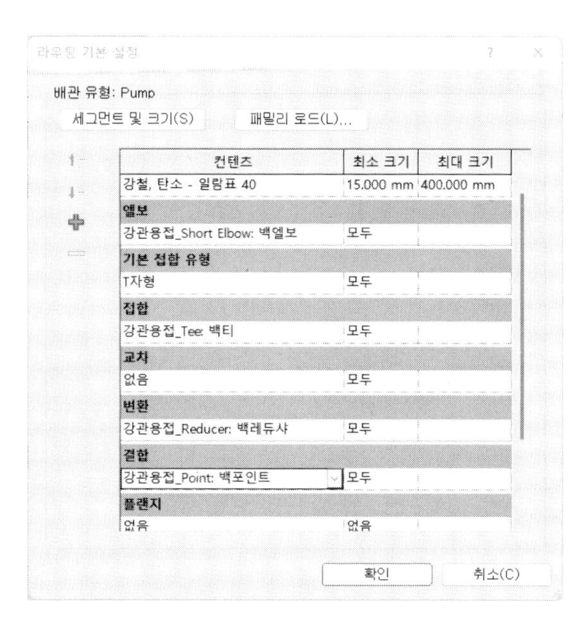

(6) 배관 유형 정의가 끝나면 배관을 모델링합니다. 펌프의 양쪽 커넥터로부터 길이 '150'인 배관을 모델링합니다.

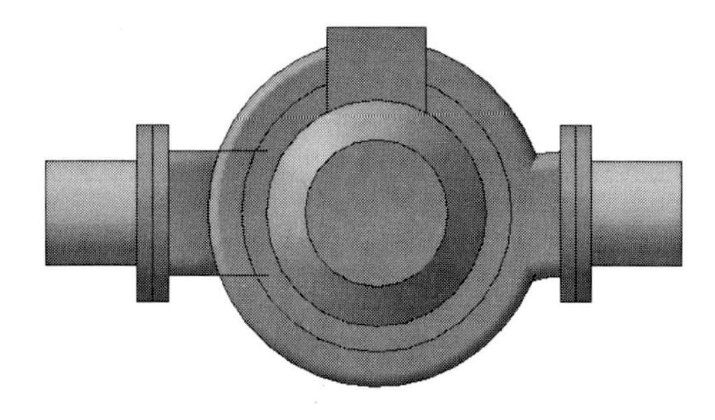

(7) 제공된 패밀리 파일 중에서 'SUCTION DIFFUSERS'를 로드하여 적당한 위치에 배치합니다. 다음과 같이 커넥터를 드래그하여 배관의 말단 커넥터에 가져갑니다.

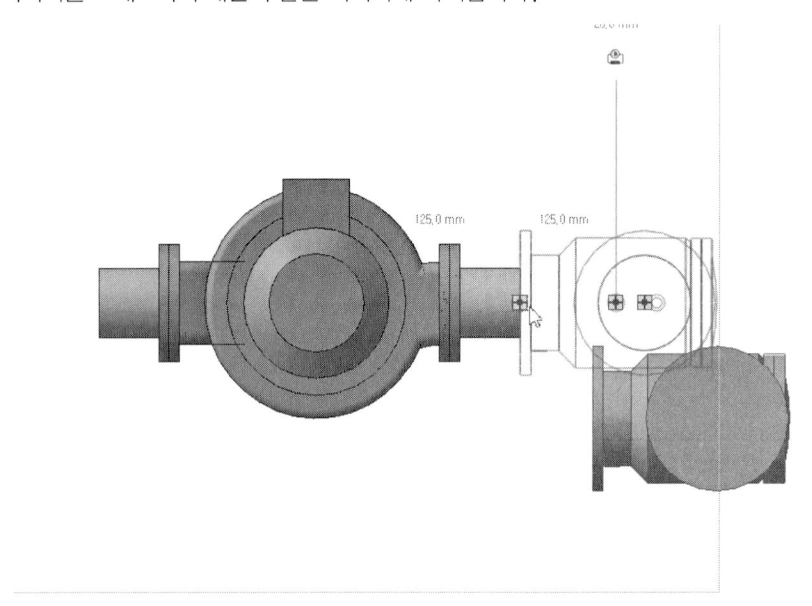

다음과 같이 배관과 연결됩니다.

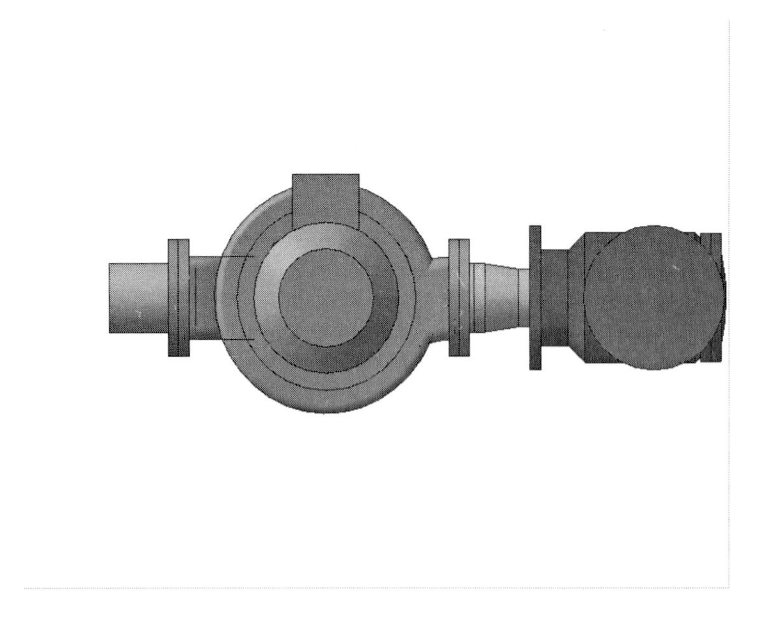

(8) 반대편도 동일한 방법으로 연결합니다. 3D 뷰로 보면 다음과 같이 모델링됩니다.

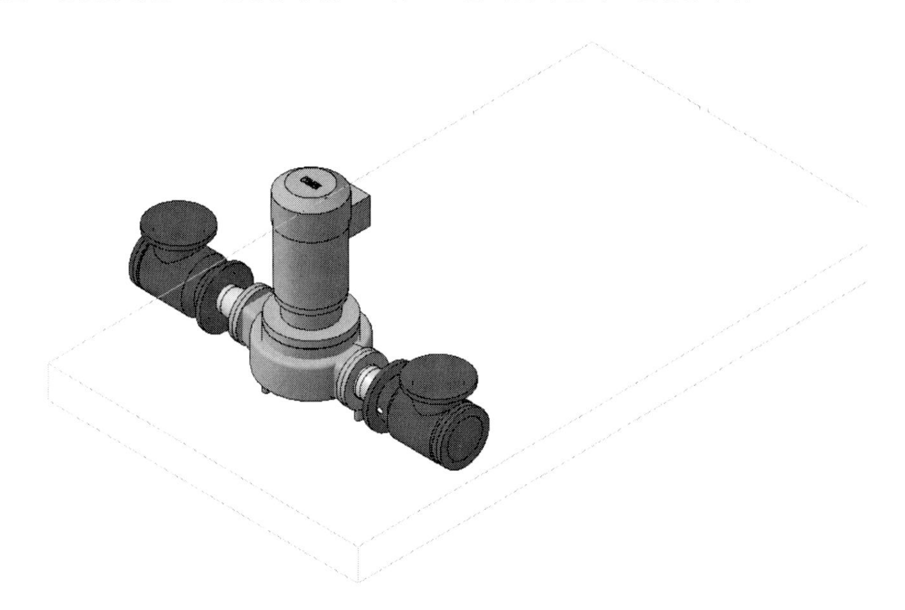

(9) 배관을 모델링합니다. 입면도(남측면도)를 펼친 후 오른쪽 SUCTION DIFFUSERS의 커넥터에 마우스를 대고 '배관 그리기'를 클릭하여 다음과 같이 높이 '2500'의 배관을 모델링합니다.

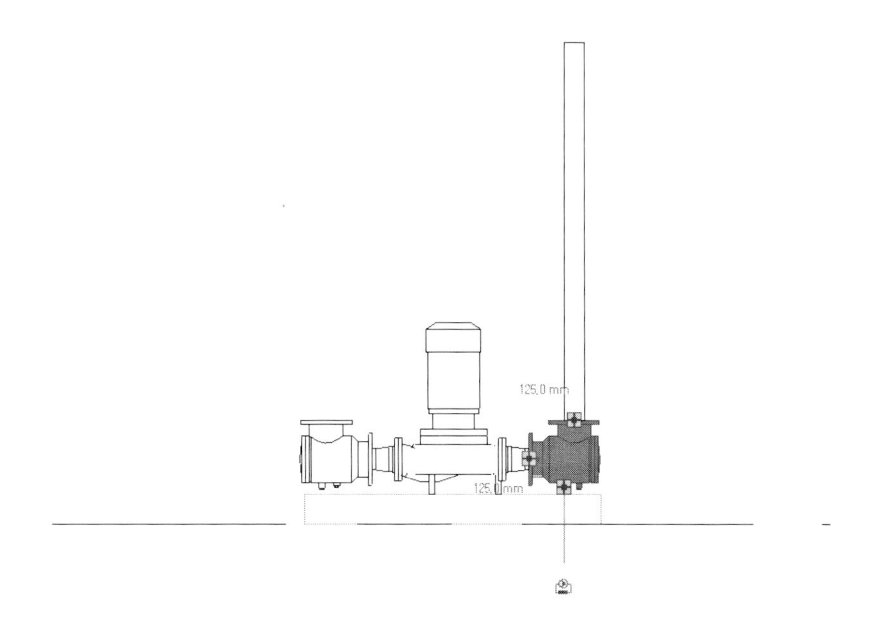

(10) 밸브류 및 부속류를 모델링하겠습니다. 먼저 플렉시블 조인트를 배치합니다. 플렉시블조인트를 적당한 위치에 배치한 후 치수를 기입한 후 위치를 조정합니다.

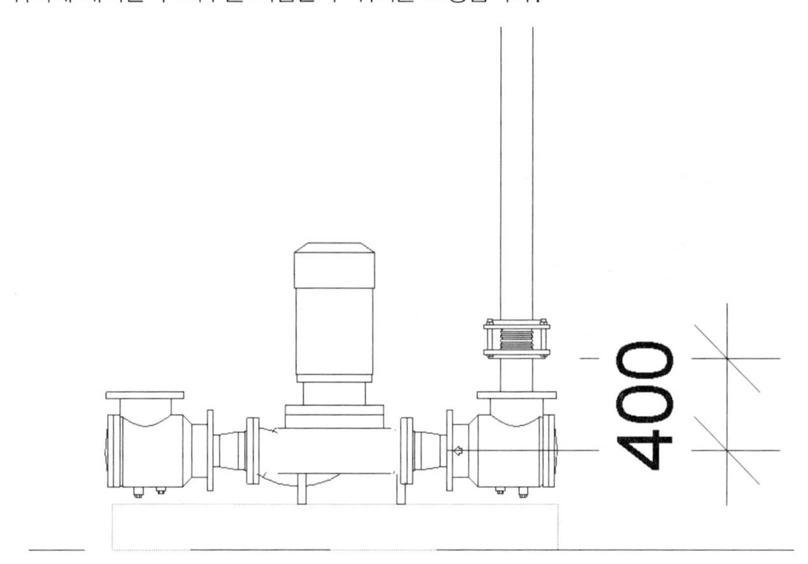

(11) 동일한 방법으로 버터플라이 밸브를 삽입하겠습니다.

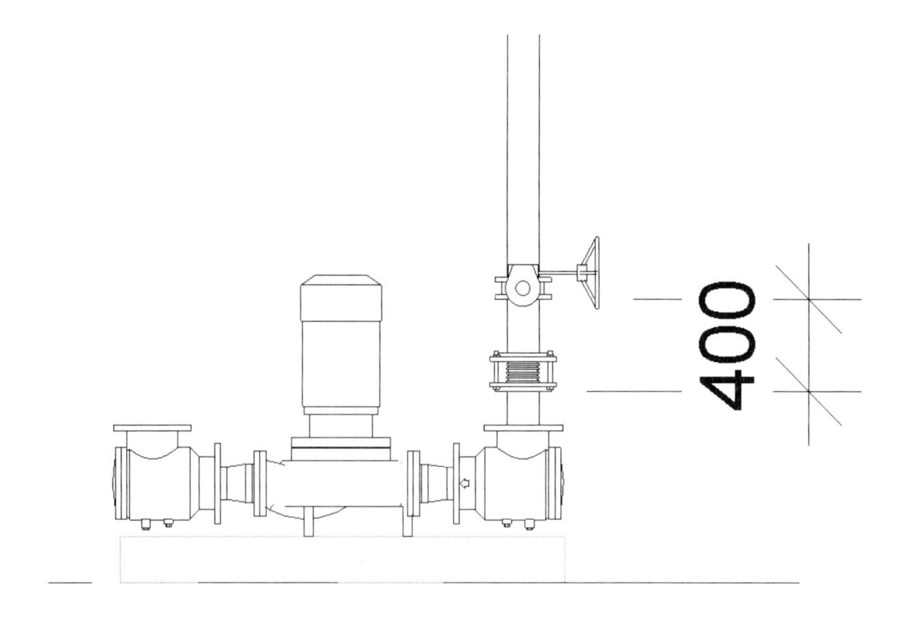

(12) 3D 뷰로 바꾼 후 회전 컨트롤을 이용하여 다음과 같이 밸브를 회전합니다.

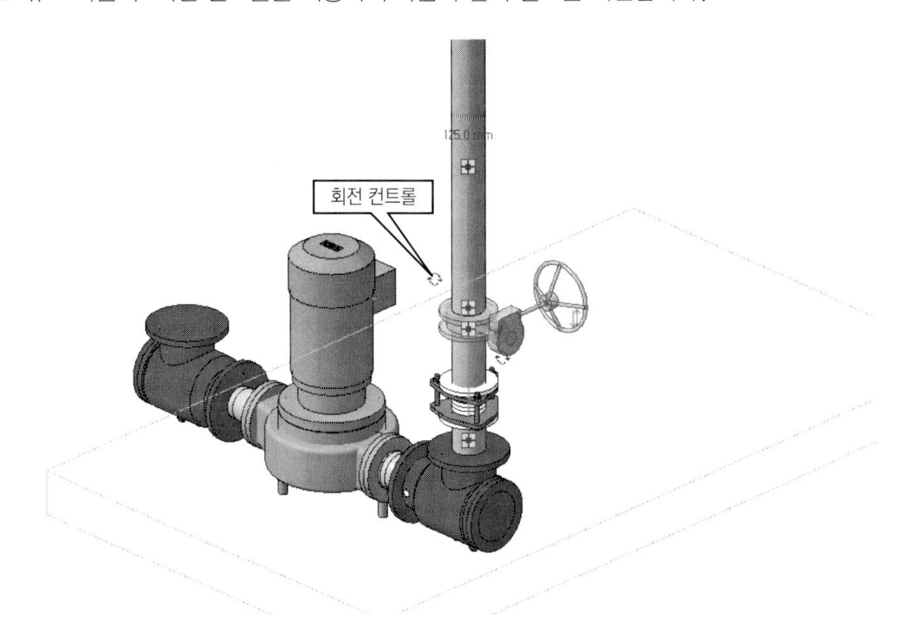

(13) 125×15mm 티를 삽입합니다. 배관(PI) 기능으로 지름 '15'의 배관을 모델링 한 후, 치수 기능으로 다음의 길이로 조정합니다.

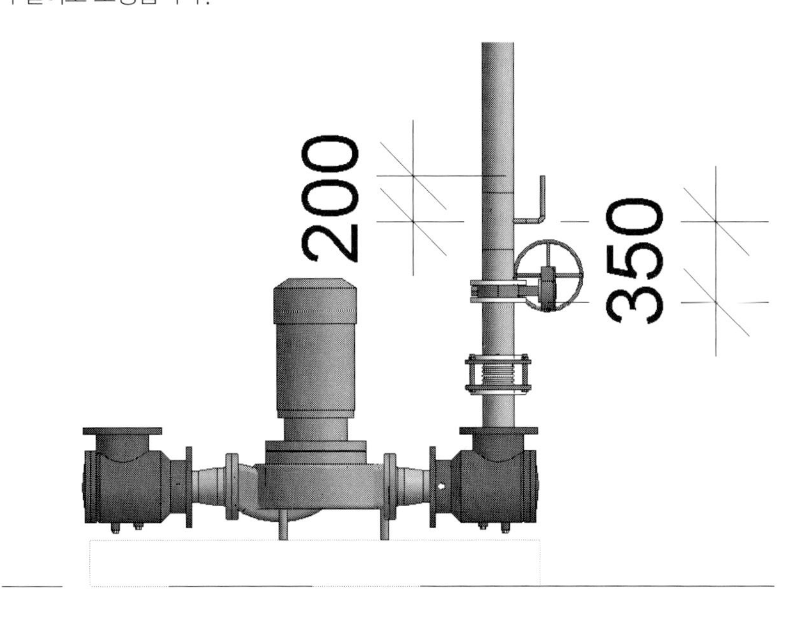

(14) 압력계를 배치합니다. 압력계가 바로 배치되지 않을 경우는 빈 공간에 배치한 후 커넥터를 끌고 가서 배관의 커넥터에 연결합니다.

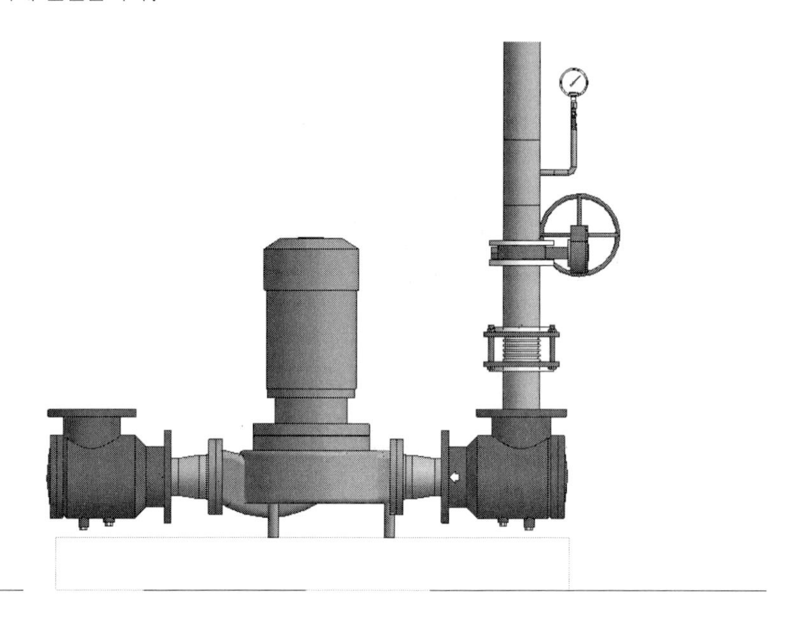

(15) 배관과 부속을 선택하여 반대편 왼쪽 석션 디퓨저에 복사합니다.

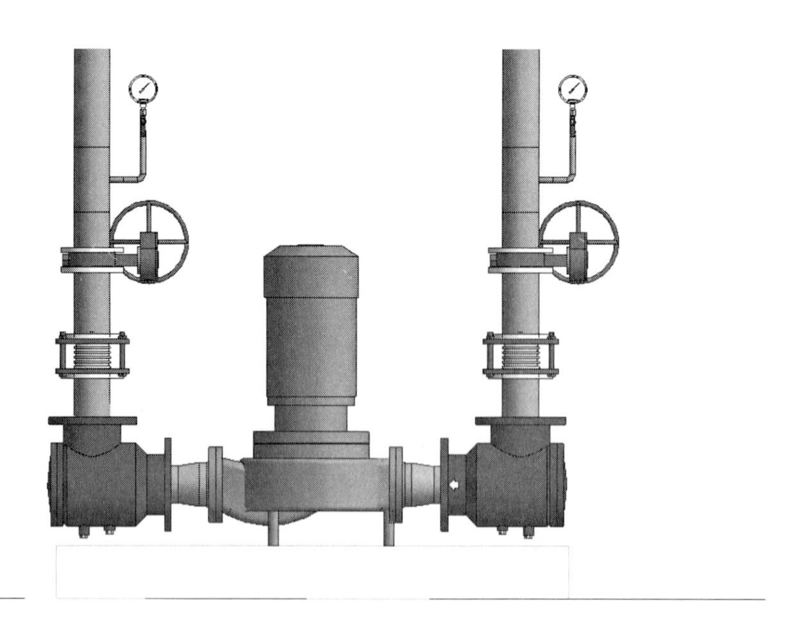

(16) 왼쪽 배관의 압력계와 티를 지우고 '코너로 자르기/연장(TR)'기능으로 배관을 연결합니다.

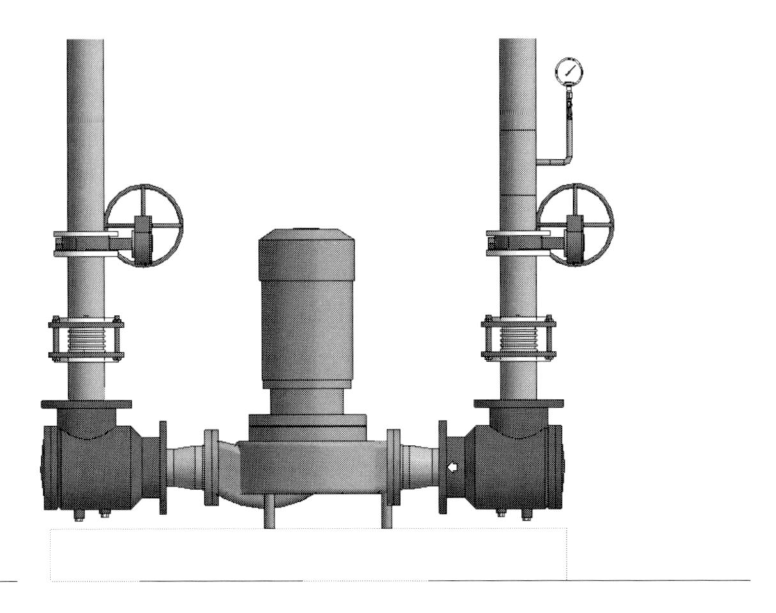

(17) 평면뷰로 가서 다음과 같이 복사합니다. 간격은 각 '1000'입니다.

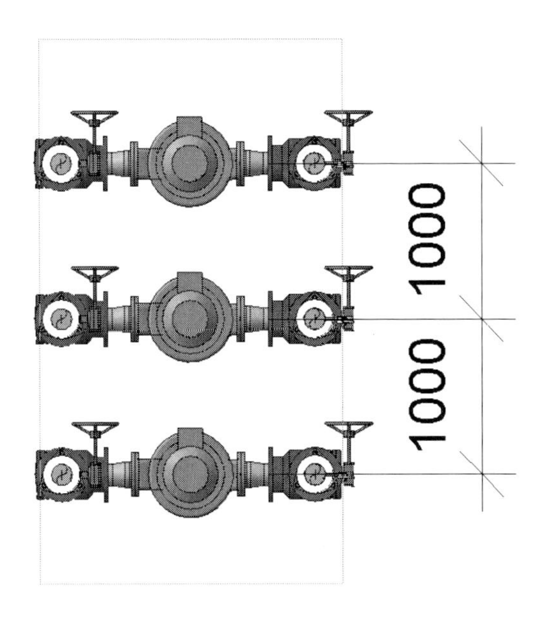

(18) 입면도(동측, 서측)를 펼쳐서 다음과 같이 배관을 모델링합니다.

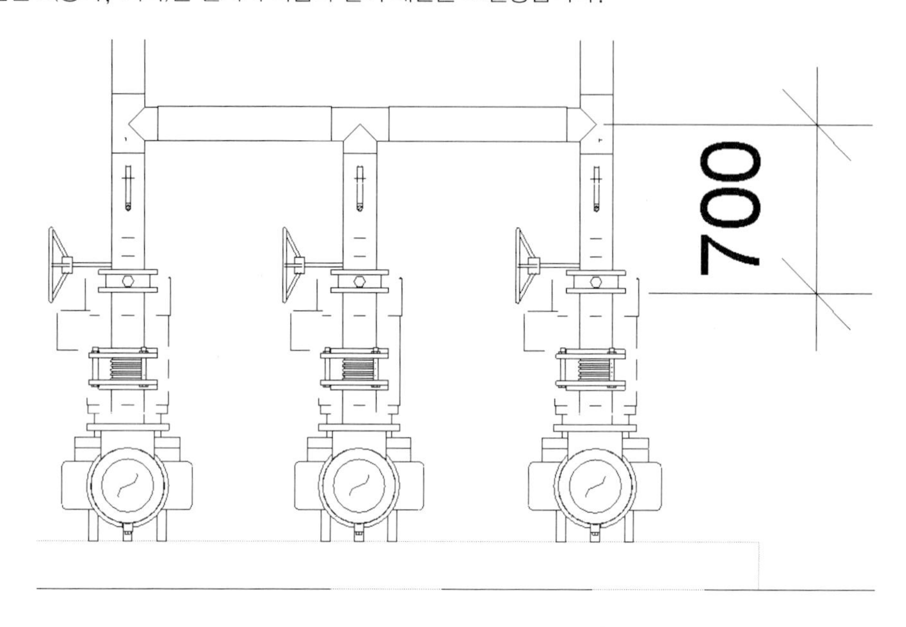

3D 뷰로 보면 다음과 같이 모델링됩니다.

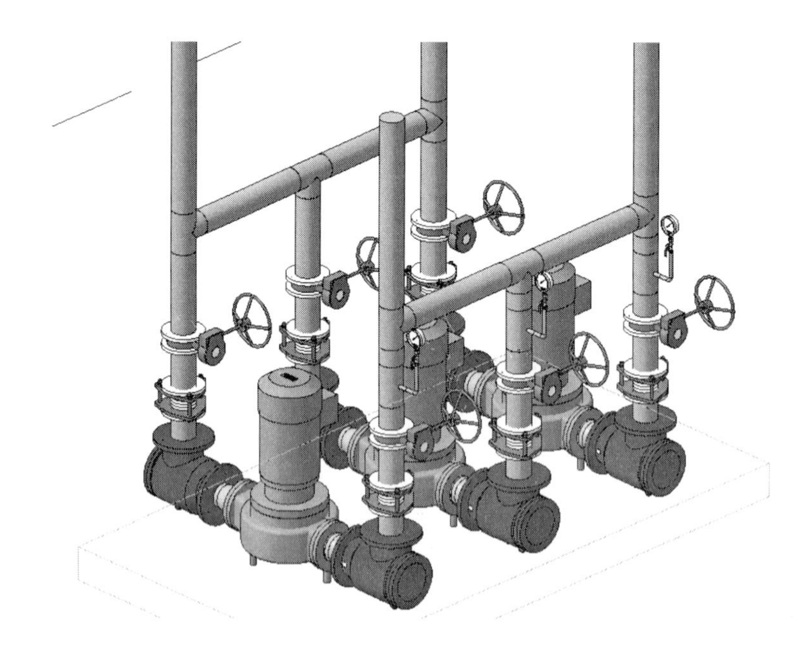

(19) 배관 중간에 버터플라이 밸브를 삽입합니다. 배치한 후 회전 및 방향 반전 컨트롤을 이용하여 다음과 같이 배치합니다.

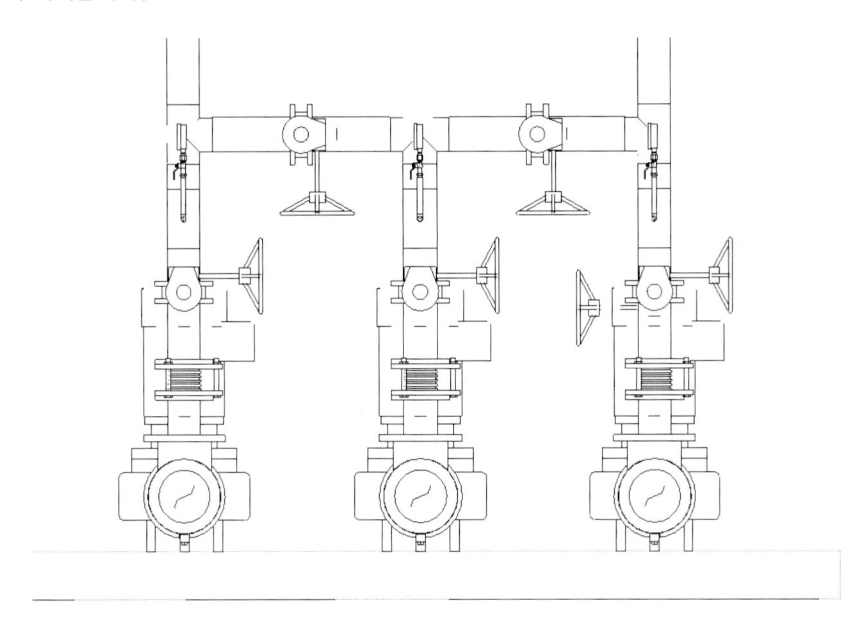

3D 뷰로 보면 다음과 같이 모델링됩니다.

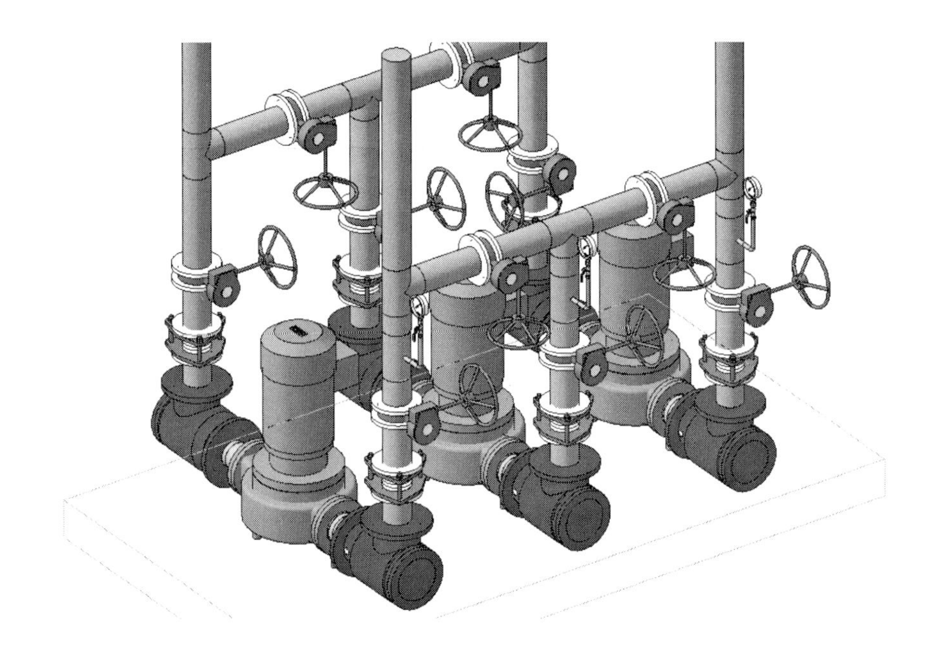

PART_5
덕트 모델링

이번 파트에서는 공조 덕트를 모델링하겠습니다. 앞에서 학습한 덕트 모델링
기능을 활용하여 실제 건축 모델 위에서 모델링하는 방법을 학습합니다.
프로젝트의 목적과 환경에 따라 다양한 문제가 발생합니다.
모델링의 주요 순서를 중심으로 환경 설정과 모델링에 대해 설명합니다.

1. 환경 설정

기본적인 환경이 설정된 템플릿 파일을 이용하는 경우는 별도의 환경 설정이 필요없이 바로 건물의 링크 및 모델링 작업을 수행합니다다만 환경 설정이 되지 않은 경우는 모델링 환경을 설정해야 합니다. 여기에서는 대표적인 예로 단위 설정과 MEP설정을 실습해보겠습니다.

01. 단위 설정

여기에서는 HVAC의 풍량 단위를 CMH로 변경하겠습니다. 이 외에도 작업 환경에 맞춰 필요한 단위를 설정합니다.

(1) '관리-설정-프로젝트 단위 '를 클릭합니다. 프로젝트 단위 대화상자에서 '분야(D)'를 'HVAC'로 설정합니다. 형식 대화상자에서 '단위(U)'를 '시간당 세제곱 미터'를 선택하고 '올림(R)'을 '소수점 이하 자릿수:0'으로 설정하고, '단위 기호(S)'를 'CMH'로 설정합니다.

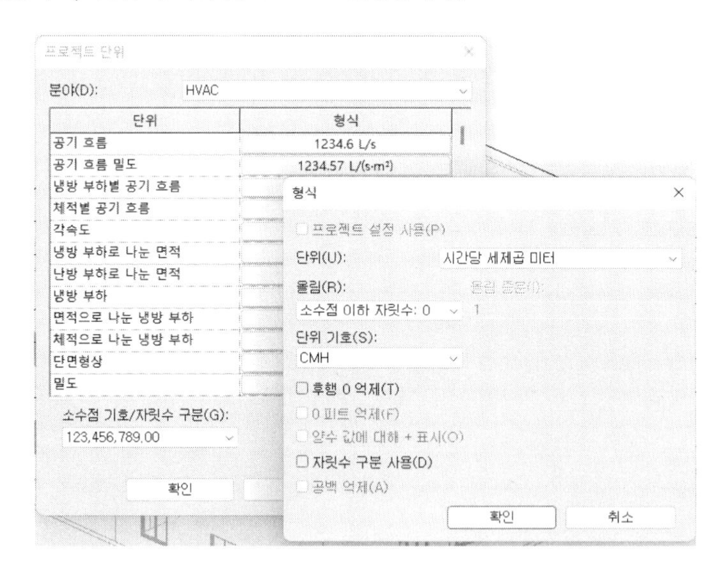

02. MEP 설정

이번에는 MEP설정으로 덕트 크기 리스트를 수정하겠습니다.

(2) '관리-설정-MEP 설정 '드롭다운 리스트에서 '기계 설정'을 클릭합니다. '덕트 설정'의 '각도'를 클릭합니다. 특정한 각도로 한정하여 모델링을 하고 싶다면 '특정 각도 사용(S)'를 클릭한 후 모델링하고자 하는 각도를 지정(체크)합니다.

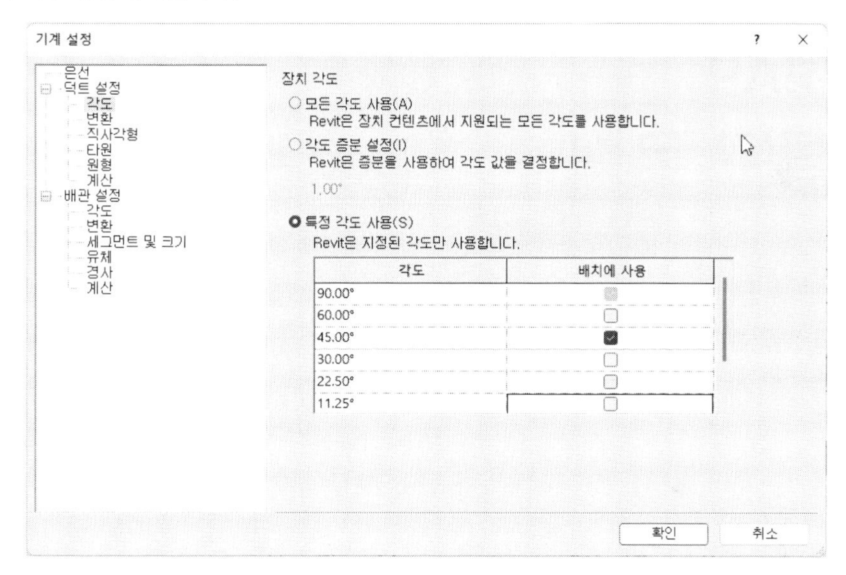

(3)'덕트 설정'의 '직사각형'을 클릭합니다.

크기 리스트에서 사용하지 않는 크기는 끄고(OFF) 사용할 크기만 체크합니다. 타원과 원형도 동일한 방법으로 설정합니다.

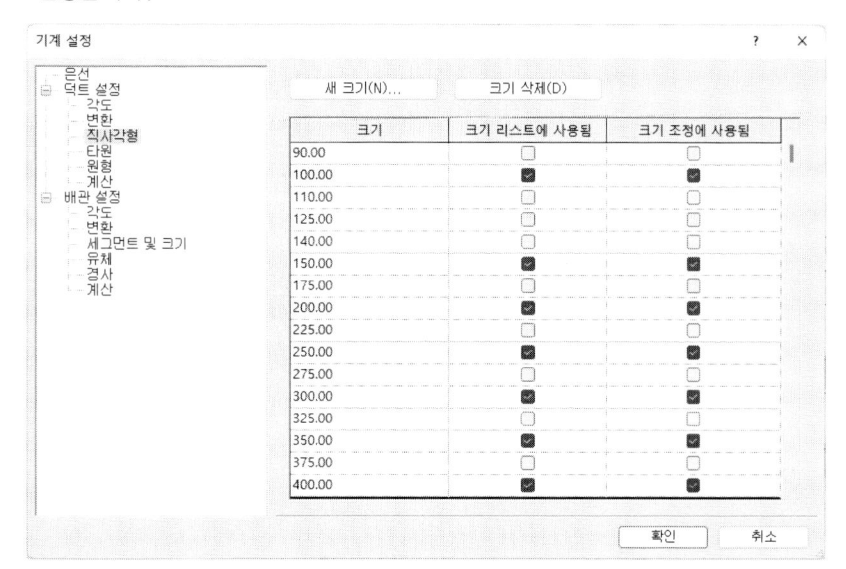

2. 건축 파일의 링크 및 뷰 작성

환경 설정이 끝났으면 설비의 바탕이 되는 건축 파일을 링크합니다. 작은 규모의 건물은 건축 모델을 열어서 바로 모델링을 할 수도 있습니다만 일반적으로는 건축 모델을 링크한 후 설비 요소를 모델링합니다.

01. 건축 모델의 링크

모델링할 건축 모델을 링크합니다.

(1) 먼저 템플릿 파일(기계 템플릿)을 선택하여 새로 작성합니다. 템플릿에 있는 불필요한 레벨을 삭제합니다. [뷰(분야)]-[기계]-[HVAC]-[입면도(건물 입면도)]-[남쪽 - 기계]를 더블클릭합니다. '레벨2' 레벨을 선택한 후 [Del] 키를 누릅니다. '레벨 2'와 관계가 있는 뷰가 삭제된다는 경고 메시지가 나오면 [확인(O)]를 클릭하여 삭제합니다.

(2) [뷰(분야)]-[기계]-[HVAC]-[평면]-[1-기계]를 더블클릭하여 평면뷰를 펼칩니다. Revit 링크 기능을 실행합니다. '삽입-링크-Revit 링크'를 클릭합니다.
앞에서 모델링한 건축 모델(Arch_Model.rvt)을 선택합니다. '위치(P)'를 '자동 - 원점 대 원점'을 선택한 후 [열기(O)]를 클릭합니다.

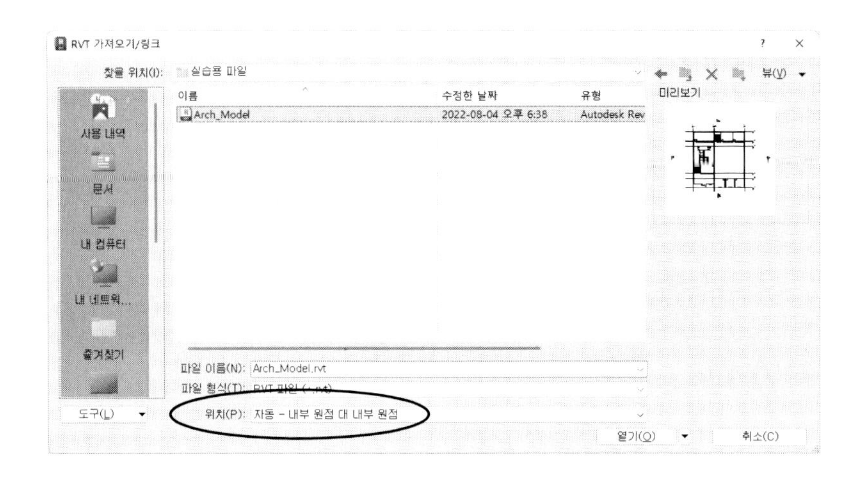

(2) 링크된 건축 모델을 움직이지 않도록 핀으로 고정합니다. 링크된 건축 모델을 클릭한 후 '수정|RVT 링크- 수정-핀 '을 클릭합니다. 링크된 모델에 압정 아이콘이 표시되어 고정되었다는 것을 알 수 있습니다.

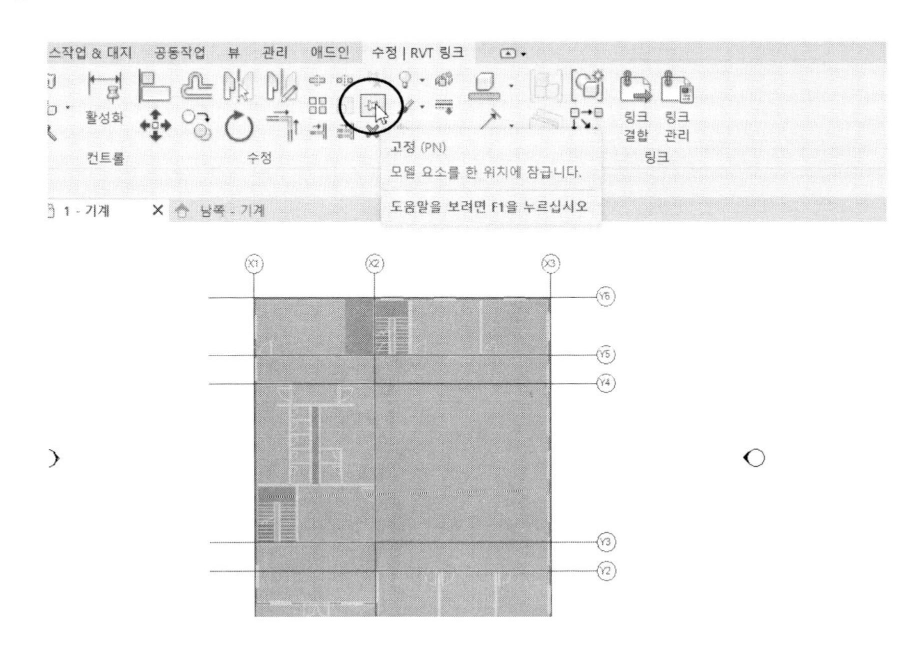

02. 복사와 레벨 생성

Revit 작업을 위해서는 뷰가 필요합니다. 링크된 건물 모델의 레벨을 복사하여 뷰를 생성합니다.

(3) 레벨을 복사하기 위해 입면 뷰를 표시합니다. 프로젝트 탐색기에서 [뷰(분야)]-[기계]-[HVAC]-[입면도(건물 입면도)]-[남쪽 - 기계]를 더블클릭합니다. '공동작업-좌표-복사/감시'드롭다운 리스트에서 '링크 선택'을 클릭합니다.
링크된 건물 모델을 선택한 후 '복사/감시' 탭에서 '복사'를 클릭합니다. 여러 레벨을 선택하기 위해서는 옵션 바에서 '다중'을 체크하고 〈Ctrl〉 키를 누른 상태에서 선택합니다. 〈Ctrl〉키를 누른 채로 복사하고자 하는 각 레벨(1F Ceiling, 2F, 2F Ceiling, 2F, 지붕, 난간)을 선택한 후 옵션 바의 [완료]를 클릭합니다.

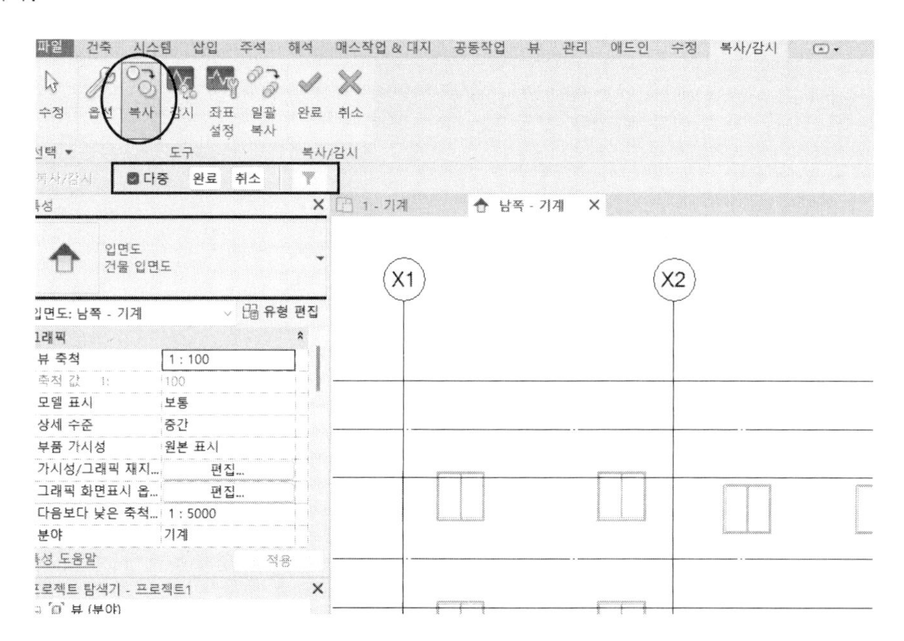

'완료'를 클릭합니다. 다음과 같이 복사된 레벨이 표시(번개 마크)됩니다.

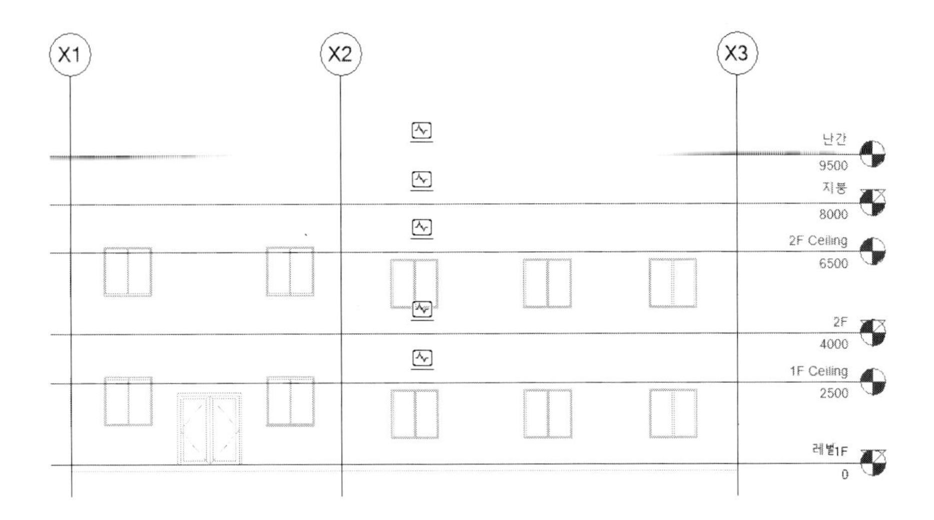

레벨의 색상으로 뷰의 존재여부를 판단할 수 있습니다. 뷰가 존재하지 않는 레벨은 레벨 표시는 검은색이며, 뷰가 존재하는 레벨은 파란색입니다.

03. 뷰 작성

작성된 레벨을 기초로 뷰를 작성합니다. 뷰는 하나의 작업 공간(도면)을 작성한다고 생각하면 됩니다. 사용자의 의도에 따라 뷰는 얼마든지 작성하고 삭제할 수 있습니다.

(4) 평면 뷰를 만들겠습니다. '뷰-작성-평면도'드롭다운 리스트를 클릭하여 '평면도'를 클릭합니다. 대화상자에는 평면뷰가 없는 레벨만 표시됩니다. 새 평면도 대화상자에서 '2F'와 '지붕'을 선택합니다.

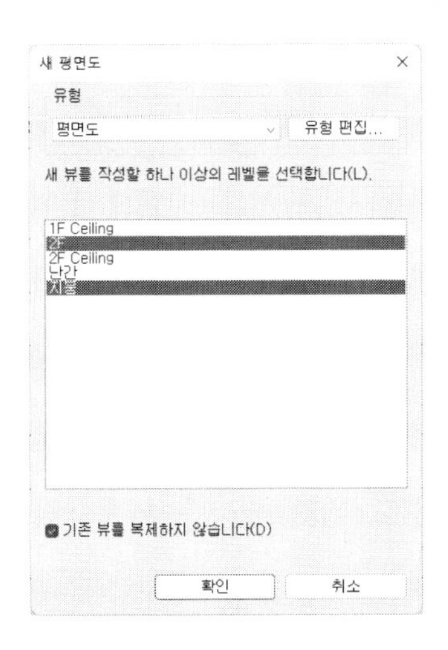

[확인]을 클릭하면 평면도가 생성됩니다. 프로젝트 탐색기를 보면 [평면] 아래쪽에 '2F', '지붕'뷰가 생성된 것을 확인할 수 있습니다.

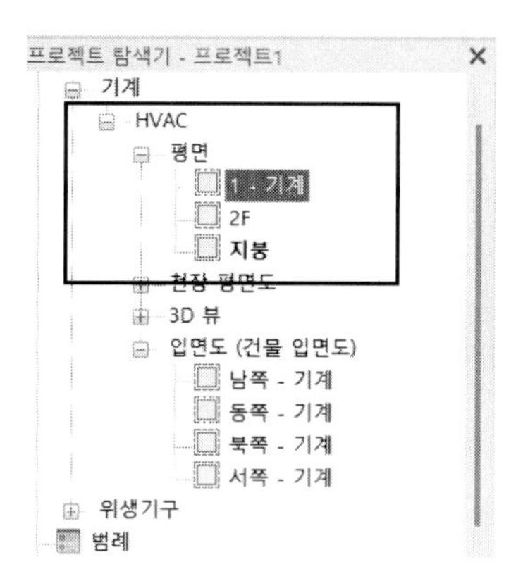

(5) 천장 평면도를 만들겠습니다. '뷰-작성-평면 뷰'드롭다운 리스트를 클릭하여 '반사된 천장 평면도'를 클릭합니다. 새 RCP 대화상자에서 '1F Ceiling'과 '2F Ceiling'을 선택한 후 [확인]을 클릭합니다.

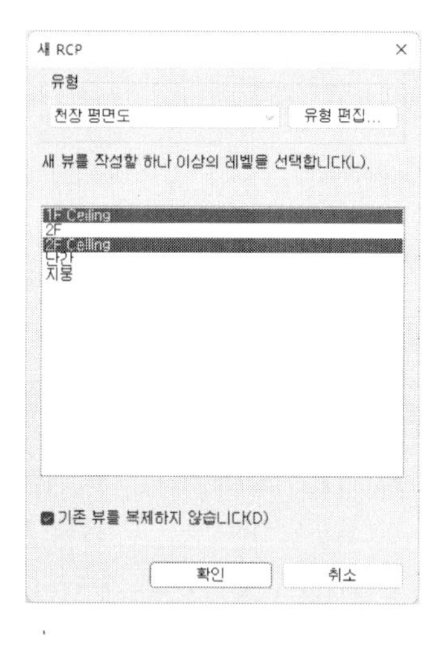

(6) 프로젝트 탐색기를 정리하겠습니다. 프로젝트 탐색기를 보면 직전에 만든 천장 평면도 뷰(1F Ceiling, 2F Ceiling)가 [좌표]-[???]-[천장 평면도] 아래에 있습니다. 이를 탐색기의 [기계]-[HVAC]로 이동하겠습니다.

'1F Ceiling'을 선택한 후 특성 팔레트의 '분야'를 '기계', '하위 분야'를 'HVAC'로 지정합니다. '2F Ceiling'도 같은 방법으로 지정합니다.

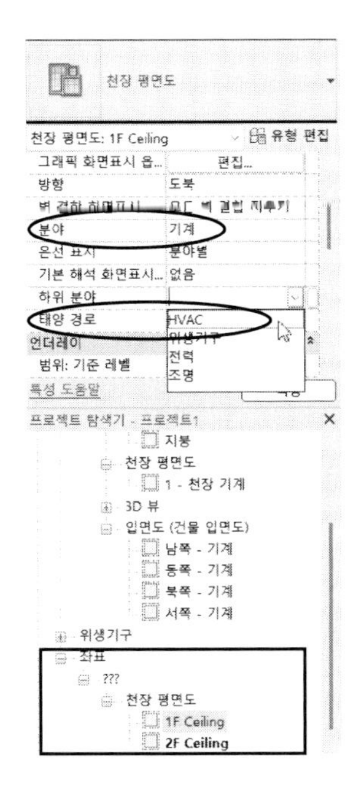

선택한 뷰(1F Ceiling, 2F Ceiling)가 [기계]-[HVAC]-[천장 평면도]에 배치됩니다.

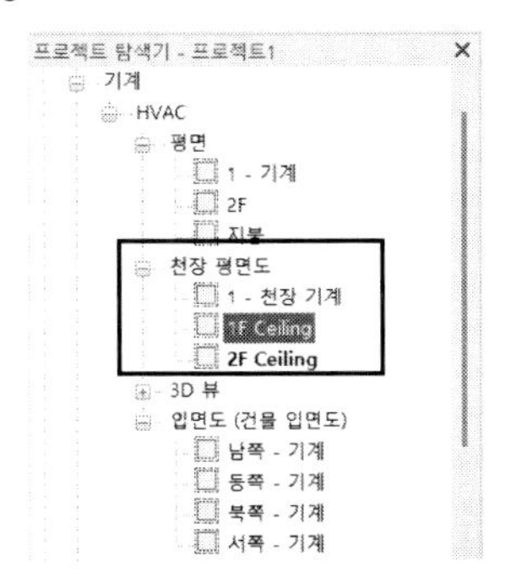

(7) 천장 평면도에서 '1- 천장 기계'를 지우고, 이름 바꾸기 기능으로 뷰의 이름을 바꿉니다. 바꾸고자 하는 뷰에 마우스를 대고 오른쪽 버튼을 클릭한 후 바로가기 메뉴에서 '이름 바꾸기'를 클릭하여 이름(1F-기계, 2F-기계)을 바꿉니다.
다음과 같이 뷰를 정리합니다.

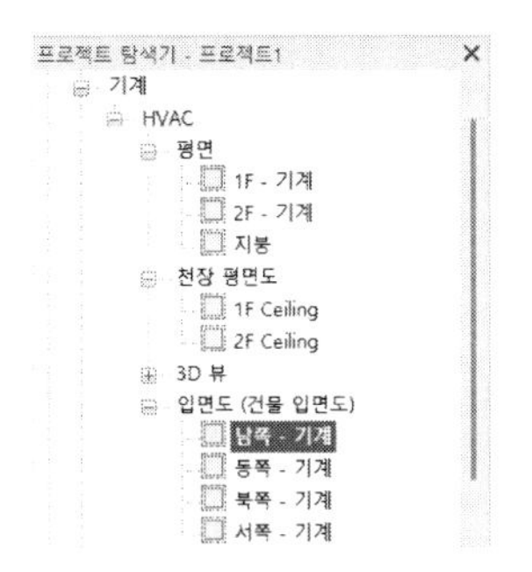

프로젝트 탐색기의 뷰를 깔끔하게 정리해놓으면 모델을 쉽게 볼 수 있고 이해하기 쉽습니다. 뷰를 얼마만큼 깔끔하게 정리하느냐에 따라 도면의 질이 달라질 수 있습니다.

3. 덕트 모델링

뷰가 생성되었으므로 본격적으로 설비(덕트) 모델을 작성합니다. 여기에서 제시하는 모델은 덕트 모델링 실습을 위한 예제로 실제 설계와는 차이가 있을 수 있습니다. 다양한 기능을 실습하기 위해 작성된 모델입니다.

01. 공조기 및 디퓨져 배치

공조기, 냉동기, 펌프와 같은 장비나 디퓨져와 같은 기기류를 배치합니다. 프로젝트에 배치할 기기 및 장비는 미리 패밀리가 로드되어 있어야 합니다.

(1) 공조기를 배치합니다. 배치할 공조기 패밀리를 로드합니다. 배치하기 전에 프로젝트 탐색기에서 뷰가 [기계]-[HVAC]-[평면]-[1F-기계]로 설정되어 있는지 확인합니다.
'시스템-기계-기계장비'를 클릭합니다. '수정|배치 기계장비-모드- 패밀리 로드'를 클릭합니다.
'패밀리 로드' 대화상자에서 제공한 실습 파일 중 'AHU_Samle.rfa'를 선택합니다.

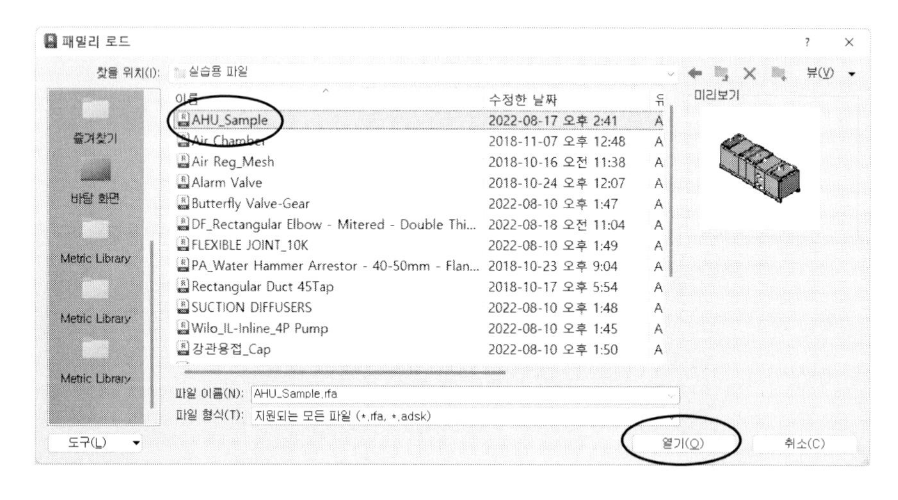

(2) 성공적으로 로드되면 특성 팔레트의 유형 선택기에 공조기가 표시됩니다. 기계실에 공조기를 배치합니다. 공조기 위치는 향후 덕트의 위치에 따라 약간 조정될 수 있습니다. 장비를 회전하고자 할 때는 〈Space〉 바를 누릅니다. 한 번 누를 때마다 90도씩 회전합니다.

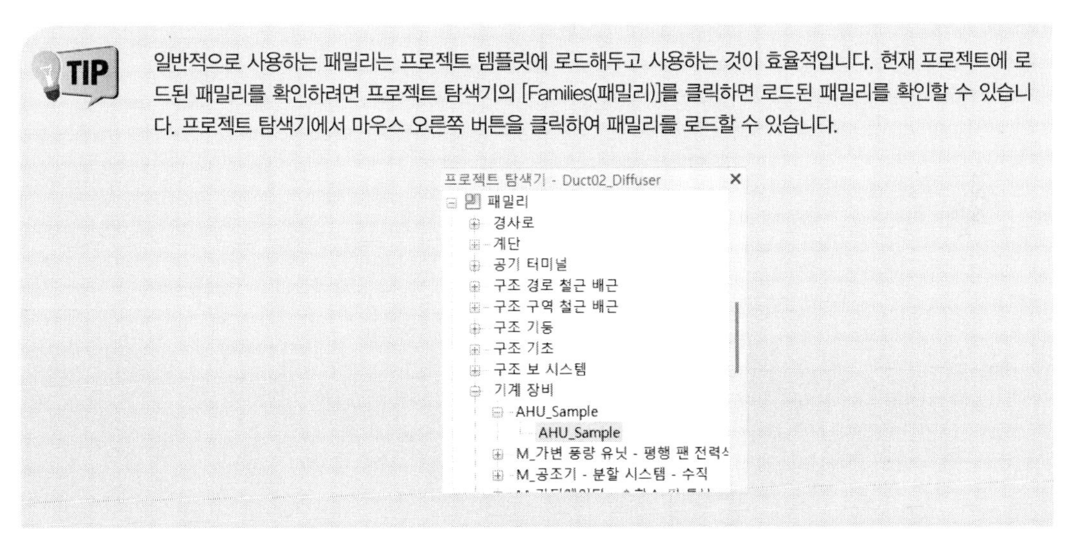

TIP 일반적으로 사용하는 패밀리는 프로젝트 템플릿에 로드해두고 사용하는 것이 효율적입니다. 현재 프로젝트에 로드된 패밀리를 확인하려면 프로젝트 탐색기의 [Families(패밀리)]를 클릭하면 로드된 패밀리를 확인할 수 있습니다. 프로젝트 탐색기에서 마우스 오른쪽 버튼을 클릭하여 패밀리를 로드할 수 있습니다.

(3) 급기(Supply) 디퓨저를 배치합니다. 먼저 프로젝트 탐색기에서 뷰를 [기계]-[HVAC]-[천장 평면도]-[1F Ceiling]로 설정합니다. [1F Ceiling]을 더블 클릭하면 다음과 같이 그리드와 문만 표시됩니다. 벽체를 표시하기 위해서는 '뷰 범위'를 재설정해야 합니다.

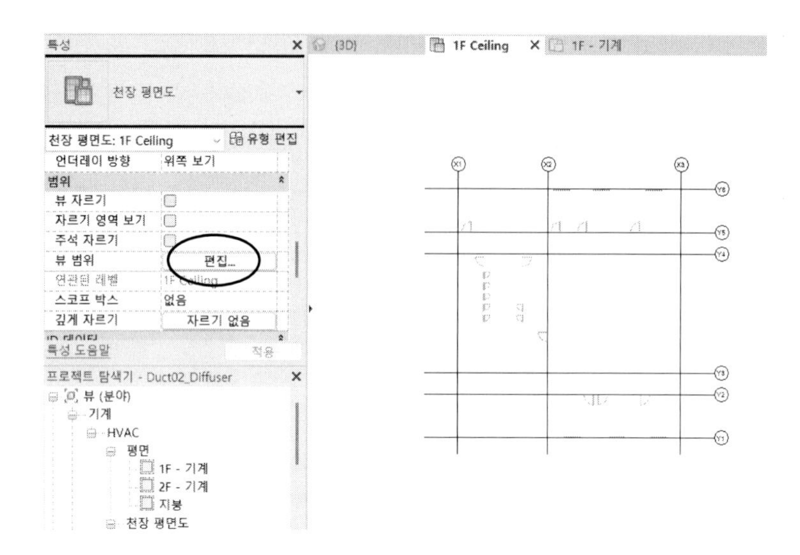

(4) 특성 팔레트에서 '뷰 범위'의 [편집]을 클릭합니다. '1차 범위'의 '절단 기준면(C)'의 '간격 띄우기(E)' 값을 '-300'으로 설정합니다.

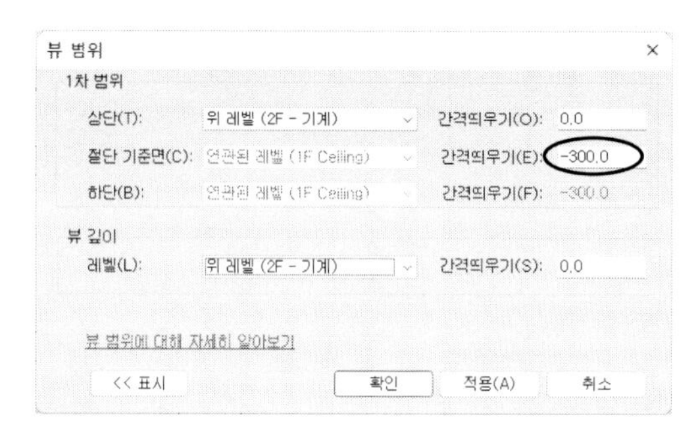

[적용(A)] 또는 [확인]을 클릭하면 다음과 같이 벽체와 천장 그리드가 표시됩니다.

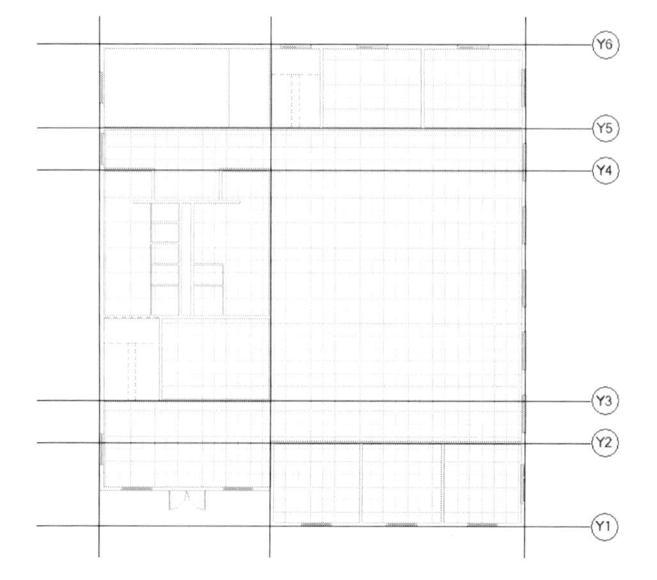

(5) 디퓨져(공기 터미널)를 배치합니다. 디퓨져 하나를 배치한 후 복사, 배열, 이동 명령으로 배치합니다.'시스템- HVAC -공기 터미널 '을 클릭합니다. 유형 선택기에서 디퓨져(예: M_공급 디퓨져 600×600면300×300 연결)를 선택한 후 [유형 편집]을 클릭합니다. 유형 특성 대화상자가 나타나면 [복제(D)]를 클릭한 후 이름을 '400×400면300×300 연결'로 바꾼 후 디퓨져 폭과 높이를 각각 '400'으로 설정합니다.

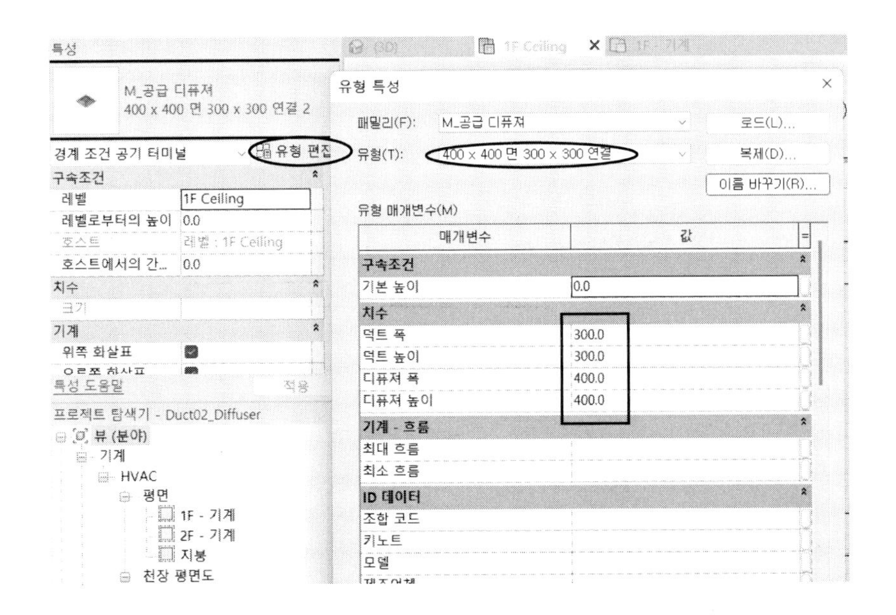

선택한 디퓨져를 하단의 룸(실)에 하나를 배치합니다.

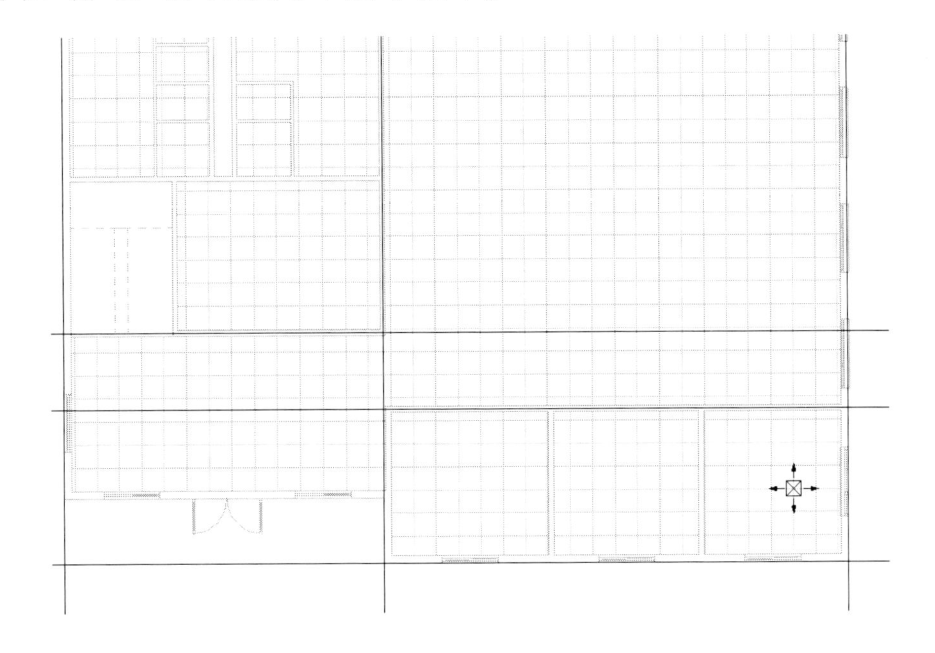

(6) 정확한 위치에 배치하기 위해 치수 기입(정렬 치수) 기능으로 가로, 세로 치수를 기입합니다. 치수를 기입한 후 디퓨져를 클릭하고 수정하려는 치수를 클릭하면 편집모드가 됩니다. 이때 지정하고자 하는 간격을 입력합니다. 벽체 중심으로부터 가로 방향 '900', 세로 방향 '1100'을 입력합니다.

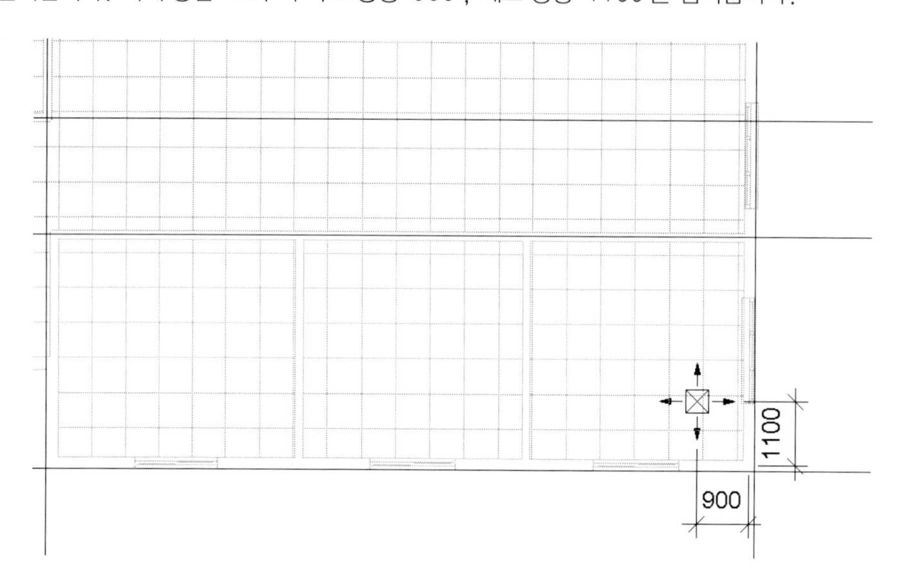

참고 **요소의 배치 방법**

특정 위치에 요소를 배치하고자 할 때, 치수를 이용하여 배치할 수 있습니다.

지정하고자 하는 부위에 치수를 기입합니다.

배치하고자 하는 요소(디퓨져)를 클릭합니다. 디퓨져를 클릭하면 다음과 같이 치수가 작은 글씨(임시 치수)로 바뀝니다.

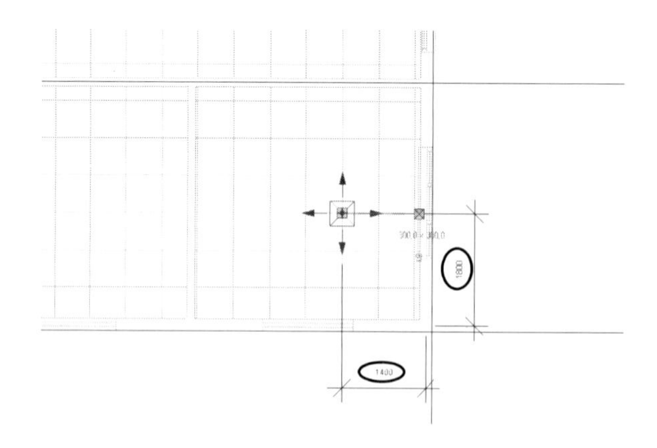

임시 치수(작은 문자)로 바뀌면 수정하고자 하는 임시 치수를 클릭하여 바꾸고자 하는 치수를 기입합니다. 치수는 지워도 요소의 위치는 바뀌지 않습니다.

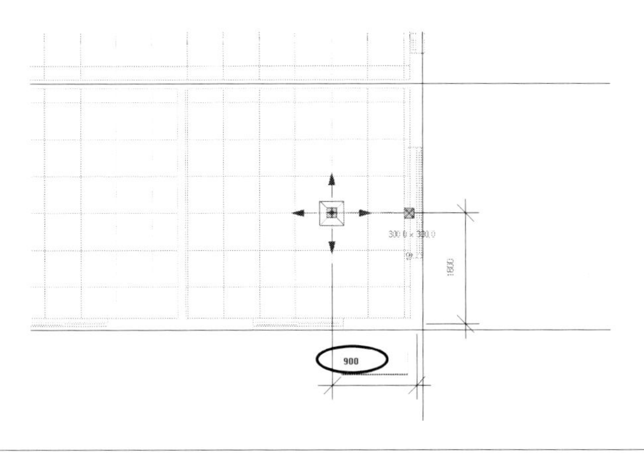

TIP 임시 치수의 크기를 바꾸려면 탭 메뉴 가장 앞에 있는 [파일]-[옵션]을 클릭하여 '그래픽'의 '임시 치수 문자 모양'에서 크기와 배경을 지정합니다.

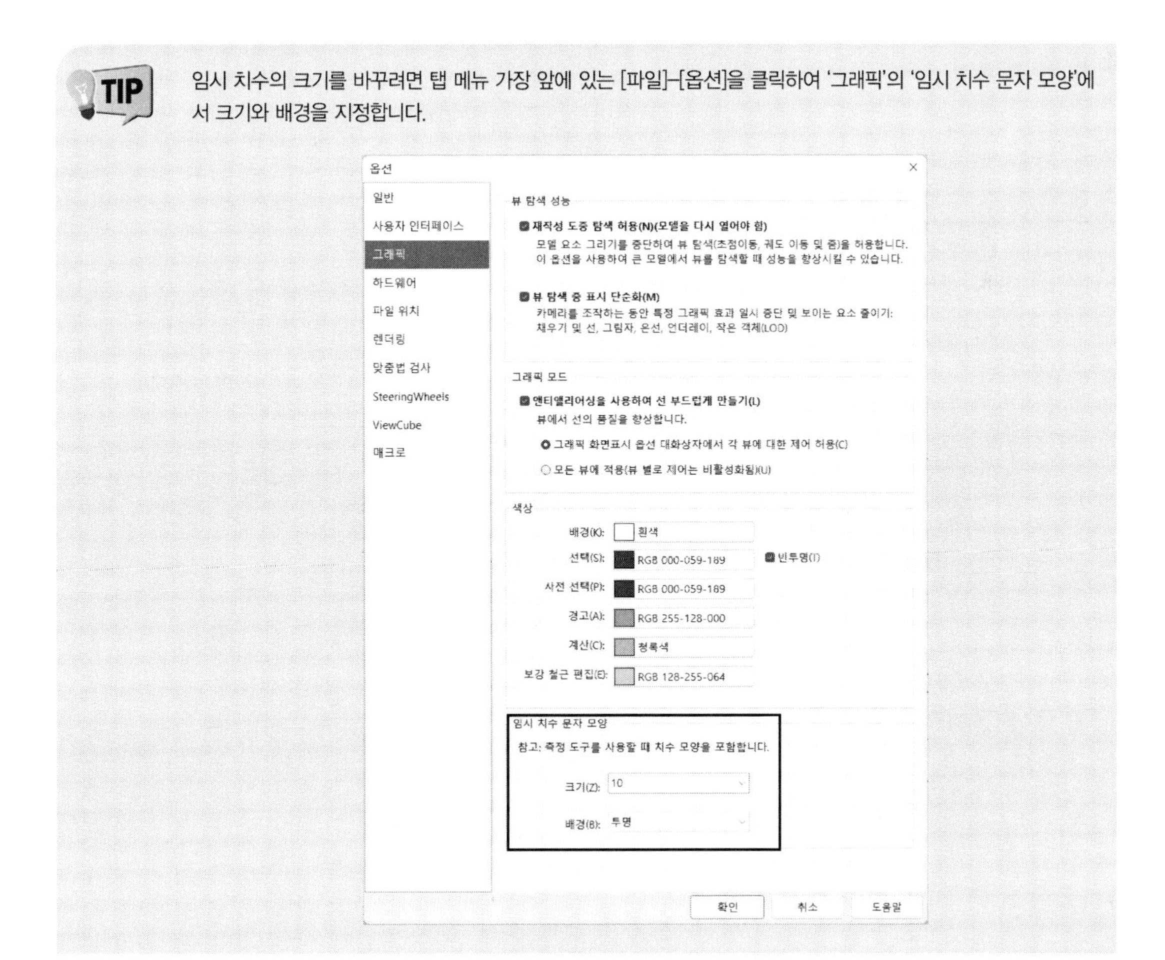

(4) 디퓨저를 선택하여 복사 또는 배열 기능으로 적당히 배치한 후 치수를 기입하여 다음과 같은 간격으로 치수를 조정하여 배치합니다.

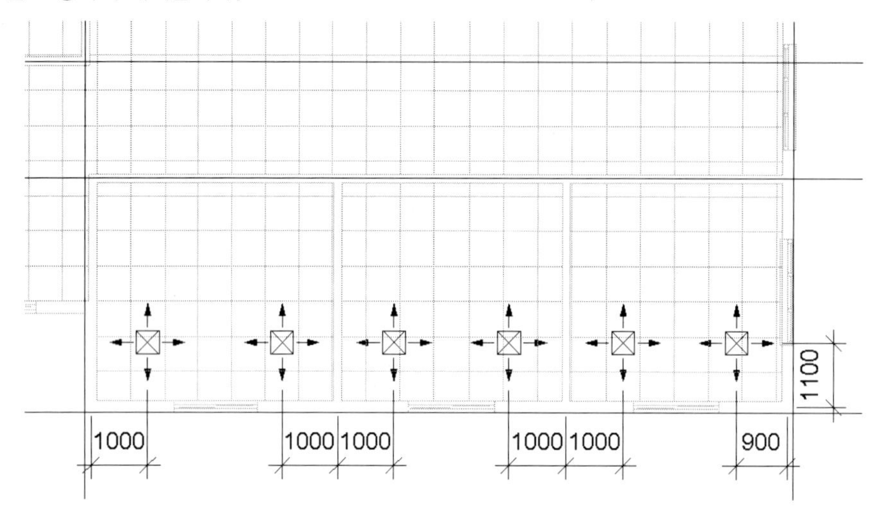

(5) 다시 디퓨져 하나를 다음과 같은 위치에 배치합니다.

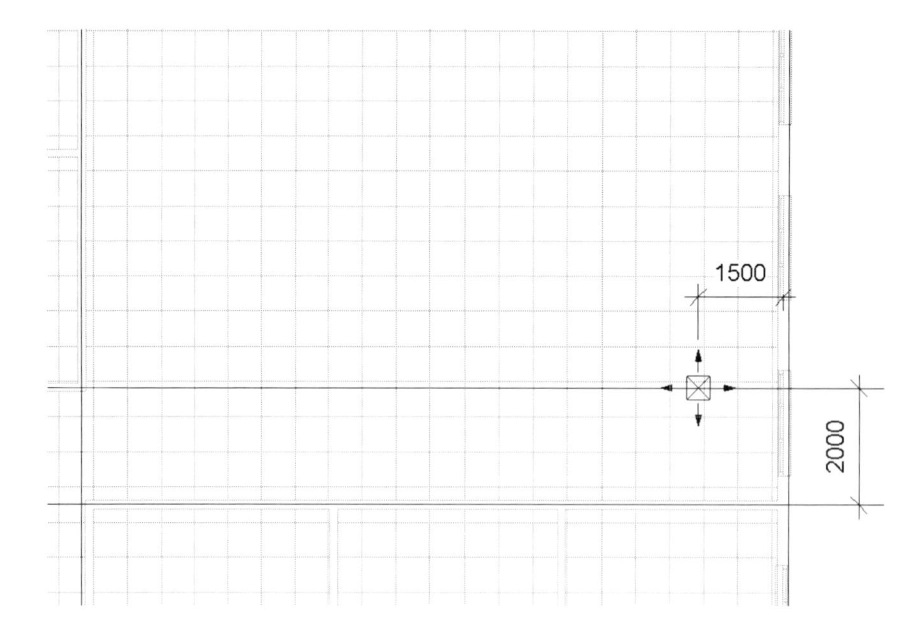

(6) 배열 기능으로 다음과 같이 배치합니다. 먼저, 배열하고자 하는 요소(디퓨저)를 선택합니다. '수정|공기 터미널-수정-배열 '을 클릭합니다. 옵션 바에서 '그룹 및 연관'체크를 끄고, '항목 수'를 '4'로 설정한 후 임의의 위치를 클릭한 후 커서를 왼쪽 방향으로 향하게 한 후 '3000'을 입력합니다.

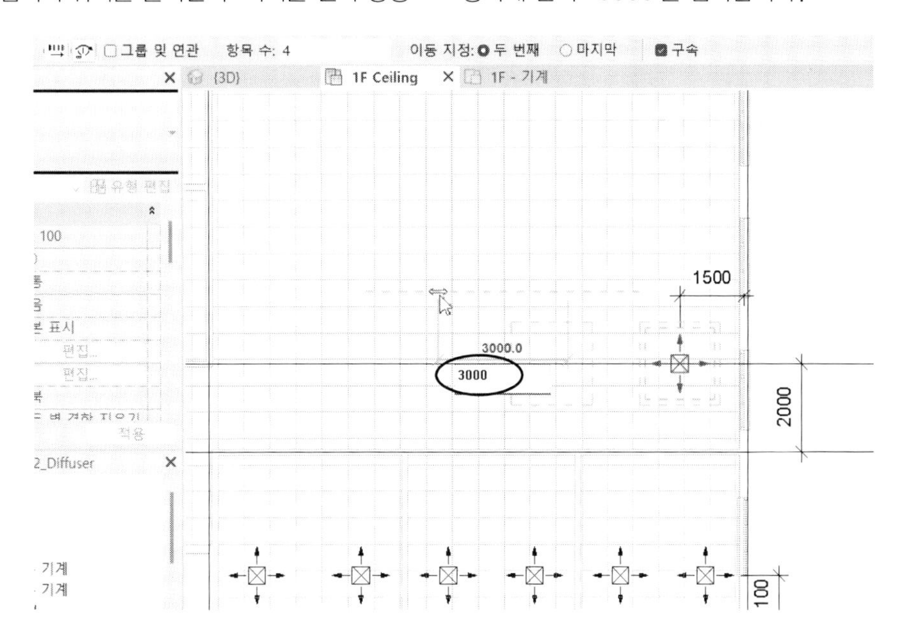

다음과 같이 '3000'간격으로 4개가 배치됩니다.

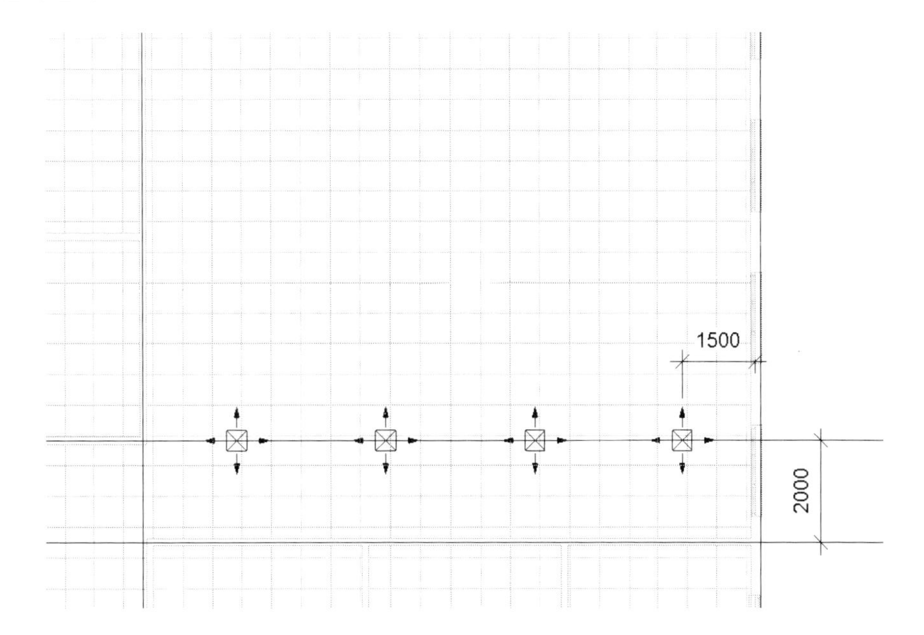

(7) 직전에 배열한 4개의 디퓨저를 선택한 후, 배열 기능으로 다음과 같이 '4000'간격으로 위쪽 방향으로 5개를 배치합니다.

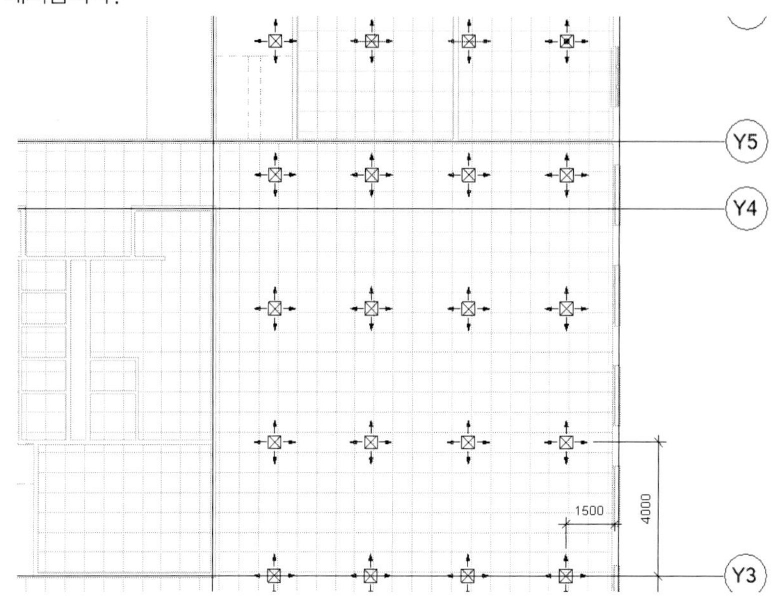

(8) 치수 기입을 한 후 상단의 룸에 있는 디퓨져 위치를 조정합니다. 각 벽체로부터 '1000'만큼 떨어진 위치에 배치합니다.

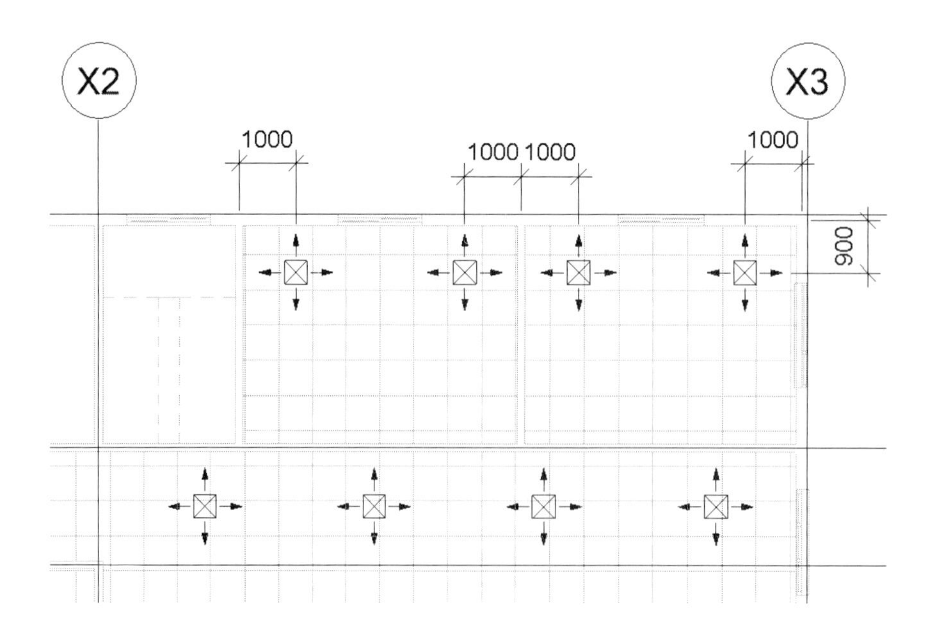

(9) 복사 및 이동 기능을 이용하여 다음과 같이 디퓨져를 배치합니다.

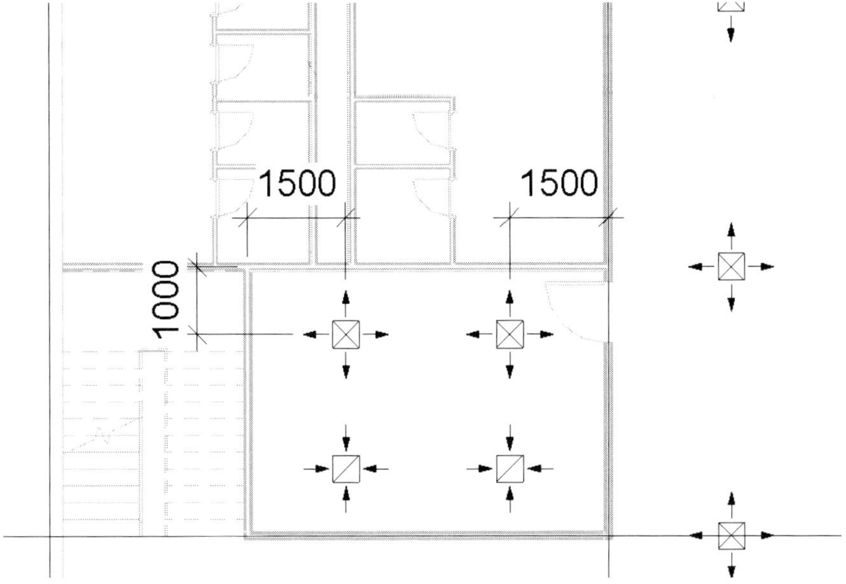

(10) 화장실은 배기 덕트를 배치합니다. 공기 터미널 'M_배기 그릴 600×600면300×300 연결'을 선택한 후 [유형 편집]을 클릭합니다. 유형 특성 대화상자가 나타나면 [복제(D)]를 클릭한 후 이름을 '400×400면300×300 연결'을 지정한 후 폭과 높이를 가각 '400'으로 지정한 후 다음과 같이 배치합니다. 여자 화장실을 배치한 후 '대칭-축 그리기' 기능으로 남자 화장실에 배치합니다.

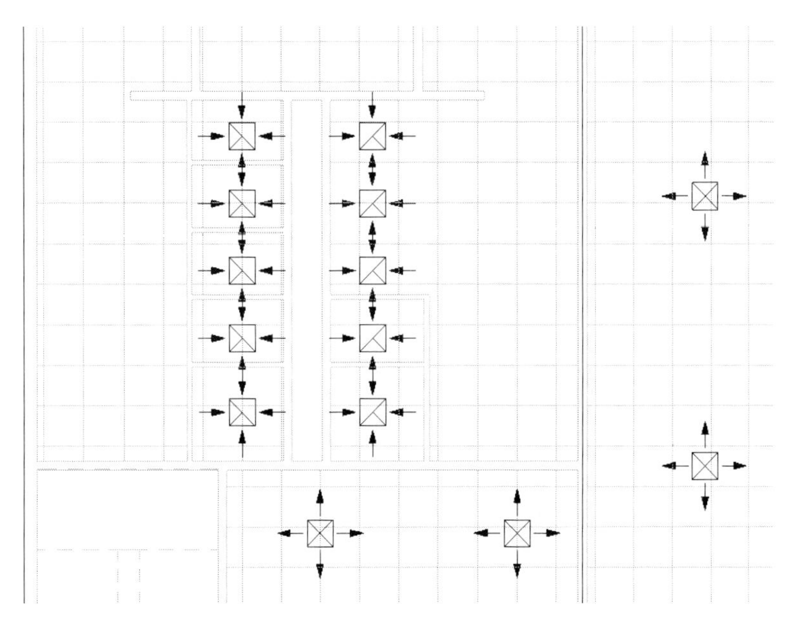

(11) 환기 디퓨저(예: M_순환 디퓨저 600×600면300×300 연결)도 배치합니다. 유형을 복제하여 'M_순환 디퓨저 400×400면300×300 연결'으로 바꾸어 배치합니다. 급기 디퓨저와 쌍으로 배치되는 경우는 급기 디퓨저를 복사한 후 유형을 바꾸는 방법이 신속하게 배치할 수 있습니다. 먼저 하단의 급기 디퓨저 6개를 '1700' 간격으로 복사합니다.

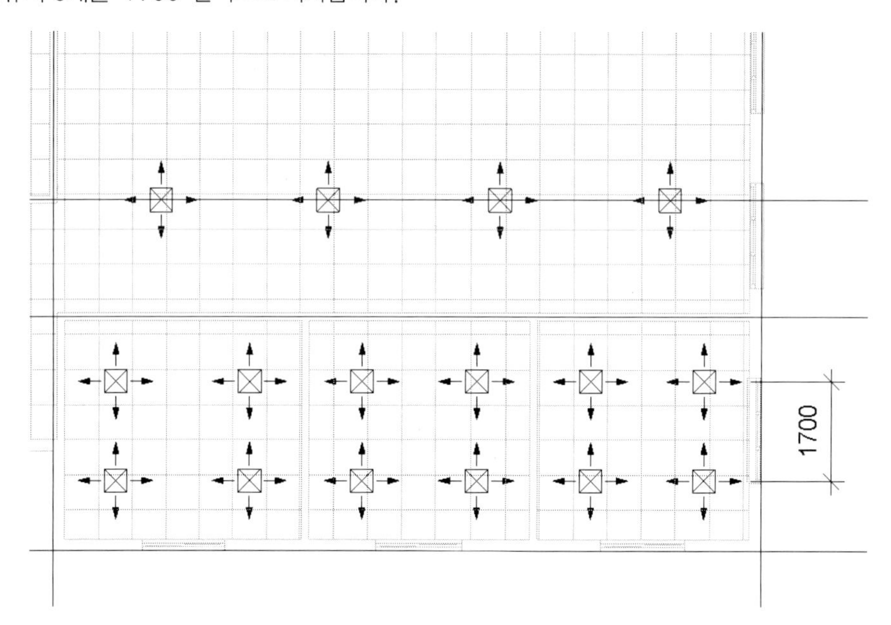

(12) 복사한 디퓨저를 선택한 후 유형 선택기에서 'M_순환 디퓨저 400×400면300×300 연결'을 선택합니다.

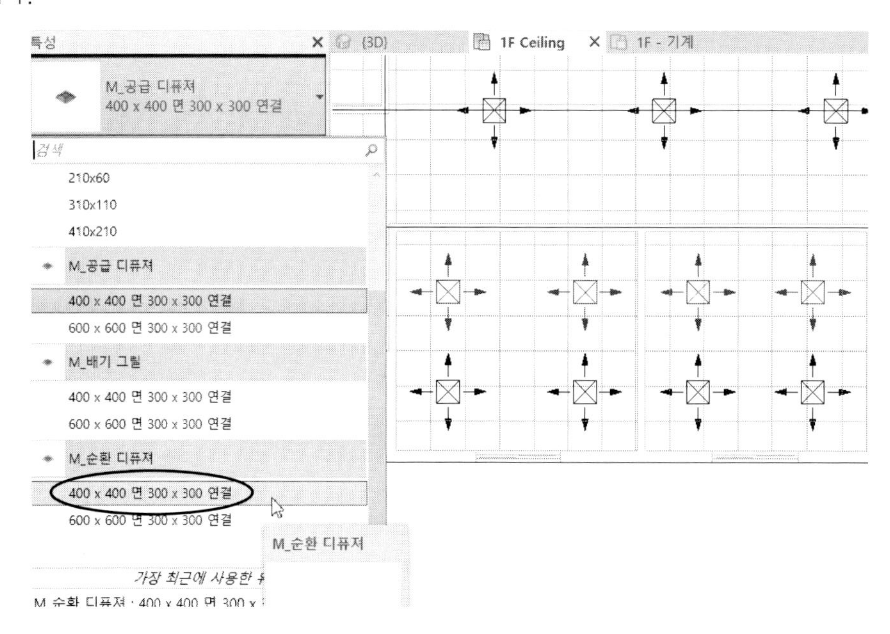

다음과 같이 급기 디퓨저가 순환(리턴) 디퓨저로 바뀝니다.

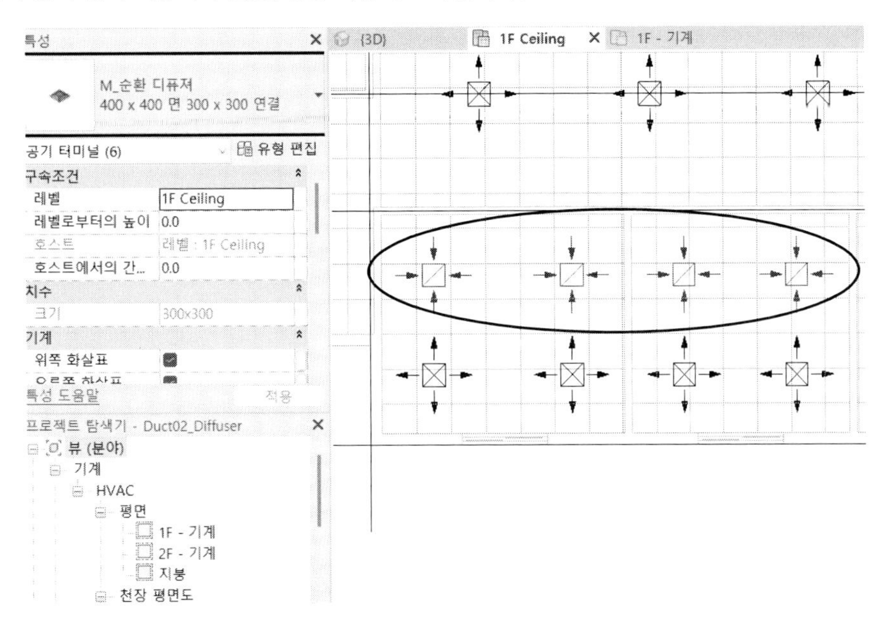

(13) 이와 같은 방법으로 순환 디퓨저를 배치합니다. 급기 디퓨저와 순환 디퓨저 간격을 '2000'으로 배치했습니다.

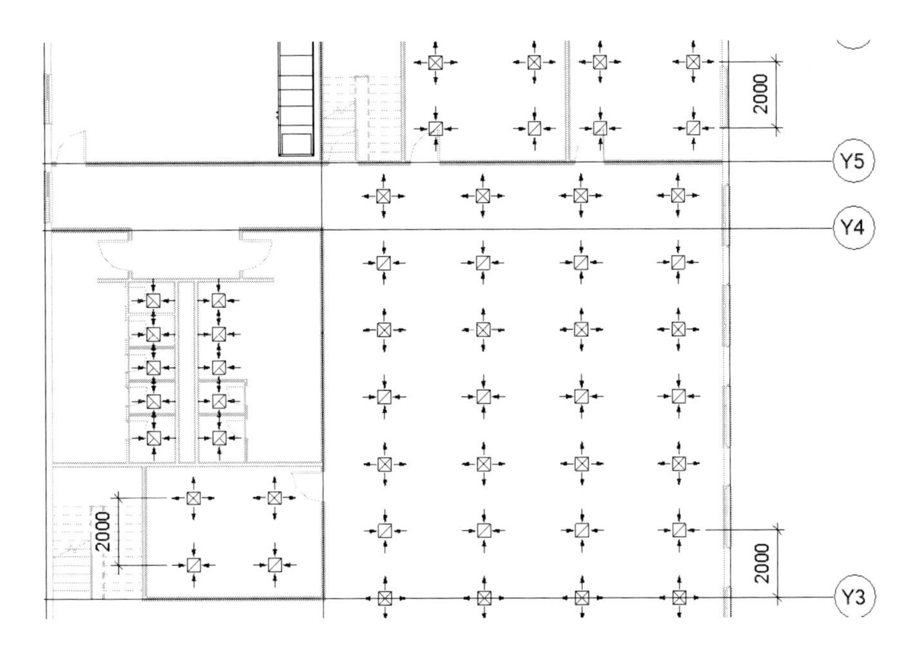

02. 급기 덕트 모델링

배치된 디퓨져를 기준으로 급기(Supply) 덕트를 모델링합니다.

(1) '1F-기계'뷰를 펼칩니다. [기계]-[HVAC]-[평면]-[1F – 기계]를 더블클릭합니다. 다음과 같이 표시됩니다

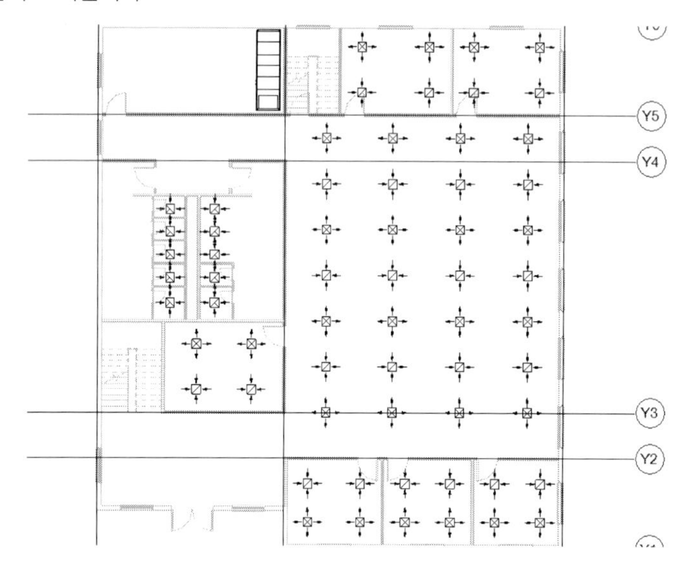

(2) '시스템-HVAC-덕트'를 클릭합니다. 유형 선택기에서 모델링하고자 하는 덕트 유형(예: 직사각형 덕트 굽힘 엘보/탭)을 선택합니다. 옵션 바에서 덕트 크기(폭: 850, 높이: 500)와 중간 입면도 값(3000)을 설정합니다. 덕트의 시작점을 지정합니다. 시작점은 공조기의 급기구와 일직선이 되도록 맞춥니다.

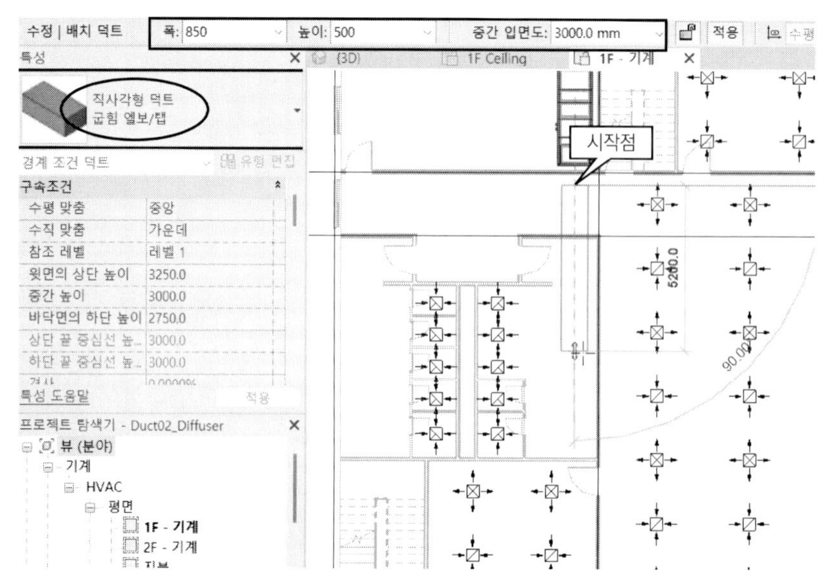

참고 덕트 유형 설정

덕트의 모양과 환경을 설정하기 위해서는 유형 선택기에서 덕트 유형을 선택한 후 [유형 편집]을 눌러 모델링하고자 하는 유형을 설정합니다. 여기에서는 엘보의 굽힘 반경을 '1.0W'로 설정하겠습니다.

유형 선택기에서 설정하고자 하는 유형(직사각형 덕트 굽힘 엘보/탭)을 선택한 후 [유형 편집]을 클릭합니다. 유형 특성 대화상자가 나타납니다.

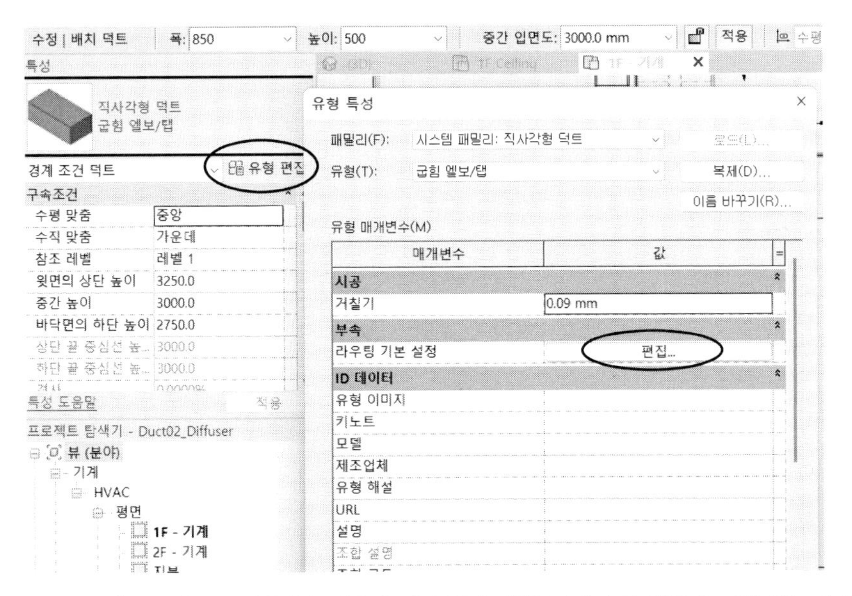

'라우팅 기본 설정'의 [편집…]을 클릭합니다. 라우팅 기본 설정 대화상자에서 각 항목에 모델링하고자 하는 패밀리를 지정합니다. 예를 들어, 엘보의 반경을 줄이려면 '엘보'에 'M_직사각형 엘보-반지름:1W'를 지정합니다.

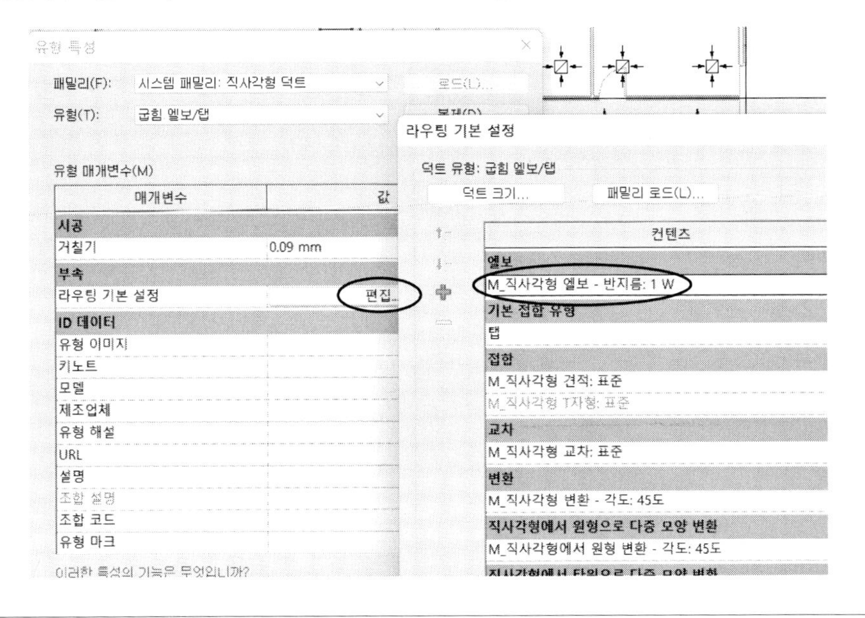

(3) 다음과 같이 메인 덕트의 경로를 따라 끝점을 지정합니다.

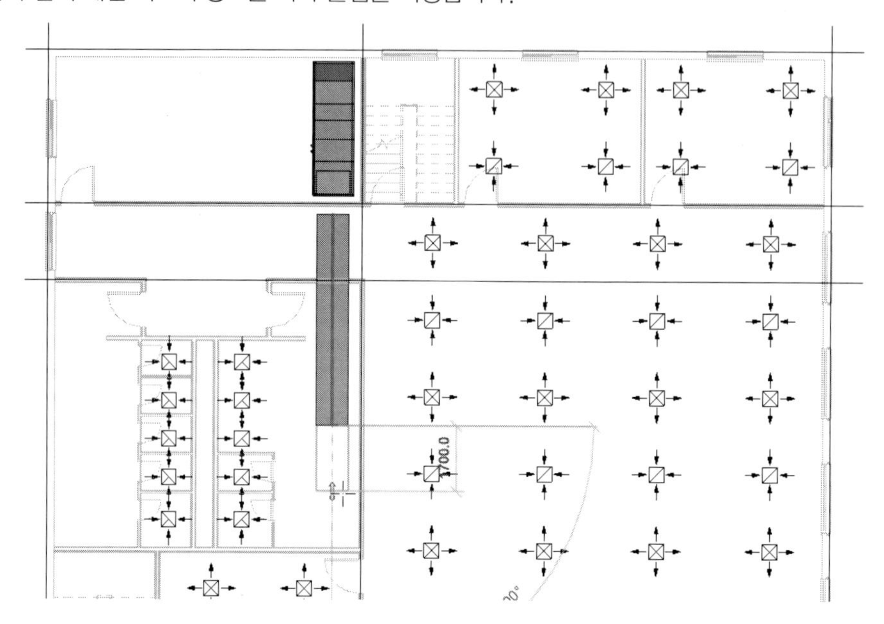

(4) 옵션 바에서 '폭 : 650', '높이 : 450', '중간 입면도 : 3000'을 지정한 후 다음과 같이 덕트의 위치를 지정합니다. 크기가 바뀌는 위치에 레듀셔가 삽입됩니다.

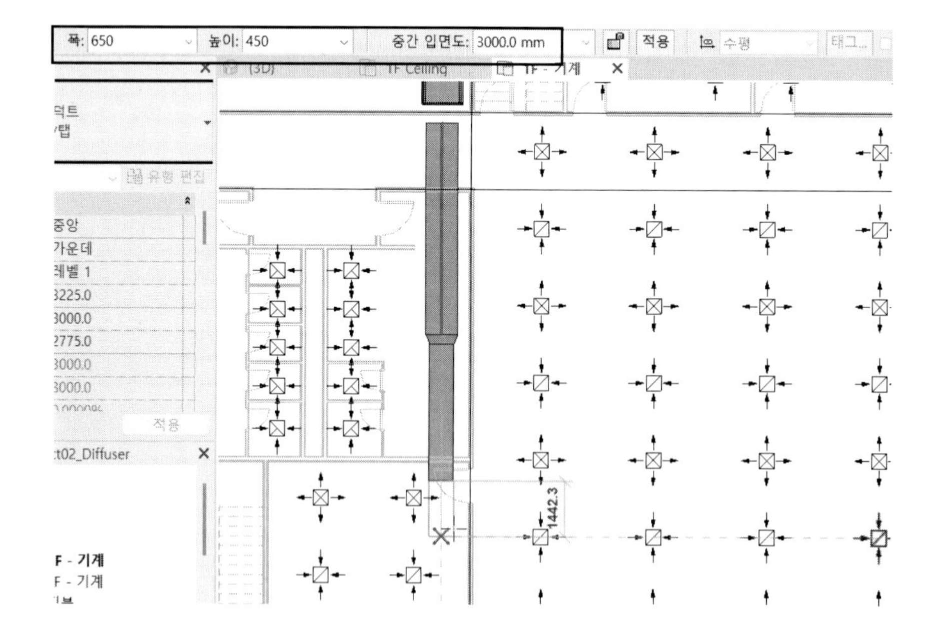

(5) 옵션 바에서 '폭 : 550', '높이 : 350', '중간 입면도 : 3000'을 지정한 후 다음과 같이 덕트의 위치를 지정합니다.

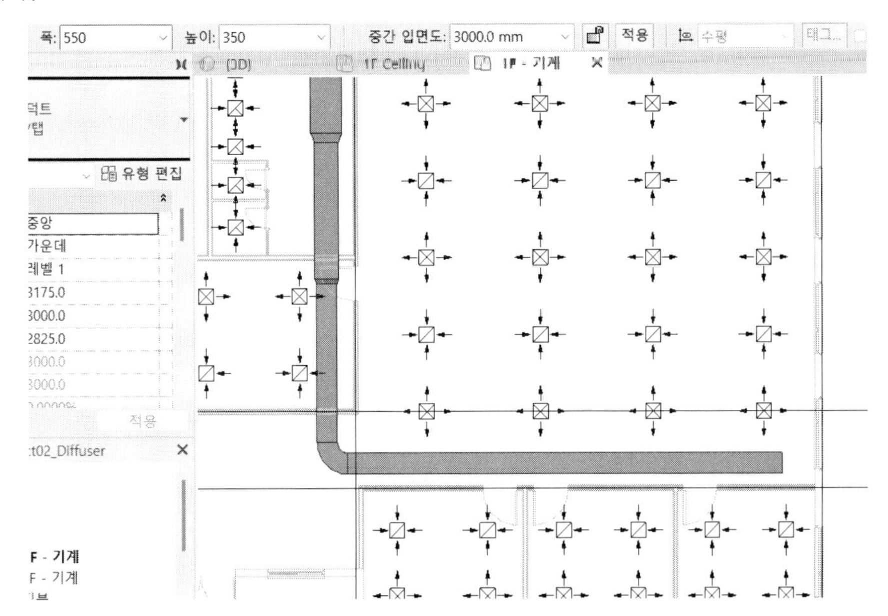

(6) 동심 레듀셔를 편심 레듀셔로 바꾸겠습니다. 바꾸고자 하는 레듀셔를 지운 후 '수정|정렬-수정-정렬'을 클릭하여 정렬선을 맞춥니다.

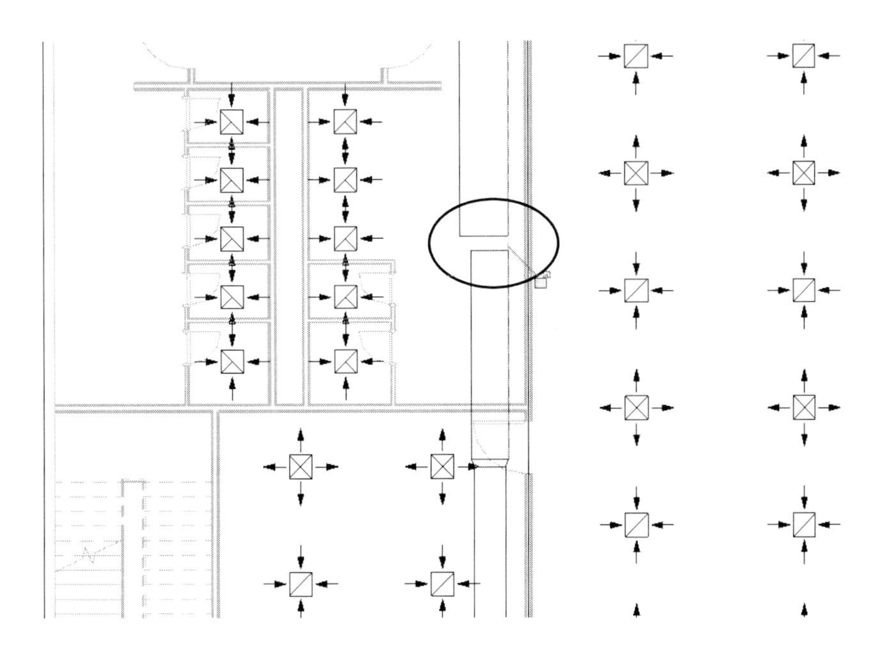

커넥터를 드래그하여 연결하고자 하는 위치에 가져가서 붙입니다. 다음과 같이 연결됩니다.

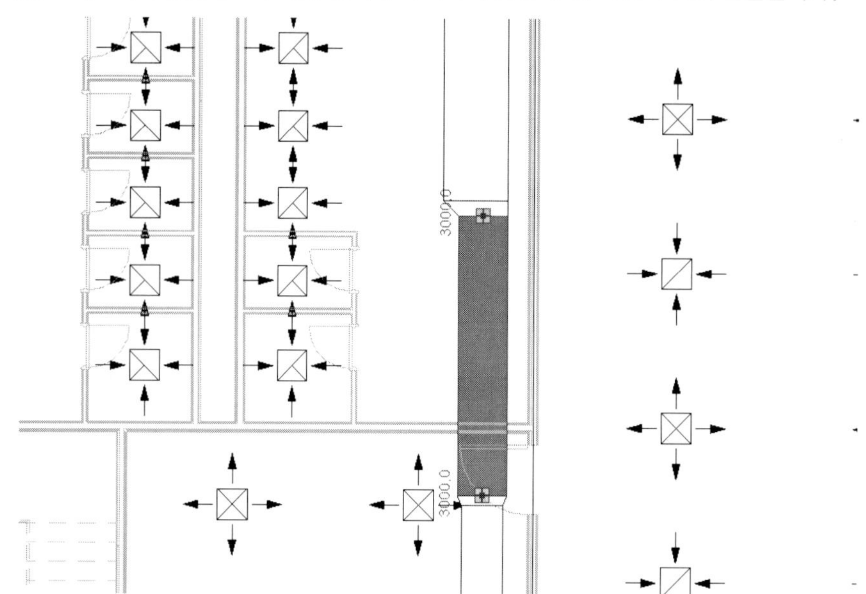

그 다음 레듀셔도 동일한 방법으로 편심 레듀셔로 바꿉니다.

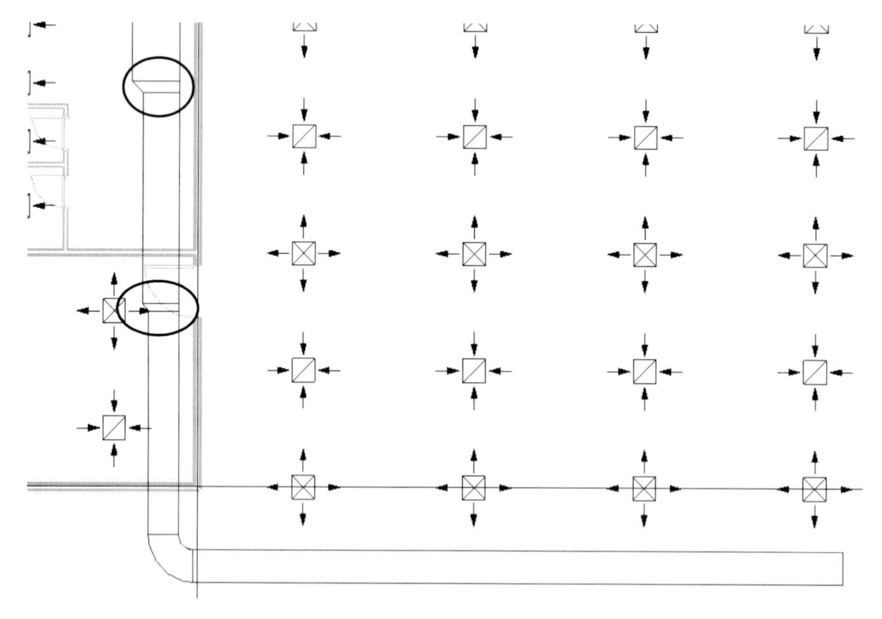

(7) 가지 덕트를 모델링하겠습니다. 덕트 기능을 실행한 후, 옵션바에서 '폭 : 400', '높이 : 300', '중간 입면도 : 3000'을 지정한 후 중간 위치(디퓨저 2개)에서 클릭한 후 다시 옵션바에서 '폭 : 300', '높이 : 250', '중간 입면도 : 3000'을 지정한 후 덕트 말단을 지정합니다. 다음과 같이 모델링됩니다.

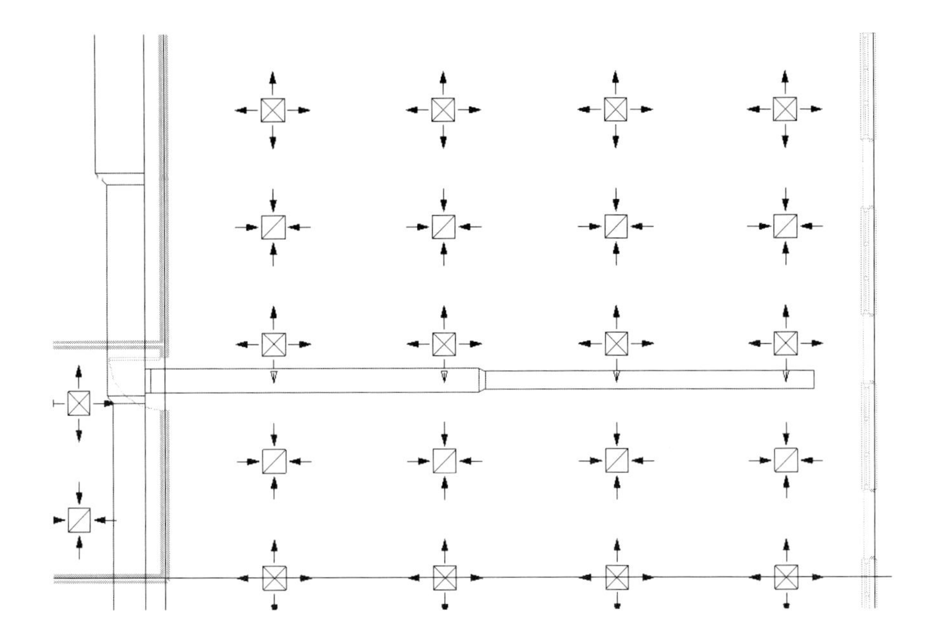

(8) 크기와 길이가 같은 가지 덕트는 모델링된 덕트를 복사 또는 배열하여 연결하겠습니다. 배열하고자 하는 덕트(가지 덕트)를 선택한 후, '수정|다중 선택-수정-배열 '을 클릭합니다. 옵션 바에서 '그룹 및 연관'체크를 끄고 '항목 수'를 '3', '두 번째'로 설정합니다. 임의의 위치를 클릭한 후 커서를 위쪽 방향으로 향하게 한 후 '4000'을 입력합니다.

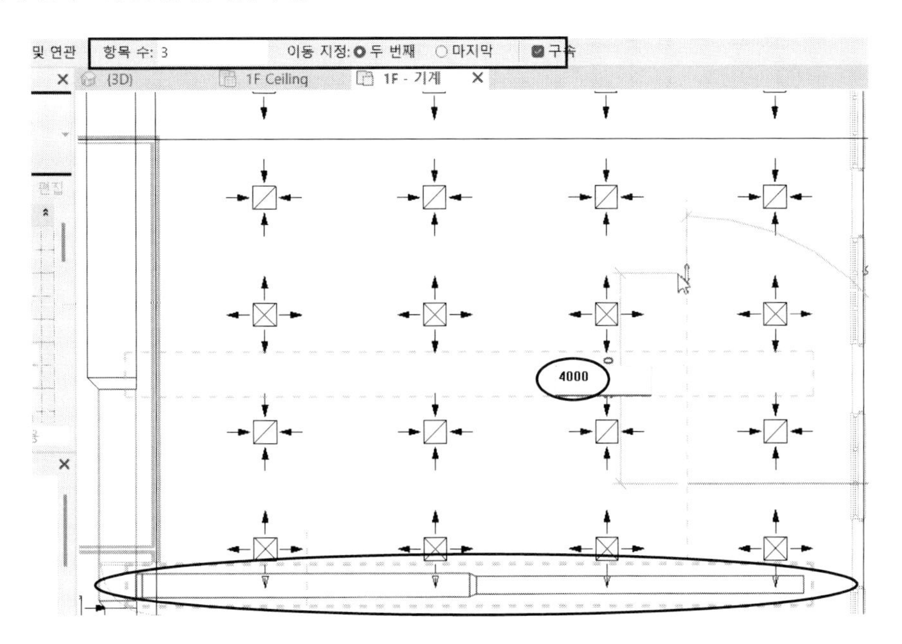

다음과 같이 가지 덕트가 배열됩니다.

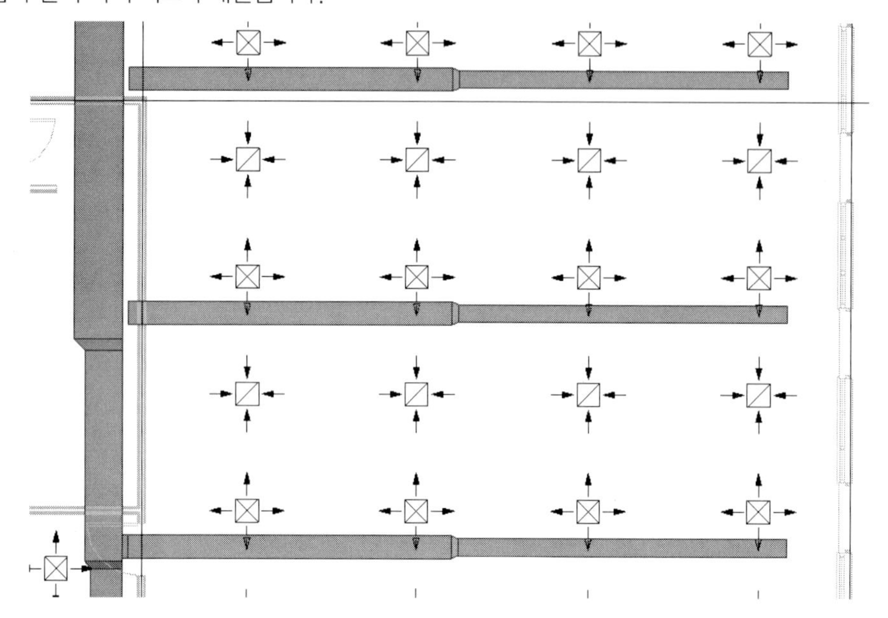

(6) 배열한 가지 덕트를 메인 덕트와 연결합니다. '수정-수정-다중 요소 자르기/연장 ⇉'을 클릭합니다. 메인 덕트를 선택한 후 가지 덕트를 차례로 선택합니다. 다음과 같이 메인 덕트에 연결됩니다.

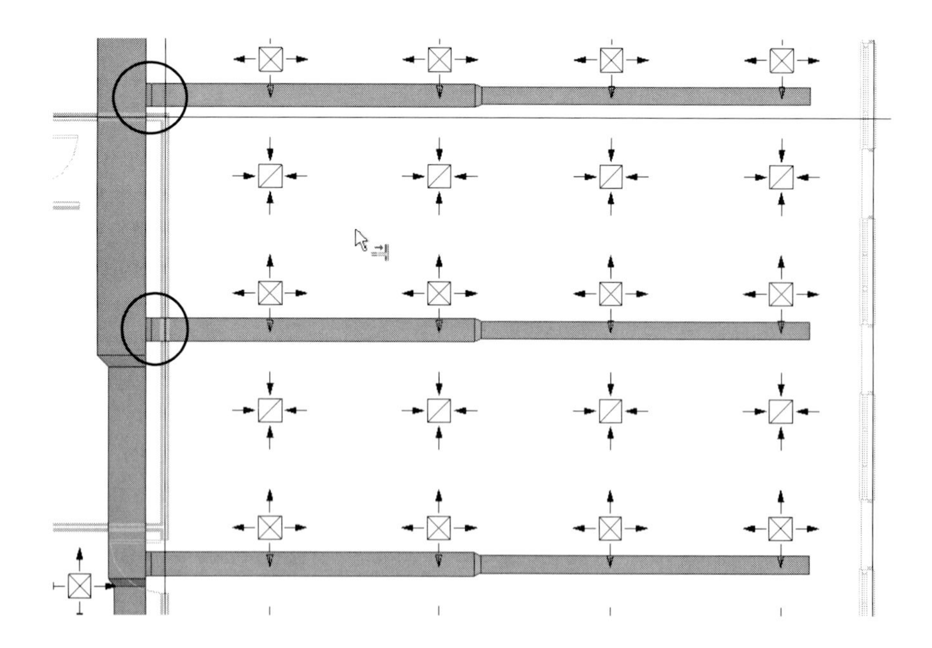

(7) 상단부의 가지 덕트를 모델링합니다. 크기는 '400×250'과 '300×250'으로 모델링합니다.

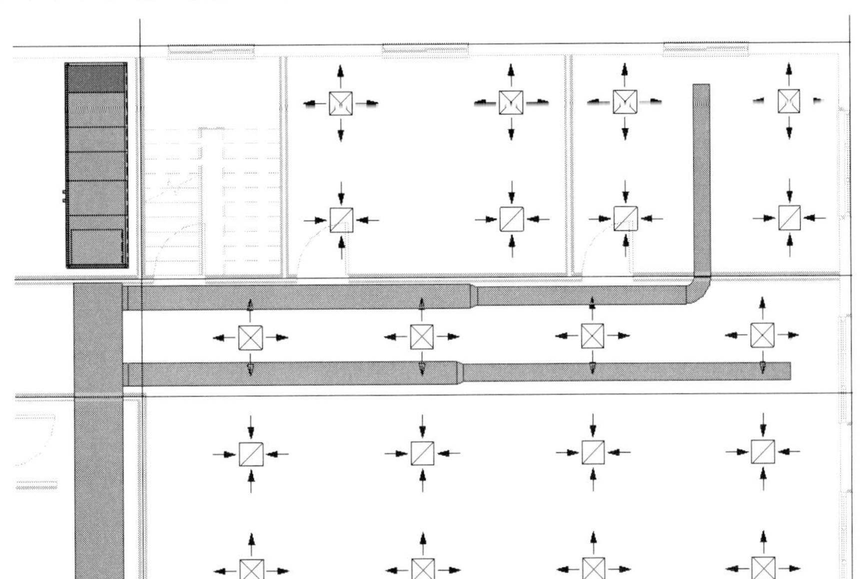

각 디퓨저에 공급될 수 있도록 다음과 같이 가지 덕트를 모델링합니다.

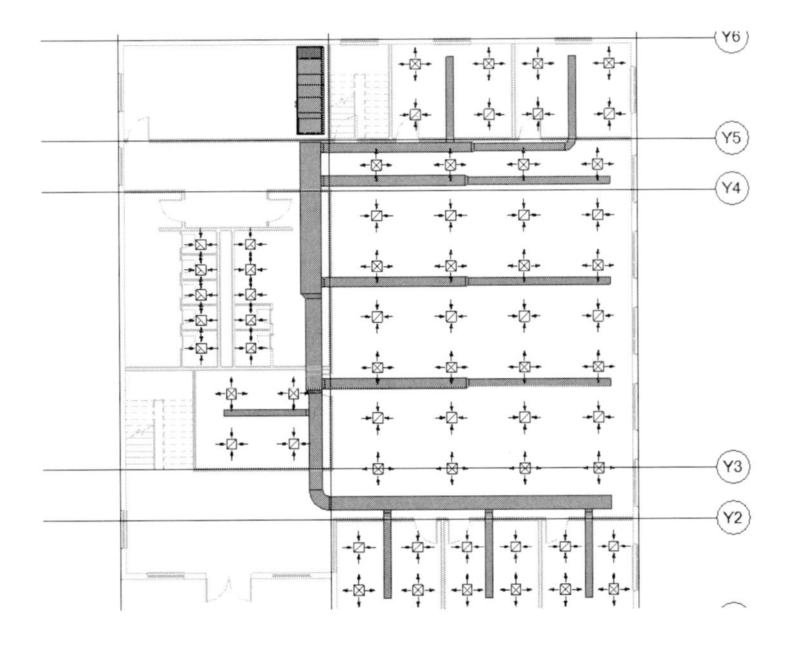

03. 플렉시블 덕트 모델링

플렉시블 덕트를 모델링합니다.

(1) 1층 평면뷰를 펼칩니다. '시스템-HVAC-플렉시블 덕트'를 클릭합니다. 특성 팔레트에서 [유형 편집]을 클릭합니다. '부속'의 '기본 접합 유형'을 '탭'으로 설정합니다.

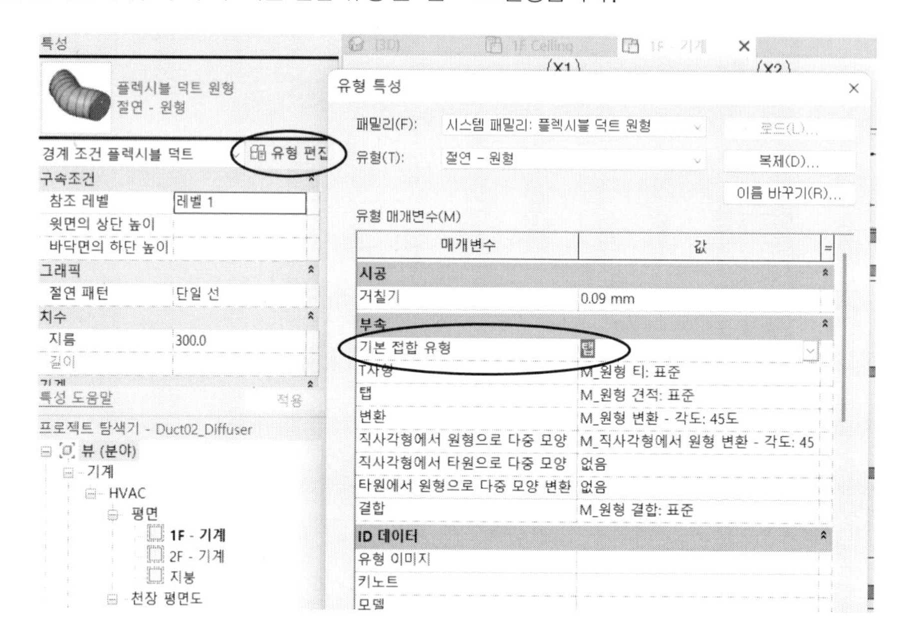

(2) 옵션 바에서 '직경'을 '200', '중간 입면도'를 '3000'으로 설정한 후 디퓨저를 클릭하고 연결하고자 하는 덕트를 선택합니다.

플렉시블 덕트를 모델링할 때는 연결할 덕트의 중간 입면도 값을 미리 확인한 후 동일한 중간 입면도 값으로 지정해야 합니다. 중간 입면도 값이 맞지 않으면 덕트의 윗면 또는 아랫면에 붙을 수 있습니다.

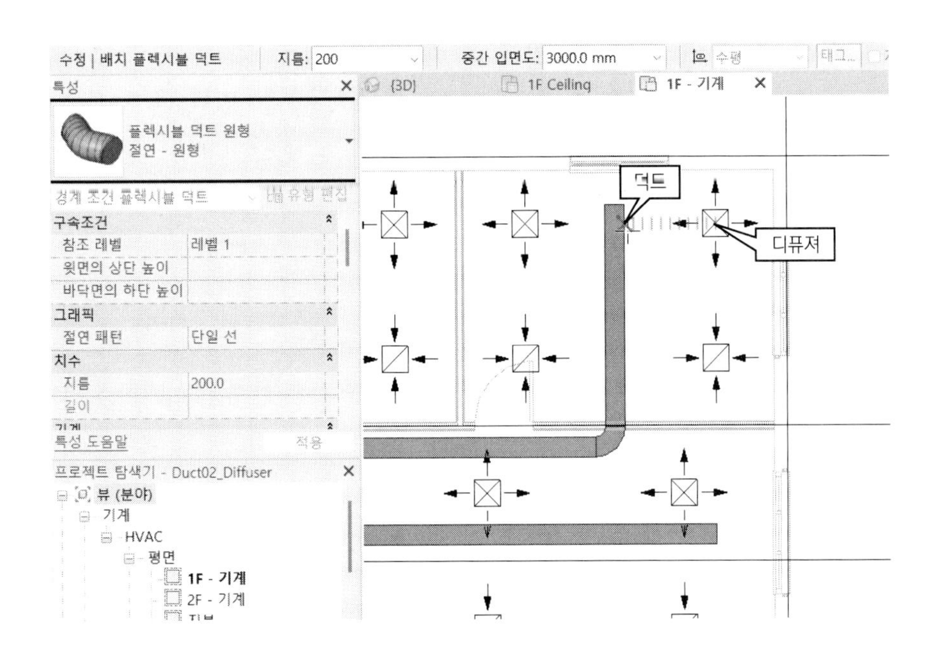

다음과 같이 덕트와 디퓨저가 플렉시블 덕트로 연결됩니다.

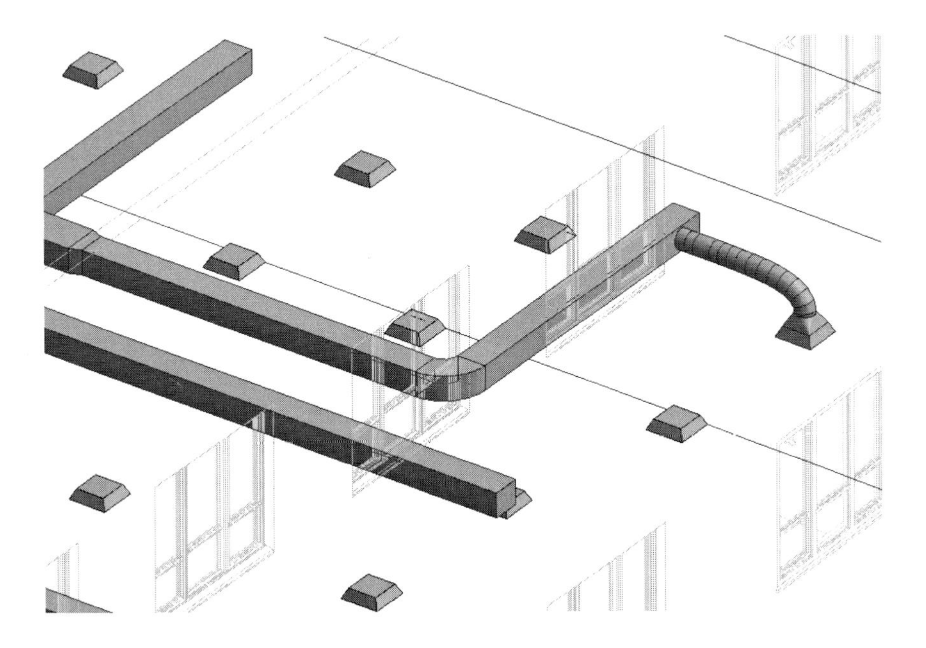

(3) 계속해서 다른 디퓨저와 덕트 사이를 플렉시블 덕트로 연결합니다. 다음과 같이 급기 덕트와 디퓨저가 연결됩니다.

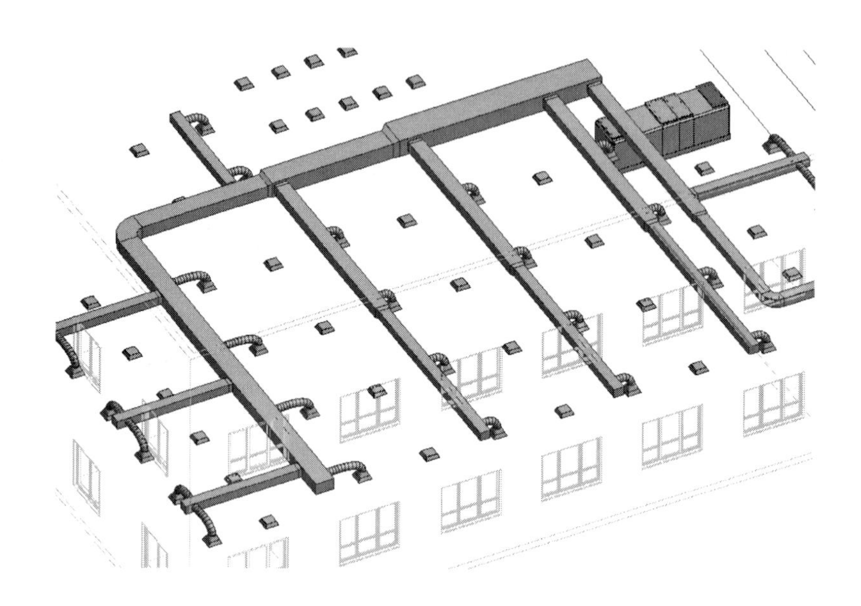

04. 환기 덕트 모델링

환기(Return) 덕트를 모델링합니다. 환기는 실링 리턴(Ceiling Return) 방식으로 가정하고 모델링합니다. 급기 덕트와 환기 덕트가 교차하면서 부딪치는 부분을 회피하는 방법을 실습합니다. 그리고 엘보 부분은 터닝 베인(T.V)으로 연결하겠습니다.

(1) '시스템-HVAC-덕트'를 클릭합니다. 유형 선택기에서 모델링하고자 하는 덕트 유형(예: 직사각형 덕트 굽힘 엘보/탭)을 선택합니다. 유형 선택기에서 [유형 편집]을 클릭한 후 [복제(D)]를 클릭하여 유형 이름을 '굽힘 엘보_TV'로 정의합니다. '라우팅 기본 설정'의 [편집..]을 클릭합니다.

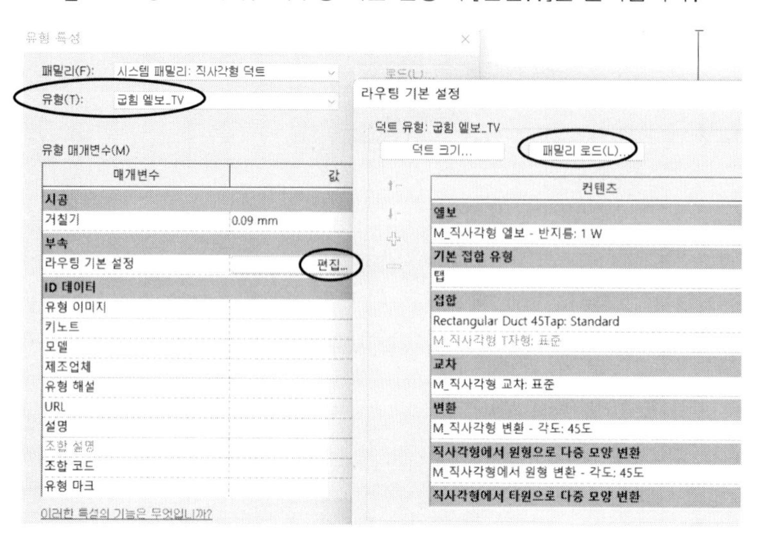

(2) [패밀리 로드(L)]을 클릭한 후 터닝베인 패밀리(DF_Rectangular Elbow – Mitered – Double Thickness Vanes)를 로드합니다.

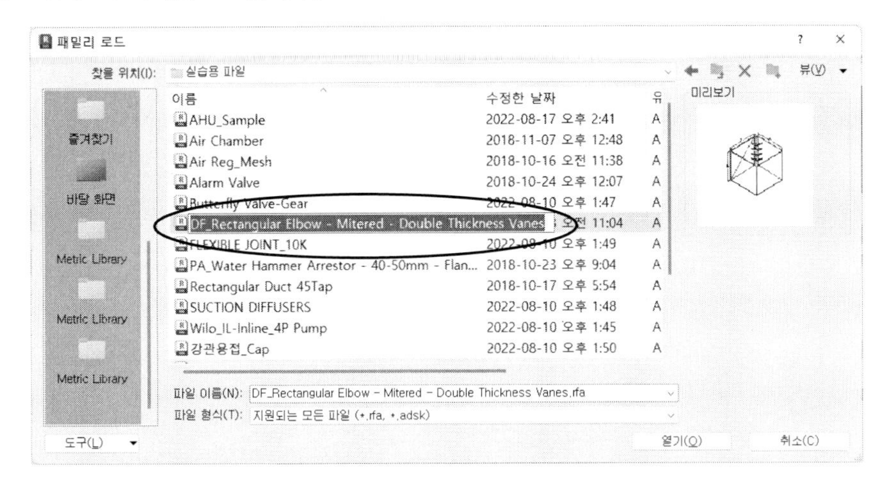

(3) 라우팅 기본 설정 대화상자에서 '엘보'를 로드한 터닝베인(DF_Rectangular Elbow – Mitered – Double Thickness Vanes) 패밀리를 지정합니다.

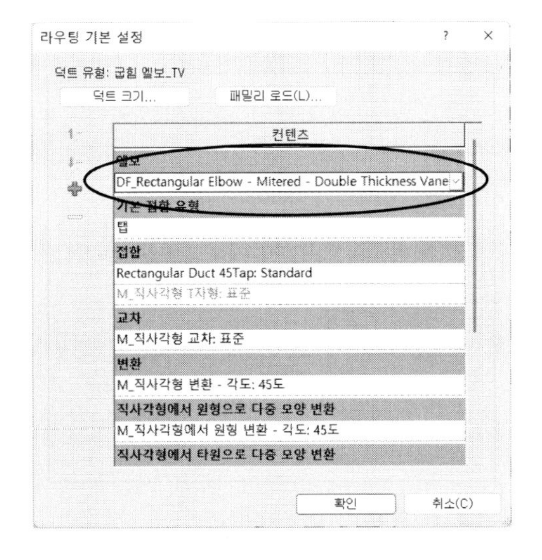

(4) 옵션 바에서 덕트 크기(폭: 700, 높이: 300)와 중간 입면도 값(3300)을 설정합니다. 이때 '배치 도구' 패널에서 '자동 연결'을 끕니다. 마우스로 시작점(환기 덕트 위치)을 지정한 후 덕트의 진행 방향을 지정합니다.

자동 연결 : 덕트와 덕트가 교차할 때 자동으로 연결할 것인가(ON), 연결하지 않을 것인가(OFF)를 지정합니다. 커넥터 없이 단순히 덕트가 교차하는 경우는 끄고 작업합니다.

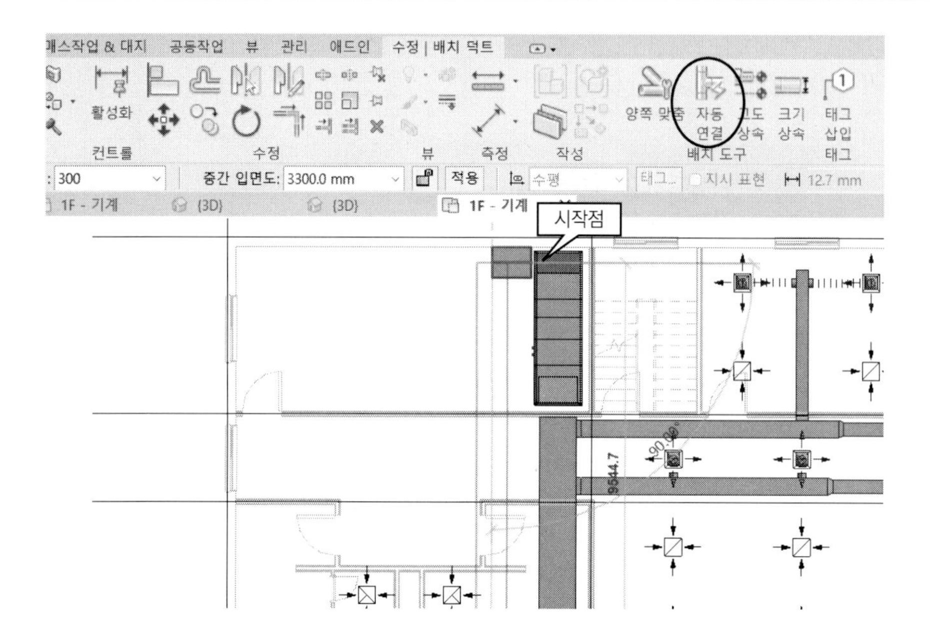

(5) 옵션 바에서 덕트 크기(폭: 600, 높이: 300)를 바꾼 후 다음과 같이 모델링합니다.

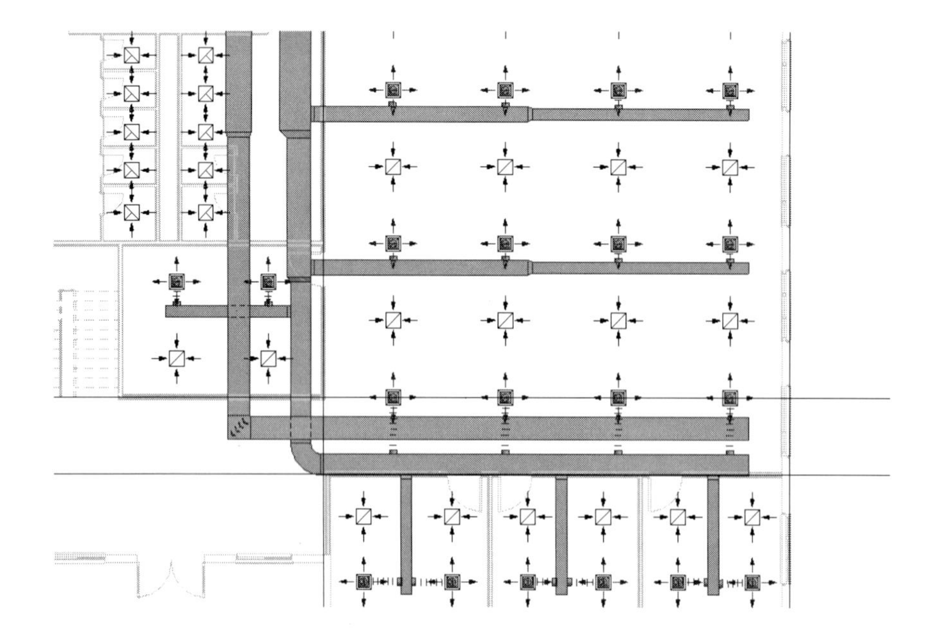

(6) 다음과 같이 가지 덕트를 모델링합니다.

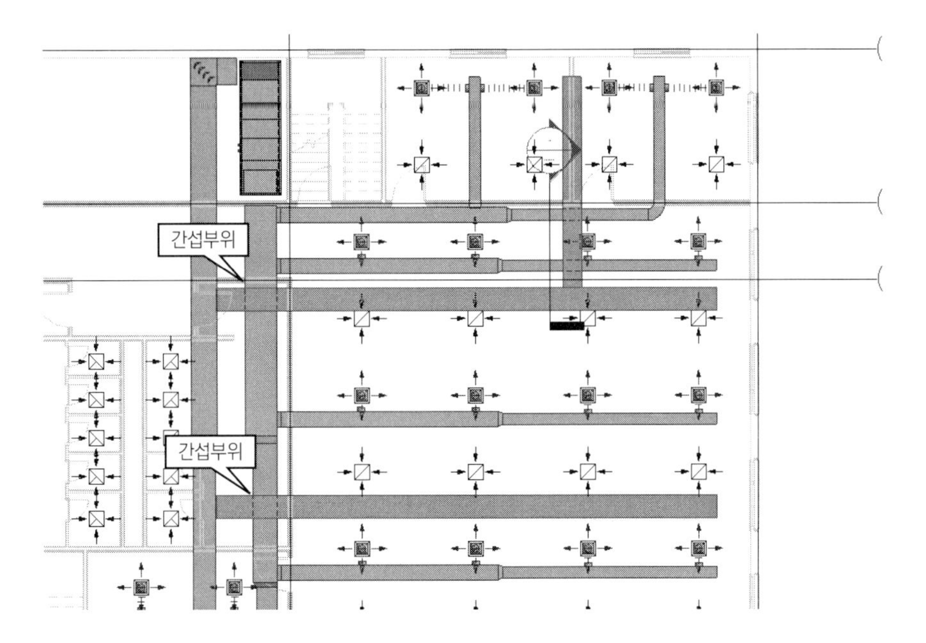

(7) 교차된 간섭 부위를 회피하는 방법으로 덕트가 오르내리도록 모델링하겠습니다. 먼저 교차되는 부분의 단면을 작성합니다. '뷰-작성-단면도 '또는 신속접근 도구막대에서 '단면도'를 클릭합니다. 단면을 작성할 폭의 두 점을 지정합니다. 단면 표시가 나타나면 클릭한 후 마우스 오른쪽 버튼을 클릭하여 바로가기 메뉴에서 '뷰로 이동(G)'를 클릭합니다.

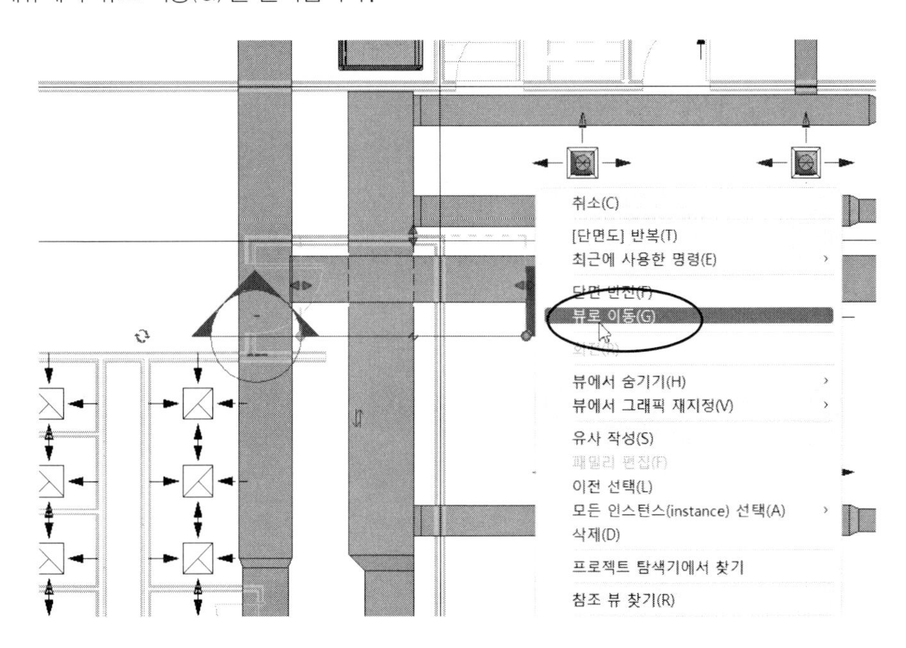

참고 단면 기호

단면도를 작성하는 기호는 다음과 같이 조작합니다. 단면도에서 표시하고자 하는 깊이를 조정하려면 경계선의 그립(▲)을 클릭하여 드래그하여 깊이를 조정할 수 있습니다.

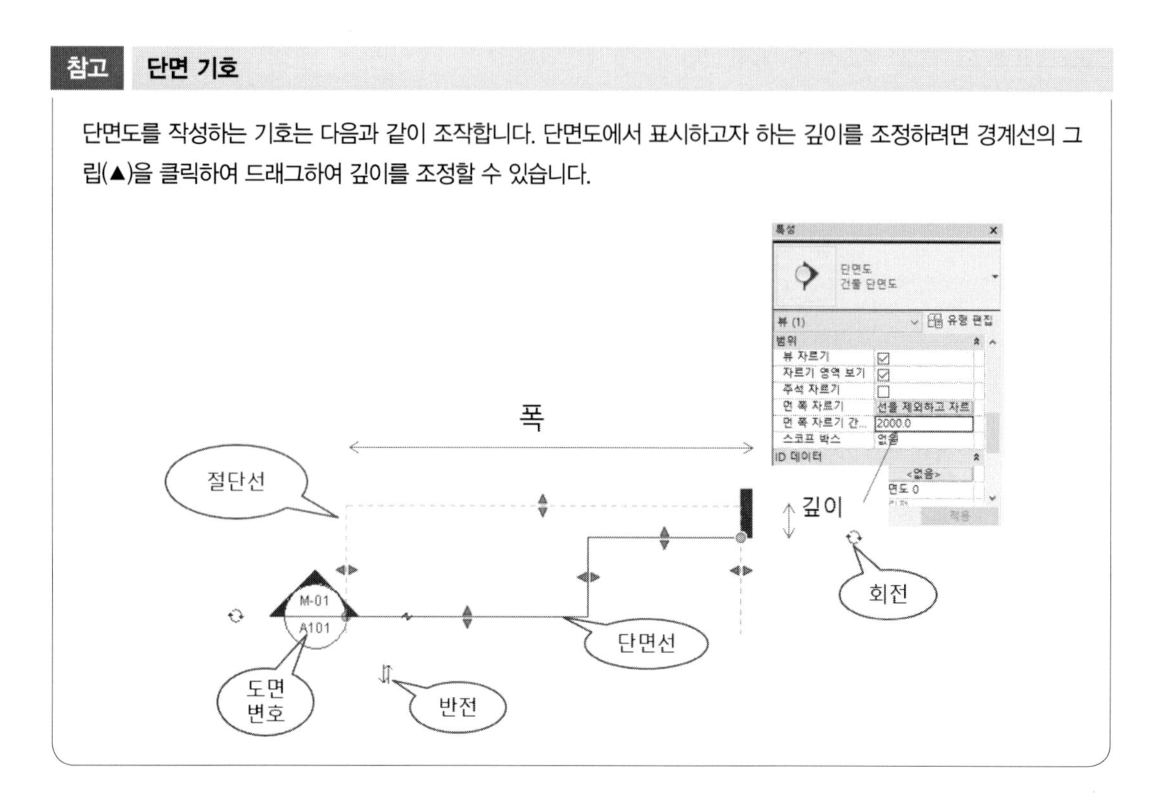

다음과 같이 덕트가 교차되고 있는 단면도가 표시됩니다. 덕트가 싱글라인으로 표시되면 뷰 제어막대에서 '상세 수준'을 '높음'으로 설정합니다. 다음과 같이 간섭된 덕트를 볼 수 있습니다.

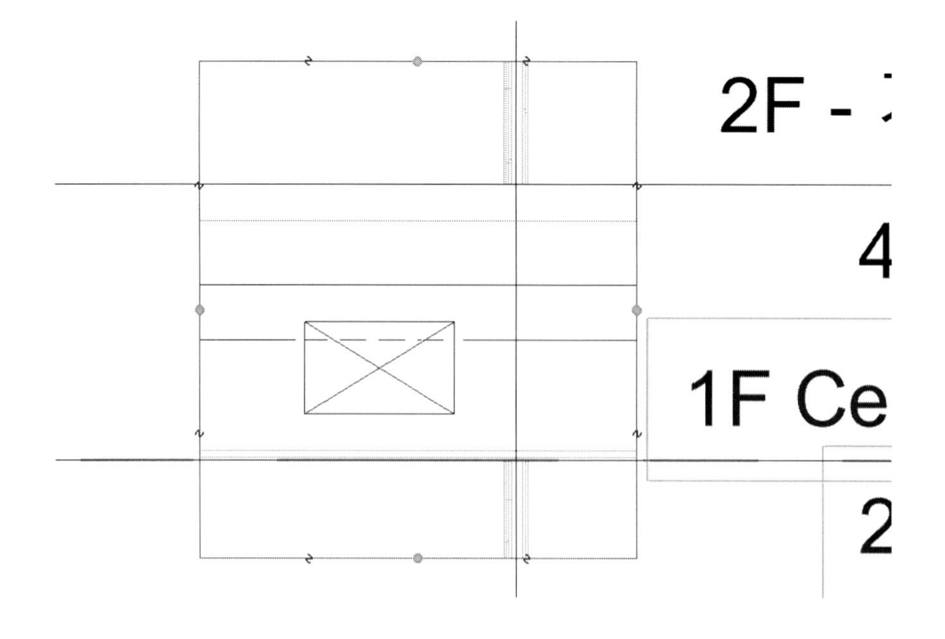

(8) 간섭되는 부분을 회피하기 위해 간섭되는 덕트의 양쪽을 절단합니다. '수정-수정-요소 분할 '을 클릭 한 후 칼자루 모양이 나타나면 다음과 같이 분할할 위치를 지정합니다.

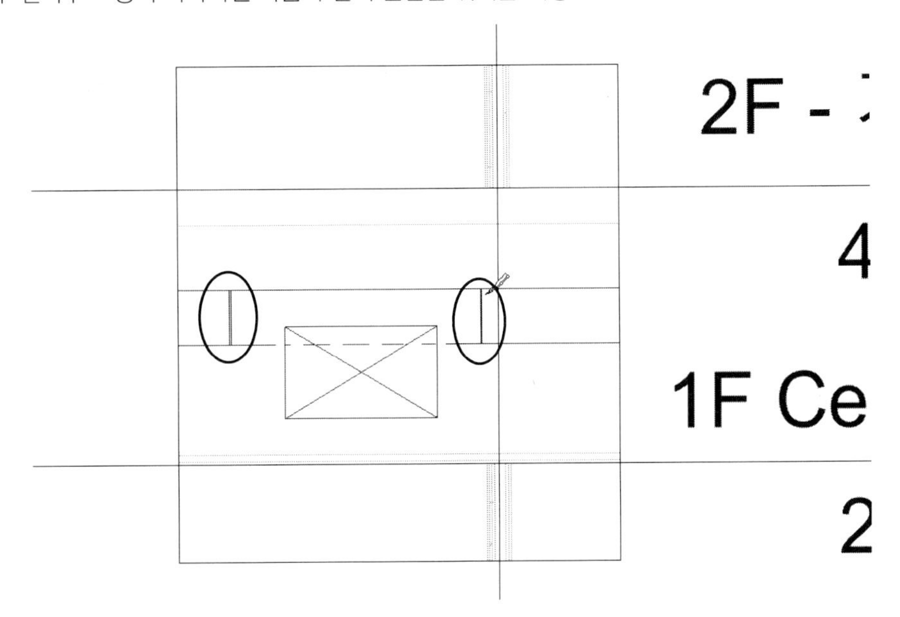

(9) '삭제'기능을 이용하여 교차하는 덕트를 삭제합니다. 삭제된 덕트를 자세히 보면 삭제된 양쪽 말단부에 캡이 자동으로 삽입되어 있습니다. 양쪽 말단부에 있는 캡도 삭제합니다.

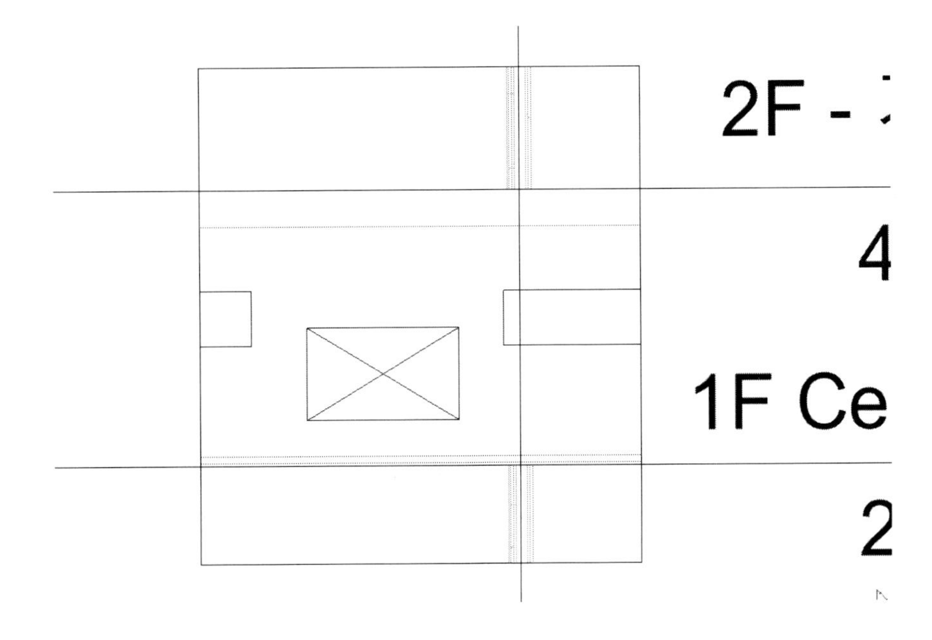

(10) 연결할 덕트 끝의 커넥터에 마우스를 대고 마우스 오른쪽 버튼을 눌러 바로가기 메뉴에서 '덕트 그리기(D)'를 클릭합니다. 이때 덕트의 유형을 '엘보 굽힘/탭'을 선택합니다.

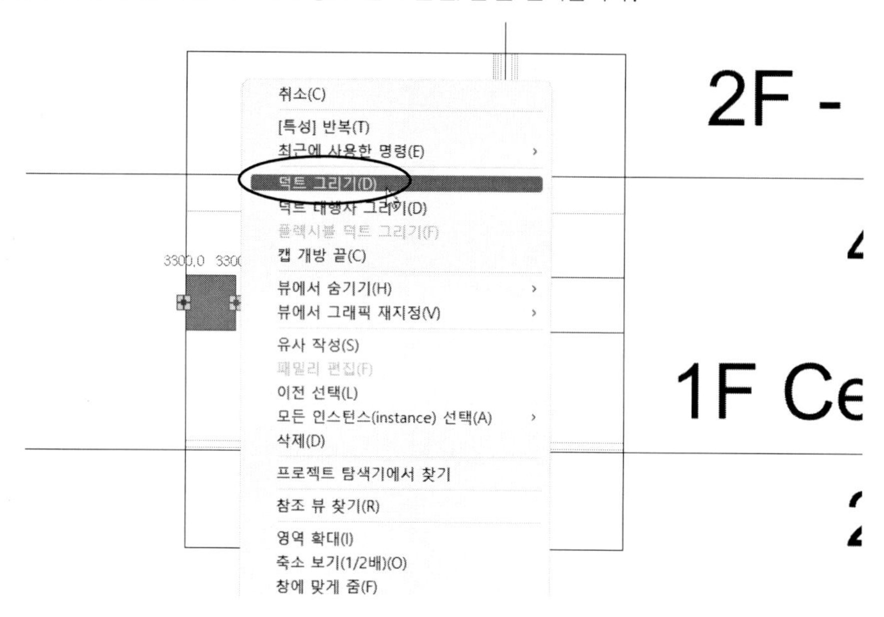

다음과 같이 교차하는 덕트를 타고 넘어가도록 덕트를 모델링합니다.

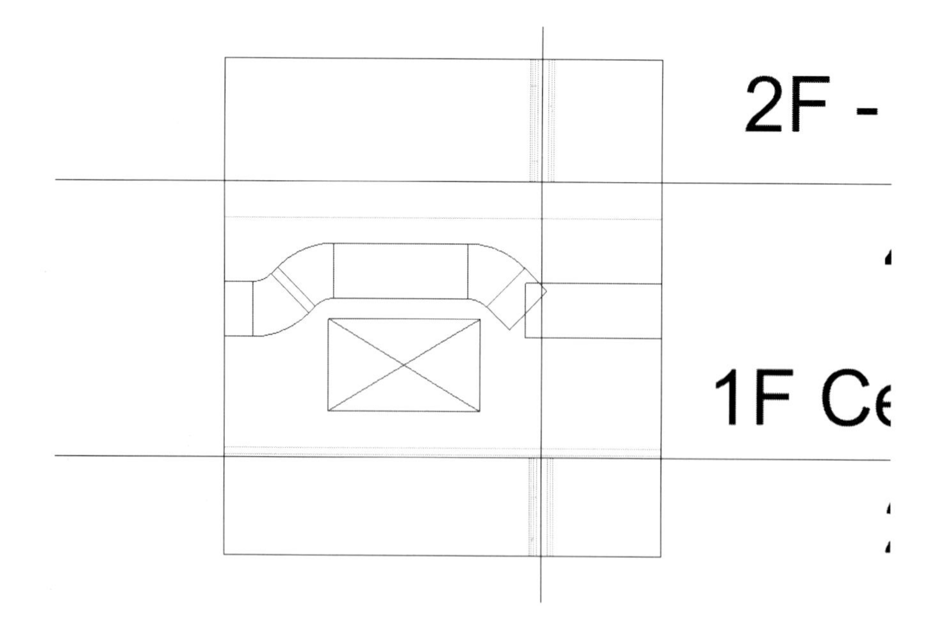

(11) '수정-수정-코너로 자르기/연장'을 클릭하여 두 덕트를 연결합니다.

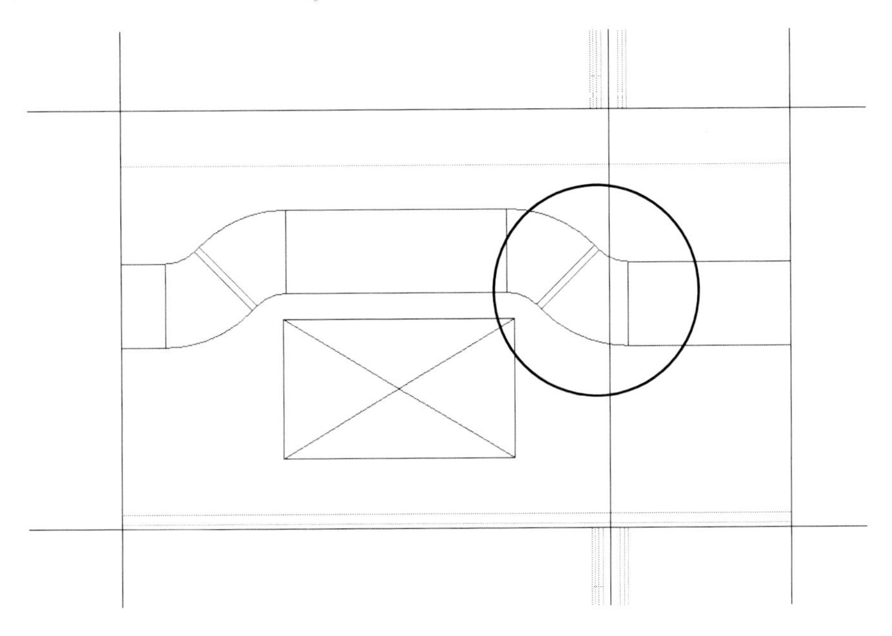

참고 덕트의 편집

덕트의 오르내림을 모델링한 후 오르내림의 높이를 조정하거나 양쪽의 균형을 맞출 때는 덕트를 선택하여 조정합니다. 45도 덕트를 선택한 후 이동 마크( )가 나타나면 좌우로 움직여 양쪽 맞춤을 할 수 있습니다.

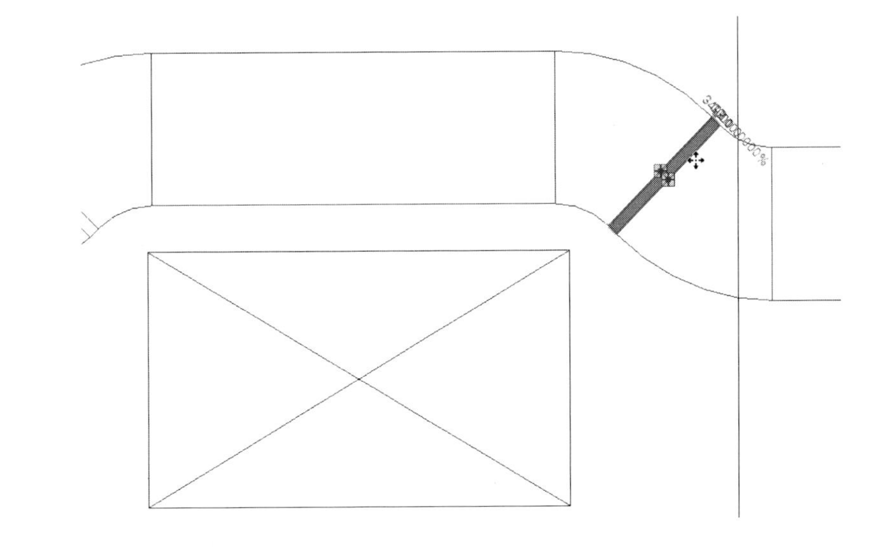

높이를 조정하려면 가운데 수평 덕트를 클릭하여 위아래로 움직입니다.

3D 뷰로 보면 다음과 같이 모델링됩니다.

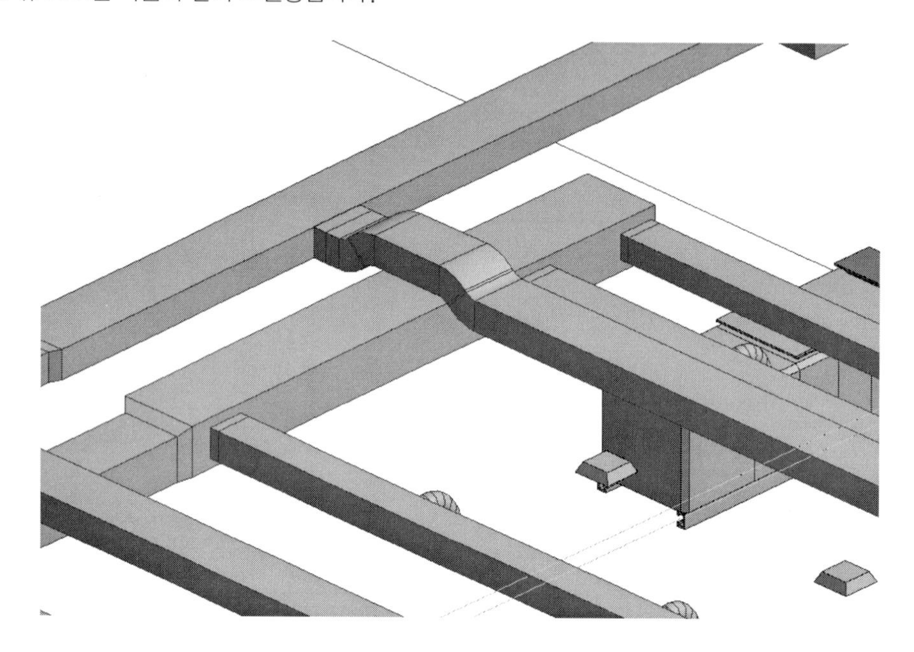

(12) 교차되는 다른 간섭 부위도 동일한 방법으로 회피(오르내림)하도록 모델링합니다.

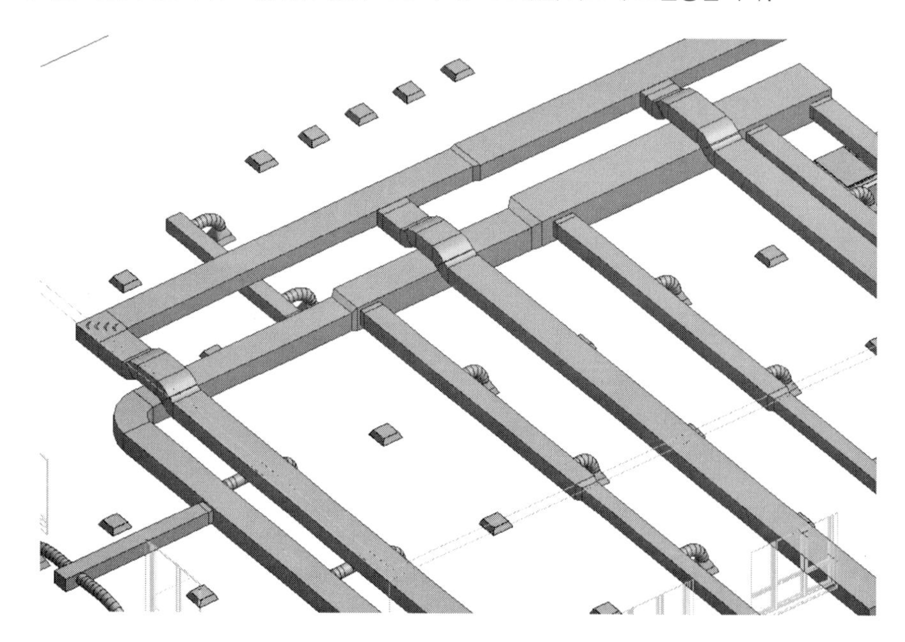

(13) 환기 덕트에 그릴을 부착합니다. 그릴을 부착할 위치에 분기 덕트를 모델링합니다. 1층 평면 뷰를 펼칩니다. '시스템-HVAC-덕트'를 클릭합니다. 옵션 바에서 '폭 : 400','높이 : 250','중간 입면도 : 3300'을 지정한 후 다음과 같이 그릴을 부착할 위치에 분기 덕트를 모델링합니다. 길이는 '300'입니다.

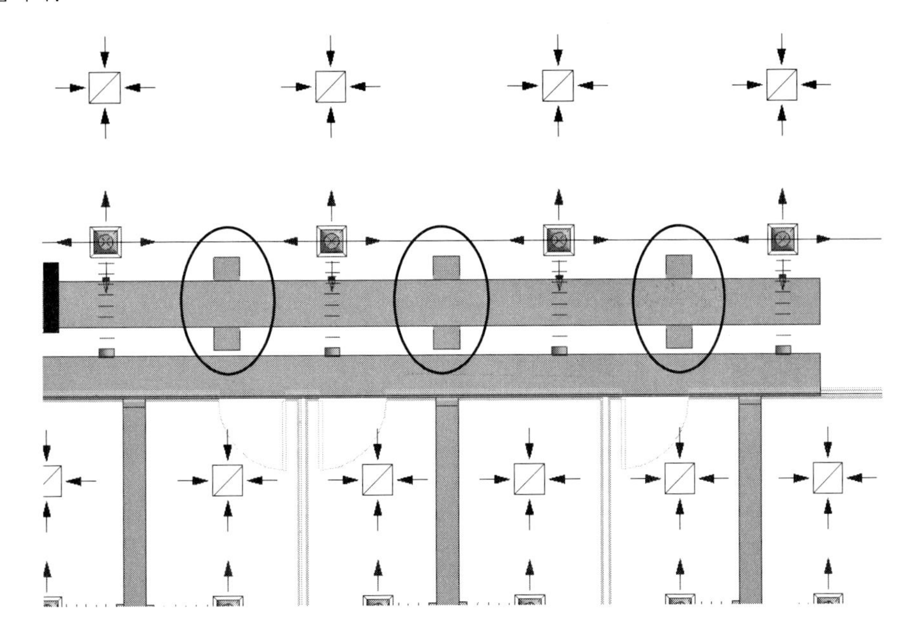

(14) 그릴을 부착합니다. '시스템-HVAC-덕트 장치'를 클릭합니다. '패밀리 로드'를 클릭하여 제공된 패밀리 'Air Reg_Mesh.rfa'파일을 로드합니다.

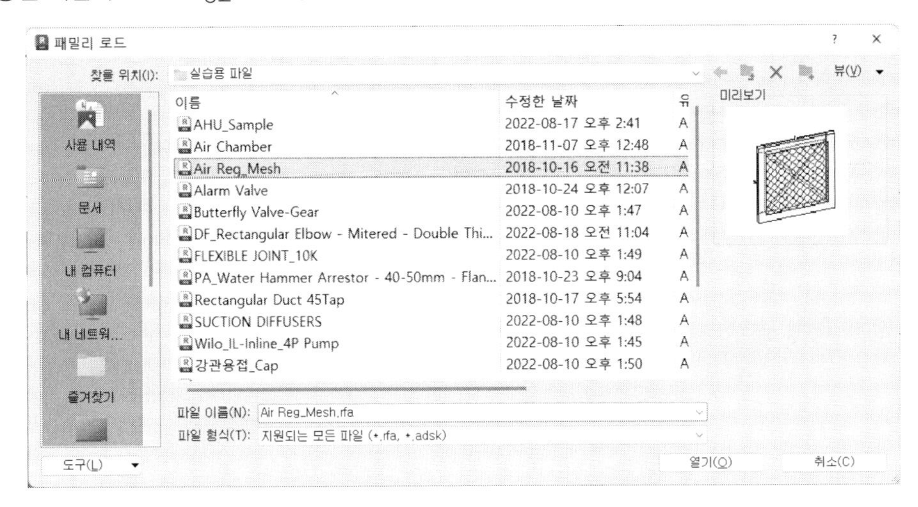

유형 선택기에서 앞에서 로드한 패밀리 'Air Reg_Mesh'를 선택합니다. 그릴을 부착할 덕트의 말단부를 지정합니다. 다음과 같이 그릴이 부착됩니다.

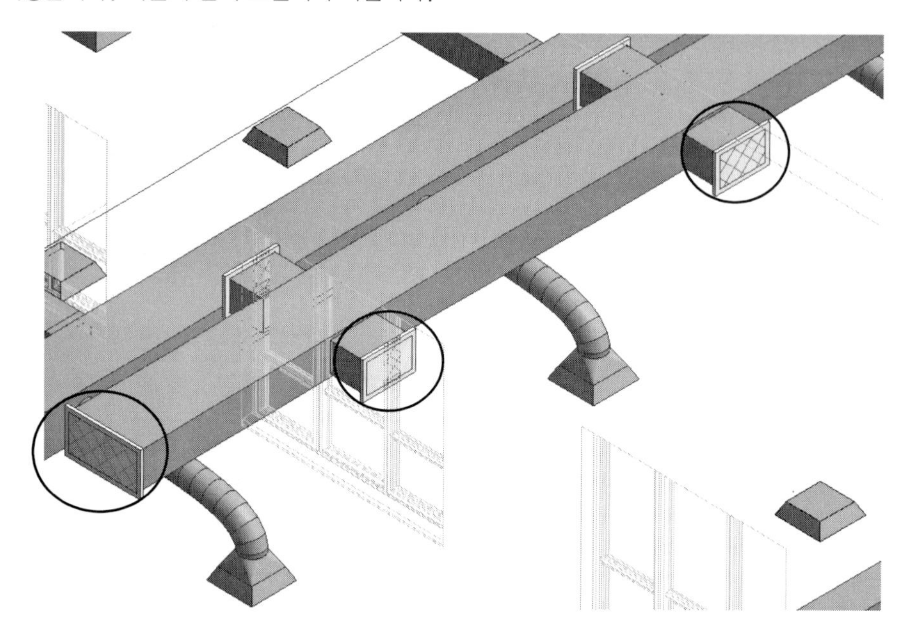

(12) 환기 덕트의 다른 부위도 동일한 방법으로 그릴을 부착합니다. 3D 뷰로 보면 다음과 같이 그릴이 부착됩니다.

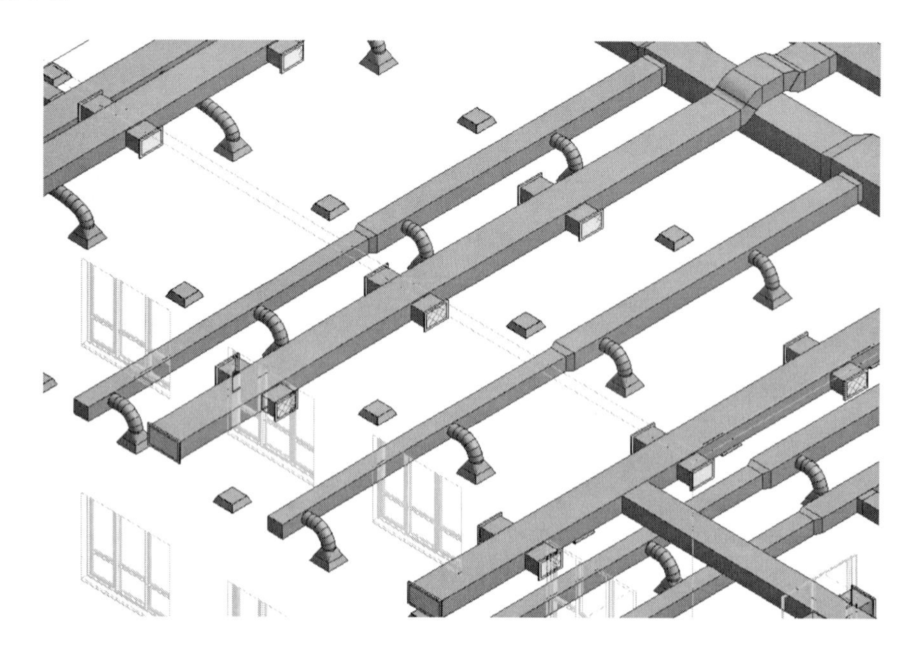

참고 접합부 유형

분기부의 덕트 모양을 45도 형태로 바꾸고자 할 때는 해당 패밀리(Rectangular Duct 45Tap.rfa)를 로드하여 지정합니다. [유형 편집]을 클릭한 후 유형 특성 대화상자에서 '라우팅 기본 설정'의 [편집…]을 클릭합니다. 라우팅 기본 설정 대화상자에서 '접합'에 패밀리를 지정합니다.

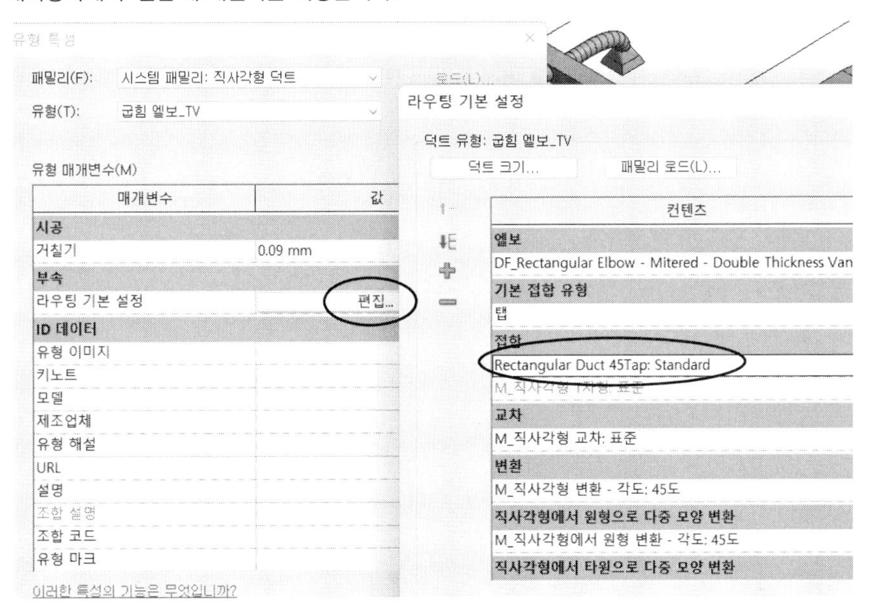

다음과 같이 분기부의 덕트 모양이 45도 형태로 바뀝니다. 이미 모델링된 분기부에 적용하려면 '수정–수정–단일 요소 자르기/연장 '기능으로 수정합니다.

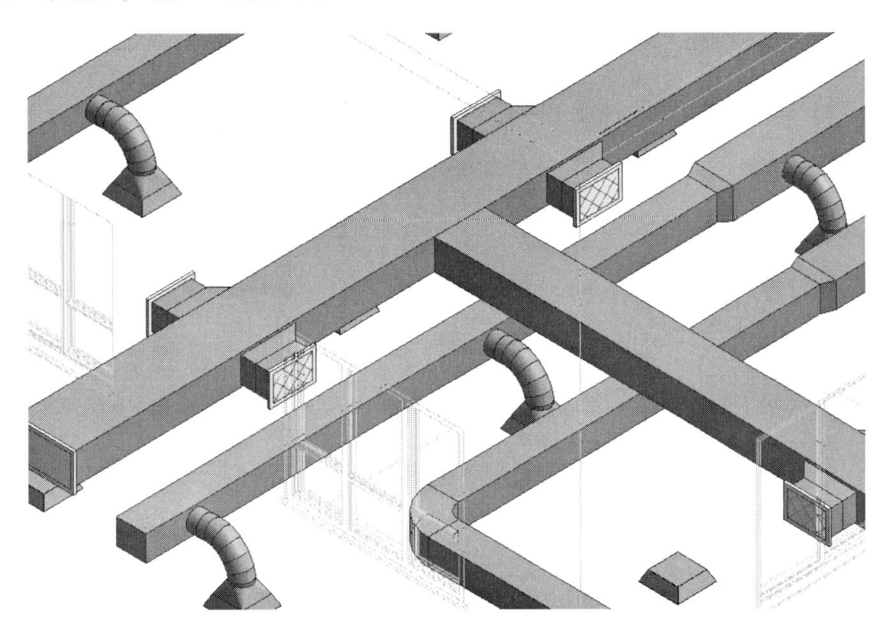

05. 배기 덕트 모델링

화장실의 배기 덕트를 모델링하겠습니다.

(1) 1층 기계 평면뷰를 펼칩니다. 덕트(DT) 기능을 실행하여 옵션 바에서 '폭 : 350', '높이 : 250', '중간 입면도 : 3300'을 지정한 후 화장실 중간 지점까지 지정한 후 다시 옵션 바에서 '폭 : 350', '높이 : 250', '중간 입면도 : 3300'을 지정한 후 모델링합니다.

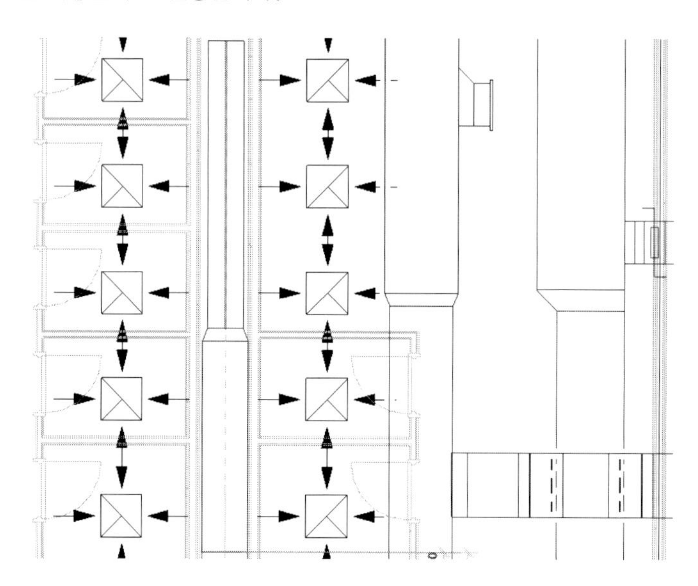

(2) 플렉시블 덕트를 모델링합니다. '플렉시블 덕트(FD)'를 실행하고 옵션 바에서 '지름'을 '200', '중간 입면도' 값을 '3000'을 지정한 후 디퓨져와 덕트를 지정하여 플렉시블 덕트를 모델링합니다.

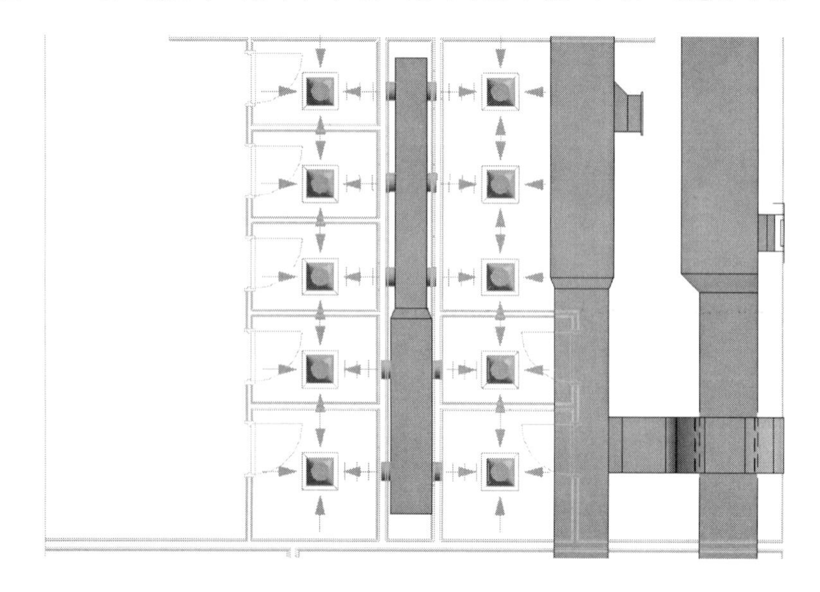

3D 뷰로 보면 다음과 같이 모델링됩니다.

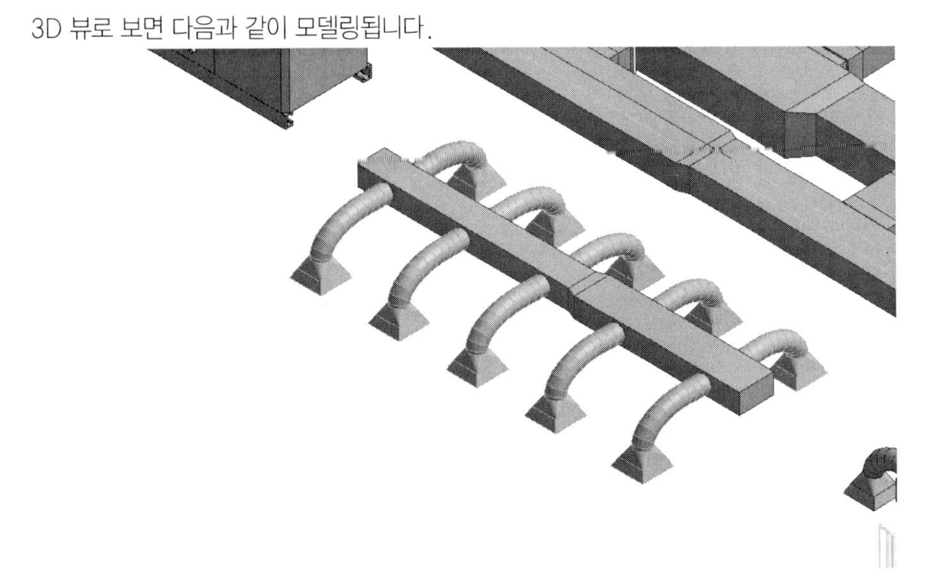

배기의 입상 덕트는 2층 모델링 후에 모델링하도록 하겠습니다.

06. 부속류 삽입

덕트에 들어갈 부속류(댐퍼, 소음기, 캡 등)를 삽입하겠습니다.

(1) 덕트 말단부에 캡으로 마감합니다. 두 가지 방법이 있습니다. '덕트 장치' 기능으로 직접 부착하는 기능입니다. 덕트의 끝 부분을 확대합니다. '시스템-HVAC-덕트 장치'를 클릭합니다. 유형 선택기에서 캡(예: M_직사각형 끝마감 표준)을 선택한 후 배치하고자 하는 덕트의 말단부를 클릭합니다.

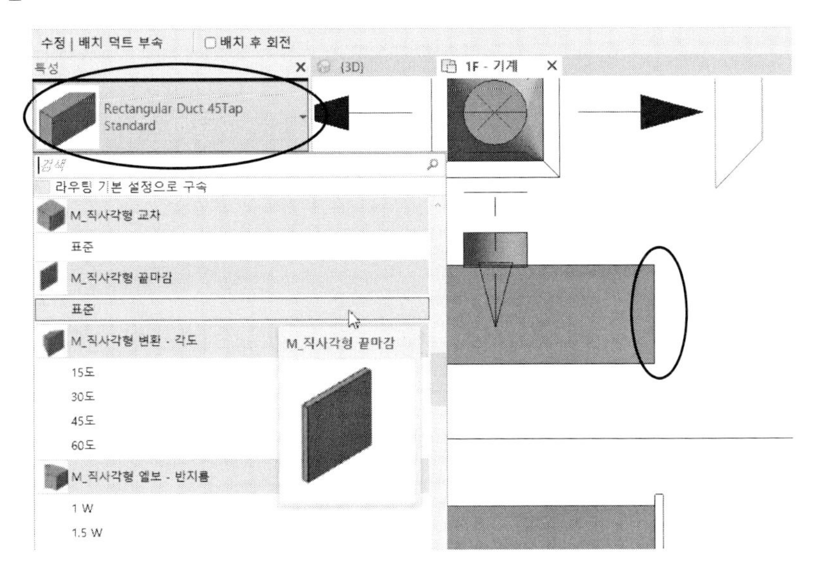

다음과 같이 덕트의 끝 부분에 마감 캡이 부착됩니다. 이와 같은 방법으로 다른 덕트도 캡을 부착합니다.

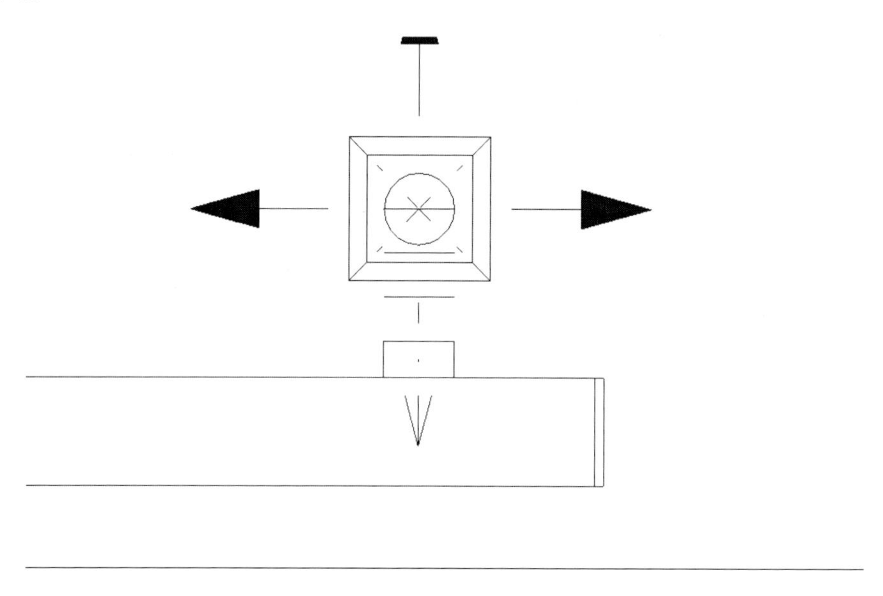

(2) 또 다른 방법으로 덕트를 선택하여 '캡 개방 끝' 기능을 이용하는 방법입니다. 먼저 말단부가 열려 있는 덕트를 선택합니다. '덕트 시스템-편집-캡 개방 끝'을 클릭합니다.

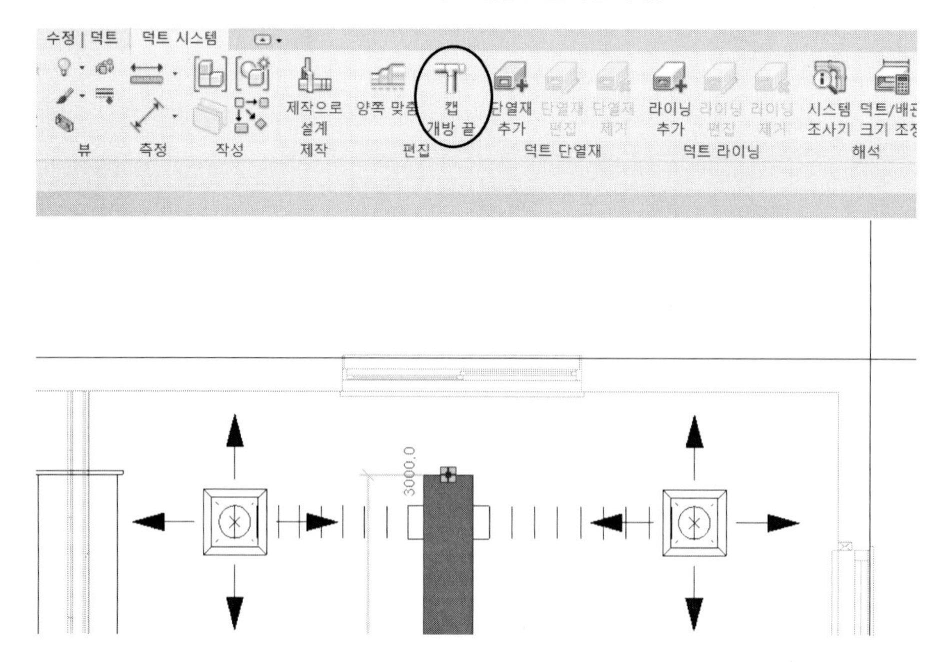

다음과 같이 개방된 덕트의 말단부에 캡이 부착됩니다.

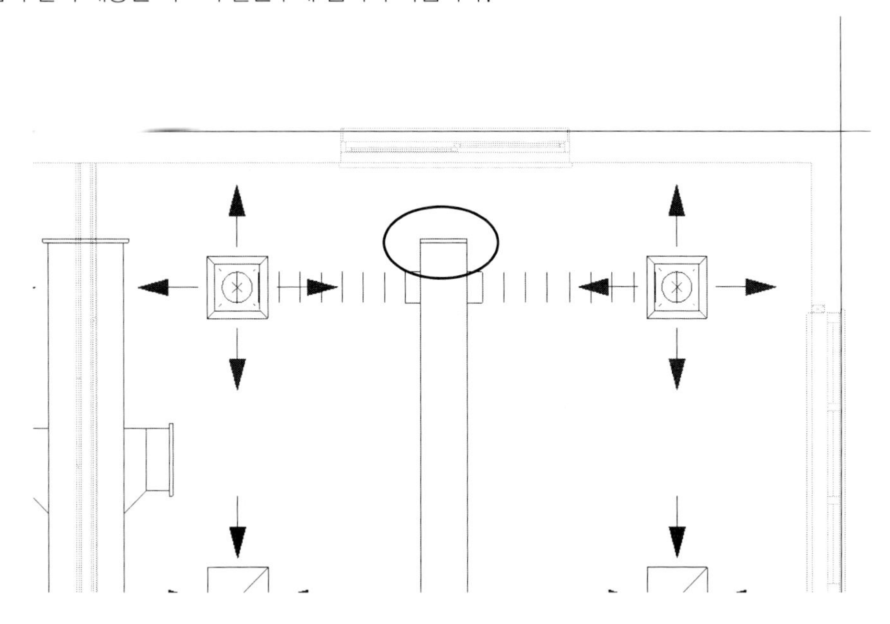

(3) 댐퍼를 삽입합니다. '시스템-HVAC-덕트 액세서리 '를 클릭합니다. 유형 선택기에서 삽입하고자 하는 댐퍼의 종류(예: 볼륨 댐퍼)를 선택합니다. 댐퍼 패밀리가 로드되어 있지 않으면 패밀리를 로드합니다. 댐퍼를 삽입하고자 하는 부분을 확대하여 삽입할 위치를 지정합니다.

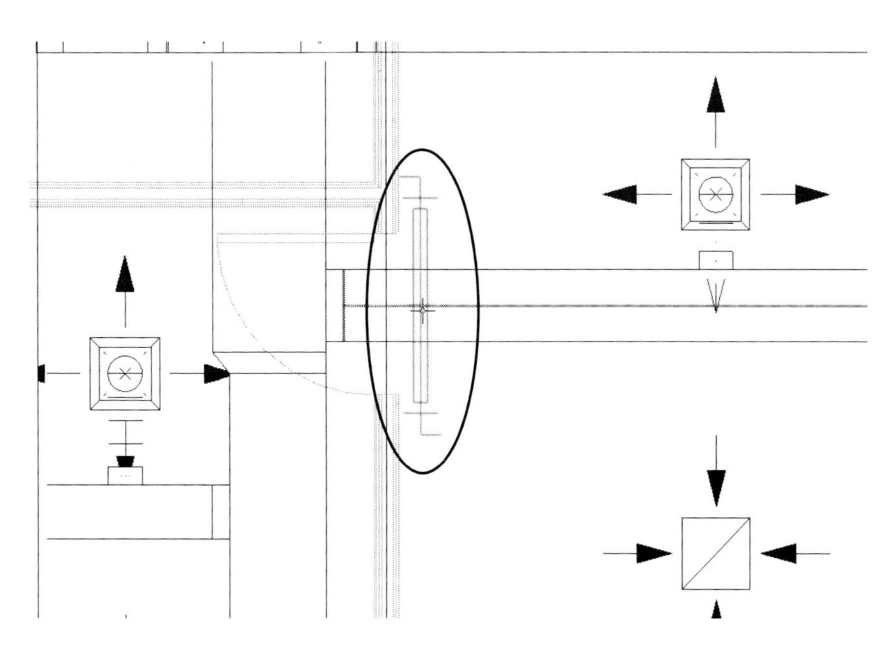

다음과 같이 댐퍼가 삽입됩니다. 이와 같은 방법으로 덕트 부속류를 삽입합니다.

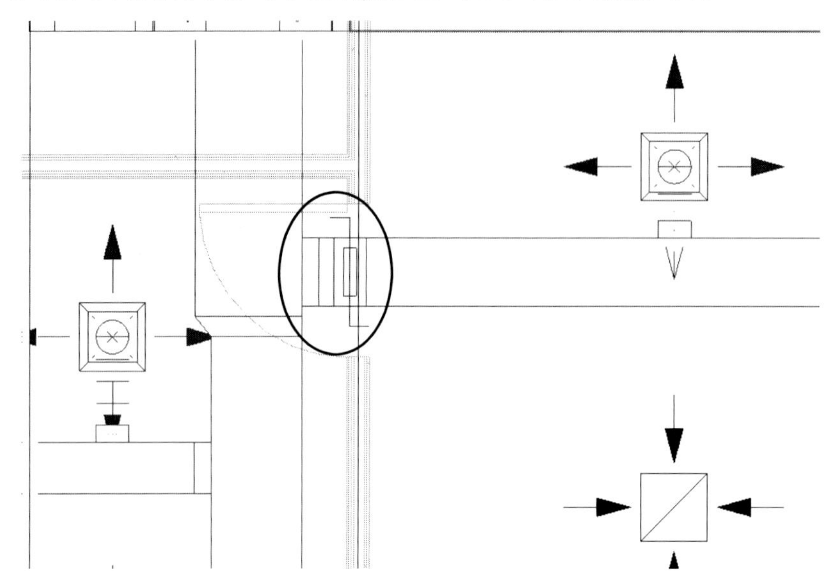

07. 2층 덕트 모델링

2층을 모델링합니다. 1층과 거의 같은 구조이므로 1층의 덕트를 복사하여 2층에 붙여넣는 방법으로 모델링하겠습니다.

(1) 먼저 복사하고자 하는 요소를 선택합니다. 두 점을 지정하여 1층의 요소를 모두 선택합니다.

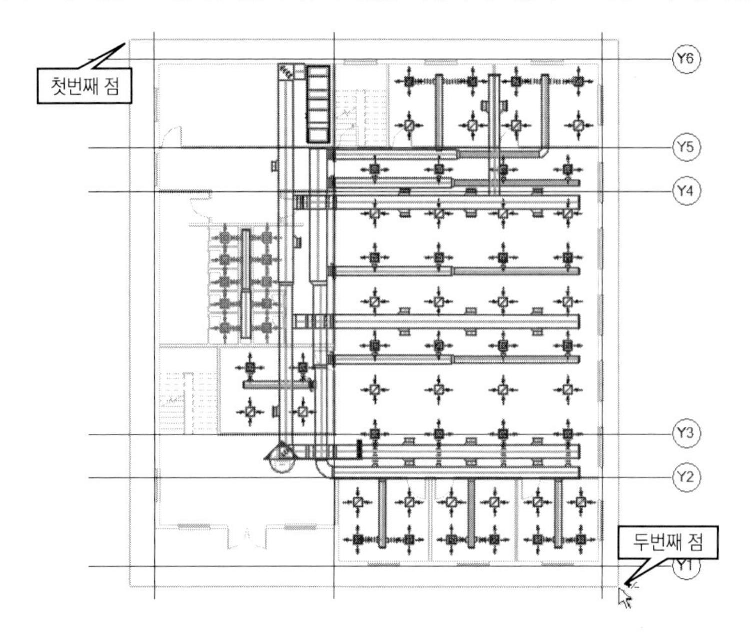

(2) '수정|다중 선택-선택-필터 '를 클릭합니다. 필터 대화상자에서 복사하고자 하는 요소의 카테고리(공기 터미널, 덕트, 덕트 액세서리, 덕트 부속, 플렉시블 덕트)를 체크한 후 [확인]을 클릭합니다.

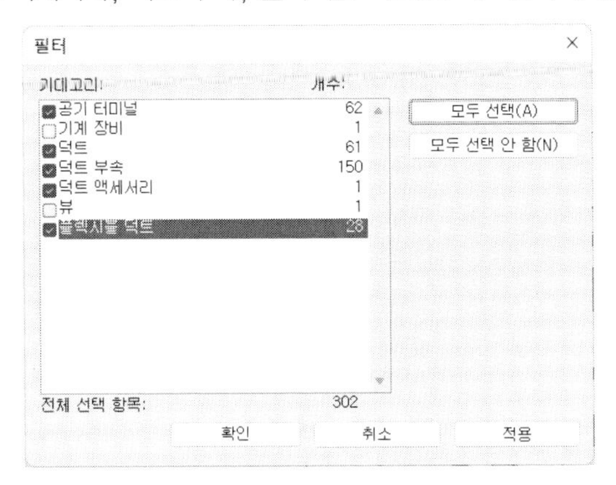

다음과 같이 선택한 카테고리만 선택됩니다.

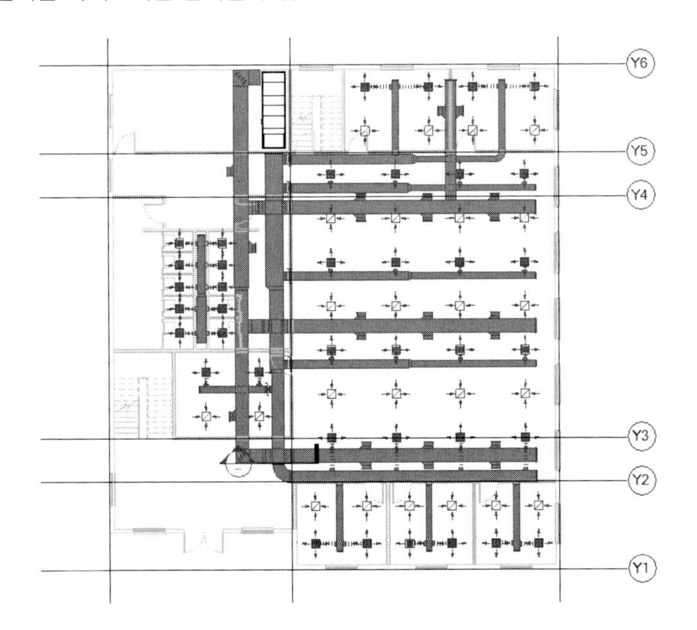

(3) 〈Ctrl〉+ 'C'를 누르거나 '수정|다중 선택-클립보드-클립보드로 복사 '를 누릅니다.

(4) '수정|다중 선택-클립보드-붙여넣기'드롭다운 리스트에서 '선택한 레벨에 정렬'을 클릭합니다.

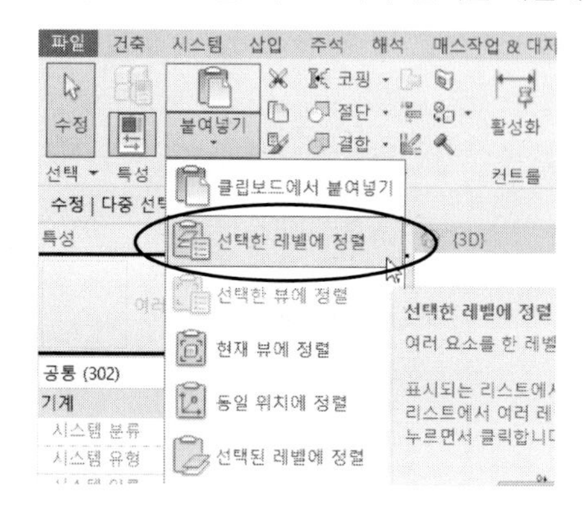

레벨 선택 대화상자에서 '2F - 기계'를 선택합니다.

(5) 프로젝트 탐색기에서 [뷰(분야)]-[기계]-[HVAC]-[입면도(건물 입면도)]-[남쪽-기계]를 더블클릭합니다. 다음과 같이 1층의 덕트가 2층으로 복사된 것을 확인할 수 있습니다.

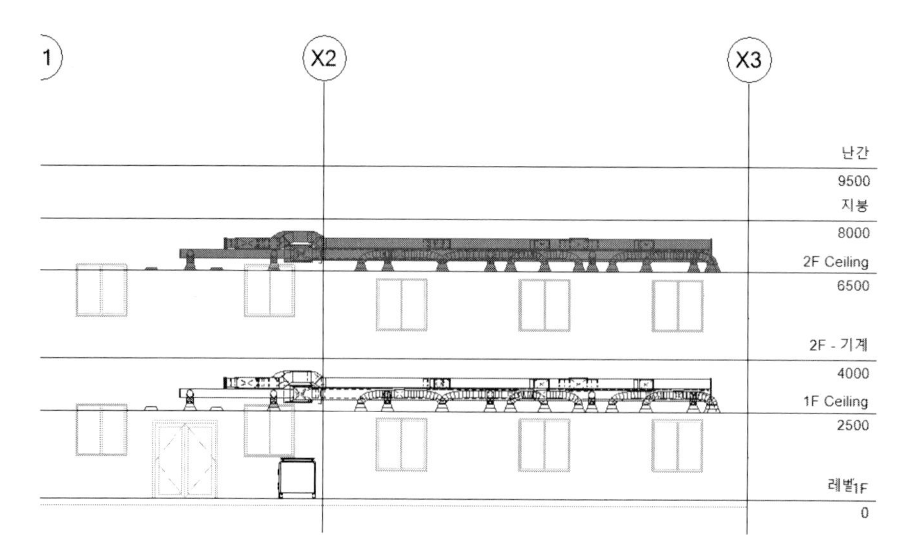

3D 뷰로 보면 다음과 같습니다.

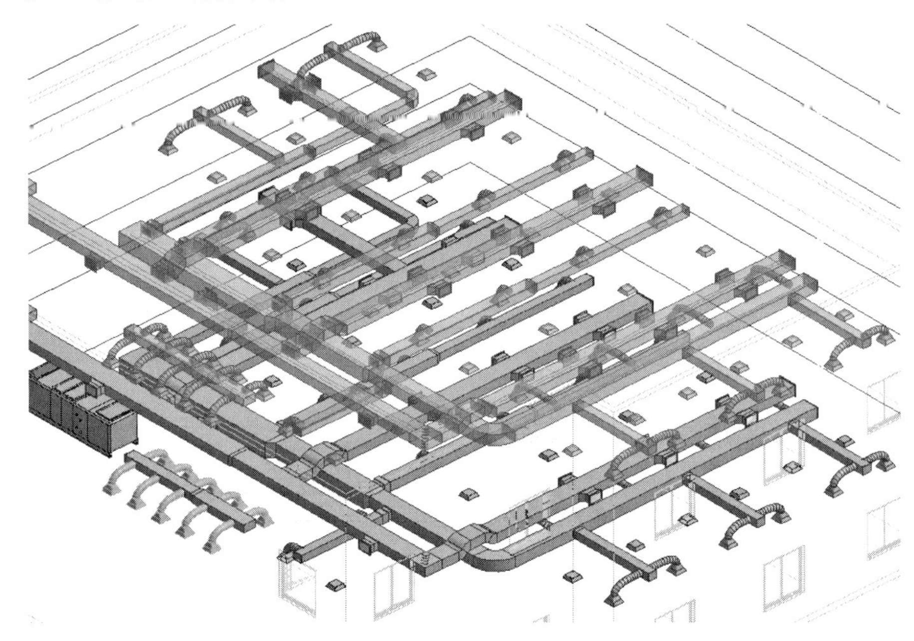

08. 입상 덕트 및 공조기 연결

배기 덕트의 입상 덕트를 모델링하고 덕트와 공조기를 연결합니다. 1층 기계실에 있는 공조기(AHU)와 1층과 2층의 덕트를 연결합니다.

(1) 배기 덕트를 모델링하겠습니다. 1층 평면뷰를 펼칩니다. 화장실 배기 덕트의 말단부를 클릭한 후 마우스를 대고 오른쪽 버튼을 클릭합니다. '덕트 그리기(D)'를 클릭합니다.

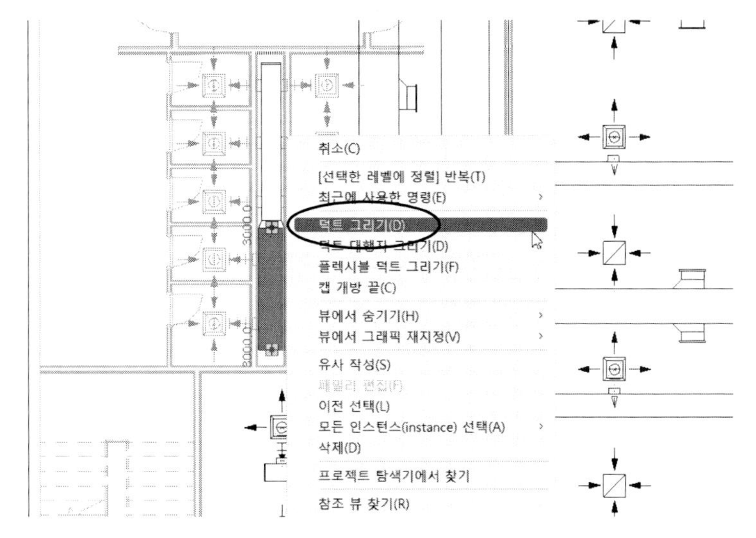

(2) 옵션 바에서 '중간 입면도'값을 '8000'을 입력한 후 [적용]을 두 번 클릭합니다. 다음과 같이 입상 덕트가 모델링됩니다.

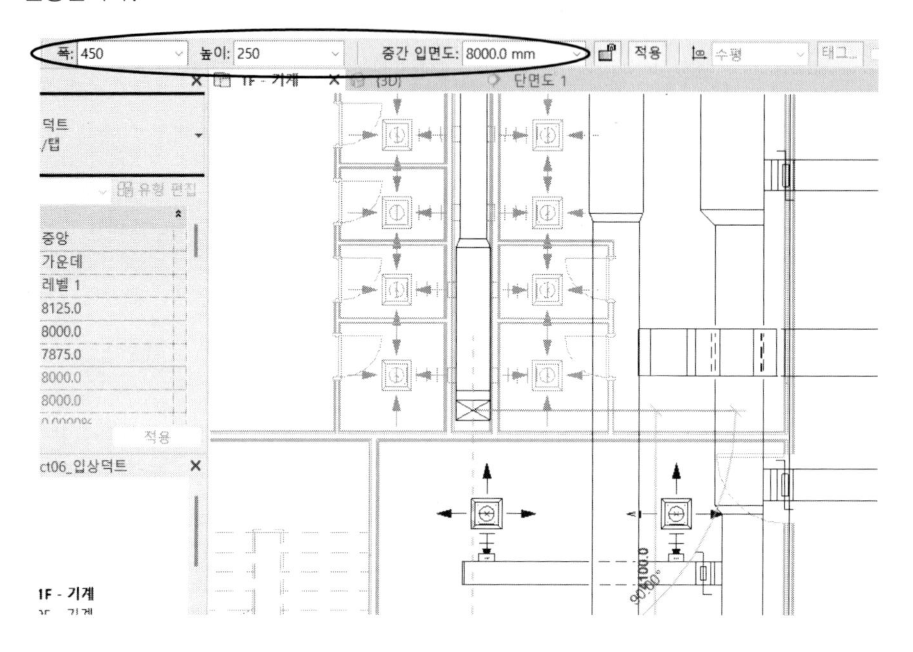

(3) 단면도를 작성하여 2층 배기 덕트와 연결하겠습니다. 단면도 기능(◆)으로 다음과 같이 입상 덕트 부분을 정의합니다.

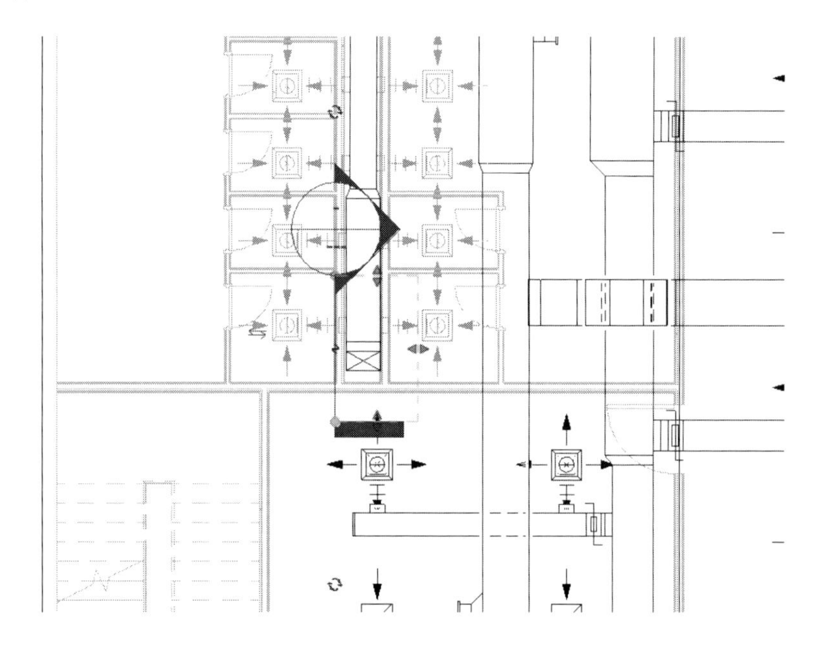

마우스 오른쪽 버튼을 눌러 바로가기 메뉴에서 '뷰로 이동'을 클릭합니다. 뷰 제어막대에서 '상세 수준'을 '높음'으로 설정합니다. 다음과 같은 단면 뷰가 나타납니다.

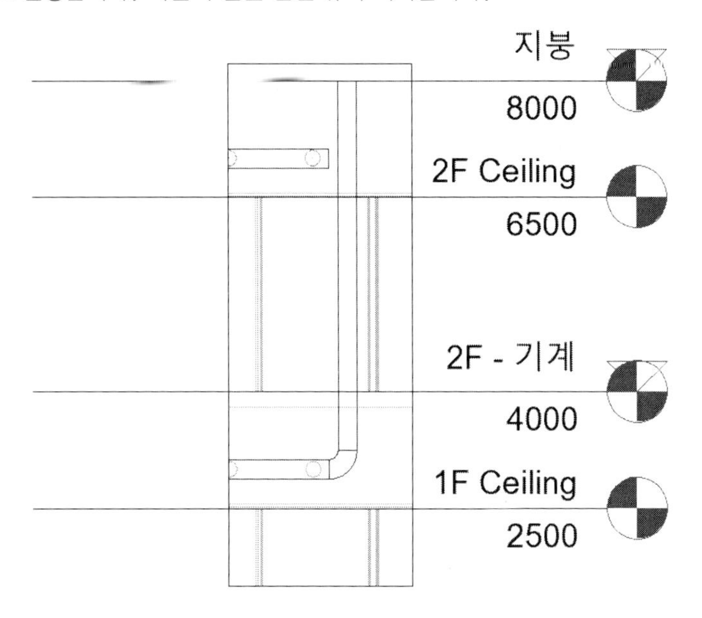

(4) 단일 요소 자르기/연장 기능으로 2층 배기 덕트를 입상 덕트에 연결합니다. '수정-수정-단일 요소 자르기/연장 '을 클릭한 후 입상 덕트와 2층 배기 덕트를 클릭합니다.

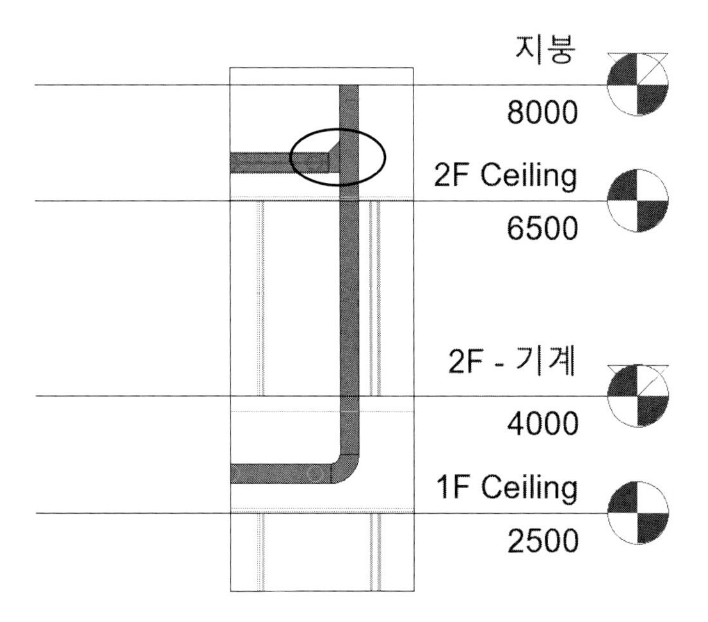

(5) 덕트와 공조기를 연결하겠습니다. 1층 평면뷰를 펼칩니다. 우선 공조기의 급기구(Supply) 및 환기구(Return)의 커넥터에 덕트를 모델링합니다. 공조기를 클릭하여 급기구(Supply) 커넥터에 마우스를 대고 오른쪽 버튼을 클릭합니다. '덕트 그리기(D)'를 클릭합니다.

(6) 옵션 바에서 '중간 입면도'값을 '2500'으로 설정하고 [적용]을 두 번 클릭합니다. 다음과 같이 공조기에 급기 덕트가 모델링됩니다. 동일한 방법으로 환기 덕트를 모델링합니다. 환기 덕트는 '중간 입면도' 값을 '2700'으로 설정하여 모델링합니다. 다음과 같이 공조기에 급기와 환기 덕트가 모델링됩니다.

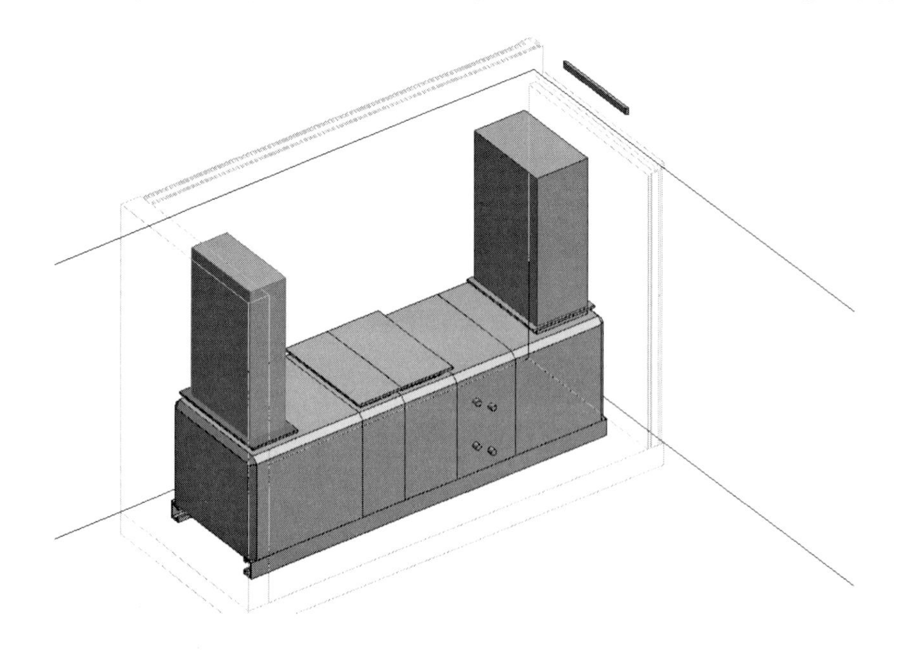

(7) 챔버를 배치하여 연결하겠습니다. 제공된 데이터 중 챔버(Air Chamber.rfa)를 로드합니다. '시스템-기계-덕트 장치'를 클릭합니다. '수정|덕트 장치-모드-패밀리 로드'를 클릭하여 패밀리를 로드합니다.

임의의 위치에 배치한 후 챔버를 선택한 후 챔버의 크기를 수정합니다. 특성 팔레트에서 'Cham_Hgt'를 '1000', 'Cham_Length'를 '1500', 'Cham_Width'를 '1000'으로 설정합니다. 그리고 '레벨로부터의 높이'를 '3000'으로 설정합니다.

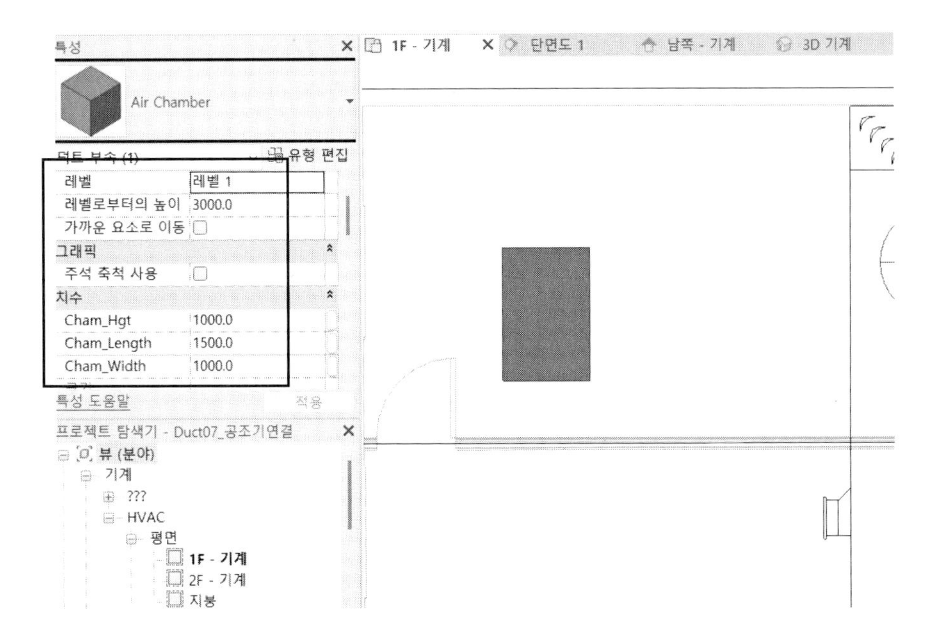

(8) 챔버를 급기구 쪽으로 이동합니다. 단면도 기능으로 단면 뷰를 작성하여 '정렬'기능으로 챔버를 정렬합니다.

정확한 위치를 맞추기 위해 보조선을 작성할 수도 있습니다. '주석-상세 정보-상세선'기능을 이용하여 보조선을 작성합니다.

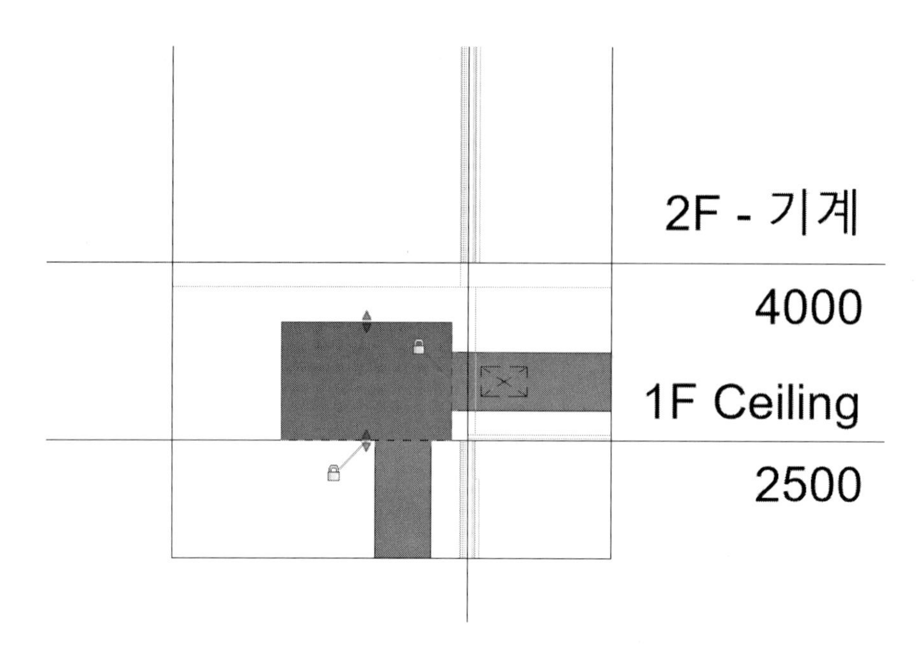

(9) 급기구의 챔버를 복사하여 환기구에 배치합니다. 단면도 기능과 수정(이동, 정렬 등) 기능을 이용하여 챔버를 배치합니다.

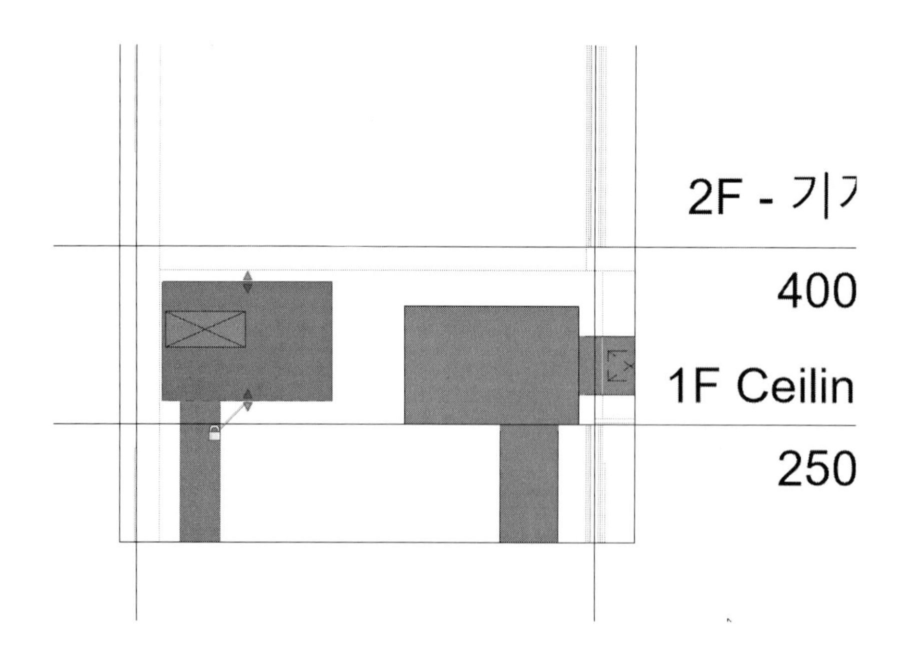

3D 뷰로 보면 다음과 같이 모델링됩니다.

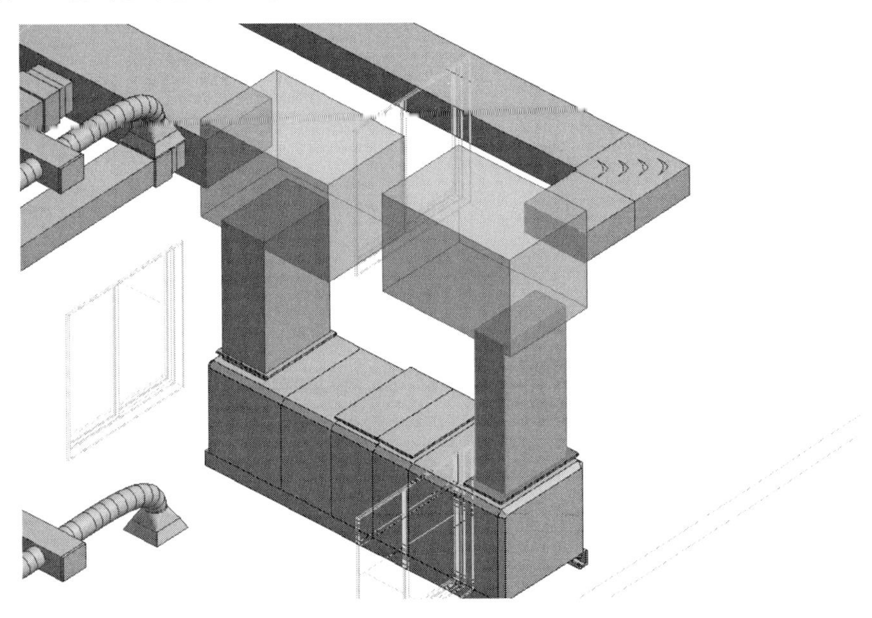

(10) 2층의 덕트를 챔버에 연결합니다. 단면 뷰를 작성한 후 다음과 같이 2층의 급기 덕트를 작성합니다.

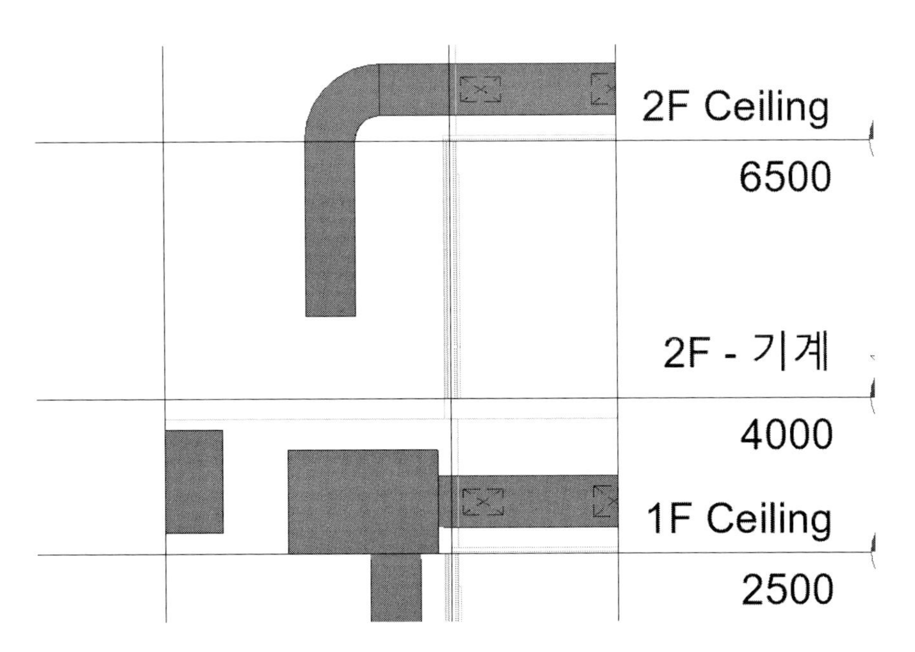

(11) '정렬 '기능으로 챔버에 연결합니다.

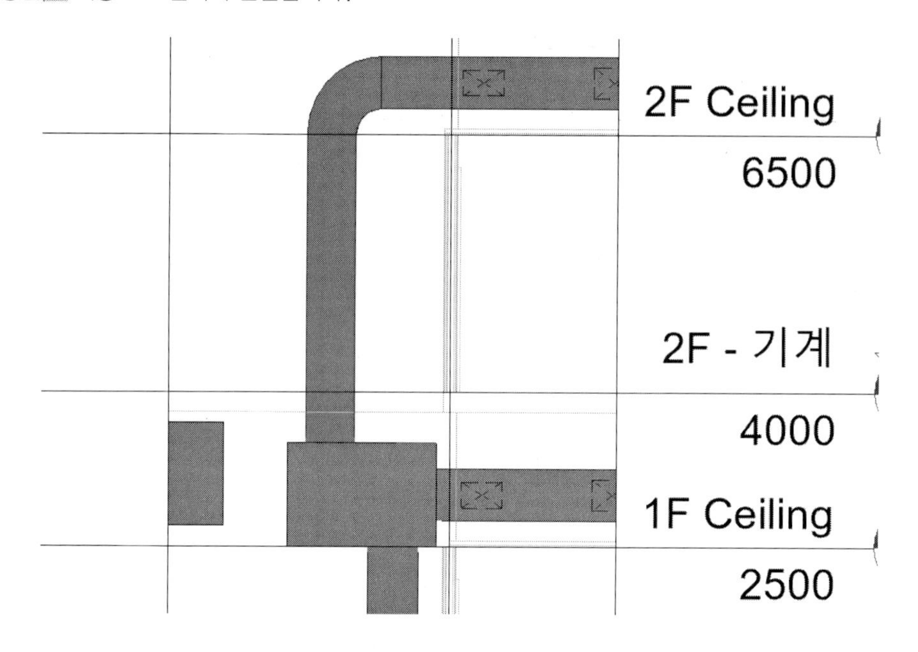

(12) 이와 같은 방법으로 2층 환기 덕트를 챔버에 연결합니다. 단면도를 작업하기 용이한 방향과 범위를 지정하여 편집 작업을 수행합니다.

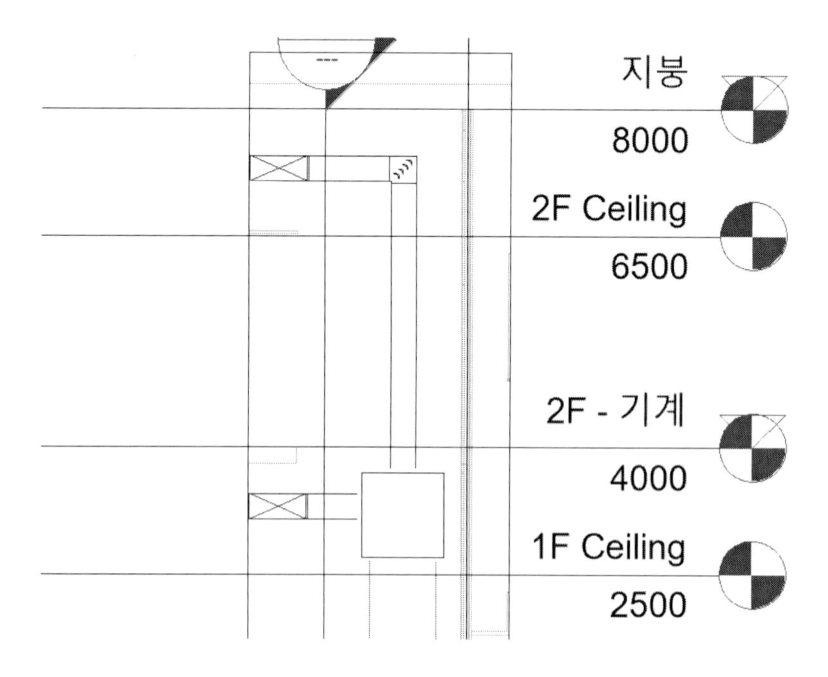

3D 뷰로 보면 다음과 같이 모델링됩니다.

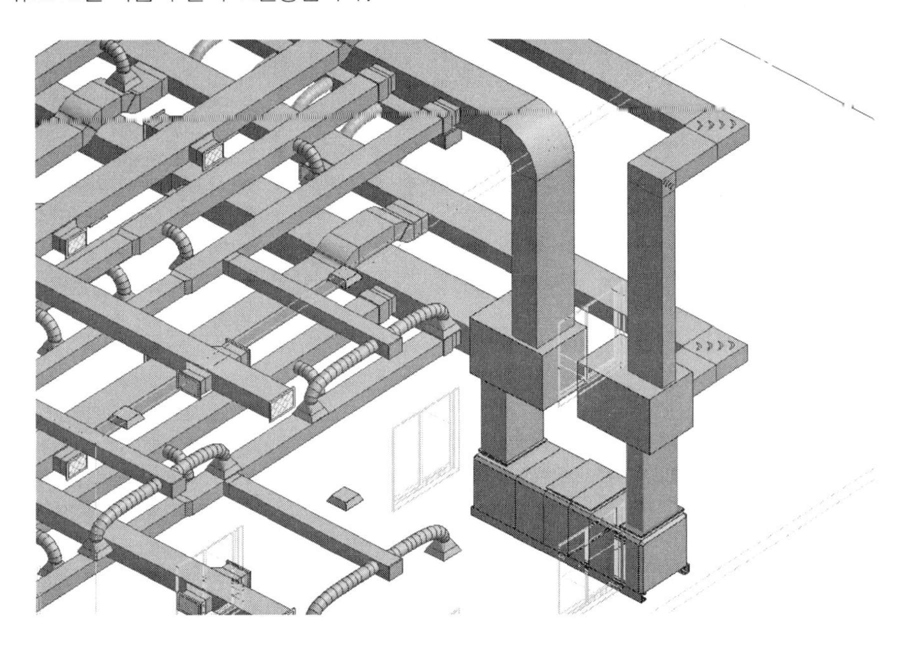

다음과 같이 덕트 모델이 완성됩니다.

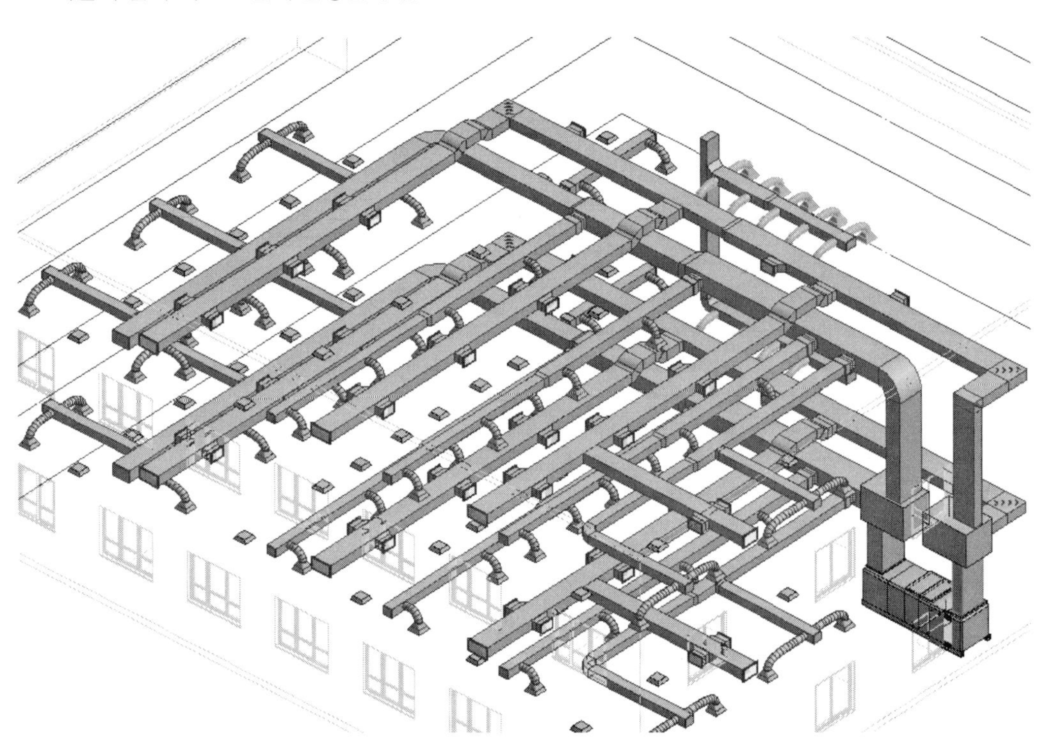

4. 색상 정의 및 뷰 템플릿

앞에서 작성한 덕트 모델은 복잡하여 구분하기 어렵습니다. 각 덕트를 색상으로 구분한다면 보다 가독성이 좋은 모델이 될 수 있습니다. 이번에는 유체 종류에 따라 색상을 지정하는 방법에 대해 학습합니다. 필터 기능을 이용하여 색상을 설정하겠습니다. 매개변수(파라미터)를 작성한 후 매개변수에 유체 종류를 구분하는 문자를 지정하여 필터링하는 방법으로 색상을 지정하는 방법에 대해 학습합니다.

01. 매개변수 작성 및 값 설정

덕트를 구분해주기 위해 매개변수를 작성하고 덕트의 유체 종류에 따라 값을 지정합니다.

(1) 프로젝트 매개변수를 작성합니다. '관리-설정-프로젝트 매개변수'를 클릭합니다. 프로젝트 매개변수 대화상자에서 하단의 '새 매개변수'를 클릭합니다. 매개변수 특성 대화상자에서 이름(N)을 '유체종류', 분야(D)를 '공통', 매개변수 유형(T)를 '문자', '인스턴스(Instance)(I)'를 지정합니다. 카테고리는 [모두 선택(A)]를 선택합니다.

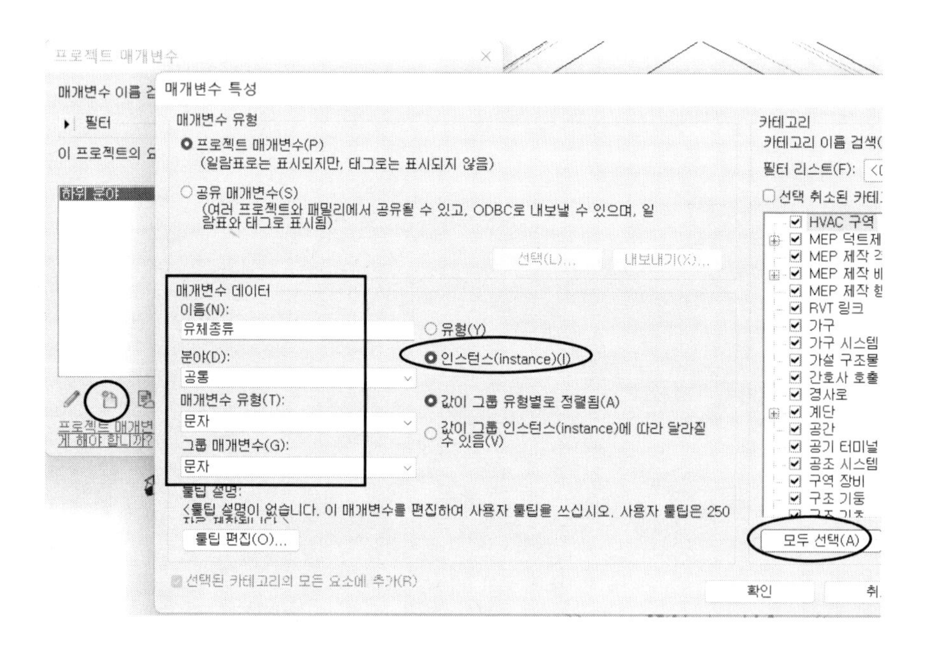

[확인]을 누르면 '유체종류'라는 이름의 매개변수가 작성됩니다.

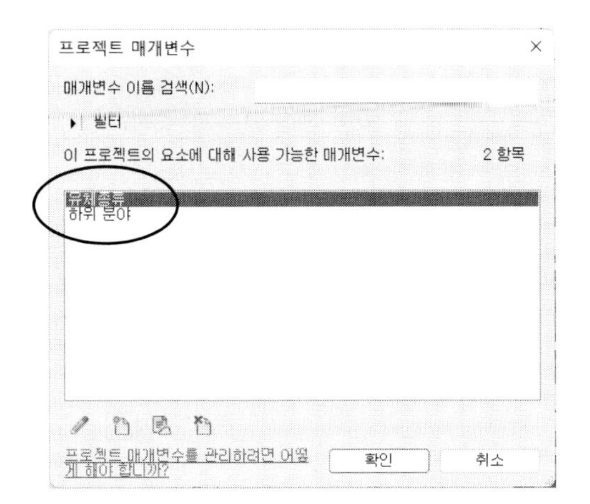

(2) 3D 뷰를 펼칩니다. 덕트 종류에 따라 매개변수 '유체종류'에 값을 지정합니다. 급기 덕트에 마우스를 대로 〈Tab〉 키를 두 번 클릭합니다. 급기 덕트가 하일라이트됩니다. 이때 클릭합니다. 급기 덕트가 선택되면 특성 팔레트의 '유체종류'에 'SA'를 입력합니다.

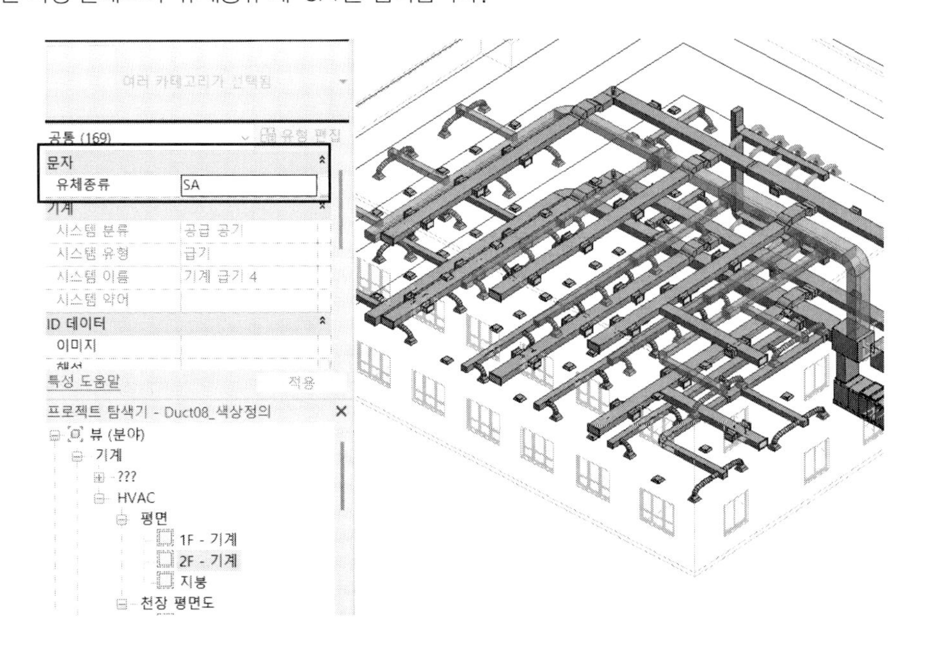

(3) 이번에는 환기 덕트에 마우스를 대고 〈Tab〉 키를 두 번 누른 후 클릭합니다. 특성 팔레트의 '유체종류'에 'RA'를 입력합니다. 배기 덕트도 동일한 방법으로 선택하여 'EA'로 정의합니다. 이렇게 함으로써 각 덕트의 '유체종류' 매개변수 값을 정의하였습니다.

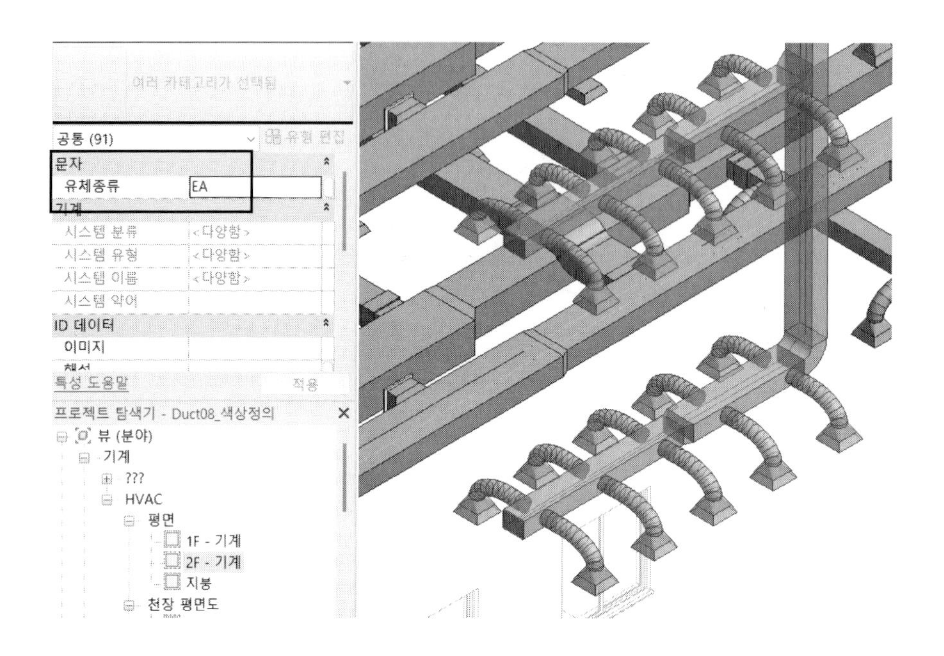

02. 필터 작성

매개변수 값으로 구분하여 필터링합니다.

(1) 이제부터 필터를 정의하겠습니다. 'VV'또는 'VG'를 입력하거나 '뷰-그래픽-가시성/그래픽 '을 클릭합니다. '필터' 탭을 클릭합니다. 필터 리스트에 필터가 있으면 [제거(R)]을 눌러 모두 제거합니다.

(2) [편집/새로 작성(E)]을 클릭합니다. 다음과 같은 필터 대화상자가 나타납니다. 이때 '새로 만들기 '를 클릭합니다. 필터 이름을 'SA'로 정의합니다.

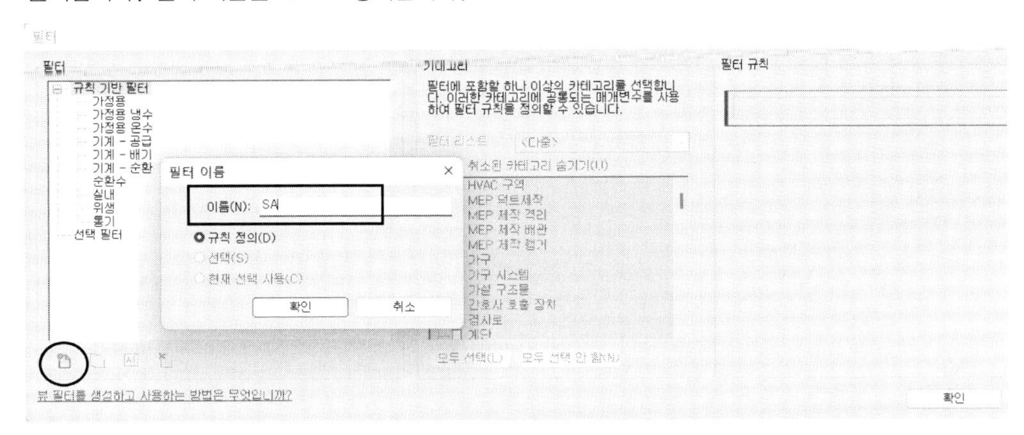

'카테고리'에서 '덕트', '덕트 장치', '플렉시블 덕트'를 선택합니다. '필터 규칙'에서 '필터 기준(I)'를 '유체종류', '같음', 'SA'를 지정합니다. 즉, 매개변수 '유체종류'의 값이 'SA'인 덕트만을 필터링하는 작업입니다.

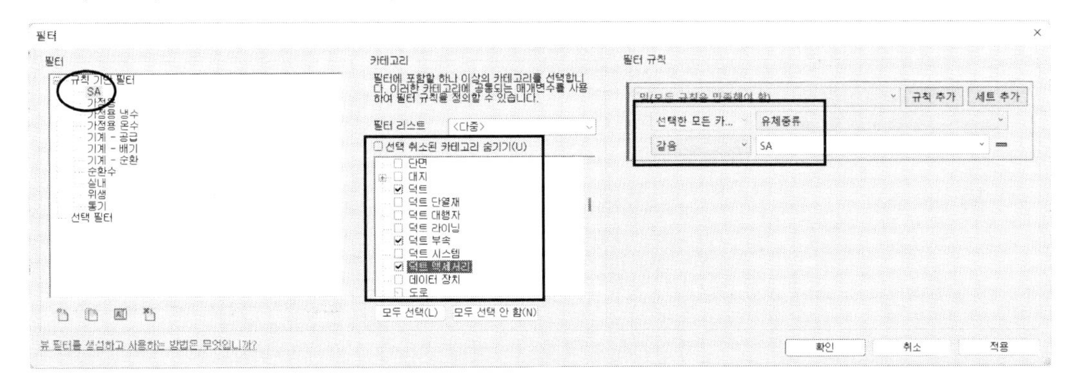

(3) [적용]을 누른 후 'SA'가 선택된 상태에서 '복제 '를 클릭한 후 '이름 바꾸기 '기능으로 'RA'를 입력합니다. '필터 규칙'에서 '필터 기준(I)'를 '유체종류', '같음', 'RA'를 지정합니다. [적용]을 클릭합니다.

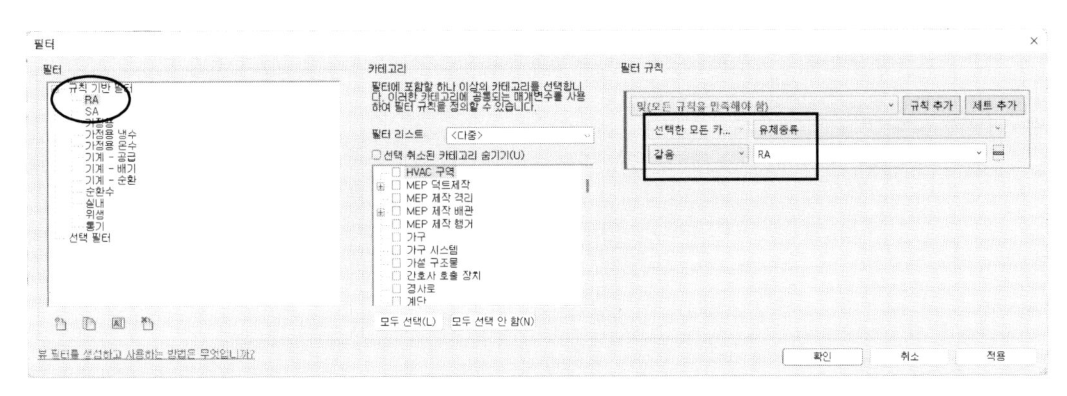

동일한 방법으로 'EA'를 정의합니다. 이렇게 해서 필터 정의가 끝났습니다.

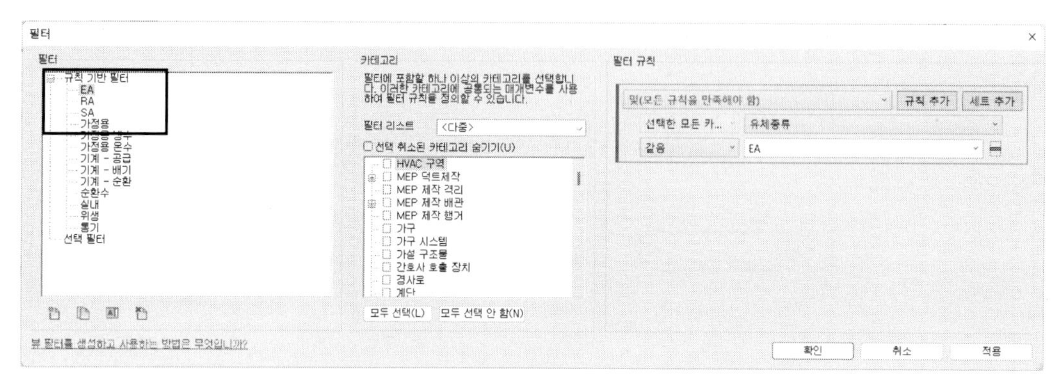

(4) [확인]을 클릭하면 가시성/그래픽 재지정 화면으로 돌아옵니다. [추가(D)]를 클릭하여 필터 추가 대화상자의 필터 리스트에서 'SA', 'RA', 'EA'를 선택합니다.

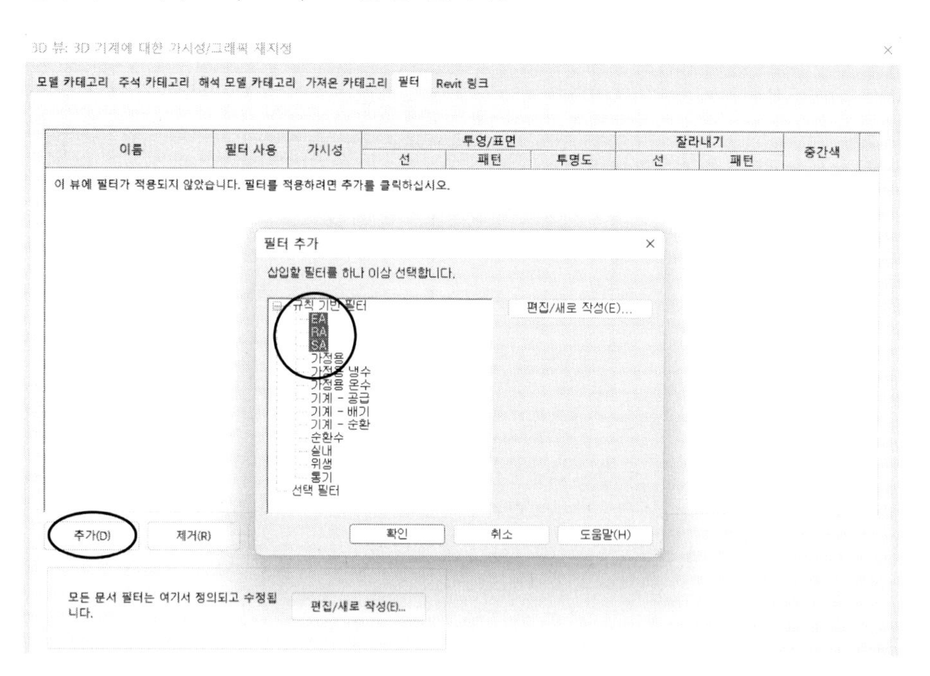

03. 색상 정의

필터 종류에 따라 색상을 정의합니다.

(1) 필터 리스트에서 'SA'의 '패턴'의 [재지정]을 클릭합니다. 전경의 '패턴'을 '솔리드 채우기', '색상'을 '녹색'으로 지정합니다.

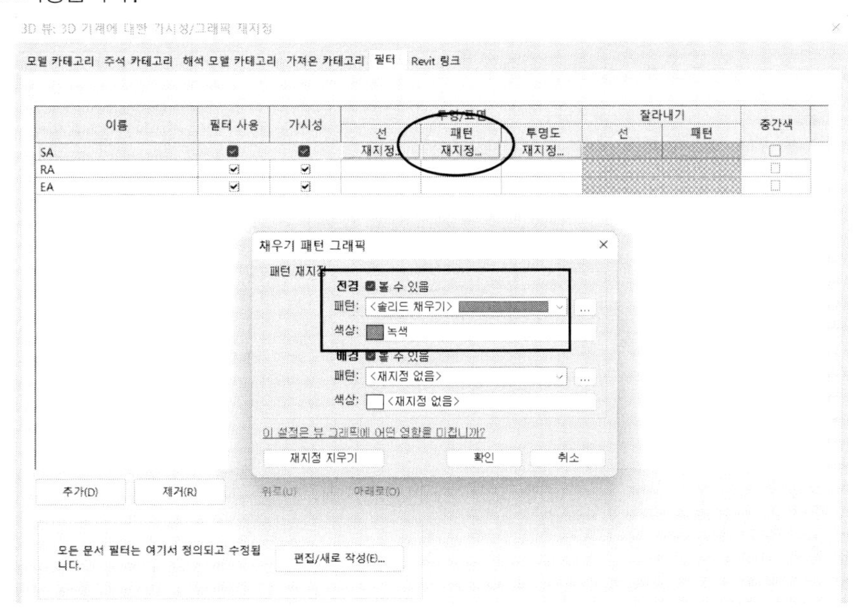

(2) 동일한 방법으로 'RA'를 '선홍색', 'EA'를 '파란색'으로 정의한 후 [확인]을 클릭합니다.

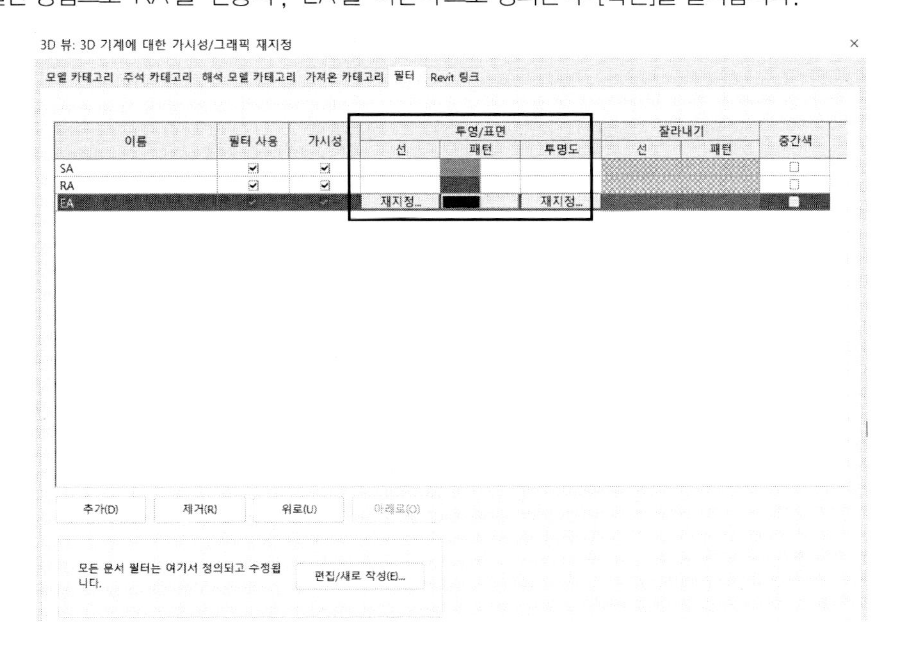

(3) [확인]을 클릭하면 다음과 같이 급기, 환기, 배기 덕트가 지정한 색상으로 표시됩니다.

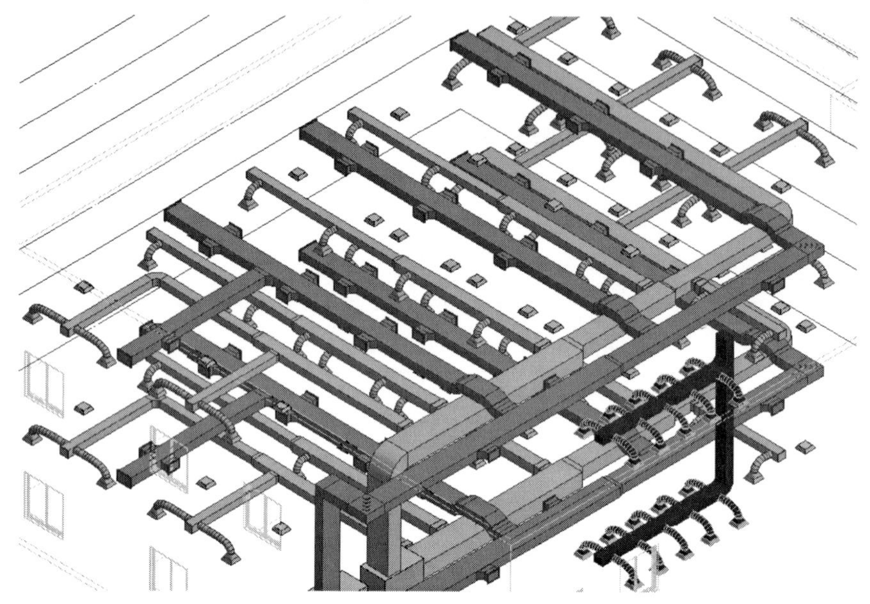

04. 뷰 템플릿 작성 및 적용

뷰 템플릿을 작성하고 이를 다른 뷰에 적용하는 방법에 대해 학습합니다.

(1) 1층 평면 뷰를 펼칩니다. 다음과 같이 앞에서 정의한 색상으로 표시되지 않습니다. 그 이유는 각각의 뷰가 독립적이기 때문입니다.

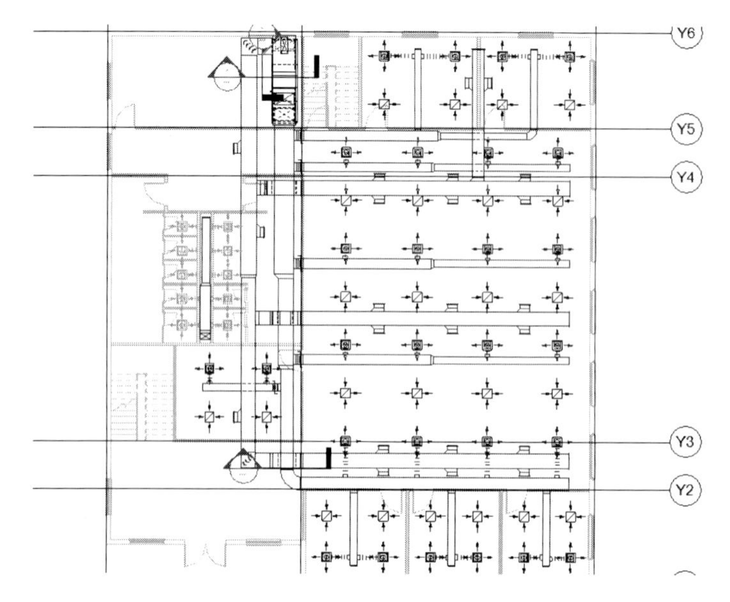

(2) 3D뷰의 표시 환경을 1층 평면 뷰에 적용하는 방법을 알아보겠습니다. 프로젝트 탐색기의 3D 뷰에 마우스를 대고 오른쪽 버튼을 클릭합니다. 바로가기 메뉴에서 '뷰에서 뷰 템플릿 작성(E)'을 클릭합니다. 뷰 템플릿 이름을 '공조덕트'로 정의합니다. 대화상자가 나타나면 [확인]을 클릭합니다.

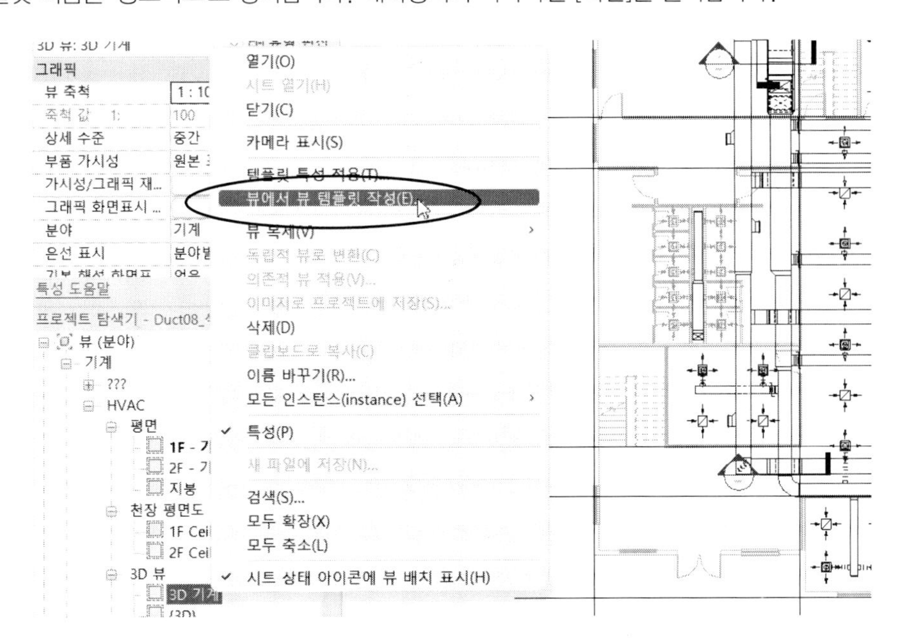

(3) 프로젝트 탐색기에서 '1F-기계'에 마우스를 대고 오른쪽 버튼을 눌러 바로가기 메뉴에서 '템플릿 특성 적용(T)'를 클릭합니다.

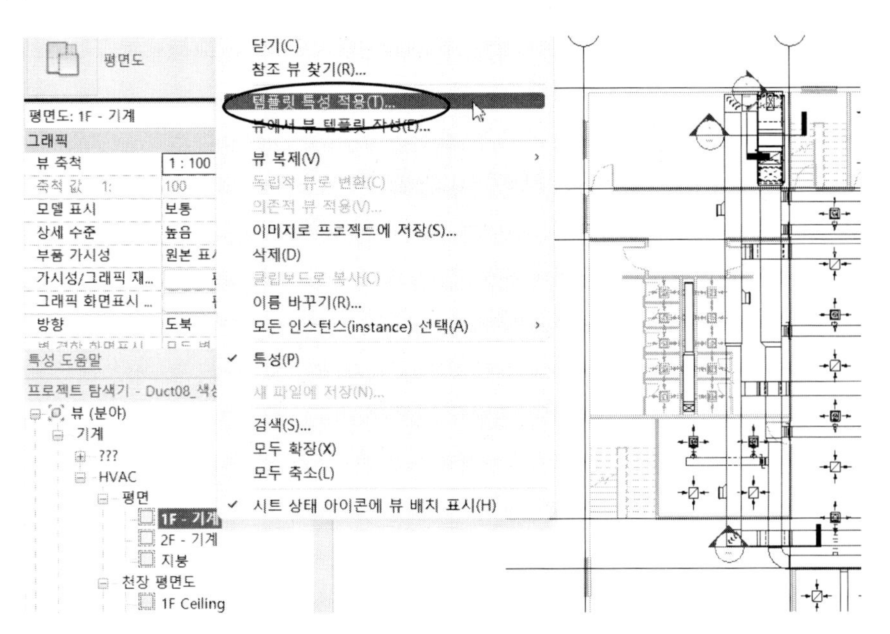

(4) 뷰 템플릿 적용 대화상자에서 '뷰 유형 필터'를 '〈모두〉'로 설정한 후 '이름'을 '공조덕트' 뷰 템플릿을 선택한 후 [확인]을 클릭합니다.

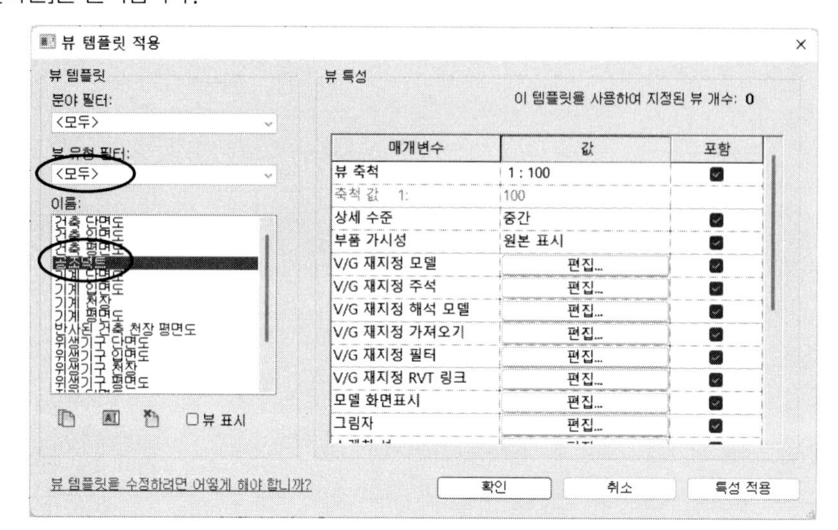

1층 덕트의 색상이 3D 뷰에서 정의된 색상 환경과 동일하게 적용된 것을 확인할 수 있습니다.

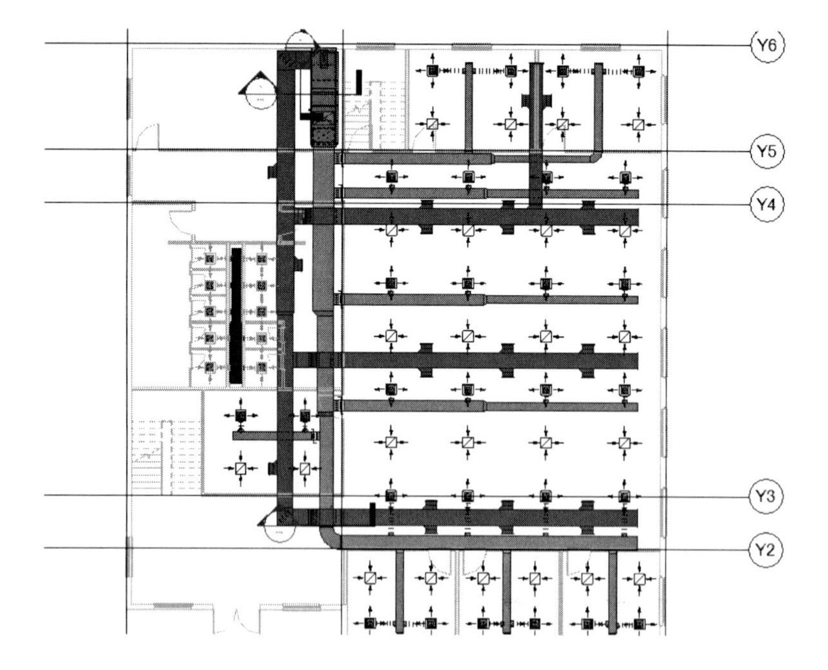

참고 매개변수의 종류

Revit에서 사용하는 매개변수는 다음의 4종류가 있습니다. 각각 용도와 환경에 따라 사용해야 합니다.

(1) 프로젝트 매개변수 : 해당 프로젝트 내에서만 사용하는 매개변수입니다. 앞의 덕트 색상을 표현하는 색상의 제어나 일람표 작성을 위해 사용합니다. 하나 이상의 카테고리를 지정해야 합니다.

(2) 전역 매개변수 : 프로젝트 매개변수와 마찬가지로 해당 프로젝트에 한정하여 사용하며 카테고리를 지정하지 않습니다. 유형(Type) 매개변수와 유사하게 전역 매개변수를 지정하여 치수를 지정하여 매개변수 값을 바꾸면 모두 동시에 바뀌게 할 수 있습니다. 전역 매개변수를 지정하여 일정한 값을 유지하게 할 수 있습니다. 다음의 예는 벽체와 문의 간격을 일정하게 유지하기 위해 사용한 전역 매개변수의 예입니다.

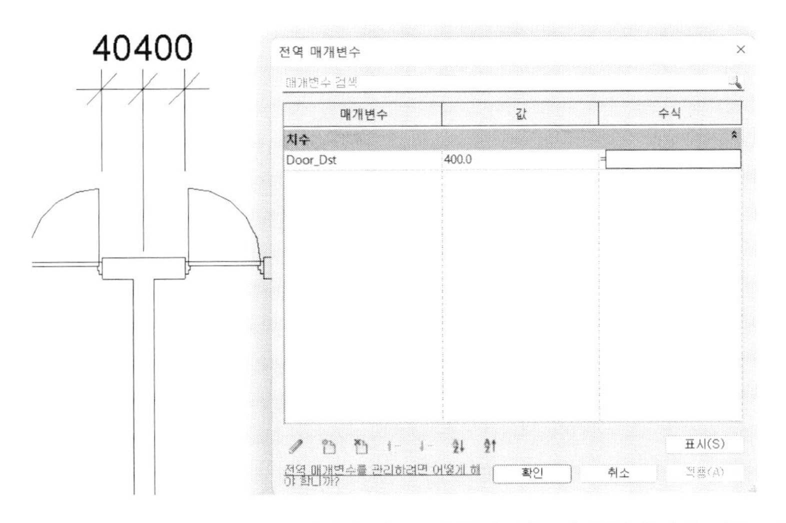

(3) 공유 매개변수 : 여러 프로젝트 또는 패밀리에서 서로 공유할 수 있는 매개변수입니다. 다른 프로젝트에서도 사용할 수 있도록 별도의 파일(*.txt)로 저장됩니다. 공유 매개변수를 이용하면 일람표와 태그를 작성할 수 있습니다. 예를 들어, 덕트 댐퍼류와 배관 밸브류의 각각 다른 패밀리에 '가격'이라는 공유 매개변수를 작성하면 서로 다른 패밀리지만 '가격' 매개변수는 공유되기 때문에 일람표에 표시할 수 있습니다.

(4) 패밀리 매개변수 : 해당 패밀리 내에서 치수나 재료 등 패밀리를 제어할 때 사용합니다. 패밀리 편집기 내에서 사용되는 매개변수 이므로 프로젝트에서 일람표나 태그에는 사용할 수 없습니다.

정리하면 다음과 같습니다.

매개변수 종류	사용 범위	일람표 작성	태그 사용
프로젝트 매개변수	프로젝트	○	×
전역 매개변수	프로젝트	×	×
공유 매개변수	다른 프로젝트, 패밀리	○	○
패밀리 매개변수	패밀리	×	×

PART_6
배관 모델링

배관 모델링에 대해 학습합니다. 위생 배관과 소방 배관을 예제로 모델링하겠습니다.
모델링 전에 수행하는 설정(프로젝트 설정, 단위 설정, 기계 설정 등), 건축 모델의 링크와
뷰의 작성은 덕트 모델링에서 학습한 절차와 방법이므로 덕트 모델링을 참고합니다.

1. 위생 배관 모델링

위생 배관 모델링을 위한 뷰 설정과 모델링 방법을 설명합니다. 오수관과 배수관, 통기관 모델링을 중심으로 실습하겠습니다.

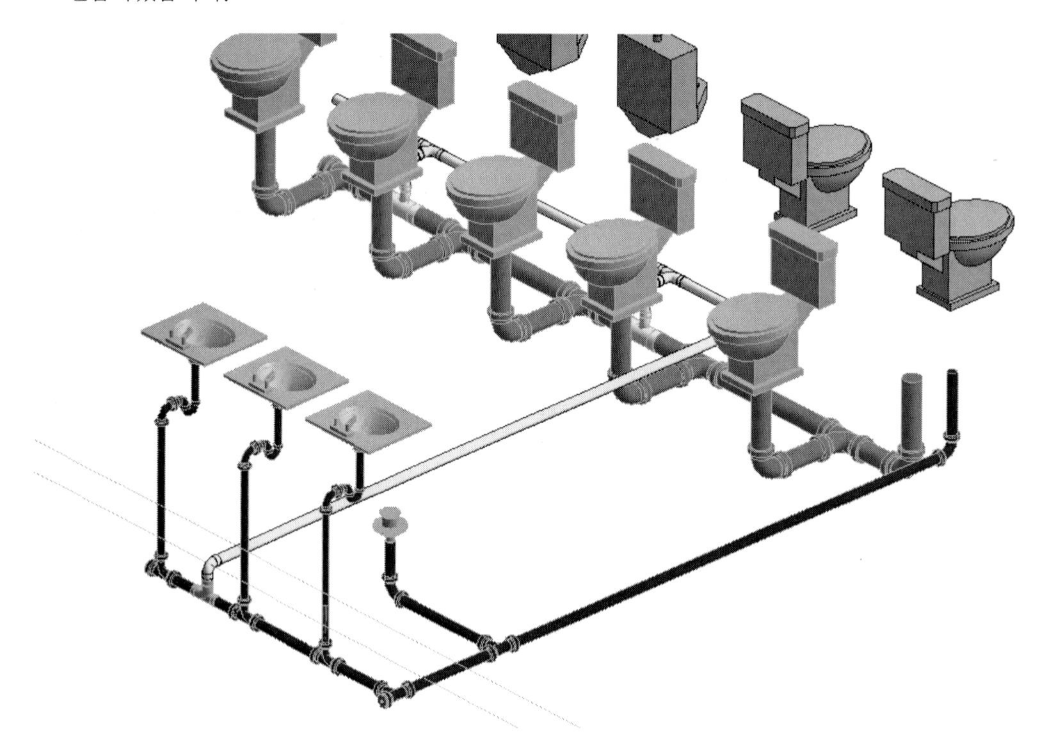

01. 뷰의 설정

배관 모델링을 위해 뷰를 설정합니다. 앞에서 학습한 덕트 모델링에 이어서 작업하겠습니다.

(1) 덕트 모델링을 수행했던 도면을 엽니다. 배관 평면뷰를 펼칩니다. 프로젝트 탐색기에서 [뷰(분야)]-[위생기구]-[위생기구]-[평면]-[1-위생기구]를 더블클릭합니다. 여기에서 두 번째 [위생기구]를 [위생 배관]으로 바꾸겠습니다. 특성 팔레트 '하위 분야'를 '위생 배관'으로 수정합니다. 다음과 같이 [위생기구] 아래에 [위생 배관] 카테고리가 생성되었습니다.

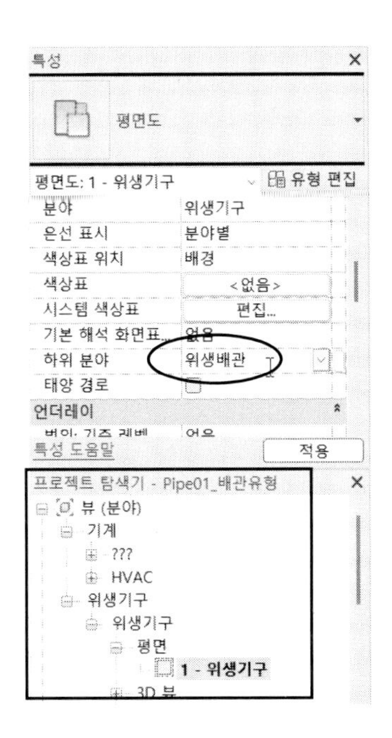

(2) 동일한 방법으로 [3D 뷰]의 [3D 배관], [입면도(건물 입면도)]의 [남쪽 - 배관], [동쪽 - 배관], [북쪽 - 배관], [서쪽 - 배관]을 모두 '위생 배관' 카테고리로 정의합니다. 프로젝트 탐색기를 보면 다음과 같이 [위생기구] 아래에 [위생 배관]이 있고 그 아래에 평면, 3D, 입면도가 배치된 것을 확인할 수 있습니다.

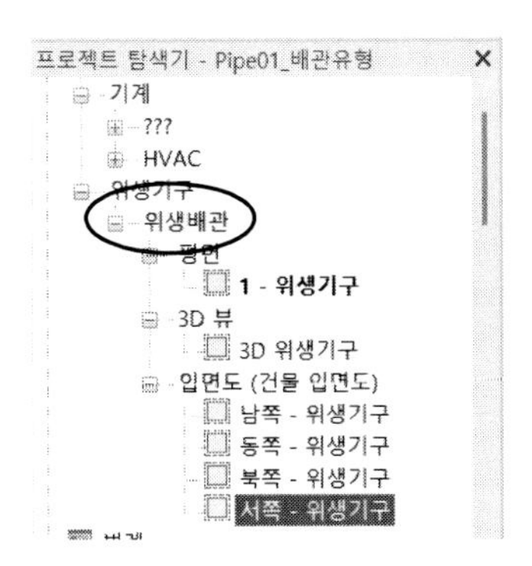

(3) 뷰의 이름을 바꾸겠습니다. 프로젝트 탐색기에서 [뷰(분야)]-[위생기구]-[위생배관]-[평면]-[1-위생기구]를 클릭한 후 특성 팔레트에서 '뷰 이름'을 '1-위생 배관'으로 지정합니다. 프로젝트 탐색기의 뷰 이름이 바뀐 것을 알 수 있습니다.

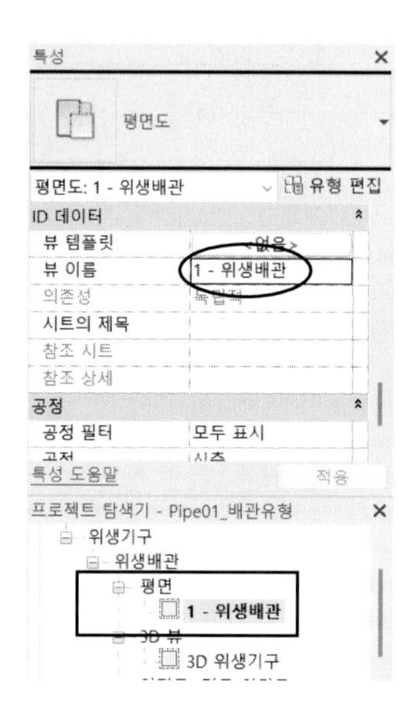

(4) 이와 같은 방법으로 3D 뷰, 입면도의 뷰 이름을 바꿉니다. 다음과 같이 위생 배관의 뷰가 정리됩니다.

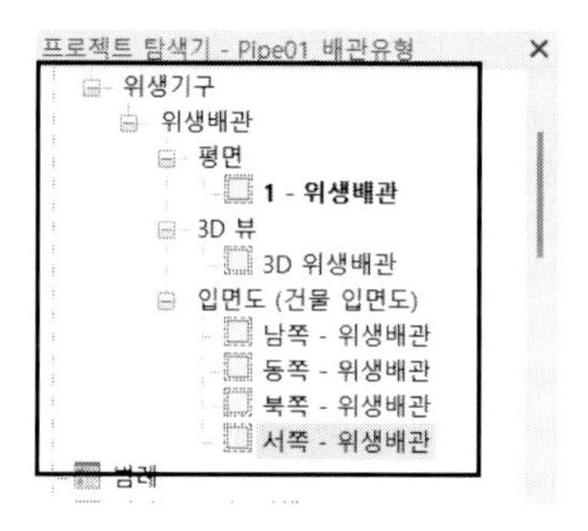

(5) 2층의 위생 배관 뷰를 작성하겠습니다. 2 층 기계 뷰(2F－기계)를 복제하여 작성하겠습니다. [기계]－[HVAC]－[평면(평면)]－[2F － 기계]에 마우스를 대고 오른쪽 버튼을 눌러 바로가기 메뉴에서 '뷰 복제(V)－복제(L)'를 클릭합니다.

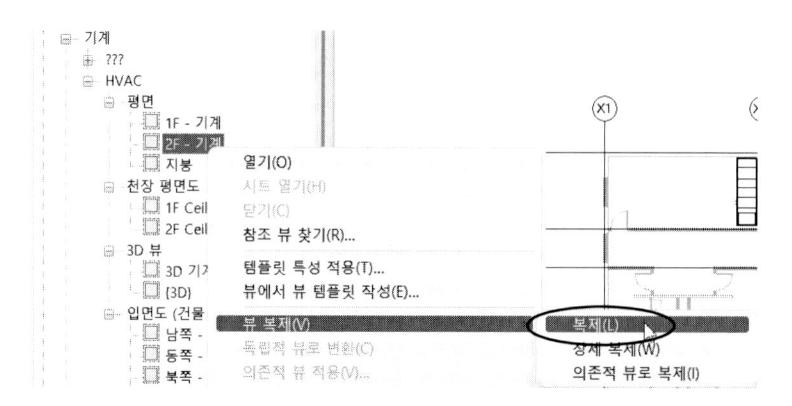

(6) 복제된 뷰를 클릭한 후 특성 팔레트에서 '분야'를 '배관', '하위 분야'를 '위생 배관', '뷰 이름'을 '2 - 위생 배관'으로 설정합니다.

특성 팔레트에서 '분야' 또는 '하위 분야'를 설정할 수 없는 상태일 때는 'ID 데이터'의 '뷰 템플릿'을 〈없음〉으로 설정합니다. 특정 뷰 템플릿에서 지정된 분야나 하위 분야가 구속되어 설정할 수 없기 때문에 뷰 템플릿을 제거합니다.

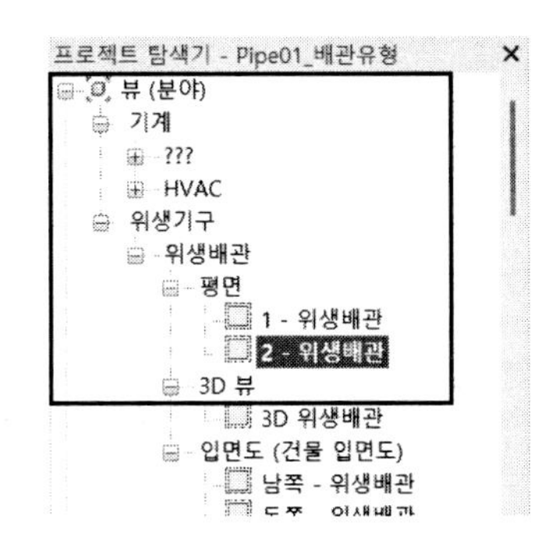

참고 **뷰 환경 설정**

'2 - 위생배관'의 뷰 환경을 '1 - 위생배관'과 동일하게 맞추려면 앞 단원에서 학습했던 것과 같이 '1 - 위생배관'에서 뷰 템플릿을 만들어 '2 - 위생배관'에 맞추고 '템플릿 특성 적용(T)'기능으로 적용합니다.

02. 배관 유형 작성

배관의 유형을 작성합니다. 배관 유형은 재질로 구분할 수도 있고 유체 종류(급수, 급탕, 배수, 오수 등)로 구분할 수 있습니다. 어떤 기준으로 유형을 작성할 것인지는 사용자, 조직, 프로젝트에 따라 기준을 정해 작성합니다. 여기에서는 PVC(DRF)를 예로 들겠습니다.

(1) 프로젝트 탐색기에서 [패밀리]-[위생기구]-[배관유형]을 클릭합니다. 목록에서 '냉수'를 클릭한 후 오른쪽 버튼을 눌러 바로가기 메뉴를 펼쳐 '복제(L)'를 클릭합니다.

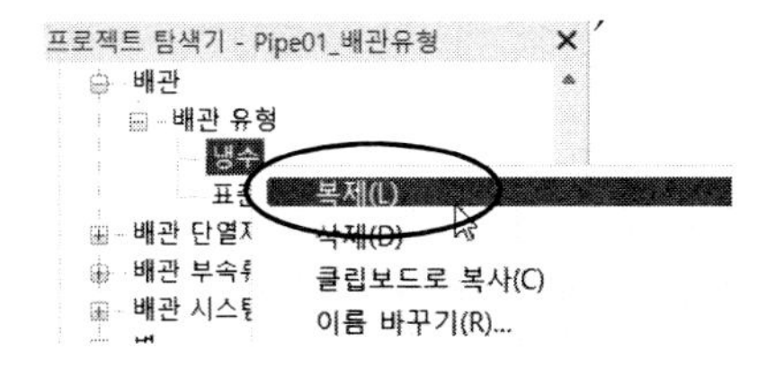

(2) '이름 바꾸기' 기능으로 유형 이름을 'PVC_DRF'로 정의합니다.

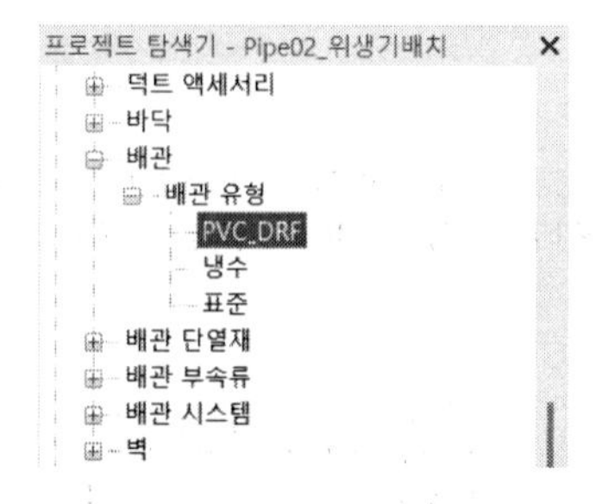

(3) 작성된 'PVC_DRF'유형에 데이터를 정의합니다. 'PVC_DRF'유형에 마우스를 대고 오른쪽 버튼을 눌러 '유형 특성(P)'을 클릭합니다. 유형 특성 대화상자가 나타나면 '라우팅 기본 설정'의 [편집...]을 클릭합니다. 라우팅 기본 설정 대화상자에서 [세그먼트 및 크기(S)]를 클릭합니다. 다음과 같은 기계 설정 대화상자가 나타납니다.

기계 설정은 '관리'탭의 '설정-MEP 설정-기계 설정'을 통해서도 접근할 수 있습니다.

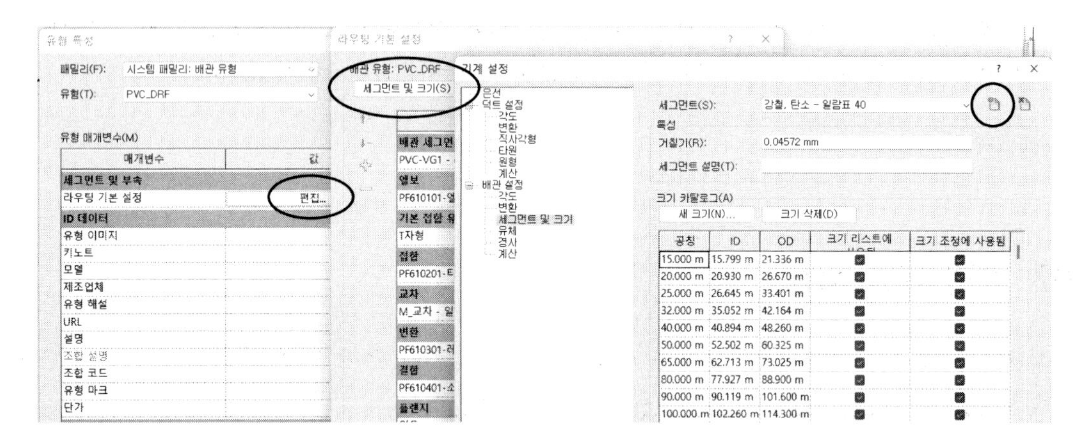

(4) 기계 설정 대화상자에서 '세그먼트(S)'에서 '폴리 염화 비닐-강체-일람표40'을 선택한 후 '새 배관 세그먼트 작성 '을 클릭합니다. '재료 및 일람표/유형(A)'를 선택하고 '재료(T)'의 [...] 버튼을 클릭하면 '재료 탐색기' 대화상자가 나타납니다. 재료 목록 중에 '기본값'에서 마우스 오른쪽 버튼을 눌러 '재료 및 자산 복제'를 클릭한 후 이름을 지정(PVC-VG1)합니다.

(5) '이 자산을 대치합니다'아이콘( )을 눌러 지정하고자 하는 재료(플라스틱 ABS(회색))를 선택한 후 '자산대치 '아이콘을 클릭합니다.

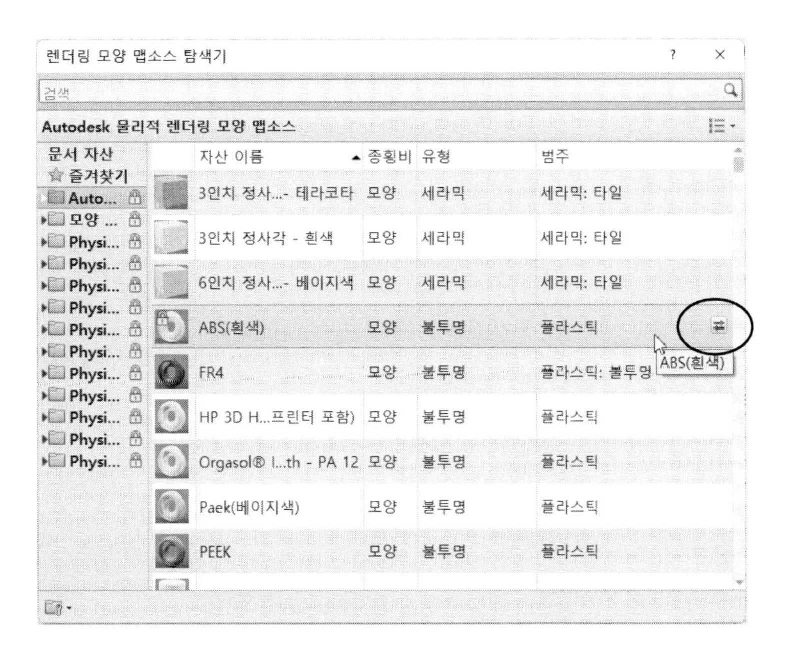

(6) 새 세그먼트 대화상자로 돌아오면 '일람표/유형(D)'에 '(KS M 3404)를 입력한 후 [확인]을 누릅니다.

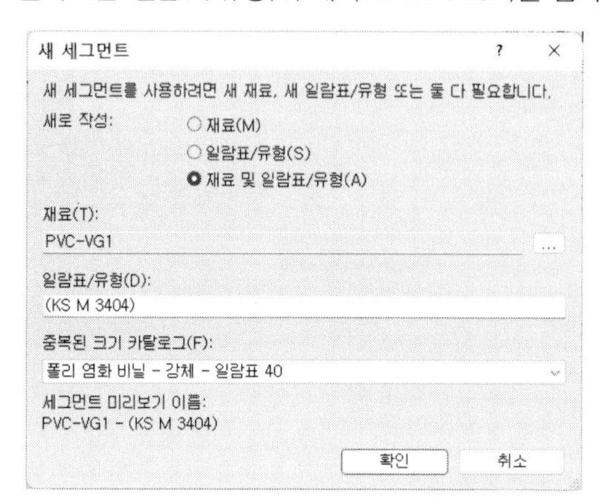

(7) 세그먼트 정의 화면으로 돌아오면 '크기 카탈로그(A)'의 각 크기를 선택한 후 [크기 삭제(D)]를 눌러 하나만 남기고 제거합니다. 다음으로 [새 크기(N)]을 눌러 새로운 크기의 호칭경(공칭), 외경(OD)과 내경(ID)을 입력합니다.

크기 리스트를 지울 때, 모든 치수를 지우고 싶어도 리스트가 빈 상태로 모두 지울 수 없습니다. 그래서 하나를 남겨둔 후, 새로운 치수를 추가한 후 남겨두었던 크기를 지웁니다.

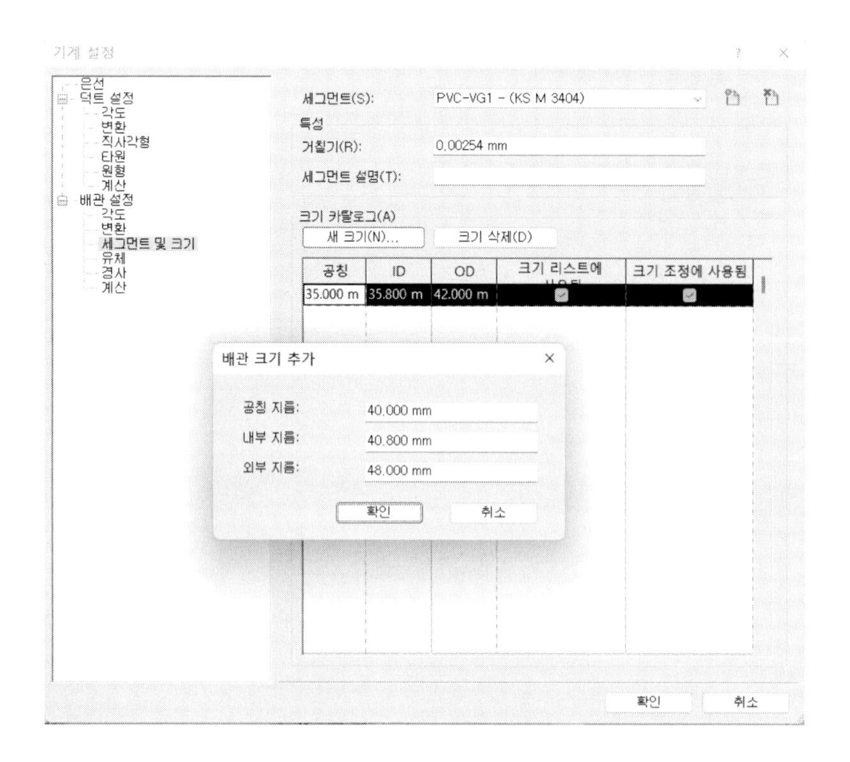

이와 같은 방법으로 반복하여 크기를 추가합니다.

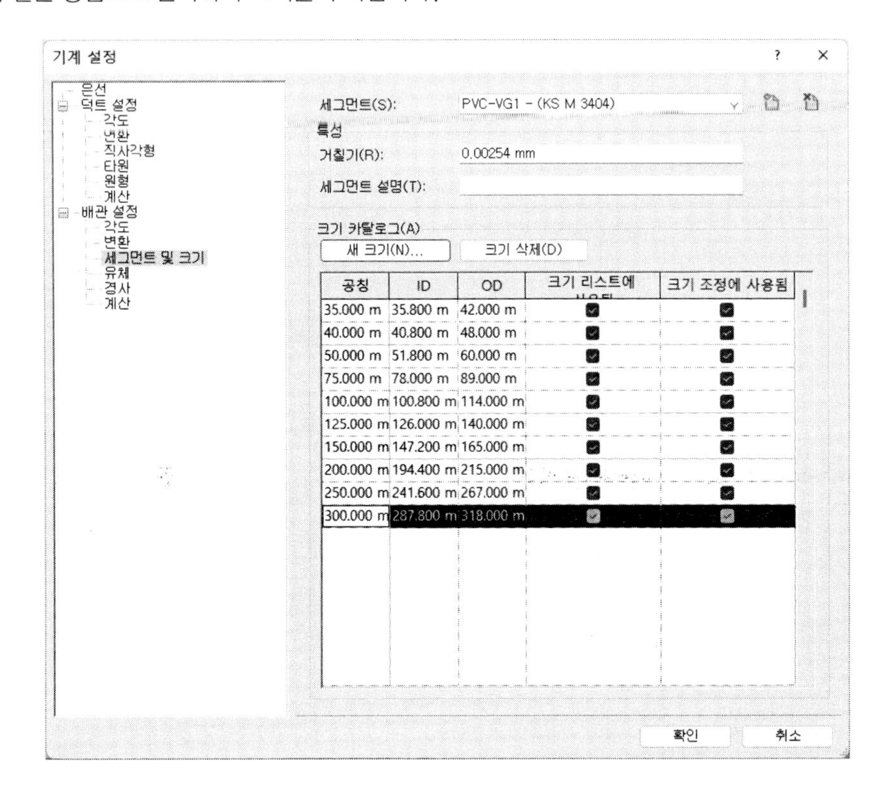

(8) 세그먼트 정의가 끝나고 라우팅 기본 설정 대화상자로 돌아오면 각 부속(엘보, 접합, 변환 등)을 정의하기 위해 패밀리를 로드합니다. [패밀리 로드(L)]를 눌러 제공된 패밀리(대한기계설비건설협회 공개 라이브러리 PVC_DRF)를 로드합니다.

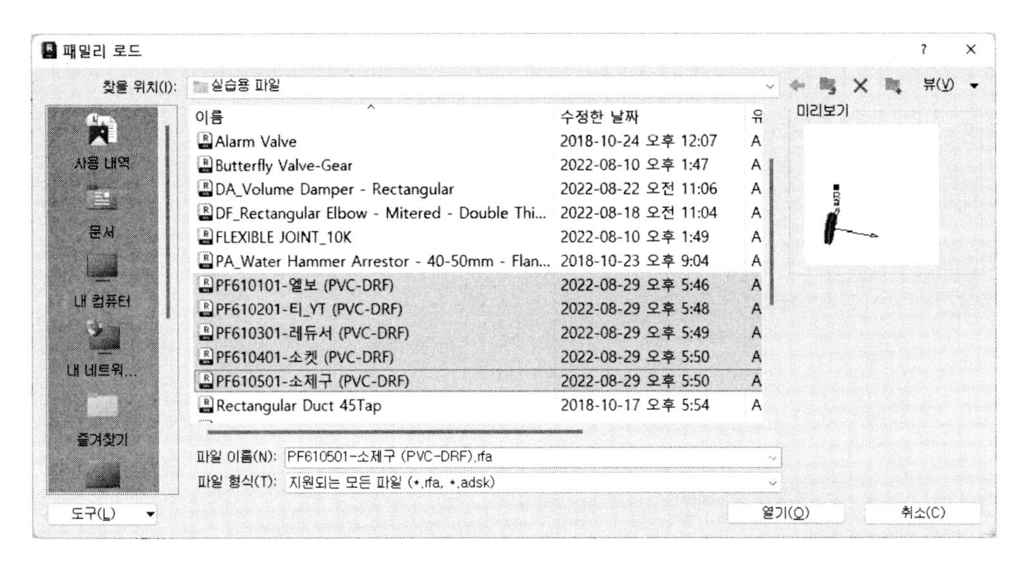

(9) 먼저 '배관 세그먼트'에 앞에서 정의한 세그먼트 'PVC - VG1(KS M 3404)'를 지정하고 앞에서 로드한 파일로 각 부속(엘보, 접합, 변환, 결합, 캡)을 지정합니다.

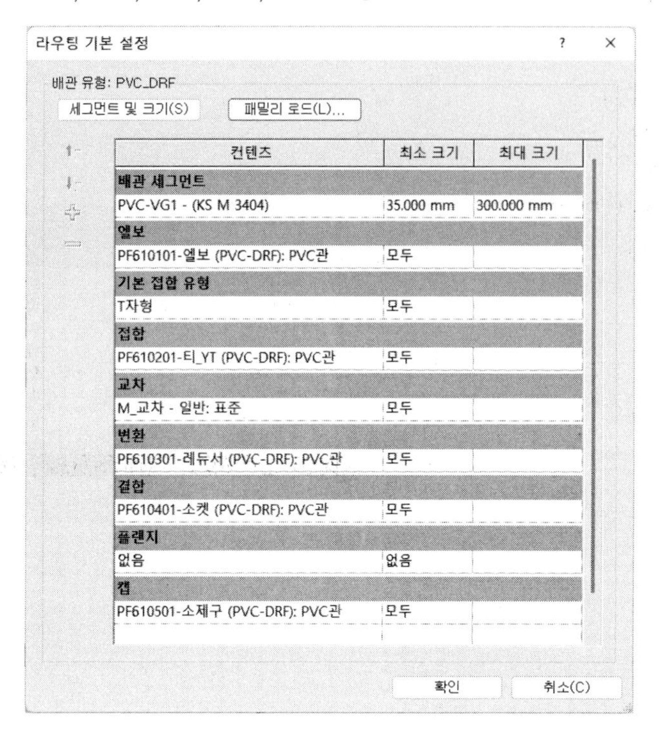

이와 같은 방법으로 배관 유형을 작성할 수 있습니다.

03. 위생기기 배치

위생기기(대변기, 소변기, 세면기 등)를 배치합니다.

(1) 대변기를 배치합니다. 프로젝트 탐색기에서 [뷰(분야)]-[위생기구]-[위생 배관]-[평면]-[1-위생 배관]을 더블클릭합니다. '시스템-위생기구 및 배관-위생기구 '를 클릭합니다. 다음과 같은 메시지가 표시됩니다. 이는 위생기기 패밀리가 로드되어 있지 않기 때문입니다.

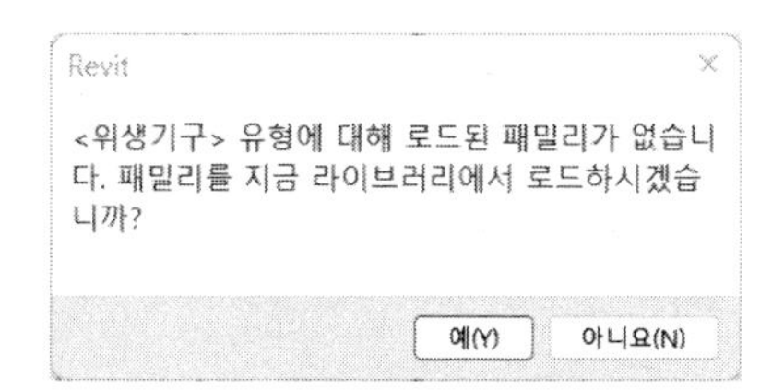

[예(Y)]를 눌러 위생기기(대변기) 패밀리(M_화장실-플러시 탱크)를 로드합니다.

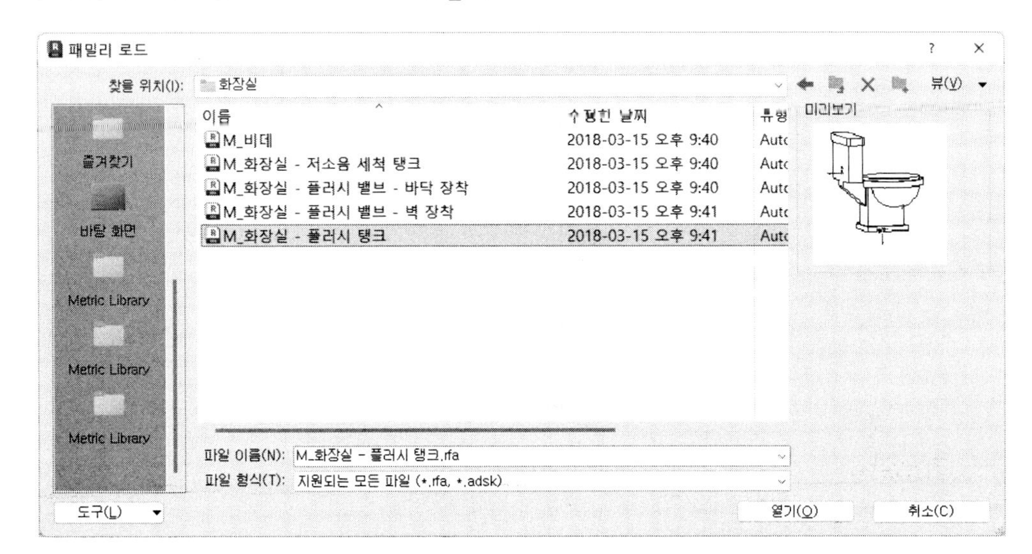

(2) 〈스페이스 바〉를 한 번 누를 때마다 90도씩 회전합니다. 〈스페이스 바〉를 눌러 방향을 맞춘 후 배치하고자 하는 위치를 지정합니다.

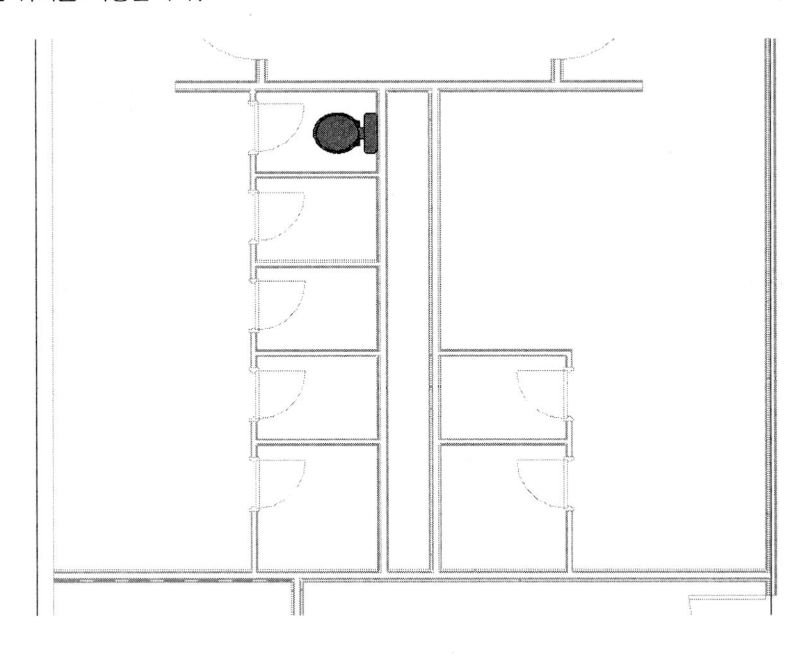

(3) 차례로 위치를 지정하여 배치합니다. '복사' 또는 '배열' 기능으로 복사 또는 배열하는 방법으로 배치할 수 있습니다. 남자 화장실 대변기는 여자 화장실의 대변기를 선택하여 '대칭 축 그리기' 기능으로 대칭 복사하여 배치합니다. 다음과 같이 배치됩니다.

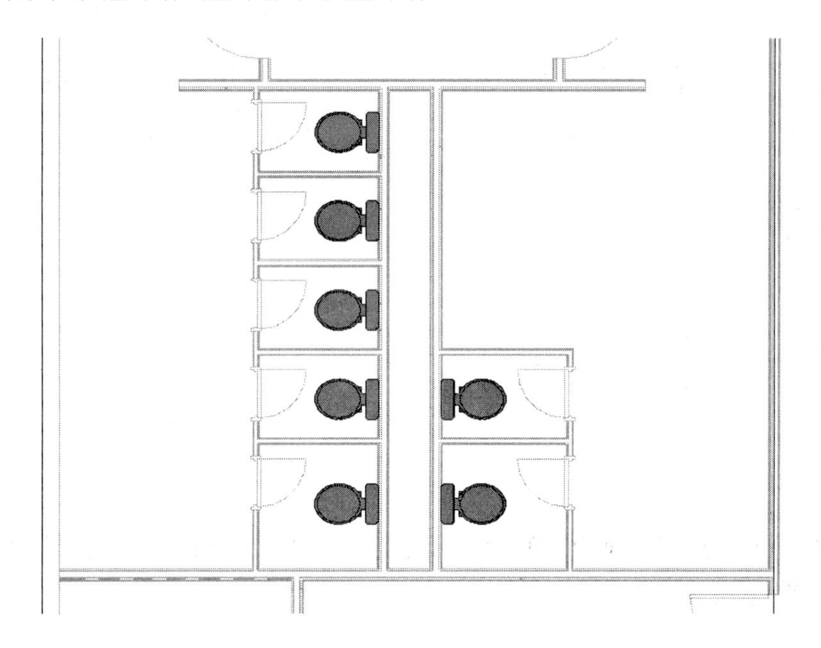

(4) '시스템-위생기구 및 배관-위생기구'를 클릭하여 소변기 패밀리(M_소변기 벽걸이)를 로드하여 다음과 같이 남자 화장실에 배치합니다.

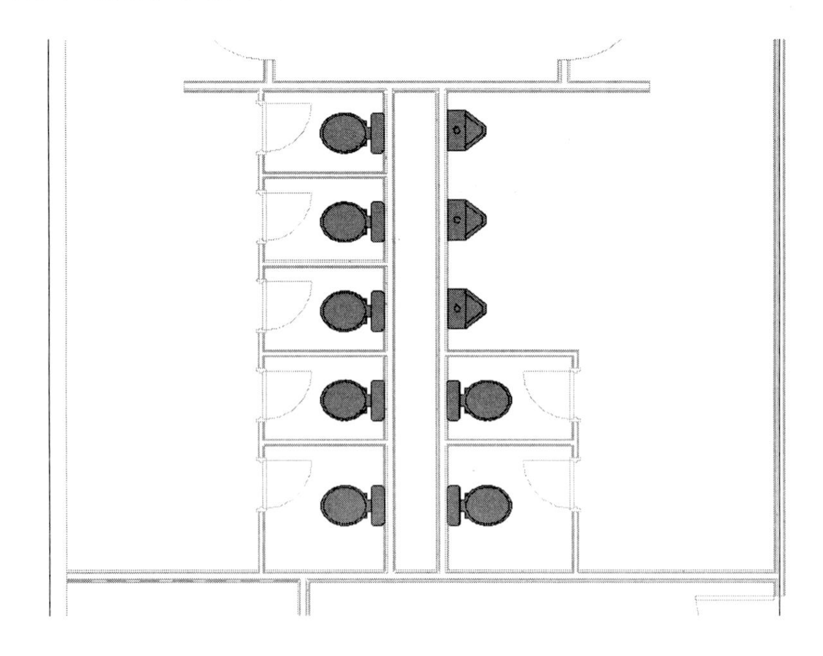

(5) 세면기를 배치합니다. 먼저 세면기 패밀리(M_세면기-타원형)를 로드하여 양쪽 벽에 배치합니다. 일단 임의의 위치에 배치합니다.

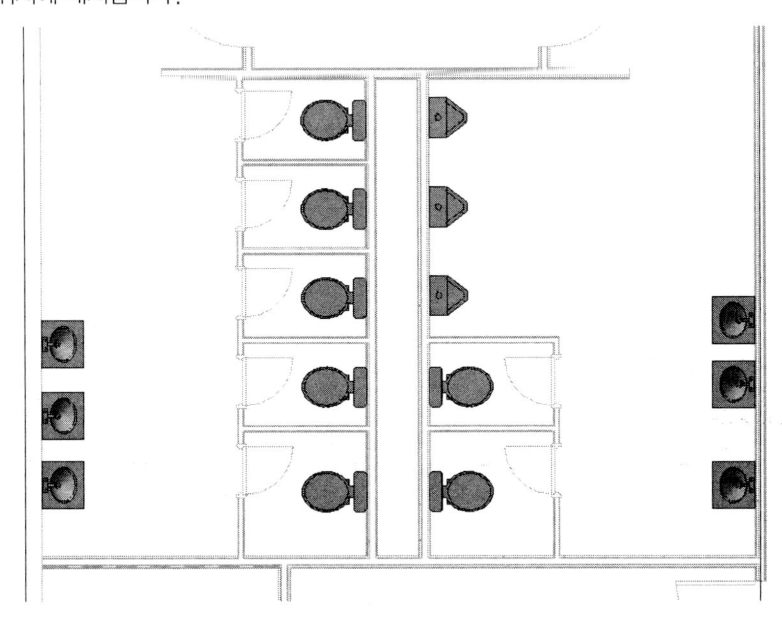

(6) 세면기 위치를 조정하기 위해 치수기입 기능으로 벽 중심으로부터 치수를 기입합니다. 신속접근 도구막대에서 '정렬 치수'를 클릭하여 다음과 같이 치수를 기입합니다.

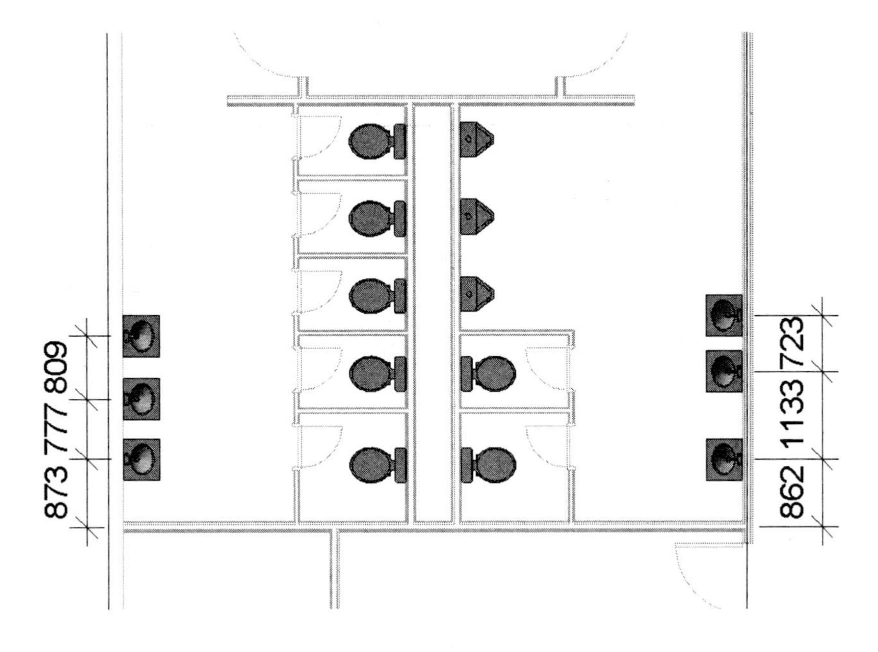

(7) 세면기를 클릭하면 치수가 파란색의 작은 글씨로 바뀝니다. 이때 치수를 클릭합니다. 편집 모드가 되면 수정하고자 하는 치수(700)를 입력합니다.

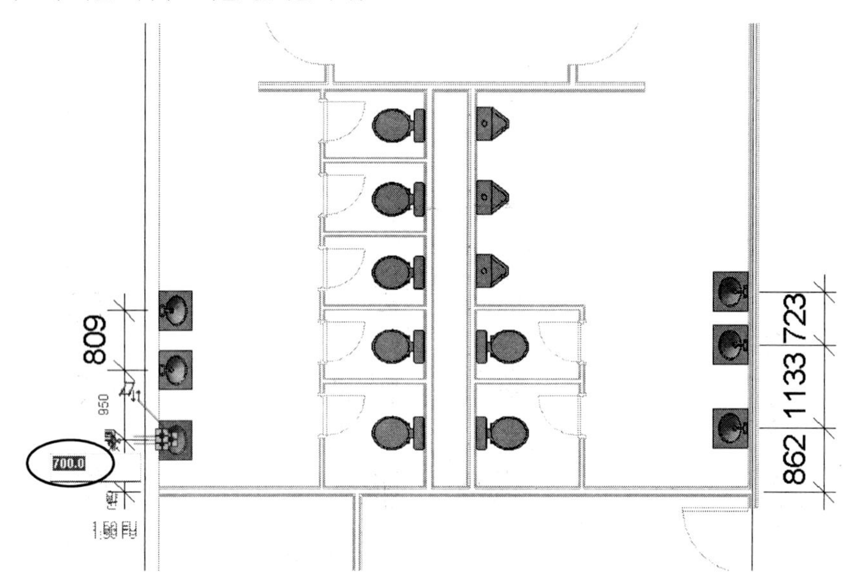

이와 같은 방법으로 다음과 같은 위치에 위생기를 배치합니다.

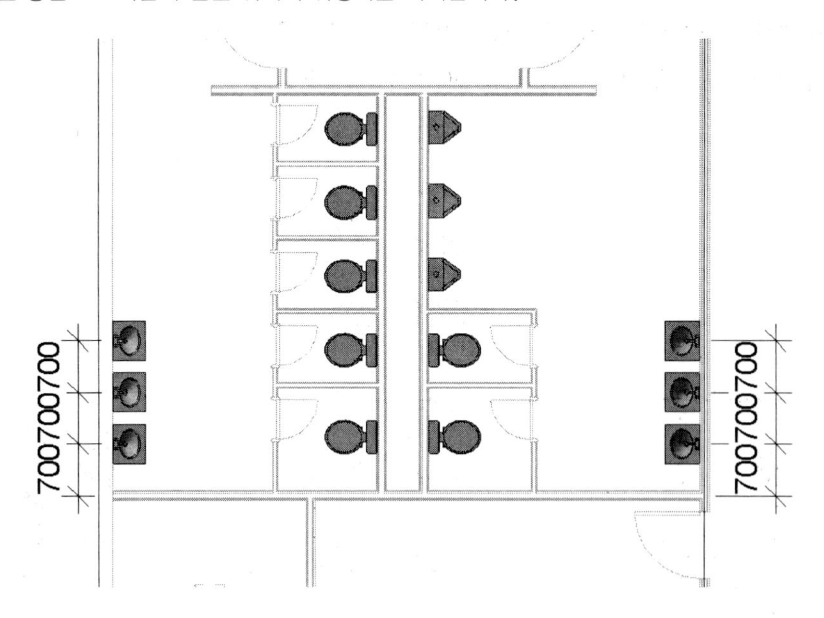

참고 **위생기 배치**

앞에서와 같이 임의의 위치에 여러 개를 배치한 후 치수를 기입하여 위치를 지정하는 방법도 있지만 하나만 배치한 후 '복사' 또는 '배열' 기능으로 세면기를 배치할 수 있습니다.

(8) 바닥 배수구를 배치합니다. 바닥 배수구 배치에 앞서 배관이 지나갈 바닥 아래쪽이 보이도록 뷰의 범위를 설정합니다. 특성 팔레트에서 '뷰 범위'의 [편집..]을 클릭합니다. 뷰 범위 대화상자에서 '하단(B)'와 '뷰 깊이'의 '레벨(L)'의 값을 '−1000'으로 설정합니다. 이 설정으로 바닥 아래쪽으로 '−1000'까지 표시됩니다.

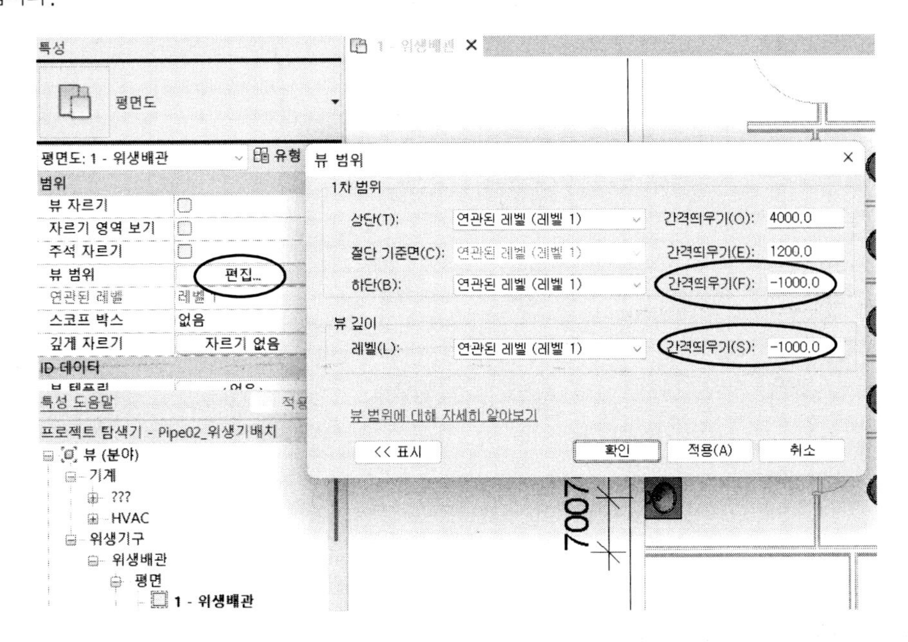

(9) 바닥 배수구 패밀리(M_바닥 배수_원형)를 로드하여 배치합니다. 이때 '수정|배치 배관 설비−배치' 패널에서 '면에 배치'를 클릭하여 위치를 지정해 배치합니다.

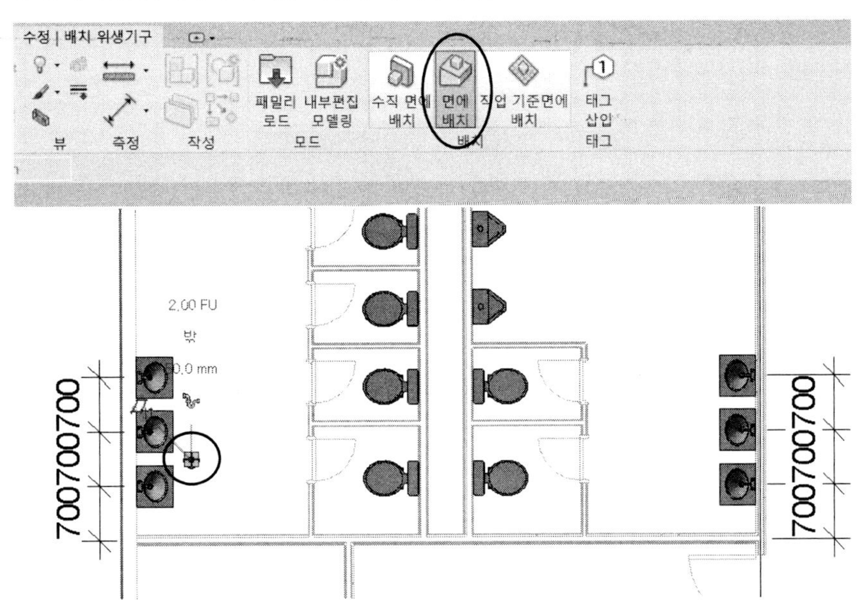

(10) 남자 화장실에도 바닥 배수구를 배치합니다. 다음과 같이 위생기기가 배치됩니다.

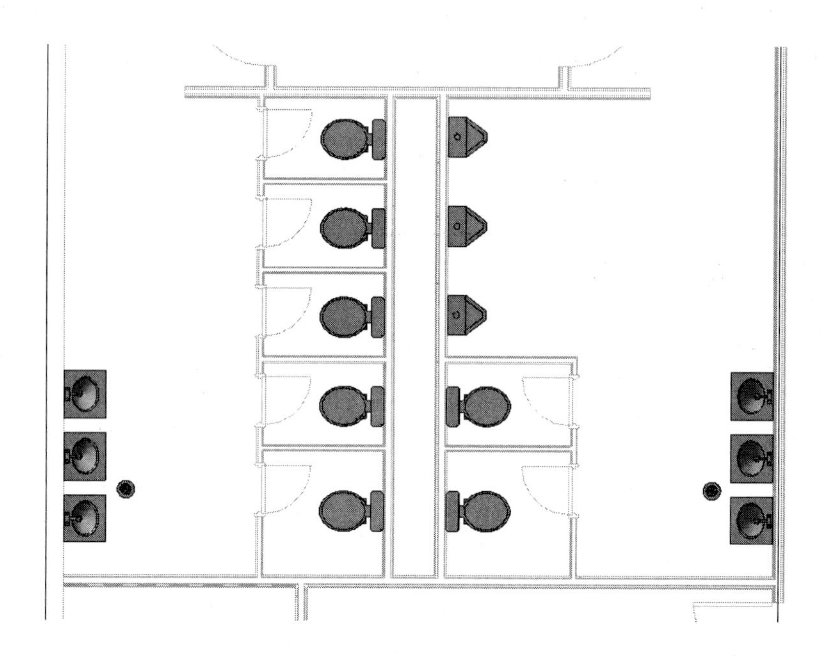

04. 오수관과 배수관 모델링

오수관과 배수관을 모델링합니다. 여기에서는 한쪽(여자 화장실)만 모델링하겠습니다. Revit에서 제공하는 자동 라우팅 방법으로 모델링하겠습니다. 이 실습에서는 배관의 경사(구배)는 고려하지 않고 모델링하겠습니다.

[오수관]

(1) 여자 화장실에 배치된 대변기(5개)를 선택합니다. '수정|배관 설비- 시스템 작성-배관'을 클릭합니다.

(2) 대화상자에서 '시스템 이름(N)'을 '오수01'로 지정합니다.

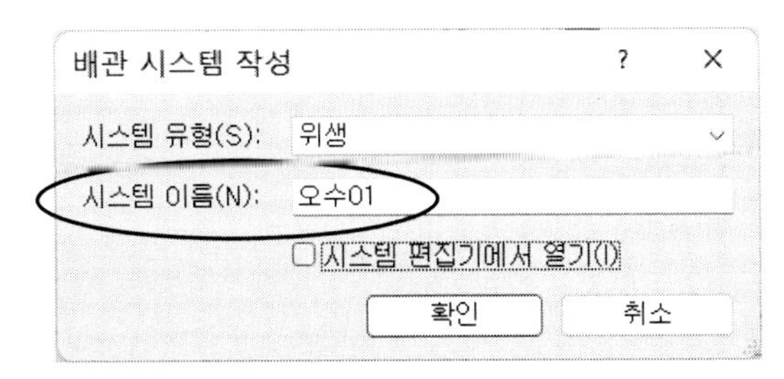

선택한 위생기기의 시스템 범위가 점선으로 표시됩니다.

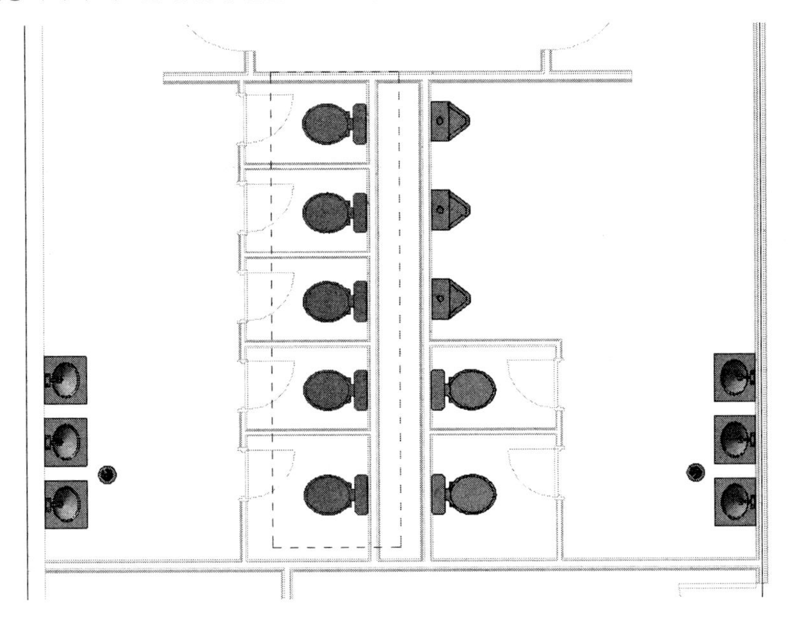

(3) '수정|배관 시스템-배치-배치생성'을 클릭합니다.

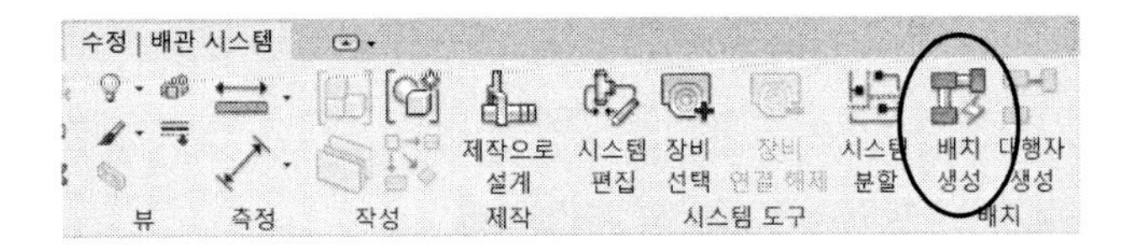

그러면 '배치'탭이 나타납니다. 자동 라우팅 환경을 설정하기 위해 옵션 바에서 [설정..]을 클릭합니다.

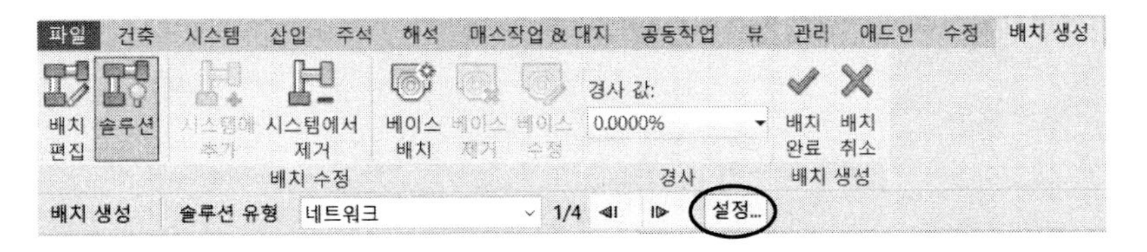

(4) 설정 대화상자에서 '배관 유형'을 'PVC_DRF', '간격 띄우기'를 '-600'으로 설정합니다. 주, 분기 모두 동일한 값으로 설정합니다.

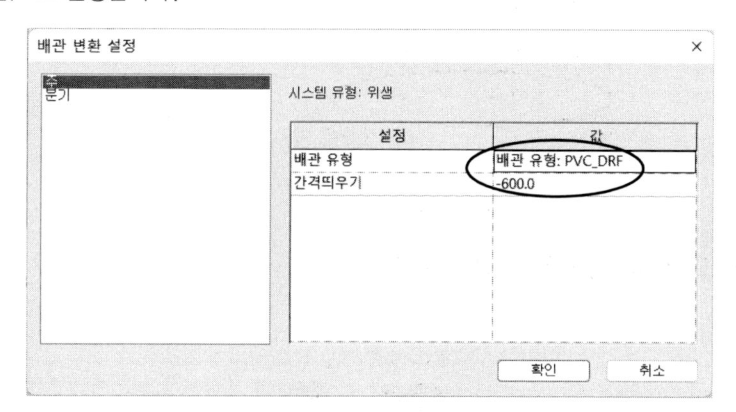

(5) [확인]을 클릭하면 다음과 같이 임시 경로(루트)가 표시됩니다. '베이스 배치'를 클릭한 후 오수관의 베이스(입상/입하)가 되는 위치를 지정합니다.

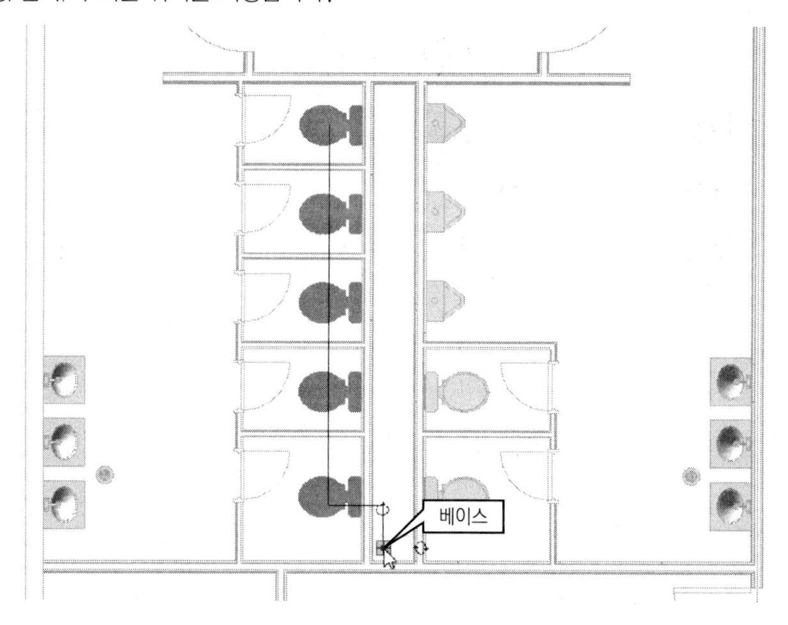

(6) 옵션 바에서 '간격 띄우기'를 '0', '지름'을 '100'으로 설정합니다.

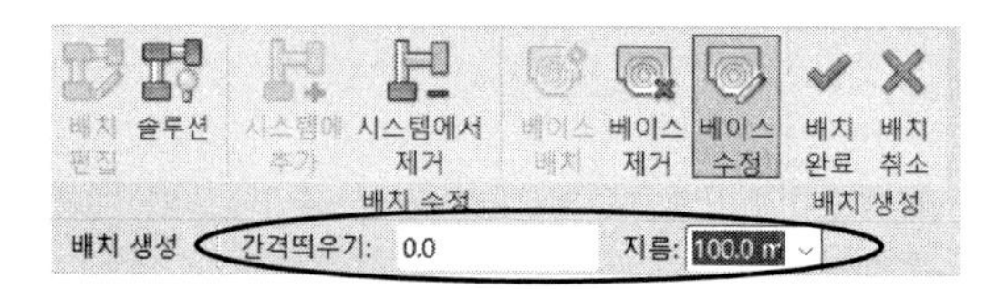

'솔루션'을 클릭합니다. 옵션 바에서는 솔루션 유형이 나타납니다. 옵션 바에서 '솔루션 유형'을 선택한 후 유형을 선택하는 화살표(◀▶)를 클릭하면서 배관의 루트를 결정합니다.

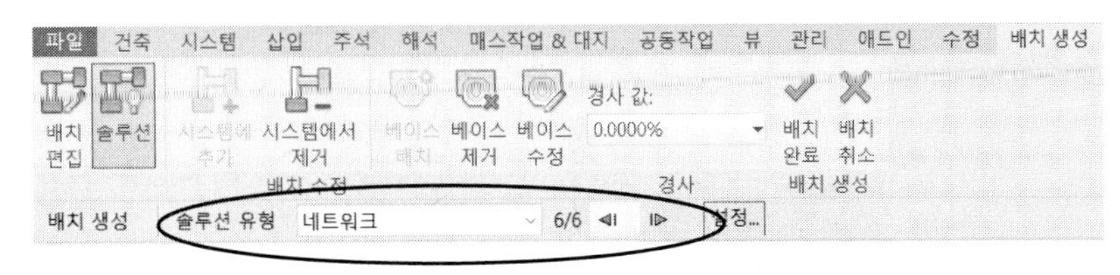

(7) 경로가 결정되면 '배치 완료✔'를 클릭합니다. 다음과 같이 경로가 결정되어 모델링됩니다. 상세 수준을 '높음'으로 설정하면 다음과 같이 오수관이 표시됩니다.

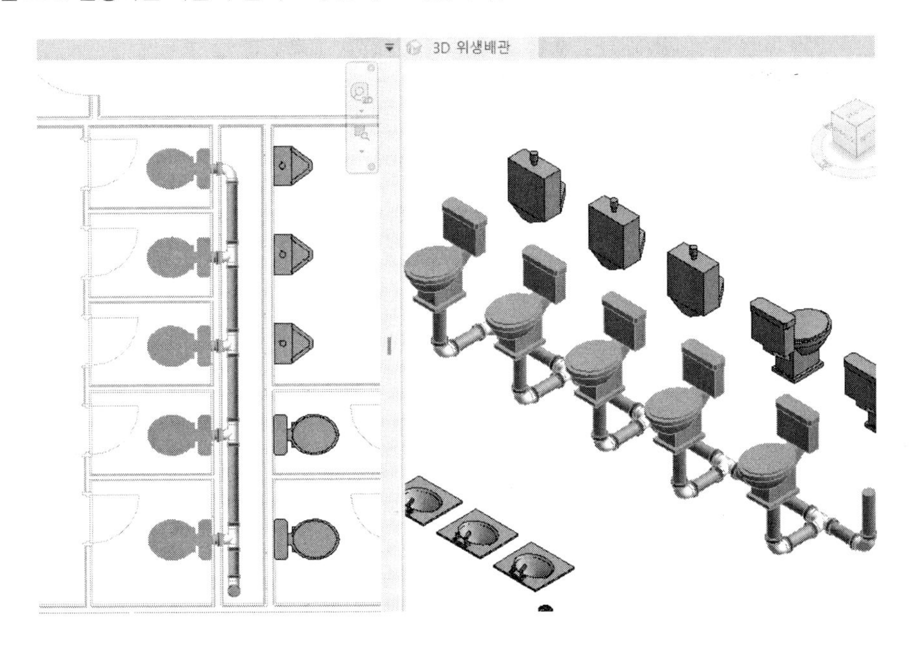

참고 **피팅류의 방향**

자동 라우팅 기능을 이용해 모델링을 하면 피팅류(티)의 방향이 흐름과 맞지 않는 경우가 발생합니다. 이때는 해당 피팅(티)을 선택한 후 방향 전환 그립을 클릭하여 방향을 바꿉니다.

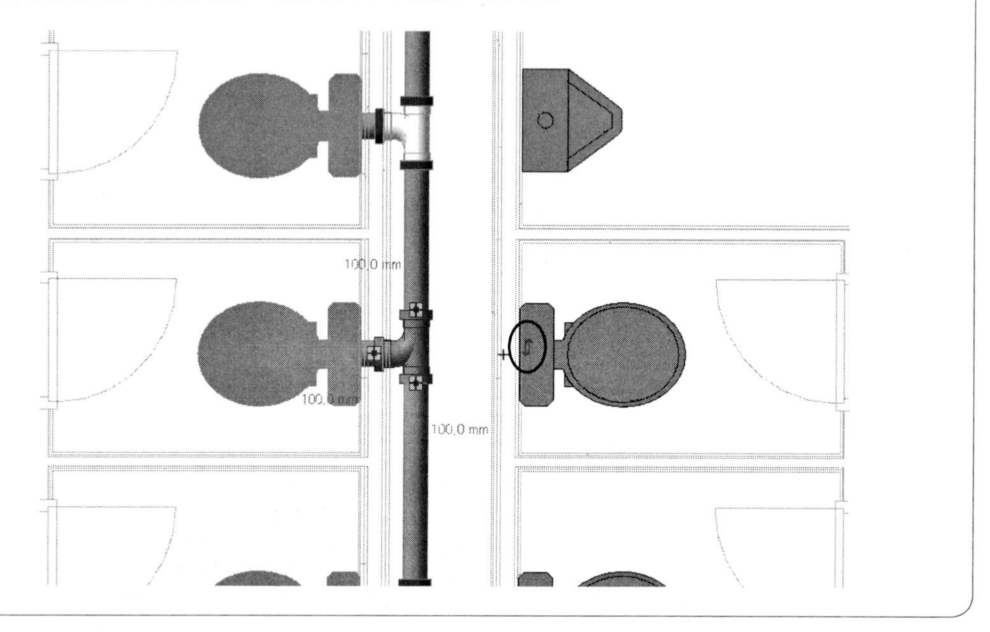

자동 라우팅 방법으로 모델링하는 경우, 피팅의 연결 공간이 폭이 피팅류가 삽입할 수 있는 공간이 되지 않으면 오류가 발생하여 모델링되지 않는 경우가 있습니다.

[배수관]

(8) 배수관을 모델링합니다. 모델링 방법은 오수관과 동일합니다. 세면기와 배수구를 선택한 후 '시스템 작성'패널에서 '배관'을 클릭합니다.

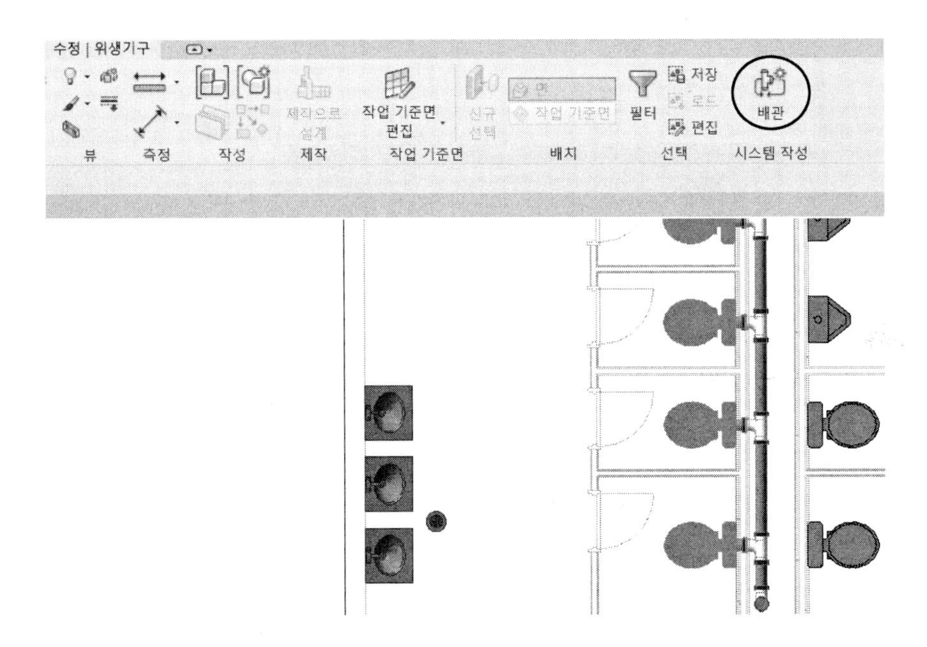

(9) '시스템 이름'을 '배수01'로 설정하고 '수정|배관 시스템-배치-배치 생성'을 클릭합니다. '배치'탭의 옵션 바에서 [설정..]을 클릭합니다.

설정 대화상자에서 '배관 유형'을 '배수관', '간격 띄우기'를 '-500'으로 설정합니다. 주와 분기 배관 모두 동일한 값으로 설정합니다.

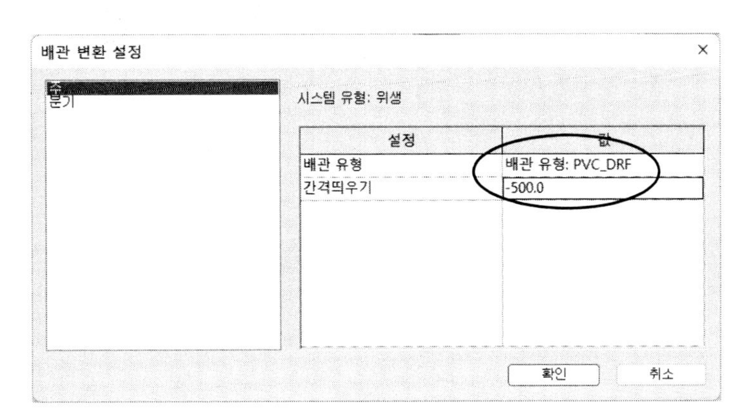

(10) '베이스 배치 '를 클릭한 후 배수관의 기준(입상/입하)이 되는 위치를 지정합니다.

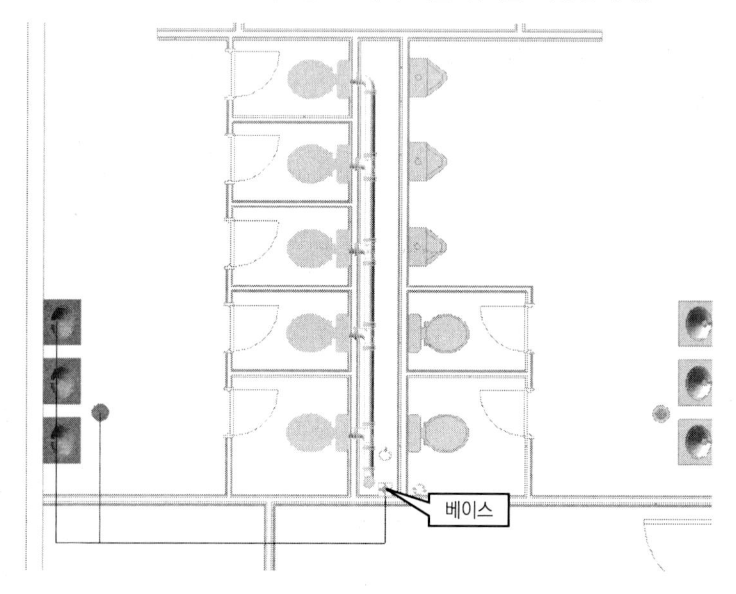

(11) 옵션 바에서 '간격 띄우기'를 '0', '지름'을 '50'으로 설정합니다.

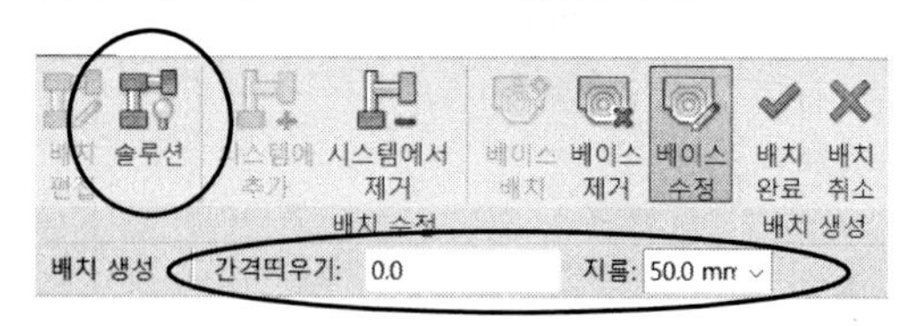

'솔루션 '을 클릭합니다. 옵션 바에서 '솔루션 유형'을 선택한 후 유형을 선택하는 화살표(◀▶)를 클릭하면서 배관의 루트를 결정합니다. 경로가 결정되면 '배치 완료✔'를 클릭합니다.

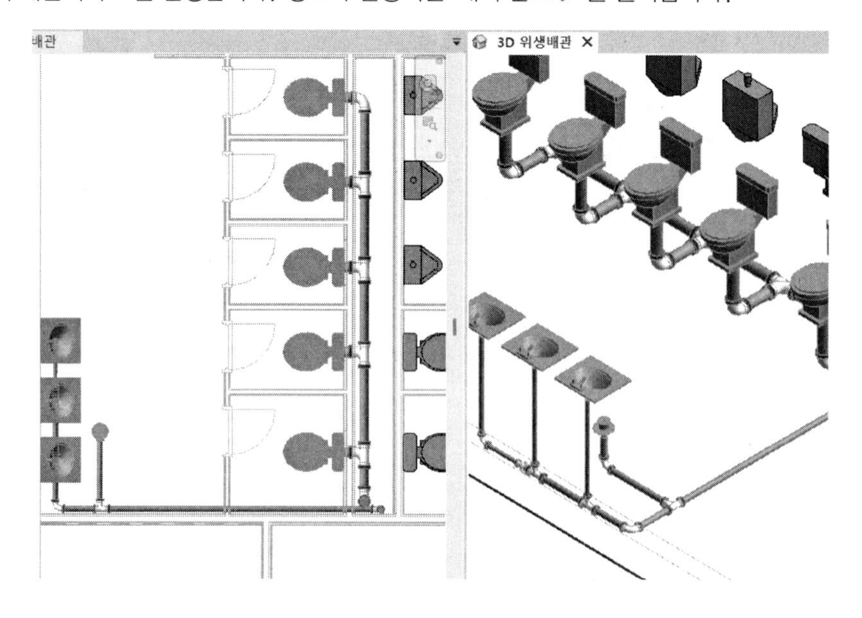

참고 트랩의 부착

자동 모델링으로 모델링하면 세면기나 배수구 아래에 트랩이 부착되지 않습니다. 세면기 패밀리를 작성할 때 트랩을 부착해 놓으면 세면기를 배치하면 트랩이 부착된 세면기가 배치됩니다. 트랩이 부착되지 않은 세면기를 배치하면 트랩을 부착해야 합니다.

(1) 트랩 패밀리를 로드합니다.

(2) 트랩의 패밀리 편집기를 열어 '부품 유형'을 '엘보'로 바꿉니다.

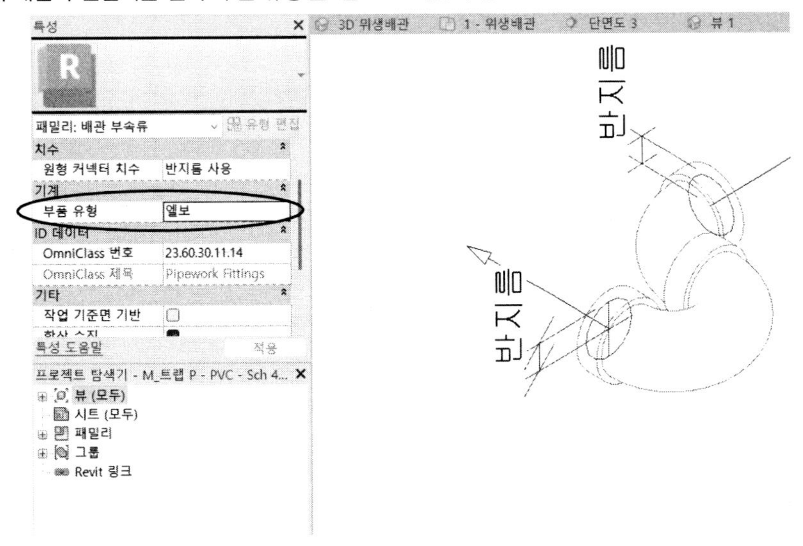

(3) 수정한 트랩 패밀리를 프로젝트로 로드합니다. 배관 유형(PVC_DRF)를 선택한 후 [유형 편집]을 클릭합니다. 라우팅 기본 설정에서 '엘보'를 지정한 트랩으로 설정합니다.

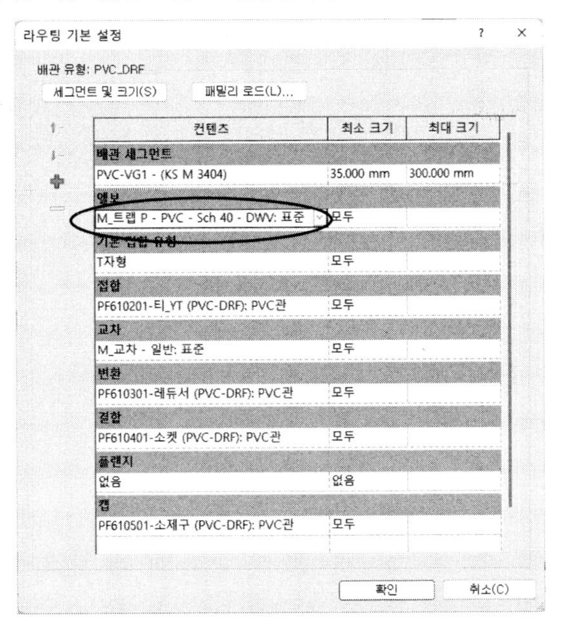

(4) 단면도 기능으로 단면도를 펼칩니다. 세면기에서 배관을 모델링합니다. 90도 각도로 꺾으면 트랩이 부착됩니다. 트랩을 모델링하고난 이후에는 '엘보'에 원래의 엘보 패밀리로 되돌립니다.

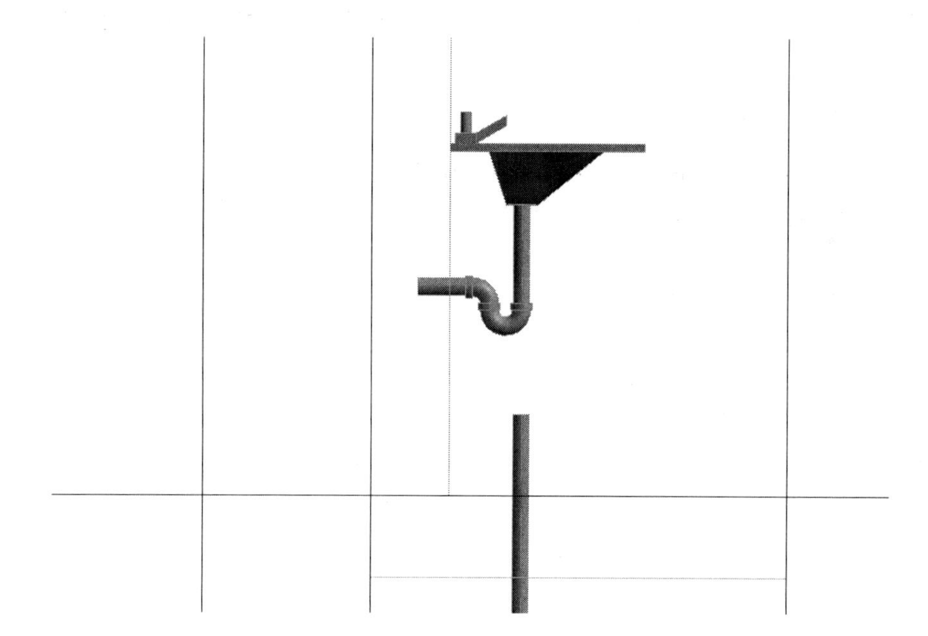

(5) 배관을 이동한 후 '정렬' 기능으로 배관위치를 정렬합니다.

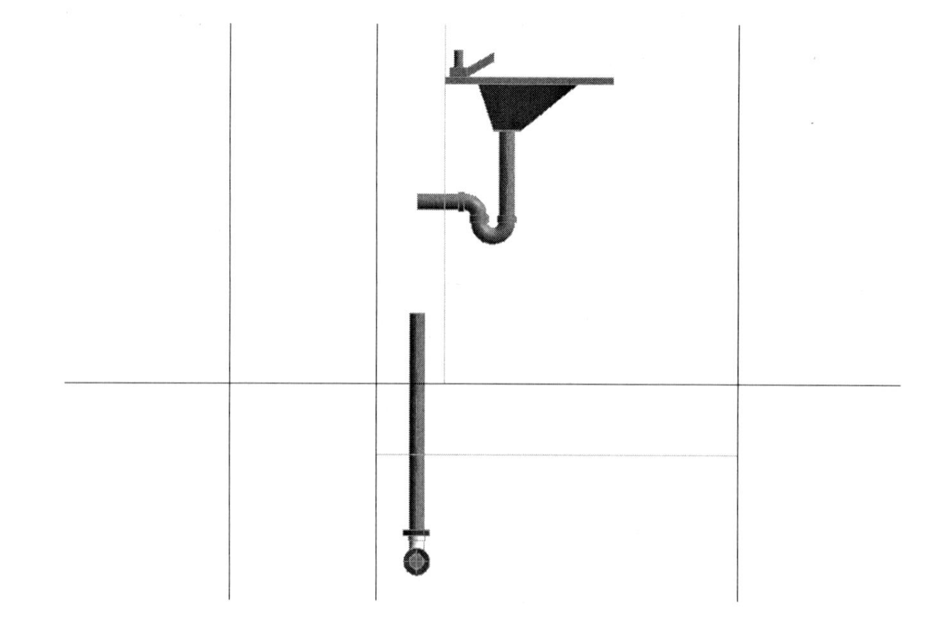

(6) '코너로 자르기/연장' 기능으로 배관을 연결합니다.

(7) 이와 같은 방법으로 다음과 같이 트랩을 모델링합니다.

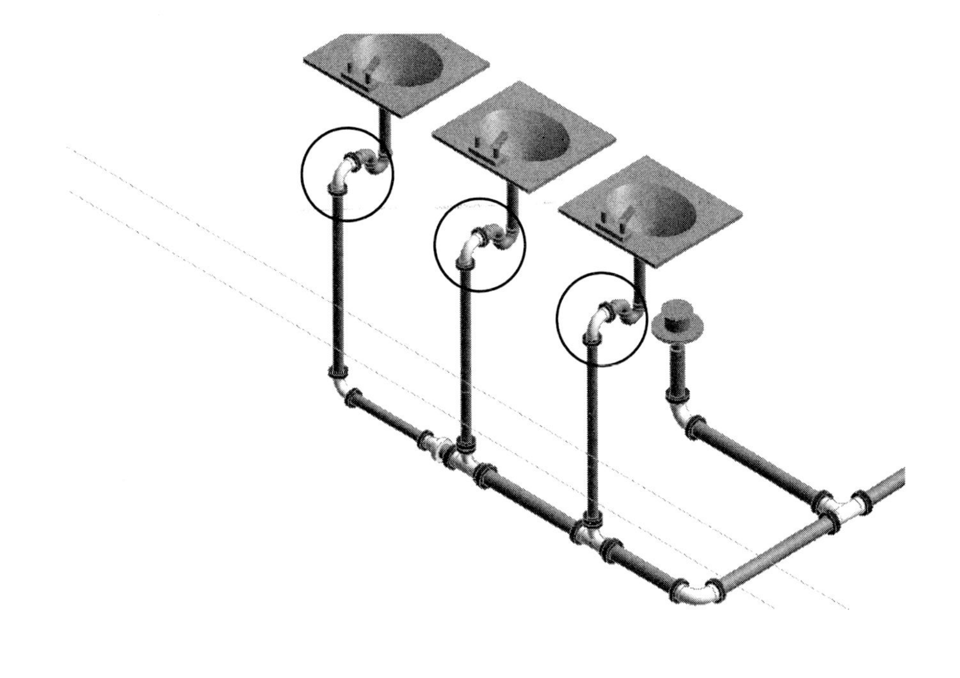

참고 **자동 라우팅 기능의 흐름**

자동 라우팅은 덕트, 배관, 전기 분야 모두 동일한 흐름입니다. 분야나 환경에 따라 설정 내용이나 조작 방법이 약간 다른 경우가 있지만 전체의 흐름은 바뀌지 않습니다.

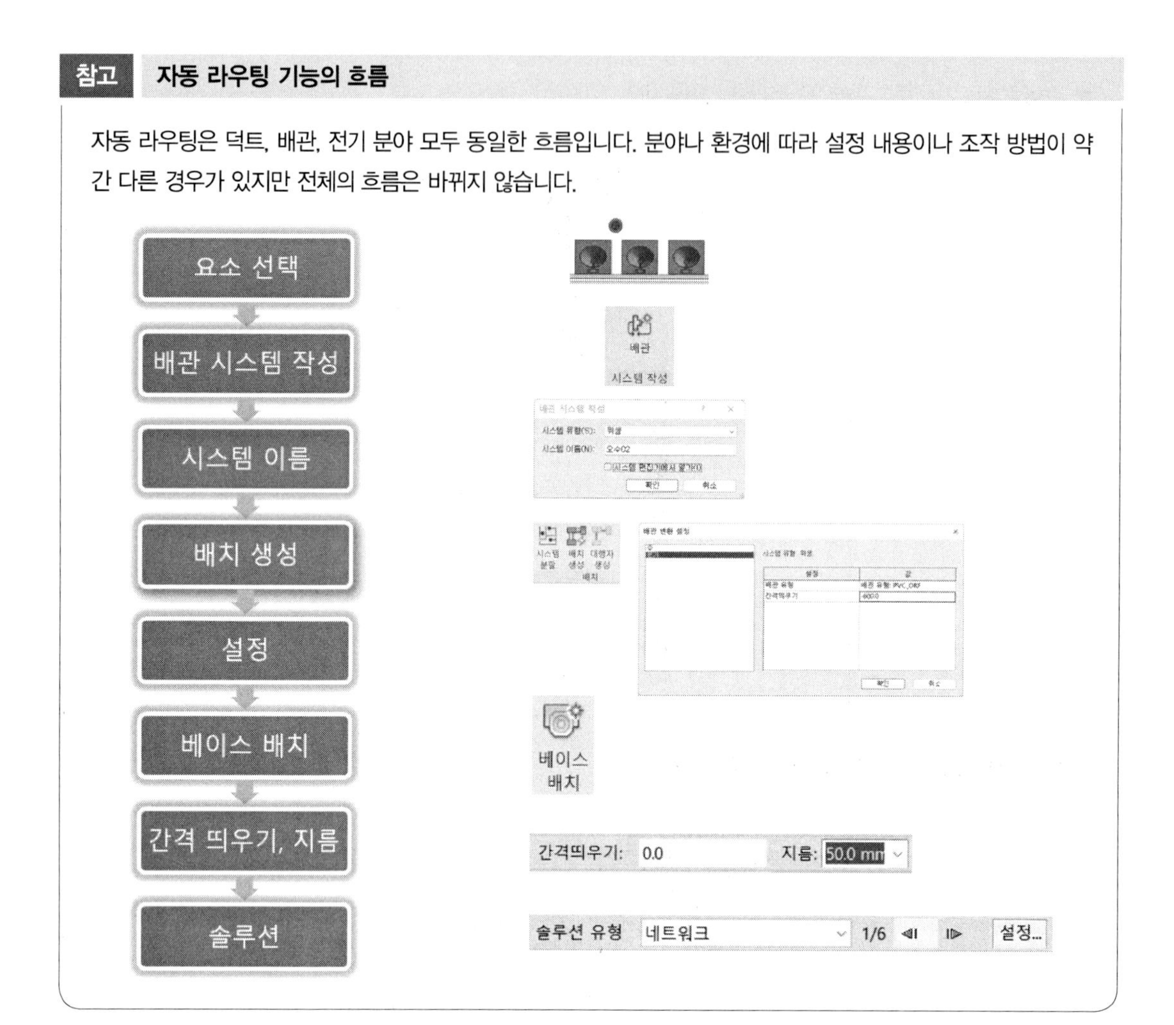

05. 소제구 부착

오수관과 배수관의 말단에 소제구(캡)을 부착합니다. 부착하고자 하는 소제구(캡) 패밀리는 미리 로드되어 있어야 합니다.

(1) 부착할 부분의 단면뷰를 작성합니다. 다음과 같이 배수관 끝부분이 보이도록 단면뷰를 지정합니다.

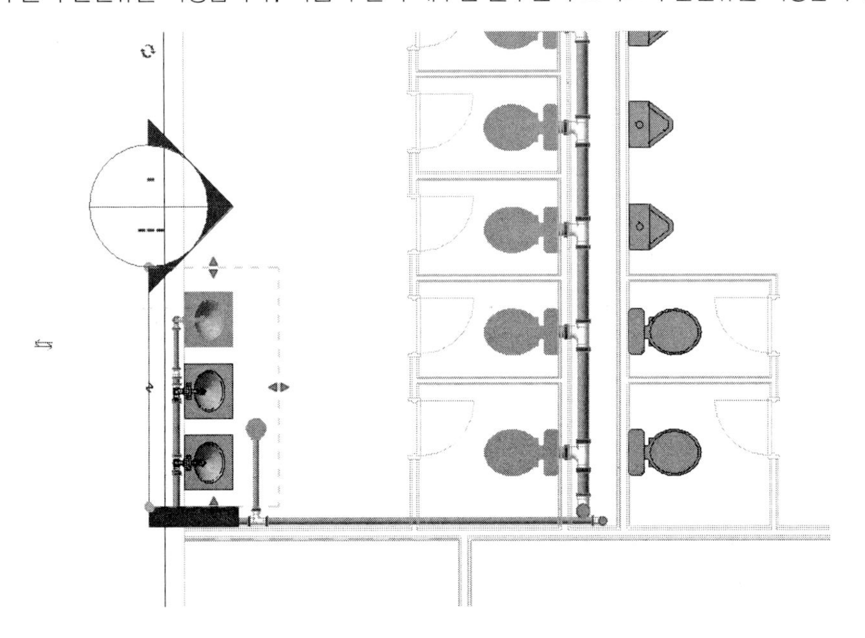

다음과 같은 단면뷰가 표시됩니다.

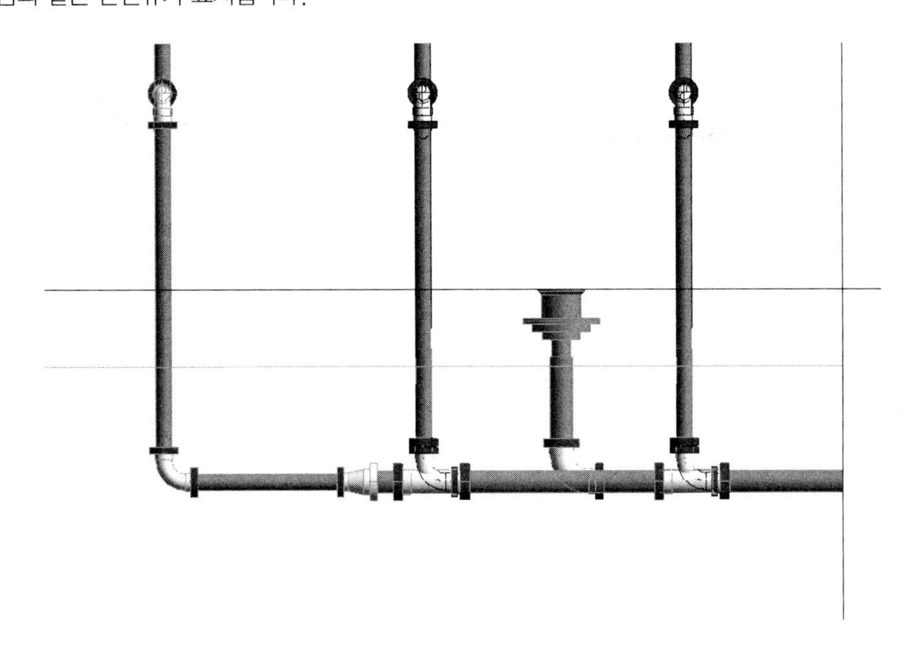

(2) DRF 규격에 35x35 치수가 없으므로 편집 기능을 이용하여 다음과 같이 50x35 티가 연결되도록 변환합니다.

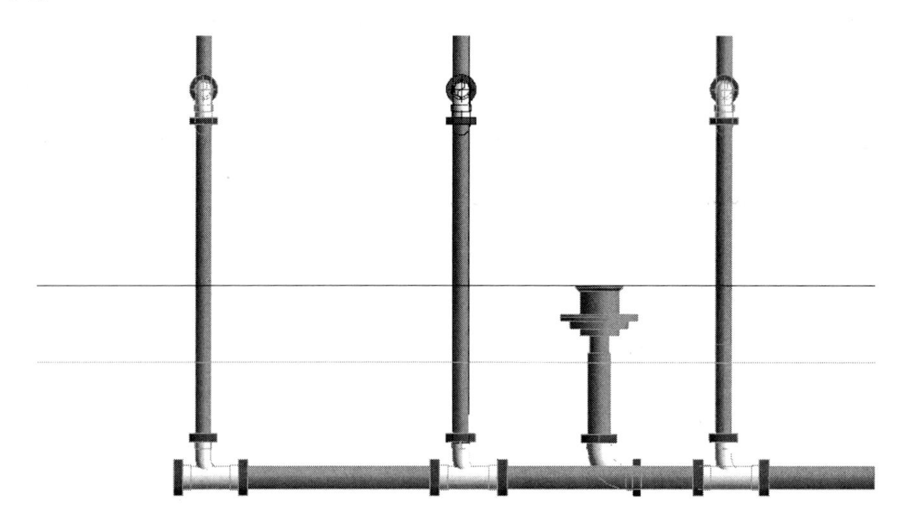

(3) 소제구(캡)을 부착합니다. '시스템-배관 및 배관-배관 부속류'를 클릭합니다. 유형 선택기에서 캡(PF610501-소제구(PVC-DRF))을 선택하여 부착할 위치를 지정합니다. 다음과 같이 캡이 부착됩니다. 다른 말단부도 이와 같은 방법으로 캡을 부착합니다.

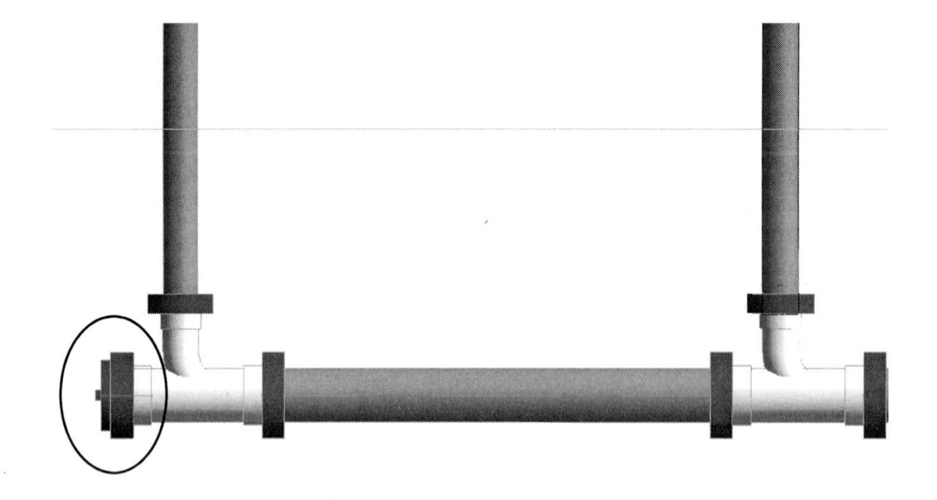

(4) 오수관의 말단부에도 동일한 방법으로 소제구를 부착합니다.

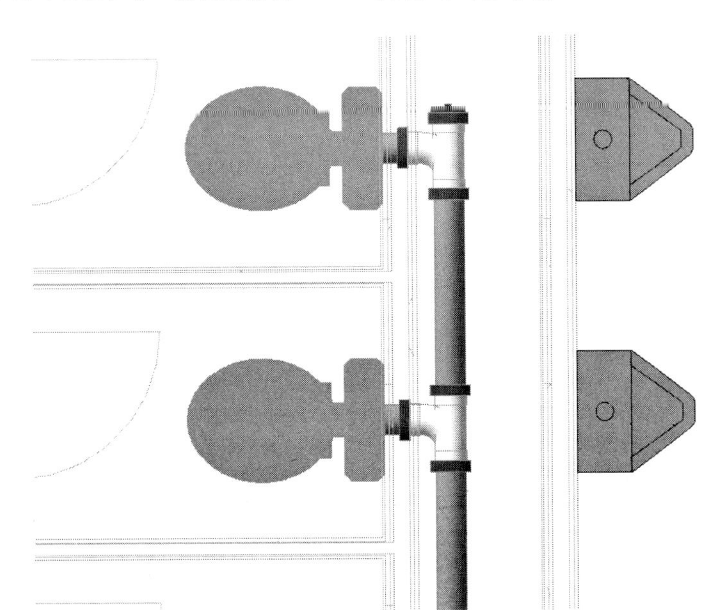

06. 통기관 모델링

오수관과 배수관은 자동 라우팅 기능으로 모델링했습니다만 통기관은 수동으로 모델링하겠습니다. 통기관의 '간격 띄우기'값은 '-300'으로 설정하겠습니다.

[배관 유형 작성]

(1) 먼저 배관 유형을 작성하겠습니다. 앞에서 작성한 'PVC-DRF'를 복제하여 'Vent'라는 이름의 배관 유형을 작성합니다. 배관 유형은 재질, 유체 종류 등 다양한 분류에 의해 작성할 수 있습니다.

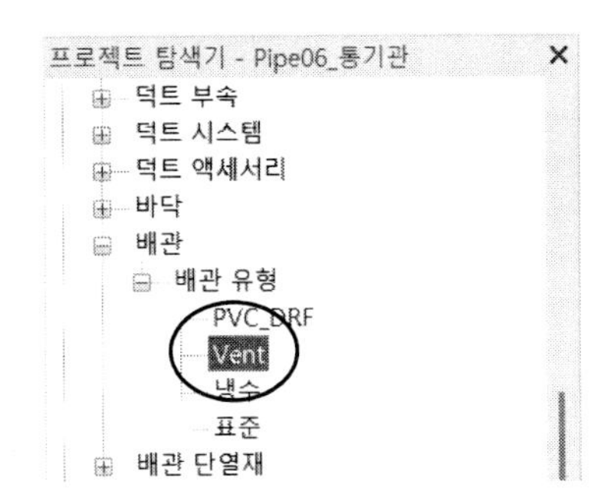

(2) 'Vent'에서 바로가기 메뉴를 펼쳐 '유형 특성'을 펼쳐 라우팅 기본 설정에서 [패밀리 로드(L)]를 클릭하여 제공된 배관 부속류 DTS를 로드하여 각 부속을 정의합니다.

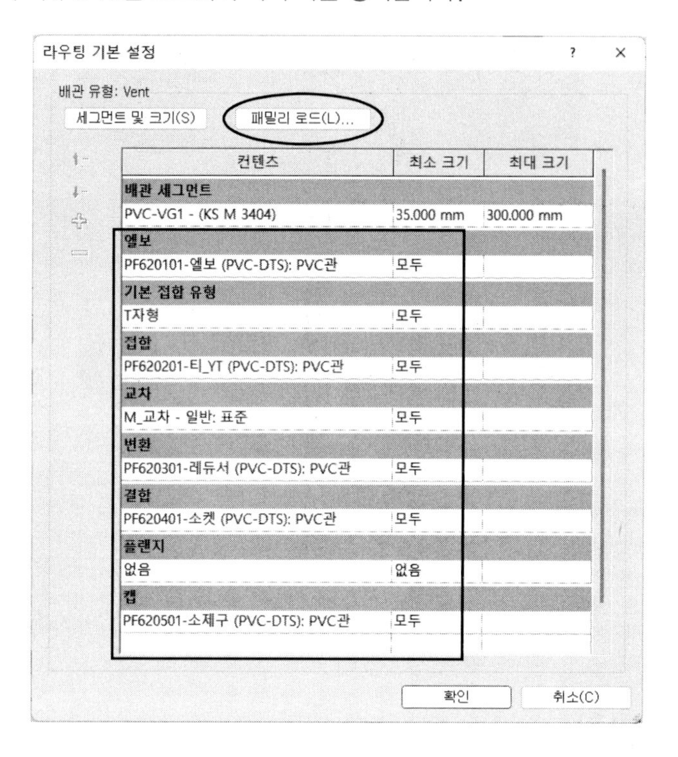

(3) 배관 모델링 기능으로 메인 통기관을 모델링합니다. 관경을 '50', 간격 띄우기를 '-300', 배관 유형을 'Vent'로 설정하고 다음과 같이 모델링합니다.

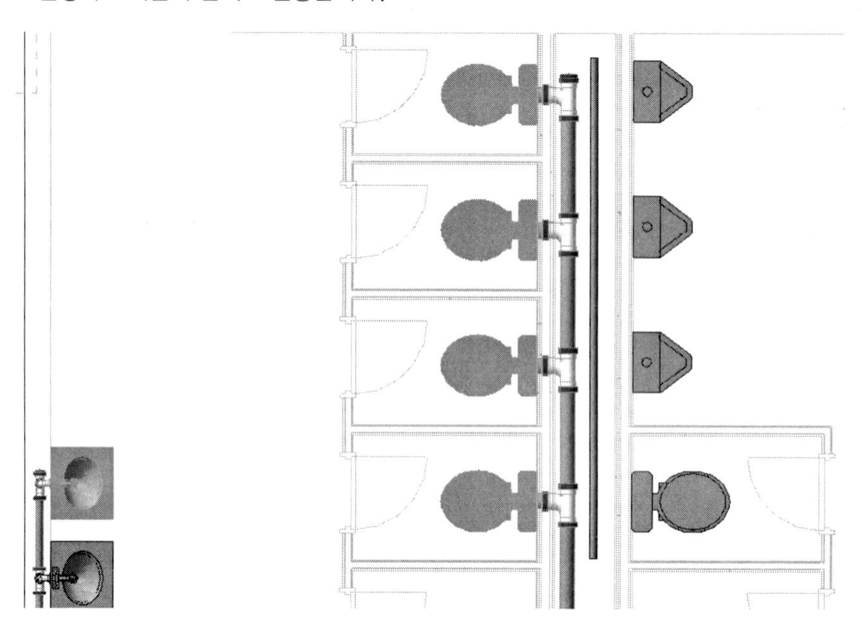

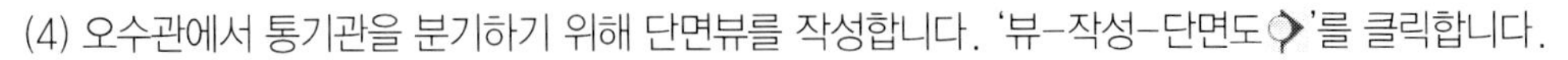

(4) 오수관에서 통기관을 분기하기 위해 단면뷰를 작성합니다. '뷰-작성-단면도 '를 클릭합니다.

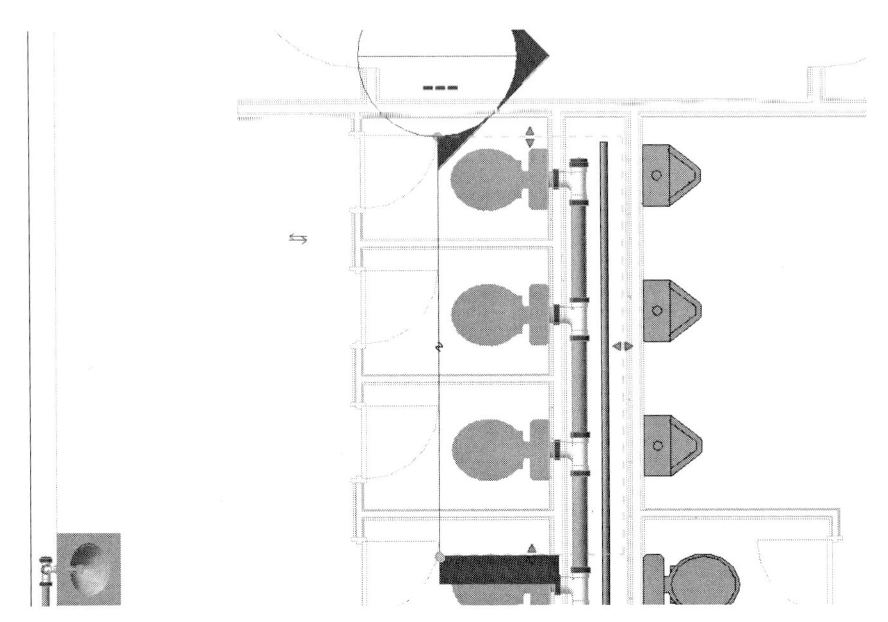

마우스 오른쪽 버튼을 눌러 바로가기 메뉴에서 '뷰로 이동'을 클릭하여 단면뷰를 펼칩니다. 1층만 확대하여 표시하면 다음과 같이 표시됩니다.

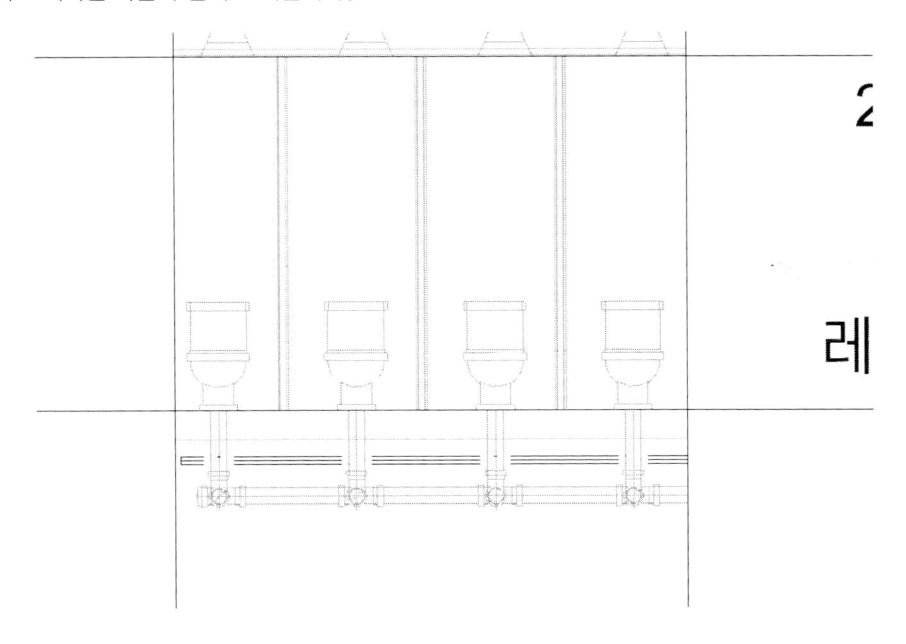

(5) 배관 모델링 기능으로 오수관으로부터 통기관(두 곳)을 모델링합니다. 관경은 '50'입니다. 오수관 '100'에서 모델링을 하면 다음과 같이 100x100 티가 모델링됩니다.

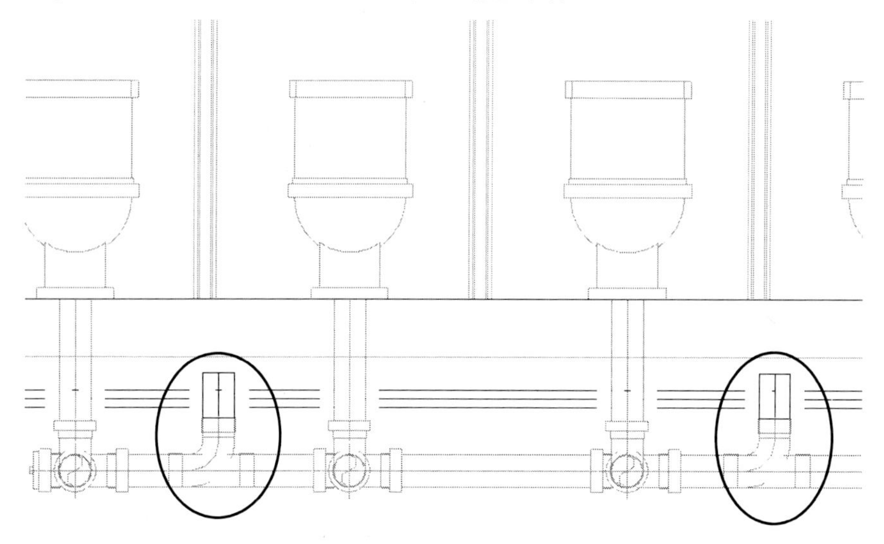

(6) 두 배관을 선택한 후 옵션바에서 지름을 '50'으로 바꿉니다.

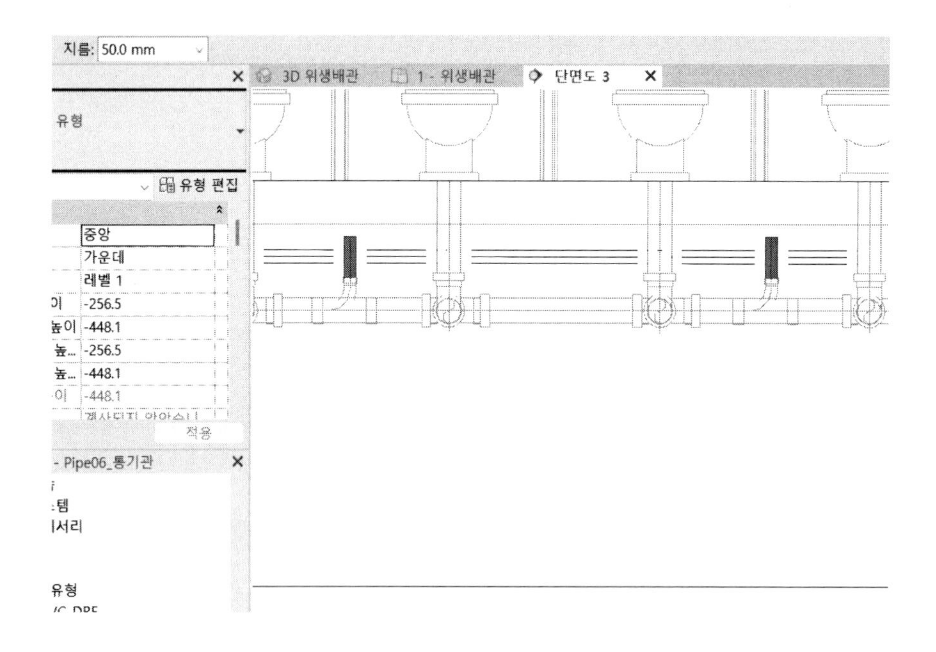

(7) '단일 요소 자르기/연장 ' 기능으로 메인 통기관에 연결합니다.

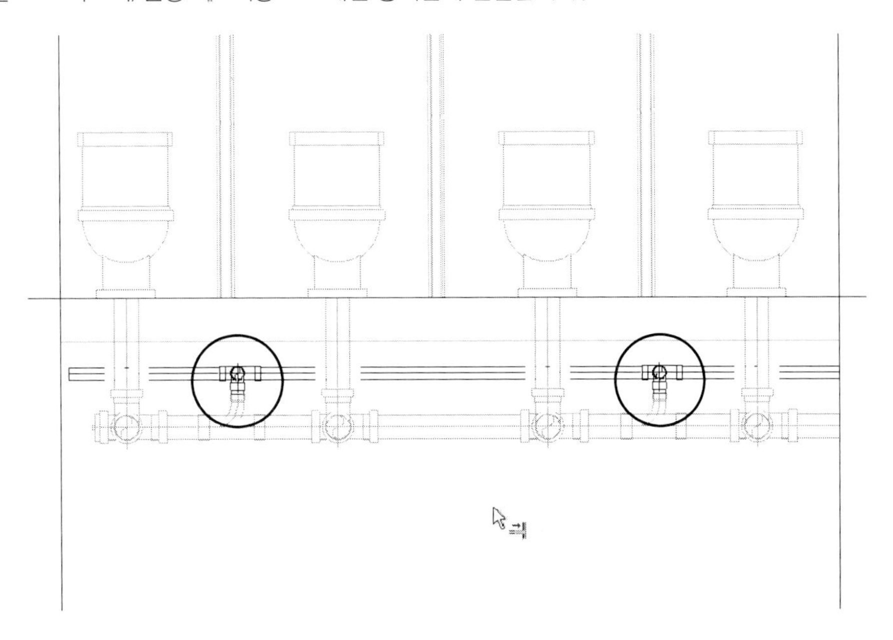

(8) 단면 뷰를 세면기 배관쪽으로 옮깁니다. 다음과 같이 표시됩니다.

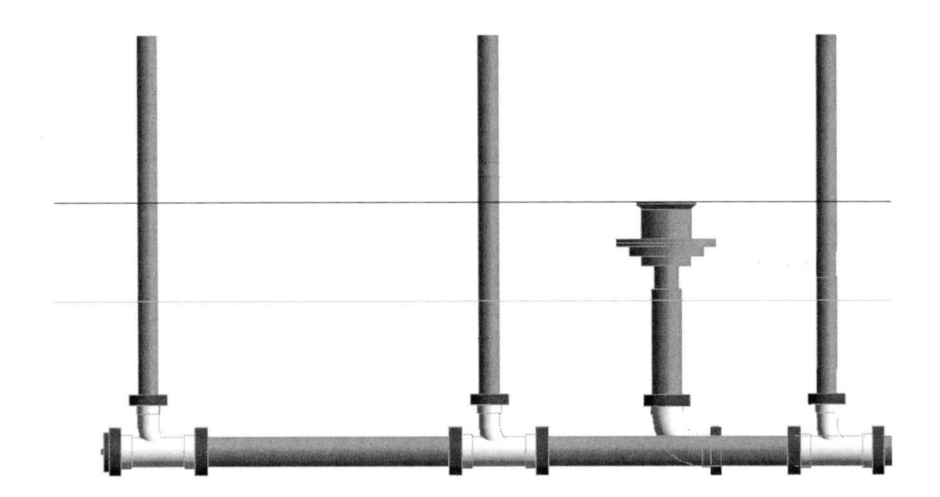

(9) 배관 모델링 기능으로 다음과 같이 배수관으로부터 모델링합니다. 모델링 후, 티만 남기고 배관은 지웁니다.

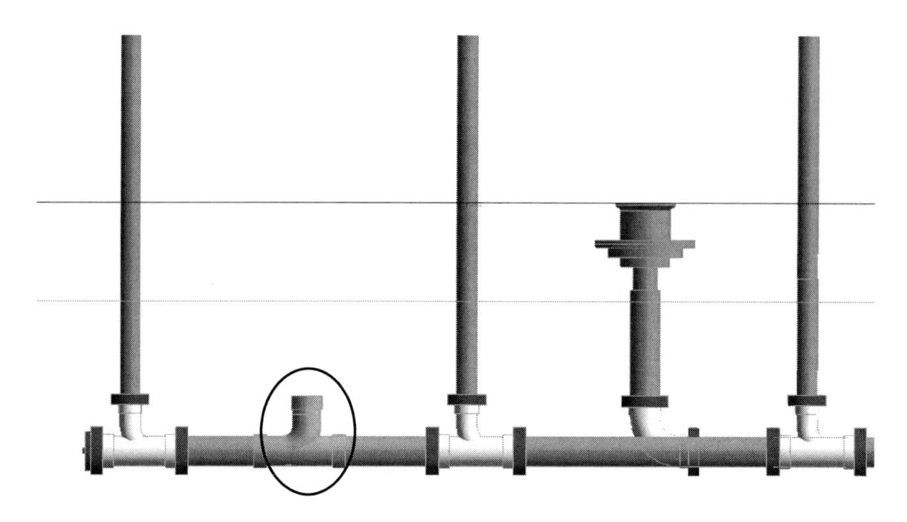

(10) 3D 뷰로 전환한 후 직전에 작성한 티를 선택합니다. 그러면 상단 메뉴에서 '연결 대상'을 클릭합니다. 마우스 커서에 + 마크가 나타나면 메인 통기관을 클릭합니다. 다음과 같이 모델링됩니다

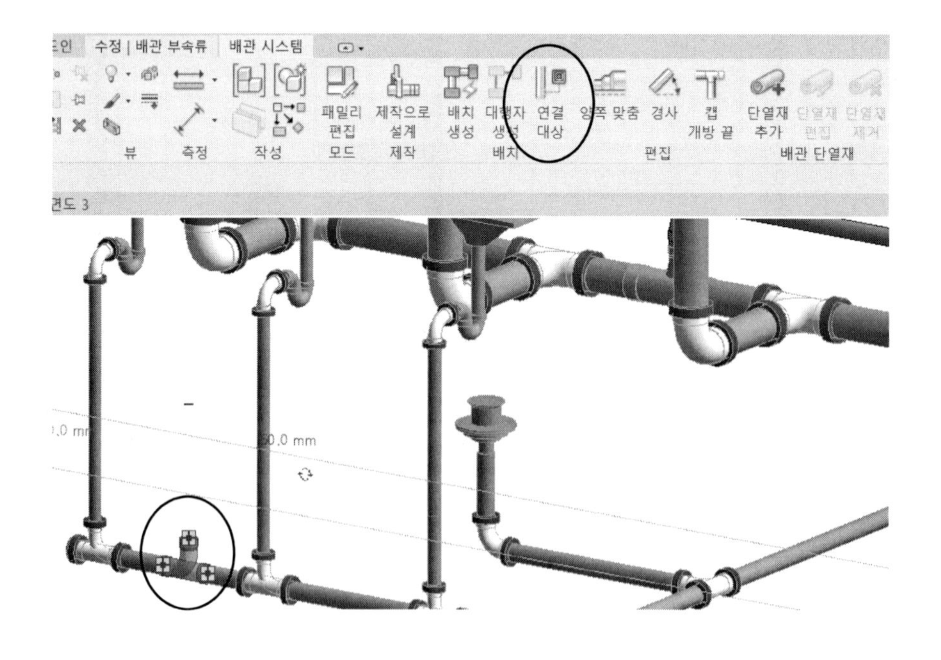

3D 뷰로 보면 다음과 같이 연결됩니다.

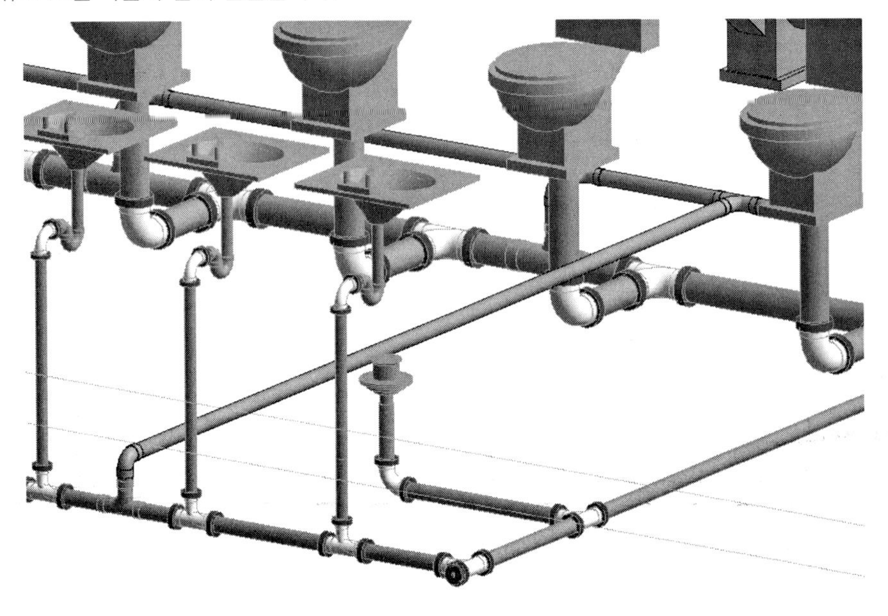

(11) 평면도 뷰를 펼쳐 편집 기능으로 통기 지관과 메인관을 연결합니다.

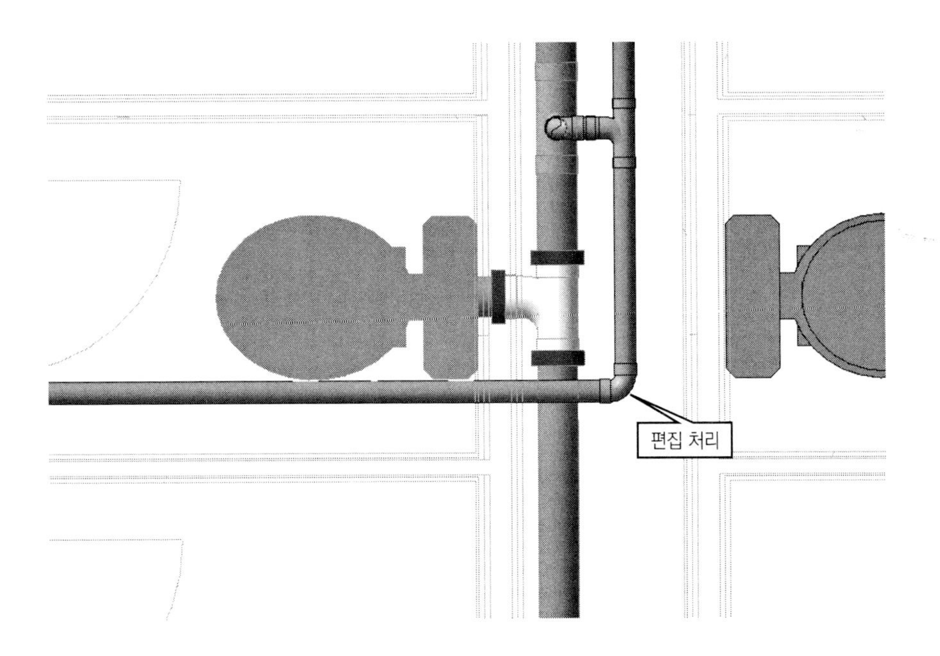

3D 뷰로 보면 다음과 같이 모델링됩니다.

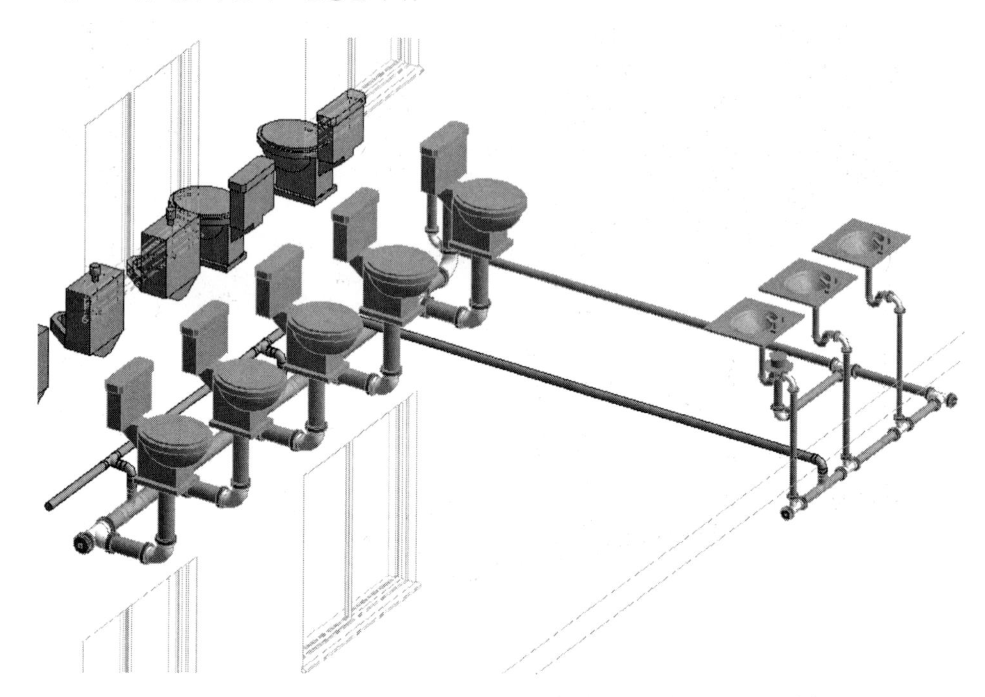

[과제1] 위생 배관의 오수관, 배수관, 통기관을 각각 별도의 색상으로 표현하시오. 덕트에서 학습했던 방법으로 매개변수에 값을 부여하여 표현합니다.

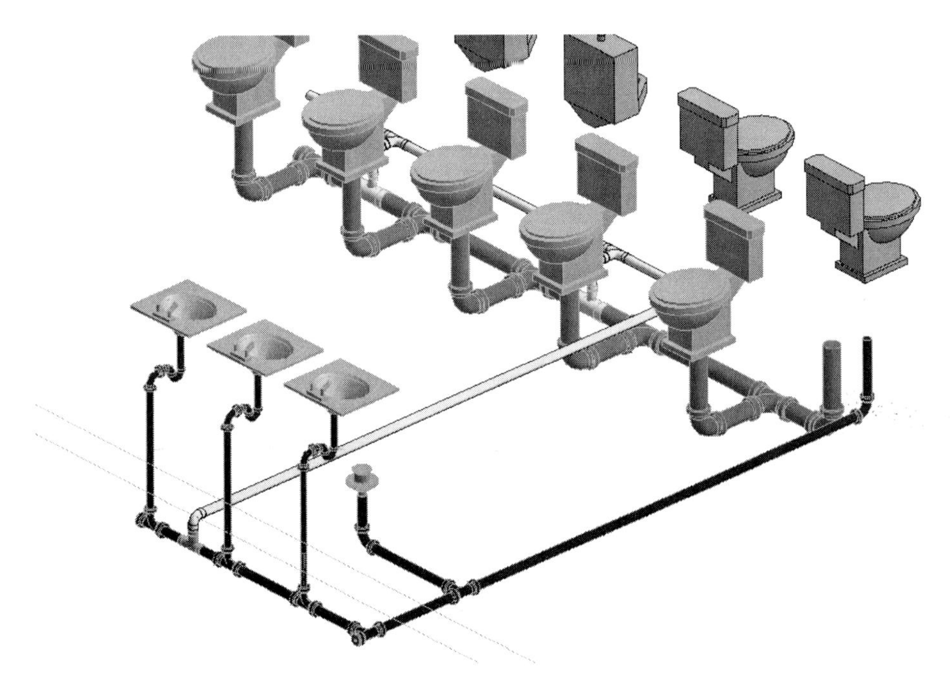

[과제2] 각 위생기기에 급수와 급탕/환탕 배관을 모델링합니다.

2. 소방 배관 모델링

소방 배관을 모델링하겠습니다. 여기에서는 하향식 스프링클러 배관을 모델링합니다.

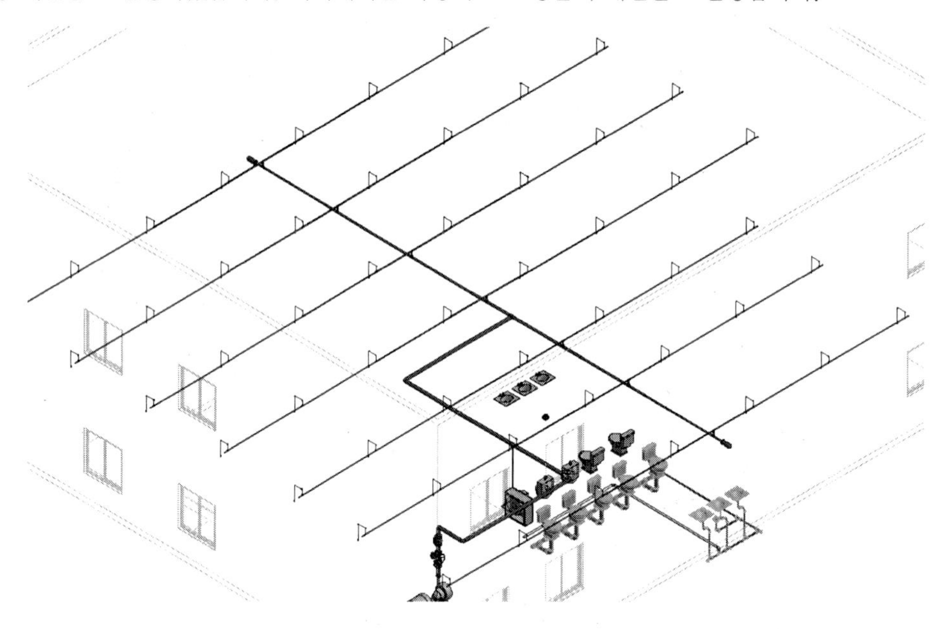

01. 뷰 작성

소방 배관 모델링을 위해 뷰를 작성합니다. 앞에서 학습한 위생 배관 뷰를 복제하여 작업하겠습니다.

(1) 위생 배관 평면뷰를 펼칩니다. '1-위생배관'에 마우스를 맞추고 오른쪽 버튼을 클릭합니다. '뷰 복제(V)-복제(L)'를 클릭합니다.

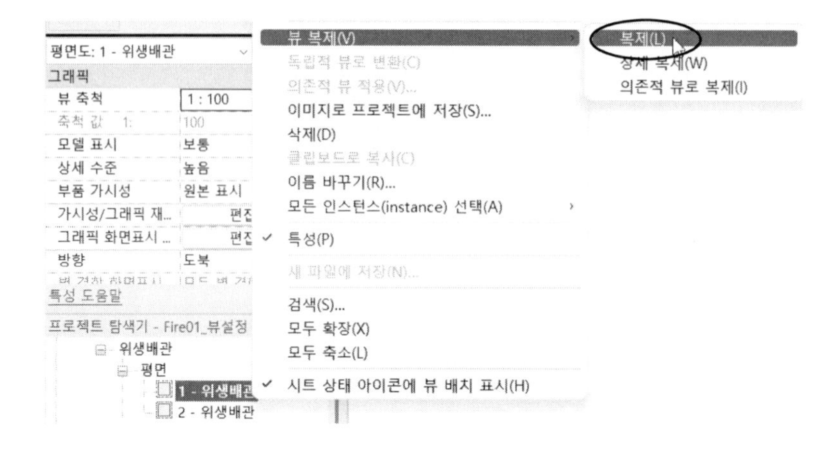

(2) 복제된 뷰를 '이름 바꾸기(R)'기능으로 이름을 바꿉니다. '1–소방배관'으로 바꿉니다. 특성 팔레트에서 '하위 분야'를 '소방배관'으로 지정합니다. 그러면, '위생기구'분야의 하위 분야에 '소방배관'이 만들어집니다.

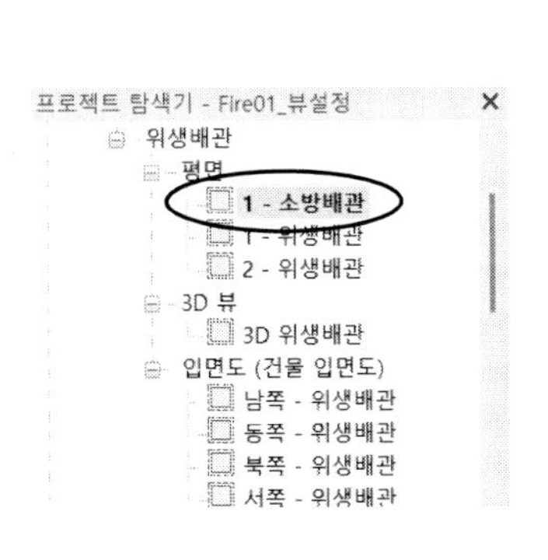

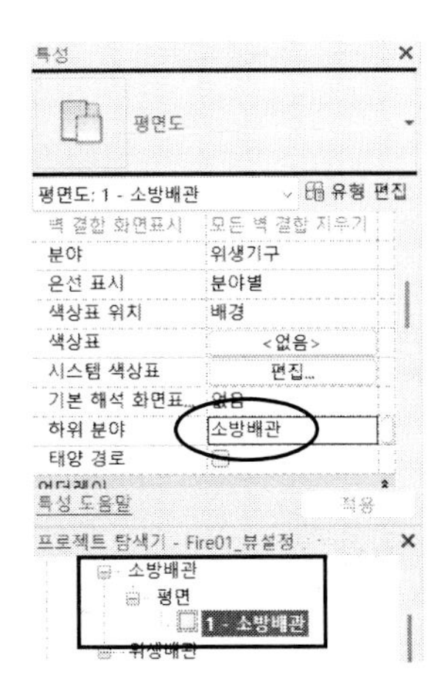

(3) 이와 같은 방법으로 '2–소방배관', '3D 소방배관' 및 입면뷰를 작성합니다. 입면뷰는 만들지 않고 위생배관 입면도를 활용해도 됩니다. 또, 'HVAC'에 있는 천장 평면뷰도 복제하여 '1–천장 소방배관', '2–천장 소방배관'으로 이름을 지정합니다. 다음과 같이 뷰가 작성됩니다.

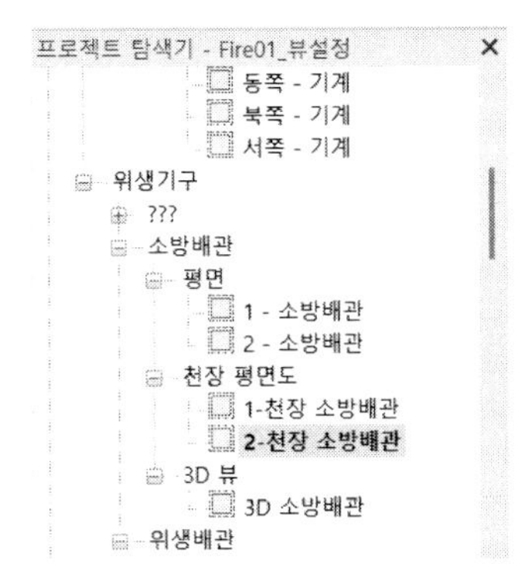

(4) '1–소방배관'을 더블클릭하여 뷰 범위를 설정합니다. 위생 배관은 바닥 아래쪽까지 표시했지만 소방 배관은 천장에 배치하기 때문에 뷰 범위를 조정해야 합니다. 특성 팔레트에서 '뷰 범위'의 [편집..]을 클릭합니다.

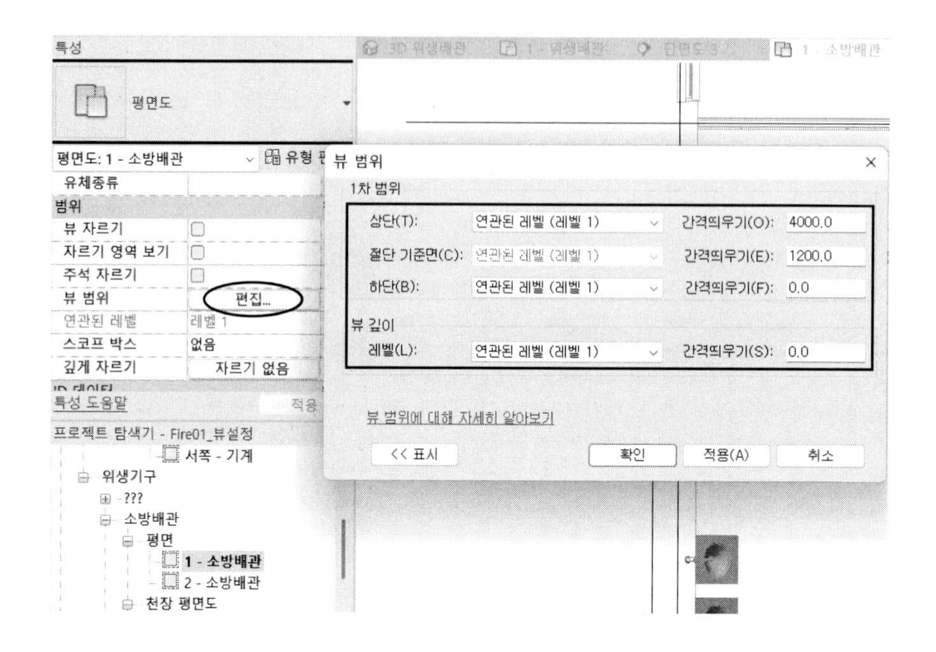

다음과 같이 바닥 아래의 배관은 표시되지 않습니다.

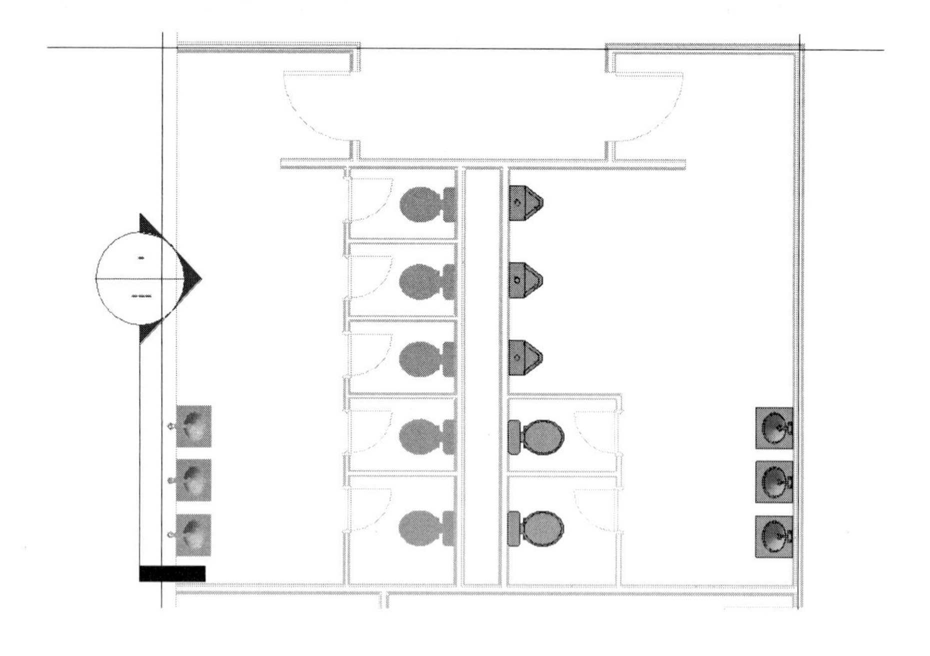

02. 스프링클러 배치 및 배관

스프링클러 헤드를 배치합니다. 스프링클러도 자동 라우팅이 있습니다만 여기에서는 수동으로 배관하는 방법으로 실습하겠습니다. 작업의 효율을 위해 스프링클러에 하향식 배관을 모델링한 후 복사 또는 배열하는 방법으로 배치하겠습니다. 배관 작업에 앞서 소방 배관을 위한 배관 유형을 설정합니다. 위생 배관을 참조하도록 하고 여기에서는 생략하고 템플릿에서 제공하는 '표준'유형으로 모델링하겠습니다.

(1) 배치를 위해 '1-천장 소방배관' 뷰를 펼칩니다. '시스템-위생기구 및 배관-스프링클러'를 클릭합니다. 유형 선택기에서 'M_스프링클러-팬던트-호스트20mm 팬던트(하강시)'를 선택합니다. 특성 팔레트의 '간격 띄우기' 값을 '0'으로 지정합니다. '수정|배치 스프링클러-배치-면에 배치'를 클릭한 후 임의의 위치에 배치합니다. 치수(정렬 치수)를 기입하여 벽 중심선으로부터 '1500'인 지점에 맞춥니다.

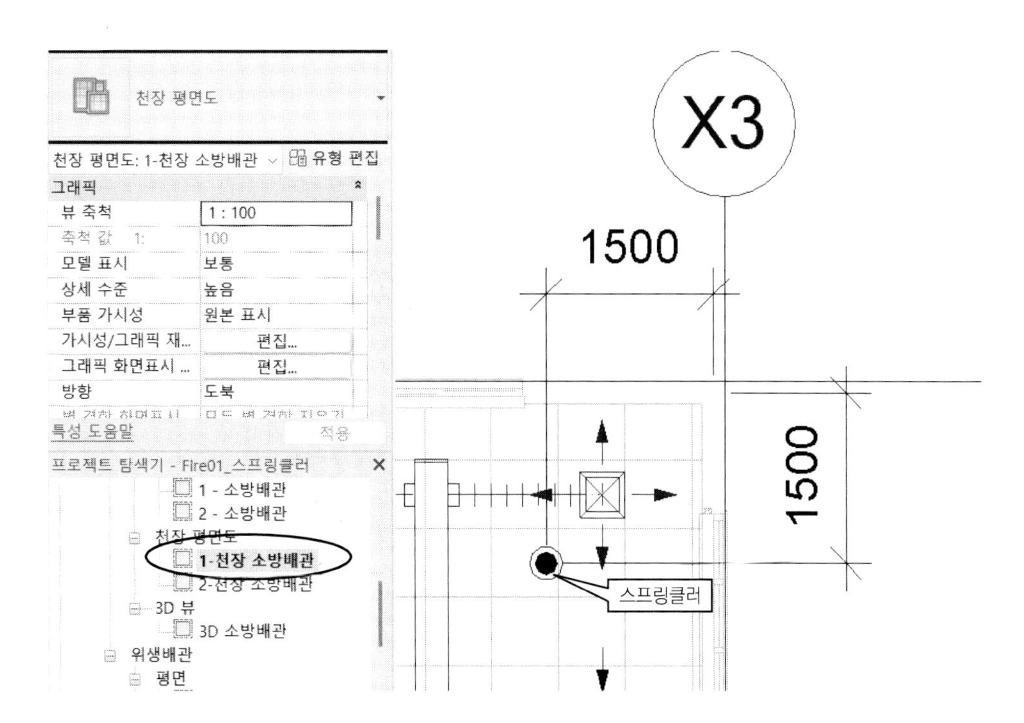

(2) 천장 평면도는 복잡하기 때문에 '1-소방배관'뷰를 펼칩니다. 하향식 배관을 작성하기 위해 단면뷰를 작성합니다. '뷰-작성-단면도'를 클릭한 후 뷰 범위를 정해 '뷰로 이동(G)'를 클릭합니다. 다음과 같은 단면뷰가 나타납니다.

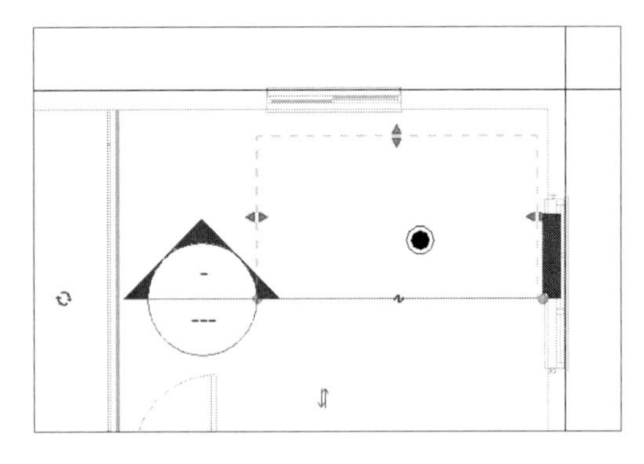

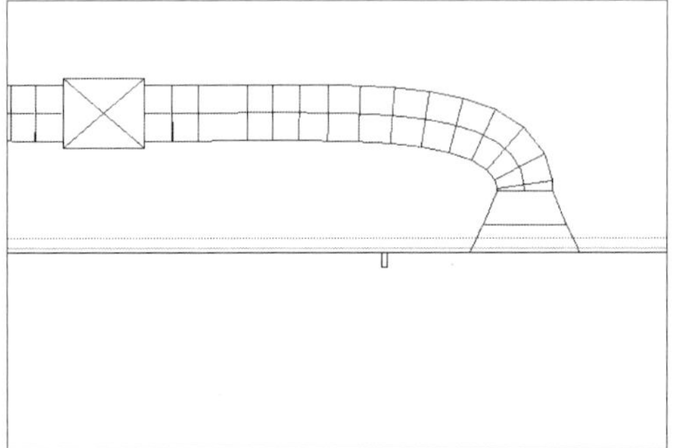

(3) 배관 모델링 기능으로 스프링클러 헤드로부터 배관을 모델링합니다. 헤드로부터 위로 '500', 왼쪽으로 '300', 아래쪽으로 '200'인 배관을 모델링합니다. 관경은 헤드 관경인 '20'입니다. 헤드와 작도한 배관을 하나의 세트로 복사합니다.

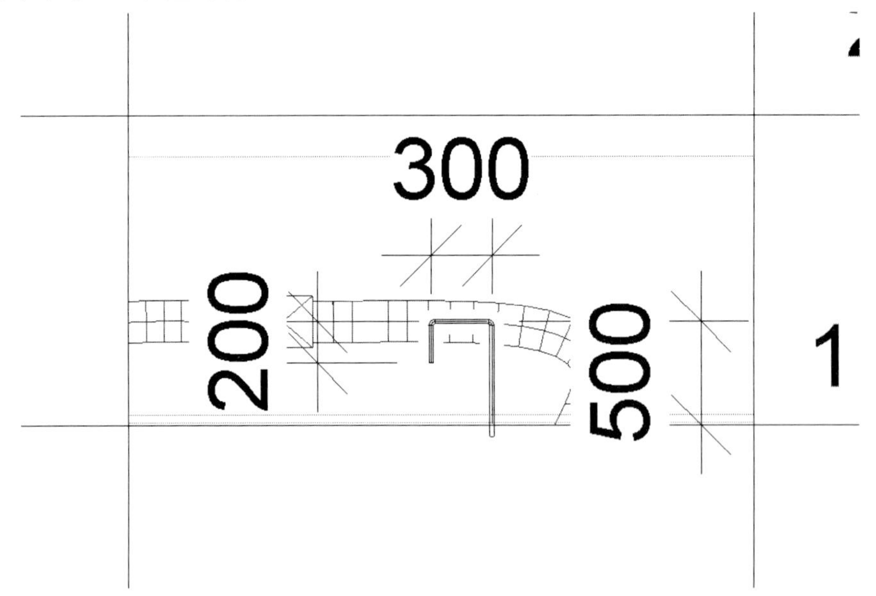

(4) 스프링클러와 하향식 배관을 배열 기능으로 배열합니다. 스프링클러와 하향식 배관을 선택(6개의 요소)한 후 '수정|다중 선택-수정-배열'을 클릭합니다. 옵션 바에서 '그룹 및 연관'을 끄고, '항목 수'는 '8', '두 번째'를 지정한 후 아래쪽 방향으로 커서를 맞춘 후 '3000'을 입력합니다.

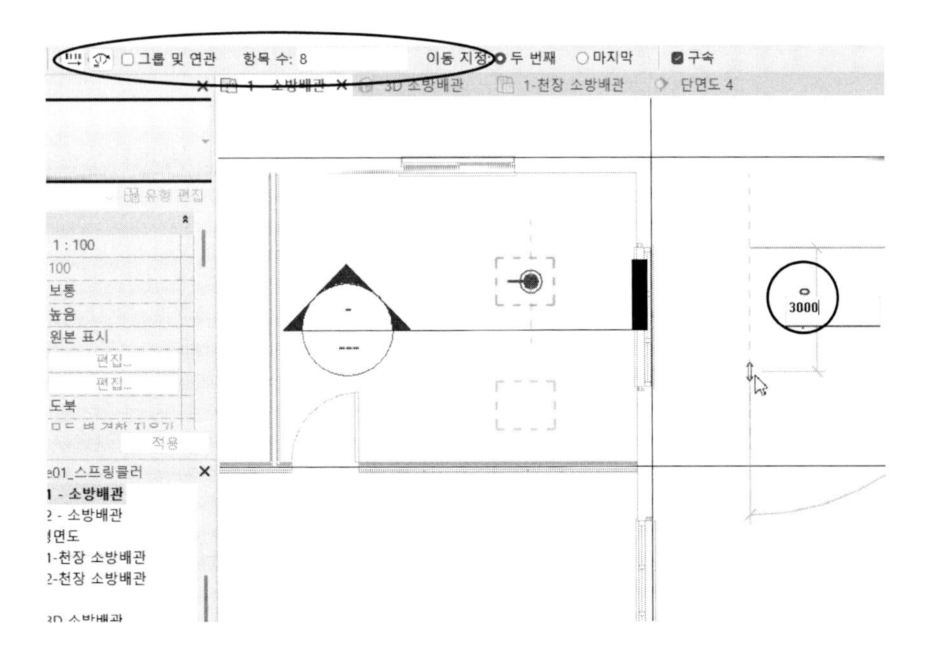
그룹 및 연관
항목 수: 8
이동 지정
두 번째
마지막
구속
1 - 소방배관
3D 소방배관
1-천장 소방배관
단면도 4
유형 편집
1 : 100
100
보통
높음
원본 표시
편집...
도북
적용
1 - 소방배관
2 - 소방배관
1-천장 소방배관
2-천장 소방배관
3000

다음과 같이 배열됩니다.

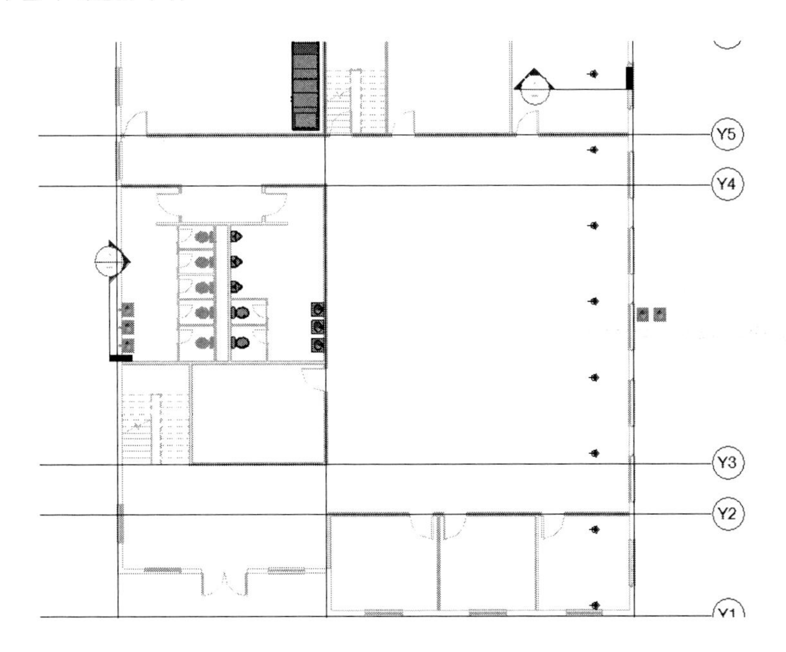
Y5
Y4
Y3
Y2

(5) 가지 배관을 모델링합니다. 먼저 다음과 같이 세로 방향의 단면뷰를 작성합니다.

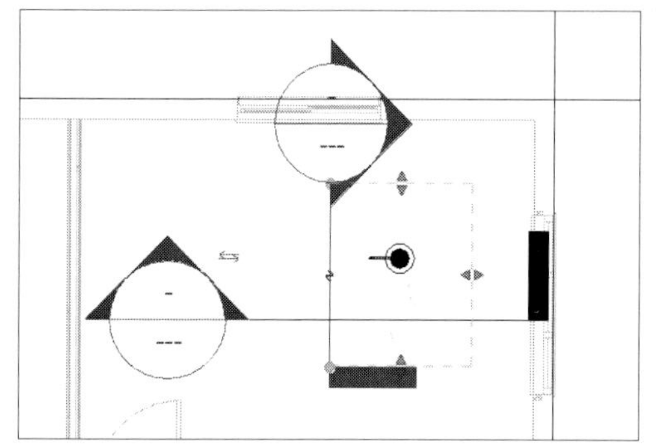

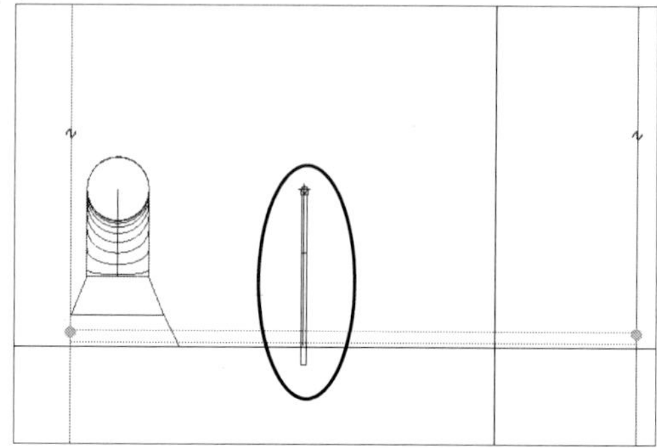

(6) 배관 끝점에 마우스를 대고 오른쪽 버튼을 눌러 바로가기 메뉴에서 '배관 그리기(P)'를 클릭합니다. 옵션 바에서 지름을 '25'로 설정한 후 배관을 모델링합니다.

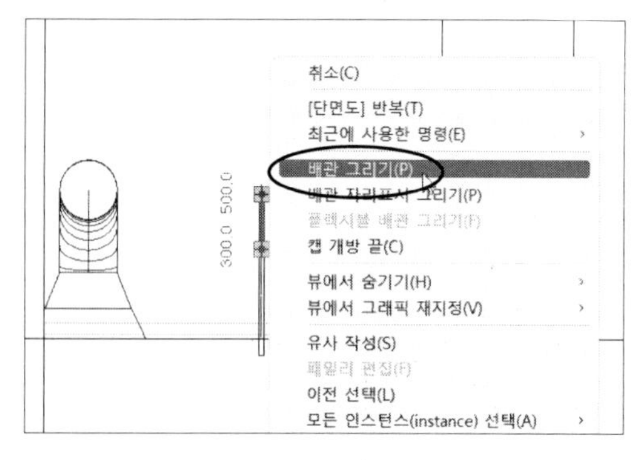

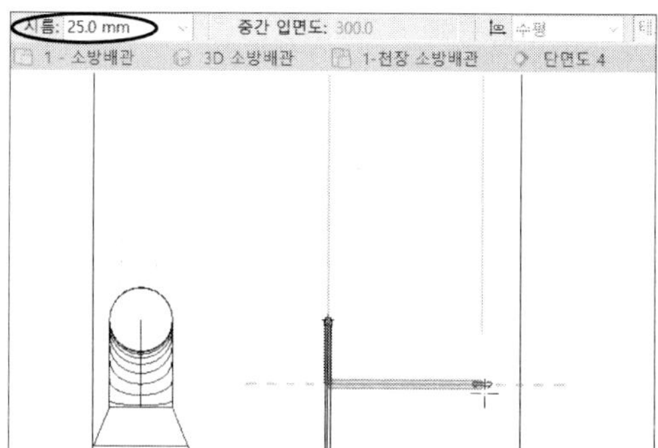

(7) 티로 변환하기 위해 엘보를 클릭한 후 왼쪽에 있는 '+'를 클릭합니다. 티가 작성되면 배관 그리기 기능으로 왼쪽으로 '100'만큼 모델링합니다.

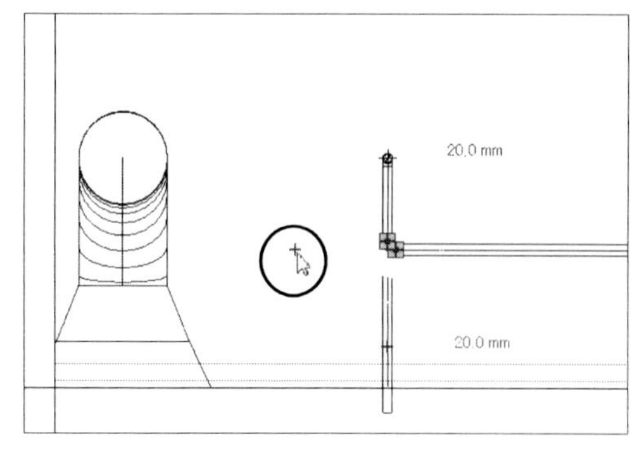

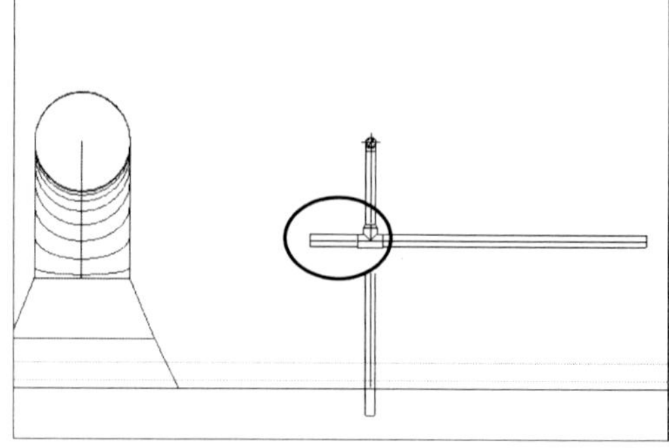

(8) 배관을 클릭합니다. '수정|배관-편집-캡 개방 끝'을 클릭합니다. 다음과 같이 말단에 캡이 부착됩니다.

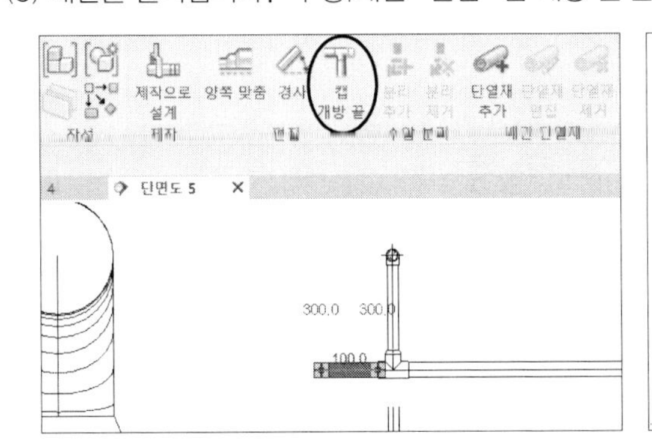

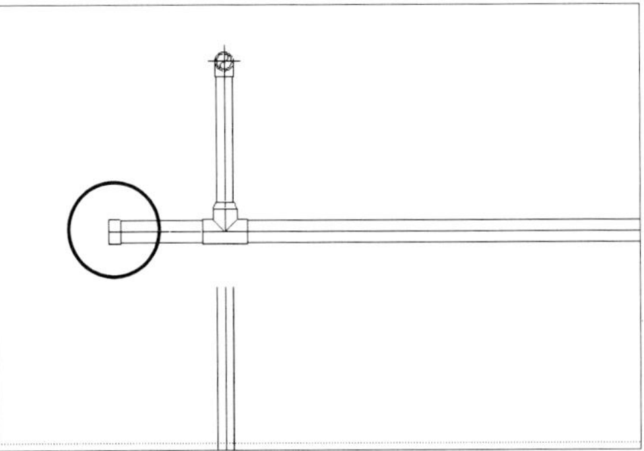

(9) 1층 평면뷰(1-소방배관)를 펼칩니다. 작도한 배관을 클릭하여 가장 아래쪽 헤드까지 드래그합니다.

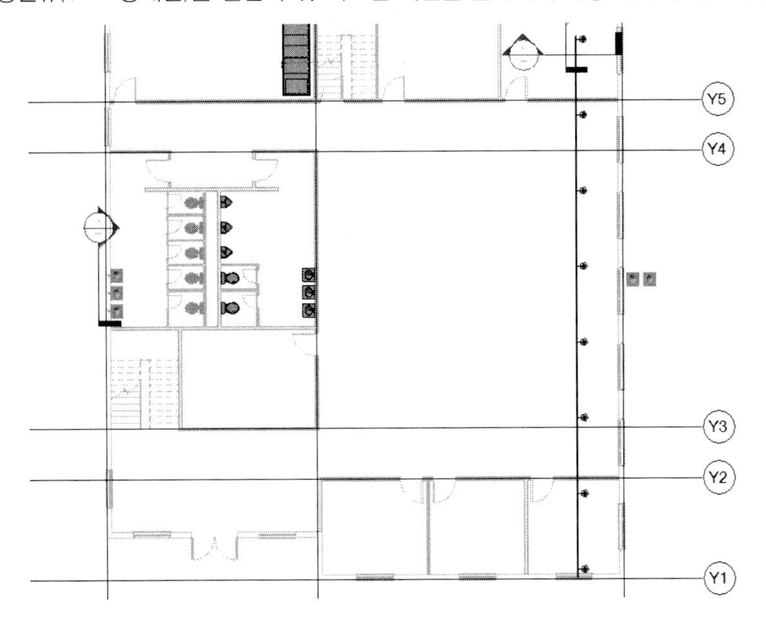

(10) 상단에 있는 세로 방향의 단면뷰를 아래쪽으로 이동하여 가장 하단의 헤드 단면뷰를 표시합니다.

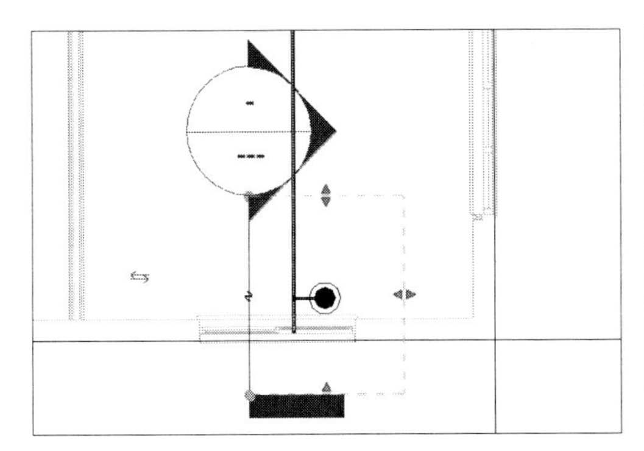

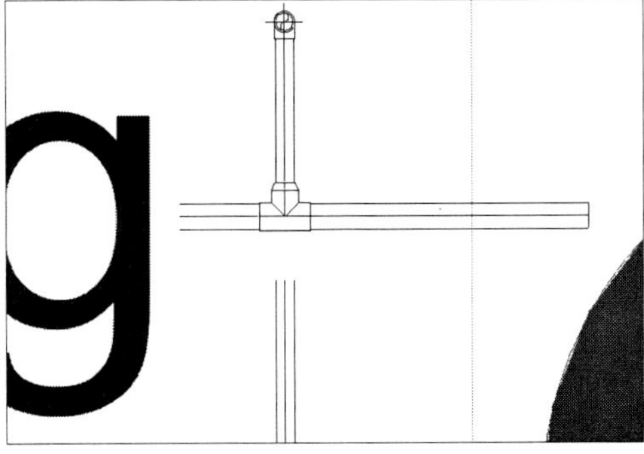

(11) 말단부 배관을 드래그하여 '100'만큼 줄입니다. 앞에서의 조작 방법으로 말단부에 캡을 부착합니다.

(12) 배관의 관경을 수정합니다. 위쪽부터 관경을 '25', '25', '32', '40'으로 수정합니다. 배관을 클릭한 후 옵션 바에서 관경을 입력합니다. 이때 연결되는 티의 관경도 바꿔줍니다. 티의 관경을 바꿀 때는 단면뷰를 펼쳐서 수정합니다.

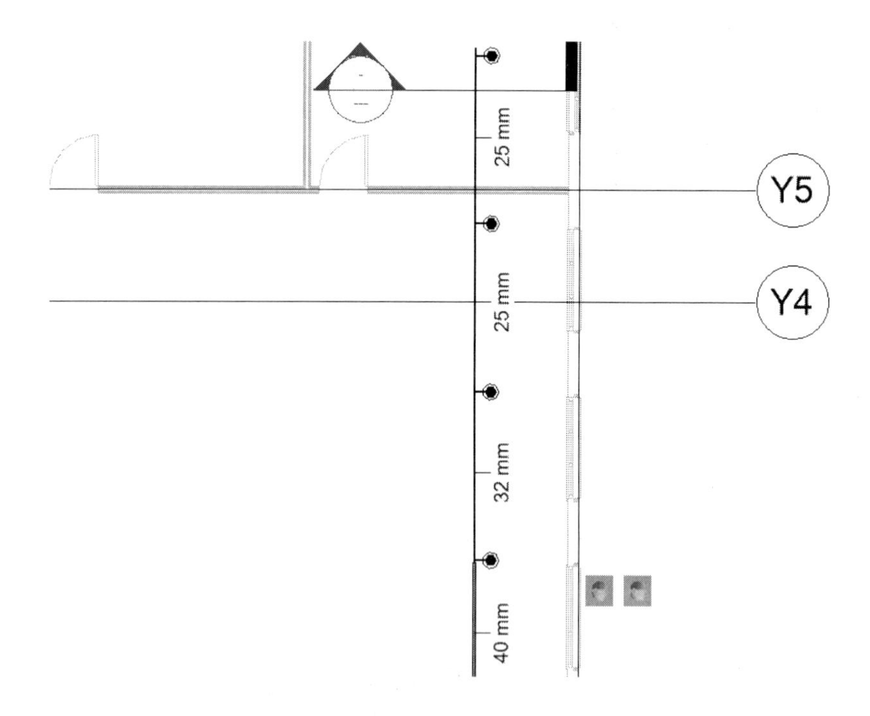

다시 아래쪽부터 관경을 '25', '25', '32', '40'으로 수정합니다. 여기에서 치수(관경)은 설명을 위해 기입했습니다. 이렇게 해서 한 라인(줄)의 스프링클러가 완성되었습니다.

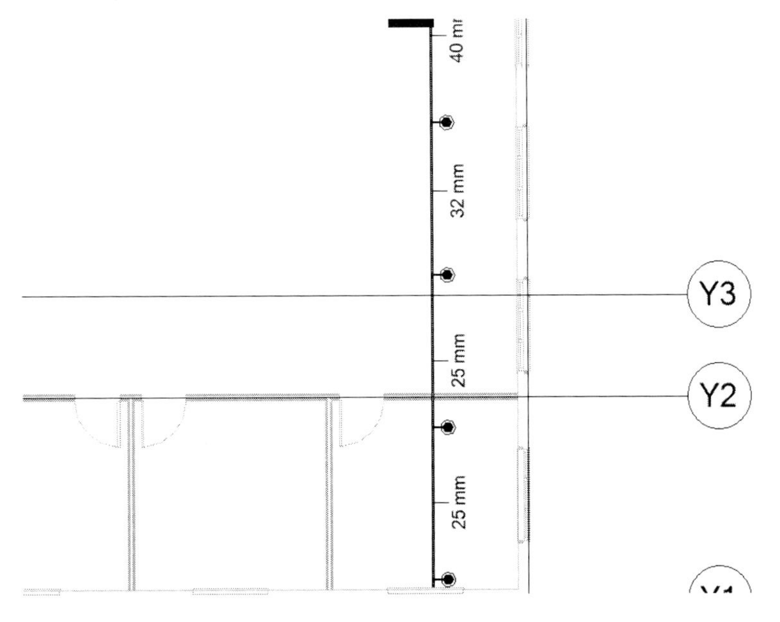

(13) 작도된 한 라인의 스프링클러를 복사합니다. 필터 기능으로 스프링클러, 배관, 배관 부속류를 선택합니다.

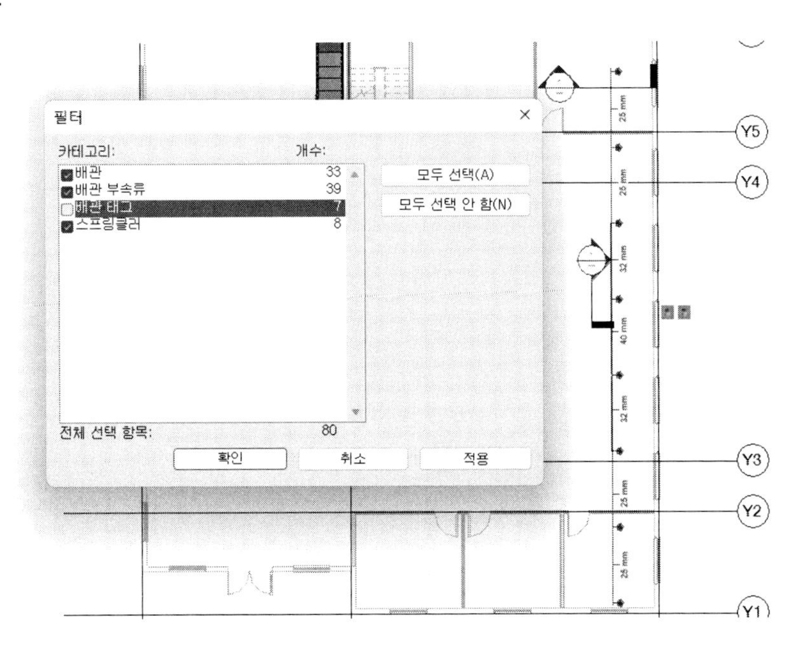

(14) 복사 또는 배열 기능으로 줄과 줄의 간격이 '3000'이 되도록 7줄을 배치합니다. 다음과 같이 배치됩니다.

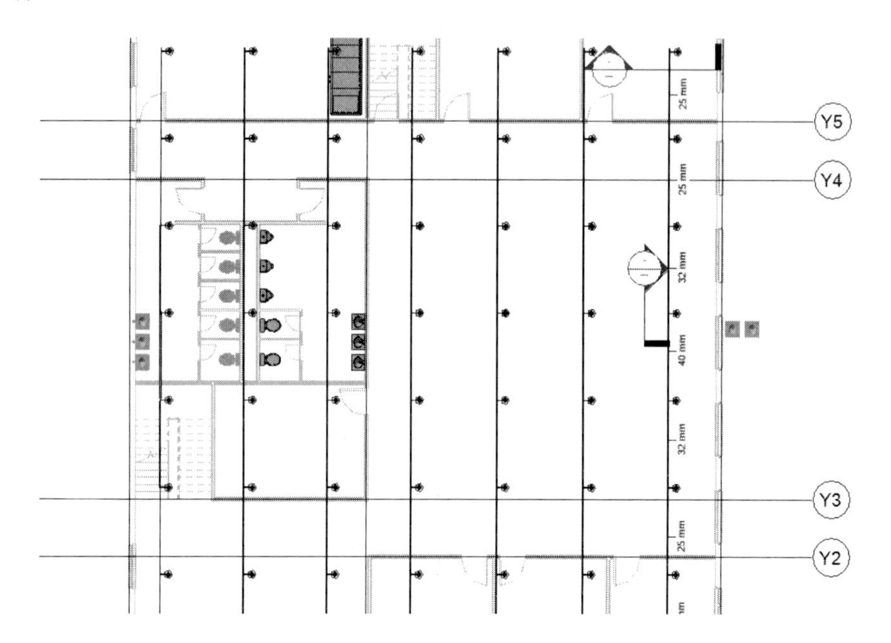

(15) 왼쪽에서 두 번째 줄이 피트에 걸려 있으므로 오른쪽으로 이동합니다. 이때 살수반경을 확인하기 위해 스프링클러 헤드를 중심으로 살수반경의 원(반경: 2300)을 작도한 후 이동하면서 반경을 확인합니다.

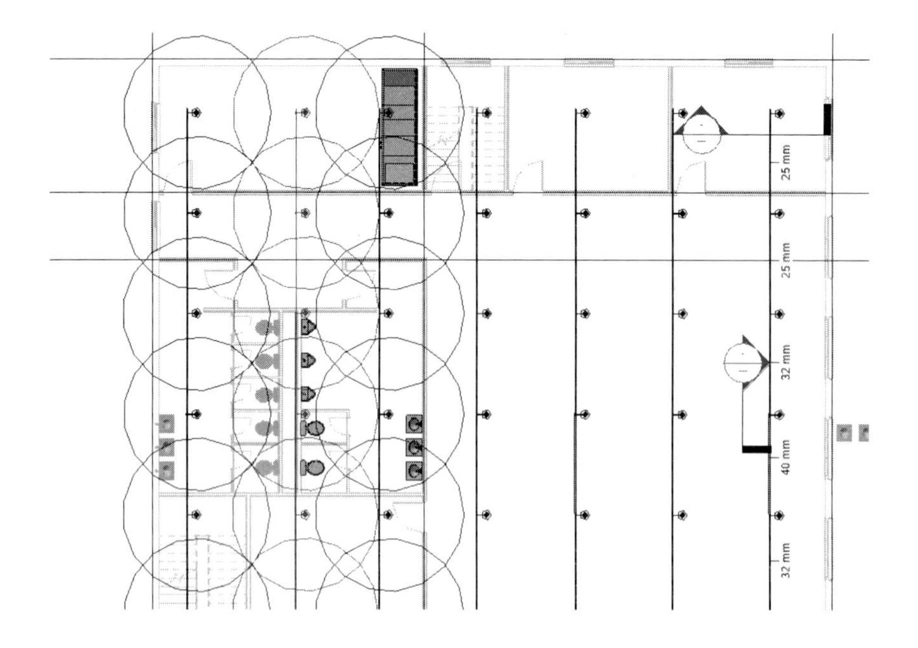

(16) 현관 밖으로 빠져나간 스프링클러를 삭제하고 배관 관경을 수정합니다. 아래쪽에서 두 번째 헤드와 배관을 삭제합니다. 이동 명령으로 위쪽으로 이동합니다. 살수 반경이 충분히 커버되는지 확인하며 이동합니다.

스프링클러 헤드 또는 배관이 다른 요소(덕트, 배관)에 부딪치면 헤드 또는 배관을 드래그하여 이동합니다.

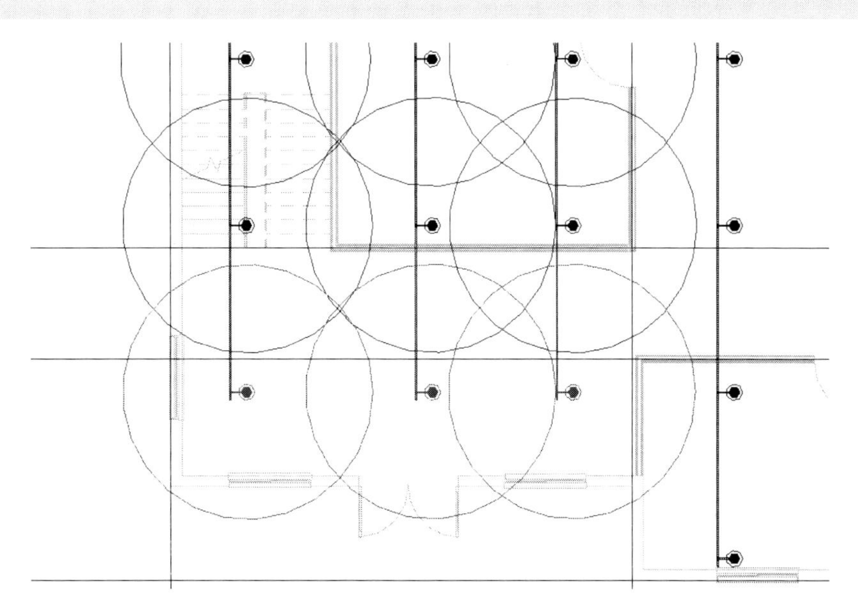

(17) 단면뷰를 작성하여 끊어진 배관을 연결합니다. 나머지 두 줄도 동일한 방법으로 연결합니다. 배관 사이즈도 말단부터 '25', '25', '32'가 되도록 수정합니다.

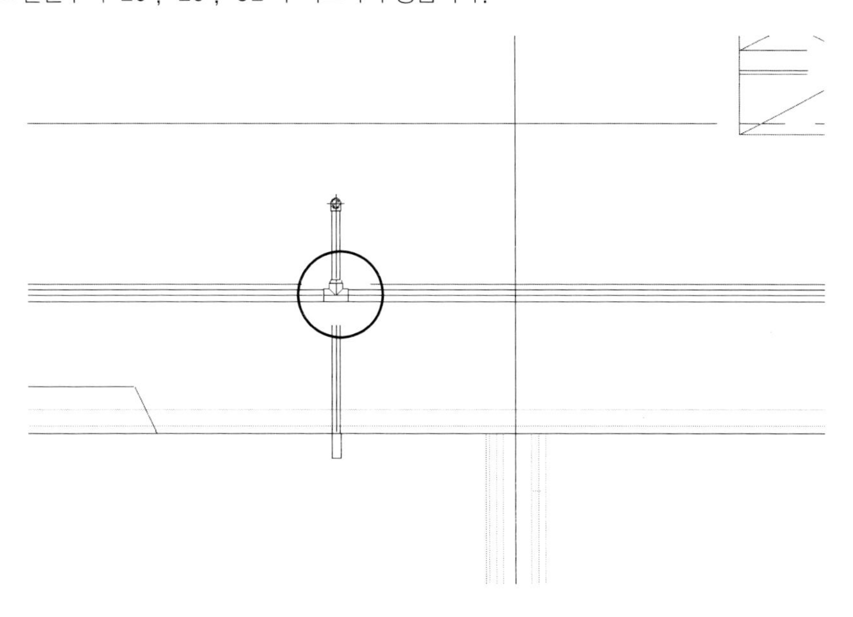

(18) 불필요한 단면마크 및 살수반경 확인을 위한 원을 삭제합니다. 다음과 같이 스프링클러 헤드와 배관이 모델링됩니다.

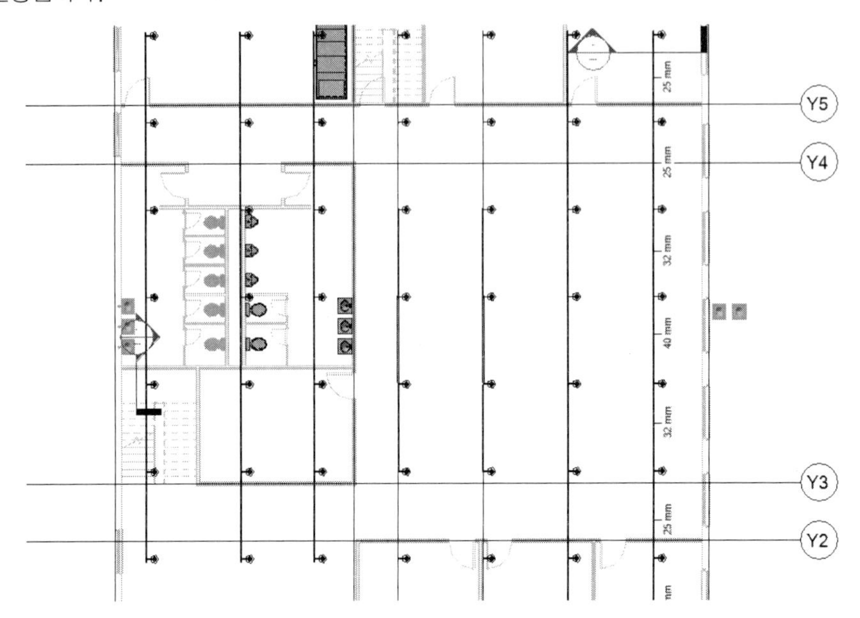

3D 뷰로 보면 다음과 같이 스프링클러 배관을 확인할 수 있습니다.

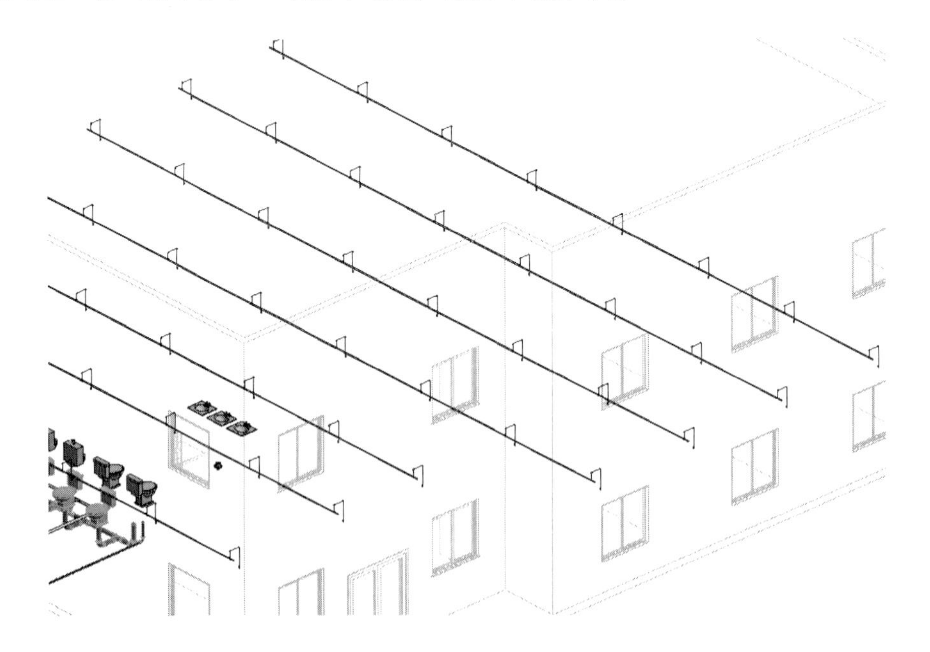

03. 메인 배관 모델링

스프링클러 배관의 메인 배관을 모델링합니다.

(1) 번저 호스 캐비닛을 배치하겠습니다. 배치를 위해 '1-소방배관' 뷰를 펼칩니다. '시스템-기계-기계 장비'를 클릭합니다. 패밀리 폴더(화재 예방-캐비닛)에서 M_호스 릴 캐비닛 - 표면 장착.rfa'를 선택하여 로드합니다.

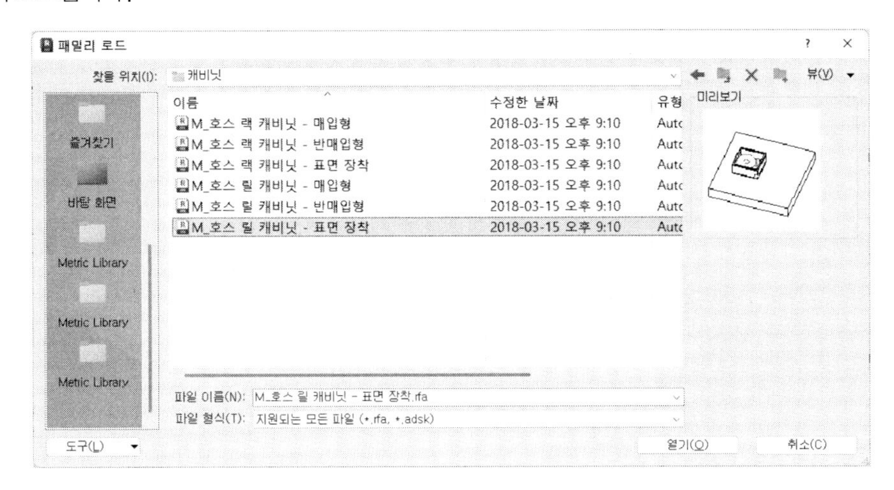

(2) [수정|배치 기계 장비-배치-수직 면에 배치'를 클릭한 후 화장실 입구 벽에 배치합니다.

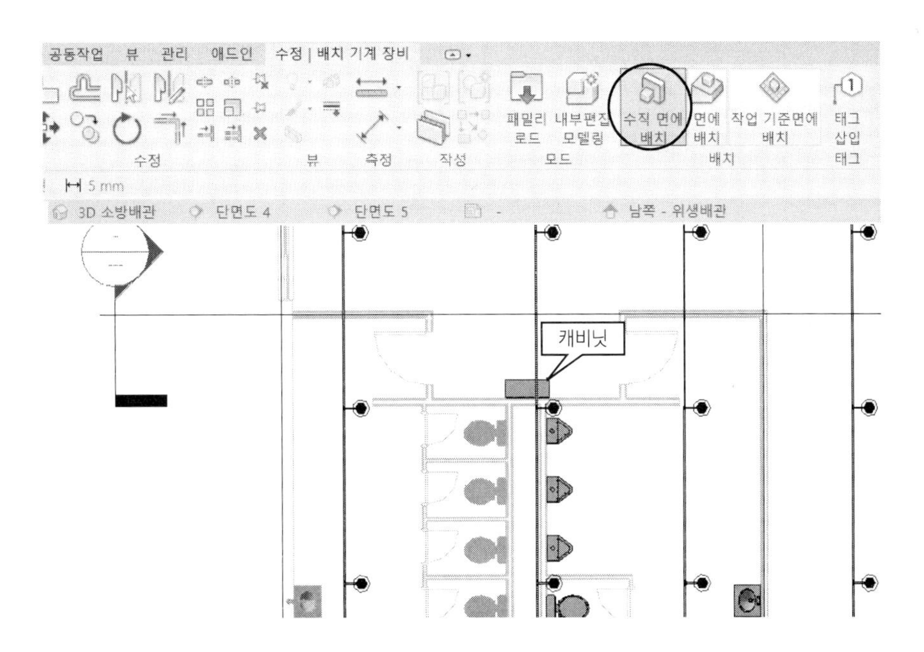

(3) 배관을 모델링합니다. '시스템-위생기구 및 배관-배관'을 클릭합니다. 옵션 바에서 '지름'을 '50', '중간 입면도'를 '2600'으로 설정한 후 왼쪽 끝에서 오른쪽 끝으로 배관을 모델링합니다.

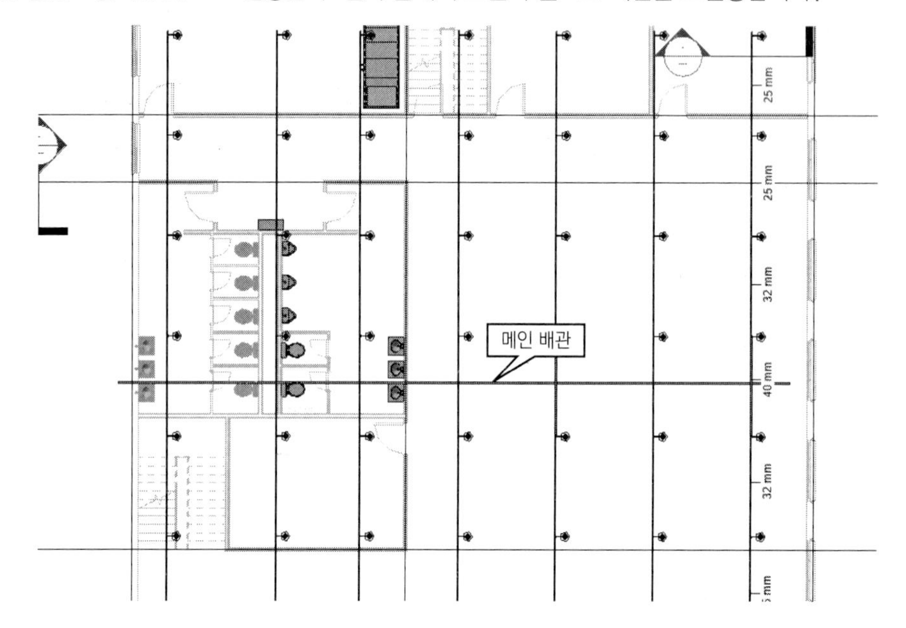

(4) 메인관의 관경을 수정하겠습니다. 먼저 관경을 바꿀 배관(첫번째 줄과 두번째 줄 사이)을 절단합니다. '수정-수정-요소 분할'을 클릭한 후 분할할 위치를 클릭합니다. 변경하고자 하는 배관을 클릭한 후 옵션 바에서 지름을 '65'로 지정합니다.

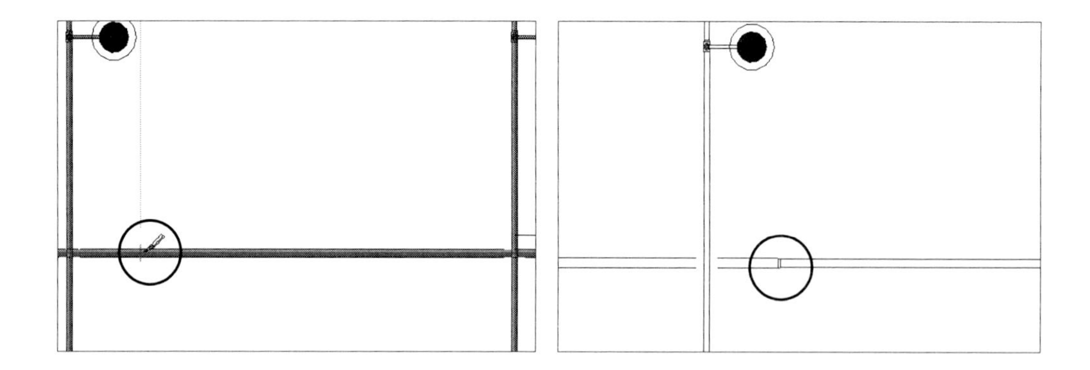

(5) 이와 같은 방법으로 메인관의 관경을 수정합니다.

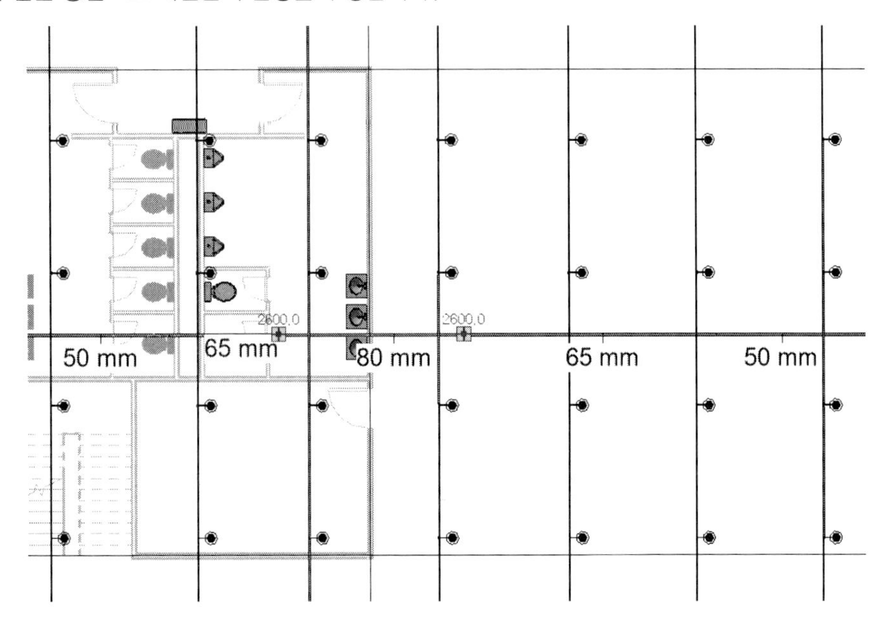

(6) 기계실 방향으로 향하는 메인관을 모델링합니다. 관경은 '100'입니다.

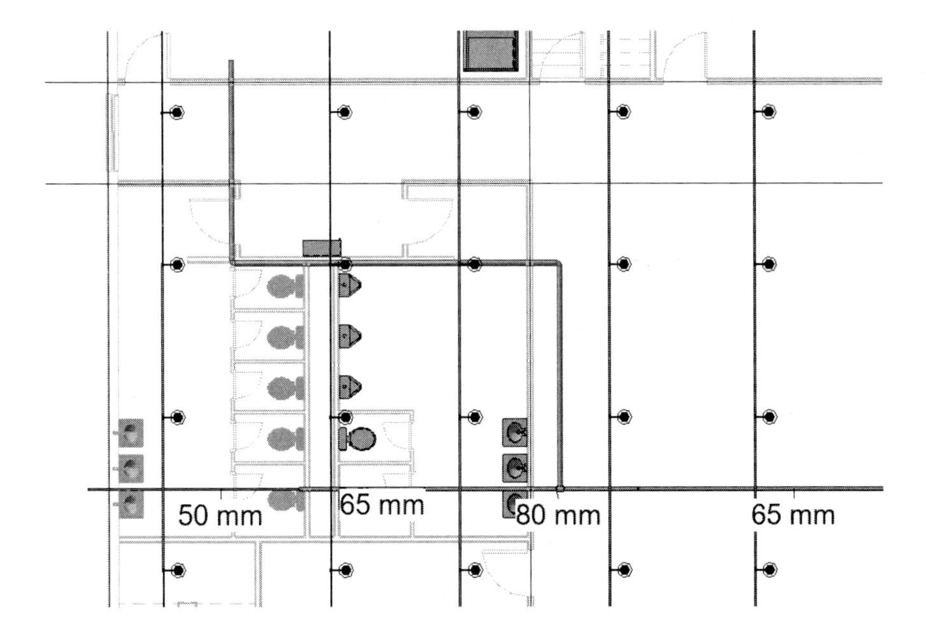

(7) 교차 배관과 메인관을 연결합니다. 다음과 같이 단면뷰를 작성합니다.

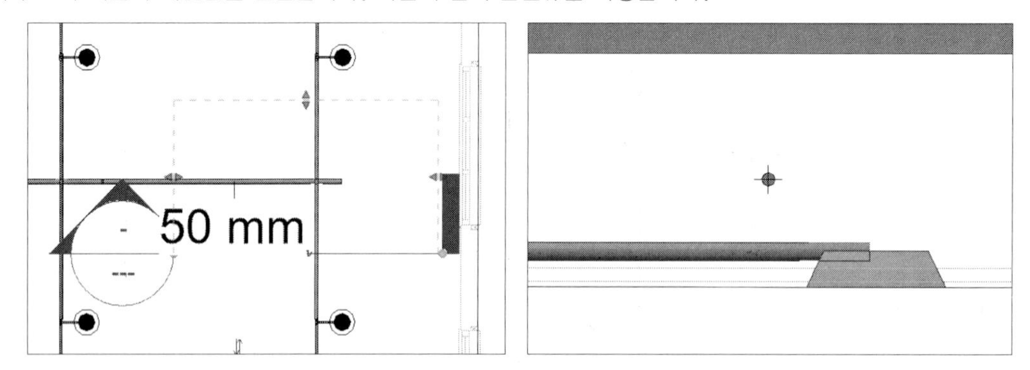

(8) 배관 모델링 및 편집 기능(정렬, 연장 등)으로 두 배관을 연결합니다. 연결하는 관경은 '40'입니다. 다음과 같이 연결됩니다.

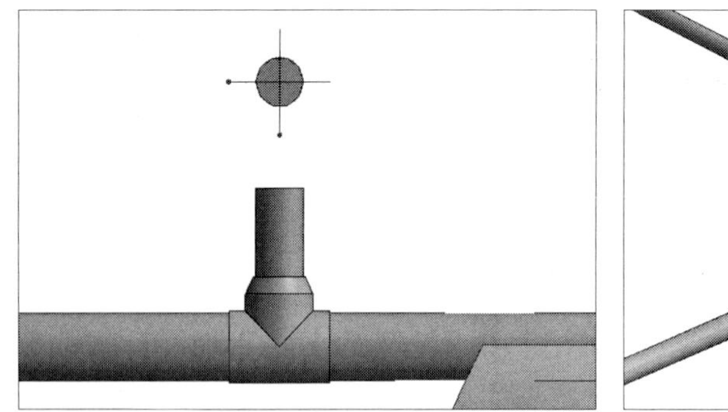

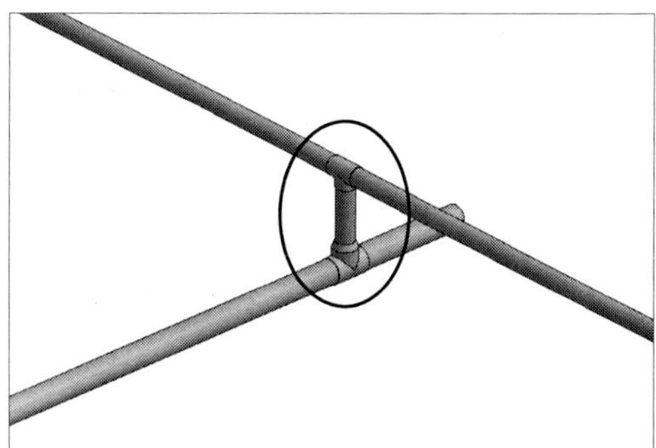

3D 뷰로 보면 다음과 같이 연결됩니다.

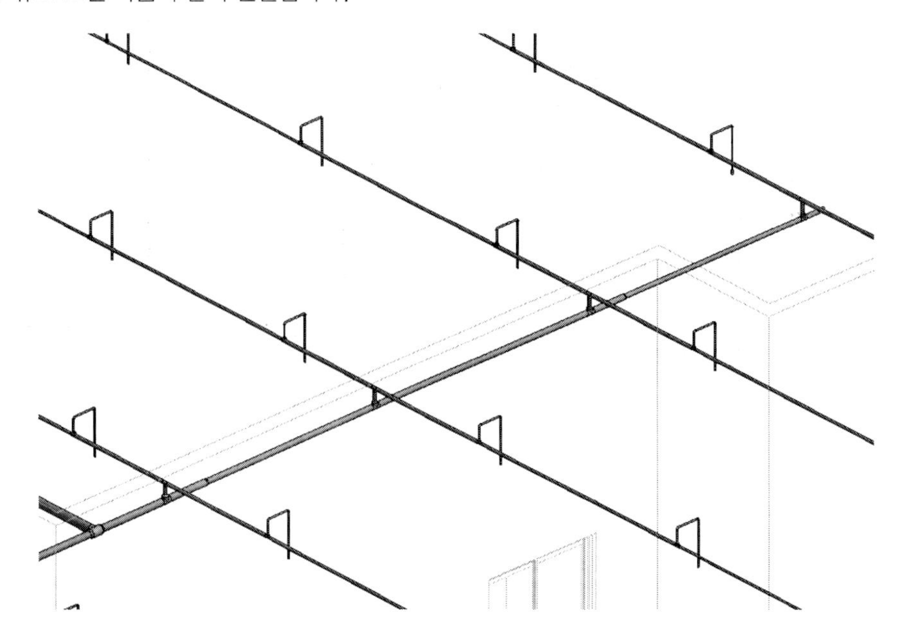

(9) 배관의 양끝단에 수격방지기(W.H.C)를 배치합니다. '시스템-위생기구 및 배관-배관 밸브류'를 클릭합니다. 수격방지기 패밀리(PA_Water Hammer Arrestor - 40-50mm - Flanged)를 로드하여 삽입하고자 하는 말단을 지정합니다.

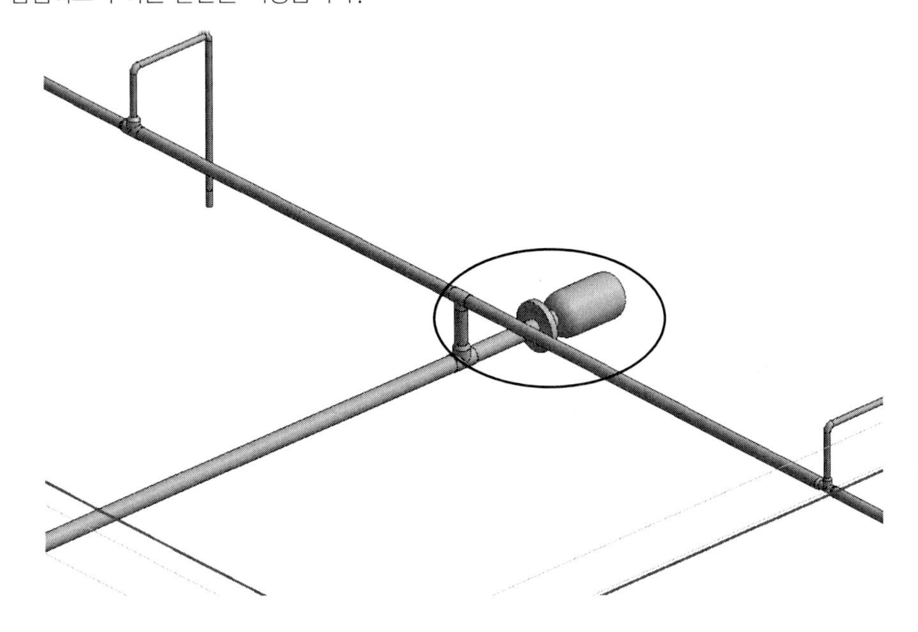

(10) 캐비닛과 메인관을 연결합니다. 다음과 같이 3D 뷰를 펼칩니다.

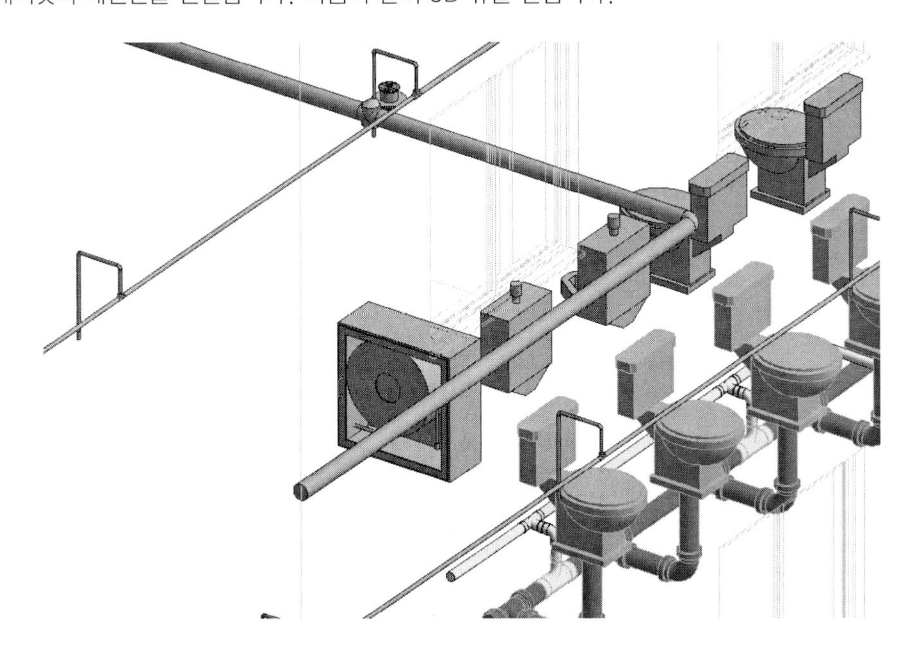

(11) 캐비닛을 선택합니다. '수정|기계 장비-수정-연결대상'을 클릭합니다. 커서에 + 마크가 나타나면 상단의 메인관을 선택합니다. 다음과 같이 캐비닛으로부터 상단의 메인관에 연결됩니다.

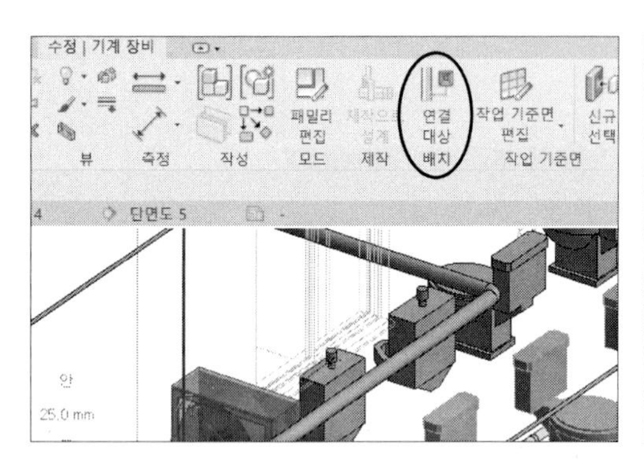

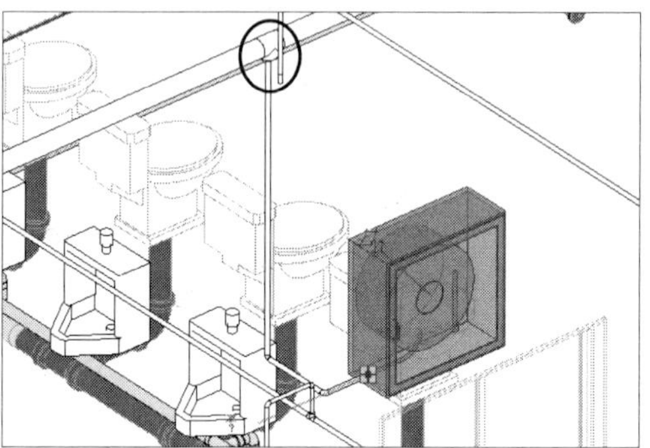

04. 펌프 및 밸브 모델링

메인 배관을 펌프에 연결합니다. 여기에서는 모델의 개념을 이해하기 위한 실습으로 실제 설치되는 장비나 부속류(밸브류, 조인트 등)는 다를 수 있습니다.

(1) 먼저 펌프를 배치합니다. '시스템-기계-기계 장비'를 클릭합니다. 패밀리 'M_펌프-베이스 장착.rfa'패밀리를 로드합니다. '63LPS 343KPa 헤드'를 선택하여 배치합니다.

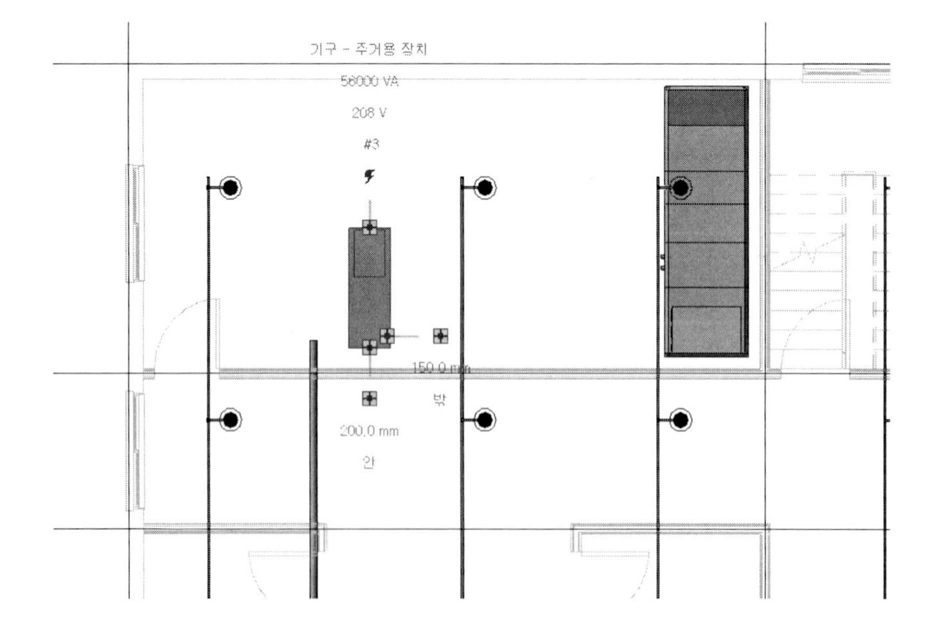

(2) 펌프를 클릭한 후 '수정|기계 장비-배치-연결 대상'을 클릭합니다. 다음과 같이 커넥터 선택 대화상자가 나타납니다. '커넥터2'를 선택합니다.

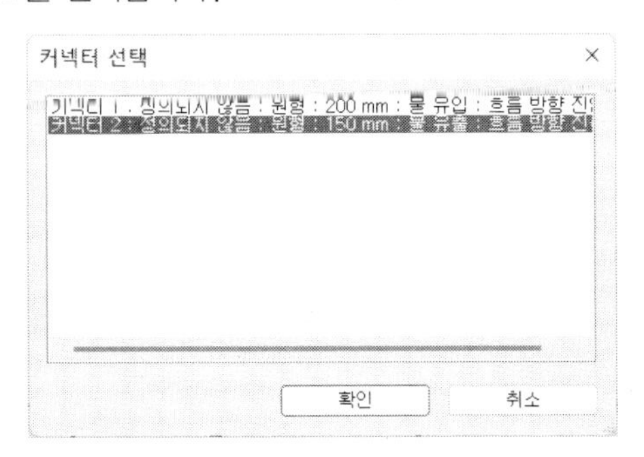

커서에 + 마크가 나타나면 소방 메인관을 선택합니다. 다음과 같이 펌프와 메인관이 연결됩니다. 펌프에서 나오는 관경 '150'을 '100'으로 수정합니다.

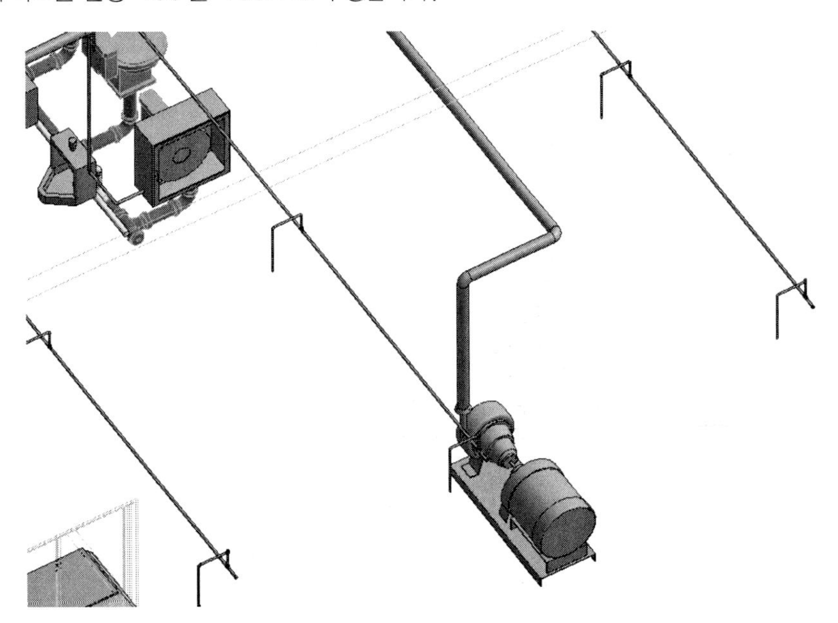

(3) 알람 밸브를 배치합니다. '시스템-위생기구 및 배관-배관 밸브류'를 클릭한 후 알람 밸브 패밀리(제공된 파일: Alarm Valve.rfa)를 로드합니다. 유형 선택기에서 '100mm'를 선택한 후 삽입하고자 하는 위치를 클릭합니다. 다음과 같이 삽입됩니다.

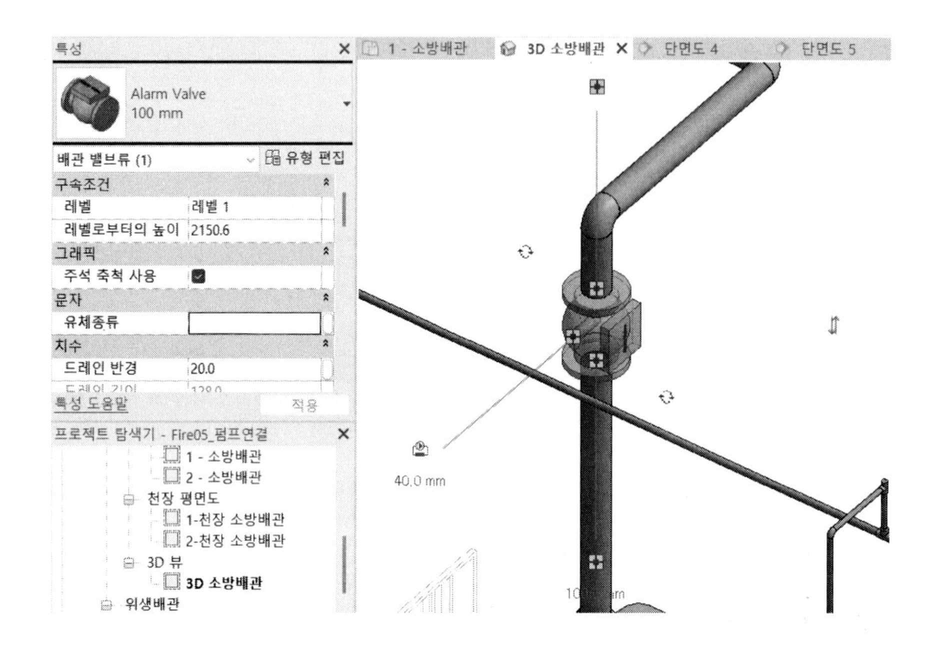

(4) 기타 버터플라이 밸브, 체크 밸브 및 플렉시블 조인트를 삽입합니다. 다음과 같이 모델링됩니다.

[과제] 소방 배관 배관을 별도의 색상으로 표현하시오. 덕트에서 학습한 매개변수에 값을 부여하여 색상을 표현합니다.

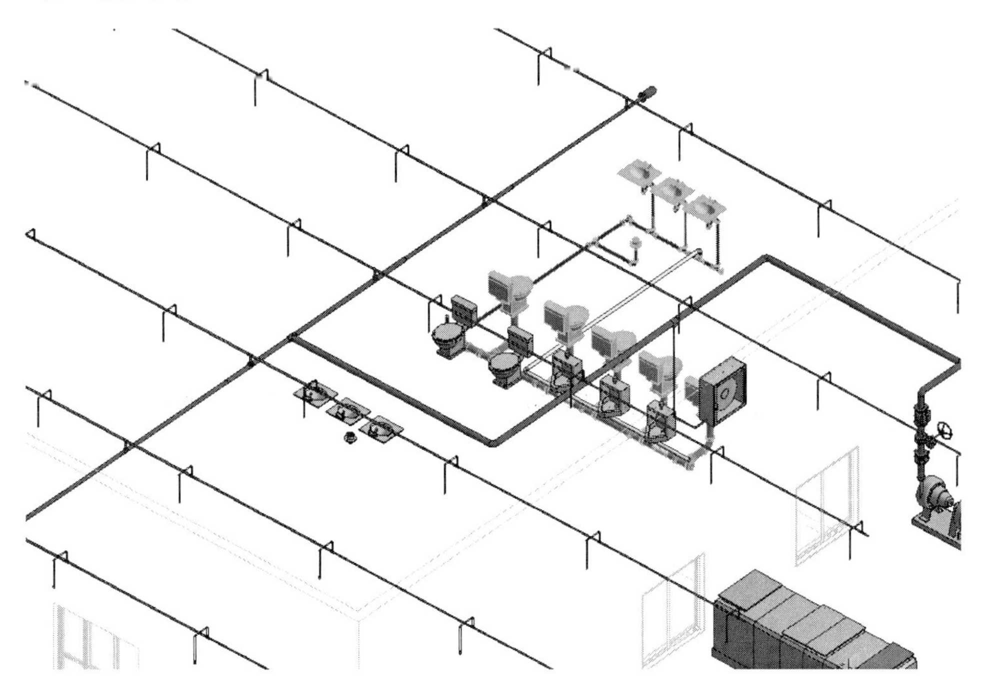

PART_7
문서화

모델링된 모델을 토대로 문서화 작업을 수행합니다.
문서화를 위한 태그 및 치수, 범례, 수량집계와 시트 작성 방법에 대해 설명합니다.

1. 문자와 태그

문자와 태그에 대해 알아보겠습니다. 문자는 요소와 관계없는 독립적인 요소이지만 태그는 요소와 연결된 요소입니다.

01. 문자 작성 및 편집

문자는 사용자가 원하는 위치에 요소와 관계없이 작성할 수 있습니다. 따라서, 요소가 삭제되어도 문자는 남아 있습니다. 문자는 개별적으로 삭제합니다.

[문자 메뉴]

(1) 문자를 작성합니다. '주석-문자-문자 **A** '를 클릭합니다. 유형 선택기에서 문자 유형(예: 2.5mm Arial)을 선택합니다.

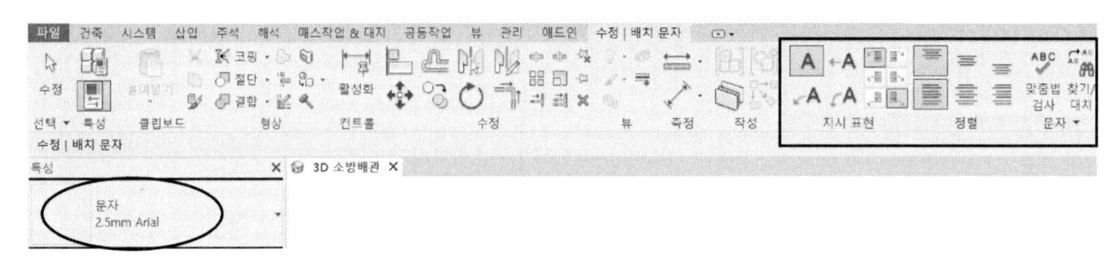

(2) '수정|배치 문자'탭에서 작성하고자 하는 문자의 서식(지시선의 종류와 위치, 정렬, 굵은체, 밑줄 등)을 설정하고 문자작성 위치를 지정하여 문자를 입력합니다. 'X닫기'를 클릭합니다. 다음과 같이 문자가 작성됩니다.

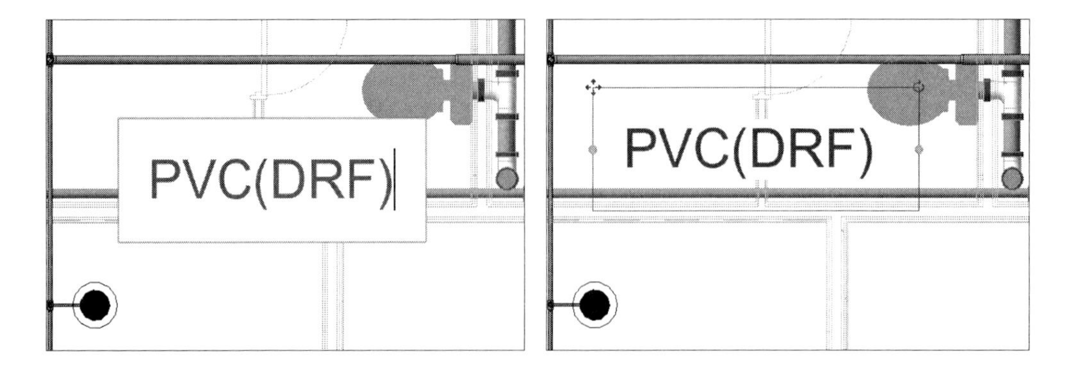

문자는 척도(Scale)에 따라 높이가 바뀝니다. 1/100에서 문자 높이가 '10'으로 설정되어 있다면 1/50에서는 1/2 높이인 '5'가 됩니다.

[문자 편집]

(3) 문자의 글꼴과 높이를 변경하려면 작성된 문자를 선택한 후 특성 팔레트에서 [유형 편집]을 클릭합니다. '유형 속성'대화상자에서 수정하려는 매개변수(색상, 폰트, 크기, 형식 등)의 값을 수정합니다. 새로운 유형을 작성하려면 [복제(D)..]를 클릭하여 새 이름을 지정하여 각 매개변수를 수정합니다.

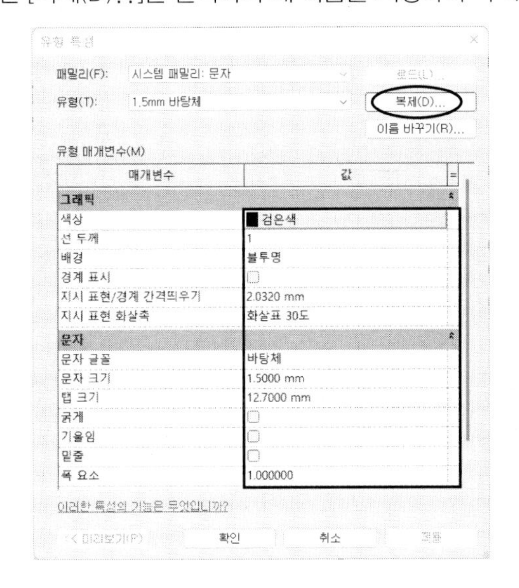

(4) 문자의 내용과 형식을 수정하려면 문자를 클릭합니다. '수정|문자 참고' 탭의 지시선, 단락 패널에서 서식을 수정합니다. 다음과 같이 지시선을 넣고 뺄 수 있으며 문자의 맞춤 형식을 지정할 수 있습니다.

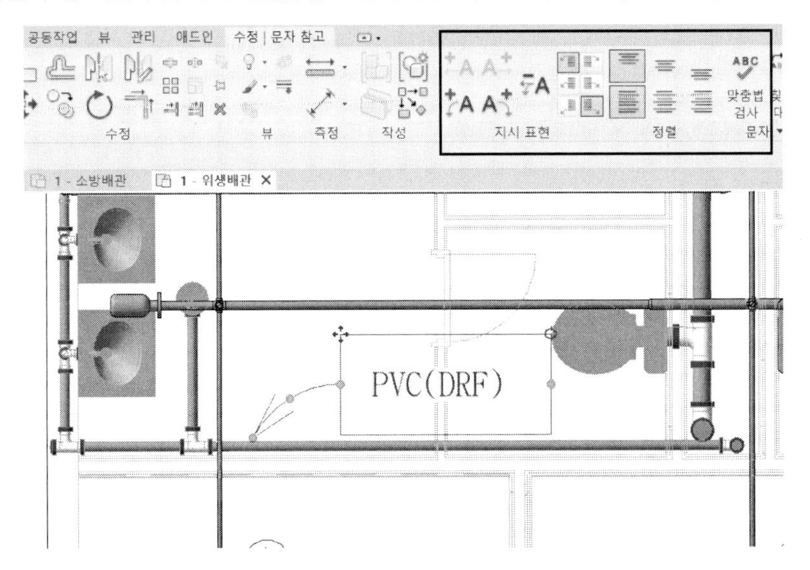

(5) 문자 박스에 있는 회전및 이동 컨트롤을 조작하여 문자의 각도 회전 및 위치를 이동합니다 예를 들어, 회전하려면 문자 상자의 오른쪽 상단에 있는 회전 컨트롤 (⟲)을 움직여 회전합니다.

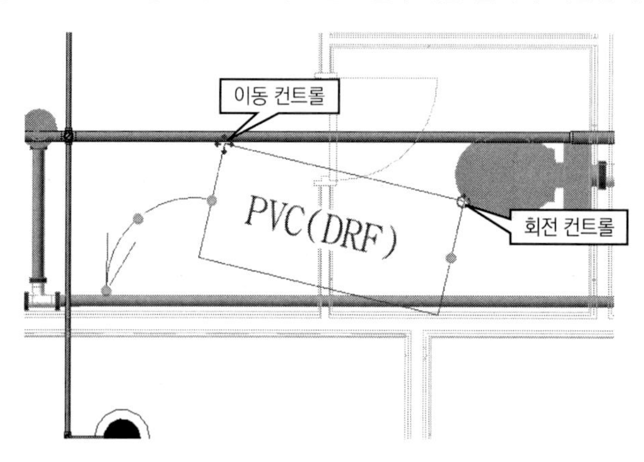

02. 태그 작성 및 편집

태그는 요소의 카테고리를 기반으로 한 속성을 표현하는 문자 패밀리입니다. 요소가 제거되면 태그도 제거됩니다. 태그를 부착하기 위해서는 태그 패밀리가 필요합니다.

[태그 메뉴]

(1) '주석-태그-카테고리별 태그 ①'를 클릭합니다. 다음의 옵션 바가 표시됩니다.

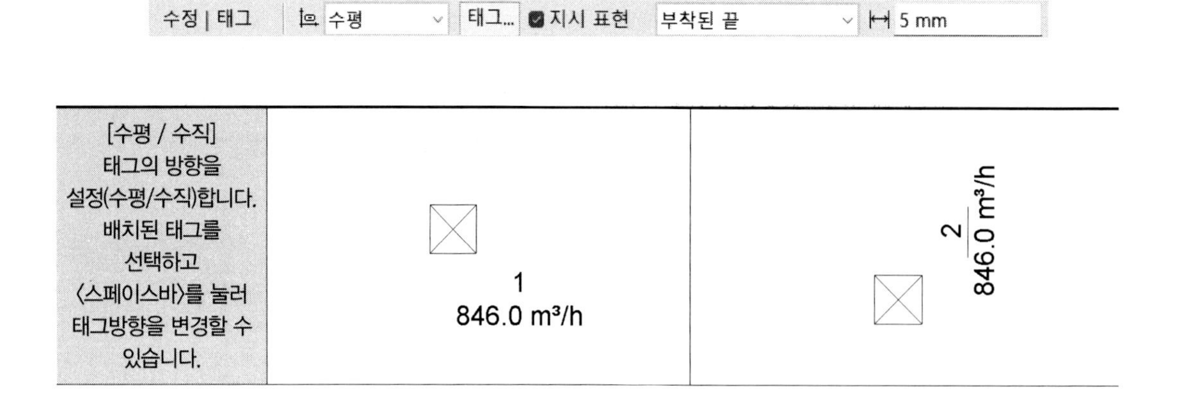

[수평 / 수직] 태그의 방향을 설정(수평/수직)합니다. 배치된 태그를 선택하고 〈스페이스바〉를 눌러 태그방향을 변경할 수 있습니다.	1 846.0 m³/h	2 846.0 m³/h

[태그] 대화상자를 통해 카테고리별로 태그를 설정합니다. 로드되어 있는 태그가 표시됩니다.	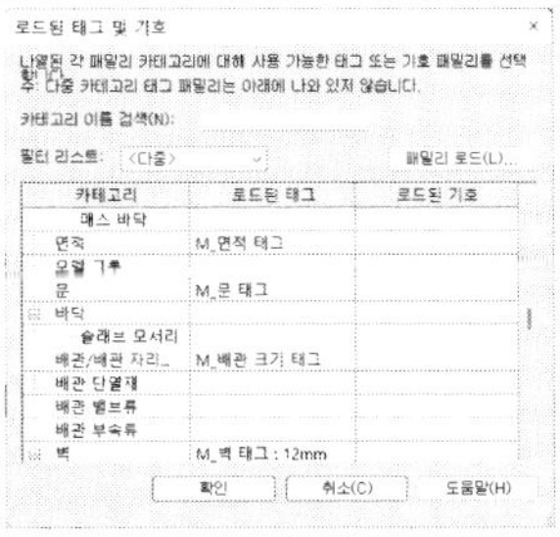 로드된 태그 및 기호 나열된 각 패밀리 카테고리에 대해 사용 가능한 태그 또는 기호 패밀리를 선택합니다. 주: 다중 카테고리 태그 패밀리는 아래에 나와 있지 않습니다. 카테고리 이름 검색(N): 필터 리스트: <다중> 패밀리 로드(L)... 카테고리 / 로드된 태그 / 로드된 기호 매스 바닥 면적 / M_면적 태그 모델 그룹 문 / M_문 태그 바닥 슬래브 모서리 배관/배관 자리... / M_배관 크기 태그 배관 단열재 배관 밸브류 배관 부속류 벽 / M_벽 태그 : 12mm 확인 취소(C) 도움말(H)	
[지시선] 지시선의 작성 여부를 결정합니다.	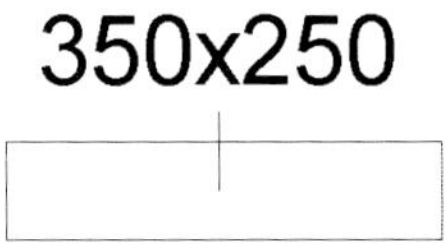 350x250	 350x250
[열린 끝/부착된끝] 지시선 끝을 있게 할 것인지, 열린 끝으로 할 것인지 지정합니다.	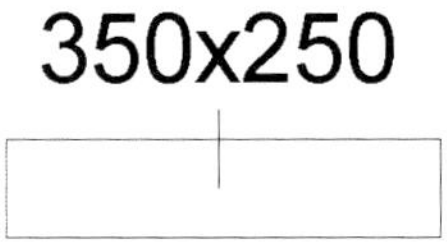 350x250	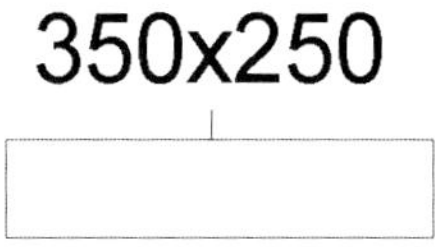 350x250
[지시선 길이] 지시선 길이를 설정합니다.	길이 150	

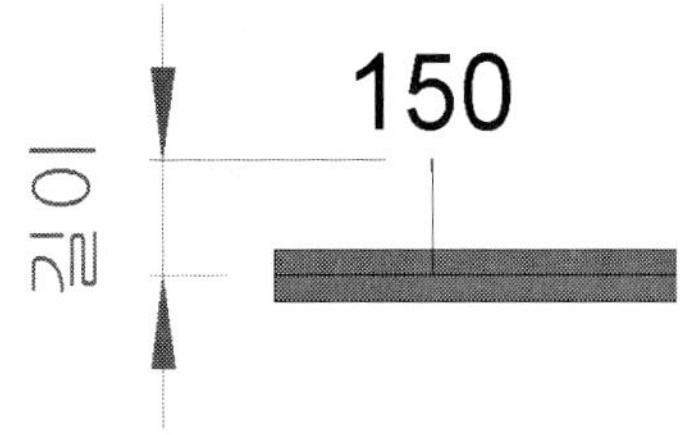

[태그 작성]

(2) 옵션 바의 설정이 끝나면 태그를 부착할 요소(예 : 덕트, 배관)를 선택합니다. 다음과 같이 태그가 부착됩니다.

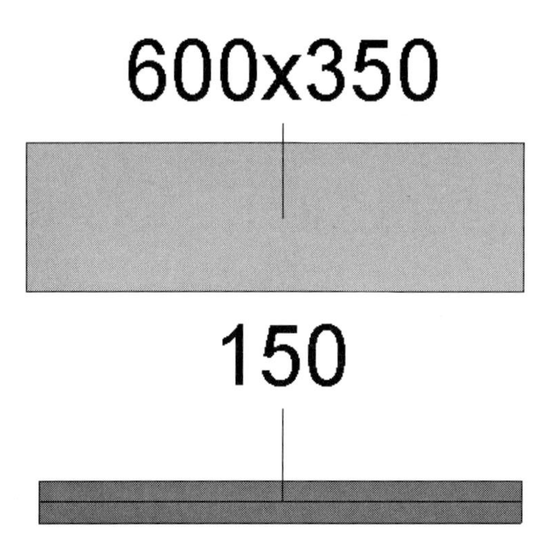

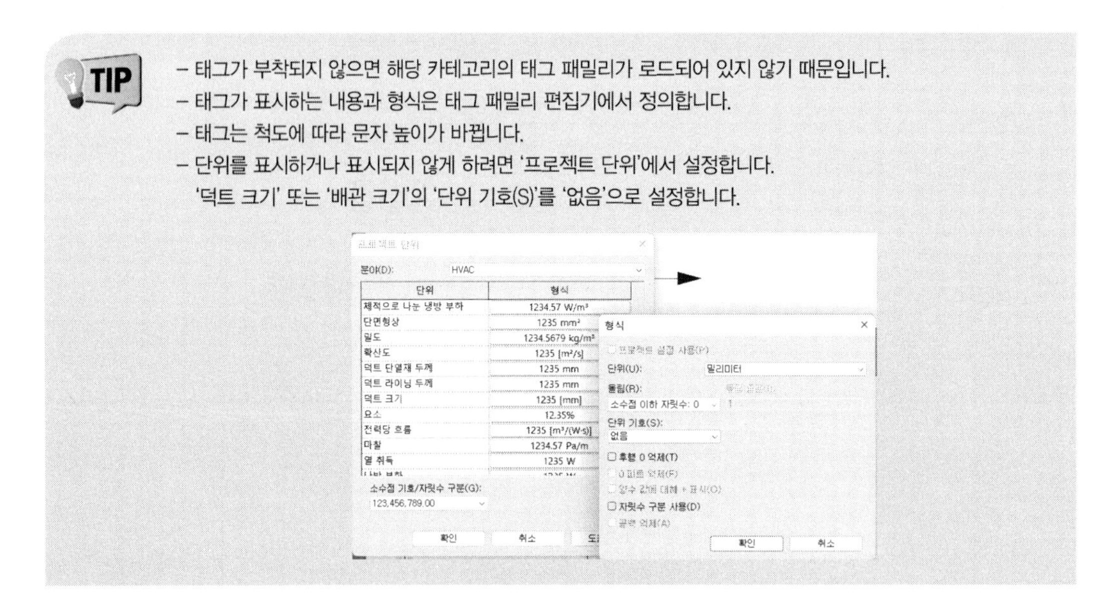

[태그 편집]

(3) 태그를 편집하려면 태그를 선택하고 옵션 바에서 문자의 방향, 지시선 등의 설정을 수정합니다. 또 지시선 위치를 변경하려면 다음과 같이 컨트롤 (●)을 클릭하여 이동합니다. 문자의 이동도 '이동' 컨트롤을 클릭하여 이동합니다.

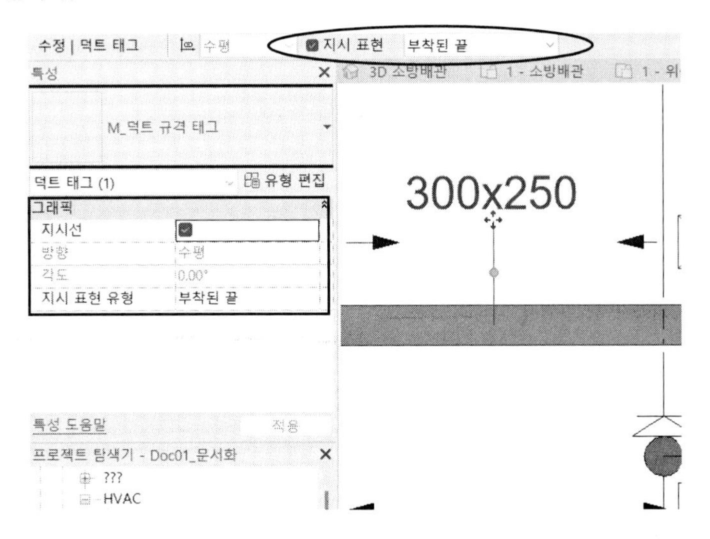

(4) 태그 지시선의 화살표를 지정하려면 특성 팔레트에서 [유형 편집]을 클릭합니다. 매개변수 '지시선 화살촉'에서 화살촉(예: 채워진 화살표 15도)을 선택합니다. 다음과 같이 화살촉이 표현됩니다.

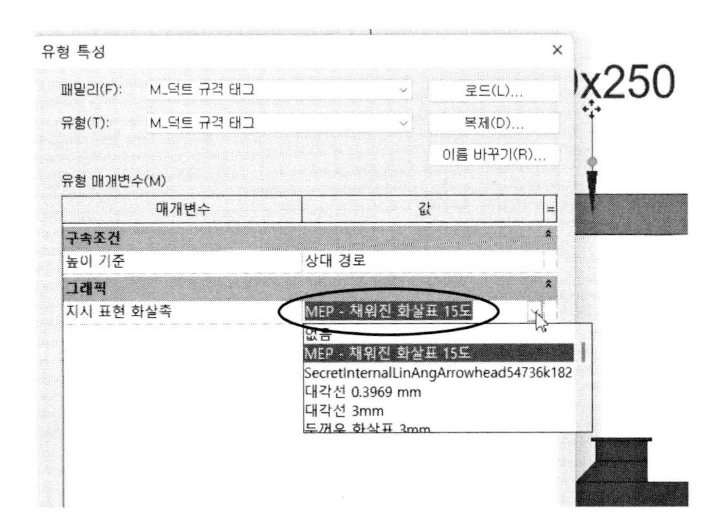

(5) 태그 패밀리를 편집하여 태그에서 표시되는 내용을 수정할 수 있습니다. 수정하려는 태그를 선택한 후 '수정|덕트 태그-모드-패밀리 편집'을 클릭합니다.

패밀리 편집기로 이동합니다. '크기'를 클릭하여 '수정|레이블-레이블-레이블 편집'을 클릭합니다.

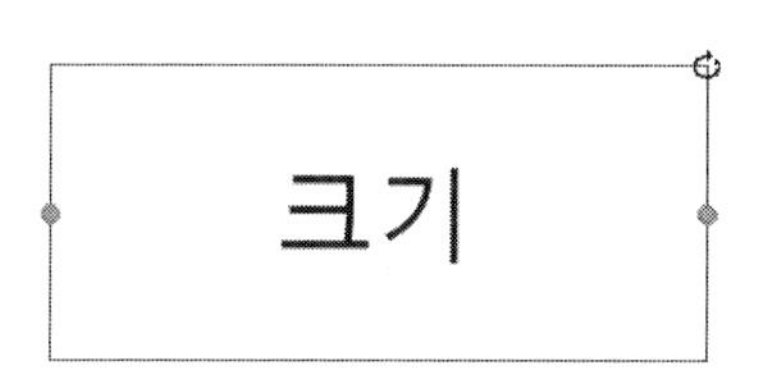

(6) 덕트 사이즈 아래에 덕트의 높이(간격띄우기)를 표시하는 태그를 만들어 보겠습니다. '사용가능한 필드 선택 위치(S)'에서 '하단 끝 중심선 높이'를 선택합니다. 추가 아이콘()을 클릭합니다. '레이블 매개변수'에서 '크기'행의 '끊기'를 체크하고, '시작 간격띄우기' 행의 '접두어'에 'EL:'을 입력합니다.

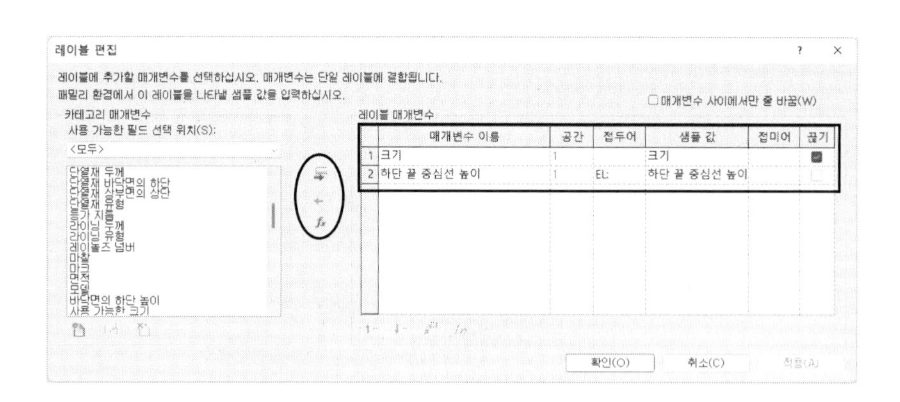

다음과 같이 태그 패밀리 내용이 수정됩니다.

(7) '수정|레이블-패밀리 편집기-프로젝트에 로드'를 클릭합니다. 대화상자가 표시되면 '기존 버전과 해당 매개변수 값을 덮어쓰기'를 클릭합니다.

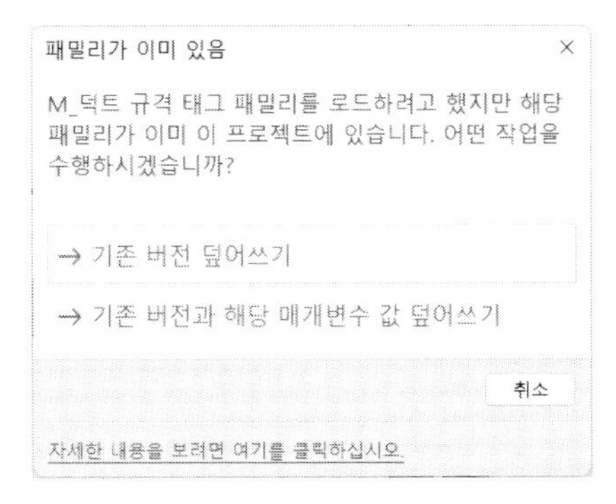

다음과 같이 태그의 내용(사이즈 및 고도)이 업데이트됩니다. 이와 같은 방법으로 태그에서 표시할 정보를 사용자가 지정하여 표기할 수 있습니다.

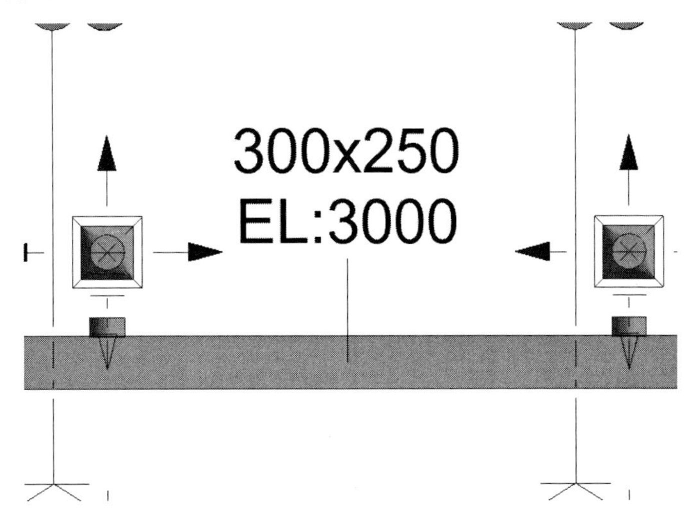

03. 모든 요소에 태그 작성

선택한 모든 요소의 카테고리 태그를 부착합니다. 태그를 부착하기 위해서는 해당 카테고리의 태그 패밀리가 로드되어 있어야 합니다.

(1) 태그를 부착할 요소를 선택합니다. '주석-태그-모든 항목 태그①'를 클릭합니다. 대화상자에서 각 카테고리에 부착할 태그(예: 공기터미널 태그, 덕트 태그, 플렉시블 덕트 태그)를 지정합니다. 부착하고자 하는 카테고리의 태그 이름에 체크합니다.

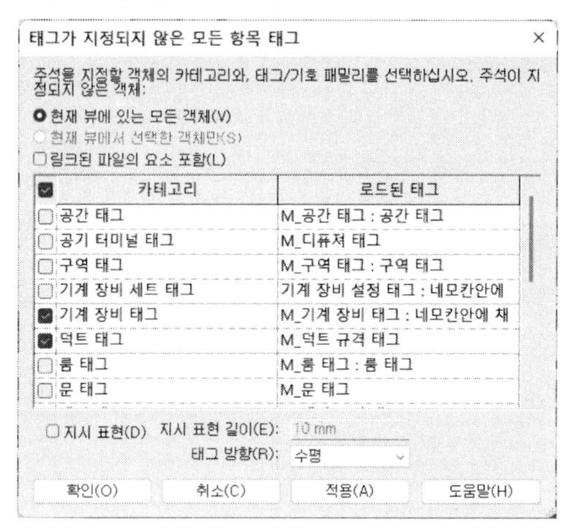

(2) [확인(O)]을 클릭하면 선택한 요소(디퓨저, 덕트, 플렉시블 덕트)에 지정한 카테고리의 태그가 부착됩니다.

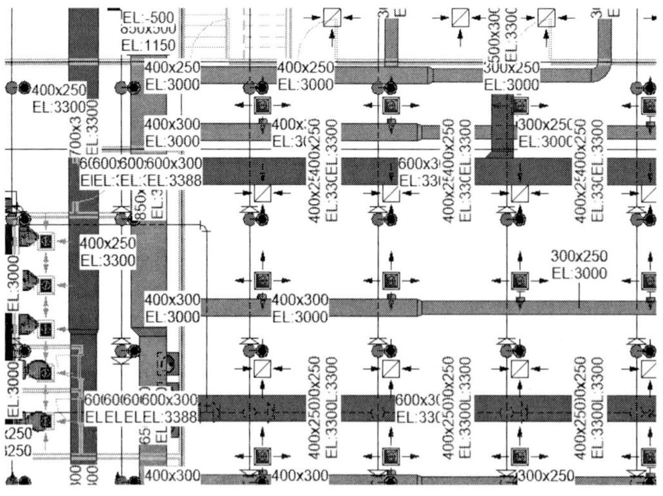

요소를 선택하지 않고 '모든 항목 태그①'를 실행하면 현재 뷰에 있는 모든 요소에 태그가 부착됩니다. 도면이 너무 복잡해질 수 있으니 특별한 경우가 아니면 사용하지 않는 것이 좋습니다.

2. 치수

치수는 도면을 설명하는 가장 일반적인 방법입니다. 거리, 각도, 반경 또는 직경 등을 숫자로 표현합니다. Revit에서 치수는 형상을 설명할뿐만 아니라 크기, 각도, 길이, 배치 위치를 변경할 때 사용할 수 있습니다. 치수는 임시 치수와 표준 치수가 있습니다.

01. 임시 치수

요소를 작성하거나 클릭했을 때 작은 글씨로 나타나는 일시적인 치수입니다. 여러 요소를 선택하면 임시 치수 및 구속 조건이 표시되지 않습니다. 임시 치수를 이용하여 요소의 위치를 변경할 수 있습니다.

(1) 요소를 클릭하면 다음과 같이 임시 치수(벽체로부터 거리, 파이프 길이, 시작 간격띄우기 등)가 표시됩니다.

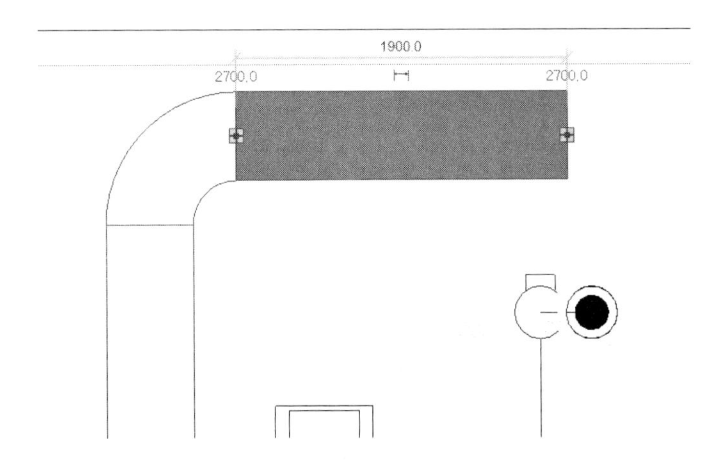

참고 임시 치수 기준

임시 치수의 기준이 되는 위치를 설정할 수 있습니다. '관리–설정–'추가 설정'드롭다운 리스트에서 '임시 치수'를 클릭합니다. 임시 치수 특성 대화상자에서 벽체, 문과 창의 기준이 되는 위치를 지정합니다.

(2) 덕트 길이를 '2000'으로 변경하려면 임시 치수를 클릭한 후 편집 상자에서 '2000'을 입력합니다.

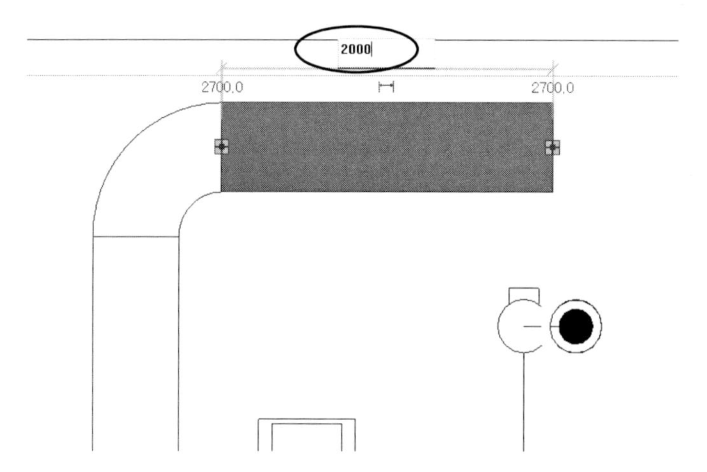

(3) 다음과 같이 길이가 '2000'으로 바뀌었습니다. 임시 치수를 표준 치수로 변환하려면 임시 치수에 표시된 치수 아이콘(⊢⊣)을 클릭합니다.

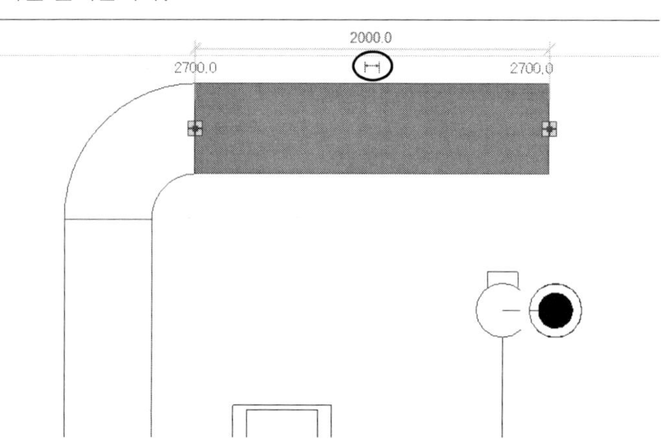

다음과 같이 임시 치수가 표준 치수로 바뀝니다.

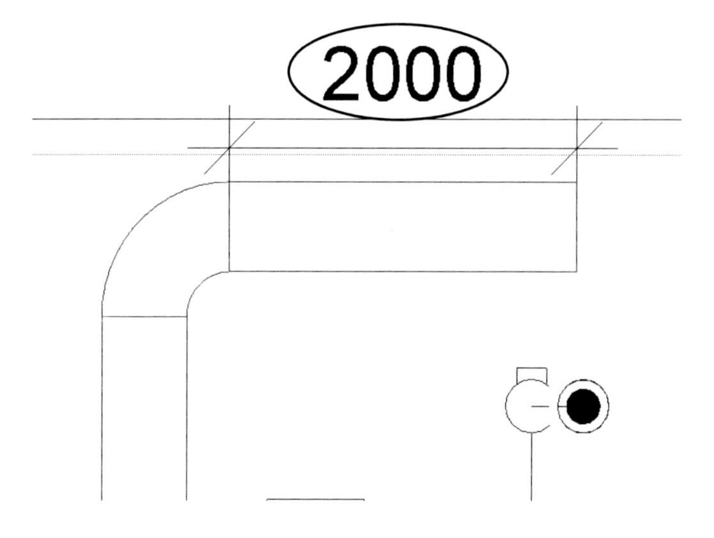

참고 임시 치수 문자의 크기

임시 치수의 크기는 척도와 관계없이 표시됩니다. 임시 치수의 문자 크기를 변경하려면 상단의 탭 메뉴 중 [파일]을 클릭한 후 하단에 배치된 [옵션]을 클릭합니다.

'옵션' 대화상자에서 '그래픽'을 클릭합니다. '임시치수 문자 모양'의 '크기(Z)' 값에서 설정합니다.

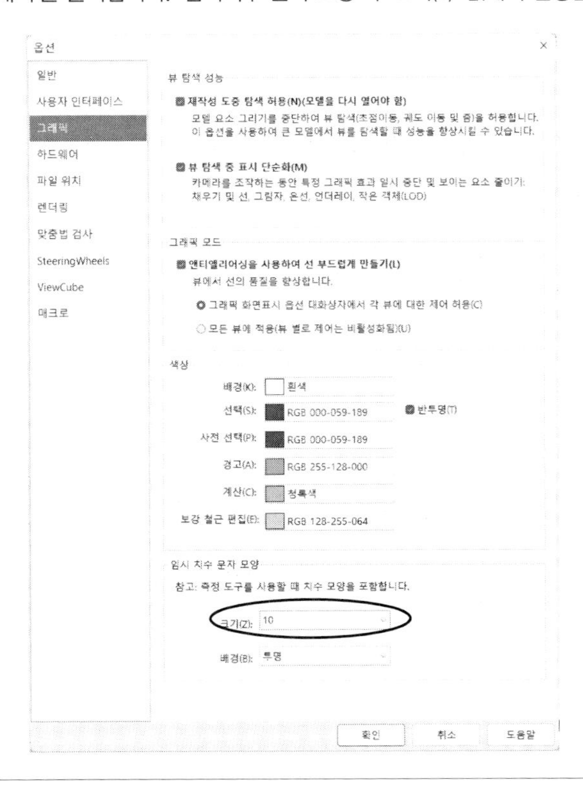

02. 표준 치수

치수는 뷰 고유의 요소이며 시트에 인쇄됩니다. 뷰 척도에 따라 치수 문자의 크기가 바뀌기 때문에 척도를 미리 설정한 후 작성하는 것이 좋습니다. 치수를 기입할 때는 점, 선, 면을 선택해 작성합니다.

[치수 유형]

(1) 치수 유형(스타일)을 설정합니다. '주석-치수'패널의 드롭다운 리스트를 클릭하면 다음과 같은 유형 설정 메뉴가 표시됩니다.

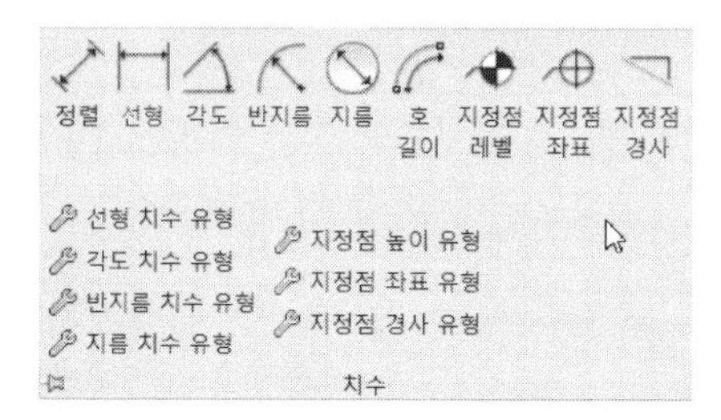

(2) '선형 치수 유형'을 클릭합니다. 대화상자에서 치수선, 치수 보조선, 문자의 크기, 색상 등을 설정합니다. 새로운 유형을 만들려면 [복제..]를 클릭하여 유형을 작성합니다.

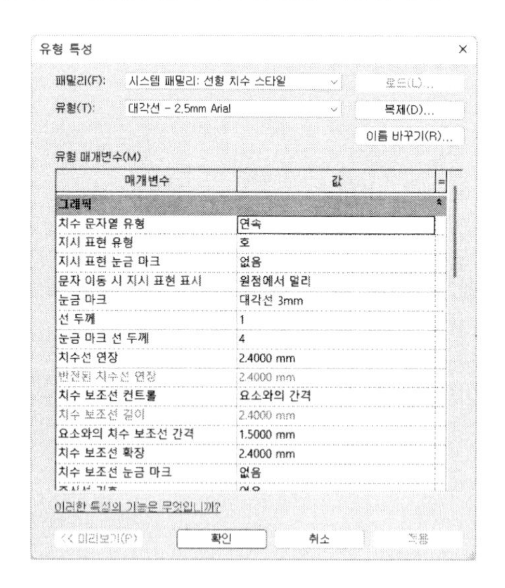

[주요 매개변수]

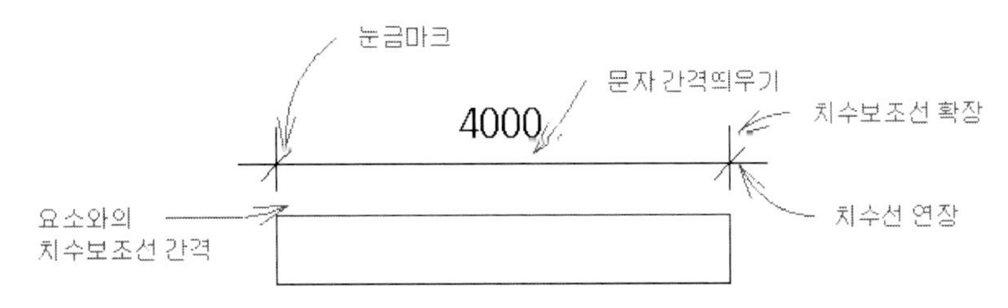

[치수 작성]

(3) 표준 치수를 작성하겠습니다. '주석-치수-정렬 치수'를 클릭합니다. 기입하고자 하는 대상의 두 점을 지정한 후 치수선의 위치를 지정합니다. 다음과 같이 두 점 사이의 거리를 표기합니다.

치수를 작성하는 지정할 때에는 점, 선, 면을 선택해야 합니다. 덕트나 배관에서 중심선이나 면을 정확히 선택되지 않을 때는 〈Tab〉키를 눌러 선택합니다.

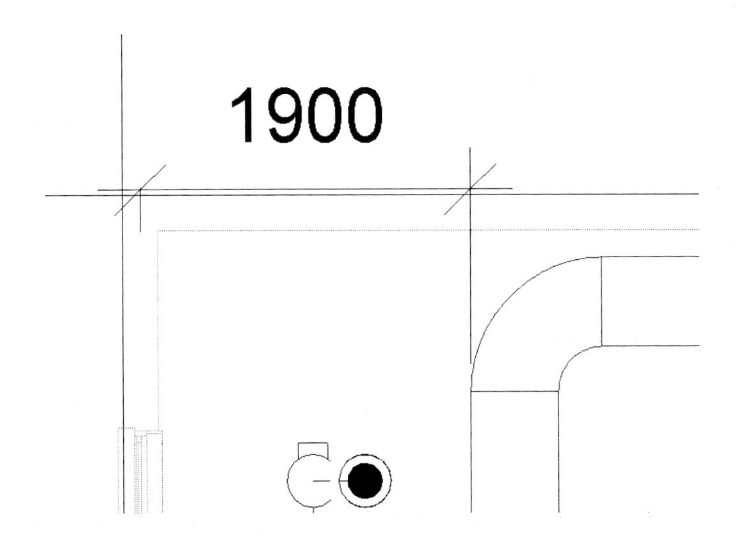

(4) 작성된 치수를 고정하기 위해서는 치수에 표시되는 잠금(,)을 클릭합니다. 해제할 때는 다시 잠금 마크를 클릭합니다.

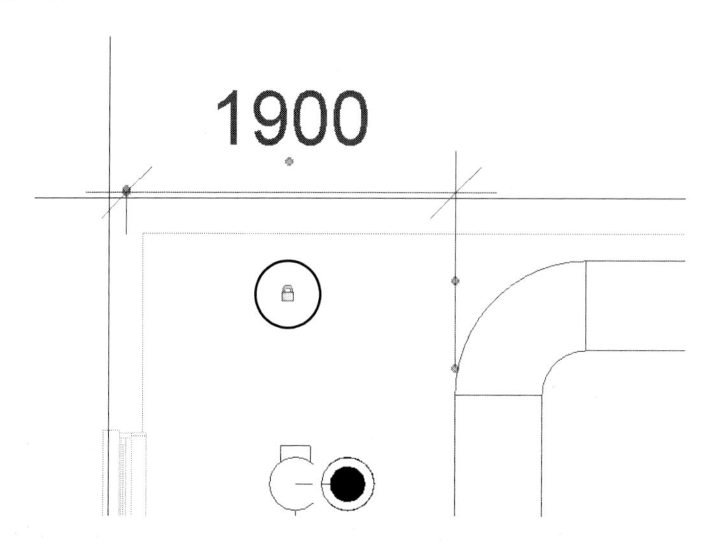

[표준 치수 유형]

표준 치수는 다음과 같은 유형이 있습니다.

Aligned(정렬) : 요소의 선이나 면의 두 점 사이의 치수를 작성	Linear(길이) : 참조점의 길이를 측정하여 수평, 수직 치수를 작성
1689 2189 379	1689 268 2189
Angular(각도) : 공통의 교점을 공유하는 참조점 사이의 각도를 작성	Radius(반경) : 원이나 호의 반경을 측정하여 치수를 작성
135°	1000 500

Diameter(직경): 원 또는 호의 지름을 측정하여 치수를 작성	Arc Length(호 길이): 호의 시작점과 끝점을 클릭하여 호 길이 치수를 작성
Spot Element(지정점 레벨): 지정된 점의 높이(고도)를 작성	Spot Coodinate(지정점 좌표): 지정한 점의 좌표 치수를 작성
Spot Slpoe(지정점 경사): 모델의 면 또는 모서리의 경사 치수를 작성	

치수가 기입된 요소를 삭제하면 치수도 삭제됩니다.

[치수 문자 수정]

(5) 작성된 치수 문자를 바꿀 수 있습니다. 기입된 치수에 커서를 대고 더블클릭합니다. '치수 문자' 대화상자가 표시됩니다. '문자로 대체'를 클릭하여 새 문자(예: 벽체와의 간격)를 입력합니다.

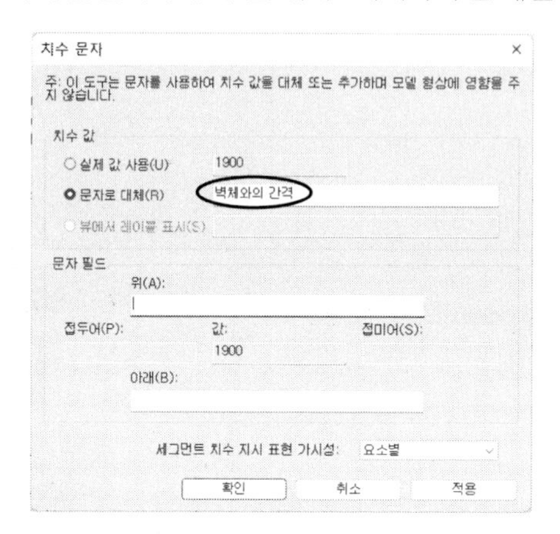

(6) [확인]을 클릭하면 치수가 문자로 대체됩니다.

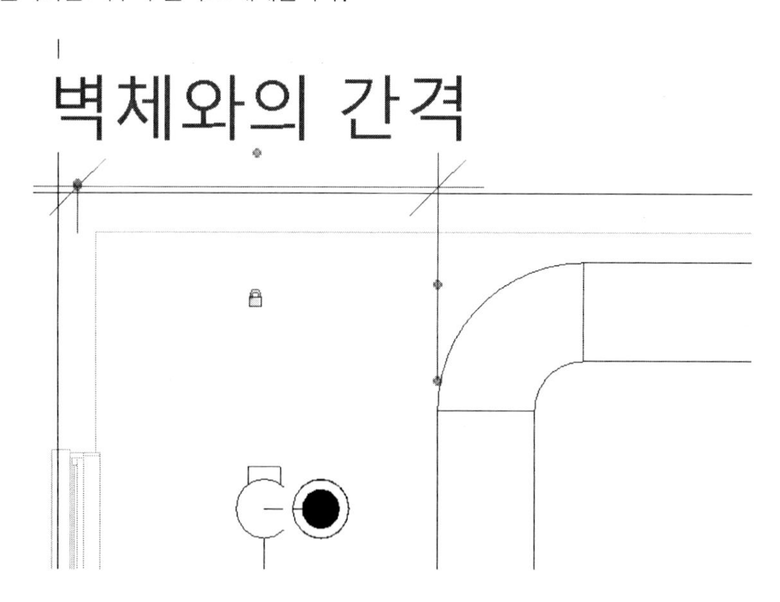

[치수를 이용한 균등 배치]

(7) 치수를 사용하여 배치 위치의 지정과 요소 사이를 일정한 간격으로 균등하게 배치할 수 있습니다. 다음과 같이 배치할 기기나 요소를 배치합니다.

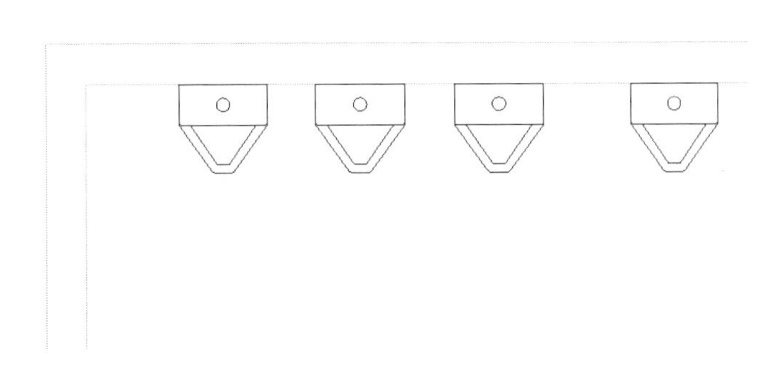

(8) 치수를 기입합니다. '주석-치수-정렬 치수'를 클릭하여 다음과 같이 치수를 작성합니다. 이때 치수는 연속으로 작성해야 합니다.

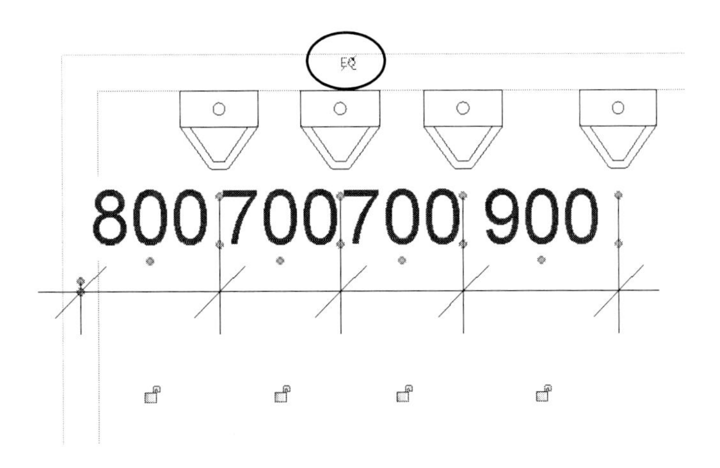

(9) 상단에 표시된 EQ를 클릭합니다. 다음과 같이 치수가 기입된 요소 사이의 간격이 균등하게 배치됩니다.

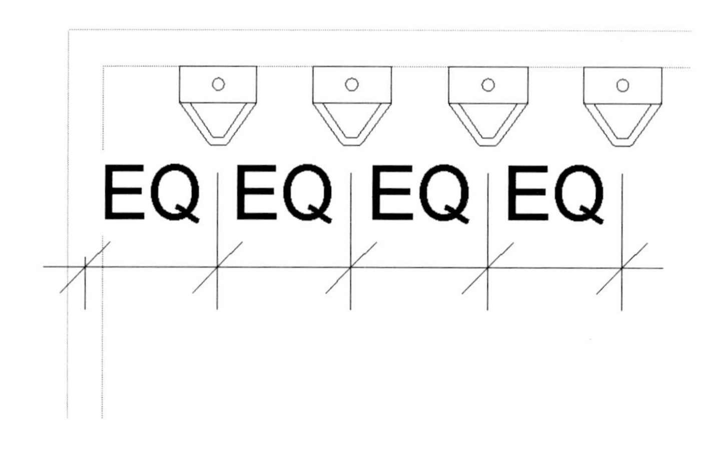

3. 범례

프로젝트의 범례를 작성합니다. 범례를 작성하면 프로젝트 탐색기에 [범례] 뷰가 생성됩니다.

01. 범례 작성

범례를 작성합니다.

(1) 새로운 범례를 작성합니다. '뷰-작성-범례' 드롭다운 리스트에서 '범례'를 클릭합니다. 대화상자에서 범례 '이름'과 '축척'을 지정합니다. 여기에서는 이름을 '공조 덕트', 축척을 '1:50'으로 지정합니다.

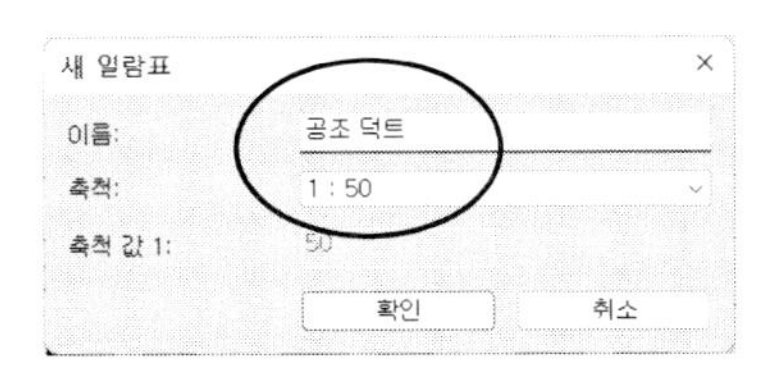

[확인]을 클릭하면 범례를 작성할 수 있는 공간이 나타납니다. 프로젝트 탐색기의 '범례'에 '공조 덕트'가 생성되었습니다.

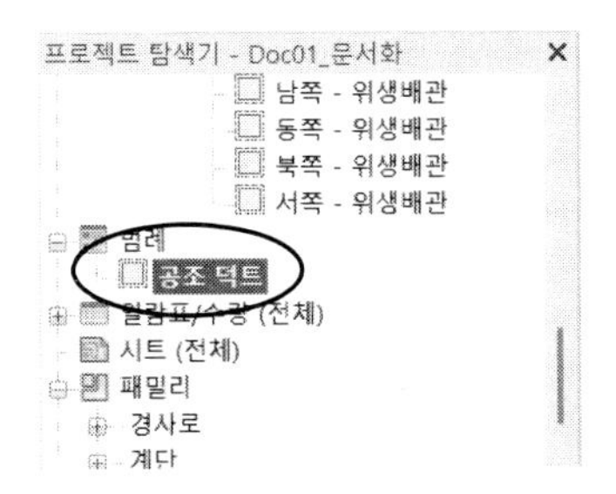

(2) '주석-상세정보-구성요소' 드롭다운 리스트에서 '범례 구성요소'를 클릭합니다.

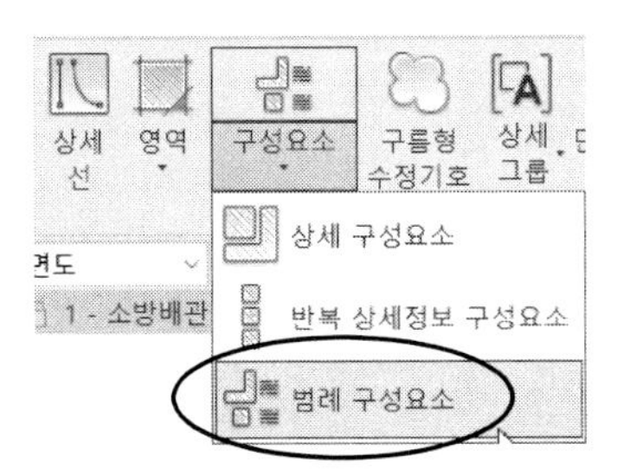

(3) 옵션 바의 '패밀리' 리스트에서 범례에 삽입하고자 하는 패밀리를 선택합니다.

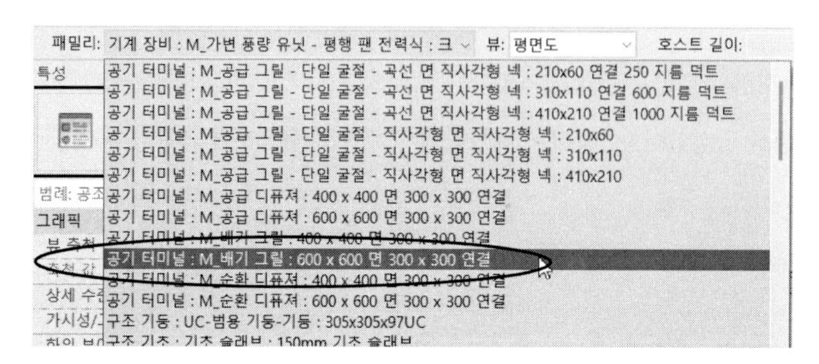

참고 프로젝트 탐색기에서 배치

옵션 바에서 선택하는 방법 외에 프로젝트 탐색기에서 패밀리를 드래그 앤 드롭하여 배치할 수도 있습니다. 프로젝트 탐색기의 패밀리 리스트에서 삽입할 패밀리를 드래그하여 뷰에 배치합니다.

(4) 다음과 같이 범례 뷰에 표시할 패밀리를 차례로 배치합니다.

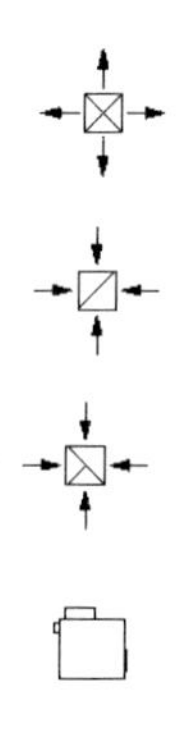

(5) 상세 선(주석-상세정보-상세선) 기능과 문자(문자-문자-문자) 기능을 이용하여 표를 작성하고 문자를 작성합니다.

기 호	설 명
	급기 디퓨저
	환기 디퓨저
	배기 디퓨저
	V.A.V 시스템
	에어 챔버
	공기조화기

02. 색상 범례

덕트 또는 배관 시스템의 특성을 식별하여 색상으로 표현하는 색상 범례를 작성합니다.

[색상 범례 작성]

(1) 앞에서 작성한 덕트 도면을 펼칩니다.

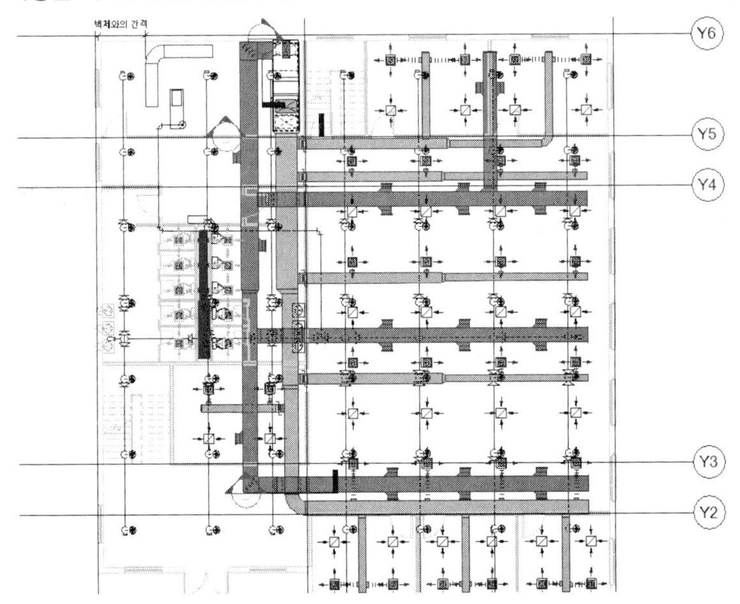

(2) 덕트 범례를 실행합니다. '해석-색상 채우기-덕트 범례'를 클릭합니다.

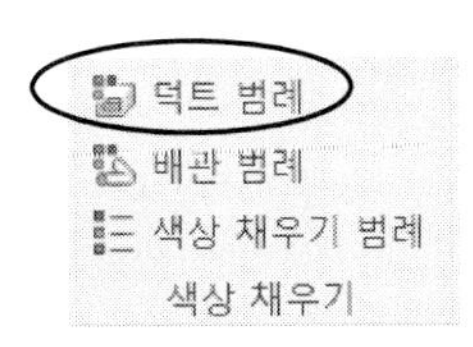

범례를 작성할 위치를 지정합니다.

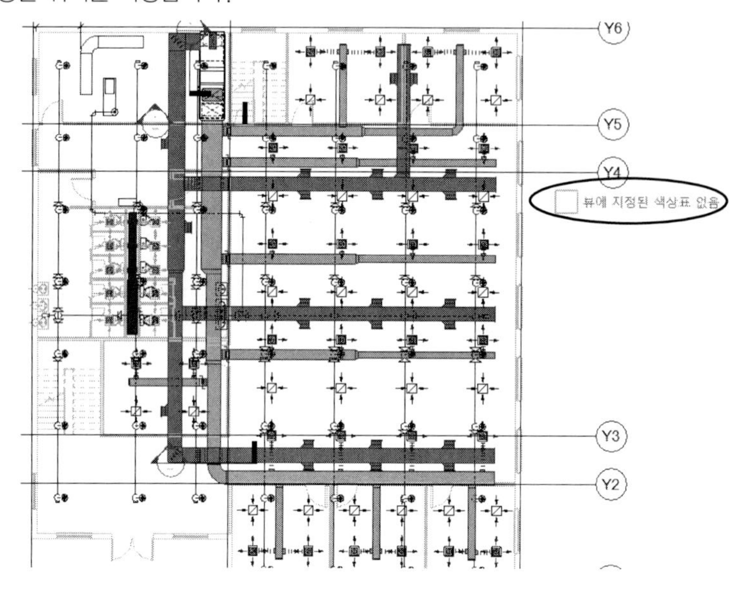

(3) 범례 위치를 지정하면 '색상표 선택' 대화상자가 표시됩니다. 리스트에서 색상을 구분할 항목(예: 덕트 색상 채우기 -흐름)을 선택합니다.

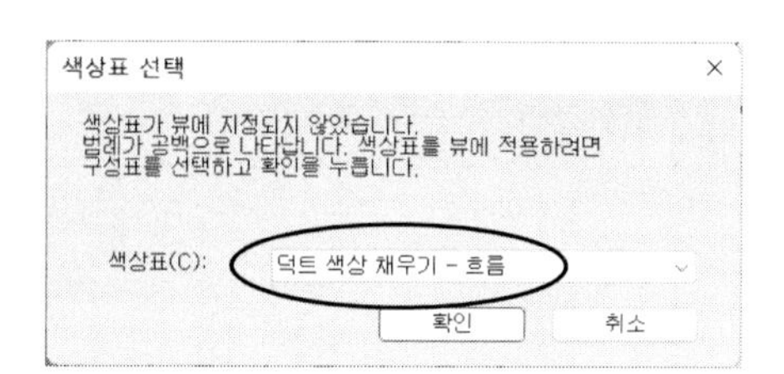

(4) 다음과 같이 덕트 범례가 표시되고 덕트의 색상이 풍량(Flow)에 따라 표시됩니다.

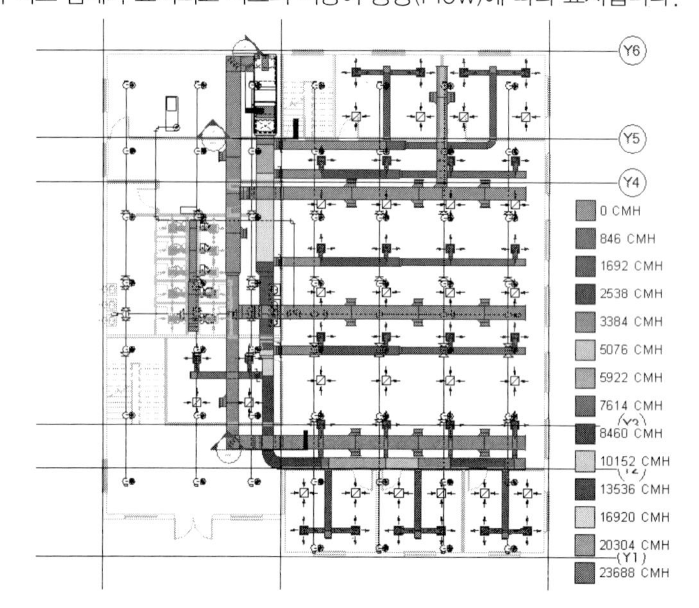

[색상 범례 편집]

(5) 범례를 수정합니다. 범례를 클릭합니다. '수정|덕트 색상 채우기 범례-구성표-구성표 편집'을 클릭합니다.

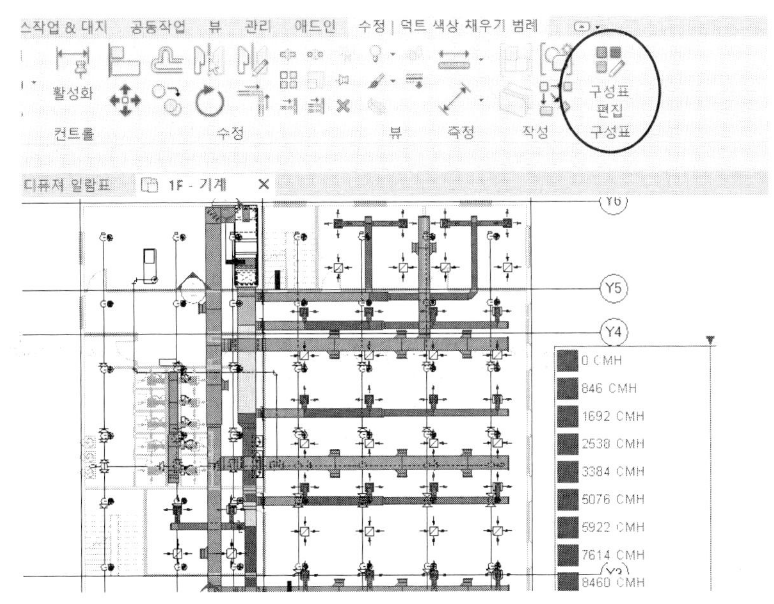

(6) 다음과 같은 대화상자가 표시됩니다. 현재 작성된 범례는 풍량 값에 의해 하나씩 표시되고 있습니다. 풍량의 일정 범위별로 색상을 표시해보겠습니다. 대화상자에서 '범위별'을 클릭하여 리스트에서 범위를 설정합니다. 다음과 같이 설정합니다.

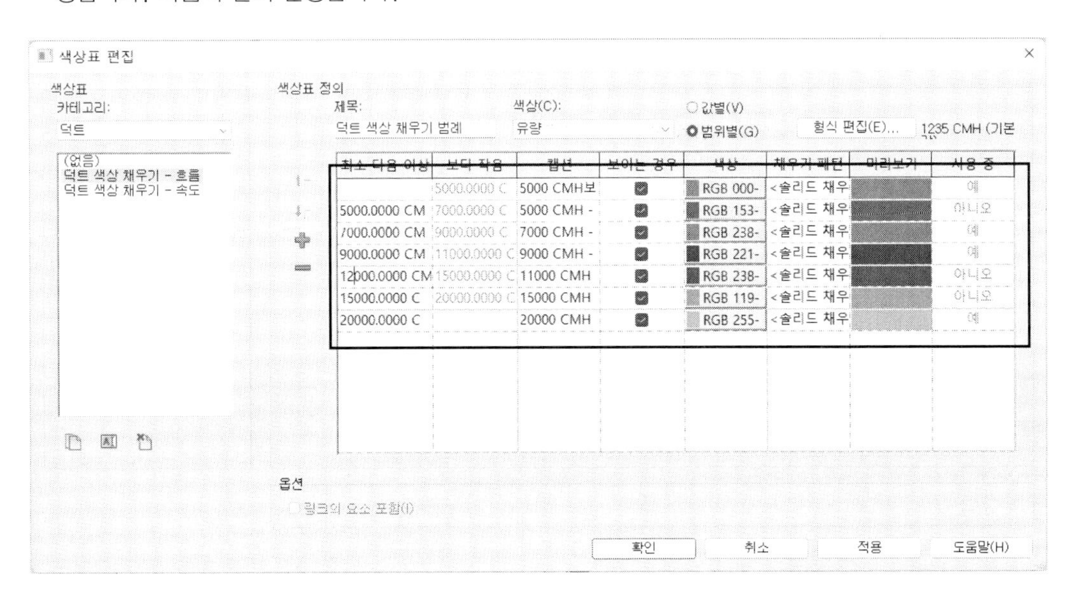

(7) [확인]을 클릭하면 범례에 있는 값의 범위에 따라 색상이 채워집니다.

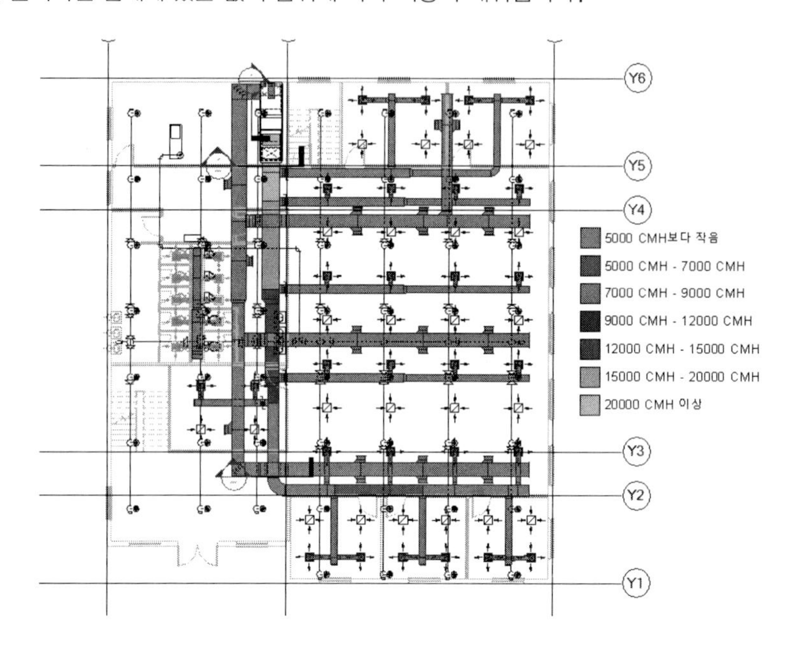

참고 배관 범례

배관을 색상으로 표현하는 범례도 덕트와 같은 방법으로 작성할 수 있습니다. FU 값, 파이프의 크기에 따라 색상을 구분하여 범례를 작성할 수 있습니다.

4. 간섭 체크

3차원 모델링의 장점 중 하나가 요소 사이의 간섭을 확인할 수 있다는 점입니다. 이번에는 모델링된 요소의 간섭을 체크하고 레포트로 내보내는 방법에 대해 알아보겠습니다.

01. 간섭 체크 및 표시

간섭을 체크한 후 간섭이 발생된 요소를 확인하여 표시하는 방법에 대해 알아보겠습니다.

(1) 모델링된 도면을 펼칩니다. '공동작업-좌표-간섭 확인'을 클릭합니다. 간섭 확인 대화상자에서 확인하고자 하는 카테고리를 선택합니다.

(2) [확인]을 클릭하면 잠시 확인하는 작업을 진행한 후 간섭 보고서 대화상자가 나타납니다. 이 대화상자에는 간섭된 요소가 나열됩니다.

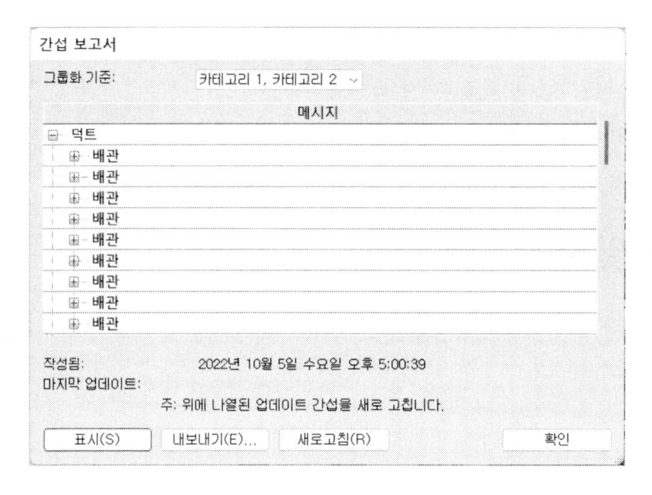

(3) 확인하고자 하는 요소를 클릭하면 간섭되는 두 개의 요소가 표시됩니다. 보고자 하는 요소를 클릭한 후 [표시(S)]를 클릭합니다. 다음과 같이 간섭되는 부위가 확대됩니다. [새로 고침(R)]을 누르면 원래 상태로 되돌아 갑니다.

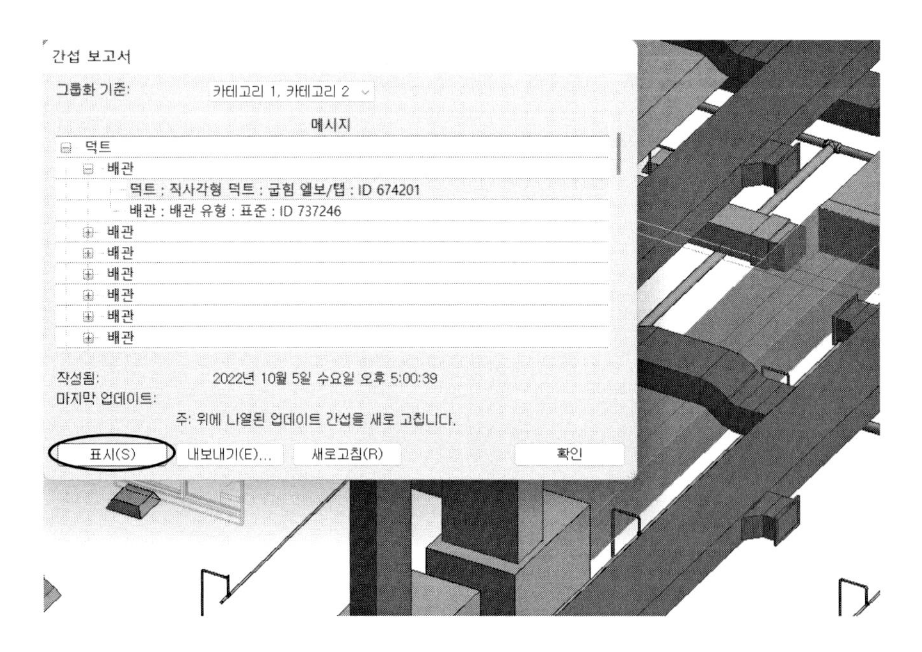

이와 같은 방법으로 확인할 수 있습니다.

02. 간섭 보고서 내보내기

간섭을 체크한 후 간섭 *.HTML 파일 형식으로 보고서를 내보냅니다.

(1) 기존의 간섭 보고서에서 [내보내기(E)]를 클릭합니다. 다음과 같은 대화상자에서 파일 이름을 지정합니다.

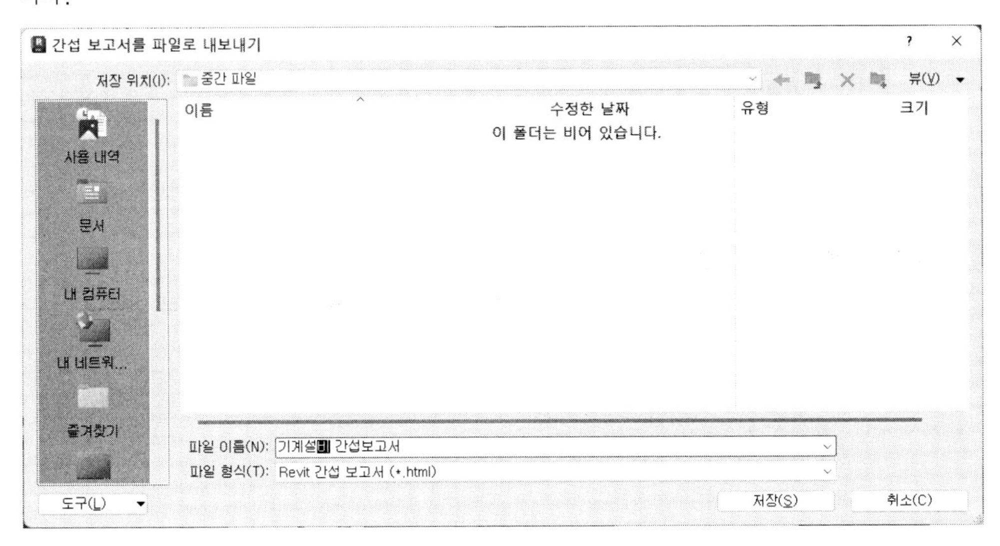

(2) 저장된 파일 위치를 찾아 해당 파일을 더블클릭하면 다음과 같이 보고서가 표시됩니다.

간섭 보고서

간섭 보고서 프로젝트 파일: E:₩A_Write₩1A_Revit2023₩중간 파일₩Doc02_문서화.rvt
작성됨: 2022년 10월 5일 수요일 오후 5:00:39
마지막 업데이트: 2022년 10월 5일 수요일 오후 5:11:32

	A	B
1	덕트 : 직사각형 덕트 : 굽힘 엘보/탭 : ID 674201	배관 : 배관 유형 : 표준 : ID 737246
2	덕트 : 직사각형 덕트 : 굽힘 엘보/탭 : ID 674201	배관 : 배관 유형 : 표준 : ID 737248
3	덕트 : 직사각형 덕트 : 굽힘 엘보/탭 : ID 674201	배관 부속류 : M_엘보 - 일반 : 표준 : ID 737250
4	덕트 : 직사각형 덕트 : 굽힘 엘보/탭 : ID 674201	배관 : 배관 유형 : 표준 : ID 737259
5	덕트 : 직사각형 덕트 : 굽힘 엘보/탭 : ID 674201	배관 : 배관 유형 : 표준 : ID 742754
6	덕트 : 직사각형 덕트 : 굽힘 엘보/탭 : ID 674201	배관 부속류 : M_엘보 - 일반 : 표준 : ID 744872

(3) 보고서에 표시된 ID를 이용하여 해당 요소를 찾을 수 있습니다. '관리-조회-ID별로 선택'을 클릭합니다. 대화상자에서 복사한 ID를 입력하고 [표시(S)]를 클릭하면 해당 요소가 하일라이트됩니다.

5. 일람표/수량산출

모델링된 요소의 수량을 집계하여 보고서를 작성합니다. 모델이 수정되면 수량이 집계된 테이블의 데이터도 자동으로 업데이트됩니다. 일람표는 프로젝트 탐색기의 [일람표/수량]에 작성되어 배치됩니다.

01. 일람표 작성

생성된 모델링 데이터를 기초로 일람표를 작성합니다.

(1) '일람표/수량'를 실행합니다. '해석-보고서 및 일람표-일람표/수량' 또는 '뷰-작성-일람표/수량'을 클릭합니다.

(2) 새 일람표 대화상자가 나타나면 '카테고리(C)'에서 '공기 터미널'을 선택합니다. 집계표 이름(타이틀)을 바꾸려면 '이름(N)'에 바꾸고자 하는 문자(디퓨저 일람표)를 입력합니다.

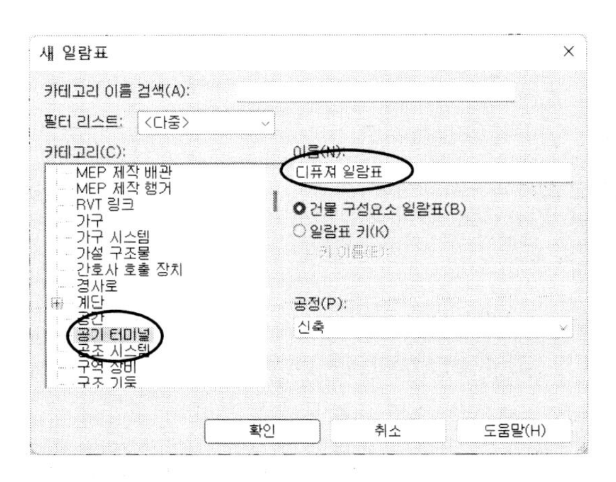

(3) [확인]을 클릭하면 일람표 특성 대화상자가 표시됩니다. 이 대화상자에서 필드, 필터, 정렬 및 그룹화, 형식, 모양을 지정합니다. '사용가능한 필드(V)' 리스트에서 차례로 패밀리 및 유형, 크기, 유체종류, 유량, 개수를 지정한 후 을 클릭합니다.

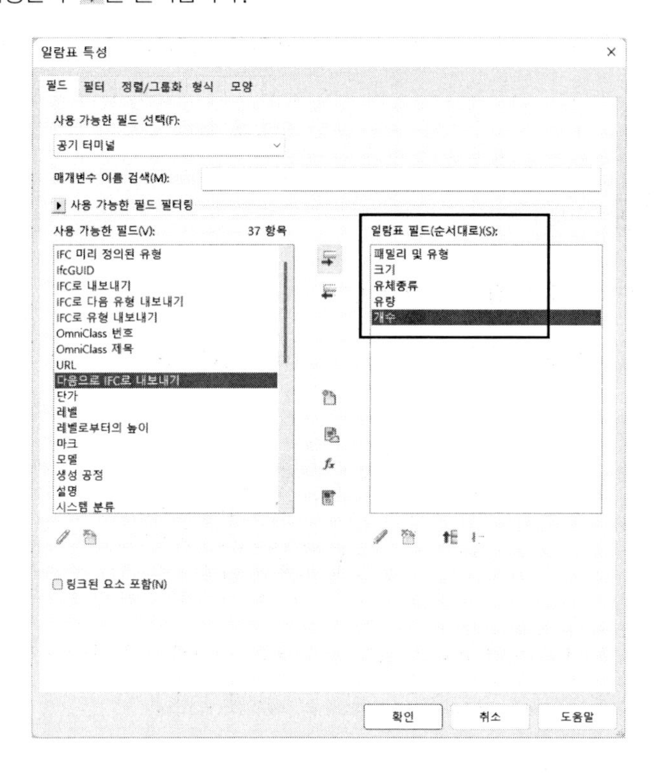

참고 일람표 특성 대화상자

(1) 필드 탭 : 일람표를 작성할 필드(항목)을 지정합니다.

① 추가 : 필드(항목)를 추가합니다.

② 제거 : 추가한 필드를 제외합니다.

③ 새 매개변수 추가 : 매개변수를 추가합니다.

④ 매개변수 결합 : 계산식 또는 비율 값을 계산하여 추가합니다.

(2) 필터 탭 : 선택한 필드 데이터에서 필터링할 조건을 지정합니다. 예를 들어, 풍량이 '235L/S'이상인 덕트만 표시합니다.

(3) 정렬/그룹화 탭 : 표시할 행의 정렬 옵션을 지정합니다. 정렬 항목 오름차순 또는 내림차순 선택, 제목 또는 바닥글 표시여부, 빈 줄의 추가여부를 설정합니다. 그룹화는 일부 요소 유형의 모든 인스턴스를 표시하거나 여러 인스턴스를 한 행에 모을 수 있습니다.

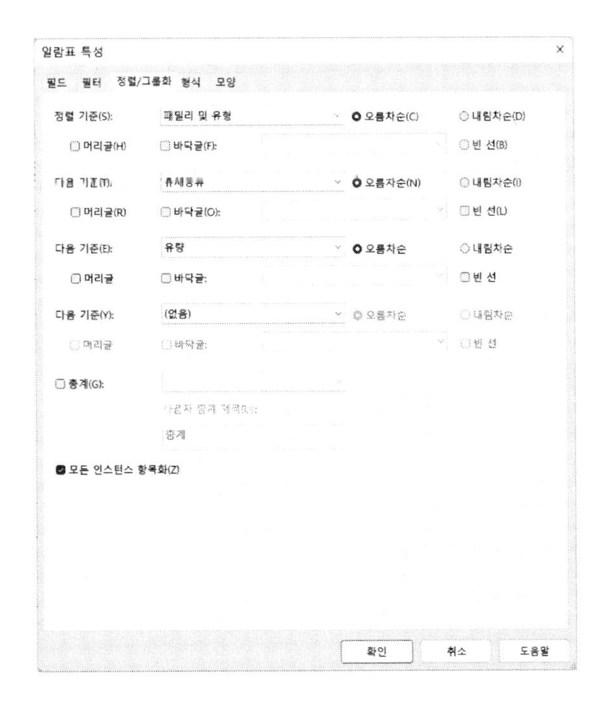

① 총계(G) : 총계 정보를 선택합니다. 리스트에서 제목, 개수, 합계 등의 조합을 선택합니다.

② 모든 인스턴스(Instance) 항목화(Z) : 체크를 하면 모든 인스턴스에 대해 개별적으로 계산합니다. 체크를 해제하면 같은 사양의 요소의 수량을 합산하여 산출합니다.

(4) 형식 탭 : 제목, 방향, 위치 정렬 등 작성할 일람표의 형식(서식)을 설정합니다.

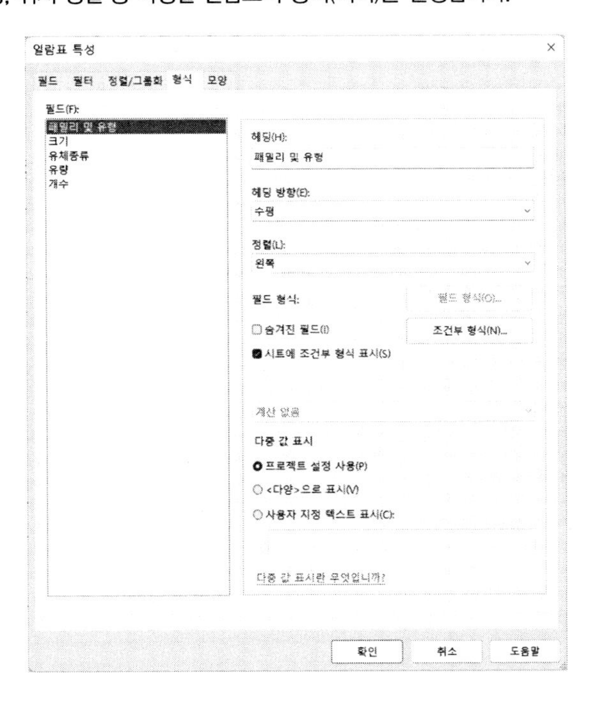

(5) 모양 탭 : 일람표 선의 굵기, 제목 및 문자 표시여부, 문자 스타일 등을 지정합니다.

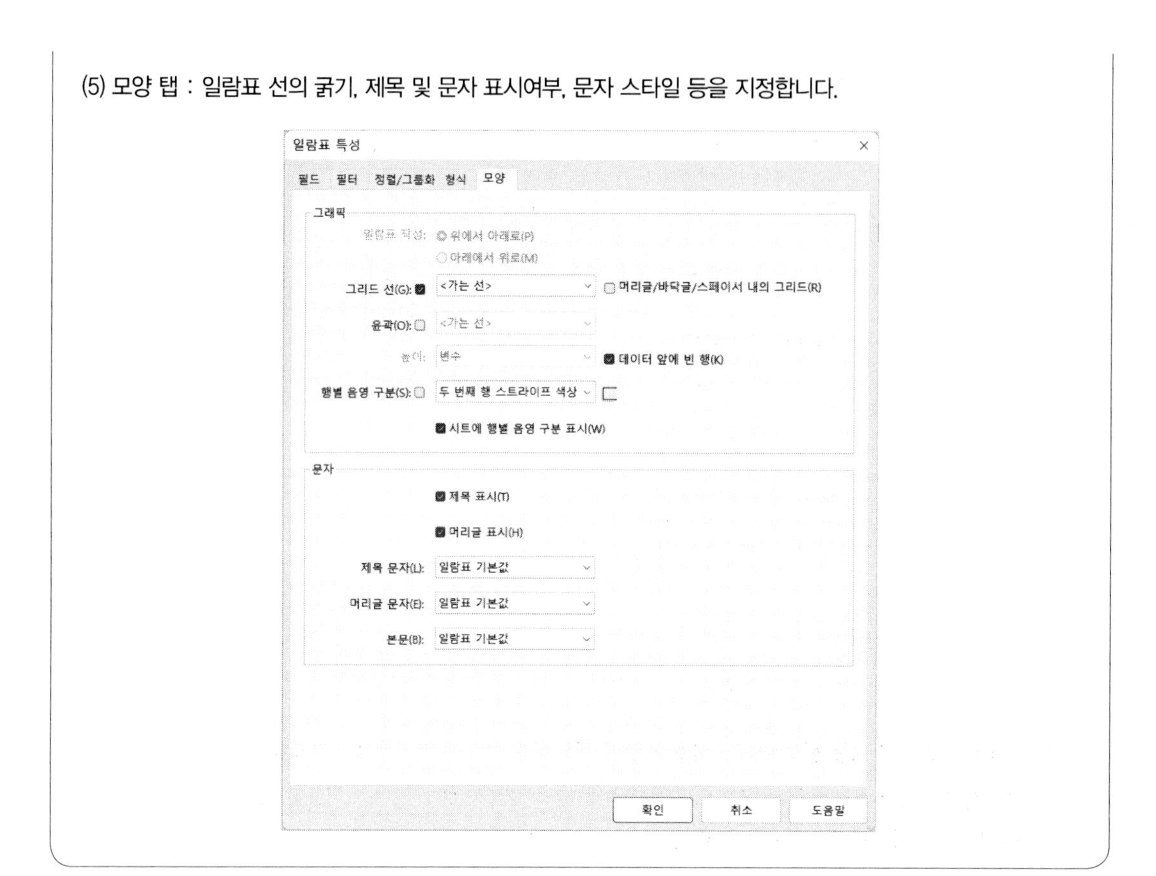

(4) 일람표의 속성을 설정한 후 [OK]를 클릭하면 다음과 같이 일람표가 생성됩니다.

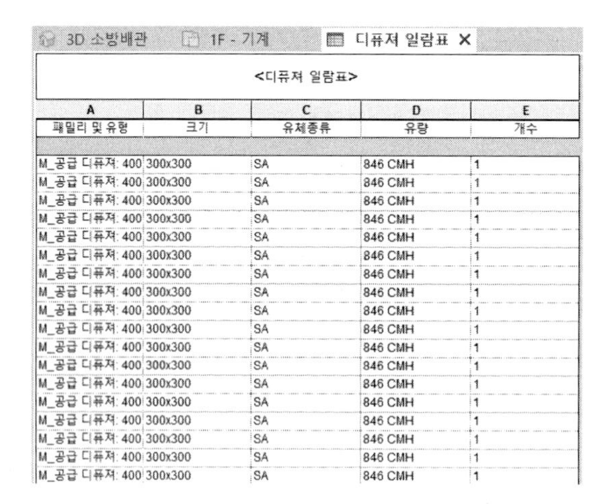

<디퓨저 일람표>

A	B	C	D	E
패밀리 및 유형	크기	유체종류	유량	개수
M_공급 디퓨저: 400	300x300	SA	846 CMH	1
M_공급 디퓨저: 400	300x300	SA	846 CMH	1
M_공급 디퓨저: 400	300x300	SA	846 CMH	1
M_공급 디퓨저: 400	300x300	SA	846 CMH	1
M_공급 디퓨저: 400	300x300	SA	846 CMH	1
M_공급 디퓨저: 400	300x300	SA	846 CMH	1
M_공급 디퓨저: 400	300x300	SA	846 CMH	1
M_공급 디퓨저: 400	300x300	SA	846 CMH	1
M_공급 디퓨저: 400	300x300	SA	846 CMH	1
M_공급 디퓨저: 400	300x300	SA	846 CMH	1
M_공급 디퓨저: 400	300x300	SA	846 CMH	1
M_공급 디퓨저: 400	300x300	SA	846 CMH	1
M_공급 디퓨저: 400	300x300	SA	846 CMH	1
M_공급 디퓨저: 400	300x300	SA	846 CMH	1
M_공급 디퓨저: 400	300x300	SA	846 CMH	1
M_공급 디퓨저: 400	300x300	SA	846 CMH	1
M_공급 디퓨저: 400	300x300	SA	846 CMH	1
M_공급 디퓨저: 400	300x300	SA	846 CMH	1

02. 일람표 수정

작성된 일람표를 수정합니다.

참고 일람표/수량 수정 탭

변경할 항목을 클릭하면 일람표/수량 수정 탭이 표시됩니다.

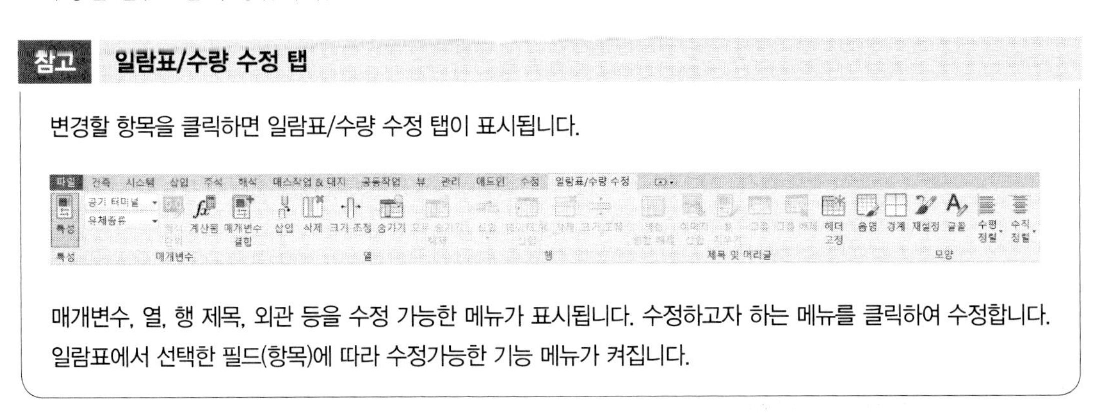

매개변수, 열, 행 제목, 외관 등을 수정 가능한 메뉴가 표시됩니다. 수정하고자 하는 메뉴를 클릭하여 수정합니다. 일람표에서 선택한 필드(항목)에 따라 수정가능한 기능 메뉴가 켜집니다.

(1) 집계표의 항목을 수정합니다. 필드(열)를 추가하겠습니다. '시스템 분류'를 추가하겠습니다. '일람표/수량 수정-열-삽입'을 클릭합니다.

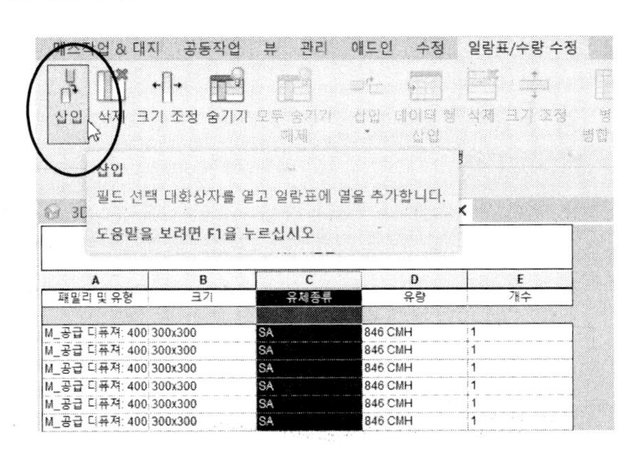

TIP 해당 열에 마우스 커서를 대고 오른쪽 버튼을 클릭하면 바로가기 메뉴가 표시됩니다. 메뉴에서 '열 삽입', '열 삭제' 등 작업하고자 하는 메뉴를 선택합니다. 글꼴, 테두리, 행과 열 추가 등 다양한 편집이 가능합니다.

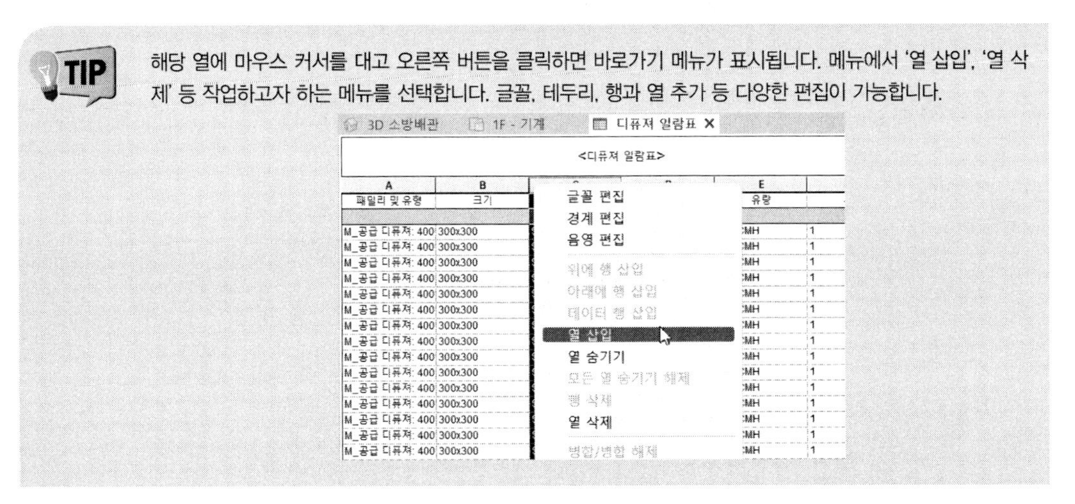

(2) '시스템 종류'를 선택한 후 '추가'를 클릭하여 열을 추가합니다.

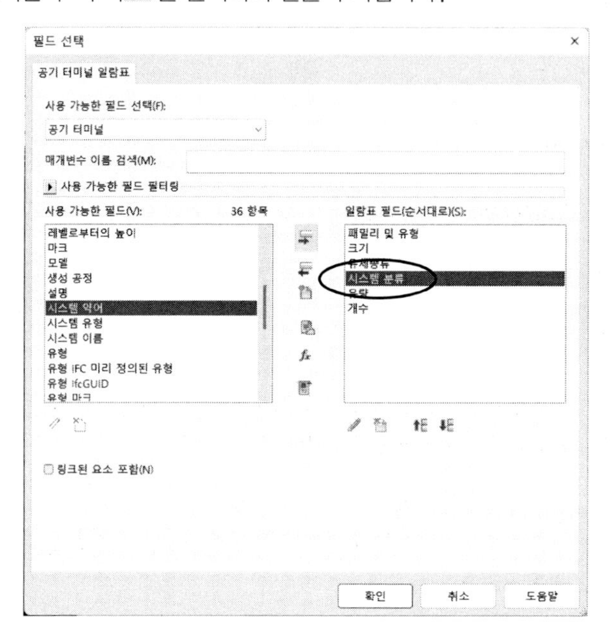

(3) [확인]을 클릭하면 다음과 같이 열(시스템 종류)이 추가된 것을 확인할 수 있습니다.

3D 소방배관 | 1F - 기계 | 디퓨저 일람표

<디퓨저 일람표>

A	B	C	D	E	
패밀리 및 유형	크기	유체종류	시스템 분류	유량	
M_공급 디퓨저: 400	300x300	SA	공급 공기	846 CMH	1
M_공급 디퓨저: 400	300x300	SA	공급 공기	846 CMH	1
M_공급 디퓨저: 400	300x300	SA	공급 공기	846 CMH	1
M_공급 디퓨저: 400	300x300	SA	공급 공기	846 CMH	1
M_공급 디퓨저: 400	300x300	SA	공급 공기	846 CMH	1
M_공급 디퓨저: 400	300x300	SA	공급 공기	846 CMH	1
M_공급 디퓨저: 400	300x300	SA	공급 공기	846 CMH	1
M_공급 디퓨저: 400	300x300	SA	공급 공기	846 CMH	1
M_공급 디퓨저: 400	300x300	SA	공급 공기	846 CMH	1
M_공급 디퓨저: 400	300x300	SA	공급 공기	846 CMH	1
M_공급 디퓨저: 400	300x300	SA	공급 공기	846 CMH	1
M_공급 디퓨저: 400	300x300	SA	공급 공기	846 CMH	1
M_공급 디퓨저: 400	300x300	SA	공급 공기	846 CMH	1
M_공급 디퓨저: 400	300x300	SA	공급 공기	846 CMH	1
M_공급 디퓨저: 400	300x300	SA	공급 공기	846 CMH	1

(4) 현재 데이터를 보면 '수량'이 모두 하나인 것을 확인할 수 있습니다. 이때는 특성 팔레트에서 [정렬/그룹화]를 클릭합니다.

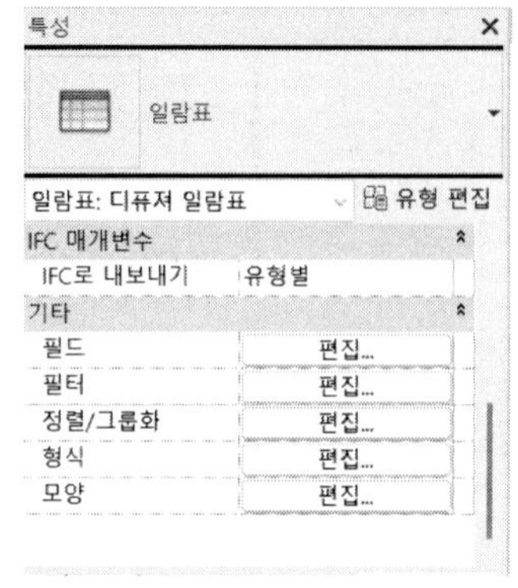

(5) 일람표 특성 대화상자에서 '총계(G)'를 체크하고, '모든 인스턴스 항목화(Z)'의 체크를 끕니다.

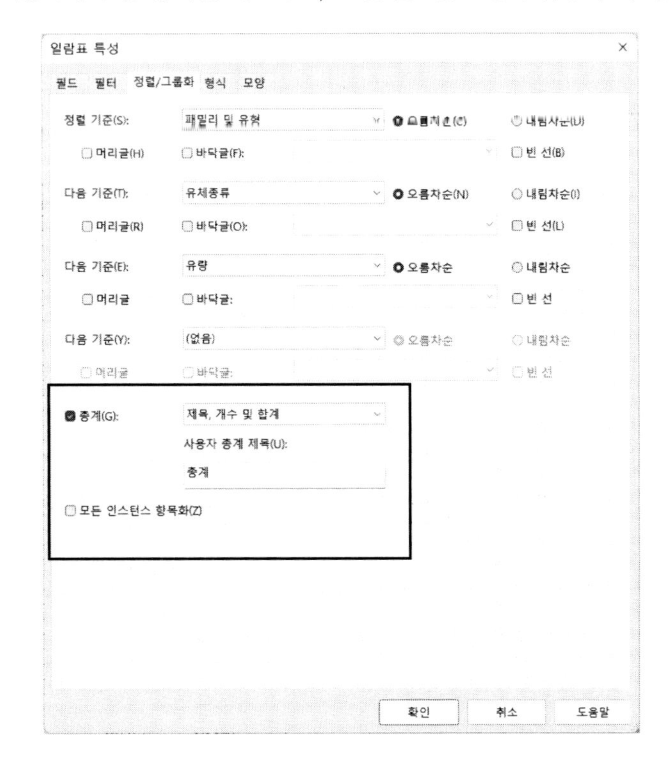

[확인]을 누르면 다음과 같이 동일한 아이템은 수량을 합산하여 표시합니다.

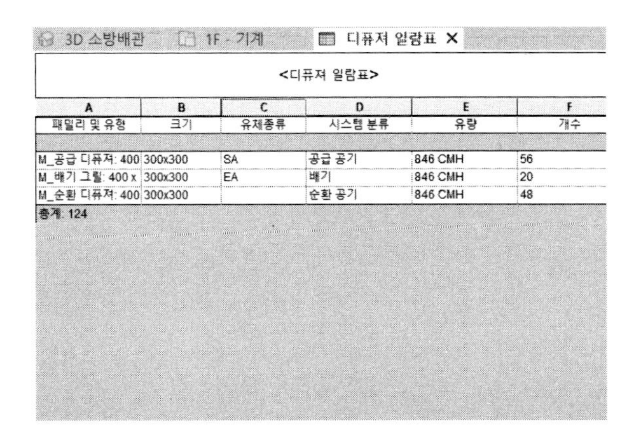

<디퓨저 일람표>

A	B	C	D	E	F
패밀리 및 유형	크기	유체종류	시스템 분류	유량	개수
M_공급 디퓨저: 400	300x300	SA	공급 공기	846 CMH	56
M_배기 그릴: 400 x	300x300	EA	배기	846 CMH	20
M_순환 디퓨저: 400	300x300		순환 공기	846 CMH	48
총계: 124					

03. 일람표 내보내기

작성된 일람표를 외부 파일(*.rvt)에 저장하고 다른 프로젝트에서 동일한 서식을 만들 수 있습니다. 또, 텍스트 파일(*.txt)로 저장하여 엑셀에서 열 수 있습니다.

(1) 파일 메뉴에서 [다른 이름으로 저장]-[라이브러리]- [뷰]를 클릭합니다.

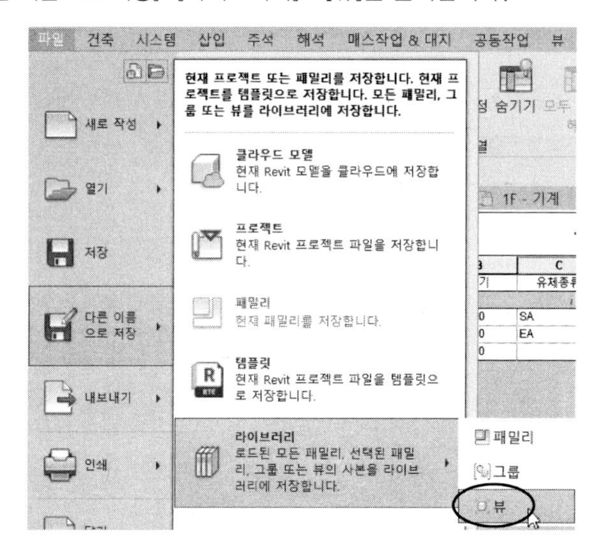

뷰 저장 대화상자에서 '뷰(V)' 리스트에서 '일람표 : 디퓨져 일람표'를 선택합니다.

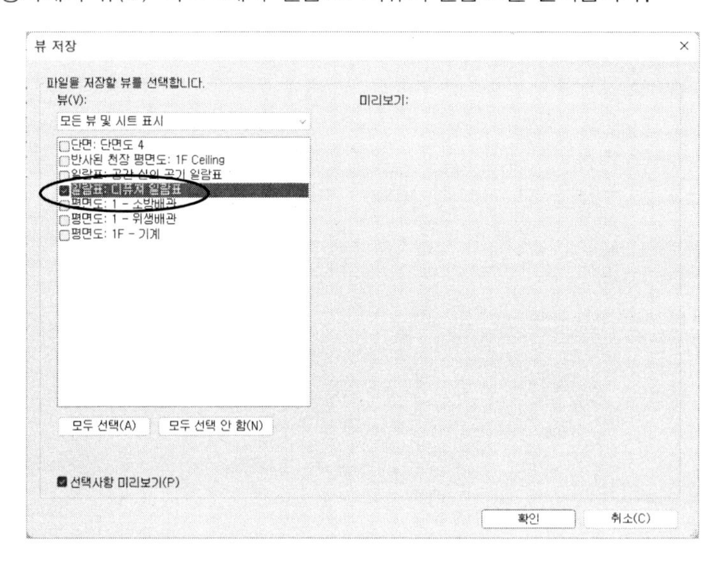

(2) 폴더와 파일 이름(디퓨져 일람표.rvt)을 지정하고 저장합니다.

(3) 저장된 일람표 파일을 다른 프로젝트에서 삽입해보겠습니다. 덕트가 모델링된 프로젝트 파일을 엽니다. '삽입-가져오기-파일에서 삽입'드롭다운 리스트에서 '파일에서 뷰 삽입'을 클릭합니다.

삽입할 파일(디퓨저 일람표.rvt)을 지정합니다. 열기를 클릭하면 뷰 삽입 대화상자가 표시됩니다. 삽입할 뷰를 체크하여 선택합니다.

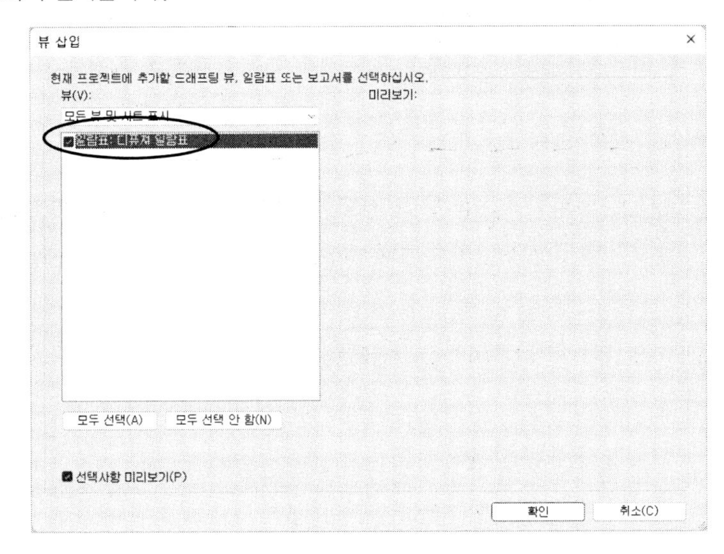

(4) [확인]을 클릭하면 일람표 뷰가 생성됩니다. 프로젝트 탐색기의 [일람표/수량]을 보면 삽입한 뷰(디퓨저 일람표)가 나타납니다.

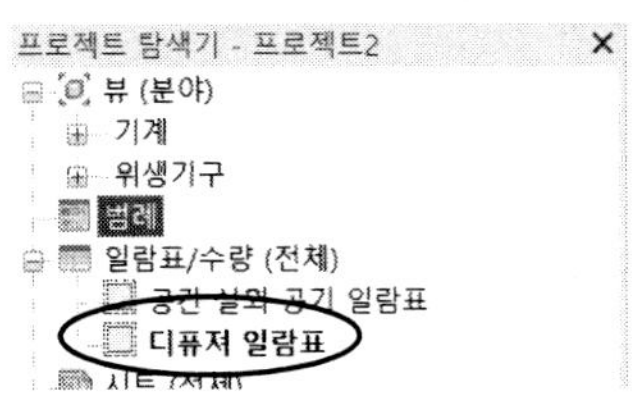

더블클릭하면 일람표가 표시됩니다. 현재 프로젝트의 모델에서 집계한 일람표입니다.

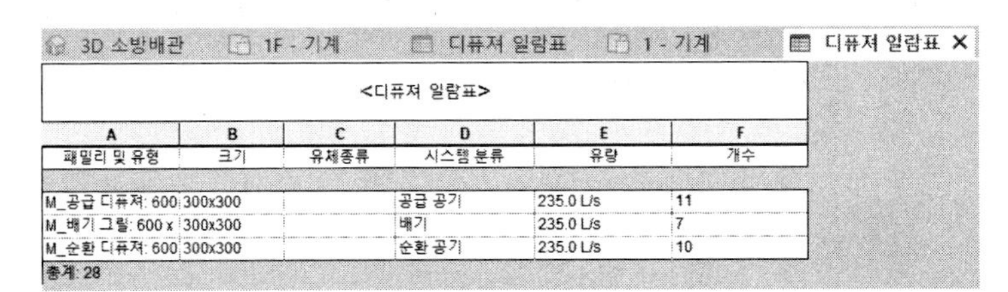
3D 소방배관 | 1F - 기계 | 디퓨저 일람표 | 1 - 기계 | 디퓨저 일람표

<디퓨저 일람표>

A	B	C	D	E	F
패밀리 및 유형	크기	유체종류	시스템 분류	유량	개수
M_공급 디퓨저: 600	300x300		공급 공기	235.0 L/s	11
M_배기 그릴: 600 x	300x300		배기	235.0 L/s	7
M_순환 디퓨저: 600	300x300		순환 공기	235.0 L/s	10
총계: 28					

(5) 텍스트 파일로 저장합니다. [파일]-[내보내기]-[보고서]-[일람표]를 클릭합니다.

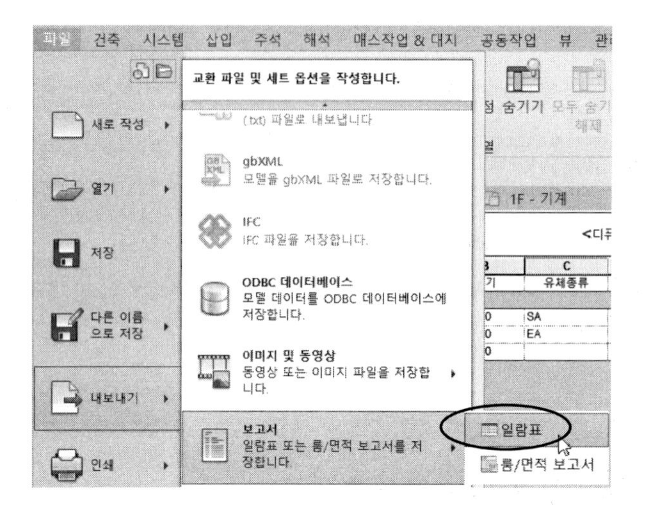

(6) 저장할 폴더와 파일명(*.txt)을 지정합니다. 일람표 내보내기 대화상자에서 내보낼 옵션을 지정합니다. '필드 구분자(F)'을 ',', '문자 한정어(E)'를 '(없음)'으로 지정합니다.

콤마(,)로 구분하는 *.csv 파일 형식으로도 저장할 수 있습니다.

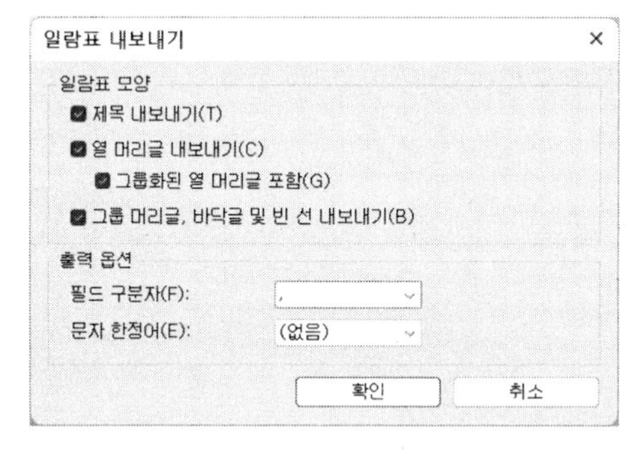

(7) [확인]을 클릭하면 저장됩니다. 엑셀에서 저장된 파일을 열면 다음과 같이 일람표가 표시됩니다.

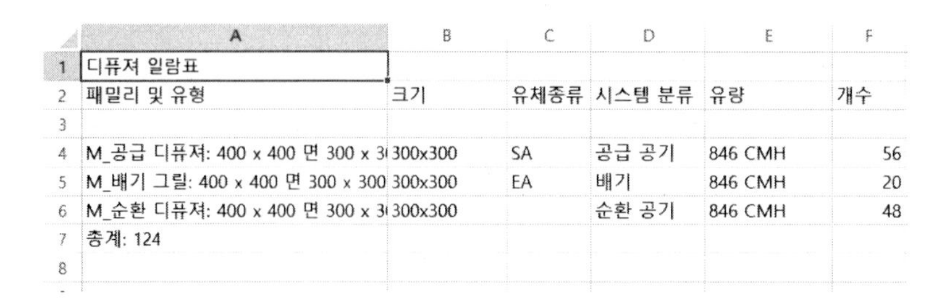

	A	B	C	D	E	F
1	디퓨저 일람표					
2	패밀리 및 유형	크기	유체종류	시스템 분류	유량	개수
3						
4	M_공급 디퓨저: 400 x 400 면 300 x 3	300x300	SA	공급 공기	846 CMH	56
5	M_배기 그릴: 400 x 400 면 300 x 300	300x300	EA	배기	846 CMH	20
6	M_순환 디퓨저: 400 x 400 면 300 x 3	300x300		순환 공기	846 CMH	48
7	총계: 124					
8						

6. 시트

모델링이 끝나면 마지막 작업은 시트 작업입니다. 시트 작업은 모델링을 수행한 설계자와 도면을 보는 사람들 사이의 커뮤니케이션 역할을 수행합니다. 도면화는 설계 품질에도 영향을 미칩니다. 따라서 모델링 작업 이상으로 중요한 작업입니다. 시트는 모델링 데이터를 바탕으로 평면도, 단면도, 일람표 등을 배치하는 공간입니다.

01. 시트 서식

각 조직(설계회사, 시공회사 등)마다 정해진 서식을 사용하여 설계도면을 작성합니다. 기본적으로 하나의 템플릿 서식을 작성해놓고 적용하게 됩니다. Revit에서도 이러한 방식으로 사용하는 것이 효율적입니다. 이번에는 기본시트 서식을 만드는 방법에 대해 설명합니다.

참고 시트(Sheet)와 AutoCAD의 배치 (Layout)

Revit에서 시트(Sheet)는 AutoCAD의 배치(Layout)와 유사합니다. AutoCAD의 경우, 모형 공간에서 만든 모델을 도면 공간(레이아웃 공간)에 배치하여 출력합니다. Revit도 마찬가지로 생성된 모델을 다양한 관점에서의 뷰(평면, 측면, 상세), 범례, 일람표 등을 시트에 배치하여 출력합니다.

(1) 프로젝트 탐색기에서 [시트(전체)]에 마우스를 대고 오른쪽 버튼을 누르면 바로가기 메뉴가 표시됩니다. 메뉴에서 '새 시트(N)..'를 클릭합니다.

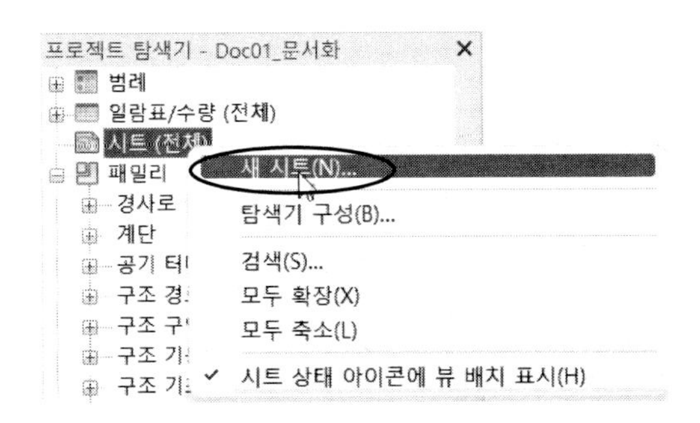

'뷰-시트 구성-시트'를 클릭하여 새 시트를 작성할 수도 있습니다.

(3) 새 시트 대화상자에서 '제목 블록 선택'을 'A1 미터법' 선택하고 [확인]을 클릭합니다.

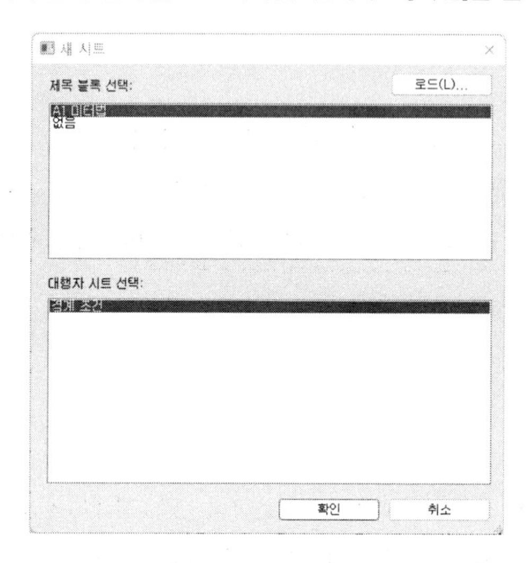

다음과 같은 도곽이 표시됩니다. 도곽의 수정에 대해 알아보겠습니다.

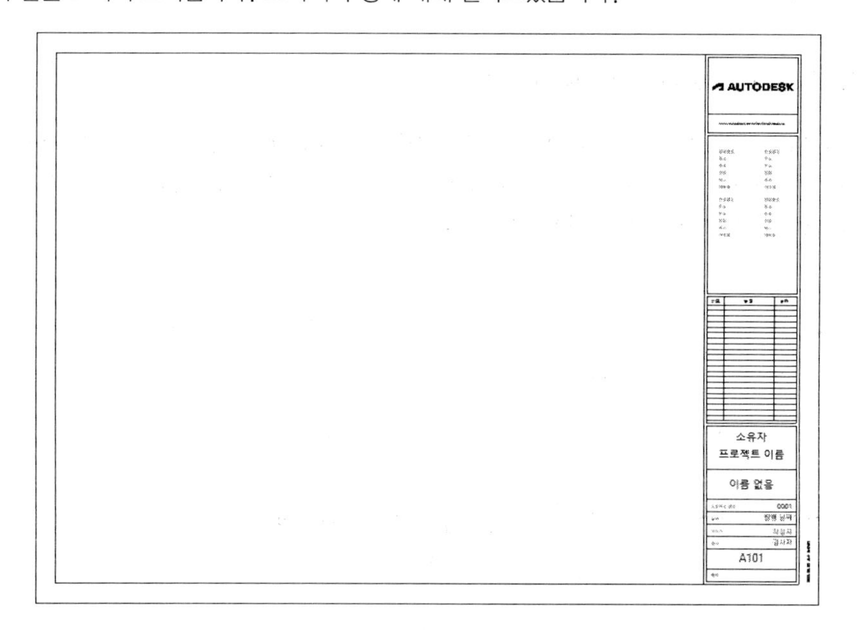

참고 제목 블록 파일

시트 파일도 하나의 패밀리로 관리됩니다. 패밀리에서 도곽을 만들어 [로드(L)..]를 클릭하여 프로젝트로 가져옵니다. AutoCAD에서 사용하던 *.dwg 파일을 이용하여 Revit용 도곽을 만들어 사용할 수 있습니다. 패밀리 편집기에서 'CAD 가져오기' 기능을 이용하여 *.dwg 파일을 가져와 편집합니다.

(4) 도면 프레임을 선택한 후 '수정|제목 블록-모드-패밀리 편집'을 클릭합니다. 패밀리 편집기 화면으로 이동합니다.

도면 오른쪽 상단에있는 'AUTODESK' 마크를 교체하고자 하는 이미지 파일(예: 설계회사의 마크)로 바꿉니다. 'AUTODESK' 마크를 선택하여 삭제한 후 '삽입-가져오기-이미지'를 클릭합니다. 이미지 파일(예: DCS_Mark.bmp)을 선택하여 삽입 위치를 지정합니다. 이미지의 그립(컨트롤)을 사용하여 크기를 조정합니다. 이미지 아래쪽의 문자를 수정합니다.

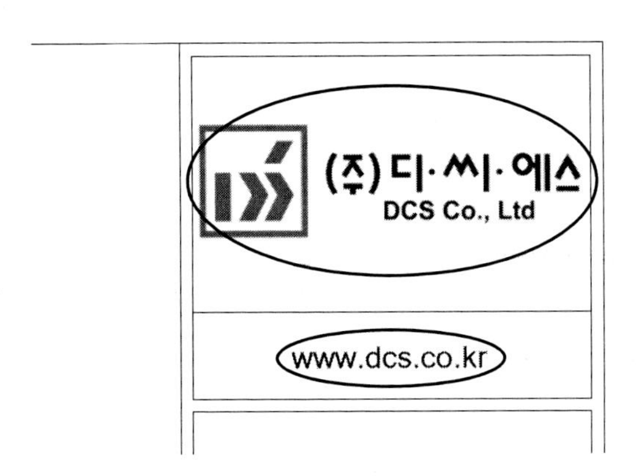

(5) 도면 정보를 기입합니다. 문자 매개변수를 수정하려면 문자의 인스턴스 속성을 수정합니다. 예를 들어, '날짜'를 수정한다고 하면 날짜를 선택한 후 '수정|레이블-레이블-레이블 편집'을 클릭합니다.

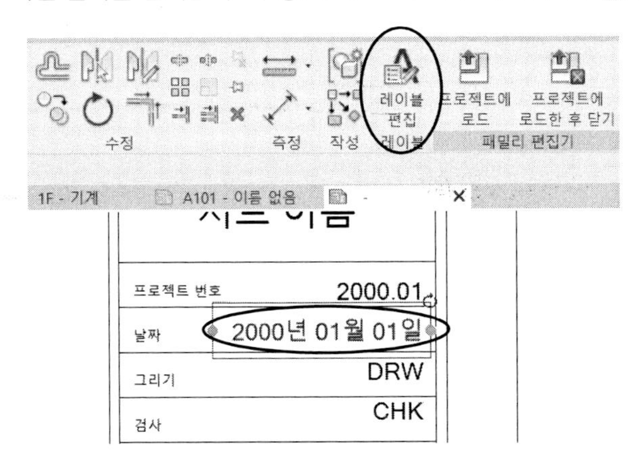

'레이블 편집'대화상자에서 표시하고자 하는 매개변수를 설정합니다.

왼쪽의 카테고리 매개변수 리스트에서 선택한 후 을 클릭하면 추가됩니다. 값을 수정합니다.

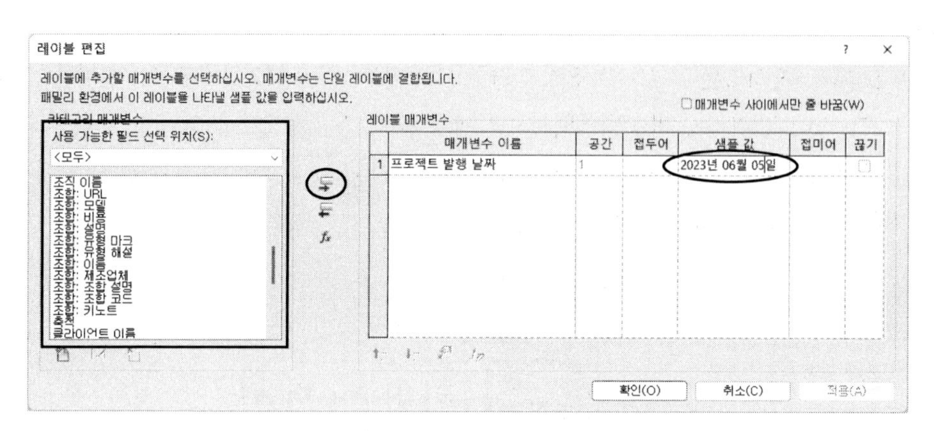

(6) 항목의 수정, 추가, 삭제는 물론 새로운 포맷을 작성할 수 있습니다. 수정하고자 하는 문자를 클릭하면 텍스트 편집 상태가 됩니다. 이때 수정하고자 하는 문자를 입력합니다.

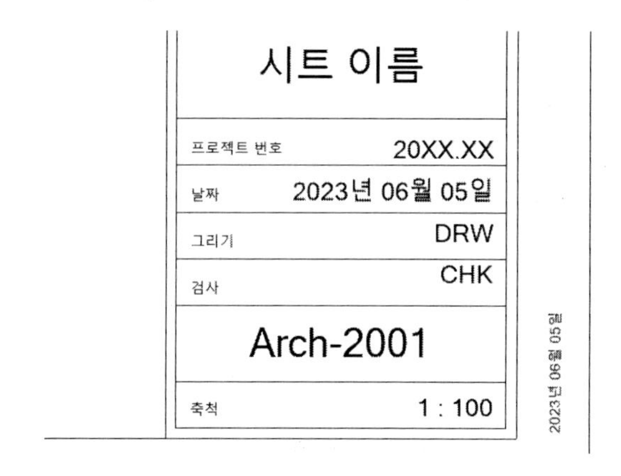

(7) 수정이 완료되면 프로젝트로 로드합니다. '수정-패밀리 편집기-프로젝트에 로드'를 클릭합니다. 대화상자가 표시되면 '기존 버전과 매개변수 값을 덮어쓰기'를 클릭합니다. 다음과 같이 수정된 도곽의 시트가 나타납니다.

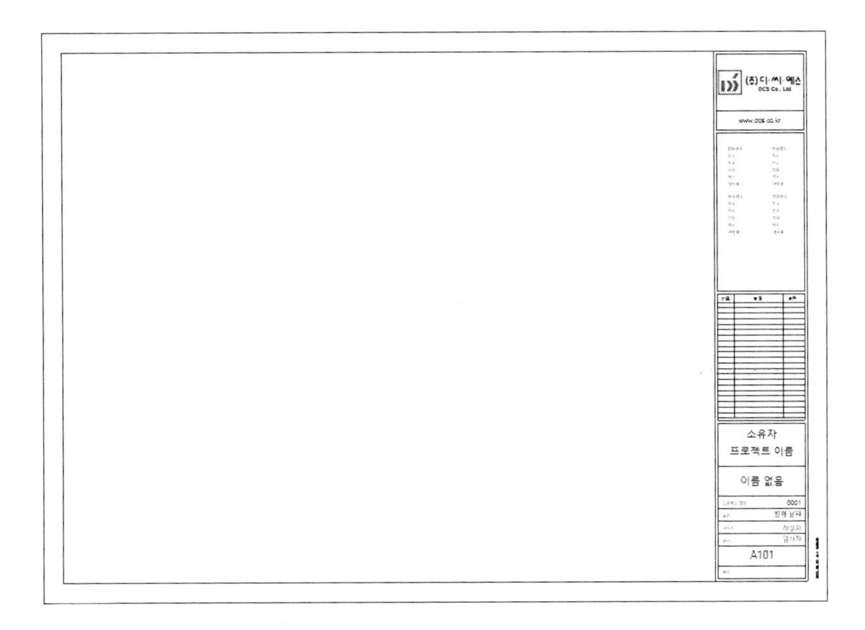

(8) 시트에서 매개변수의 값을 설정합니다. '관리-설정-프로젝트 정보'를 클릭합니다. 대화상자에서 매개변수의 값을 입력합니다. 프로젝트 정보의 값이 반영되어 제목 블록이 변경됩니다.

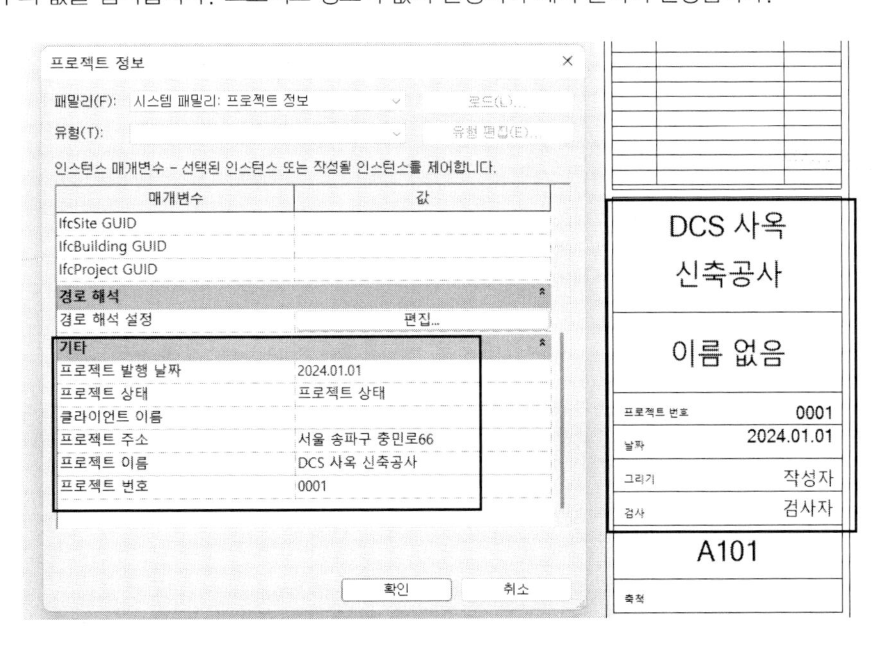

02. 뷰 정리

시트에 뷰를 배치하기 전에 작성한 뷰를 구성합니다. 모델링을 위해 임시로 작성한 단면뷰를 삭제하고, 모델을 설명하기 위해 필요한 뷰(평면도, 입면도, 단면도, 투시도 등)가 있으면 뷰를 추가로 작성합니다. 여기에서 선택한 특정 부분을 3D 뷰로 만드는 방법을 설명합니다.

(1) 우선 전체 모델의 3D 뷰를 표시합니다. 신속접근 도구막대에서 '기본3D 뷰'를 클릭하거나 '뷰-작성-3D뷰' 드롭다운 리스트에서 '기본 3D 뷰'를 클릭합니다.

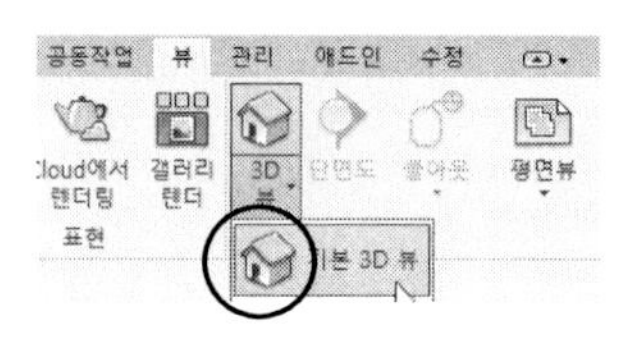

다음과 같이 3D 모델이 표시됩니다.

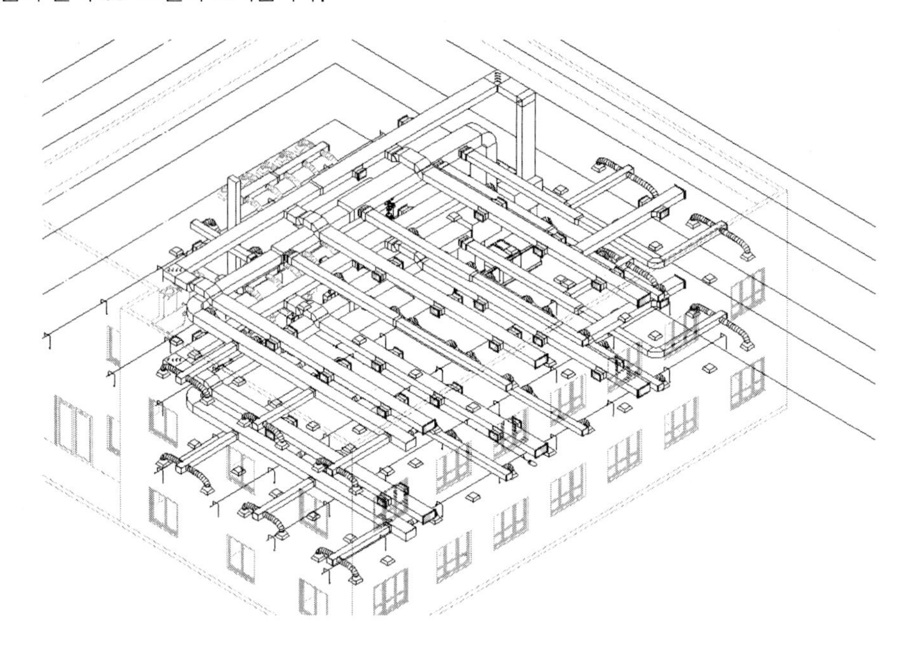

(2) 3D 뷰로 작성하고자 하는 부분을 선택합니다. 예를 들어, 기계실 주변을 3D 도면화한다고 가정하겠습니다. 다음과 같이 도면화하고자 하는 부분을 선택합니다. 모델이 선택된 상태에서 '수정|다중 선택-뷰-선택 상자(BX)'를 클릭합니다.

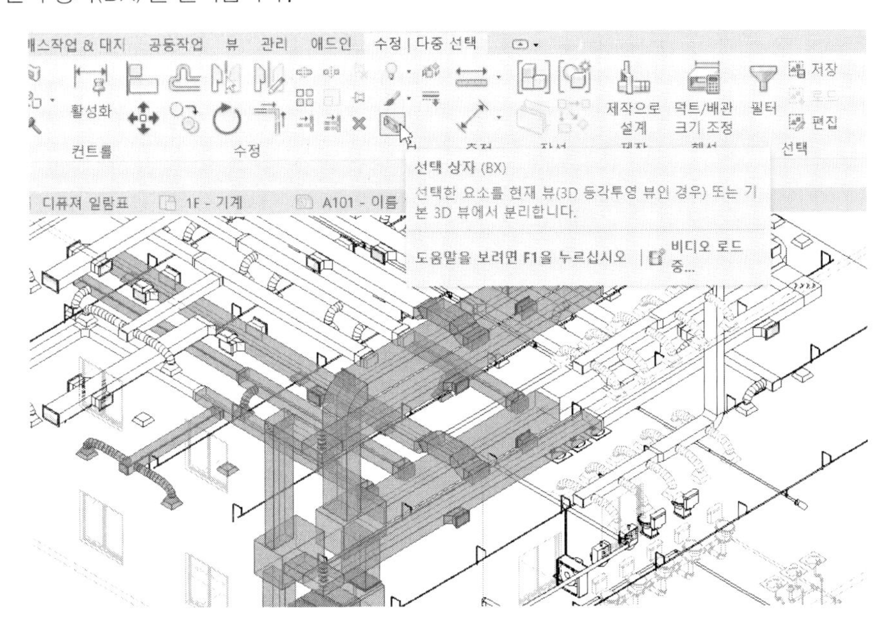

다음과 같이 단면 상자가 표시됩니다.

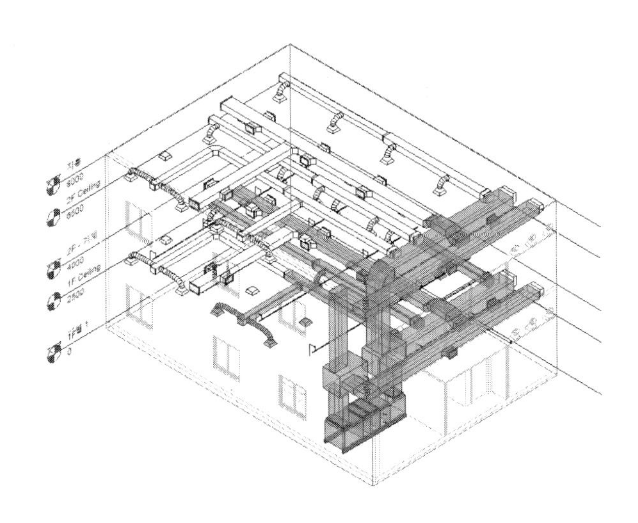

(3) 단면상자의 상하좌우 그립(◆)을 이용하여 표시하고자 하는 범위만큼 조정합니다.

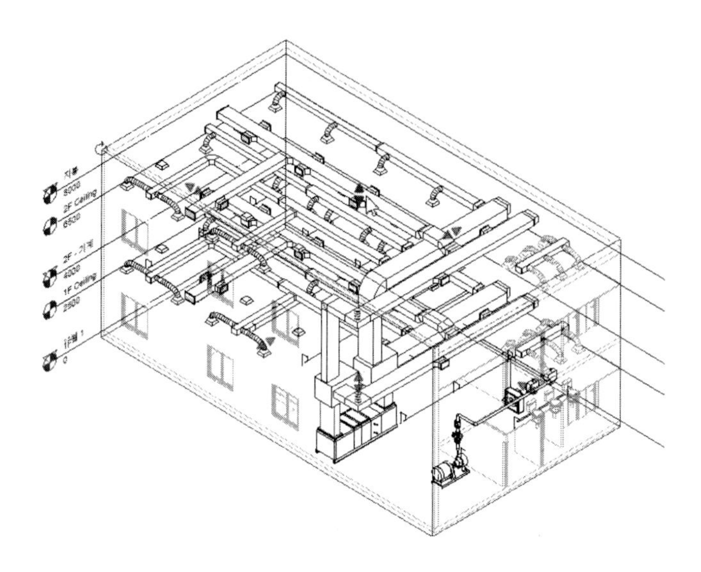

다음과 같이 단면 상자 내의 모델만 표시됩니다.

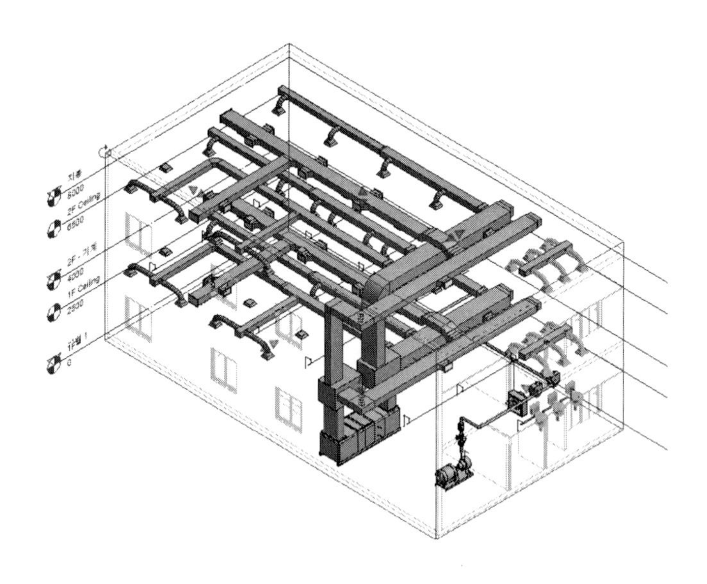

03. 뷰의 배치 및 편집

작성된 시트에 뷰를 배치합니다. 뷰는 3D 뷰를 포함한 평면도, 단면도, 입면도 등 모델 뷰는 물론 도면 목록, 범례, 장비 일람표, 디퓨저 스케줄 등 일람표도 포함됩니다.

[뷰 배치]

(1) 프로젝트 탐색기에서 신규로 작성한 시트를 엽니다.

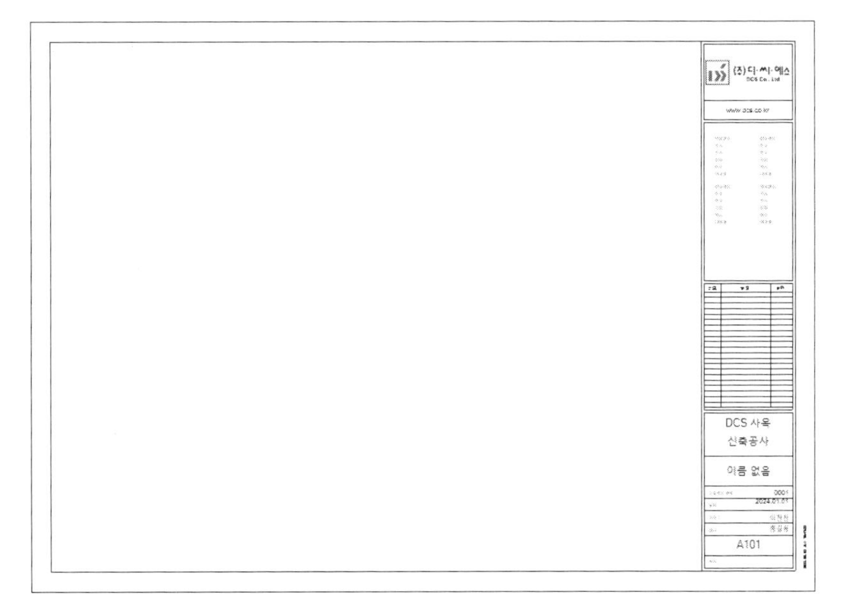

참고 **시트 번호 및 이름 바꾸기**

이미 생성된 시트의 이름을 변경합니다. 변경하려는 시트 이름에 마우스를 대고 오른쪽 버튼을 클릭한 후 바로가기 메뉴에서 '이름 바꾸기(R)'를 클릭합니다. 시트 제목 대화상자에서 '번호'와 '이름'을 지정합니다.

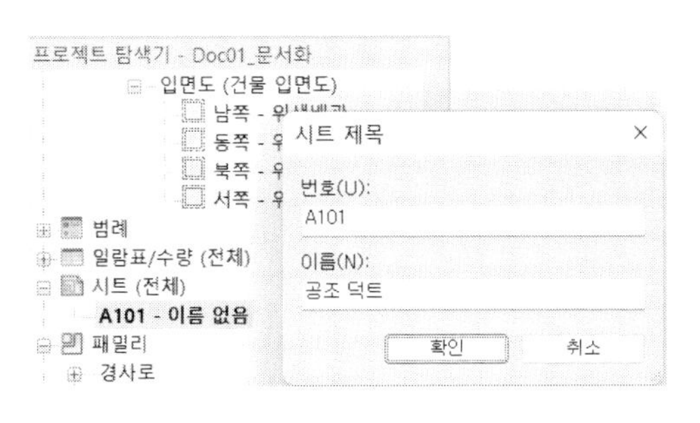

(2) 뷰를 균형있게 배치하기위한 가이드 그리드를 작성합니다. '뷰-시트 구성-가이드 그리드'를 클릭합니다.

대화상자에서 '이름'에 '가이드01'을 입력하고 [확인]를 클릭합니다. 다음과 같이 그리드가 생성됩니다. 작성한 이름을 이용하여 다른 시트에서 동일한 가이드 그리드를 적용할 수 있습니다.

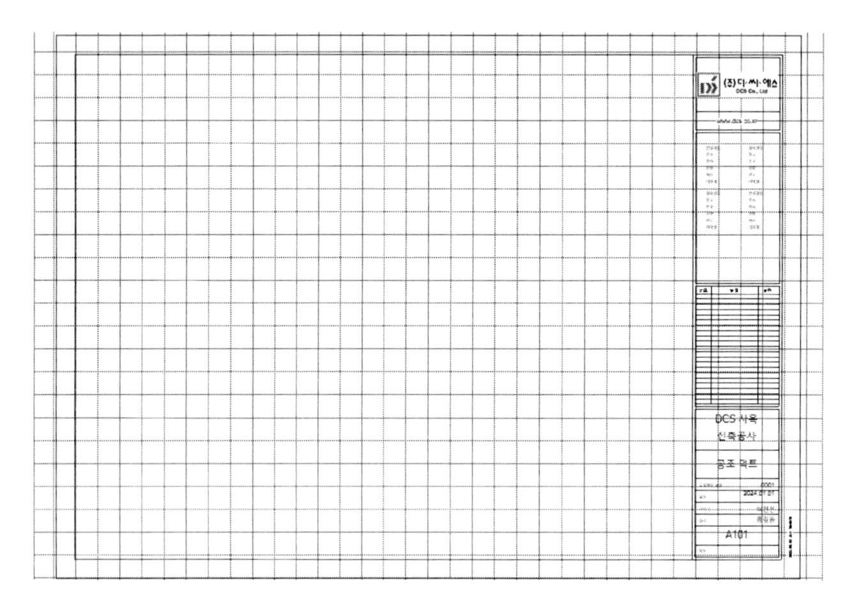

(3) 가이드 그리드를 클릭한 후 컨트롤(그립)을 드래그하여 배치할 틀에 맞춥니다.

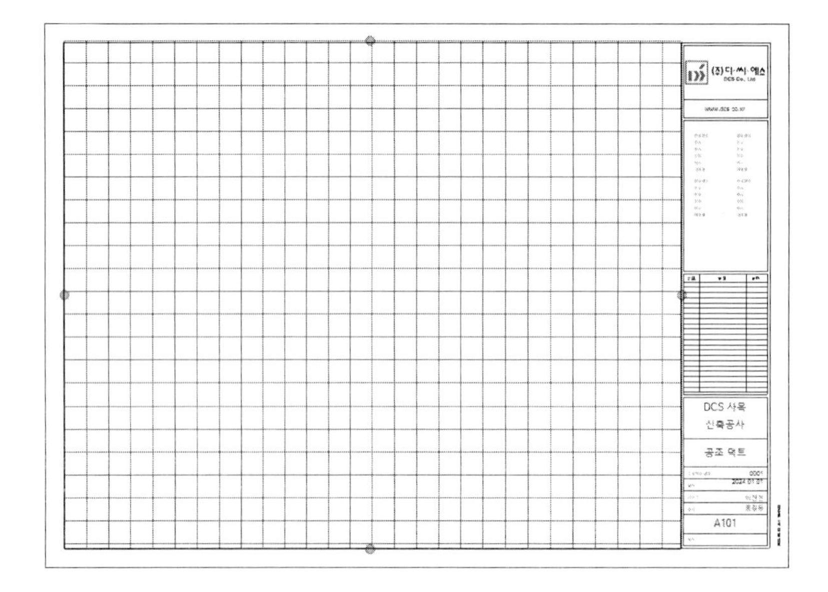

(4) 가이드의 간격을 조정합니다. 특성 팔레트에서 '가이드 간격'을 '50'으로 설정합니다. 다음과 같이 지정한 간격(50)으로 가이드 그리드가 표시됩니다.

가이드 그리드는 '관리–객체 스타일'의 '주석 객체'에서 선 색상 및 패턴을 지정할 수 있습니다.

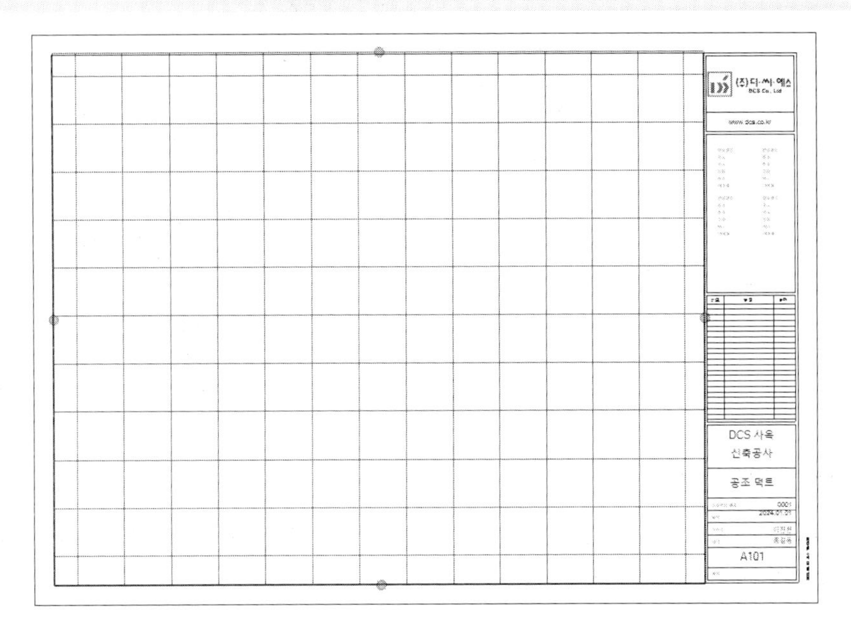

(5) 뷰를 배치합니다. 프로젝트 탐색기의 [기계]–[HVAC]–[평면]–[1F – 기계]를 드래그하여 시트에 배치합니다. 다음과 같이 미리보기 뷰가 나타나면 적절한 위치에 배치합니다.

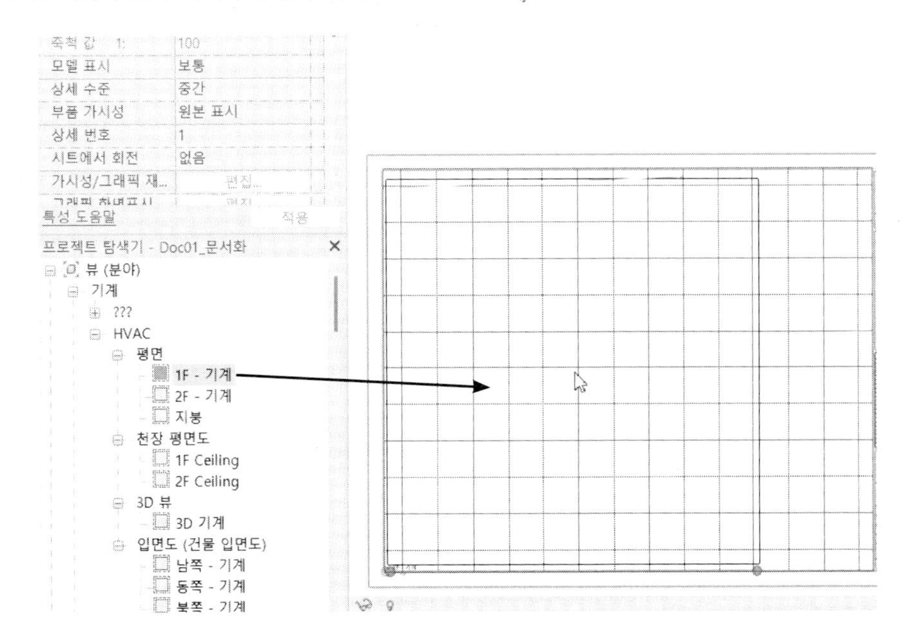

이런 방법으로 다른 뷰(3D뷰, 단면뷰)도 배치합니다. 다음과 같이 뷰가 배치됩니다.

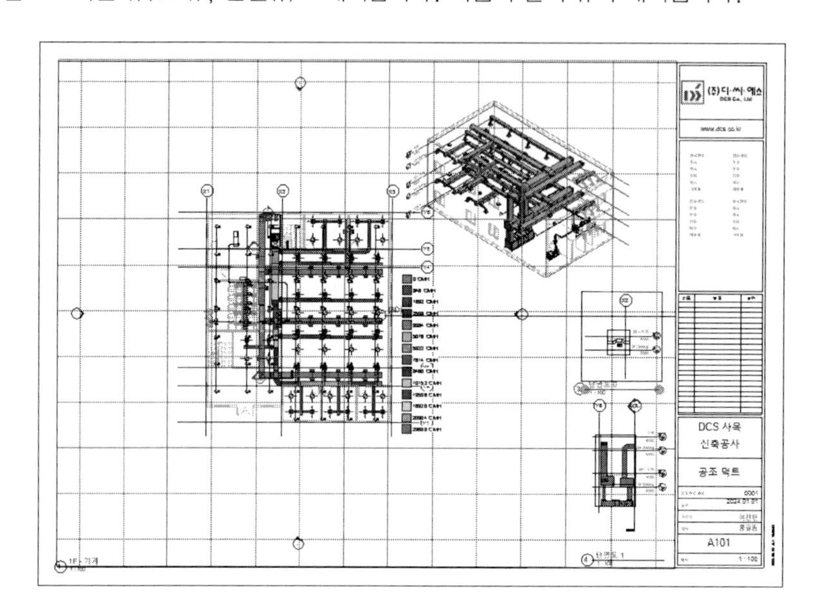

참고 바로가기 메뉴를 이용한 뷰의 배치

바로가기 메뉴를 이용하여 뷰를 배치할 수 있습니다. 시트 이름을 클릭한 후 마우스 오른쪽 버튼을 클릭하여 바로가기 메뉴를 펼칩니다. 메뉴에서 '뷰 추가(V)..'를 클릭합니다.

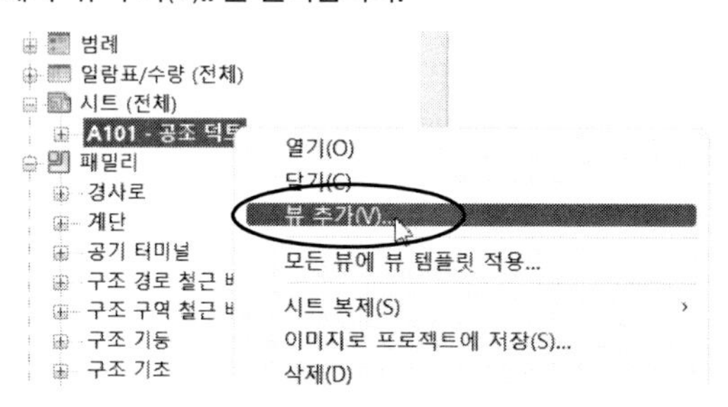

그러면 현재 프로젝트에서 생성되어 있는 뷰 리스트가 표시됩니다. 뷰 리스트에서 배치하고자 하는 뷰를 선택하여 [시트에 뷰 추가(A)]를 클릭합니다.

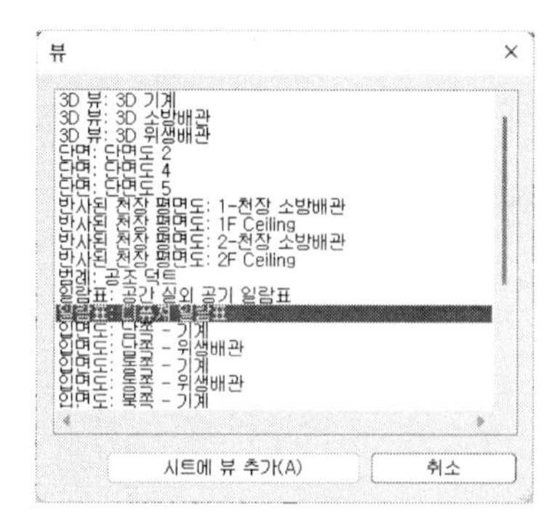

(6) 이번에는 일람표를 배치합니다. 프로젝트 탐색기에서 [일람표/수량]-[덕트 일람표]를 드래그하여 배치할 위치에 놓습니다.

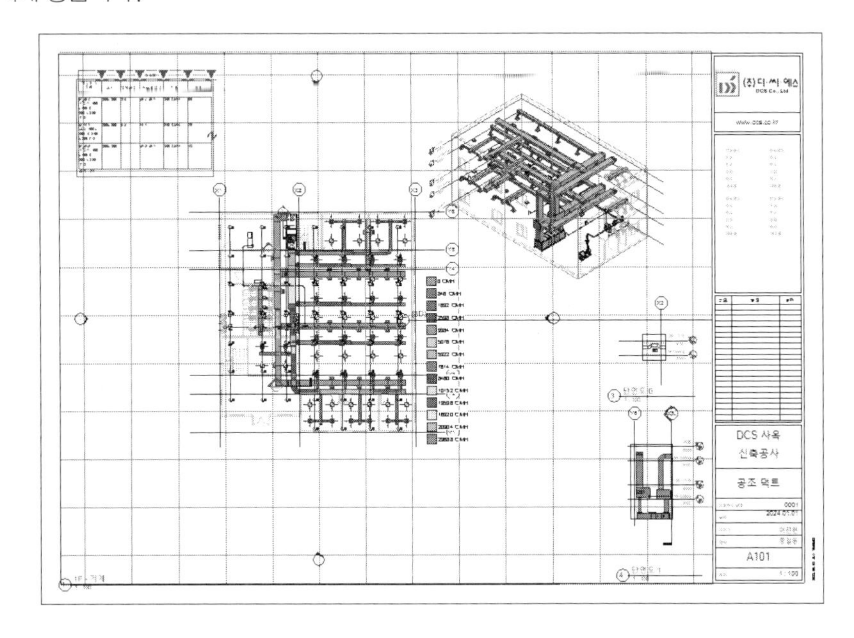

[뷰 편집]

(7) 배치된 뷰를 시트에서 직접 편집해보겠습니다. 평면뷰의 척도를 변경해보겠습니다. 먼저 변경하려는 뷰(평면도)를 선택한 후 '수정|뷰포트-뷰포트-뷰 활성화'를 클릭합니다.

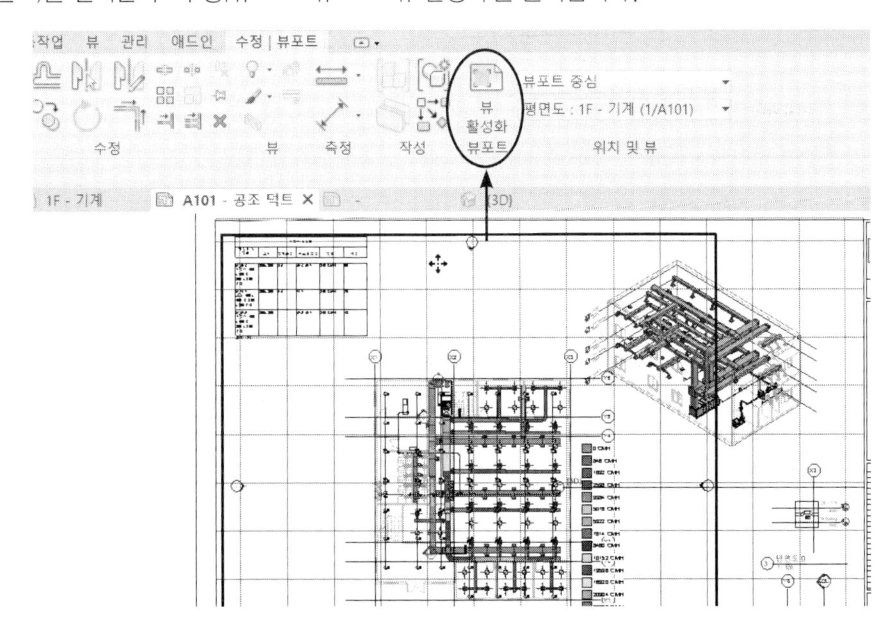

다음과 같이 선택한 뷰 이외에는 희미하게 표시되며 선택된 뷰가 진한 색으로 활성화됩니다.

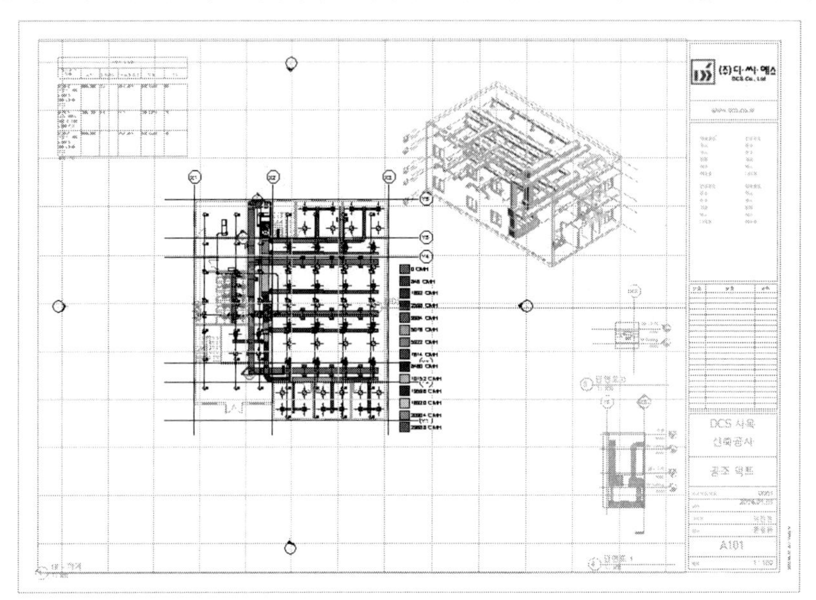

(8) 뷰 제어 막대 또는 특성 팔레트에서 뷰 축척을 '1:150'으로 변경합니다. 또는 하단의 뷰 제어막대에서 척도를 클릭하여 '사용자 축척'을 선택하여 척도를 입력합니다. 다음 그림과 같이 선택한 단면뷰의 축척이 '1:150'크기로 조정됩니다.

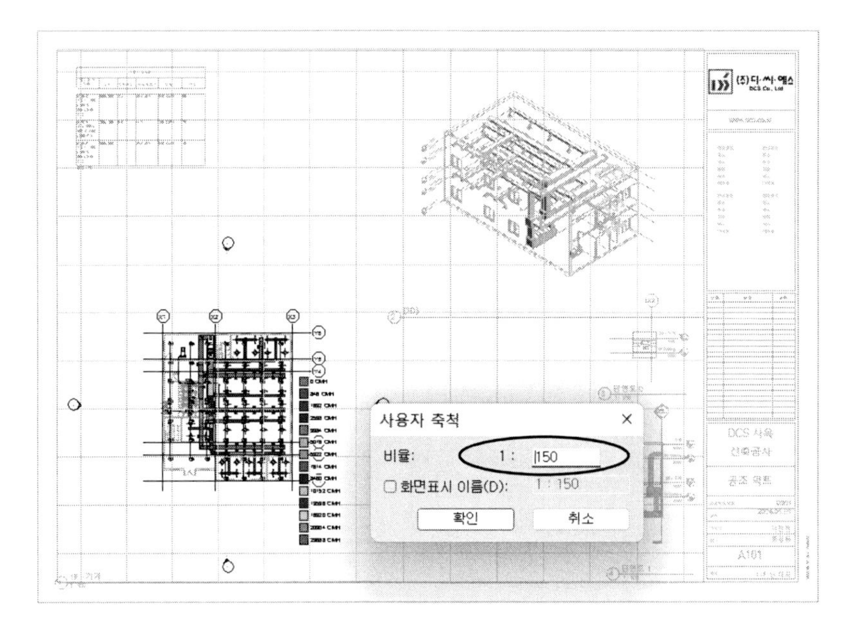

(9) 수정이 완료되면 마우스 오른쪽 버튼을 눌러 바로가기 메뉴에서 '뷰 비활성화(D)'를 클릭합니다. 원래의 시트로 되돌아갑니다.

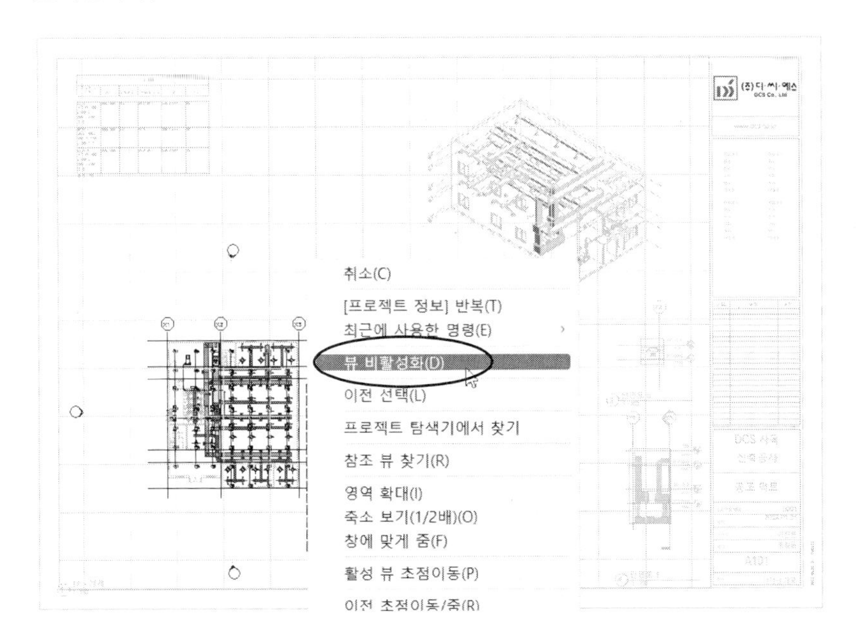

(10) 뷰를 적절한 위치로 이동하여 배치합니다. 특성 팔레트에서 '가이드 그리드'를 '<없음>'을 지정합니다. 그러면 가이드 그리드가 사라집니다. 다음과 같이 시트가 완성됩니다.

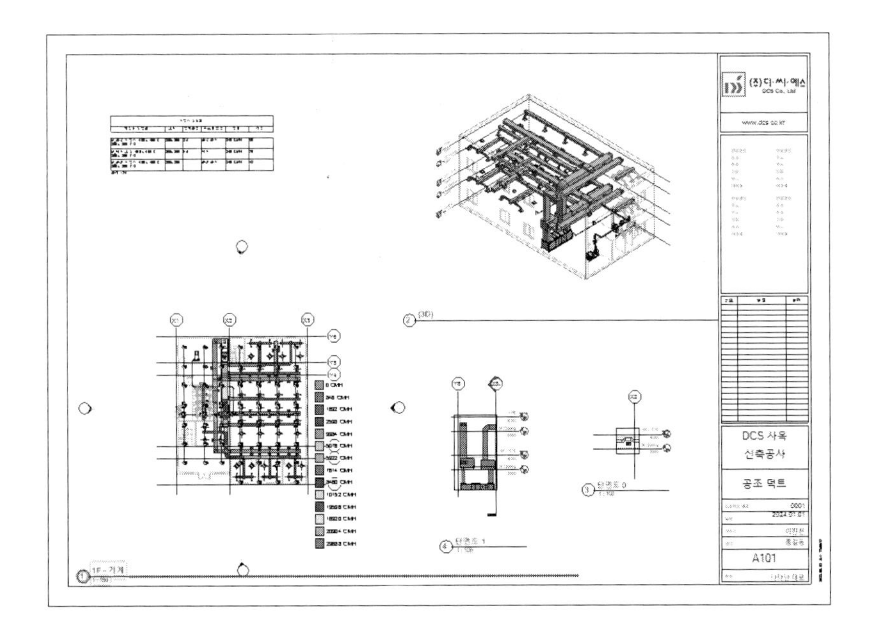

04. 개정 및 기록

일반적으로 설계는 한 번에 종료하는 경우는 거의 없습니다. 중간에 설계가 변경되는 경우도 있으며 검토 과정에서 수정 사항이 발생하고, 현장에서 시공하는 과정에서 수정하는 경우도 있습니다. 작성된 도면에 개정이나 수정 이력을 기록하는 방법을 설명합니다.

(1) '뷰-시트 구성-수정 기호'를 클릭합니다. 각 필드에 해당하는 값을 입력합니다. 2행 이상 입력하려면 [추가(A)]를 클릭한 후 입력합니다.

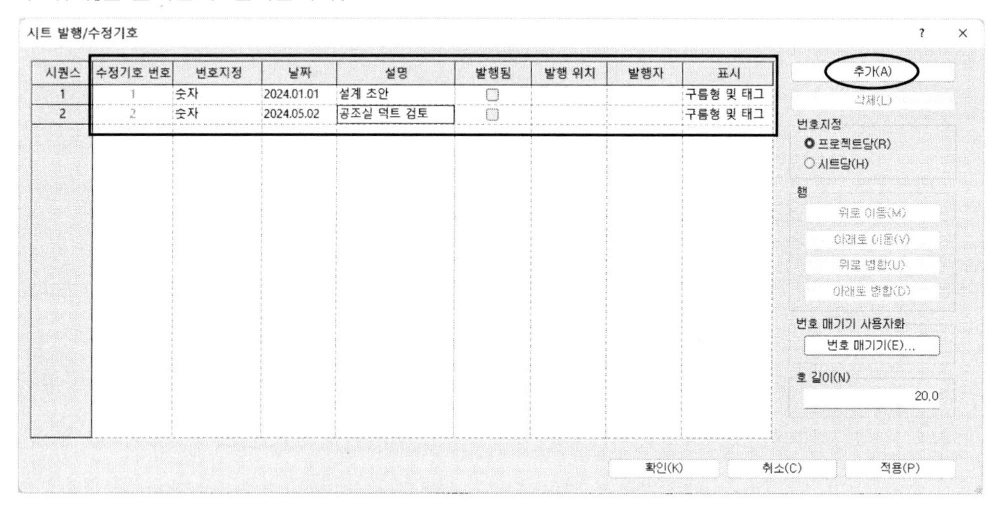

(2) 리비전 위치에 구름형 수정기호를 작성합니다. '주석-상세-구름형 수정기호'를 클릭합니다. 스케치(그리기) 모드에서 구름형 수정기호를 작성한 후 '편집 모드 완료✔'를 클릭합니다.

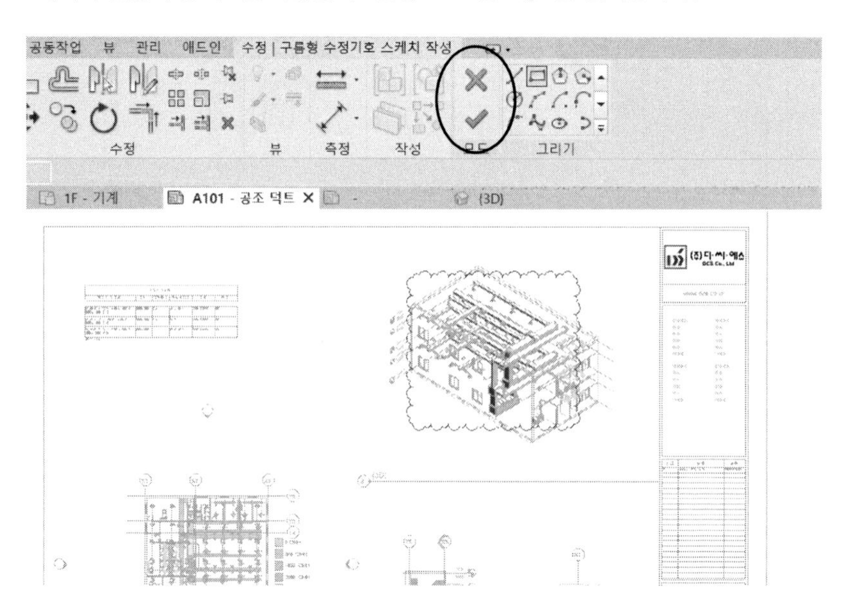

옵션 바에서 '수정 기호'리스트에서 지정할 리비전 항목(순서 2 – 공조실 덕트 검토)을 선택합니다.

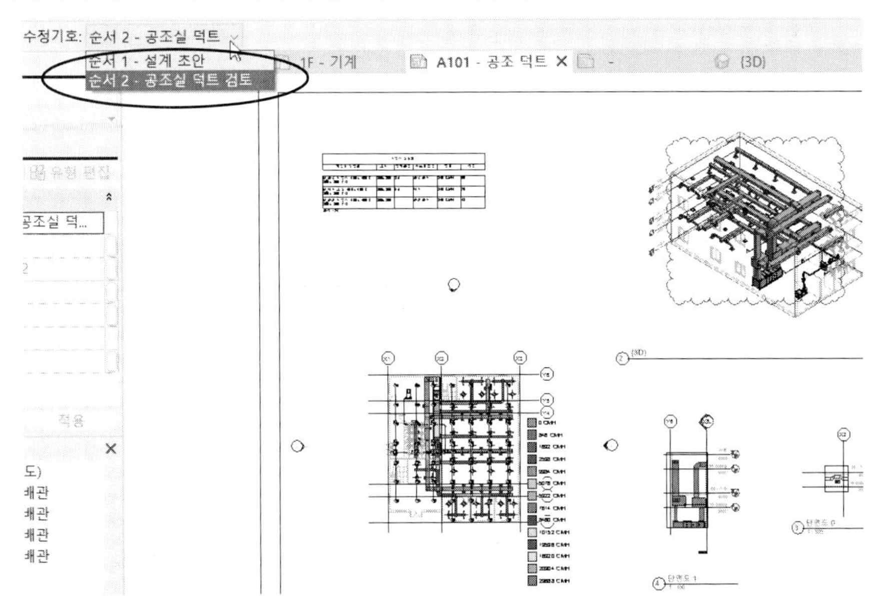

(3) 특성 팔레트에서도 지정이 가능합니다. 구름형 수정기호를 작성한 후, 특성 팔레트의 '수정 기호'에서 '순서 1 – 설계 초안'을 선택합니다. 다음과 같이 2개소에 구름형 수정기호가 작성되었습니다.

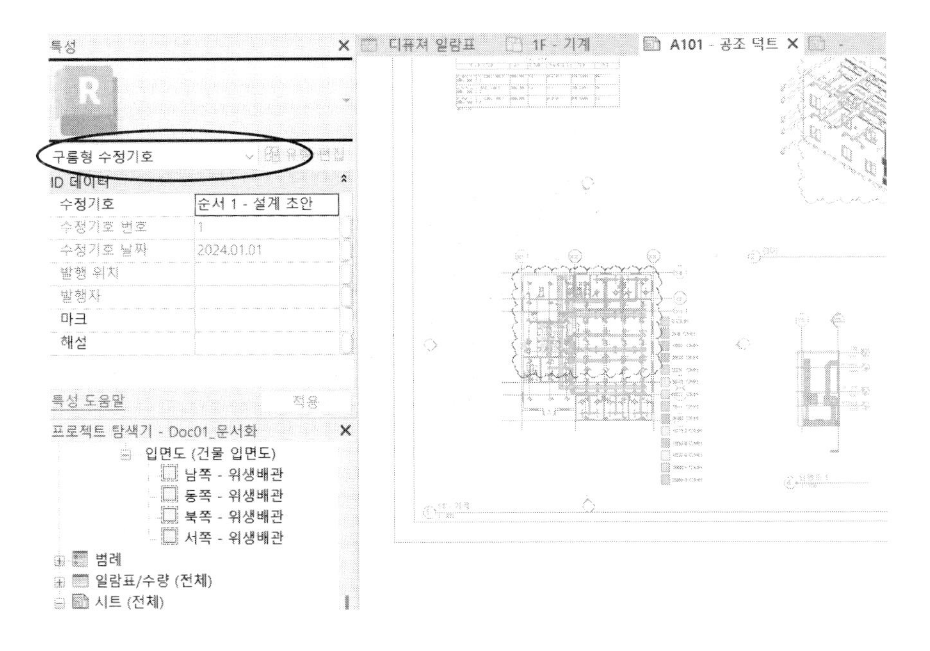

(4) 시트 오른쪽의 표제란을 확인하면 2개의 개정 이력이 기록되어 있습니다. 개정 이력과 매개변수가 연계되어 표시됩니다.

번호	설명	날짜
1	설계 초안	2024.01.01
2	공조실 덕트 검토	2024.05.02

(5) 구름형 수정기호에 태그를 배치합니다. '주석-태그-카테고리별 태그①'를 클릭하든가 'TG'를 입력합니다. 구름형 수정기호를 선택합니다. 다음과 같이 태그가 부착됩니다.

구름형 수정기호 패밀리가 로드되어 있는 않은 경우는 구름형 수정기호 태그(수정기호 태그.rfa)를 로드해야 합니다.

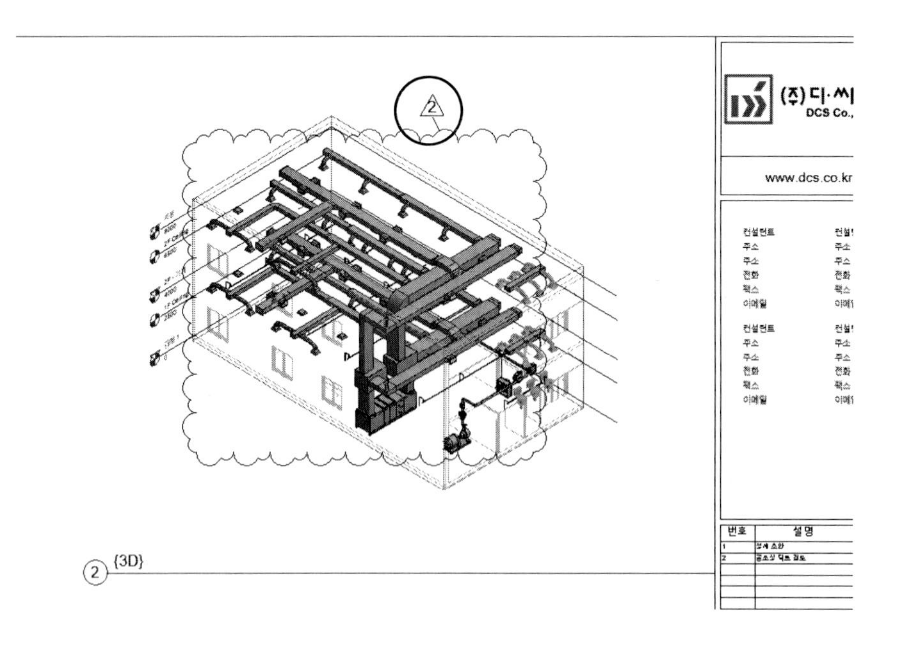

(6) 수정기호 태그 패밀리를 수정합니다. 배치된 수정기호 태그를 선택한 후 '수정| 구름형 수정기호 태그-모드-패밀리 편집'을 클릭합니다. 번호 대신에 설명을 표기하는 태그로 바꾸겠습니다. 레이블을 선택한 상태에서 '레이블'패널에서 '레이블 편집'을 클릭합니다.

대화상자에서 '레이블 매개변수'의 '수정기호 번호'를 선택한 후 을 클릭하여 제거합니다. 왼쪽의 '카테고리 매개변수' 리스트에서 '수정기호 설명'을 선택한 후 을 클릭하여 추가합니다. [확인(O)]을 클릭합니다.

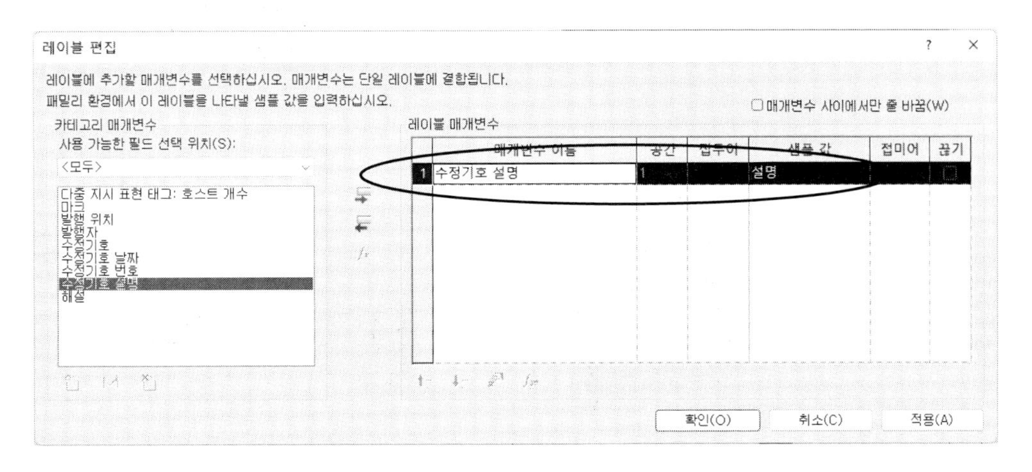

번호 대신'수정기호 설명'이 표시됩니다. 삼각형을 삭제한 후 '작성-상세정보-선' 기능으로 문자의 경계선인 사각형을 작도합니다.

설명

(7) 태그 패밀리 수정이 끝나면 '프로젝트에 로드'를 클릭합니다. 대화상자가 표시되면 '기존 버전과 해당 매개변수 값 덮어쓰기'를 클릭합니다. 다음과 같이 번호 대신 설명이 표시됩니다.

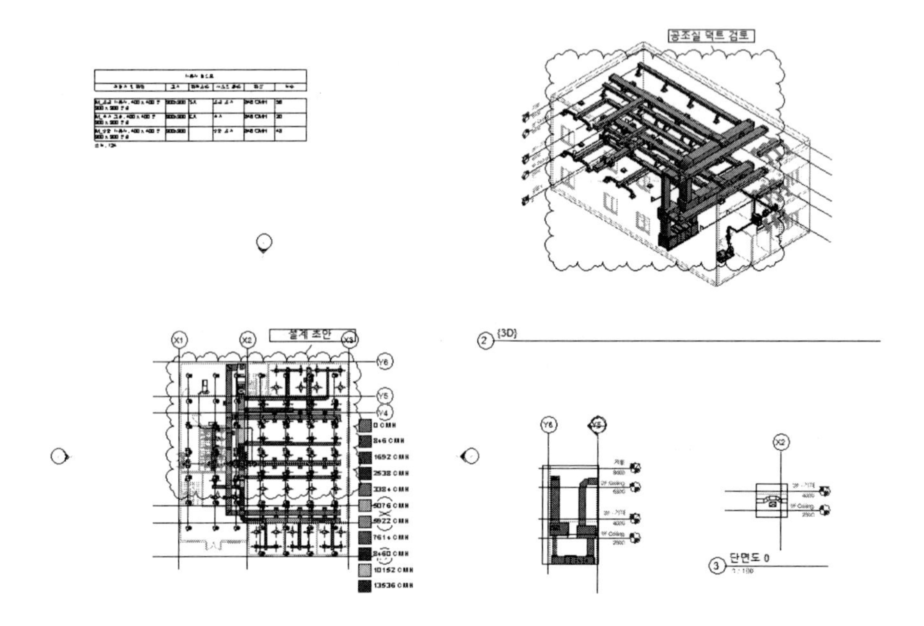

05. 도면 목록

도면의 목차 역할을 하는 시트 리스트(도면 목록)을 작성합니다.

(1) '뷰-작성-일람표' 드롭다운 리스트에서 '시트 리스트'를 클릭합니다.

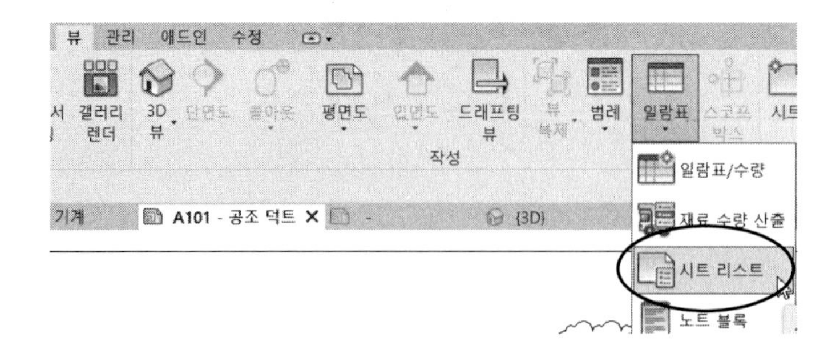

'사용가능한 필드(V)'에서 '시트 번호'와 '시트 이름'을 선택한 후 '추가'를 클릭합니다.

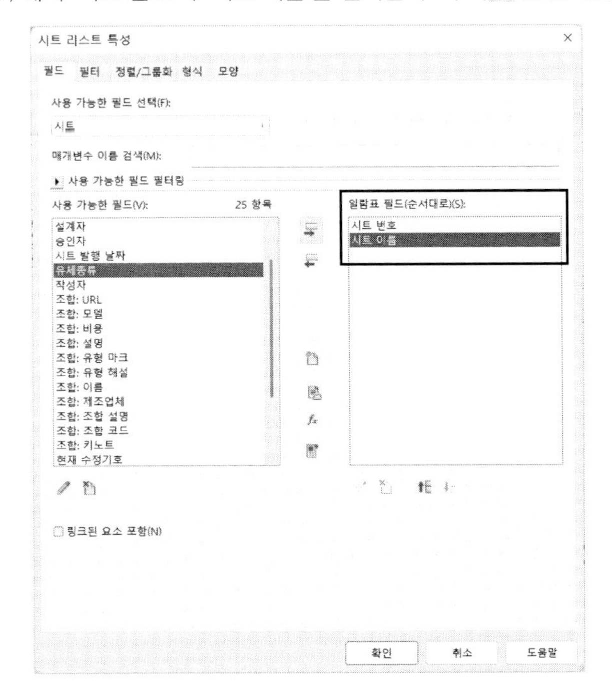

(2) '척도'는 프로젝트 매개변수를 사용하여 추가하겠습니다. '새 매개변수'를 클릭합니다. 매개변수 특성 대화상자에서 프로젝트 매개변수 '척도'를 정의합니다. 매개변수 유형과 매개변수 그룹은 '문자'로 지정합니다.

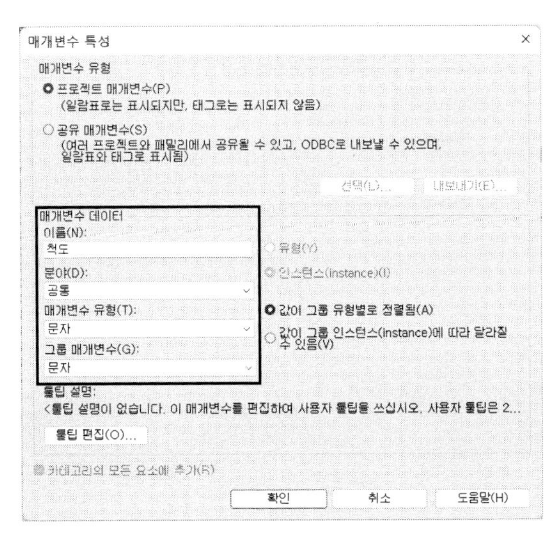

(3) [확인]을 클릭하면 다음과 같이 '척도'가 추가되었습니다.

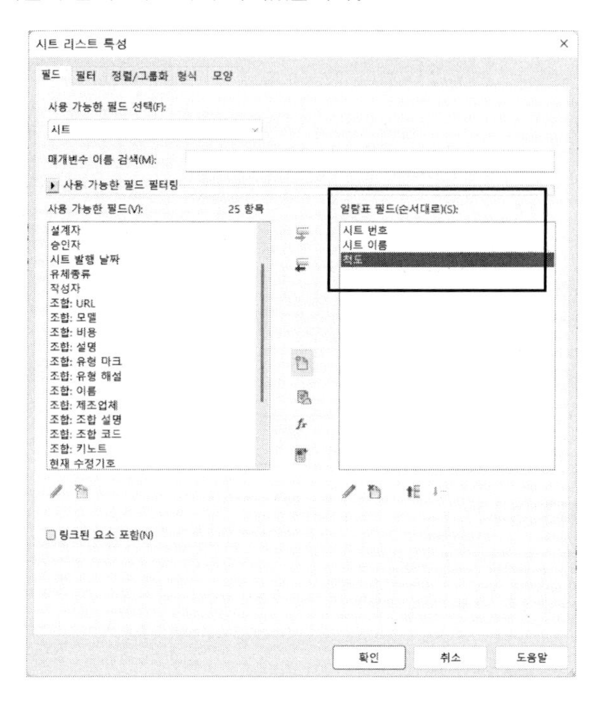

(4) '정렬/그룹화' 탭을 클릭합니다. 정렬 기준을 '시트 번호'로 지정하고 '오름차순(C)'으로 설정합니다.

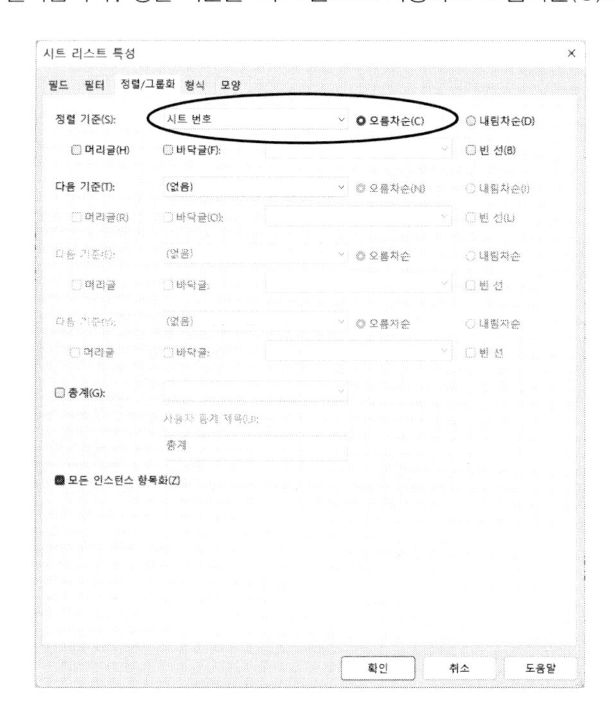

(5) '형식'과 '모양' 탭을 클릭하여 형식과 외관을 정의합니다. [확인]을 클릭하면 다음과 같은 시트 리스트가 작성됩니다.

<시트 리스트>

A	B	C
시트 번호	시트 이름	척도
A005	공조덕트 계통도	
A006	위생설비 계통도	
A007	소방설비 계통도	
A103	공조덕트	
A104	2층 공조덕트	
A105	1층 위생배관	
A106	2층 위생배관	
A107	1층 소방배관	
A108	2층 소방배관	
A201	기계실 확대 상세	
A202	화장실 확대 상세	

(6) 각 항목의 문자를 클릭하여 수정할 수 있습니다. 엑셀과 같이 칸의 너비를 자유롭게 늘릴 수도 있습니다. 이와 같은 방법으로 도면 일람표를 작성합니다.

<도면 일람표>

A	B	C
도면 번호	도면 이름	척도
A005	공조덕트 계통도	None
A006	위생설비 계통도	None
A007	소방설비 계통도	None
A103	공조덕트	1/100
A104	2층 공조덕트	1/100
A105	1층 위생배관	1/50
A106	2층 위생배관	1/50
A107	1층 소방배관	1/100
A108	2층 소방배관	1/100
A201	기계실 확대 상세도	
A202	화장실 확대 상세도	

PART_8
패밀리

Revit에서 모델링을 한다는 것은 라이브러리인 '패밀리의 조합'이라 할 수 있습니다.
공조기, 냉동기, 펌프와 같은 장비를 배치하고 덕트나 배관을 모델링하는 과정은 각 장비
패밀리를 배치하고 덕트나 배관 패밀리를 연결하는 과정입니다.
따라서 패밀리는 Revit의 가장 기본이 되는 요소이며 핵심적인 요소라 할 수 있습니다.
이번 파트에서는 패밀리의 이해와 작성 방법에 대해 학습하겠습니다.

1. 개요

패밀리의 작성에 앞서 기본 개념과 용어에 대해 알아보고, 모델링을 수행하는 패밀리 편집기의 단위 기능에 대해 학습하겠습니다.

01. 패밀리란?

패밀리는 'Revit프로젝트의 기본이 되는 부품'이라 할 수 있습니다. AutoCAD의 블록(Block)과 유사합니다만 사용 방법과 기능은 블록과 전혀 다릅니다. Revit에서 모델링한다고 하는 것은 "여러 패밀리를 조합한다"고 할 수 있습니다. 레고 블록 을 조립하는 것과 유사합니다. 레고 부품이 바로 패밀리입니다.

다음 그림은 주택 프로젝트인데 주택을 구성하는 지붕, 벽, 바닥, 창, 문, 가구, 조명, 위생기구, 케이블트레이, 배관과 조인트 등 모두가 패밀리입니다.

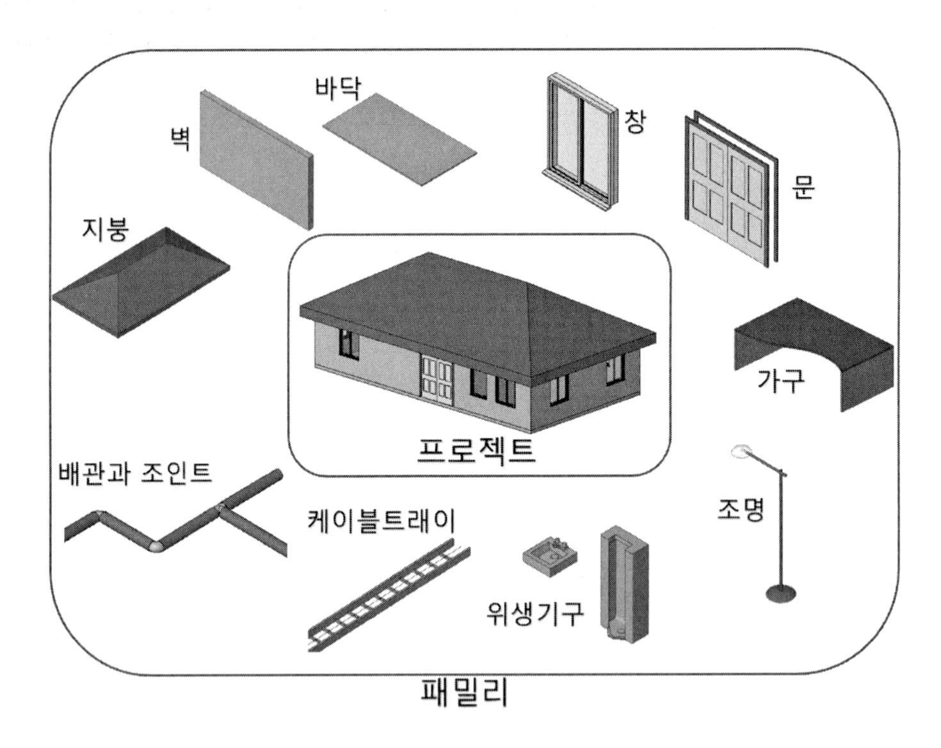

패밀리

패밀리는 패밀리 에디터(편집기)에서 작성 및 편집합니다. 패밀리는 매개변수를 이용하여 제원에 따라 형상의 크기를 바꿀 수 있고, 다양한 정보(데이터)를 담을 수 있습니다. 따라서 패밀리를 구축할 때는 향후 사용할 정보 및 형상 데이터에 대한 분석을 한 후에 제원(사양)을 명확하게 정의하여 구축해야 합니다. 그렇지 않으면 프로젝트의 모델링 중에 수정을 하거나 재작업을 해야 하는 번거로움이 따릅니다.

02. 패밀리의 종류

패밀리는 다음의 세 종류로 나누어집니다.

1. 시스템 패밀리(System Family)

표준 건축요소 및 설비에서 근간이 되는 요소입니다. 즉, 호스트가 되는 패밀리입니다. 프로젝트 환경에 영향을 끼치며 레벨, 중심선, 도면 시트 및 뷰 포트의 유형이 포함되어 있는 시스템 설정도 시스템 패밀리입니다. 벽, 천장, 바닥, 지붕, 덕트, 배관, 캐이블트레이, 전선관이 있습니다. 시스템 패밀리는 사용자가 독립된 파일로 모델링할 수 없으며 Revit에서 제공됩니다. 하지만 유형(Type)을 정의하여 다양하게 활용할 수 있습니다. 예를 들어, 배관을 재질별로 유형을 만들거나 유체 종류별로 유형을 만들 수 있습니다.

2. 로드할 수 있는 패밀리(Loadable Family)

사용자가 작성하는 요소로 공조기, 펌프와 같은 장비류를 포함하여 디퓨져, 댐퍼, 피팅류, 밸브류 등의 부품, 덕트나 배관에 기입하는 라벨이나 태그가 해당됩니다. 프로젝트에서 로드하여 모델링에 활용합니다. 자주 사용하는 패밀리는 프로젝트 템플릿 파일에 담아두고 사용하는 것이 효율을 높일 수 있습니다. 그래픽 형상뿐 아니라 필요한 정보에 대해 매개변수를 정의할 수 있습니다. 또, 정의된 매개변수와 외부 파일인 조회 테이블(Lookup table)이나 유형 카타로그(Type catalog)를 이용하여 값을 참조할 수 있습니다. 사용자가 패밀리를 작성하거나 편집한다고 하는 것은 로드할 수 있는 패밀리 입니다.

3. 내부 편집 패밀리(In-Place Family)

내부 편집 패밀리는 현재 프로젝트에서 고유의 컴포넌트를 작성할 필요가 있는 경우에 프로젝트 내에서 작성하는 커스텀(사용자) 패밀리입니다. 현재 프로젝트에서 재사용을 상정하지 않은 독특한 형상(굴곡이 있는 바닥이나 지붕 등)이 필요한 경우, 내부 편집 패밀리를 작성합니다. 프로젝트 내에서 복수의 내부 편집 패밀리를 작성할 수 있고, 프로젝트 내에 같은 내부 편집 요소를 복사할 수 있습니다. 단, 시스템 패밀리나 로드할 수 있는 패밀리와는 달리 내부 편집 패밀리 유형을 복사해서 복수의 유형을 만들 수 없습니다.

프로젝트 사이에서 내부 편집 패밀리를 전송 또는 복사할 수 있으나 꼭 필요한 경우만 하십시오. 이는 내부 편집 패밀리에 의해 파일 사이즈가 증가하여 성능(퍼포먼스)이 저하될 수 있습니다.

03. 데이터 참조 방법

패밀리는 매개변수를 이용하기 때문에 특정 제원의 장비나 부품을 제외하고는 하나의 형상만으로 구성되는 경우는 거의 없습니다. 대부분은 하나의 형상을 여러 매개변수 데이터에 의해 각 부위의 치수를 지정하거나 값을 지정하여 데이터를 활용하게 됩니다. 예를 들어, 배관 엘보의 경우, 형상은 동일하지만 규격에 따라 다양한 길이와 지름 값을 가집니다. 이때, 규격에 따른 모든 경우의 엘보를 작성하는 것이 아니라 하나만 만들어 놓고 각 규격에 따른 크기는 별도의 데이터를 참조하여 엘보를 작성합니다. 데이터를 참조하는 방법으로는 다음의 종류가 있습니다.

1. 패밀리 유형 지정에 의한 참조

패밀리 작성 시에 각 유형 이름을 지정하여 각 유형에 맞는 제원(치수)을 각 매개변수의 값으로 지정합니다.

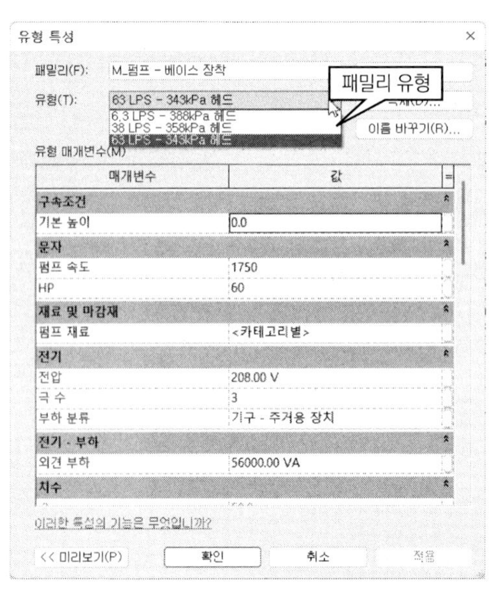

프로젝트에서 패밀리를 로드하면 다음 그림과 같이 유형 선택기에 정의한 유형의 패밀리(유형 이름)가 나타납니다. 하위 목록에는 각 규격별 종류가 표시되는데 이 목록에서 하나를 선택하면 선택한 규격의 값을 참조하여 배치할 수 있습니다.

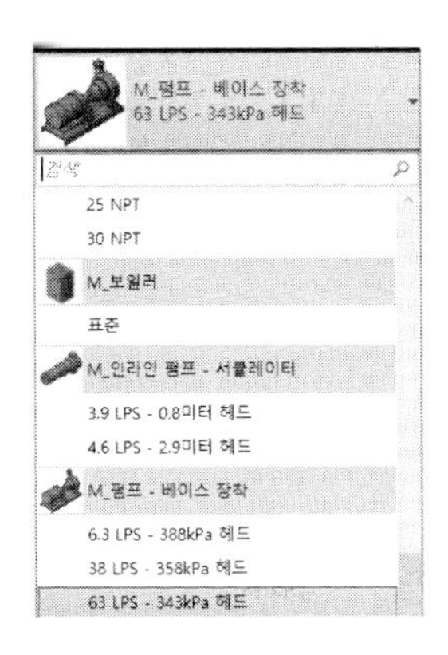

2. 조회 테이블에 의한 참조

CSV 포맷의 조회 테이블(Lookup Table)에 매개변수의 값을 저장하여 이 조회 테이블을 참조하는 방법입니다.

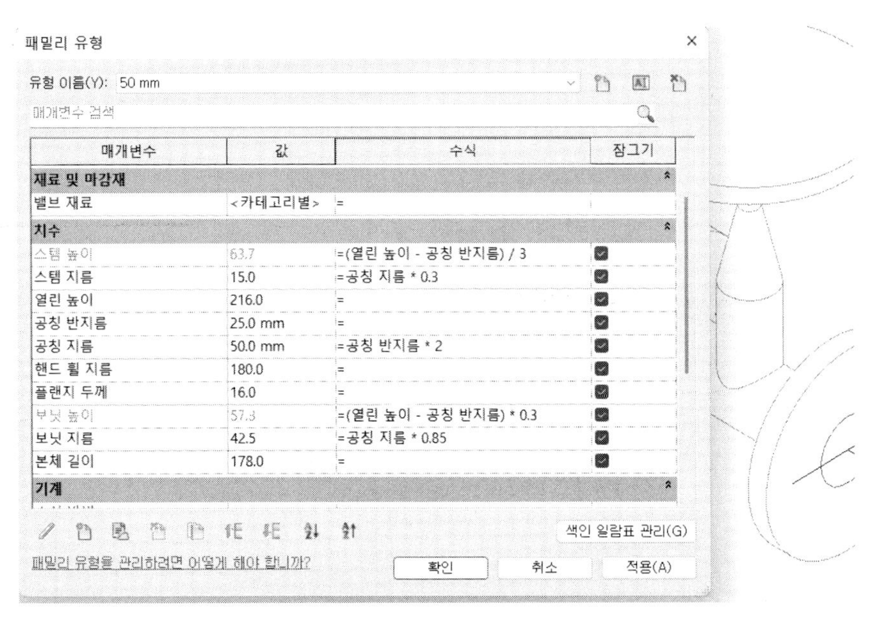

값을 참조할 때는 'size_lookup(Lookup Table Name, "CtE", Center to End Not Found, Nominal Diameter, Angle 1)'과 같은 형식으로 참조합니다. 조회 테이블은 [조회 테이블 관리(G)]를 클릭하여 테이블을 관리(내보내기, 가져오기)합니다.

다음은 엑셀에서 조회 테이블(Lookup table)인 *.csv파일을 펼친 것으로 첫 행이 매개변수(변수)명이고 다음 행(2행)부터는 각 매개변수의 값이 정의되어 있습니다.

	A	B	C	D	E	F	G
1		Ndia##ler	Width##le	Height##l	Depth##length##millimeters		
2	40	40	165	306	160		
3	50	50	180	343	170		
4	65	65	190	389	170		
5	80	80	200	462	200		
6	100	100	230	547	250		
7	125	125	250	648	280		
8	150	150	270	759	300		
9	200	200	290	956	350		
10	250	250	330	1168	400		
11	300	300	350	1363	450		
12	350	350	381	1560	500		
13	400	400	406	1795	600		

3. 유형 카타로그의 참조

유형 카타로그(Type Catalog)에 데이터를 저장하여 이 데이터를 참조하는 방법입니다. 유형 카타로그 파일은 패밀리 파일명과 동일한 이름으로 파일 확장자는 '*.txt' 형식이며, 포맷은 조회 테이블과 같은 CSV 포맷입니다.

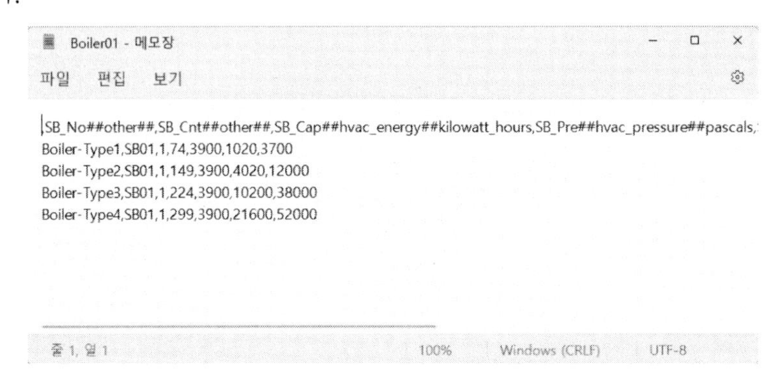

작성한 패밀리를 프로젝트 파일에서 로드하면 다음 그림과 같이 유형 카타로그에 있는 데이터가 표시됩니다. 프로젝트에서 사용하고자 하는 유형(예: 보일러유형)을 지정하여 로드합니다.

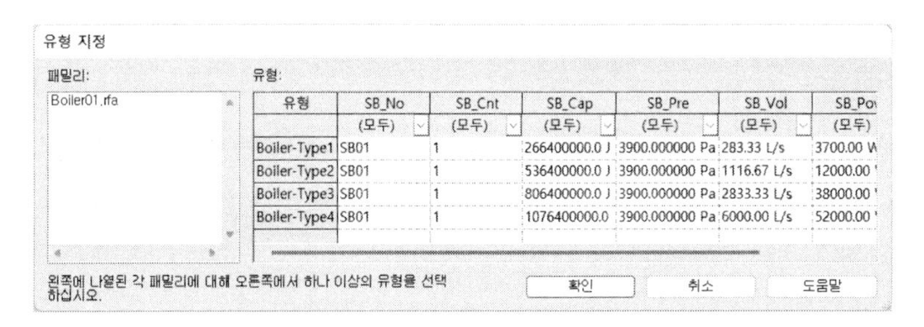

프로젝트 파일에 로드한 후 도면에 배치하고자 할 때는 다음과 같이 유형 선택기에서 삽입하고자 하는 제원(유형)을 선택합니다. 앞에서 로드할 때 4종류의 유형을 로드했기 때문에 유형 선택기에서도 4종류의 유형의 보일러가 표시됩니다.

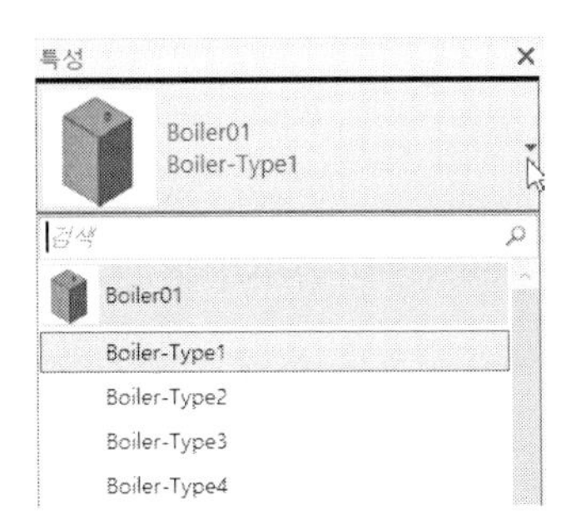

04. 작업 기반(Based)에 의한 분류

패밀리의 작성은 템플릿을 지정하여 시작합니다. 이 템플릿은 작업 기반에 의해 여러 종류를 제공합니다. 여기에서 작업 기반은 패밀리가 배치될 때 기준이 되는 면이나 요소를 말합니다. 예를 들어, 문이나 창은 벽을 기반으로 하여 배치되기 때문에 문이나 창은 '벽(Wall)' 기반의 패밀리가 됩니다. 대부분의 템플릿은 생성된 요소 패밀리의 유형(작업 기반)에 따라 명명되는데 다음과 같은 기반의 템플릿을 제공하고 있습니다.

- 벽 기반(wall-based)
- 천장 기반(ceiling-based)
- 바닥 기반(floor-based)
- 지붕 기반(roof-based)
- 선 기반(line-based)
- 면 기반(face-based)-작업 기준면 기반(Work Plane-based)

벽 기반, 천장 기반, 바닥 기반, 그리고 지붕 기반 템플릿은 호스트 기반 템플릿입니다. 즉, 호스트 패밀리와 연관되어 작성되는 패밀리입니다. 호스트 기반 패밀리는 그 호스트 유형의 요소가 있어야만 프로젝트에 배치될 수 있습니다. 작성하고자 하는 패밀리의 종류에 따라 템플릿을 선택해야 합니다.

1. 벽 기반 템플릿(Wall-based Templates)

벽에 배치될 컴포넌트를 만들기 위해 벽 기반 템플릿을 사용합니다. 벽 기반 컴포넌트는 개구부(opening)를 포함시켜 벽에 컴포넌트를 배치하면 벽을 절단하여 개구부를 만들 수 있습니다. 벽 기반 컴포넌트의 예로 문, 창, 조명 기구 등이 있습니다.

2. 천장 기반 템플릿(Ceiling-based Templates)

천장에 배치될 컴포넌트를 만들기 위해 천장 기반 템플릿을 사용합니다. 천장 기반 컴포넌트에서는 개구부(opening)를 포함시켜 천장에 컴포넌트를 배치하면 천장을 절단하여 개구부를 만들 수 있습니다. 스프링클러와 움푹하게 패인 조명 기구가 천장 기반 컴포넌트의 예입니다.

3. 바닥 기반 템플릿(Floor-based Template)

바닥에 배치될 컴포넌트를 만들기 위해 바닥 기반 템플릿을 사용합니다. 바닥 기반 컴포넌트(난방 통풍 장치-heating register)에서는 개구부(opening)을 만들어 바닥에 컴포넌트를 배치하면 바닥을 절단하여 개구부를 만들 수 있습니다.

4. 지붕 기반 템플릿(Roof-based Template)

지붕에 배치될 컴포넌트를 만들기 위해 지붕 기반 템플릿을 사용합니다. 지붕 기반 컴포넌트에서는 개구부(opening)을 포함시켜 지붕에 컴포넌트를 배치하면 지붕을 절단하여 개구부를 만들 수 있습니다.

5. 독립형 템플릿(Standalone Template)

호스트-종속이 아닌 컴포넌트를 만들기 위해 독립형 템플릿을 사용합니다. 독립형 패밀리는 모델 안 어디에나 배치될 수 있고, 다른 독립형 또는 호스트 기반 컴포넌트에 치수가 표시될 수 있습니다. 덕트와 덕트 피팅류가 독립형 패밀리의 예입니다.

6. 선 기반 템플릿(Line-based Template)

두 점을 찍어 배치하는 상세 및 모델 패밀리를 만들기 위해 선 기반 템플릿을 사용합니다.

7. 면 기반 템플릿(Face-based Template)

호스트를 변경할 수 있는 작업 기준면 기반 패밀리를 만들기 위해 면 기반 템플릿을 사용합니다. 템플릿으로부터 만들어진 패밀리는 호스트에 복잡한 삽입이 가능합니다. 이들 패밀리의 인스턴스는 모든 면에 배치될 수 있습니다.

참고 기반 종속 패밀리

특정 요소를 기반으로 작성된 패밀리(Hosted Family)는 기반이 되는 요소가 없으면 배치되지 않습니다. 예를 들어, 벽(Wall) 기반으로 작성된 문이나 창은 벽이 없으면 배치할 수 없습니다. 문을 배치하고자 할 때, 마우스 커서가 빈 공간에 있을 때는 왼쪽 그림과 같이 배치할 수 없다는 표시가 나타나지만 벽으로 가져가면 문을 배치할 수 있도록 형상이 나타납니다.

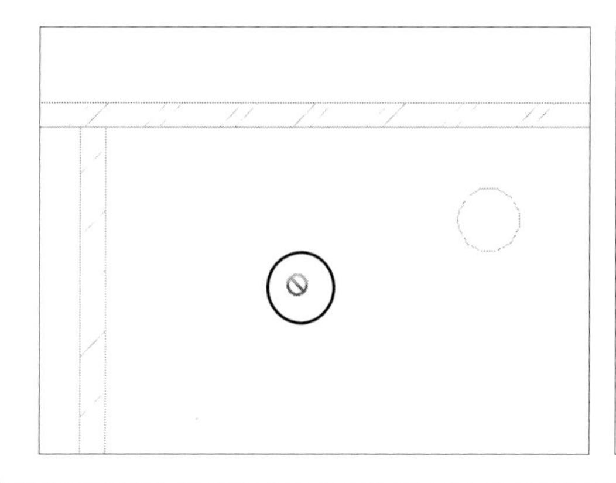

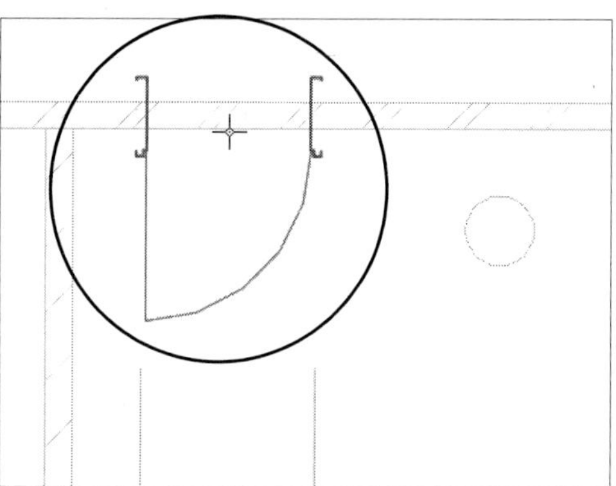

05. 매개변수(Parameter)

BIM의 특징 중 하나가 매개변수에 의한 값의 지정 및 조작이라 할 수 있습니다. Revit을 '파라메트릭 기법의 설계 도구'라고 하는 이유가 이 매개변수를 이용하여 다양한 조작을 하기 때문입니다. 대부분의 패밀리는 하나 이상의 매개변수를 생성합니다. 하나의 패밀리에 속한 서로 다른 요소가 일부 또는 모든 매개변수에 대해 다른 값을 가질 수 있습니다. 이 매개변수의 값에 의해 패밀리의 정보 및 기능이 달라집니다. 패밀리 에디터에서는 인스턴스 매개변수 또는 유형 매개변수를 작성할 수 있습니다.

1. 유형 매개변수(Type Parameter)

유형 매개변수는 패밀리의 유형(타입)을 관리하는 매개변수입니다. 유형 매개변수는 해당 프로젝트 내의 동일한 패밀리에 영향을 끼치는 매개변수입니다. 예를 들어, 작성한 패밀리(예: 공조기)를 프로젝트에 여러 개를 배치한 후 유형 매개변수를 바꾸면 배치된 동일한 유형(동일한 이름)에 영향을 끼칩니다.

2. 인스턴스 매개변수(Instance Parameter)

인스턴스 매개변수는 유형 매개변수보다 범주가 좁습니다. 인스턴스 매개변수는 해당 패밀리에만 한정되어 영향을 끼치는 매개변수입니다. 예를 들어, 작성한 패밀리(예: 공조기)를 프로젝트에 여러 개를 배치한 후 인스턴스 매개변수를 바꾸면 다른 동일한 유형(동일한 이름)의 패밀리에는 영향을 미치지 않고 해당 패밀리에만 영향을 미칩니다.

참고 인스턴스 매개변수와 유형 매개변수

Revit을 처음 접한 초보자들이 매개변수에 대한 이해가 부족하여 혼란을 겪는 경우가 많습니다. 그 중 하나가 인스턴스 매개변수와 유형 매개변수입니다. 두 매개변수의 차이에 대해 간단히 설명하면,

- 인스턴스 매개변수는 하나의 요소나 뷰를 제어할 때 사용하는 매개변수고,
- 유형 매개변수는 변경하고자 하는 매개변수가 속해있는 여러 개의 요소나 뷰를 동시에 제어할 때 사용하는 매개변수입니다.

다음 그림과 같이 사각형의 가로x세로는 유형 매개변수, 원 지름은 인스턴스 매개변수로 정의했다고 가정하겠습니다.

A의 요소에서 유형 매개변수(가로x세로) 값을 '600'으로, 인스턴스 매개변수(원 지름) 값을 '400'으로 바꾸었을 때 B와 C요소의 유형 매개변수인 가로x세로 값은 '600'으로 갱신되지만, 인스턴스 매개변수인 지름 값은 '300'으로 남아 있습니다. 즉, 유형 매개변수로 정의된 값은 모두 갱신되지만 인스턴스 매개변수는 해당 요소만 수정되고 나머지 요소에는 영향을 미치지 않습니다.

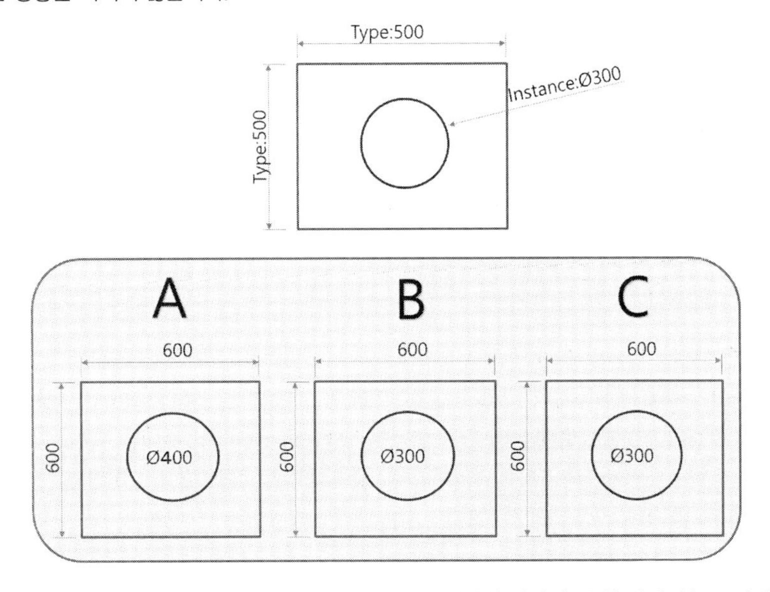

따라서, 매개변수의 성격 및 범주에 따라 인스턴스 매개변수로 지정할 것인지, 유형 매개변수로 지정할 것인지 세심하게 판단해서 지정해야 합니다.

2. 패밀리 편집기

패밀리 편집기는 패밀리를 작성하고 편집하는 도구입니다. 프로젝트 작업과는 별도의 환경으로 구성됩니다. 패밀리 편집기에는 작성, 삽입, 주석, 뷰, 관리, 수정 탭으로 구성되어 있습니다. '작성' 탭을 중심으로 주요 기능에 대해 알아보겠습니다.

01. 특성 패널

패밀리 카테고리 및 패밀리 매개변수, 패밀리 유형 및 특성을 관리하는 패널입니다.

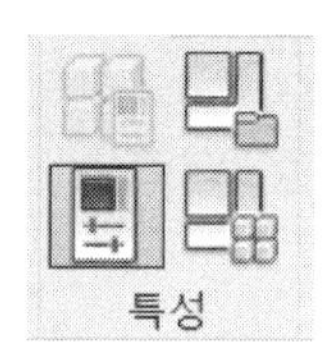

1. 패밀리 카테고리 및 매개변수

현재 패밀리가 속할 카테고리를 지정하고 특성을 설정합니다.

참고 **카테고리(Category)란?**

카테고리는 설계를 모델화 또는 도면화하는데 사용하는 요소의 그룹입니다. Revit에서 요소는 반드시 하나의 카테고리에 속해 있습니다. 예를 들어, 모델 요소의 카테고리에는 벽, 배관, 덕트 등이 포함되고 주석 요소 카테고리에는 치수, 태그, 문자 등이 포함됩니다. 밸브는 '배관 밸브류', 캡은 '배관 부속류', 댐퍼는 '덕트 부속' 카테고리에 속합니다. 기본적으로 카테고리는 같은 목적 및 특징을 가진 요소 패밀리로 분류되어 있습니다.

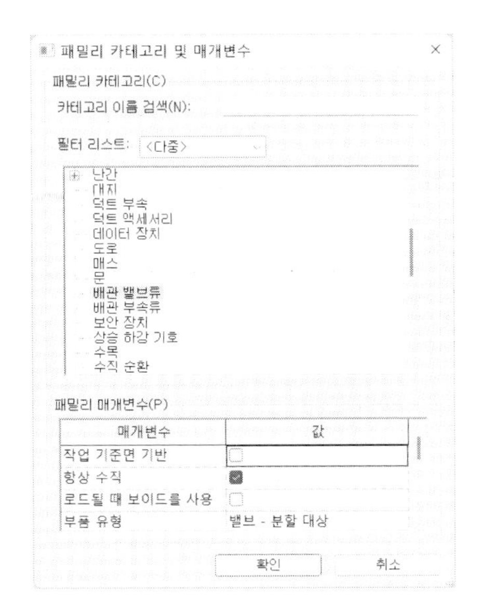

(1) **패밀리 카테고리(C)** : 작성하고자 하는 패밀리의 카테고리를 선택합니다.

① 필터 리스트 : 필터링할 전문분야를 선택합니다. 선택한 분야에 따라 해당 카테고리가 표시됩니다.

② 카테고리 목록 : 카테고리 목록에서 패밀리 카테고리를 선택합니다.

(2) **패밀리 매개변수(P)** : 매개변수를 통해 특성을 지정합니다.

① 작업 기준면 기반 : 체크를 하면 패밀리를 특정 작업 기준면에 배치할 수 있습니다. 호스트되지 않은 패밀리는 어느 곳이나 작업 기준면 기반 패밀리로 만들 수 있습니다. 따라서 특정 요소를 기반으로 하는 패밀리 편집기에서는 나타나지 않습니다.

② 항상 수직 : 이 항목을 체크하면 배치하고자 하는 작업 면에 관계없이 항상 수직이 됩니다.

③ 로드될 때 보이드를 사용하여 절단 : 보이드가 부착되지 않은 패밀리가 로드될 때 프로젝트에서 요소를 절단하고자 할 때 체크합니다. 절단할 수 있는 요소는 벽, 바닥, 지붕, 천장, 구조 프레임, 구조 기둥, 구조 기초 및 일반 모델이 있습니다.

④ 부품 유형 : 부품의 유형을 지정합니다. 예를 들어, 배관 끝부분에 부착하는 패밀리는 '부착 대상', 배관 중간에 들어가는 밸브류는 '밸브–분할 대상'을 지정합니다.

⑤ 원형 커넥터 치수 : 원형 커넥터(배관, 원형 덕트)의 경우 치수를 지정할 때 지름으로 할 것인지, 반지름으로 할 것인지 지정합니다.

⑤ 공유 : 기존에 작성된 패밀리를 삽입하여 여러 개 조합하여 하나의 패밀리를 만들 수 있습니다. 일람표를 산출할 때, 현재의 패밀리 이름 하나로만 일람표에서 산출이 되는데 패밀리를 삽입 시에 이 항목을 체크하여 삽입한 패밀리를 모두 개별적으로 일람표로 산출할 수 있습니다.

2. 패밀리 특성

특성 팔레트에서 작성하는 패밀리의 특성을 표시하고 관리합니다.

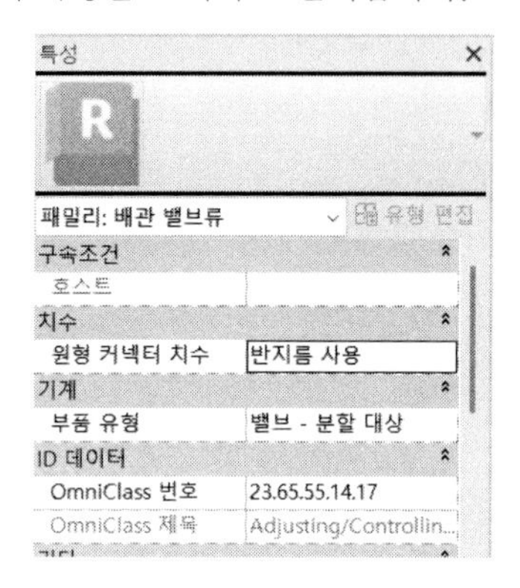

3. 패밀리 유형

새로운 인스턴스 매개변수 또는 유형 매개변수를 작성합니다.

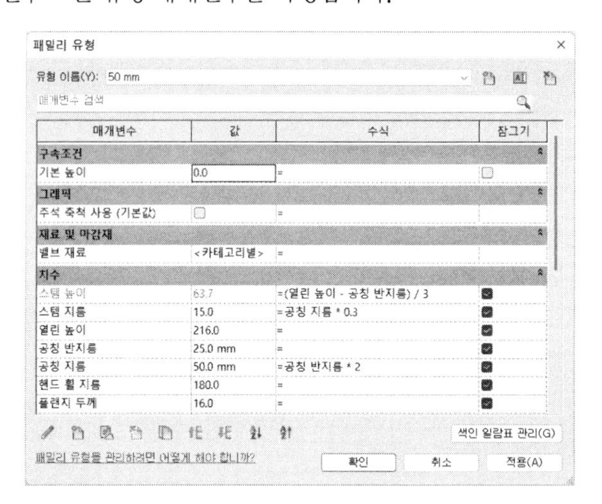

(1) **유형 이름** : 패밀리 유형의 이름입니다. 하나의 패밀리에 여러 유형의 이름을 지정할 수 있습니다. 예를 들어, 엘보나 플랜지의 크기별로 유형 이름을 부여합니다.

(2) **매개변수** : 매개변수의 명칭입니다.

(3) **값** : 매개변수에 할당된 값입니다.

(4) **수식** : 수식을 이용하여 계산된 값으로 매개변수의 값을 지정합니다.

(5) **잠그기** : 매개변수 값의 잠금 여부를 지정합니다.

(6) 매개변수 관리 : 패밀리 유형을 편집, 작성, 삭제, 합니다.

(7) 색인 일람표 관리(G) : 해당 패밀리와 연관된 데이터 파일(*.csv)을 가져오고 내보냅니다.

02. 양식 패널

솔리드(Solid)와 보이드(Void)를 작성하는 컨트롤로 구성되어 있습니다. 솔리드는 요소를 생성하는 도구이고, 보이드는 생성된 요소의 일부를 깎아내는 기능(차집합)을 합니다.

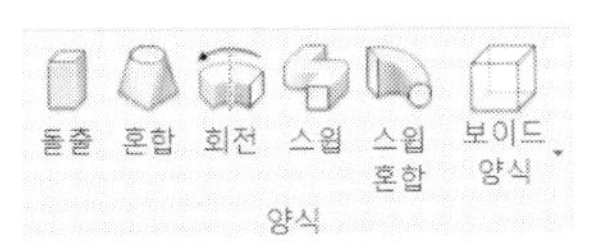

아이콘	기능
	2D 스케치 요소를 시작과 끝이 일정하게 돌출시킵니다.
	시작과 끝이 다른 2D 스케치 요소를 혼합한 형상을 작성합니다.
	2D 스케치 요소를 회전축을 중심으로 회전한 형상을 작성합니다.
	2D 스케치 요소를 경로에 따라 시작과 끝이 일정하게 돌출시킵니다.
	시작과 끝이 다른 2D 스케치 요소를 경로에 따라 혼합된 형상으로 돌출시킵니다
	형상을 제거합니다. 돌출과 마찬가지로 5가지(Extrusion, Blend, Revolve, Sweep, Swept Blend) 방법을 제공합니다.

1. 돌출(Extrusion)

작업 면에서 2D 프로파일을 스케치한 후 이 프로파일을 스케치에 사용한 면과 수직으로 돌출합니다.

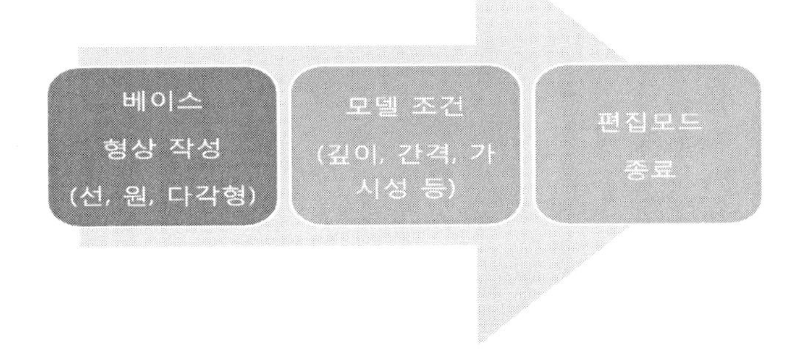

돌출 명령을 실행하면 다음 그림과 같이 '수정|돌출 작성' 탭 메뉴가 나타납니다.

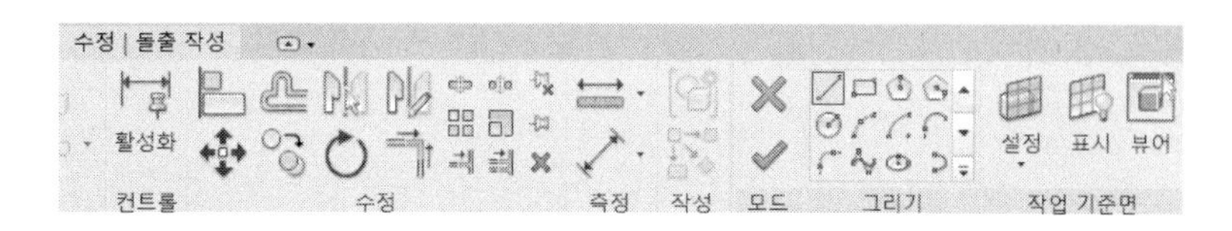

(1) **수정** : 이동, 복사, 회전, 대칭, 배열, 축척, 자르기 및 연장, 삭제 등 수정합니다.

(2) **측정** : 길이를 측정하고 치수를 기입합니다.

(3) **작성** : 그룹의 작성 및 요소를 복제합니다.

(4) **모드** : 돌출 작업을 취소하거나 완료합니다.

(5) **그리기** : 선, 직사각형, 원, 다각형 등 돌출을 위한 프로파일 작도 기능입니다. 돌출을 위한 다양한 2D 형상을 작도합니다.

실 습

반지름이 '600'인 육각형을 높이 '500'만큼 돌출된 형상을 모델링하겠습니다.

(1) 돌출(Extrude)를 실행합니다. '작성 – 양식–돌출'을 클릭합니다. '그리기' 패널에서 '원'을 클릭한 후 반지름이 '500'인 원들 작도합니다. 다시 '내접 다각형 '을 클릭합니다. 옵션바에서 '측면'을 '6'으로 설정합니다. 중심점을 지정한 후 반지름이 '500'을 지정합니다.

옵션바에서 '반지름'에 '500'을 직접 입력할 수도 있습니다.

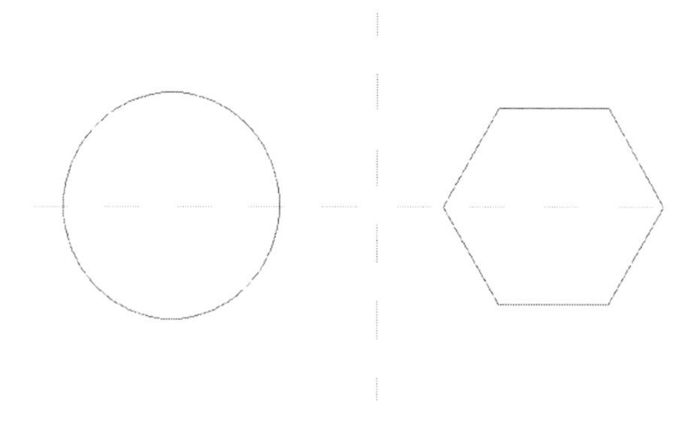

(2) 특성 팔레트에서 '돌출 시작'을 '0', '돌출 끝'을 '500'으로 지정한 후 [적용]을 클릭합니다.

옵션바에서 '깊이' 값을 '500'으로 입력해도 동일한 결과가 됩니다.

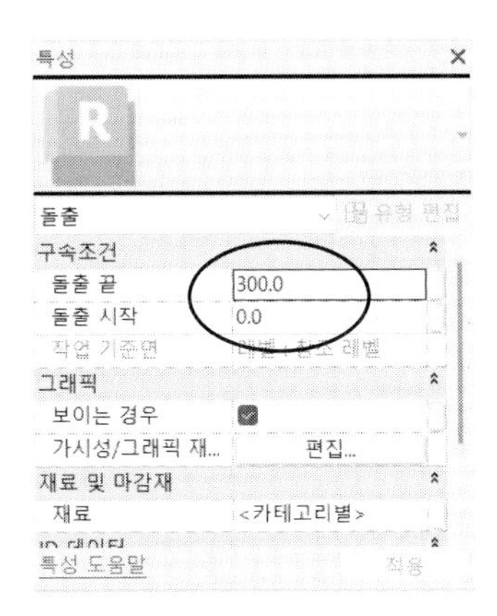

(3) '편집모드 완료✔'를 클릭합니다. 3D 뷰를 펼치면 다음과 같이 육각형이 지정한 높이(500)으로 돌출되었다는 것을 알 수 있습니다.

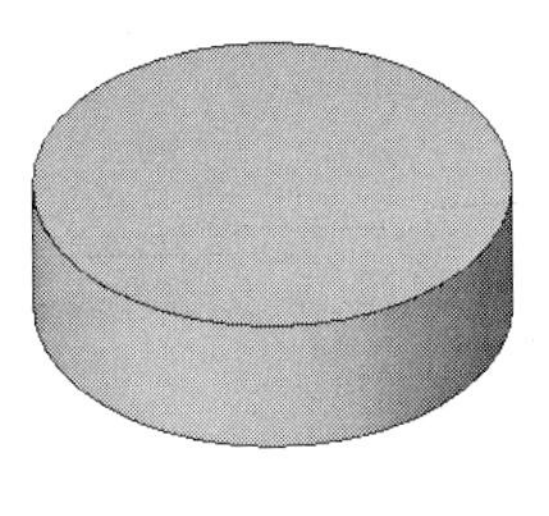

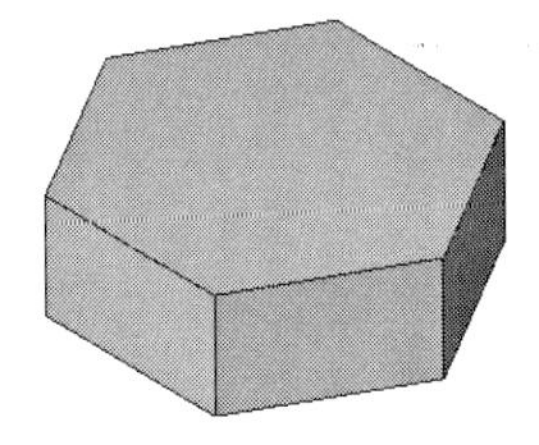

대화상자

돌출(Extrusion)을 실행할 때 특성 팔레트는 다음과 같은 항목이 나타납니다.

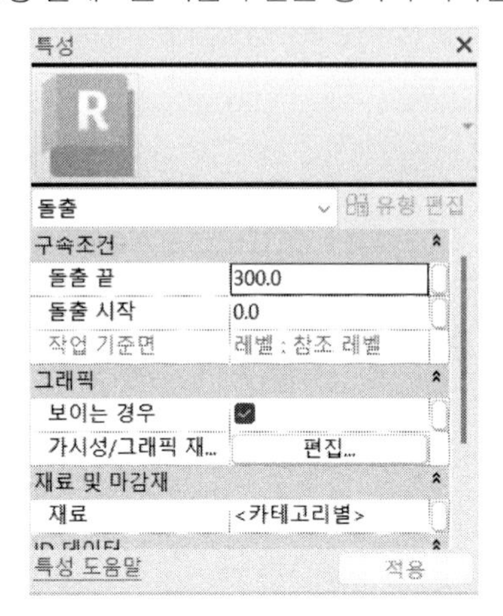

(1) **돌출 끝** : 돌출의 끝을 지정합니다. ...을 클릭하여 매개변수로 지정할 수 있습니다. 예를 들어, 매개변수 '높이' 값을 '500'으로 설정하고 '돌출 끝'에 매개변수 '높이'을 대입하면 동일한 결과를 얻을 수 있습니다. 즉, 매개변수 '높이' 값에 의해 자유롭게 높이를 조절할 수 있습니다.

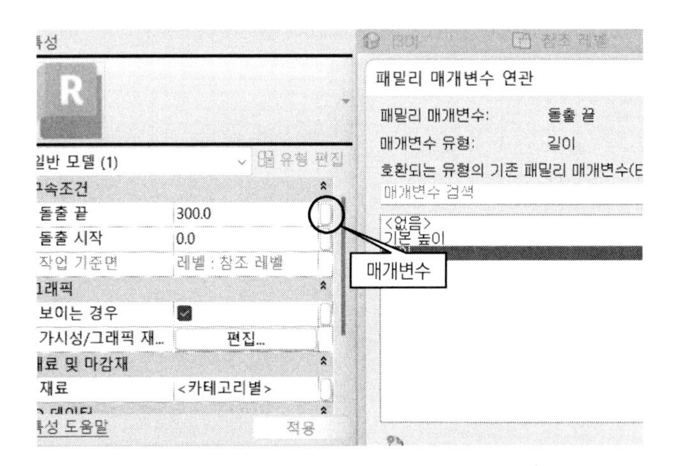

(2) **돌출 시작** : 돌출의 시작을 지정합니다.

(3) **보이는 경우** : 표시 여부를 체크 버튼으로 지정합니다.

(4) **가시성/그래픽 재지정** : [편집] 버튼을 클릭하여 가시성을 설정합니다. 프로젝트에서 '상세수준'을 설정했을 때 어떤 요소를 표시하고 어떤 요소를 비표시할 것인가를 지정합니다.

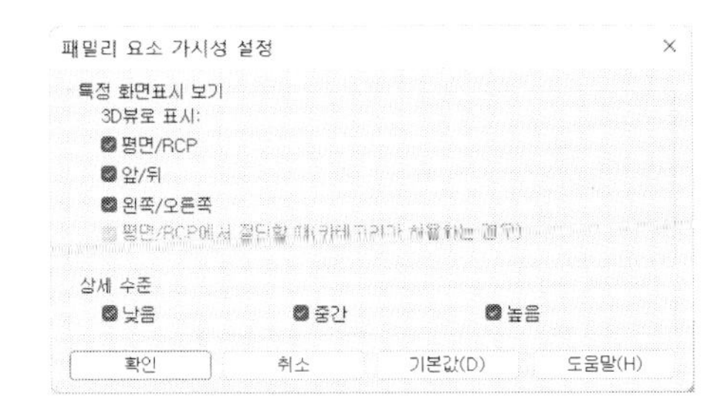

(5) 재료: 돌출 요소에 재질(재료)을 지정합니다.

(6) 하위 카테고리: 하위 카테고리가 있는 경우, 하위 카테고리를 지정합니다.

(7) 솔리드/보이드: 솔리드 또는 보이드를 지정합니다. 보이드로 지정한 경우는 표시되지 않습니다.

2. 혼합(Blend)

두 개의 프로파일(요소)이 혼합된 요소를 작성합니다. 예를 들어, 사각형을 스케치하고 그 위에 원을 스케치한 경우 이 두 요소를 혼합한 요소를 작성합니다. 실습을 통해 알아보겠습니다.

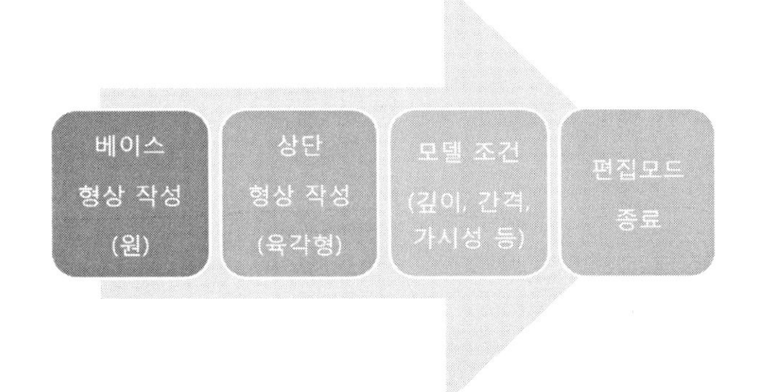

실 습

상부에 원, 하부에 팔각형을 작도하여 브랜드(혼합)된 요소를 모델링하겠습니다.

(1) 브랜드(Blend)를 실행합니다. '작성 - 양식-혼합'을 클릭합니다. 돌출과 다른 점은 시작과 끝 모양이 다르기 때문에 프로파일(2D 형상)을 두 개 작도해야 합니다. '모드' 패널에는 '상단 편집' 또는 '베이스 편집', '정점 편집' 기능이 있습니다.

먼저 베이스의 형상을 작도합니다. '그리기' 패널에서 '내접 다각형'을 클릭한 후 옵션바에서 '측면'을 '8'로 설정하여 반지름 '500'인 8각형을 작도합니다.

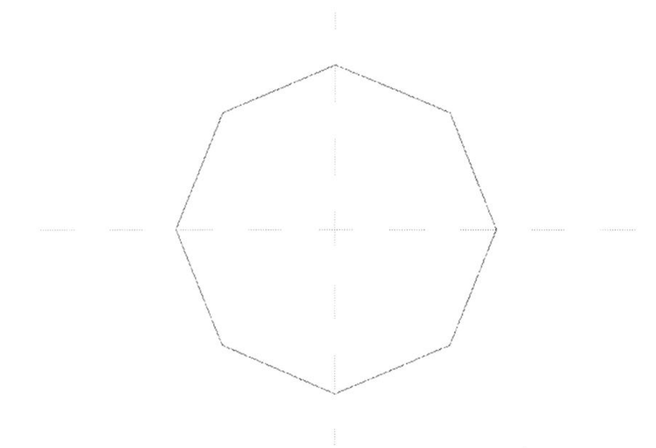

(2) '모드' 패널에서 '상단 편집'을 클릭합니다. 그리기 패널에서 '내접 다각형'을 클릭합니다. 옵션바에서 '측면'을 '6'으로 설정하여 반지름 '250'인 6각형을 작도합니다.

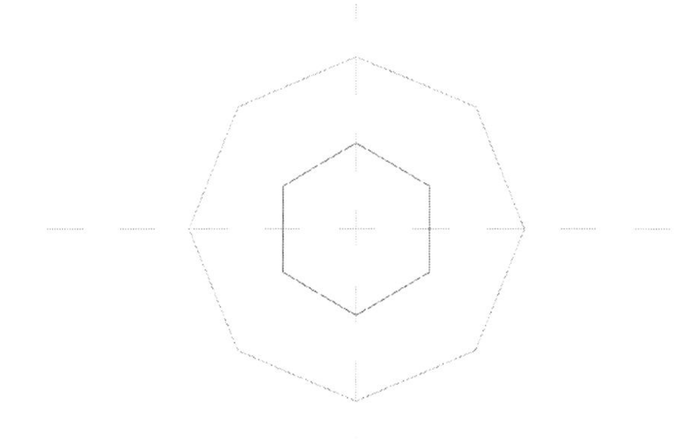

(3) 특성 팔레트에서 '돌출 시작'을 '0', '돌출 끝'을 '500'으로 지정한 후 [적용]을 클릭합니다.

옵션바에서 '깊이' 값을 '500'으로 입력해도 동일한 결과가 됩니다.

(4) '편집모드 완료'를 클릭합니다.

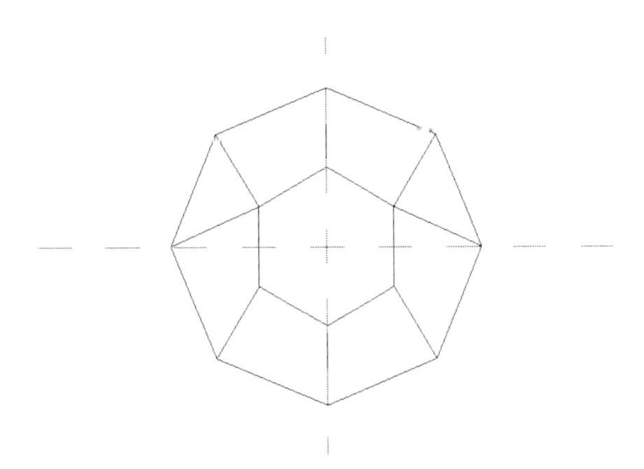

3D 뷰를 펼치면 다음 그림과 같이 팔각형과 육각형이 조합된 요소가 모델링됩니다. 그리기 도구에서 '비주얼 스타일'을 '음영처리' 로 설정한 상태입니다.

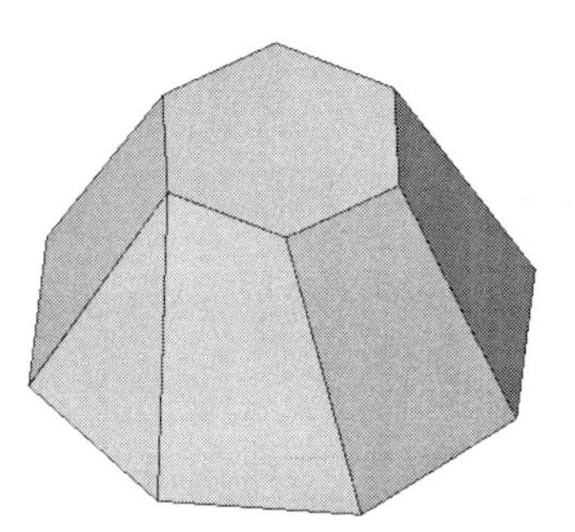

3. 회전(Revolve)

스케치된 형상을 회전축을 기준으로 회전체를 모델링합니다. 형상은 지정된 각도의 회전체를 모델링합니다.

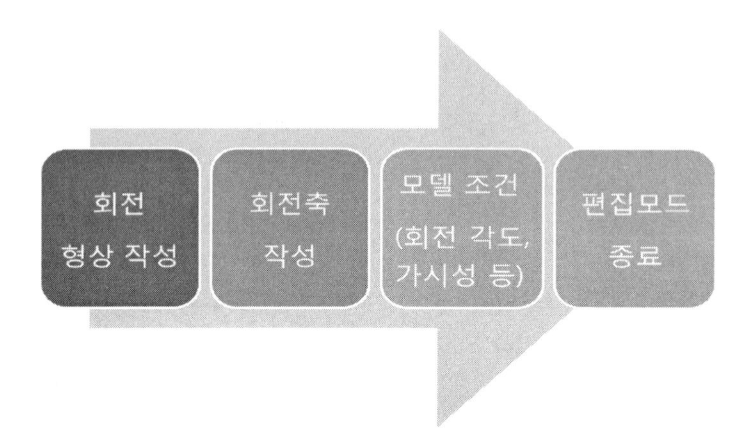

실 습

사각형을 작도하여 회전체 요소를 모델링하겠습니다.

(1) 회전(Revolve)을 실행합니다. '작성 - 양식-회전'을 클릭합니다. 다음과 같은 메뉴가 나타납니다.

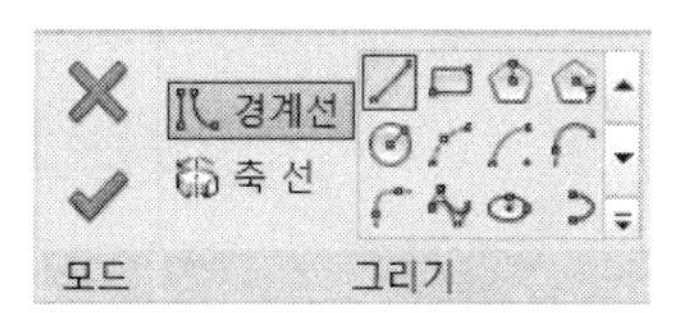

회전할 모델의 외형(프로파일)을 작도합니다. '그리기' 패널에서 '경계선'이 켜져(On) 있음을 확인하고 '직사각형'을 클릭하여 다음과 같이 높이가 '800', 수평 폭이 '400'인 직사각형을 작도합니다.

경계선은 폐쇄 도형이어야 합니다.

(2) 왼쪽 수직선을 지우고 '시작, 끝, 반지름 호' 기능으로 다음과 같이 작도합니다. 반지름은 '900'입니다.

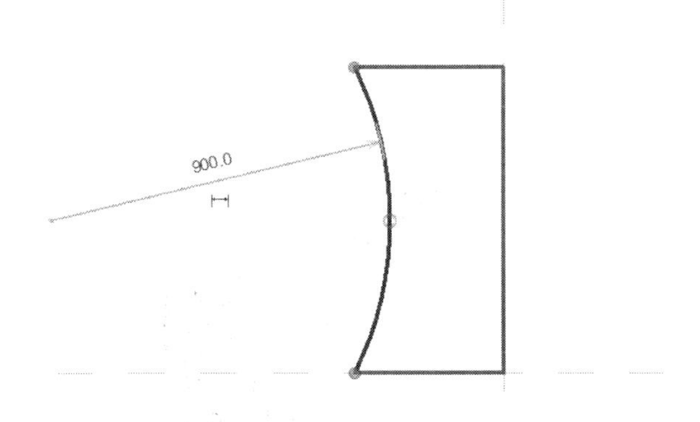

(3) 회전할 축을 정의합니다. '그리기' 패널에서 '축 선'을 클릭한 후 다음 그림과 같이 두 점을 지정하여 축을 작도합니다. 수직선으로부터 '100'만큼 떨어진 위치에 축을 작도합니다.

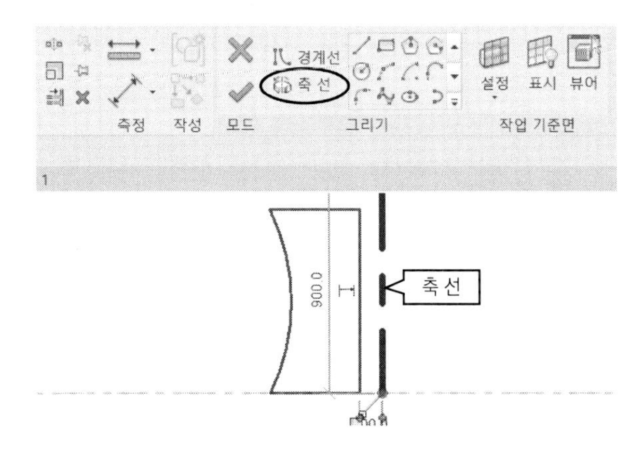

(4) 특성 팔레트의 '끝 각도'를 '180'으로 설정한 후 '편집모드 완료✔'를 클릭합니다. 3D 뷰를 펼치면 다음 그림과 같이 삼각형이 180도 회전된 요소가 모델링됩니다.

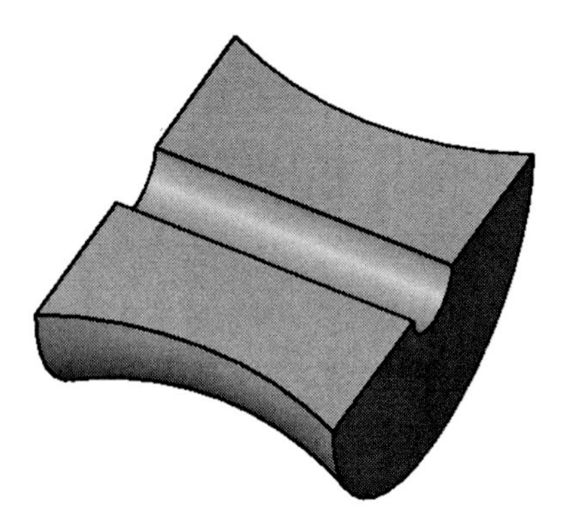

다음은 회전 각도를 '360'으로 설정한 예입니다.

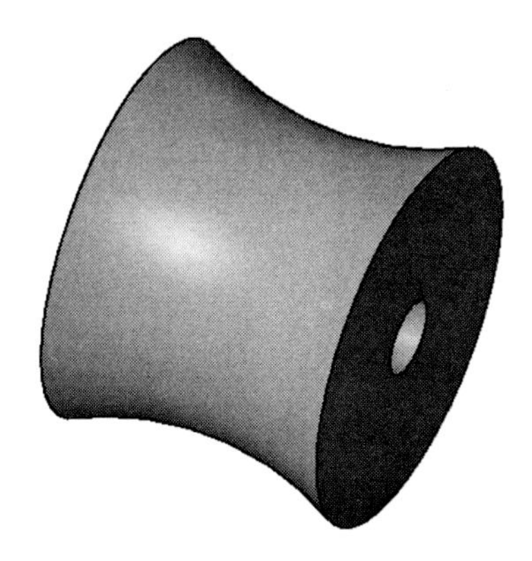

참고 **회전축에 따른 형상**

회전 축의 위치에 따라 회전축의 형상이 달라집니다. 다음의 예는 회전축이 회전 형상에 일치한 경우입니다.

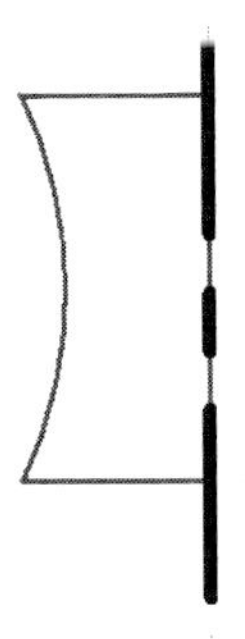

다음과 같이 가운데의 빈 공간이 없는 회전체가 모델링됩니다.

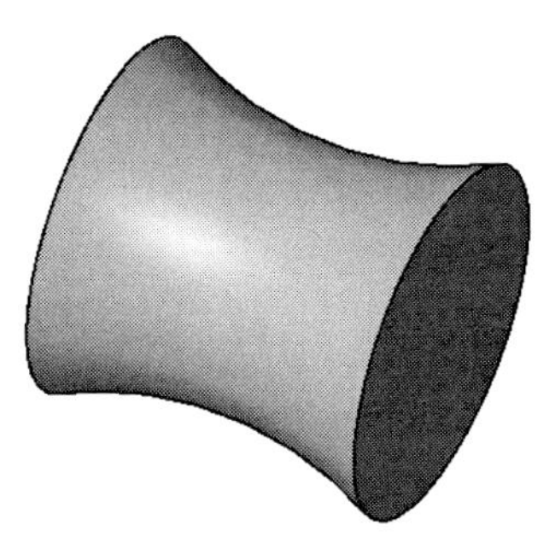

4. 스윕(Sweep)

스케치 또는 불러들인 프로파일(형상)을 경로를 따라 돌출하는 방법으로 요소를 모델링합니다. 스윕은 몰딩이나 사물의 모서리의 모깎기와 같은 모델의 작성에 유용합니다.

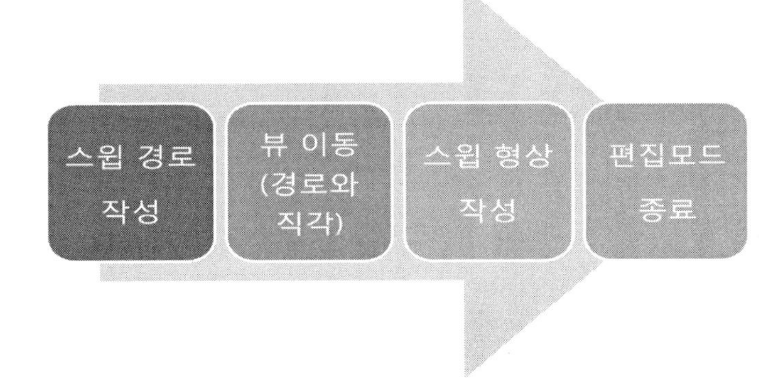

실 습

경로를 작성한 후 작성된 경로를 따라 육각형을 형상을 모델링하겠습니다.

(1) 스윕(Sweep)을 실행합니다. '작성 – 양식–스윕'을 클릭합니다.

'스윕' 패널에서 '경로 스케치'를 클릭합니다. '그리기' 패널에서 '⁄'을 클릭합니다. 옵션바에서 '반지름'을 체크하고 값을 '200'으로 설정합니다. 다음과 같이 경로를 작도합니다. 선분의 길이는 가로방향으로 '1200', 세로방향으로 '600'을 지정합니다. 경로 작도가 끝나면 '편집모드 완료✔'를 클릭합니다.

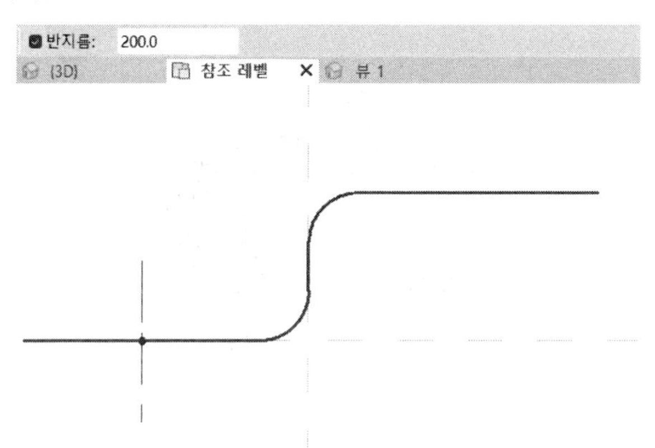

경로는 단일 폐쇄된 경로 또는 열린 경로 어느 쪽도 가능합니다. 직선과 곡선을 조합하여 작성할 수도 있습니다. 단, 복수의 경로는 허용되지 않습니다.

(2) 경로 스케치가 끝나면 리본 메뉴가 다음과 같이 바뀝니다. 여기에서는 스윕할 형상(프로파일)을 작성합니다.

'스윕' 탭에서 '프로파일 편집'을 클릭합니다. 다음과 같은 '뷰로 이동' 대화상자가 나타나면 '입면도: 왼쪽'을 선택한 후 [뷰 열기]를 클릭합니다.

'뷰로 이동'을 통해 뷰를 이동하는 이유는 경로와 수직인 방향에서 프로파일 형상을 작성하기 위함입니다. 따라서 여기에서는 입면도의 방향이 왼쪽이든 오른쪽이든 동일한 결과가 됩니다.

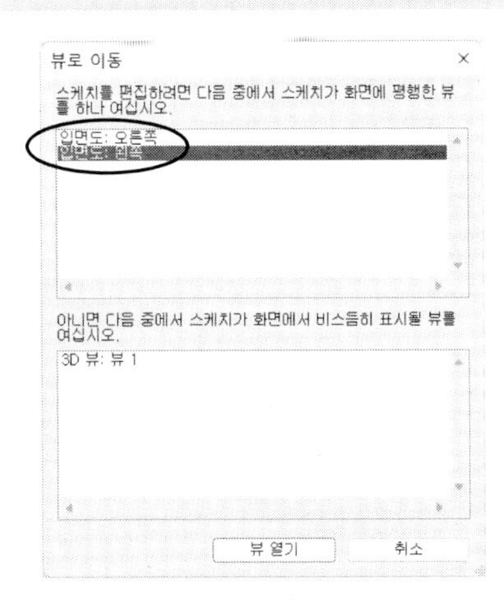

(3) '그리기' 패널에서 '내접 다각형'을 클릭합니다. 옵션바의 '측면'을 '6'으로 설정한 후 중심점을 지정하고 반지름이 '120'인 육각형을 작도한 후 '편집모드 완료'를 클릭합니다.

프로파일 스케치는 단일의 폐쇄된 객체를 작성합니다. 객체가 교차되어서도 안됩니다. 이미 작성된 프로파일이 있으면 '프로파일 로드' 기능을 이용하여 프로파일을 로드하여 사용할 수 있습니다.

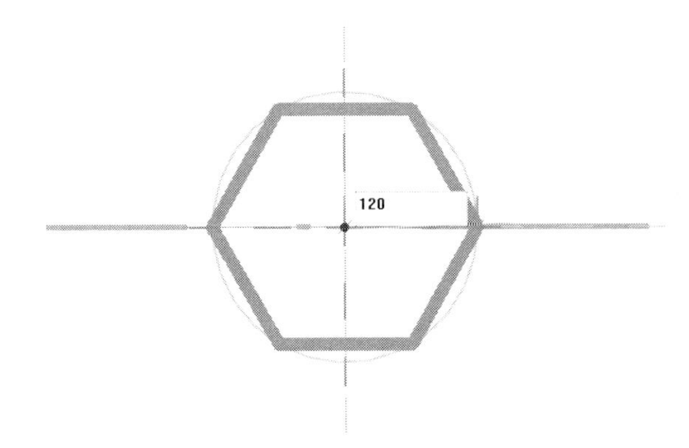

(4) 경로와 프로파일 작성이 끝났으면 '편집모드 완료✔'를 클릭하여 작업을 완료합니다. 다음 그림과 같이 육각형이 경로를 따라 형상(육각형)이 작성됩니다.

경로와 프로파일을 작성한 후에 수정해야 할 필요가 있을 때는 '편집모드 완료✔'를 클릭하기 전에 '경로 스케치', '프로파일 선택' 또는 '프로파일 편집'을 클릭하여 수정할 수 있습니다.

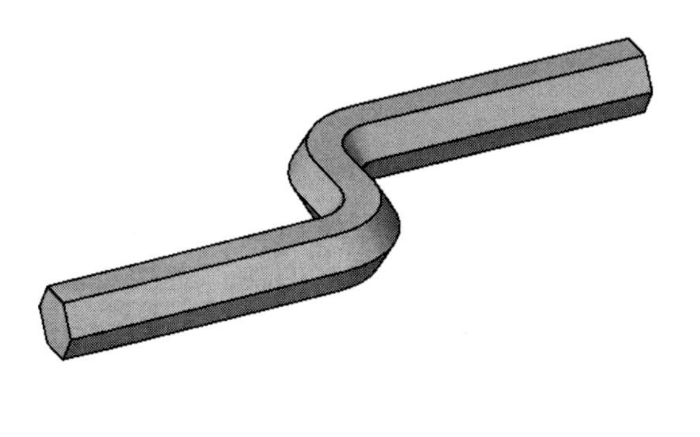

5. 스윕 혼합(Swept Blend)

서로 다른 형상(프로파일)을 가진 두 개의 요소를 혼합하면서 경로를 따라 스윕을 합니다. 스윕 혼합 형상은 스케치하거나 선택한 2D 경로 또는 로드한 두 개의 프로파일에 의해 결정됩니다.

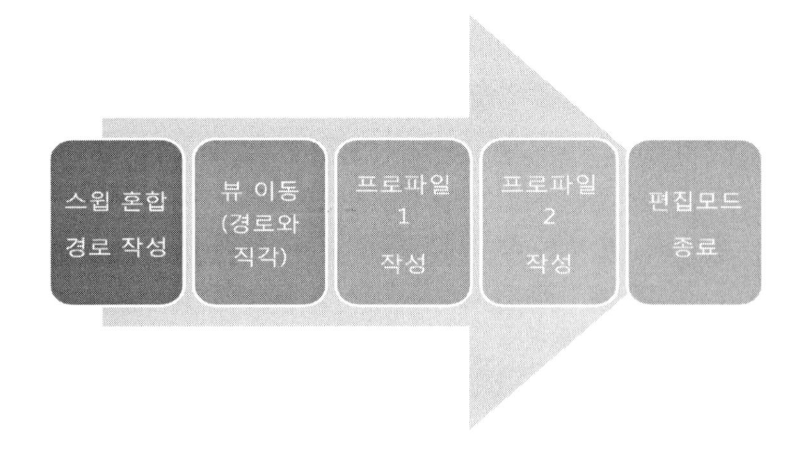

실 습

스플라인 곡선을 작성한 후 작성된 경로를 따라 앞쪽에는 원, 뒤쪽에는 육각형을 스윕 하겠습니다.

(1) 스윕 혼합(Swopt Blend)을 실행합니다. '작성 - 양식-스윕 혼합'을 클릭합니다.

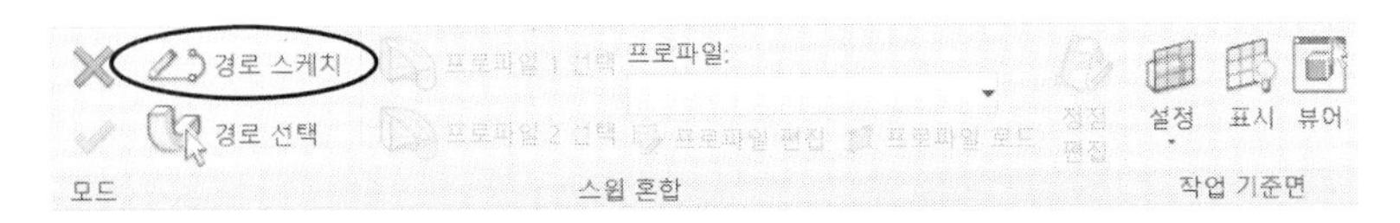

'스윕 혼합' 패널에서 '경로 스케치'를 클릭합니다. '그리기' 패널에서 '스플라인' 을 클릭한 후 다음과 같이 경로를 작도합니다. 경로 스케치가 끝나면 '편집모드 완료'를 클릭합니다.

경로는 단일 선 또는 곡선으로 작성된 경로이어야 합니다. 두 개의 요소로 결합된 요소는 허용되지 않습니다.

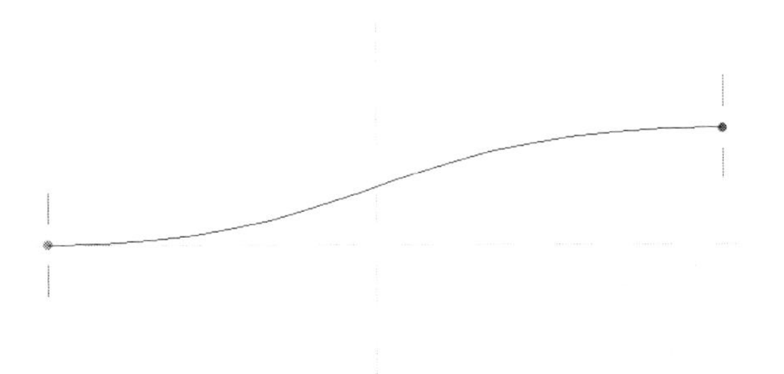

(2) 다음과 같이 리본 메뉴가 바뀝니다.

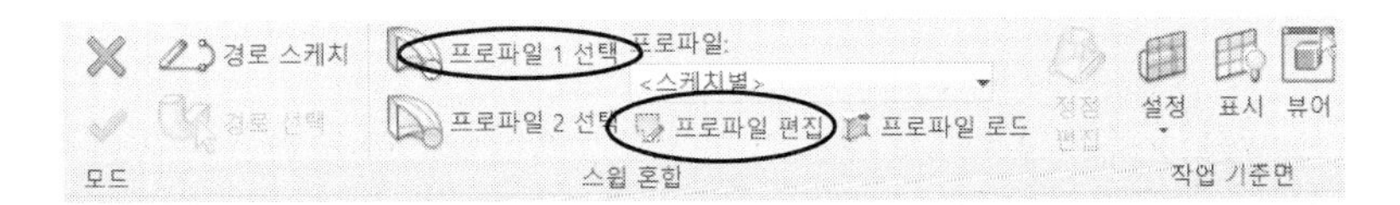

'스윕 혼합' 패널에서 '프로파일 1 선택'을 클릭한 후 '프로파일 편집'을 클릭합니다. '뷰로 이동' 대화상자가 나타나면 '입면도: 왼쪽'을 선택한 후 [뷰 열기]를 클릭합니다. '그리기' 패널에서 '원' 을 클릭한 후 반지름이 '100'인 원을 작도합니다. 프로파일 작도가 끝나면 '편집모드 완료'를 클릭합니다.

경로 작성을 마치고 프로파일을 작성하려고 하면 '뷰로 이동' 대화상자가 나타납니다. 기본적으로 경로와 프로파일은 수직으로 만나야 합니다. 예를 들어, 평면도 뷰에서 경로를 작성한 경우는 프로파일은 입면도 뷰(왼쪽 또는 오른쪽)를 지정합니다.

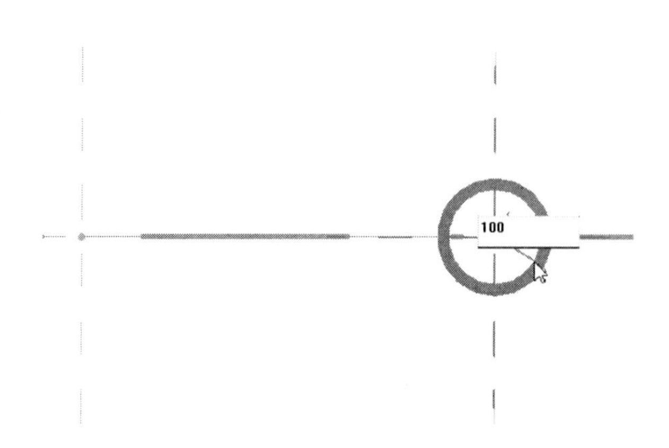

(3) 이번에는 두 번째 프로파일을 작성합니다. '스윕 혼합' 패널에서 '프로파일 2 선택'을 클릭한 후 '프로파일 편집'을 클릭합니다. '그리기' 패널에서 '내접 다각형'을 클릭한 후 다음 그림과 같이 반지름이 '50'인 육각형을 작도합니다. 프로파일 작성이 끝나면 '편집모드 완료✔'를 클릭합니다.

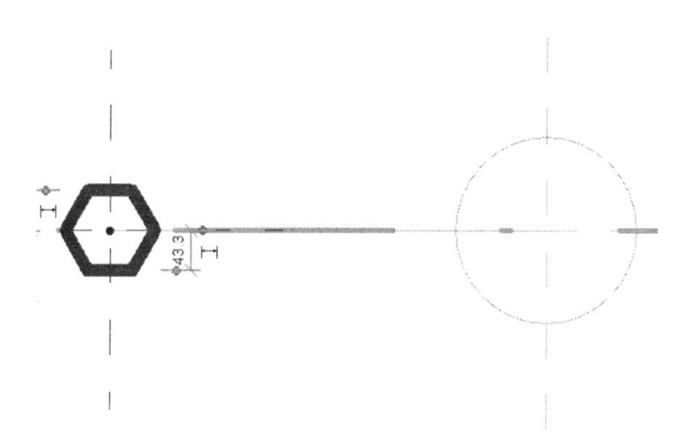

'프로파일 1 선택'과 '프로파일 2 선택'에서 프로파일은 미리 작성된 프로파일을 '프로파일 로드' 기능을 이용하여 로드하여 사용할 수 있습니다.

참고 **경로와 프로파일의 편집**

스윕 혼합을 위해 작성된 경로나 프로파일을 수정하려면 '스윕 혼합' 패널의 '경로 스케치', '프로파일 1 선택', '프로파일 2 선택', '정점 편집' 기능을 이용하여 수정할 수 있습니다.

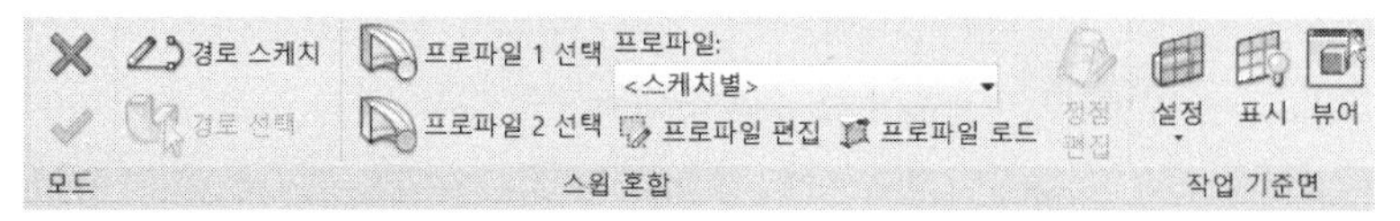

(4) 경로와 두 개의 프로파일 작성이 끝나면 '편집모드 완료✔'를 클릭하여 완료합니다. 다음 그림과 같이 경로를 따라 원과 육각형이 혼합된 스윕 모델이 작성됩니다.

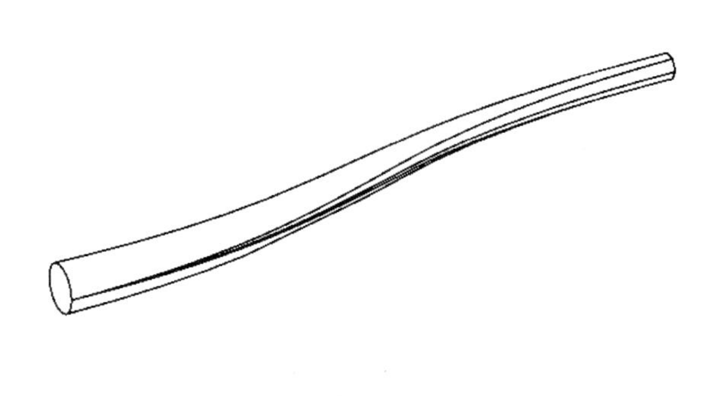

참고 보이드(Void)

솔리드는 객체를 작성하는 도구인데 반해 보이드는 작성된 솔리드를 깎아내는 도구입니다. 즉, 특정 형상에서 구멍이나 움푹 패인 공간을 만드는 도구입니다. AutoCAD에서 솔리드의 '차집합(Subtract)' 기능과 유사합니다. 보이드 작업을 위한 기능은 솔리드와 마찬가지로 돌출(Extrusion), 혼합(Blend), 회전(Revolve), 스윕(Sweep), 스윕 혼합(Swept Blend)가 있습니다. 조작 방법은 솔리드 작성과 동일합니다. 실습을 통해 알아보겠습니다.

(1) Extrusion(돌출) 기능으로 다음과 같이 가로, 세로 길이가 '1000', 높이가 '500'인 육면체를 모델링합니다.

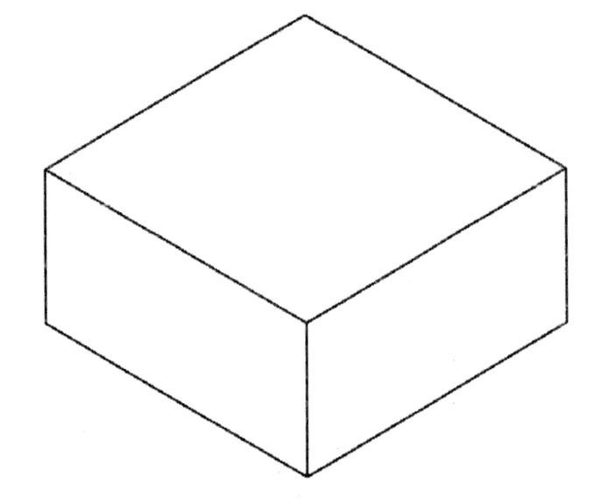

(2) 뷰를 평면뷰로 지정한 후 보이드(Void) 돌출 기능을 실행합니다. '작성 – 양식–보이드 드롭다운 리스트에서 보이드 돌출'을 클릭합니다. '그리기' 패널에서 '원'을 클릭하여 육면체의 한 점을 지정한 후 반지름이 '500'인 원을 작도합니다.

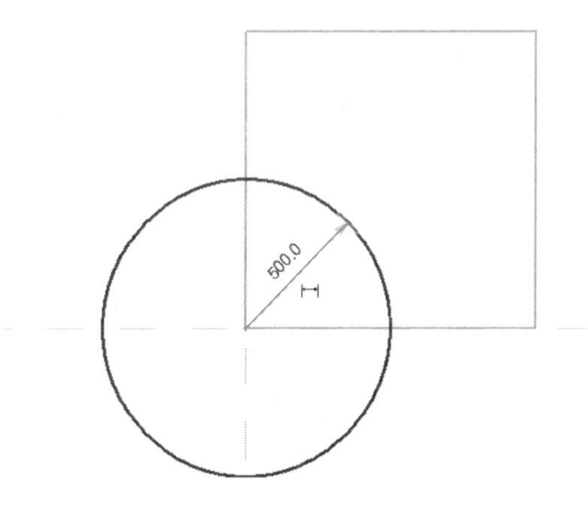

(3) 특성 팔레트에서 '돌출 시작'을 '0', '돌출 끝'을 '300'으로 지정합니다. 또는 옵션바에서 '깊이'를 '300'으로 지정합니다. '편집모드 완료✔'를 클릭하여 보이드 작업을 완료합니다. 다음 그림과 같이 돌출로 작성된 육면체 솔리드에서 원통과 겹치는 부분이 잘려나갑니다. 육면체로부터 원통이 겹친 부분이 제거됩니다.

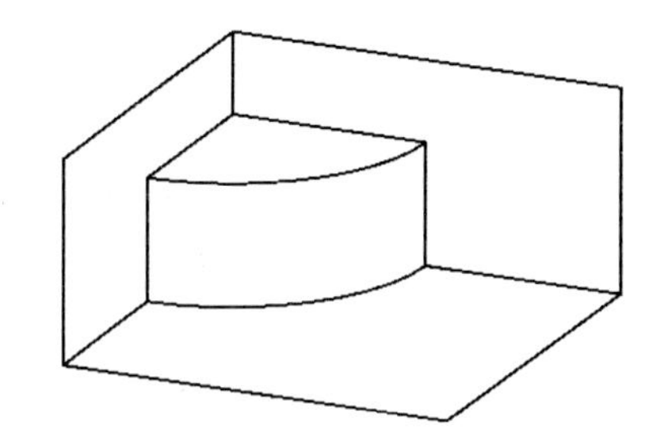

(4) 깎아지는 양을 수정하려면 보이드된 요소(원통)를 선택합니다. 다음과 같이 보이드 요소가 표시됩니다.

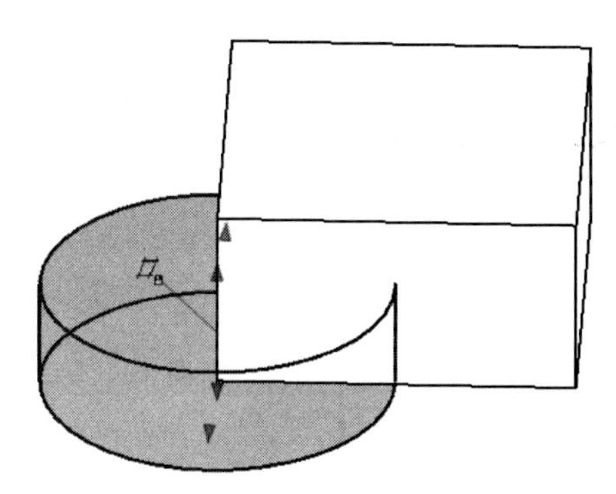

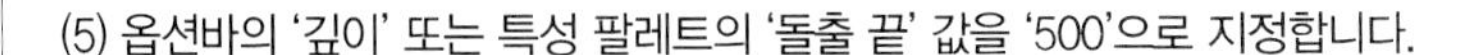

(5) 옵션바의 '깊이' 또는 특성 팔레트의 '돌출 끝' 값을 '500'으로 지정합니다.

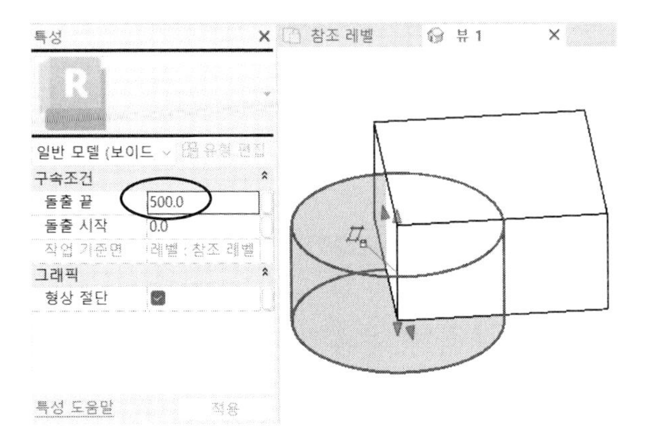

다음과 같이 육면체의 한 면이 위쪽까지 원통형으로 제거됩니다.

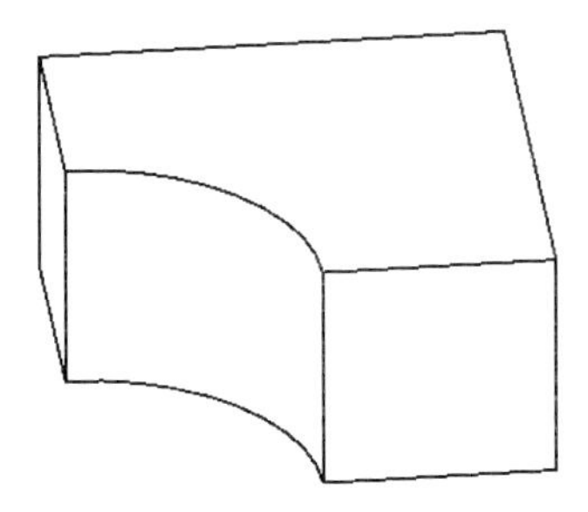

(6) 솔리드 요소(육면체)를 원상 복귀시키려면 다음과 같이 보이드 요소를 선택합니다. 보이드 요소가 선택된 상태에서 〈Del〉키를 누르든가, '수정' 패널에서 '삭제 ✖ '를 클릭합니다. 다음과 같이 보이드 요소가 사라지면서 원상 복귀됩니다.

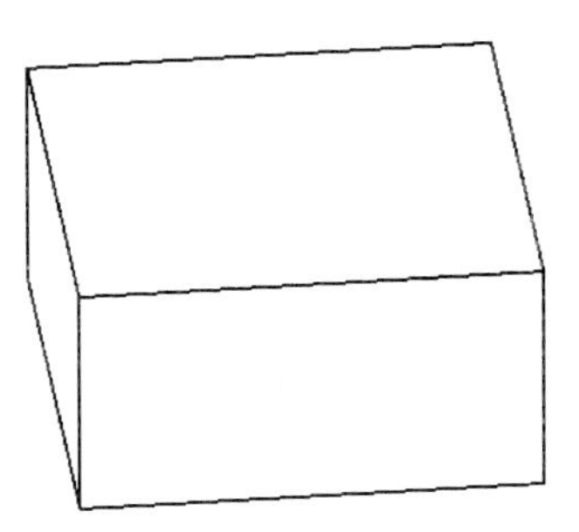

(7) 육면체의 모서리를 매끄럽게 라운딩 처리를 하겠습니다. 작업할 기준면을 설정하겠습니다. 프로젝트 탐색기에서 입면도의 '전면'을 더블클릭합니다. '작성–작업 기준면–설정'을 클릭합니다. 작업 기준면 대화상자에서 '기준면 선택(P)'를 선택합니다.

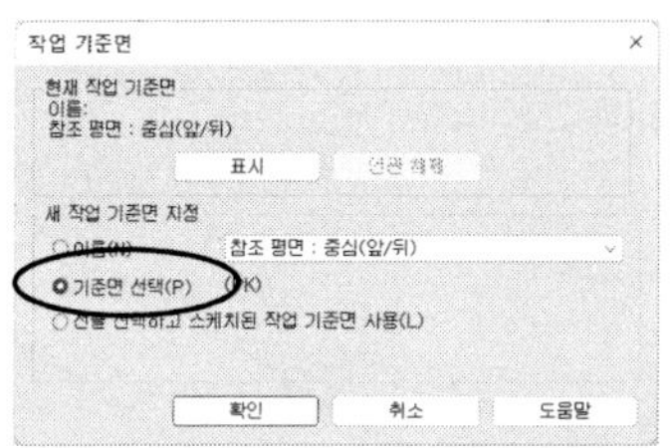

[확인]을 클릭한 후 작업 기준면(라운딩 처리할 면)이 될 육면체의 윗면을 선택합니다. 뷰로 이동 대화상자가 나타나면 '평면도: 참조 레벨'을 클릭합니다.

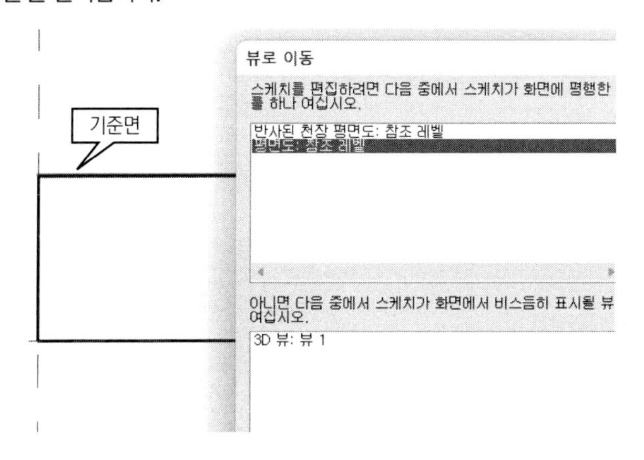

[뷰 열기]를 클릭하면 다음과 같이 평면도가 나타납니다. '작성 – 양식–보이드 드롭다운 리스트에서 보이드 스윕'을 클릭합니다. '수정|스윕–스윕–경로 스케치'를 클릭하여 그리기 도구 '선'기능으로 다음과 같이 사각형을 작도합니다. 이 사각형의 경로를 따라 라운딩 처리됩니다. 경로 작도가 끝나면 '편집모드 완료'를 클릭합니다.

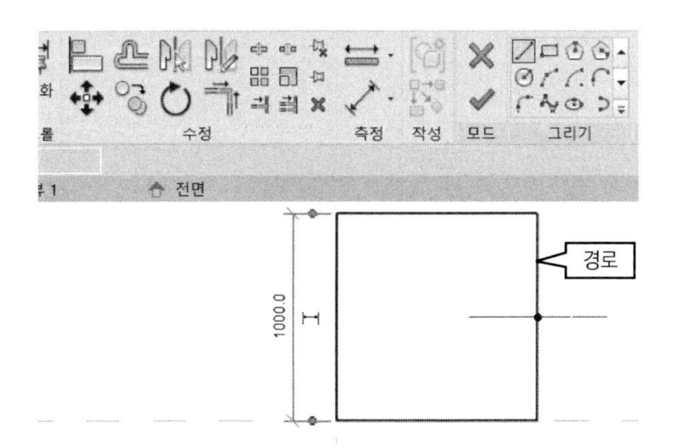

(9) 보이드의 형상을 작도합니다. '수정|스윕–스윕–프로파일 편집'을 클릭하면 뷰로 이동 대화상자가 나타납니다. 대화상자에서 '입면도: 전면'을 클릭한 후 [뷰 열기]를 클릭합니다.

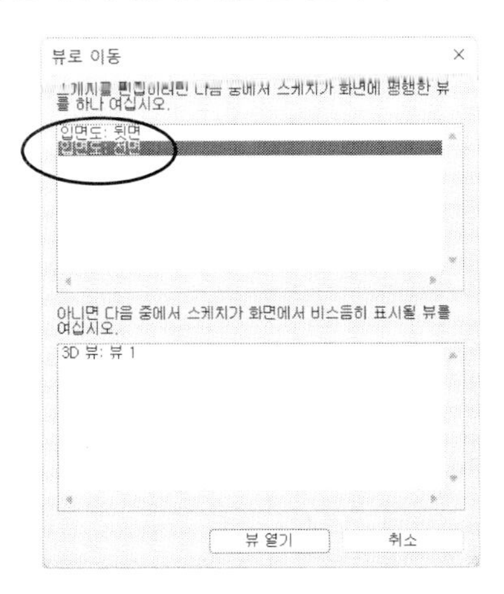

(10) 그리기 도구에서 '선'과 '호' 기능을 이용하여 다음과 같이 프로파일을 작도합니다. 양쪽 변의 길이는 '80'입니다.

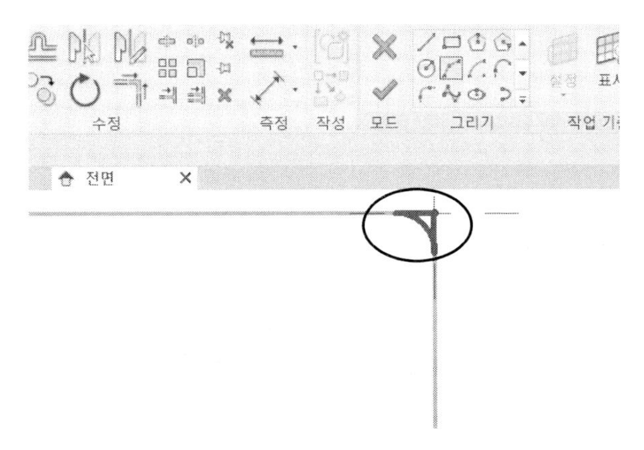

(11) '편집모드 완료✔'를 누른 후 '수정|스윕–모드–편집모드 완료✔'를 클릭합니다. 다음과 같이 모서리의 경로를 따라 작성한 프로파일이 깎아져 매끄럽게 라운딩 처리됩니다.

03. 모델 패널

2D 모델의 도형, 입체 문자, 컴포넌트, 그룹 작성 기능으로 구성된 패널입니다.

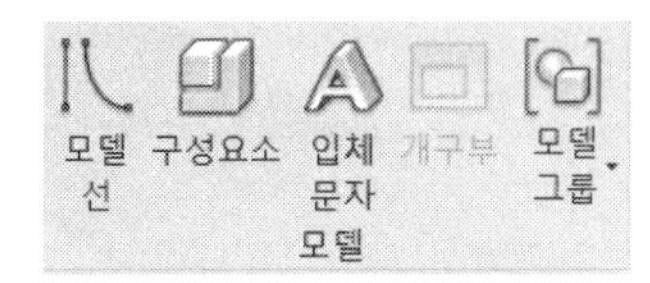

1. 모델 선(Model Line)

3차원 솔리드가 아닌 2차원의 스케치 기능으로 도형을 작도합니다. 3D 뷰에서는 나타나지 않습니다. 예를 들어, 도면화하기 위한 밸브의 싱글 라인 심볼(기호)은 솔리드로 작성하지 않고 2차원으로 기호로 작도합니다.

다음의 메뉴를 이용하여 다양한 도형(선, 직사각형, 원, 호, 다각형, 스플라인, 타원)을 작도합니다.

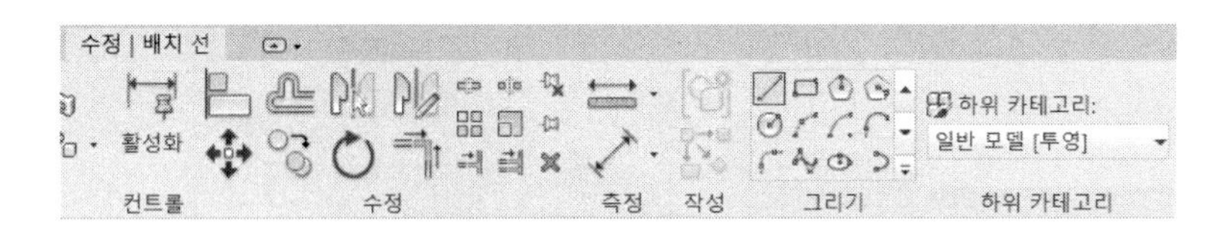

참고 2차원 모델의 가시성 설정

2차원 선분의 가시성을 제어하기 위해서는 요소(선, 호, 원 등)을 선택한 후 '수정|배치 선–가시성–가시성 설정'을 클릭하여 대화상자에서 표시하고자 하는 뷰 또는 상세 수준에 맞춰 표시 여부를 지정합니다.

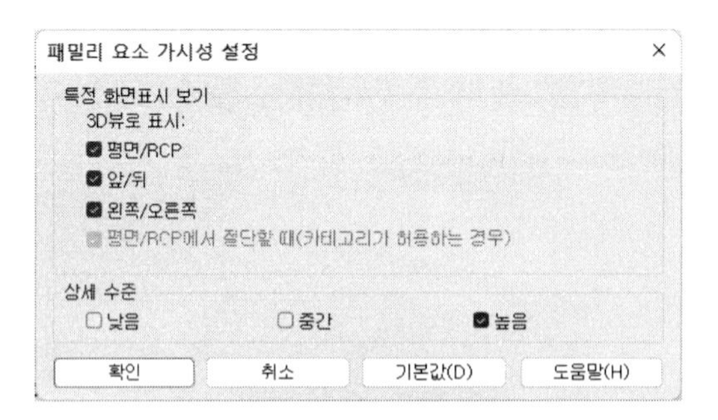

대화상자에서는 선택한 요소가 상세 수준이 '높음'일 때만 표시되는 것을 설정하고 있습니다.

2. 구성요소(CM; Component)

외부에서 가져온 독립된 컴포넌트(패밀리, Adsk 파일)를 프로젝트 내에 배치합니다. 컴포넌트가 로드되어 있지 않으면 패밀리 로드 대화상자가 나타납니다.

3. 입체 문자(Model Text)

입체 문자를 작성합니다.

(1) 돌출(Extrude) 기능으로 400x1500x200 크기의 육면체를 모델링합니다.

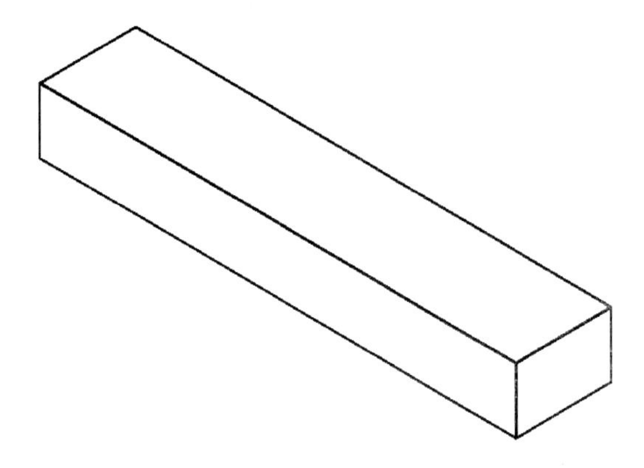

(2) 문자를 작성할 작업 면을 설정합니다. '작성-작업 기준면-설정'을 클릭합니다. 대화상자에서 '기준면 선택(P)'을 클릭합니다.

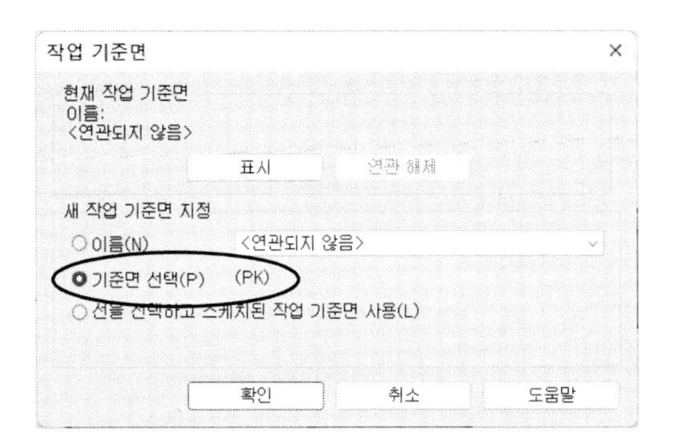

(3) 마우스로 문자를 작성하고자 하는 면을 선택합니다. 현재의 작업 기준면을 표시하려면 '작성-작업 기준면-표시'를 클릭합니다.

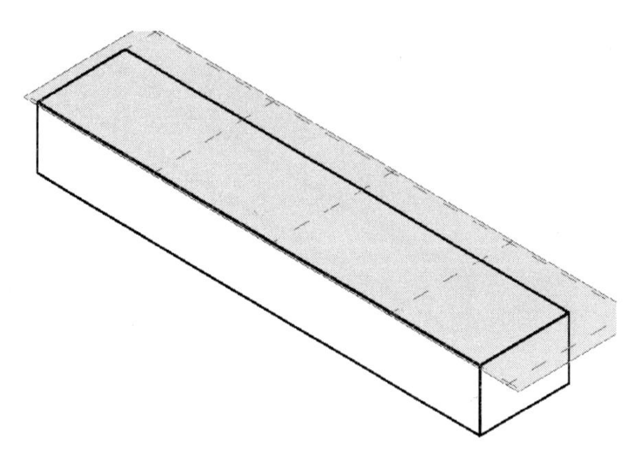

(4) 입체 문자를 실행합니다. '작성-모델-입체 문자'를 클릭합니다. 문자 편집 대화상자에서 작성하고자 하는 문자(예: Revit MEP)를 입력한 후 문자의 위치를 지정합니다. 다음과 같이 입체 문자가 새겨집니다.

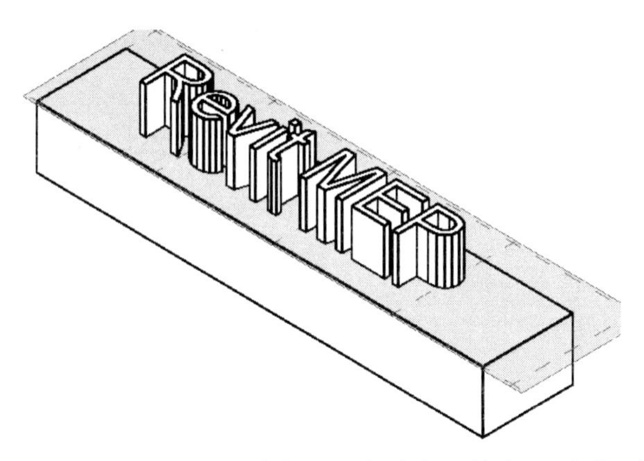

(5) 문자의 높이를 수정합니다. 입체 문자를 선택한 후 특성 팔레트의 '치수-깊이'를 '20'으로 지정합니다.

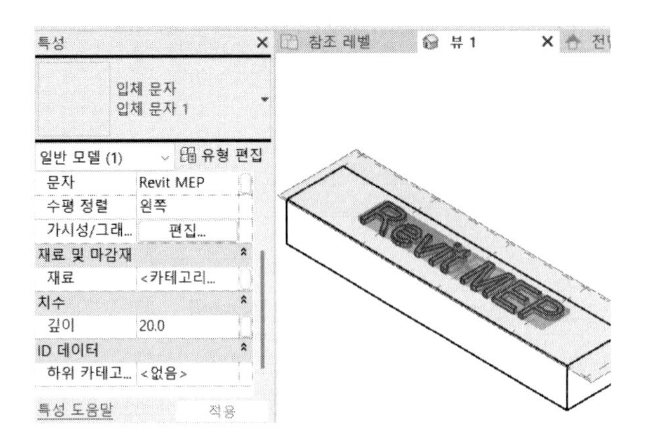

다음과 같이 문자의 높이가 낮아집니다.

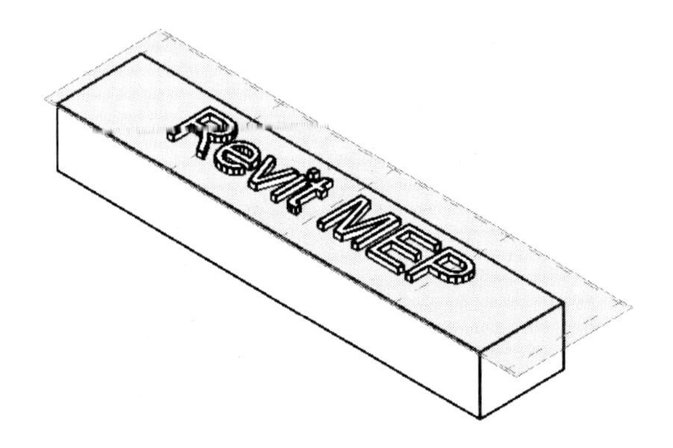

4. 모델 그룹(Model Group)

모델 그룹을 작성(Create Group)하고 배치(Place Model Group)합니다.

여러 요소를 하나의 그룹으로 만들 수 있고 이를 반복해서 배치할 수 있습니다.

(1) 앞에서 작성한 직육면체 솔리드와 문자를 하나의 그룹으로 작성하겠습니다. '작성-모델-모델 그룹' 드롭다운 리스트에서 '그룹 작성(GP) '을 클릭합니다. 그룹 이름 대화상자에서 그룹 이름(돌출문자세트)을 입력합니다.
다음의 아이콘에서 '추가' 버튼을 클릭하여 그룹화하고자 하는 요소(육면체, 문자)를 차례로 선택합니다.

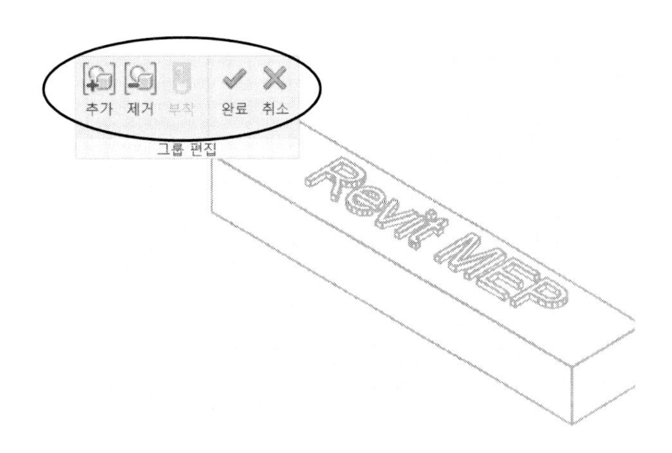

(2) '완료'를 클릭하면 다음과 같이 육면체와 문자가 하나의 그룹으로 작성됩니다.

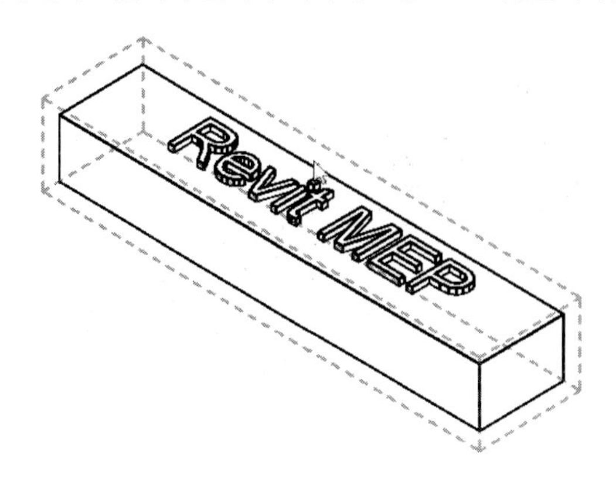

(3) 작성된 그룹을 배치합니다. '작성-모델-모델 그룹' 드롭다운 리스트에서 '모델 그룹 배치[]'를 클릭합니다. 유형 선택기에서 배치하고자 하는 그룹을 선택한 후 위치를 지정합니다. 다음과 같이 그룹이 배치됩니다.

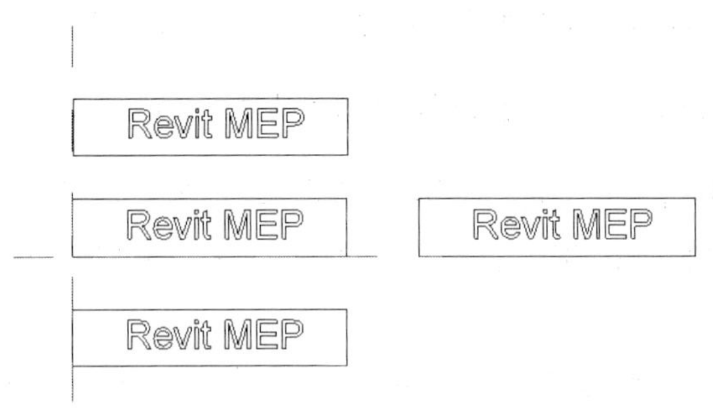

참고 그룹의 해제

배치된 그룹 요소는 해제(분해)할 수 있습니다. 해제하고자 하는 그룹을 선택한 후 '수정|모델 그룹-그룹-그룹 해제'를 클릭합니다.

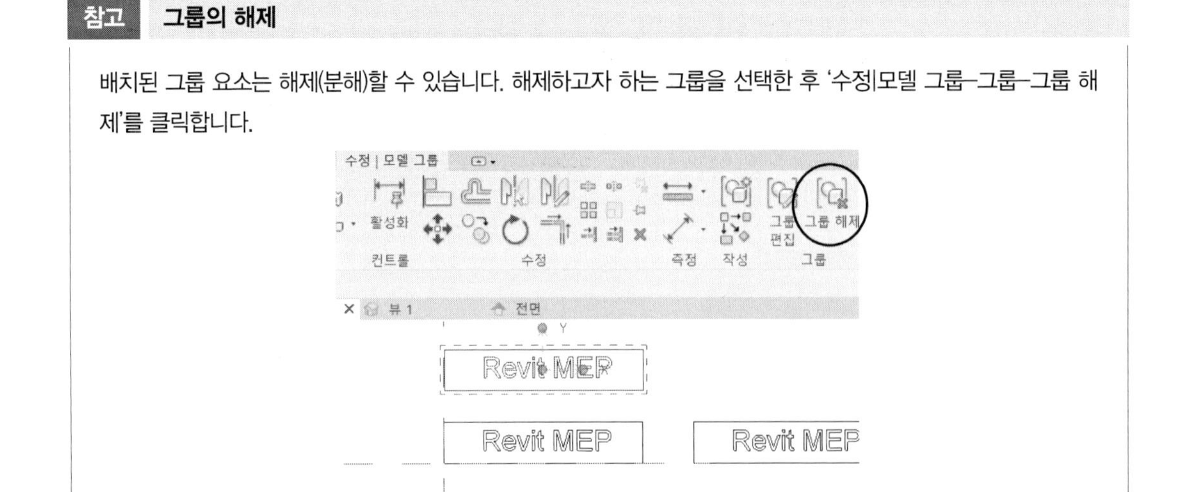

04. 컨트롤 패널

패밀리의 참조면을 기준으로 요소의 방향을 제어하는 컨트롤을 배치합니다. 프로젝트에서 배치한 패밀리는 항상 일정한 방향으로만 고정되지 않습니다. 상/하, 좌/우로 방향을 조 정하고자 하는 패밀리에 대해 방향을 제어하는 컨트롤을 배치합니다.

컨트롤을 클릭하면 다음과 같은 '컨트롤 유형' 패널이 나타납니다.

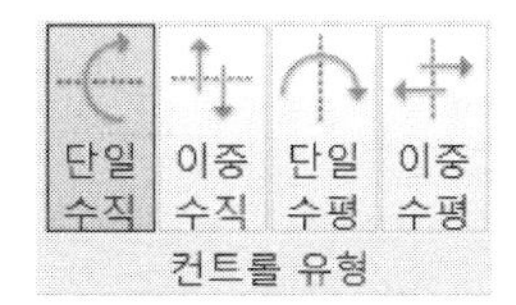

(1) 단일 수직 : 수직 방향으로 대칭 회전(Rotate)합니다.(부속 반전))

(2) 이중 수직 : 수직 방향으로 대칭(Mirror)으로 배치합니다.

(3) 단일 수평 : 수평 방향으로 대칭 회전(Rotate)합니다.

(4) 이중 수평 : 수평 방향으로 대칭(Mirror)으로 배치합니다.

다음의 볼 밸브를 통해 컨트롤의 기능에 알아보겠습니다.

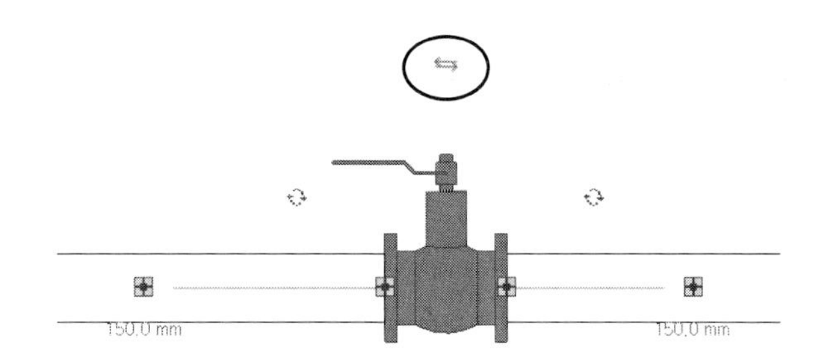

'이중 수평'을 클릭하면 다음과 같이 대칭으로 배치됩니다.

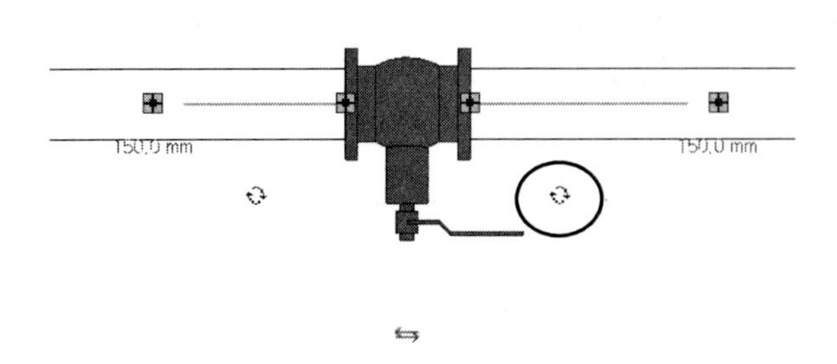

'단일 수직'을 클릭하면 다음 그림과 같이 핸들이 회전합니다.

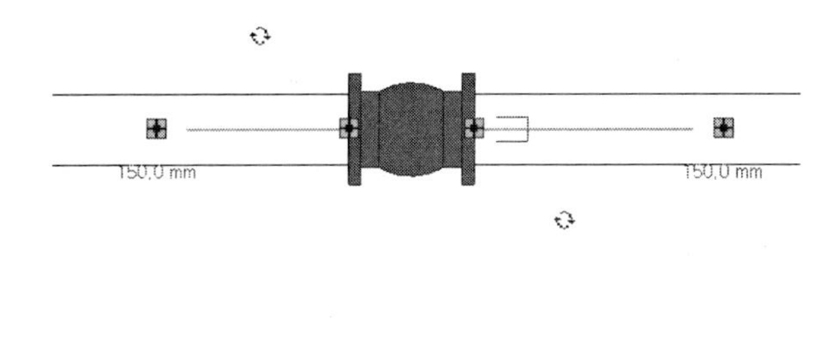

3D 뷰를 펼쳐놓고 조작해보면 회전 및 반전을 쉽게 이해할 수 있습니다.

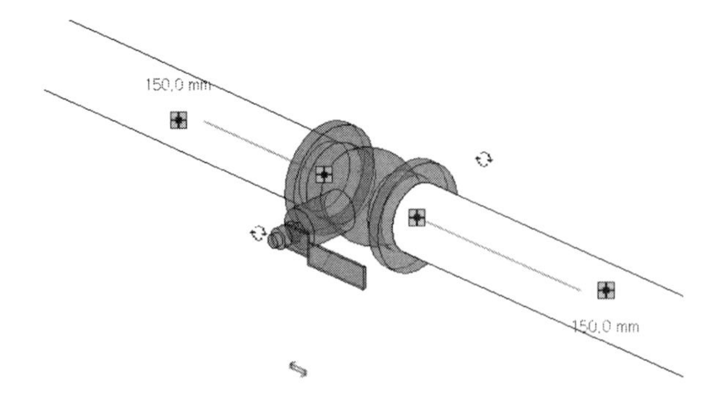

05. 커넥터 패널

덕트, 배관, 전선, 케이블 트레이, 전선관에 커넥터(접속)를 추가합니다. 커넥터는 MEP의 특징 중의 하나입니다.

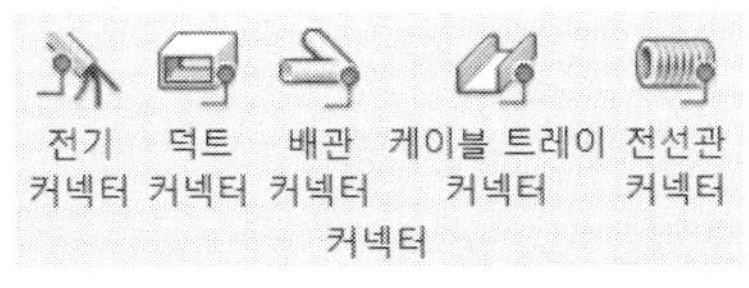

(1) 돌출 또는 스윕 기능으로 다음과 같이 반지름이 '50'인 원통을 모델링합니다.

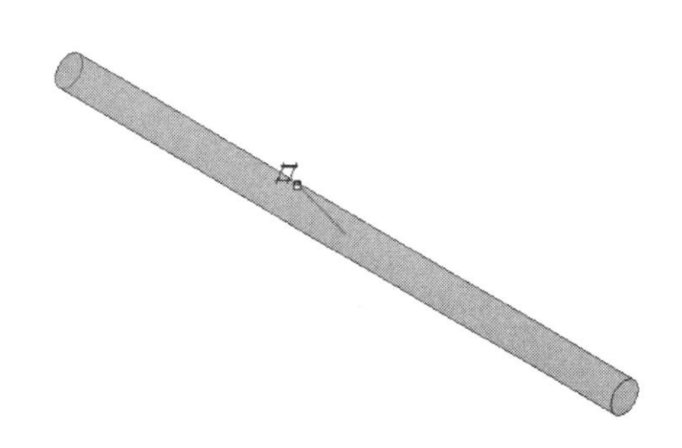

(2) '커넥터' 패널에서 '배관 커넥터'를 클릭합니다. 마우스를 커넥터를 부착하고자 하는 위치에 가져갑니다. 다음 그림과 같이 해당 면이 굵은 선으로 바뀝니다. 부착하고자 하는 면이 굵은 선으로 바뀌었을 때 클릭합니다.

참고 배치 기준

(1) 면 : 해당 점을 기준으로 모서리 루프의 중심에 유지합니다. 대부분의 커넥터가 여기에 해당됩니다. 일반적으로 면에 배치 옵션은 사용하기가 쉬우며 대부분의 경우에 해당합니다.

(2) 작업 기준면 : 선택한 기준면에 커넥터를 배치할 수 있습니다. 이 방법을 효과적으로 사용하려면 추가 매개변수 및 구속조건이 필요합니다.

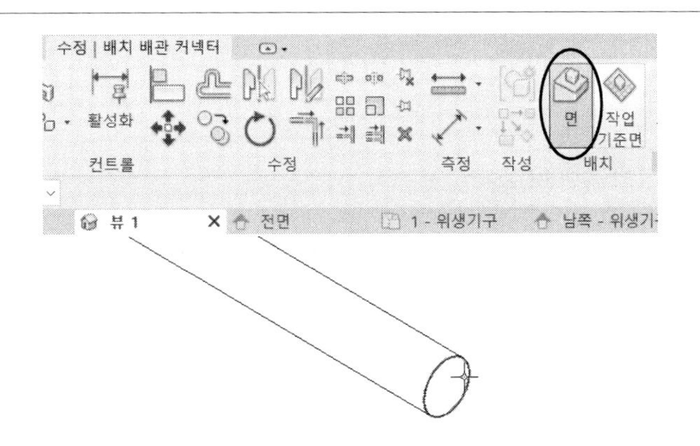

(3) 다음 그림과 같이 선택한 면에 커넥터가 부착됩니다.

참고 화살표 방향

커넥터 화살표는 흐름 방향이 아닌 접속 방향입니다. 통상적으로 접속 화살표는 객체로부터 바깥쪽을 향하게 되어 있습니다.

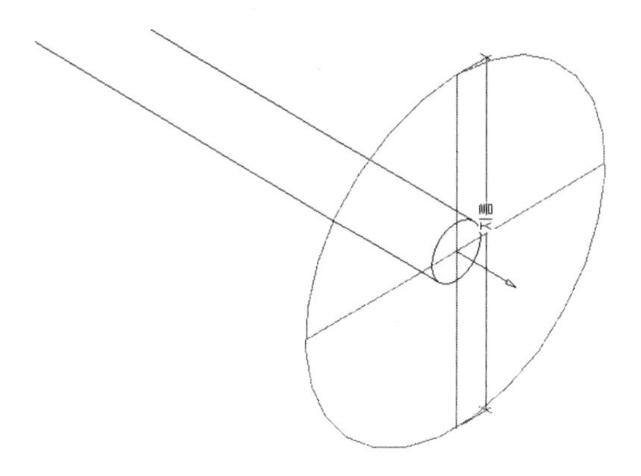

(4) 커넥터를 선택한 후 특성 팔레트에서 '치수-지름' 값을 '100'으로 바꾼 후 [적용]를 클릭합니다. 여기에서 치수 대신 매개변수를 적용하여 지정할 수도 있습니다. 다음과 같이 커넥터의 크기가 지름 '100'으로 수정되었습니다.

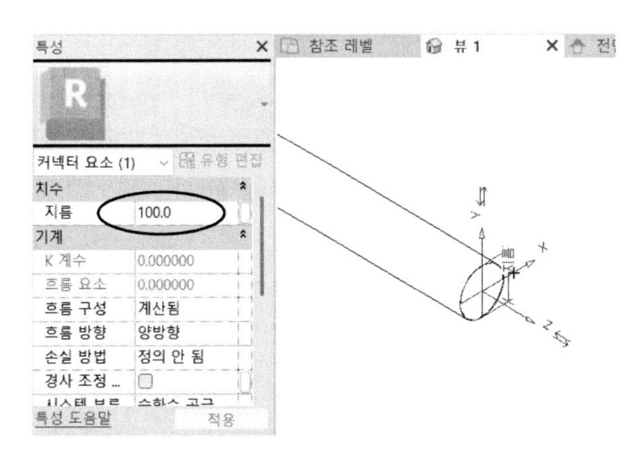

참고 커넥터의 링크 및 메인 커넥터

하나 이상의 커넥터를 작성한 경우 연관된 커넥터의 경우는 링크를 해주어야 합니다. 예를 들어, 덕트 및 배관의 엘보, 양쪽으로 유체가 흐르는 밸브의 경우도 커넥터를 링크해주어야 합니다. 링크하는 방법은 커넥터를 하나 선택한 후 '커넥터 링크' 패널에서 '커넥터 링크'를 클릭한 후, 링크하고자 하는 커넥터를 선택합니다.

1차 커넥터(Primary Connector)는 커넥터에서 메인이 되는 커넥터입니다. 기본적으로 패밀리 편집기에서 가장 먼저 작성한 커넥터가 1차 커넥터가 됩니다. 1차 커넥터를 바꾸려면 메인으로 하고자 하는 커넥터를 선택한 후 '1차 커넥터' 패널에서 '1차 재지정'을 클릭합니다.

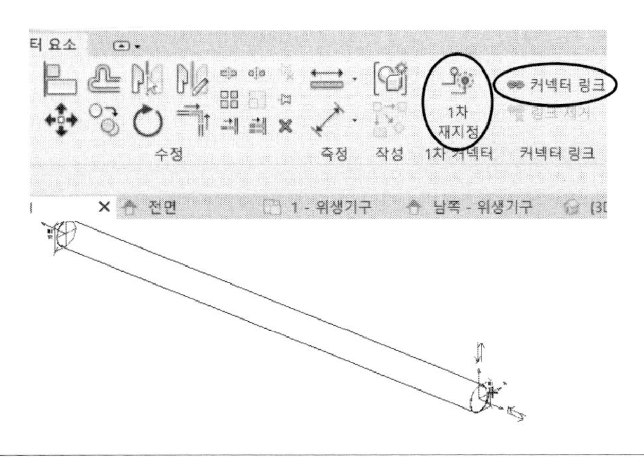

06. 기준 패널

기준선 역할을 하는 참조선과 참조면을 작성 또는 지정합니다. 참조선과 참조면은 패밀리 작업을 할 때 형상을 스케치하거나 다른 요소를 붙일 때 기준이 되는 선이나 면입니다. 기준선 또는 기준면을 지정, 치수를 측정하여 매개변수를 지정, 커넥터를 부착하고 구속조건을 지정하는 등 다양한 용도로 사용됩니다.

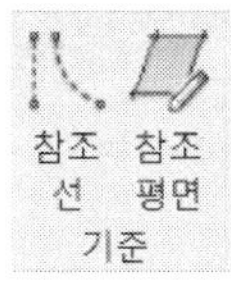

1. 참조선(Reference Line)

참조선은 형상을 작성하거나 구속조건을 부여하기 기준선입니다. 2D(평면, 입면)뿐 아니라 3D 뷰에서 나타나며 실선으로 작도됩니다. 다음과 같은 그리기 도구를 이용하여 참조선을 작도합니다.

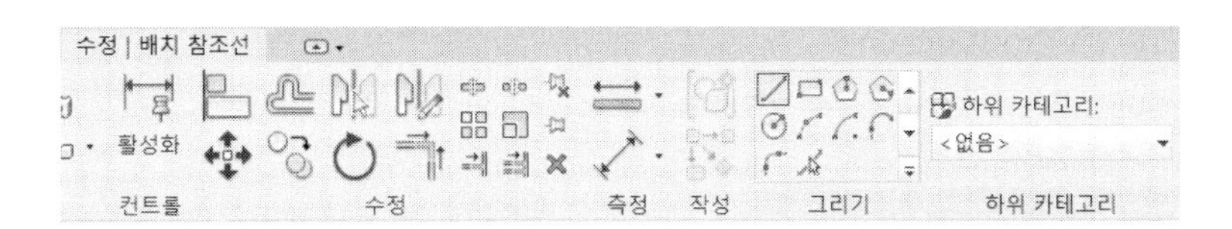

'직사각형 ' 기능으로 다음과 같이 직사각형의 참조선을 작도합니다.

다음과 같이 3D 뷰에서도 표시되며 참조선을 선택하면 다음과 같이 표시됩니다. 직선 참조선은 사용자에게 스케치할 4개의 면이나 평면을 제공합니다. 하나는 선의 작업 기준면에 평행한 평면이고 하나는 선의 작업 기준면에 수직인 평면이며, 나머지 평면은 각 끝점에 하나씩 있습니다. 참조선을 선택하거나 하이라이트할 때 또는 작업 기준면 도구를 사용할 때 해당 기준면이 표시됩니다. 작업 기준면을 선택할 때 커서를 참조선 위에 두고 〈Tab〉 키를 눌러 4개 평면 사이를 전환할 수 있습니다. 호 참조선을 작성할 수도 있지만 기준면을 정의하지는 않습니다.

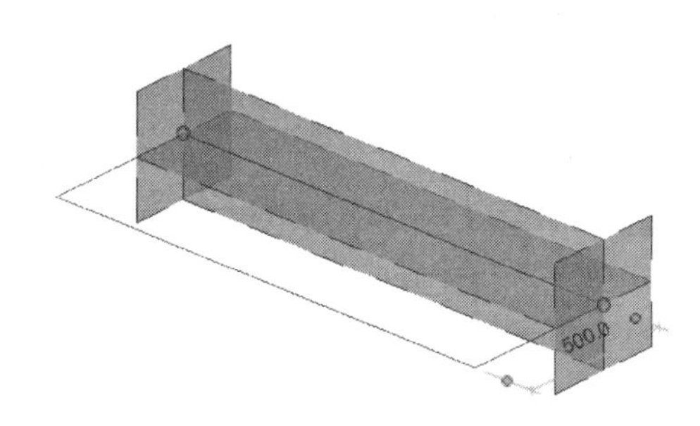

2. 참조평면(RP; Reference Plane)

두 점을 지정하거나 기존 참조선이나 면을 지정하여 참조평면을 작성합니다. 2D(평면, 입면) 뷰에서만 나타나며 점선으로 표시됩니다.

(1) '작성–기준–참조평면'을 클릭합니다. 두 점을 지정하면 임시 치수가 나타납니다. 이때, 임시 치수를 클릭한 후 '300'을 입력합니다. 기준 면으로부터 '300' 떨어진 위치에 참조평면을 작성합니다.

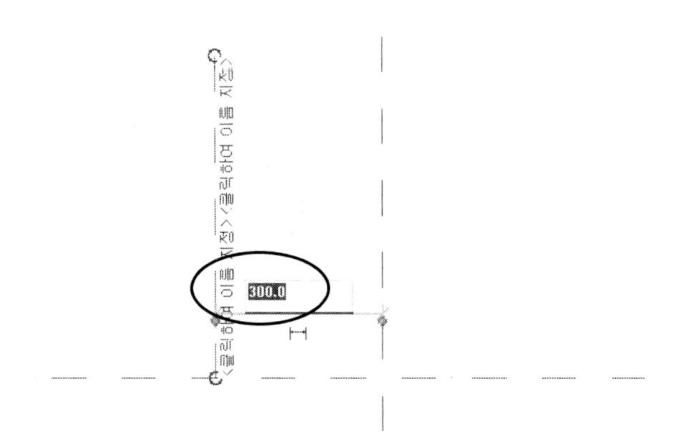

(2) 이번에는 간격 띄우기 값을 지정한 후 기존 요소를 선택하여 참조면을 작성하겠습니다. '그리기' 패널에서 '선 선택'을 클릭합니다. 옵션바에서 '간격띄우기' 값을 지정하여 이미 작성된 참조평면 및 참조선, 모델선, 모서리로부터 일정 간격만큼 떨어진 위치에 참조평면을 작도할 수 있습니다. 옵션바의 '간격띄우기'에 '300'을 입력한 후 다음 그림과 같이 커서를 수직선 근처에 가져가면 참조면 가상선(점선)이 나타납니다.

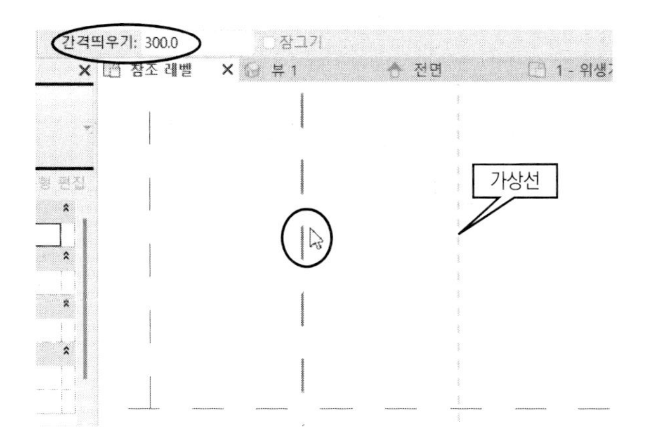

(3) 이때 클릭하면 참조평면이 작성됩니다. 수평선의 위쪽에 마우스를 대고 클릭하면 위쪽으로 '300'만큼 떨어진 위치에 참조평면이 작성됩니다. 선택한 선을 중심으로 커서의 방향에 의해 참조평면이 결정됩니다.

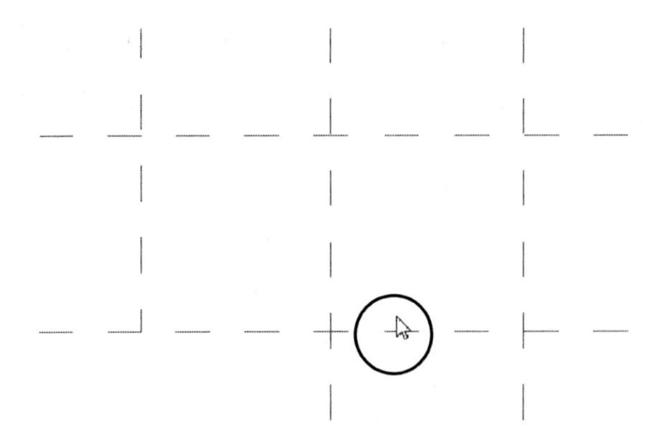

(4) 참조평면에는 면의 이름을 부여할 수 있습니다. 지정하고자 하는 면을 선택한 후 특성 팔레트의 '이름'에 '수평기준선'을 입력합니다.

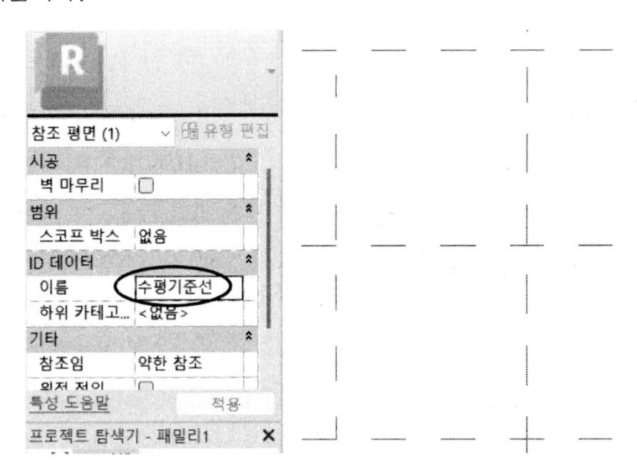

(5) 작성한 이름을 확인하려면 커서를 참조평면에 가져가면 이름이 표시됩니다. 또, 참조평면을 클릭하면 양쪽 끝부분에 평면의 이름(예 : 수평기준선)이 표시됩니다.

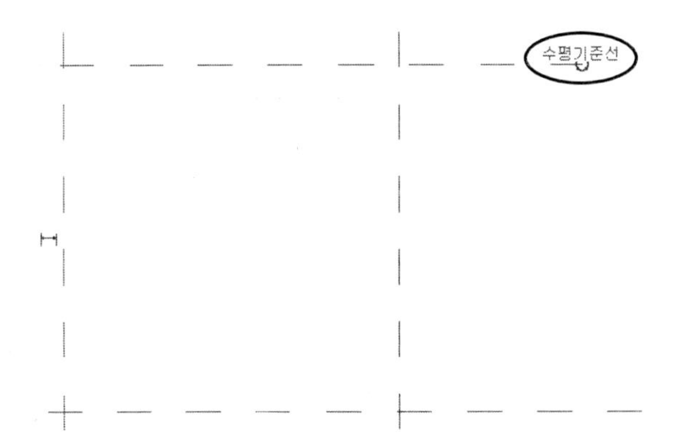

07. 작업 기준면 패널

작업면의 설정과 표시여부를 관리하는 패널입니다.

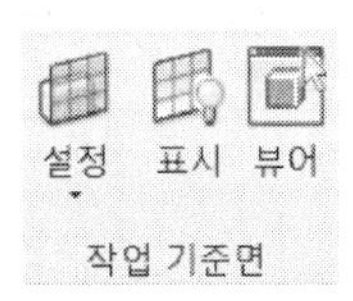

1. 설정(Set)

작업할 기준면을 설정합니다. 패밀리의 형상을 작성할 때 여러 방향에서 요소를 작성하게 됩니다. 돌출이나 회전, 스윕을 할 때 돌출하고자 하는 방향의 수직 방향으로 스케치해야 합니다. 스케치하기 전에 수직 방향의 작업면을 설정해야 합니다.

'설정'을 실행하면 다음과 같은 설정 대화상자가 나타납니다.

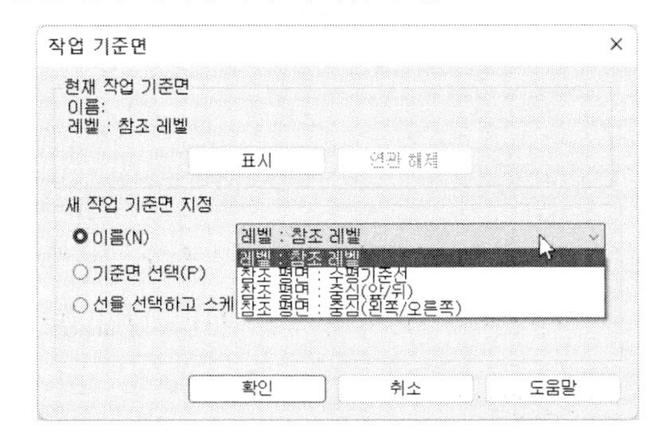

(1) **현재 작업 기준면** : 현재 설정된 작업면의 이름을 표시합니다. [표시] 버튼을 클릭하면 뷰에서 현재의 작업면이 표시됩니다.

(2) **새 작업 기준면 지정** : 새로운 작업면을 지정합니다.

① 이름(N) : 목록에서 사용 가능한 작업면을 선택합니다. 이 목록에는 레벨의 이름, 중심선 및 이름이 붙은 참조평면이 나열됩니다.

② 기준면 선택(P): 마우스로 직접 면을 선택하여 작업 면으로 설정합니다. 벽면, 링크된 Revit 모델의 면, 돌출 면, 레벨, 중심선, 참조면 등 치수 기입이 가능한 모든 면을 선택할 수 있습니다.

③ 선을 선택하고 스케치된 작업 기준면 사용(L) : 선택한 선의 작업면과 동일 평면의 작업면이 작성됩니다. 기존 선분의 작업면과 동일한 작업면을 지정할 때 사용합니다.

설정한 면이 현재 뷰에 대해 수직인 경우, '뷰로 이동' 대화상자가 표시됩니다. 이 대화상자에서는 선택한 작업면에 따라 펼칠 수 있는 뷰 리스트를 표시합니다. 선택한 작업 면에 대해 작업에 용이한 뷰를 선택합니다. 예를 들어, '이름(N)'목록에서 작성한 '수평기준선'을 선택하면 다음과 같이'뷰로 이동'대화상자가 표시됩니다. 대화상자에는 '입면도: 오른쪽'과 '입면도: 왼쪽' 또는 '3D 뷰'를 선택할 수 있습니다. 원하는 뷰를 선택한 후 [뷰 열기]를 클릭합니다.

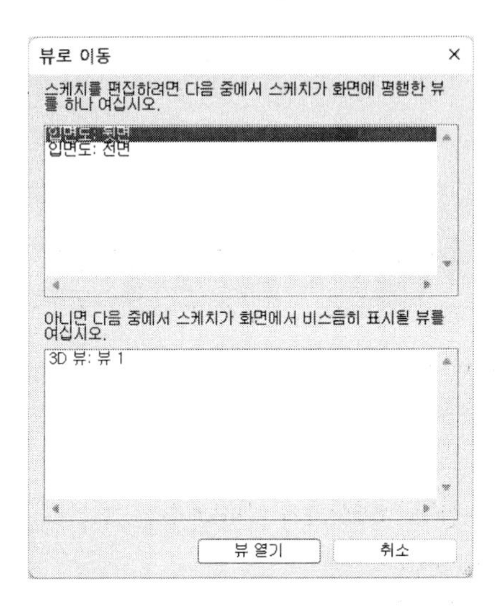

2. 표시(Show)

작업 기준면의 표시여부를 설정합니다. 켜면(ON) 작업면이 뷰에 그리드가 표시됩니다. 작업면을 확인하는데 유용합니다. '표시'를 클릭하면 다음과 같이 작업 면이 표시됩니다.

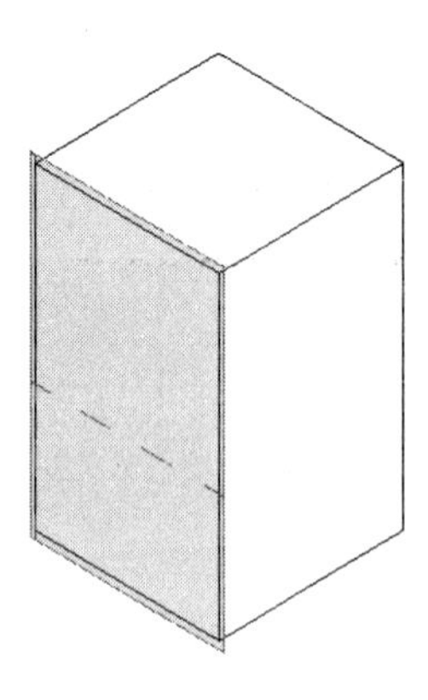

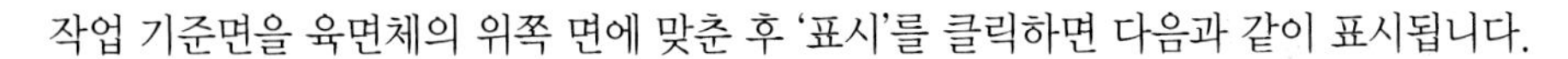

작업 기준면을 육면체의 위쪽 면에 맞춘 후 '표시'를 클릭하면 다음과 같이 표시됩니다.

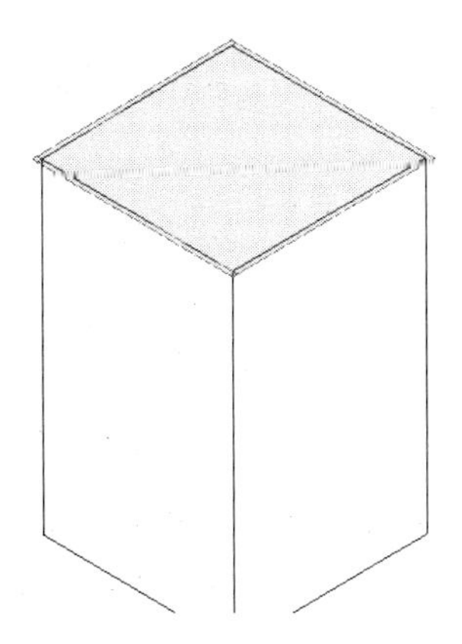

3. Viewer(뷰어)

별도의 창을 띄어 작업면을 표시합니다. 뷰 큐브(ViewCube)를 이용하여 다양한 시점에서 관찰할 수 있습니다.

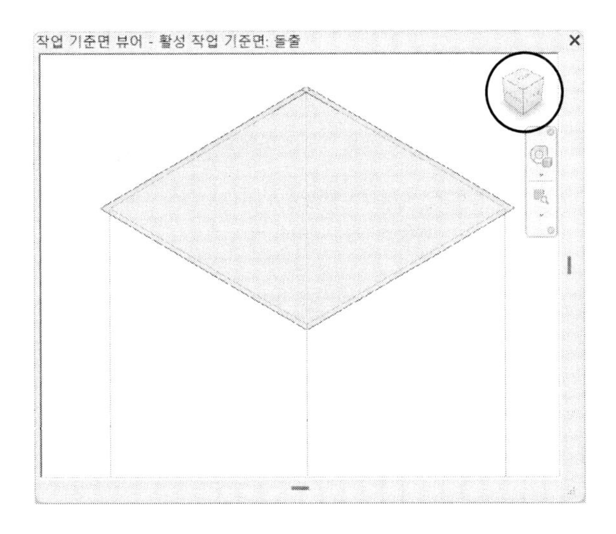

08. 패밀리 편집기 패널

패밀리 편집기에서 작성한 패밀리를 프로젝트로 로드하거나 로드 후 닫습니다.

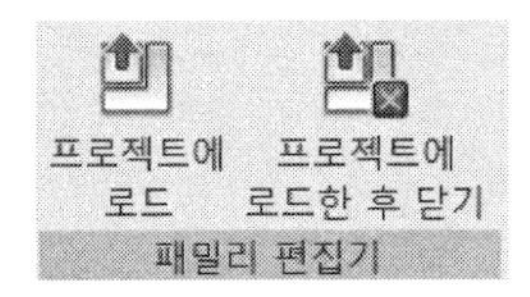

'프로젝트에 로드'를 클릭하면 현재 작성한 패밀리가 프로젝트로 로드됩니다. 신규 패밀리는 프로젝트에서 테스트하여 처음 의도한대로 작성되었는지 확인하는 과정이 필요하며, 기존 패밀리를 수정하여 사용하고자 할 때는 수정한 패밀리를 프로젝트로 이동하여 사용하게 됩니다. 이 기능을 이용하여 프로젝트에 로드합니다.

동일한 이름의 패밀리가 존재한 경우에는 다음과 같은 메시지가 표시됩니다.

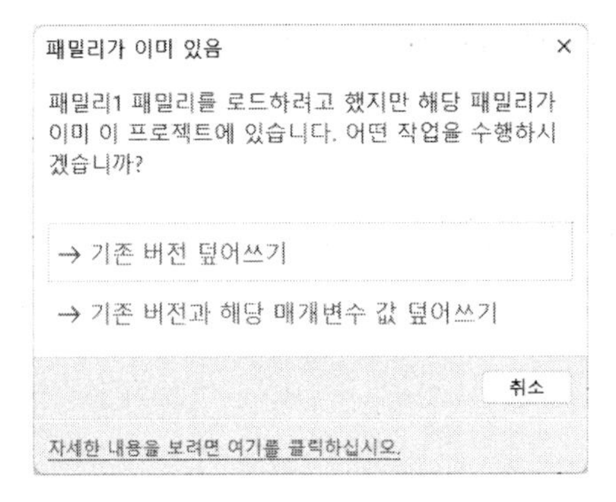

3. 패밀리 작성 실습

패밀리 작성 순서를 알아보고 예제 패밀리를 모델링작성하면서 패밀리 작성법을 익히겠습니다.

01. 패밀리 작성 순서

일반적으로 패밀리는 다음과 같은 순서로 작성합니다. 작성하는 패밀리의 성격이나 작성자의 성향에 따라 순서가 바뀔 수도 있으며 이미 설정되어 있는 경우는 생략할 수 있는 단계도 있을 수 있습니다.

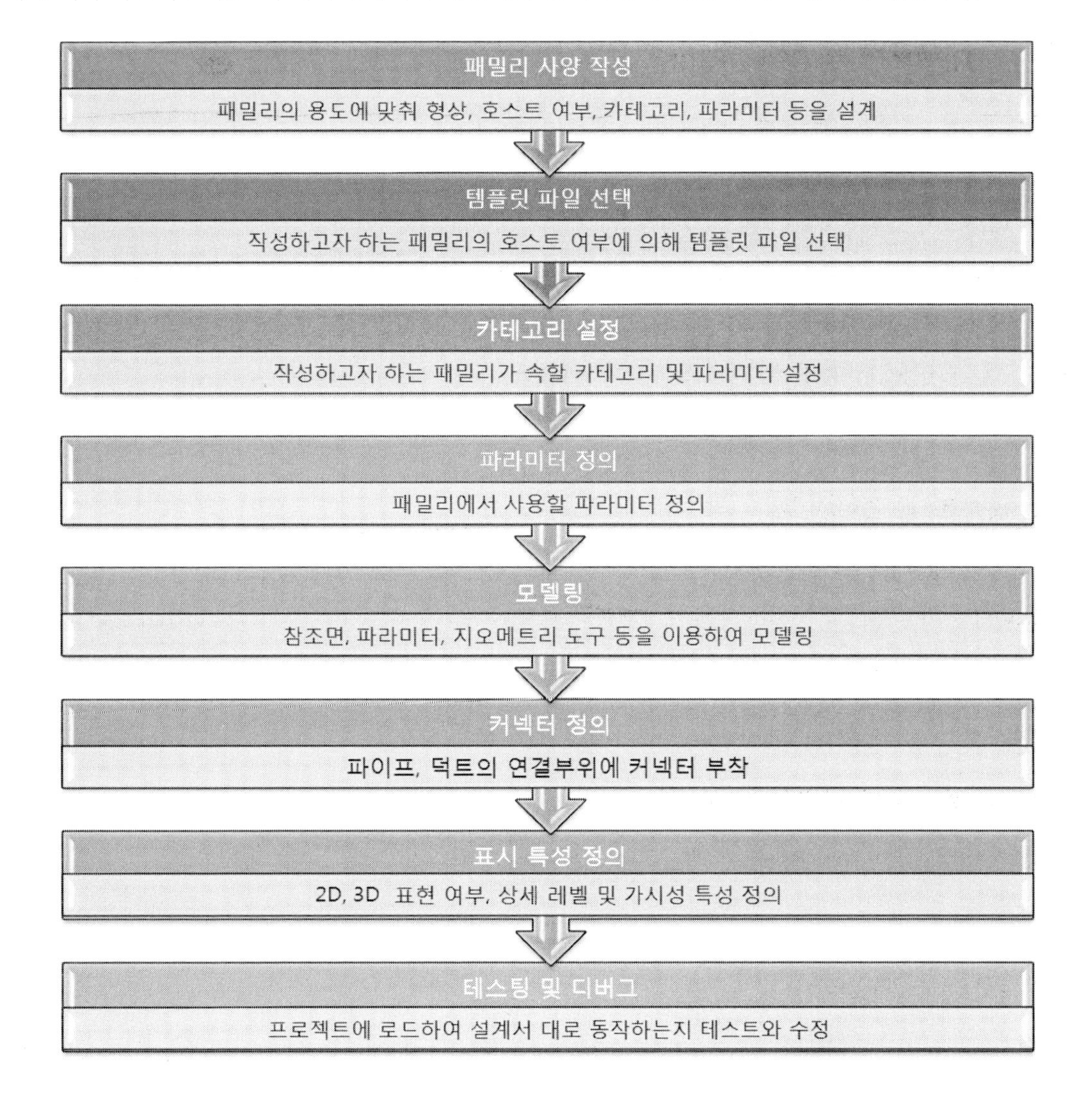

1. 작성할 패밀리의 형상, 카테고리, 매개변수 등 패밀리의 제원(사양)을 작성합니다.

건물로 생각하면 설계에 해당되는 단계로 가장 중요한 부분입니다. 이 단계에서 계획을 잘못하게 되면 다시 수정하거나 재작업을 해야 하는 경우가 발생합니다. 패밀리의 용도 및 기능 등을 잘 고려하여 설계해야 합니다.

2. 패밀리 템플릿 파일을 선택합니다.

작성할 패밀리가 어떤 기반인지 결정하여 템플릿 파일을 선택합니다. 여러 상황을 고려하여 결정해야 합니다. 예를 들어, 벽 부착형 위생기기라 할지라도 반드시 벽(Wall) 기반으로 하지는 않습니다. 건축 모델이 없는 경우는 벽에 부착하지 않고 단독으로 설치될 수도 있기 때문에 베이스가 없는 일반 모델로 작성할 수 있습니다.

3. 패밀리가 속할 카테고리를 정의합니다.

패밀리의 사용 용도에 따라 카테고리를 결정합니다. 여기에서 정의한 카테고리에 의해 용도나 기능이 정해지기도 합니다. 매개변수도 카테고리에 의해 달라집니다. 가시성 관리나 요소의 선택, 물량 집계도 카테고리에 의해 관리할 수 있습니다.

4. 매개변수를 정의합니다.

작성된 패밀리 사양에 맞춰 매개변수(유형 매개변수, 인스턴스 매개변수)를 작성합니다. 매개변수가 필요할 때마다 작성할 수도 있지만 형상(지오메트리)의 작성 중에도 매개변수를 참조할 경우가 있으므로 미리 정의하는 것이 좋습니다.

5. 참조평면을 레이아웃(배치)합니다.

형상을 작성하기 위한 기준선의 역할과 구속조건을 부여하기 위한 참조평면을 배치합니다.

6. 형상을 모델링합니다.

패밀리의 형상을 모델링하고 구속조건을 부여합니다. 요소는 솔리드 형상일 수 있으며 주석 패밀리의 경우는 문자가 될 수도 있습니다. 치수를 부여한 경우 치수에 해당하는 라벨(매개변수)을 지정합니다. 요소의 기능에 따라 매개변수의 값이나 데이터베이스(유형 카타로그, 조회 테이블 등)를 지정하거나 구속조건을 지정합니다.

7. 커넥터를 부착합니다.

MEP의 특징인 배관이나 덕트의 연결구인 커넥터를 부착합니다. 아울러 커넥터의 속성(크기, 유체 종류 등)을 부여합니다.

8. 표시(가시성) 특성을 설정합니다.

상세수준에 따른 가시성을 설정하고 3D 뷰에서의 가시성을 설정합니다.

9. 컴포넌트가 바르게 동작하는지 확인합니다.

중간 테스트 과정으로 모델의 치수나 매개변수 값을 변경하면서 설계한대로 수정되는지 확인합니다.

10. 패밀리를 저장하고 프로젝트에 로드하여 동작을 확인합니다.

완성된 패밀리를 저장하고 프로젝트에서 로드하여 설계대로 동작되는지 확인하는 단계입니다. 단순한 형상이나 배치뿐 아니라 인접한 요소와의 관계, 커넥터의 작동 여부, 접속 여부 및 매개변수 값의 검증까지 치밀하게 테스트해야 합니다.

02. 사무용 책상

사무용 책상 패밀리를 작성합니다. 이 패밀리는 독립적(호스트가 없는)인 패밀리입니다. 간단한 매개변수의 생성과 사용법을 학습하는데 책상 폭을 매개변수로 정의하여 폭을 조정하겠습니다. 매개변수의 이름은 'Width'로 지정합니다.

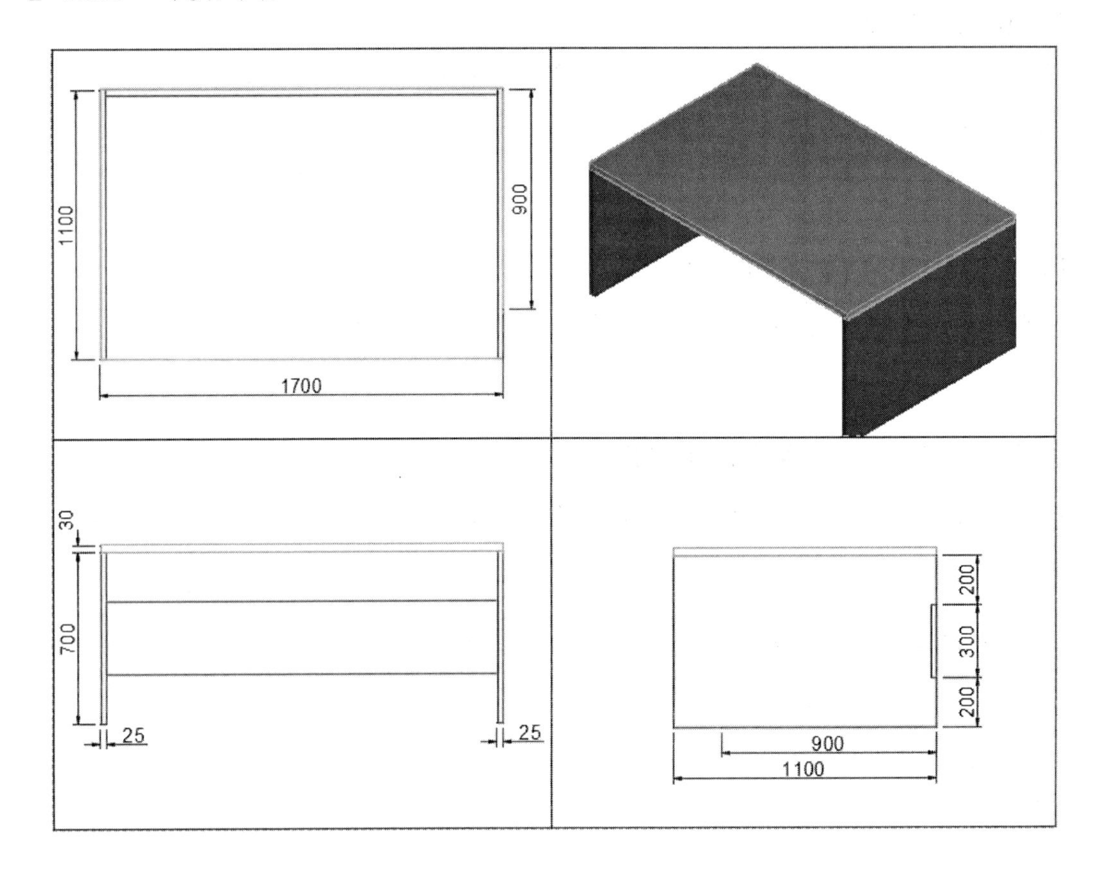

1. 패밀리 편집기 실행 및 템플릿 파일 선택

(1) Revit을 실행한 후, 초기 화면에서 [패밀리]의 [새로 작성]을 클릭합니다. 또는, 파일 메뉴에서 [새로 작성]-[패밀리]를 클릭합니다.

(2) '템플릿 파일 선택' 대화상자에서 패밀리 템플릿 파일을 선택합니다. 여기에서는 '미터법 가구.rft'를 선택합니다.

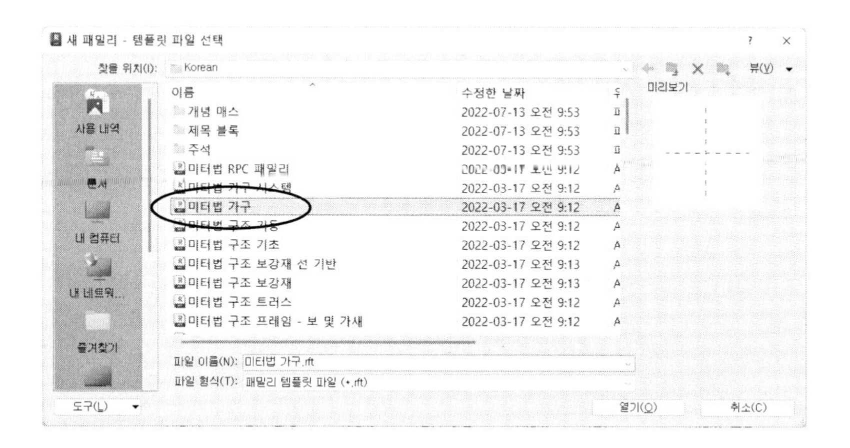

2. 카테고리를 지정

패밀리가 속한 카테고리를 지정합니다.

(1) '작성-특성-패밀리 카테고리 및 매개변수'를 클릭합니다.

(2) 대화상자에서 '패밀리 카테고리'목록에서 '가구'를 선택합니다. 템플릿 파일(미터법 가구.rft) 선택에 의해 이미 '가구' 카테고리가 설정되어 있습니다.

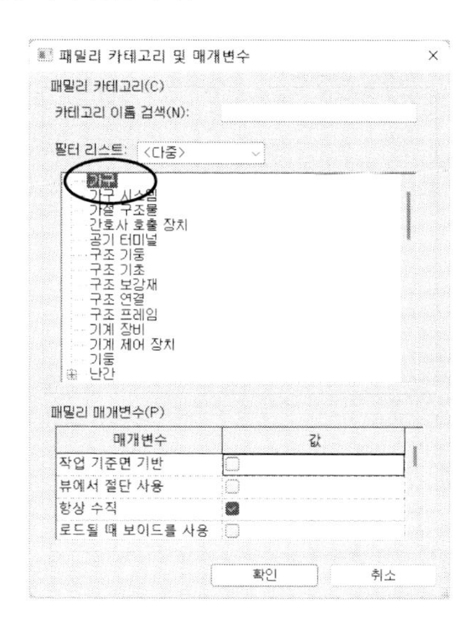

패밀리 매개변수 중 '공유' 매개변수는 내포된 패밀리의 경우(패밀리 안에 삽입된 패밀리) 내포된 패밀리의 수를 집계할 경우에 체크합니다. 체크를 하면 별도로 수량 집계를 할 때 내포된 패밀리를 별도로 집계합니다.

3. 매개변수 정의

매개변수를 정의합니다. 여기에서는 책상 폭(매개변수 이름: Width)을 정의합니다.

(1) '작성-특성-패밀리 유형'을 클릭합니다. 매개변수를 추가하려면 '패밀리 유형' 대화상자에서 '새 매개변수'를 클릭합니다.

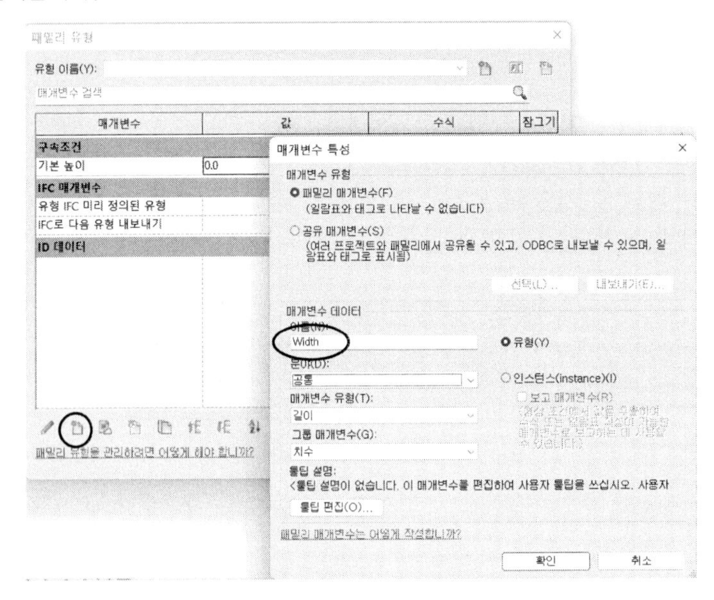

(2) '매개변수 특성' 대화상자에서 매개변수를 정의한 후 [확인]을 클릭합니다. 다음과 같이 정의합니다.

항목 이름	값
매개변수 유형	패밀리 매개변수(F)
이름(N)	Width
전문 분야(D)	공통
매개변수 유형(T)	길이
매개변수 그룹(G)	치수
유형 / 인스턴스	유형(Y)

다음과 같이 매개변수 'Width'가 작성됩니다.

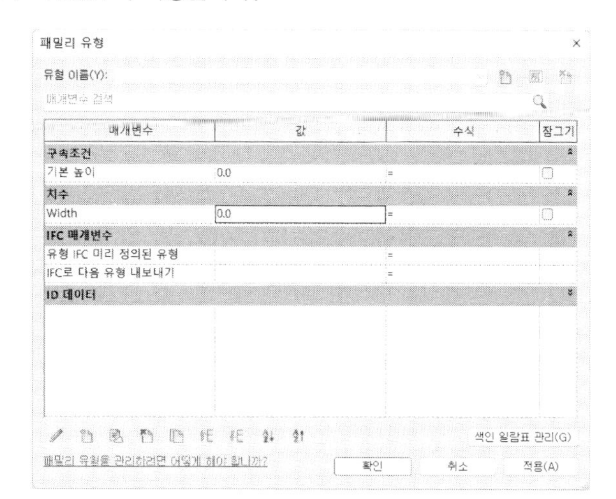

4. 참조평면 레이아웃 및 모델링

형상을 모델링합니다. 도면에 맞추어 참조평면을 작성해 모델링합니다.

(1) '작성–기준–참조평면'을 클릭합니다. '수정|배치 참조평면–그리기–'선 선택'을 클릭합니다.

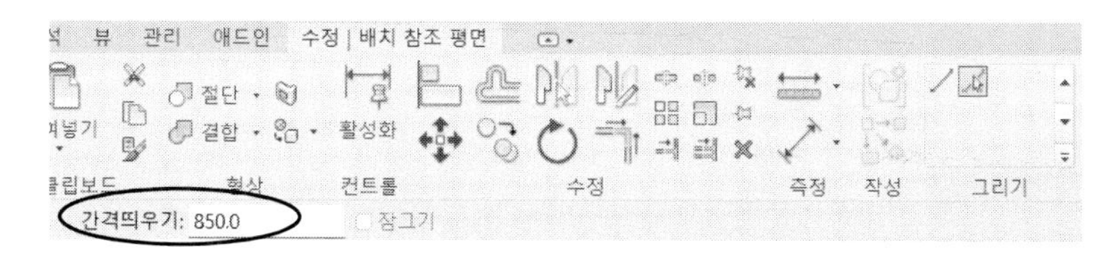

옵션바에서 '간격띄우기' 값을 '850'으로 설정합니다. 마우스 커서를 수직 참조평면 근처에 가면 다음과 같이 점선으로 표시됩니다. 왼쪽 방향으로 맞추면 왼쪽에 점선이 표시됩니다. 점선(가상 참조평면)이 표시되었을 때 클릭합니다.

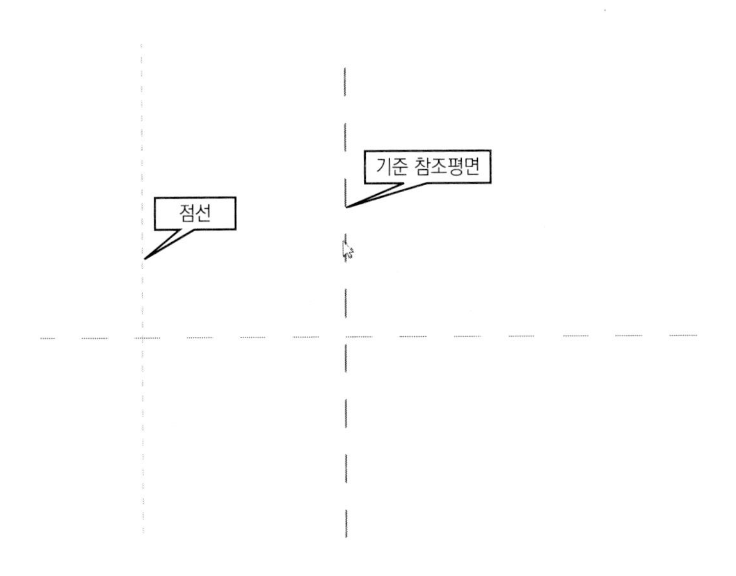

(2) 다음과 같이 왼쪽, 오른쪽에 두 개의 참조평면을 작성합니다.(850 + 850 = 1700)

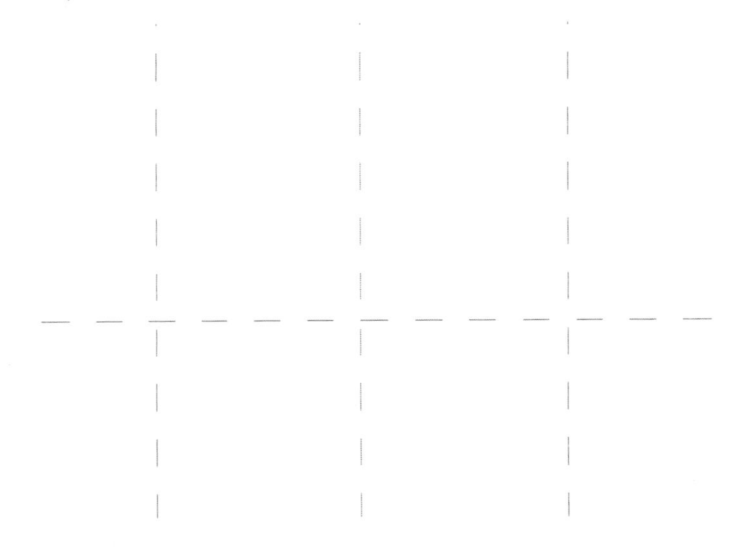

(3) '간격띄우기' 값을 '1100'을 설정하고 수평선의 아래쪽을 클릭합니다.

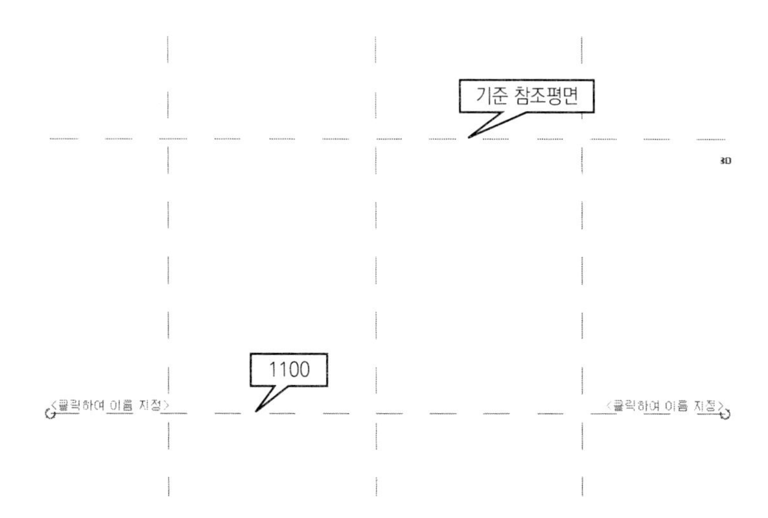

(4) 치수를 기입합니다. [주석]–[치수] 패널에서 '정렬'을 클릭합니다.

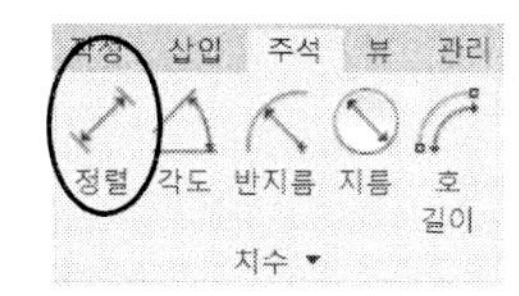

왼쪽의 참조평면을 지정합니다. 오른쪽 참조평면을 지정합니다. 치수선의 위치를 지정합니다.

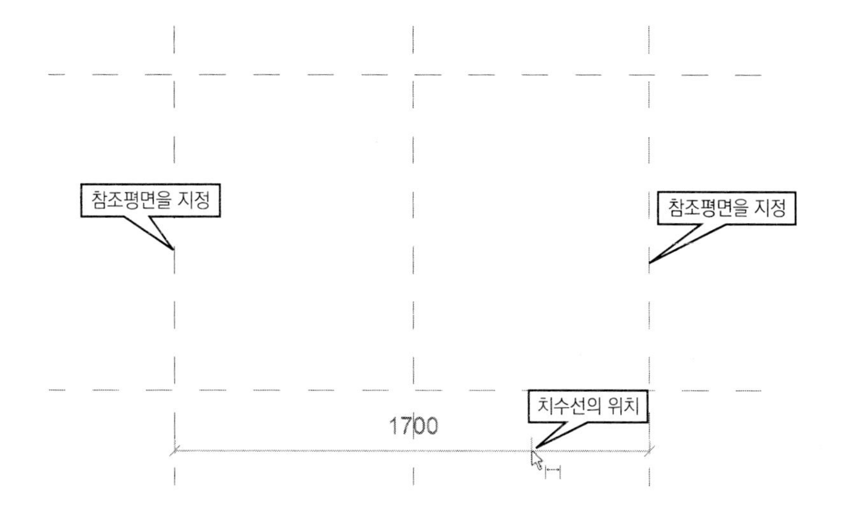

다음과 같이 치수가 작성됩니다.

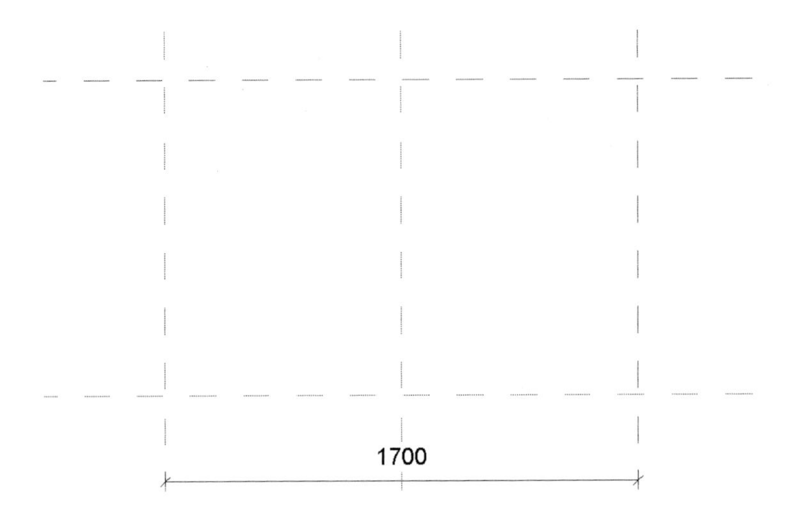

(5) 다음은 크기를 균일하게 유지되도록 설정하기 위해 치수를 작성합니다. '정렬' 치수 기능을 실행한 후 1 → 2 → 3 → 4의 순서로 지정하면 다음과 같이 치수가 나타나면서 EQ 가 표시됩니다.

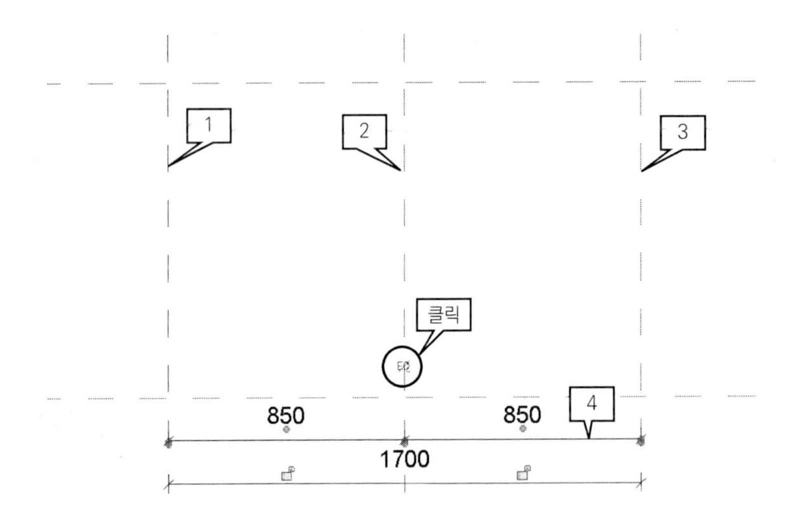

이때 EQ 을 클릭합니다. 그러면 다음과 같이 치수가 되면서 'EQ'가 표시됩니다. 이렇게 함으로써 'EQ'가 표기된 부분은 항상 동일한 크기를 유지합니다. 만약 폭을 '1700'에서 '2000'으로 변경하면 각 '1000'씩 균등하게 유지됩니다.

치수를 기입할 때 나타나는 자물쇠 마크(,)는 치수의 구속여부를 설정합니다. 잠긴 치수는 잠금을 해제할 때까지 변경할 수 없습니다.

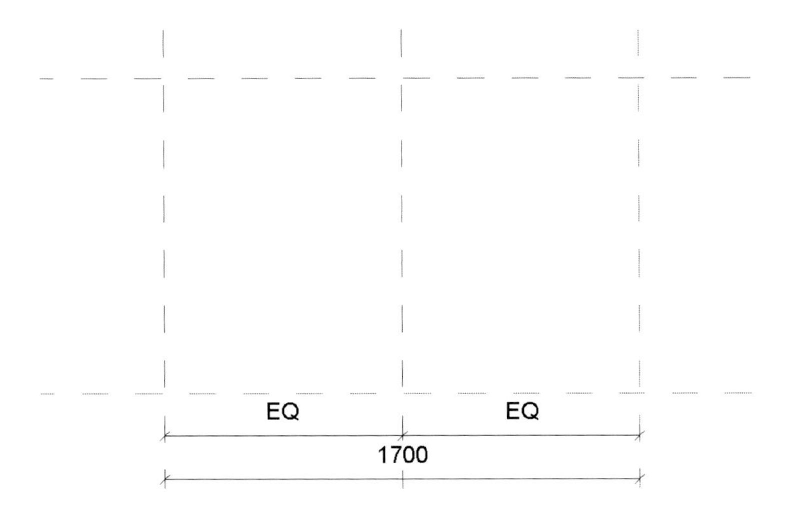

(6) 동일한 방법으로 다음과 같이 참조평면을 작성하고 치수를 기입합니다.

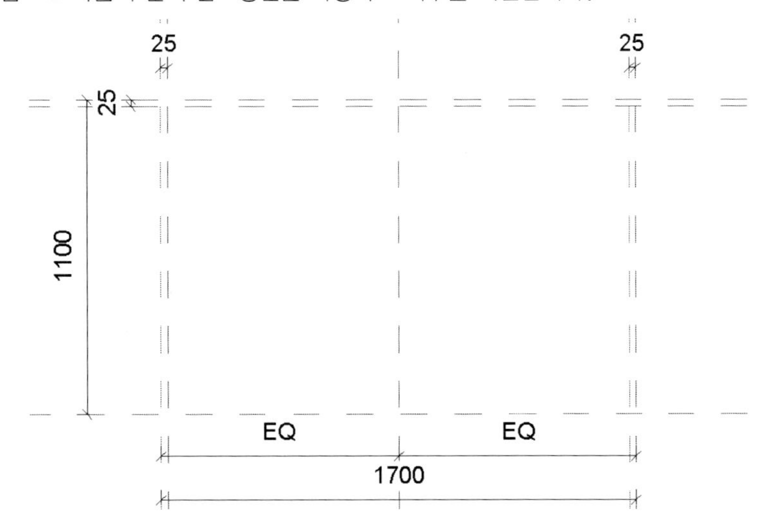

(7) 책상의 다리 부분을 모델링합니다. '작성-양식-돌출 '을 클릭합니다. '다음과 같이 [수정|돌출 작성] 탭이 표시됩니다.

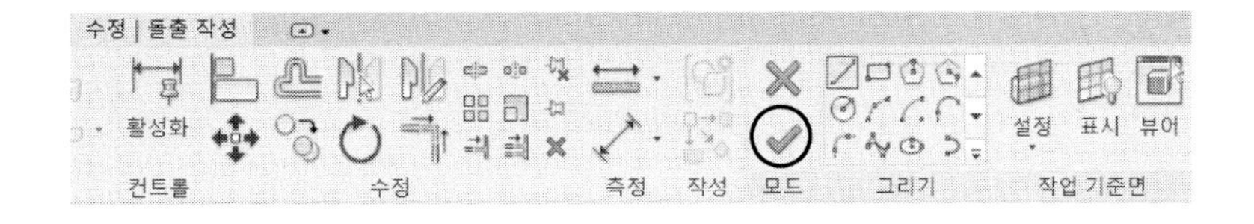

'그리기' 패널에서 '직사각형 '을 클릭합니다. 옵션바에서 '깊이'의 값을 다리 높이인 '700'으로 설정하고 시작점과 끝점을 지정합니다. 사각형과 참조평면에 있는 자물쇠 마크를 클릭하여 잠급니다. '편집 모드 완료 '를 클릭합니다.

객체를 작성할 때 나타나는 자물쇠 마크(,)는 객체와 참조평면을 구속 여부를 설정합니다. 잠금이 되면 참조평면의 이동(치수의 변동)에 따라 객체도 이동됩니다.

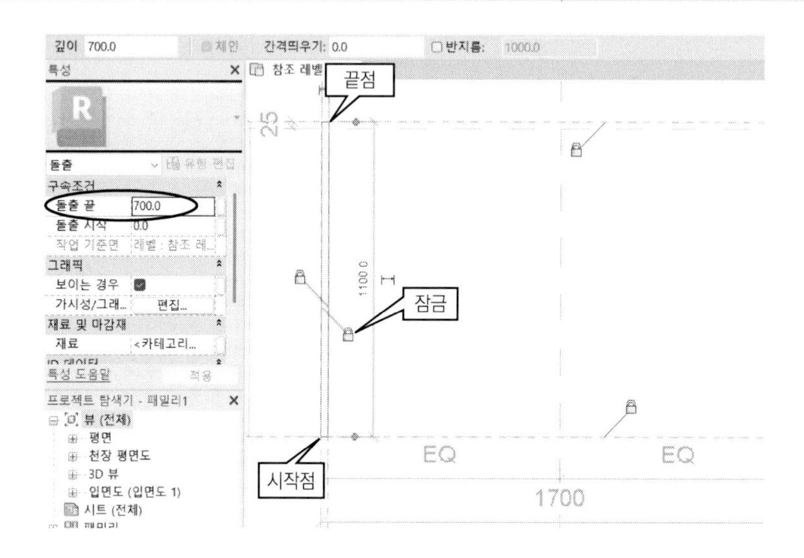

3D 뷰(프로젝트 탐색기에서 [뷰(전체)]-[3D 뷰]-[뷰 1])로 표현하면 다음과 같이 모델링 된 것을 확인할 수 있습니다.

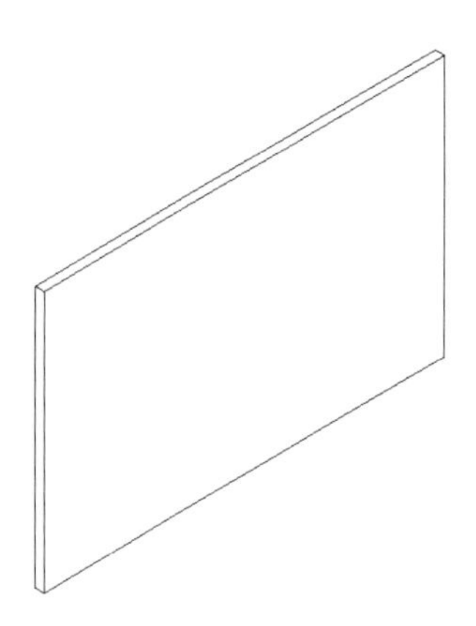

(8) (7)과 동일한 방법으로 반대편 책상 다리를 모델링합니다. '복사' 기능을 이용하여 복사를 해도 동일한 결과가 됩니다.

돌출 명령을 실행한 후 양쪽 다리의 프로파일을 동시에 작성한 후 돌출하면 한 번에 작성됩니다.

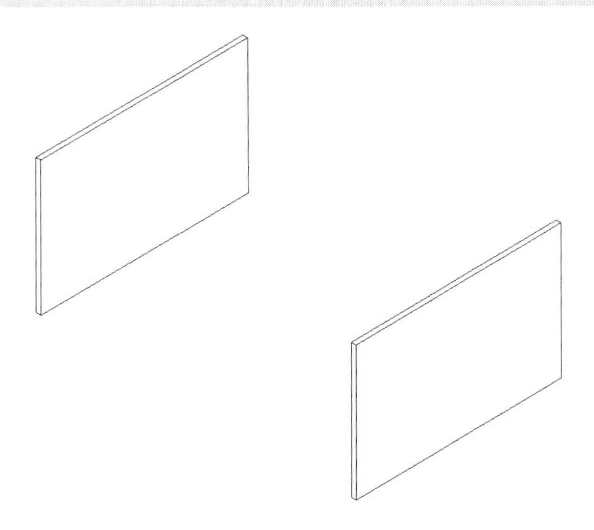

(9) 다리의 연결판을 작성합니다. 프로젝트 탐색기에서 [뷰(전체)]-[입면도]-[(입면도 1)]-[뒷면]을 더블클릭합니다. 뒷면이 나타나면 '참조평면(작성-기준-참조평면) ' 기능을 이용하여 다음과 같이 아래에서 '200'과 '300' 거리에 참조평면을 작성합니다.

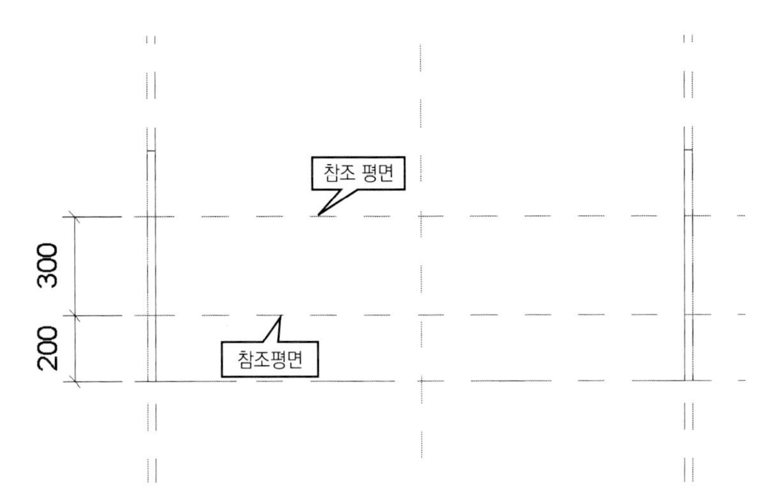

(10) '작성-양식-돌출'을 클릭합니다. '수정|돌출 작성-그리기' 패널에서 '직사각형'을 클릭합니다. 옵션바에서 '깊이'의 값을 판 두께인 '25'로 설정하고 다음과 같이 시작과 끝점을 지정합니다. '편집 모드 완료 ✔'를 클릭합니다.

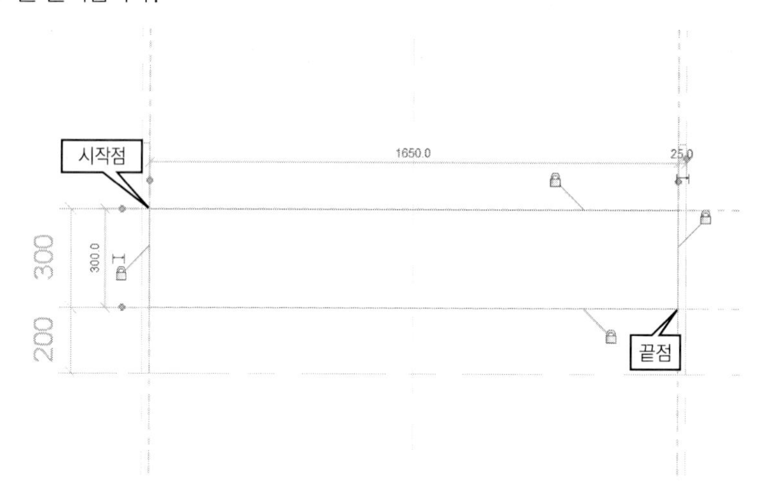

다음과 같이 두 다리를 연결하는 판이 모델링됩니다.

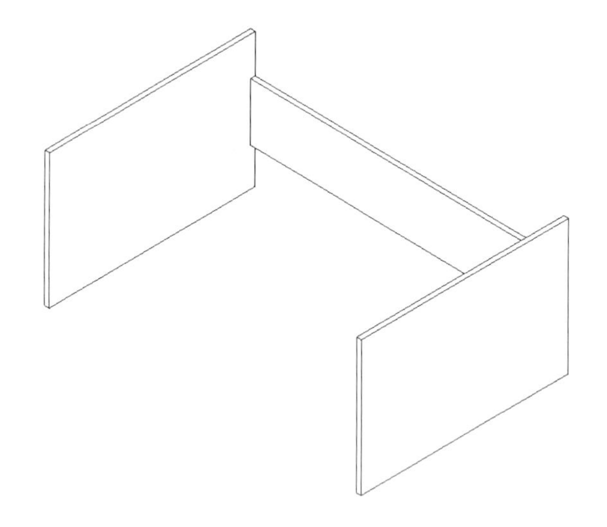

(11) 책상 상판을 모델링합니다. 모델링 전에 작업 기준면을 설정합니다.
프로젝트 탐색기에서 [뷰(전체)]-[입면도(입면도 1)]-[전면]을 더블클릭합니다.
'참조평면' 기능으로 다음과 같이 상판을 작성할 참조평면을 작성합니다. '참조평면' 기능을 실행한 후 '선 선택'을 클릭하여 다리의 윗면을 지정합니다. 참조 평면에 나타난 원을 드래그하여 다음과 같이 양쪽으로 연장합니다.

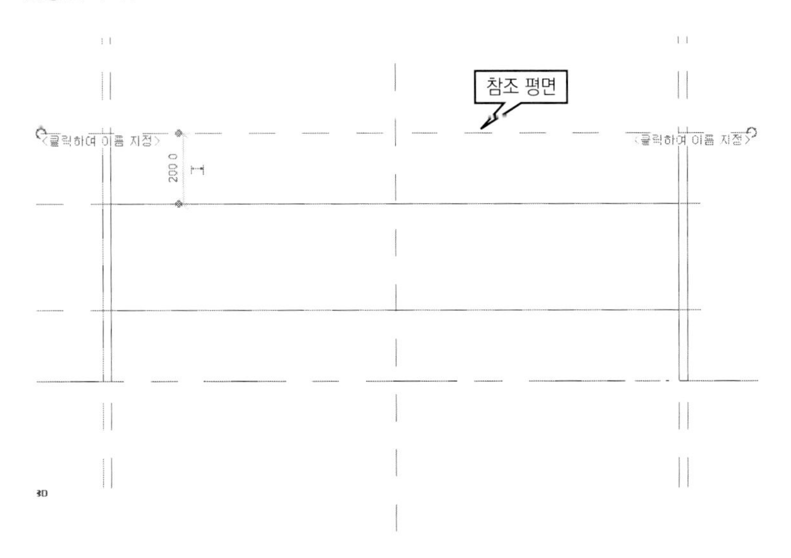

(12) 작업 기준면을 설정합니다. '작성-작업면-설정'을 클릭합니다.

'작업 기준면' 대화상자에서 '기준면 선택(P)'을 클릭한 후 [확인]을 클릭합니다.

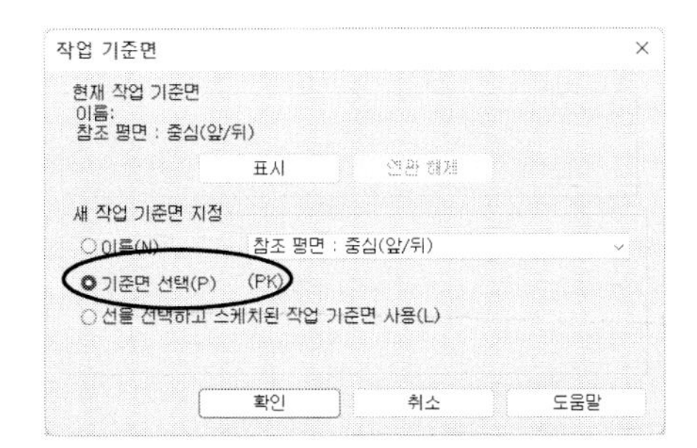

상판을 작성할 참조평면을 선택하면 다음과 같이 '뷰로 이동' 대화상자가 표시됩니다. '평면도: 참조 레벨'을 선택하고 [뷰 열기]를 클릭합니다. 평면도로 이동합니다.

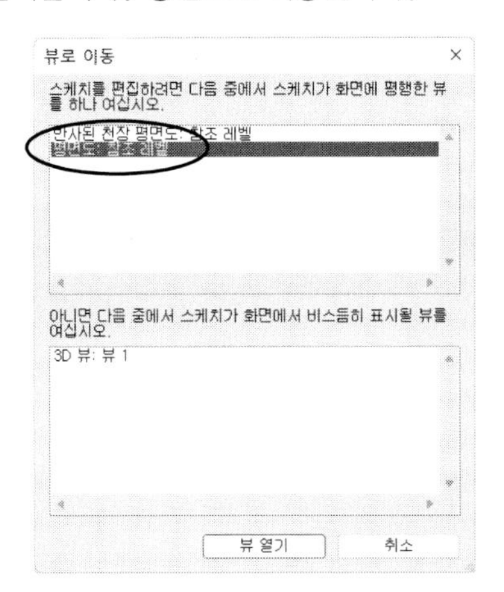

(13) 책상의 상판을 모델링합니다. '돌출' 기능을 실행합니다. '작성-양식-돌출 '을 클릭합니다.
'수정|돌출 작성-그리기-직사각형 '을 클릭합니다. 상판의 형상을 따라 직사각형을 작성합니다.

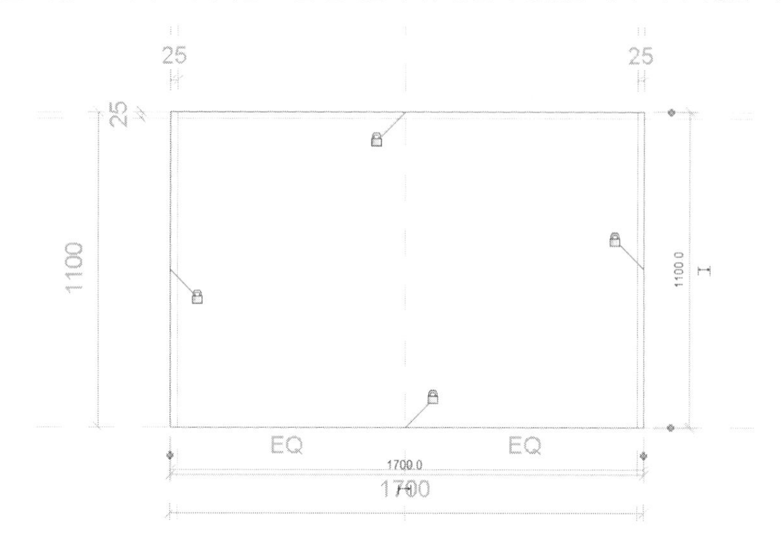

돌출 프로파일이 작성되면 옵션바에서 '깊이' 값 '30'을 입력하고 '편집 모드 완료 '를 클릭합니다. 다음과 같이 책상 모양이 완성되었습니다.

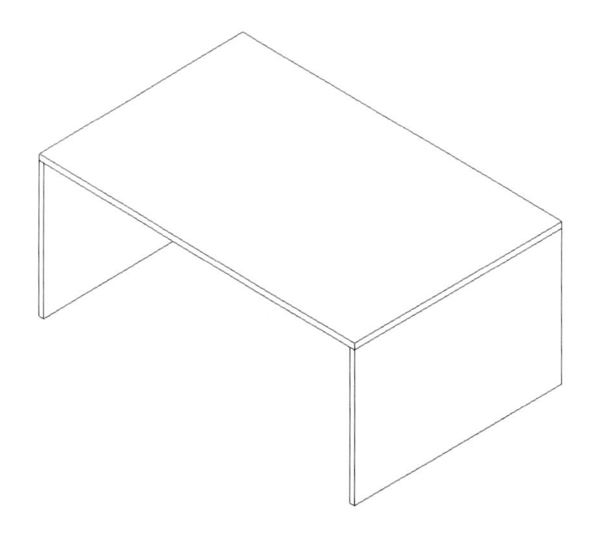

5. 치수를 매개변수와 연관

매개변수를 작성하여 치수와 연관하는 방법을 설명합니다. 책상 폭을 바꿔보겠습니다. 정의해 둔 매개변수 'Width'를 사용하여 책상 폭의 길이를 조정합니다.

여기에서는 매개변수를 먼저 작성해 두었지만 매개변수가 필요할 때 정의해도 됩니다.

(1) 프로젝트 탐색기에서 [뷰(전체)]-[평면]-[참조 레벨]을 더블클릭하여 평면뷰를 펼칩니다. 치수 '1700'에 매개변수를 할당합니다. 먼저, 폭 치수 '1700'을 클릭합니다. '수정|치수-레이블 치수-레이블'을 클릭하면 리스트에 매개변수 'Width = 0'이 있습니다.

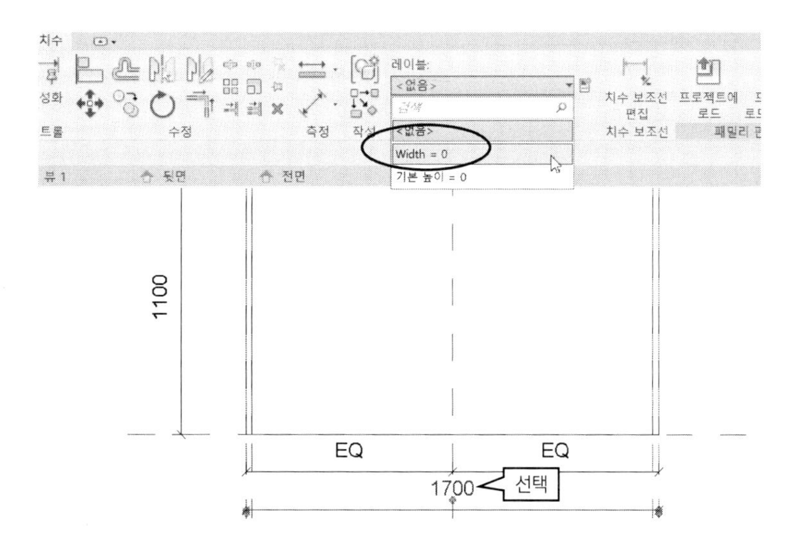

(2) 리스트에서 'Width = 0'을 선택합니다. 그러면 치수가 'Width = 1700'으로 바뀝니다. 특성 팔레트의 '레이블'에도 'Width'가 표시됩니다.

여기에서는 리본 메뉴에서 매개변수를 지정했지만 특성 팔레트에서 '레이블' 값으로도 지정할 수 있습니다.

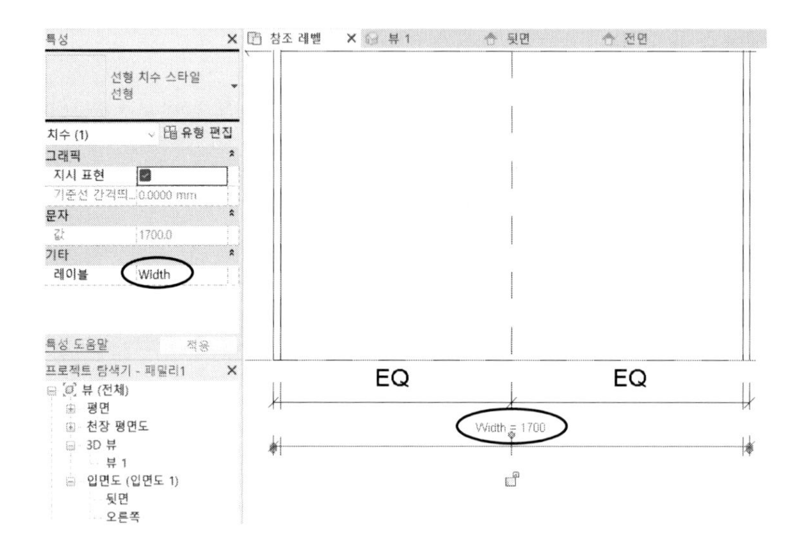

(3) 매개변수의 값을 조정해보겠습니다. '작성-특성-패밀리 유형'을 클릭합니다. '패밀리 유형' 대화상자에서 매개변수 'Width' 값을 '2000'으로 지정합니다. 그러면 책상 폭이 '2000'으로 바뀝니다. 이러한 매개변수를 사용하면 크기를 자유롭게 바꿀 수 있습니다.

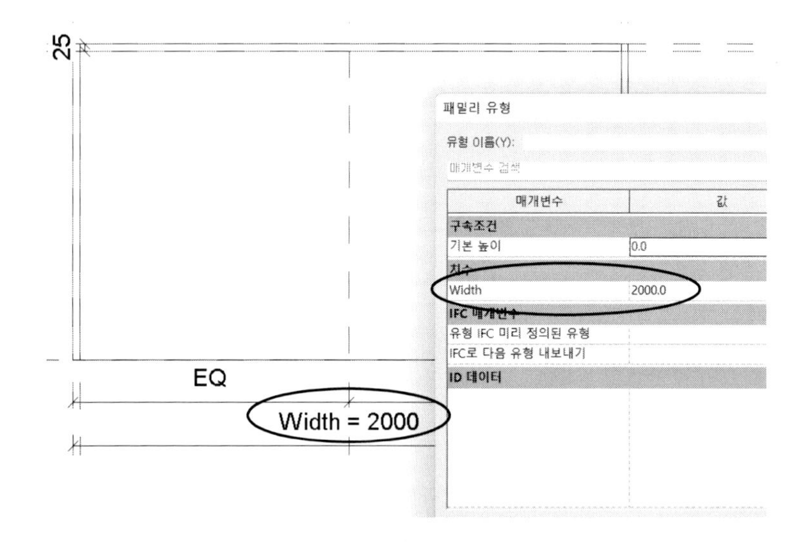

6. 재료 설정

재료를 설정합니다. 여기에서는 재료 매개변수를 작성하여 이 매개변수에 재료를 정의하는 방법을 설명합니다.

(1) '관리–설정–재료'를 클릭합니다. 다음과 같은 '재료' 대화상자가 표시됩니다.

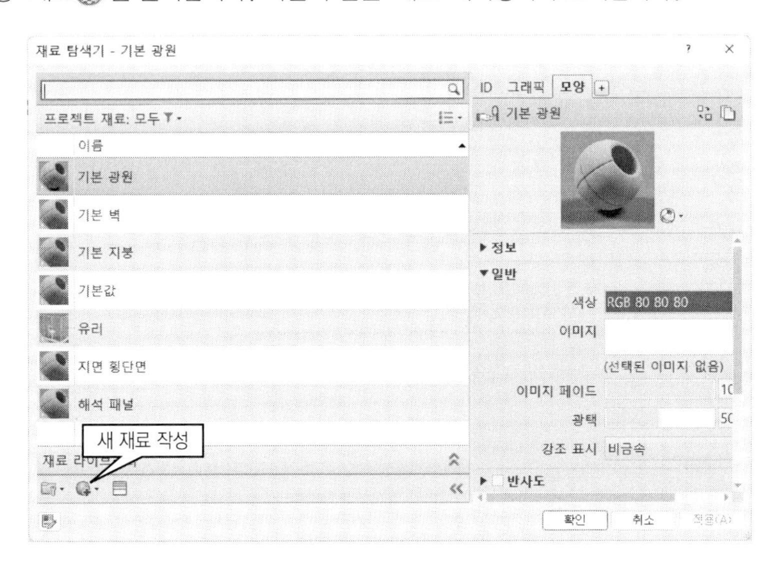

(2) 새로운 재료를 작성합니다. 대화상자의 하단에 있는 '새 재료 작성' 아이콘을 클릭합니다. 그러면 '기본 값 새 재료'라는 재료가 작성됩니다. 마우스 오른쪽 버튼을 클릭한 후 '이름 바꾸기'를 선택한 후 새 이름(예: 책상_상판)을 입력합니다.

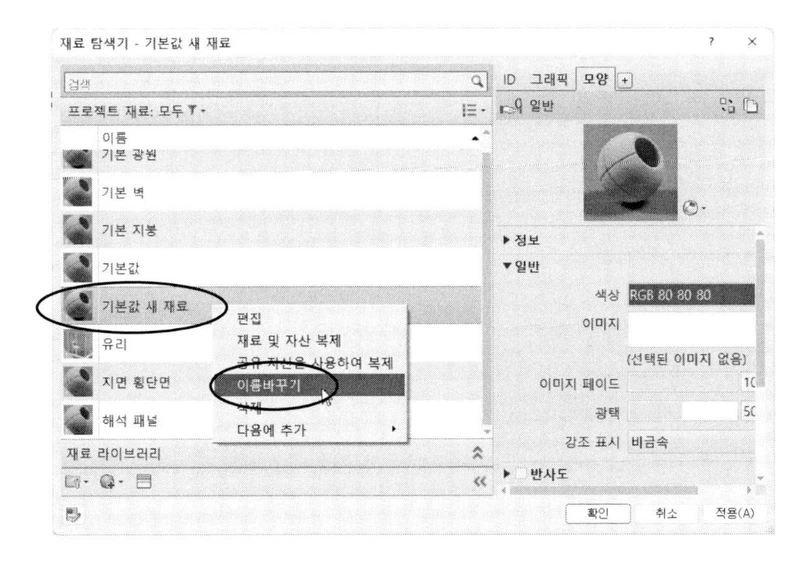

(3) '모양'탭을 선택한 후 ' 자산 대치'를 클릭합니다. 맵소스 탐색기의 모양 라이브러리에서 자산(목재)을 선택하고 '대체'를 클릭합니다.

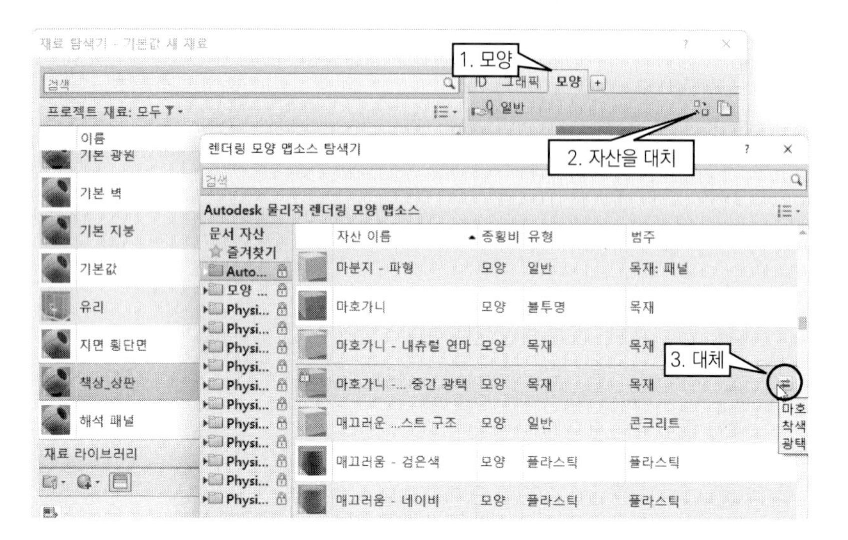

(4) '그래픽'탭을 선택합니다. '렌더 모양 사용'을 체크합니다. 필요에 따라 음영 처리, 표면 패턴, 절단 패턴 등을 설정합니다.

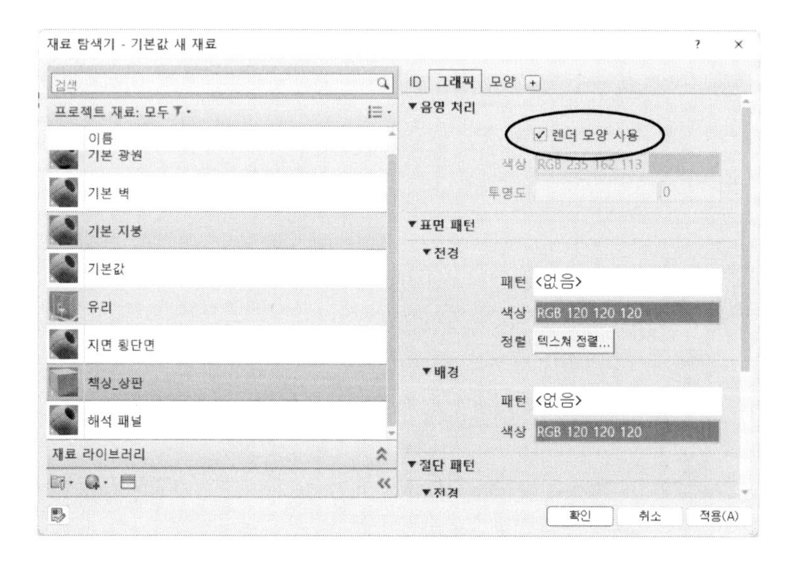

(5) 프로젝트에서 재료를 적용하기 위해 매개변수를 작성합니다. '작성-특성-패밀리 유형'을 클릭합니다. '패밀리 유형' 대화상자에서 '새 매개변수'를 클릭합니다. 매개변수(예: Mat_desk01)을 작성합니다.

'분야'는 '공통', '매개변수 유형'은 '재료', '그룹 매개변수'는 '재료 및 마감재'로 설정합니다. 매개변수(Mat_desk01)가 생성되었으면 [확인]을 클릭합니다.

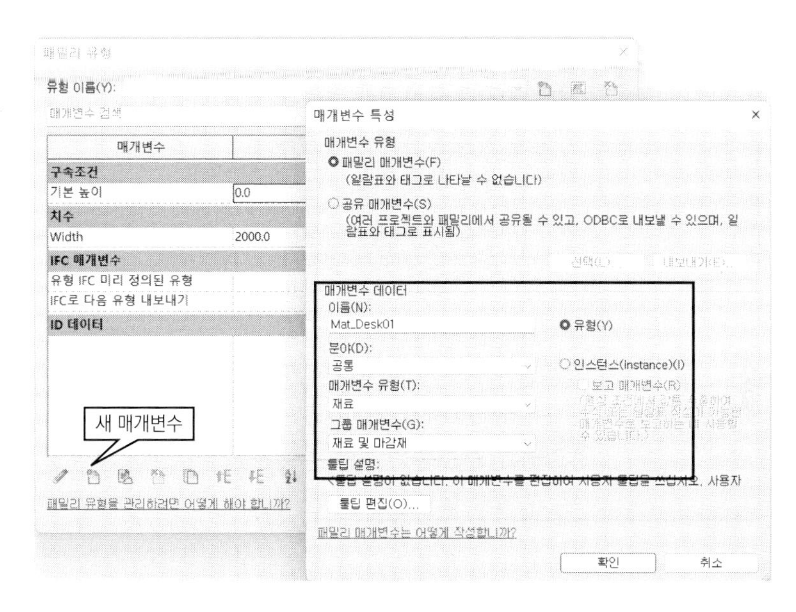

(6) '패밀리 유형' 대화상자에서 매개변수(Mat_desk01) 값 '〈카테고리〉'의 [...]를 클릭합니다. 재료 탐색기에서 정의하고자 하는 재료(예: 책상_상판)를 선택합니다.

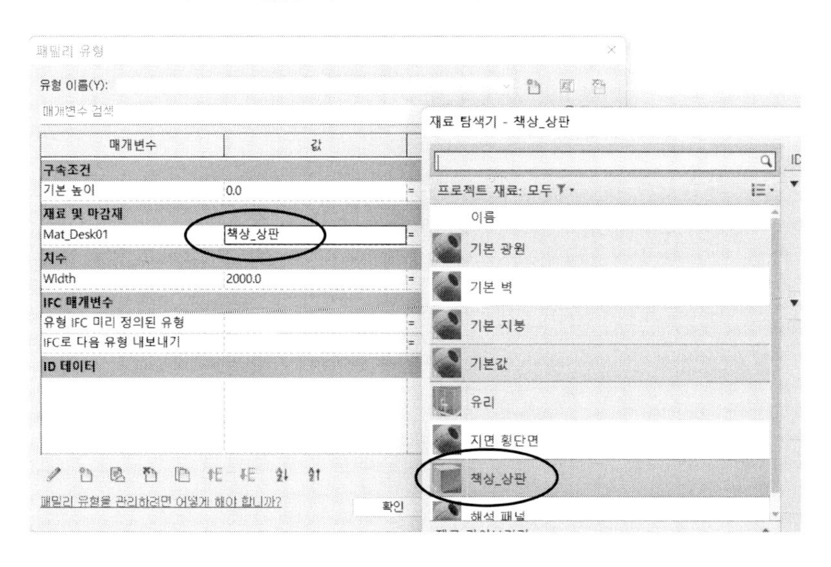

(7) 동일한 방법으로 책상의 다리 재료(예: Mat_desk02, 재료 명: 책상_다리)를 정의합니다. 정의가 끝나면 [확인]을 클릭합니다.

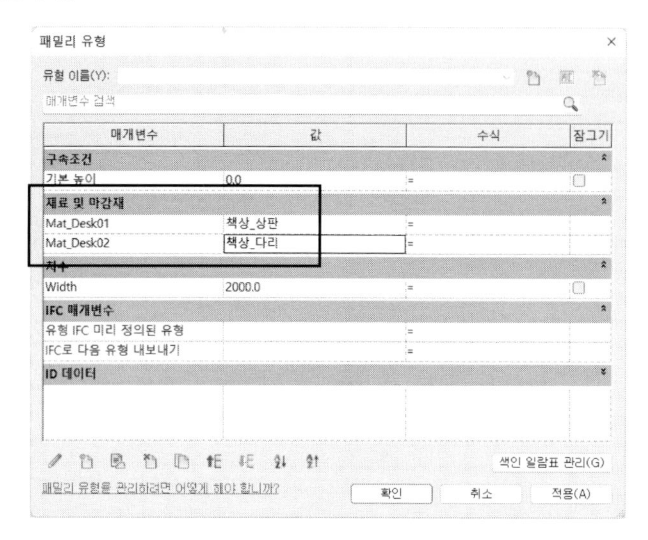

(8) 각 솔리드 요소(모델)에 재료를 적용합니다. 모델에서 책상 상판을 선택한 후 특성 팔레트의 '재료'값의 ...을 클릭합니다. '패밀리 매개변수 연관' 대화상자의 매개변수 리스트에서 'Mat_desk01'를 선택합니다.

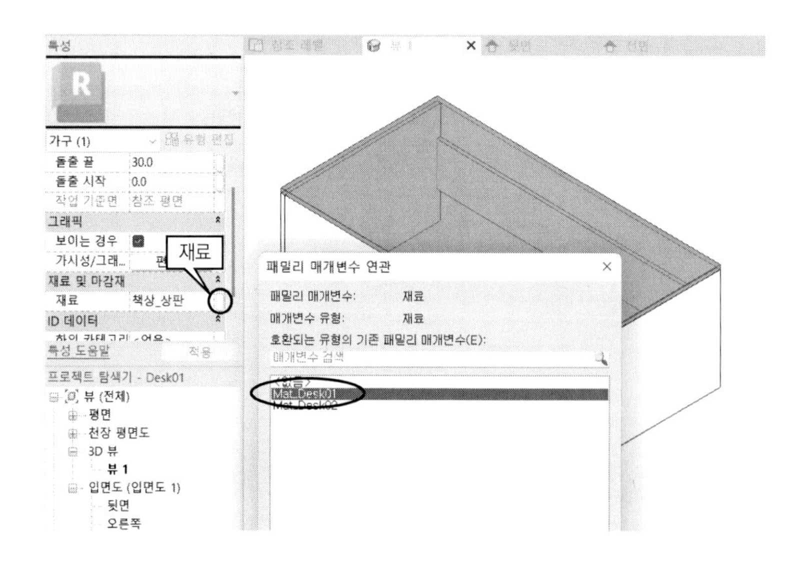

(9) 동일한 방법으로 다리 부분의 재료(Mat_desk02)를 설정합니다.

재료를 적용해도 화면에 반영되지 않는 경우는 비주얼 스타일의 문제입니다. 뷰 조절 막대에서 '비주얼 스타일'을 '사실적 '으로 설정합니다.

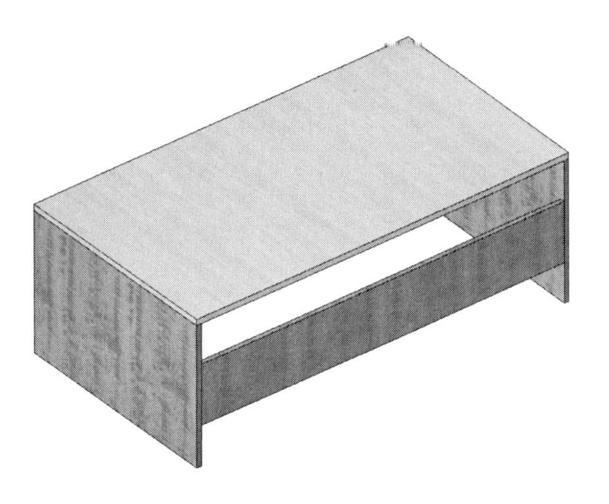

7. 파일 저장 및 테스트

패밀리 작성이 끝나면 파일을 저장하고, 프로젝트 에디터에서 테스트합니다.

테스트 작업 단계마다 테스트도 필요합니다. 예를 들어, 매개변수를 작성하여 적용 할 때도 제대로 작동하는지 테스트하면서 진행합니다. 마지막 테스트 단계에서 문제가 발견되고 나서 수정하려면 복잡하고 시간이 걸리기 때문입니다.

(1) 생성된 패밀리를 '다른 이름으로 저장'기능으로 저장(예: Desk01.rfa)합니다. 저장할 때는 패밀리를 로드할 때 미리보기 뷰에서 보기 쉽게하기 위해 3D 뷰를 펼쳐 놓은 상태에서 저장합니다.

(2) 테스트하기 전에 다음과 같이 건축 프로젝트 파일을 열거나 신규 프로젝트를 펼칩니다.

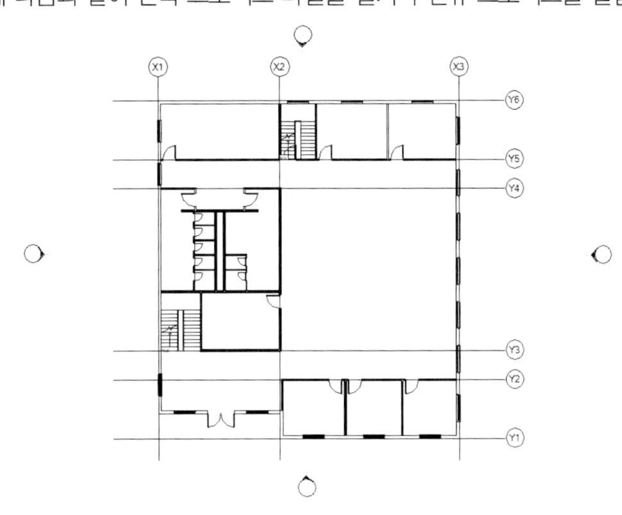

(3) 패밀리 편집기에서 '작성-패밀리 편집기-프로젝트에 로드'를 클릭합니다. 또는, 프로젝트 편집기에서 '삽입-라이브러리에서 로드-패밀리 로드'를 클릭합니다.

다음과 같이 작성된 사무용 책상 패밀리가 프로젝트에 로드됩니다.

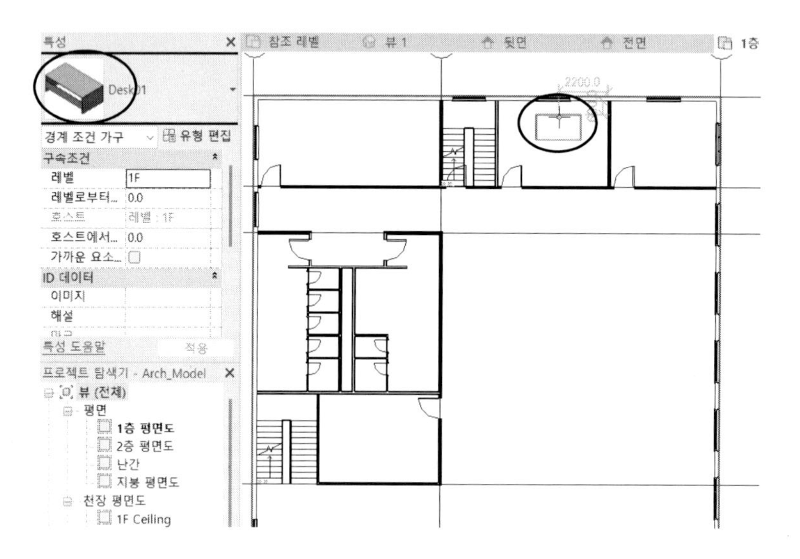

(4) 배치 장소를 결정하여 클릭합니다. 다음과 같이 배치됩니다.

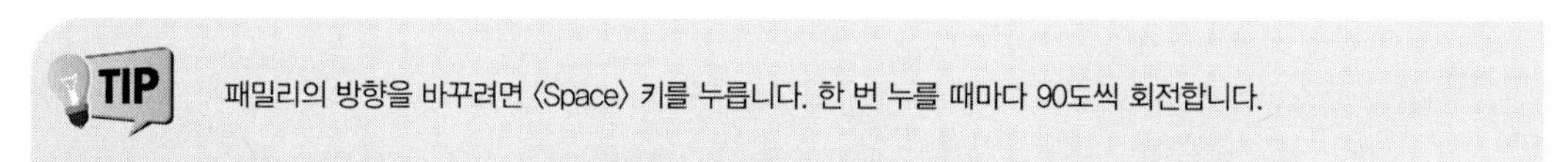

패밀리의 방향을 바꾸려면 <Space> 키를 누릅니다. 한 번 누를 때마다 90도씩 회전합니다.

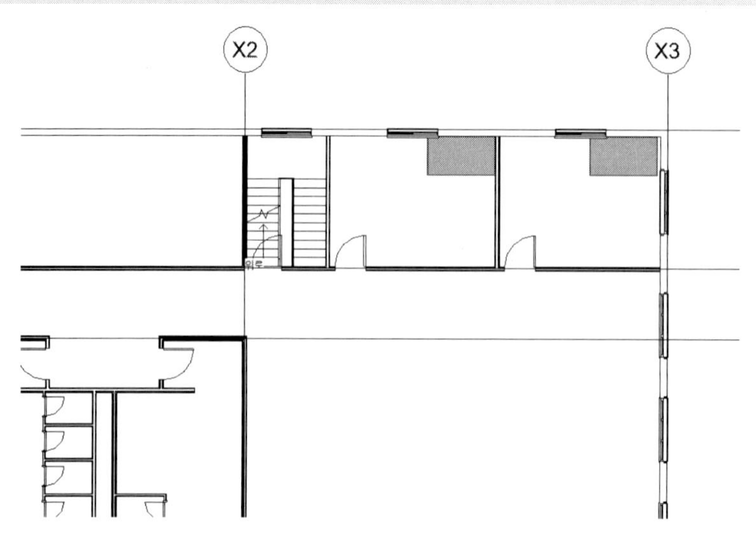

(5) 책상 폭(Width)을 수정해보겠습니다. 배치된 책상을 클릭한 후 특성 팔레트에서 [유형 편집]을 클릭합니다.

'유형 특성' 대화상자에서 'Width' 값을 '2500'으로 수정하고 [적용] 버튼을 누릅니다. 책상 폭이 '2500'으로 수정되는 것을 확인합니다.

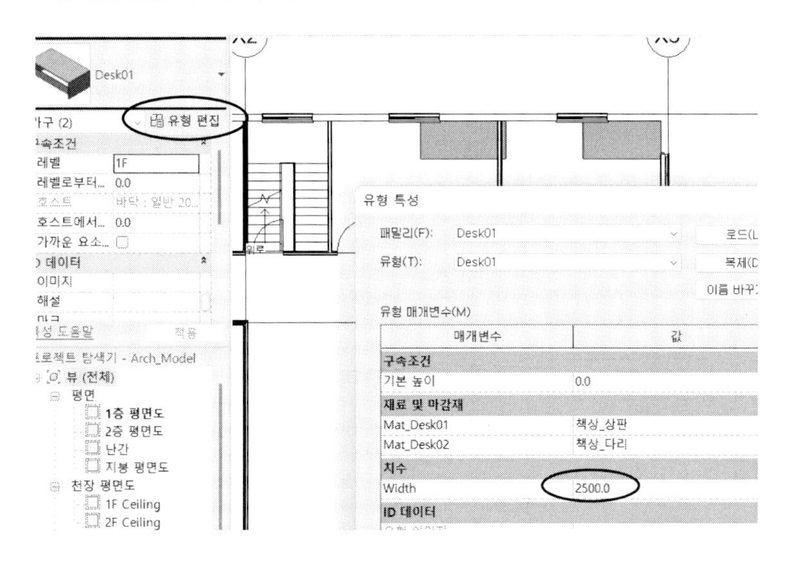

(6) 재료 등 패밀리의 각종 항목을 테스트합니다. 테스트 결과 문제가 없으면 종료합니다. 만약 문제가 있는 경우, 패밀리 편집기에서 다시 수정합니다.

[과제]

앞의 예제 실습에서는 책상의 너비만 조정이 가능하도록 매개변수를 하나만 만들었습니다. 책상의 높이(Height)와 상판의 두께와 다리의 두께(Thick)도 조절할 수 있는 책상을 모델링합니다.

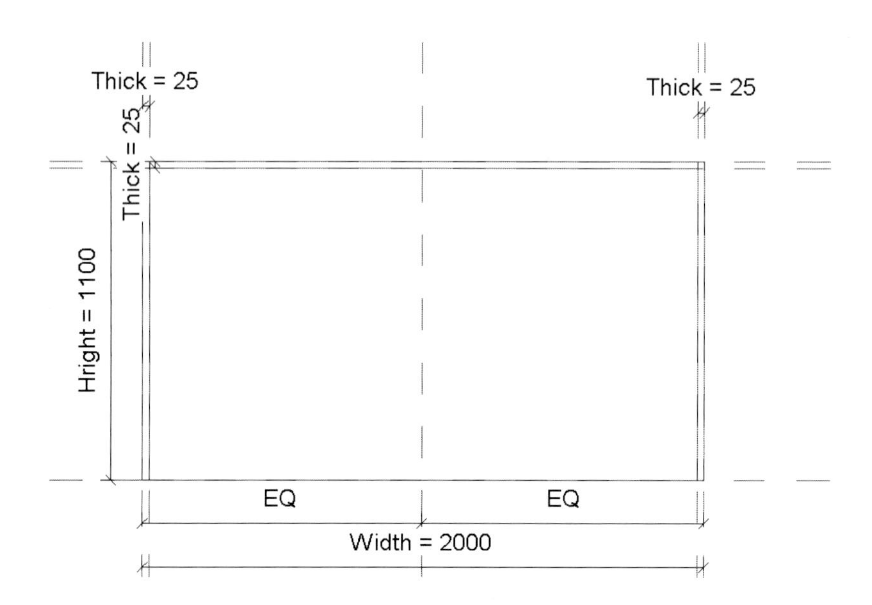

참고 객체 및 치수의 구속

구속은 객체의 폭, 길이 등을 변경할 때 일정한 값을 고정하거나 일정한 패턴을 유지하게 합니다. 또는 정해진 값의 범위 내에서 균형을 유지하게 합니다.

1. 치수 구속

치수를 구속합니다. 잠금(Lock)기능을 통해 특정 길이의 치수를 고정시킵니다.

(1) 참조평면을 작성합니다.

(2) 치수를 작성합니다. 자물쇠 마크를 보면 치수 '200'은 잠금이 해제된 상태입니다.

(3) 전체 길이를 '400'에서 '500'으로 수정합니다. 수정하려면 참조평면(A)을 선택한 후, 수정하려는 치수의 숫자(임시 치수)를 클릭하고 수정할 크기(500)을 입력합니다. 참조평면 A의 치수가 '300'변경됩니다.

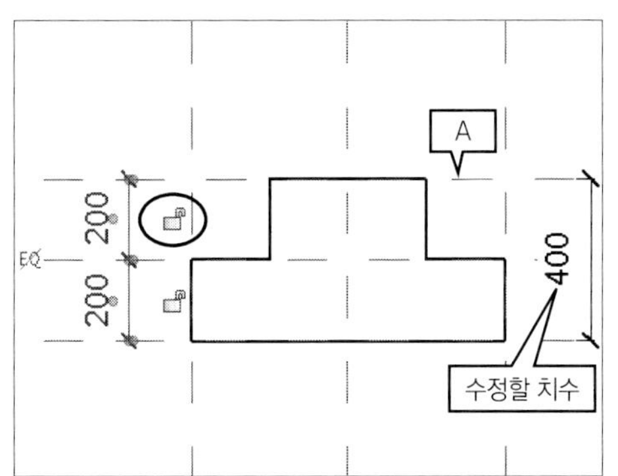

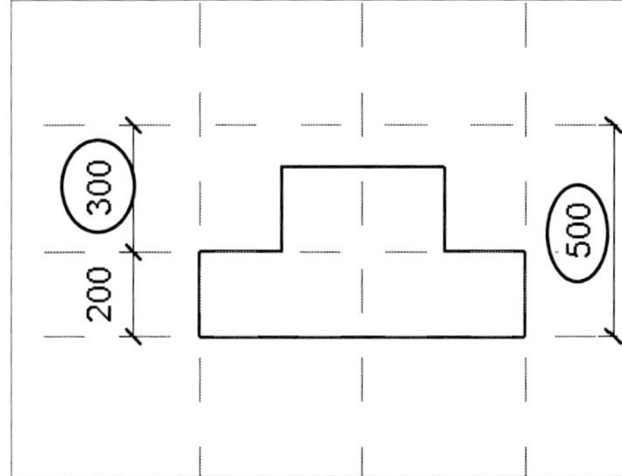

치수가 구속된 경우(잠김), 전체 치수를 수정하면 잠긴 치수는 변경되지 않습니다. 즉, 구속된 고정 값을 유지합니다. 자물쇠 마크가 채워진 부분은 치수가 구속되었다는 것을 보여줍니다. 전체 치수를 '400'에서 '500'으로 수정합니다. 잠긴 치수는 고정되어 있고 잠기지 않은 아래쪽 치수가 '300'으로 변경됩니다. 두 개의 치수를 모두 잠궈 놓으면 전체 치수도 변경할 수 없습니다.

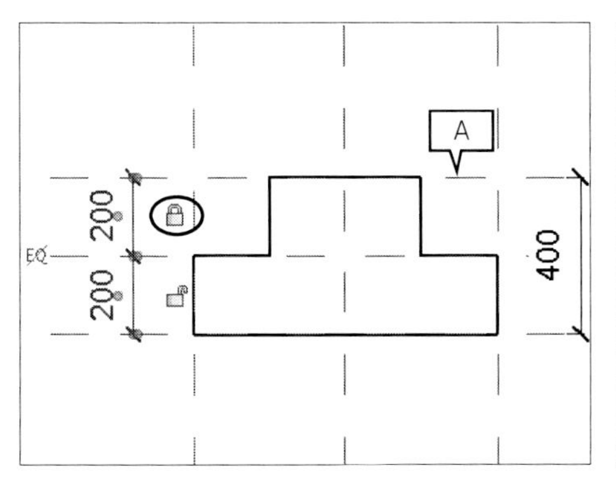

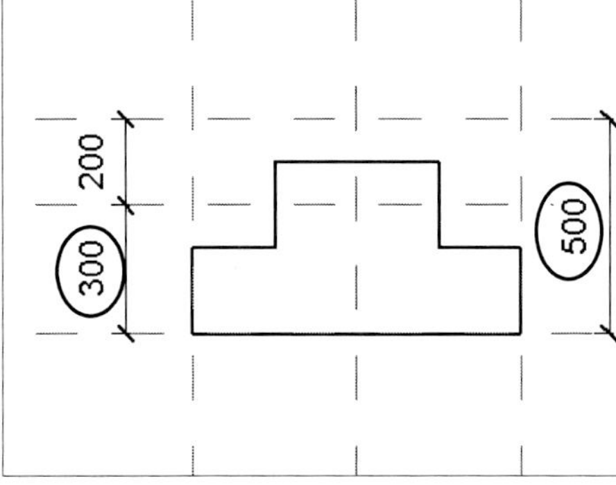

2. 객체의 구속

객체를 참조평면에 구속하면 참조평면의 치수에 의해 객체도 참조평면에 맞춰 이동합니다.

(1) 참조평면을 작성하여 형상을 작성합니다.

(2) '정렬'기능으로 참조평면에 맞춘 후, 잠금 마크를 클릭하여 구속합니다.

(3) 참조평면 A를 클릭한 후, 길이 '400'을 '500'으로 수정합니다.

객체가 참조평면에 구속되어 있는 경우, 참조평면에 맞춰 이동합니다.

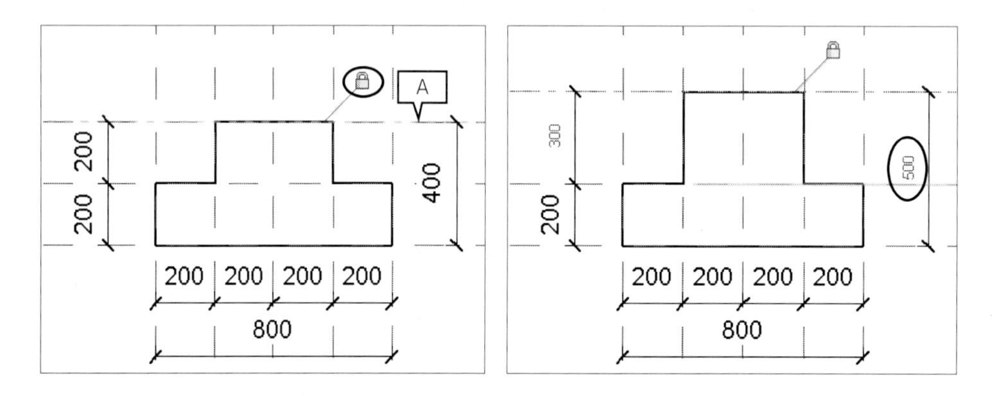

구속되어 있으면 객체가 참조평면에 맞춰 이동하지만, 잠금이 해제되어 구속되어 있지 않으면 참조평면만 이동합니다.

3. 균등 구속

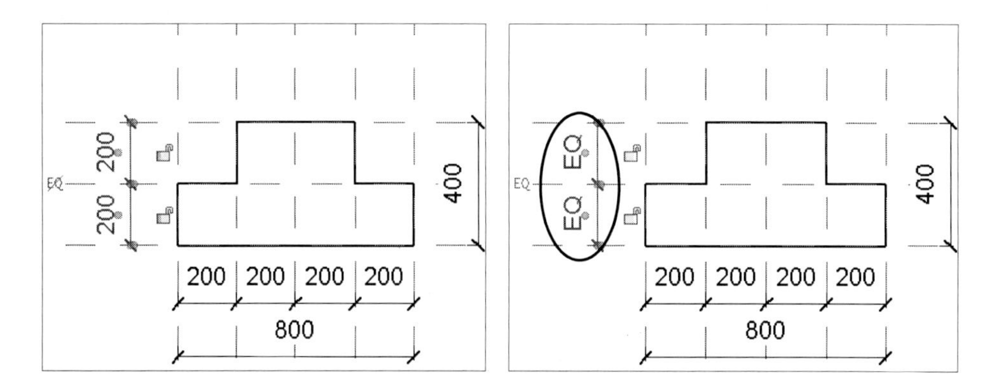

전체 치수가 수정되었을 때, 치수를 균등하게 할당하는 구속 방법입니다.

(1) 참조평면을 작성하여 형상을 작성합니다.

(2) 치수를 기입합니다. 연속 치수(200,200)를 클릭하면 EQ 마크가 나타납니다.

(3) 이때, EQ 마크를 클릭하면 숫자 대신 'EQ'가 표기됩니다.

(4) 참조평면 A를 클릭한 후 '400'의 길이를 '500'으로 수정합니다.

그러면 구속된 연속 치수가 같은 길이(250씩)로 늘어납니다.

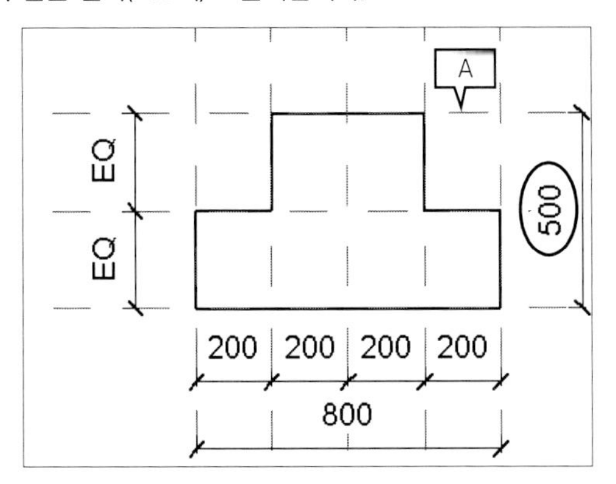

'EQ'로 구속하지 않으면 한쪽만 변경되어 균등있게 배열되지 않습니다.

'EQ'해제하려면 치수선 또는 치수보조선을 클릭한 후 'EQ'마크를 클릭합니다.

03. 보일러

이번 실습은 고정된 크기이지만 보일러의 제원(용량, 팬 풍량, 동력 등)을 정의하는 매개변수를 공유 매개변수로 정의하고, 일람표 작성에 반영하는 방법을 설명합니다. 유형 카탈로그(Type Catalog)으로 데이터를 참조하는 방법을 설명합니다.

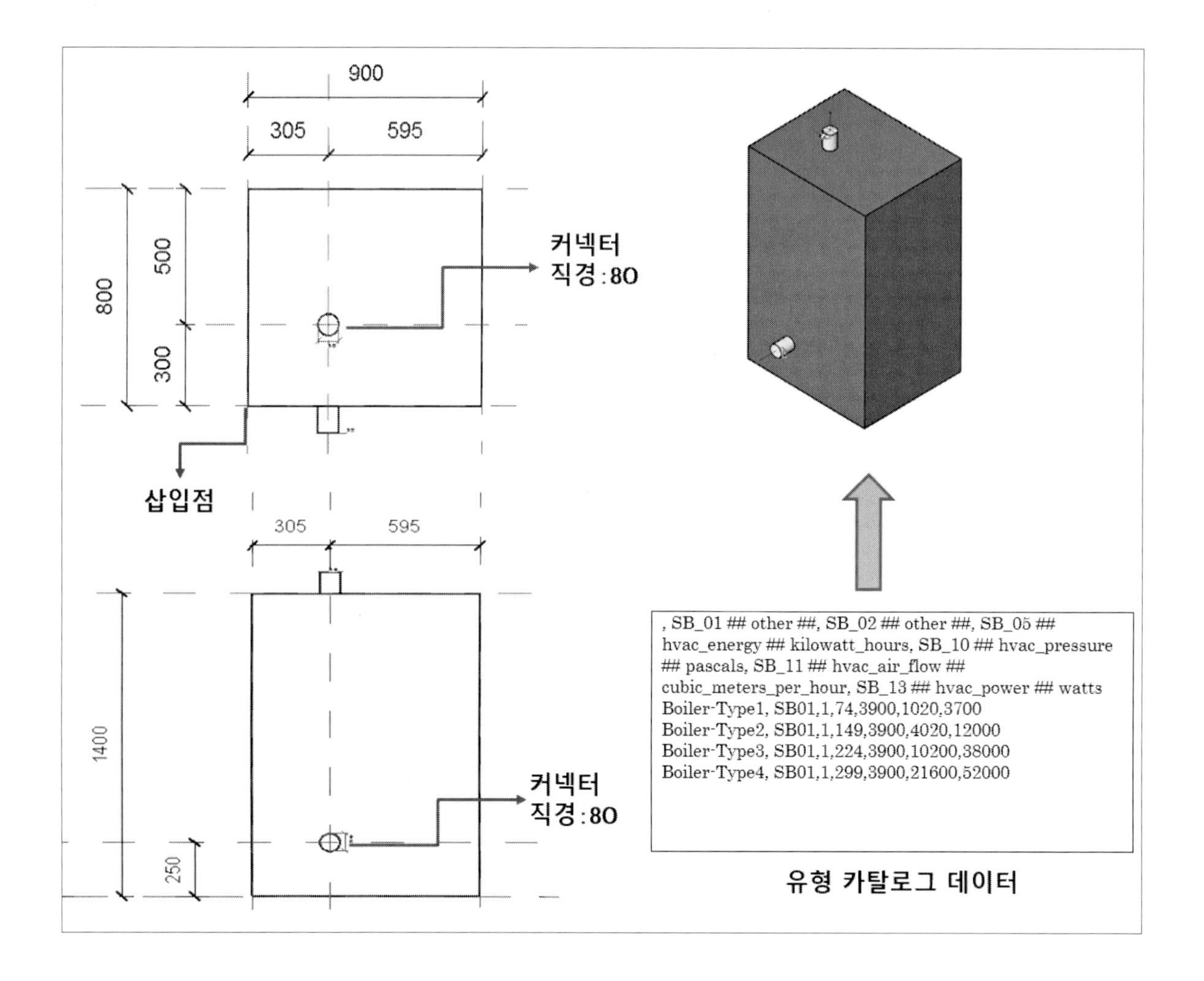

1. 템플릿 파일 선택과 카테고리 지정

작성할 패밀리의 바탕이 되는 템플릿 파일을 선택합니다.

(1) Revit을 실행한 후, 초기 화면에서 [패밀리]의 [새로 작성]을 클릭합니다. 또는 파일 메뉴에서 [새로 작성]-[패밀리]를 클릭합니다.

(2) '템플릿 파일 선택' 대화상자에서 패밀리 템플릿 파일을 선택합니다. 여기에서는 '미터법 일반 모델.rft'을 선택합니다.

(3) 카테고리를 지정합니다. '작성-특성-패밀리 카테고리 및 매개변수'를 클릭합니다. 다음과 같은 대화상자가 나타납니다.

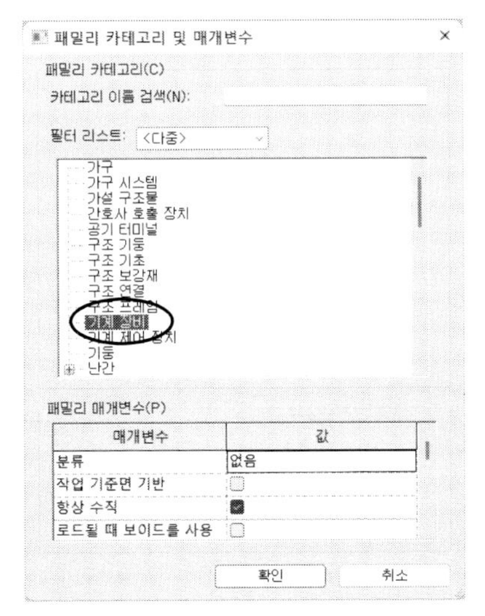

대화상자에서 다음과 같이 설정합니다.

① 패밀리 카테고리 : '기계 장비'를 선택합니다.

② 패밀리 매개변수(P)

항상 수직 : 체크, 원형 커넥터 치수: '지름 사용'을 선택합니다.

2. 모델 작성

보일러 본체와 배관을 모델링합니다.

(1) 보일러 본체를 작성하기 위해 참조평면을 작성합니다.

옵션바에서 '간격띄우기'를 '800'로 설정하고 수평 참조평면(중심 앞/뒤)의 두 점을 지정합니다.

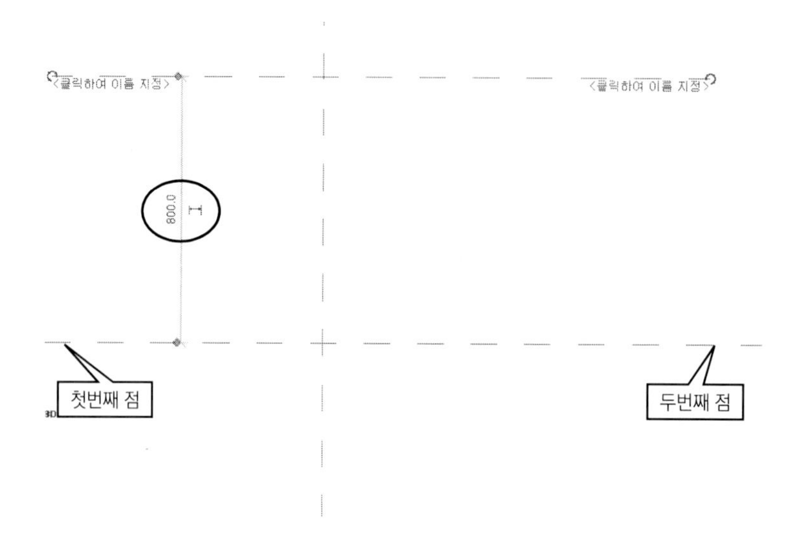

임시 치수가 나타나면 치수 마크(⟼)을 클릭합니다. 치수가 기입됩니다.

치수가 기입 된 위치를 이동시키려면 치수를 클릭한 후 드래그하여 이동하고자 하는 위치로 끌고 갑니다.

다시 '간격띄우기'를 '900'로 설정한 후 수직 참조평면(중심 왼쪽/오른쪽)의 두 점을 지정합니다. 임시치수(⟼)을 클릭하면 치수가 기입됩니다.

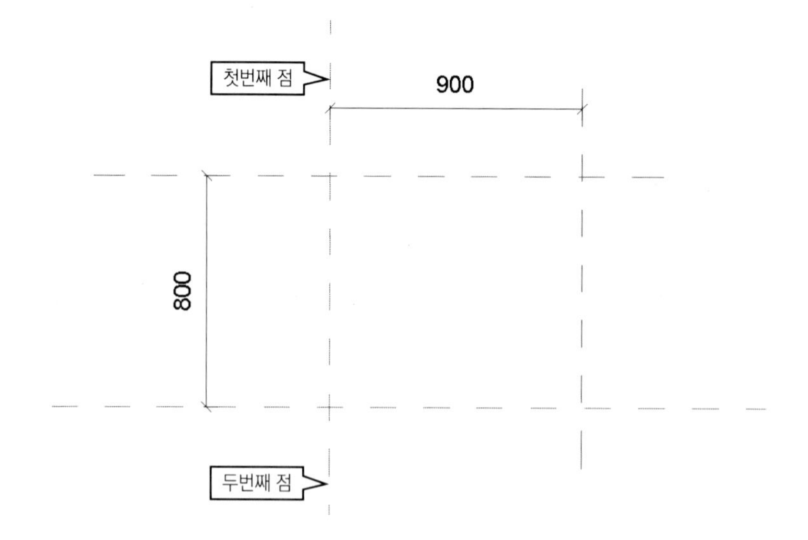

(2) 돌출 기능으로 보일러 본체를 모델링합니다. '작성-양식-돌출 '을 클릭합니다. '그리기' 패널에서 '직사각형 '을 클릭합니다. 왼쪽의 교차점을 지정한 후, 우측 상단의 교차점을 사용하여 사각형을 작성합니다.(900x800 크기의 직사각형)

특성 팔레트에서 '돌출시작'을 '0', '돌출 끝'을 '1400'로 입력하고 [적용]을 클릭합니다.

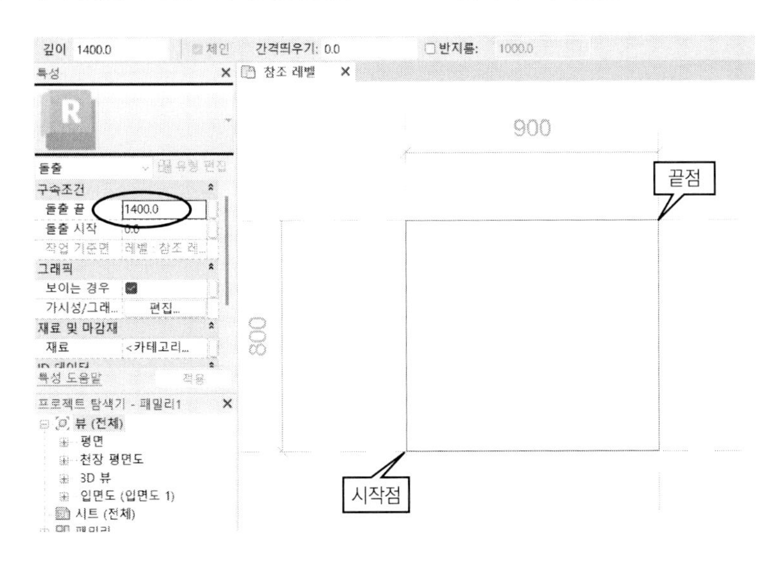

(3) '수정|돌출 작성-모드-편집 모드 완료 '를 클릭하면 사각형이 높이 '1400'의 솔리드가 작성됩니다. 3D 뷰 또는 입면 뷰를 펼쳐보면 확인할 수 있습니다.

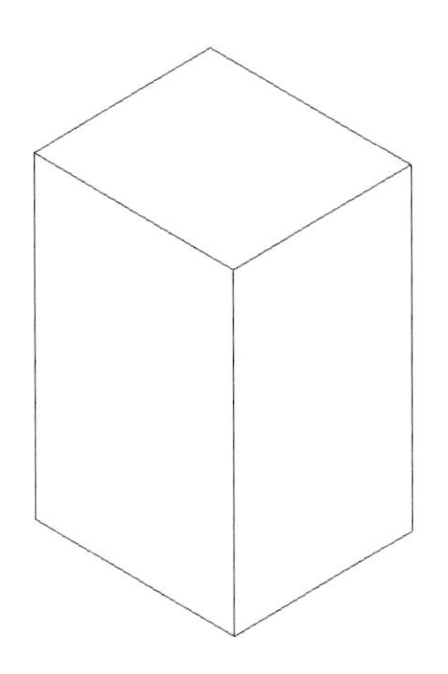

(4) 연결할 배관의 형상을 작성하기 위해 참조평면을 작성합니다.
정면도 뷰를 펼칩니다. 프로젝트 탐색기에서 [뷰(전체)]-[입면도(입면도 1)]-[전면]을 더블클릭합니다.

(5) '작성-기준-참조평면'을 클릭합니다. 옵션바에서 '간격띄우기'를 '310'로 설정한 후 세로 방향의 기준 참조평면(중심 왼쪽/오른쪽)의 두 점을 지정합니다. 치수 마크 (⟼)을 클릭하면 치수가 기입됩니다. 또, '간격 띄우기'를 '250'으로 입력한 후 수평 참조평면(중심 앞/뒤)의 두 점을 지정합니다. 치수 마크 (⟼)를 클릭하면 치수가 기입됩니다.

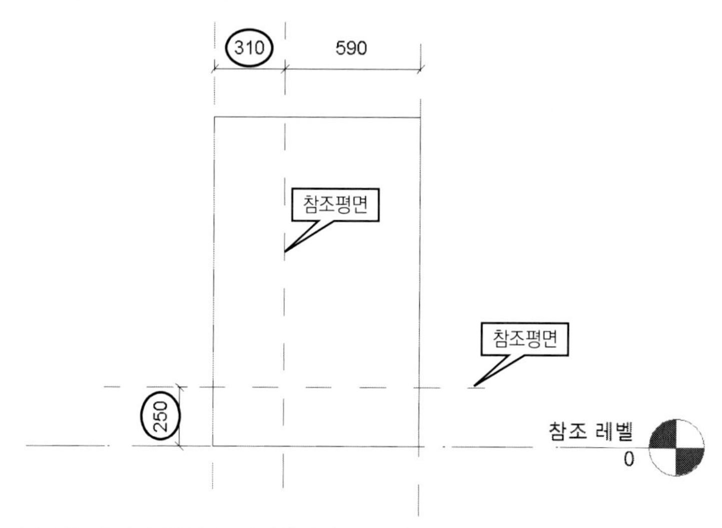

(6) 돌출 기능으로 연결할 배관의 형상을 작성합니다. 줌 기능으로 확대한 후 '작성-양식-돌출'을 클릭합니다.
'수정|돌출 작성-그리기'패널에서 '원'을 클릭합니다. 수평 및 수직 참조평면의 교차점을 지정한 후 반경 '40'의 원을 작도합니다.
옵션바에서 '깊이'를 '100'으로 설정한 후 '편집 모드 완료'를 클릭합니다.

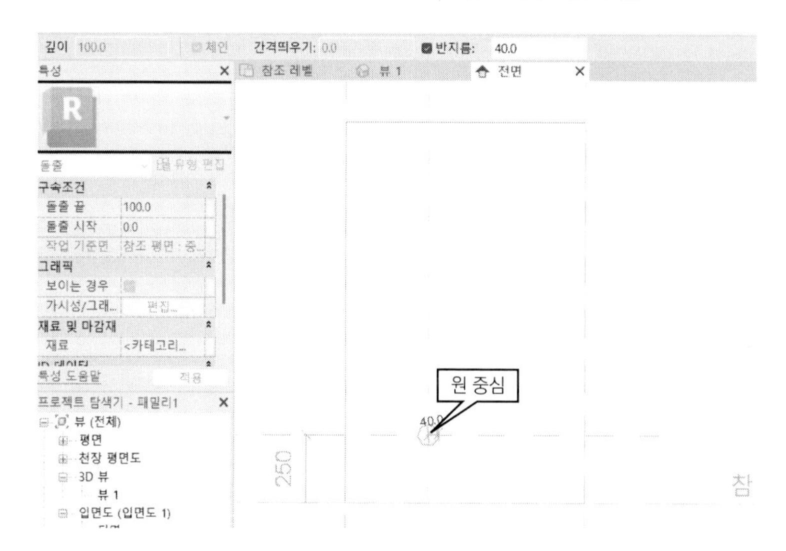

3D 뷰에서 보면 다음과 같이 배관의 형상이 모델링됩니다.

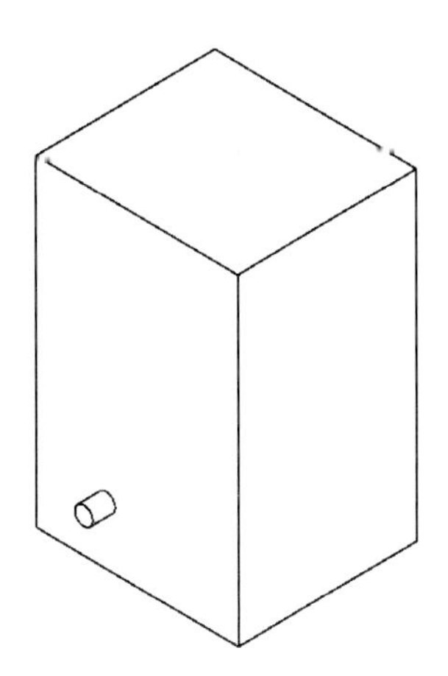

(7) 상부에 배관의 형상을 모델링하겠습니다. 먼저 참조평면을 작성합니다.

정면도 뷰에서 참조평면을 작성합니다. '작성-기준-참조평면'을 클릭합니다.

'수정|배치 참조평면-그리기'패널에서 '선택'을 클릭한 후 마우스 커서를 보일러 본체의 상단에 맞춰 클릭하면 참조평면이 작성됩니다. 작성된 참조평면의 양쪽에 있는 원을 드래그하여 양쪽으로 연장시킵니다.

참조평면을 작성하는 방법으로 두 점을 지정하여 작성하는 방법도 있지만 모델링된 객체의 모서리를 선택하여 작성하는 방법도 있습니다.

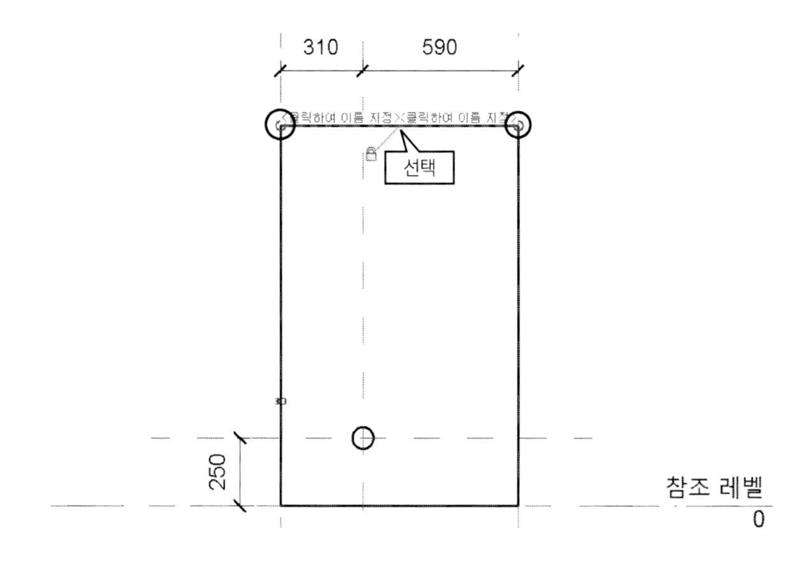

높이 치수를 기입합니다. '주석-치수-정렬'을 클릭하여 위쪽과 아래쪽 참조평면을 지정하여 치수를 기입합니다.

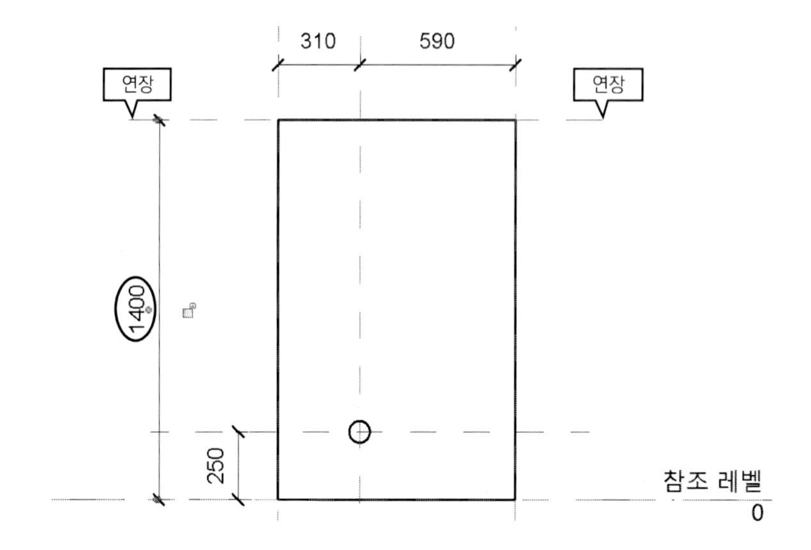

(8) 작업 기준면을 설정합니다. 여기에서의 작업 기준면은 보일러의 윗면에 배관을 모델링하기 때문에 보일러의 윗면입니다.

'작성-작업 기준면-설정'을 클릭합니다. '작업 기준면' 대화상자에서 '기준면 선택(P)'를 선택하고 [확인]를 클릭 한 후, 보일러 상단 참조평면(직전에 생성한 참조평면)을 선택합니다.

참조평면을 선택하면 다음과 같은 '뷰로 이동' 대화상자가 표시됩니다. 대화상자에서 '평면도: 참조 레벨'를 선택하고 [뷰 열기]를 클릭합니다.

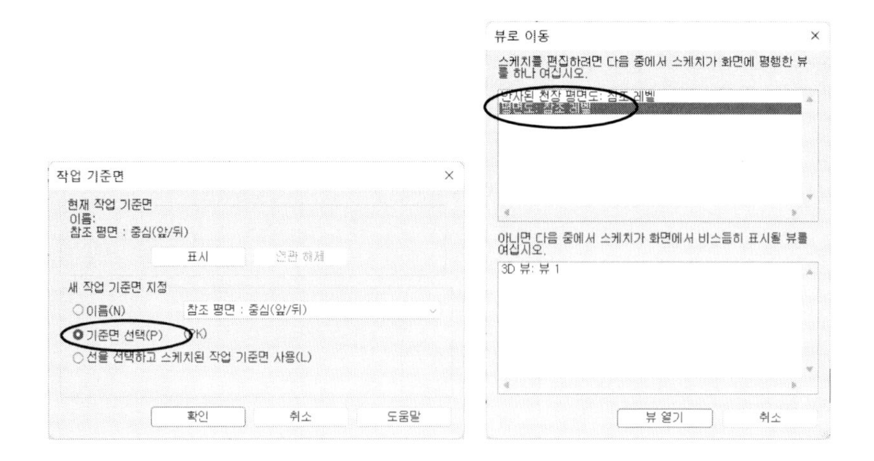

(9) 평면 뷰가 펼쳐지면 배관을 작성할 위치를 지정하기 위해 참조평면을 작성합니다. '작성-기준-참조평면'을 클릭합니다. 옵션바에서 '간격띄우기'를 '300'으로 설정한 후 수평 참조평면(중심 앞/뒤)의 두 점을 지정합니다.

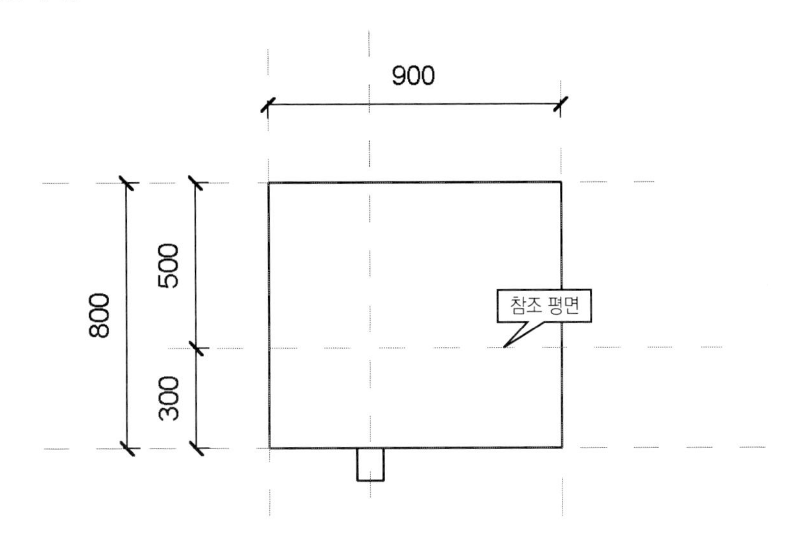

(10) '돌출' 기능으로 배관의 형상을 모델링합니다. 반경 '40', 높이 '100'으로 설정합니다.

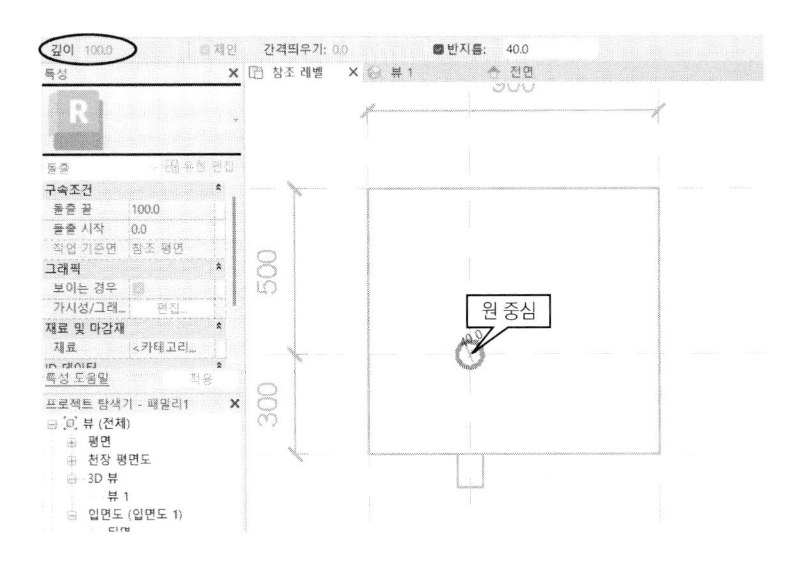

3D 뷰로 보면 다음과 같은 배관이 작성됩니다.

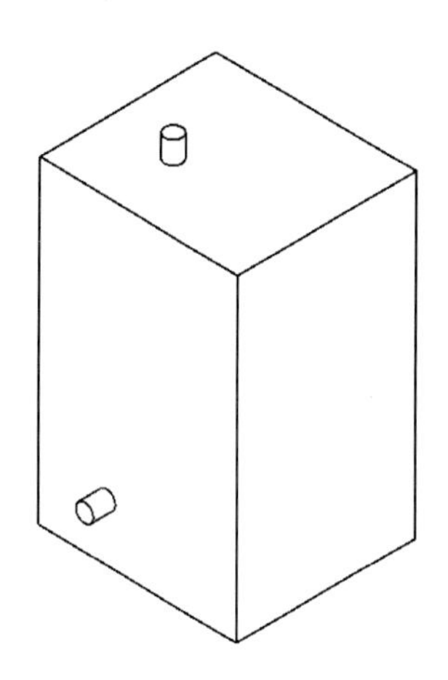

3. 커넥터 작성

보일러에 배관이 연결될 수 있도록 배관 커넥터를 작성합니다.

(1) 커넥터를 작성합니다. '작성-커넥터-배관 커넥터'를 클릭합니다.
옵션바에서 '시스템 유형'을 '순환수 공급'을 선택한 후 마우스 커서를 위쪽 배관의 상단면에 접근하면 배관의 원 모서리가 굵은 선으로 표시됩니다. 이때 클릭합니다. 배관 커넥터 마크가 작성됩니다.

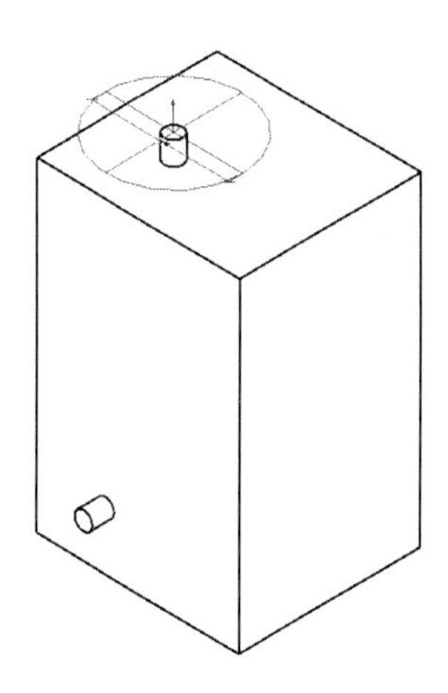

또, 옵션바에서 '시스템 유형'을 '순환수 순환'을 선택한 후 아래쪽 배관의 측면을 지정합니다. 다음과 같이 배관 커넥터가 배치됩니다.

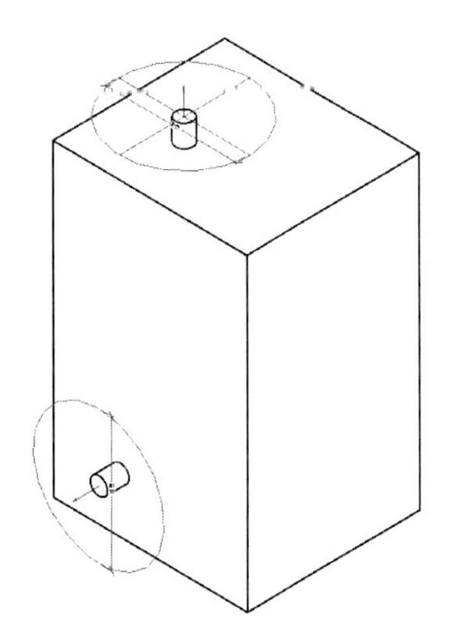

(2) 커넥터의 특성을 변경합니다. 작성된 커넥터를 선택한 후 특성 팔레트에서 '치수'의'지름'을 '80'으로 설정합니다. 기타 필요한 매개변수의 값을 설정합니다. 아래쪽 커넥터도 특성을 설정합니다.

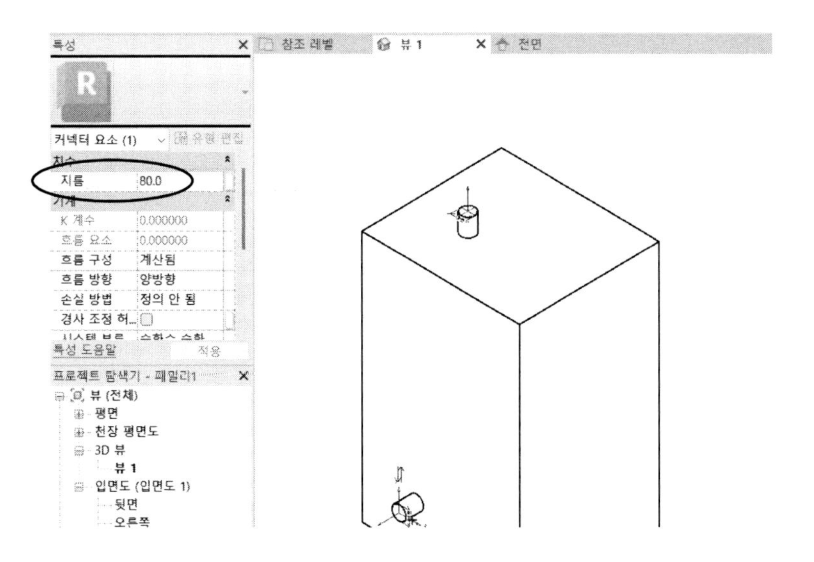

다음과 같이 보일러의 형상과 커넥터가 작성됩니다.

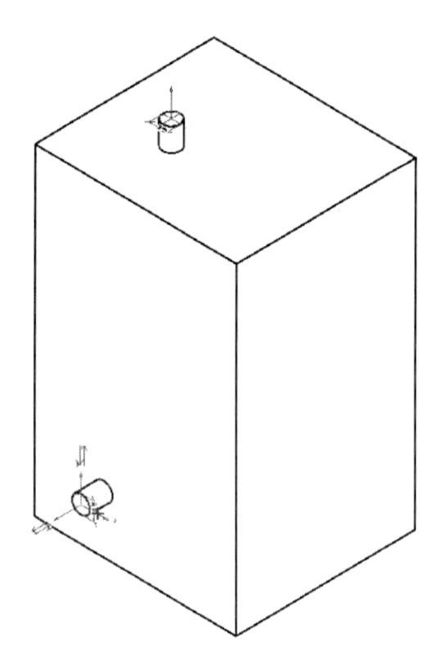

4. 공유 매개변수 작성 및 정의

공유 매개변수를 작성하여 패밀리에서 정의합니다.

(1) 보일러의 공유 매개변수를 작성합니다. '관리-설정-공유 매개변수'를 클릭합니다. '공유 매개변수 편집' 대화상자에서 [작성(C)...]를 클릭하여 새 공유 매개변수 파일 이름(예: Boiler_Parameter.txt)을 지정합니다.

이미 만들어진 공유 매개변수 파일이 있으면[찾아보기(B)...]를 클릭하여 작성된 파일을 선택합니다.

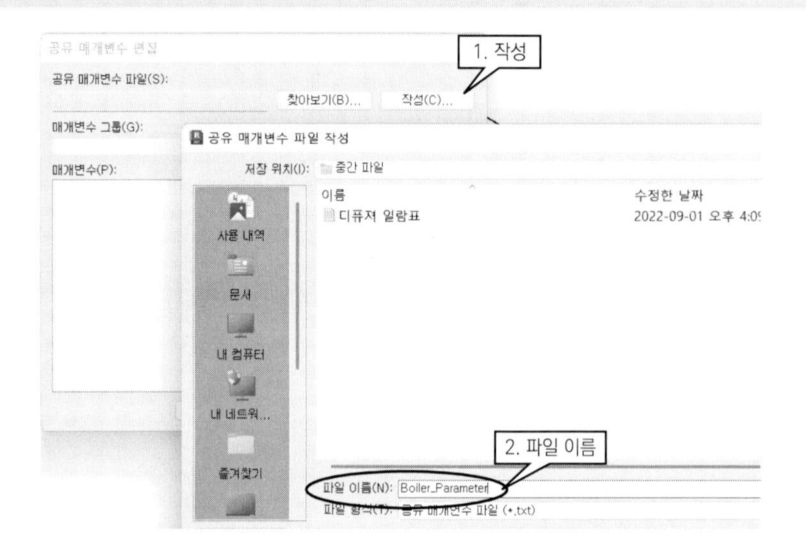

(2) 파일명을 지정한 후 대화상자로 돌아오면 '그룹'의 [새로 작성(E)...]을 클릭하여 그룹 이름(예: Boiler_Group)을 지정하고 [확인]을 클릭합니다.

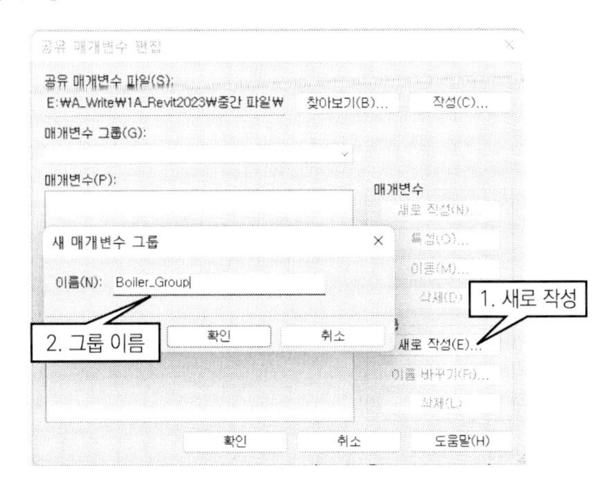

공유 매개변수를 작성할 때 '관리-설정-공유 매개변수'를 클릭하여 작성할 수 있지만 '작성-특성-패밀리 유형'을 클릭하여 공유 매개변수를 작성할 수도 있습니다.

(3) 매개변수 그룹이 생성되면 매개변수를 작성합니다.

'매개변수'의 [새로 작성(N)...]을 클릭하여 '매개변수 특성' 대화상자에서 '이름(N)', '분야(D)', '매개변수 유형 (T)'값을 지정합니다.

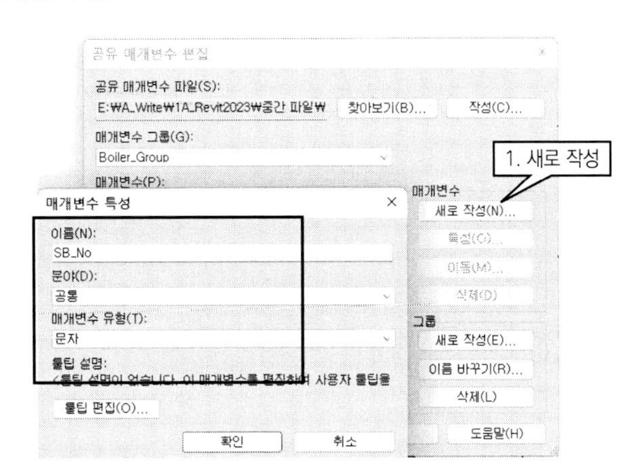

다음 표의 내용에 맞춰 매개변수를 작성합니다.

용도	이름	분야	매개변수 유형	비고
장치 번호	SB_No	공통	문자	
수량	SB_Cnt	공통	정수	
용량	SB_Cap	에너지	에너지	kWh
가스 공급 압력	SB_Pre	HVAC	압력	Pa
팬 풍량	SB_Vol	HVAC	공기흐름	m^3 / h
팬 동력	SB_Pow	HVAC	전력	W

다음과 같이 6 개의 매개변수가 작성되었습니다.

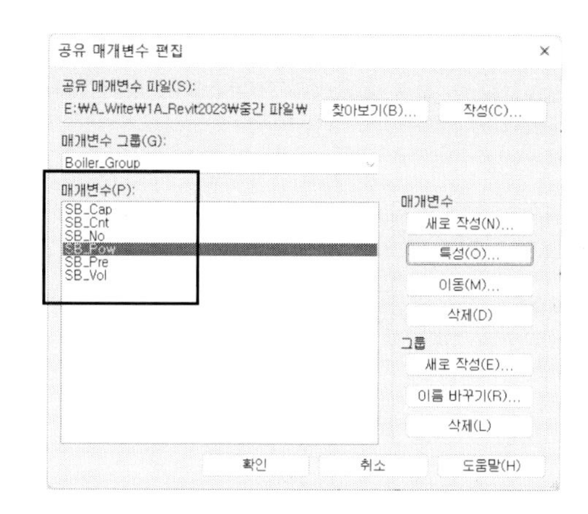

(4) 작성된 매개변수 그룹과 매개변수 종류(유형 또는 인스턴스)를 지정합니다.

'작성-특성-패밀리 유형'을 클릭합니다. '패밀리 유형' 대화상자에서 '새 매개변수 ' 를 클릭합니다. '매개변수 특성' 대화상자에서 '공유 매개변수(S)'를 선택하고 [선택(L)...]을 클릭합니다. '공유 매개변수' 대화상자가 나타나면 추가할 공유 매개변수를 선택한 후 [확인]를 클릭합니다.

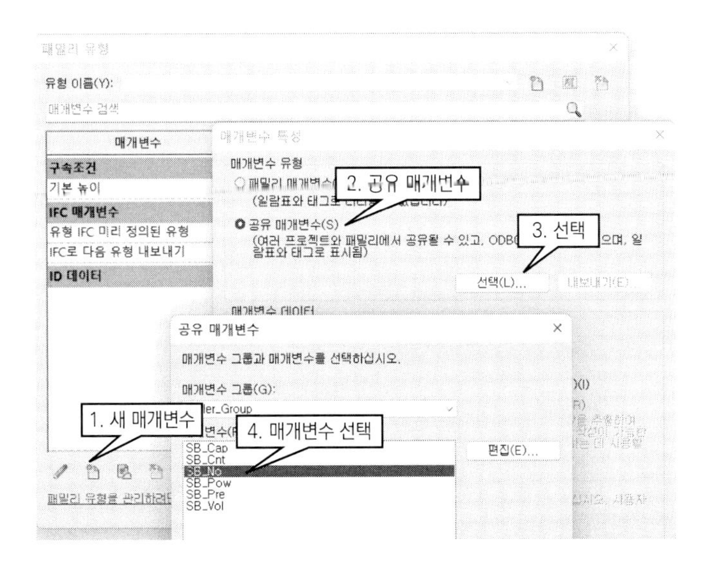

(5) '매개변수 특성' 대화상자로 되돌아오면 '그룹 매개변수'에서 '기계'를 지정하고 매개변수 유형을 '인스턴스(I)'로 지정한 후 [확인]를 클릭합니다.

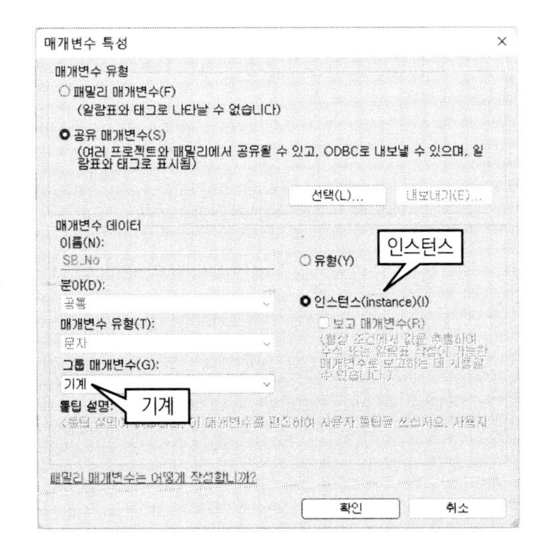

(6) 동일한 방법으로 나머지 공유 매개변수도 차례로 설정합니다. 여기에서는 모든 매개변수를 그룹은 '기계', 유형은 '인스턴스(I)'로 설정합니다. 다음과 같이 매개변수가 정의되었습니다.

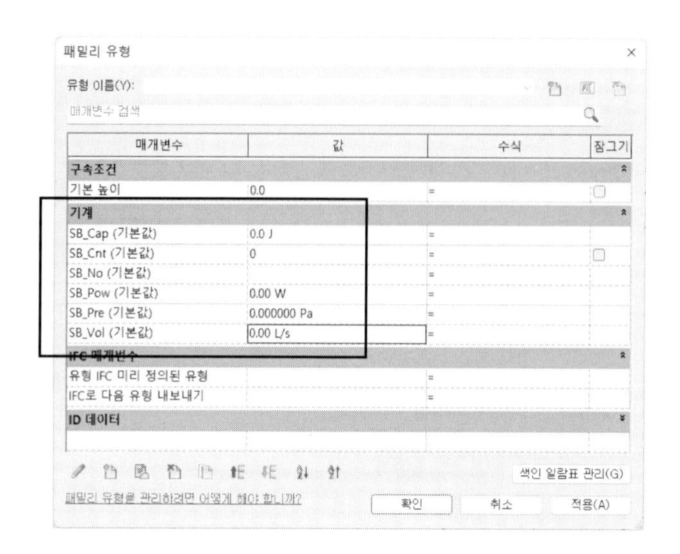

5. 유형 카탈로그 작성

외부의 데이터를 참조하기 위해 유형 카탈로그 데이터를 작성합니다.

(1) 유형 카탈로그 (Type Catalog)를 만듭니다. 텍스트 편집기 (메모장, 워드 패드 등)를 이용하여 다음의 내용을 작성합니다. 작성된 문서는 패밀리의 이름과 동일한 이름으로 작성하며, 파일 확장자는 '*.txt'파일로 작성합니다.

```
,SB_No##other##,SB_Cnt##other##,SB_Cap##hvac_energy##kilowatt_hours,SB_Pre##hvac_pressure##pascals,SB_Vol##hvac_air_flow##cubic_meters_per_hour, SB_Pow##hvac_power##watts
Boiler-Type1,SB01,1,74,3900,1020,3700
Boiler-Type2,SB01,1,149,3900,4020,12000
Boiler-Type3,SB01,1,224,3900,10200,38000
Boiler-Type4,SB01,1,299,3900,21600,52000
```

참고 유형 카탈로그

유형 카탈로그(Type Catalog)는 여러 유형의 패밀리를 작성하는데 사용되는 외부 텍스트 파일입니다. 매개변수와 값이 정의됩니다. 즉, 패밀리의 사양(제원)을 정의한 텍스트 파일입니다.

(1) 유형 카탈로그 파일 이름은 패밀리 파일과 동일한 폴더와 이름을 지정해야 합니다. '*.txt'형식의 확장자를 지정합니다.

(2) 첫 번째 행은 매개변수를 정의합니다.

① 첫 번째 열은 쉼표(,)입니다.

② 형식은 '열 이름(Column Name)##타입(type)##단위(unit)'입니다.

③ 열 이름은 매개변수 이름에 해당합니다.

④ 유형은 length, area, volume, angle, force, linear force 있습니다.

⑤ 단위는 각 카테고리별로 지정할 수 있습니다. 일반적으로 길이(예: 덕트 크기, 배관 크기)는 feet, inches, meters, centimeters, millimeters 중에서 선택합니다.

(3) 두 번째 행부터는 각 유형별 데이터를 순서대로 기록합니다.

첫 번째 행에서 정의된 선언에 의해 데이터를 기록합니다. 단, 왼쪽의 첫 번째 열에는 패밀리 유형 이름을 정의합니다.

(2) 패밀리 이름과 동일한 파일 이름 'Boiler02.txt'으로 저장합니다.

```
,SB_No##other##,SB_Cnt##other##,SB_Cap##hvac_energy##kilowatt_hours,SB_Pre##hvac_pr
essure##pascals,SB_Vol##hvac_air_flow##cubic_meters_per_hour,
SB_Pow##hvac_power##watts
Boiler-Type1,SB01,1,74,3900,1020,3700
Boiler-Type2,SB01,1,149,3900,4020,12000
Boiler-Type3,SB01,1,224,3900,10200,38000
Boiler-Type4,SB01,1,299,3900,21600,52000
```

(3) 작성한 패밀리를 저장합니다. 파일 이름은 'Boiler02.rfa'입니다. 패밀리 파일이름과 유형 카탈로그 파일 이름이 동일한지 확인합니다.

6. 파일 저장 및 테스트

패밀리를 저장하고 프로젝트에 로드하여 테스트합니다.

(1) 프로젝트 에디터를 실행합니다. 보일러를 로드합니다.

'삽입-라이브러리에서 로드-패밀리 로드'를 클릭합니다. 보일러 패밀리(Boiler02.rfa)를 지정한 후[열기]를 클릭합니다.

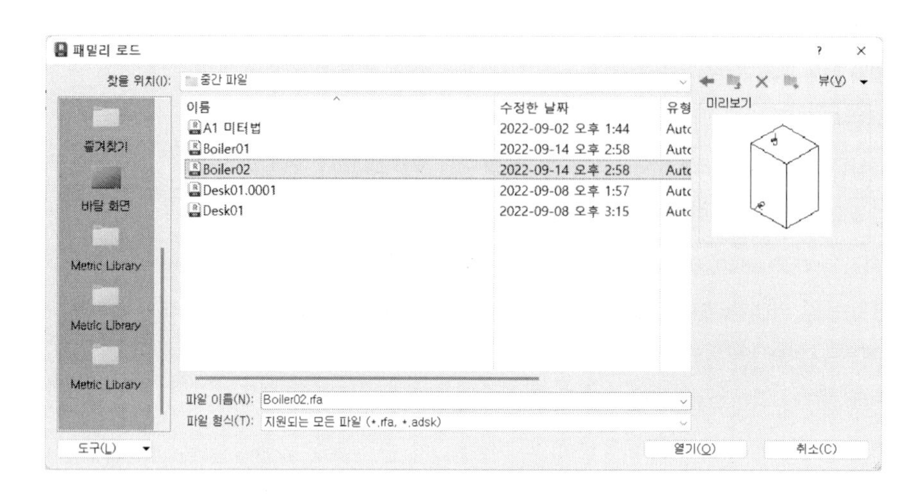

(2) 다음과 같이 유형 카탈로그 파일에 있는 보일러 유형 데이터가 표시됩니다. 로드할 사양(유형)을 선택합니다. 여기에서는 'Boiler-Type1'~'Boiler-Type4'를 모두 선택하여 로드합니다.

> **TIP** 카탈로그 데이터를 선택할 때 〈Shift〉 또는 〈Ctrl〉 키를 이용하여 여러 항목을 선택하여 로드할 수 있습니다.

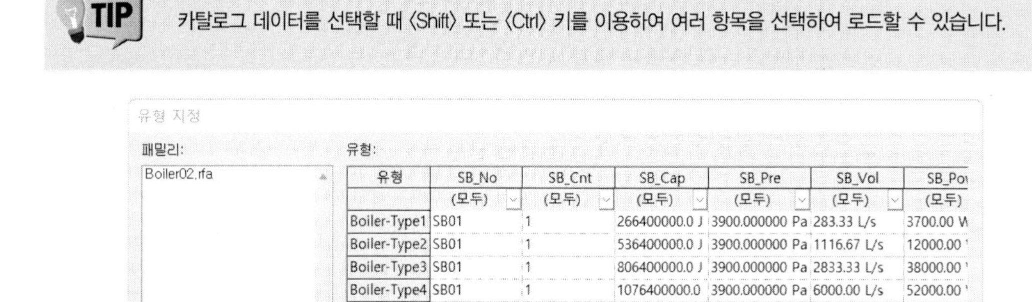
유형 지정

패밀리: Boiler02.rfa

유형:

유형	SB_No	SB_Cnt	SB_Cap	SB_Pre	SB_Vol	SB_Po
	(모두)	(모두)	(모두)	(모두)	(모두)	(모두)
Boiler-Type1	SB01	1	266400000.0 J	3900.000000 Pa	283.33 L/s	3700.00 W
Boiler-Type2	SB01	1	536400000.0 J	3900.000000 Pa	1116.67 L/s	12000.00
Boiler-Type3	SB01	1	806400000.0 J	3900.000000 Pa	2833.33 L/s	38000.00
Boiler-Type4	SB01	1	1076400000.0	3900.000000 Pa	6000.00 L/s	52000.00

왼쪽에 나열된 각 패밀리에 대해 오른쪽에서 하나 이상의 유형을 선택하십시오.

확인 취소 도움말

(3) '건축-빌드-구성요소' 드롭다운 리스트에서 '구성요소 배치'를 클릭하거나 '시스템-기계-기계 장비'를 클릭합니다. 유형 선택기에 다음과 같이 로드된 보일러가 표시됩니다. 배치할 보일러 유형을 선택합니다.

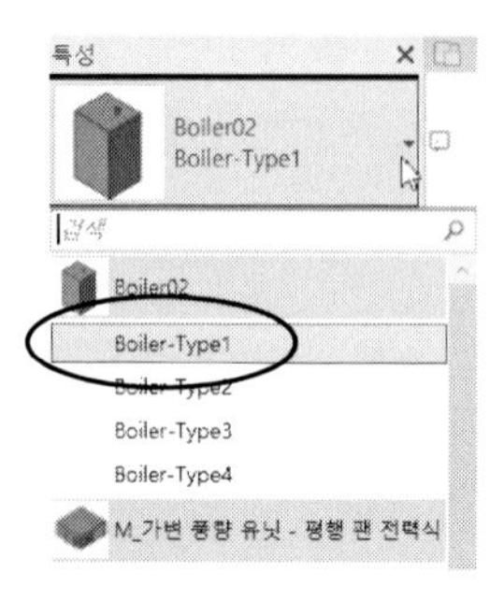

(4) 보일러를 배치한 후 배치한 보일러를 선택합니다. 특성 팔레트를 보면 다음과 같이 '기계'에 유형 카탈로그에서 정의한 데이터(제원)가 표시됩니다.

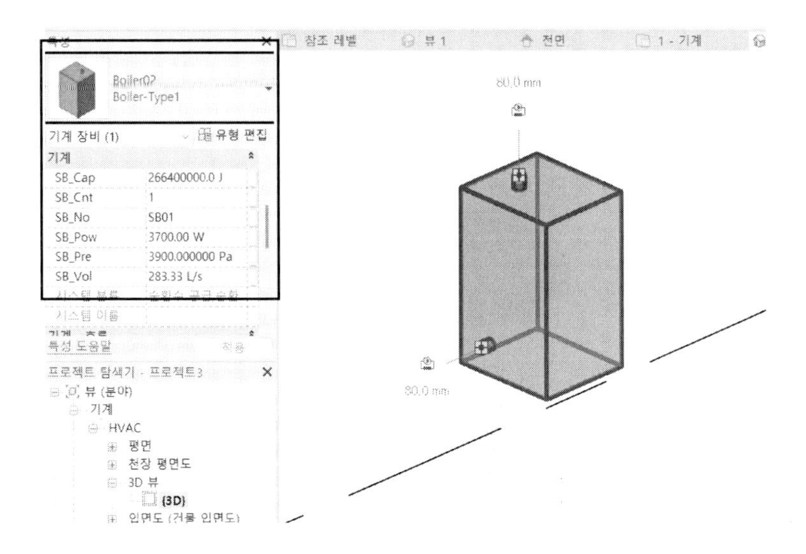

(5) 배관 커넥터를 테스트합니다. 평면 뷰를 펼친 후 보일러를 클릭합니다. 커넥터가 정의된 위치에 커넥터 마크가 나타납니다. 마우스 커서를 커넥터에 맞추고 마우스 오른쪽 메뉴를 누릅니다. 다음과 같은 바로 가기 메뉴가 나타납니다.

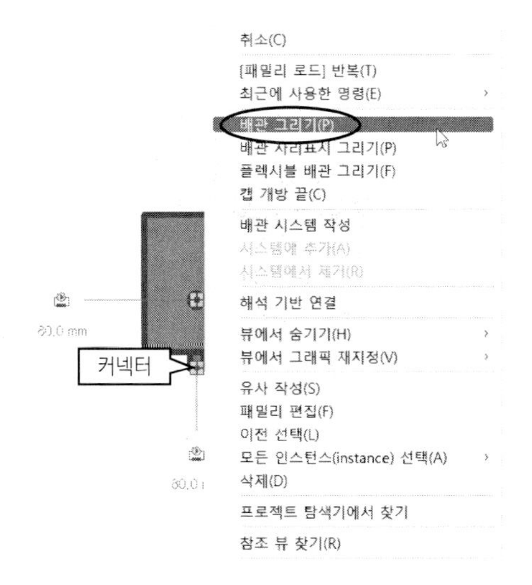

(6) 바로가기 메뉴에서 '배관 그리기(P)'를 클릭합니다. 배관이 진행할 방향을 차례로 지정합니다.

배관을 작도했을 때 배관이 단선(싱글 라인)으로 표시되면 뷰 제어막대의 '상세 수준'을 '높음(▩)'으로 설정합니다.

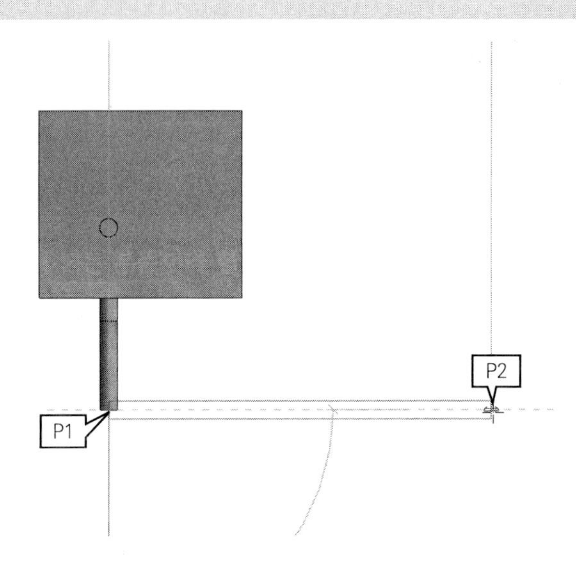

3D 뷰에서 보면 다음과 같이 배관이 작도된 것을 확인할 수 있습니다.

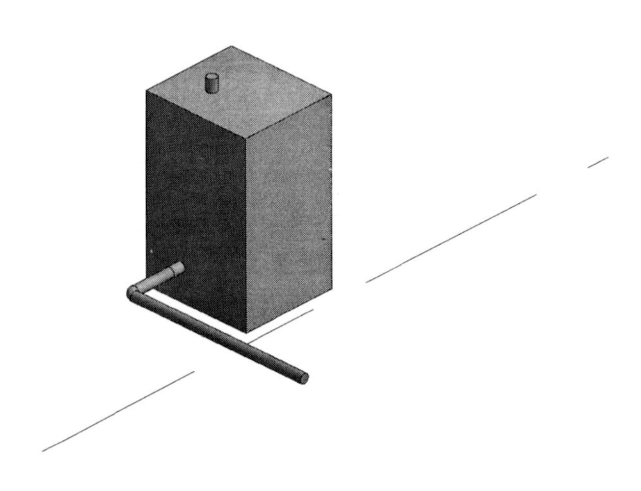

7. 집계표 작성

배치된 패밀리의 집계표를 작성합니다.

Rcvit은 카테고리에 포함된 매개변수의 값으로 집계할 수 있습니다. 필터 기능을 이용하여 필요한 항목만 집계하거나 정렬, 그룹화 기능을 사용하여 분류 기준에 맞춰 집계도 가능합니다. 또, 계산식이나 조건문으로 복잡한 집계도 가능합니다.

(1) 배치된 보일러의 집계표를 작성합니다. 실습을 위해 보일러를 여러 개 배치합니다. '뷰-작성-일람표' 드롭다운 리스트에서 '일람표/수량'을 클릭합니다. 또는 '해석-보고서 및 일람표-일람표/수량'을 클릭합니다. '새 일람표' 대화상자에서 '카테고리(C)'리스트에서 '기계장비'를 선택하고 '이름(N)'을 '증기 보일러'로 설정한 후 [확인]을 클릭합니다.

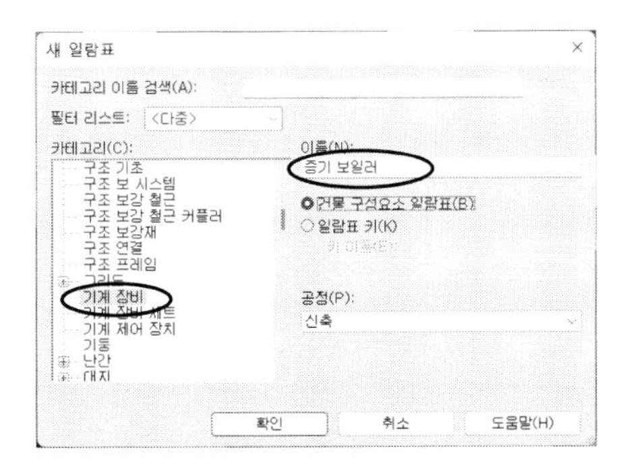

(2) '일람표 특성'대화상자의 '사용 가능한 필드(V)'리스트에서 집계하고자 하는 필드를 선택한 후 [추가 →]를 클릭합니다. 여기에서는 패밀리 작업 시에 정의한 매개변수(SB_No, SB_Cnt, SB_Cap, SB_Pre, SB_Vol, SB_Pow)를 차례로 지정합니다.

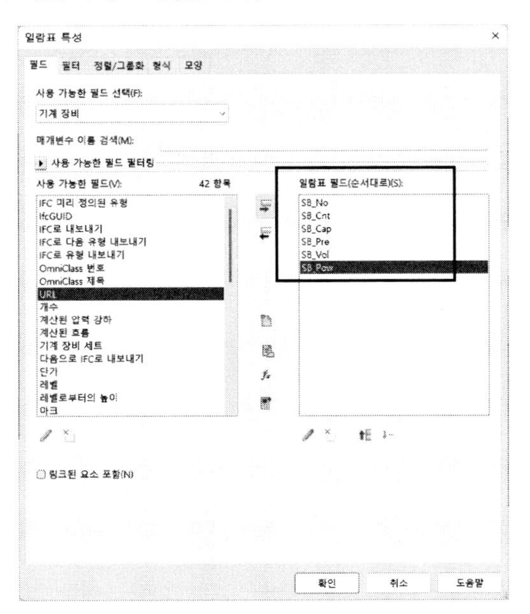

(3) 설정이 끝나면 [확인]클릭합니다. 다음과 같은 일람표가 작성됩니다.

<증기 보일러>					
A	B	C	D	E	F
SB_No	SB_Cnt	SB_Cap	SB_Pre	SB_Vol	SB_Pow
SB01	1	266400000 J	3900.0 Pa	283.3 L/s	3700 W
SB01	1	266400000 J	3900.0 Pa	283.3 L/s	3700 W
SB01	1	266400000 J	3900.0 Pa	283.3 L/s	3700 W
SB01	1	536400000 J	3900.0 Pa	1116.7 L/s	12000 W
SB01	1	536400000 J	3900.0 Pa	1116.7 L/s	12000 W
SB01	1	536400000 J	3900.0 Pa	1116.7 L/s	12000 W
SB01	1	536400000 J	3900.0 Pa	1116.7 L/s	12000 W
SB01	1	536400000 J	3900.0 Pa	1116.7 L/s	12000 W
SB01	1	1076400000 J	3900.0 Pa	6000.0 L/s	52000 W
SB01	1	1076400000 J	3900.0 Pa	6000.0 L/s	52000 W
SB01	1	806400000 J	3900.0 Pa	2833.3 L/s	38000 W
SB01	1	806400000 J	3900.0 Pa	2833.3 L/s	38000 W
SB01	1	806400000 J	3900.0 Pa	2833.3 L/s	38000 W
SB01	1	806400000 J	3900.0 Pa	2833.3 L/s	38000 W

(4) 작성된 일람표에서 동일한 유형별로 합계를 산출해보겠습니다.

특성 팔레트의 '기타'의 '필드'의 [편집...]을 클릭합니다. '일람표 특성' 대화상자에서 '사용 가능한 필드' 리스트로부터 '유형'과 '개수'를 선택한 후 [추가 →]를 클릭합니다.

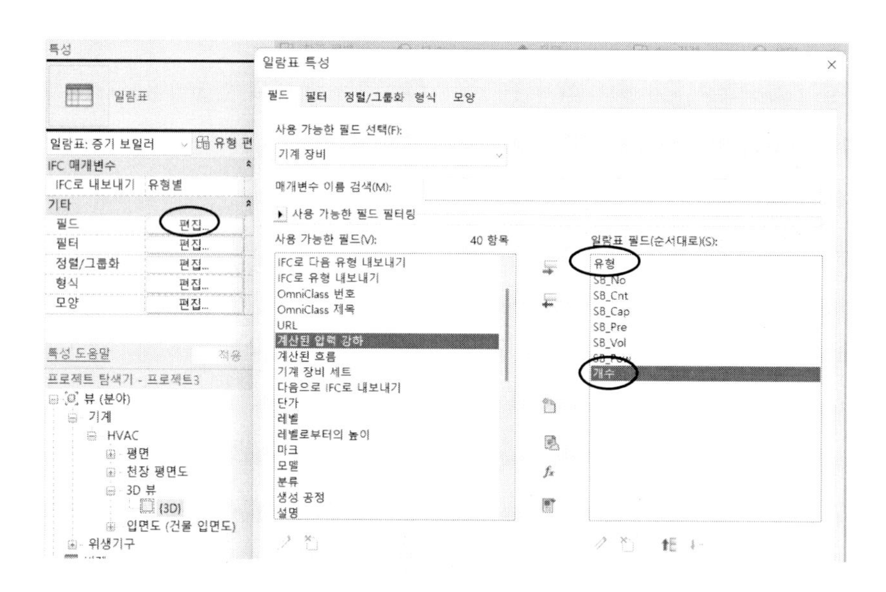

(5) '정렬/그룹화' 탭을 클릭합니다. '정렬 기준(S)'을 '유형', '다음 기준(T)'을 'SB_No'으로 설정합니다. '총계(G)'를 체크하고 '모든 인스턴스 항목화(Z)'의 체크를 제외합니다.

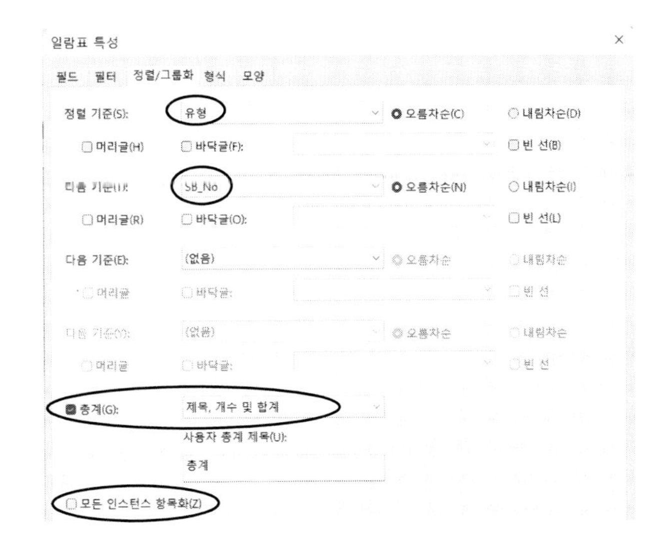

대화상자

(1) **정렬 기준(S)** : 정렬의 기준이 될 필드를 선택한 후 오름차순인지, 내림차순인지 지정합니다.

(2) **머리글(H)** : 정렬 그룹의 머리글의 추가여부를 지정합니다.

(3) **바닥글(F)** : 정렬 그룹의 바닥글의 추가여부를 지정합니다. 리스트 (제목, 개수, 합계)에서 선택합니다.

(4) **빈선(B)** : 정렬 그룹간의 공백 행을 넣습니다.

(5) **다음 기준(T)** : 두 번째의 정렬 기준에 대한 조건을 지정합니다.

(6) **합계(G)** : 합계의 표시 여부와 합계할 항목을 지정합니다.

(7) **모든 인스턴스 항목화(Z)** : 이 옵션을 켜면(ON) 모든 요소를 개개의 행에 모두 표시합니다. 이 옵션을 끄면(OFF), 정렬 매개변수 지정에 의해 복수의 인스턴스가 하나의 행에 모아집니다.

(6) 설정이 끝나고 [확인]를 누르면 다음과 같이 각 유형 별로 합계한 수량이 집계됩니다.

<증기 보일러>

A	B	C	D	E	F	G	H
유형	SB_No	SB_Cnt	SB_Cap	SB_Pre	SB_Vol	SB_Pow	개수
Boiler-Type1	SB01	1	266400000 J	3900.0 Pa	283.3 L/s	3700 W	3
Boiler-Type2	SB01	1	536400000 J	3900.0 Pa	1116.7 L/s	12000 W	5
Boiler-Type3	SB01	1	806400000 J	3900.0 Pa	2833.3 L/s	38000 W	4
Boiler-Type4	SB01	1	1076400000 J	3900.0 Pa	6000.0 L/s	52000 W	2
총계: 14							

이와 같은 방법으로 공유 매개변수를 이용하여 배치한 장비에 대한 일람표를 작성할 수 있습니다.

04. 덕트 소음기

덕트 중간에 삽입되는 부품인 소음기 패밀리를 작성합니다. 덕트의 크기에 맞춰 삽입되는 패밀리는 이와 유사한 방법으로 작성합니다. 이번 실습을 통해 지정한 부품의 크기에 맞춰 크기를 조정하여 삽입하는 부속에 대해 학습합니다.

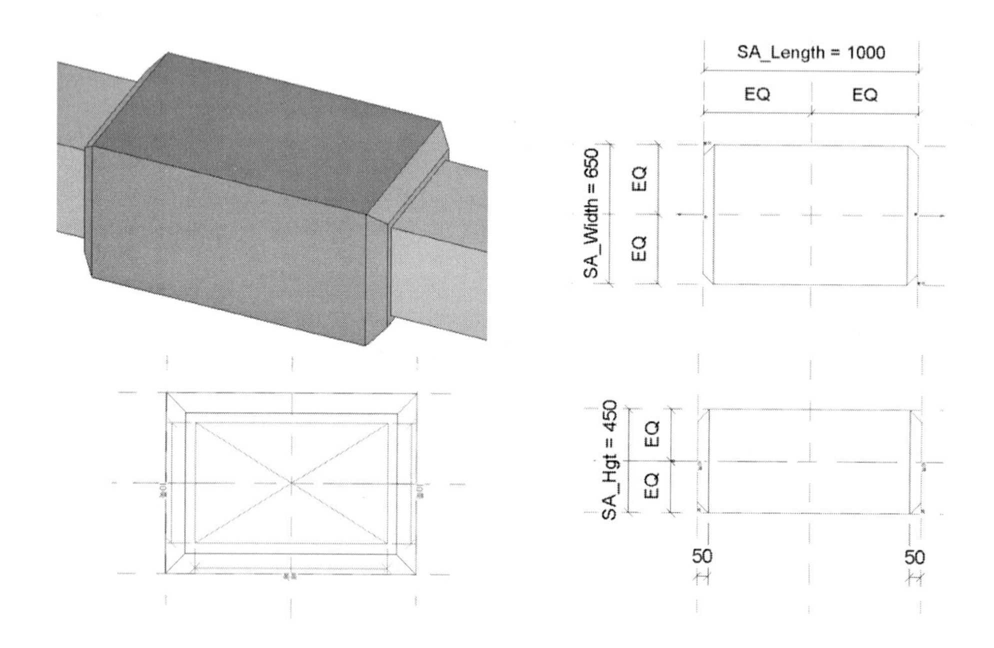

1. 템플릿 파일 선택과 카테고리 지정

작성할 패밀리의 바탕이 되는 템플릿 파일을 선택하고 패밀리가 속할 카테고리를 지정합니다.

(1) Revit을 실행한 후, 초기 화면에서 [패밀리]의 [새로 작성]을 클릭합니다. 또는 파일 메뉴에서 [새로 작성]-[패밀리]를 클릭합니다.

(2) '템플릿 파일 선택' 대화상자에서 패밀리 템플릿 파일을 선택합니다. '미터법 일반 모델.rft'을 선택합니다.

(3) 카테고리를 지정합니다. '작성-특성-패밀리 카테고리 및 매개변수'를 클릭합니다. '패밀리 카테고리 및 매개변수' 대화상자가 나타납니다.

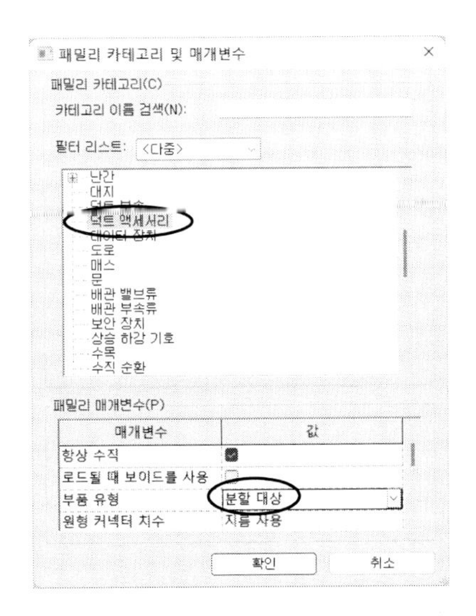

대화상자에서 다음과 같이 설정합니다.

① 패밀리 카테고리 : '덕트 액세서리'를 선택합니다.

② 패밀리 매개변수(P)

항상 수직 : 체크, 부품 유형 : '분할 대상'을 지정합니다.

2. 매개변수 작성

매개변수를 작성합니다. 매개변수는 필요할 때 작성해도 되지만 일관성을 위해 미리 작성하겠습니다.

(1) '작성-특성-패밀리 유형'을 클릭합니다. 패밀리 유형 대화상자에서 '새 매개변수'를 클릭합니다. 매개변수 특성 대화상자에서 '이름(N)'을 'Duct_Hgt', '매개변수 유형(T)'을 '길이', '그룹 매개변수(G)'를 '치수'를 설정하고 '인스턴스(Instance)(I)'를 선택합니다.

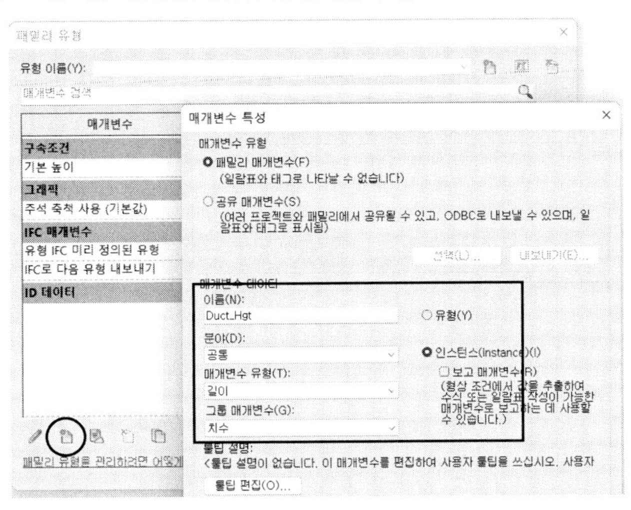

다음과 같이 매개변수가 작성됩니다.

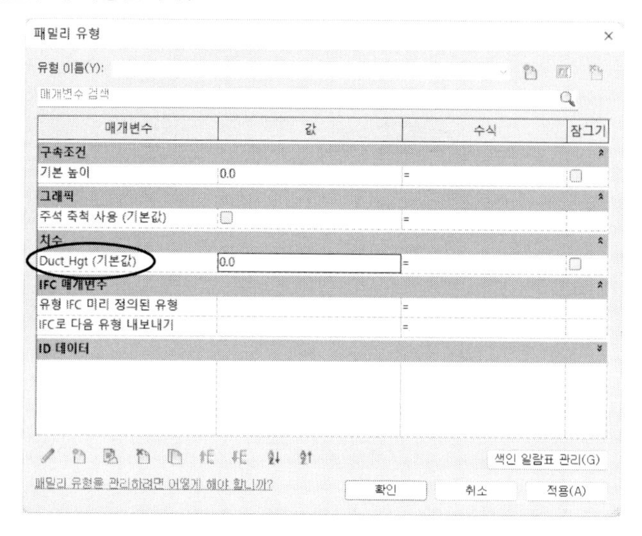

(2) 이와 같은 방법으로 다음과 같이 매개변수를 작성합니다.

용도	이름	분야	매개변수 유형	디폴트 값
덕트 높이	Duct_Hgt	공통	길이	300
덕트 넓이	Duct_Width	공통	길이	500
소음기 높이	SA_Hgt	공통	길이	
소음기 넓이	SA_Width	공통	길이	1000
소음기 길이	SA_Length	공통	길이	

(3) 계산 수식을 입력합니다. 소음기의 높이와 넓이 값은 덕트보다 '150'만큼 큰 값으로 설정합니다.

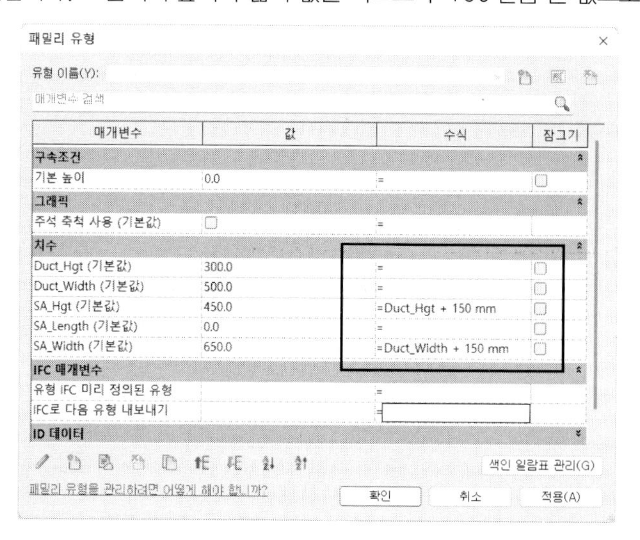

3. 소음기 모델 작성

소음기를 모델링합니다.

(1) 참조평면을 작성합니다. '작성–기준–참조평면'을 클릭합니다.
옵션 바에서 '간격띄우기'를 '500'로 설정하고 기준 참조평면을 중심으로 가로와 세로 방향의 양쪽으로 참조 평면을 작성합니다.

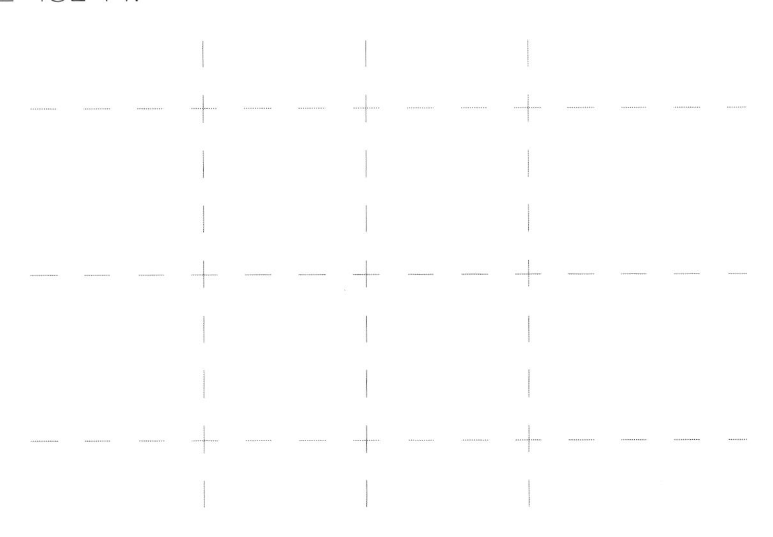

(2) 치수 기능으로 가로, 세로 치수를 기입한 후 가로, 세로 모두 균등 구속(EQ)합니다.

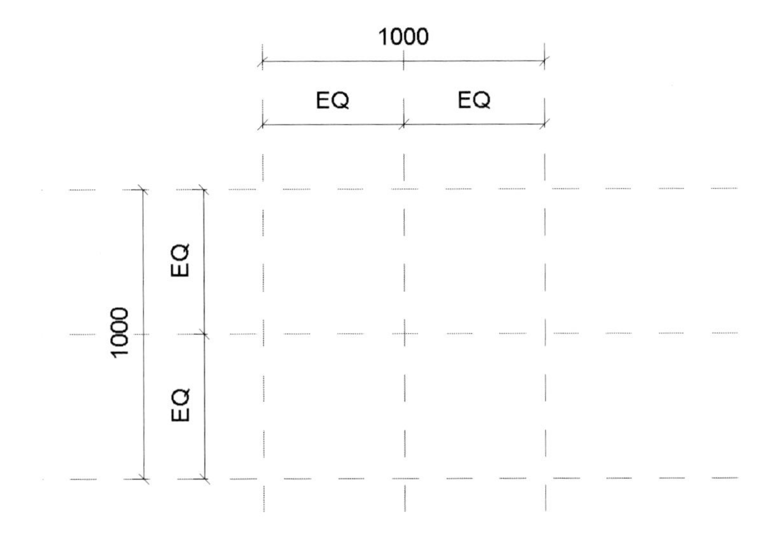

(3) 각 치수를 앞에서 작성한 매개변수를 연관시킵니다. 가로 방향의 치수를 선택한 후 '레이블' 항목에서 'SA_Length = 1000'을 선택합니다. 다음과 같이 매개변수가 대입됩니다.

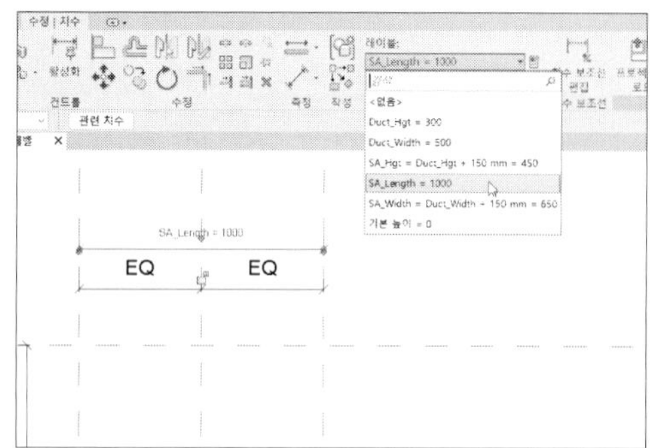

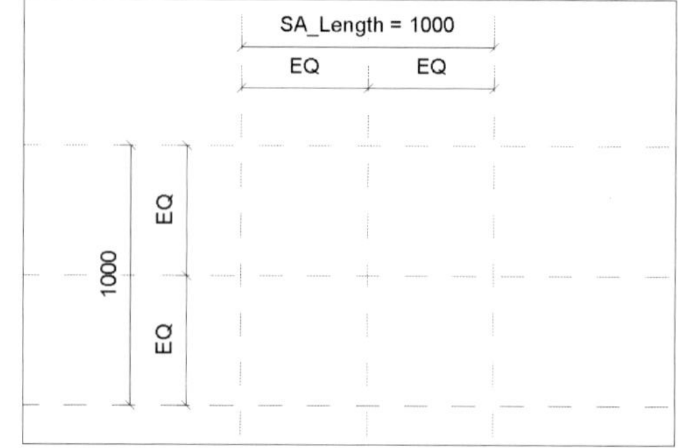

(4) 세로 방향의 치수를 선택한 후 매개변수 'SA_Width'를 선택합니다.

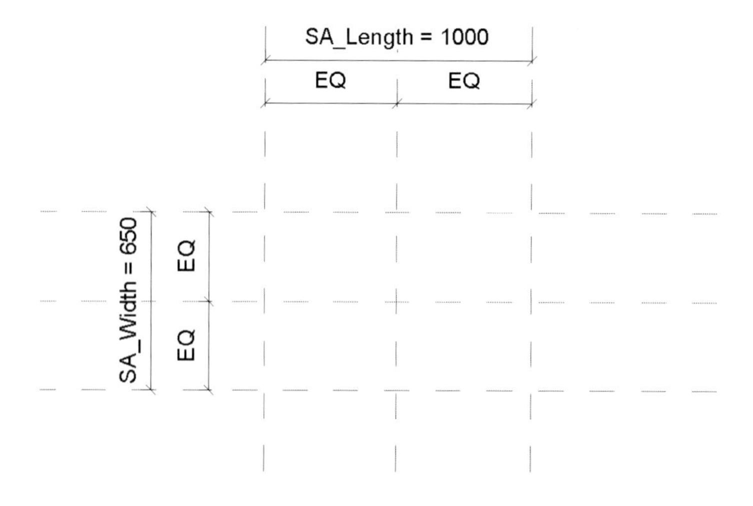

(5) 정면도를 펼칩니다. [뷰(전체)]-[입면도(입면도1)]-[전면]을 더블클릭합니다.
'작성-기준-참조평면'을 클릭합니다. 옵션 바에서 '간격띄우기'를 '450'으로 설정하고 수평 기준선을 중심으로 양쪽(위/아래)으로 참조평면을 작성합니다. 치수를 선택한 후 'SA_Hgt'를 연관시킵니다.

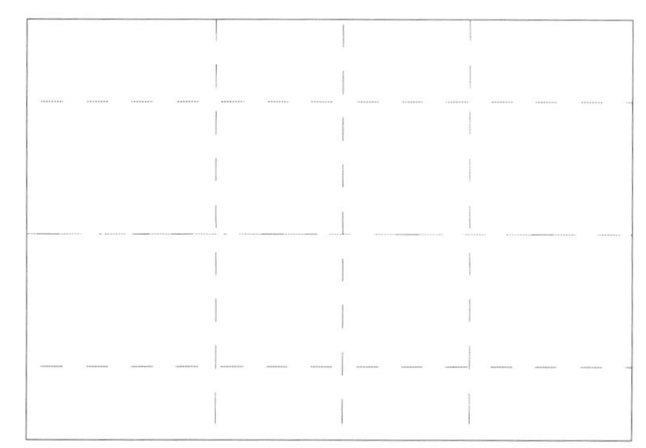

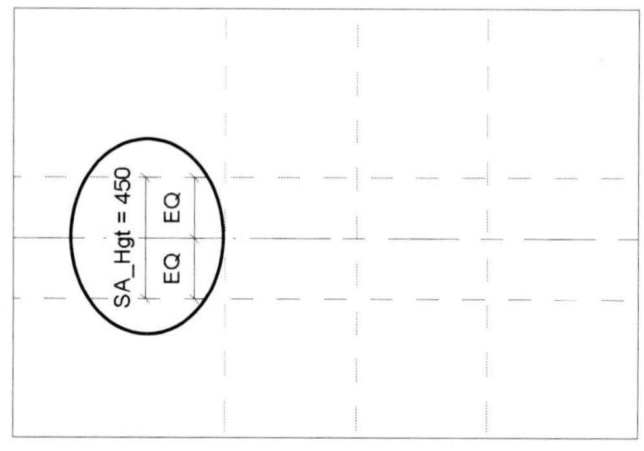

(6) 작업 기준면을 설정합니다. '작성-작업 기준면-설정'을 클릭합니다. '새 작업 기준면 지정'에서 '기준면 선택(P)'을 선택하고 아래쪽 참조평면을 선택합니다.

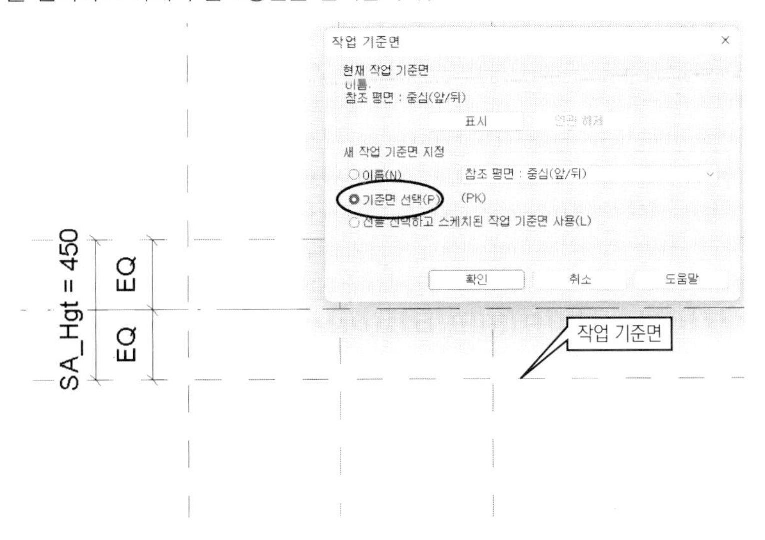

'뷰로 이동' 대화상자에서 '평면도: 참조 레벨'을 선택한 후 [뷰 열기]를 클릭하면 평면 뷰로 이동합니다.

(7) 돌출 기능으로 소음기를 모델링합니다. '작성-양식-돌출'을 클릭합니다. '그리기' 패널에서 '직사각형'을 선택한 후 대각선의 두 지점을 지정합니다. 4방향의 참조면에 자물쇠 마크()를 클릭하여 참조면과 구속시킵니다.

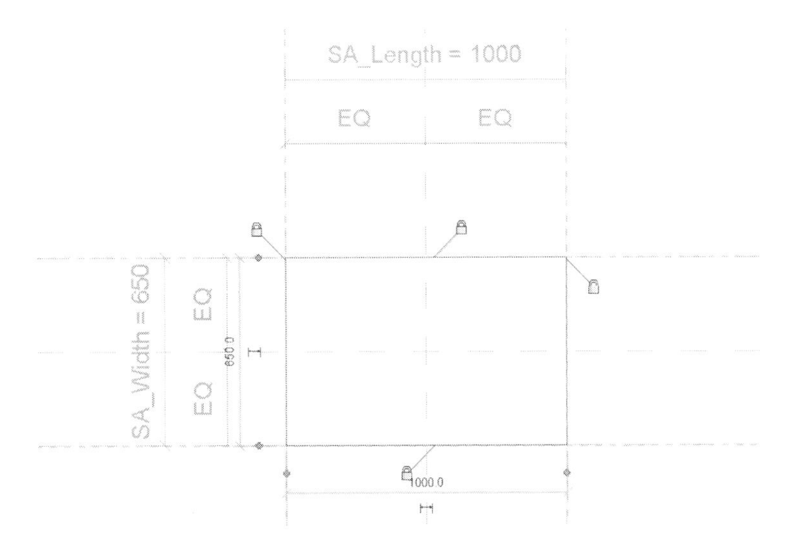

특성 팔레트의 '돌출 끝'의 를 클릭하여 '패밀리 매개변수 연관' 대화상자에서 'SA_Hgt'를 선택합니다. '편집 모드 완료'를 클릭하면 다음과 같이 모델링됩니다.

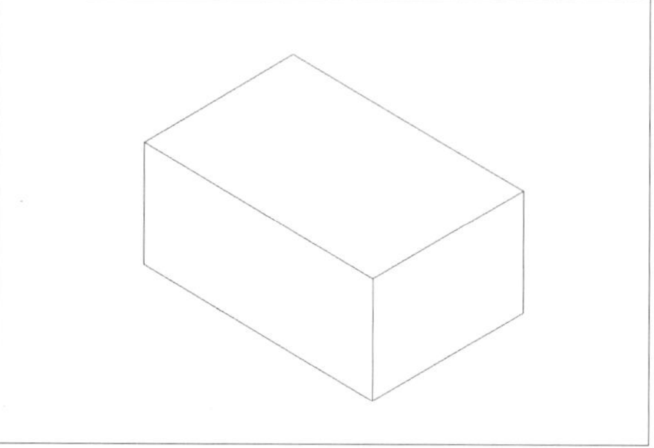

(8) 모서리를 모깎기합니다. 보이드 스윕 기능으로 모깎기합니다. [뷰(전체)]-[평면(평면)]-[참조 레벨]을 더블클릭합니다. 먼저 작업기준면을 설정합니다.'수정|스윕-작업 기준면-설정'을 클릭합니다. 작업 기준면 대화상자에서 '기준면 선택(P)'를 선택합니다. 오른쪽 면을 선택합니다. 뷰로 이동 대화상자에서 '입면도: 오른쪽'을 선택합니다.

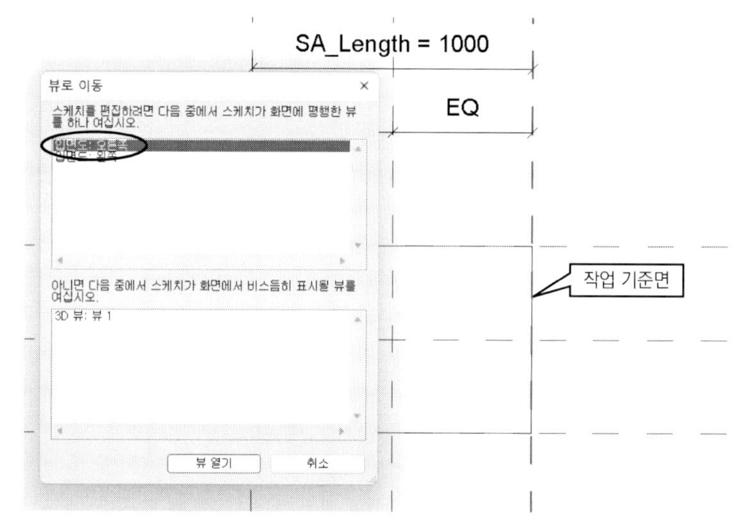

(9) '작성-양식-보이드 양식-보이드 스윕'을 클릭합니다. '수정|스윕-스윕-경로 스케치'를 클릭합니다. '그리기' 패널에서 '직사각형'을 선택한 후 직사각형을 작도합니다. 다음과 같이 참조 평면에 잠급니다. '편집 모드 완료'를 클릭합니다.

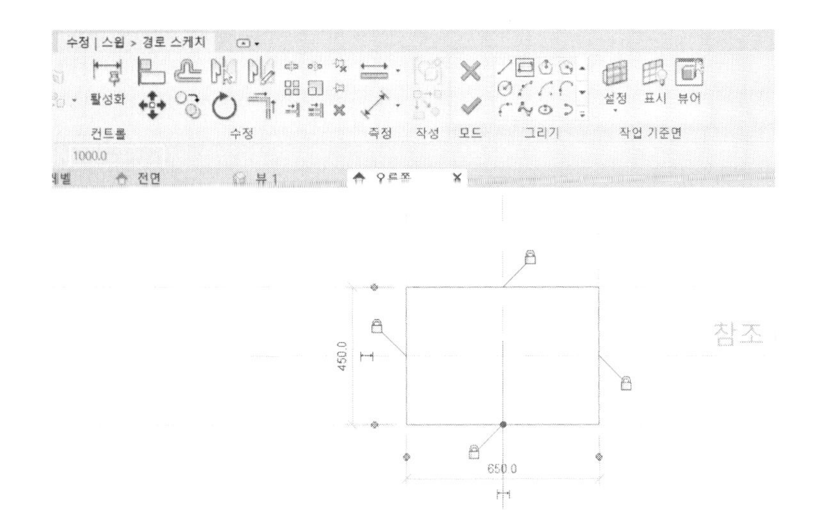

(10) '수정|스윕-스윕-프로파일 편집'을 클릭합니다. 뷰로 이동 대화상자에서 '입면도: 전면'을 선택한 후 [뷰 열기]를 클릭합니다. '수정|스윕>프로파일 편집-그리기'에서 선 기능으로 다음과 같이 삼각형 프로파일을 작성합니다. 한 변의 길이는 '50'입니다. '편집 모드 완료✔'를 클릭합니다.

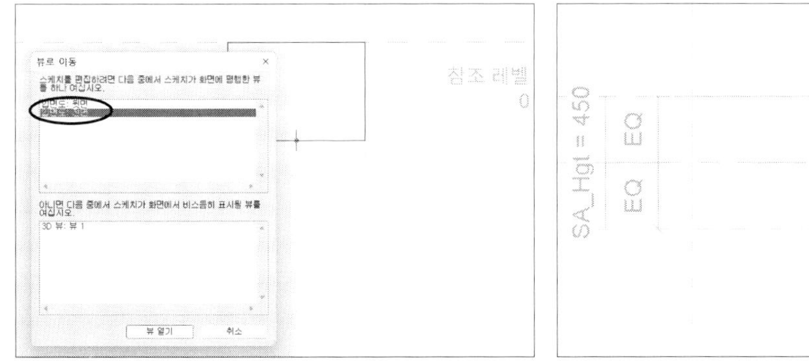

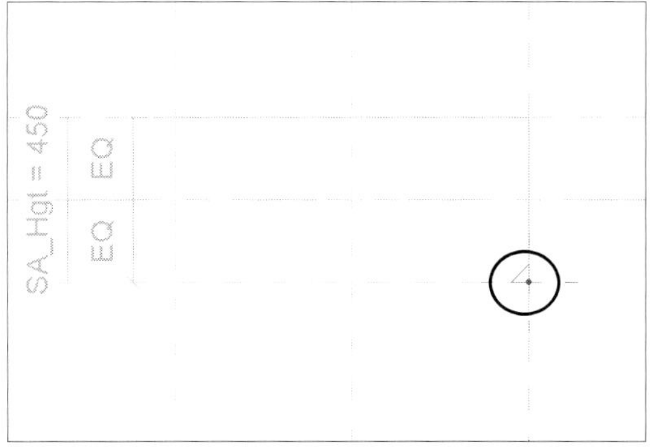

(11) 보이드 스윕 작업을 마치려면 '편집 모드 완료✔'를 클릭합니다. 다음과 같이 모깎기됩니다.

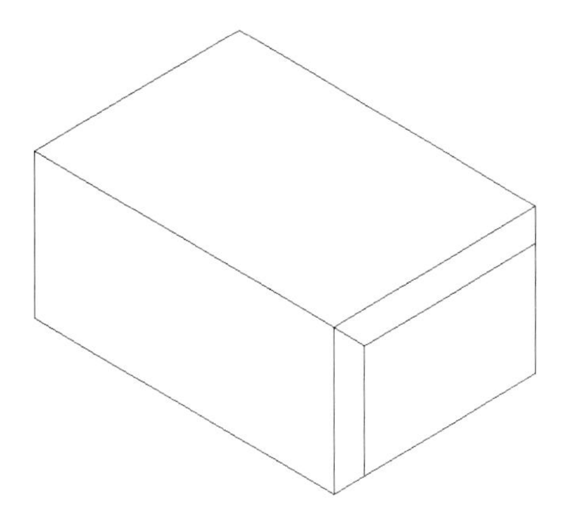

(12) 동일한 방법으로 반대편 모서리도 모깎기합니다.

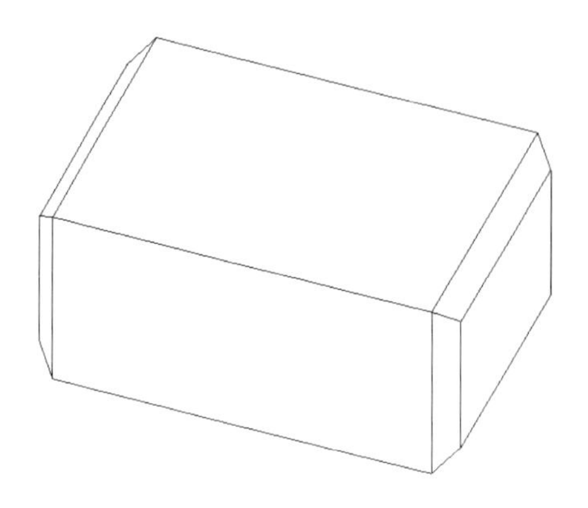

4. 덕트 커넥터 정의

양쪽 면에 덕트 커넥터를 배치합니다.

(1) 모델의 3D 뷰를 펼칩니다. '작성-커넥터-덕트 커넥터'를 클릭합니다. 부착하고자 하는 면에 맞춘 후 클릭합니다. 다음과 같이 커넥터가 배치됩니다.

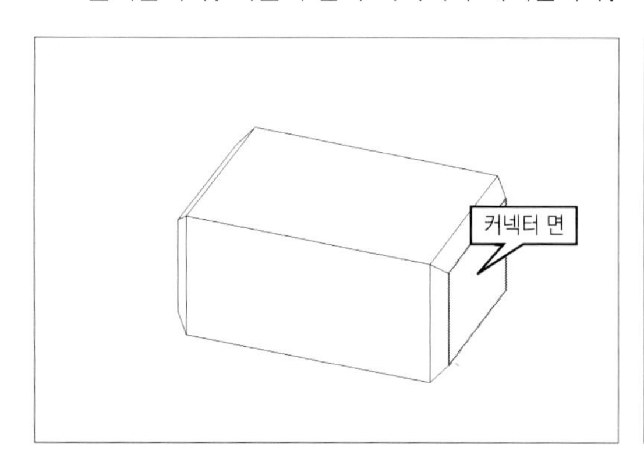

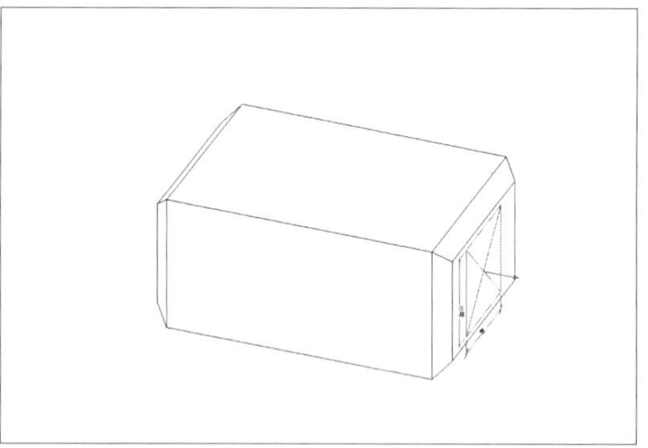

(2) 커넥터를 선택한 후 특성 팔레트에서 '높이'의 '패밀리 매개변수 연관(=)'을 클릭합니다. 패밀리 매개변수 연관에서 'Duct_Hgt'를 선택합니다. '폭'은 'Duct_Width'를 연관시킵니다.

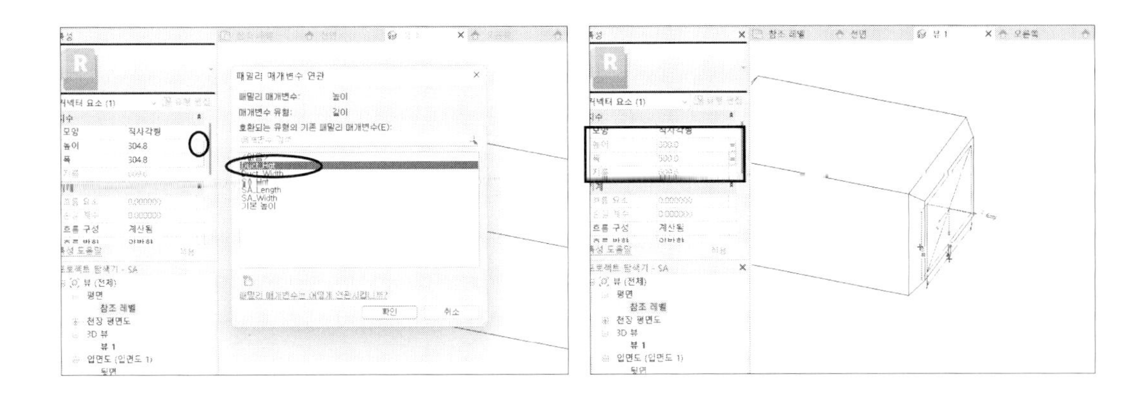

(3) 반대편 면에도 덕트 커넥터를 배치하고 특성 팔레트에서 매개변수를 연관시킵니다.

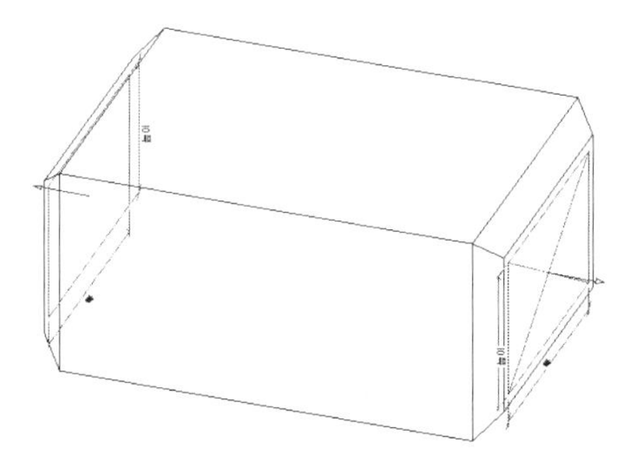

(4) 두 개의 커넥터를 링크시킵니다. 먼저 한쪽 커넥터를 선택한 후 '수정|커넥터 요소-커넥터 링크-커넥터 링크'를 클릭합니다. 반대편 커넥터를 선택하면 다음과 같이 가운데에 화살표가 나타나며 링크됩니다.

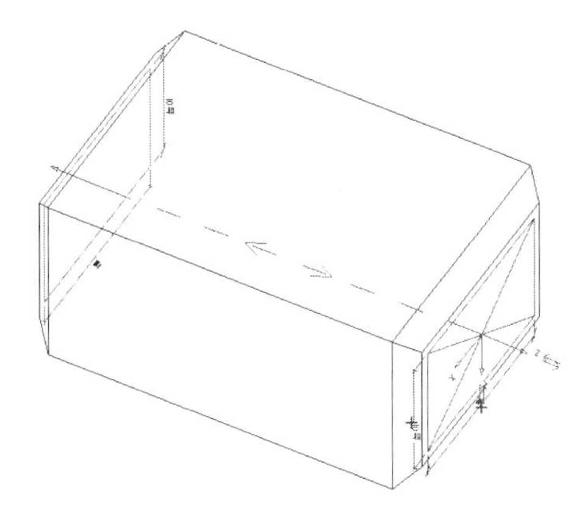

(5) 재질(재료)을 정의합니다.

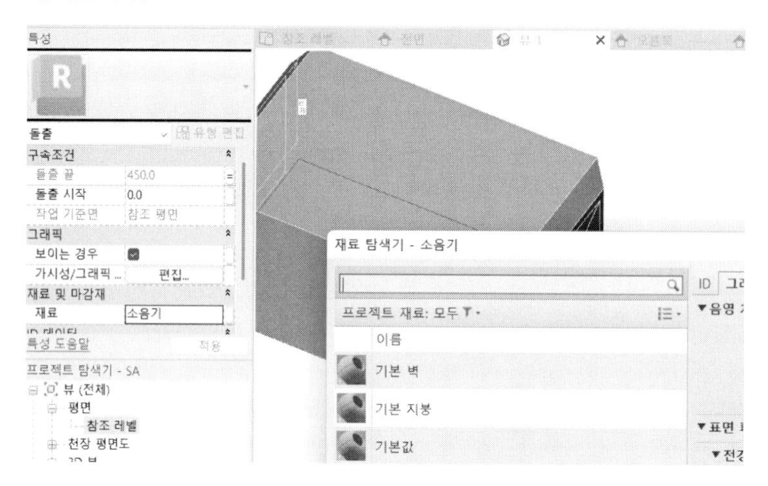

5. 파일 저장 및 테스트

패밀리를 저장하고 프로젝트에 로드하여 테스트합니다. 덕트가 모델링된 하나 이상의 프로젝트 파일이 열려있어야 합니다.

(1) '프로젝트에 로드'를 클릭합니다. 프로젝트 파일을 선택하면 다음과 같이 프로젝트 파일로 로드됩니다. 소음기를 배치하고자 하는 위치를 지정합니다.

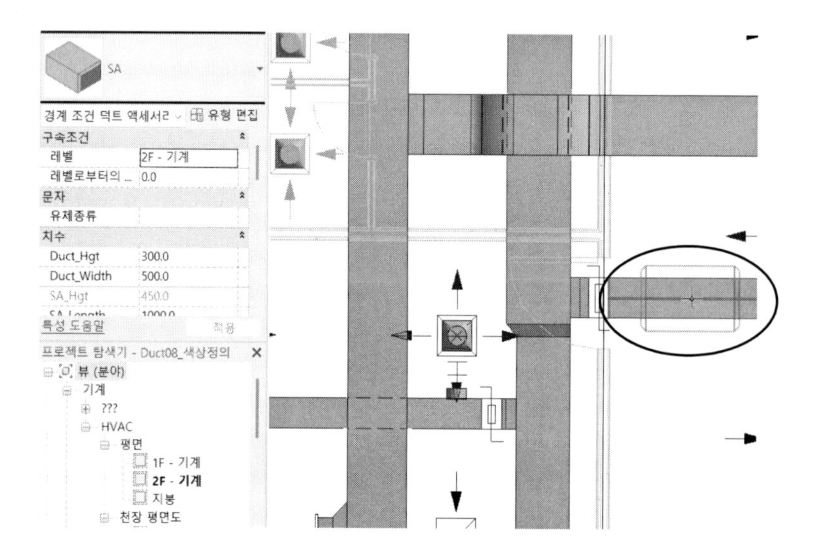

(2) 다음과 같이 덕트 사이에 배치되며 덕트의 크기에 맞춰 크기가 조정됩니다. 계획했던 대로 배치되지 않으면 다시 패밀리 편집기로 이동해 패밀리를 수정합니다.

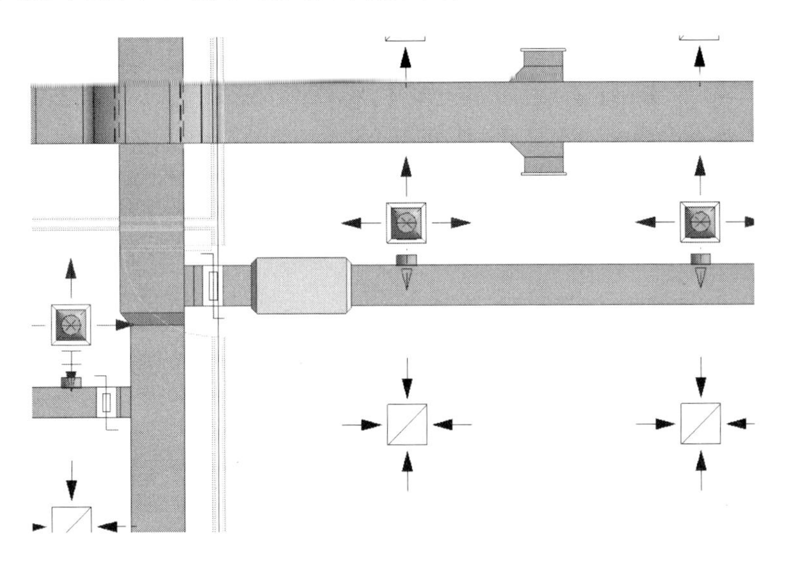

05. 게이트 밸브

이번에는 선택한 배관의 크기에 맞는 게이트 밸브를 삽입하는 패밀리를 작성하겠습니다. 밸브의 제원은 *.csv 파일에서 읽어오는 방법을 학습하겠습니다.

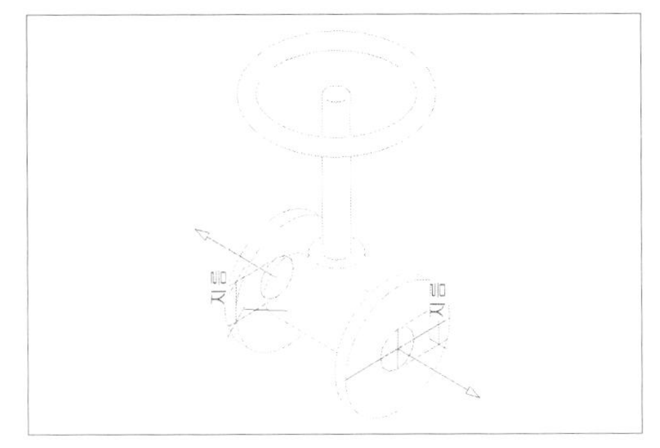

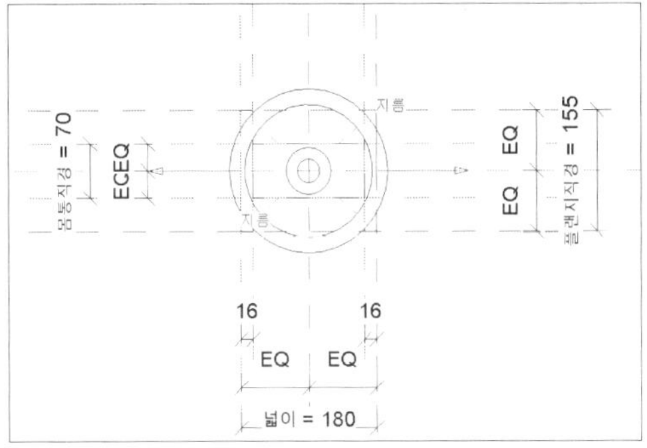

밸브의 제원은 다음과 같습니다.

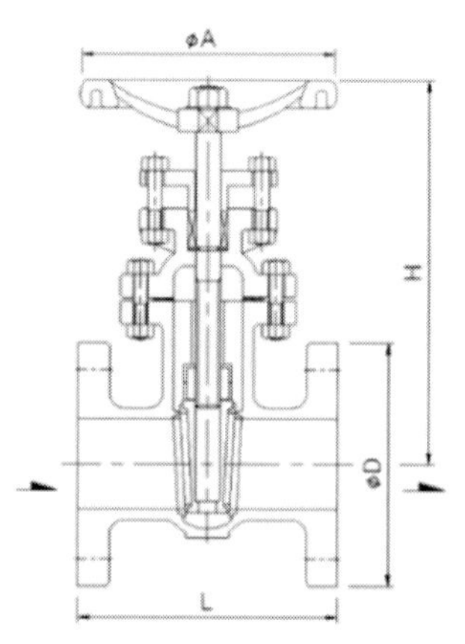

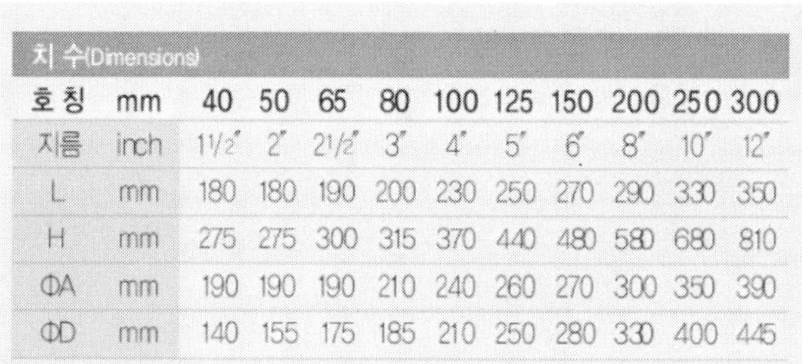

치 수(Dimensions)

호 칭	mm	40	50	65	80	100	125	150	200	250	300
지름	inch	1½"	2"	2½"	3"	4"	5"	6"	8"	10"	12"
L	mm	180	180	190	200	230	250	270	290	330	350
H	mm	275	275	300	315	370	440	480	580	680	810
ΦA	mm	190	190	190	210	240	260	270	300	350	390
ΦD	mm	140	155	175	185	210	250	280	330	400	445

(1) 패밀리 템플릿을 '미터법 일반 모델.rft'을 선택하여 패밀리 편집기를 시작합니다. '패밀리 카테고리 및 매개변수'를 실행하여 대화상자에서 카테고리를 '배관 밸브류', 부품 유형을 '분할대상', 원형 커넥터 치수를 '지름 사용'으로 지정합니다.

부품 유형을 '분할대상'으로 지정하면 선택한 배관을 분할하여 삽입됩니다.

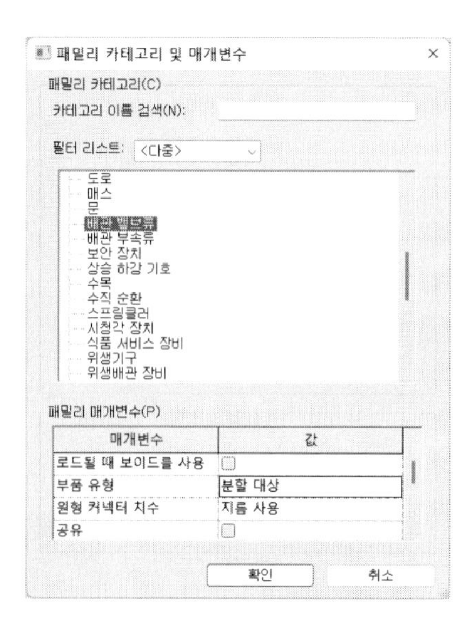

(2) '엑셀 등을 이용하여 다음과 같은 파일을 작성합니다. 밸브의 제원을 입력합니다. 저장할 때 파일명은 'Gate_Valve.csv'로 지정합니다.

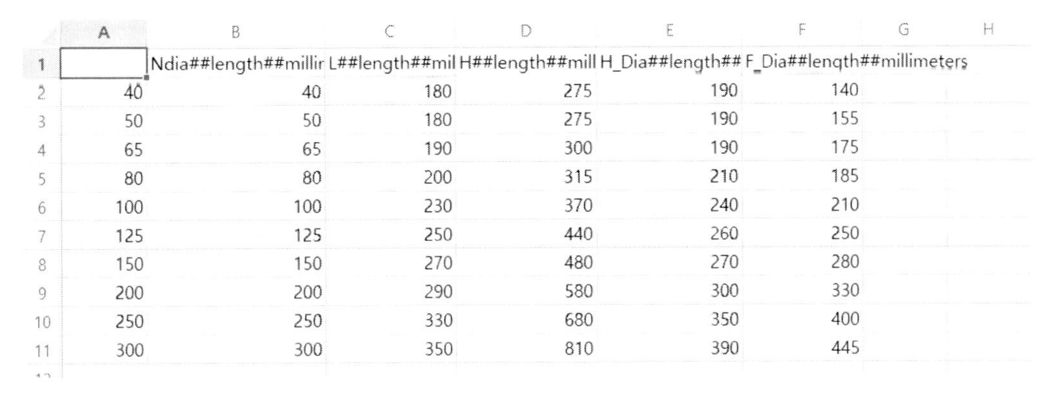

	A	B	C	D	E	F	G	H
1		Ndia##length##millir	L##length##mil	H##length##mill	H_Dia##length##	F_Dia##length##millimeters		
2	40	40	180	275	190	140		
3	50	50	180	275	190	155		
4	65	65	190	300	190	175		
5	80	80	200	315	210	185		
6	100	100	230	370	240	210		
7	125	125	250	440	260	250		
8	150	150	270	480	270	280		
9	200	200	290	580	300	330		
10	250	250	330	680	350	400		
11	300	300	350	810	390	445		

매개변수는 다음과 같습니다.

Ndia##length##millimeters, L##length##millimeters, H##length##millimeters, H_Dia##length##millimeters, F_Dia##length##millimeters

(3) '패밀리 유형'을 실행하여 패밀리 매개변수를 작성합니다. 패밀리 유형 대화상자에서 '새 매개변수'를 클릭하여 매개변수 특성 대화상자에서 패밀리 매개변수를 작성합니다.

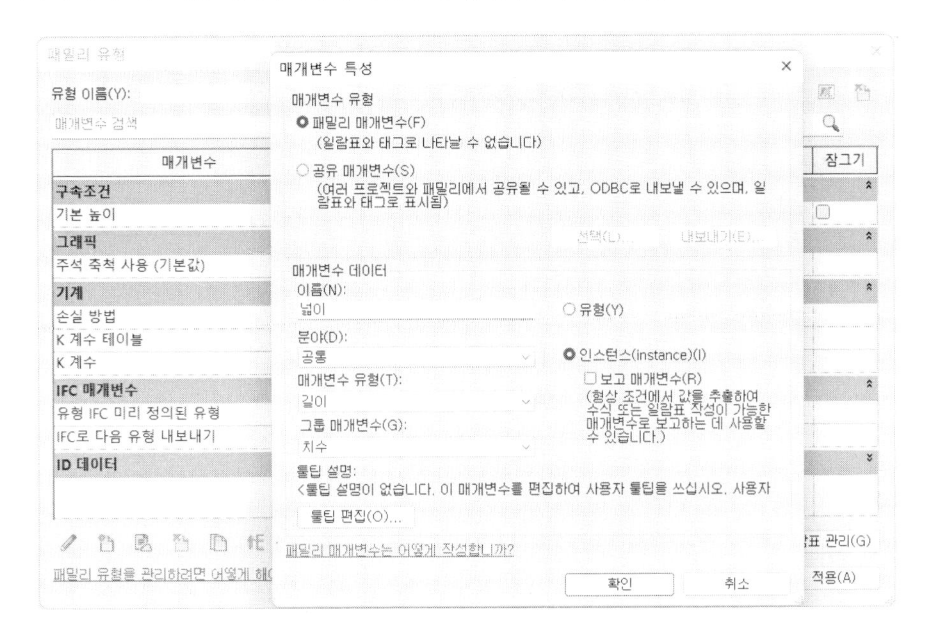

작성할 패밀리 매개변수는 다음과 같습니다.

이름	분야	매개변수 유형	그룹 매개변수	유형/인스턴스
배관직경	배관	배관크기	치수	인스턴스
넓이	공통	길이	치수	인스턴스
스템높이	공통	길이	치수	인스턴스
몸통직경	공통	길이	치수	인스턴스
몸통스템높이	공통	길이	치수	인스턴스
플랜지직경	공통	길이	치수	인스턴스
핸들직경	공통	길이	치수	인스턴스

플랜지 두께는 '16', 핸들의 지름은 '20', 스템의 지름은 '30', 밸브 본넷의 지름은 '60'으로 설정하겠습니다.

(4) *.csv 데이터를 받아들여 매개변수에 할당합니다. 패밀리 유형 대화상자에서 [색인 일람표 관리(G)]를 클릭하여 색인 일람표 관리 대화상자에서 [가져오기(I)]를 클릭하여 앞에서 작성한 'Gate_Valve.csv' 파일을 지정합니다.

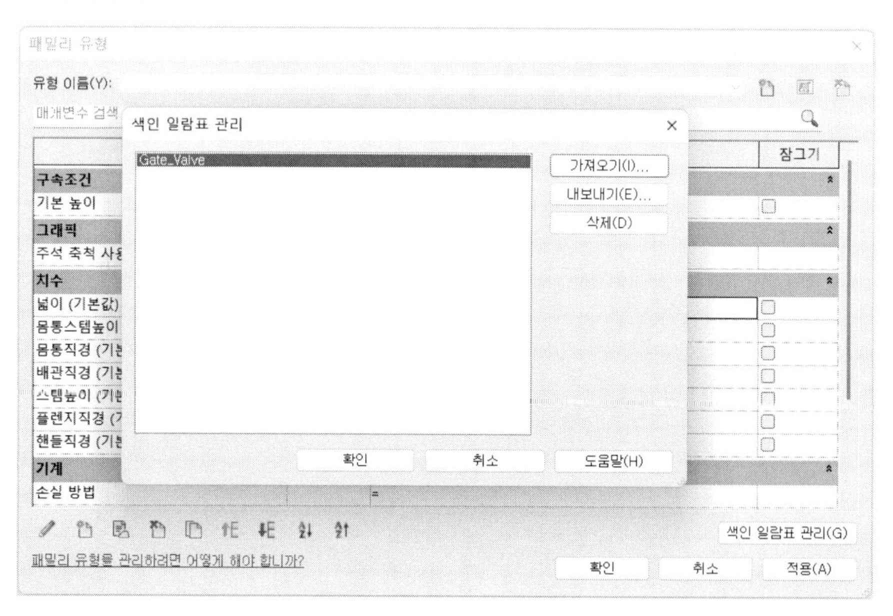

(5) '배관직경'에 디폴트 값 '50'을 입력합니다. '넓이'에 수식 'size_lookup("Gate_Valve", "L", 180 mm, 배관직경)'을 입력합니다. 그러면 값에 수식 결과값 '180'이 할당됩니다.

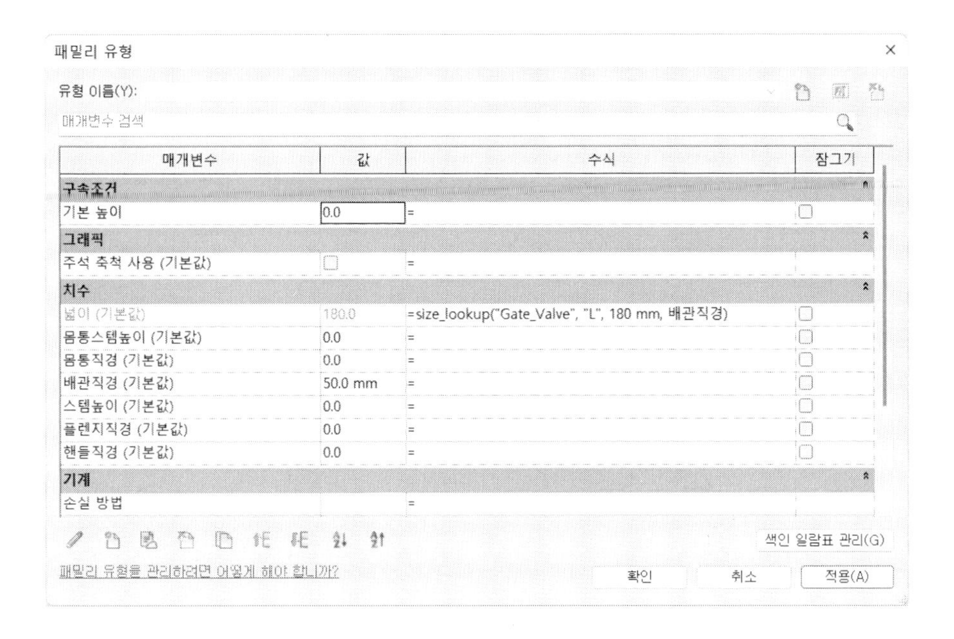

이와 같은 방법으로 다음과 같이 수식을 입력합니다.

몸통스템높이 = 플랜지직경 / 2

몸통직경 = 배관직경 + 20

스템높이 = size_lookup(“Gate_Valve”, “H”, 180 mm, 배관직경)

플랜지직경 = size_lookup(“Gate_Valve”, F_Dia”, 180 mm, 배관직경)

핸들직경 = size_lookup(“Gate_Valve”, H_Dia”, 180 mm, 배관직경)

다음과 같이 수식이 입력되어 값이 할당됩니다.

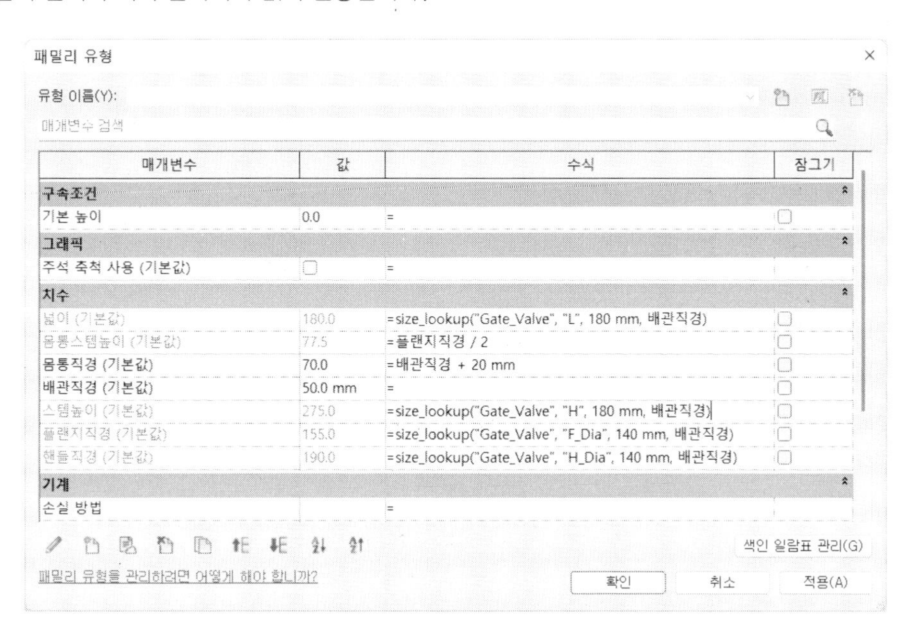

참고 수식 형식

플랜지직경 = size_lookup("Gate_Valve", F_Dia", 180 mm, 배관직경)

상기의 식을 풀이하자면 'Gate_Valve' 파일에서 배관직경에 해당하는'F_Dia'값을 '플랜지직경'이라는 매개변수에 할당합니다. 만약에 값이 없으면 디폴트 값으로 '180'을 지정한다는 의미입니다.

(6) 참조평면 기능으로 다음과 같이 참조평면을 작성하고 치수 기능으로 치수를 기입합니다.

70 EEQ EQEQ 130
16 16
EQ EQ
180

(7) 기입된 치수에 다음과 같이 매개변수(몸통직경, 플랜지직경, 넓이)를 할당합니다. 할당하는 방법은 앞의 예제를 참조합니다.

몸통직경 = 70 EEQ EQEQ 플랜지직경 = 155
16 16
EQ EQ
넓이 = 180

(8) 몸통과 플랜지를 모델링합니다. '회전'기능으로 다음과 같이 회전할 프로파일을 작성하고 축선(회전축)을 지정합니다. 이때 반드시 참조평면에 구속이 되도록 락(자물쇠 마크)을 채우도록 합니다.

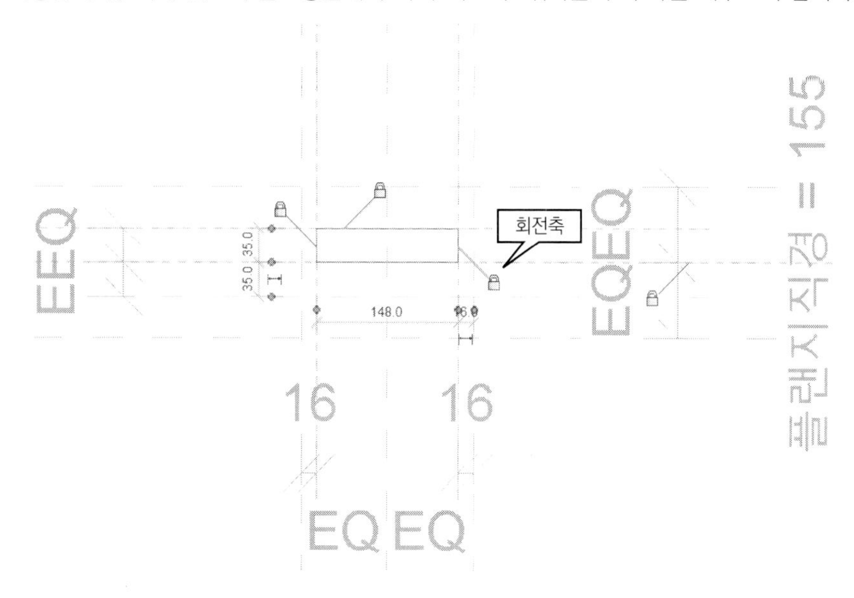

'편집 모드 완료 ✔'를 클릭하면 다음과 같이 몸통이 모델링됩니다.

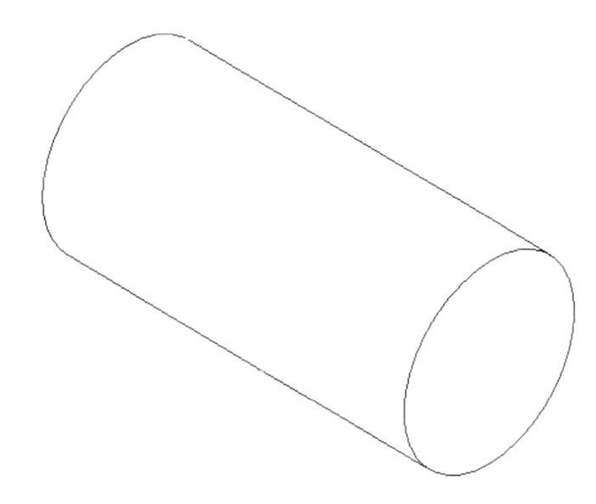

(9) 이번에는 양쪽 플랜지를 모델링합니다. 양쪽의 플랜지 프로파일을 동시에 작성합니다. 여기에서도 반드시 참조평면에 구속이 되도록 락을 채웁니다.

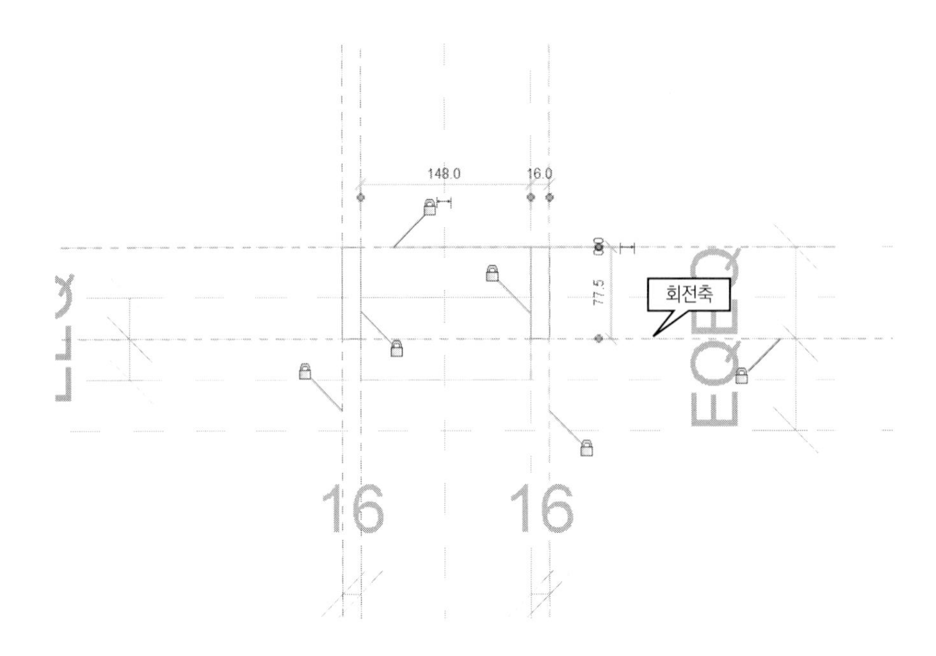

'편집 모드 완료 ✔'를 클릭하면 다음과 같이 플랜지가 모델링됩니다.

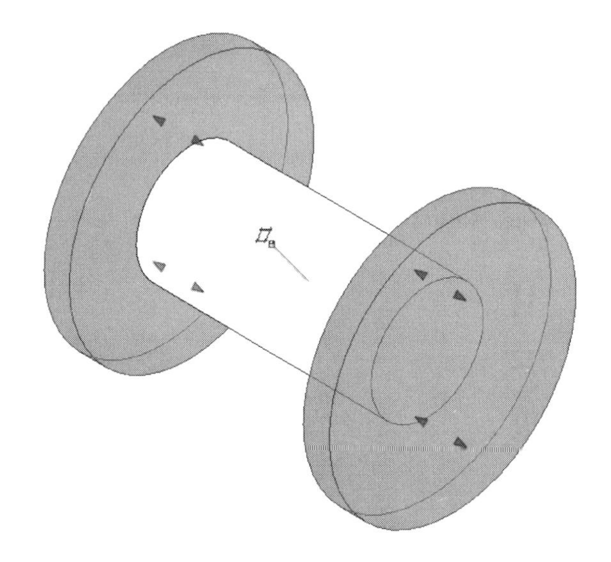

(10) 스템 부분과 핸들(핸드 휠)을 모델링하겠습니다. 전면 뷰를 펼칩니다. '작업 기준면 설정'으로 기준면을 지정한 후 뷰로 이동 대화상자에서 '평면도: 참조 레벨'뷰로 이동합니다.

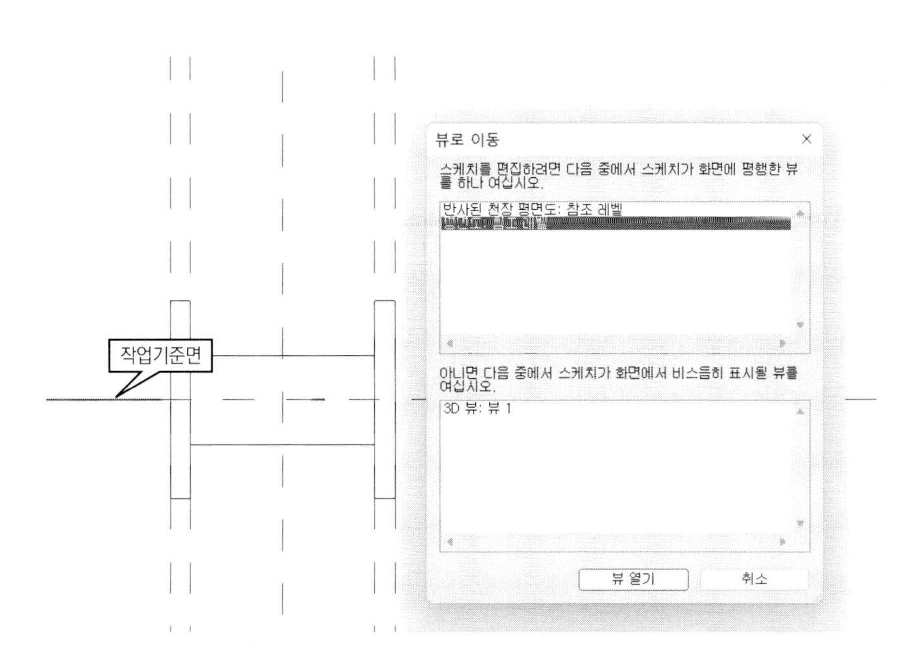

(11) 평면뷰에서 '돌출'을 실행하여 반지름 '30'인 원을 작성합니다. 특성 팔레트에서 '돌출 끝'의 매개변수 연관 버튼 ...을 클릭하여 대화상자에서 '몸통스템높이'를 지정합니다.

'편집 모드 완료 ✔'를 클릭하면 다음과 같이 밸브 본넷이 모델링됩니다.

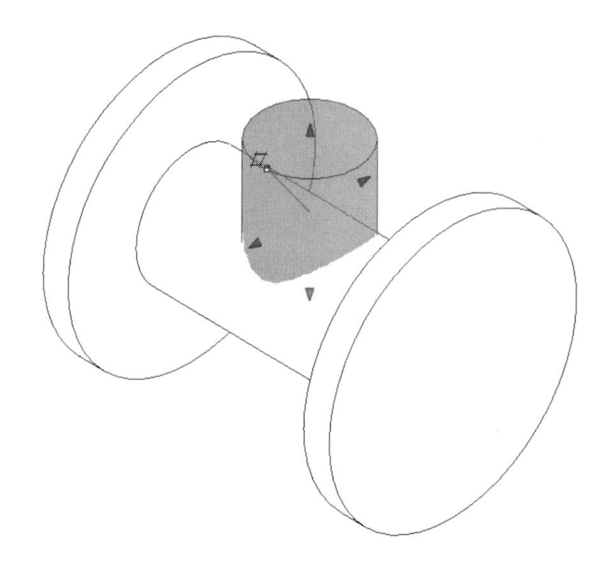

(12) 스템을 모델링합니다. 전면 뷰로 이동하여 다음과 같이 참조 평면을 작성한 후 치수를 기입하여 매개변수 '스템높이'와 연관시킵니다.

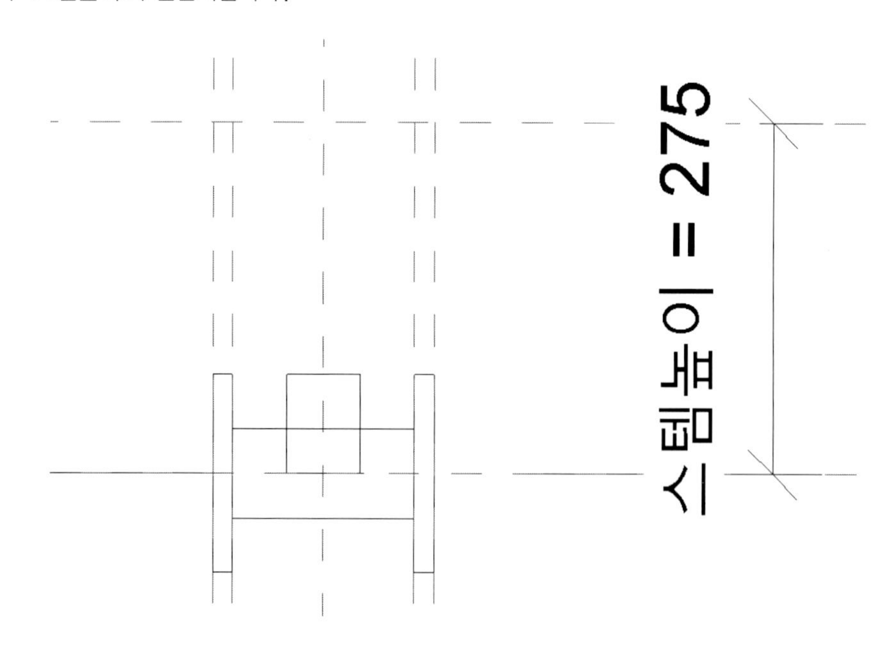

(13) 평면뷰로 이동하여 '돌출 '을 실행하여 반지름 '15'인 원을 작성합니다. '돌출 시작'매개변수에 '몸통 스템높이', '돌출 끝' 매개변수에 '스템높이'를 연관합니다.

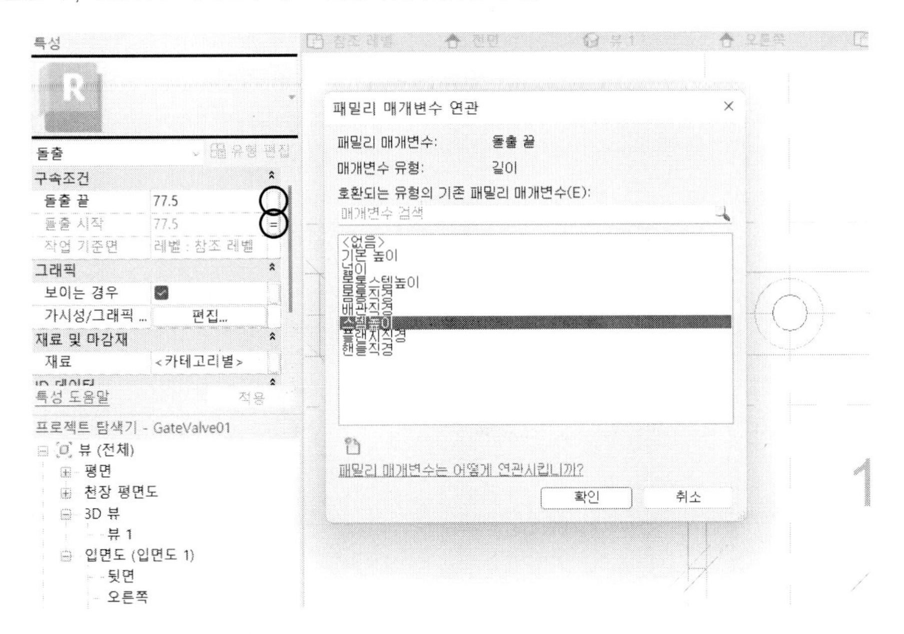

'편집 모드 완료 '를 클릭하면 다음과 같이 밸브 스템이 모델링됩니다.

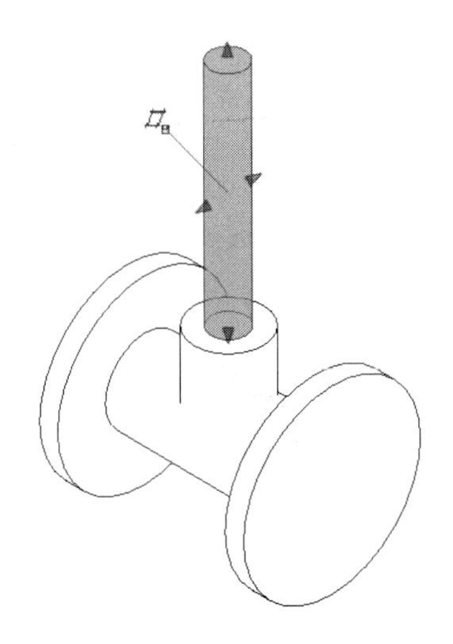

(14) 핸들을 모델링하겠습니다. 먼저 작업 기준면을 핸들의 위치(스템의 끝)로 지정합니다.

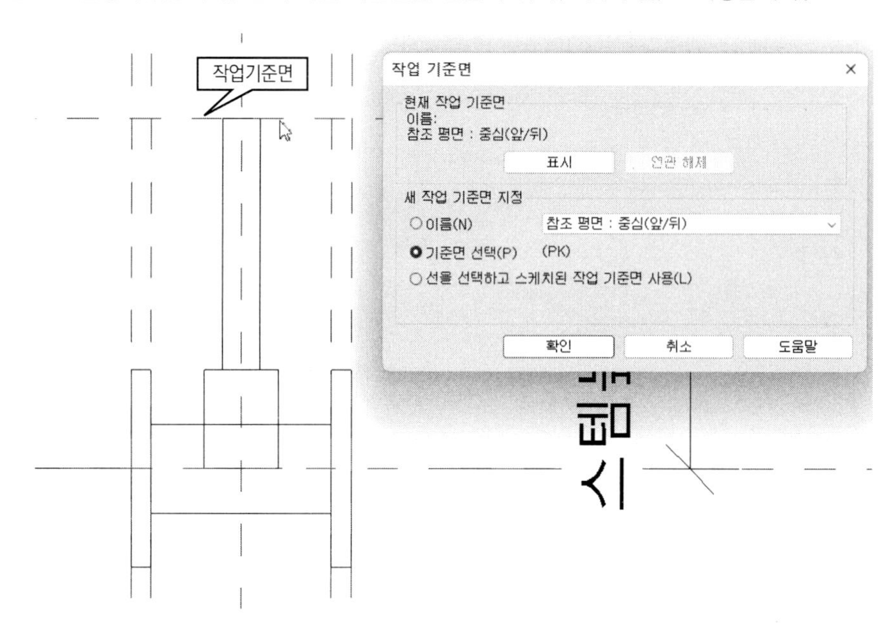

(15) 뷰로 이동 대화상자에서 '평면도: 참조레벨'을 지정하여 평면뷰를 펼칩니다. '스윕' 기능을 실행합니다. '경로 스케치'를 클릭하여 '원'을 작도한 후 지름 치수를 기입합니다. 반드시 지름 치수를 기입하도록 합니다.

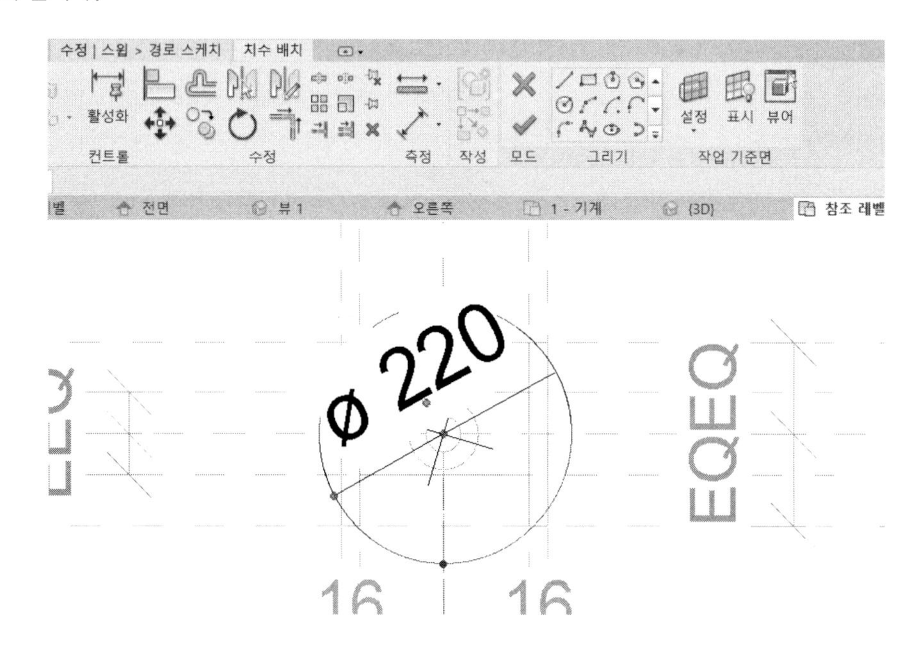

(16) 지름 치수를 매개변수 '핸들직경'과 연관시킵니다. 경로 스케치가 끝나면 '편집 모드 완료 ✔'를 클릭합니다.

(17) '프로파일 편집'을 클릭합니다. 뷰로 이동 대화상자에서 '입면도: 오른쪽'을 클릭합니다. 그리기 도구에서 '원'을 선택하여 지름이 '20'인 원을 작도한 후 '편집 모드 완료 ✔'를 클릭합니다.

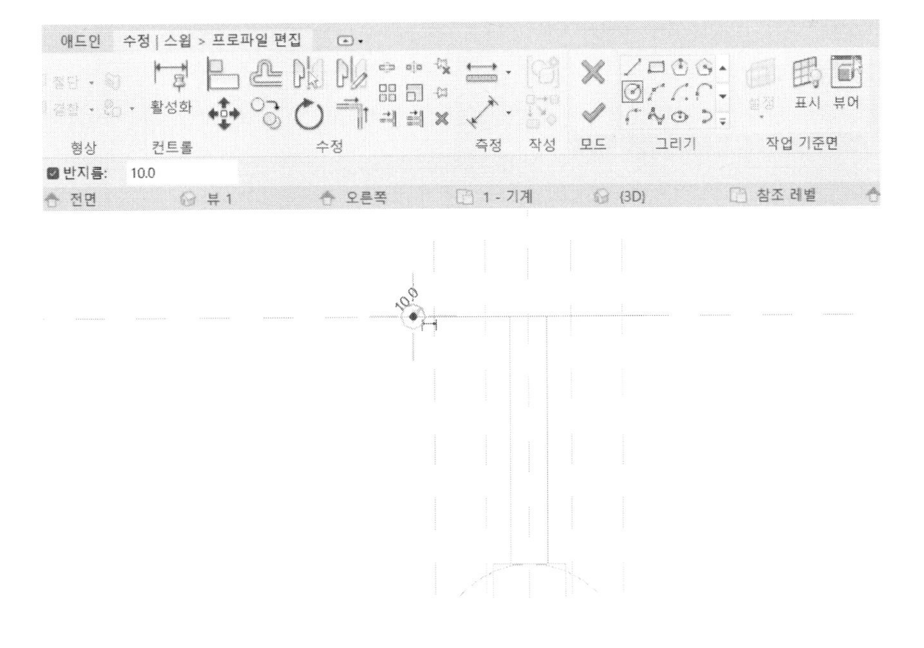

스윕을 최종 완료하려면'편집 모드 완료 ✔'를 클릭합니다. 다음과 같이 모델링됩니다.

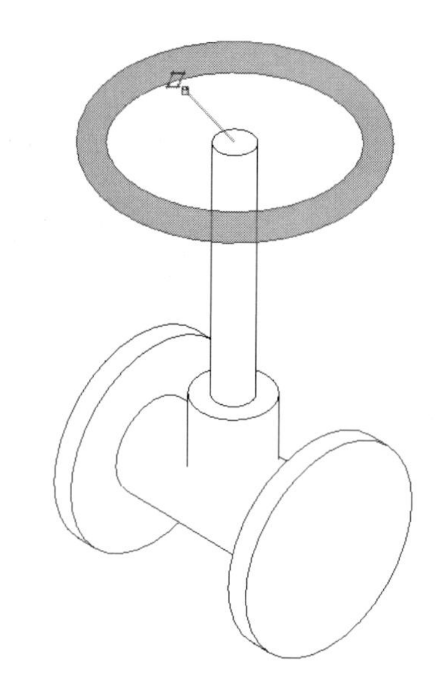

(18) 이번에는 배관 커넥터를 부착하겠습니다. 이 커넥터를 통해 받아들인 배관의 크기에 의해 조회 테이블(룩업테이블)을 조회하여 값을 불러옵니다.

3D 뷰 상태에서 '배관 커넥터'를 실행한 후 양쪽 면을 지정하여 커넥터를 부착합니다.

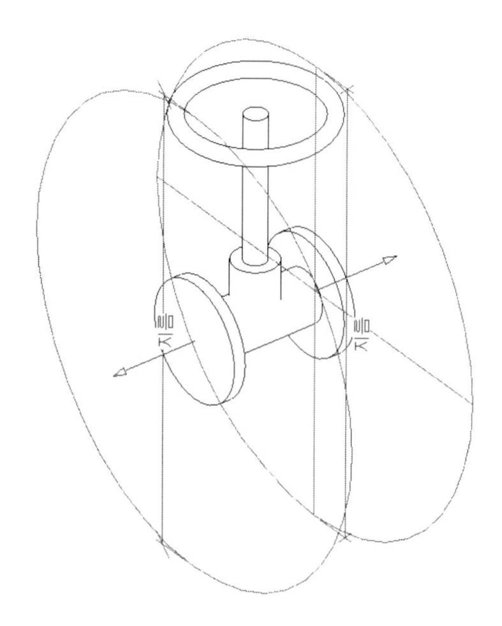

(19) 두 개의 커넥터를 선택한 후 특성 팔레트의 '지름' 매개변수 연관 버튼을 클릭하여 '배관직경' 매개변수를 지정합니다.

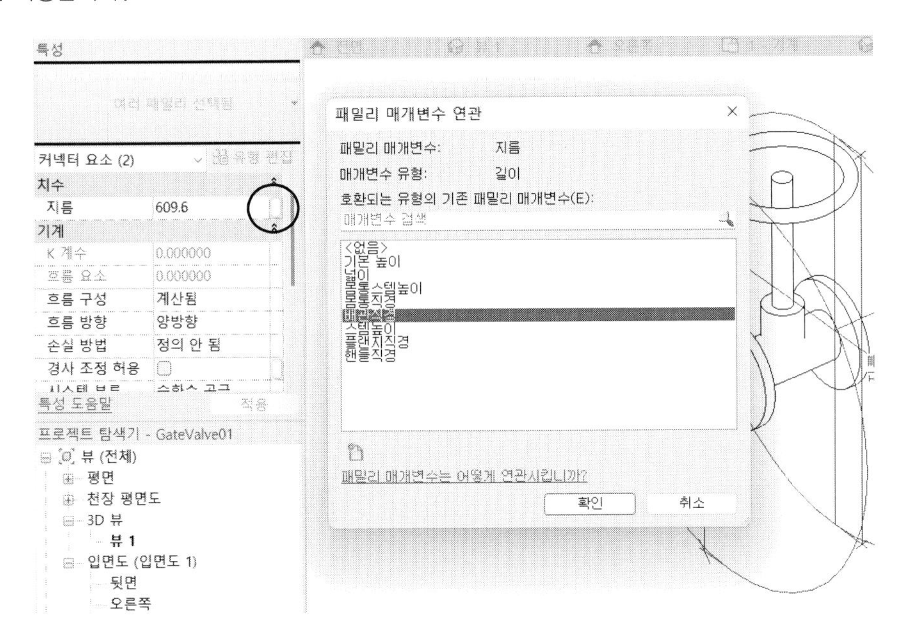

다음과 같이 커넥터의 크기가 매개변수 값에 맞춰 조정됩니다.

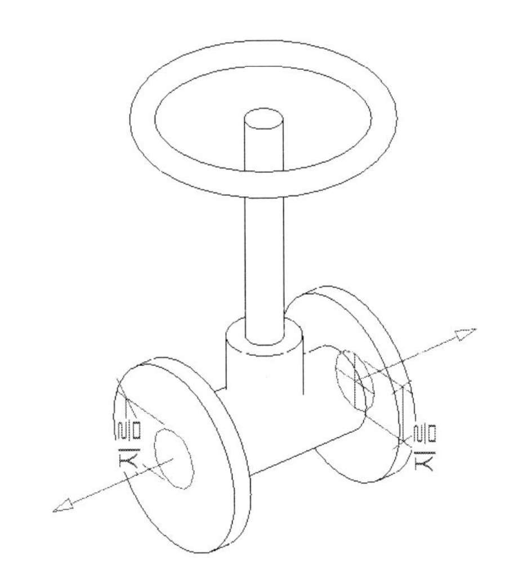

(20) 양쪽 커넥터를 링크합니다. 먼저 한쪽 커넥터를 선택한 후 '수정|커넥터 요소-커넥터 링크-커넥터 링크'를 클릭한 후 반대편 커넥터를 선택합니다.

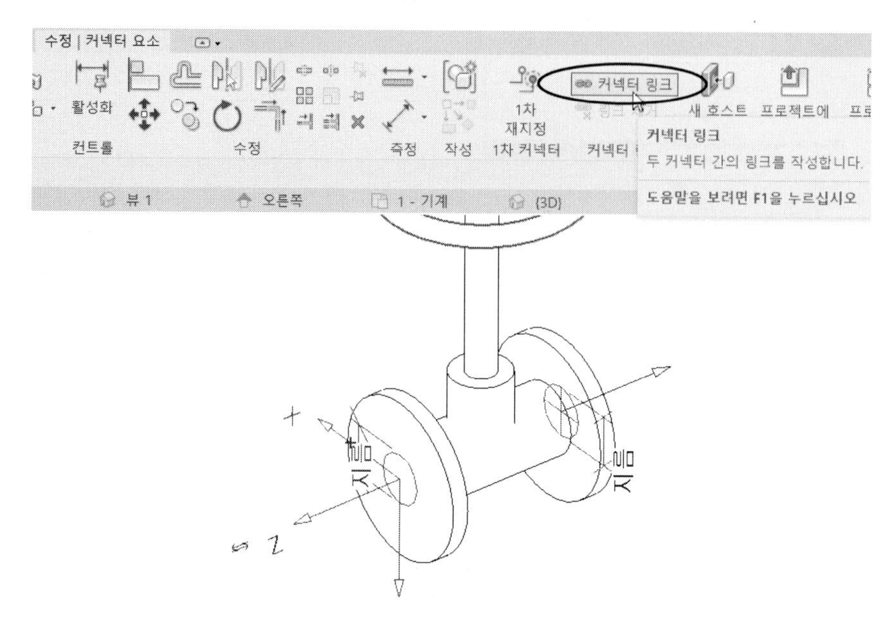

정상적으로 링크가 된 경우는 다음과 같이 커넥터를 선택하면 가운데 화살표가 표시됩니다.

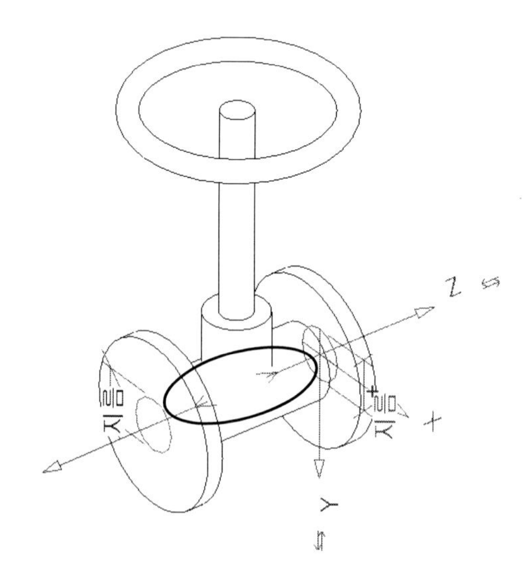

(21) 형상은 완료되었으므로 중간 테스트를 실시합니다. 패밀리를 저장한 후 '프로젝트에 로드'를 클릭합니다. 이때 하나 이상의 프로젝트(모델) 파일이 열려있어야 합니다. 테스트를 위해 여러 크기의 배관을 모델링합니다.

(22) 로드된 밸브를 배치합니다. '시스템-위생기구 및 배관-배관 밸브류'를 클릭하여 각 배관을 지정하여 배치합니다. 다음과 같이 각 배관의 크기에 맞춰 배치됩니다.

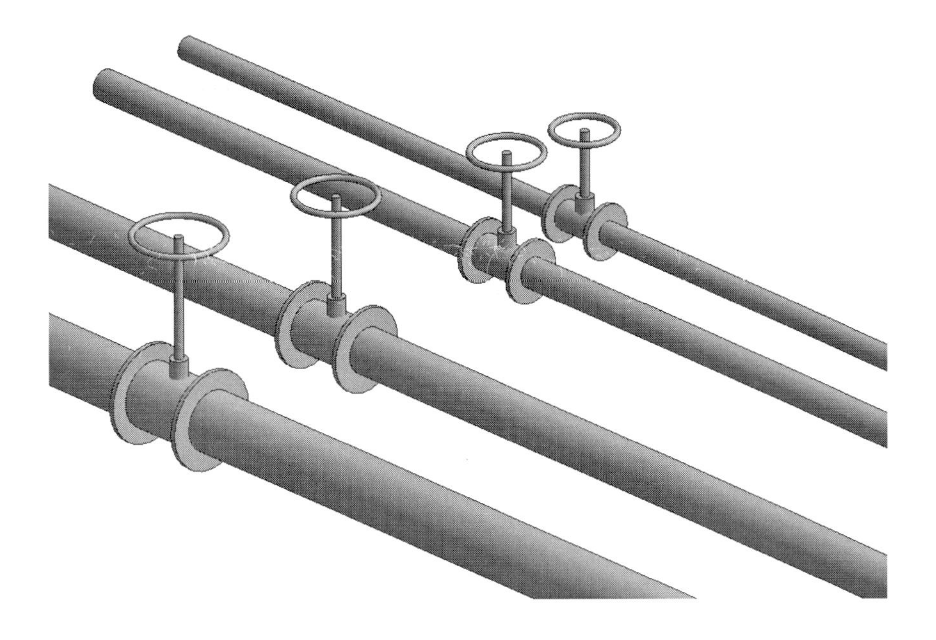

참고 패밀리의 방향

패밀리를 프로젝트에서 배치했을 때 의도한 방향과 달리 반대 방향으로 배치되거나 뒤집어지는 경우가 발생합니다. 이는 패밀리의 커넥터 좌표계의 방향이 맞지 않기 때문입니다. 다음의 경우, 밸브의 커넥터를 클릭하면 Y축의 좌표가 아래쪽으로 향하고 있습니다. 이 상태로 배치하면 핸들이 아래쪽으로 배치됩니다.

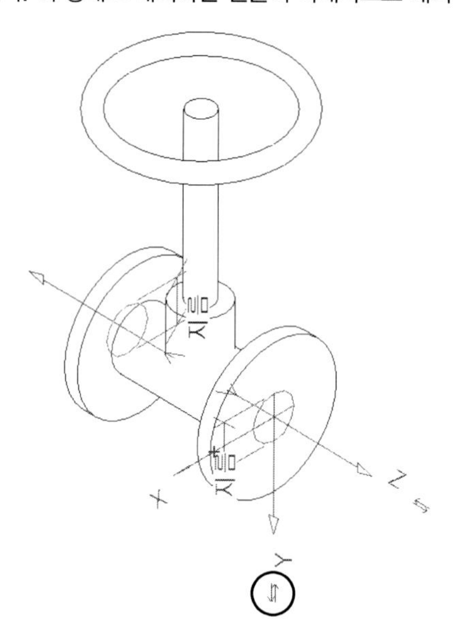

핸들의 방향을 위쪽으로 향하게 배치하려면 Y축 아래에 있는 방향전환 아이콘을 클릭하여 Y축이 위로 향하게 조정합니다. 반대편 커넥터의 방향도 동일한 방법으로 조정합니다.

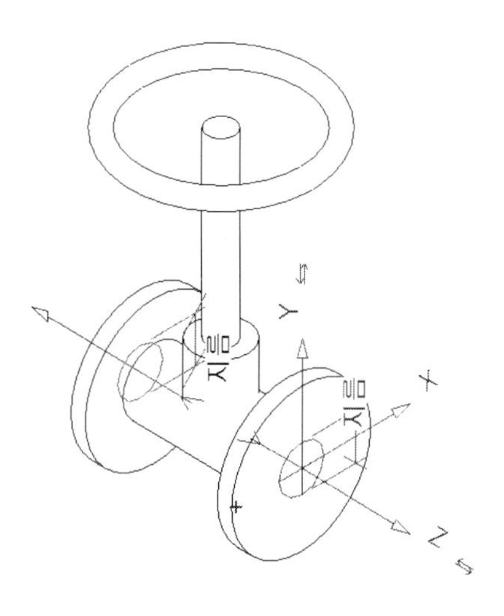

(23) 지금부터 가시성 설정에 대해 알아보겠습니다. 상세 수준이 낮은 경우 2D 표현을 위한 설정 방법에 대해 알아보겠습니다. 다시 패밀리 편집기로 돌아가 평면뷰를 펼칩니다.
'작성-모델-모델 선'을 클릭합니다. 그리기 패널에서 '선'을 클릭하여 다음과 같이 2D 기호(게이트 밸브)를 작도합니다.

모델 선 작성 전에 작업 기준면을 수평 기준선(참조 레벨)에 맞춥니다.

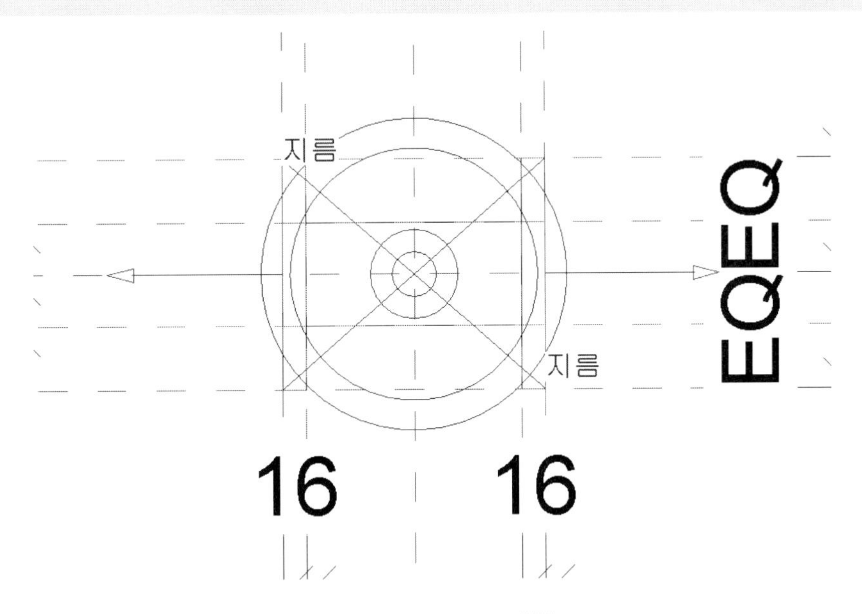

(24) 가시성을 설정합니다. 작성된 모델 전체를 선택하여 '필터'를 클릭합니다. 필터 대화상자에서 '선(배관 밸브류)'만 체크합니다. 즉, 2D 기호만 선택합니다.

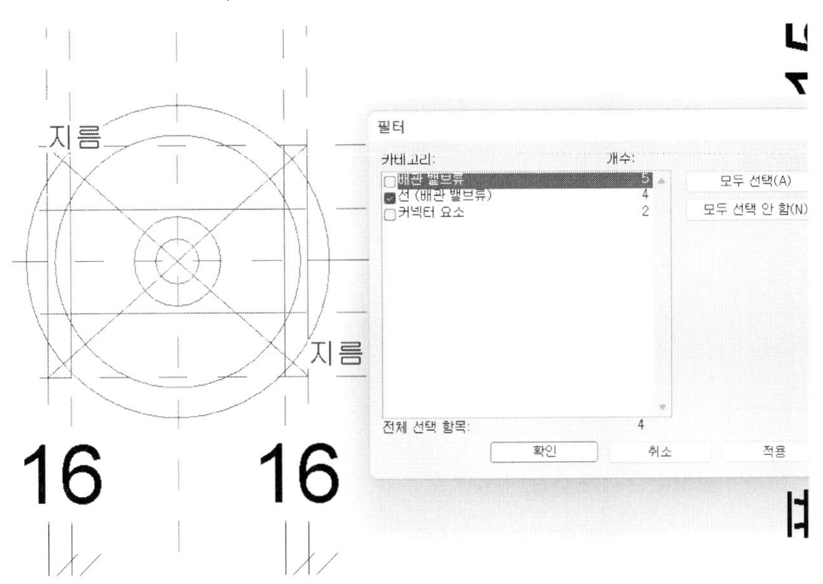

'수정|선-가시성' 패널에서 '가시성 설정'을 클릭합니다. 다음 대화상자에서 '낮음'과 '중간'을 켜고 '높음'은 끕니다. '낮음'과 '중간' 상태에서만 표시하겠다는 의미입니다.

(25) 이번에는 솔리드 모델만 선택한 후 '가시성 설정'을 클릭하여 '낮음'과 '중간'은 끄고, '높음'을 체크합니다.

여러 개의 솔리드 모델을 선택했을 때, '가시성 설정' 메뉴가 나타나지 않으면 하나씩 선택하여 설정합니다.

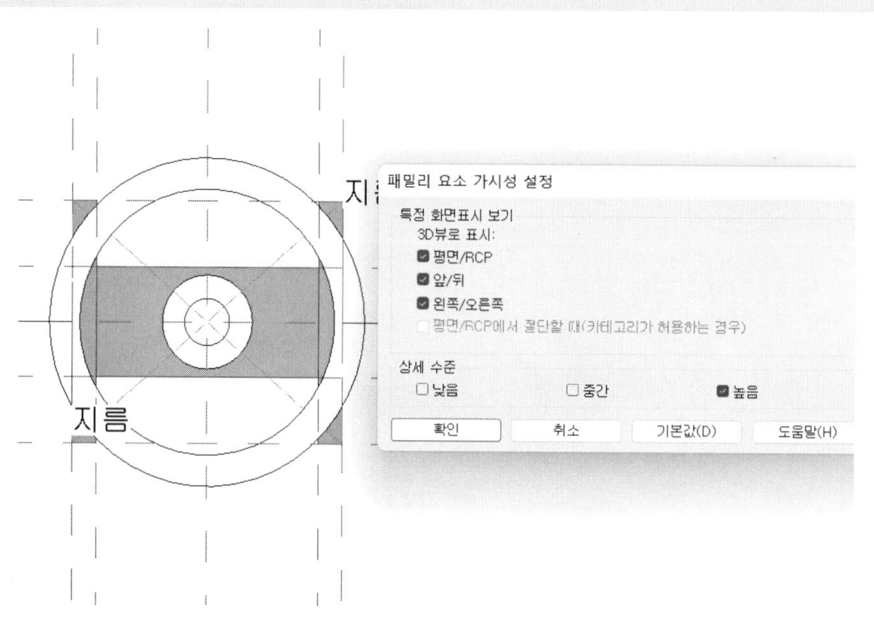

(26) 요소의 크기를 조절하는 그립을 제거합니다. 그립을 제거하는 목적은 패밀리를 배치한 후 임의로 수정하는 것을 방지하기 위함입니다.

모델링 된 모든 요소를 선택한 후 '필터'를 클릭합니다. 필터 대화상자에서 '참조 평면'만 체크합니다.

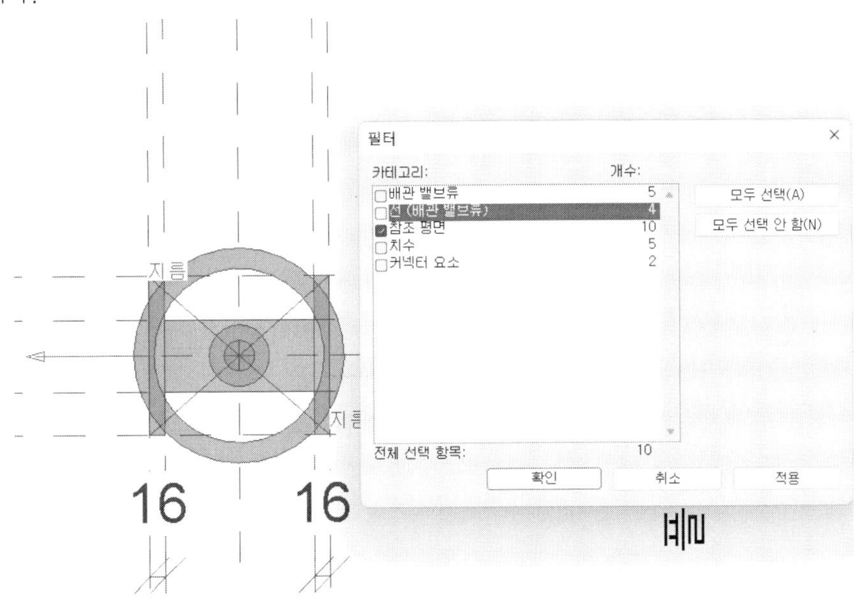

(27) 특성 팔레트의 '기타'의 '참조임' 매개변수 리스트를 펼쳐 '참조가 아님'을 선택합니다.

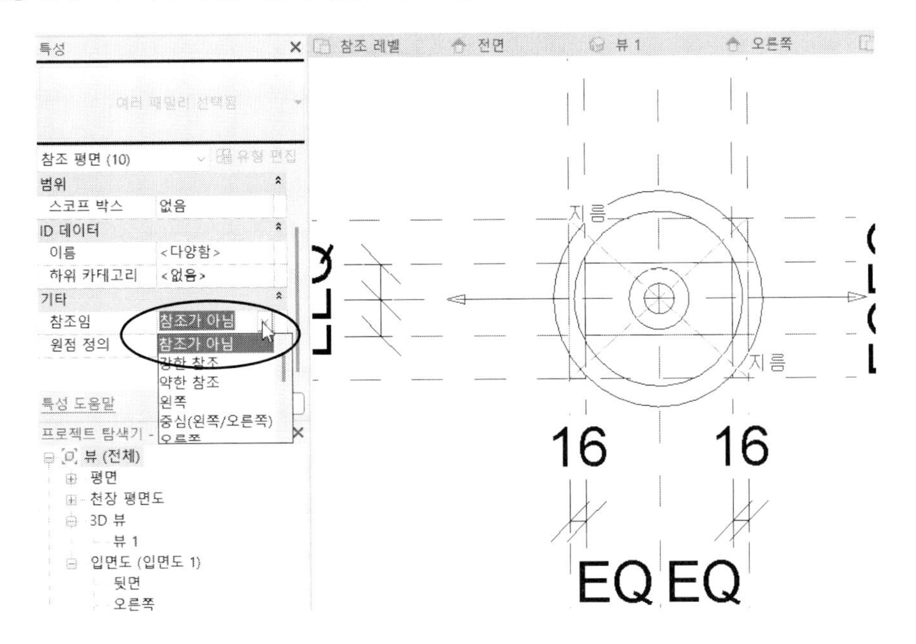

(28) 완료되었으면 저장 후 테스트합니다. '상세 수준'을 '높음'으로 하면 복선으로 표시되고 '상세 수준'을 '낮음'으로 설정하면 단선으로 표시됩니다.

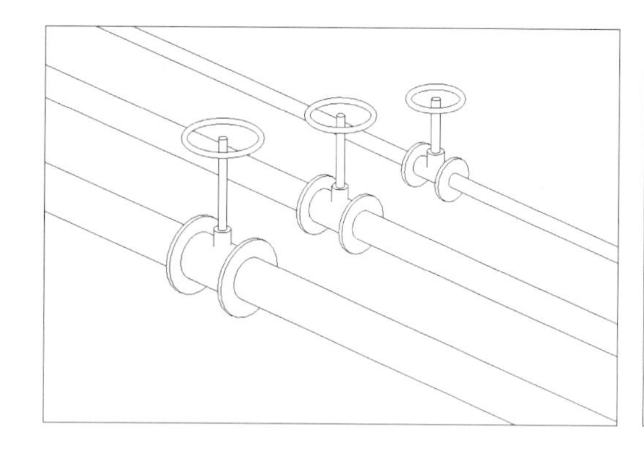
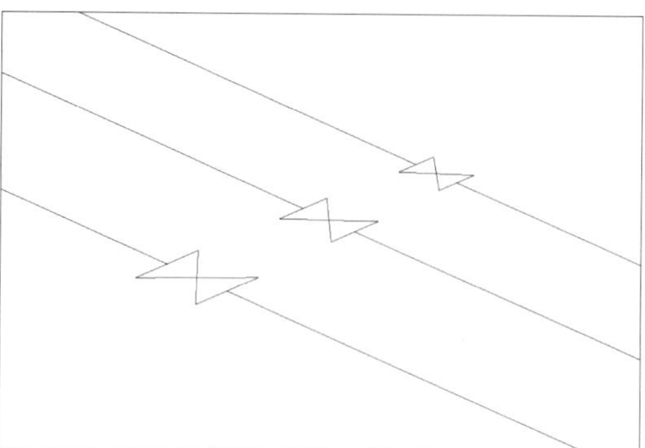

(29) 마지막으로 재료를 부가하여 완성합니다.

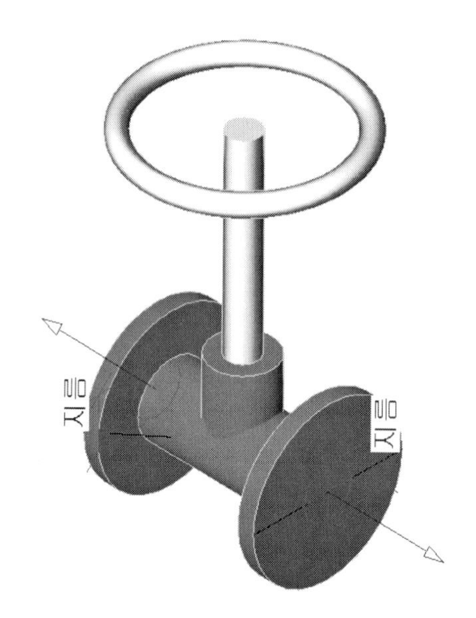

비주얼 스타일을 '사실적'으로 표현하면 다음과 같이 표현됩니다.

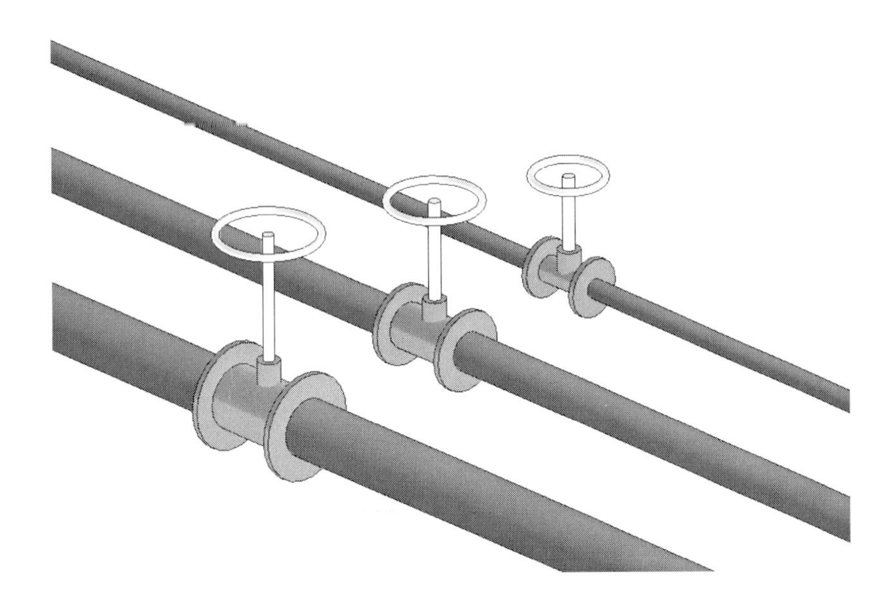

06. 볼 밸브

볼 밸브를 작성하겠습니다. 이번에는 CAD에서 작성한 모델을 패밀리로 변환하는 방법에 대해 학습하겠습니다. 여기에서는 지름 '50'인 하나의 크기만 적용하는 패밀리를 작성하겠습니다. 다양한 크기를 적용하려면 앞에서 학습한 *.csv 파일과 연결하는 방법을 참조합니다. CAD 도면을 작성할 때는 모델의 중심을 원점(0,0,0)으로 지정합니다.

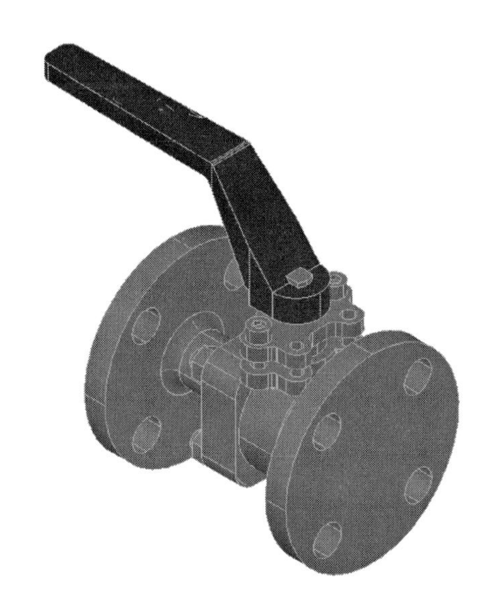

다음과 같은 패밀리를 작성합니다.

(1) 패밀리 [새로 작성]을 클릭하여 '미터법 일반 모델' 템플릿을 선택합니다. '패밀리 카테고리 및 매개변수'를 실행하여 카테고리를 '배관 밸브류', '부품 유형'을 '분할 대상'으로 설정합니다.

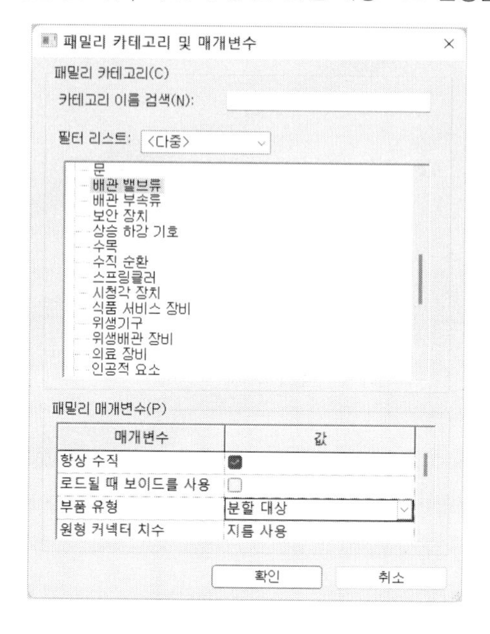

(2) CAD 파일을 가져옵니다. '삽입–가져오기–CAD 가져오기'를 클릭합니다. CAD 파일을 선택한 후 '가져오기 단위(S)'를 '밀리미터'로 설정합니다.

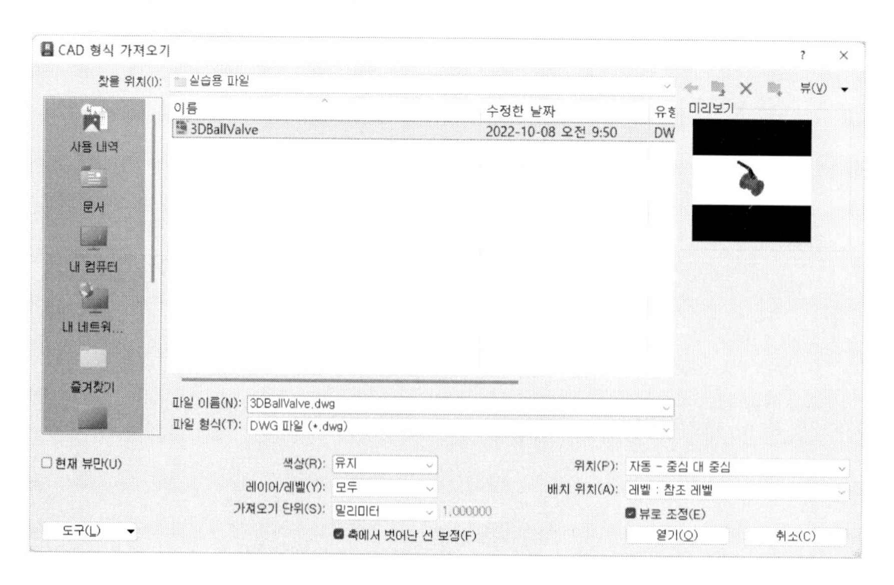

다음과 같이 CAD 도면이 배치됩니다. 모델의 중심을 원점에 맞춥니다. 원점을 맞출 때는 평면 뷰 외에도 정면 뷰에서도 확인하도록 합니다.

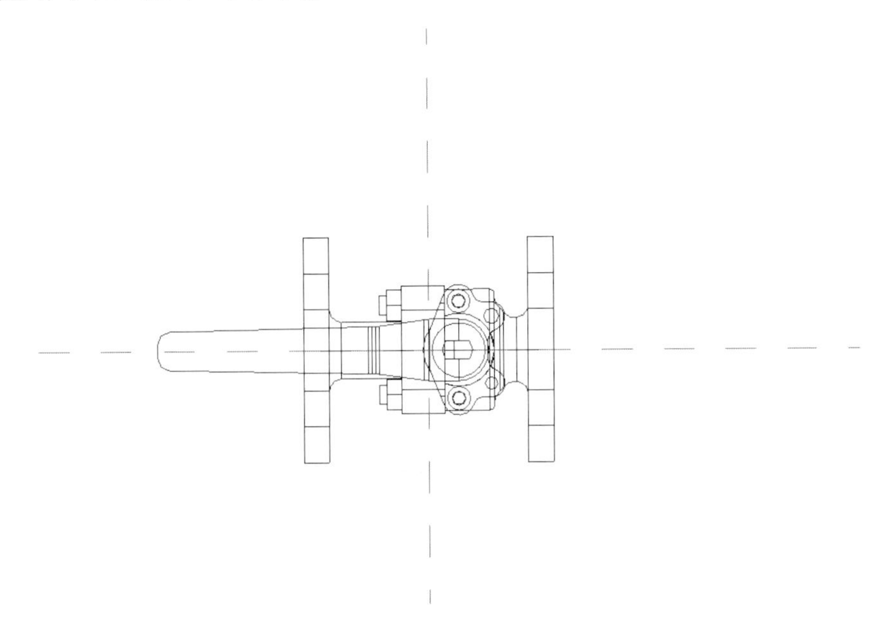

3D 뷰로 보면 다음과 같이 CAD 모델이 표시됩니다.

(4) 배관 커넥터를 부착합니다. '작성-커넥터-배관 커넥터'를 클릭합니다. 배치하고자 하는 면에 대고 〈Tab〉 키를 누릅니다. 다음과 같이 면이 선택되면 클릭합니다.

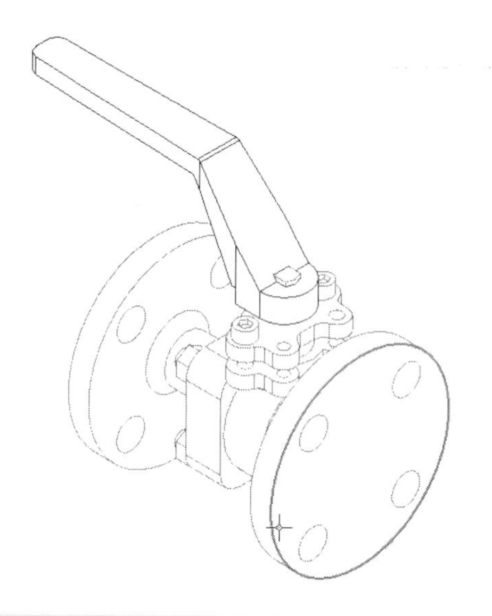

커넥터를 부착할 때 면이 잡히지 않는 경우가 있습니다. 해당 면에 마우스를 대고 〈Tab〉 키를 눌러 면을 찾아 선택합니다.

다음과 같이 커넥터가 부착됩니다.

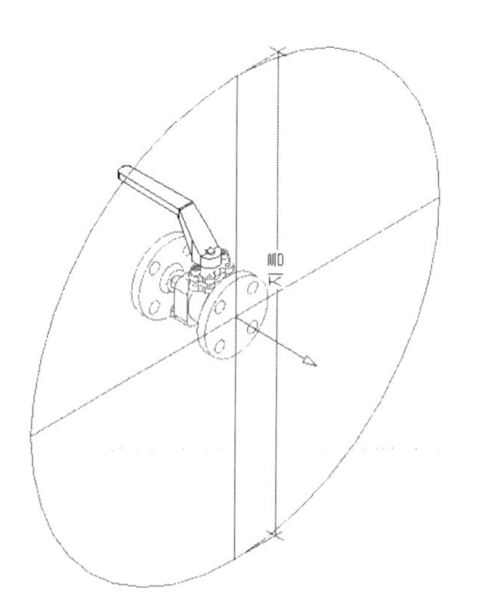

반대편 면에도 커넥터를 부착합니다.

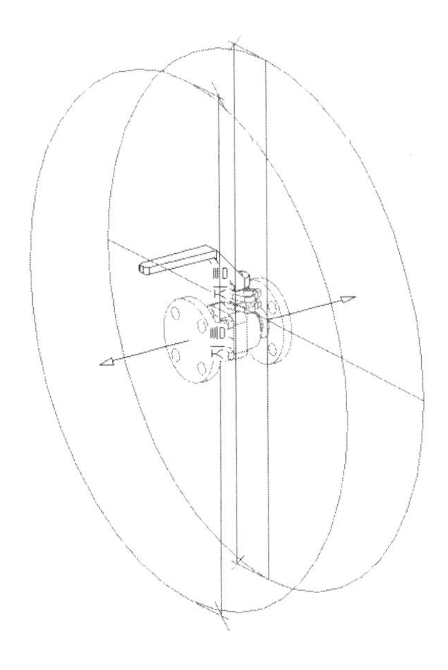

(5) 커넥터의 크기를 조정합니다. 커넥터를 선택한 후 특성 팔레트에서 '지름'을 '50'으로 설정합니다. 다음 과 같이 커넥터가 설정한 지름의 크기에 맞춰 표시됩니다.

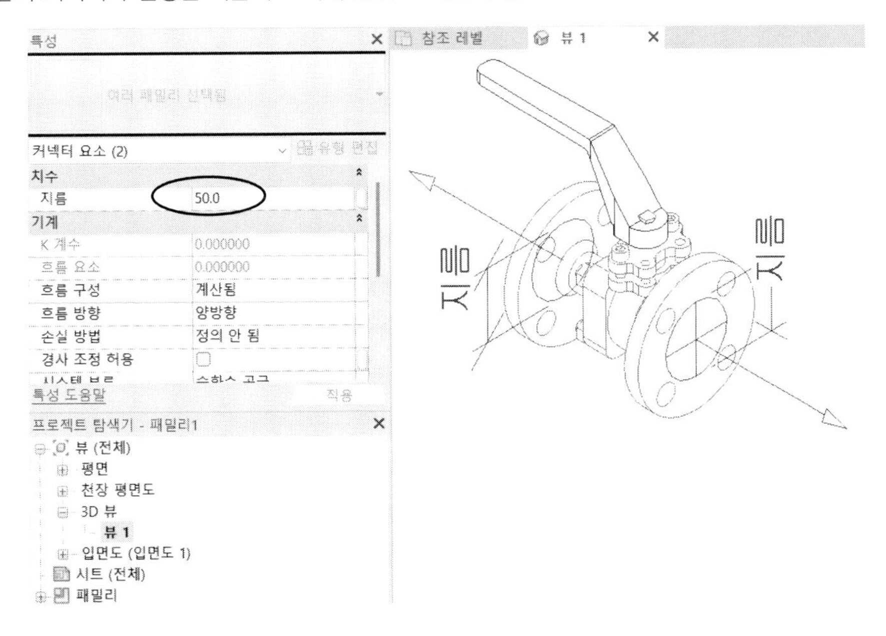

(6) 모델선 기능으로 2D 심볼을 작도합니다. 대각선을 연결하는 나비 모양을 작도하고 가운데 원을 작도합니다.

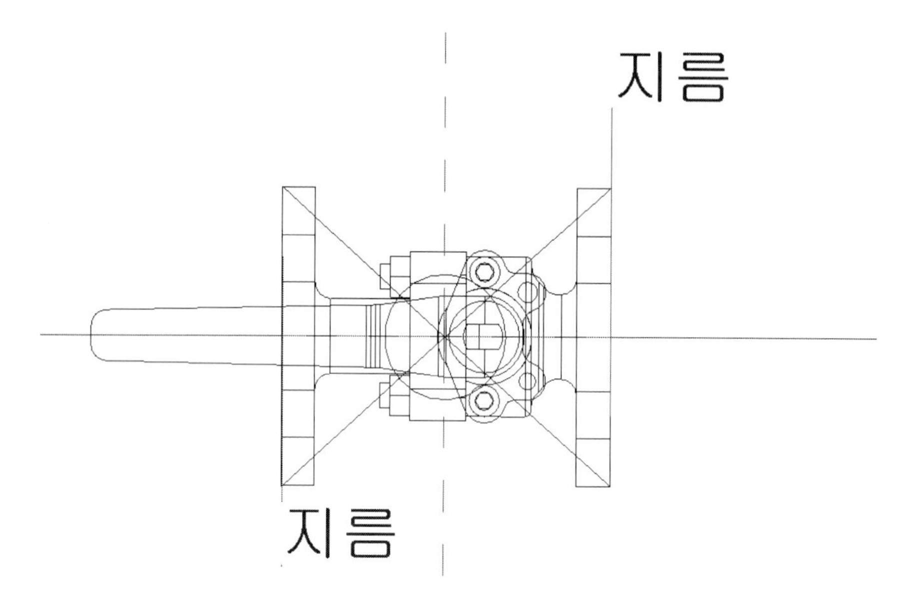

(7) 가시성을 설정합니다. 직전에 작성한 2D 심볼을 선택한 후 '수정|선-가시성-가시성 설정'을 클릭합니다. 상세 수준에서 '낮음'을 체크하고, '중간'과 '높음'의 체크를 끕니다.

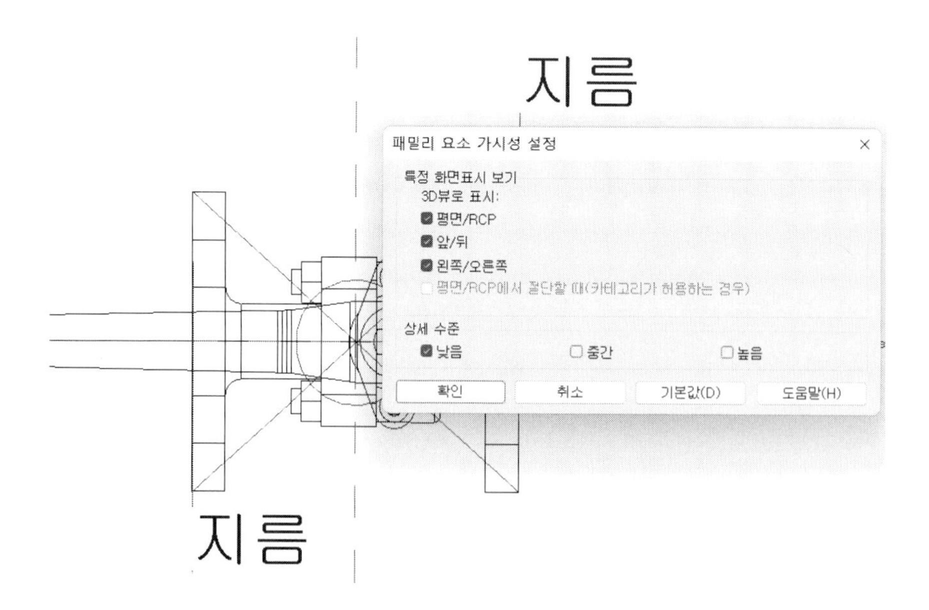

(8) 이번에는 모델을 선택한 후 '수정|선-가시성-가시성 설정'을 실행합니다. 상세 수준에서 '낮음'의 체크를 끄고, '중간'과 '높음'의 체크를 켭니다.

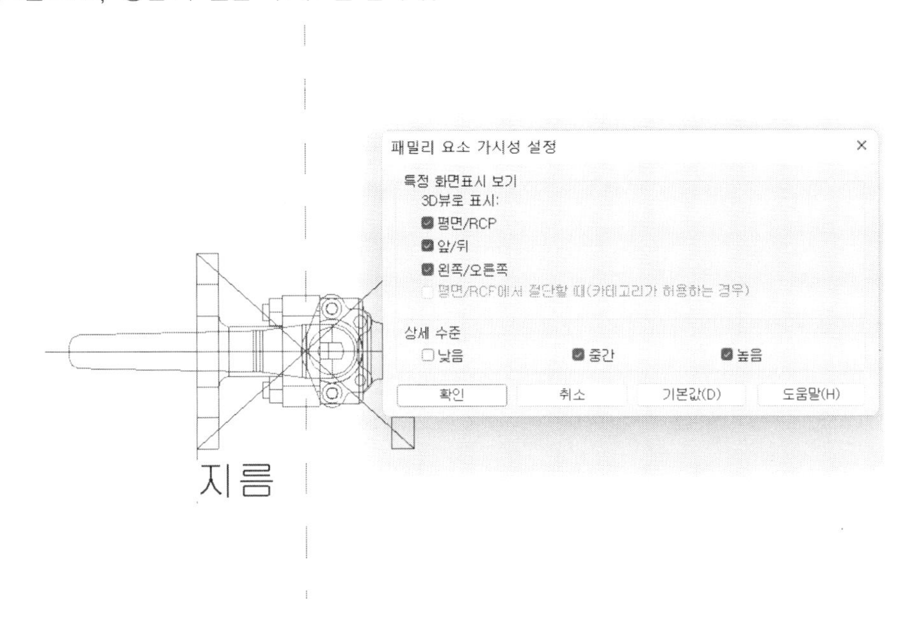

(9) 저장을 한 후 '프로젝트에 로드'를 클릭합니다. 프로젝트에서 지름 '50'인 배관을 모델링한 후 로드한 밸브를 삽입합니다. 다음과 같이 모델링됩니다.

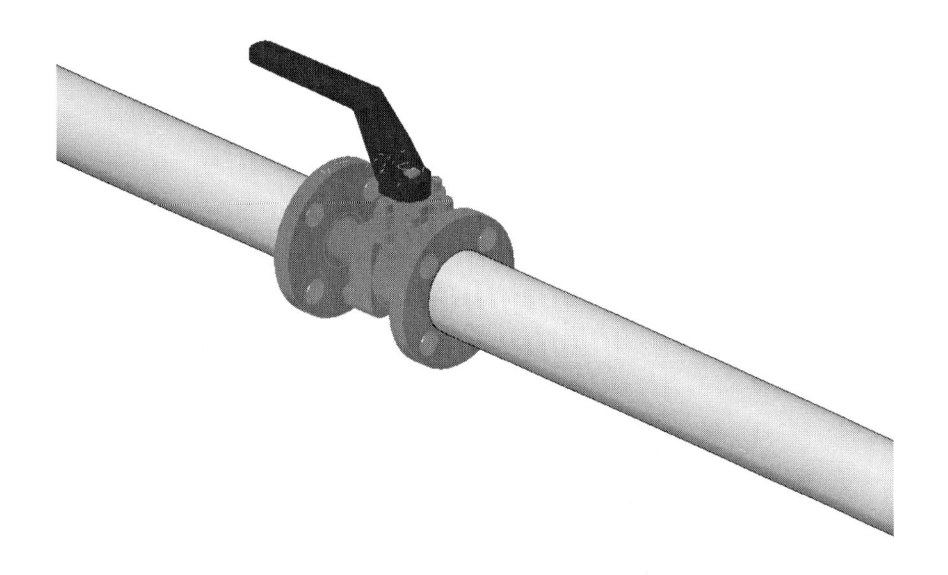

(10 상세 수준을 '낮음'으로 설정합니다. 다음과 같이 볼 밸브의 2D 심볼이 표시됩니다.

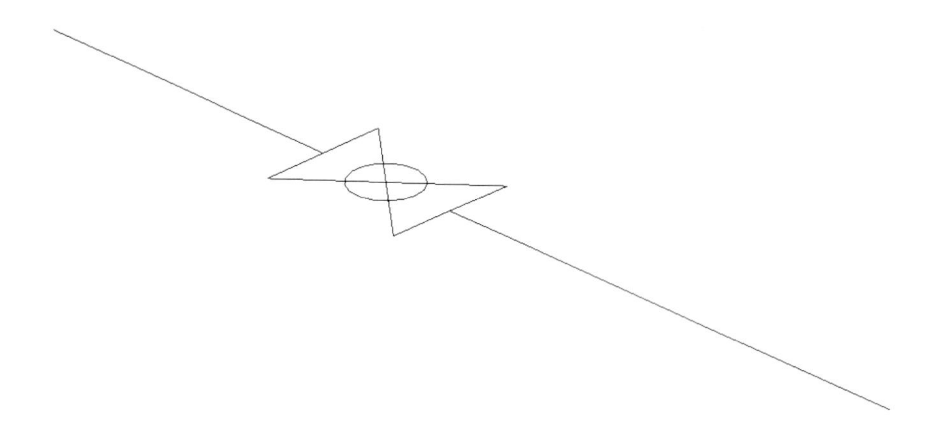

이와 같이 AutoCAD에서 작성한 모델을 패밀리로 활용할 수 있습니다.

07. 배관 태그

배관이 가진 매개변수를 문자로 표기합니다. 예를 들어 시스템 타입, 배관의 내부 지름 및 외부 지름, 간격띄우기 등 다양한 값을 표기할 수 있습니다.

다음과 같은 배관의 직경과 배관의 하단면의 높이(BOP) 값을 표기하는 배관 태그 패밀리를 작성합니다.

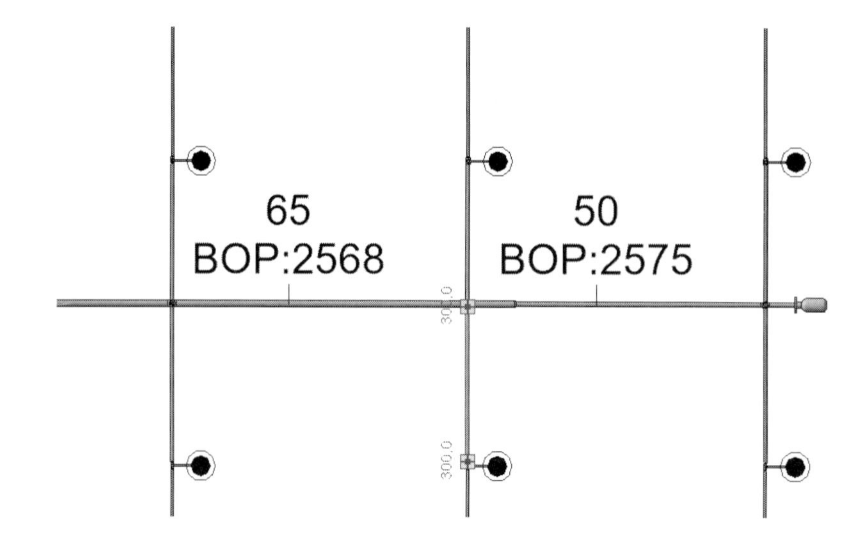

(1) 패밀리 편집기를 시작합니다. 템플릿은 '주석'폴더에 있는 '미터법 일반 태그.rft'를 선택합니다.

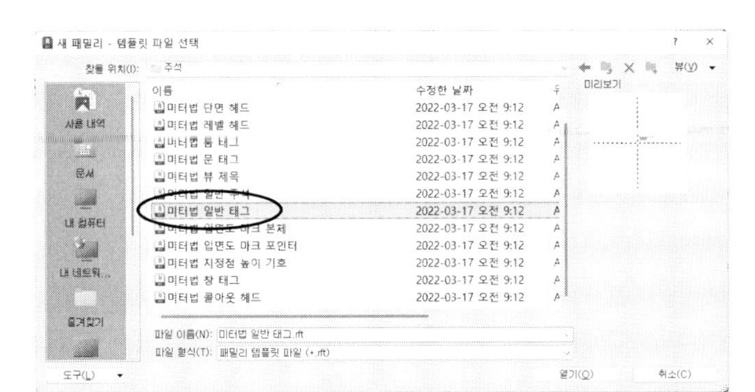

(2) 카테고리를 지정합니다. '작성-특성-패밀리 카테고리 및 매개변수'를 클릭합니다. '배관 태그'를 선택합니다. '구성요소와 함께 회전'을 선택하면 요소(배관)의 방향에 따라 회전합니다. 체크하면 태그의 방향을 변경할 수 없기 때문에 체크를 해제합니다.

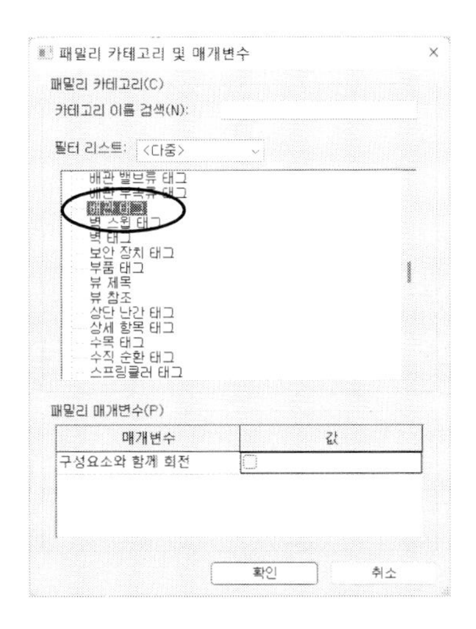

(3) 회면에 붉은색의 메모는 삭제합니다. '작성-문자-레이블'을 클릭합니다. 문자의 배치 위치를 지정하면 '레이블 편집' 대화상자가 나타납니다. '카테고리 매개변수' 리스트에서 기입할 항목을 선택합니다.
첫 번째 줄에 '지름'을 더블클릭합니다. '끊기'를 체크합니다.
두 번째 줄에는 '지정점 하단 높이 '를 더블클릭합니다. '접두어'에 'BOP:'를 입력한 후 [확인]를 클릭합니다.

리스트에서 레이블에 추가할 때는 항목을 선택하고 '레이블에 매개변수 추가'를 클릭하는 방법도 있습니다만 항목을 더블클릭해도 추가됩니다.

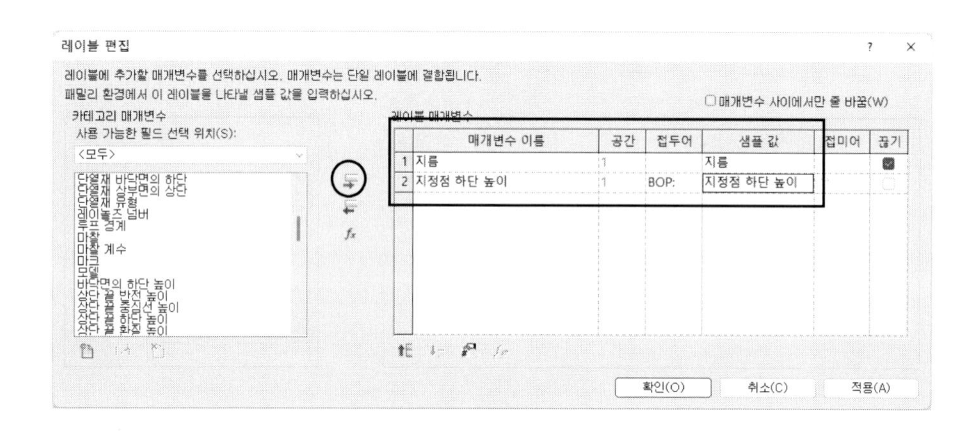

(4) [확인]를 클릭하면 다음과 같이 지정한 레이블이 표시됩니다. 레이블의 표시를 조정합니다. '이동' 기능으로 레이블 문자의 위치를 조정합니다. 레이블 문자를 클릭하고 테두리의 좌우에 있는 조정 컨트롤을 드래그하여 문자 너비에 맞게 조정합니다.

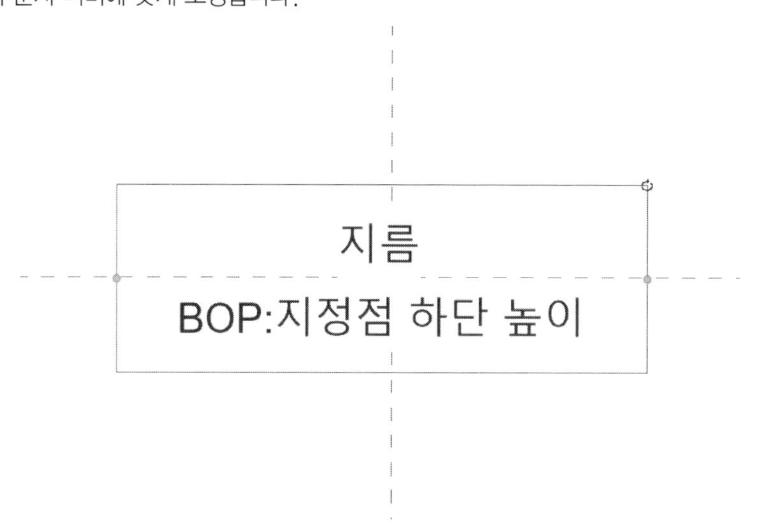

참고 **레이블 수정**

작성된 레이블의 수정은 특성 팔레트에서 각 항목을 설정합니다. 태그를 선택한 후 특성 팔레트에서 '레이블'의 [편집...]을 클릭하면 '레이블 편집' 대화상자가 나타납니다. 문자의 높이, 글꼴, 색상 등을 수정하고자 할 경우 '유형 편집'을 클릭하여 수정합니다.

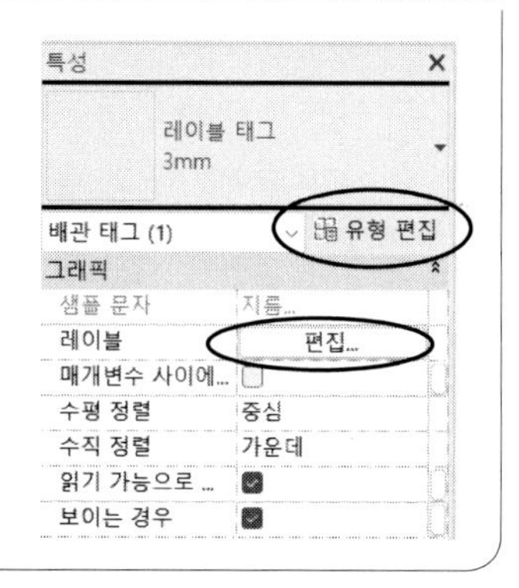

(5) 그래픽 표시를 설정합니다. '뷰-그래픽-가시성/그래픽'을 클릭합니다. '가시성/그래픽 재지정' 대화상자에서 '주석 카테고리' 탭을 클릭합니다. '참조선', '참조평면', '치수'의 체크를 해제합니다. 이 설정을 함으로써 패밀리 로드 시 썸네일의 표시를 원활하게 해줍니다.

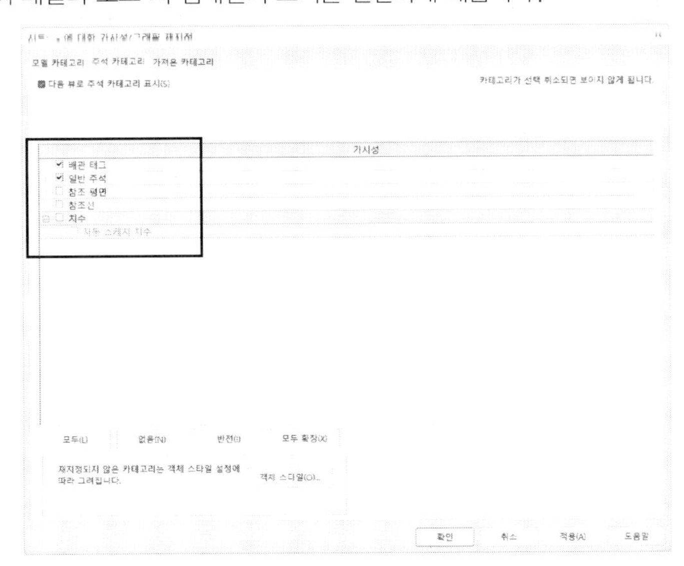

(6) 태그 패밀리 이름(예: Tag_Pipe.rfa)을 지정하여 저장합니다.

(7) 프로젝트에 로드하여 테스트합니다.

패밀리 편집기에서'프로젝트에 로드'를 클릭하거나 프로젝트 편집기에서 '삽입-라이브러리에서 로드-패밀리 로드'를 클릭합니다.

(8) 프로젝트 편집기에서 배관이 모델링된 프로젝트를 열거나 배관을 모델링합니다. 태그를 작성합니다. '주석-태그-카테고리별 태그'를 클릭합니다. 모델링된 배관을 클릭합니다. 다음과 같이 배관 태그가 작성됩니다.

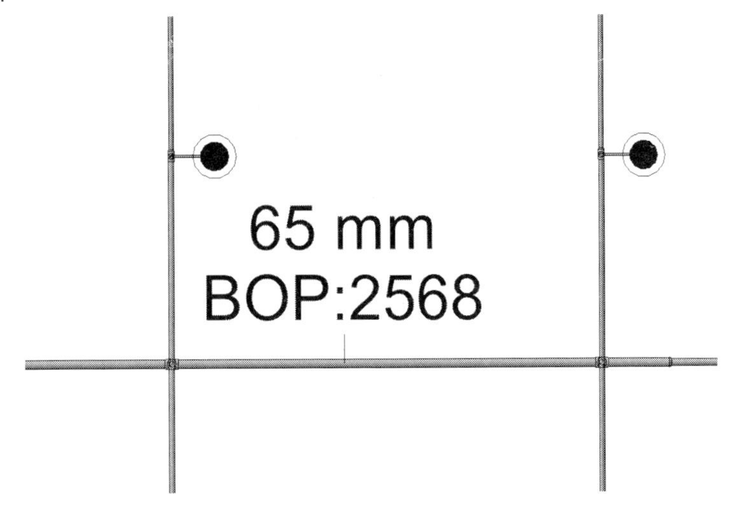

참고 단위의 표시

배관 태그를 작성했을 때 단위(mm)가 표시되는 것을 볼 수 있습니다. 이 단위를 없애려면 '관리-설정-프로젝트 단위'를 실행합니다. '분야(D)'를 '배관'으로 설정한 후 '배관 크기'의 [1235mm]를 클릭한 후 형식 대화상자에서 '단위 기호(S)'를 '없음'으로 설정합니다.

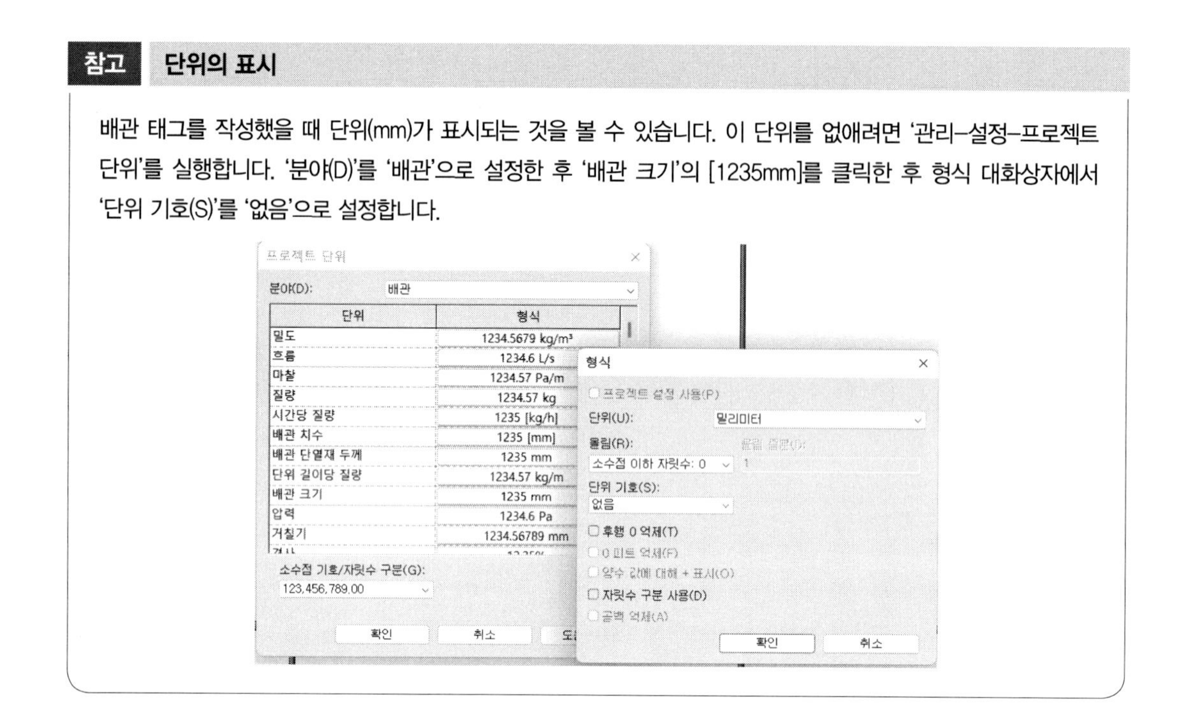

08. 기호 패밀리

다음과 같은 기호 패밀리를 작성합니다. 이 예제에서는 매개변수를 추가하여 사용자가 매개변수 값을 입력하여 표기되는 패밀리를 작성하겠습니다.

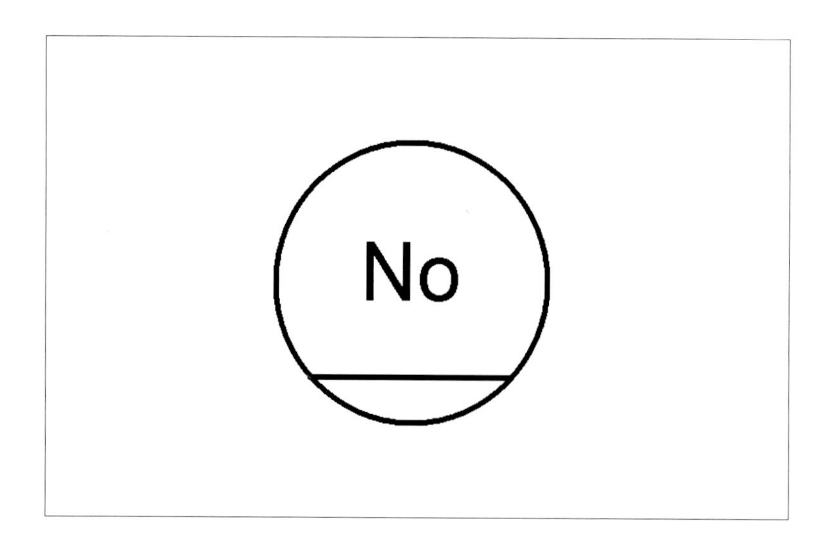

(1) Revit을 실행한 후, 초기 화면에서 [패밀리]의 [새로 작성]을 클릭합니다. 또는 파일 메뉴에서 [새로 작성]-[패밀리]를 클릭합니다.
템플릿 파일 선택 대화상자에서 '주석'폴더의 '미터법 일반 태그.rft'를 선택합니다. 화면에 있는 메모(주의문)를 삭제합니다.

(2) 카테고리를 지정합니다. '작성-특성-패밀리 카테고리 및 매개변수'를 클릭합니다. '일반 주석'를 선택합니다. '구성요소와 함께 회전'을 체크합니다.

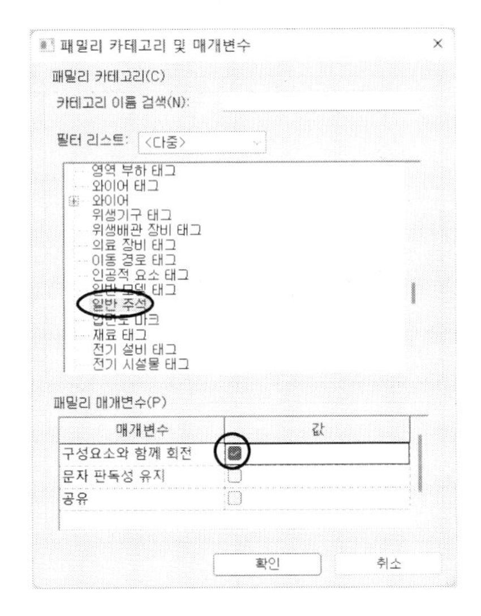

(3) 기호를 작도합니다. '작성-상세정보-선'을 클릭합니다. '그리기' 패널에서 '원'과 '선' 기능을 이용하여 다음과 같이 작도합니다. 원의 반경은 '7'입니다.

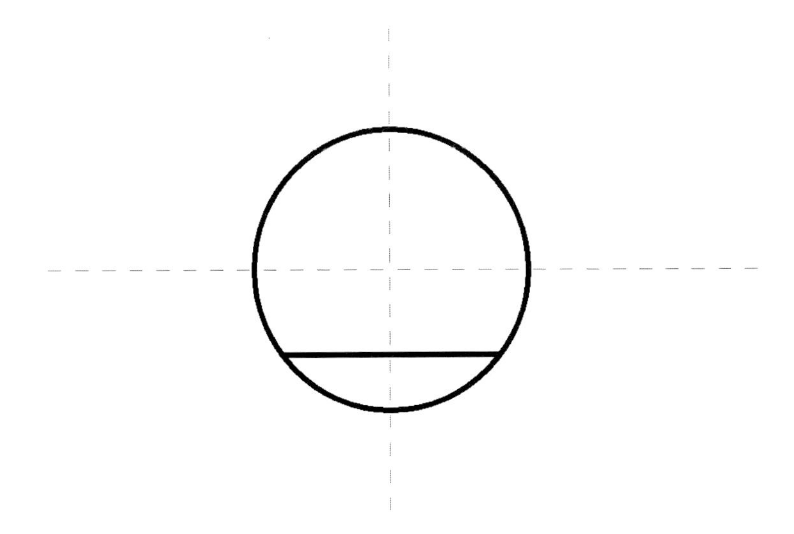

(4) 레이블을 작성합니다. '작성–문자–레이블'을 클릭합니다. 레이블 배치 위치를 클릭하면 '레이블 편집' 대화상자가 표시됩니다. 대화상자에서 '매개변수 추가 '를 클릭합니다. 매개변수를 작성합니다. 이름: No, 분야: 일반, 매개변수 유형: 문자, 매개변수 그룹: 문자, 인스턴스

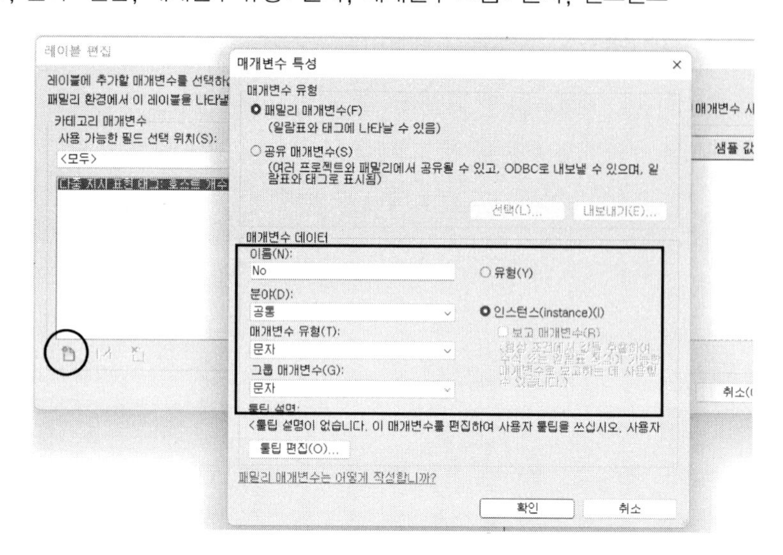

(5) '레이블 편집' 대화상자에서 작성한 매개변수(No)를 '레이블 매개변수'에 추가합니다.

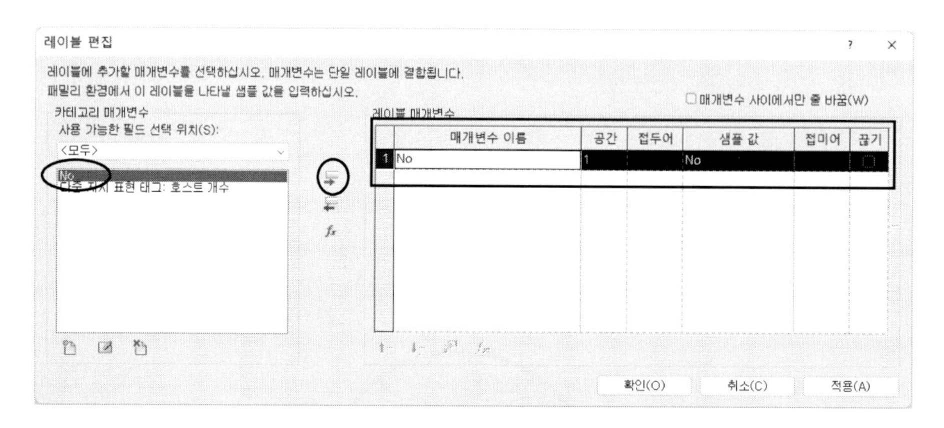

(6) 다음과 같이 문자의 위치를 중앙에 오도록 조정합니다. 문자의 환경을 설정하려면 문자를 선택한 후 [유형 편집]을 클릭하여 문자의 높이, 색상, 글꼴 등을 설정합니다.

레이블의 표시를 조정합니다. 레이블 문자를 클릭하여 조정 컨트롤을 드래그하여 문자 너비에 맞게 조정합니다.

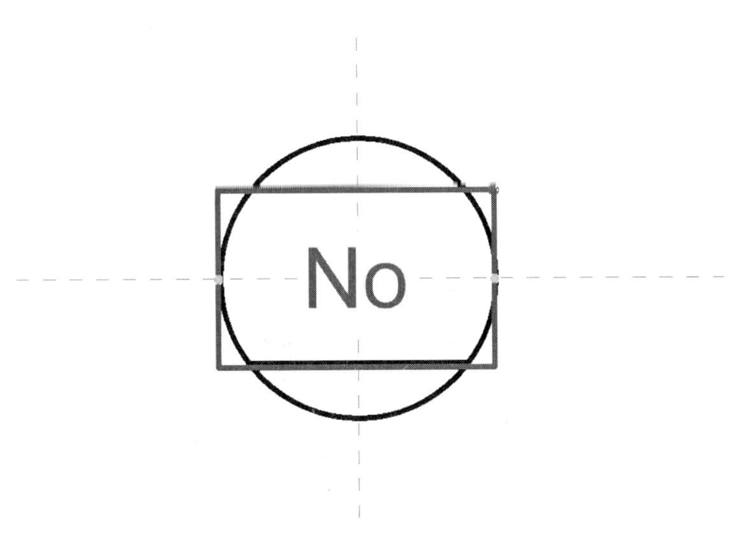

(7) 그래픽 표시를 설정합니다. '뷰-그래픽-가시성/그래픽[아이콘]'을 클릭합니다. '가시성/그래픽 재지정' 대화상자에서 '주석 카테고리' 탭을 클릭합니다. '참조평면', '참조선', '치수'의 체크를 해제합니다.

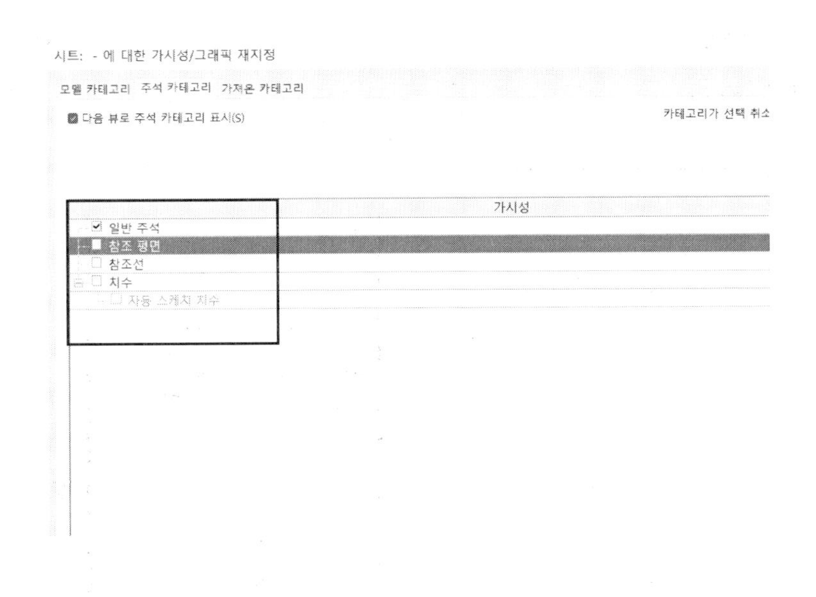

(8) 작성한 패밀리의 파일 이름(Tag_Symbol.rfa)을 지정하여 저장합니다.

(9) 프로젝트에 로드하여 테스트합니다. '주석-기호-기호 '를 클릭합니다. 배치할 위치를 지정합니다.

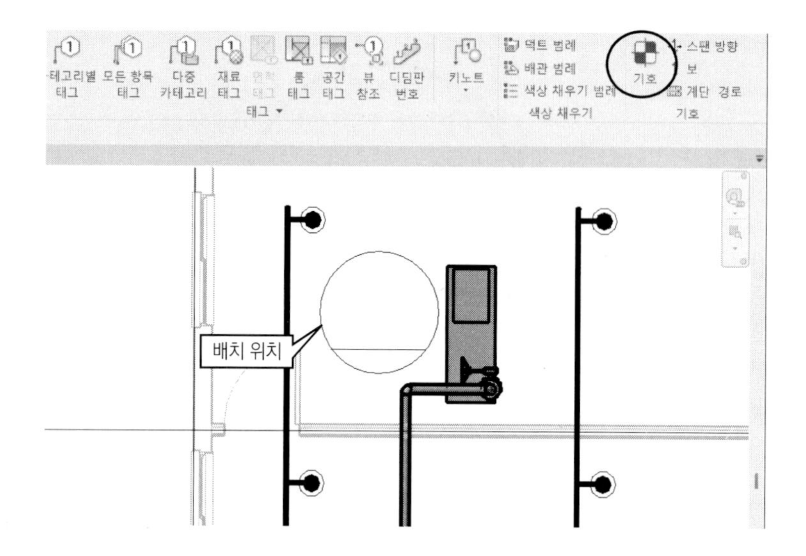

(10) 배치된 기호 태그를 클릭하여 특성 팔레트의 매개변수 'No'의 값에 문자(예: 2)를 입력합니다. 입력된 문자가 태그에 표기됩니다. 사용자가 지정 가능한 기호 태그가 작성된 것을 확인할 수 있습니다.

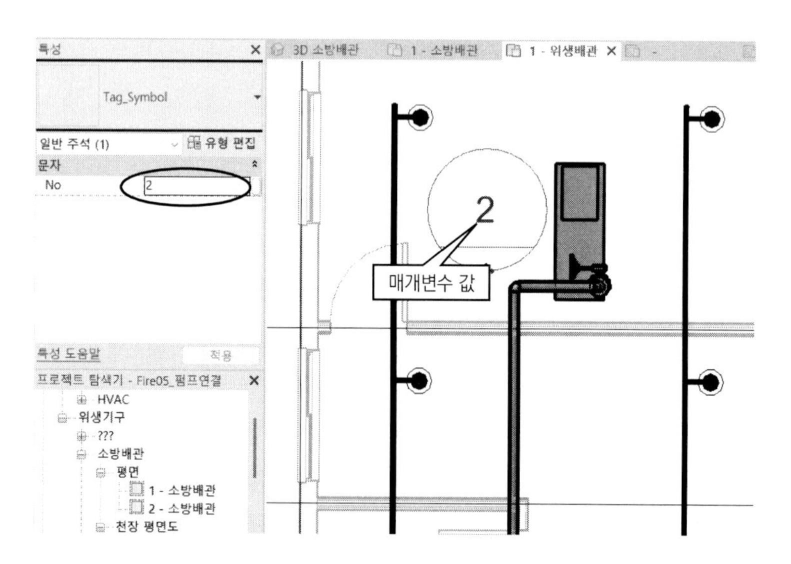

실습 예제

다음과 같은 크기의 공조기를 모델링합니다.

(AHU01)

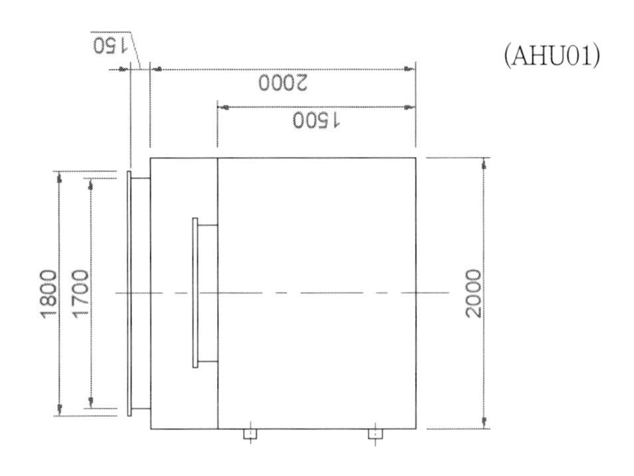

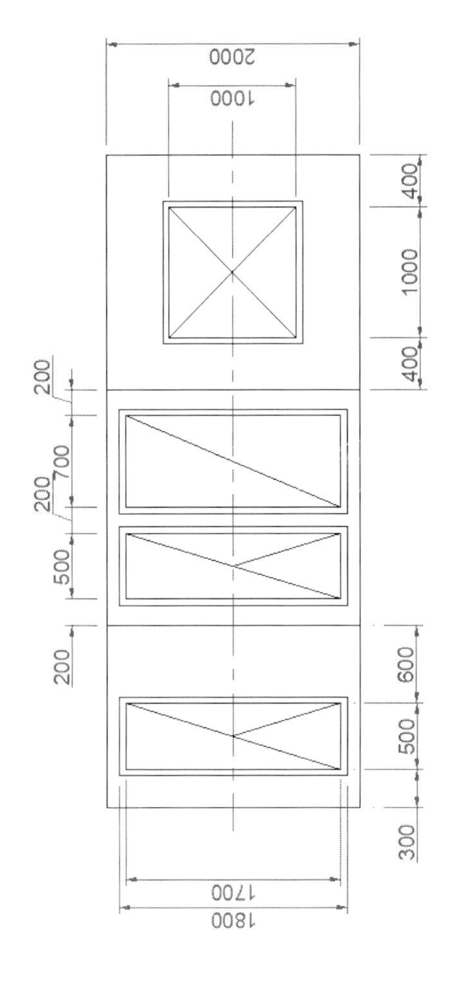

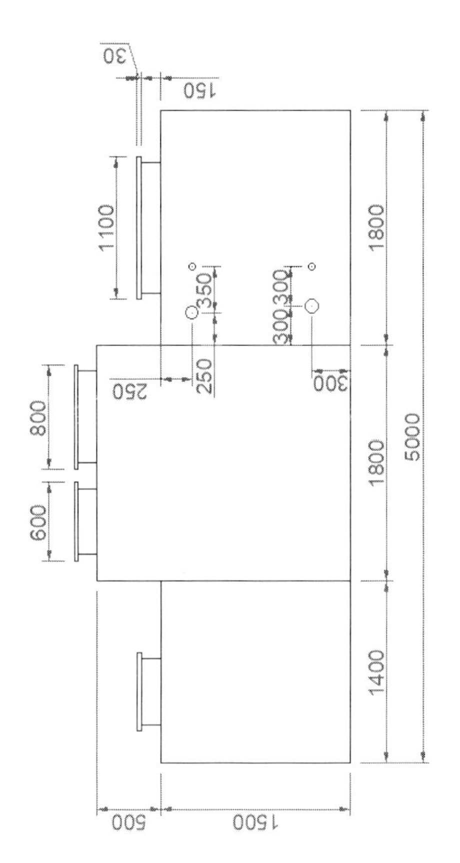

실습 예제

다음과 같은 크기의 팬코일유닛(FCU)을 모델링합니다.

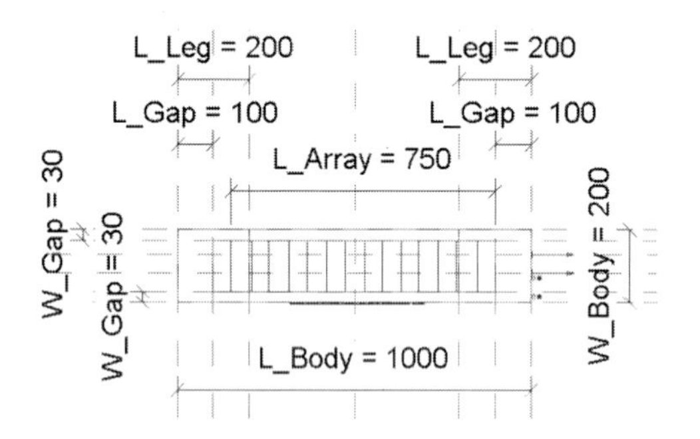

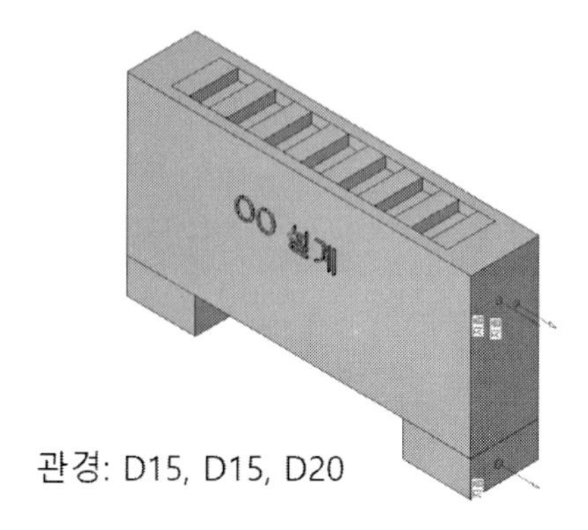

관경: D15, D15, D20

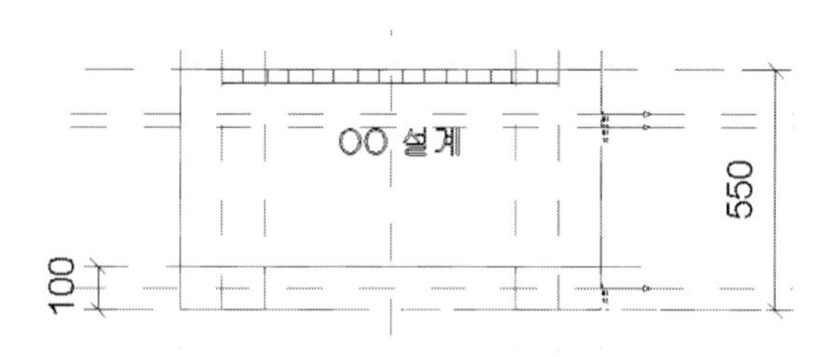

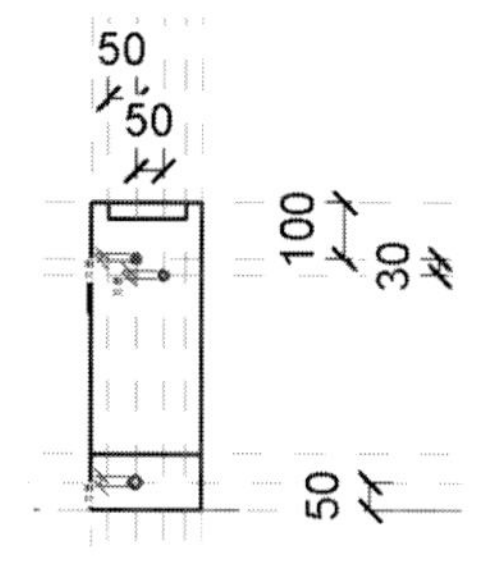

기계설비 BIM_Revit

초판 발행 : 2023년 2월 8일

저　　자 : 이진천

발 행 처 : 도서출판 뉴웨이브

주　　소 : 서울시 송파구 충민로 66 가든파이브 라이프리빙관 L-9092

전　　화 : 02-415-1653

I S B N : 979-11-88462-06-3(93540)

가　　격 : 38,000원